Bliedtner / Barz

Lasermaterialbearbeitung

Jens Bliedtner
Andrea Barz

Lasermaterialbearbeitung

Grundlagen – Verfahren – Anwendungen – Beispiele

2., überarbeitete und erweiterte Auflage

HANSER

Über die Autor:innen:
Prof. Dr. Jens Bliedtner leitet die Arbeitsgruppe Fertigungstechnik und -automatisierung an der Ernst-Abbe-Hochschule Jena im Fachbereich SciTec.
Dr. rer.nat. Andrea Barz ist wissenschaftliche Mitarbeiterin an der Ernst-Abbe-Hochschule Jena, Fachbereich SciTec, Themenschwerpunkte Glaschemie und Optiktechnologie.

FSC
www.fsc.org
MIX
Papier | Fördert gute Waldnutzung
FSC® C016368

Print-ISBN: 978-3-446-48210-4
E-Book-ISBN: 978-3-446-48211-1

Die allgemein verwendeten Personenbezeichnungen gelten gleichermaßen für alle Geschlechter.

Bibliografische Information der Deutschen Nationalbibliothek:
Die Deutsche Nationalbibliothek verzeichnet diese Publikation in der Deutschen Nationalbibliografie; detaillierte bibliografische Daten sind im Internet unter http://dnb.d-nb.de abrufbar.

Vilshofener Straße 10 | 81679 München | info@hanser.de
www.hanser-fachbuch.de
Lektorat: Dipl.-Ing. Natalia Silakova-Herzberg
Herstellung: Frauke Schafft
Coverkonzept: Marc Müller-Bremer, www.rebranding.de, München
Covergestaltung: Thomas West
Titelmotiv: © Thomas West / Firefly GenAI
Satz: Eberl & Koesel Studio, Kempten
Druck: Elanders Waiblingen GmbH, Waiblingen
Printed in Germany

Vorwort

Die Faszination „**LASER**“ ist nach wie vor ungebrochen. Seit dem Jahr 1960, als der erste Laser Strahlung emittierte, erlebt die Lasertechnik eine rasante Entwicklung. Aktuell gibt es ein breites Spektrum an Laserarten, die immer stärker ihren Einsatz in den Bereichen der **Industrie**, der **Medizin**, der **Messtechnik** sowie der **Kommunikationstechnik** finden. So können verschiedene Quellen genutzt werden, die einen großen Leistungsbereich von wenigen Watt bis hin zu Multikilowatt abdecken. Neben kontinuierlich strahlenden Laserquellen werden für die zahlreichen Anwendungen auch gepulste Systeme eingesetzt, die in ihrer Vielfältigkeit ein Arbeiten mit Impulslängen von einigen Millisekunden bis in den Ultrakurzpulsbereich von wenigen Femtosekunden (10^{-15} Sekunden) erlauben. Damit steht für die **Materialbearbeitung** ein „ideales Werkzeug“ zur Verfügung, um unterschiedliche Wechselwirkungsphänomene für den Bearbeitungsprozess anwenden zu können. Für die Verfahren Schneiden, Schweißen, Bohren, Abtragen, Beschriften etc. hat sich die Lasermaterialbearbeitung sehr oft zu einer alternativen und wirtschaftlichen Bearbeitungstechnologie etablieren können. Darüber hinaus konnten durch die Verfahrensbesonderheiten des Lasers vollkommen **neue Methoden** und **Anwendungen** entwickelt und eingeführt werden, wie beispielsweise das Airbagperforieren, das Bohren von Dampfventilen für Mikrowellenverpackungen oder aber das Durchstrahlschweißen für Kunststoffe. Durch diese vielfältigen interessanten Entwicklungen hat sich die Lasermaterialbearbeitung zu einer **Querschnittstechnologie** herausgebildet, die heute sehr komplex wirkend mit einer Vielzahl von Fachdisziplinen verbunden ist und ein enormes Wachstumspotenzial in den kommenden Jahren in sich birgt. Am Standort Deutschland existiert eine ausgezeichnete wissenschaftliche Landschaft, deren Ideen und Leistungen weiterhin in neuen Produkten und Verfahrenslösungen umgesetzt werden müssen. Dazu bedarf es **gut ausgebildeter Fachkräfte**, die diese Herausforderung annehmen und verwirklichen können.

Das vorliegende Lehrbuch richtet sich insbesondere an **Studierende** der **Ingenieurwissenschaften**, aber auch an **Diplomingenieure**, **Wirtschaftsingenieure** und **Physiker**, die einen Einblick in die Lasermaterialbearbeitung erfahren möchten. Neben den Grundlagen werden wichtige Verfahren der Lasermaterialbearbeitung sowie exemplarische Anwendungen ausführlich vorgestellt, die auf langjährigen eigenen Berufserfahrungen und dem recherchierten Wissen vieler Fachexperten basieren. Die Technik lebt von Ideen und der Vorstellungskraft von Methoden und Verfahren. Aus diesem Grund wurden ausgewählte Bearbeitungsprozesse in Videos auf einer DVD begleitend angefügt.

Das vorliegende Buch hätte ohne die **tatkräftige Unterstützung** einer Reihe von Personen und Firmen nicht in dieser Form erstellt werden können. Ganz besonderer Dank gebührt den Mitarbeitern der Ernst-Abbe-Fachhochschule Jena sowie dem Günter-Köhler-Institut für Fügetechnik und Werkstoffprüfung Jena für die Durchführung und Auswertung zahlreicher Experimente und Untersuchungen. Sehr dankbar sind wir ebenfalls den Bachelor-, Diplom- und Masterabsolventen, deren experimentelle Arbeitsergebnisse die Ausführungen vieler Kapitel bereichert haben.

Hervorzuheben ist auch die professionelle Zusammenarbeit mit Herrn *Erhard Schorcht* von der Firma Jenafilm, die es ermöglichte, aktuelle und informative Videos zu produzieren und auf einer DVD dem Buch beizulegen. Des Weiteren danken die Autoren Frau *Manuela Lohse* von der Firma ML Verlagswesen für ihre sehr engagierte Arbeit sowie die sehr angenehme und stets hilfsbereite Zusammenarbeit bei der Korrektur der einzelnen Buchkapitel.

Gedankt sei auch allen **Firmen** und **Institutionen**, die dieses Buch mit Informationen, Materialien und bei den Dreharbeiten großzügig unterstützt haben.

Ein besonderer Dank gebührt dem **Carl Hanser Verlag**, der das Buchprojekt wiederum sehr professionell geleitet hat. Besonders sei unser Lektor, Herr *Jochen Horn*, genannt, ohne seine vielen Anregungen und die kooperative Zusammenarbeit wäre das Vorhaben nicht zustande gekommen.

Ein sehr großer Dank gilt unseren Familien, insbesondere für die entgegengebrachte Geduld, die Entbehrungen und die Unterstützung des über drei Jahre laufenden Projektes.

Jena, im März 2013

Jens Bliedtner, Hartmut Müller und *Andrea Barz*

Vorwort zur 2. Auflage

Mit der zweiten Auflage des Buches Lasermaterialbearbeitung wird die dynamische Entwicklung dieses interdisziplinären Fachgebiets eindrucksvoll nachvollzogen. Die Fortschritte in der Lasertechnologie, der Systemtechnik, der digitalen Prozesssteuerung sowie der Messtechnik haben in den vergangenen Jahren zu tiefgreifenden Veränderungen in Forschung, Entwicklung und industrieller Anwendung geführt. Diese Neuauflage trägt diesen Entwicklungen Rechnung, indem sie nicht nur bestehende Kapitel grundlegend überarbeitet, sondern auch **fünf neue Kapitel** ergänzt, die aktuelle Technologien und wissenschaftliche Erkenntnisse aufgreifen.

Besonderes Augenmerk liegt auf den Themen **Laserstrahlformung und -charakterisierung, prozessspezifische Simulationen, laseradditive Verfahren, hybride Fertigungstechnologien** sowie **laserinduzierte Mikro- und Nanostrukturierung**. Diese Themenfelder spiegeln sowohl die zunehmende Vernetzung klassischer Bearbeitungsverfahren mit modernen digitalen Werkzeugen als auch den hohen Innovationsgrad der Lasermaterialbearbeitung wider. Damit bietet die 2. Auflage Studierenden, Forschenden und Anwendern einen aktuellen, systematischen Überblick über den Stand der Technik und die zukünftigen Trends in diesem Fachgebiet.

Wir möchten **Dr. Hartmut Müller** nach seinem Ausscheiden aus dem Autorenkreis unseren besonderen Dank aussprechen. Nach langjähriger, engagierter Tätigkeit in Forschung und Lehre hat er sich in den wohlverdienten Ruhestand begeben. Sein Beitrag zur ersten Auflage, insbesondere in der Vermittlung der praxisnahen Prozessbeschreibung und der Forschungsarbeiten am Günter-Köhler-Institut für Fügetechnik und Werkstoffprüfung Jena, bildet weiterhin ein Fundament dieses Werkes in der überarbeiteten Auflage.

Ein besonderes Anliegen dieser Auflage ist es, das Buch stärker als **didaktisch strukturiertes Lehr- und Nachschlagewerk** auszubauen. Daher schließen nun **alle Kapitel mit Übungsaufgaben ab**, die den Wissenstransfer und das vertiefende Verständnis fördern. Die **Lösungen** zu diesen Aufgaben, ein komplettes Formelzeichenverzeichnis sowie **weiterführende Materialien, ergänzende Videoinhalte** und **aktuelle Forschungsergebnisse** stehen auf *plus.hanser-fachbuch.de* zur Verfügung. Damit wird der Zugang zu kontinuierlich aktualisierten Lehr- und Forschungsinhalten ermöglicht, die über die Buchinhalte hinausgehen und die Verbindung zwischen Theorie, experimenteller Praxis und industrieller Anwendung stärken.

Unser Dank gilt zudem allen **Kolleginnen** und **Kollegen unserer Arbeitsgruppe der Ernst-Abbe-Hochschule Jena**, die durch fachliche Diskussionen und kritische Anmerkungen zur Weiterentwicklung des Werkes beigetragen haben. Hervorheben möchten wir insbesondere die **Firma Gecko One**, die durch die professionelle Produktion der neuen **Videosequenzen** maßgeblich zur multimedialen Vermittlung komplexer Prozesszusammenhänge beigetragen hat.

Ebenso möchten wir Frau **Manuele Lohse** vom **ML-Verlagswesen** für ihre engagierte und kompetente Unterstützung während der Überarbeitung dieser Auflage herzlich danken. Unser Dank gilt darüber hinaus den Mitarbeiterinnen des **Carl Hanser Verlags**, **Frau Natalia Silakova** und **Frau Christina Kubiak**, für die umsichtige Koordination sowie Unterstützung, das sorgfältige Lektorat und die technisch hervorragende Umsetzung des vorliegenden Buches. Ihre präzise und zuverlässige Arbeit hat entscheidend zum hohen Qualitätsstandard dieser Auflage beigetragen.

Wir hoffen, dass die zweite Auflage nicht nur den aktuellen Stand der Forschung widerspiegelt, sondern auch als Anregung für eigene experimentelle und theoretische Arbeiten dient und damit zur weiteren Verbreitung und Entwicklung laserbasierter Fertigungsverfahren beiträgt.

Jena, im Januar 2026

Jens Bliedtner *Andrea Barz*

Laser-Materialbearbeitung
neu definiert:
Digitale Strahlformung
für maximale Leistung
Bringen Sie Ihre Prozesse auf das nächste Level!
Mit dem LCOS-SLM formen Sie den Laserstrahl präzise und dynamisch – für perfekte Schweißnähte, höchste Schnittpräzision und maximale Effizienz in der additiven Fertigung. Das neue thermische Design unserer LCOS-SLMs garantiert stabile Performance selbst bei extremen Leistungsanforderungen.
HAMAMATSU
PHOTON IS OUR BUSINESS
Für weitere Informationen besuchen Sie
lcos-slm.hamamatsu.com

Ob Standardsystem oder Speziallösung
Leistungsstarke und zuverlässige Systeme
für die Lasermikrobearbeitung aus Chemnitz
3D MICROMAC
Micromachining Excellence
PROZESS-ENTWICKLUNG
LOHNFERTIGUNG
MASCHINEN-LÖSUNGEN
Jetzt informieren und bewerben!
3d-micromac.com

Inhalt

1 Einleitung

In den Jahren 1916 und 1917 wurde durch die Arbeiten zum „Energieaustausch durch Strahlung“ von A. Einstein zum ersten Mal die **stimulierte Emission** beschrieben, die den wichtigsten physikalischen Grundeffekt des **Lasers** (**L**ight **A**mplification by **S**timulated Emission of **R**adiation) darstellt. Die Arbeiten der Wissenschaftler N. Basov und A. Prokhorov (UdSSR) sowie C. Townes (USA) führten in den 1950er-Jahren zu dem ersten **Maser** (**M**icrowave **A**mplification by **S**timulated **E**mission of **R**adiation). Im Jahr 1954 wurde der Ammoniakmaser (NH_3-Maser) von C. Townes vorgestellt. Ende der fünfziger Jahre unterbreiteten A. Schawlow, C. Townes und A. Javan konkrete Vorschläge zum Bau des ersten Lasers. Die stimulierte Emission an einem Laser gelang erstmalig T. H. Maiman an einem Rubinstab als aktives Medium, der mit einer Blitzlampe gepumpt wurde und auf einer roten Linie emittierte. Ein Jahr später, 1961, konnte die Anregung eines Nd:Glaslasers und des ersten Gaslasers, eines He-Ne-Lasers, erfolgreich realisiert werden. Ein weiterer wichtiger Lasertyp, der CO_2-Laser, konnte bereits 1964 mit einer kontinuierlichen Ausgangsstrahlung im infraroten Wellenlängenbereich konstruiert und vorgestellt werden. Fortan entwickelte sich die Lasertechnik sehr rasant und gehört zu einer der dynamischsten Fachdisziplinen des 21. Jahrhunderts.

Relativ frühzeitig, 1964, wurden die ersten Anstrengungen unternommen, den Laserstrahl als **Werkzeug** anzuwenden. Insbesondere die Arbeiten von G. Herziger gaben die Startimpulse für die sich entwickelnde **Lasermaterialbearbeitung (LMB)**. Seitdem haben sich die Einsatzmöglichkeiten des berührungslos arbeitenden Werkzeugs im Bereich der Fertigungstechnik stetig erweitert.

Der Laser wird in sieben großen Gebieten eingesetzt und hat sich für zahlreiche Anwendungen etabliert. In Tabelle 1.1 sind ausgewählte Anwendungen aufgeführt, die die Breite der unterschiedlichen Laseranwendungen verdeutlichen.

Tabelle 1.1 Einsatzgebiete des Lasers

Einsatzgebiete	Anwendungen
Materialbearbeitung	Bohren, Schneiden, Schweißen, Löten, Beschriften, Abtragen, Härten, Beschichten, schichtweises Auftragen, Präzisionsbearbeitung, Additive Fertigung, Funktionalisieren
Messtechnik	Längen- und Winkelmessung, Oberflächenprüfung, Mikroskopie, Holografie, Anemometrie, LiDAR (Light Detection and Ranging), Fahrleitsysteme, Objektvermessung, Spektroskopie, Geschwindigkeitsmessungen, Quantenmetrologie
Medizin und Medizintechnik	Tumorbehandlung, Laserchirurgie, Netzhaut- und Kataraktchirurgie, optische Kohärenztomografie, laserbasierte Diagnostik, Dermatologie und ästhetische Medizin, photodynamische Therapie, Diagnostik und Bildgebung, laserbasierte Therapiemethoden
Informations- und Kommunikationstechnik	Lichtleitsysteme, Telefontechnik, Laserdrucker, Laserscansysteme, optische Koppler, optische Computertechnologien, Freiraumkommunikation, Quantenkommunikation und Quantenkryptografie, LiDAR, Terahertz-Kommunikation
Unterhaltung- und Konsumertechnik	Laserdisplaytechnik, Laserprojektionstechnik, Codiersysteme, Virtual Reality, Augmented Reality
Energietechnik	Laserfusion, lasergestützte Photovoltaik, Laserstrukturierung von Solarzellen, Batterieschweißen, Fertigung von Brennstoffzellen
Sicherheit und Verteidigung	LiDAR für autonome Systeme, optische Sensoren für Sicherheitsanwendungen, Laser-Doppler-Radare, Laserinterferometrie, Laserkommunikation, Laserspektroskopie zur Detektion gefährlicher Substanzen

Die Entwicklungen der Lasertechnik waren insbesondere davon geprägt, die Strahlungsquellen und deren Strahlungseigenschaften auch für die Belange der Materialbearbeitung zu optimieren und anzupassen. Nachfolgend sind fünf wichtige Entwicklungsschwerpunkte dargestellt:

1. robuste Laserstrahlungsquellen mit hohen Verfügbarkeiten für industrielle Anwendungen,
2. kompakte Lasersysteme mit höheren Wirkungsgraden zur Verbesserung der Energieeffizienz,
3. Strahlungsquellen mit hoher Brillanz, insbesondere für die hochpräzise Mikrobearbeitung,
4. effiziente Pumpquellen für Hochleistungslaser,
5. gepulste Systeme, insbesondere Kurz- und Ultrakurzpulslaser.

Die Entwicklung von kompakten und robusten Laserstrahlungsquellen mit hohen Verfügbarkeiten war für die Einführung der Lasertechnik in die industrielle Fertigung eine wichtige Voraussetzung. Bild 1.1 a und b veranschaulichen sehr eindrucksvoll die hohe Dynamik der Entwicklung von Laserstrahlungsquellen. Betrugen die Baulängen der ersten langsam längsgeströmten CO_2-Lasersysteme noch rund 4 m, um in etwa 200 W mittlere Leistung auszukoppeln, kann dies heute mit modernen **Sealed-Off-Systemen** sehr kompakt auf einem Bauraum von ca. $3 \cdot 10^{-2} - 3 \cdot 10^{-1}\ m^3$ mit gleicher oder sogar höherer Ausgangsleistung realisiert werden.

Ultrakompakte Lasersysteme sind ein wesentlicher Bestandteil der modernen Lasertechnologie und zeichnen sich durch leistungsstarke Faserlaser in besonders kleinen Abmessungen (Footprints) aus */ipgphotonics2025/*. Diese Systeme ermöglichen es, leistungsstarke Lasermodule in kompakten, platzsparenden Racks unterzubringen, wodurch die Integration in verschiedene Anwendungen und Anlagen erleichtert wird (Bild 1.1 c). Dank ihrer kompakten Bauweise und der effizienten Kühlung lassen sich Faserlaser hervorragend zu hohen mittleren Leistungen skalieren, wodurch sie in Anwendungen mit erhöhten Leistungsanforderungen bei kleinem Raumbedarf vorteilhaft einsetzbar sind.

Bild 1.1 Entwicklungsbeispiele CO_2-Laser. a) Langsam längsgeströmtes System */Born1981/*, b) Sealed-Off-System (komplett geschlossen) */Coherent2011-1/*, c) ultrakompaktes Faserlaser-Rack © IPG Photonics

Hinsichtlich Wirkungsgrad, Leistungsstabilität und Strahlqualität verfügen heutige Systeme für industrielle Anwendungen über eine hohe Zuverlässigkeit und ermöglichen eine sehr gute Systemintegration, auch in automatisierte Prozesslösungen.

Die **Festkörperlaserentwicklung** wurde ebenfalls sehr stark durch die Entwicklungsanforderungen der LMB geprägt. Viele Jahre kamen lampengepumpte Stabgeometrien zum Einsatz, die bereits heute zunehmend durch die effizienteren Scheiben- und Faserlasersysteme abgelöst werden. Mit diesen Systemen stehen Quellen zur Verfügung, die Strahlung mit sehr hohen Strahlqualitätskennzahlen emittieren und über hohe Wirkungsgrade verfügen. Letztgenannter Parameter trifft ebenfalls für die Diodenlaser zu, die neben dem Einsatz in der LMB eine große Bedeutung als Pumpquelle für Festkörperlaser besitzen. Durch die Entwicklung von angepassten Strahleigenschaften solcher Pumplichtquellen wurde die Voraussetzung einer effizienten Strahleinkopplung in das laseraktive Medium geschaffen. Dadurch lassen sich Laserausgangsleistungen im kW-Bereich mit höheren Wirkungsgraden realisieren.

Eine Reihe von Bearbeitungsaufgaben erfordert den Einsatz von gepulsten Lasersystemen. Die Entwicklung der Lasersysteme hat inzwischen einen hohen Reifegrad erreicht, insbesondere im Bereich der Piko- und Femtosekundenlaser, die sich als industrietauglich erwiesen haben. Diese Technologie eröffnet völlig neue Mechanismen der Wechselwirkung zwischen Laserstrahl und Materie und ermöglicht die weitere Miniaturisierung in der Mikromaterialbearbeitung.

Die Erhöhung der mittleren Leistung auf mehrere Kilowatt bei Ultrakurzpulslasersystemen ist inzwischen realisiert worden und stellt eine wichtige Voraussetzung für den effizienten Einsatz dieser Laserstrahlungsquellen in der industriellen Fertigung dar */Popr2010/*, */photonics2022/*, */Muel2020/*.

Für die LMB steht eine Vielzahl moderner Lasersysteme zur Verfügung, die für die Erschließung neuer Anwendungsfelder kontinuierlich weiterentwickelt werden. Die aktuellen Entwicklungsschwerpunkte umfassen:

1. Integration von Strahlungsquellen in digitale Fertigungssysteme, einschließlich cyber-physischer Systeme und KI-gestützter Prozessüberwachung,
2. Hochgeschwindigkeitsbearbeitung mit optimierten Strahlformungs- und Scannertechnologien zur Steigerung der Produktivität und Bearbeitungsqualität,
3. Remotesystemlösungen für flexible und automatisierte Fertigungsprozesse, z. B. für robotergestützte Laserbearbeitung,
4. spezielle lasertypische Fertigungsverfahren, einschließlich hybrider Technologien, die Laser mit anderen Bearbeitungstechniken kombinieren,
5. Mikrobearbeitungsverfahren mit Ultrakurzpulslasern, die hochpräzise Strukturierungen im Mikro- und Nanometerbereich ermöglichen.

Moderne Laserstrahlungsquellen bieten eine sehr gute Integrationsfähigkeit in hochautomatisierte Fertigungssysteme. Sie lassen sich nahtlos in digitale Produktionsumgebungen einbinden und ermöglichen eine intelligente Prozesssteuerung. Ihre Anwendung reicht von zweiachsigen CNC-Systemen bis hin zu hochkomplexen 5-Achs-Portalen und Roboterlösungen für flexible Fertigungsaufgaben. Die Entwicklung leistungsfähiger Antriebssysteme, insbesondere linearer Direktantriebe, hat Hochgeschwindigkeitsanwendungen weiter vorangetrieben. Dadurch können Laseranwendungen in vielen Bereichen mit konventionellen mechanischen Verfahren wie der Stanztechnik konkurrieren. Kombinierte Systeme, die Lasertechnologien mit mechanischer Bearbeitung koppeln, haben sich als effiziente Lösungen für verschiedene Fertigungsprozesse etabliert.

Der Einsatz hochdynamischer Scanner für unterschiedliche Bearbeitungsaufgaben hat sich rasant weiterentwickelt. Moderne Systeme ermöglichen Relativgeschwindigkeiten von größer 10 m·s^{-1}. Die Remotebearbeitung hat sich dabei zu einer Schlüsseltechnologie entwickelt, insbesondere für Anwendungen, die eine flexible Materialbearbeitung erfordern. Diese Entwicklung führt zu höheren Bearbeitungsgeschwindigkeiten, einer Reduzierung von Nebenzeiten und einer verbesserten Prozesskontrolle in automatisierten Produktionslinien.

Das hohe Potenzial der Lasertechnik führte auch zu Verfahrensentwicklungen, die in der Fertigungstechnik ein Alleinstellungsmerkmal besitzen. In Bild 1.2 sind exemplarisch drei Anwendungen dargestellt. In Bild a sind mithilfe des Laserdurchstrahlschweißens zwei Kunststoffkomponenten gefügt worden. Bei dieser Technik wird ein transparenter oder teiltransparenter Kunststoff mit einer absorbierenden Komponente gefügt. Durch die sehr kleine Lasereinflusszone kann im Inneren der Baugruppe sensibles Material bevorratet werden, das im späteren Einsatz eine Airbagentfaltung auslöst. Auch das definierte Einbringen der Airbagsollbruchstelle in die Rückseite der Pkw-Instrumententafel ist eine ganz speziell entwickelte Lasertechnologie */Jenoptik2011-2/*. Additive Verfahren setzen für eine hohe Detailwiedergabe den Einsatz des Laserstrahles voraus. Bild 1.2 b illustriert eine schichtweise aufgebaute Wabenstruktur, deren Herstellung mit den meisten anderen, konventionellen Verfahren unmöglich ist. Die in Bild 1.2 c dargestellte Lattice-Struktur, gefertigt mittels Zwei-Photonen-Polymerisation (2PP), zeichnet sich durch eine hochpräzise, dreidimensionale Mikroarchitektur mit definierter Porosität aus. Diese systematisch gestaltete Mikrostruktur ermöglicht neuartige Filterdesigns für die Filtration von Flüssigkeiten, vor allem in der biomedizinischen Analytik, der chemischen Prozessindustrie und der Wasseraufbereitung. Durch die präzise Kontrolle der Porengröße können spezifische Partikelgrößen selektiv zurückgehalten oder gezielt durchgelassen werden.

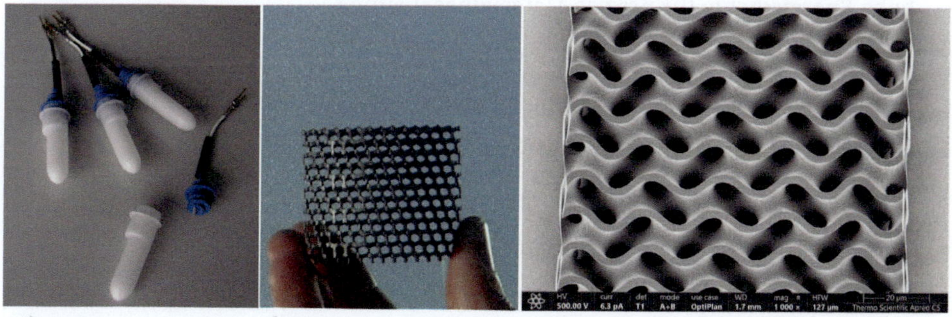

a) b) c)

Bild 1.2 Laserspezifische Fertigungstechnologien. a) Laserdurchstrahlschweißen von Airbagtreibstoffkapseln */Jenoptik2011-2/*, b) laserbasierte Pulverbettverfahren (PBF-LB) – Schichtgenerieren von Wabenstrukturen */Jena2011-1.1/*, c) Zwei-Photonen-Polymerisation einer Lattice-Struktur für Filteranwendungen

Eine wichtige Domäne der LMB ist auch die **Mikrobearbeitung**. Durch die sehr hohe Brillanz der Laserstrahlung, kombiniert mit kurzen und ultrakurzen Laserpulsen, können sehr kleine Strukturen mit hohen Genauigkeitsanforderungen reproduzierbar erzeugt werden. Bild 1.3 zeigt zwei typische Anwendungen der Lasermikrobearbeitung. Das Bohren kleiner Durchmesser mit möglichst großen Aspektverhältnissen ist eine oft gestellte Anforderung aus sehr unterschiedlichen Anwendungsbereichen. Das Mikroschneiden von **Stents**, in Bild 1.3 b dargestellt, ist ebenfalls ein klassisches Anwendungsbeispiel. Stents finden Anwendung in der Herzchirurgie und dienen der Gefäßerweiterung bei Arterienverengung.

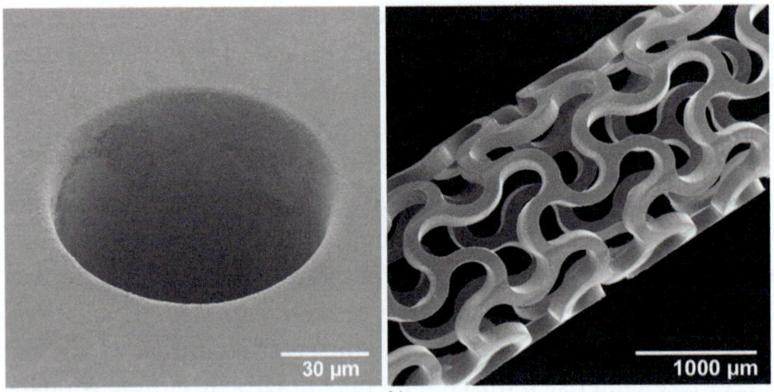

a) b)

Bild 1.3 Anwendungen der Mikrobearbeitung © Micreon GmbH, */Micreon2011/*.
a) Bohren in Silizium, b) Schneiden von Stents

Die Vorteile der LMB rechtfertigen heute sehr oft die teilweise noch hohen Investitionskosten für Lasersysteme und lassen sich wie folgt zusammenfassen:

- hohe Energiedichte für präzise Materialbearbeitung,
- kontaktlose Bearbeitung ohne Werkzeugverschleiß,
- flexible Strahlformung (z. B. variable Pulsform und Intensitätsverteilung),
- minimale Wärmeeinflusszone für reduzierte thermische Belastung,
- geringe mechanische Beanspruchung des Werkstücks,
- hohe Präzision und Reproduzierbarkeit bei komplexen Strukturen,
- Bearbeitung unterschiedlichster Materialien, von Metallen bis hin zu Kunststoffen und Gläsern,
- große Flexibilität und hohe Automatisierbarkeit für moderne Fertigungsprozesse.

Aus diesen genannten Vorteilen hat sich eine Vielzahl von **Arbeitsverfahren** in der Fertigungstechnik fest etabliert. Die einzelnen Laserarbeitsverfahren können prinzipiell den folgenden Gruppen zugeordnet werden:

1. **materialeigenschaftsändernde Verfahren** – weitgehende Erhaltung des Materialvolumens und Änderungen der Werkstoffstruktur ohne wesentlichen Materialabtrag,
2. **trennende Verfahren** – Materialentfernung zur gezielten Formgebung oder Strukturierung,
3. **fügende Verfahren** – laserbasierte Verbindungstechniken durch lokales Aufschmelzen,
4. **auftragende und additive Verfahren** – schichtweiser Materialauftrag zur Formgebung und Funktionalisierung.

Die speziellen Wechselwirkungsprinzipien zwischen Laserstrahl und Werkstück erlauben den Einsatz unterschiedlicher Arbeitsverfahren, die in Tabelle 1.2 aufgeführt sind. Sie lassen sich neben der vorstehend genannten Gruppierung ebenfalls den sechs Hauptgruppen der Fertigungstechnik nach DIN 8580 zuordnen.

Tabelle 1.2 Übersicht der **Arbeitsverfahren der LMB**

Materialeigenschafts-ändernde Verfahren	Härten, Markieren und Beschriften, Umschmelzen, Gaslegieren, Verglasen, Oberflächenbehandlung, Umformen/Biegen
Trennende Verfahren	Bohren, Perforieren, Schneiden, Abtragen, Strukturieren, Ritzen, Scriben, Gravieren, Reinigen, Trimmen, Abisolieren, Warmzerspanung
Fügende Verfahren	Schweißen, Löten, Diffusionsschweißen, laserbasiertes Kleben
Auftragende und additive Verfahren	Metallpulver- und Drahtbeschichten, Laserstrahlauftragsschweißen, laserbasierte Pulverbettverfahren (PBF-LB), laserinduzierte chemische Gasphasenabscheidung

Der Laserstrahl gilt zunehmend als Schlüsseltechnologie für eine nachhaltige Produktion. Trotz seines vergleichsweise geringen Wirkungsgrades bietet die Lasertechnologie erhebliche ökologische Vorteile. Dazu zählen insbesondere:

- Ressourcenschonung durch präzise Materialbearbeitung mit minimalem Ausschuss,
- Energieeinsparung durch optimierte Fertigungsverfahren, insbesondere in der Leichtbau- und Mikrofertigung,
- Erhöhung der Lebensdauer von Bauteilen durch kontakt- und verschleißfreie Bearbeitungsprozesse,
- Effizienzsteigerung in der Photovoltaik durch laserbasierte Strukturierung und Reinigung von Solarzellen,
- Unterstützung der Elektromobilität durch hochpräzise Fertigung von Batteriemodulen und Brennstoffzellensystemen.

Die Lasermaterialbearbeitung ist eine interdisziplinäre Wissenschaft, die das Verständnis physikalischer Grundlagen, der Strahleigenschaften sowie der Wechselwirkungen mit Werkstoffen erfordert, wodurch die enge Zusammenarbeit zwischen Physikern, Ingenieuren und Materialwissenschaftlern entscheidend für die Weiterentwicklung der Lasermaterialbearbeitung ist. Die folgenden Kapitel vertiefen diese Aspekte und stellen Arbeitsverfahren und innovative Anwendungen in den Mittelpunkt der Betrachtung.

In Tabelle 1.3 sind einige ausgewählte Meilensteine der Entwicklung der Lasertechnik zusammengestellt.

Tabelle 1.3 Ausgewählte Meilensteine der Entwicklung des Lasers

Jahr	Entwicklung	Erfinder, Firma, Ort
1917	Vorschlag einer stimulierten Emission	A. Einstein, Universität Berlin, Deutschland
1954	Vorstellung eines NH_3-MASER	C. H. Townes, Columbia University, USA
1960	erster nachgewiesener Lasereffekt im Rubinlaser	T. Maiman, Hughes Research Laboratories, USA
1962	erster kontinuierlich strahlender He-Ne-Laser	Siemens, Deutschland
1962	erster Diodenlaser	R. N. Hall, General Electric, USA
1963	Entwicklung Modenkopplung	E. P. Ippen, Stanford University, USA
1964	erster kontinuierlich strahlender CO_2-Laser	C. Kumar und N. Patel, Bell Laboratories, USA
1964	erstmalige Erzeugung von Impulsen im ps-Bereich	L. DeMaria, Bell Laboratories, USA
1966	erste Farbstofflaser – abstimmbar durch Wahl des Lösungsmittels	P. P. Sorokin und J. R. Lankard, IBM Research, USA
1969	Bearbeitungsanlage zum Bohren von Uhrensteinen	G. Herziger, Fraunhoferinstitut ILT, Deutschland
1971	Entwicklung eines flexiblen LASER-Lichtleiters	J. Nath und H. Müssiggang, Universität Erlangen-Nürnberg, Deutschland
1974	erstmalige Erzeugung von Impulsen unter 1 ps	H. P. Shank, Bell Laboratories, USA
1978	erste industrielle Schneidanlage	Trumpf, Deutschland, Western Electric, USA
1985	erster 1-kW-CO_2-Laser mit Hochfrequenzanregung	Trumpf, Deutschland

Jahr	Entwicklung	Erfinder, Firma, Ort
1987	Entwicklung additiver Laserverfahren	3D-Systems, USA
1988	Pumpen mit Diodenlaser	T. Hänsch, Max-Planck-Institut für Quantenoptik (MPQ), Deutschland
1990	erste kommerzielle Faserlaser mit Leistung im Wattbereich	IPG Photonics, USA
1991	erster Ti:Saphir-Laser mit Modenkopplung vorgestellt	G. Mourou und T. Hänsch, University of Michigan, USA, Max-Planck-Institut für Quantenoptik, Deutschland
1992	Einsatz von Lasern zum Stent-Schneiden	Rofin-Sinar, Deutschland, Trumpf, Deutschland, Spectra-Physics, USA
1993	erste Demonstration eines Scheibenlasers	A. Giesen, Universität Stuttgart, Deutschland
1993	erster diffusionsgekühlter CO_2-Slablaser vorgestellt	Rofin, Deutschland
1995	Hochleistungslaser zum Härten	Fraunhoferinstitut ILT, Deutschland
1999	erster diodengepumpter Scheibenlaser mit 1 kW Ausgangsleistung	Trumpf, Deutschland
2002	Hochleistungsfaserlaser zum Schweißen	V. P. Gapontsev, IPG Photonics, USA
2008	Anwendung von fs-Lasern in der Medizin (Ophthalmologie)	J. Söderberg und T. Juhasz, IntraLase Corp., USA, Carl Zeiss Meditec, Deutschland
2008	Pulse im Attosekundenbereich erzeugt (im Labor)	F. Krausz, Max-Planck-Institut für Quantenoptik, Deutschland, P. Corkum, NRC, Kanada, A. L'Huillier, Lund University, Schweden
2009	Demonstration eines fs-Faser-CPA-Systems mit 830 W Durchschnittsleistung	Fraunhoferinstitut IOF, Deutschland
2012	erster Röntgenlaser auf Atom-Basis konstruiert	U. Rohringer (CFEL), Deutschland SLAC, USA
2013	erste industrielle Anwendung von UKP-Lasern im Serienbetrieb	Trumpf, Deutschland
2014	Entwicklung eines Hochleistungsfaserlasers mit über 10 kW Leistung	IPG Photonics, USA

Tabelle 1.3 Ausgewählte Meilensteine der Entwicklung des Lasers *(Fortsetzung)*

Jahr	Entwicklung	Erfinder, Firma, Ort
2015	erstes kommerzielles Laserstrahlschweißen von Aluminiumlegierungen in der Automobilproduktion	BMW, Deutschland
2016	Durchbruch bei der EUV-Lithografie mit leistungsstarken CO_2-Lasern	ASML, Niederlande
2017	laserbasierte additive Fertigung von Metallbauteilen für Luft- und Raumfahrt	GE Additive, USA
2018	Entwicklung kompakter Hochleistungs-UKP-Laser für die industrielle Mikrobearbeitung	Trumpf, Deutschland
2019	Laserdrucktechnologien für flexible und organische Elektronik	Fraunhofer ILT, Deutschland
2020	erste Anwendung von Quantenkaskadenlasern für medizinische Diagnostik	MIT, USA
2021	Integration von KI-gestützten Systemen in die Lasermaterialbearbeitung	Siemens, Deutschland
2022	Entwicklung von Hochenergie-UKP-Lasern für Fusionsforschung	ELI Beamlines, Tschechien
2022	erfolgreiche Demonstration der Laserfusion	Lawrence Livermore National Laboratory, USA
2023	Einsatz von Laserprozessen zur Herstellung von Festkörperbatterien	IPG Photonics und Tesla, USA
2024	Optimierung der Laserprozesse für transparente Hochleistungskeramiken	Fraunhofer IKTS, Deutschland
2025	Weiterentwicklung der Lasermikrobearbeitung für Quantentechnologien	NIST, USA

* Die Inhalte stellen lediglich einen Auszug dar und berücksichtigen nicht alle Meilensteine und Erfinder sowie Firmen.

2 Grundlagen der Lasertechnik

Im Laufe der menschlichen Entwicklung ist das Aussenden von Licht (**Emission**) mit unterschiedlichen technischen Konzepten (Glühlampe, Leuchtstoffröhre, LED etc.) erfolgreich umgesetzt worden. Die Strahlungsquellen unterscheiden sich neben den Wirkprinzipien und vielen technischen Details auch in der **Qualität** der Strahlung. Was unter dem Begriff „Qualität" zu verstehen ist wird in diesem Kapitel näher ausgeführt.

Das Wort **LASER** steht als Abkürzung für die Begriffe **L**ight **A**mplification by **S**timulated **E**mission of **R**adiation.

Hier finden sich die entscheidenden Begriffe wieder, die die Besonderheiten der Strahlungsquelle Laser kennzeichnen. Die deutsche Übersetzung, in der gebräuchlichen Form von **L**icht **a**ngeregter, **S**trahlung **e**mittierender **R**esonator, beschreibt den Laser recht gut, wenngleich die Anregung heute auch durch andere physikalische Grundprinzipien realisiert werden kann.

Bild 2.1 veranschaulicht auf sehr einfache Weise, die entscheidenden Unterschiede eines Lasers im Vergleich zu thermischen Strahlungsquellen.

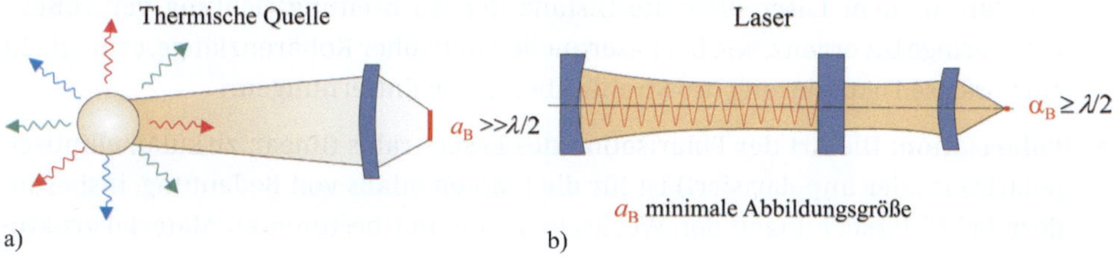

Bild 2.1 Vergleich von Strahlungsquellen nach */Popr1998/*. a) thermische Quelle, b) Laser

Eine wesentliche Besonderheit besteht in der gerichteten Aussendung der Laserstrahlung, die durch eine vergleichsweise hohe Monochromasie (spektral „scharf") gekennzeichnet ist. Ein ganz entscheidender Parameter, die **Fokussierbarkeit**, wird ebenfalls veranschaulicht. Durch die Kohärenz und die niedrige Divergenz der sich ausbreitenden Laserstrahlung kann diese auf einen sehr kleinen Fokusdurchmesser gebündelt werden. Das stellt wiederum eine elementare Voraussetzung für fast alle Verfahren der **Lasermaterialbearbeitung (LMB)** dar. Zusammenfassend kennzeichnen einen Laser folgende wesentliche physikalische Eigenschaften, die insbesondere für die LMB relevant sind:

- **hohe Monochromasie:** beschreibt die Spektralreinheit der Laserstrahlung und ist entscheidend für präzise Anwendungen, da die Emission der Photonen in einem engen Wellenlängenbereich zu einer hohen spektralen Schärfe führt,
- **große zeitliche und räumliche Kohärenz:** Die zeitliche Kohärenz charakterisiert die Stabilität der Phase der Strahlung über die Zeit. Die räumliche Kohärenz gibt die Parallelität der elektromagnetischen Wellen bei der Ausbreitung über einen bestimmten Raum wieder und ist für die Fokussierung sowie die Präzision in der LMB von Bedeutung,
- **hohe spektrale Energiedichte:** Die Verteilung der Energie des Laserstrahls über einen engen Wellenlängenbereich ist in vielen Anwendungen der LMB wichtig, da sie die Intensität des Laserstrahls auf einem sehr kleinen spektralen Raum konzentriert und somit eine präzise Bearbeitung erlaubt,
- **Erzeugung sehr kurzer Impulse:** Ultrakurzpulslaser (z. B. Femto- oder Pikosekundenlaser) ermöglichen extrem hohe Spitzenintensitäten und bieten daher einen Vorteil insbesondere für ultrapräzise Bearbeitungstechniken in der LMB. Die Impulsdauer beeinflusst auch die Wechselwirkung des Laserstrahles mit dem Material (z. B. Materialverdampfung oder -ablation ohne thermische Schädigung),
- **Hohe Intensität:** Insbesondere bei fokussierten Strahlen führt dies zu einer starken, für die Bearbeitung erforderlichen Wechselwirkung mit dem Material,
- **Divergenz:** bezieht sich darauf, wie stark sich der Strahldurchmesser nach dem Austritt aus dem Laser über die Distanz der Ausbreitungsrichtung vergrößert. Eine geringe Divergenz, wie bei Laserquellen mit hoher Kohärenzlänge, ermöglicht eine präzise Fokussierung des Strahls über große Entfernungen,
- **Polarisation:** Die Art der Polarisation des Laserstrahls (linear, zirkular, elliptisch polarisiert oder unpolarisiert) ist für die LMB ebenfalls von Bedeutung, insbesondere bei Untersuchungen der Wechselwirkung mit bestimmten Materialstrukturen oder unterschiedlichen Bearbeitungsrichtungen.

2.1 Licht als elektromagnetische Welle

Die Beschreibung der Ausbreitung von Licht erfolgt sehr häufig mit vereinfachten Modellen, so zum Beispiel in der geometrischen Optik (Licht als Strahl) oder in der Wellenoptik (Licht als Welle). In der Beschreibung der Wechselwirkungen elektromagnetischer Strahlung mit Materie reichen diese Modelle aber nicht aus. Erst die Betrachtungsweise des Dualismus **Welle-Teilchen** der elektromagnetischen Strahlung bietet die Möglichkeit der Beschreibung der Laserprozesse.

Die Vorstellung der Ausbreitung von **Licht als elektromagnetische Welle** geht auf das Aufstellen der Grundgleichungen der Elektrodynamik durch J. C. Maxwell und der experimentellen Bestätigung durch H. Hertz zurück.

Das Licht lässt sich als eine transversale elektromagnetische Welle, mit den Vektoren $\vec{E}_F$ (elektrische Feldstärke) und $\vec{H}$ (magnetische Feldstärke) darstellen. $\vec{E}_F$ und $\vec{H}$ stehen senkrecht aufeinander, haben die gleiche Ausbreitungsgeschwindigkeit und schwingen periodisch mit derselben Frequenz. In Bild 2.2 sind beide Feldstärken zu einem festen Zeitpunkt in Abhängigkeit von den Ortskoordinaten dargestellt.

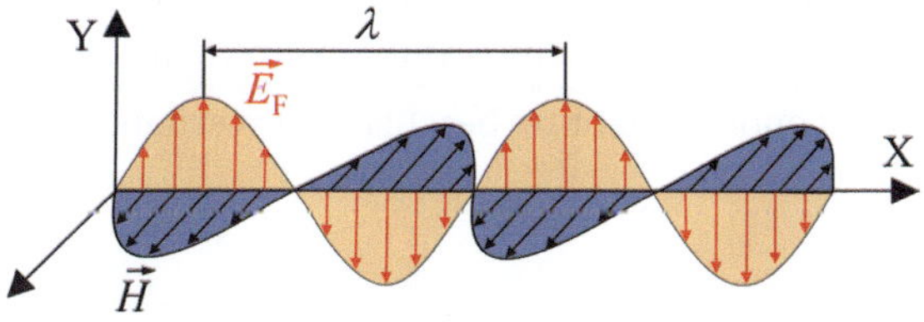

Bild 2.2
Darstellung der Ausbreitung elektromagnetischer Strahlung

Für die Ausbreitungsgeschwindigkeit c ergibt sich der einfache Zusammenhang

$$c = \lambda \nu \tag{2.1}$$

λ Wellenlänge; ν Frequenz

Diese beträgt im Vakuum $c = 2{,}998 \cdot 10^8\ \text{m} \cdot \text{s}^{-1}$. In einem natürlichen Medium breitet sich die Strahlung langsamer aus. Die resultierende Lichtgeschwindigkeit kann durch die Beziehung

$$c' = \frac{c}{n} \tag{2.2}$$

$$n = \sqrt{\varepsilon \cdot \mu} \tag{2.3}$$

n Brechzahl; ε Dielektrizitätszahl; μ Permeabilität

bestimmt werden.

Für die Ausbreitung in optischen Medien ist die Brechzahl n entscheidend. Für das Auftreffen einer elektromagnetischen Welle auf eine Grenzfläche gilt das Brechungsgesetz nach W. Snellius (vgl. Kapitel 4)

$$n_1 \sin \alpha_1 = n_2 \sin \alpha_2 \tag{2.4}$$

α_1 Einfallswinkel; α_2 Austrittswinkel

Eine wichtige Größe der elektromagnetischen Welle ist die Intensität oder Leistungsdichte I, die mitgeführt wird. Bezieht man diese auf die elektrische Feldstärke, so kann die Intensität durch Formel 2.5 beschrieben werden.

$$I = \sqrt{\frac{\varepsilon \varepsilon_0}{\mu \mu_0}} \cdot \overline{E_F^2} \tag{2.5}$$

Ebenso kann die Leistungsdichte als das Verhältnis von transportierter Leistung bezogen auf eine Flächeneinheit angegeben werden.

A. Einstein lieferte mit seiner Lichtquanten-Hypothese die Erklärung, wonach Licht aus einzelnen Energiequanten (**Photonen**) mit je nach Frequenz unterschiedlicher Energie besteht. Es lässt sich die wichtige Aussage von Einstein formulieren:

„Die Ausbreitung der Strahlung erfolgt in Form einer elektromagnetischen Welle, während die Energie bei der Emission und Absorption in Lichtquanten konzentriert ist."

Die Energie der Photonen kann durch folgende Beziehung beschrieben werden:

$$E = h\nu = \frac{hc}{\lambda} \tag{2.6}$$

h Plancksches Wirkungsquantum

In der Laserphysik wird die Einheit der Energie eines Photons oft in eV (Elektronenvolt) angegeben (1 eV = $1{,}602 \cdot 10^{-19}$ J).

In der Kombination beider Modelle **Welle-Teilchen** lassen sich die komplexen Wechselwirkungsprozesse gut veranschaulichen. Während sich die Prozesse Absorption und Emission von Licht weitestgehend mit dem Teilchenmodell beschreiben lassen, kann die Beschreibung der Lichtausbreitung mit dem Wellenmodell erfolgen. In */Stau2000/* wird eine Beziehung angeführt, nach der das Wellenbild von Maxwell für

$$k \cdot T > \frac{h \cdot c_0}{\lambda} \tag{2.7}$$

T Temperatur; k Boltzmann-Konstante

und das Teilchenbild nach Planck für

$$k \cdot T < \frac{h \cdot c_0}{\lambda} \tag{2.8}$$

dominant ist.

2.2 Emission und Absorption

Die Überführung atomarer Systeme in höher angeregte Zustände durch Energiezufuhr von außen und die Aussendung von elektromagnetischer Strahlung beim Rückfall in die energieärmeren Niveaus ist der **Grundmechanismus** eines jeden Lasers und wird in Abschnitt 2.3 näher betrachtet.

Zunächst soll die Entstehung elektromagnetischer Strahlung an einem Atom beschrieben werden. Vereinfacht lassen sich die Prozesse am Bohrschen Atommodell beschreiben. Das Atom besteht aus einem positiv geladenen Atomkern und den negativ geladenen Elektronen. Diese umkreisen den Atomkern in unterschiedlichen Bahnabständen, die diskreten Energiezuständen zugeordnet werden können (Quantenmechanik).

Bild 2.3 veranschaulicht diesen Zusammenhang. Die diskreten Zustände E_1, E_2, ... weisen mit ansteigender Ziffer höhere Energiewerte auf. Der Übergang der Elektronen von einem höheren Energiezustand (E_2) zu einem tieferen Zustand (E_1) erfolgt in Form einer Dipolschwingung mit einer Frequenz von

$$\nu = \frac{E_2 - E_1}{h} \tag{2.9}$$

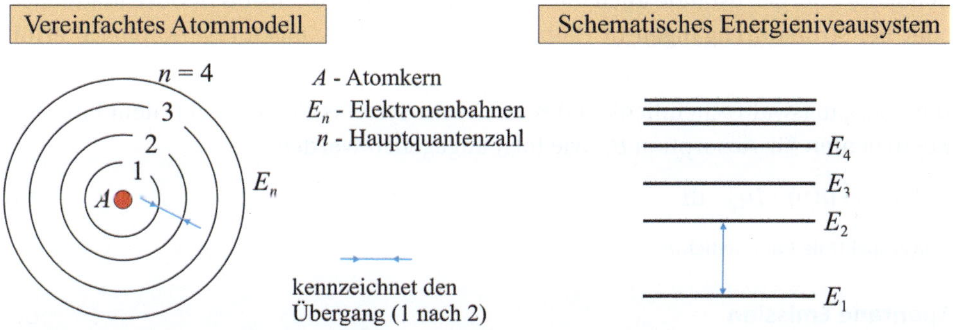

Bild 2.3 Vereinfachtes Bohrsches Atommodell nach */Brun1989/*

Mit diesem vereinfachten atomaren System können die Wechselwirkungsprozesse **spontane und induzierte Emission** sowie die **Absorption** anschaulich erklärt werden. In Tabelle 2.1 sind die Wechselwirkungsprozesse gegenübergestellt.

Tabelle 2.1 Prinzipdarstellung von Absorption und Emission

Absorption	Spontane Emission	Induzierte Emission

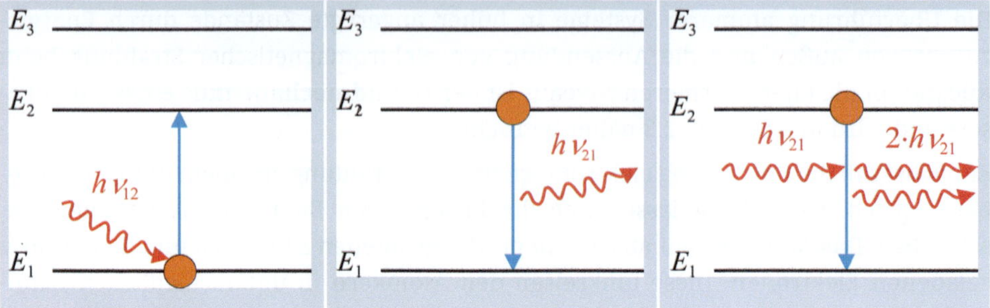

Absorption

Bei der **Absorption** wird das atomare System vom Grundzustand E_1 in den energetisch höheren Zustand E_2 befördert bzw. angeregt. Dies erfolgt im Beispiel der Tabelle 2.1 durch den Einfall von Strahlung $h{\cdot}\nu$, deren Energie bzw. Teile davon an das atomare System übertragen werden. Eine Voraussetzung dafür ist die Resonanzbedingung $h{\cdot}\nu = E_2 - E_1$, die das Strahlungsfeld erfüllen muss. Die elektromagnetische Welle wird dabei geschwächt. Wenn kein Strahlungsfeld vorliegt, kann die Anregung in höhere Energiezustände auch durch Stöße, z. B. Elektronenstoß in Gasentladungen oder bei Stromdurchgängen in Halbleitern an pn-Übergängen (vgl. Kapitel 3) erfolgen.

Die Übergangswahrscheinlichkeit des atomaren Systems W_{12} kann mit dem Einstein-Koeffizienten für Absorption B_{12} wie folgt angegeben werden:

$$\mathrm{d}W_{12} = u(\nu) \cdot B_{12} \cdot \mathrm{d}t \tag{2.10}$$

$u(\nu)$ spektrale Energiedichte

Spontane Emission

Befindet sich das betrachtete atomare System im angeregten Energiezustand E_2, kehrt dieses, ohne die Einwirkung von außen, nach einer gewissen Verweildauer **spontan** in den Grundzustand E_1 zurück. Die entsprechende Verweildauer resultiert aus der mittleren Lebensdauer im Zustand E_2 und ist für die Systeme verschieden. Wird bei diesem Rückfall des atomaren Systems Strahlung in Form eines Photons frei, handelt es sich um **spontane Emission**. Für den Übergang gilt die Beziehung

$$E_2 - E_1 = h \cdot \nu \tag{2.11}$$

Die Übergangswahrscheinlichkeit W_{21sp}, dass ein atomares System von Zustand E_2 in den Zustand E_1 übergeht und ein Photon durch spontane Emission ausgesandt wird, kann mit dem Einstein-Koeffizienten für spontane Emission A_{21} beschrieben werden.

$$dW_{21sp} = A_{21} \cdot dt \tag{2.12}$$

$$A_{21} = \frac{1}{\tau_{sp}} \tag{2.13}$$

τ_{sp} mittlere Verweilzeit

Die wesentlichen Merkmale der spontanen Emission:

- der Zeitpunkt der Emission,
- die Phase der ausgesandten elektromagnetischen Welle,
- die Emissionsrichtung und
- die Polarisationsrichtung

sind rein zufällig. Damit entsteht bei der spontanen Emission immer **inkohärente Strahlung**.

Induzierte Emission

Die Einwirkung eines äußeren Strahlungsfeldes auf ein angeregtes atomares System (Zustand E_2) führt zu einer stimulierten bzw. **induzierten Emission**. Voraussetzung ist wiederum, dass die Frequenzbedingung $h \cdot \nu = E_2 - E_1$ erfüllt sein muss. Das angeregte Atom gibt dabei seine Energie $E_2 - E_1$ phasenrichtig an die ankommende elektromagnetische Welle ab. Die Übergangswahrscheinlichkeit W_{21ind} kann ebenfalls mit dem Einstein-Koeffizienten B_{21} beschrieben werden

$$dW_{21ind} = u(\nu) \cdot B_{21} \cdot dt \tag{2.14}$$

Dieser induzierte Prozess erzeugt kohärente Strahlung und stellt eine grundlegende Voraussetzung für die Entstehung von Laserstrahlung dar.

Das einfallende Strahlungsfeld und das ausgesandte Photon weisen folgende Besonderheiten auf:

- gleiche Frequenz,
- gleiche Phasenlage,
- gleiche Ausbreitungsrichtung und
- gleiche Polarisationsrichtung.

Neben den bisher beschriebenen Prozessen in atomaren Systemen lässt sich auch in Molekülen und Festkörpern elektromagnetische Strahlung erzeugen. Bei Molekülen können die Schwingungen der Molekülbausteine sowie die Rotation des Moleküls im Raum zu energetischen Quantenzuständen führen. In diesem Fall führen nicht nur die Elektronen der Atome, sondern auch die Änderung der Zustände der Schwingungen und Rotationen zum Aussenden von Strahlung. Die erzeugten Molekülspektren sind durch eine große Anzahl von Linien gekennzeichnet, sodass man auch von sogenannten **Banden** spricht (vgl. Kapitel 3). Bei Festkörpern entsteht durch den Elektronenübergang zwischen Leitungs- und Valenzband elektromagnetische Strahlung.

Systeme, die elektromagnetische Strahlung entsprechend den vorstehend genannten Wechselwirkungsprozessen emittieren, bilden die Voraussetzung für ein **laseraktives Medium**.

2.3 Grundanordnung eines Lasers

Um die bisher beschriebenen Prozesse am Einzelsystem in der Summe einer Vielzahl solcher Einzelsysteme betrachten zu können, wird zunächst die Grundanordnung eines Lasers demonstriert (Bild 2.4).

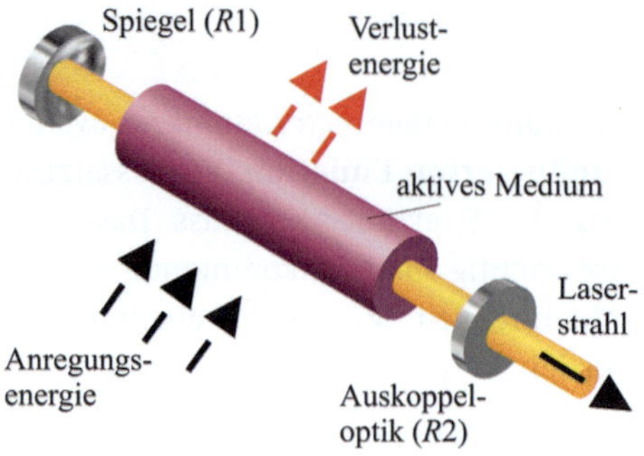

Bild 2.4
Grundanordnung eines Lasers

Ein Laser wird durch drei Grundelemente gebildet:

1. laseraktives Medium,
2. Zufuhr von Anregungsenergie (Pumpen),
3. Resonator.

Bei einer Vielzahl von Materialien kann eine Laseraktivität nachgewiesen werden. Allerdings sind nicht alle gefundenen Systeme so effizient, dass diese die Grundanforderungen für einen Laseraufbau sinnvoll erfüllen. Die anwendbaren aktiven Medien lassen sich in drei große Gruppen unterteilen:

1. Gase (z. B. CO_2-Molekül; He-Ne, Excimere),
2. Festkörper (z. B. Nd:YAG; Ti:Saphir, Yb- oder Er-dotierte Glasfasern),
3. Halbleiter (z. B. GaAs, ZnSe, GaNi).

Für den Lasereinsatz stellt die **Emissionswellenlänge** der Strahlung eine signifikante physikalische Größe dar. In Bild 2.5 sind das Spektrum vom **F**ernen **I**nfra**R**ot (FIR) bis zum **E**xtremen **U**ltra**V**iolett (EUV) dargestellt und die wichtigsten Lasersysteme für die LMB eingetragen. Sie decken einen großen Frequenzbereich vom infraroten bis zum ultravioletten Bereich ab. Der CO_2-Laser verfügt über die größte Wellenlänge von $\lambda = 10{,}6\,\mu m$. Excimerlaser hingegen erreichen die kürzesten Wellenlängen (157 – 308 nm) und erfordern dafür relativ hohe Pumpleistungen aufgrund des hohen Anteils an spontaner Emission, die bei diesen hohen Frequenzen bzw. kurzen Wellenlängen auftreten. Eine interessante Möglichkeit der Frequenzkonvertierung bieten Festkörperlaser. Damit wird es möglich, mit nur einer Strahlungsquelle Laserwellenlängen im NIR, VIS und UV-Bereich zur Verfügung stellen zu können (hier nicht dargestellt, vgl. Kapitel 3).

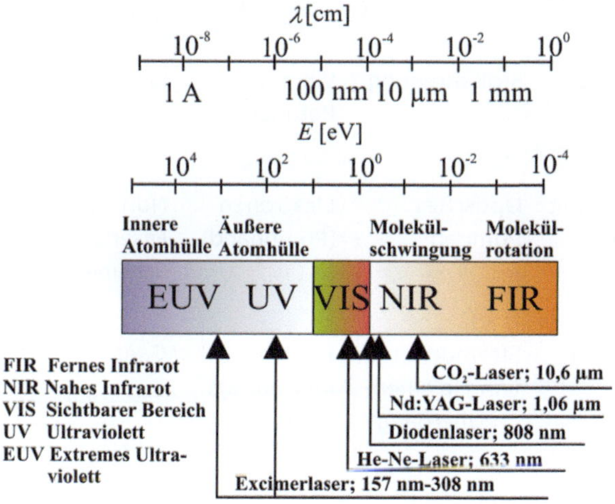

Bild 2.5 Spektrum und Zuordnung ausgewählter Laser

Ein zweites, ganz wesentliches Grundelement eines Lasers ist die sogenannte **Pumpe**. Darunter versteht man die Zuführung von Anregungsenergie in das aktive Medium, mit dem Ziel eine Besetzungsinversion zu erreichen. Der Fachmann spricht auch vom **Pumpen** des aktiven Mediums. Die verschiedenen laseraktiven Medien erfordern jedoch unterschiedliche Anregungsmechanismen. Diese lassen sich den folgenden Gruppen zuordnen:

- optisches Pumpen,
- Stoßanregung,
- Stromdurchgang in einem pn-Übergang,
- chemisches Pumpen.

In Tabelle 2.2 sind ausgewählte Grundarten der **Anregung** gegenübergestellt. In Gasen, z. B. He-Ne oder Argon, werden Elektronen in den Gasatomen in höhere, energiereichere atomare Energieniveaus angeregt. Eine andere Form der Anregung in molekularen Gasen erfolgt über die Vibrations- und Schwingungsniveaus der Moleküle. Die Anregungsform für Gase ist die **Stoßanregung**, wobei die Stoßprozesse i. d. R. an eine Gasentladung gebunden sind. Man unterscheidet zwischen Stößen der **ersten** (Elektronenstoß) und der **zweiten Art** (Stöße zwischen zwei, angeregtes Atom mit dem Laseratom, oder mehreren Partnern).

Tabelle 2.2 Ausgewählte Arten der Anregung nach */Popr1998/*

Laseraktives Medium		Anregungsart		Laser
	Atome Ionen	Elektronen- stoß	Elektronen	He-Ne Ar-Ionen
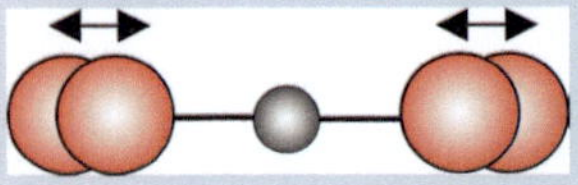	Moleküle	Stoßanregung	Vibration Rotation	CO_2
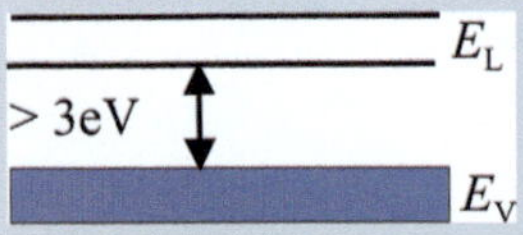	Isolator mit Fremd- atomen	Optisches Pumpen	Elektronen (Pumpband)	Nd:YAG Faserlaser Scheibenlaser
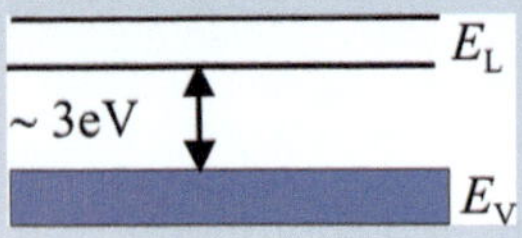	Halbleiter	Stromdurch- gang in einem pn-Übergang	Elektronen im Leitungs- band	GaAs

In Festkörpern werden Isolatoren mit Fremdatomen dotiert. Die strahlenden Übergänge finden zwischen den atomaren Niveaus der eingebetteten Fremdatome statt. Der Anregungsmechanismus erfolgt durch optisches Pumpen. Neben dem traditionellen lampengepumpten System haben diodengepumpte Anordnungen aufgrund des höheren Wirkungsgrades und den erzielbaren Strahlqualitäten eine größere Bedeutung erlangt.

In Halbleitern erfolgt die Anregung durch einen pn-Übergang unmittelbar zwischen zwei Energiebändern des Festkörpers, dem Leitungsband und dem Valenzband.

Das dritte Lasergrundelement wird durch den **Resonator** gebildet. Das aktive Medium wird hierfür zwischen mindestens zwei Spiegeln angeordnet. Zwischen den Spiegeln kann durch Rückkopplung eine Erhöhung des Strahlungsfeldes erfolgen. In gebräuchlichen Zwei-Spiegelresonatoren besteht die Anordnung aus einem vollständig reflektierenden Spiegel R_1 ($R \approx 1$) und einem teildurchlässigen zweiten Spiegel R_2 ($R < 1$). Der Grad der Durchlässigkeit ist für die unterschiedlichen Lasertypen verschieden. Eine zweite wesentliche Funktion des Resonators ist die Einengung der spektralen Verteilung, die verstärkt werden kann. Dadurch kommt es zur Ausbildung von Eigenschwingungen, auch **Moden** genannt, die die Laserstrahleigenschaften charakterisieren.

Neben dem Prozess der stimulierten Emission sind weitere **Laserbedingungen** erforderlich, damit aus der gezeigten Laseranordnung in Bild 2.4 ein Laserstrahl emittiert werden kann. Man spricht auch von einem sogenannten **Anschwingen** des Lasers.

Eine wesentliche Voraussetzung stellt dafür das Erreichen eines höheren Anteils von induziert emittierten Photonen gegenüber den spontan emittierten Photonen in einem betrachteten System dar. Es muss gelten

$$W_{\text{ind}} > W_{\text{sp}} \tag{2.15}$$

Das bedeutet, die Strahlungseigenschaften des Systems werden durch die stimulierte Emission dominiert. Um diesen Zustand zu erreichen, ist die Erzeugung einer **Besetzungsinversion** erforderlich, die nachfolgend beschrieben wird.

2.3.1 Erzeugung einer Besetzungsinversion

Im thermischen Gleichgewicht eines atomaren Systems sind die Besetzungsdichten der Energieniveaus durch eine Boltzmann-Verteilung charakterisiert. Somit sind die Niveaus mit ansteigender Energie schwächer besetzt, die Besetzungsdichte nimmt folglich ab (vgl. Bild 2.6 a). Die Boltzmann-Verteilung kann durch folgenden Term beschrieben werden

$$N_j = N_i \mathrm{e}^{-\frac{E_j - E_i}{kT}} \tag{2.16}$$

mit $N_j < N_i$ für $j > i$

$N_{j,i}$ Besetzungsdichte des Energieniveaus i und j

Von einer **Besetzungsinversion** (vgl. Bild 2.6 b) spricht man, wenn die Teilchenanzahl im höheren Energieniveau größer ist als im niederen Niveau. Dies erreicht man durch Umverteilung von Teilchen aus einem niederen in ein höheres Energieniveau. Für diesen Fall gilt

$$N_k > N_j \tag{2.17}$$

für $k > j$

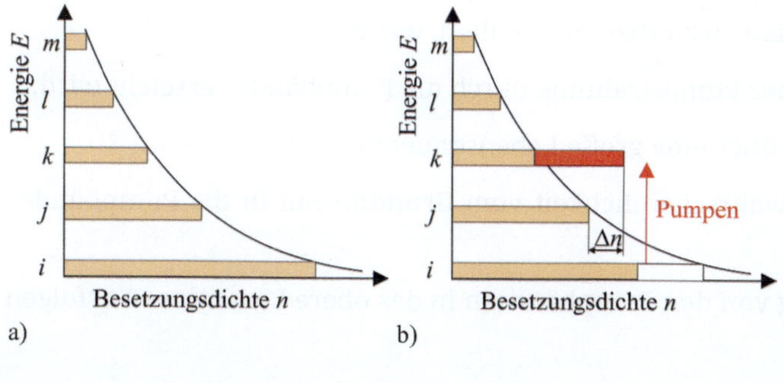

Bild 2.6
Besetzungsdichten in atomaren Systemen.
a) Verteilung im thermischen Gleichgewicht,
b) Verteilung bei einer Besetzungsinversion

Das Erreichen einer Besetzungsinversion ist eine wichtige Laserbedingung und kann durch verschiedene Formen der Energiezuführung (**dem Pumpen**) erzielt werden.

In Tabelle 2.3 sind wichtige Methoden zur Erzeugung einer Besetzungsinversion zusammengestellt. Auf ausgewählte Methoden wird in Kapitel 3 näher eingegangen.

Tabelle 2.3 Methoden zur Erzeugung einer Besetzungsinversion

Methode	Laserarten
Optisches Pumpen	Lampengepumpte Festkörperlaser
	Diodengepumpte Festkörperlaser
	Festkörpergepumpter Laser
Stoßanregung	Stöße 1. Art (Elektronenstoß), z. B. durch Gasentladung – Gaslaser
	Stöße 2. Art, z. B. Gaslaser
Stromdurchgang durch einen pn-Übergang	Anregung durch die Injektion von Ladungsträgern – Halbleiterlaser
Anregung durch chemische Prozesse	Chemisch (exotherme) Reaktion führt zur Anregung eines Reaktionspartners – Gaslaser

Mit Bild 2.7 wird der Laserprozess für ein 3-Niveau- und ein 4-Niveau-System anhand des optischen Pumpens vereinfacht veranschaulicht. Das **3-Niveau-System** wird durch den Grundzustand E_1, das obere Laserniveau E_2 sowie dem Pumpband E_3 gebildet. Um eine Besetzungsinversion zu erhalten, passt man die Pumpstrahlung in ihrer Frequenz ($\nu = (E_3 - E_1) \cdot h^{-1}$) dem Übergang $E_1 - E_3$ an. Damit kann das Pumpband über die Absorption der Pumpstrahlung bevölkert werden. Durch relativ schnelle Relaxationsprozesse vom Pumpband E_3 zum oberen Laserniveau E_2 wird die Besetzungsdichte im Vergleich zum Grundniveau erhöht. Der Übergang von E_3 nach E_2 ist strahlungslos. Verfügt das obere Laserniveau über eine relativ hohe Lebensdauer (**metastabiles Niveau**), kann eine gute Speicherwirkung im oberen Laserniveau erreicht werden. Ab einer ausreichend großen Wirkung der Pumpstrahlung stellt sich die Bedingung für die Besetzungsinversion mit $N_2 > N_1$ ein und die Lichtverstärkung auf der Frequenz $\nu_l = (E_2 - E_1) \cdot h^{-1}$ wird beim Übergang in den Grundzustand möglich. Der geschilderte Prozess lässt sich effizient gestalten, wenn:

- eine hohe Absorption der Pumpstrahlung durch die Pumpbänder erreicht wird,
- das obere Laserniveau über eine große Lebensdauer verfügt,
- eine große Übergangswahrscheinlichkeit vom Grundniveau in die Pumpbänder vorherrscht,
- ein schneller Übergang von den Pumpbändern in das obere Laserniveau erfolgen kann.

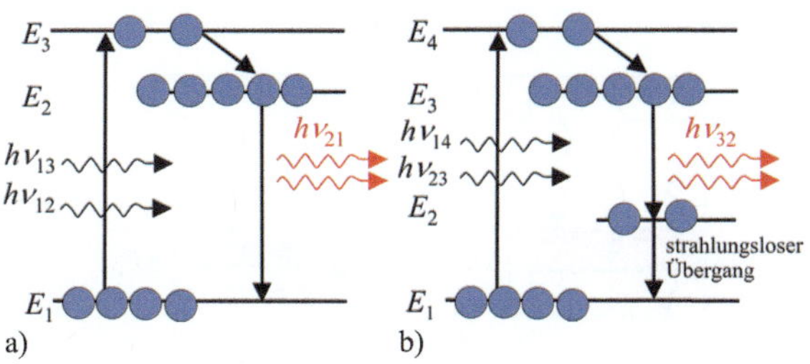

Bild 2.7
Schematische Darstellung der Energieniveau-Schemata.
a) 3N-Schema, b) 4N-Schema

Beim dargestellten 3-Niveau-System ist das Grundniveau auch gleichzeitig das untere Laserniveau. Dies erschwert prinzipiell die Erzeugung einer Besetzungsinversion. Durch die relativ hohen Besetzungsdichten, aufgrund der vorherrschenden Temperaturen, sind relativ hohe Pumpleistungen für dessen starke Entleerung erforderlich. Somit kommen diese Systeme lediglich für rein gepulste Laser zum Einsatz. Beim **4-Niveau-System** (Bild 2.7 b) gestalten sich die Pumpprozesse effizienter. Durch die Trennung von unterem Laserniveau und Grundniveau kann mit wesentlich geringeren Pumpraten die Besetzungsinversion $N_3 > N_2$ erlangt werden. Wenn nun das untere Laserniveau schnell entvölkert werden kann, wird über den Pumpprozess vom Grundniveau in die Pumpbänder und anschließender schneller Relaxation eine hohe Besetzungsdichte im oberen Laserniveau erlangt. Diese 4-Niveau-Systeme lassen sich sowohl für gepulste als auch kontinuierlich emittierende Laser einsetzen. */Stau2000/*

2.3.2 Linienbreite und Linienform

Die **Linienbreite und -form** der emittierten Strahlung werden durch die Energieunschärfe und die verschiedenen Wechselwirkungsprozesse maßgeblich beeinflusst.

Je nach verwendetem laseraktiven Medium (Festkörper, Gase, Halbleiter) liegen der Laserübergang und die emittierte Strahlung in einem bestimmten Frequenzbereich. Die Emissionslinien sind jedoch nicht absolut spektral scharf, sondern verfügen über eine bestimmte Bandbreite. In Bild 2.8 a ist für zwei unterschiedliche Laserübergänge der **optische Gewinn** bzw. **Gain** über die Frequenz aufgetragen. Die resultierende Bandbreite $\Delta\nu_{gi;gj}$ wird durch die Energieunschärfe ΔE bestimmt (Bild 2.8 b).

Die sich ergebende Frequenzbandbreite $\Delta\nu$ eines energetischen Übergangs gilt sowohl für die spontane Emission, die Absorption als auch für die induzierte Emission. Für den Prozess der induzierten Emission wird $\Delta\nu$ auch als **Verstärkungsbandbreite** $\boldsymbol{\Delta\nu_g}$ bezeichnet.

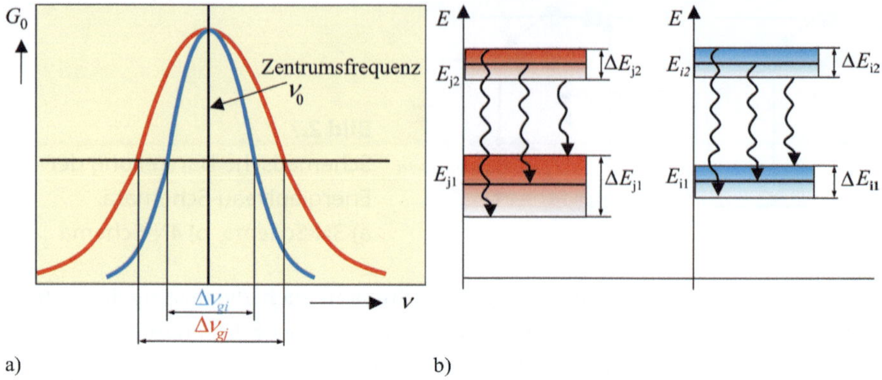

Bild 2.8 Entstehung der natürlichen Linienbreite. a) Darstellung von Linienbreite und -form, b) Energieniveauschemata für unterschiedliche ΔE

Für die Entstehung der Linienbreite müssen aber noch unterschiedliche Wechselwirkungsprozesse betrachtet werden. Zunächst beschreibt die **natürliche Linienbreite $\Delta\nu_N$** eine Verbreiterung von Spektrallinien, die bei Atomen und Molekülen unabhängig von Umgebungseinflüssen auftritt. Sie wird durch die Lebensdauer im oberen und unteren Niveau bestimmt.

$$\Delta\nu_N = \frac{1}{2\pi}\left(\frac{1}{\tau_1} + \frac{1}{\tau_2}\right) \tag{2.18}$$

τ_1; τ_2 mittlere Lebensdauer im unteren und oberen Niveau

Das entstehende Linienprofil (vgl. Bild 2.8 a) entspricht einer Lorentz-Form, mit

$$f(\nu) = \frac{2}{\pi \cdot \Delta\nu_N} \frac{1}{1 + 4\left(\frac{\nu_0 - \nu}{\Delta\nu_N}\right)} \tag{2.19}$$

ν_0 Zentrumsfrequenz

Durch die Wechselwirkung von Atomen und Molekülen tritt prinzipiell eine **Linienverbreiterung** durch Felder und Stöße auf. Diese werden unterschieden in

- **homogene Linienverbreiterung**

  Bedingt, dass Atome durch statistische Schwankungen (z. B. Gitterschwingungen) in Bereiche mit verschiedenen elektrischen Feldstärken (des Kristallfeldes) gelangen. Dies führt zu einer zeitlich veränderten Linienaufspaltung (typisch für Festkörper- und teilweise auch Halbleiterlaser).

- **inhomogene Linienverbreiterung**

  Bedingt durch die thermische Bewegung der Atome, die zu einer Doppler-Verschiebung der emittierten Frequenz führt. Jede Atomgruppe besitzt eine definierte Frequenz. Durch die Bewegung aller beteiligten Atome mit unterschiedlichen Geschwindigkeiten kommt es zu einer Ausstrahlung von inhomogen verbreiterten Linien (typisch für Gaslaser).

2.3.3 Strahlungsverstärkung

Eine weitere wichtige Voraussetzung, damit der Laser anschwingen kann, ist die Strahlungsverstärkung in einem Resonator. Zuvor soll aber der Durchgang von elektromagnetischer Strahlung durch ein natürliches Medium betrachtet werden, das durch eine Länge l und durch einen linearen Absorptionskoeffizienten α gekennzeichnet ist (vgl. Bild 2.9 a). Beim Durchlaufen der Strahlung wird diese in einem natürlichen Medium geschwächt, ein Teil der Strahlung somit absorbiert. Dieser Sachverhalt wird durch das Lambert-Beersche Gesetz beschrieben.

$$P(l) = P(0)\mathrm{e}^{-\alpha \cdot l} \qquad (2.20)$$

$P(0)$ Eingangsleistung; $P(l)$ Leistung nach einer Länge l

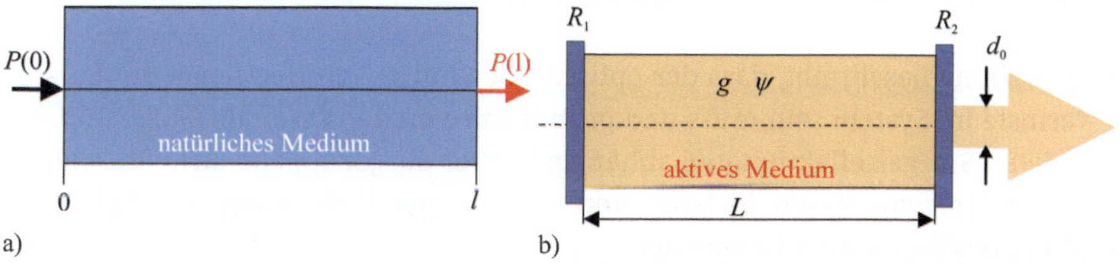

Bild 2.9 Vereinfachte Darstellung der Strahlausbreitung. a) natürliches Medium, b) Resonator

Wenn das natürliche Medium durch ein aktives Medium ersetzt wird und die beschriebene Besetzungsinversion vorherrscht, so erfährt die einfallende Leistung $P(0)$ beim Durchgang eine Verstärkung. Diese Verstärkung wird durch den **optischen Gewinn** beschrieben. Eine weitaus höhere **Strahlungsverstärkung** der elektromagnetischen Welle wird in einem Resonator erreicht (Bild 2.9 b). Das Wellenfeld kann mehrfach im Resonator umlaufen und verstärkt werden, bevor es diesen verlässt. Bei diesem Verstärkungsprozess treten dennoch eine Reihe Verluste auf:

- Beugungsverluste an den Aperturen des Resonators (ψ_B),
- Streu- und Absorptionsverluste des aktiven Mediums und der optischen Bauelemente (ψ_S),
- Justierverluste infolge nicht optimaler Ausrichtung der Resonatorspiegel (ψ_J),
- Auskoppelverluste infolge der gewünschten Strahlauskopplung aus dem Resonator (ψ_A).

Diese Verluste lassen sich wie folgt zusammenfassen:

$$\psi = \psi_A + \psi_B + \psi_S + \psi_J \qquad (2.21)$$

Die Verluste an Strahlungsenergie pro Umlauf sind ein Maß für die **Resonatorgüte *Q***. Damit ergibt sich für die Strahlungsverstärkung die Beziehung

$$P(l) = P(0)\mathrm{e}^{(g-\psi)l} \qquad (2.22)$$

g optischer Gewinn

Für den Fall, dass $g > \psi$ ist, erfolgt eine Strahlungsverstärkung, d. h., die eingestrahlte Leistung wird beim Durchgang verstärkt $P(l) > P(0)$.

Mit den beschriebenen Prozessen – nichtlineare Verstärkung durch das aktive Medium und Rückkopplung im Resonator – lässt sich die **Anschwingbedingung** von Schawlow und Townes herleiten:

$$g_{\mathrm{Sys}} = \psi + \frac{1}{2L} \cdot \ln \frac{1}{R_1 \cdot R_2} \qquad (2.23)$$

L Resonatorlänge; R Reflektivität der Resonatorspiegel

Diese Beziehung beschreibt, dass der optische Gewinn g_{Sys} größer/gleich der Summe aller Verluste im System sein muss und primär nur von der Resonatorlänge und den verwendeten Spiegelreflektivitäten abhängig ist. Der ausgekoppelte Strahldurchmesser im Verhältnis zur Resonatorlänge und verwendeter Wellenlänge wird als **Fresnel-Zahl F_R** des Resonators bezeichnet

$$F_R = \frac{a_R^2}{4L \cdot \lambda} \qquad (2.24)$$

a_R Aperturradius (hier plane Spiegel)

Die Voraussetzung für einen Laserprozess sind die zwei Laserbedingungen.

1. **Laserbedingung**
   Durch Pumpen eines aktiven Mediums muss eine Besetzungsinversion erzeugt werden.
2. **Laserbedingung**
   Die Anschwingbedingung von Schawlow und Townes, optischer Gewinn größer bzw. gleich der Summe aller Verluste im Resonator, muss erfüllt sein.

2.4 Optische Resonatoren

Durch die gewählte Resonanzstruktur des Resonators werden die Rückkopplung und die Überlagerung der erzeugten elektromagnetischen Strahlung charakterisiert. Dabei kommt es lediglich zu einer Verstärkung relativ weniger Eigenschwingungen der durch das aktive Medium erzeugten Strahlung. Die Verstärkung der Eigenschwingungen muss jedoch ausreichend groß sein, um die Verluste zu kompensieren, sodass die 2. Laserbedingung erfüllt ist.

In Bild 2.10 ist ein **Laserresonator** vom Typ Fabry-Perot dargestellt. Die Resonanzstruktur dieser Resonatoranordnung wird im Wesentlichen durch die Reflektivitäten R_1 und R_2 der beiden Planspiegel bestimmt. Den Vorgang der Rückkopplung sowie die Herausbildung von Moden kann man mit dem Photonenbild und detaillierter auch mit dem wellenoptischen Bild beschreiben */Brun1989/*. Ausgangspunkt für das Modell **Photonenbild** ist ein spontan emittiertes Photon, das im Beispiel von Bild 2.10 auf den Spiegel R_2 trifft und reflektiert wird. Dabei durchläuft es das aktive Medium, was zu einer stimulierten Emission führt. Beim Auftreffen auf den Spiegel R_1 erfolgt wiederum eine Reflexion usw. Es kommt somit zu einer Rückkopplung im Resonator. Nach der Maxwellschen Theorie (wellenoptischen Betrachtungsweise) verschwindet die Feldstärke auf ideal reflektierenden Schichten.

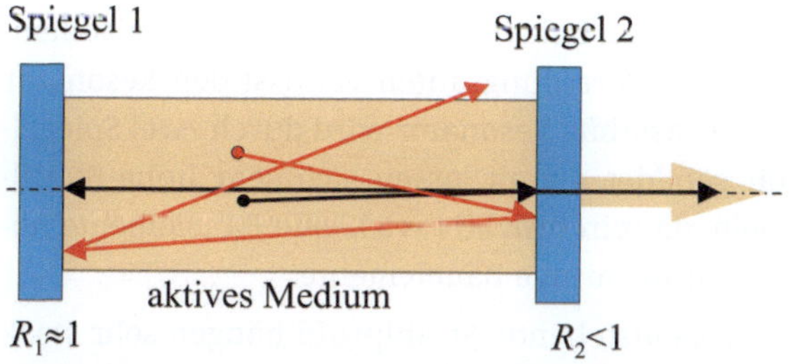

Bild 2.10
Laserresonator vom Typ Fabry-Perot

Somit sind für das elektromagnetische Feld innerhalb zweier Spiegel gegebener Reflektivitäten nur ganz bestimmte Feldverteilungen möglich, die **Eigenschwingungen (Moden)**. */Brun1989/*

Die **Moden** des Resonators sind durch Richtung, Frequenz und Polarisation gekennzeichnet und charakterisieren somit auch die ausgekoppelte Laserstrahlung. In der Regel werden Resonatoren so aufgebaut, dass sie linear polarisierte Strahlung emittieren oder unpolarisiert sind. Es kann bspw. durch die Beschichtung der Resonatorspiegel die Polarisation beeinflusst werden.

In Bild 2.10 ist ferner dargestellt, dass nicht alle Strahlen zum Lasereffekt beitragen. Nur achsparallele Strahlen oder Strahlen, die unter einem sehr kleinen Winkel zur optischen Achse abweichen, können direkt für den Laserprozess bzw. den emittierten

Strahlungsanteil beitragen. Überschreitet die Abweichung einen Grenzwinkel (abhängig von Resonatorlänge, Spiegelausführung) können schräg verlaufende Strahlen nicht zum Lasereffekt beitragen. Diese treffen auf die Resonatorbegrenzung und werden in Wärmeenergie gewandelt. Laserresonatoren müssen auch aus diesem Grund gekühlt werden. Mit der Anordnungskonfiguration des Resonators ergeben sich:

- die Strahlungsverstärkung, Rückkopplung und auskoppelbare Leistung,
- räumliche und zeitliche Kohärenz,
- die Ausbreitungseigenschaften der Laserstrahlung; Divergenz,
- die Polarisation der Laserstrahlung,
- die Intensitätsverteilung über den Strahlquerschnitt sowie
- die spektralen Eigenschaften.

2.4.1 Grundformen

Die Grundformen von **Resonatoren** lassen sich in stabile und instabile Anordnungen unterscheiden.

Bild 2.11 veranschaulicht den prinzipiellen Unterschied. In der stabilen Anordnung erfahren Strahlen mehrfache Umläufe und werden in der Intensität und räumlichen Lage reproduziert. Es bildet sich zwischen den beiden Resonatorspiegeln ein stehendes Wellenfeld aus und der auskoppelbare Strahlungsanteil verlässt den Resonator durch den teildurchlässigen Spiegel. Der instabile Resonator wird durch zwei Spiegeloptiken mit sehr hoher Reflektivität gebildet. Damit lassen sich sehr hohe Strahlleistungen übertragen bzw. auskoppeln, da rein reflektiv wirkende Bauelemente höheren Leistungsdichten standhalten als transmittive Bauelemente.

Die Anzahl der Strahlumläufe sowie das entstehende Strahlprofil hängen sehr stark von der Auswahl und Anordnung der Spiegel ab (vgl. Bild 2.11).

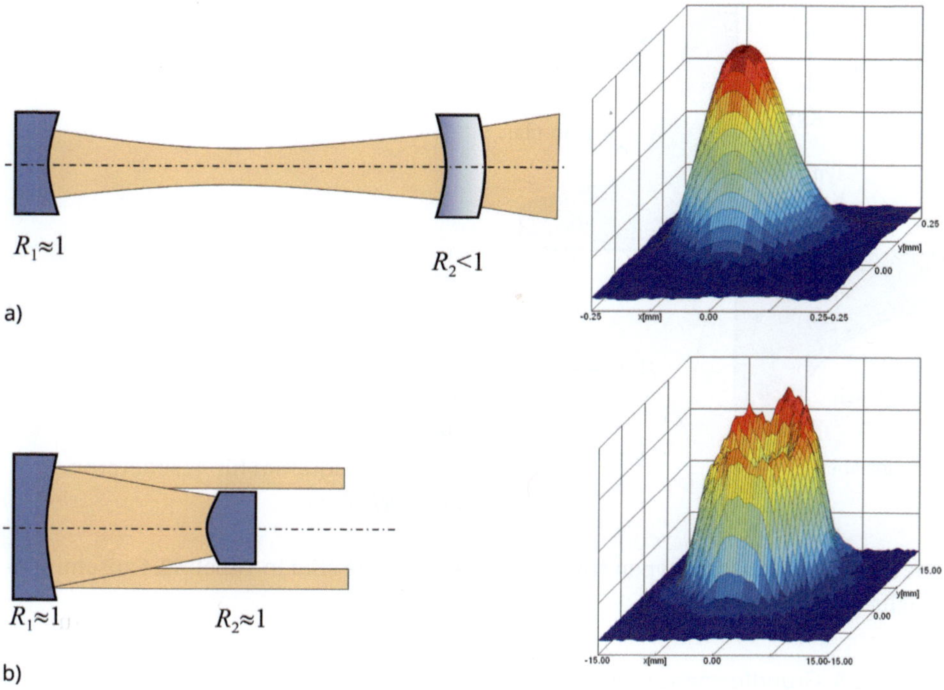

Bild 2.11 Resonator-Grundformen und dazugehörige Intensitätsverteilungen.
a) stabiler Resonator, b) instabiler Resonator

2.4.1.1 Stabiler Resonator

Der Konfiguration eines Resonators kommt eine besondere Bedeutung zu. Das betrifft insbesondere die Festlegung

- der Spiegeldurchmesser,
- der Reflektivität der Spiegel,
- der Spiegelkrümmungsradien,
- des Spiegelabstands (Resonatorlänge),
- der Aperturen im Resonator (z. B. Modenblenden, vgl. Kapitel 3) und
- der Anzahl der Spiegel (gefaltete Resonatoren).

Mit diesen Konfigurationsmöglichkeiten ergeben sich unterschiedliche Resonatorvarianten (Bild 2.12).

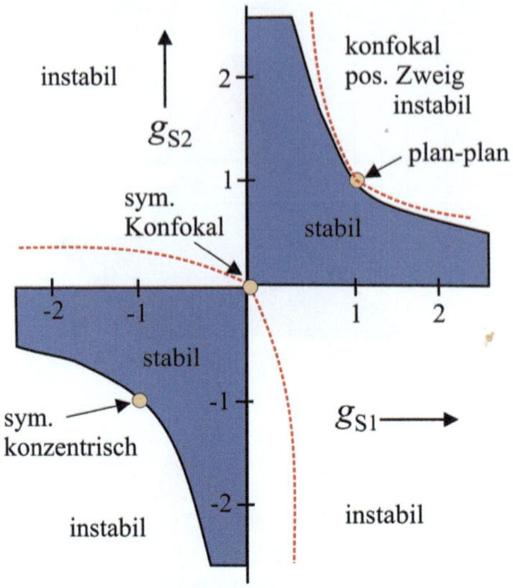

Bild 2.12
Stabilitätsdiagramm für Resonatoren nach /Eich2010/

Eine Auswahl von Grundtypen sowie deren Kennwerte sind in Tabelle 2.4 zusammengestellt.

Tabelle 2.4 Grundformen stabiler Resonatoren

Ebener Resonator	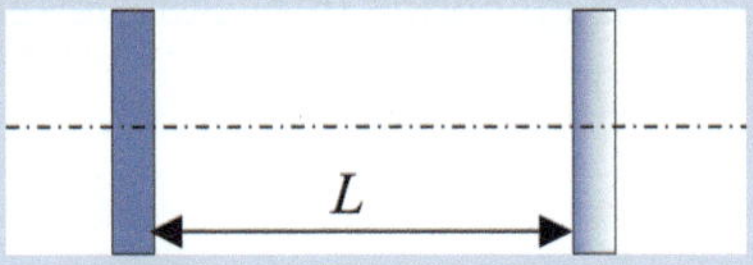	$a_1 = a_2 = \infty$ $g_{S1} = g_{S2} = 1$	justieranfällig sehr gute Ausnutzung des aktiven Mediums
Konfokaler Resonator	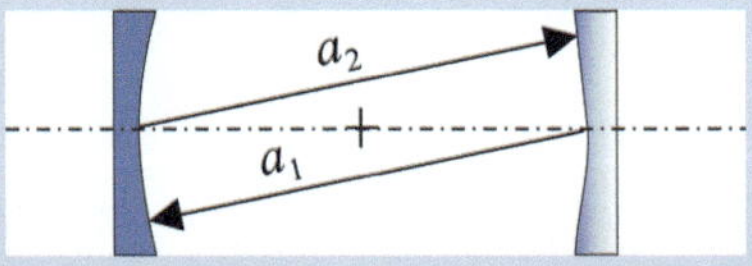	$a_1 = a_2 = L$ $g_{S1} = g_{S2} = 0$	justierunanfällig schlechte Ausnutzung des aktiven Mediums
Hemi-konfokaler Resonator		$a_1 = \infty$ $a_2 = 2L$ $g_{S1} = 0{,}5$ $g_{S2} = 1$	justierunanfällig gute Ausnutzung des aktiven Mediums
Gefalteter hemifokaler Resonator	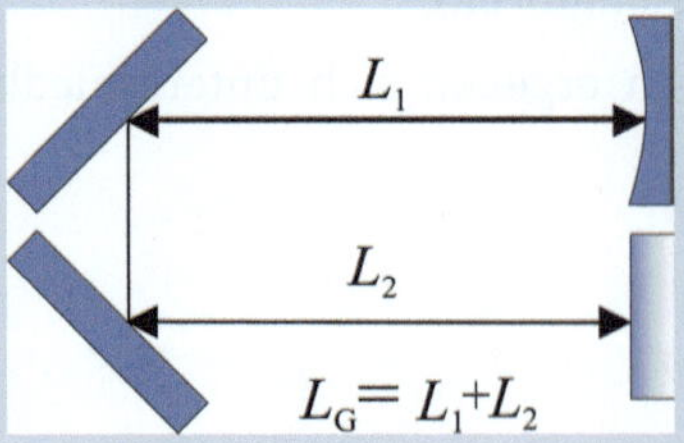	$a_1 = \infty$ $a_2 > 2L$ $g_{S1} = 0{,}5$ $g_{S2} = 1$	sehr kompakter Aufbau für große Resonatorlängen zusätzliche Reflexionsverluste durch Umlenkspiegel

Wichtige Resonatoreigenschaften werden durch folgende Kennwerte angegeben

$$g_{S1} = 1 - \frac{L}{a_1} \tag{2.25}$$

g_S Resonatorparameter; a Spiegelkrümmungsradius

$$F_{R1} = \frac{r_1^2}{\lambda \cdot L} \tag{2.26}$$

r Spiegelradius

$$g_{S2} = 1 - \frac{L}{a_2} \tag{2.27}$$

$$F_{R2} = \frac{r_2^2}{\lambda \cdot L} \tag{2.28}$$

Neben den in Tabelle 2.4 angegebenen Werten für die Parameter g_{S1} und g_{S2} kann für **stabile Resonatoren** weiterhin die Beziehung $0 < g_{S1}g_{S2} < 1$ angegeben werden. Mit einer Fresnel-Zahl $F_R < 50$ gewinnen die Beugungsverluste zunehmend an Bedeutung und bestimmen die Eigenschaften des Resonators */Brun1989/*. Bei $1 - g_{S1}g_{S2} < 0$ liegt ein instabiler Resonator vor, d. h., das Strahlungsfeld läuft schon nach wenigen Umläufen auseinander und trifft nicht mehr auf die Spiegel. Die Auswahl der Resonatoren erfolgt in Abstimmung an das laseraktive Medium sowie die Vorgaben

- zulässige Verluste,
- Resonatorlänge und -durchmesser.

Ferner muss häufig ein Kompromiss zwischen Justierunanfälligkeit und guter Ausleuchtung des aktiven Mediums getroffen werden. Resonatorkonfigurationen mit $g_{S1}g_{S2} = 0$ oder $g_{S1}g_{S2} = 1$ sind sehr justieranfällig und arbeiten an der Grenze zum instabilen Bereich. Sehr gute Stabilitäten gegen Dejustierungen erzielen Resonatoren mit $g_{S1}g_{S2} = 0{,}5$. Diesen Kompromiss erfüllen hemifokale Resonatoren recht gut. Für viele Anwendungen wird dann auch $a_2 > 2L$ gewählt.

Werden große Resonatorlängen benötigt, setzt man häufig auch gefaltete Resonatoren ein, um einen kompakten Aufbau der Laserstrahlungsquelle zu erzielen (vgl. Tabelle 2.4). Damit lassen sich Resonatorlängen von 20 m und länger erzielen. Die Faltung wird dann sowohl in der Ebene als auch in der Höhe vorgenommen (vgl. Kapitel 3).

2.4.1.2 Instabiler Resonator

Wie bereits erwähnt, haben **instabile Resonatoren** für spezielle Aufgabenstellungen Vorteile gegenüber den stabilen Resonatoren. Für die Anwendungen in der LMB sind allerdings auch Nachteile zu sehen, insbesondere das Abweichen des Strahlprofils von einer gaussförmigen oder rotationssymmetrischen Verteilung. Durch nachgelagerte optische Anordnungen muss das Strahlprofil homogenisiert bzw. geformt werden. In Bild 2.13 ist eine typische Resonatorkonfiguration dargestellt, wie sie in Hochleistungslasern eingesetzt wird.

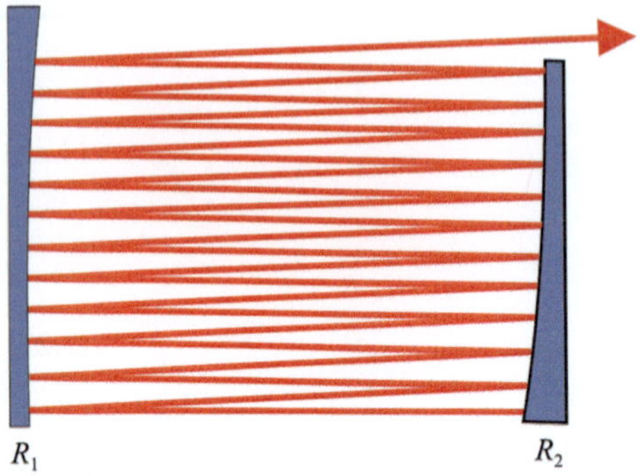

Bild 2.13
Instabiler Resonator

Vorteile erweisen sich insbesondere, wenn:

- das aktive Medium eine hohe Verstärkung aufweist,
- bei großem Durchmesser und kleiner Resonatorlänge eine hohe Leistung ausgekoppelt werden muss,
- keine geeigneten Auskoppelfenster bzw. teildurchlässige Spiegel zur Verfügung stehen.

2.4.2 Resonatoranforderungen

Resonatoranordnungen sind sehr vielgestaltig und erreichen in ihren Abmessungen typischerweise Längen zwischen 0,1 mm bis 100 m und Durchmesser von 1 µm bis 0,5 m. Wichtige Anforderungen an den Aufbau von Resonatoren werden ebenfalls in */Brun1989/* angeführt:

1. Die Spiegelhalterungen müssen feinfühlig justierbar und lagegesichert ausgeführt (arretierbar) sein, um das Modenbild und die Ausgangsleistung entsprechend genau justieren zu können.
2. Thermische Effekte an optischen Komponenten sind zu kompensieren. Optiken der Hochleistungslaser werden meist gekühlt und auf den geforderten maximal zulässigen Temperaturbereich geregelt.
3. Eine starke thermisch ungleichmäßige Erwärmung des aktiven Mediums kann zu einer thermischen Linsenwirkung führen. Eine effektive Kühlung des Mediums sowie die Auswahl entsprechender Resonatorspiegel muss berücksichtigt werden.
4. Justierempfindliche Resonatoren sind besonders schwingungsarm zu lagern und thermisch zu isolieren bzw. mit mechanischen Aufbauten, die eine geringe Längendehnung bei Temperaturänderungen aufweisen, zu realisieren.

5. Der Querschnitt des aktiven Mediums sollte von der anzuregenden Mode gut erfasst werden, um einen bestmöglichen Wirkungsgrad zu erhalten.
6. Die Oberflächen der optischen Bauelemente in einem Resonator sollten nicht mehr als $\lambda/100$ bis $\lambda/10$ von der Sollform abweichen.

2.4.3 Eigenschwingungen des Resonators (Moden)

2.4.3.1 Transversale Moden

Das Licht durchläuft mehrfach den Resonator und bildet eine stehende Welle, die durch eine spezifische räumliche Verteilung der Feldstärke gekennzeichnet ist. Diese Verteilung wird als Eigenschwingungen oder **Moden** des Resonators bezeichnet. Betrachtet man die Eigenschwingungen **senkrecht zur Ausbreitungsrichtung** des Lichtes, die **T**ransversalen **E**lektro-**M**agnetischen Moden (**TEM**), so werden diese entscheidend durch die Beugung an den begrenzenden Flächen des Resonators (Öffnungen) bestimmt. Zumeist haben diese Strahlöffnungen eine rechteckförmige oder kreisförmige Begrenzung. Im Intensitätsprofil der TEM-Moden (Tabelle 2.5) ergeben sich beugungsbedingt Nullstellen in X- und Y-Richtung bzw. im kreissymmetrischen Fall Nullstellen in radialer Richtung. Eine wichtige Ausnahme bildet die TEM_{00}-Mode. Diese **Grundmode** ist durch eine gaussförmige Intensitätsverteilung gekennzeichnet. Zur Beschreibung und Klassifizierung der TEM-Moden werden die Ordnungszahlen m und n für eine Rechtecksymmetrie (**Hermite-Moden**) sowie p und l für eine Kreissymmetrie (**Laguerre-Moden**) verwendet. Diese sind ein Maß für die Anzahl der Nullstellen in die jeweils betrachtete Richtung. In Tabelle 2.5 sind ausgewählte TEM-Moden zur Veranschaulichung dargestellt. Die für die LMB wichtige Grundmode TEM_{00} soll im Folgenden noch einmal kurz anhand einer konfokalen Resonatorkonfiguration dargestellt werden.

Tabelle 2.5 Intensitätsverteilung transversaler Moden

	Intensitätsverteilung – Schnittdarstellung	rechteckförmig (m, n)	radialsymmetrisch (p, l)
TEM_{00}	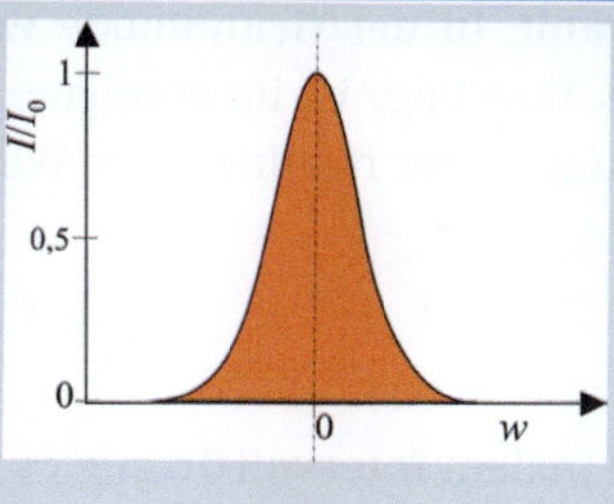	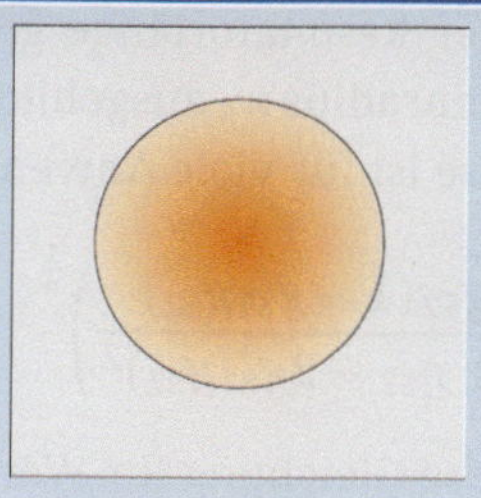	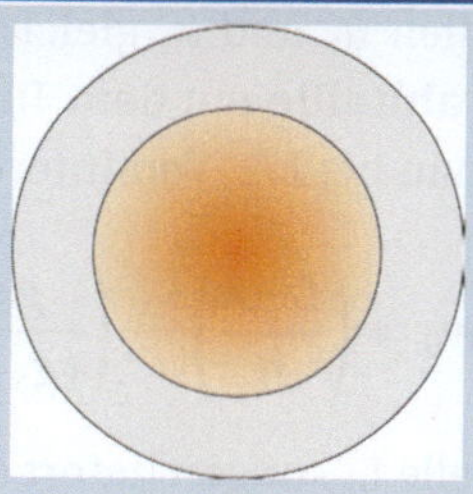

Tabelle 2.5 Intensitätsverteilung transversaler Moden *(Fortsetzung)*

	Intensitätsverteilung – Schnittdarstellung	rechteckförmig (*m*, *n*)	radialsymmetrisch (*p*, *l*)
TEM_{10}	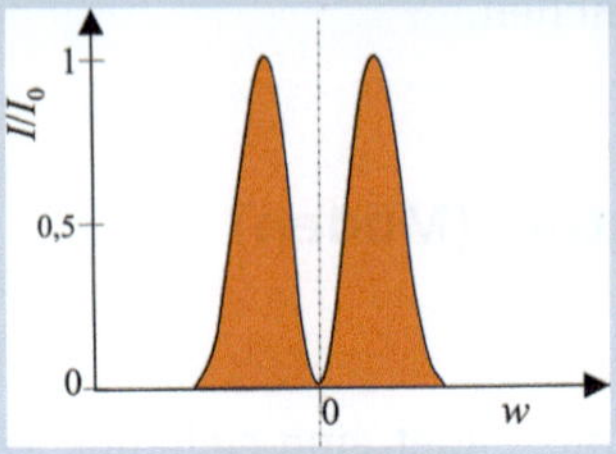	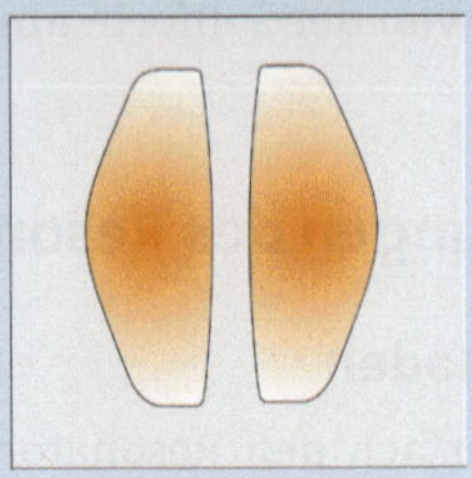	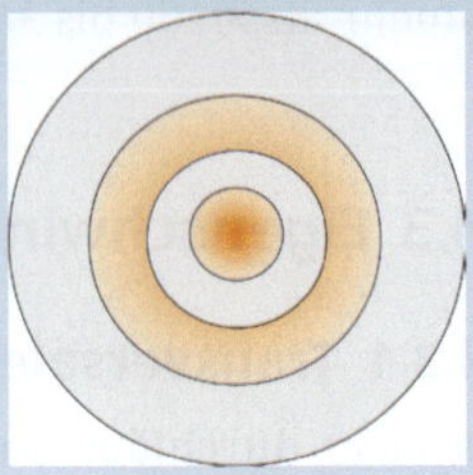
TEM_{20}	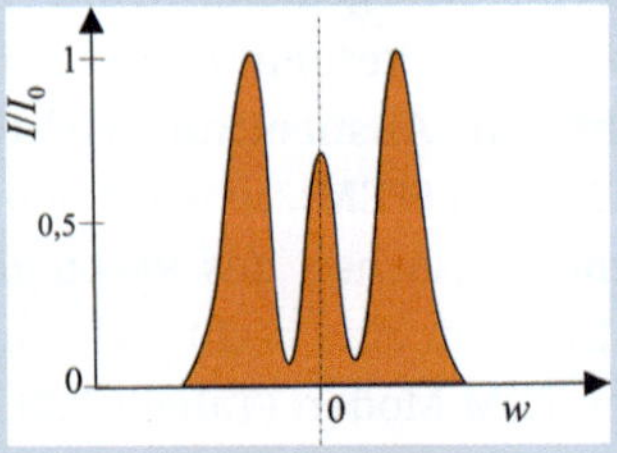	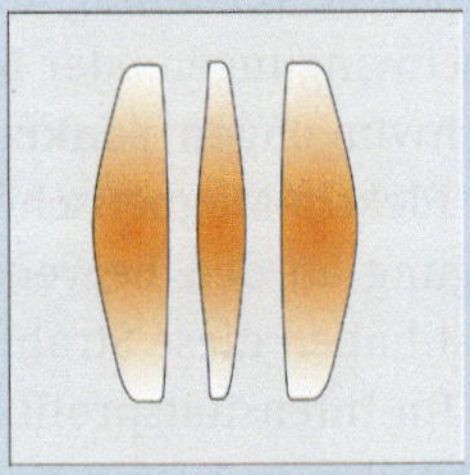	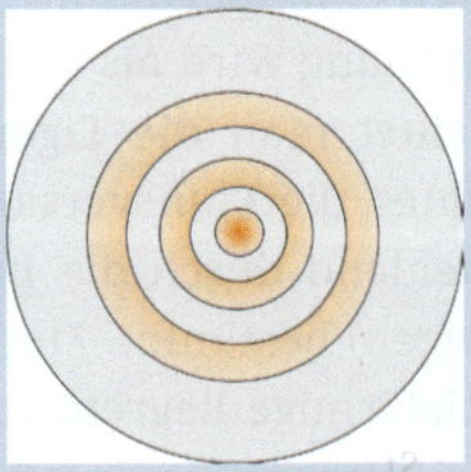

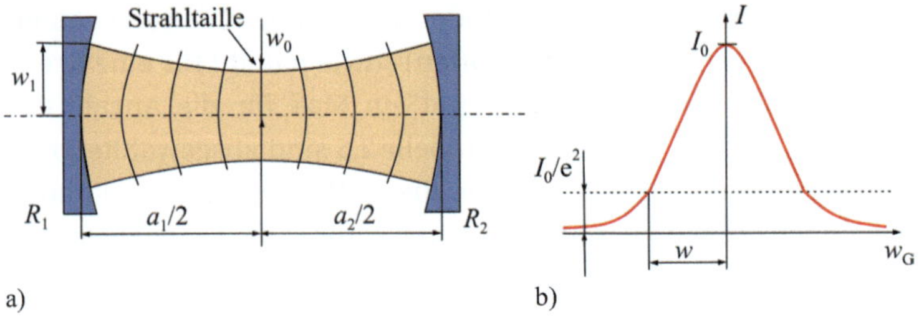

Bild 2.14 Darstellung der Grundmode TEM_{00}. a) am Beispiel des konfokalen Resonators, b) gaussförmiges Intensitätsprofil nach */Eich2010/* und */Stau2000/*

Für den in Bild 2.14 illustrierten konfokalen Resonator sind die Spiegelkrümmungsradien a_1 und a_2 gleich der Resonatorlänge gewählt. In der Grundmode wird eine **Strahltaille** mit dem Taillenradius w_0 ausgebildet. Ihre Lage ist im gezeigten Beispiel genau bei $L/2$. Von Interesse ist für viele Anwendungen der resultierende Wert

$$w_0 = \left(\frac{L \cdot \lambda}{\pi}\right)^{\frac{1}{2}} \cdot \left(\frac{g_{S1}g_{S2}(1 - g_{S1}g_{S2})}{(g_{S1} + g_{S2} - 2g_{S1}g_{S2})^2}\right)^{\frac{1}{4}} \tag{2.29}$$

Reelle Lösungen liefert diese Gleichung für Werte in dem Intervall $0 \le g_{S1}g_{S2} \le 1$. In diesem Bereich arbeitet der Resonator stabil. */Eich2010/*

Für den praktischen Einsatz ist die Kenntnis des **Divergenzwinkels θ** ebenfalls oft sehr wichtig. Dieser kann mit w_0 wie folgt berechnet werden:

$$\theta = \frac{\lambda}{\pi \cdot w_0} \tag{2.30}$$

Diese Formel gilt für einen Gauss-Strahl (beugungsbegrenzter Strahl), der der Grundmode entspricht. Bei nicht beugungsbegrenzten Strahlen muss zusätzlich noch die Beugungsmaßzahl M^2 einfließen (vgl. Kapitel 4).

In der Grundmode TEM_{00} bildet sich der kleinste Taillenradius w_0 heraus. Für höhermodige Intensitätsprofile entsteht ein größerer Taillenradius.

Die TEM_{00}-Mode ist durch ein gaussförmiges Intensitätsprofil charakterisiert (vgl. Bild 2.14 b). Die maximale Intensität I_0 ist im Strahlmittelpunkt, somit am Ort der optischen Achse des Resonators, verteilt. Der jeweilige Intensitätswert $I(w_G)$ in Abhängigkeit vom Strahlradius (Gauss-Strahl) w_G lässt sich durch folgende Beziehung bestimmen

$$I(w_G) = I(0) \cdot e^{\left[-\frac{2w_G^2}{w^2}\right]} \tag{2.31}$$

Der Strahldurchmesser d ($d = 2w$) wird am $1 \cdot e^{-2}$-Punkt des Intensitätsprofils angegeben (Bild 2.14 b). Für $w = w_G$ ist die Intensität $I(w_G)$ auf den $I_0 \cdot e^{-2}$-Wert abgefallen.

$$I(w_G) = I(w) = \frac{I_0}{e^2} \tag{2.32}$$

für $w = w_G$

2.4.3.2 Axiale Moden

Betrachtet man die Modenstruktur des Resonators in axialer Richtung, so bilden sich durch die Rückkopplung im Resonator stehende Wellen aus. Diese Eigenschwingungen werden als **axiale oder longitudinale Moden** bezeichnet. In Bild 2.15 ist das Entstehen von stehenden Wellen in einem ebenen Resonator dargestellt. Knotenpunkte bilden sich am Ort der Resonatorspiegel aus. Die Resonatorlänge ist ein ganzzahliges Vielfaches der halben Modenwellenlänge λ_q

$$L = \frac{\lambda_q}{2} \cdot q \tag{2.33}$$

q axiale Modenzahl

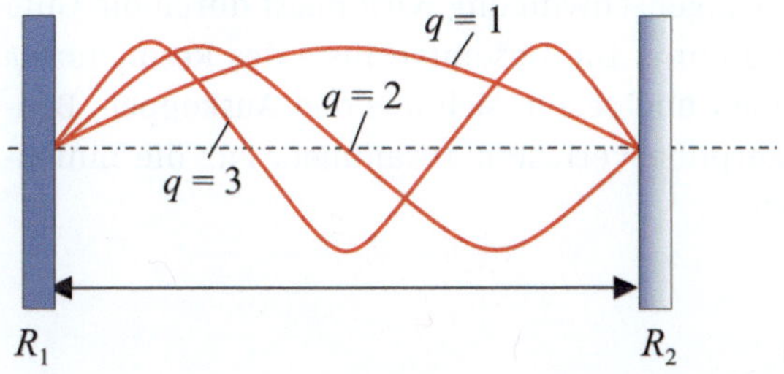

Bild 2.15
Ausbildung von axialen Moden in einem ebenen Resonator

Die Formel 2.33 wird auch als **Resonanzbedingung** für axiale Moden bezeichnet. Mit dem Einsetzen der Beziehung $c = \lambda \cdot \nu$ können die Modenfrequenz und der Frequenzabstand benachbarter axialer Moden bestimmt werden.

$$\nu_q = \frac{c}{\lambda_q} = \frac{c}{2L} q \tag{2.34}$$

ν_q Modenfrequenz

$$\Delta\nu = \nu_q - \nu_{q-1} = \frac{c}{2L} \tag{2.35}$$

$\Delta\nu$ Frequenzabstand axialer Moden

Die axialen Moden, welche tatsächlich auftreten können, werden aber noch durch den Frequenzbereich und die Bandbreite der Emissionslinien des laseraktiven Mediums vorgegeben. Die Bandbreite der Emissionslinien ist i. d. R. größer als der Frequenzabstand der Resonatoreigenschwingungen $\Delta\nu$, wie im Bild 2.16 dargestellt.

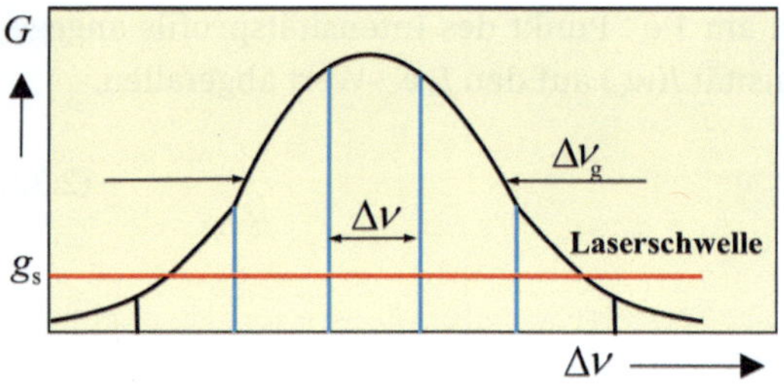

Bild 2.16
Beziehung zwischen Bandbreite und dem Frequenzabstand benachbarter axialer Moden nach */Stau2000/*

In dem gezeigten Beispiel können somit gleichzeitig nur vier axiale Moden (blaue, vertikal dargestellte Linien) anschwingen, die folgende Bedingungen erfüllen:

- eine Lage innerhalb der Frequenzbandbreite des Lasergains g_s und
- die Überschreitung der Laserschwelle (Anschwingbedingung von Schawlow und Townes).

Verfügt das laseraktive Medium über eine sehr hohe Bandbreite können sehr viele axiale Moden gleichzeitig anschwingen. Diese Tatsache wird für die Modenkopplung zur Erzeugung ultrakurzer Pulse ausgenutzt */Stau2000/*.

Auch die axialen Moden sind durch eine gewisse spektrale Unschärfe (Linienbreite) gekennzeichnet. Diese Linienbreite der Eigenschwingung wird meist durch die Güte bzw. die Verluste des Resonators Q bestimmt. Die Gesamtverluste des Resonators ψ wurden mit der Formel 2.21 beschrieben und setzen sich aus den Auskoppel-, Beugungs-, Justier- sowie Streu- und Absorptionsverlusten zusammen. Für die Linienbreite $\delta\nu$ der axialen Moden ergibt sich

$$\delta\nu = \frac{\nu}{Q} \tag{2.36}$$

$$Q = \frac{2\pi L}{\lambda\psi} \tag{2.37}$$

In Bild 2.17 b sind die Linienform und -breite für zwei verschiedene Gesamtverlustwerte des Resonators dargestellt. Aufgetragen ist in diesem Diagramm die Intensität innerhalb des Resonators I (bezogen auf die Grundintensität I_0) über die Frequenz ν. Mit Zunahme der Resonatorverluste (geringere Güte) kommt es zu einer Vergrößerung der Linienbreite der axialen Moden. Der resultierende Frequenzabstand benachbarter Moden (Bild 2.17 a) ergibt sich aus Formel 2.35 und ist von der Resonatorlänge abhängig. Da die Resonatorlänge aber statistisch im realen Betrieb schwankt, ist die Frequenz der Lasermoden nicht konstant. Die Frequenzänderung wird durch thermische Einflüsse, mechanische Erschütterungen oder aber Änderung der Brechungsindizes des aktiven Mediums hervorgerufen. */Eich2010/*

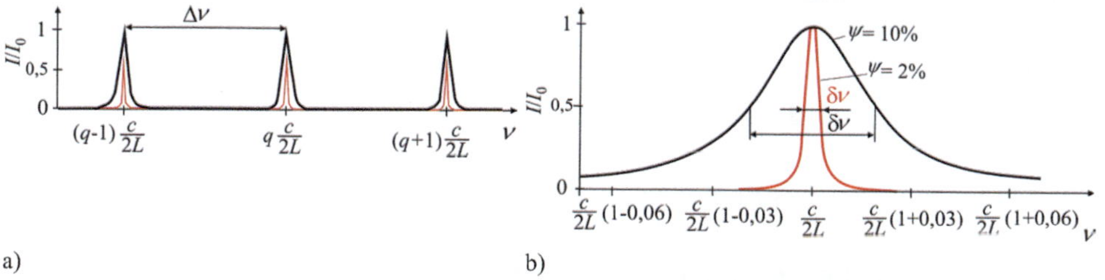

Bild 2.17 Linienbreite für unterschiedliche Verluste im Resonator nach */Brun1989/*.
a) Linienabstand, b) Linienform

2.4.4 Die Güte des Resonators

Zur quantitativen Beschreibung des Resonators wurde der Begriff **Güte** im vorangegangenen Abschnitt eingeführt. Sie ist ebenfalls wichtig für die Beschreibung der Güteschaltung (vgl. Abschnitt 2.5). Die Resonatorgüte wird als Verhältnis aus der Laserfrequenz und der Linienbreite angegeben. Die Linienbreite der axialen Moden ist direkt von den Verlusten im Resonator abhängig, somit auch die Resonatorgüte, entsprechend der Formel 2.37. Setzt man voraus, dass Beugungsverluste, Absorptions- und Streuverluste sowie Justierverluste konstant bleiben, dann ist die Resonatorgüte umgekehrt proportional zu den Auskoppelverlusten bzw. der gewünschten Strahltransmission T_r.

$$Q = \frac{2L\pi\nu}{cT_r} \tag{2.38}$$

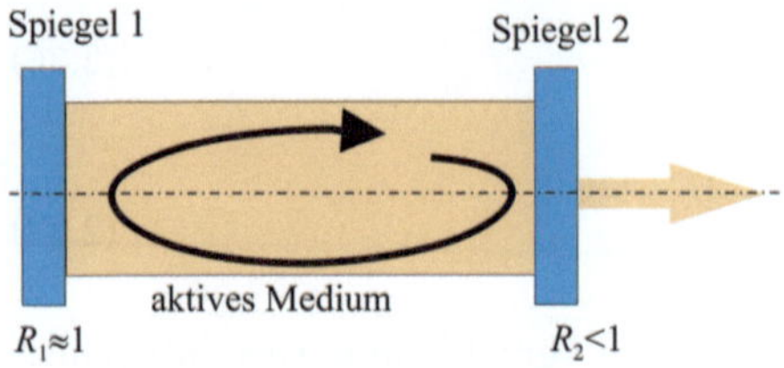

Bild 2.18
Darstellung der Rückkopplung und Güte des Resonators

Die ausgekoppelten Strahlungsanteile pro Resonatorumlauf bestimmen die Güte des Resonators. Im Bild 2.18 ist dieser Zusammenhang veranschaulicht. Die Güte ergibt sich auch als Verhältnis aus Energie im Resonator zu ausgekoppelter Intensität. Zwei Grenzfälle lassen sich aus Formel 2.38 diskutieren:

- $T_r = 0 \rightarrow$ hohe Güte (hohe Verstärkung, es wird keine Strahlung ausgekoppelt),
- $T_r = \text{Maximum} \rightarrow$ geringe Güte (maximale Strahlauskopplung, geringe Verstärkung, für den Fall $g < \psi$ Anschwingbedingung von Schawlow und Townes nicht erfüllt).

Diese Betrachtungsweise bildet die Grundlage für die Güteschaltung von Lasersystemen (vgl. Abschnitt 2.5).

2.4.5 Zeitliche und räumliche Kohärenz

Wie bereits eingangs des Kapitels erwähnt, zeichnet sich die Laserstrahlung neben einer hohen spektralen Energiedichte, Monochromasie und Amplitudenstabilität auch durch große **zeitliche und räumliche Kohärenz** aus. Die Kohärenz bildet die Voraussetzung, dass zwei Wellenzüge mit gleicher Frequenz sowie Polarisations- und Ausbreitungsrichtung interferieren können. Man unterscheidet:

1. **räumliche Kohärenz**

   Mit der räumlichen Kohärenz wird die Korrelation von Feldstärken in zwei verschiedenen Punkten eines Wellenfeldes zu einer bestimmten Zeit beschrieben.

2. **zeitliche Kohärenz**

   Die zeitliche Kohärenz beschreibt an einem bestimmten Ort das zeitliche Verhalten von Feldstärken in einem Wellenfeld zueinander.

Bei zeitlich kohärenter Strahlung herrscht zwischen den Feldstärken zu zwei verschiedenen Zeitpunkten eine konstante Phasendifferenz. Im Falle des Überschreitens eines Maximalwertes, schwankt die Phasendifferenz statistisch zwischen den Feldstärken. Man spricht von der **Kohärenzzeit** t_c */Eich2010/*.

Für die spontan emittierte Strahlung von natürlichen Lichtquellen besteht der Zusammenhang $t_c \sim \tau$. Das heißt die Kohärenzzeit entspricht quasi der Lebensdauer τ eines emittierenden Energieniveaus der einzelnen spontan emittierten Photonen.

Die Kohärenzzeit ist mit der Strahlentstehung (Resonator) über die spektrale Bandbreite wie folgt verknüpft

$$t_c = \frac{1}{\Delta\nu} \tag{2.39}$$

Formel 2.39 veranschaulicht, dass für sehr kleine Bandbreiten die Kohärenzzeiten groß werden. Diese werden im Wesentlichen durch die Resonatorkonfiguration bestimmt.

Die Entfernung, die das Licht in dieser Zeit zurücklegt, wird als **Kohärenzlänge L_c** bezeichnet.

$$L_c = c \cdot t_c \tag{2.40}$$

Zur Veranschaulichung der beschriebenen Zusammenhänge sind in Tabelle 2.6 einige Beispiele für Kohärenzzeiten und -längen zusammengestellt. Während bei weißem Licht lediglich Kohärenzlängen von etwa 1 µm erreicht werden, betragen diese für Laserstrahlungsquellen je nach Typ und Stabilisierung von mm bis zu mehreren Kilometern.

Tabelle 2.6 Bandbreiten und Kohärenzlängen ausgewählter Laserquellen (nur Beispielwerte, die Parameter hängen von der jeweiligen Bauform des Lasers ab)

Laserquelle	Bandbreite	Kohärenzlänge
He-Ne-Laser	1 Hz (frequenzstabilisiert)	10^7 m
Nd:YAG-Laser	1 MHz	10^2 m
Diodenlaser (Monomode, DFB- oder DBR-Laser)	20 GHz	1 m
Diodenlaser (Multimode)	1000 GHz	0,5 mm
Ti:Saphir-Laser (gepulst, fs-Bereich)	100 THz	3 µm
Faserlaser (niedrige spektrale Breite)	100 kHz	10^3 m
Femtosekundenlaser (Breitband)	10 THz	30 µm
CO_2-Laser (kontinuierlich)	100 kHz	10^3 m

Die **räumliche Kohärenz** wird durch die Resonatoranordnung und die Spiegelradien sehr stark bestimmt. Ein Laser, der einen TEM_{00}-Strahl emittiert, ist vollständig örtlich kohärent. Ein multimodiges Strahlprofil hingegen besitzt eine sehr geringe Kohärenz. Die Ursache dafür ist in der zeitlichen Veränderung der Phasendifferenzen der einzelnen Moden zu sehen.

Die zeitliche Kohärenz wird entscheidend durch die Resonatorlänge, die Auskopplung sowie die Linienverbreiterung beeinflusst.

Für das Erzielen von stark kohärenter Strahlung sollte nach Formel 2.39 die Bandbreite der emittierten Strahlung klein gewählt werden. Dies lässt sich erzielen durch:

- single frequency (Einzelfrequenzbetrieb),
- hohe Resonatorgüte (geringer Auskoppelgrad, hohe Reflektivität des Auskoppelspiegels),
- Auskoppeln einer TEM_{00}-Mode,
- Stabilisierung dieser Mode unter dem Laserverstärkerprofil,
- Betrieb des Lasers mit großem Gain, weit über der Laserschwelle. */Eich2010/*, */Stau2000/*

Die vorstehend genannten Maßnahmen vergegenständlichen aber auch den Sachverhalt, dass die auskoppelbare Leistung für hohe Anforderungen an die Kohärenz der Laserstrahlung gering ist. Diese Laseranwendungen liegen im Bereich der Lasermesstechnik, die große Kohärenzlängen voraussetzen. Für die Lasermaterialbearbeitung kommen Laserquellen mit wesentlich geringeren Kohärenzlängen zum Einsatz, insbesondere unter dem Aspekt, dass hohe Strahlungsleistungen und teilweise auch ultrakurze Impulse erforderlich sind.

Impulslaser emittieren nur endliche Wellenzüge, deren Länge von der Impulsdauer abhängt. Die sich ergebende Kohärenzzeit ist stets kleiner als die Impulsdauer τ_{LP}. Sie hängt vorrangig von dem physikalischen Prozess der Impulserzeugung ab */Stau2000/*.

2.4.6 Kopplung von Eigenschwingungen (Modenkopplung)

Verfügt der Laser über eine entsprechend große Bandbreite, kann im Laserbetrieb eine Vielzahl von axialen Moden gleichzeitig oszillieren. Sie bestimmen das spektrale Verhalten und die Intensität der Laserstrahlung. Im freilaufenden Laserbetrieb (ohne zusätzliche Maßnahmen) schwingen die Moden unabhängig, d. h. ohne feste Phasenbeziehung zueinander. Die Gesamtfeldstärke des Strahlungsfeldes $E_F(t)$ ergibt sich nach */Brun1989/* zu

$$E_F(t) = \sum_i E_{Fi}(t) = E_{F0} \sum e^{i(\varpi_i t + \varphi_i)} \tag{2.41}$$

mit $i = 1, 2, 3, \dots q$

φ_i statistische Phasen zwischen den Moden

und die Gesamtintensität I zu

$$I = \sum_i I_i(t) = qI_i(t) \tag{2.42}$$

Durch eine Wechselwirkung können sich ausbildende Moden sowohl destruktiv als auch konstruktiv interferieren. Durch diesen Effekt kann es zu starken Intensitätsschwankungen kommen, was im Ergebnis zu einer statistischen Modulation der Laserleistung führt. Man spricht hier auch von einer **zufälligen (spontanen) Modenkopplung**. Um dennoch einen Monomodebetrieb zu gewährleisten, müssen spezielle Maßnahmen in der Resonatorkonfiguration vorgenommen werden, z. B. durch Wahl der Spiegelreflexion, vgl. auch */Kneu2008/*, */Eich2010/*. Das Anschwingen einer Vielzahl axialer Moden kann aber auch für die Erzeugung ultrakurzer Impulse ausgenutzt werden. Gelingt es, eine konstruktive Überlagerung benachbarter Moden zu erzwingen, können sehr kurze Impulse mit hohen Intensitäten generiert werden (vgl. Abschnitt 2.5). Eine Voraussetzung stellt die feste Phasenbeziehung der sich ausbildenden Moden dar, d. h., dass sich die Feldstärkeamplituden je Resonatorumlauf am jeweiligen Ort konstruktiv überlagern */Eich2010/*. Wenn alle Moden die gleiche Phasen φ aufweisen gilt dann für die Gesamtintensität:

$$I = |E_{F0}|^2 \frac{\sin^2(q\pi\Delta\nu t)}{\sin^2(\pi\Delta\nu t)} \tag{2.43}$$

$$I_{\max} = I_i q^2 \tag{2.44}$$

Aus Formel 2.43 ist ersichtlich, dass die maximale Intensität um den Faktor q^2 (Anzahl der Moden) größer ist als bei statistischen Prozessen. Die Impulsbreite ergibt sich vereinfacht aus der Beziehung

$$\tau_i = \frac{1}{\Delta\nu \cdot q} \tag{2.45}$$

Aus Formel 2.45 lässt sich ableiten, je mehr Moden in Phase gekoppelt werden können, desto kleiner wird die auskoppelbare Impulsbreite. Dies veranschaulicht ebenfalls Bild 2.19 für unterschiedliche Anzahlen der gekoppelten Moden. Die Methoden zur Modensynchronisation werden in Abschnitt 2.5 ausgeführt.

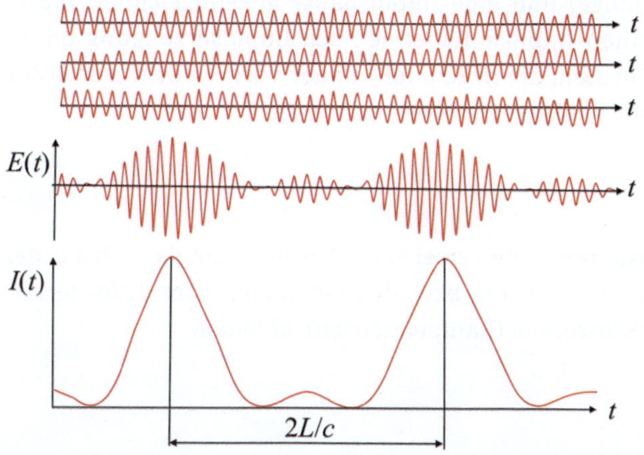

Bild 2.19
Darstellung stehender Wellen und deren Überlagerung zur Modenkopplung nach */Dirs2005/*

2.5 Betriebsarten des Lasers

Der Begriff **Betriebsart** des Lasers charakterisiert den Zustand der zeitlichen Energieauskopplung aus dem Resonator. Laser können den Strahl kontinuierlich oder gepulst auskoppeln. In der Praxis haben sich die folgenden Betriebsarten etabliert:

1. kontinuierlicher Betrieb (cw – continuous wave),
2. Pulsbetrieb (pw – pulse wave),
3. Tastbetrieb,
4. Rampenbetrieb.

Bild 2.20 veranschaulicht die zwei Grundprinzipien der zeitlichen Strahlauskopplung.

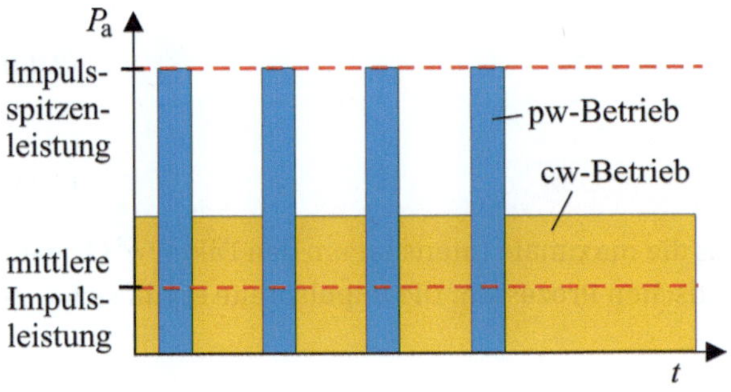

Bild 2.20 Schematische Darstellung der Betriebsarten

Im **cw-Betrieb** wird zeitlich betrachtet eine kontinuierliche Strahlung zur Verfügung gestellt, die statistisch gesehen nur geringfügig um den gewählten Ausgangswert schwankt. Bei den meisten Laserstrahlungsquellen der LMB sind Leistungsschwankungen < 2 % des Ausgangswertes erreichbar (vgl. Kapitel 4). Im **Pulsbetrieb** werden periodisch erzeugte Impulse aus dem Resonator ausgekoppelt. Die zeitliche Periode ist durch eine Impulsdauer (-länge) und eine Impulspause gekennzeichnet. Die in Bild 2.20 schematisch dargestellten Impulse haben je nach Impulserzeugung unterschiedliche charakteristische Formen, die in Kapitel 4 näher vorgestellt werden. Zur Beschreibung der Impulsleistung sind zwei Größen wichtig:

1. Impulsspitzenleistung,
2. mittlere Leistung.

Die **Tast- und Rampenbetriebsarten** stellen zwei Sonderformen dar, die sich aus der Form der HF-angeregten Laser (Tastbetrieb) bzw. den technologischen Erfordernissen, z. B. beim Schneiden oder Schweißen (Rampenbetrieb), ableiten.

2.5.1 Kontinuierlicher Betrieb

Der **kontinuierliche Betrieb** zeichnet sich durch eine zeitlich konstante Laserleistung aus, die für viele Anwendungen möglichst nur sehr kleine Schwankungen (< 2 %) zulassen darf. Der Leistungswert kann zwischen der maximalen Laserleistung der Strahlungsquelle und einer unteren Leistungsgrenze (in dem der Laser noch stabil arbeitet) beliebig eingestellt werden. Die Voraussetzungen für einen kontinuierlichen Betrieb sind:

- 4-Niveau-System,
- kontinuierliches Pumpen,
- konstante Resonatorparameter,
- quasistationärer Zustand der Besetzungsdichten, d. h. kontinuierliche Aufrechterhaltung der Besetzungsinversion.

Die absolut auskoppelbaren Leistungen sind zwar geringer als bei Pulslasern, die kontinuierlich arbeitenden Laser verfügen aber über die höheren mittleren Leistungswerte, die für die Makromaterialbearbeitung in vielen Fällen erforderlich sind. Laser im cw-Betrieb können mittlere Leistungen bis zu 100 kW erzeugen (ist aber für die Anforderungen der LMB in vielen Fällen überdimensioniert bzw. nicht erforderlich). Die maximalen Leistungen liegen typischerweise < 20 kW. Der kontinuierlich aufrecht zu erhaltende Pumpprozess führt zu einer relativ hohen thermischen Belastung des aktiven Mediums, verbunden mit einem hohen Wärmeeintrag. Aus diesem Grund müssen cw-Laser höherer Leistung ausreichend gekühlt werden.

Eine spezielle Form des cw-Betriebes stellt der in Bild 2.21 gezeigte **Rampenbetrieb** dar.

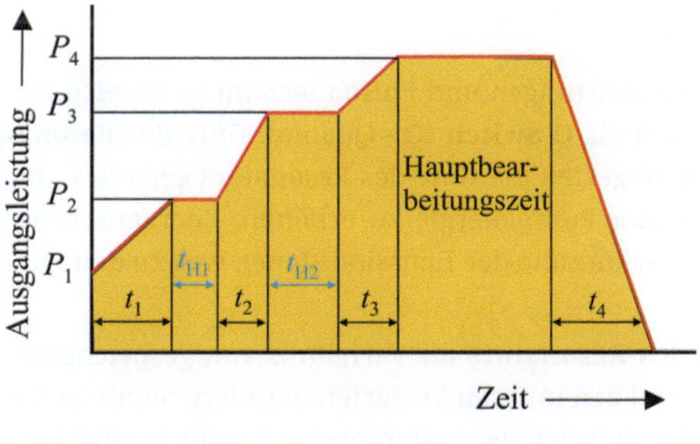

Bild 2.21 Schematische Darstellung des Rampenbetriebes

Bei dieser Betriebsart wird die Laserleistung über eine bestimmte Zeitdauer t_1, t_2 ... t_n von einem festgelegten Ausgangswert auf eine maximale Leistung erhöht. Im umgekehrten Fall kann die Leistung von einem Maximalwert abgesenkt werden. In der Praxis sind diese Rampen bzw. Zyklen sehr wichtig für die Verfahren Schneiden und

Schweißen. Um die Prozesse optimal gestalten zu können, werden oftmals auch mehrere gestufte Rampen mit Haltezeiten t_{H1}, t_{H2} ... t_{Hi} programmiert. Diese Art der kontinuierlichen Leistungserhöhung bzw. -absenkung stellt auch die Voraussetzung für eine Laserleistungssteuerung dar (vgl. Kapitel 8 und 9).

2.5.2 Impulsbetrieb

Wird die Laserstrahlung periodisch ausgekoppelt, d. h., die Laserstrahlung ist zeitlich gesehen durch wiederkehrende Maxima und Minima gekennzeichnet, spricht man vom **Impulsbetrieb**, oftmals auch nur Pulsbetrieb (pw). Für diese Betriebsart unterscheidet man verschiedene Pulsformungsprinzipien, die Pulsdauern von wenigen ms bis zu ultrakurzen Pulsen von wenigen fs erzeugen:

- Pulsanregung (10 ms),
- Güteschaltung (1 ns),
- Modenkopplung (1 ps),
- Pulskompression (5 fs).

2.5.2.1 Elektrische Anregung

Eine relativ einfache Variante gepulste Laserstrahlung auszukoppeln ist mit der **Pulsanregung** möglich. Bei dieser erfolgt eine gepulste Zufuhr von Pumpenergie, bspw. in Form von gepulster Laserstrahlung (diodengepumpter FK-Laser) oder durch elektrische Impulse (elektrische Gasentladung, CO_2-Laser). Eine Reihe von laseraktiven Materialien kann aufgrund ihrer schlechten Wärmeableitung nur im Pulsbetrieb arbeiten und wird ausschließlich als pw-Laserstrahlungsquellen eingesetzt.

2.5.2.2 Güteschaltung

Laserimpulse mit hohen Impulsspitzenleistungen und Pulsdauern im ns-Bereich lassen sich mit der **Güteschaltung**, auch als **Q-Switch** (**Q** = **Q**ualität, Güte des Resonators) bezeichnet, erzeugen. Dabei wird gezielt die Güte des Resonators geändert, um die Spitzenleistung bei gleichbleibender Pumpenergie zu erhöhen. Energetisch betrachtet funktioniert dies über eine Verkürzung der Emissionsdauer, was zu den kürzeren Pulsen führt.

In Abschnitt 2.4.4 wurde die **Güte des Resonators** als Verhältnis von gespeicherter Energie zu ausgekoppelter Energie und den inneren Verlusten definiert. Somit ist die Güte direkt proportional zur Reflektivität der Resonatorspiegel R_1 und R_2 und proportional zur Summe der Verluste. In Bild 2.22 ist der prinzipielle Ablauf einer **Güteschaltung** illustriert. Das Grundprinzip aller Güteschaltungsmethoden beruht auf dem schlagartigen Ändern der Resonatorgüte, sodass eine maximale Besetzungsinversion aufgebaut und die gesamte gespeicherte Energie in einem Impuls abgerufen werden kann. Die Voraussetzung dafür ist eine sehr gute Speicherwirkung des aktiven Mediums, d. h., es ist eine große Lebensdauer des oberen Laserniveaus erforderlich. Diese muss größer als die Pumpdauer sein. Die erreichbaren Spitzenleistungen und Impulsdauern sind abhängig von:

- der maximal erreichbaren Besetzungsinversion,
- der Lebensdauer im oberen Laserniveau,
- der Güte des Resonators (Grundkonfiguration),
- den Umschaltzeiten zwischen den Gütezuständen.

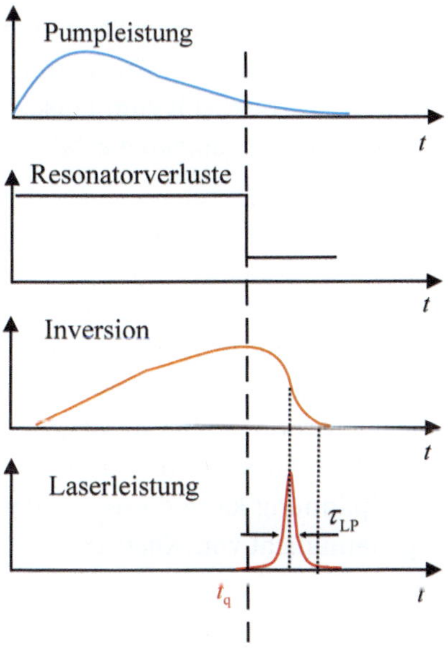

Bild 2.22
Prinzipdarstellung der Güteschaltung nach */Eich2010/*
a) Erhöhen der Verluste, d. h., die Güte *Q* sinkt, der Laser schwingt nicht an
b) das aktive Medium wird gepumpt, die Verstärkung erreicht ein Maximum
c) schlagartige Erhöhung der Güte *Q*, der Laser schwingt an, die gesamte gespeicherte Energie wird in einem stark überhöhten Impuls ausgekoppelt
d) geringe Güte, der Laser schwingt nicht an

Das Umschalten zwischen den Gütezuständen sollte möglichst kurz sein. Die verschiedenen Methoden der Güteschaltung verwenden unterschiedliche Schaltelemente und lassen sich in **aktive** und **passive Schalter** unterteilen. Einen Überblick der verschiedener Güteschalter und ihrer Schaltzeiten vermittelt Tabelle 2.7.

Tabelle 2.7 Ausgewählte Elemente der Güteschaltung

	Schaltertyp	Schaltzeit
Aktive Güteschaltung	rotierende Blende	> 10 µs
	Drehspiegel/Drehprisma	< 1 µs
	elektrooptischer Schalter	< 10 ns
	akustooptischer Schalter	< 50 ns
Passive Güteschaltung	sättigbarer Absorber	ca. 1 ns

Die mechanischen Schalter weisen relativ lange Schaltzeiten auf. Mit der rotierenden Blende im Resonator wird eine Variation der Absorptionsverluste erzielt. Der Einsatz eines Drehspiegels oder -prismas ist weitaus wirkungsvoller, wobei diese Elemente einen Resonatorspiegel bilden und um eine Achse senkrecht zur Resonatorachse rotieren. Der Laser kann nur in dem Moment anschwingen, wenn eine verspiegelte Prismenseite bzw. der Spiegel genau parallel zum zweiten Spiegel steht. Mit dieser Methode werden die Justierverluste gesteuert.

Eine wesentlich größere Bedeutung haben die schnellen Schalter erfahren. **Elektrooptische Schalter** nutzen den Pockels- oder Kerr-Effekt. Beim **Pockels-Effekt** wird die doppelbrechende Wirkung bestimmter Kristalle (z. B. Kaliumdihydrogenphosphat – KDP) ausgenutzt. Durch Anlegen eines elektrischen Feldes ändern sich die doppelbrechenden Eigenschaften, d. h., die Brechungsindizes für den parallelen und senkrechten polarisierten Strahlungsanteil werden verschieden. Für die Anwendung des **Kerr-Effektes** kommen anisotrope Flüssigkeiten (z. B. Nitrobenzol) zum Einsatz, die beim Anlegen eines elektrischen Feldes eine Ausrichtung der Moleküle erfahren und doppelbrechend werden. */Kneu2008/*

Bild 2.23 veranschaulicht die Resonatoranordnung mit einer Kerr-Zelle. Der Polarisator erzeugt zunächst linear polarisiertes Licht, das unter 45° zum angelegten E_F-Vektor der Kerr-Zelle ausgerichtet ist. Beim Anlegen einer Spannung U_F an die Kerr-Zelle wird die linear polarisierte Strahlung bei einmaligem Durchgang zirkular polarisiert. Nach der Reflexion am Resonatorspiegel durchläuft die Strahlung ein zweites Mal die Kerr-Zelle und wird wieder linear polarisiert aber die Polarisationsrichtung ist genau um 90° gedreht. Diese Polarisationsrichtung wird vom Polarisator blockiert. Der Schalter ist somit geschlossen. Durch Abschalten der Spannung kann dieser wieder geöffnet werden, die induzierte Doppelbrechung liegt dann nicht vor. */Kneu2008/*

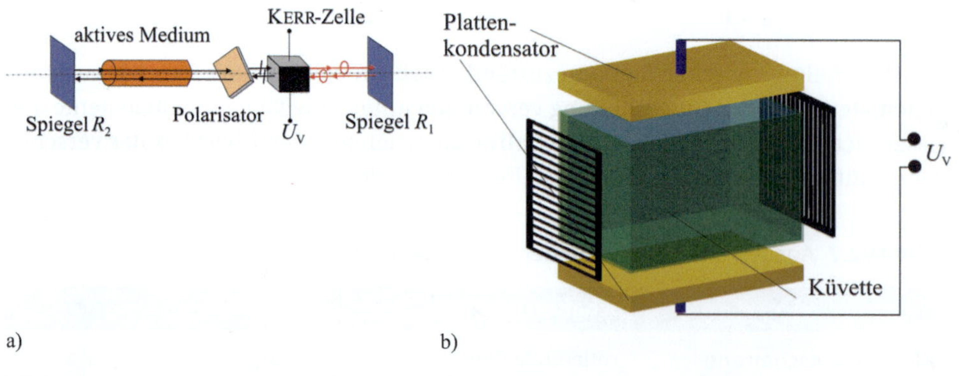

Bild 2.23 Güteschaltung mit einer Kerr-Zelle. a) Resonatoranordnung nach */Kneu2008/*, b) Aufbau einer Kerr-Zelle

Akustooptische Schalter nutzen den photoelastischen Effekt aus. Er besteht aus einem für die verwendete Wellenlänge transparenten optischen Material. In diesem wird eine Ultraschallwelle mithilfe eines Piezoelementes erzeugt. Die entstehenden Ultraschallwellen stellen periodische Dichteschwankungen dar, die zu einer örtlich periodischen Änderung der Brechzahl führen. Damit erhält man praktisch ein Phasengitter. Durch die Beugung am Phasengitter entstehen zusätzliche Resonatorverluste, die ein Anschwingen des Lasers vermeiden. Nach Abschalten der Piezospannung gelangt der Resonator sofort wieder in den Zustand hoher Güte, sodass ein Laserimpuls ausgekoppelt wird. */Kneu2008/*, */Eich2010/*

Die Funktionsweise in einem Laserresonator kann wie folgt beschrieben werden.

- Geringe Güte (geschalteter Zustand):

  Das Phasengitter führt durch beugungsbedingte Strahlverluste zu hohen Resonatorverlusten, wodurch das Anschwingen des Lasers verhindert wird, da die Verstärkungsbedingung $g < \psi$ erfüllt ist.

- Hohe Güte (Entladung des Resonators):

  Nach dem Abschalten der Piezospannung baut sich das akusto-optische Phasengitter innerhalb kürzester Zeit ab, sodass der Resonator unmittelbar in den Zustand hoher Güte übergeht und ein Laserimpuls emittiert wird (innerhalb von ns bis µs).

Die Schaltzeiten liegen im Bereich von 10 ns bis wenigen µs, abhängig von der Materialeigenschaft und der Ultraschallfrequenz. Typische Modulationsfrequenzen liegen zwischen 50 MHz und 1 GHz. Somit sind akustooptische Schalter in der Anwendung für hohe Wiederholraten im kHz- bis MHz-Bereich geeignet und werden insbesondere bei Festkörperlasern (Nd:YAG, Ti:Saphir) eingesetzt.

Zu den **passiven Schaltern** zählen **sättigbare Absorber**. Im Unterschied zu den aktiven Schaltern erfolgt hier keine Steuerung der Güte des Lasers von außen, sondern durch die Strahlungsintensität im Resonator selbst. Diese speziellen Absorber ändern in Abhängigkeit von der vorherrschenden Intensität ihren Absorptionskoeffizienten α_A. Diesen funktionalen Zusammenhang beschreibt die nachfolgende Gleichung nach */Kneu2008/*

$$\alpha(I) = \frac{\alpha_0}{1 + \frac{I}{I_{sä}}} \qquad (2.46)$$

a_0 Anfangsabsorption; $I_{sä}$ Sättigungsintensität

In Bild 2.24 ist der intensitätsabhängige Verlauf des Absorptionskoeffizienten eines sättigbaren Absorbers dargestellt.

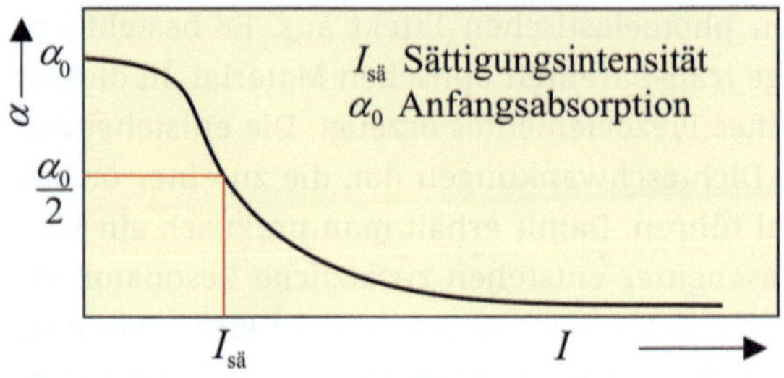

Bild 2.24
Intensitätsverlauf eines sättigbaren Absorbers

Das Schaltprinzip lässt sich vereinfacht wie folgt erklären:

Die Anfangsabsorption des **Absorbers** α_0 liegt mit $I = 0$ vor. Mit ansteigender Intensität verändert sich der Absorptionskoeffizient. Bei dem Wert $\alpha_0/2$ wird die Sättigungsintensität erreicht. Bis zu diesem Zeitpunkt erfährt die Laserstrahlung Absorptionsverluste, der Laser schwingt nicht an, die Besetzungsinversion kann maximal aufgebaut werden. Zum Zeitpunkt der maximalen Inversion wird die Sättigungsschwelle des Absorbers erreicht, d. h., die Absorberatome befinden sich im angeregten Zustand und sind gesättigt. Die Transmission wird bei Überschreiten der Schwelle schlagartig 1, der Schalter ist geöffnet und ein überhöhter Strahlungsimpuls wird ausgekoppelt. Nach einer kurzen Relaxationszeit kehren die Absorberatome in den Grundzustand zurück und können erneut absorbieren. */Kneu2008/*

Zusammenfassend lassen sich für die Impulserzeugung mit der Güteschaltung wichtige Anwendungsfelder der LMB definieren. Diese sind vorzugsweise das Laserstrahlbeschriften, das -bohren und viele Verfahren der Mikromaterialbearbeitung (vgl. Kapitel 7).

2.5.2.3 Methoden der Modenkopplung

Das Erzeugen von **ultrakurzen Impulsen** (ukp) gewinnt für die LMB immer stärker an Bedeutung. Das liegt zum einen an den „materialschonenden Wechselwirkungseffekten" und der damit verbundenen hohen erreichbaren Präzision, und zum anderen an den mittlerweile verfügbaren mittleren Laserleistungen, die bestimmte Prozesse auch effizient gestalten lassen. Unter ultrakurzen Impulsen sind Laserpulse mit einer Pulsdauer im ps- und fs-Bereich zu verstehen. Die Voraussetzung der Kopplung bzw. Synchronisation von axialen Moden wurde in Abschnitt 2.4.6 beschrieben. Für dessen Realisierung existieren drei prinzipielle Varianten:

1. aktive Modenkopplung,
2. passive Modenkopplung,
3. Modenkopplung durch synchrones Pumpen.

Die **aktiven Verfahren** sind durch die Integration eines zusätzlichen Modulators gekennzeichnet. Ähnlich dem Güteschaltungsverfahren kommen akustooptische und elektrooptische Modulatoren zum Einsatz. Der Modulator wird zumeist in unmittelbarer Nähe eines Resonatorspiegels angeordnet. Moduliert wird der Verlust oder auch die Inversion bzw. die optische Weglänge im Resonator. Die erforderliche Modulationsfrequenz ergibt sich durch den halben Modenabstand. Im Falle der Verlustmodulation erfolgt zunächst eine Amplitudenmodulation der maximal anschwingenden Moden. In der Folge werden Seitenbänder der benachbarten Moden angeregt, die ebenfalls eine Amplitudenmodulation erfahren. Dies setzt sich fort, bis alle axialen Moden innerhalb der Bandbreite gekoppelt sind. */Kneu2008/*

Große Bedeutung haben die **passiven Verfahren** der Modenkopplung erlangt. Auch hier ist das Wirkprinzip der eingesetzten sättigbaren Absorber ähnlich des beschriebenen zur Güteschaltung. Der Unterschied besteht in der gewählten Absorption, die für die Erzeugung von uk-Pulsen hoch gewählt wird. Somit können nur wenige Intensitätsspitzen den Absorber sättigen. Die Spitzen werden weiter verstärkt und erzeugen nach mehreren Umläufen einen kurzen Impuls. Die auskoppelbare Impulsfolge entsteht mit dem Abstand $2L \cdot c^{-1}$ */Brun1989/*. Moderne passive Verfahren verwenden Festkörperelemente. Neben der **Kerr-Linsen-Modenkopplung** (Kerr-Effekt – Selbstfokussierung eines Laserstrahles in einem nichtlinearen Kerr-Medium) kommen Halbleiterelemente (z. B. GaAs, AlAs) und **sättigbare Absorber** in Form von nichtlinearen Halbleiterspiegeln zum Einsatz */Kell2004/*. Industrietaugliche ps-Lasersysteme setzen bspw. die **SESAM** (**SE**miconductor **S**aturable **A**bsorber **M**irror) ein */Timebandwidth2012/*. Diese sättigbaren Absorber sind Halbleiterbauelemente mit einer Bragg-Spiegelstruktur und für hohe Ausgangsleistungen einsetzbar */Kell2004/*. Für die fs-Laseranwendungen kommen mittlerweile auch Faserlaser zum Einsatz. Sie verfügen ebenfalls über eine hohe Verstärkungsbandbreite und können durch SESAMs oder unter Ausnutzung der hohen Nichtlinearität der Fasern passiv modengekoppelt werden. Für letztgenannte Anwendung nutzt man die nichtlineare Rotation der Polarisationsrichtung in Kombination mit einem polarisierenden Element im Resonator als sehr schnellen sättigbaren Absorber */Pasc2006/*.

2.5.2.4 Pulskompressionen

Eine weitere Impulsverkürzung kann durch die Pulskompression von sogenannten „**chirped pulses**“ erfolgen. Darunter versteht man Pulse, die ihre Frequenz zeitlich ändern (vgl. Bild 2.25). Die zeitliche Frequenzänderung führt entweder zu „positive chirp“ (Zunahme der Frequenz) oder zu „negative chirp“ (Abnahme der Frequenz). Man spricht auch von positiver und negativer **Gruppengeschwindigkeitsdispersion** (GGD). Solche spektralen Verbreiterungen kann man durch dispersive Bauelemente (Gitter, Prismen) oder spezielle Fasern erzielen und sie treten auch bei Selbstphasenmodulation auf.

Eine **Pulskompression** wird dadurch erreicht, dass der chirped pulse (positive GGD) ein Gitterpaar mit dem Abstand d_G durchläuft. Der optische Weg nimmt mit zunehmender Wellenlänge zu. Dadurch kann die kurzwelligere Pulsrückflanke die Pulsvorderflanke einholen. Es kommt zu einer Komprimierung der Pulsform.

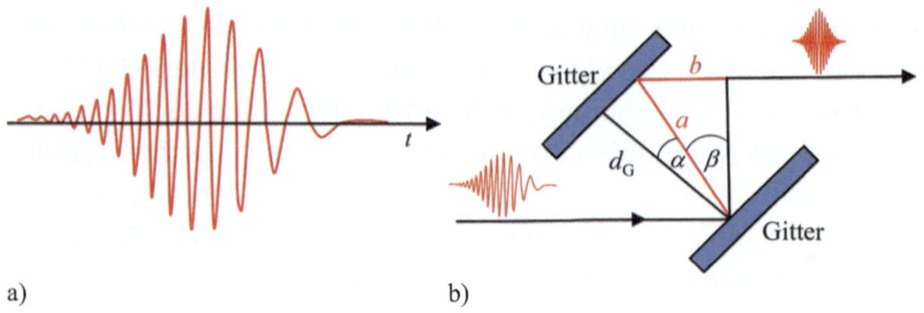

Bild 2.25 Impulsverkürzung durch Pulskompression. a) chirped pulse, b) Gitteranordnung zur Pulskompression

Mit der Pulskompression lassen sich sehr kurze Pulse mit wenigen fs Pulsdauern erzeugen. Das **Strecken** und **Komprimieren** von „chirped pulses" ist für viele Oszillator-Verstärker-Anordnungen eine wichtige Voraussetzung. Die Pulse werden vor dem Verstärkereintritt zeitlich verbreitert um die Pulsspitzenintensität zu vermindern. Nach der Verstärkung werden die Impulse wieder komprimiert (vgl. Kapitel 3).

Tabelle 2.8 fasst noch einmal wichtige Betriebsarten und erreichbare Parameter zusammen.

Tabelle 2.8 Betriebsarten und typische Parameter*

Anregung	Betriebsart	Pulsfrequenz	Pulsdauer	Leistung/Pulsleistung
kontinuierlich	cw	–	–	W - kW/-
kontinuierlich	Q-Switch (aktiv/passiv)	bis zu einige MHz (z. B. microchip Q-S)	30 ps - 100 ns	1 - 100 W/10 kW - 100 MW
kontinuierlich	Modenkopplung (cw-ML)	10 MHz - 10 GHz	5 fs - 500 ps	mW - 10 W/10 kW - GW
kontinuierlich	Modenkopplung (CPA)	100 kHz - 10 MHz	20 fs - 100 fs	1 - 100 W/MW - GW
gepulst	pw (Standard)	10 Hz - 10 kHz	0,1 - 10 ms	1 - 100 W/100 W - kW
gepulst	Q-Switch	100 Hz - 1 MHz	5 - 100 ns	1 - 50 W/10 kW - 10 MW
gepulst	Cavity dumping	Hz - 3 MHz	1 - 10 ns	1 - 20 W/1 - 100 MW
gepulst	Modenkopplung (Burst- oder Trigger-ML)	Hz - MHz (Burst)	20 fs - 100 ps	0,1 - 100 MW - 1 GW

* nur ausgewählte Werte, es gibt auch spezielle Lasersysteme mit gezielt optimierten Werten

2.5.2.5 Frequenzvervielfachte Lasersysteme

Laserstrahlungsquellen in verschiedenen Wellenlängenbereichen zur Verfügung zu haben, ist nicht nur für spektroskopische Anwendungen interessant, sondern auch für die Materialbearbeitung. Das Verschieben der Laserwellenlänge hin zu kürzeren Wellenlängen hat oft den Vorteil, dass sich „materialschonendere" Wechselwirkungsprozesse realisieren lassen und mit kleineren Fokusdurchmessern gearbeitet werden kann. Dies erreicht man mit einer **Frequenzvervielfachung**. Mithilfe von nichtlinearen optischen Prozessen in kristallinen Werkstoffen lassen sich Frequenzvervielfachungen bzw. -mischungen realisieren. Auf eine ausführliche Beschreibung dieser Effekte der NLO (Nichtlinearen Optik) sei an dieser Stelle auf */Berg2004/* und */Dmit1997/* verwiesen.

Die Ausbreitung von Licht in Materie wird durch die beiden frequenzabhängigen optischen Konstanten **Brechzahl** und **Absorptionsgrad** beschrieben. In der linearen Optik sind diese Größen unabhängig von der Intensität des einfallenden Lichtes. Bei sehr hohen Strahlintensitäten, wie sie bei der Laserstrahlung auftreten, erfahren sie aber eine Änderung. Die Ursache hierfür liegt darin begründet, dass sich die Elektronen der Atome bzw. Moleküle des optischen Mediums nicht mehr wie harmonische Oszillatoren verhalten und mit der anregenden Lichtfrequenz ν mitschwingen.

Die Folge ist, dass der Oszillator nicht nur bei der Frequenz ν der einfallenden Strahlung, sondern auch bei deren Vielfachen $2\cdot\nu$, $3\cdot\nu$, ... harmonisch schwingt und diese Frequenzen emittiert. Es handelt sich dabei um Prozesse, bei denen Licht mit neuen Frequenzen erzeugt wird */Eich2010/*. Hierzu zählen u. a.:

- Frequenzverdopplung (Erzeugung der zweiten Harmonischen, SHG) und -vervielfachung,
- Frequenzmischung,
- parametrische Oszillation (OPO),
- parametrische Verstärkung (OPA).

Das Prinzip der **Frequenzverdopplung** bzw. -mischung in nichtlinearen Kristallen veranschaulicht Bild 2.26.

Häufig zum Einsatz kommende nichtlineare optische Materialien sind KDP (Kaliumdihydrogenphospat), ADP (Ammoniumdihydrogenphosphat) und $LiNbO_3$ (Lithiumniobat). Entscheidend für die Auswahl der Materialien sind neben der erforderlichen Transparenz auch die nichtlinearen Koeffizienten sowie die Kristallzerstörschwellen.

Der Wirkungsgrad der Frequenzverdopplung steigt linear mit der Leistungsdichte an */Eich2010/*. In der LMB werden Frequenzverdopplung bzw. -vervielfachung für Festkörperlaser angewendet. So kann die Grundwellenlänge des Nd:YAG-Lasers von 1064 nm auf 532 nm konvertiert werden. Diese im sichtbaren Bereich emittierende Wellenlänge (grün) wird von vielen Materialien besser absorbiert. Seriengeräte wandeln in etwa 50 % der Grundwellenlänge in die kürzere Wellenlänge um. Die Reststrahlung wird in Strahlenfallen absorbiert und in Wärme umgesetzt. Häufig wird auch eine **Frequenzverdreifachung** in den UV-Bereich vorgenommen, wobei jedoch nur noch etwa 25 – 30 % der Leistung zur Verfügung stehen.

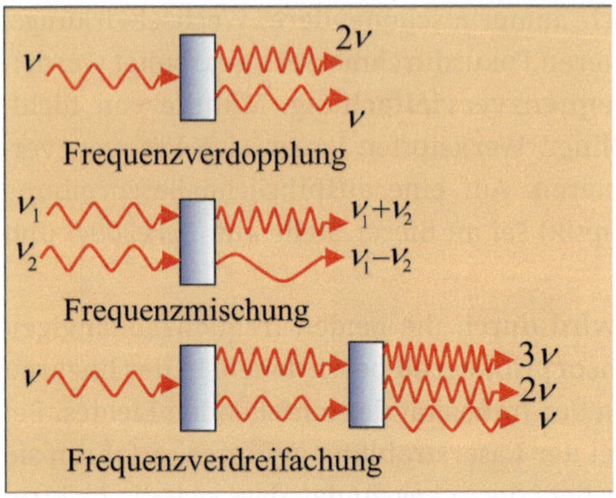

Bild 2.26
Darstellung nichtlinearer optischer Prozesse

Übungsaufgaben zum Kapitel 2
(Die dazugehörigen Lösungen finden Sie auf *plus.hanser-fachbuch.de*).

1. **Aufgabe:** Grundlagen der Laserstrahlung

   Erläutern Sie die wesentlichen Unterschiede zwischen Laserstrahlung und thermischer Strahlung hinsichtlich Kohärenz, Monochromasie und Fokussierbarkeit.

2. **Aufgabe:** Besetzungsinversion

   Erklären Sie, warum eine Besetzungsinversion notwendig ist, um Laserstrahlung zu erzeugen. Welche Methoden zur Erzeugung einer Besetzungsinversion gibt es?

3. **Aufgabe:** 3-Niveau- vs. 4-Niveau-Systeme

   Skizzieren Sie die Energieniveaus eines 3-Niveau- und eines 4-Niveau-Lasers. Warum sind 4-Niveau-Systeme in der Regel effizienter?

4. **Aufgabe:** Strahlungsverstärkung, Linienbreite und Linienform

   Leiten Sie die Gleichung für die Verstärkung eines Lichtstrahls durch stimulierte Emission her. Diskutieren Sie die physikalischen Mechanismen, die zur Verbreiterung der Spektrallinien in einem Laser führen.

5. **Aufgabe:** Modenkopplung

   Erklären Sie das Prinzip der Modenkopplung und dessen Bedeutung für die Erzeugung ultrakurzer Lichtimpulse.

6. **Aufgabe:** Güteschaltung

   Welche Methoden der Güteschaltung gibt es? Welche technischen Anforderungen müssen an eine elektrooptische Güteschaltung gestellt werden?

7. **Aufgabe:** Frequenzvervielfachung

   Beschreiben Sie das Prinzip der Frequenzverdopplung. Warum wird die Frequenzkonversion besonders bei Festkörperlasern angewandt?

8. **Aufgabe:** Resonatorgüte

   Ein Laserresonator hat eine Wellenlänge von $\lambda = 1064\,\text{nm}$ und eine Resonatorlänge von $L = 1\,\text{m}$. Die Gesamtverluste betragen $\psi = 0{,}1$. Berechnen Sie die Resonatorgüte.

9. **Aufgabe:** Wellenlänge und Photonenenergie eines Lasers in einem Medium

   Ein Nd:YAG-Laser emittiert eine Strahlung mit einer Frequenz von $\nu = 2{,}82 \cdot 10^{14}\,\text{Hz}$.

   a. Berechnen Sie die Wellenlänge λ der Laserstrahlung im Vakuum.
   b. Der Laserstrahl durchläuft ein optisches Medium mit einer Brechzahl von $n = 1{,}45$. Bestimmen Sie die neue Wellenlänge im Medium.
   c. Berechnen Sie die Energie eines einzelnen Photons in Elektronenvolt (eV) mit: $c = 2{,}998 \cdot 10^{8}\,\text{m} \cdot \text{s}^{-1}$, $h = 6{,}626 \cdot 10^{-34}\,\text{J} \cdot \text{s}$ und $1\,\text{eV} = 1{,}602 \cdot 10^{-19}\,\text{J}$.

10. **Aufgabe:** Resonatorparameter und axiale Moden eines Lasers

    Ein Laserresonator mit den Spiegelradien $R1 = 1{,}5\,\text{m}$ und $R2 = \infty$ hat eine Resonatorlänge von $L = 0{,}75\,\text{m}$.

    a. Bestimmen Sie die Stabilitätsbedingung für diesen Resonator und überprüfen Sie, ob der Resonator stabil ist.
    b. Berechnen Sie den Frequenzabstand benachbarter axialer Moden.
    c. Wie viele axiale Moden können innerhalb eines Verstärkungsbereiches des Lasermediums von $\Delta\nu = 3 \cdot 10^{9}\,\text{Hz}$ anschwingen?

3 Laserstrahlungsquellen

Die Verfügbarkeit verschiedener laseraktiver Medien gestattet den Aufbau sehr unterschiedlicher Laserstrahlungsquellen, die speziell für die unterschiedlichen Einsatzbereiche, z. B. Kommunikationstechnik, Messtechnik und Lasermaterialbearbeitung, entwickelt wurden. In dem nachfolgenden Kapitel werden ausschließlich jene Laserstrahlungsquellen vorgestellt, die eine große Relevanz für den Einsatz in LMB-Anlagen aufweisen. Sie sind insbesondere durch **hohe auskoppelbare Laserleistungen**, **gute Fokussierbarkeit** und eine **hohe Verfügbarkeit** gekennzeichnet. Für die Lasermaterialbearbeitung (LMB) sind Festkörperlaser (insbesondere Faserlaser) und Gaslaser von großer Bedeutung, da sie die erforderliche Stabilität und Präzision gewährleisten. Diese Laser bieten nicht nur eine hohe Fokussierbarkeit, sondern auch die Fähigkeit, über längere Zeiträume hinweg konstante Leistungen bereitzustellen, was in industriellen Anwendungen unverzichtbar ist. Durch die Wahl des richtigen laseraktiven Mediums kann der Laser optimal auf die spezifischen Anforderungen der jeweiligen Bearbeitungsaufgabe abgestimmt werden. In diesem Kapitel werden die wichtigsten Lasertypen erläutert sowie deren Eigenschaften und Anwendungsbereiche beschrieben, um einen umfassenden Überblick über die für die LMB-Anlagen relevantesten Lasersysteme zu erhalten.

3.1 Gaslaser

Laseraktivitäten **in Gasen** konnten schon sehr frühzeitig erforscht und schnell in leistungsstarke Strahlungsquellen umgesetzt werden. Die Vielfalt der **Gaslaser** ist relativ hoch und sie sind in jedem spektralen Bereich vertreten:

- UV-Bereich:
  Excimerlaser, Stickstofflaser, Edelgasionenlaser,

- VIS-Bereich:

  He-Ne-Laser, Kupferdampflaser,

- IR-Bereich:

  CO-Laser, CO_2-Laser, optisch gepumpte Molekülaser.

Als Anregungsform dient zumeist die Gasentladung. Mit Gaslasern lassen sich sowohl kontinuierlich als auch gepulst betriebene Systeme aufbauen. Typische Impulsdauern reichen von wenigen ns bis zu ms. Für die LMB sind zwei Laserstrahlungsquellen, der CO_2-Laser und der Excimerlaser, besonders interessant, die auf den nächsten Seiten näher beschrieben werden.

3.1.1 CO_2-Laser

Der **CO_2-Laser** zählt zu den Molekülgaslasern und hat eine sehr große Bedeutung für die LMB erlangt. Er gehört zu den leistungsstärksten Lasern und kann im cw-Betrieb Leistungen bis etwa 100 kW erzeugen. Mit Wirkungsgraden zwischen 10 – 20 % zählte er viele Jahre zu den effizientesten Laserquellen, bevor Diodenlaser und diodengepumpte Lasersysteme entwickelt wurden. Der Emissionswellenlängenbereich liegt im Infraroten und basiert auf den Laserübergängen zwischen den verschiedenen **Vibrations-Rotationsniveaus** des CO_2-Moleküls. Die drei Normalschwingungen des Moleküls veranschaulicht Bild 3.1.

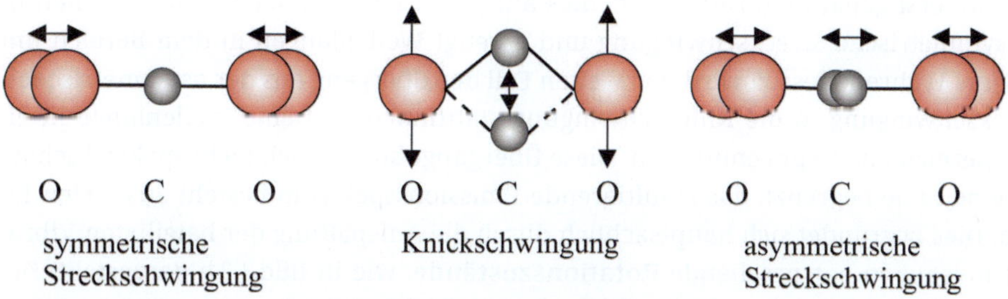

Bild 3.1 Schwingungsmöglichkeiten eines CO_2-Moleküls

Der CO_2-Laser benötigt neben dem CO_2-Molekül auch noch die Gase N_2 und He. Die Anregung des CO_2-Moleküls erfolgt nicht allein durch inelastische Stöße mit niederenergetischen Elektronen, sondern ebenfalls durch schwingungsangeregte N_2-Moleküle. Dies zeigt Bild 3.2 a. */Eich2010/*

Für die **Anregung** (elektronische Stoßanregung) des oberen Laserniveaus (00^01) reicht bereits ein **Quant $h \cdot \nu_3$** aus und wird für den CO_2-Laser durch eine Gasentladung realisiert. Das in Bild 3.2 dargestellte obere Laserniveau entspricht genau der Energie der asymmetrischen Streckschwingung des **CO_2-Moleküls** aus Bild 3.1. Dieses

Niveau ist sehr langlebig und reicht je nach Gasdruck, -temperatur und -zusammensetzung von wenigen µs bis zu 1 ms. Damit können sich viele Moleküle ansammeln, die eine relativ starke Besetzungsinversion bilden.

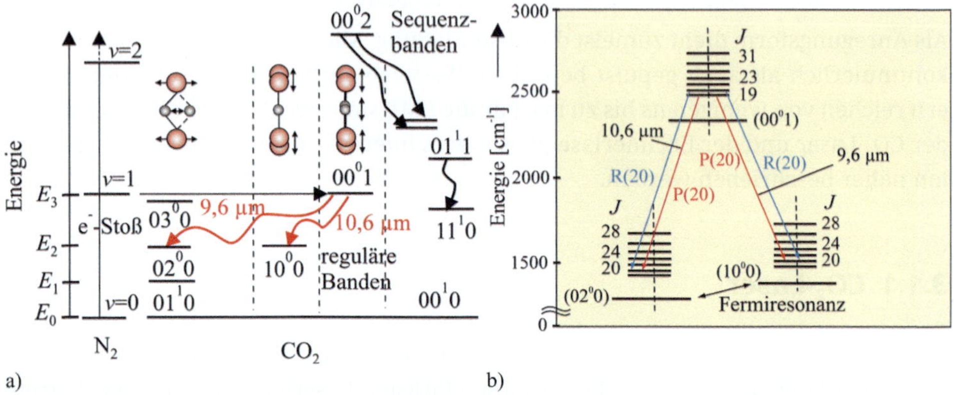

Bild 3.2 Energieniveauschema des CO_2-Lasers. a) Termschema nach */Eich2010/*, b) Darstellung der Laserübergänge nach */Kneu2008/*

Im oberen Laserniveau erfolgt auch die bereits angesprochene **Stoßanregung der CO_2-Moleküle** mit den schwingungsangeregten N_2-Molekülen (**Stöße 2. Art**, vgl. Kapitel 2). Im Bild 3.2 a ist ebenfalls veranschaulicht, dass zwei Laserübergänge aus dem oberen Laserniveau (00^01) in das (10^00)-Niveau und das (02^00)-Niveau möglich sind. Im erst genannten Fall basiert dies auf dem Übergang der asymmetrischen in die symmetrische Streckschwingung und erzeugt Wellenlängen in dem Bereich um 10,6 µm. Währenddessen wird im zweiten Fall der Übergang aus der asymmetrischen Streckschwingung in die Knickschwingung stattfinden und eine Wellenlänge in einem Bereich um 9,6 µm emittieren. Diese Übergänge sind jedoch nicht spektral scharf auf eine Linie begrenzt, das resultierende Emissionsspektrum besteht aus vielen Linien. Dies begründet sich hauptsächlich durch die Aufspaltung der beteiligten Vibrationsniveaus in entsprechende **Rotationszustände**, wie in Bild 3.2 b dargestellt. Die Rotationsniveaus werden durch die **Quantenzahl *J*** beschrieben. Für die jeweiligen **Dipolübergänge** gilt für die Quantenzahl folgende Auswahlregel: $\Delta J = \pm 1$, wobei $\Delta J = 0$ verboten ist. Alle Übergänge für $\Delta J = +1$ werden zum **R-Zweig** zusammengefasst und diejenigen mit $\Delta J = -1$ zum **P-Zweig**. Die beiden im Bild 3.2 b eingezeichneten P20-Linien (10,6-µm- und 9,6-µm-Bereich) entsprechen dem Übergang zwischen dem Rotationszustand $J = 19$ des Niveaus (00^01) und dem $J = 20$ Zustandes des (10^00)-Niveaus. Die Verstärkung der einzelnen Linien ist unterschiedlich und resultiert aus den verschiedenen Besetzungsdichten der Rotationsniveaus *J*. */Kneu2008/*

Die Linie mit der höchsten erreichbaren Verstärkung ist die **P20** im **10,6-µm-Bereich**, wie in Bild 3.3 ersichtlich. Das entspricht der bekannten Wellenlänge des CO_2-Lasers bei $\lambda = 10{,}6$ µm. In den unterschiedlichen Laserkonfigurationen wird der Resonator so ausgelegt, dass er über eine wellenlängenselektive Wirkung (z. B. mittels Spiegelbeschichtungen) verfügt und der Laser auf nur einer Linie **anschwingen** kann. Ohne diese Maßnahmen wäre auch ein sogenanntes **Linienwandern** (Linienspringen) des Lasers im Betrieb nicht auszuschließen, was zu einer unerwünschten Leistungsfluktuation führen würde. Andererseits lassen sich CO_2-Laser aber sehr gut über die dargestellten Wellenlängenbereiche durchstimmen. Mit der Integration eines Prismas (für kleine Leistungen) oder eines Reflexionsgitters (für höhere Leistungen) in den Resonator können die verschiedenen Linien diskret eingestellt werden (vgl. Bild 3.3). Für spezielle Aufgaben der LMB wird der Laser auch auf anderen Wellenlängen als der P20 zum Anschwingen gebracht. Dies ist insbesondere für die Kunststoffverarbeitung interessant, da viele Kunststoffe im 9,6-µm-Bereich eine erhöhte Absorption aufweisen.

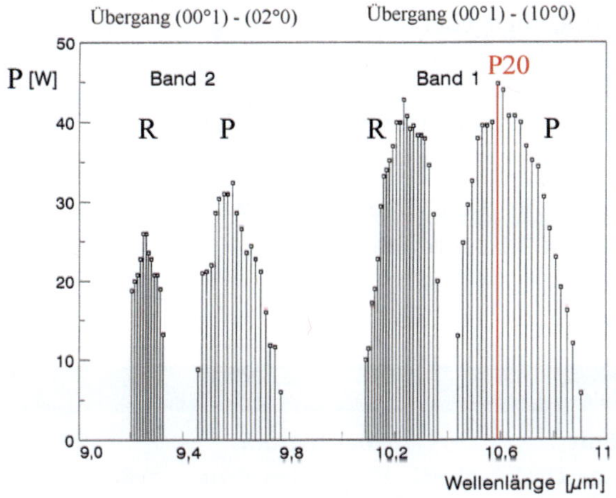

Bild 3.3 Gemessenes Linienspektrum eines 50-W-CO_2-Lasers nach */Blie1996/*

Die Entleerung der unteren Laserniveaus (10^00) bzw. (02^00) erfolgt sehr schnell durch **Schwingungs-Schwingungs-Relaxationen** in den untersten Schwingungszustand (01^10). Innerhalb von 0,1 µs kann ein Besetzungsausgleich der (10^00)- und (02^00)-Niveaus durch **Fermi-Resonanz** erfolgen. Ein Problem stellt allerdings die Entleerung des (01^10)-Schwingungszustandes in das Grundniveau dar. Dieser Prozess währt mehrere Größenordnungen länger als der gesamte Besetzungsaustausch. Man spricht hier auch von einem sogenannten **Flaschenhals**. Eine Lösung bildet die Verfügbarkeit zusätzlicher Stoßpartner, um die Entleerung zu beschleunigen und die Besetzungsinversion wieder schnell und ausreichend aufbauen zu können. Als **Stoßpartner** wird dem Gasgemisch **Helium** beigesetzt, was zu einer schnellen Entleerung des Zustandes (01^10) führt, ohne die oberen Laserniveaus wesentlich zu beeinflussen. Darüber hinaus führt das Edelgas Helium aufgrund seiner guten Wärmeleitfähigkeit zu einer Kühlung und Reduzierung der thermischen Besetzung des unteren Energieniveaus.

Während des beschriebenen Prozesses der Strahlerzeugung treten **zwei Verlustprozesse** auf:

- **Dissoziation** der CO_2-Moleküle unter Bildung von Kohlenmonoxid und
- **Erhöhung der Gastemperatur**, bedingt durch höhere thermische Anregung des unteren und Stoßanregung des oberen Laserniveaus. */Brun1989/*

Erstgenannter Verlustprozess wird bei geströmten Laseranordnungen durch einen Gasaustausch kompensiert. Schwieriger gestaltet sich dieses Problem für **stationäre Systeme**. Durch die Zugabe geeigneter Katalysatoren kann die Dissoziationsrate jedoch effektiv verringert werden, sodass lange Lebensdauern des Gasgemisches möglich werden. Für die Lösung des zweiten Verlustproblems haben sich zwei Kühlvarianten etabliert:

1. **Diffusionskühlung**

   Die Verlustwärme wird durch Diffusion an die Wände der Entladungsrohre bzw. -platten, die mit Wasser gekühlt sind, abgegeben.

2. **Konvektionskühlung**

   Die Verlustwärme wird durch einen schnellen und wiederholten Gasaustausch abgeführt.

Die **verschiedenen Laserkonzepte**, die für die LMB eingesetzt werden, lassen sich den Unterscheidungskriterien der Tabelle 3.1 zuordnen.

Tabelle 3.1 Unterteilung der CO_2-Laserarten

Gasflussrichtung	Gasflussgeschwindigkeit	Anregungsart
Quergeströmt Das Gas strömt quer zur Laserstrahlachse.	**Schnell geströmt** Die Strömungsgeschwindigkeit hängt in erster Linie von der Förderleistung der Umwälzpumpe ab.	**Gleichstrom** Elektroden werden im Resonator über die Entladestrecke angeordnet. An die Elektroden wird eine hohe Gleichspannung angelegt (ca. 12 kV).
Längsgeströmt Das Gas strömt längs zur Laserstrahlachse.	**Langsam geströmt** Die Strömungsgeschwindigkeit wird durch den Gasdruck, bzw. den Verbrauch des Gases bestimmt. Keine Pumpe für die Gasumwälzung erforderlich.	**Elektrisch gepulst** Die elektrische Pulsung des Entladestromes erfolgt z. B. mit Schaltnetzteilen.
	Stationär (Sealed-Off) Das Gas wird in einem abgeschlossenen Laserrohr bevorratet und strömt nicht.	**Hochfrequent** Die Elektroden befinden sich außerhalb des Resonators. Die hochfrequente Wechselspannung wird kapazitiv eingekoppelt (z. B. $\nu = 13{,}56$ MHz).

3.1.1.1 Geströmte Systeme

Die verschiedenen Lasersysteme mit geströmten Anordnungen waren in der LMB weit verbreitet. Gründe hierfür sind insbesondere in den ausgereiften und langjährig industriebewährten Systemen zu sehen, die eine gute Leistungsskalierung bis 20 kW erlauben und durch ihre sehr hohe Strahlqualität für den Einsatz in sehr vielen LMB-Verfahren geeignet sind. **Quergeströmte Laser** wurden viele Jahre zum Erzeugen hoher Strahlungsleistungen eingesetzt. Aufgrund ihrer relativ schlechten Strahlqualität haben sie aktuell jedoch weitgehend an Bedeutung verloren.

Langsam längsgeströmte Resonatoren

Der Aufbau von **langsam längsgeströmten Resonatoren** ermöglicht eine flexible Leistungsskalierung von wenigen Watt bis zu maximal 2000 W. Die erreichbaren Ausgangsleistungen korrelieren direkt mit der Resonatorlänge. Es können in etwa 120 W Laserleistung pro Meter Entladungsstrecke ausgekoppelt werden. Der Resonator kann trotz seiner großen erforderlichen Länge durch eine mehrfache Faltung kompakt aufgebaut werden. Hohe Anforderungen werden an die Resonatorstabilität und die Reflektivität der Umlenkspiegel (minimalste Absorptionsverluste) im Resonatorinneren gestellt. Durch die mehrfache Strahlumlenkung und die Beschichtung der Umlenkspiegel erhält der Strahl eine lineare Polarisation. Aufgrund der langen Resonatorstrecke in Verbindung mit einer speziellen winkelselektiven Wellrohrausführung des Resonators wird eine **hohe Strahlqualität** von $K > 0{,}8$ des Rohstrahles ohne zusätzliche optische Komponenten über den gesamten Leistungsbereich erzielt */fcha2012/*. Langsam längsgeströmte Systeme sind **diffusionsgekühlt** und führen die Verlustwärme im doppelwandigen Resonatorrohr an das wassergekühlte Außenrohr ab. Der erforderliche Gasaustausch zur Entfernung der Dissoziationsprodukte der Gasentladung kann gleichzeitig über die Vakuumpumpeinheit erfolgen. Die elektrische Anregung mit koaxial zum Gasfluss angeordneten Elektroden ermöglicht eine **Gleichstromentladung (DC)**. Die Laserleistung kann direkt über den Entladestrom geregelt werden. Typische maximale Stromstärken betragen 120 mA bei einem Gasdruck von 20 mbar und einem Rohrdurchmesser von etwa 15 – 20 mm. Die Verwendung von Schaltnetzteilen erlaubt ferner ein elektrisches Pulsen der Gasentladung im Frequenzbereich von wenigen Hz bis zu maximal 1 kHz. Die Gasentladung wurde stetig weiter optimiert und der Einsatz von PREMIX-Gasen mit H_2-Zusätzen realisiert. Dadurch ist ein sehr wirtschaftlicher Betrieb mit verringertem Gasverbrauch möglich geworden. */feha2012/*

Schnell längsgeströmte Resonatoren

Die Bauformen des **schnell längsgeströmten Lasers** bieten die Möglichkeit, sehr hohe Strahlleistungen auszukoppeln. Bei diesem Gasentladungslaser erfolgt ein **schneller Gasaustausch**, sodass die Kühlung des Gases im Unterschied zu den langsam geströmten Systemen über eine **Wärmekonvektion** in einem Wärmetauscher stattfindet. Das heiße Gas wird mittels eines Turboradialgebläses einer Kühlstrecke außerhalb des Resonators zugeführt, wo es einen wassergekühlten Wärmetauscher umströmt und abkühlt. Entscheidender Vorteil dieser Bauform ist, dass pro Meter Resonatorweg wesentlich mehr Laserleistung bereitgestellt werden kann. Diese Art der Konvektionskühlung kann sowohl in axialer (längsgeströmt) als auch transversaler (quergeströmt) Richtung zur optischen Achse erfolgen.

Ein Beispiel für eine schnell längsgeströmte Resonatoranordnung illustriert Bild 3.4. Die Resonatorstrecke wird aus Quarzglasrohren gebildet und ist quadratisch gefaltet angeordnet. Eine optische Verbindung der Entladungsstrecken erfolgt über hochreflektierende Umlenkspiegel. Rück- und Auskoppelspiegel sind bei dieser Bauweise in unmittelbarer Nähe angeordnet, um die Strahljustage zu erleichtern. Die Laserleistung lässt sich über die Anzahl der Entladungsstrecken skalieren. In Bild 3.4 a erfolgt die Skalierung in Z-Richtung über eine zusätzliche Etage (untere Darstellung). Für den Aufbau eines 20-kW-Lasers werden insgesamt 16 Entladungsstrecken benötigt. Diese Resonatorkonfiguration koppelt ein rotationssymmetrisches, linear polarisiertes Strahlprofil in der Grundmode aus. */Trumpf2012/*

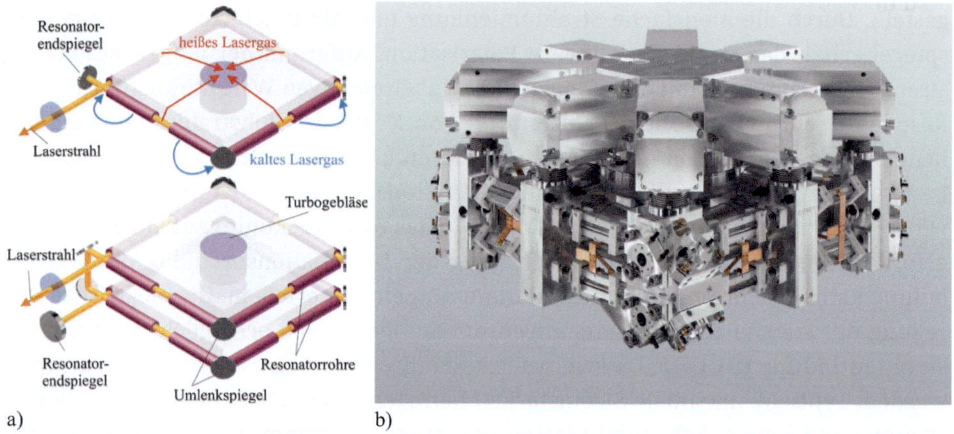

Bild 3.4 Schnell längsgeströmtes System © TRUMPF Gruppe. a) Prinzip der Resonatoranordnung, b) Aufbau TruFlow-Resonator

Welche Moden letztendlich anschwingen, hängt vom Röhrendurchmesser und der Wahl der Spiegel ab */Trumpf2006/*. Die Anregung erfolgt ausschließlich über die **HF-Einkopplung**. Von Vorteil ist die kapazitive Einkopplung der elektrischen Energie, da hierdurch die Anordnung von Elektroden im Resonatorinneren entfallen kann. Die HF-Anregung liefert eine sehr homogene Gasentladung und gestattet den Impulsbetrieb zwischen 10 Hz und 100 kHz (vgl. Kapitel 2). Auch schnelllängsgeströmte Systeme erzielen somit einen sehr kompakten und stabilen Resonatoraufbau. Die hohe Modularität des Resonatorkonzeptes gestattet die Bereitstellung einer großen Anzahl von Laserleistungsklassen.

3.1.1.2 Quasistationäre Systeme

Die Bezeichnung **quasistationär** trifft für Laserstrahlungsquellen zu, bei denen kein direkter Gasfluss stattfindet, die aber im Unterschied zu den in Abschnitt 3.1.1.3 diskutierten Sealed-Off-Systemen einen Gasaustausch lediglich in größeren Abständen benötigen. Die Kühlung des Lasergases erfolgt über Diffusion an den großflächigen Resonatorwänden, man spricht auch von **diffusionsgekühlten CO_2-Lasern**. Diese Systeme haben sich für industrielle Anwendungen sehr stark etablieren können, nicht zuletzt, weil sie einen sehr geringen Gasbedarf (ein kompletter Gastausch erfolgt nach etwa 24 – 72 Betriebsstunden) und eine kompakte Bauform aufweisen. Bei dem im Bild 3.5 a dargestellten Slablaser findet die HF-Gasentladung zwischen zwei großflächigen Kupferelektroden statt. Dabei bildet das Elektrodenpaar einen Wellenleiter für die sich ausbreitende Strahlung. Diese Laseranordnung gestattet eine besonders effektive Diffusionskühlung zwischen dem Entladungsraum und den wassergekühlten Elektroden. Verwendet wird ein **instabiler Resonator**, der mit rotationsparabolisch geformten Spiegeln aufgebaut ist. Den vakuumseitigen Abschluss zum Resonator bildet ein Diamantfenster, welches hohen Leistungsdichten sehr gut standhalten kann. Durch diese Anordnung entsteht zunächst ein rechteckförmiges Strahlprofil, resultierend aus den geometrischen Abmessungen des Resonators. Mithilfe **externer Strahlformungskomponenten** kann dieser Rohstrahl in ein rotationssymmetrisches Strahlprofil transformiert werden. Der in Bild 3.5 b dargestellte Strahlengang integriert zusätzlich einen Raumfilter, der das Auskoppeln einer Grundmode mit hoher Strahlqualität sicherstellt. Aufgrund der HF-Anregung solcher Systeme kann die Laserleistung in weiten Grenzen variiert und mit hohen Wiederholraten gepulst werden. Moderne HF-Generatoren sind als sogenannte Selbstschwinger aufgebaut und bestehen aus einer HF-Verstärkerröhre */Rofin2004/*. Einen entscheidenden Vorteil der diskutierten Resonatoranordnung stellt die Möglichkeit der Leistungsskalierung über die Elektrodenfläche dar. Dies führt zu einer vergleichsweise geringen Vergrößerung der Abmessung des Gesamtresonators.

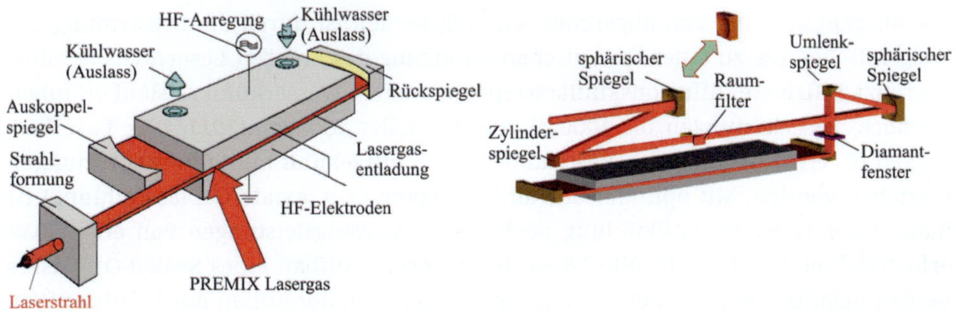

Bild 3.5 CO_2-Slablaser nach */Rofin2011-4/*. a) Resonatoranordnung, b) Darstellung optischer Strahlengang

3.1.1.3 Stationäre Systeme (Sealed-Off)

CO_2-Laser, bei denen das Gas nicht strömt und auch nicht in gewissen Abständen gewechselt werden muss, sind **stationäre oder sogenannte abgeschlossene Systeme** (Sealed-Off). Das Gasgemisch befindet sich mit dem erforderlichen Arbeitsdruck in einem abgeschlossenen Resonatorrohr. Daraus resultiert die Notwendigkeit der Rekombination der **Dissoziationsprodukte im Gasgemisch**. Der Durchbruch dieser sehr effizienten Laserresonatoren gelang erst mit dem entscheidenden Prozessschritt der **Rückführung der Dissoziationsprodukte** CO und O_2 in das vibratorisch angeregte CO_2-Molekül. Dies wird durch die Zugabe von H_2 bzw. H_2 und O_2 zum eigentlichen Gasgemisch ermöglicht. Diese Elemente reduzieren den CO-Gehalt entsprechend der Formel 3.1:

$$CO + H_2 + O_2 \rightarrow CO_2 + H_2O \tag{3.1}$$

Es kann davon ausgegangen werden, dass die geringen Mengen Wasser durch die angelegte Hochspannung sich wiederum elektrolytisch in die Bestandteile Wasserstoff und Sauerstoff aufspalten. Des Weiteren bewirken die Elektroden durch ihren kontinuierlichen Abbrand das Freisetzen von Fremdstoffen in das laseraktive Medium, was zu einer Leistungsreduzierung führt. Zur Lösung dieser Problematik wird Elektrodenmaterial aus Platin eingesetzt, das bei Freisetzung als Katalysator wirkt und den chemischen Prozess wie folgt zur CO_2-Rückgewinnung unterstützt */Kneu2008/*:

$$CO + O \xrightarrow{Pt} CO_2 \tag{3.2}$$

Die verwendeten Gasspezies und die exakten Mischungsverhältnisse sind das Know-how der Laserhersteller und für die unterschiedlichen abgeschlossenen Systeme leicht verschieden. Typischerweise betragen die Gasgemischanteile 20 % CO_2, 20 % N_2 und 60 % Helium, wobei wenige Volumenprozente Sauerstoff und Wasserstoff beigemischt sind. Der Wasserstoff wird benötigt, um den Katalysator im Resonatorvolumen dauerhaft zu aktivieren. Der Fülldruck des Resonators beträgt in etwa $10^3 - 2{,}5 \cdot 10^3$ Pa. */Eich2010/*

Die Ausgangsleistung von abgeschlossenen Systemen ist durch die Erwärmung des Gasgemisches, die zu einer thermischen Besetzung des unteren Laserniveaus führt, begrenzt. Effiziente Diffusionskühlkonzepte mit einem Wasserkühlkreislauf erlauben dennoch, Laserleistungen bis 1000 W bereitzustellen */Coherent2011/*. Für Laserleistungen bis etwa 30 W können Resonatoren auch luftgekühlt mit Lüfteranordnungen betrieben werden. Mit optimierten Kühlkonzepten (z. B. axiale Gebläsekühlung) ist man in der Lage, die Luftkühlung noch bis zu Ausgangsleistungen von etwa 50 W erfolgreich einzusetzen. In Bild 3.6 ist der generelle Aufbau eines Sealed-Off-Lasers verdeutlicht. Das Beispiel zeigt einen instabilen Resonatoraufbau mit hybrider Wellenleiteranordnung. Die metallische Ausführung gestattet, ähnlich der in Bild 3.5 dargestellten Konfiguration, eine sehr gute Wärmeabfuhr der Verlustleistung und eine hohe Lebensdauer der Lasergase. Die Einspeisung der benötigten elektrischen Leistung erfolgt über vier HF-Module.

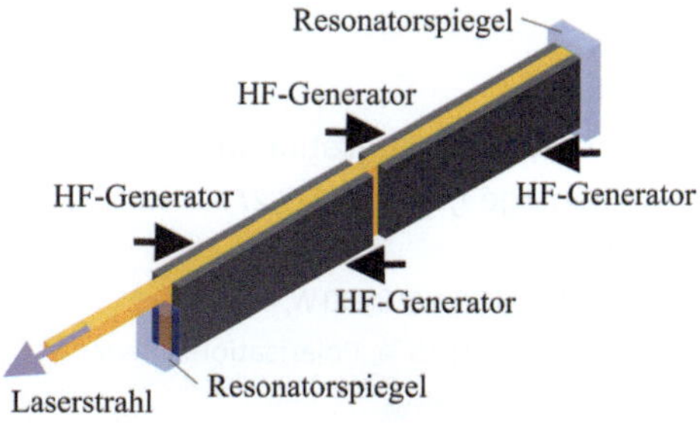

Bild 3.6
Grundanordnung eines Sealed-Off-CO_2-Lasers nach */synrad2012/*

Die optischen Komponenten des Resonators werden durch die beiden Endspiegel sowie ein Auskoppelfenster gebildet. Das ausgekoppelte rechteckförmige Strahlprofil wird durch Strahlformungselemente in einen rotationssymmetrischen Strahldurchmesser von 6 mm umgewandelt. Die erreichbaren Strahlqualitäten liegen im Bereich von $M^2 < 1{,}2$. */synrad2012/*

Die hohe Kompaktheit und sehr gute Systemintegration solcher Sealed-Off-Systeme veranschaulichen Bild 3.7 und Bild 3.8. Der modulare Aufbau und die Reihenanordnung der Elemente Strahlformung, Fokussieroptik und Scanner sichern einen justierunanfälligen Strahlengang und erzielen einen hohen Integrationsgrad (Bild 3.7). Die komplette Lasereinheit erlaubt somit eine universelle Systemintegration in **F**lexible **F**ertigungs-**S**ysteme (**FFS**).

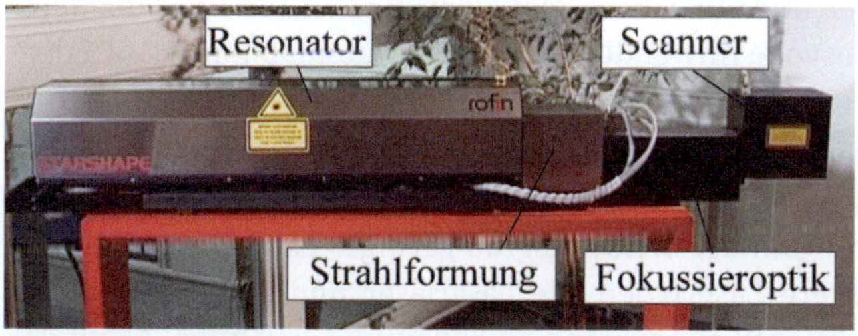

Bild 3.7 Kompakter Resonatoraufbau mit Strahlformung, Scanner und Fokussieroptik */Jena2011-3.1/*

Parameter: P_{max} (cw): 600 W; Leistungsstabilität: ±3 %, Polarisation: linear; Strahlungsmode: TEM_{00}; $M^2 \leq 1{,}2$, Abmessungen (mit Scanner): (2239 × 385 × 663,5) mm^3

Das Beispiel in Bild 3.8 stellt die Systemintegration in einer Anlage zum Schneiden metallischer und nichtmetallischer Materialien vor. Der 1000-W-Sealed-Off-Laser ist direkt in das Maschinensystem aufgenommen und erfordert keinen zusätzlichen Platzbedarf. Die Einbaulage gestattet kurze Wege zum Laserschneidkopf und hält die Anzahl zusätzlicher optischer Strahlführungselemente und den Justieraufwand sehr gering. Die zur Verfügung stehende Strahlleistung erlaubt das Bearbeiten einer breiten Palette an Materialien, z. B. Holz, Kunststoffe und metallische Werkstoffe (vgl. Kapitel 7 und 8).

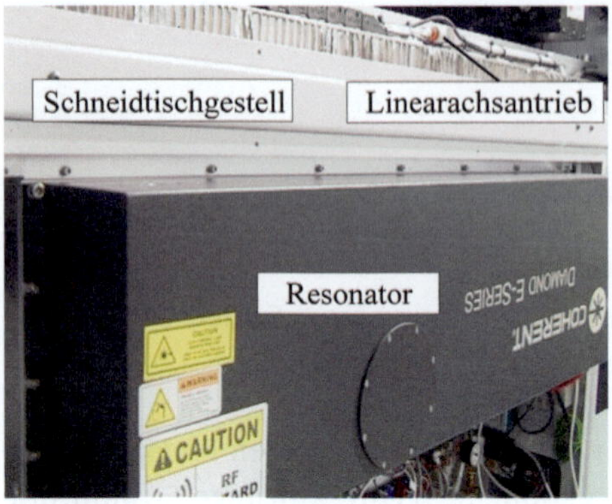

Bild 3.8
CO_2-Lasersystemintegration in eine Schneidanlage */Jena2011-3.2/*
Parameter
P_{max} (cw): 1000 W, (pw): 2500 W,
Leistungsstabilität: ±5 %, Polarisation: linear,
Strahlungsmode: TEM_{00}
$M^2 \leq 1{,}2$, Divergenz: < 1,5 mrad,
Strahldurchmesser: 12 mm, Pulsmodulation: bis 200 kHz, Abmessungen: (1497 × 384 × 471) mm³

Die Bedeutung des CO_2-Lasers für die LMB ist nachfolgend zusammengefasst.

- Vielseitigkeit: CO_2-Laser spielen aufgrund ihrer weitreichenden Einsatzmöglichkeiten in der Bearbeitung von verschiedensten Materialien, insbesondere in der Gravur, Schneid- und Schweißtechnik, nach wie vor eine große Rolle. Die Möglichkeit, sowohl bei geringen als auch bei hohen Leistungsstärken exakte Bearbeitungen vorzunehmen, macht diese Strahlungsquelle zu einer flexiblen Lösung für viele industrielle Anwendungen.
- Hohe Leistungsfähigkeit: Mit der Fähigkeit, eine kontinuierliche Leistung im Bereich von mehreren Kilowatt bereitzustellen, sind CO_2-Laser in der Lage, auch dickere Materialien schnell und effizient zu schneiden, was sie für die Massenproduktion und für anspruchsvolle Anwendungen wie die Automobil- und Luftfahrtindustrie unerlässlich macht.

Der CO_2-Laser bleibt ein fester Bestandteil der Lasermaterialbearbeitung, hauptsächlich aufgrund seiner Flexibilität, Leistungsfähigkeit und der relativ kostengünstigen Betriebsmöglichkeiten, auch wenn der Wirkungsgrad geringer ist als bei modernen FKL-Systemen. Während neuere Lasertypen wie Faserlaser und diodengepumpter YAG-Laser in bestimmten Bereichen zunehmend an Bedeutung gewinnen, bleibt der CO_2-Laser insbesondere für Anwendungen in der Bearbeitung von nichtmetallischen Materialien, in der Beschriftung und beim Schneiden von dickeren Materialien weiterhin unverzichtbar. Es ist jedoch zu erwarten, dass die Nutzung von CO_2-Lasern in Bereichen, in denen andere Lasertypen besser geeignet sind (wie z. B. bei hochpräzisen Anwendungen in der Metallbearbeitung), weiter zurückgehen wird.

Auf weiterführende Ausführungen sei an dieser Stelle auf */Coherent2025/*, */Luxinar2025/*, */Synrad2025/* und */Trumpf2025/* verwiesen.

3.1.2 Excimerlaser

Excimerlaser sind die leistungsstärksten UV-Impulslaser mit sehr großen Einzelimpulsenergien, bei großer Impulsbreite und relativ hohen Folgefrequenzen. Es sind Gasentladungslaser, die nur im Impulsregime betrieben werden können. Als aktives Medium werden Edelgas-Halogen-Verbindungen (z. B. ArF*, KrF*, XeCl*) und Edelgasdimere (z. B. Ar_2*, Kr_2*) verwendet. Unterstützend werden dem Gasgemisch auch Puffergase (He, Ne) zugemischt. Der Name **Excimer** ist auf die Abkürzung **Excited Dimer** zurückzuführen, wobei **Dimer** für ein zweiatomiges Molekül steht und **Excited** den angeregten Zustand bezeichnet. Diese speziellen Moleküle (Edelgase und Edelgas-Halogenide) können nur im angeregten Zustand existieren bzw. sind dort nur kurzzeitig stabil (Kennzeichnung *). Bei Rückfall in den Grundzustand zerfallen die **Dimere** wieder in die Atome und geben die charakteristische UV-Strahlung ab. Bild 3.9 stellt zwei verschiedene Energieschemata für das Edelgashalogenid KrF* dar. Im Bild a ist die Energie der Moleküle bzw. das Potenzial vom Abstand beider Atome dargestellt. Der Potenzialverlauf in Abhängigkeit von den Kernabständen nimmt mit zunehmendem Abstand kontinuierlich ab. Es zeigt auch, dass das Grundniveau von einer Instabilität geprägt ist. Die **Potenzialkurve** ist hier relativ flach, sodass die Moleküle thermisch instabil sind und spontan dissoziieren */Eich2010/*. Aufgrund der kurzen Dissoziationszeit der Moleküle im Grundzustand von etwa $\tau_{Diss} = 10^{-12}$ s ist der untere Laserzustand quasi nicht besetzt. Damit ergibt sich aber auch gleichzeitig die Möglichkeit von langen Pumpzeiten (max. $t_P = 1$ µs) was zu energetisch starken auskoppelbaren Impulsen führt */Brun1989/*.

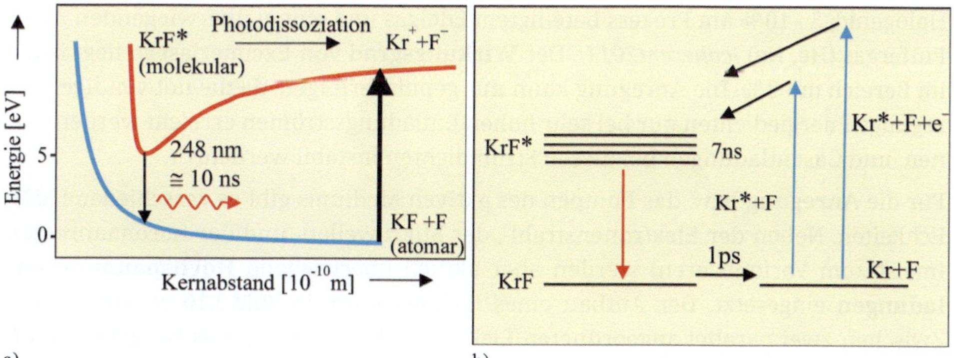

Bild 3.9 Energieniveauschemata des KrF*-Lasers nach */Eich2010/*. a) Potenzialverlauf in Abhängigkeit von den Kernabständen, b) vereinfachtes Termschema

Im angeregten Zustand sind die Moleküle stark ionisch gebunden. Ein positiv geladenes Edelgasion (Kr^+) kann sich mit einem negativen Halogenion (F^-) verbinden. Die Anregung und Bildung von Excimeren erfolgen in einer **elektrischen Gasentladung**.

Dabei bilden sich die Excimere durch Stöße von angeregten Kr-Atomen, gemäß der einfachen chemischen Beziehung */Eich2010/*

$$Kr^* + F_2 \longrightarrow KrF^* + F \tag{3.3}$$

Das Gasgemisch besteht aus einem großen Anteil Puffergas, wodurch ein weiterer Prozess, eine sogenannte **Dreistoßrekombination**, stattfinden kann. Die Anteile des Puffergases dienen als zusätzliche Stoßpartner, um die erreichbare Besetzungsinversion zu erhöhen. In der Gasentladung treten Rekombinationsprozesse von Ionen (Formel 3.4) auf.

$$Kr^+ + F^- + Ne \longrightarrow KrF^* + Ne \tag{3.4}$$

Das vereinfachte **Termschema** für das Beispiel des KrF*-Lasers veranschaulicht Bild 3.9 b. Die Anregung der elektrischen Gasentladung führt mit den beiden genannten Grundreaktionen zu dem angeregten Zustand KrF*. Aus diesem Niveau wird Laserstrahlung mit 248 nm emittiert und das Molekül dissoziiert in sehr kurzer Zeit in die beiden Atome. Die Besonderheit bei diesem Termschema besteht in der Tatsache, dass kein direktes unteres Laserniveau existiert. Um eine ausreichende Anzahl angeregter Moleküle zu erhalten, ist ein hoher Gasdruck ($p > 1-3 \cdot 10^5$ Pa) erforderlich. Begrenzt wird die maximal erreichbare Laserintensität durch den Prozess der UV-Absorption, der zur **Photodissoziation** führt. Das heißt, dass bereits angeregte KrF*-Moleküle UV-Photonen absorbieren. Dies hat zur Folge, dass die Bindung der Atome aufgebrochen wird und das Molekül in seine Bestandteile zerfällt (Dissoziation).

Die **eingesetzten Gasgemische** sind je nach Bauform der Laser und der zu erzeugenden Laserwellenlänge unterschiedlich, bestehen aber typischerweise aus 0,1 – 0,5 % Halogenid, 5 – 10 % am Prozess beteiligtem Edelgas und einem überwiegenden Anteil Puffergas (He, Ne) */coherent2011/*. Der **Wirkungsgrad** von Excimerlasern liegt i. Allg. im Bereich um 3 %. Die Anregung kann nur gepulst erfolgen, da die notwendigen Anregungs-Energiedichten nur bei sehr hohen Entladungsströmen erreicht werden können, und Gasentladungen bei diesen Stromdichten instabil werden.

Für die **Anregung** bzw. das Pumpen des aktiven Mediums gibt es verschiedene Möglichkeiten. Neben der Elektronenstrahl-, der Mikrowellen- und der Koronaanregung (meist zum Vorionisieren) werden aber aktuell überwiegend **Hochspannungsentladungen** eingesetzt. Der Aufbau eines Excimerlasers ist Bild 3.10 zu entnehmen. Zwischen zwei parallel angeordneten Elektroden befindet sich das Gasgemisch und wird über eine Hochspannungsentladung bei einem Druck von etwa 2 – 5 bar angeregt. Damit bei den erforderlichen Gasdrücken eine homogene Glimmentladung erzeugt werden kann, ist eine Vorionisierung des Gasgemisches (Corona-Entladung) erforderlich. Damit erreicht man das Vorhandensein einer höheren Zahl von Startelektronen, die im eigentlichen Entladungsprozess die Energie für die Stoßprozesse aufnehmen können. Die mögliche Dauer der Entladung wird jedoch im Wesentlichen durch die einsetzende Ausbildung sogenannter **Streamer** (Funkenkanäle) begrenzt

/*Pumm1985*/. Die Entladungsdauer liegt dadurch im Bereich von Nanosekunden. Damit können die angeregten Photonen nur wenige Umläufe im Resonator absolvieren. Daraus resultiert letztendlich auch der Resonatoraufbau.

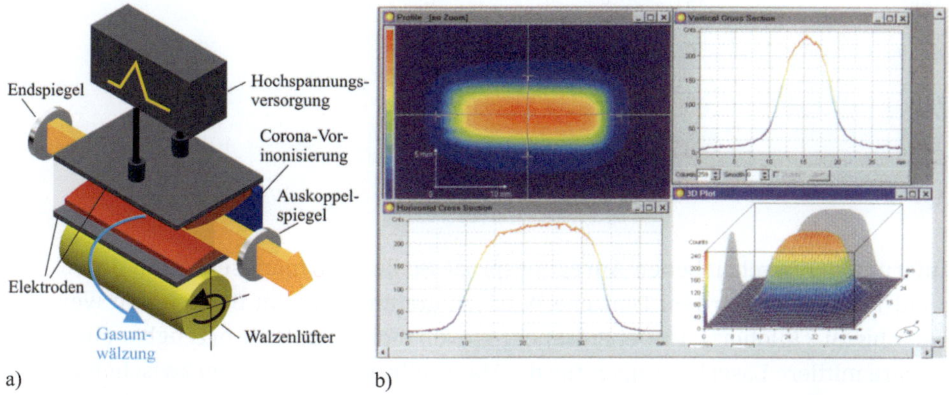

Bild 3.10 Excimerlaser. a) Prinzipieller schematischer Aufbau, b) Strahlprofil nach /*Bast2001*/

Die Erwärmung des Gases erfordert eine wirksame **Kühlung**, die über einen konvektiven Austausch sichergestellt wird. Ein Walzenlüfter bewegt das Gas mit hohen Geschwindigkeiten permanent durch den Resonatorraum. Aufgrund der Degradation des Gases erfolgt nach gewissen Zeitintervallen ein kompletter Gastausch. Damit lassen sich die erforderlichen Puls-zu-Puls-Stabilitäten gewährleisten.

Das **Strahlprofil** wird durch die Anordnung der Elektroden maßgeblich bestimmt. In der Anordnung im Bild 3.10 b wird ein rechteckförmiges Strahlprofil (typisch sind 10 mm × 20 mm) ausgekoppelt. Es entsteht ein **Multimoden-Profil**. Grund hierfür sind die wenigen Resonatorumläufe, die hohe Verstärkung sowie die sich damit ergebende hohe Fresnel-Zahl. Das Strahlprofil wird i. d. R. nachträglich homogenisiert (vgl. Abschnitt 6.2.4.3). Die spektrale Bandbreite der Excimerlaserstrahlung ist relativ groß und beträgt in etwa 1 – 2 nm. Im Bereich der Verstärkungsbandbreite können etwa 10^5 bis 10^7 Moden anschwingen. Für Präzisionsanwendung (z. B. Lithografie) muss eine Frequenzselektion erfolgen, um eine Reduzierung der Linienbreite auf 0,3 pm zu erzielen. Das erreicht man bspw. durch die Integration eines geblazten Reflexionsgitters (vgl. Kapitel 6) in den Resonator. Als Resonatorspiegel kommen für die längeren Wellenlängen beschichtete Quarzgläser und für die kürzeren Wellenlängen Calciumfluoridoptiken zum Einsatz. Die Auskoppeloptik weist einen hohen Transmissionsgrad auf, da die Resonatorrückkopplung, wie bereits beschrieben, sehr gering ist. /*Bast2001*/

Die **verfügbaren Wellenlängen** der Excimerlaser sind relativ groß und decken den gesamten UV-Bereich ab. Abhängig vom angeregten Molekül reicht das Spektrum von 157 nm bis 351 nm (Tabelle 3.2).

Tabelle 3.2 Moleküle und Wellenlängen des Excimerlasers */Bast2001/*

Molekül	Wellenlänge [nm]	Maximale Impulsenergie [mJ]	Mittlere Ausgangsleistung [W]
XeF	351	50	20
XeCl	308	1000	500
KrF	248	1200	300
ArF	193	600	100
F_2	157	50	20

Aufgrund der beschriebenen Anregungsprozesse des Excimerlasers kann dieser nur gepulst betrieben werden. Typische Wiederholraten liegen im Bereich von wenigen Hertz bis zu 2 Kilohertz, wobei Pulsenergien von mehreren Joule erzeugbar sind. Verfügbare mittlere Laserleistungen für die Materialbearbeitung liegen zwischen 10 und mehreren 100 W (max. 1,2 kW) */coherent2011/*. Im Bild 3.11 sind exemplarisch ein Excimerlaser sowie dessen spezifizierte Parameter angeführt. Dieser Lasertyp wird insbesondere für den Prozess des **E**xcimer **L**aser **A**nnealing (ELA) eingesetzt (vgl. Abschnitt 12.6.1). Die Parameter sind auf den Prozess des Umwandelns von amorphem Silizium zu polykristallinen Siliziumschichten mit ns-Pulsen (Displayfertigung) abgestimmt. Trotz der relativ großen Strahldivergenz lässt sich die Excimerlaserstrahlung aufgrund der kurzen Wellenlängen auf sehr kleine Durchmesser fokussieren. Dadurch können extreme Intensitäten > 10^{15} W·cm^{-2} erreicht werden.

Andererseits können mit dem Excimerlaser sehr kleine Strukturgrößen (bis etwa 32 nm) erzielt werden, die für die Waferherstellung eine entscheidende Voraussetzung darstellen oder aber für Anwendungen der Mikrostrukturierung sowie der Medizintechnik sehr interessant sind.

Bild 3.11
Excimerlaser „Lambda SX 540C HPS" © Coherent LaserSystem GmbH, */Coherent2011-1/*
Parameter: Wellenlänge: 308 nm, Pulsenergie: 800 – 1000 mJ, Maximal mittlere Ausgangsleistung: 500 W, Energiestabilität: < 1 %, Pulsdauer (FWHM*): 29 ± 6 ns, Strahlgröße: 35 mm × 13 mm, Strahldivergenz: ≤ 4,5 × 1,5 mrad, Gaslebensdauer: > 50 Mill. Pulse,
*Full Width at Half Maximum

Der Excimerlaser bleibt aufgrund seiner einzigartigen Eigenschaften, insbesondere der Fähigkeit zur präzisen Materialablation im ultravioletten Bereich, weiterhin ein unverzichtbares Werkzeug in der Lasermaterialbearbeitung. Seine Anwendungen erstrecken sich von der Mikrostrukturierung über die Halbleiterfertigung bis hin zur medizinischen Nutzung.

Bedeutung des Excimerlasers in der LMB:

- Mikrobearbeitung: Excimerlaser ermöglichen die Herstellung feinster Strukturen mit lateralen Abmessungen im Submikrometerbereich. Anwendungen umfassen das Bohren extrem feiner Düsen und die Mikrostrukturierung von Oberflächen. */Will2023/*
- Fein- und Mikrobearbeitung: Durch ihre hohe Präzision werden Excimerlaser zum Abtragen dünnster Schichten und zur Bearbeitung empfindlicher Materialien eingesetzt. Sie eignen sich besonders für Anwendungen, bei denen nur minimale thermische Einflüsse auf das Werkstück zulässig sind. */Mail1999/*
- Fotolithografie: In der Halbleiterindustrie werden Excimerlaser, insbesondere KrF- (248,35 nm) und ArF-Laser (193,3 nm), zur Belichtung von Fotolacken angewandt. Dies ermöglicht die Herstellung von Strukturen mit hoher Auflösung, die für moderne integrierte Schaltkreise erforderlich sind. */Bast2005/*
- Herstellung von polykristallinem Silizium: Bei der Niedrigtemperaturpolykristallisation von Silizium (LTPS) werden Excimerlaser verwendet, um die Transistorschaltgeschwindigkeit zu erhöhen und somit die Leistung von Flachbildschirmen zu verbessern.
- Medizin: In der Augenheilkunde finden Excimerlaser Anwendung bei refraktiven chirurgischen Eingriffen wie LASIK zur Modellierung der Hornhaut und zur Korrektur von Sehfehlern. */Rein2012/*

Für weitere Informationen sei an dieser Stelle auch auf */coherent2023/*, */gigaphoton2025/*, */cymerLLC2025/* und */lightMachinery2025/* verwiesen.

3.2 Halbleiterlaser

Die Gruppe der **Halbleiterlaser** ist überwiegend im NIR und im angrenzenden VIS einzuordnen. Die Emissionswellenlänge eines Halbleiterlasers wird primär durch die Bandlücke des verwendeten Halbleitermaterials bestimmt:

- VIS-Bereich ($\lambda \approx 400-650$ nm): Emission durch GaN-basierte Halbleiter (z. B. InGaN/GaN-Mehrfachquantentöpfe), insbesondere für blaue ($\lambda \approx 450$ nm) und grüne ($\lambda \approx 520$ nm) Diodenlaser. Gelbe und rote Emissionen ($\lambda \approx 590-650$ nm) werden z. B. mit AlGaInP-Strukturen realisiert.

- NIR-Bereich ($\lambda \approx 700-1100$ nm): GaAs-basierte Materialsysteme wie AlGaAs, InGaAsP oder GaInAs auf GaAs-Substraten ermöglichen effiziente Emissionen im Bereich von 780 nm bis über 1000 nm.
- MIR-Bereich ($\lambda \approx 2-20$ µm): Bleisalzlaser (PbS, PbSe) und zunehmend auch Quantenkaskadenlaser (QCL) sowie interband cascade lasers (ICL) werden für Anwendungen im mittleren Infrarot eingesetzt, haben jedoch in der Lasermaterialbearbeitung nur geringe Bedeutung.

Die Anregung der laseraktiven Materialien beruht auf dem **pn-Übergang in Halbleitern**, bei dem durch elektrische Injektion Elektronen und Löcher in der aktiven Zone rekombinieren und stimulierte Emissionen erzeugen. Die Anwendung dieser Halbleiterlaser ist sowohl im cw- als auch im pw-Betrieb möglich. Diodenlaser, die auf der sichtbaren Wellenlänge ($\lambda = 630$ nm) emittieren, werden oft in Lasermaterialbearbeitungsanlagen als Pilotlaser verwendet. Der für die Lasermaterialbearbeitung relevante Bereich liegt jedoch primär im nahen Infrarot (NIR), hauptsächlich zwischen $\lambda = 800-1030$ nm. In diesem Spektralbereich können Hochleistungsdiodenlaser (High Power Diode Lasers, HPDL) mit Leistungen im Multi-kW-Bereich realisiert werden. Aufgrund der geringen Absorption in Silicaglas sind diese Wellenlängen hervorragend für die Kopplung in Glasfasern geeignet, wodurch die Integration in modulare und flexibel einsetzbare Lasersysteme ermöglicht wird. Die Hauptanwendungsfelder leistungsstarker Diodenlaser liegen einerseits im direkten Einsatz zur Lasermaterialbearbeitung (z. B. Schweißen, Löten, Härten), andererseits zum optischen Pumpen von Festkörperlasern (z. B. Nd:YAG, Yb:YAG), bei denen Diodenlaser eine zentrale Rolle als energieeffiziente Anregungsquelle übernehmen. Eine Übersicht der gebräuchlichen Halbleitermaterialien sowie deren Eigenschaften und Anwendungsfelder ist in Tabelle 3.3 gegeben.

Das Grundprinzip eines **pn-Überganges** verdeutlicht Bild 3.12. Für diesen Übergang werden Rekombinationsprozesse auf der Basis von Elektronen-Loch-Paaren genutzt. Die wichtigste Anregungsform ist die **Ladungsträgerinjektion**. Durch das Anlegen einer Spannung werden Elektronen und Löcher zum pn-Übergang bewegt, was in diesem Bereich eine Erhöhung der Ladungsträger zur Folge hat. Die Potenzialbarriere wird damit erniedrigt und führt zur Injektion von Ladungsträgern. Die Besetzungsinversion und die **Kleinsignalverstärkung** G sind direkt proportional zur Stromdichte J. /*Brun1989*/

$$G = \beta \cdot J \tag{3.5}$$

β temperaturabhängiger Faktor

Als notwendige **Schwellstromdichte** J_s ergibt sich

$$J_S = \frac{1}{\beta}\left(\phi_i + \frac{1}{2L}\ln\frac{1}{R_1 R_2}\right) \tag{3.6}$$

ϕ_i innere Verluste (Absorption an freien Ladungsträgern, Beugung); R_1, R_2 Reflektivität der Resonatorspiegel; L Resonatorlänge

Tabelle 3.3 Übersicht der gebräuchlichen Halbleitermaterialien sowie deren Eigenschaften und Anwendungsfelder

Materialsystem	Typische Emissionswellenlänge [nm]	Spektralbereich	Substratmaterial	Anwendungsfelder
AlGaInP	630 – 690	VIS (rot)	GaAs	Pilotlaser, Displaytechnik, Biomedizin
InGaN/GaN	380 – 530	VIS (violett–grün)	Saphir, SiC	Messtechnik, Projektoren, Speichertechnik
AlGaAs	750 – 850	NIR	GaAs	Pumpquellen, Barcode, Kommunikation
InGaAs	870 – 1100	NIR	GaAs/InP	Hochleistungsdiodenlaser (HPDL), direkte LMB, Pumpquellen
GaInAsP	1100 – 1600	NIR	InP	Telekommunikation, Sensorik
PbSe, PbS (Bleisalze)	2000 – 6000	MIR	CaF_2; BaF_2, ZnSe; KBr, Saphir	Gasdetektion, Spektroskopie (keine LMB-Relevanz)
Quantenkaskadenlaser	4000 – 12 000	MIR	GaAs/AlGaAs	Umweltmesstechnik, IR-Sensorik (keine LMB-Relevanz)

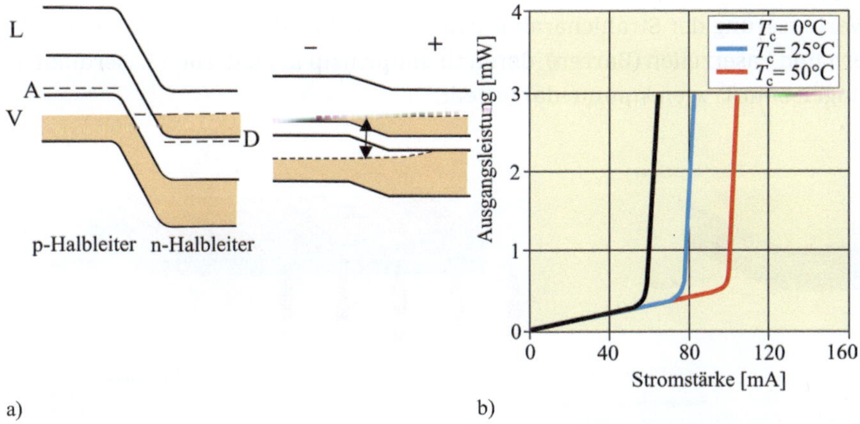

Bild 3.12 Halbleiterlaser. a) Grundprinzip eines pn-Überganges, b) Abhängigkeit der Ausgangsleistung von Strom und Temperatur

Der **Schwellstrom** I_s ist temperaturabhängig und berechnet sich zu

$$I_S \approx e^{\left(\frac{T}{T_0}\right)} \tag{3.7}$$

T Temperatur; T_0 materialspezifischer Temperaturwert

Die auskoppelbare Leistung eines Diodenlasers ist somit abhängig von **Schwellstrom** und **Temperatur** (Bild 3.12 b). Ab der **Schwellstromgrenze** nimmt die Leistung mit der Erhöhung der Stromstärke sehr stark zu. Die Abhängigkeit ist ab diesem Punkt nahezu linear, was eine gute Leistungsskalierung erlaubt. Unterhalb des Schwellstromes überwiegt die spontane Emission mit einer großen spektralen Breite. Der Schwellstrom hängt insbesondere ab von:

- dem Halbleitermaterial,
- der Struktur des pn-Überganges,
- der Betriebsart (cw oder pw) und
- der Effizienz der Kühlung.

Bei den ersten Diodenlasern (homojunction, d. h., die p- und n-Regionen sind aus demselben Material) waren die Schwellstromdichten sehr hoch, sodass ein kontinuierlicher Betrieb bei Raumtemperatur nicht möglich war. Es wurden sehr viele Diodenlaserentwicklungen mit unterschiedlichen Strukturen und Designs – z. B. Doppel-Heterostruktur, Quantum-well, DFB- und DBR- und vertikal emittierende Halbleiterlaser (VCSELs) – durchgeführt. An dieser Stelle sei auf */Bach2007/*, */Kneu2008/*, */Eich2010/* verwiesen. Wichtige Entwicklungsziele waren das Senken der Schwellstromdichten und die Verbesserung der Strahlcharakteristik. In Bild 3.13 sind der Aufbau von Einzelemittern und Laserzeilen (Barren), deren Grundprinzip in modernen Laserdiodenanwendungen zum Tragen kommt, dargestellt.

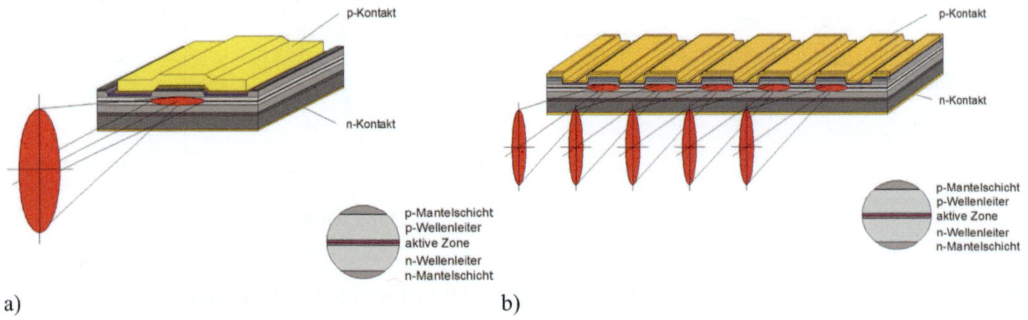

Bild 3.13 Technischer Aufbau von Diodenlasern. a) Schematische Darstellung eines Einzelemitters, b) Schematische Darstellung eines Barrens nach */Jenoptik2012-1/*

Beim **kantenemittierenden Halbleiterlaser** wird der Resonator von den beiden reflexionsbeschichteten Stirnflächen senkrecht zum pn-Übergang gebildet, wobei als Pumpquelle der am pn-Übergang angelegte Strom dient. Die Abstrahlfläche der aktiven Zone ist rechteckig, wodurch sich das Strahlprofil des emittierenden Lichtes stark elliptisch formt. Durch den Resonatoraufbau besitzen Diodenlaser relativ große Strahldivergenzen, die in den beiden Achsen auch verschieden sind. Der Laserstrahl weist in Richtung des pn-Übergangs, die **Fast Axis** (Y-Z-Ebene) mit einem Winkel von 45°–60°, eine höhere Divergenz auf als parallel dazu. Dieses Beugungsphänomen ist eine Besonderheit des Diodenlasers und muss durch eine nachgelagerte spezielle Strahlformung berücksichtigt werden. Die parallele Ebene wird als **Slow Axis** (X-Z-Ebene) bezeichnet und besitzt je nach Bauart einen Divergenzwinkel von 7°–12° */Bach2007/*. Der Vorteil dieser sogenannten **Breitstreifenlaser** liegt in der Einengung der laseraktiven Zone, sodass der Stromfluss auf eine seitlich begrenzte Zone konzentriert wird. Die beiden Enden werden entsprechend der erforderlichen Reflexionseigenschaften beschichtet und bilden den Resonatorabschluss (Bild 3.13 a).

Einzelemitter-basierte Diodenlaser werden typischerweise auf Basis von III-V-Halbleitermaterialien wie AlGaAs, InGaAs oder GaInAsP realisiert und erreichen heute kontinuierliche Monomodeleistungen von bis zu 500 mW. Durch die Integration von Wellenleiterstrukturen in der aktiven Zone kann der Modenquerschnitt zur Erzeugung höherer Leistungen im Grundmode vergrößert und dadurch Leistungen von bis zu 1 W im kontinuierlichen Betrieb realisiert werden. Die emittierten Wellenlängen liegen typischerweise bei 808, 940 oder 980 nm, wobei die Auswahl der Wellenlänge anwendungsabhängig erfolgt. Die Leistungsgrenze einzelner Dioden wird primär durch thermische Effekte bestimmt, da eine unzureichende Wärmeableitung zu einem Anstieg der Sperrschichttemperatur führt und so die Schwellstromdichte erhöht und die Effizienz sowie die Lebensdauer negativ beeinflusst.

Moderne Entwicklungen im Bereich des Thermomanagements umfassen auch alternative Kühlmethoden wie die magnetokalorische Kühlung (Eigenschaft bestimmter Materialien ihre Temperatur in Abhängigkeit von einem angelegten Magnetfeld zu ändern), bei der ein magnetokalorisches Material, das durch Magnetisierung die Umgebungswärme aufnimmt, zur Temperaturreduktion genutzt wird. Diese Technologie befindet sich derzeit in der Entwicklung und bietet das Potenzial für kompakte und effiziente Kühlsysteme, insbesondere für Anwendungen mit begrenztem Bauraum. */fraunhofer2022/*, */Luci2024/*

An moderne **Hochleistungsdiodenlaser** werden folgende Anforderungen gestellt:

- effiziente Anordnung der Einzelemitter (Füllfaktor, Strahldivergenzen, hoher Wirkungsgrad),
- lange Lebensdauern der Einzelemitter durch optimiertes Thermomanagement,
- effektive Kühlung der Dioden bzw. Barren (passiv und aktiv),
- Strahlüberlagerung und -formung zur Erlangung von geringen Beugungsmaßzahlen,

- Flexibilität in der Strahlführung (freistrahlend oder fasergeführt) und
- Anpassung der Strahlqualität an spezifische Anwendungsanforderungen.

Eine Möglichkeit der Leistungssteigerung bieten **Diodenlaserbarren** (Bild 3.13 b), aus denen wiederum **Diodenlaserstapel** aufgebaut werden können. Nachfolgend werden diese näher vorgestellt, da sie für die LMB eine sehr große Bedeutung erlangt haben.

Einzelemitter werden zu linear angeordneten **Multistreifenlaserdioden** (Arrays oder Barren) aufgebaut, die jeweils durch ein schmales Band unterbrochen sind. Auf solch einem Barren lassen sich bis zu 60 Emitter sehr exakt in Reihe anordnen. Typische Abmessungen von 10 mm × 1 mm × 150 µm kennzeichnen einen Diodenlaserbarren. Eine wichtige Größe des Barrendesigns ist der **Füllfaktor**, der das Verhältnis von aktivem zu inaktivem Diodenmaterial beschreibt und letztendlich auch ein Maß für die Stärke der Überlagerung der Einzelstrahlen des Barrens ist. Der Füllfaktor wird berechnet, indem die Breite des Emitters und der Zentrumsabstand der Emitter ins Verhältnis gesetzt werden. Damit ergibt sich für einen typischen Barren mit 19 Einzelemittern, einer Emitterbreite von 150 µm und einem Zentrumsabstand von 500 µm ein Füllfaktor von etwa 30 % /*Duec2011*/.

Um eine Schädigung der Laserbarren zu vermeiden, ist eine effiziente Kühlung unbedingt erforderlich. Als Standard haben sich hierfür zwei **Kühltechniken** etabliert. Bei der **MKWS-Technologie** (**M**ikro**K**anal-**W**ärme**S**enken) werden die Laserbarren mit deionisiertem Wasser, welches durch die Mikrokanalwärmesenken in der Wärmesenke der einzelnen Laserelemente fließt, gekühlt. Eine Wärmeabfuhr ist somit auch in hohen Leistungsbereichen äußerst effizient möglich. Mit der Verwendung von deionisiertem Wasser stellen sich aufgrund des speziellen Aufbaus (stromführende Kupfermaterialien) bestimmte Anforderungen an den Kühlkreislauf wie z. B. ein minimaler elektrischer Leitwiderstand. Die zweite Kühltechnik ist die sogenannte **Long Life Technology**. Eine Besonderheit stellt dabei die galvanische Trennung von Stromanschluss und Kühlung des Laserbarrens durch eine Kupfer-Keramikkühlplatte dar. Dadurch kann die Kühlung der Laserelemente mit industriellem Wasser erfolgen. Diese Technologie ist durch eine besonders lange Lebensdauer der Hochleistungsdiodenlaser von mehr als 30 000 Stunden kennzeichnet /*jenoptik2011*/.

In Bild 3.14 ist eine typische **Intensitätsverteilung** eines Laserbarrens im **Fernfeld** (Ort in Abständen *z*, die ein Vielfaches der Resonatorlänge betragen) dargestellt. Die Strahlung weist in der **Fast Axis** eine große Divergenz (etwa 30° FWHM) mit einem annähernd gaußförmigen Profil auf. Eine geringere Strahldivergenz (etwa 10° FWHM) ist in der **Slow Axis** zu beobachten, wobei sich die Überlagerungseffekte der einzelnen Emitter analysieren lassen. Eine Kollimation der Einzelemitter wird sehr häufig über Mikrolinsen vorgenommen, die in direkter Nähe des Barrens sehr exakt durch Kleben oder Löten montiert werden. Für den gesamten Barren kann dies vorteilhaft mit einer Zylinderlinse, dem sogenannten FAC (Fast Axis Collimator), erfolgen.

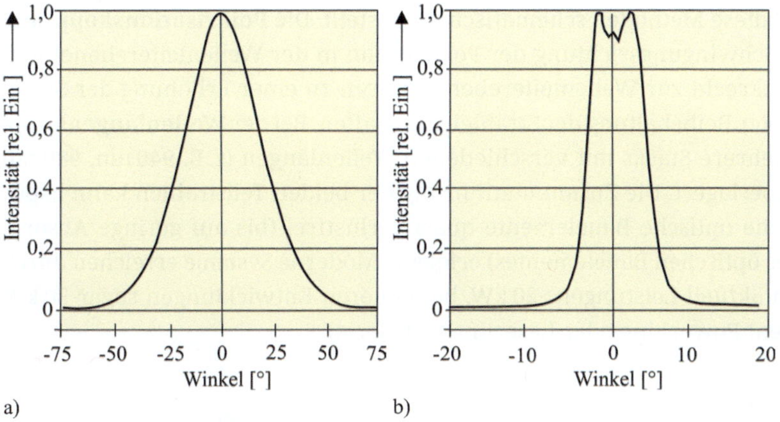

Bild 3.14 Typische Fernfeld-Intensitätsverteilung eines einzelnen Laserbarrens. a) Hohe Divergenz in der Fast Axis (~30°FWHM), b) überlagerte Emissionen mit geringerer Divergenz in der Slow Axis (~10°FWHM) nach */Bach2007/*

Typische **Ausgangsleistungen** für Laserbarren betragen in etwa 100 – 250 W. Zur Steigerung der optischen Ausgangsleistung von Diodenlasern werden die montierten Laserbarren gestapelt. Diese Stacks können vertikal gestapelt (typ. 3 bis 25 Laserbarren) oder horizontal in Reihe angeordnet (2 bis 4 Laserelemente) werden */jenoptik2011/*. Beim Stapeln der Barren in vertikaler Richtung entstehen nichtstrahlende Bereiche, sogenannte **Pitches**. Die Stapel werden gehaust, vor Feuchtigkeit geschützt und durch ein AR-beschichtetes optisches Fenster an der Strahlaustrittsseite abgeschlossen.

Bild 3.15 illustriert exemplarisch einen **HPDL** (**H**igh **P**ower **D**iode **L**aser) der Firma Laserline mit einer typischen Ausgangsleistung von 1 kW (11 Laserbarren gestapelt), der ein Strahlungsfeld von 16 × 10 mm^2 erzeugt. Eine weitere Leistungsskalierung in den Multi-kW-Bereich kann mit der Überlagerung der Strahlung mehrerer HPDLs erfolgen. Für entsprechende Strahlüberlagerungen gibt es zwei Methoden:

- Polarisationskopplung (TE/TM-Moden) und
- Wellenlängenkopplung (z. B. 915 nm, 940 nm, 980 nm, 1020 – 1070 nm).

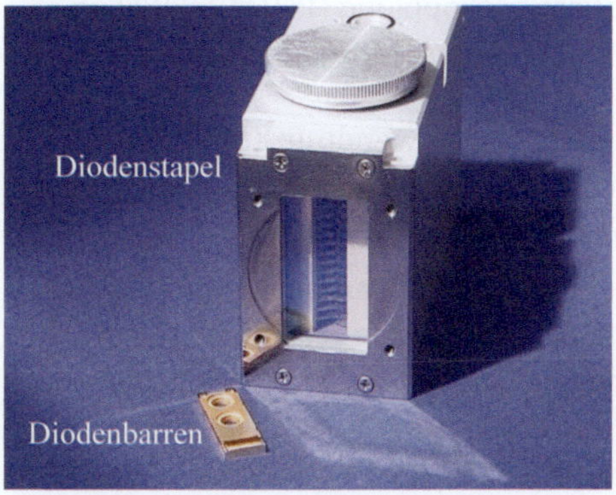

Bild 3.15
Beispiel eines gestapelten Hochleistungsdiodenlasers (HPDL) der Firma Laserline. Elf gestapelte Laserbarren erzeugen eine Strahlungsfläche von ca. 16 × 10 mm^2 bei 1 kW optischer Leistung */laserline2024/*, */Jena2011-3.3/*

In Bild 3.16 sind diese Methoden schematisch dargestellt. Die **Polarisationskopplung** des TE-Anteils (Schwingungsrichtung der Polarisation in der Wellenleiterebene) und TM-Anteiles (senkrecht zur Wellenleiterebene) führen zu einer Erhöhung der Strahlungsleistung unter Beibehaltung der Strahleigenschaften. Bei der **Wellenlängenkopplung** werden mehrere Stacks mit verschiedenen Wellenlängen (z. B. 940 nm, 980 nm und 1030 nm) überlagert. Die Zusammenführung der beiden Teilstrahlen kann bspw. über dichroitische optische Bauelemente quasi verlustfrei (bis auf geringe Absorptionsverluste des optischen Bauelementes) erfolgen. Moderne Systeme erreichen durch diese Strategien aktuell Leistungen >20 kW, bei neueren Entwicklungen sogar 30 kW (z. B. mit Coherent PowerLine oder Laserline LDF-Serie).

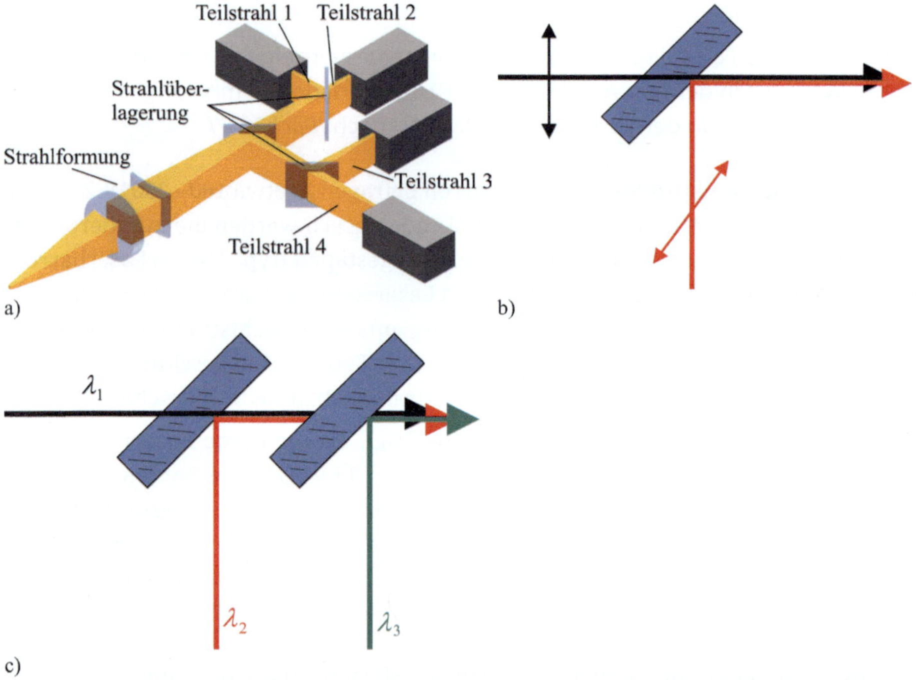

Bild 3.16 Schematische Darstellung von Strahlüberlagerungsverfahren zur Leistungsskalierung bei HPDL. a) Strahlengang, b) Polarisationskopplung (TE/TM), c) Wellenlängenkopplung über dichroitische Spiegel, nach */coherent2023/*, */laserline2024/*

Die **Lebensdauer** von Dioden ist für die industrielle Anwendung entscheidend. Mit geeigneter aktiver Kühlung und entsprechenden Temperaturmanagement sind Lebensdauern über 50 000 Stunden realisierbar.

Diodenlaser zeichnen sich durch extrem kleine Abmessungen und einen sehr hohen elektrisch-optischen Wirkungsgrad (bis zu 70 %) aus. In den letzten Jahren wurden vermehrt Anstrengungen unternommen, die Brillanz dieser Strahlungsquellen zu verbessern. Unter **Brillanz** ist eine Charakterisierung der Güte von Laserstrahlung zu verstehen, wobei neben dem Strahlparameterprodukt auch die ausgekoppelte Laserleistung Berücksichtigung findet */Bach2007/* (vgl. Kapitel 4).

$$B = \frac{P}{(M^2 \cdot \lambda)^2} \tag{3.8}$$

P Ausgangsleistung; M^2 Strahlqualitätsfaktor; λ Wellenlänge

Hierbei stellt die Brillanz eine Größe dar, welche die Fokussierbarkeit der Laserquelle charakterisiert unabhängig von einer konkreten Applikation. Die Norm VDI/VDE 3441-1 gibt hierzu aktuelle Leitlinien zur Brillanzbestimmung für den industriellen Anwendungsbereich. Eine hohe Brillanz ist insbesondere für Anwendungen in der Feinbearbeitung, in der additiven Fertigung und bei Pumpstrahlquellen für Festkörperlaser entscheidend.

Die effizienten Diodenlaser sind sowohl als **fasergekoppelte Module** sowie als **freistrahlende Module** verfügbar */dilas2012/*, */laserline2012/*, */jenoptik2012/*. In Tabelle 3.4 sind exemplarisch erreichbare Werte für ausgewählte fasergeführte Systeme zusammengestellt.

Tabelle 3.4 Parameter ausgewählter fasergeführter Diodenlasersysteme „LDF-Serie" */laserline2025/*

Maximale Ausgangsleistung [W]	2000	4000	6000	10 000	15 000	20 000
Strahlqualität (*SPP*) [mm·mrad]	20	30	40	60	100	150
Faserführung (erforderliche Durchmesser) [µm]	400	600	600	800	1000	1500
Numerische Apertur	0,1	0,1	0,2	0,2	0,2	0,22
Minimaler Fokus (bei f = 150 mm) [µm]	300	450	600	800	1200	1800

In den letzten Jahren wurde die Technologie von Hochleistungsdiodenlasern (HPDL) kontinuierlich weiterentwickelt. Ein zentraler Forschungsschwerpunkt lag bzw. liegt dabei auf der Steigerung der Brillanz und der Strahlqualität, insbesondere durch Maßnahmen zur thermischen Stabilisierung, verbesserte Emitterdesigns und die gezielte Reduktion des Strahlparameterprodukts (SPP) (siehe auch Kapitel 4). Moderne Diodenlaser mit monolithisch integrierten Optiken und optimierter Wärmeableitung erreichen mittlerweile Strahlqualitäten von SPP kleiner 20 mm·mrad bei Leistungen oberhalb von 6 kW im kontinuierlichen Betrieb.

Ein bedeutender Fortschritt wurde durch den Einsatz fasergekoppelter Module mit optimierter Strahlkombination erzielt. Hierbei kommen sowohl Faserkoppler mit dichroitischen Spiegeln als auch spektrale Strahlkombination (Wavelength Beam Combining, WBC) mittels Gitterstrukturen zum Einsatz. Hierdurch können mehrere Diodenstacks mit leicht unterschiedlichen Wellenlängen effizient überlagert und so Leistungen bis in den Bereich von 25 kW skaliert werden, bei gleichzeitig kompakter Bauform und hoher elektro-optischer Effizienz (> 60 %).

Die **adaptive Strahlformung**, ein weiteres Feld der Entwicklung, erlaubt die Anpassung der Geometrie des Laserstrahls während des Prozesses an die entsprechenden Anforderungen, beispielsweise durch den Einsatz von faserbasierten Multi-Core-Systemen, externen Optiken mit deformierbaren Spiegeln oder digitalen Diffraktiven Optischen Elementen (DOE). Diese Konzepte finden zunehmend Anwendung in der Additiven Fertigung, beim Remote-Schweißen und in der selektiven Oberflächenmodifikation.

Diodenlaser mit einer Emission in einem Wellenlängenbereich von 445 – 450 nm basieren auf Halbleiterstrukturen mit einem großen Bandabstand. Typischerweise wird hierfür das Materialsystem Indium-Gallium-Nitrid ($In_xGa_{1-x}N$), eingebettet in eine Galliumnitrid (GaN)-Matrix, verwendet.

Die grundlegende Energielücke E_g des Materials bestimmt die emittierte Photonenenergie $E = h \cdot \nu$. Um eine Wellenlänge im Bereich von ca. 445 nm zu erreichen, muss $E_g \approx 2.79$ eV betragen. Dies wird durch Variation des Indiumanteils im InGaN-Kristallgitter eingestellt, wobei ein höherer Indiumanteil den Bandabstand verringert und die Emission zu längeren Wellenlängen verschiebt.

Ein Diodenlaser in diesem Wellenlängenbereich besitzt eine quantisierte aktive Zone, oft in Form einer quantum well, die zwischen zwei pn-dotierten GaN-Schichten eingebettet ist. Wird an einen pn-Übergang eine Vorwärtsspannung angelegt, so verringert sich die Raumladungszonenbreite und es kommt zur Injektion von Majoritätsladungsträgern. Elektronen werden vom n-Typ-Material ins p-Typ-Material injiziert und treten dort in das Leitungsband ein, während Löcher aus dem p-Typ-Material ins n-Typ-Material injiziert werden und dort das Valenzband bevölkern. An der Grenzfläche rekombinieren sie strahlend unter Emission eines blauen Photons. In Halbleiterlasern wird die aktive Schicht häufig auf wenige Nanometer reduziert, um durch Quantenkonfinierung der Ladungsträger diskrete Zustände im Leitungs- und Valenzband zu erzeugen. Hierdurch wird eine gezielte Optimierung der Materialverstärkung und damit eine Steigerung der modalen Verstärkung ermöglicht. Für die Erzeugung einer gerichteten Emission ist der Halbleiterchip in Wellenleiterstrukturen mit entsprechenden Facetten (teilweise verspiegelt) ausgebildet, sodass longitudinale Resonanzmoden entstehen. Durch geeignete Epitaxie- und Strukturierungsprozesse lassen sich auch Multi-Emitter-Arrays oder Barren-Strukturen mit hoher Strahlleistung realisieren. Zur Verbesserung der Temperaturstabilität, der Quanteneffizienz und der Lebensdauer werden zusätzliche Strukturen wie Electron Blocking Layers (EBL) und graded index separate confinement heterostructures (GRIN-SCH) implementiert. Typische Laserdioden zeigen eine Emissionsbandbreite (FWHM) von 1 – 3 nm und eine thermische Wellenlängendrift von etwa 0,03 nm·K^{-1} infolge der temperaturabhängigen Bandlückenveränderung. */Cold2012/*, */Sze2007/*

In modernen Systemen wird die Emission aus vielen Einzelemittern über faseroptische oder mikrooptische Kombinationstechniken strahlformend überlagert, um hohe Leistungen (bis >6 kW) mit angepasster Strahlqualität zu erreichen. Dies ist eine wichtige Voraussetzung für die Einkopplung in Bearbeitungsoptiken bei der Lasermaterialbearbeitung. Diese direkte Halbleiteremission im blauen Wellenlängenbereich vermeidet komplexe Wellenlängenumwandlungen, wie sie bei frequenzverdreifachten FKL-Lasern üblich sind, und ermöglicht eine effiziente, kompakte Bauweise bei einem vergleichsweise hohen Wirkungsgrad. */laserline2025/*

Die Entwicklung **blauer Diodenlaser** hat in den letzten Jahren erhebliche Fortschritte gemacht. Die Firma Laserline stellte beispielsweise CW-Diodenlaser mit Leistungen bis zu 6 kW bei einer Wellenlänge von 445 nm vor, */laserline2025/*, die stabilen Schweißprozesse ohne Turbulenzen oder Porenbildung, selbst bei hochreflektierenden Metallen wie Kupfer, ermöglichen. Speziell wurden auch blaue Diodenlaserquellen mit einer höheren Strahlqualität entwickelt, die ein Strahlparameterprodukt von 4 mm·mrad bei Ausgangleistungen bis in den kW-Bereich erreichen. Anwendungen mit diesen Systemen wurden insbesondere im Laserpulverbettschmelzen von Kupfer und Gold nachgewiesen. */laserline2025-2/*

Tabelle 3.5 Parameter ausgewählter blauer Diodenlasersysteme (Wellenlänge 445 nm, Faserlänge 5 m) */laserline2025/*

Max. Laserleistung [W]	Strahlqualität [mm·mrad]	Faserführung (erforderlicher Durchmesser) [µm]	Numerische Apertur NA
800	20	400	0,1
1500	20	400	0,1
1800	30	600	0,1
2000	60	600	0,2
4000	60	600	0,2
6000	60	600	0,2

Die Kombination von verschiedenen Wellenlängen durch Strahlüberlagerung ist ebenfalls ein interessanter Aspekt für die Lasermaterialbearbeitung, insbesondere für das Schweißen und Auftragsschweißen. Eine solche Wellenlängenkombination wird bspw. durch die strahlüberlagerte Kopplung eines infraroten Diodenlasers (LDM, typ. 980 – 1070 nm) mit einem blauen Hochleistungsdiodenlaser (LDMblue, 445 nm) in einem gemeinsamen Bearbeitungskopf erzielt */laserline2025/* (vgl. Kapitel 6).

Des Weiteren haben sich blaue Diodenlaser etabliert, die für Anwendungen in der Fluoreszenzspektroskopie und Materialbearbeitung geeignet sind, insbesondere bei transparenten oder organischen Werkstoffen. Diese Systeme zeichnen sich durch eine kompakte hohe elektro-optische Effizienz und eine Strahlqualität mit einem Strahlparameterprodukt (SPP) unter 4 mm·mrad in der Slow Axis aus, wodurch eine effiziente Fokussierung auf Spotdurchmesser d_f<100 µm prinzipiell möglich ist. */laserline2025/*.

Nicht zuletzt ist die Langzeitstabilität ein entscheidendes Kriterium für den industriellen Einsatz. Dank verbesserter Chiptechnologie (z. B. EPI-Schichten mit erhöhter Defekttoleranz), verbesserter Löt- und Kontakttechnologien sowie angepasster Ansteuerung (Pulsmodulation, Softstart) erreichen moderne HPDL-Module heute Lebensdauern über 50 000 Stunden unter industriellen Betriebsbedingungen (typisch: Temperaturzyklen, Vibration, Feuchtigkeit).

Diodenlaser sind aktuell eine der technologisch und wirtschaftlich bedeutendsten Strahlungsquellen in der Lasertechnik. In der LMB kommen sie sowohl direkt als Bearbeitungslaser, insbesondere bei oberflächennaher thermischer Bearbeitung, als auch indirekt als effiziente Pumpquelle für leistungsstarke Festkörper- und Faserlaser zum Einsatz.

In der Direktbearbeitung werden Diodenlaser als Primärstrahlquelle genutzt. Hierbei sind insbesondere Hochleistungsdiodenlaser-Stacks oder diodenbasierten Laserlinienquellen relevant, die Leistungen im Bereich von mehreren Kilowatt erreichen. Typische Anwendungen sind:

- Laserhärten: durch großflächige Bestrahlung mit geringer Eindringtiefe,
- Laserauftragsschweißen (LMD – Laser Metal Deposition): in Kombination mit Pulverdüsen,
- Kunststoffschweißen: insbesondere beim Durchstrahlschweißen von Kunststoffen mit transparent-absorbierenden Fügepartnern,
- Löten und Schmelzfügen: mit minimaler thermischer Beeinflussung.

Die mit Abstand wichtigste Anwendung von Diodenlasern in der Lasertechnik ist ihre Rolle als Pumpquelle für:

- Nd:YAG- und Yb:YAG-Festkörperlaser,
- Faserlaser (Yb-, Tm-dotierte Fasern).

Durch die kontinuierlichen Verbesserungen in der Strahlformung (z. B. FAC/SAC-Kollimation, Faserbündelung) erweitern sich die Einsatzbereiche stetig. Zukünftige Entwicklungen zielen auf integrierte Sensorkonzepte (z. B. Inline Power Monitoring, Rückstrahlungserkennung) sowie auf KI-gestützte Betriebsstrategien ab, um die Systemverfügbarkeit weiter zu erhöhen und Wartungszyklen zu optimieren. HPDLs bleiben somit eine der dynamischsten und technologisch vielversprechendsten Laserquellen in der industriellen Lasermaterialbearbeitung. */Zedi2022/*

3.3 Festkörperlaser

Festkörperlaser (FK-Laser) werden durch optisches Pumpen angeregt und erreichen ein sehr großes Pulsspektrum. Mithilfe der beschriebenen Modenkopplung lassen sich Pulslängen bis in den fs-Bereich erzielen. Andererseits können FK-Laser auch im Hochleistungsbereich im zweistelligen kW-Bereich kontinuierlich emittierend betrieben werden. Das **Wellenlängenspektrum** umfasst die Bereiche der UV-, VIS- sowie IR-Strahlung, wobei der UV-Bereich insbesondere durch die Möglichkeiten der Frequenzkonversion erreicht werden kann.

- UV-Bereich:
  frequenzverdreifachte Nd:YAG-Laser,
- VIS-Bereich:
  Rubinlaser, frequenzverdoppelte Nd:YAG-Laser,
- IR-Bereich:
  Ti:Saphir-Laser, Nd:Glas-Laser, Nd:YAG- und Yb:YAG-Laser, Faserlaser, Holmiumlaser, Erbiumlaser, Farbzentrenlaser.

Die für die LMB wichtigsten FK-Laser werden im Folgenden ausführlich beschrieben. Zusätzlich werden spezielle Laseranordnungen zur Erzeugung von ultrakurzen Impulsen vorgestellt.

Das **aktive Medium** von Festkörperlasern besteht aus **Kristallen oder Gläsern**, die mit Metallionen der Seltenen Erden dotiert sind. Die Dotierung ist meist sehr gering und beträgt nur wenige Gewichtsprozente. Die FK-Laser verfügen aber dennoch über eine höhere Dichte an laseraktiven Ionen im Vergleich zur Dichte eines Gaslasers. Die Anregung erfolgt ausschließlich durch **optisches Pumpen** mit geeigneten Pumpquellen – Blitzlampen, Bogenlampen, Diodenlaser – und speziellen Pumplichtanordnungen zur effektiven Strahleinkopplung in das aktive Medium. Damit kann ein relativ langlebiges (metastabiles) Niveau angeregt werden, das als Ausgangsniveau der Laserübergänge gilt. FK-Laser sind i. Allg. durch einen einfachen und kompakten Aufbau gekennzeichnet, mit welchem hohe Laserleistungen und Impulsenergien erzeugt werden können.

Zu den FK-Lasern zählt der **Nd:YAG-Laser**, dessen vereinfachtes Termschema Bild 3.17 veranschaulicht. Der Wirtskristall besteht aus YAG (Yttrium-Aluminium-Granat), der mit Neodymionen dotiert ist. Typische Konzentrationen betragen zwischen 0,5 und 1,5 Gewichtsprozent. Nd:YAG-Laser können auf mehreren Wellenlängen bzw. Linien emittieren, jedoch liegt der stärkste und am häufigsten genutzte Übergang bei **1,06 µm**. Durch das Pumpen erfolgt eine Anregung in die verbreiterten Bänder. Von dort finden strahlungslose Übergänge in das obere Laserniveau statt. Die freiwerdende Energie wird in Form von Wärme an den Kristall abgegeben. Dieser Wert ist nicht unerheblich (vgl. Bild 3.19) und erfordert eine direkte Kühlung des aktiven Mediums. Die mittlere Verweilzeit im oberen Laserniveau ist mit etwa 230 µs sehr groß und ist die Voraussetzung, um eine starke Besetzungsinversion mit hohem Verstärkungsfaktor zu erzielen. Begünstig werden diese sehr guten Laservoraussetzungen durch den schnellen, innerhalb von 30 ns ablaufenden, strahlungslosen Übergang vom unteren Laserniveau in das Grundniveau. Mit diesem **4-Niveau-System** verfügt der Nd:YAG-Laser über eine relativ geringe Laserschwelle und kann sowohl gepulst als auch kontinuierlich bei hohen Ausgangsleistungen betrieben werden. */Eich2010/*

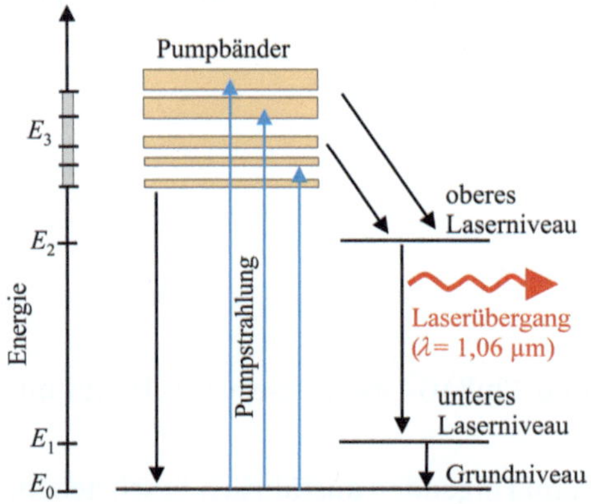

Bild 3.17 Vereinfachtes Termschema für den Nd:YAG-Laser nach */Eich2010/*

Neben der Dotierung des Wirtskristalls mit Neodymionen wird auch **Ytterbium** als Dotierungsmaterial eingesetzt. Dies betrifft vorrangig die leistungsstarken Scheibenlaser, aber auch die Faserlaser, bei welchen die Dotierung direkt im Faserkern einer Quarzglasfaser erfolgt. Die Einteilung der verschiedenen FK-Laser der LMB kann nach der Geometrie des aktiven Mediums sowie der optischen Pumpanordnung vorgenommen werden (Tabelle 3.6).

Tabelle 3.6 Unterteilung wichtiger FK-Laser für die LMB

Aktives Medium	Pumpquelle	Pumpanordnung	Bemerkung
Stab (rod)	Blitzlampe	transversal (elliptische oder doppelelliptische Kavität)	maximale Leistung der Kavität ist begrenzt durch thermische Linsenwirkung
	Bogenlampe		
	Diodenlaser	longitudinal (end-pumped)	Einkopplung der Pumpstrahlung über die Stirnfläche des Laserstabes
		transversal (side-pumped)	Pumpquellen längs zur Laserstabachse angeordnet (Pumpen erfolgt senkrecht zur Achse des aktiven Mediums)

Aktives Medium	Pumpquelle	Pumpanordnung	Bemerkung
Quader (slab)	Blitzlampen	transversal (side-pumped)	zickzackförmige Ausbreitung des Laserstrahles durch Totalreflexion an den Quaderwänden
	Diodenlaser	transversal (side-pumped)	
	Diodenlaser	longitudinal (end-pumped)	Einkopplung der Pumpstrahlung über die Stirnfläche des Quaders
Scheibe	Diodenlaser	Mehrfachpump-anordnung	Einkopplung der Pumpstrahlung von der Scheibenvorderseite, mehrfacher Pumpstrahldurchgang
Faser	Diodenlaser	longitudinal (end-pumped)	Ausbreitung des Pumpstrahles über Totalreflexion im Pumpkern mit wiederholtem Durchlauf des aktiven Kerns
		Y-gepumpt	

3.3.1 Stablaser

Eine sehr weitverbreitete und ausgereifte Resonatorkonfiguration ist der **Stablaser (engl. rod)**. Das optische Pumpen kann sowohl mit der Strahlung von Lampen als auch mit Diodenlasern erfolgen. Die Resonatoranordnung eines lampengepumpten Systems illustriert Bild 3.18 a. Während für den Pulsbetrieb **Xenon-Blitzlampen** verwendet werden, kommen für den kontinuierlichen Pumpbetrieb mit Krypton gefüllte **Bogenlampen** zum Einsatz. Die Lampen werden in der Kavität parallel zum Laserstab angeordnet. Das Licht strahlt mit einem großen Abstrahlwinkel in die Kavität und wird über die gewählte Reflektorgeometrie auf das aktive Medium abgebildet. Diese Geometrie stellt in den meisten Fällen eine elliptische (1 Anregungslampe) bzw. eine doppelelliptische Form (2 Anregungslampen) dar, wobei Laserstab und Lampe in den Brennlinien der Ellipse angeordnet werden. Dies hat den großen Vorteil, dass theoretisch alle ausgesendeten Anregungsstrahlen nach einer oder mehreren Umlenkungen am Reflektor den Laserstab treffen. Bild 3.18 b veranschaulicht diesen Sachverhalt.

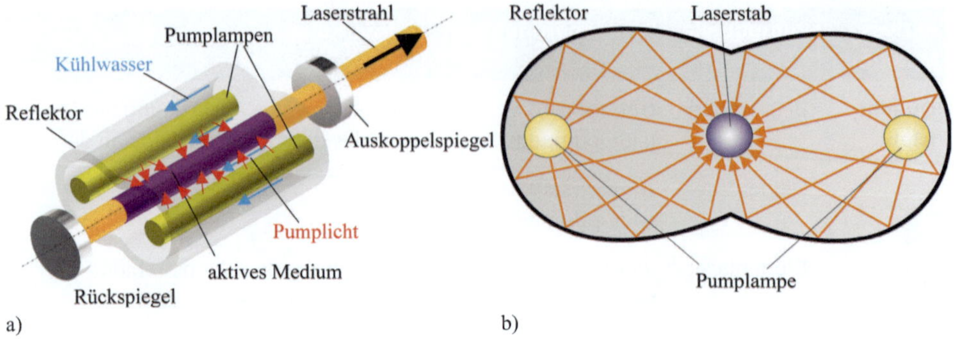

Bild 3.18 Lampengepumpter Nd:YAG-Laser. a) Resonatoranordnung, b) Schnittansicht einer doppelelliptischen Kavität

Die Anregung mit Lampen ist nicht sehr effizient, weil diese sehr breitbandig emittieren und nur ein Teil davon für die Anregung der Pumpbänder genutzt werden kann. Der erzielbare **Wirkungsgrad** liegt im Bereich zwischen 3 und 5 % (Bild 3.19 a). Die thermischen Verluste bei einer Anregung mit Blitz- oder Bogenlampen liegen in etwa bei 50 %. Damit sich die Kavität und das aktive Medium nicht zu stark erwärmen, muss während des Laserprozesses intensiv gekühlt werden. Die entsprechende Kühlung erfolgt durch einen geschlossenen Wasserkreislauf (mit Wärmetauscher) koaxial zum Laserstab und den Lampen. Dies stellt die effektivste Kühlung für diesen Lasertyp dar. Dennoch bildet sich aufgrund der Stabgeometrie ein **Temperaturgradient** über den Stabquerschnitt aus (Bild 3.19 b). Dadurch entsteht eine sogenannte **thermische Linse**, die großen Einfluss auf die Strahlqualität hat und einen **Fokusshift** verursachen kann. Die maximale Ausgangsleistung wird letztendlich durch die auftretende Verlustwärme und realisierbare Kühlwirkung an den Stabaußenflächen begrenzt. Typische Stabgeometrien haben Längen bis 200 mm und Durchmesser von 4–8 mm. Sie erreichen maximale Ausgangsleistungen bis 800 W und Strahlparameterprodukte zwischen 5 und 50 mm·mrad */Rofin2004/*. Höhere Strahlleistungen lassen sich durch das Anordnen mehrerer Pumpkavitäten (Reihenanordnung) zwischen den Resonatorspiegeln auskoppeln. Allerdings wird hier das Problem der thermischen Linse verstärkt (Bild 3.19 c). Eine Lösung bieten **Oszillator-Verstärker-Anordnungen**, die das aktive Medium thermisch weniger belasten.

Der einfache **Resonatoraufbau** erlaubt eine Variation der Resonatorlänge, den Einsatz unterschiedlicher Resonatorspiegel oder aber das Einbringen von Modenblenden. Die **Modenblenden** ermöglichen eine Verbesserung des multimodigen Strahlprofils, indem die Randbereiche des Strahles ausgeblendet werden. Das Verlängern des Resonators wird häufig für Feinschneidanwendungen durchgeführt, um ebenfalls die Strahlqualität zu verbessern, was aber gleichzeitig eine Verringerung der mittleren Leistung nach sich zieht.

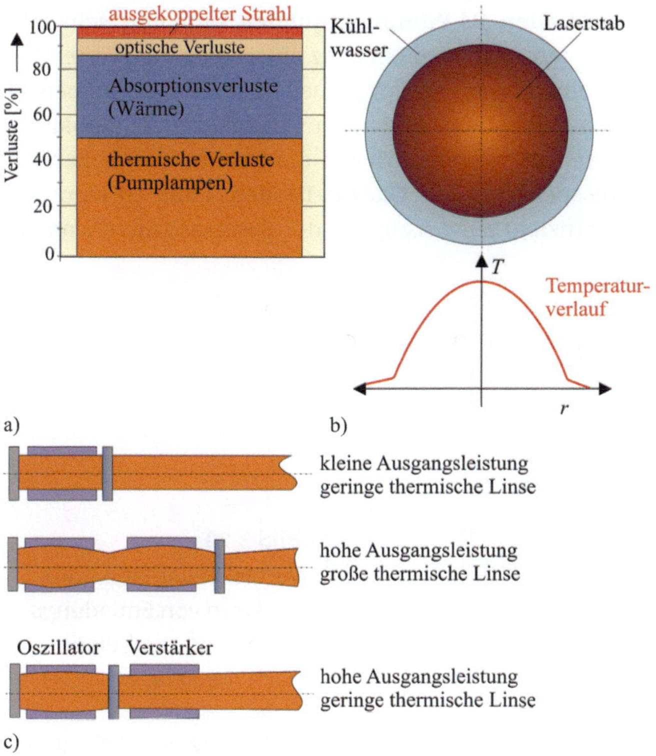

Bild 3.19 Eigenschaften lampengepumpter Systeme. a) Wirkungsgradbetrachtungen, b) Temperaturverteilung, c) Resonatoranordnungen nach */Hodg1992/*

Die Verwendung von Bogenlampen mit einer kontinuierlichen Anregung des aktiven Mediums gestattet die **Güteschaltung** des Lasers in Kombination mit einem aktiven Güteschalter (vgl. Kapitel 2). In dieser Resonatorkonfiguration lassen sich Pulsfrequenzen bis 100 kHz mit Impulsspitzenleistungen von mehreren hundert Kilowatt erzeugen. Interessant sind diese Pulsparameter für das Laserstrahlbeschriften sowie die Mikromaterialbearbeitung.

Trotz der nachfolgend beschriebenen Vorteile von diodengepumpten FK-Laser sind **lampengepumpte Systeme** nach wie vor relevant für eine Reihe von Anwendungsfeldern der LMB. Sie lassen sich relativ einfach und kostengünstig aufbauen. Hauptverschleißteile sind die Lampen, die jedoch nach einer bestimmten Betriebsdauer (auch integrierte Anzeige der Lampenstandzeit) mit geringem Aufwand gewechselt werden können.

Sehr große Bedeutung haben die **diodengepumpten Festkörperlaser** – **DPSS** (**d**iode **p**umped **s**olid **s**tate) erlangt, die in vielfältigen Resonatorkonfigurationen Anwendung finden. Nachfolgend werden ausgewählte Konzepte vorgestellt.

Mit der Verfügbarkeit von **Laserdioden** als **Pumplichtquellen** kann eine sehr effiziente Anregung des aktiven Mediums erfolgen. Ein ganz entscheidender Vorteil besteht in der schmaleren Bandbreite dieser Anregungsquellen gegenüber lampengepumpten Systemen (Bild 3.20). Die Absorptionsbanden der verbreiterten Pumpbänder des Nd-Ions befinden sich im Wellenlängenbereich um die 800 nm. Dieser Bereich entspricht exakt dem **Emissionsspektrum** der **GaAlAs-Dioden**. Dadurch kann ein Großteil der Pumpenergie sehr effizient zur Erzeugung der Besetzungsinversion genutzt werden.

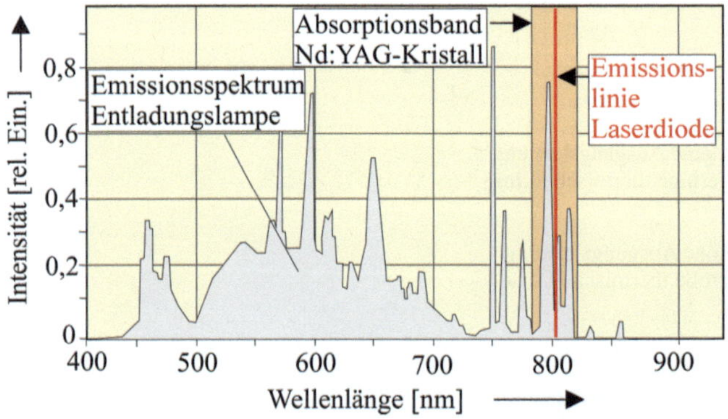

Bild 3.20
Vergleich der Emissionsspektren von Entladungslampe und Laserdiode nach */Hodg1992/*

Ein zweiter wesentlicher Effekt, die geringere thermische Belastung des aktiven Mediums, ermöglicht deutlich höhere Strahlqualitäten und höhere Wirkungsgrade im Vergleich zu lampengepumpten Systemen. Mit elektrisch-optischen Wirkungsgraden der Pumpdioden > 50 % sind optische Einkoppelwirkungsgrade > 35 % möglich. Der Gesamtwirkungsgrad diodengepumpter Stablaser steigt dadurch auf 10 – 20 %.

Das **Pumpen mit Diodenlasern** lässt sich in zwei Grundanordnungen untergliedern:

- longitudinales **Pumpen (end-pumped)** und
- transversales **Pumpen (side-pumped)**.

Bild 3.21 und Bild 3.22 illustrieren die Grundanordnungen beider Varianten. Für kleine Leistungen bis etwa 20 W werden **endgepumpte Anordnungen** aufgebaut. Man erzielt damit sehr gute Strahlqualitäten in der Grundmode TEM_{00}. Die Einkopplung der Pumpstrahlung erfolgt über die **Endfläche des Laserstabes** oder einen Spiegel. Diese polierte Stirnseite bzw. Spiegelfläche wird dichroitisch beschichtet, wodurch sie für die Strahlung des Diodenlasers (808 nm) hochtransmittiv ist, aber für die Emissionswellenlänge des laseraktiven Mediums (1064 nm) vollständig reflektierend wirkt. Die Endfläche des Stabes stellt in diesem Fall auch den Resonatorspiegel dar. Damit kann die Strahlungsrückkopplung im Resonator bei gleichzeitiger Pumpzufuhr ermöglicht werden. Wichtig ist die Kollimation und Homogenisierung der divergenten Pumplichtstrahlung mithilfe entsprechender optischer Bauelemente, um den Pumpstrahl in den Laserstab einkoppeln zu können und diesen homogen anzuregen. Die **transversale Pumpanordnung** gestattet den Aufbau von Nd:YAG-Lasern im kW-Bereich. Angeordnet werden die Diodenlaserbarren parallel zur Laserstabachse, somit pumpen sie das aktive Medium senkrecht zu Strahlachse (Bild 3.22).

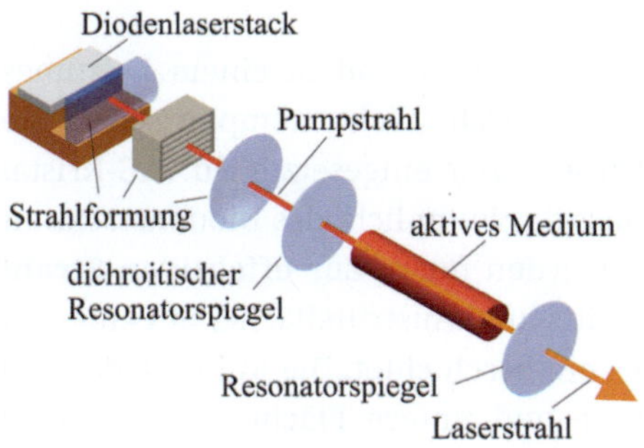

Bild 3.21
Resonatoraufbau eines endgepumpten DPSS-Lasers

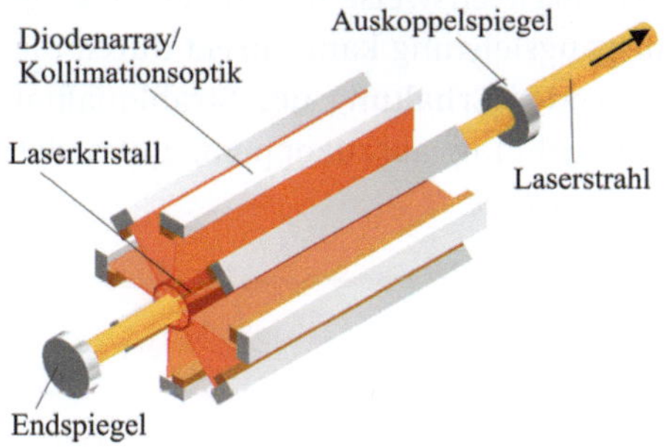

Bild 3.22
Transversal gepumpter Nd:YAG-Laser

Mit der Anzahl und der Ausgangsleistung der Diodenlaserbarren lässt sich auch die erreichbare Nd:YAG-Laserleistung skalieren. Dafür werden die Barren symmetrisch um die Laserstabachse angeordnet. Durch den im Vergleich zu lampengepumpten Systemen deutlich geringeren Wärmeeintrag können höhere Pumpraten erzielt werden, wodurch die Wirkung einer thermischen Linse wesentlich geringer ist. In */Rofin2004/* wird angeführt, dass Strahlparameterprodukte von 12 mm·mrad erreichbar sind, und maximale Ausgangsleistungen bis 4,4 kW durch Hintereinanderschaltung der Laserstäbe erzielt werden können. Aktuell kann allerdings der kW-Bereich durch die Scheiben- und Faserlaser effizienter und mit höherer Strahlqualität abgedeckt werden.

3.3.2 Slablaser

Eine wesentliche Reduzierung der thermischen Linsenwirkung kann man durch den Übergang der Stabgeometrie auf die **Slabgeometrie** erreichen. Darunter ist eine plattenförmige (quaderförmige) Geometrie mit mehreren Millimetern Dicke zu verstehen.

Der Laserstrahl breitet sich in der Slabkavität aufgrund der Totalreflexion zickzackförmig aus. Die Anregung kann sowohl mit Blitzlampen als auch mittels Diodenlaser erfolgen. Wesentlicher Vorteil von diodengepumpten Systemen ist das Erreichen höherer Strahlqualitäten im Vergleich zu lampengepumpten Nd:YAG-Laserstrahlungsquellen.

Slablaser können im cw- und pw-Betrieb arbeiten und sind in einem Leistungsbereich von 50 W bis 1 kW skalierbar. Bild 3.23 veranschaulicht exemplarisch die Resonatoranordnung eines endgepumpten Slablasers. Der eingesetzte Nd:YAG-Kristall hat eine Abmessung von $(1 \times 10 \times 10)\,mm^3$, sodass das Pumplicht des Diodenstacks auf eine Eintrittsfläche von $(1 \times 10)\,mm^2$ geformt werden muss. Zur **effektiven Strahleinkopplung** werden die beiden Flächen (Eintritts- und Austrittsfläche) mit einer AR-Schicht für die Wellenlängen 808 nm und 1064 nm beschichtet. Die Kühlung des aktiven Mediums (Kristall) erfolgt über die obere und untere Fläche. Die sphärisch geformten Resonatorspiegel bilden einen konfokalen **instabil** aufgebauten Resonator, der einen sehr kompakten Aufbau mit einer vergleichsweise hohen Verstärkung aufweist (vgl. Kapitel 2). Die Skalierung der Ausgangsleistung kann direkt durch die Vergrößerung des Modenvolumens bei annähernder Erhaltung der Strahlqualität vorgenommen werden. Um bspw. 1 kW Laserstrahlung auszukoppeln, muss der Nd:YAG-Kristall auf 60 mm verbreitert werden. */Gies2006/*

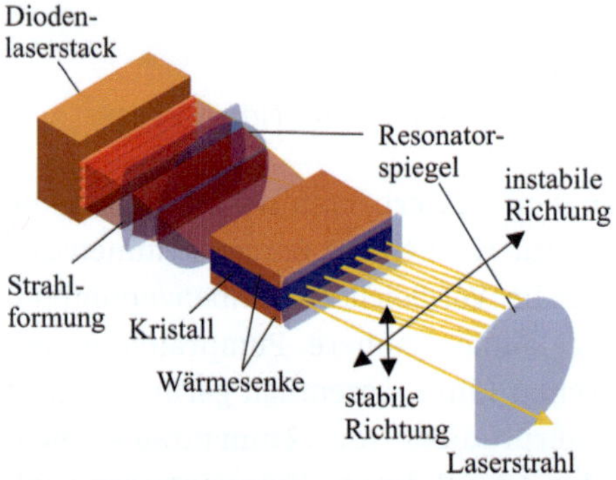

Bild 3.23
Anordnung eines endgepumpten Slablasers nach */Gies2006/*

Die Anordnung des Lasers bietet sehr gute Voraussetzungen, um einen Laser mit kurzen Pulsdauern und hohen Pulsspitzenleistungen bei sehr guten Strahlqualitäten umzusetzen. Die Entwicklungen dieser diodengepumpten Slablaser sind auch als **Innoslab-Technologie** bekannt. Typische Bauformen arbeiten mit kontaktgekühlten Laserkristallen (z. B. $Nd{:}YVO_4$, Yb:YAG), wobei der Laserstrahl mehrfach durch das dünne Kristallplättchen (Slab) geführt und somit ein großes Verstärkungsvolumen bei gleichzeitig guter Wärmeabfuhr erreicht wird.

Diese Resonatoren lassen sich ebenfalls sehr gut im **Güteschaltungsbetrieb** einsetzen. Hierfür wird innerhalb des Resonators nach dem Slab beispielsweise eine Pockels-Zelle (elektrooptischer Modulator) integriert, die mit einem Polarisator zusammenarbeitet. Durch diesen Aufbau lassen sich Pulsdauern im Bereich von etwa 4 ns bis 20 ns erreichen, bei Pulsspitzenleistungen im Megawattbereich und mittleren Ausgangsleistungen von bis zu mehreren 100 W. */edgewave2023/*.

Neuere Entwicklungen kombinieren die InnoSlab-Technologie auch mit modulierter Pumpleistung oder Regenerativverstärkern, um noch kürzere Pulse und höhere Repetitionsraten zu erreichen. Auf weiterführende Informationen sei an dieser Stelle auf */edgewave2025/*, */amphos2025/* und */Jave2025/* verwiesen.

3.3.3 Scheibenlaser

Eine weitere Verbesserung der Kühlung des aktiven Mediums erreicht man, wenn der Kristall sehr flach und scheibenförmig gestaltet wird. Die untere Seite der Scheibengeometrie wird intensiv gekühlt und an der oberen Seite erfolgt die Einkopplung der Pumpstrahlung. Damit ist ein wesentlich größeres **Oberflächen-Volumen-Verhältnis** des **aktiven Mediums** gegeben. In dieser Konfiguration (quasi eindimensionale Wärmeableitung in Richtung der Laserachse) kann sich nahezu keine thermische Linse ausbilden. Sie bietet zugleich die Voraussetzung für das Erreichen sehr hoher Strahlqualitäten (Bild 3.24). Bei der **Scheibengeometrie** ist jedoch das Volumen des aktiven Mediums kleiner als bei der Stabform. Dieser Nachteil wird durch zwei Maßnahmen gelöst:

1. Erhöhung der Dotierung im Wirtskristall,
2. mehrfacher Durchgang der Pumpstrahlung durch das aktive Medium (Bild 3.25 b).

Um deutlich höhere Dotierungsgrade im Wirtskristall zu erzielen, werden anstelle der Neodym-Ionen (Volumenanteil nur bis 1 %) Ytterbium-Ionen mit einem Volumenanteil von bis zu 30 % in den YAG-Kristall eingebracht.

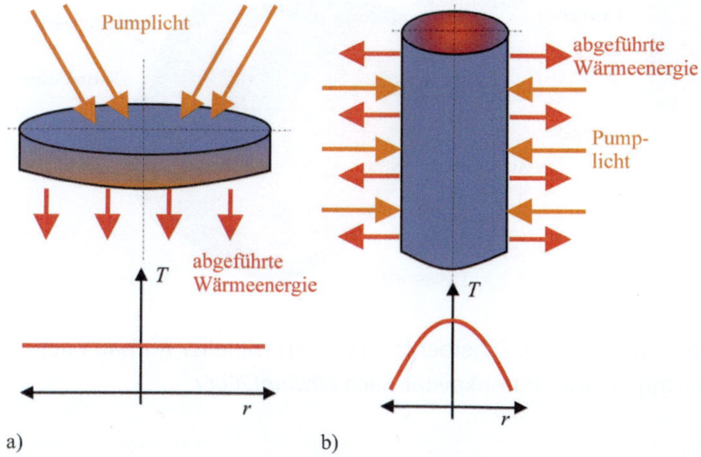

Bild 3.24 Vergleich der Kühlwirkung Scheiben- und Stabgeometrie nach */Gies2006/*. a) Scheibengeometrie, b) Stabgeometrie

Des Weiteren bietet **Ytterbium** den Vorteil einer sehr hohen **Quantenausbeute** (nahe 100 %), woraus eine geringere Wärmebelastung des aktiven Mediums resultiert. Das obere Laserniveau ist mit Lebensdauern von mehreren 100 µs sehr langlebig (metastabil). Das untere Laserniveau und das Grundniveau liegen allerdings sehr eng beieinander, sodass eine sehr effektive Kühlung des Mediums erfolgen muss, um eine thermische Besetzung zu vermeiden. Bei Stabgeometrien für die LMB wird u. a. aus diesem Grund Yb:YAG nicht verwendet. */Kneu2008/*

In Bild 3.25 ist das Grundprinzip des Scheibenlasers dargestellt. Der **Resonator** wird aus der Kristallscheibe, einem Parabolspiegel und dem Auskoppelspiegel gebildet. Die Rückseite der Kristallscheibe (HR-Seite = high reflection) ist für beide Wellenlängen (Pump- und Laserwellenlänge) hochreflektierend beschichtet und verkörpert den 100-%-Spiegel der Resonatoranordnung. Die Scheibeneintrittsseite wird als AR-Seite bezeichnet und ist für beide Wellenlängen mit einer Antireflexionsschicht bedampft. Die HR-Seite der Scheibe bringt man über eine Wärmeleitschicht (hier Indium) in Kontakt zu einer Wärmesenke, um eine **effiziente Wärmeabfuhr** aus dem Kristall zu ermöglichen. Die Pumpstrahlung wird aus einem oder mehreren Diodenlaserstacks über Strahlformungselemente auf die AR-Seite der Scheibe gelenkt (Bild 3.25 a). Da die Strahlung bei einem Durchgang nicht komplett absorbiert werden kann, reflektiert der Restanteil von der HR-Seite zurück durch den Kristall auf einen parabolischen Lochspiegel. Von dort aus durchläuft die geschwächte Pumpstrahlung erneut die Kristallscheibe und steht für die Anregung wiederholt zur Verfügung. Bis zu 16-mal oder 24-mal durchläuft der Pumpstrahl die Scheibe. Die Anzahl der Durchgänge wird im Wesentlichen durch die Abbildungsoptiken in der Pumpkavität, den Eigenschaften der Pumpdioden (Leistungsdichte, SPP und Brillanz) sowie der Pumpfleckgeometrie bestimmt. */Erha2002/*

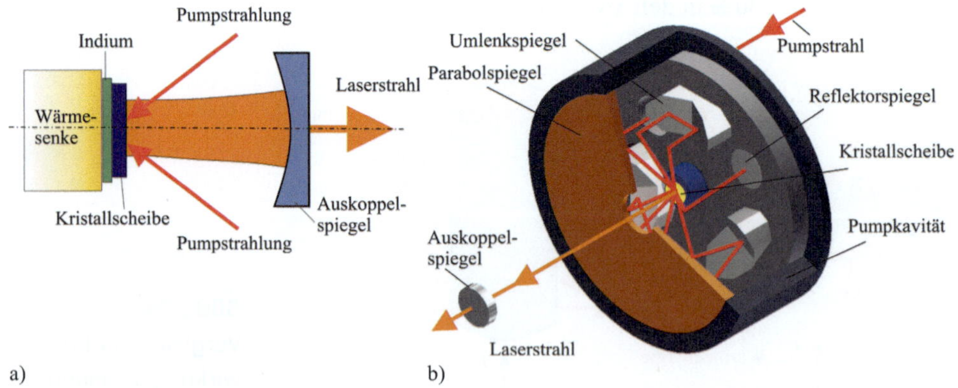

Bild 3.25 Anordnung und Aufbau eines Scheibenlasers. a) prinzipieller Aufbau nach */Kneu2008/*, b) Strahlführung in einer Pumpkavität nach */Trumpf2006/*

Eine detaillierte Darstellung einer solchen **Pumpkavität** ist Bild 3.25 b zu entnehmen. Der kollimierte Pumpstrahl trifft mit Versatz zur Laserstrahlachse auf den parabolischen Lochspiegel. Die **Kristallscheibe** wird in der Brennebene des Spiegels angeordnet, wodurch der auseinanderlaufende Pumpstrahl nach jedem Umlauf wieder auf die Scheibe fokussiert werden kann. Umlenkelemente (auch Retrooptiken genannt) lenken den Strahl von einem Bereich des Parabolspiegels auf einen benachbarten Bereich. Nach mehrmaligem Umlenken des Pumpstrahles gelangt dieser auf den Reflektorspiegel, von wo aus der Strahl noch einmal den Strahlweg zurückgeschickt wird. Am Ende der Gesamtumläufe ist der Pumpstrahl nahezu vollständig absorbiert. Zwischen der Laserscheibe und der Auskoppeloptik, die außerhalb der Pumpkavität angeordnet ist, baut sich das Strahlungsfeld auf. Weist der Pumpstrahl eine Wellenlänge von $\lambda = 940$ nm auf, emittiert der Yb:YAG-Laser bei einer Wellenlänge von $\lambda = 1030$ nm. Durch die Vergrößerung des gepumpten Strahldurchmessers können bei konstant gehaltener Leistungsdichte aus einer Scheibe sehr hohe Ausgangsleistungen generiert werden, die im Wesentlichen von der **Leistung** und **Brillanz** der Diodenlaser-Pumpquelle abhängen. */Trumpf2006/*

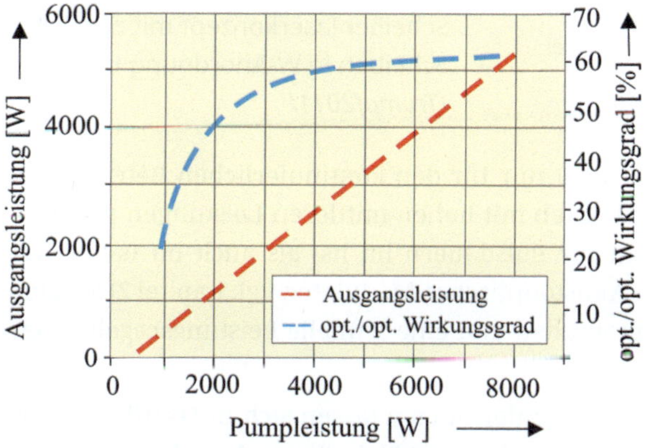

Bild 3.26
Ausgangsleistung und Wirkungsgrad eines Scheibenlasers nach */Gies2006/*

In Bild 3.26 ist die erreichbare **Ausgangsleistung einer Scheibe** in Abhängigkeit von der Pumpleistung dargestellt. Mit einer Pumpleistung von rund $P_{Pum} = 8$ kW können aus einer Scheibe maximale Ausgangsleistungen bis $P_{max} = 5{,}5$ kW mit einem Strahlparameterprodukt von $SPP = 8$ mm·mrad erzielt werden. Damit wird ein **optisch-optischer Wirkungsgrad** von über 60 % und ein elektrisch-optischer (Steckdosenwirkungsgrad) von 25 % erreicht. */Gies2006/*

Werden mehrere Scheiben in einem Resonator angeordnet, kann die Leistung des Scheibenlasers weiter erhöht werden. Da die Scheiben thermisch nur gering belastet werden, bleibt die sehr gute Strahlqualität auch bei einer Leistungsskalierung hin zu höheren Leistungen weitestgehend erhalten. Bild 3.27 verdeutlicht das Prinzip einer **W-Anordnung** mit 2 Scheiben in einem Resonator. Die Kombination mehrerer Scheiben wird in unterschiedlichen Resonatorkonfigurationen genutzt (auch in Verstärker-anordnungen). Leistungsstarke cw-Laser für die LMB sind heute bis zu 16 kW mit hohen Strahlqualitäten verfügbar. Hohe Strahlqualitäten sind gleichzeitig auch die Voraussetzung, um die ausgekoppelte Leistung mit **Prozessfasern** kleiner Kerndurchmesser zu führen. Es gelingt, die 24 kW Laserleistung in einer Faser mit einem Kerndurchmesser von nur 600 – 1000 µm zu übertragen */trumpf2023/*. Ein Vorteil des Scheibenlasers besteht darin, dass die Anforderungen an die Strahlqualität der Pumpstrahlung nicht sehr hoch sein müssen, da der Pumpstrahl nur auf einige Millimeter Fleckdurchmesser fokussiert werden muss. Typischerweise reicht ein SPP der Diodenlaserstrahlung von etwa 350 mm·mrad aus. */Trumpf2006/*

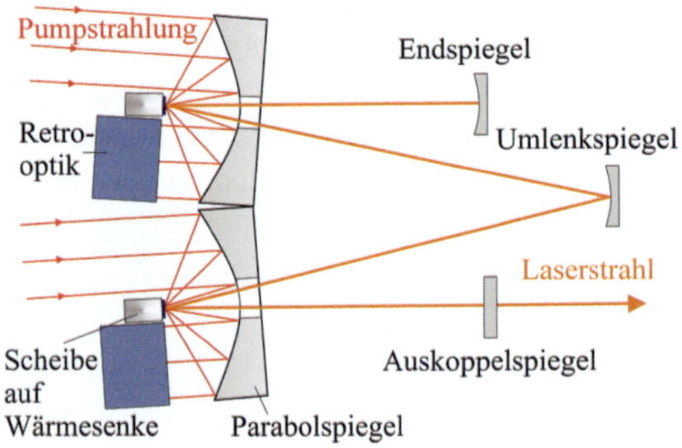

Bild 3.27
Scheibenlaserkonzept mit zwei Scheiben in W-Anordnung nach */Trumpf2011/*

Scheibenlaserkonzepte eignen sich nicht nur für den kontinuierlichen Betrieb, sondern sind auch für den **gepulsten Betrieb** mit hohen mittleren Leistungen prädestiniert. Eingesetzt werden sie sowohl für Pulsdauern im ns- als auch im fs-Bereich. Durch die Integration eines **AOMs** (**A**kusto**o**ptischer **M**odulator, vgl. Kapitel 2) können die Pulsparameter variabel gewählt werden und eine schnelle Leistungsregelung erfolgen */Jenoptik2012-1/*.

Kurze Pulsdauern mit hohen Impulsspitzenleistungen lassen sich in **Oszillator-Verstärker-Anordnungen** generieren (vgl. Abschnitt 3.3.6). In dieser Anordnung können Pulse gezielt im Oszillator erzeugt und in einem Scheibenverstärker bis zur gewünschten Energie nachverstärkt werden. Die einlaufenden Impulse, deren Wellenlänge im Verstärkungsbereich der Scheibe liegen, werden im Verstärker energetisch erhöht.

Festkörperlaser sind etablierte und wichtige Lasersysteme in der modernen LMB, sowohl im Makro- als auch im Mikrobereich. Ihre Kombination aus präziser Energieeinbringung, Effizienz und industrieller Robustheit sind die Grundlage für viele Prozesse wie Schweißen, Bohren, Strukturieren und Mikroablation. In den letzten Jahren dominieren insbesondere Yb:YAG-basierte Systeme in Scheiben- oder Faserausführung das Einsatzfeld, während klassische Stablaser zunehmend abgelöst werden. Die Entwicklung der Festkörperlaser zielt auf höhere Integrationsfähigkeit, bessere Strahlqualität und kürzere Pulse ab. In der Tabelle 3.7 sind die verwendeten FK-Laser-Typen gegenübergestellt.

Tabelle 3.7 Bewertung und Anwendungsspektrum von Festkörperlasern

Lasertyp	Strahlqualität (SPP/M^2)	Leistung (typisch/max)	Anwendung	Bemerkung
Scheiben-laser	2–8 mm·mrad / $M^2 \approx 1{,}3–2{,}5$	1 kW–24 kW	Hochleistungsschneiden und -schweißen, LMD, Hartlöten	gute Strahlformbarkeit und hohe thermische Stabilität
Faserlaser	0,3–2 mm·mrad / $M^2 \approx 1{,}05–1{,}3$	100 W–100 kW	Schneiden, Schweißen, Bohren, LMD, additive Fertigung, Oberflächenbearbeitung	hohe Effizienz (> 40 %), exzellente Strahlqualität, flexible Strahlführung, marktführende Technologie
Stablaser	5–15 mm·mrad / $M^2 \approx 3–10$	500 W–3 kW	allgemeine LMB-Anwendungen	rückläufig
fs-/ps-Laser	< 1 mm·mrad / $M^2 \approx 1{,}1$	1 W–1 kW (bis 2 kW mit CPA)	Mikrostrukturierung, Bohren, Abtragen	ultrahochpräzise Bearbeitung, geringe Wärmeeinflusszone

Sogenannte **„Single-Frequency-Laserquellen“** (auch **„Einlinienlaser“** oder **Single Longitudinal Mode**, SLM) stellen eine spezielle Klasse diodengepumpter Festkörperlaser dar, die sich durch eine extrem schmale spektrale Linienbreite und eine hohe spektrale Kohärenz auszeichnen. Diese Quellen kommen überall dort zum Einsatz, wo hohe Frequenzstabilität, spektrale Reinheit und niedriges Phasenrauschen erforderlich sind. Der Resonatoraufbau basiert typischerweise auf Nd^{3+}-dotierten aktiven Medien, meist Nd:YAG, Nd:YVO_4 oder Nd:YLF, die in einem extern stabilisierten Resonator mit einer effektiven Modenselektion betrieben werden. Die Verstärkung erfolgt durch diodengepumpte End- oder Seiteneinkopplung, häufig im Quasi-CW-Modus (qCW). Die Auswahl und Stabilisierung der longitudinalen Moden erfolgen durch die Kombination verschiedener Maßnahmen */Kim2020/, /Shar2009/, /Jian2021/*:

- Integration von frequenzselektiven Elementen in den Resonator (z. B. Etalons, Filter),
- Temperaturstabilisierung des Lasermediums und der optischen Komponenten ($\Delta T < 0{,}1$ K),
- Einsatz von intrinsisch monomodigen Strukturen, z. B. Unidirectional-Ringresonatoren oder distributed-Bragg-reflector-(DBR)-Geometrien.

Diese Maßnahmen erlauben die Unterdrückung aller konkurrierenden longitudinalen Moden, sodass nur eine TEM_{00}-Mode mit Einzelfrequenzemission verstärkt wird. Single-Frequency DPSS-Laser (Diode-Pumped Solid-State Laser mit Einlinienemission) kommen in der Lasermaterialbearbeitung seltener zum Einsatz als Multimode- oder Ultrakurzpulslaser, da ihre Stärken primär in der spektralen Kohärenz und der

Frequenzstabilität liegen. Dennoch gibt es spezialisierte Anwendungsfelder, in denen die Kombination aus hoher Strahlqualität, enger Linienbreite (< 1 MHz) und stabiler Polarisation entscheidende Vorteile bietet. Typische Anwendungsgebiete sind:

- **Interferometriegestützte Mikrobearbeitung:** Durch die kohärente Überlagerung mehrerer Strahlen (z. B. Interferenzstrukturierung, Bohren oder Schneiden) lassen sich periodische Mikro- und Nanostrukturen mit hoher Präzision erzeugen. Beispiele sind die Herstellung von diffraktiven optischen Elementen (DOE), Gittern oder periodischen Nanostrukturen in dünnen Filmen.
- **Laser-induzierte Oberflächenmodifikation:** Die extrem stabile Emission (z. B. bei 532 nm oder 266 nm) erlaubt die präzise Steuerung der Photopolymerisation, der Oberflächenaktivierung sowie der selektiven chemischen Funktionalisierung (z. B. über Laser-induced forward transfer, LIFT). Besonders relevant ist der Einsatz bei empfindlichen Polymerschichten oder Biofunktionalisierungen.
- **Materialbearbeitung mit frequenzkonvertierten UV-Lasern:** Single-Frequency-DPSS-Laser mit Frequenzverdreifachung (355 nm) oder -vervierfachung (266 nm) werden in der Mikromaterialbearbeitung von transparenten Materialien (Quarz, Glas, Saphir) eingesetzt. Typische Prozesse sind Mikrobohren, Grabenstrukturierung, Schneiden dünner Substrate (z. B. Displays, Lab-on-Chip). Aufgrund der kurzen Wellenlänge entsteht ein hoher Absorptionsgrad, was besonders für Materialien, die nur über eine geringe NIR-Absorption verfügen, interessant ist.
- **Strukturieren durch Interferenzbelichtung:** Nutzung kohärenter, einzelmodiger Strahlung zur Erzeugung interferometrischer Muster mit Strukturbreiten $<\lambda/2$. Anwendung z. B. in der Mikrostrukturierung von Solarzellen, Photomasken oder optischen Sensorstrukturen.
- **Wellenleiterschreiben und refraktive Indexmodifikation:** Besonders bei Wellenlängen von 266 nm und 355 nm kann durch Multiphotonenprozesse oder lokale Defektbildung in optischen Materialien (z. B. Gläser, Keramiken) ein stabiler Brechungsindexgradient erzeugt werden. Anwendung: integrierte optische Schaltungen, optische Koppler, Faserbragg-Gitter-Schreiben.

Nanosekunden-Pulslaser (ns-Laser) basieren auf dem klassischen Prinzip des gepulsten Festkörperlasers mit nachgeschalteter Q-Switch-Technologie. Das aktive Medium ist meist ein Nd:YAG- oder Nd:YVO_4-Kristall, der durch gepulste Diodenlaser mit einer Wellenlänge von $\lambda = 808$ nm oder 880 nm gepumpt wird. Die Dioden erzeugen kurze und intensive Pumpimpulse, die im Lasermedium zur Anregung des oberen Laserniveaus führen. Nach ausreichend hohem Besetzungsinversionsaufbau erfolgt die stimulierte Emission auf der typischen Nd^{3+}-Übergangsfrequenz bei $\lambda = 1064$ nm. Zur Erzeugung kurzer Pulse im Nanosekundenbereich wird ein elektro-optischer (z. B. Pockels-Zelle) oder akusto-optischer Schalter in den Resonator integriert. Dieser unterdrückt zunächst die Laseremission, sodass sich eine hohe Besetzungsinversion aufbauen kann (siehe auch Kapitel 2). Sobald der Schalter „öffnet“ (d. h. hohe Güte erreicht ist), entlädt sich die gespeicherte Energie in einem intensiven Einzelpuls. Die typische Pulsdauer liegt zwischen 20 und 250 ns bei Repetitionsraten bis 100 kHz. Weitere Parameter dieser Kurzpulslaser sind:

- Einzelpulsenergien bis zu 100 mJ,
- mittlere Ausgangsleistung bis 750 W,
- Spitzenleistungen von mehreren 100 kW,
- Wirkungsgrade: optisch-optisch bis zu 25 %, elektrisch-optisch ca. 10 – 15 %.

Durch den Einsatz optimierter Pumpdioden und eines thermischen Managements (z. B. Wärmeverteiler, monolithische Kristallstrukturen) werden eine Strahlqualität von $M^2 < 1{,}2$ und hohe Langzeitstabilitäten erzielt. Neben der Grundwellenlänge $\lambda = 1064$ nm können durch frequenzverdoppelnde, -verdreifachende oder -vervierfachende nichtlineare Kristalle (z. B. LBO, BBO, KTP) weitere Emissionswellenlängen $\lambda = 532$ nm, $\lambda = 355$ nm und $\lambda = 266$ nm erzeugt werden (siehe auch Abschnitt 3.3.4). Dank hoher Impulsleistung und kurzer Impulsdauer ermöglichen ns-Laser einen thermisch selektiven Materialabtrag bei gleichzeitig geringer Wärmeeinflusszone. Typische Prozesse sind */trumpf2025/*:

- Lack- und Oxidabtrag,
- Feinbohren in Metallen oder Keramiken,
- Strukturierung von Solarzellen,
- Ablation von dünnen Schichten,
- Laser-Lift-Off von organischen Beschichtungen.

Thulium-dotierte Festkörperlaser (Tm^{3+}-Laser), typischerweise basierend auf Kristallen wie Tm:YAG oder Tm:YLF, sind Lasersysteme mit Emissionswellenlängen im Bereich von 1,85 – 2,05 µm, wobei die dominierende Emission meist bei $\lambda \approx 1940 - 2000$ nm liegt. Dieser Wellenlängenbereich ist insbesondere für die Bearbeitung von organischen Materialien, Kunststoffen, Silizium sowie für bestimmte medizintechnische Anwendungen relevant, da hier starke Absorptionsbanden für Wasser vorliegen.

Diodengepumpte Thuliumlaser nutzen typischerweise Laserdioden mit $\lambda \approx 793$ nm als Pumpquelle. Die Absorption durch die Tm^{3+}-Ionen erfolgt über den Übergang von $^3H_6 \rightarrow {}^3H_4$, woraufhin die nicht-strahlende Relaxation in das obere Laserniveau $^3F_4$ erfolgt. Der Hauptlaserübergang findet dann vom $^3F_4$-zum $^3H_6$-Zustand statt.

Eine Besonderheit ist die **Quantenboost-Mechanik** durch Cross-Relaxation: Ein angeregtes Tm^{3+}-Ion kann ein benachbartes Grundzustands-Ion ebenfalls anregen. Somit führt ein absorbiertes Pumpphoton zu zwei angeregten Ionen, die dann jeweils Photonen emittieren können. */Jack2004/, /Vodo2012/*

Der Vorgang läuft folgendermaßen ab:

1. Ein Tm^{3+}-Ion wird durch Absorption eines Photons (z. B. im Bereich 790–800 nm) in ein hohes Anregungsniveau (bspw. $^3H_4$) überführt.
2. Dieses angeregte Ion transferiert einen Teil seiner Anregungsenergie auf ein benachbartes Tm^{3+}-Ion im Grundzustand ($^3H_6$).
3. Beide Ionen relaxieren kooperativ in das Laser-Niveau ($^3F_4$).

Im Ergebnis stehen zwei angeregte Ionen für die stimulierte Emission bereit, obwohl nur ein Photon absorbiert wurde. Diese sogenannte „Zwei-für-eins"-Absorption steigert die Effizienz und erlaubt sehr hohe Quantenwirkungsgrade. Die relevante Ratengleichung für die **Cross-Relaxation** lautet (vereinfacht):

$$\frac{\mathrm{d}N_{^3H_4}}{\mathrm{d}t} = -W_{CR} \cdot N_{^3H_4} \cdot N_{^3H_6} \tag{3.9}$$

$N_{^3H_4}$ Besetzungsdichte des angeregten Zustands; $N_{^3H_6}$ Besetzungsdichte des Grundzustands; W_{CR} Cross-Relaxationskoeffizient bzw. -rate

Cross-Relaxation bei Tm^{3+}-Ionen ermöglicht eine effiziente Verdopplung der angeregten Zustände pro absorbiertem Photon, was zu außergewöhnlich hohen Quantenwirkungsgraden in thuliumbasierten Lasern führt. Dieses Verfahren ist eine gute Möglichkeit zur Leistungssteigerung von 2-µm-Lasersystemen. */Poll2002/*, */Jack2008/*, */Loik2013/*

Die zwei wichtigen physikalisch/chemischen Zusammenhänge sind:

- Die Cross-Relaxation-Rate W_{CR} steigt proportional zur Ionenkonzentration. Bei homogener Verteilung der Ionen nimmt sie quadratisch mit der Konzentration zu. Der Prozess hängt von der Wahrscheinlichkeit ab, dass zwei Ionen in räumlicher Nähe wechselwirken können. */Liu2025/*, */Earp2011/*
- Die optimale Tm^{3+}-Konzentration liegt bei 2–4 % molarer Dotierung. Zu hoch gewählte Konzentrationen führen zu Quenching (Abschwächung durch nichtstrahlende Übergänge aufgrund von Clusterbildung).

Der Laserresonator besteht meist aus hochreflektierenden Spiegeln für die Laserwellenlänge (1940–2000 nm) und antireflexbeschichteten Oberflächen im Pumpbereich. Für hohe Leistungen werden oft Endpump- oder Seitenpump-Geometrien mit thermisch leitfähiger Kristallhalterung verwendet. Die Kühlung der Kristalle erfolgt in der Regel wassergekühlt über Cu- oder CuW-Mounts.

Typische Werte des optisch-optischen Wirkungsgrades für Tm^{3+}-Faserlaser, die bei Wellenlängen von etwa 790 nm gepumpt werden, liegen teilweise über 70 %, wobei Spitzenwerte von mehr als 80 % im Dauerstrichbetrieb dokumentiert wurden. Thulium-dotierte Festkörperlaser, wie Tm:YAG- oder $Tm:Lu_2O_3$-Laser, erreichen unter optimalen Bedingungen Wirkungsgrade zwischen 50 und 65 %, wobei keramische Materialien wie Tm:Lu_2O_3 aufgrund ihrer höheren Wärmeleitfähigkeit tendenziell bessere Effizienzwerte ermöglichen. Tm:YLF-Laser zeichnen sich durch eine geringere photonische Energie und damit reduzierte nicht-strahlende Verluste sowie eine hohe Polarisationstreue aus. Aufgrund der im Vergleich zu Tm:YAG geringeren Cross-Relaxationseffizienz wird das Zwei-Photonen-Emissionsschema weniger effektiv ausgenutzt, was in leicht reduzierten optisch-optischen Wirkungsgraden resultiert. Typische optisch-optische Wirkungsgrade liegen im Bereich von 40 bis 50 %, bei hinreichender Optimierung können Werte bis etwa 55 % erreicht werden. Entscheidende Einflussfaktoren auf die erreichbare Effizienz sind die Dotierkonzentration, die Qualität des Wärmemanagements sowie die spezifische Pumpwellenlänge. */Zhan2018/*, */Koec2018/*

Bild 3.28 zeigt den schematischen Aufbau eines kompakten diodengepumpten Thuliumlasermoduls. Als Pumpquelle dient ein Hochleistungs-Diodenlaser (DL), der typischerweise bei einer Wellenlänge von 793 nm arbeitet, um die starke Absorptionsbande des Tm^{3+}-Ions effizient anzuregen. Die emittierte Strahlung wird durch ein Kollimationssystem bestehend aus Plan-Konvex-Linsen (L1, L2 und L3) fokussiert, um eine optimale Einkopplung in das Lasermedium sicherzustellen.

Das Lasermedium ist ein Thulium-dotierter YLF-Kristall, der zwischen zwei Resonatorspiegeln (M1 und M2) positioniert ist, die zusammen einen hemifokalen Resonator bilden. M1 ist als hochreflektierender Spiegel (HR) ausgeführt, während M2 als teilreflektierender Auskoppelspiegel (OC) fungiert. Zur Generierung einer effizienten Laseroszillation wird der Resonator so gestaltet, dass die optische Verstärkung maximal ist und gleichzeitig thermische Effekte reduziert werden, insbesondere bei hohen mittleren Leistungen. Ein nachgeschalteter Langpassfilter (LPF) trennt die Laseremission von der Reststrahlung der Pumplaserquelle.

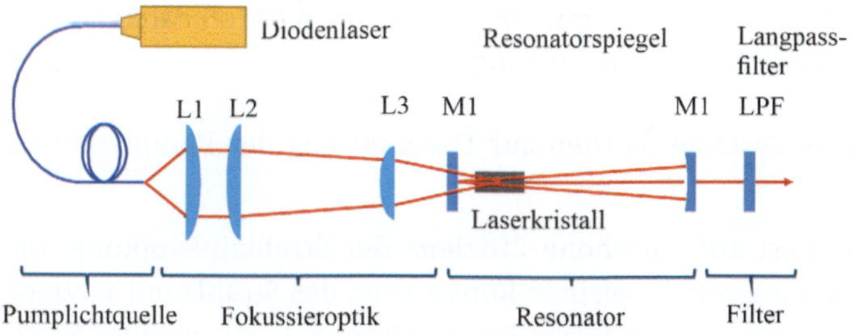

Bild 3.28 Versuchsaufbau eines diodengepumpten Tm-Lasers nach */Just2025/*

Bild 3.29 a zeigt die Strahlkaustik der Pumpoptik, welche für die Anregung des Tm^{3+}-dotierten Lasermaterials mittels eines Diodenlasers bei einer Wellenlänge von 792 nm ausgelegt ist. Der verwendete Diodenlaser liefert eine kontinuierliche Ausgangsleistung von 30 W über eine 105-µm-Faser mit einer Numerischen Apertur (NA) von 0,22.

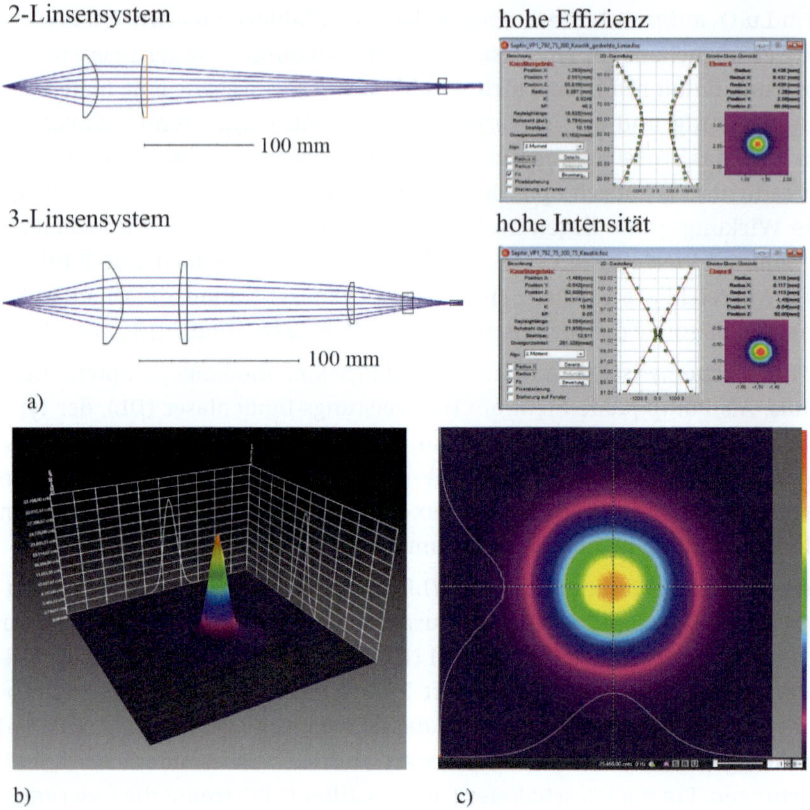

Bild 3.29 Darstellung der Strahlprofile des diodengepumpten Tm-Lasers aus Bild 3.28 nach */Just2025/*. a) Pumpstrahlengang für 2- und 3-Linsenkonfiguration, Faserdurchmesser: 105 µm, Apertur: 0,22, b) Ausgangstrahl des Tm-Lasers 3D-Profildarstellung, c) Ausgangstrahl des Tm-Lasers 2D-Profildarstellung

Zwei verschiedene optische Systeme wurden zur Fokussierung der Pumpstrahlung simuliert:

- 2-Linsen-System: Optimiert auf eine hohe Effizienz der Strahleinkopplung. Das Kaustikdiagramm zeigt eine relativ geringe Konvergenz des Strahls mit moderaten Divergenzwinkeln und einem größeren Fokusvolumen, wodurch eine homogene Pumpverteilung erreicht wird.
- 3-Linsen-System: Ausgelegt auf eine hohe Intensität im Fokusbereich. Hier wird eine stärkere Strahlkompression erzielt, was sich in kleineren Fokusdurchmessern und steileren Konvergenz- und Divergenzabschnitten der Kaustik äußert. Der Divergenzwinkel steigt signifikant und die Rayleigh-Länge nimmt ab, wodurch eine höhere Leistungsdichte ermöglicht wird.

Bild 3.29 b und c zeigen die Strahlprofil-Charakterisierung des Tm^{3+}-Laserausgangsstrahles, wo die Intensitätsverteilung in einer 3D-Darstellung sowie als 2D-Schnittbild visualisiert wurde. Das Ausgangsstrahlprofil des Tm^{3+}-Lasers zeigt eine hohe Symmetrie und eine nahezu ideale gaußförmige Intensitätsverteilung. Diese Symmetrie deutet auf eine isotrope, kreisförmige Strahlform ohne erkennbare elliptische Verzerrungen hin. Moden höherer Ordnung wie TEM_{10} oder TEM_{01} sind im Strahlprofil nicht erkennbar, was auf eine nahezu reine Grundmodeverteilung (TEM_{00}) hinweist. Ebenso lassen sich keine lokalen Intensitätsmaxima oder asymmetrische Störungen beobachten, die auf Modenüberlagerungen hindeuten würden. Die Intensitätsverteilung ist im zentralen Bereich homogen, ohne Hot-Spots oder plateauförmige Strukturen – ein typisches Anzeichen für ein gut angenähertes gaußförmiges Profil.

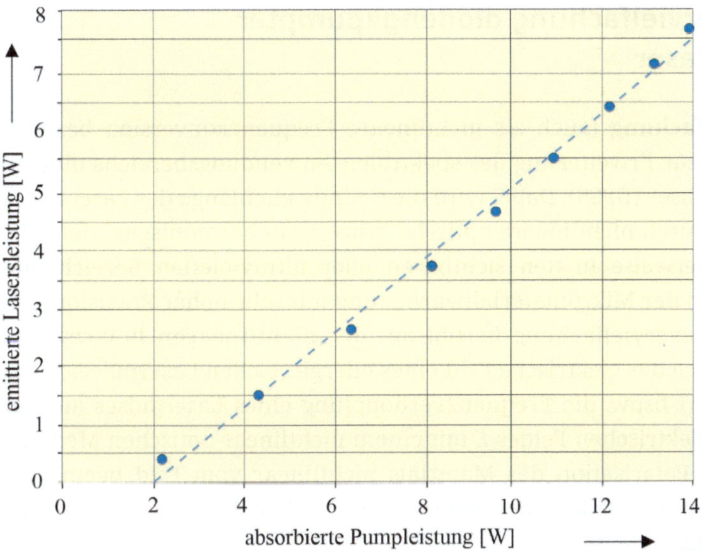

Bild 3.30 Darstellung der Leistungskurve des Tm:YLF-Ausgangsstrahles */Saph2025/*
Parameter: DL-Temperatur: 32 °C, Pumpwellenlänge: 792 nm, KS-Temperatur: 19 °C, Auskoppelgrad: 5 %, Kristall: Tm:YLF, Dotierung: 3 %, Maße Kristall: $(3 \times 3 \times 8)\ mm^3$

Bild 3.30 stellt den gemessenen Funktionsverlauf der Ausgangsleistung in Abhängigkeit der absorbierten Pumpleistung dar. Die Funktion zeigt einen annähernd linearen Verlauf mit einem Wirkungsgrad von ca. 50 %.

Thuliumlaserquellen zeichnen sich in der Lasermaterialbearbeitung durch mehrere spezifische Vorteile aus. Aufgrund der Emissionswellenlänge im Bereich um 2 µm besitzen sie eine sehr hohe Absorption in wasserhaltigen oder polymeren Materialien, wodurch eine besonders effiziente und kontrollierte Energieeinbringung in Kunststoffe, in organische Substanzen sowie in empfindliche Verbundwerkstoffe ermöglicht wird. Die hohe Absorption an der Materialoberfläche führt zu einer geringen

Eindringtiefe und somit zu minimalen Wärmeeinflusszonen, was gerade bei der Bearbeitung thermisch sensibler Materialien von großer Bedeutung ist. Typische Anwendungen umfassen das Schweißen von Kunststoffen, das selektive Entfernen von Funktionsschichten und die Ablation organischer Materialien. Damit eröffnet der Thuliumlaser neue Anwendungsfelder und ist eine ergänzende Laserquelle zu den Quellen des 1-µm-Wellenlängenbereiches.

Siehe auch Videosequenz „Aufbau eines Tm:YLF-Lasers" auf *plus.hanser-fachbuch.de*.

3.3.4 Frequenzvervielfachung diodengepumpter Festkörperlaser

Die **Frequenzvervielfachung** (auch als nichtlineare Frequenzkonversion bezeichnet) ist ein Verfahren zur Erweiterung des spektralen Anwendungsbereichs diodengepumpter Festkörperlaser (DPSS). Dabei wird die Grundwellenlänge des Lasers (z. B. 1064 nm bei Nd:YAG) durch nichtlineare optische Prozesse in harmonische Vielfache umgewandelt, typischerweise in den sichtbaren oder ultravioletten Bereich, um bspw. Anwendungen in der Mikromaterialbearbeitung mit sehr hoher Präzision umzusetzen. Die Frequenzvervielfachung beruht auf der **nichtlinearen Polarisation** eines Kristalls, der durch das elektrische Feld eines energiereichen Laserpulses angeregt wird. Somit basiert bspw. die Frequenzverdopplung eines Laserpulses auf der Wechselwirkung des elektrischen Feldes E mit einem nichtlinear-optischen Medium, wobei die elektrische Polarisation des Materials nichtlinear vom Feld beeinflusst wird. Diese Polarisation ist Quelle neuer elektromagnetischer Wellen, in diesem Fall mit doppelter Frequenz.

In der nichtlinearen Optik wird die Polarisation P_{Pol} als Leistungsreihe von E beschrieben:

$$P_{\text{Pol}} = \varepsilon_0 (\chi^{(1)} E + \chi^{(2)} E^2 + \chi^{(3)} E^3) \tag{3.10}$$

ε_0 elektrische Feldkonstante; $\chi^{(1)}$ lineare Suszeptibilität (Brechung); $\chi^{(2)}$ 2. Ordnungs-Nichtlinearität (relevant für SHG, SFG, DFG); $\chi^{(3)}$ Kerr-Effekt, Selbstfokussierung usw.

Für das Erzeugen der 2. Harmonischen ist insbesondere der Term mit $\chi^{(2)}$ relevant. Dieser ergibt sich zu:

$$P^2 = \varepsilon_0 \cdot \chi^{(2)} \cdot E^2 \tag{3.11}$$

$P^{(2)}$ nichtlineare Polarisation der 2. Ordnung (Voraussetzung für SHG); $\chi^{(2)}$ 2. Ordnung Suszeptibilitätstensor (materialspezifisch)

In der nichtlinearen Optik beschreibt der Term $E{\cdot}E$ den quadratischen Anteil des elektrischen Feldes, welcher sich in der Polarisationsantwort des Mediums widerspiegelt. Physikalisch bedeutet dies, dass die Polarisation P_{Pol} des Materials nicht mehr linear, sondern quadratisch mit der Feldstärke anwächst. Dieser nichtlineare Polarisationsanteil zweiter Ordnung ($\chi^{(2)}$) ist die Quelle der Frequenzverdopplung (Second Harmonic Generation, SHG) bei der Entstehung der zweiten Harmonischen 2ω. Die Stärke der erzeugten SHG-Signale wächst proportional zum Quadrat der Intensität des eingestrahlten Laserstrahles. Eine effiziente Frequenzverdopplung erfordert hohe Feldstärken und eine präzise Phasenanpassung im verwendeten nichtlinearen Kristall. */Boyd2020/*, */Saleh2019/*

In Tabelle 3.8 sind prinzipiell mögliche **Frequenzvervielfachungsprozesse** am Beispiel der Grundwellenlänge von 1064 nm des Nd:YAG-Lasers aufgeführt.

Tabelle 3.8 Frequenzvervielfachungsprozesse und entstehende Wellenlängen bei einer Ausgangswellenlänge von 1064 nm

Prozess	Physikalische Bezeichnung	Wellenlänge
SHG	Second Harmonic Generation	532 nm (grün)
THG	Third Harmonic Generation	355 nm (UV)
FHG	Fourth Harmonic Generation	266 nm (DUV)
SFG	Sum Frequency Generation (z. B. $\omega + 2\omega$)	variabel

Im Unterschied zur Erzeugung der Second Harmonic Generation (SHG), bei der zwei Photonen gleicher Frequenz ω zu einem Photon der Frequenz 2ω kombiniert werden, basiert die **Summenfrequenzerzeugung** (Sum Frequency Generation, SFG) auf der Mischung zweier unterschiedlicher Lichtfrequenzen ω_1 und ω_2 zu einem Photon mit der Frequenz $\omega_3 = \omega_1 + \omega_2$. Die SFG ist nicht auf harmonische Vielfache einer Grundfrequenz beschränkt, sondern ermöglicht die Mischung beliebiger Frequenzen. Für eine effiziente SFG ist eine geeignete Phasenanpassung im nichtlinearen Medium erforderlich. Auf weitere Ausführungen sei an dieser Stelle auf */Boyd2020/* und */Shen2003/* verwiesen.

Die Wahl des nichtlinearen Kristalls bestimmt die Effizienz und die spektrale Reichweite des Prozesses. Typische Kristallmaterialien sind:

- LBO (Lithiumtriborat) – hochleistungsfähig, temperaturtolerant, geringe Absorption,
- BBO (Beta-Bariumborat) – hoher $\chi^{(2)}$-Wert, geeignet für SHG/THG/FHG,
- KTP (Kaliumtitanylphosphat) – effizient bei SHG von 1064 nm, aber begrenzter UV-Einsatz,

- CLBO ($CsLiB_6O_{10}$) – UV-tauglich, hygroskopisch,
- KDP/ADP (Kaliumdihydrogenphosphat/Ammoniumdihydrogenphosphat) – für Hochenergielaser (z. B. THG im Petawattbereich).

Phasenanpassung: Für eine effiziente Konversion ist eine phasengleiche Ausbreitung (Phase-Matching) zwischen Grundfrequenz und Harmonischer notwendig. Die Bedingung hierfür lautet:

$$\Delta k = k_{n\omega} - n \cdot k_{\omega} = 0 \tag{3.12}$$

mit

$$k = \frac{2\pi n}{\lambda} \tag{3.13}$$

Δk Wellenvektor der Phasendifferenz zwischen den erzeugten und der Grundwellenlänge;
k_{ω} Wellenvektor der Grundwellenlänge; $k_{2\omega}$ Wellenvektor der erzeugten zweiten Harmonischen

Erreicht wird diese Bedingung der Phasenanpassung z. B. durch:

- kritisches Phase-Matching (Winkelanpassung),
- nichtkritisches Phase-Matching (Temperaturanpassung),
- quasi-phasenangepasste Materialien (z. B. PPLN, PPKTP).

Die SHG-Effizienz η_{SHG} ist proportional zum Quadrat der Feldstärke und zur Länge L des Kristalls und kann vereinfacht mit der folgenden Formel beschrieben werden:

$$\eta_{SHG} = \left(\chi^{(2)} \cdot \frac{L \cdot I}{\lambda \cdot n^2}\right)^2 \tag{3.14}$$

Aus Formel 3.14 lässt sich ableiten, dass eine Steigerung der Effizienz der Konversion mit Erhöhung der Intensität I, der Vergrößerung des Kristall sowie der adäquaten Wahl der Wellenlänge und des Brechungsindex einhergeht. Bei der Optimierung dieser Parameter muss jedoch die Zerstörschwelle des ausgewählten Kristalls berücksichtigt werden.

Typisch erreichbare Konversionseffizienzen sind in Tabelle 3.9 zusammengestellt.

Tabelle 3.9 Typische Konversionseffizienzen

Prozess	Modus	Konversions-effizienz (η)	Bemerkungen
SHG	cw (außerhalb des Resonators)	10 – 30 %	abhängig von Leistung, Fokussierung und Thermik
SHG	cw (intrakavitär)	40 – 70 %	sehr hohe Intensitäten im Resonator, hohe Stabilität erforderlich
SHG	Pulsbetrieb (ns – fs)	20 – 60 %	typ. bei ps-/fs-Lasern mit hoher Fokussierung

Prozess	Modus	Konversions-effizienz (η)	Bemerkungen
THG	cw	1 - 5 %	Kombination aus SHG + SFG; hohes Alignment notwendig
THG	gepulst	5 - 30 %	mit gutem Strahlprofil und präzisem Timing (z. B. fs-Oszillatoren)
FHG (266 nm)	cw	0,5 - 2 %	sehr empfindlich gegenüber Dispersion und Kristallverlusten

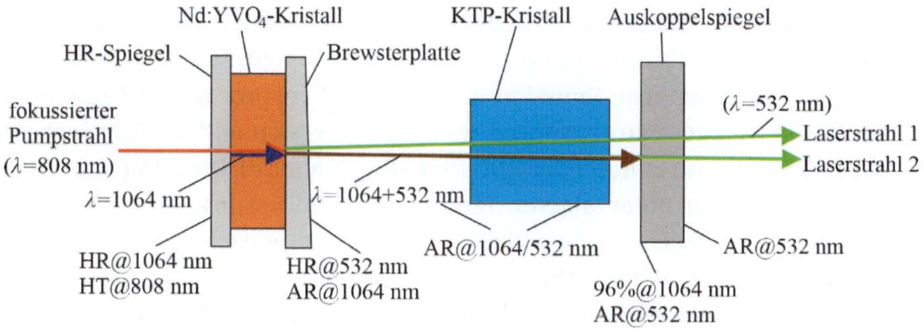

Bild 3.31 Aufbau und Struktur eines frequenzverdoppelten DPSS-Lasers nach /Melles Griot 2001/

Bild 3.31 zeigt den schematischen Aufbau eines frequenzverdoppelten, diodengepumpten Festkörperlasers, basierend auf einem Nd:YVO_4-Kristall als aktives Medium und einem KTP-Kristall zur Frequenzverdopplung. Gepumpt wird der Nd:YVO_4-Kristall mit Diodenlaserstrahlung der Wellenlänge von $\lambda = 808$ nm (rot dargestellt), die über eine Fokussieroptik in den Kristall eingekoppelt wird. Die Emission erfolgt auf der Laserlinie bei $\lambda = 1064$ nm (dargestellt in braun). Das emittierte Strahlungsfeld wird anschließend in einem nachgeschalteten KTP-Kristall (Kaliumtitanylphosphat) in Strahlung der doppelten Frequenz bzw. halben Wellenlänge $\lambda = 532$ nm (grün) umgewandelt. Diese nichtlineare Konversion erfordert sowohl hohe Intensitäten als auch eine Phasenanpassung zwischen Grund- und Oberwelle, welche durch die Orientierung und die Temperaturstabilisierung des KTP-Kristalls gewährleistet wird. Die Ausgangskopplung erfolgt über einen teildurchlässigen Spiegel, der ca. 96 % der Grundwellenlänge reflektiert, jedoch das grüne Licht bei 532 nm größtenteils transmittieren lässt. Auf diese Weise entstehen zwei kohärente Ausgangsstrahlen:

- Strahl 1: Mischung aus 1064 nm + 532 nm (bedingt durch unvollständige Trennung),
- Strahl 2: 532-nm-Strahlung.

Durch den Einsatz selektiver optischer Beschichtungen (z. B. HR@532 nm, HT@808 nm) lassen sich kompakte und effiziente grüne Festkörperlaser realisieren.

Je nach Resonatorgeometrie, verwendeter Pumpleistung und Kristallparametern können bei der Erzeugung der zweiten Harmonischen (SHG) typische optische Umwandlungswirkungsgrade von 30 % bis 50 % erreicht werden. Die thermische Belastung durch Absorption sowie Nichtlinearitätsgrenzen der verwendeten Kristalle erfordern jedoch ein sorgfältiges Wärmemanagement, insbesondere bei hohen Pulsenergien oder im Dauerstrichbetrieb, um Phasenanpassung und Kristallintegrität zu gewährleisten.

Leistungsstarke grüne Laserquellen basieren oftmals auf der Scheibenlaserarchitektur mit dem Lasermaterial Yb:YAG. Diese Architektur ermöglicht eine sehr gute Wärmeabfuhr bei gleichzeitig hoher Verstärkung, wodurch sich hohe mittlere Leistungen mit guter Strahlqualität realisieren lassen. Die Erzeugung der grünen Wellenlänge erfolgt durch frequenzverdoppelte Emission der Grundwellenlänge bei 1030 nm, typischerweise über intra- oder extrakavitäre Frequenzkonversion mittels nichtlinearer Kristalle wie LBO (Lithiumtriborat) oder BBO (Beta-Bariumborat). Die Pumplaser sind Diodenlaser und arbeiten unter aktiver Temperaturstabilisierung, was eine hohe Langzeitstabilität und Wiederholgenauigkeit gewährleistet. Je nach Anwendung stehen monomodale Systeme mit hoher Strahlqualität ($M^2 < 1,3$) oder leistungsoptimierte multimodale Ausführungen zur Verfügung. Typische Ausgangsleistungen reichen im Dauerstrichbetrieb (cw) von einigen 10 W bis hin zu > 500 W im grünen Spektralbereich bei Wellenlängen um 515 – 532 nm, bei hoher Effizienz der Frequenzverdopplung und Strahlformung. Die resultierende grüne Wellenlänge weist eine deutlich höhere Absorption in Nichteisenmetallen (v. a. Kupfer, Gold) auf, daher sind diese Systeme besonders für die Kupferbearbeitung, das Mikroschweißen, die additive Fertigung und für hochpräzise Schneidprozesse geeignet. Diese Lasersysteme konnten bereits erfolgreich in den kW-Bereich skaliert werden (siehe Bild 3.32). */Trumpf2025-2/*, */Pric2019/*

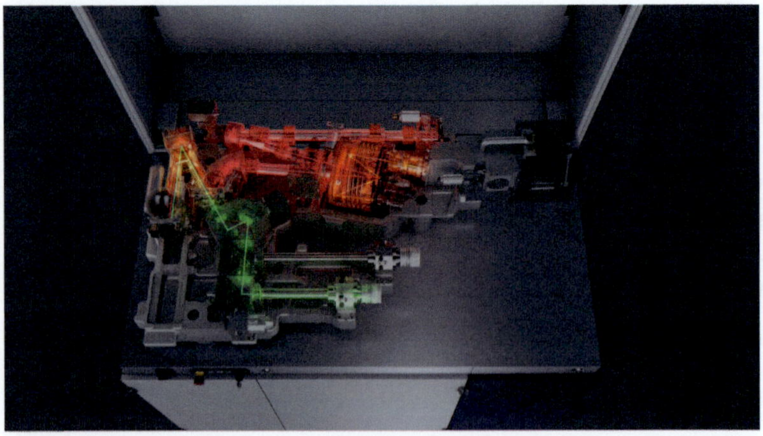

Bild 3.32 Ansicht eines Scheibenlasersystem für die 530 nm Wellenlänge ©TRUMPF Gruppe

3.3.5 Faserlaser

Faserlaser gestatten, die Vorteile von diodengepumpten Festkörperlasern mit denen von Lichtwellenleitern sehr gut zu kombinieren. Prinzipiell ist ein **Faserlaser** aus einem Resonator und einer Pumpquelle aufgebaut. Als aktive Medien finden dotierte Fasern aus Glas (Quarzglasfasern) Verwendung. Wichtige **Dotierungselemente** mit den entsprechenden Emissionslinien sind **Ytterbium** (1030 nm), **Erbium** (1550 nm), **Neodym** (1064 nm) und **Thulium** (1500 nm). Ytterbium stellt ein oft verwendetes Dotierungselement für die Faserlaser der LMB dar. Mit speziellen Faseranordnungen und -kombinationen lassen sich Laserquellen mit sehr hohen Leistungswerten skalieren. Zum Einsatz kommen Faserlängen bis zu mehreren Metern. Ihr Durchmesser sollte sehr klein sein, sodass das Strahlparameterprodukt ebenfalls klein wird. */Struv2009/*

Die dotierten Kerndurchmesser von wenigen Mikrometern (z. B. 4–20 µm bei SM- bzw. LMA-Fasern) zeichnen sich durch eine **niedrige Pumpschwelle** aus und erreichen eine sehr **hohe Verstärkung** durch die großen Faserlängen, die den Resonator bilden. Die Kombination aus großem Längen-zu-Durchmesser-Verhältnis und hoher Numerischer Apertur (NA) führt zu einem sehr effizienten Energieeintrag und guter Wärmemanagementbeherrschung. Die Fasergeometrie erlaubt es, bis zu 80 % des eingestrahlten Pumplichts in beugungsbegrenzte Laserstrahlung zu konvertieren. Damit ergibt sich eine große Faseroberfläche zur Wärmableitung der Verlustenergie im Verhältnis zum aktiven Faservolumen. Dies ist ein entscheidender Vorteil gegenüber klassischen stabförmigen Festkörperlasern und ermöglicht den Dauerbetrieb bei hohen Ausgangsleistungen.

Die Stokes-Effizienz η_s eines Faserlasers, definiert durch das Verhältnis von Emissions- zu Pumpwellenlänge ist besonders hoch, da Emissionswellenlänge und Pumpwellenlänge eng beieinanderliegen und die Verluste im Resonator somit vergleichsweise klein sind.

$$\eta_\text{s} = \frac{\lambda_\text{em}}{\lambda_\text{pump}} \tag{3.15}$$

λ_{em} Emissonswellenlänge; λ_{pump} Pumpwellenlänge

Beträgt bei Yb^{3+}-dotierten Faserlasern die Pumpwellenlänge beispielsweise $\lambda_{pump} \approx 976$ nm und die Emissionswellenlänge $\lambda_{em} \approx 1030$ nm ergibt sich eine Stokes-Effizienz von $\eta_s \approx 0{,}95$ und ermöglicht eine Minimierung der thermischen Verluste sowie elektro-optisch hohe Effizienzgrade von bis zu >40 %.

Prinzipiell werden drei **Fasergrundtypen** eingesetzt:

- Singlemodefaser (SM): Kerndurchmesser <10 µm, emittiert beugungsbegrenzte Strahlung ($M^2 \approx 1$), ideal für präzise Bearbeitungsverfahren mit hoher Fokussierbarkeit,

- Large-Mode-Area-Faser (LMA): Kerndurchmesser 20 – 30 µm, zur Leistungsskalierung bei noch guter Strahlqualität, Anwendung bei Schneid- und Schweißprozessen,
- Multimodefaser (MM): Kerndurchmesser >50 µm, hohes Leistungsniveau, jedoch mit eingeschränkter Strahlqualität (M^2 >5), geeignet für Anwendungen mit geringerem Fokussierungsbedarf, wie z. B. Wärmebehandlungen.

Ein weiteres Konzept zur Leistungssteigerung ist das Kohärenz- oder Strahlkombinieren (Beam Combining) mehrerer Faserlaser, entweder spektral (WDM) oder phasenstabil (CBC), wodurch Systeme mit Gesamtleistungen >100 kW bei gleichzeitig hoher Strahlqualität realisierbar sind, Bild 3.35.

In **Singlemodefasern** mit wenigen Mikrometern Kerndurchmesser und einer Numerische Apertur (*NA*) von 0,1 – 0,2 kann sich nur die transversale Grundmode ausbreiten. Auf diese Weise können sehr hohe Strahlqualitäten ausgekoppelt werden. Der kleine Kerndurchmesser schränkt allerdings den Leistungsbereich ein */Voge2002/*. Ebenfalls nachteilig beim Faserlaser sind die hohen Energiedichten im aktiven Faserkern. Um die Leistungsdichte zu verringern, wurden Faserdesigns mit einem **großen Modenfelddurchmesser** entwickelt. Diese **Large-Mode-Area-Fasern** besitzen einen vergrößerten Kern (>10 µm) und eine geringere *NA* von 0,06 – 0,08 */Baat2006/*. Über einen Kerndurchmesser von einigen 100 µm verfügen hingegen **Multimodefasern**. Im Vergleich zu SM-Fasern erlauben sie die Erzeugung und Übertragung von sehr hohen Strahlleistungen bei verminderter Strahlqualität */Zent1993/*.

Die Führung der Pumpstrahlung in einer aktiven Faser über Totalreflexion verdeutlicht Bild 3.33 a. Für Hochleistungsanwendungen wurden unterschiedliche Faserdesigns entwickelt. Den Aufbau einer sogenannten **Doppelkernfaser** (Doppelcladding) zeigt exemplarisch Bild 3.33 b. Ytterbium-dotierte Doppelkernfasern mit einer D-förmigen Pumpkerngeometrie ermöglichen die Herstellung kompakter Faserlasersysteme mit sehr hohen Strahlqualitäten. Bei dieser Faseranordnung wird ein dotierter Faserkern von einem zweiten Kern (Pumpkern) aus undotiertem Quarzglas umgeben. Damit dieser Kern die Lichtausbreitung durch Totalreflexion erfüllen kann, muss er von einem niedrigbrechenden Material umgeben werden. Das erfolgt im Faserziehprozess z. B. durch Ummantelung mit einer Polymerschicht, die eine niedrige Brechzahl besitzt. Das Coating erfüllt neben der genannten optischen Funktion auch einen mechanischen Schutz der Faser. Im Anschluss an die Preformherstellung kann bspw. eine D-Form mechanisch geschliffen und poliert werden. Der asymmetrische Pumpkern ermöglicht eine bessere Absorption der Pumpstrahlung in longitudinaler Ausrichtung des laseraktiven Faserkerns und erhöht somit die Effizienz des Laserprozesses. */Reic1997/*

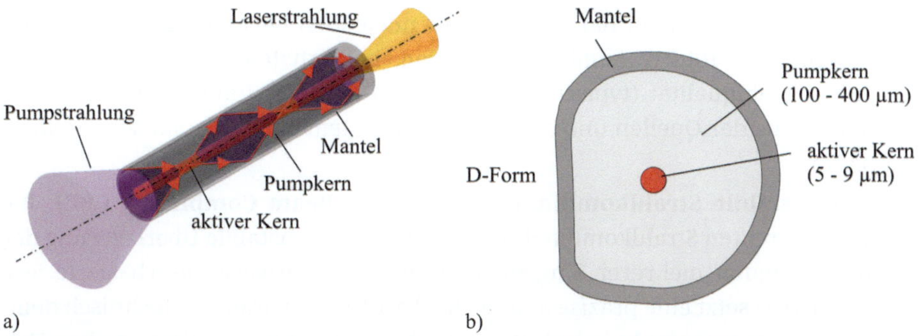

Bild 3.33 Doppelkernfaser für hohe Laserleistungen. a) Pumpstrahlausbreitung in einer Faser durch Totalreflexion, b) Aufbau einer D-Faser (Querschnitt)

Um die Leistungsgrenzen konventioneller Fasertypen weiter zu erhöhen und thermisch wie optisch stabilere Hochleistungssysteme zu konstruieren, wurden in den letzten Jahren verschiedene neue Faserdesigns entwickelt:

- **Hohlkernfasern (Large-Pitch Fibers, LCPF; Rod-Type Fibers):** Diese Fasern besitzen Kerndurchmesser von bis zu 100 µm und ermöglichen Singlemode-Betrieb durch modengeleitete Strukturen (z. B. photonische Kristallfasern oder mit vergrößertem Brechungsindexkontrast). Sie erlauben cw-Leistungen im Bereich >10 kW ohne signifikanten Strahlqualitätsverlust. Wesentliche Vorteile sind die hohe Modenreinheit sowie erhöhte Schwellen für stimulierte Brillouin-Streuung (SBS) und stimulierte Raman-Streuung (SRS), was die Leistungsskalierung und Strahlqualität deutlich verbessert.
- **Mehrkernfasern (Multicore Fibers, MCF):** MCFs integrieren mehrere Verstärkungskerne (typisch 7, 19 oder mehr) in einer gemeinsamen Mantelstruktur. Jeder Kern wird individuell gepumpt und die Leistung kann durch phasenstabiles Strahlkombinieren (Coherent Beam Combining, CBC) zusammengeführt werden.
- **Chirped-Pulse-Amplification-Fasern (CPA-ready):** Für ultrakurzgepulste Hochleistungs-Faserlaser (fs- und ps-Pulsdauer) werden spezielle Faserdesigns mit dispersionseigenschaftsangepasster Geometrie eingesetzt. Diese Fasern arbeiten sehr stabil, sind weitgehend resistent gegenüber nichtlinearen Effekten (z. B. SPM, Raman, Brillouin) und ermöglichen mittlere Leistungen im Bereich von etwa 100 W bei Pulsenergien von über 100 µJ.
- **Strahlkombinationsansätze (Beam Combining):**
  - **Spektrale Strahlkombination (Spectral Beam Combining, SBC):** Bei der spektralen Strahlkombination werden verschiedene Emissionswellenlängen mittels dispersiver optischer Elemente (z. B. Beugungsgitter oder dichroitische Spiegel) auf einer gemeinsamen Strahlachse überlagert. Dieses Verfahren ist prinzipiell linear skalierbar, da jede Einzellaserquelle unabhängig arbeitet.

Beispielsweise können 100 Einzelquellen mit je 1 kW Leistung zu einer Gesamtleistung von 100 kW kombiniert werden, bei Erhalt einer vergleichsweise guten Strahlqualität (typisch $M^2 \approx 1{,}3 - 1{,}5$). Allerdings limitiert die spektrale Bandbreite der Quellen und die Effizienz der Elemente die praktische Skalierbarkeit.

- **Phasenstabile Strahlkombination (Coherent Beam Combining, CBC):** Bei der kohärenten Strahlkombination erfolgt die phasenstabile Überlagerung der Wellenfronten mehrerer Singlemodelaser (typischerweise faserbasierte Systeme). Dies setzt eine präzise aktive Phasenregelung voraus, ist technisch deutlich komplexer, erlaubt jedoch theoretisch eine Leistungsskalierung ohne Verschlechterung der Strahlqualität ($M^2 \approx 1$). */Klen2018/*, */Fath2021/*

In Tabelle 3.10 sind für verschiedene Faserlasertypen deren physikalische und technologische Eigenschaften, Anwendungen und Skalierungspotenziale zusammengestellt.

Die **Resonatoranordnung** eines Faserlasers kann unterschiedlich ausgeführt sein und bestimmt maßgeblich dessen spektrale Eigenschaften, Stabilität und Integrationsfähigkeit. Den Resonatorabschluss bilden entweder zwei Spiegel (meist verspiegelte Faserendflächen) oder in die Faser eingeschriebene **Faser-Bragg-Gitter (FBG)**. Dabei handelt es sich um periodische Modulationen des Brechungsindex im Faserkern, die typischerweise mittels Excimerlaserbestrahlung oder femtosekundenbasierter UV-Lithografie eingeschrieben werden. Diese Gitter reflektieren selektiv Strahlung einer bestimmten Wellenlänge gemäß der Bragg-Bedingung.

$$\lambda_B = 2n_{eff} \cdot \Lambda \qquad (3.16)$$

n_{eff} effektiver Brechungsindex; Λ Gitterperiode

Durch gezielte Steuerung der Modulationstiefe (Δn) lässt sich die Reflektivität R des Gitters präzise einstellen. In der Praxis wird ein hochreflektierendes Gitter (HR-FBG, $R \approx 99 - 99{,}9\,\%$) und ein partiell reflektierendes Gitter als Ausgangskoppler (OC-FBG, z. B. $R \approx 5 - 10\,\%$) verwendet. Diese Bauweise ermöglicht einen vollständig gespleißten monolithischen Resonator, der ohne freistrahlende Elemente auskommt und somit höchste Stabilität bei geringen Einkoppelverlusten gewährleistet. Gleichzeitig bewirkt das FBG eine intrinsische Wellenlängenselektion, wodurch ein schmalbandiger, frequenzstabiler Laserbetrieb realisiert werden kann.

Die Polarisation der Ausgangsstrahlung von Faserlasern ist ein wichtiger Parameter, insbesondere in Anwendungen in der Mikrobearbeitung, der nichtlinearen Optik oder der Lasermaterialbearbeitung mit polarisationsabhängigen Effekten (z. B. beim Strukturieren oder Schneiden anisotroper Materialien, Richtungsabhängigkeit beim Bohren und Schneiden). Standardfaserlaser emittieren i. d. R. unpolarisiertes oder zufällig polarisiertes Licht, da herkömmliche Fasern aufgrund ihrer rotationssymmetrischen Geometrie keine bevorzugte Polarisationsachse aufweisen. Um eine definierte lineare Polarisation zu erzeugen, werden sogenannte **polarisationserhaltende Fasern** (PM-Fasern) eingesetzt. Diese verfügen über eine asymmetrische Struktur (z. B. Panda- oder Bow-Tie-Fasern), welche zwei orthogonale Polarisationsmoden mit unterschiedlichen Brechungsindizes unterstützen. Dadurch bleibt die Polarisation des Lichts entlang einer definierten Achse auch über längere Faserstrecken erhalten.

Tabelle 3.10 Faserlasertypen und ausgewählte Eigenschaften

Faserlasertyp	Kerndurchmesser	Modenanzahl	Typische Leistung	Strahlqualität (BPP)	Vorteile	Anwendungen
Single-mode-Faser (SMF)	4 – 10 µm	fundamental (LP_{01})	<1 kW	sehr gut (<0,4 mm·mrad)	hohe Strahlqualität, gute Fokussierbarkeit, ideal für Präzisionsbearbeitung	Mikromaterialbearbeitung, Telekommunikation
Large-Mode-Area (LMA)	10 – 30 µm	Quasi-Single-mode	1 – 5 kW	gut bis sehr gut (<1 mm·mrad)	höhere Leistungen bei akzeptabler Strahlqualität	Schneiden, Schweißen, Tiefengravur
Multimode-Faser (MMF)	>50 µm	viele Moden	>10 kW	gering (5 – 15 mm·mrad)	höchste Leistungen, robust, kostengünstig	Schneiden, Schweißen, Makromaterialbearbeitung
Hohlkernfaser (HC-PCF)	typ. ~ 20 µm (Kern)	variabel, oft Single-mode	<1 kW	sehr gut	geringe Nichtlinearitäten, hohe Schadensschwelle, Luftführung von Licht	Präzisionsmesstechnik, Spektroskopie, Medizin
gebündelte Fasern (Fused Bundle)	mehrere Fasern gebündelt (typisch 7, 19, 37 ...)	Multimode/kombiniert	bis zu 100 kW (gepulst)	variabel (je nach System)	modular skalierbar, für gepulste Hochleistungsanwendungen	Oberflächenbearbeitung
Tapered Fiber (konische Faser)	variabel (50 – 10 µm)	Multimode oder Single-mode	>10 kW	modifiziert	Strahlkompression oder -vergrößerung möglich	Strahlformung, adaptive Systeme

In MOPA-Systemen (Master Oscillator Power Amplifier) ist entscheidend, dass die Polarisation des Seedlasers (Oszillator) durch alle nachfolgenden Verstärkerstufen erhalten bleibt. Hierzu sind PM-Fasern entlang der definierten Polarisationsachse ausgerichtet und durch spezielle PM-Spleißtechniken verbunden. Auch optische Elemente wie Isolatoren und Modulatoren müssen polarisationserhaltend ausgelegt sein.

Die Qualität der Polarisationsführung wird durch das Extinktionsverhältnis (engl. Extinction Ratio, ER) angegeben, welches das Verhältnis der Leistung entlang der Hauptpolarisation zur orthogonalen Komponente beschreibt. Hochwertige PM-Faserlaser erreichen Extinktionsverhältnisse >20 dB (entsprechend einem Verhältnis >100:1), was für Anwendungen in der nichtlinearen Optik und der Laserinterferenzstrukturierung ausschlaggebend ist.

Bei Hochleistungsfaserlasersystemen, insbesondere bei mittleren Leistungen oberhalb von 100 W, stellt die thermisch induzierte Birefringence (Spannungsdoppelbrechung) eine wesentliche Herausforderung dar. Sie entsteht durch anisotrope Temperaturgradienten im Faserkern, welche lokale Brechungsindexänderungen hervorrufen und somit die Polarisationsrichtung der propagierenden Strahlung verfälschen können. Um diesem Effekt entgegenzuwirken, werden zunehmend spezielle Large-Mode-Area-Polarisations-erhaltende Fasern (LMA-PM-Fasern) entwickelt. Diese Fasern kombinieren einen vergrößerten Kernquerschnitt zur Leistungssteigerung mit einer intrinsischen mechanischen Spannung oder einer strukturellen Asymmetrie, um eine stabile lineare Polarisation auch unter hoher thermischer Belastung sicherzustellen.

Für die **Einkopplung der Pumpstrahlung** gibt es unterschiedliche Methoden, von denen zwei prinzipielle Varianten in Bild 3.34 gegenübergestellt sind. Bei den **endgepumpten Systemen (Stirnflächenkopplung)** wird die Pumpstrahlung über eine Einkoppeloptik an der Endfläche der Faser in diese eingekoppelt (Bild 3.34 a). Sehr oft findet die Einkopplung an der Stirnfläche auch über einen gespleißten fasergekoppelten Diodenlaser statt (Spleißen = Verbinden der beiden Faserenden durch thermisches Fügen). Die Forderungen an die **Brillanz der Diodenlaser** sind relativ groß, um die Akzeptanzbedingung für die Strahleinkopplung in die Faser zu erfüllen (vgl. Abschnitt 6.2.1.5). Die so aufgebauten Faserlaser verfügen letztendlich über eine sehr hohe Strahlqualität. Eine Leistungslimitierung ist jedoch aufgrund des begrenzten Einkoppelvermögens der Pumpstrahlung über die Endfläche einer Faser gegeben. Den Anteil der einkoppelbaren Pumpleistung kann man durch einen **Pumpkoppler** erhöhen. In diesem faseroptischen Element können die Transportfasern mehrerer Pumplichtquellen über konisches Zusammenführen oder laterale Kopplung in die Mantelzone einer doppelkerndotierten Faser eingespeist werden. Diese Variante ist charakteristisch für Cladding-Pump-Faserlasern, bei denen das Pumplicht im Mantel geführt und im aktiven Kern absorbiert wird. Moderne Pumpkoppler arbeiten mit NA > 0,22 und ermöglichen Leistungen im Kilowattbereich pro Pumpkanal.

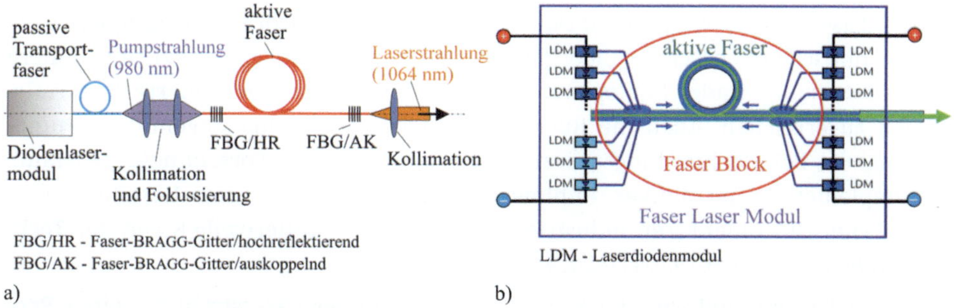

Bild 3.34 Typische Grundanordnungen von Faserlasern. a) Stirnflächenkopplung nach */Baat2006/*, b) Aufbau eines Faserlasermoduls nach */IPG2012/*, */Grup2006/*

Die quasi **transversale Einkopplung** der Pumplaserstrahlung, wie im Bild 3.34 b dargestellt, gestattet die Anregung der Faser mit höheren Pumpleistungen als in der Faserendflächenanordnung. Die Transportfasern der Pumplichtquellen werden am Umfang der Faser verteilt und am Fasermantel in die aktive Faser eingekoppelt. Auf diese Art werden typischerweise Laserleistungen von 0,8 – 1 kW pro Faser emittiert. Dieses Singlemodemodul kann direkt als Basis für einen **Singlemodefaserlaser** genutzt werden oder als Komponente für einen **Multimodelaser** dienen. Zur Skalierung der Laserleistung in den Multikilowattbereich werden die Strahlanteile mehrere Singlemodefasern in einem „Beam combiner" überlagert und in eine Multimodefaser eingekoppelt und geführt (Bild 3.35). Diese Multimodefaser mit Kerndurchmessern von 50, 100 oder 200 µm kann die Laserstrahlung an eine Strahlweiche (vgl. Kapitel 6) oder einen Faser-Faser-Koppler übertragen. Durch die direkte Kopplung ohne zusätzliche optische Elemente wie Spiegel oder Linsen stellt solch ein Multimodelaser eine sehr kompakte und robuste Laserstrahlungsquelle dar. */Grup2006/*

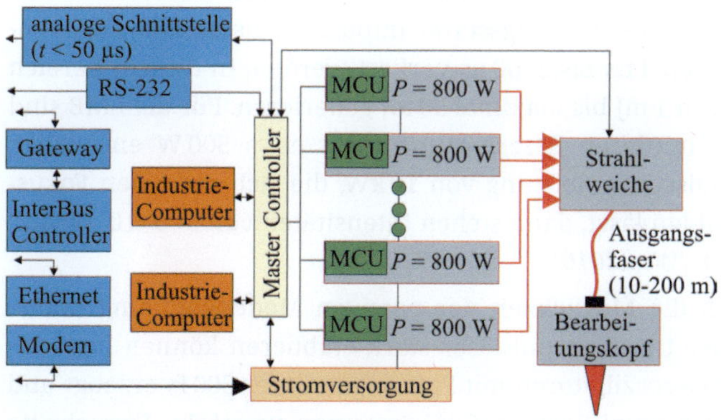

Bild 3.35 Prinzip eines Multimodelasers höherer Ausgangsleistung nach */IPG2012/*, */Grup2006/*

Neuere Faserdesigns wie Tapered Double-Clad Fibers, Multicore Pump Couplers oder Fasern mit asymmetrischem Cladding werden zunehmend eingesetzt, um höhere Einkopplwirkungsgrade, homogenere Pumpverteilung und minimierte Rückreflexionen zu erreichen. Auch die Rückpumpfähigkeit (Recycling ungenutzter Pumpleistung) ist bei Hochleistungsanwendungen ein aktueller Forschungsgegenstand. Die Implementierung aktiver Kühlmechanismen für Fasern mit Kerndurchmessern >25 μm ist in mehreren industriellen Plattformen mittlerweile Stand der Technik. */Mobi2018/*, */Lin2022/*, */Perm2024/*

Mit **Faser-Faser-Kopplern** oder Strahlweichen kann der Laserstrahl mit einer **Prozessfaser (Sekundärfaser)** der jeweiligen Bearbeitungsaufgabe zugeführt werden. Durch Ändern des Durchmessers der Prozessfaser werden der Strahldurchmesser und die -qualität an die Bearbeitungsaufgabe angepasst.

Faserlaser können auch als Verstärker eingesetzt werden (vgl. Abschnitt 3.3.6). Mithilfe eines sogenannten Seedlasers (Oszillator) wird das Eingangssignal mit den gewünschten Laserparametern erzeugt und anschließend im Faserverstärker auf die erforderliche Impulsleistung verstärkt. Dies wird sehr oft über mehrere Stufen realisiert. Die maximal erreichbare Ausgangsleistung ist durch die Zerstörschwelle der Endverstärkerfaser limitiert. Für Singlemodefasern liegt diese bei etwa 10 – 12 kW und für Multimodefasern bei 50 – 70 kW. Zwischen den Elementen befindet sich meist ein optischer Isolator, der Rückkopplungen, die aufgrund der hohen Verstärkung in den Fasern auftreten, unterbindet */soliton2012/*. Optische Isolatoren (Faraday-Isolatoren) lassen Strahlung mit einer bestimmten Polarisationsrichtung nur in eine Richtung durch. Sie werden auch zum effizienten Schutz vor Rückreflexen in Lasersystemen eingesetzt, um die Zerstörung der Faser oder faseroptischer Elemente zu verhindern (vgl. Kapitel 6) */lasercomponents2012/*.

Faserlaser eignen sich sowohl für den kontinuierlichen als auch den gepulsten Betrieb. Im gepulsten gütegeschalteten Betrieb werden sehr oft **MOPAs (Master Oszillator Power Amplifier)** eingesetzt, um leistungsstarke Impulse im ns-Bereich zu erzeugen. Die Pulslängen können von 1 ns bis 2000 ns variiert werden. In diesem Bereich lassen sich Impulsenergien von 1 mJ bis maximal 50 mJ generieren. Für die LMB sind heute gepulste Systeme mit mittleren Laserleistungen bis etwa 500 W einsetzbar. Rechnet man mit einer Impulsspitzenleistung von 10 kW, die sich auf einen Fokusdurchmesser von 50 μm abbilden lässt, dann stehen Intensitäten von $I = 5 \cdot 10^8\ \mathrm{W \cdot cm^{-2}}$ am Werkstück zur Verfügung. */West2010/*

Faserlaser haben sich durch die Möglichkeit der passiven Modenkopplung (Mode Locking) auch im Bereich der Ultrakurzpulslaser stark etablieren können (vgl. Abschnitt 3.3.7). Hier werden Faseroszillatoren mit Pulslängen unter 500 fs erzeugt und anschließend in Chirped-Pulse-Amplification-(CPA)-Systemen verstärkt. Fortschritte im Dispersionsmanagement, in der Kontrolle nichtlinearer Effekte sowie in der photonischen Kristallfasertechnologie (PCF) ermöglichen heute sub-500-fs-Systeme mit durchschnittlichen Leistungen über 100 W und treiben deren industrielle Nutzung weiter voran. Faserlaser emittieren über einen weiten Leistungsbereich hinweg eine überdurchschnittlich hohe Strahlqualität mit typischen Strahlparameterprodukten (SPP) im Bereich von 0,3 bis 1 mm·mrad (im Singlemodebetrieb). Moderne Systeme erreichen elektrisch-optische Wirkungsgrade von 35 % bis über 40 %, was sie gegenüber Scheiben- oder CO_2-Lasern besonders energieeffizient macht. Tabelle 3.11 listet exemplarisch ausgewählte Lasertypen mit typischen Ausgangsleistungen und Strahlparametern auf.

Tabelle 3.11 Strahlqualität von Faserlasern verschiedener Ausgangsleistungen */Grup2006/, /IPG2012/, /IPG2025/*

Typ	Leistung [W]	Strahlqualität (SPP [mm·mrad])	Faserdurchmesser [µm]
YLR-200S-M*	200	0,35	7
YLR-1000-SM*	1000	0,35	14
YLR-4000	4000	1,8	50
YLR-1000	10 000	8	150
YLR-20000	20 000	11	200
YLR-30000	30 000	15	300

* SM – Single Mode

Beim Aufbau von Faserlasersystemen müssen insbesondere drei Effekte beachtet werden:

1. Zerstörschwelle der Fasern (endverstärkte Faser): Die endverstärkte Faser unterliegt einer Leistungsgrenze, die durch optische Durchbruchseffekte, thermische Degradation oder mechanisch induzierte Mikroschäden begrenzt ist. Für Singlemodefasern liegt diese Zerstörschwelle aktuell bei 8 – 10 kW, für Multimodefasern bei etwa 50 – 80 kW, abhängig vom Faserdurchmesser, dem thermischen Design und der Fasermodifikation.

2. Verstärkte spontane Emission ASE (attenuated spontaneous emission): Aufgrund der hohen Verstärkungsraten in dotierten Fasersegmenten kann es zur Anhebung der ASE kommen, die sich spektral breitbandig äußert und die Effizienz sowie die Strahlqualität des Nutzsignals negativ beeinflusst. ASE führt zu thermischer Belastung und kann bei Überschreiten einer kritischen Schwelle zur parasitären Emission oder zum Strahlausfall führen. Maßnahmen wie spektrale Filterung, optimierte Dotierungsprofile oder segmentierte Verstärker helfen hier, die ASE zu unterdrücken.

3. Nichtlineare Effekte in der Faser, z. B.
   - SRS (stimulierte Raman-Streuung): Frequenzverschiebung durch inelastische Streuprozesse, typischerweise ab Intensitäten von ~ 1 GW·cm^{-2},
   - SBS (stimulierte Brillouin-Streuung): Rückwärtsstreuung bei schmalbandiger cw-Emission, limitiert die Leistung bei langen Fasern,
   - SPM (self phase modulation): Nichtlineare Phasenverschiebung, verursacht spektrale Verbreiterung, vor allem in Kurzpuls- und UKP-Systemen bedeutsam.

Weitere relevante Effekte bei ultrakurzen Pulsen sind Kerr-Effekt, Cross-Phase Modulation und Four-Wave Mixing (FWM) */soliton2012/*. Diese Effekte skalieren nichtlinear mit der Spitzenleistung und limitieren vor allem gepulste Anwendungen, da dort sehr hohe Peakintensitäten auf relativ geringe effektive Modenflächen treffen. Ein technologischer Nachteil konventioneller Faserresonatoren ist ihre vergleichsweise geringe spektrale Selektivität. Durch den typischerweise hohen Auskoppelgrad (niedrige Resonatorgüte) entsteht ein breites Emissionsspektrum. Zudem ist die emittierte Strahlung oft un- oder nur teilpolarisiert. Moderne Faserdesigns ermöglichen jedoch gezielte Polarisationseigenschaften durch die Verwendung sogenannter polarisationserhaltender Fasern (PM-Fasern) oder durch asymmetrische Kerngeometrien. */Limp2006/*, */Agr2013/*

Ein Entwicklungsziel der Faserlasertechnologie besteht in der Bereitstellung von Strahlung hoher Brillanz im kW-Leistungsbereich bei gleichzeitig beugungsbegrenzter Strahlqualität ($M^2 \sim 1$). Im Fokus stehen hierzu neuartige Fasergeometrien wie:

- **photonische Kristallfasern (PCF)** mit periodischen Lufteinschlüssen zur Modenkontrolle und zur Erhöhung des Modenflächenprodukts,
- **Airclad-Fasern** mit großem äußerem Mantel für effiziente Pumplichtführung bei gleichzeitiger Beibehaltung eines Singlemodekerns,
- **Large Mode Area (LMA)-Fasern** mit großem Kernradius (20 – 30 µm) zur Reduktion nichtlinearer Effekte,
- **Chirped- or Tapered-Core-Fasern** mit radialen oder longitudinalen Variationen des Brechungsindex oder Durchmessers zur Modenkonversion und Leistungsskalierung,
- **Multicore-Fasern** für kohärente Strahlbündelung mehrerer Kerne mit aktivem Phasenabgleich (beam combining).

Diese Entwicklungen bilden die Grundlage für zukünftige Ultrahochleistungsfaserlaser mit Leistungen >100 kW, etwa für das Remoteschweißen, für die additive Fertigung großer Bauteile oder für UKP-Systeme mit Megawatt-Spitzenleistungen in der industriellen Fertigung. Um solche hohen Strahlleistungen prozesssicher und effizient einsetzen zu können, sind hochdynamische Bearbeitungsprozesse und angepasste Strahlführungskonzepte erforderlich. Insbesondere der Multispotbetrieb – also die zeitgleiche oder sequenzielle Nutzung mehrerer fokussierter Teilstrahlen – ermöglicht eine verbesserte Energieverteilung, reduzierte Wärmeeinflusszonen und eine signifikant gesteigerte Bearbeitungsgeschwindigkeit (siehe Kapitel 6). Nur durch die Kombination aus hoher Laserleistung, präziser Strahlformung und dynamischer Strahlablenkung lassen sich die Potenziale von Ultrahochleistungsfaserlasern in der Serienfertigung nutzen.

Die genannten Vorteile des Faserlasers haben ihn in den letzten Jahren zu einem sehr wichtigen Werkzeug in der LMB werden lassen. Dies gilt für Mikro- und Makroapplikationen in nahezu allen Verfahrensanwendungen. Folgende Typen von Faserlaser werden in der LMB vorzugsweise eingesetzt:

- Yb-Faserlaser ($\lambda = 1030 - 1100$ nm):
  - Standard in der Metallbearbeitung,
  - Anwendungen: Schneiden, Schweißen, Tiefbohren, Strukturieren,
- Ultrakurzpulslaser (fs/ps) auf Faserbasis:
  - z. B. Yb-dotierte Faserlaser mit Pulsen 100 fs–10 ps,
  - Anwendungen: Athermisches Abtragen, Mikrostrukturierung, Medizintechnik,
- Er- und Tm-Faserlaser ($\lambda = 1{,}55 - 2{,}0$ µm):
  - Anwendungen: Kunststoff- und Siliziumbearbeitung, Medizin, sicherheitsrelevante Systeme.

Faserlaser sind die derzeit wichtigste Lasertechnologie für die industrielle Materialbearbeitung und vereinen höchste Effizienz, exzellente Strahlqualität, Wartungsarmut und Modularität. Besonders in der Metallbearbeitung verdrängen sie zunehmend klassische CO_2-, Nd:YAG- und auch Diodendirektlaser. Durch neue Entwicklungen in den Bereichen Strahlformung, Ultrakurzpulsgeneration und Wellenlängenvielfalt erschließen sie neue Anwendungen – von der Makro- bis zur Nanobearbeitung.

3.3.6 Oszillator-Verstärker-Anordnungen

Bestimmte Laserstrahleigenschaften (z. B. Strahlqualität, Impulsdauern) erfahren oftmals unerwünschte Änderungen, wenn die Laserleistung in Richtung hoher Werte skaliert werden soll. In solchen Fällen kombiniert man häufig einen **Oszillator mit einem Verstärker** (auch als **MOPA – Master Oszillator Power Amplifier** bezeichnet) in Reihe. Unter dem **Oszillator (Seedlaser)** versteht man im Allgemeinen die Laserstrahlungsquelle, die im niederen Leistungsbereich die erforderlichen Laserparameter erzeugt. Der Oszillator kann gezielt für geringe Leistungen ausgelegt werden, was bspw. eine Voraussetzung für das Betreiben von intern angeordneten Modulatoren ist, um unter der intensitätsabhängigen Zerstörschwelle arbeiten zu können.

Als **Verstärker** werden gepumpte aktive Medien verwendet, die über einen geeigneten Laserübergang in Bezug auf die zu verstärkende Strahlung verfügen. Mithilfe einer externen Energiequelle (meist Laserstrahlung) wird das aktive Verstärkermedium angeregt. Wenn die stimulierte Emission gegenüber der Absorption überwiegt, können die Oszillatorsignale beim Verstärkerdurchgang in einen höheren Leistungsbereich verstärkt werden (Bild 3.36 a).

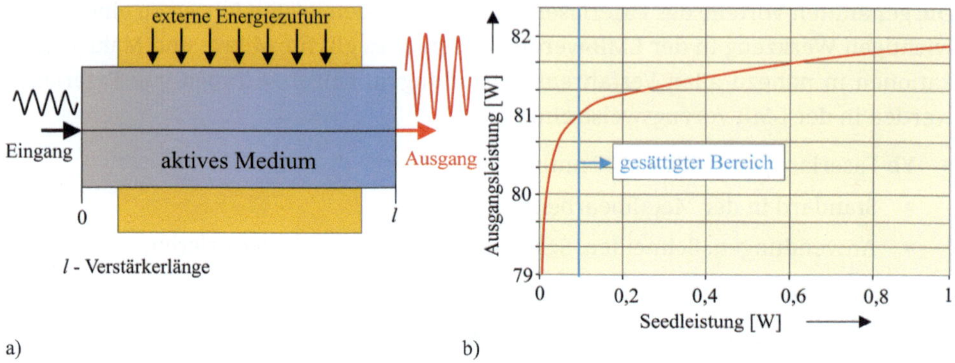

Bild 3.36 Laserverstärker und -kennlinie. a) schematische Darstellung eines Laserverstärkers, b) Abhängigkeit der Verstärkerausgangsleistung von der Seedleistung

Bild 3.36 b zeigt eine typische **Verstärkungskurve**. Dargestellt ist das Verstärkerausgangssignal in Abhängigkeit von der in den Verstärker eingekoppelten Eingangsleistung (Seedleistung). Im ersten Kurventeil steigt die Ausgangsleistung relativ steil und linear an. Bei den geringen Leistungen kommt es noch zu keiner signifikanten Abnahme der Besetzungsinversion des Verstärkers. Für diesen Bereich gilt der **lineare Kleinsignalverstärkungsfaktor G_{lin}**. Er ist im Wesentlichen abhängig von den Materialeigenschaften und der Pump-Leistungsdichte. Bei Zunahme der Eingangsleistung kommt es zu einer Verringerung der Besetzungsinversion und der Verstärker erreicht den **Sättigungsbereich**. Für das gezeigte Beispiel erfolgt dies ab einer Eingangsleistung von 0,1 W. Das heißt, die Erhöhung der in den Verstärker eingestrahlten Leistung bewirkt keine wesentliche Verstärkung des Ausgangssignals mehr. Die Erhöhung der Ausgangsleistung entspricht dann nur noch der Steigerung des eingestrahlten Leistungsanteils. In diesem Fall spricht man auch von der **Verstärkungssättigung G_{sat}**

$$G_{sat} = G_{lin} \cdot e^{-\frac{E_{aus} - E_{ein}}{F_{sat} \cdot A}} \tag{3.17}$$

F_{sat} Sättigungsfluenz; E_{aus} Ausgangsenergie; E_{ein} Eingangsenergie; A durchstrahlte Fläche

Die **Sättigungsfluenz** wird durch das aktive Medium bestimmt. Das Arbeiten in diesem Bereich hat den Vorteil, dass sich Schwankungen der Seedpulsenergie nur geringfügig auf die Ausgangssignale auswirken. */Sieg1986/*, */Reid1997/*, */Horn2003/*

Verfügt das verwendete Verstärkermedium nur über eine niedrige Verstärkung im Einfachdurchgang, kann der Laserimpuls auch mehrfach durch die Verstärkeranordnung geschickt werden. Zu diesen Verstärkertypen zählen die **regenerativen Verstär-**

ker und **Multipassverstärker**. Der Seedlaserimpuls wird mit einem schnellen optischen Schalter (z. B. elektro-optischer Schalter) in den regenerativen Verstärker eingekoppelt und erhält seine Gesamtverstärkung in mehreren Umläufen, bevor er durch einen zweiten optischen Schalter wieder ausgekoppelt werden kann (Bild 3.37). Die Anzahl der Strahldurchgänge im Verstärker kann sehr groß sein (z. B. 1000-fach), was insgesamt gesehen einen hohen Verstärkungsfaktor zur Folge hat. Die Länge des aktiven Mediums lässt sich somit im Vergleich zu einer Anordnung mit einmaligem Durchgang (Bild 3.37 a) reduzieren. Das Prinzip eines **Multipassverstärkers** veranschaulicht Bild 3.37 b. Durch eine spezielle Spiegelanordnung kann der Laserstrahl unter verschiedenen Einfallswinkeln mehrfach durch das aktive Medium gelenkt werden. Allerdings ist durch die Anzahl der erforderlichen Spiegel eine Vielzahl von Durchgängen begrenzt. Meist liegt die Anzahl der Durchläufe im ein- oder zweistelligen Bereich. Multipassverstärker werden bevorzugt für das Verstärken höherer Eingangsenergien eingesetzt. */Pasc2008/*, */Dovg2009/*

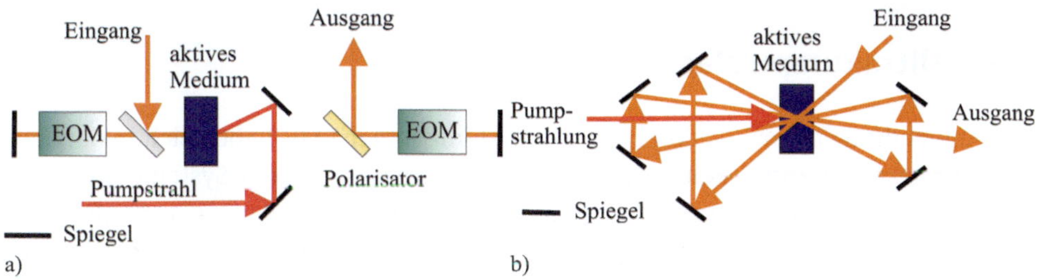

Bild 3.37 Ausgewählte Verstärkeranordnungen. a) regenerativer Verstärker, b) Multipassverstärker

Oszillator-Verstärker-Anordnungen können aus verschiedenen Laserarten, aber auch durch artgleiche Laser aufgebaut werden. Faserbasierte Oszillator-Verstärker-Anordnungen, auch als **MOFPA** (**M**aster **O**scillator **F**iber **P**ower **A**mplifier) bezeichnet, weisen ebenfalls eine sehr gute Stabilität und Zuverlässigkeit auf und können sehr kompakt aufgebaut werden. Im Bild 3.38 ist exemplarisch ein MOFPA-System vorgestellt, wobei unterschiedliche Arten von Seedlasern (bspw. Diodenlaser, Faseroszillator) zum Einsatz kommen können. In dieser Anordnung erzielt man eine hohe Pulsdynamik und die Pulsform kann in weiten Grenzen variiert werden. Das gepulste Oszillatorsignal wird in den SM-Faserkern eingekoppelt und durch den Verstärker auf die entsprechenden Pulsenergien skaliert.

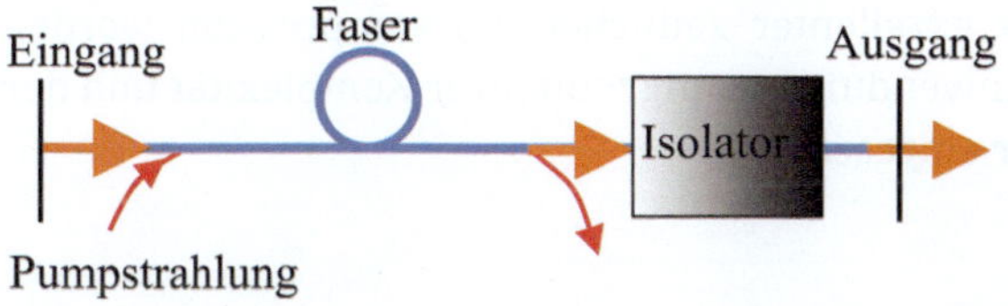

Bild 3.38 Faserverstärker in einer MOFPA-Anordnung

Zusammenfassend können folgende Vorteile für eine **Oszillator-Verstärker-Anordnung** genannt werden:

- Der Betrieb des Oszillators erfolgt bei geringen mittleren Leistungen unter thermisch konstanten Bedingungen.
- Die Leistungsskalierung erfolgt im Verstärker. Eine Verstärkung der Pulsenergie bis zu sieben Größenordnungen ist möglich.
- Der Erhalt der Grundmode-Strahlqualität kann gewährleistet werden.
- Das Erreichen einer hohen Puls-zu-Puls-Stabilität (Amplitudenschwankung < 2 %) ist möglich.
- Die Parameter Pulsfolgefrequenz, Pulsenergie und Pulsdauer sind über größere Bereiche unabhängig voneinander einstellbar.
- Einzelpulse oder Pulszüge können variabel aus der Pulsfolge selektiert werden.

3.3.7 Ultrakurzpulslaser

Die Anwendungen der Ultrakurzpulslasersysteme in der LMB haben sich in den letzten Jahren rasant entwickelt. Insbesondere die Verbesserung der Systeme hin zu robusteren Aufbauten und stabilen Strahlparametern bei Verringerung des Aufwandes für optische Komponenten haben diese Laserstrahlungsquellen industrietauglich werden lassen.

3.3.7.1 Oszillatorsysteme für Ultrakurzpulslaser

Die Erzeugung von ultrakurzen Pulsen mit Pulsdauern im Femto- bis Pikosekundenbereich erfolgt in der Regel durch modengekoppelte Oszillatoren. Die Wahl des geeigneten Oszillatorkonzepts richtet sich dabei nach Anwendung, gewünschter Pulsenergie, mittlerer Leistung sowie Anforderungen an Repetitionsrate, Strahlqualität und Systemkomplexität. Im Folgenden werden die wichtigsten Oszillatorkonzepte für Ultrakurzpuls-(UKP)-Lasersysteme vorgestellt:

- **Ti:Saphir-Oszillatoren**

  Ti:Saphir (Ti:Sa) war über Jahrzehnte das dominierende Medium zur Erzeugung von Ultrakurzpulsen <100 fs mit extrem breitem Verstärkungsband (650 – 1100 nm). Typisch sind Pulsdauern zwischen 25 – 40 fs, Repetitionsraten von 80 – 100 MHz und mittlere Leistungen <5 W. Die Pumplaserquelle ist meist ein frequenzverdoppelter Nd:YVO_4-Laser. Trotz exzellenter zeitlicher Pulskompression werden Ti:Sa-Systeme für industrielle Anwendungen aufgrund ihrer Komplexität und der geringen Effizienz eher weniger eingesetzt.

- **Faserbasierte Oszillatoren**

  Yb-dotierte Faseroszillatoren mit nachgeschalteter CPA (chirped pulse amplification) stellen heute die am weitesten verbreiteten Anordnungen für industrielle UKP-Laser dar. Die Vorteile liegen in ihrer Kompaktheit, dem Repetitionsratenbereich (100 kHz –>1 MHz), der hohen Effizienz und der einfachen Integration. Die Pulsenergien liegen typischerweise im Bereich 0,1–10 µJ und die Pulsdauern zwischen 200 fs und 1 ps. Einschränkungen ergeben sich durch nichtlineare Effekte (SPM, SBS, SRS; siehe Abschnitt 3.3.5) und durch begrenzte Kompressionsfähigkeit bei hoher Leistung.

- **Thin-Disk-Oszillatoren (TDO)**

  Dünnscheibenoszillatoren auf Basis von Yb:YAG oder Yb:Lu_2O_3 erlauben durch ihre Geometrie eine effektive Wärmeabfuhr und hohe Strahlqualität (M^2 <1,2). Mittels SESAM- oder Kerr-Linsen-Modenkopplung (KLM) können direkt ohne Verstärkerstufen hohe Pulsenergien (bis 100 µJ) bei mittleren Leistungen bis in den kW-Bereich erzeugt werden. Die Repetitionsraten liegen meist zwischen 3–20 MHz, die Pulsdauern im Bereich 200–1000 fs. Diese Systeme sind besonders für nichtlineare Prozesse (z. B. High-Harmonic Generation – HHG, Optical Parametric Amplification – OPA, Terahertzanwendungen –THz) und zunehmend für industrielle Anwendungen relevant.

- **Vertical External Cavity Surface Emitting Lasers (VECSELs)**

  VECSELs sind kompakte Festkörper-Halbleiterlaser mit externer Resonatoranordnung, die fs-Pulse mit guter Strahlqualität liefern können. Typische Leistungen liegen bei <1 W, Pulsdauern zwischen 100–500 fs bei GHz-Repetitionsraten. Die Anwendung ist vorrangig im Bereich optischer Frequenzkämme und in der Spektroskopie zu sehen, während die geringe Pulsenergie (<10 nJ) industrielle Anwendungen einschränkt.

- **GHz-Oszillatoren / Frequenzkämme**

  Hochfrequente Oszillatoren (>1 GHz), meist auf Ti:Sa- oder VECSEL-Basis, sind für frequenzkammgestützte Präzisionsmetrologie optimiert. Pulsenergien liegen typischerweise unter 1 nJ bei Repetitionsraten >1 GHz. Für materialbearbeitende Prozesse sind sie aufgrund der niedrigen verfügbaren Leistungswerte ungeeignet, finden aber Anwendung in der Grundlagenforschung und Metrologie.

Die Wahl des Oszillatorkonzepts ist stets ein Kompromiss zwischen Systemkomplexität, Effizienz, Strahlqualität und Skalierbarkeit. Dünnscheibenoszillatoren mit SESAM-Modenkopplung bieten dabei eine herausragende Balance zwischen Kompaktheit, Skalierbarkeit sowie Performance und gewinnen damit zunehmend an Bedeutung für UKP-basierte Lasermaterialbearbeitung.

Zur direkten Erzeugung ultrakurzer Laserpulse hoher mittlerer Leistung wurden in den letzten Jahren SESAM-modengekoppelte Dünnscheibenoszillatoren (Thin-Disk Oscillators, TDOs) erfolgreich skaliert. In der Arbeit von Seidel et al. wird ein SESAM-modengekoppelter Yb-dotierter Thin-Disk-Oszillator mit einer mittleren Ausgangsleistung von 550 W, einer Pulsdauer von 852 fs, einer maximalen Repetitionsrate von 5,5 MHz und einer Pulsenergie von 100 µJ vorgestellt, woraus eine Spitzenleistung von 103 MW resultiert. Der Oszillator basiert auf einem neuartigen Replicating-Cavity-Design, das eine Skalierung der Passanzahl über die Kristallscheibe erlaubt, ohne die Stabilitätszone der Resonatorgeometrie einzuschränken. Die Kühlung erfolgt über ein diamantgebundenes Yb-dotiertes Lasermedium, das in einem 44-Pass-Modul betrieben wird. Die solitonartige Modenkopplung wird durch ein speziell entwickeltes SESAM realisiert, das mittels Ionenimplantation modifiziert und durch Silikatbindung auf ein Saphir-Substrat übertragen wurde. Dieses Design bietet optimierte Sättigungsfluenzen ($F_{sat} \approx 31\ \mu J \cdot cm^{-2}$) und Rückgewinnungszeiten ($\tau \approx 4{,}2$ ps) für hohe Leistungen bei gleichzeitig minimaler nicht sättigbarer Absorption. Die Pulse sind nahezu transform-limitiert ($\Delta\nu \cdot \Delta\tau \approx 0{,}35$) und weisen ebenfalls eine hohe Strahlqualität ($M^2 < 1{,}2$) bei hoher optischer Effizienz ($\eta \approx 35\,\%$) auf. Insgesamt stellen SESAM-modengekoppelte TDOs damit eine leistungsstarke und architektonisch vereinfachte Alternative zu komplexeren CPA-Systemen dar, insbesondere in Anwendungen, in denen hohe mittlere Leistung, hohe Wiederholrate und exzellente Strahlqualität gefordert sind. */Seid2024/*

3.3.7.2 Verstärkersysteme für Ultrakurzpulslaser

Für fs-Lasersysteme ist die **CPA** (**C**hirped-**P**ulse-**A**mplification) interessant. Im Oszillator werden über aktive oder passive Phasenkopplung zuerst Femtosekundenimpulse mit einer hohen Wiederholrate zwischen 50 und 100 MHz erzeugt. Die Energie der kurzen Pulse von wenigen nJ ist jedoch für die Materialbearbeitung viel zu gering. Im nachfolgenden Verstärkungsprozess werden die Pulse in einem Verstärker etwa um den Faktor 1000 verstärkt.

Wird eine feste Phasenbeziehung zwischen den longitudinalen Moden hergestellt, können die Moden miteinander interferieren (vgl. Kapitel 2). Am Ort der konstruktiven Interferenz hat dies die Ausbildung von Maxima zur Folge. Je mehr Pulse miteinander interferieren, desto ausgeprägter ist das Maximum. Damit entstehen Impulse der Dauer $p_L = 1/\delta\nu$, wenn alle Moden innerhalb der Bandbreite $\delta\nu$ des Verstärkungsprofils anschwingen. Je **breiter das Verstärkungsprofil** des aktiven Mediums ist, desto kürzer ist der Impuls. Eine sehr große **Verstärkungsbandbreite** weisen Ti-dotierte Medien auf. Sie liegt bei 120 nm und gestattet die Generierung minimaler Impulsdauern von 5 fs. Mit Nd:YAG-Laserquellen lassen sich aufgrund des etwas kleineren Verstärkungsprofils minimale Impulsdauern von 5 ps erzielen. Die auskoppelbare Pulsenergie ist für modengekoppelte Laseroszillatoren begrenzt und liegt für ps-Impulslängen im Bereich weniger nJ. Um diese Laser dennoch für die LMB einsetzen zu können, werden die Impulse in einer nachgeschalteten Verstärkeranordnung verstärkt.

Mit der Verfügbarkeit der CPA-Technik (fs-Laser) ist die Verstärkung mit hohen Impulsspitzenleistungen auch für Festkörperverstärkermedien möglich geworden. Die kurzen Laserimpulse werden vor dem Verstärkereintritt **zeitlich verlängert (Stretcher)** und damit die Leistungsdichte herabgesetzt. Im Anschluss an die Verstärkung werden die Laserimpulse wieder **zeitlich komprimiert**, wodurch die kurzen Impulse über eine hohe Impulsspitzenleistung verfügen (vgl. Kapitel 2). Als aktive Medien kommen Nd- oder Yb-dotierte Kristallstäbe zum Einsatz. Neben diesen Verstärkeranordnungen werden zunehmend auch Faserlaser und MOFPA in UKP-Systemen eingesetzt. Spezielle Faserdesigns mit vergrößerten Modenfelddurchmessern weisen höhere Schwellwerte für unerwünschte nichtlineare Effekte auf, die für übliche Faserdesigns limitierend wirken. Faserverstärker verfügen über eine **hohe Durchgangsverstärkung** von etwa 100 und können aus diesem Grund im einfachen Verstärkerdurchgang betrieben werden. */Beye2010/*, */Dirs2005/*

In Bild 3.39 ist das Schema einer Oszillator-Verstärker-Anordnung dargestellt, wie sie für industrietaugliche ps-Laser angewandt wird. Den Oszillator bildet ein diodengepumpter FK-Laser, dessen aktives Medium häufig aus **Nd:Vanadat (Nd:YVO4)** besteht. Vanadat verfügt über die erforderliche Verstärkungsbandbreite sowie eine hohe Verstärkung. Der Resonator ist als passiv modengekoppelter Oszillator ausgelegt und emittiert Pulsenergien von 60 nJ bei Repetitionsraten im MHz-Bereich. Der nachgeschaltete Modulator, akustooptischer Modulator (AOM) oder elektrooptischer Modulator (EOM), fungiert als **Pulspicker** und deckt einen sehr weiten Repetitionsratenbereich von wenigen kHz bis einigen MHz ab. Der Pulspicker dient somit der Anpassung der Frequenz an die Erfordernisse des Bearbeitungsprozesses (Einstellen der Pulsenergie). Diese Pulsfolgen werden in den Verstärker eingekoppelt und auf die hohen Pulsenergien verstärkt. Der Verstärkeraufbau basiert für das dargestellte Beispiel auf dem Grundprinzip eines **Multipassverstärkers** (Bild 3.37 b). Um die hohen mittleren Leistungen von 10 – 50 W zu erhalten, die für die LMB erforderlich sind, werden mehrere Verstärkerstufen in Reihe geschaltet. Für eine Ausgangleistung von 50 W wird die Seedpulsfolge durch drei Stufen – Vorverstärker, Verstärker und Nachverstärker – geschickt. Die Verstärkerlänge beträgt in etwa 3 m. */lumera2012/*, */Timebandwidth2012/*

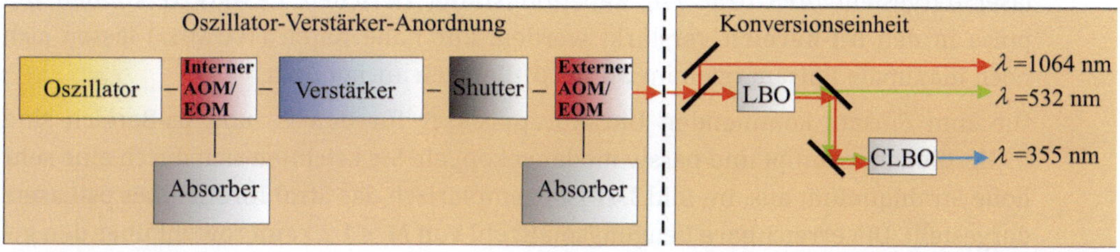

Bild 3.39 Beispiel für die Anordnung eines MOPA ps-Laser nach */lumera2012/*, */Timebandwidth2012/*

In Tabelle 3.12 sind die wichtigsten **Verstärkeranordnungen** gegenübergestellt.

Tabelle 3.12 Gegenüberstellung der wichtigsten Verstärkeranordnungen

Verstärkertyp	Pulsenergie	Vorteile	Anwendungen
CPA	nJ–100 mJ	Grundprinzip für UKP-Verstärkung	universell
Regenerativverstärker	1 – 10 mJ	hohe Verstärkung, gute Pulsformkontrolle	Mikrobearbeitung, Forschung
Multipassverstärker	100 µJ – 10 mJ	robust, industrietauglich	industrielle UKP-Laser
Faserverstärker	<1 mJ	kompakt, hochfrequent, robust	Scannerbearbeitung, Markierung
Scheibenverstärker	>100 mJ	hohe mittlere Leistung, hohe Strahlqualität	Schneiden, Bohren, funktionale Oberflächen
OPCPA	>100 mJ, <20 fs	extrem kurze Pulse, breites Verstärkungsband	Grundlagenforschung

Für die LMB bietet das Arbeiten mit kürzeren Wellenlängen für bestimmte Materialien (Gläser, Keramiken) Vorteile. Ebenfalls lassen sich bei den kürzeren Wellenlängen kleinere Fokusdurchmesser erzielen. Aus diesem Grund werden ps-Laser sehr oft mit einer **Konversionseinheit** ausgestattet. Im Beispiel in Bild 3.39 kommen dafür die Kristalle **Lithium Triborate (LBO)** und **Cesium Lithium Borate (CLBO)** für die Frequenzkonversion zum Einsatz. Es muss aber berücksichtigt werden, dass durch diese Konversionsmaßnahmen ein erheblicher Anteil an verfügbarer Laserleistung der Grundwellenlänge verloren geht.

Durch die Kombination eines Oszillators und einer oder mehrerer Verstärkerstufen lassen sich sehr **reproduzierbare Impulsfolgen** mit hohen Impulsenergien erzeugen. Entsprechend des gewählten Seedlasers sind verschiedene Pulsenergien und Repetitionsraten generierbar. In Bild 3.40 ist der Parameter Pulsenergie in Abhängigkeit von der Repetitonsrate für verschiedene Laserleistungen der Hochleistungsfaserlaser dargestellt */AFS2025/*. Für Repetitionsraten zwischen 1 – 100 kHz können Impulse in den **mJ-Bereich** verstärkt werden. Für hohe Raten (100 MHz) lassen sich noch maximale Pulsenergien im **nJ- bis µJ-Bereich** auskoppeln.

Die zum Einsatz kommenden Ultrakurzpulslaser für den fs- und ps-Bereich sind i. Allg. diodengepumpt und passiv modengekoppelt. Sie zeichnen sich durch eine sehr hohe Strahlqualität aus. Im Bild 3.41 ist exemplarisch das Strahlprofil eines ps-Lasers dargestellt. Die erreichbare Beugungsmaßzahl von $M^2 < 1{,}2$ kann sowohl über den gesamten Bereich der verfügbaren Repetitionsraten als auch nach der Frequenzkonversion weitestgehend beibehalten werden.

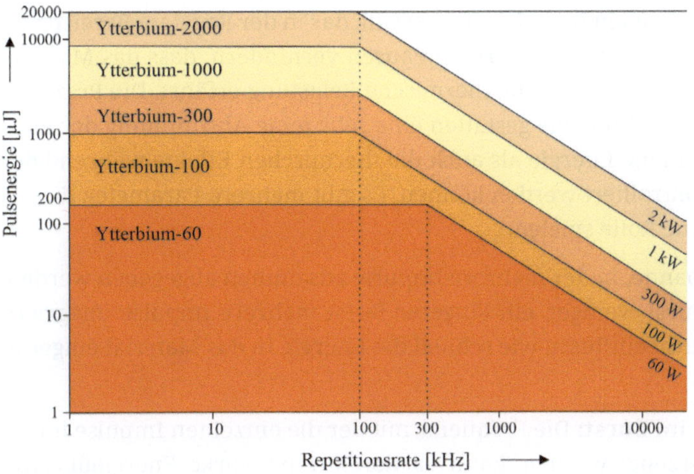

Bild 3.40 Pulsenergien in Abhängigkeit von der Repetitionsrate nach */AFS2025/*

Ein zukunftsweisendes Entwicklungsfeld bei faserbasierten Ultrakurzpulslasersystemen liegt im 2-µm-Wellenlängenbereich, der insbesondere durch Thulium- (Tm^{3+}) und Holmium-dotierte (Ho^{3+}) Faserverstärker adressiert wird. Die Wahl dieser Dotierungen ermöglicht den direkten Zugang zu Emissionswellenlängen zwischen 1900 nm und 2100 nm, einem Spektralbereich, der in klassischen Yb- oder Nd-basierten Lasersystemen nicht abgedeckt werden kann. Thulium-basierte Systeme bieten eine breite Verstärkungsbandbreite (typisch 1800 – 2050 nm), eine hohe quanteneffiziente Pumpbarkeit bei 793 nm sowie die Möglichkeit zur Selbst-Pulsverdopplung durch Cross-Relaxationseffekte („two-for-one-photon"). */AFS2025/*, */UKPino2025/*

Diese Eigenschaften machen fs-Systeme im 2-µm-Bereich besonders attraktiv für:

- **Gewebe- und Medizinanwendungen:** Hohe Absorption in Wasser und biologischem Gewebe erlaubt präzise Schnitte bei gleichzeitig geringer thermischer Belastung (z. B. ophthalmologische Laser, minimalinvasive Chirurgie).
- **Silizium-Photonik und IR-Optik:** 2-µm-Strahlung liegt im Transparenzfenster von Silizium und ermöglicht optische Signale in CMOS-kompatibler Umgebung. */AFS2025/*, */UKPino2025/*

Die **Bursttechnologie** für UKP-Laser stellt eine innovative Methode zur Optimierung der Leistungscharakteristika von Lasern dar, insbesondere bei hohen Intensitäten, wie sie bei fs-Lasern erforderlich sind. Ein Burst ist eine Anzahl von Impulsen, die zusammen in einem festgelegten Zeitrahmen abgegeben werden. Ein typischer Burst kann aus mehreren (oft zwischen 2 und 10) einzelnen Femto- oder Pikosekundenpulsen bestehen, die mit einer sehr kurzen Pulswiederholrate (typischerweise im Bereich von einigen GHz) aufeinanderfolgen. Die Burst-Dauer liegt dabei meist im Bereich von einigen Nanosekunden. Die genaue Anzahl der Impulse und das Intervall zwischen den Impulsen innerhalb eines Bursts werden je nach Anwendung optimiert.

Zwischen den Bursts besteht ein Inter-Burst-Intervall, das in der Regel im Bereich von Mikrosekunden bis Millisekunden liegt. Diese Pausen verhindern, dass das Material während der Impulsfolgen eine zu hohe thermische Belastung erfährt. Die Präzision und Flexibilität der Bursttechnologie gestatten eine sehr feine Abstimmung der Pulsparameter, sodass sowohl die Energie als auch die thermischen Effekte während der Materialbearbeitung kontrolliert werden können. Es gibt mehrere Parameter, die bei der Burstmodulation eine Rolle spielen:

- **Burst-Dauer:** Zeitspanne, in der mehrere Impulse zusammen abgegeben werden, wobei ein kurzer Burst weniger, ein längerer Burst mehrere Impulse integriert. Die Dauer des Bursts beeinflusst, wie schnell die Energie in das Material eingetragen wird.
- **Pulswiederholrate im Burst:** Die Frequenz, mit der die einzelnen Impulse innerhalb eines Bursts erzeugt werden, kann variieren. Eine starke Energieübertragung in sehr kurzer Zeit durch sehr hohe Pulsraten ist besonders vorteilhaft bei der Mikrobearbeitung.
- **Inter-Burst-Intervall:** Die Zeit zwischen aufeinanderfolgenden Bursts ist ein wesentlicher Parameter, da er die Möglichkeit zur Minimierung der thermischen Effekte bietet. Ein zu kurzes Inter-Burst-Intervall kann die Gefahr von Überhitzung und Schäden am Material erhöhen.
- **Anzahl der Impulse pro Burst:** Die Anzahl der Impulse in einem Burst wird in der Praxis angepasst, um die Bearbeitungsrate zu steuern. Mehr Impulse pro Burst führen zu einer höheren Leistungsdichte im Substrat, die insbesondere bei der Ablation von Material oder beim Erzeugen von Strukturen auf mikroskopischer Ebene erforderlich ist.

Die Bursttechnologie bietet eine Reihe von Vorteilen für die LMB:

- **Thermische Steuerung:** Einer der größten Vorteile ist die reduzierte thermische Belastung des Materials. Während ein kontinuierlicher Laserstrahl stetig Wärme auf das Material überträgt, erlaubt die Bursttechnologie eine zeitlich gestaffelte Energieübertragung. Die dadurch bedingte Abkühlung der Materialschichten zwischen den Bursts führt zu einer Verringerung thermischer Schäden.
- **Gezielte Ablation:** Bei der Materialbearbeitung durch Ablation (z. B. beim Bohren oder Schneiden von Materialien) wird die Energie effizient in das Material übertragen. Durch die Burstmodulation kann die Strahlung effizienter und kontrollierter in das Material eingetragen werden.
- **Präzision bei der Mikrobearbeitung:** Bei der Bearbeitung von Mikrostrukturen und beim Erzeugen feiner Strukturen auf Oberflächen kann die Bursttechnologie verwendet werden, um die Wechselwirkungen mit dem Material genau zu steuern. Die Impulse im Burst können so angepasst werden, dass sie spezifische Materialeigenschaften selektiv ansprechen, ohne die umliegenden Strukturen zu beschädigen.

Die Bursttechnologie ermöglicht auch eine erhöhte Materialablation bei gleichzeitig geringer Leistungsdichte, besonders relevant bei der Bearbeitung empfindlicher oder dünner Materialien. Diese Technik führt aufgrund der Bündelung der hohen Energien in den Impulsfolgen zu einer effizienten Materialentfernung, wodurch die Bearbeitungsgeschwindigkeit gesteigert werden kann und so der Einfluss thermischer Effekte auf das Material minimiert wird.

Ein weiterer entscheidender Vorteil der Bursttechnologie ist die hohe Flexibilität, die sie bei der Materialbearbeitung bietet. Die Burstparameter, wie die Anzahl der Impulse pro Burst, die Wiederholrate und das Intervall zwischen den Bursts, können dynamisch angepasst werden, um den spezifischen Anforderungen des Materials und der Anwendung gerecht zu werden. Diese Anpassungsfähigkeit ermöglicht es, die Laserbearbeitung optimal zu steuern, sei es für die Mikrobearbeitung, das Schneiden oder die Oberflächenmodifikation.

Auf dem **MOPA-Prinzip** beruhende UKP-Laser bieten die Möglichkeit, diese vorstehend diskutierte **Burstfunktion** mit Pulsabständen von 10 – 20 ns zu generieren. Eine spezielle Form, die **FlexBurst-Technologie**, gestattet, die Energieverteilung innerhalb eines Bursts frei vorzugeben. Im Beispiel im Bild 3.41 b besitzt jeder Impuls der Impulsfolge eine andere Amplitude bzw. Pulsenergie /*Timebandwidth2012*/.

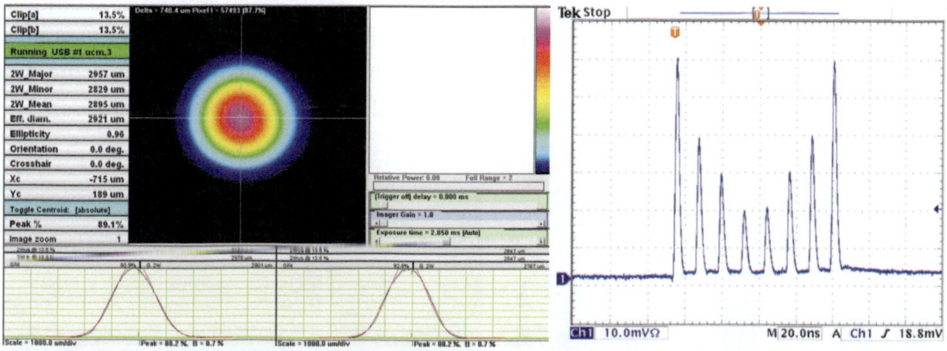

a) b)

Bild 3.41 Ausgewählte Strahleigenschaften eines ps-Lasers /*Timebandwidth2012*/.
a) Strahlprofildarstellung, b) Flexburst-Energieverteilung, innerhalb eines Bursts frei wählbar

Die Bursttechnologie der CARBIDE-Femtosekundenlaser von Light Conversion, bekannt als **BiBurst**, stellt eine fortschrittliche Modulationstechnik zur präzisen Steuerung der Laserimpulsstruktur dar. Die BiBurst-Technologie basiert auf dem Prinzip der Burst-in-Burst-Modulation. Dabei enthalten die einzelnen Bursts wiederum Züge von Impulsen, wodurch eine noch präzisere Steuerung der Energieübertragung und der Wechselwirkungen mit dem Material gegeben ist. Die BiBurst-Option bieten eine anpassbare Anzahl von Impulsen pro Burst, die je nach Anwendung und Materialanforderungen variiert werden kann. Zusätzlich ist eine schnelle Energieeinstellung für die Bildung beliebiger Impulsprofile bei der Laserwiederholrate verfügbar. */Lightconversion2025/*

Bild 3.42 a illustriert das BiBurst-Prinzip eines Ultrakurzpulslasersystems mit doppelter Burstdynamik, bei dem ein Burst auf zwei Zeitskalen strukturiert wird: ein MHz-Burst auf Mikrosekunden-Skala und ein darin eingebetteter GHz-Burst auf Nanosekunden-Skala. Die Impulsdauer ist zwischen 190 fs und 20 ps einstellbar, die Repetitionsrate reicht von 1 kHz bis 1 MHz. Wesentliche Freiheitsgrade sind die steuerbare Amplitudenmodulation innerhalb des Bursts sowie die anpassbare Anzahl von Pulsen auf beiden Skalen.

Die Messungen in Bild 3.42 b zeigen die Pulsstruktur eines BiBurst-Lasersystems auf zwei unterschiedlichen Zeitskalen, der MHz- und der GHz-Skala. In der oberen Bildreihe ist die Struktur eines Bursts, bestehend aus $N = 8$ Einzelpulsen mit einer Wiederholrate im MHz-Bereich, dargestellt. Jeder dieser Pulse zeigt eine spezifische Amplitudenverteilung innerhalb des Bursts, die gezielt variiert werden kann. Dabei reichen die intra-burst-Profile von linear abfallender Amplitudenmodulation (links), über symmetrische Verteilungen (Mitte) bis hin zu asymmetrischen Formen mit dominierenden Anfangspulsen (rechts). In der unteren Bildreihe ist die zeitliche Feinstruktur eines einzelnen Pulses aus der MHz-Pulsgruppe aufgelöst. Jeder dieser Einzelpulse besteht wiederum aus $P = 15$ Subpulsen im GHz-Bereich mit Pulsabständen im Bereich von etwa 100 ps. Die intra-burst-Struktur wird durch eine übergeordnete Hüllkurve charakterisiert, dargestellt durch die gestrichelten weißen Linien, die die modifizierte Amplitudenverteilung innerhalb des GHz-Bursts repräsentieren.

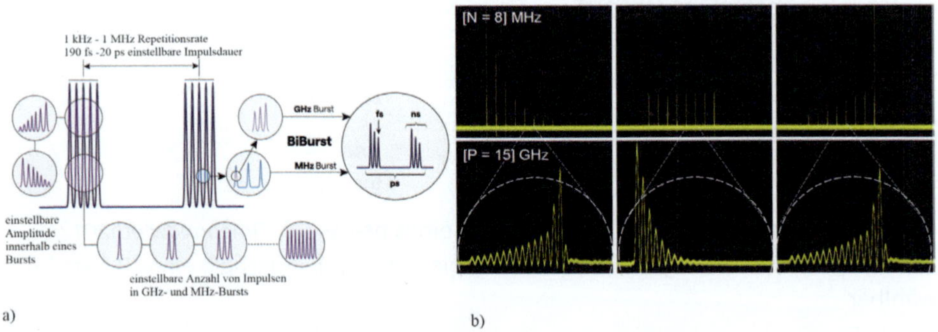

Bild 3.42 Schematische Darstellung des BiBurst-Modells für Ultrakurzpulslasersysteme © LightConversion Ltd. a) Prinzip der Erzeugung und Überlagerungen der Pulsfolgen, b) Pulsstruktur eines BiBurst-Systems: oben die MHz-Struktur eines Bursts mit $N = 8$ Pulsen, unten die GHz-Struktur eines Einzelpulses mit $P = 15$ Subpulsen

Die kontrollierte Gestaltung der intra-burst-Hüllkurve erlaubt eine präzise Steuerung der Energieeinbringung in das Targetmaterial. So können durch geeignete Modulation der Burstform thermische Effekte minimiert, nichtlineare Absorptionsprozesse (z. B. Mehrphotonenionisation) optimiert und die Effizienz der Materialbearbeitung signifikant gesteigert werden. Insbesondere bei der Bearbeitung transparenter Materialien sowie bei hochpräzisen Mikrobearbeitungsprozessen bietet die Kombination aus MHz- und GHz-Burststrukturen erweiterte Freiheitsgrade zur Optimierung der Prozessqualität.

In Bild 3.43 a wird die gemessene zeitliche Pulsform eines Einzelpulses dargestellt. Das Full Width at Half Maximum (FWHM) der Intensitätsverteilung beträgt 230 fs, was auf eine nahezu Fourier-limitierte Pulsform hindeutet. Die symmetrische Pulsstruktur ohne ausgeprägte Vor- oder Nachpulse impliziert eine hohe Qualität der Pulsformung sowie eine geringe Residualdispersion innerhalb des Lasersystems.

Bild 3.43 b zeigt das zugehörige optische Spektrum des Lasers mit einer spektralen Breite von 9,7 nm (bei FWHM) und einer Zentrierung bei etwa 1035 nm. Das Produkt aus Pulsdauer und spektraler Bandbreite lässt auf ein annähernd transformbegrenztes Pulsprofil schließen. Der leichte asymmetrische Verlauf des Spektrums kann auf einen Residualchirp oder eine geringe spektrale Modulation während der Pulskompression zurückgeführt werden.

Das Strahlprofil des Lasers im Fokusbereich illustriert Bild 3.43 c. Das nahezu kreisförmige, symmetrische Intensitätsverteilungsprofil mit homogener Energiedichteverteilung (TEM_{00}-ähnliches Profil) belegt die hohe Strahlqualität des Systems. Die elliptische Verzerrung ist minimal, die geringe Divergenz weist auf eine hohe M^2-Qualität hin, was insbesondere für präzise Mikromaterialbearbeitung und für die effiziente Anregung nichtlinearer Effekte essenziell ist.

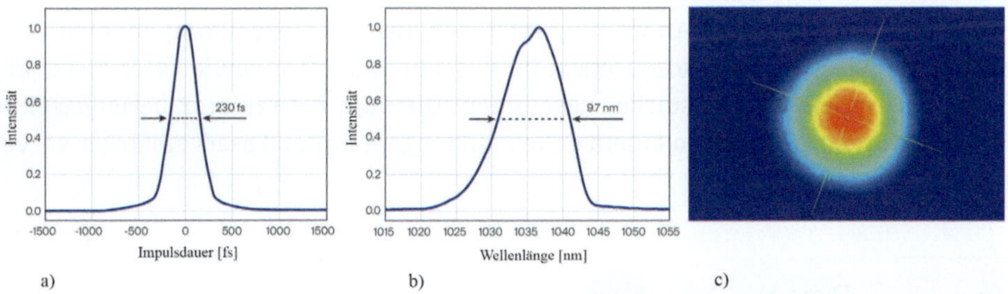

Bild 3.43 Strahleigenschaften des UKP-Lasersystems „CARBID" © LightConversion Ltd.
a) Pulsform eines Einzelpulses, b) spektrale Breite, c) Strahlprofil

Mit der sogenannten **Pulse-on-Demand-(PoD)-Funktion** moderner Ultrakurzpulslaser kann aus einem kontinuierlichen Impulszug gezielt ein einzelner Puls oder eine definierte Pulsgruppe selektiv ausgekoppelt werden. Diese Steuerung erfolgt durch ein externes digitales Triggersignal, wobei die Laserpulsbildung im Oszillator kontinuierlich erfolgt. Die Selektion wird typischerweise über einen schnellen akusto-optischen Modulator-(AOM)- oder elektro-optischen Modulator-(EOM)-System realisiert. Dabei bleibt die Pulsenergie der ausgewählten Impulse konstant, da diese nicht im Laser selbst moduliert, sondern nachgeschaltet selektiert werden. So lässt sich ein pulsgenaues Schalten ohne Vor- oder Nachpulse gewährleisten – ein entscheidender Vorteil gegenüber Systemen mit Startimpuls-Problematik (First Pulse Overshoot).

Zudem kann durch Anlegen eines analogen Steuersignals eine dynamische Pulsabschwächung oder Pulsenergiekontrolle vorgenommen werden, wodurch flexible Prozessanpassungen innerhalb einer Bearbeitungsstrategie ermöglicht werden. Diese Funktionen sind u. a. bei Pikosekundenlasern verfügbar und werden in der selektiven Mikromaterialbearbeitung und beim strukturierenden Abtrag genutzt (siehe auch Kapitel 7). */lumentum2025/*; */Förs2021/*

Faserverstärkte UKP-Lasersysteme zeichnen sich durch sehr hohe Strahlqualitäten, einen kompakten Aufbau und hohe erzielbare Wirkungsgrade aus. Durch spezielle Entwicklungen neuer Faserdesigns konnte die Zerstörschwelle der Fasern wesentlich erhöht werden. Die faserbasierten fs-Laser können dadurch eine Verstärkung der Impulse in vergleichbaren Größenordnungen wie bei kristallbasierten Systemen erreichen und bieten eine besonders hohe Strahlqualität (typ. $M^2 < 1{,}2$), einen kompakten, robusten Aufbau und eine hohe Energieeffizienz (optisch-optisch $> 30\,\%$). Dank kontinuierlicher Fortschritte in der Fasertechnologie, insbesondere durch neue Faserkonzepte wie die beschriebenen Large-Mode-Area-(LMA)-Fasern, Photonic Crystal Fibers (PCF) und Chirped-Pulse Fiber Amplifiers (CPFA) konnte die zerstörungsfreie Verstärkung ultrakurzer Pulse auf ein Niveau gehoben werden, das in vielen Parametern mit kristallbasierten Verstärkern (z. B. Yb:YAG, Yb:LuAG) vergleichbar ist und diese teilweise übertrifft.

Den Aufbau eines **fs-Lasers** mit einem Faserverstärker veranschaulicht Bild 3.44. Die exemplarisch vorgestellte Anordnung setzt sich aus den Systemkomponenten fs-Oszillator, Pulsstrecker und -kompressor, Pulsselektion, Isolator sowie Faservorverstärker und Faserleistungsverstärker zusammen. Die vom fs-Oszillator bereitgestellten Impulse werden zunächst in einem ersten diodengepumpten Faserverstärker vorverstärkt.

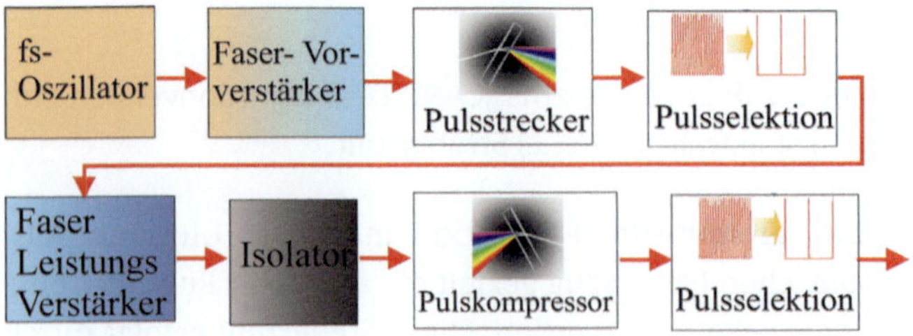

Bild 3.44
Schematischer Aufbau eines faserbasierten Femtosekundenverstärkersystems nach */Laser2000–2012/*

Um den Leistungsverstärker zu schützen, erfahren die fs-Impulse durch einen Pulsstrecker eine Pulsdauerverlängerung auf 200 – 300 ps. Die sich anschließende Pulsselektionseinheit reduziert die Oszillatorrepetitionsrate auf 100 kHz–25 MHz (frei wählbar). Die einlaufenden Impulszüge lassen sich in der zweiten Verstärkerstufe (spezielle LMA-Faser) auf die geforderte Impulsenergie verstärken. Nach Verlassen des Verstärkers werden die Impulse mit einem Kompressor auf eine Impulsdauer < 500 fs verkürzt. Eine sich anschließende Pulsselektionseinheit gestattet die flexible Einstellung der Pulsrate bis 2 MHz. Analog den ps-Lasersystemen kann optional auch für die fs-Laser eine Wellenlängenkonversion eingesetzt werden.

Folgend sind ausgewählte Laser- und Strahlparameter des diskutierten faserbasierten fs-Lasersystems aufgeführt. Die mit dem Autokorrelationsverfahren (vgl. Kapitel 4) gemessenen Impulslängen der Strahlung (FWHM) verfügen über minimale Werte von 350 fs. Die Impulsdauer lässt sich bis in den ps-Bereich flexibel variieren. Die sehr hohe Strahlqualität der fs-Laser ist gekennzeichnet durch eine Beugungsmaßzahl $M^2 < 1{,}3$ über den gesamten Repetitionsbereich, wodurch eine wesentliche Voraussetzung für die Applikationen der Mikromaterialbearbeitung gegeben ist.

Laser- und Strahlparameter	
Wellenlänge:	1030 nm (±5 nm)
Repetitionsrate:	Einzelpuls – 2 MHz (flexibel einstellbar)
Pulsenergie:	100 µJ (200 kHz)
Pulsdauer:	typisch 350 fs – 10 ps (einstellbar)
Ausgangsleistung:	20 – 2000 W
Strahlqualität:	$M^2 < 1{,}2$
Wellenlängenkonversation:	515 nm (Effizienz > 50 %) 343 nm (Effizienz > 15 – 20 %)

Des Weiteren wurden mehrere technologische Fortschritte im Bereich faserverstärkter fs-Lasersysteme erzielt. Insbesondere ermöglichen neu entwickelte FCPA-Systeme mit Doppelkern-Fasern nun die zuverlässige Erzeugung von Pulsenergien über 250 µJ bei Repetitionsraten zwischen 100 und 500 kHz. Diese Konfigurationen zeichnen sich durch eine optimierte Modenführung und deutlich erhöhte Zerstörschwellen im Verstärker aus und sind besonders für industrielle Hochdurchsatzanwendungen relevant.

Parallel dazu erweitern Thulium- und Holmiumfaserverstärker das verfügbare Spektrum im Wellenlängenbereich um 2 µm, was insbesondere für Applikationen in der Medizintechnik sowie in der Silizium- und Kunststoffbearbeitung von Bedeutung ist. Die längeren Wellenlängen bieten Vorteile hinsichtlich reduzierter Streuung in biologischen Geweben und effizienterer Absorption in bestimmten Materialien.

Ytterbium-dotierte Fasern (Yb^{3+}) zeigen ein Verstärkungsmaximum um 1030 nm mit einer relativ schmalen spektralen Bandbreite von etwa 50 nm und sind dadurch prädestiniert für leistungsstarke Ultrakurzpulslasersysteme im nahinfraroten Bereich. **Thulium-dotierte Fasern (Tm^{3+})** bieten eine deutlich breitere Verstärkungsbandbreite von etwa 1800 nm bis 2000 nm, was eine hohe spektrale Flexibilität im 2-µm-Wellenlängenbereich prinzipiell erlaubt. **Holmium-dotierte Fasern (Ho^{3+})** ergänzen dieses Spektrum mit einem Verstärkungsmaximum bei rund 2070 nm und einer moderaten Bandbreite, die insbesondere für Anwendungen in der IR-Spektroskopie und in der Medizintechnik von Bedeutung ist. Diese dotierungsabhängige Vielfalt ermöglicht die gezielte Anpassung faserbasierter Lasersysteme an spezifische Anwendungen im Bereich der Ultrakurzpulstechnologie. An Tm^{3+}-dotierten Lasersystemen wird derzeit intensiv geforscht, um die erreichbaren mittleren Laserleistungen signifikant zu steigern und damit neue Anwendungen im Bereich der Ultrakurzpulslasertechnologie zu erschließen */ukpiño2025/*.

Einen weiteren Entwicklungsschwerpunkt markieren faserbasierte fs-Systeme mit Repetitionsraten über 10 MHz, die in Kombination mit Multipass-Kompressionseinheiten (MPC) Pulse mit einer Dauer < 100 fs bei durchschnittlichen Leistungen > 80 W liefern. Diese Quellen eignen sich insbesondere für Anwendungen mit hohen spektralen Anforderungen, z. B. in der Hochharmonischen Erzeugung (HHG), der Attosekundenphysik sowie in der frequenzkammgestützten Präzisionsmetrologie.

Schließlich lässt die Integration nichtlinearer Verstärkerkonzepte – insbesondere FOPA (Fiber Optical Parametric Amplifiers) – die zusätzliche Kompression der Pulse auf < 50 fs bei gleichzeitig hoher spektraler Stabilität und Energieeffizienz zu. Diese Entwicklungen zeigen, dass moderne faserverstärkte fs-Lasersysteme nicht nur eine skalierbare Alternative zu kristallbasierten Verstärkern darstellen, sondern auch zunehmend in Parameterbereiche vordringen, die bislang nur durch komplexe OPCPA- oder Ti:Sa-Systeme zugänglich waren.

Auf weitere detaillierte Informationen zu den verschiedenen UKP-Lasersystemen wird an dieser Stelle auf */coherent2025/*, */laser2000–2012/*, */newport2012/* und */lumentum2025/*, */trumpf2025/* verwiesen.

Übungsaufgaben zum Kapitel 3

(Die dazugehörigen Lösungen finden Sie auf *plus.hanser-fachbuch.de*.)

1. **Aufgabe:** Wellenlängenbereiche von Laserstrahlungsquellen

   Nennen und begründen Sie die typischen Wellenlängenbereiche folgender Laserquellen:

   - Excimerlaser (z. B. ArF, KrF, F_2),
   - Nd:YAG-Laser,
   - Yb:Faserlaser,
   - Diodenlaser für blaue Emission,
   - Thuliumlaser.

   Hinweis: Diskutieren Sie die zugrundeliegenden Übergänge und deren Anwendungspotenzial.

2. **Aufgabe:** Pumpkonzepte und Architektur

   Vergleichen Sie die Pumpgeometrien von Scheiben-, Faser- und Stablasern hinsichtlich:

   - Energieeintrag (räumlich und spektral),
   - Absorption und thermischem Management,
   - Skalierbarkeit der Ausgangsleistung.

   Skizzieren Sie eine typische Pumpkavität eines Scheibenlasers mit parabolischem Lochspiegel.

3. **Aufgabe:** Diodenlaser im Wellenlängenbereich $\lambda = 445 - 460$ nm

   Beschreiben Sie das physikalische Prinzip, mit dem diese Diodenlaser realisiert werden. Welche Vorteile bietet diese Wellenlänge gegenüber UV-Festkörperlasern oder Excimerlasern bei der Bearbeitung von Kupfer?
   Bewerten Sie die Anwendungsmöglichkeiten in der Lasermaterialbearbeitung anhand der Strahlparameter und der Leistungsdaten.

4. **Aufgabe:** PoD-Funktion (Pulse on Demand)

   Erläutern Sie das Funktionsprinzip der Pulse-on-Demand-Technologie moderner Kurzpulslaser. Warum ist die konstante Einzelpulsenergie bei niedrigen Wiederholraten prozessrelevant?
   Diskutieren Sie typische Einsatzbereiche dieser Technik (z. B. selektives Abtragen, Mikrostrukturierung).

5. **Aufgabe:** Nanosekunden-Pulslaser

   Ein diodengepumpter Nd:YVO_4-Laser mit Q-Switch erzeugt 100 ns lange Pulse bei 1064 nm. Gegeben:

   - Repetitionsrate: 20 kHz,
   - Einzelpulsenergie: 0,5 mJ.

   Berechnen Sie:

   a. die mittlere Ausgangsleistung,
   b. die Spitzenleistung pro Puls,
   c. den optisch-optischen Wirkungsgrad, wenn 40 W Diodenleistung zur Verfügung stehen.

6. **Aufgabe:** Polarisation bei Faserlasern

   Erklären Sie die Ursachen für Polarisationszustände bei Faserlasern. Was versteht man unter einer PM-Faser und warum ist deren Einsatz für UKP-Laser vorteilhaft?

7. **Aufgabe:** UKP-Laserarchitekturen

   Skizzieren und erläutern Sie den typischen Aufbau eines UKP-Lasersystems (z. B. TruMicro-Serie). Was spricht für eine hybride Architektur aus faserbasiertem Oszillator und freistrahlbasiertem Verstärker? Recherchieren Sie typische Parameter wie:

   - Pulsdauer,
   - Pulsenergie,
   - Repetitionsrate,
   - mittlere Leistung.

8. **Aufgabe:** Architektur von Faserlasern

   Ein Yb-dotierter Faserlaser basiert auf einer koaxialen Doppelkerndesignfaser mit großem Modefelddurchmesser.

   a. Erläutern Sie den Unterschied zwischen Singlemode- und LMA-Fasern hinsichtlich Strahlqualität und Leistungsskalierung.
   b. Diskutieren Sie den Einfluss des Faserdesigns (z. B. Lieked-Core, PCF) auf Modenführung, thermisches Management und Polarisationsstabilität.
   c. Welche Rolle spielen Pumpkoppler und Bragg-Gitter in modernen Faserlasersystemen?

9. **Aufgabe:** Chirped Pulse Amplification (CPA)

   a. Erläutern Sie das Prinzip der CPA und deren Relevanz für UKP-Lasersysteme.
   b. Warum ist eine zeitliche Streckung (Dispersionsmanagement) des Pulses vor der Verstärkung notwendig?
   c. Welche optischen Komponenten werden typischerweise zur Streckung und Kompression verwendet?
   d. Diskutieren Sie die Herausforderungen bei der Faser-CPA-Implementierung im Vergleich zur Freistrahl-CPA.

10. **Aufgabe:** Vergleich industrieller Lasertypen für die Materialbearbeitung

    Vergleichen Sie folgende Laserquellen hinsichtlich Wirkprinzip, technologischer Realisierung und typischer Anwendungen:

    - Excimerlaser (z. B. ArF, KrF),
    - Faserlaser (Yb-dotiert),
    - Scheibenlaser (Yb:YAG),
    - CO_2-Laser (z. B. $\lambda = 10{,}6\,\mu m$).

    Füllen Sie dazu die folgende Tabelle aus und ergänzen Sie jeweils drei typische Anwendungen pro Lasertyp.

Tabelle 3.13 Vergleich verschiedener Lasersysteme

Kriterium	Excimerlaser	Faserlaser (Yb)	Scheiben-laser (Yb:YAG)	CO_2-Laser
Verstärkermedium				
Pumpquelle				
Wellenlänge (typisch)				
Pulsdauer				
Strahlqualität (SPP)				
opt. Effizienz [%]				
thermisches Management				
Leistungsskalierung				
Kosteneffizienz				
Typische Anwendungen				

4 Laserstrahleigenschaften und -parameter

Die **Eigenschaften** der Laserstrahlung lassen sich in **räumliche** und **zeitliche** Merkmale unterscheiden. Sie beschreiben u. a. das Ausbreitungsverhalten der Strahlung, das Kohärenzverhalten, die Strahlqualität oder aber die Polarisation. Die verschiedenen **Strahlparameter** kennzeichnen die physikalischen Größen der elektromagnetischen Strahlung. Wichtige Parameter sind Wellenlänge, Leistung, Energie, Intensität und die einzelnen Pulsparameter (pw-Betrieb). Zusätzlich finden eine Reihe von Beschreibungsformen für den Laserstrahl Anwendung, die z. T. ganz speziell für die Lasertechnik eingeführt wurden. Verwendet werden Begrifflichkeiten wie Strahlparameterprodukt, Brillanz und Isophoten, um nur einige zu nennen.

Für die Lasermaterialbearbeitung ist die Kenntnis der Eigenschaften sowie der einzelnen Parameter des Laserstrahles eine wichtige Voraussetzung für die Optimierung und die Reproduzierbarkeit des Bearbeitungsprozesses. Im zweiten Kapitel wurden die Strahlentstehung und wichtige Kenngrößen des Resonators diskutiert. Darauf aufbauend werden in diesem Kapitel signifikante Eigenschaften und Parameter des Laserstrahles von der Auskoppeloptik bis zum Bearbeitungsort beschrieben.

Bei dem Laserstrahl, der den Resonator verlässt, spricht man zunächst vom sogenannten **Rohstrahl**, der alle typischen Eigenschaften und Parameter aufweist, die durch den Resonator und die Anregungsprozesse vorgegeben sind. Wichtige Größen für seine Beschreibung sind in Bild 4.1 zusammengefasst. Diese Informationen sind sowohl für den Laserhersteller, aber auch für den Anwender interessant, um den Laserstrahl an die Bearbeitungserfordernisse (Fokusdurchmesser, Strahlverteilung, Rayleigh-Länge etc.) anpassen zu können. Mithilfe der Strahlformung und -führung werden die geforderten Strahleigenschaften eingestellt und an den gewünschten Bearbeitungsort geführt. Diesen Strahl bezeichnet man als **geformten** oder auch **fokussierten** Strahl.

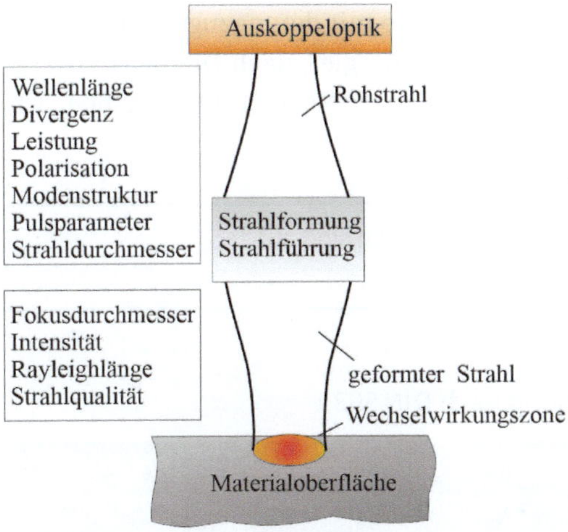

Bild 4.1
Signifikante Strahlparameter

Für die jeweiligen Parameter des Rohstrahls wird „0" als Index verwendet (z. B. w_0, z_0), für den fokussierten Strahl „f" (z. B. w_f, z_f). In den folgenden Abschnitten werden ausgewählte Verfahren der Diagnostik von Laserstrahlungsparametern kurz beschrieben. Die einzelnen Gerätelösungen sind teilweise so umfangreich und auch speziell, dass keine komplette Übersicht der vielfältigen Lösungen gegeben werden kann. Es sei deshalb auf die Datensammlungen und Informationen der Hersteller verwiesen, z. B. */coherent2025/*, */lasercomponents2025/*, */newport2025/*, */primes2025/*, */ophir2025/* und */qioptiq2025/*.

4.1 Wellenlänge und Bandbreite

Die **Wellenlänge** der Strahlung wird durch den Laserübergang im aktiven Medium und den Resonator bestimmt. Bei einer Vielzahl von aktiven Medien sind verschiedene Übergänge möglich, sodass der Laser auf unterschiedlichen Wellenlängen (Linien) anschwingen kann. Verschiedene Lasersysteme können auch auf mehreren Linien gleichzeitig anschwingen, wenn keine entsprechenden Maßnahmen vorgenommen werden. Es wird dann vom sogenannten **Mehrlinien- bzw. Multimodebetrieb** gesprochen. Viele Laser zeigen eine Abhängigkeit der Emissionswellenlänge von den Betriebsparametern, insbesondere der Temperatur, was zu einem instabilen Betrieb (Modenspringen) führen kann. Spezielle Stabilisierungsmaßnahmen müssen dementsprechend ergriffen werden.

In der Praxis werden Resonatorspiegel eingesetzt, die schmalbandig mit dielektrischen Schichten verspiegelt sind, sodass nur eine Laserlinie anschwingen kann. Für das Erzeugen von kurzen Laserimpulsen ist dagegen der multimodige Laserbetrieb erforderlich, um über Modenkopplung sehr kurze Impulszüge generieren zu können.

In Tabelle 4.1 sind die klassifizierten **Spektralbereiche** mit den dazugehörigen Wellenlängen, Frequenzen, Wellenzahlen und Photonenenergien nach DIN 5031 zusammengestellt. Zunehmend wird diese durch internationale Normen wie IEC 60825-1, ISO 21348, CIE S 017/E und die ICNIRP-Richtlinien ergänzt.

Weitere Ausführungen zu den Normen und Richtlinien sind auf *plus.hanser-fachbuch.de* bereitgestellt.

Tabelle 4.1 Einteilung der optischen Strahlung nach DIN 5031

Spektralbereiche		Kurzzeichen			Wellenlänge λ [nm]	Frequenz ν [THz]	Wellenzahl σ [mm^{-1}]	Photonenenergie Q_e [eV]
Ultraviolette Strahlung	Vakuum-UV	UV	UV-C	VUV	100 – 200	3000 – 1500	10 000 – 5000	12,4 – 6,2
	Fernes UV			FUV	200 – 280	1500 – 1070	5000 – 3600	6,2 – 4,4
	Mittleres UV		UV-B		280 – 315	1070 – 950	3600 – 3200	4,4 – 3,9
	Nahes UV		UV-A		315 – 380	950 – 790	3200 – 2600	3,9 – 3,3
Sichtbare Strahlung		VIS			300 – 780	790 – 385	2600 – 1300	3,3 – 1,6
Infrarot-Strahlung	Nahes IR	IR	NIR	IR-A	780 – 1400	385 – 215	1300 – 700	1,6 – 0,9
				IR-B	1400 – 3000	215 – 100	700 – 330	0,9 – 0,4
	Mittleres IR		IR-C	MIR	3000 – 50 000	100 – 6	330 – 20	0,4 – 0,025
	Fernes IR			FIR	$500 \cdot 10^2 - 10^6$	6 – 0,3	20 – 1	0,025 – 0,001

Die Wellenlänge λ, die Frequenz ν und die Wellenzahl σ sind über folgende Beziehung verknüpft:

$$\sigma = \frac{\nu}{c} = \frac{1}{\lambda} \tag{4.1}$$

c Lichtgeschwindigkeit

Die **Wellenzahl** wird in der Einheit cm^{-1} bzw. mm^{-1} angegeben und gibt die Anzahl der Schwingungen einer Welle pro Zentimeter an.

Die Photonenenergie Q_e lässt sich direkt aus der Wellenlänge über folgende Gleichung berechnen

$$Q_e = h\frac{c}{\lambda} \tag{4.2}$$

h Plancksches Wirkungsquantum

In Kapitel 2 wurde bereits ausgeführt, dass die Laserübergänge eine gewisse Bandbreite aufweisen und nicht spektral scharf sind. Innerhalb dieser **Bandbreite** kann sich in Abhängigkeit von der Resonatorkonfiguration eine bestimmte Anzahl von longitudinalen Moden ausbilden. In Ergänzung zum Kapitel 2 werden in Bild 4.2, in Anlehnung an die DIN EN ISO 13695, die wichtigsten spektralen Parameter veranschaulicht.

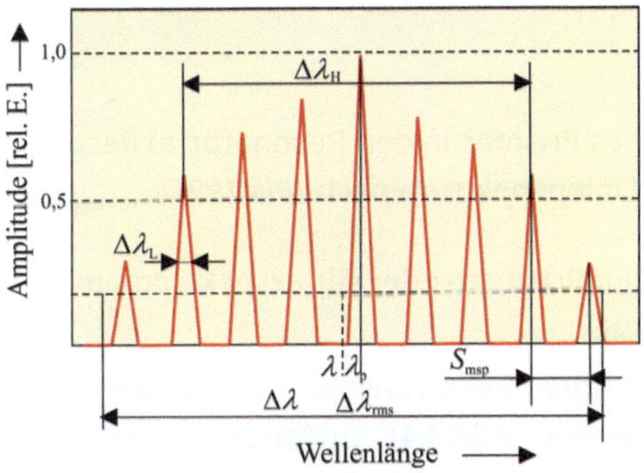

Bild 4.2 Darstellung signifikanter spektraler Parameter DIN EN ISO 13695
$\Delta\lambda$ Spitzen-Emissionswellenlänge, $\Delta\lambda_L$ spektrale Linienbreite (FWHM*), $\Delta\lambda_H$ spektrale Bandbreite (FWHM*), $\Delta\lambda_{rms}$ quadratischer Mittelwert der spektralen Bandweite, S_{msp} Modenabstand, λ_P Spitzen-Emissionswellenlänge, *FWHM – Full width at half maximum

Eine weitere selektive Maßnahme für die Gewährleistung eines **Monomodebetriebs** ist die Integration von winkeldispersiven Komponenten, z. B. Gitter oder Prisma, in den Resonator. Bild 4.3 a veranschaulicht die Integration eines Prismas in einen CO_2-Laser. Selektierende Komponenten „zwingen" den Laser, dass er nur auf einer Wellenlänge anschwingen kann. Das heißt, dass für eine gewählte CO_2-Laser-Wellenlänge die Differenz zwischen Verstärkung und Verlusten im Resonator größer sein muss als für alle anderen Linien, unabhängig davon, ob es eine „starke" Linie mit hoher Verstärkung im Lasermedium oder eine „schwache" mit sehr niedriger Verstärkung ist. Anderenfalls führen Konkurrenzprozesse im Laser unvermeidlich zum Anschwingen unerwünschter Wellenlängen. */Stau1986/*

Das eingesetzte Prisma kann gleichzeitig eine gewisse **Durchstimmbarkeit** der Linien des Lasers ermöglichen, wenn der Endspiegel justierbar angeordnet wird.

Bild 4.3 b zeigt das gemessene **Linienspektrum** für einen 400-W-CO_2-Laser. Prinzipiell existieren über hundert diskrete Linien in einem Spektrum zwischen 9 und 11 µm.

Für die Messung der Wellenlänge, der Bandbreite sowie der Wellenlängenstabilität werden in der DIN EN ISO 13695 unterschiedliche Prüfniveaus vorgeschlagen. Diese beziehen sich auf die Laserarten mit jeweils unterschiedlichen spektralen Eigenschaften, die sich in folgende Gruppen aufteilen:

- Laser mit großer Bandbreite,
- Multimodelaser (mit stabiler Modenstruktur) und
- Singlemodelaser.

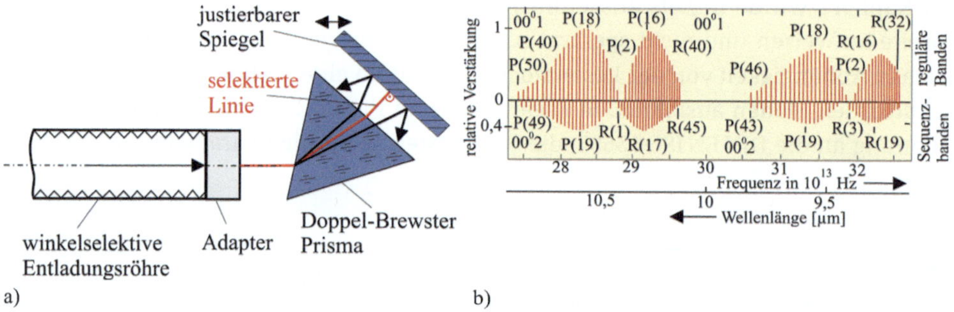

Bild 4.3 Linienselektion durch Integration eines Prismas in den Resonator. a) Resonatoranordnung mit Prisma, b) gemessenes Linienspektrum nach */Blie1996/*

Zur Messung der spektralen Parameter werden Prismen- oder Gitterspektrometer mit typischen Auflösungen von ca. 1 nm eingesetzt.

Für höherauflösende Messanforderungen finden holografische oder Blaze-Gitter-monochromatoren sowie **Fizeau-Interferometer** (Bild 4.4) Anwendung. Bevor der Laserstrahl auf das Fizeau-Interferometer trifft, wird er über eine Faser in das Messsystem eingekoppelt und mit zwei Spiegeln kollimiert. An den beiden teilverspiegelten Interferometeroptiken entstehen zwei Phasenanteile, deren Wellenfronten zur Interferenz gebracht werden. Das erzeugte Interferenzmuster wird im weiteren Strahlengang durch eine Zylinderlinse auf eine CCD-Zeile oder Photodiodenzeile abgebildet. Die Signaldaten werden über eine Schnittstelle an einen Computer übertragen und ausgewertet. Die Messsoftware vergleicht das gemessene Interferenzmuster mit einem kalibrierten Interferogramm und berechnet die Wellenlänge des Messstrahles. */Highfinesse2012/*, */highfinesse2025/*

Das Messbeispiel in Bild 4.4 b zeigt die spektralen Eigenschaften eines Nd:YAG-Lasers. Im unteren Interferenzmuster ist die **Fizeau-Charakteristik** gut erkennbar, es ist nicht symmetrisch und enthält Nebenmaxima. Bei der Justage des Interferometers wählt man einen Kompromiss zwischen guter Fokussierung, erreichbarer Finesse (Kriterium für das spektrale Auflösungsvermögen des Interferometers) und möglichst kleiner Signalamplituden der Nebenmaxima. */Highfinesse2012/*

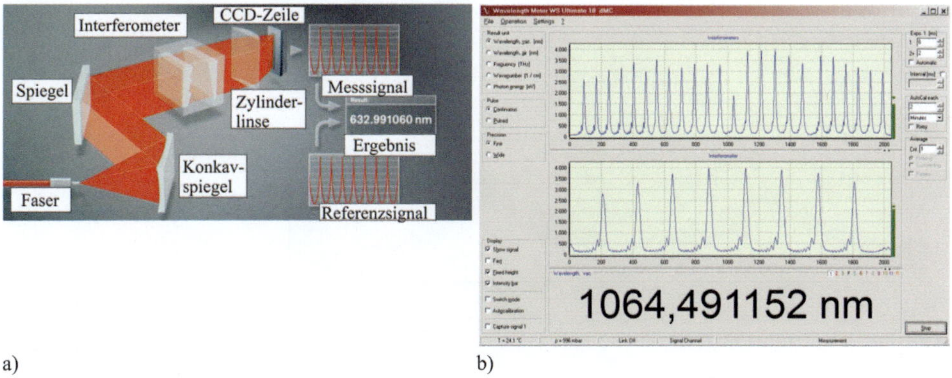

Bild 4.4 Fizeau-Interferometer-Anordnung zur Bestimmung der spektralen Eigenschaften © HighFinesse GmbH. a) Grundanordnung, b) Programmoberfläche mit typischen Interferenzmustern

Diese Messsysteme sind sowohl für den Einsatz von kontinuierlichen als auch gepulsten Lasersystemen geeignet und erfassen mit verschiedenen Geräteklassen einen Wellenlängenbereich von 192 nm bis 11 µm. Für FSR-Werte (free spectral range) in einem Bereich von 2 GHz bis 5 THz sind absolute Messgenauigkeiten von 5 GHz bis hin zu 2 MHz erreichbar.

Fizeau-Interferometer können auch in Kombination mit einem PID-Regler (Proportional-Integral-Derivative) für eine sehr genaue online Laserregelung verwendet werden, um bspw. einen stabilen Laserbetrieb bei schwankenden Einflussgrößen zu erzielen. Das Dialogfenster in Bild 4.5 a dient der Vorauswahl der Laserregelung zur allgemeinen Stabilisierung und der Programmierung beliebiger Kurvenverläufe (z. B. Treppenfunktion). In Bild 4.5 b sind dreiecksmodulierte Sinusverläufe abgebildet. Der obere Kurvenverlauf stellt das gemessene Ergebnis der Laserregelung dar, während die untere Kurvendarstellung die vom PID-Regler ausgegebene Regelungsspannung veranschaulicht. Für diesen so modulierten DFB-Laser, emittierend auf einer Wellenlänge von 780 nm, ergibt sich eine Maximalabweichung von kleiner 1,3 MHz über den gesamten Zeitbereich. Bei **Stabilisierungen** auf feste Wellenlängen werden etwa 500 kHz Maximalfehler erreicht (Standardabweichung ~ 150 kHz). */Highfinesse2012/*

Aktuelle Fizeau-Interferometer bieten eine absolute Messgenauigkeit von bis zu 60 MHz. Die unterstützten Wellenlängenbereiche wurden erweitert und umfassen Spektralbereiche von 192 nm bis 11 µm, abhängig vom jeweiligen Gerätemodell. Moderne Systeme bieten Funktionen zur Programmierung beliebiger Kurvenverläufe (z. B. Treppenfunktionen) und erreichen Stabilitäten mit Maximalabweichungen von unter 1,3 MHz über den gesamten Zeitbereich. */highfinesse2025/*

Die **Wellenlänge** beeinflusst direkt zwei charakteristische Prozessgrößen:

1. das Absorptionsvermögen der zu bearbeitenden Materialien und
2. die Fokussierbarkeit der Laserstrahlung, d. h., der minimal erreichbare Strahldurchmesser ist proportional zur Wellenlänge (vgl. Abschnitt 4.6).

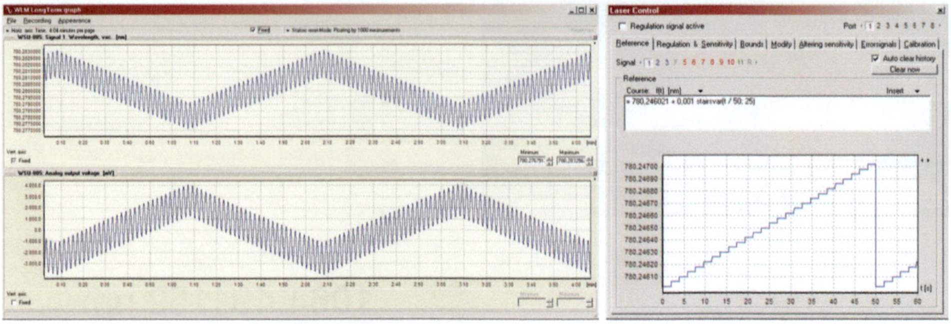

a) b)

Bild 4.5 Laserkontrollfunktion © HighFinesse GmbH. a) Dialogfeld Laserregelung, b) PID-Funktion eines modulierten DFB-Lasers

Aufgrund der Abhängigkeit der optischen Materialeigenschaften von der Wellenlänge müssen die optischen Komponenten zur Strahlführung und -formung in den Laseranlagen auf die jeweilige Arbeitswellenlänge unbedingt abgestimmt werden (vgl. Kapitel 6).

4.2 Laserleistung, Energie und Impulsparameter

Die **Strahlleistung *P*** ist die vom Laser pro Zeiteinheit emittierte optische Energie. Man spricht auch oft von der Laserausgangsleistung, also dem Leistungswert, der unmittelbar nach der Auskoppeloptik gemessen wird. Laserhersteller spezifizieren mit der verfügbaren maximalen Ausgangsleistung P_{max} die Laserklasse und den garantierten Maximalwert. In der Lasermaterialbearbeitung wird auch häufig der Laserleistungswert angegeben, der direkt am Werkstück P_{Werk} verfügbar ist. Dieser Wert ist stets kleiner, da durch die optischen Komponenten der Strahlführung und -formung immer Strahlungsverluste auftreten.

Des Weiteren muss unterschieden werden, ob der Laser kontinuierlich oder gepulst betrieben wird. Während im cw-Betrieb die Strahlleistung kontinuierlich zur Verfügung steht, ist der pw-Betrieb durch eine diskontinuierliche Leistungsabgabe gekennzeichnet.

Bei der Angabe der Strahlleistung im gepulsten Betrieb ist zu unterscheiden zwischen

- mittlerer Strahlleistung P_L (vom Laser emittierte integral gemessene Leistung),
- Pulsleistung P_{LP} (zeitlich gemittelte Strahlleistung eines Laserpulses) und
- Pulsspitzenleistung P_{LM} (maximale Strahlleistung eines Laserpulses während der Pulsdauer τ_{LP}).

Ein wichtiger Strahlparameter, zur Charakterisierung von Laserimpulsen ist die **Energie** E. Berechnet wird sie aus dem Produkt aus Leistung P und Zeit t und kann entsprechend dem Leistungsverlauf über die Pulsdauer wie folgt bestimmt werden:

$$E = \int_{t_0}^{t_{\text{imp}}} P(t) \cdot \mathrm{d}t \qquad (4.3)$$

t_0 Impulsbeginn; t_{imp} Impulsende

Wichtige **Impulsparameter** werden in Bild 4.6 gezeigt. Die Impulse können je nach verwendetem Laser und der Impulsdauer sehr unterschiedliche Formen aufweisen. Die dargestellte Impulsform unterteilt sich in zwei Bereiche: die stark ansteigende und leistungsüberhöhte Impulsspitze und den flachauslaufenden leistungserniedrigten Impulsbereich. Diese Impulsformen treten bspw. bei Güteschaltungsimpulsen auf. Zu den wichtigsten Parametern einer **Impulsfolge** zählen:

- τ_{LP} – Pulsdauer: maximales Zeitintervall, innerhalb dessen die Strahlleistung größer als die Hälfte der Pulsspitzenleistung ist,
- P_{LP} – mittlere Pulsleistung: Quotient aus Pulsenergie E und Pulsdauer τ_{LP} und
- P_{LM} – Impulsspitzenleistung.

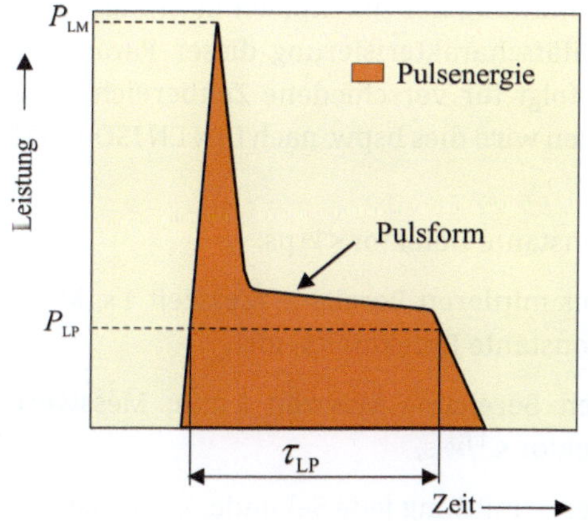

Bild 4.6
Darstellung signifikanter Impulsparameter

Teilweise sind in der Literatur auch andere Abkürzungen und Symbole für die Leistungsangabe und Impulskenngrößen zu finden.

Die Darstellung des zeitlichen Verlaufes der Laserbetriebsarten erfolgte in Kapitel 2. In Ergänzung zu Bild 2.20 werden in der Grafik in Bild 4.7 die wichtigsten Parameter einer Impulsfolge dargestellt.

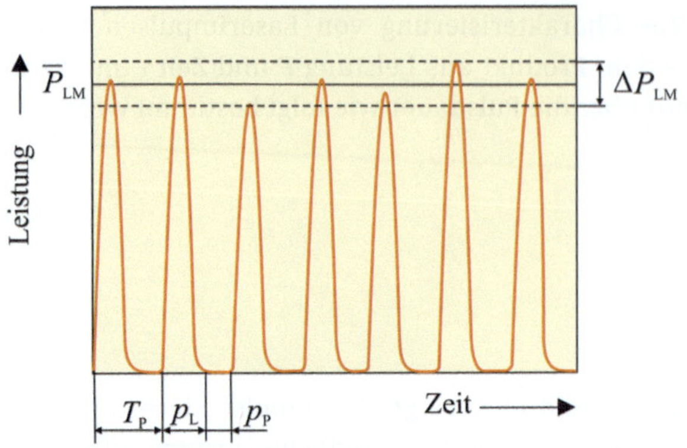

Bild 4.7 Wichtige Strahlparameter einer Impulsfolge

Periode T_P kleinstes Intervall der Zeit, nach dem sich der periodische Vorgang wiederholt

$\overline{P}_{LM}$ mittlere Impulsspitzenleistung

Impulsstabilität ΔP_{LM} Differenz zwischen kleinster und größter Impulsspitzenleistung

Pulslänge p_L Zeit der Impulsfolge, in der $P > 0$ ist

Pulspause p_P Zeit der Impulsfolge, in der $P = 0$ ist

Pulsfolgefrequenz ν_P Anzahl der Laserimpulse pro Sekunde

Tastverhältnis *TV* Verhältnis von Pulsdauer zur Summe aus Pulsdauer und Pulspause

Sowohl Laserhersteller als auch Anwender führen regelmäßig **Laserleistungsmessungen** bzw. **Laserenergiemessungen** bei gepulsten Systemen durch. Dies dient einerseits zur Messung absoluter Werte (Ermittlung der maximalen Leistungs- oder Energiewerte) und andererseits zur Stabilitätscharakterisierung dieser Parameter. Die Ermittlung der **Stabilitätskriterien** erfolgt für verschiedene Zeitbereiche. Für kontinuierlich emittierende Strahlungsquellen wird dies bspw. nach DIN EN ISO 11554 wie folgt unterteilt:

1. Kurzzeitstabilität – Messzeit 1 ms, Zeitkonstante Detektor < ⅓ µs,
2. Leistungsstabilität über einen kurzen bis mittleren Bereich – Messzeit 1 s, Messwertermittlung jede Millisekunde, Zeitkonstante Detektor < ⅓ ms,
3. Leistungsstabilität über einen mittleren Bereich – Messzeit 1 min, Messwertermittlung jede $^1/_{10}$ s, Zeitkonstante Detektor < $^1/_{30}$ s,
4. Langzeitstabilität – Messzeit 1 h, Messwertermittlung jede Sekunde, Zeitkonstante Detektor < ⅓ s.

Die Beschreibungen zu den Auswertungsalgorithmen und Prüfberichten ist in der vorstehend genannten DIN-Schrift näher ausgeführt.

Beim Einsatz gepulster Lasersysteme in der LMB wird häufig die **Energiedichte (Fluenz)** verwendet, da hier die Energie pro Flächeneinheit und Puls von vorrangigem Interesse ist. Die Energiedichte bzw. Fluenz *F* ist folgendermaßen definiert

$$F = \frac{E}{A} \tag{4.4}$$

Der **Nachweis elektromagnetischer Strahlung** über den gesamten Spektralbereich basiert im Wesentlichen auf der Erfassung ihrer Wechselwirkung mit der Materie. Die entsprechenden Nachweisverfahren basieren auf **kalorimetrischen, fotoelektrischen** und **fotochemischen Methoden** sowie Effekten der **nichtlinearen Optik** */Brun1989/*. Aufgrund der Spezifik der Methoden und der Komplexität der Messaufgaben wird nachfolgend nur auf ausgewählte grundlegende Aspekte und Hinweise eingegangen. Auf weiterführende Informationen sei an dieser Stelle z.B. auf */lasercomponents2025/*, */coherent2025/*, */newport2025/* verwiesen.

Die zu messenden Strahlungsgrößen werden meist als **strahlungsphysikalische** (radiometrische) **Größen** definiert. Sie beschreiben die Strahlung unabhängig von den Eigenschaften des Detektors. Für die richtige Auswahl eines speziellen Messgerätes bzw. Detektors sind zusätzlich auch die **Detektorkenngrößen** von großer Relevanz, um einerseits eine geeignete Messwerterfassung sicherzustellen und andererseits den Detektor richtig einzusetzen und eine Zerstörung auszuschließen. In Tabelle 4.2 sind wichtige Kenngrößen zusammengefasst.

Tabelle 4.2 Strahlungsphysikalische Größen und ausgewählte Detektorgrößen nach */Brun1989/*

Strahlungsphysikalische Größe bzw. Detektorgröße	Zeichen [Einheit]	Gleichung	Erläuterung
Strahlungsenergie	E [J]	–	Energie der emittierten Strahlung
Strahlungsfluss (Strahlungsleistung)	Φ [W]	–	Strahlungsenergie E pro Zeit t
Strahlstärke	I_S [$W \cdot sr^{-1}$]	–	von einer Strahlungsquelle in den Raumwinkel Ω abgegebener Strahlungsfluss Φ
Strahldichte	L_S [$W \cdot m^{-2} \cdot sr^{-1}$]	–	Strahlstärke I_S, mit der das Flächenelement dA_1 eines Strahlers in eine Raumrichtung strahlt
Bestrahlungsstärke	E_B [$W \cdot m^{-2}$]	–	auf das Flächenelement dA_2 eines Empfängers auftreffender Strahlungsfluss Φ
Empfindlichkeit	S	$S = \frac{S_{\mathrm{Emp}}}{P}$	Verhältnis aus dem Empfängersignal S_{Emp} zur auftreffenden Strahlungsleistung P
Frequenzgang	$S_{Freq}(\nu)$	$S(\nu) = S_0 \frac{1}{\sqrt{1 + (2\pi\nu\tau)^2}}$	Abhängigkeit der Empfängerempfindlichkeit S von der Modulationsfrequenz ν der Strahlung (S_0 Empfindlichkeit bei cw-Strahlung)

Tabelle 4.2 Strahlungsphysikalische Größen und ausgewählte Detektorgrößen nach */Brun1989/ (Fortsetzung)*

Strahlungsphysikalische Größe bzw. Detektorgröße	Zeichen [Einheit]	Gleichung	Erläuterung
Zeitkonstante	τ_Z	$\tau_Z = RC$	Maß für die Trägheit, mit der ein Empfänger zeitlich periodischen Änderungen der Strahlung folgt (Darstellung im Ersatzschaltbild als RC-Glied)
Signal-Rausch-Verhältnis	*SNR*	$SNR = \frac{N_S}{N_R}$	Verhältnis aus Signalleistung N_S und Rauschleistung N_R
Rauschäquivalente Strahlungsleistung bzw. -energie	*NEP* bzw. *NEE*	$NEP = \frac{u_R}{S\sqrt{B}}$ u_R Rauschspannung *B* Frequenzbandbreite des Empfängers	kleinste Strahlungsenergie, die in einer Messzeit *t* nachgewiesen werden kann *NEP* – Noise Equivalent Power *NEE* – Noise Equivalent Energy
Detektivität	*D**	$D* = \frac{\sqrt{A}}{NEP}$	Nachweisfähigkeit des Empfängers unter Berücksichtigung der Empfängerfläche *A*

Die Auslegung der Messanordnungen bzw. der Empfänger erfolgt nach den strahlungsphysikalischen Größen und der erforderlichen Messgenauigkeit. Für die LMB sind Laserleistung, Pulsenergie und Pulsparameter wichtige Strahlparameter, die mit einer geeigneten Nachweistechnik erfasst werden müssen. Dabei sind prinzipiell folgende Messstrategien zu unterscheiden:

1. **variable Strahlparametermessung**

   Einzelmessung oder periodisch wiederholende Messung an einem festen oder an unterschiedlichen Orten des Strahlenganges, z. B. am Bearbeitungsort, nach dem Einbau eines optischen Bauelementes, im Strahlengang zur Überprüfung von Strahlverlusten.

2. **feste Strahlparametermessung**

   Eingebaute Messanordnungen zur periodischen oder permanenten Nachweisführung der Strahlparameter, z. B. Online-Messung der Ausgangsleistung, Messung der rückreflektierten Strahlung vom Bearbeitungsort, Bestimmung der Impulsparameter.

Für die Bestimmung der Ausgangsleistung, der Pulsenergie und der Pulsparameter stehen dem Anwender unterschiedliche Messverfahren und Gerätelösungen zur Verfügung. Ein einfaches und weitverbreitetes Messverfahren basiert auf der **kalorimetrischen Nachweismethode**. Die Strahlungsenergie trifft auf einen Absorber und wird in Wärme umgewandelt. Die Temperaturerhöhung kann mit einem Sensorelement **direkt** oder **indirekt** registriert werden. Genutzt werden zumeist indirekte Verfahren, die entweder Temperaturfühler mit dem Absorber in Kontakt bringen oder über eine Volumen- bzw. Druckänderung infolge der Erwärmung zu einem temperaturabhängigen Signal führen. Kalorimetrische Messanordnungen sind zumeist wellenlängenunabhängig und gestatten die Absolutbestimmung von Strahlungsenergien mit einer relativ einfachen elektrischen Empfängerkalibrierung. Die Wärmemenge ΔE bewirkt eine Temperaturerhöhung ΔT in einem Festköper- oder Flüssigkeitskalorimeter entsprechend der Formel 4.5 */Brun1989/*

$$\Delta E = c_p m \Delta T = \rho c_p \frac{\Delta V}{\beta} \tag{4.5}$$

c_p spezifische Wärmekapazität des Absorbermaterials; m Masse; ρ Dichte; β Volumen-Temperaturkoeffizient; ΔV Volumenänderung

Somit ist ΔT direkt proportional zur Strahlungsenergie und den Kalorimeterparametern m und c_p. Die **Messgenauigkeit** hängt entscheidend davon ab, wie gut Wärmeverluste (infolge Reflexion, Wärmeleitung, Rückstrahlung und Konvektion) vermieden werden können. Die Kalorimetereigenschaften sollten über den sich ergebenden Temperaturbereich konstant bleiben.

Zu den Hauptelementen kalorimetrisch arbeitender Laserleistungsmessgeräte zählen ein Absorber, ein Thermopile, ein Kühlkörper und eine Anzeigeeinheit (vgl. Bild 4.8). Diese Geräte beruhen auf dem Prinzip der vollständigen Absorption der Strahlung und der Umwandlung in Wärme, die dann durch eine Temperaturdifferenz detektiert wird.

Ein Vorteil des kalorimetrischen Messprinzips, die Detektion hoher Strahlleistungen, erfordert jedoch ein sehr gutes Wärmemanagement. Die Beschaffenheit des Absorbers spielt eine große Rolle, da möglichst 100 % der Strahlung absorbiert werden sollte. Neben dem Absorberdesign, z. B. Segmentabsorber, monolithische Absorber (Hohlkegelabsorber), hat die Absorberschicht, die neben den Thermoelementen auch die maximal detektierbaren Leistungsdichten bestimmt, eine hohe Relevanz. **Maximale Leistungsdichten** liegen typischerweise zwischen 0,2 und 20 $kW \cdot cm^{-2}$. Durch den Einsatz spezieller Absorberschichten können Leistungsdichten bis 100 $kW \cdot cm^{-2}$ zerstörungsfrei detektiert werden. */Maie2006/*

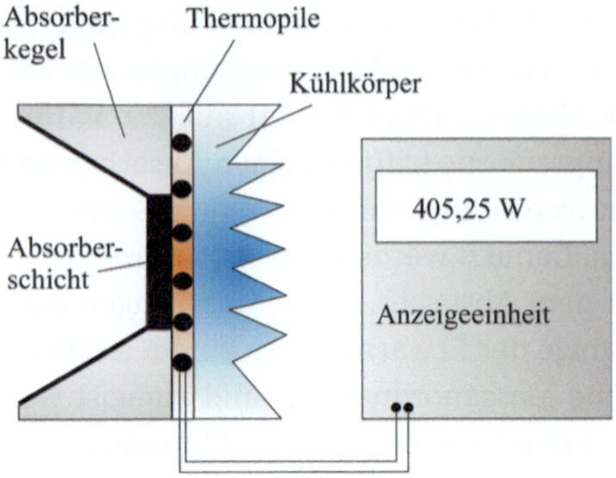

Bild 4.8
Prinzipdarstellung eines kalorimetrischen Leistungsmessgerätes

Die Umwandlung der thermischen Strahlungsenergie in ein Spannungssignal erfolgt mittels **Thermopile** (Thermosäule bzw. Thermokette), der den Detektor bildet. Darunter ist die Reihenschaltung mehrerer Thermoelemente in einer säulen- oder kettenförmigen Anordnung zu verstehen, um die Signalspannung zu erhöhen. Auf der Rückseite des Thermopiles befindet sich ein Kühlkörper, der die Wärmemenge vom Detektor abführt. Oftmals werden die Kühlelemente direkt in das Absorbergehäuse integriert. Aktuelle Lösungen sehen auch modulare Kühlkonzepte vor, bei denen eine Entkopplung der Kühlung vom Detektor vorgenommen wird. Die realisierbare Leistungsgrenze ist durch die höchste Temperatur vorgegeben, bei denen die Thermoelemente schmelzen. Gelingt es, eine stärkere Kühlwirkung zu erreichen, kann ein Detektor auch bei höheren Strahlleistungen eingesetzt werden. Zusätzliche Kühlmaßnahmen lassen sich bspw. durch den Einsatz eines Lüfters oder einer Wasserkühlung erreichen, wie das folgende Beispiel belegt. Ein Detektor, der sich ohne Zusatzkühlung bis zu einer Leistungsgrenze von 40 W einsetzen lässt, kann mit einem Kühlkörper bis 100 W, einem Lüfter bis 300 W und einer Wasserkühlung bis 400 W betrieben werden. */Maie2006/*

a) b)

Bild 4.9 Leistungshandmessgeräte © Gentec Electro-Optics, Inc., © LASER COMPONENTS Germany GmbH. a) Pronto 500 – für hohe Laserleistungen bis 500 W, geeignet zur präzisen Messung von CW- und gepulsten Laserstrahlen, b) Pronto-250-Flex -YCE – kompaktes Messgerät für Leistungen bis 250 W, kalibrierten Wellenlängen zwischen 248 – 2500 und 10,6 µm sowie Einzelschuss-Energiemessung

Die durch die absorbierte Strahlleistung erzeugte Temperaturerhöhung kann auch durch eine Druck- oder Volumenänderung einen proportionalen Leistungswert liefern. Ein klassisches Beispiel ist der in Bild 4.9 dargestellte **Leistungsmesser**, das sogenannte **Powermeter**. Das handliche Gerät ermöglicht die schnelle Ermittlung von Leistungswerten auf einfache Art und Weise auch an schwer zugänglichen Bereichen des Strahlenganges. Hierfür wird ein Absorberteil für eine bestimmte Zeit (meist 20 s) in den Laserstrahl gehalten und die Volumenänderung einer Flüssigkeit infolge der Erwärmung durch den absorbierten Laserstrahl ausgenutzt. Der Absorberkopf ist über ein Steigröhrchen mit einer geeichten Messskala verbunden, an der die detektierte Laserleistung mit einer Messgenauigkeit von ca. 1 – 3 % abgelesen werden kann. Die verwendeten Absorberschichten erlauben die Messung von Leistungsdichten größer 5 $kW \cdot cm^{-2}$.

Die **Zeitkonstante** ist für sehr viele kalorimetrische Nachweismethoden aufgrund der Wärmeleitung relativ groß (die Grenze liegt hier etwa bei $\tau_Z \sim 10$ ms). Eine Ausnahme bilden **pyroelektrische** Detektoren, die wesentlich kleinere Zeitkonstanten erreichen und somit einen höheren Dynamikbereich aufweisen. Den pyroelektrischen Effekt zeigen bspw. Kristalle mit einer spontanen Polarisation (Polarisation ohne äußeres elektrisches Feld) unterhalb der Curie-Temperatur.

$$dP_{sp} = p_T dT \tag{4.6}$$

P_{sp} spontane Polarisation; p_T pyroelektrischer Koeffizient

Als Kristallmaterialien dienen Turmaline, Triglycinsulfat (TGS), Lithiumtantalat oder Strontium-Barium-Niobat. Der Detektor besteht aus einer dünnen, senkrecht zur Polarisationsrichtung des Materials getrennten Scheibe, die direkt als Absorber wirkt oder eine Temperaturänderung durch eine einseitig aufgedampfte Absorberschicht erfährt. */Brun1989/*

Bild 4.10 a zeigt das Ersatzschaltbild eines pyroelektrisch arbeitenden Detektors mit dem **Arbeitswiderstand R_a**, der die Nachweisempfindlichkeit sowie den Frequenzgang des Detektors maßgeblich bestimmt (Bild 4.10 b).

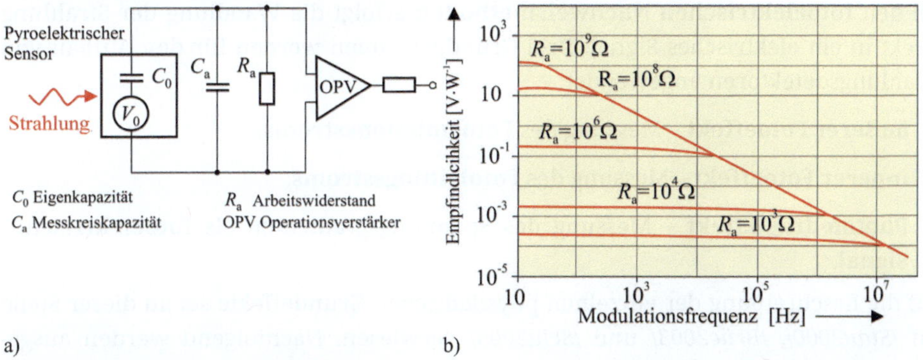

Bild 4.10 Pyroelektrischer Detektor nach */Brun1989/*. a) Ersatzschaltbild, b) Frequenzgang

Pyroelektrische Detektoren eignen sich zur Messung gepulster Laserstrahlung. Wird R_a groß genug gewählt, integriert der Detektor über den Signalverlauf und kann Pulsenergien messen. Werden hingegen zeitaufgelöste Impulsfolgen dargestellt, wird R_a klein gewählt, sodass die Zeitkonstante kleiner ist als die zu messende Pulslänge, damit das Ausgangssignal dem Pulssignal folgen kann.

Bild 4.11 zeigt einen pyroelektrischen Detektor für die Echtzeit-Messung von Pulsenergien, der bis in den Bereich von 30 – 50 kHz geeignet ist.

Diese Detektoren verfügen über sehr hochauflösende pyroelektrische Materialien, die sogar eine Einzelpulsauflösung aus einer Impulsfolge von $\nu = 130$ kHz gestatten. Neben der Verfügbarkeit geeigneter Materialien ist aber auch eine sehr schnelle Datenverarbeitung erforderlich. Für die Echtzeitmessung müssen 4 Millionen Datenwerte in nur 40 s verarbeitet werden */lasercomponents2012, /lasercomponents2025/*. Bild 4.11 b veranschaulicht ein Oszillographenbild mit einem zeitaufgelösten Impuls, dessen Spannungssignal ein sehr gutes Signal-Rausch-Verhältnis aufweist. Die Energie ist proportional zur detektierten Spitzenspannung.

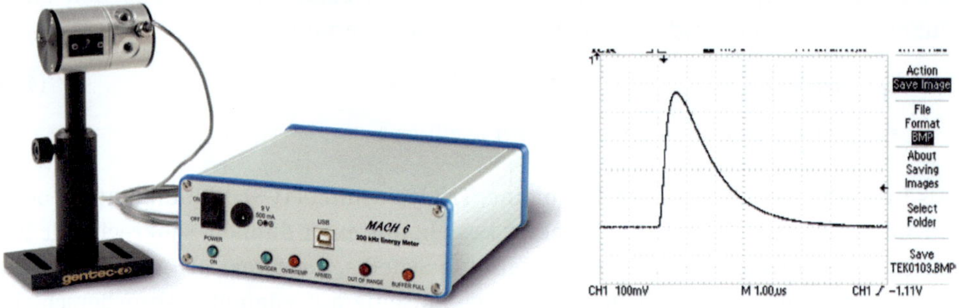

a) b)

Bild 4.11 Schnelle Laserenergiemessung mit pyroelektrischen Detektoren (Mach 6). © Gentec Electro-Optics, Inc., © LASER COMPONENTS Germany GmbH. a) Empfänger und Auswerteeinheit, b) zeitaufgelöste Impulsdarstellung

Bei den **fotoelektrischen Nachweismethoden** erfolgt die Wandlung der Strahlung direkt in ein elektrisches Signal. Drei Grundprinzipien werden für den Aufbau von Strahlungsdetektoren angewendet:

1. **äußerer Fotoeffekt** – Messung des **Fotoemissionsstroms**,
2. **innerer Fotoeffekt** – Messung des **Fotoleitungsstroms**,
3. **Photon-drag-Effekt** – Messung des Spannungsgradienten als **fotoelektrisches Signal**.

Auf die Beschreibung der einzelnen physikalischen Grundeffekte sei an dieser Stelle auf */Stau2000/*, */Brüc2003/* und */Schi2005/* verwiesen. Nachfolgend werden ausgewählte Detektoren kurz vorgestellt.

Fotodetektoren sind meist Halbleitermaterialien mit einem nahe der Oberfläche liegenden pn-Übergang. Die absorbierten Photonen erzeugen Elektronen-Loch-Paare, die durch hohe innere Feldstärken getrennt werden und als fotoelektrisches Signal eine Fotospannung hervorrufen */Brun1989/*. Eingesetzt werden meist Fotowiderstände und Fotodioden. Beim **Fotowiderstand** werden durch den Lichteinfall bewegliche Ladungsträger erzeugt, die den Widerstand des dotierten Halbleitermaterials herabsetzen. Fotowiderstände finden überwiegend für den Nachweis von IR-Strahlung Verwendung. Im Vergleich zu den Fotodioden verfügen sie über hohe Empfindlichkeiten, aber auch über größere Zeitkonstanten. **Fotodioden** bestehen aus einem Material mit einem p-n-Übergang, der in Sperrrichtung betrieben wird. Der Lichteinfall erzeugt in der Sperrschicht Elektronen-Loch-Paare, die einen Fotostrom liefern. Fotodioden erreichen eine sehr hohe Quantenausbeute und sind für Messungen mit hohen Modulationsfrequenzen geeignet. **Siliziumfotodioden** besitzen bspw. eine hohe Spektralempfindlichkeit und können vom NIR- bis zum nahen UV-Bereich eingesetzt werden. Sie zeichnen sich durch sehr gute Nachweiseigenschaften aus, insbesondere durch hohe Detektivität, kleine Zeitkonstanten und einen großen Linearitätsbereich. Fotodioden mit sogenannten **pin-Strukturen** (**p**ositive **i**ntrinsic **n**egative diode) erreichen eine sehr hohe Quantenausbeute von über 80 % und können in bestimmten Anordnungen sogar Impulse mit Pulsdauern von 50 ps auflösen. Im Gegensatz zum typischen p-n-Aufbau der Dioden befindet sich zwischen der p- und der n-dotierten Schicht eine zusätzliche schwach oder undotierte Schicht. Diese Schicht ist nur eigenleitend (intrinsisch) und wird als i-Schicht bezeichnet.

Die hochohmigen Leistungsdioden finden bei der Intensitätsmessung und als Detektoren für Lichtwellenleiter Anwendung */lasercomponents2012/*. Eine weitere spezielle Diodenart sind Lawinenfotodioden (Avalanche Fotodiodes – APD). Bei diesen Anordnungen wird die Sperrspannung erhöht, was zu einer Zunahme des elektrischen Feldes in der Raumladungszone führt. Man erreicht eine innere Verstärkung der Anzahl der erzeugten Ladungsträger durch Lawinenmultiplikation. Sie dienen hauptsächlich der Detektion von schwachen Lichtintensitäten. Der Nachweis im Wellenlängenbereich 250 nm–1100 nm erfolgt mit Si-APDs, während für den Bereich von 1100 – 1700 nm InGaAs-Halbleiter eingesetzt werden.

Die Entwicklungen der Kurzpulslasertechnik für die LMB erfordern **Messtechniken mit hoher Zeitauflösung**. Verschiedene Techniken, wie Echtzeitmessungen mit schnellen Kurzzeitempfängern, spezielle Samplingmethoden, Streakkameranachweis, Synchronisationsverfahren, Zweiphotonenfluoreszenzmesstechnik und Autokorrelationsverfahren wurden als Nachweismethoden entwickelt. Eine direkte Messung mit Fotodetektoren scheitert, da deren Zeitkonstanten größer sind als die Pulsdauern. Um Laserimpulse von wenigen fs-Pulsdauern aufzulösen, wird auf optische Verfahren, hauptsächlich Autokorrelations- bzw. Kreuzkorrelationstechniken, zurückgegriffen. Bild 4.12 veranschaulicht das Grundprinzip der Messanordnung eines **Autokorrelators**, dem eine SHG-Messung (Second Harmonic Generation) der kurzen periodischen Impulsfolge zugrunde liegt. Mit einem Strahlteiler wird der Laserstrahl in zwei Anteile gleicher Intensität aufgespalten. Diese legen aufgrund der variablen optischen Verzögerung des einen Teilstrahles unterschiedliche Wegstrecken zurück. Beide Teilstrahlen werden auf einen nichtlinearen Kristall (z. B. KDP) fokussiert und über eine Abbildungsoptik auf den Detektor gelenkt. Durch eine schrittweise Änderung der relativen Verzögerung werden die beiden Teilimpulse zur Deckung gebracht und liefern mit der SHG-Intensität eine Korrelationsfunktion 2. Ordnung. Die Breite des Impulses ergibt sich aus

$$\tau_{\mathrm{LP}} = \frac{\tau_{\mathrm{SHG}}}{\sqrt{2}} \tag{4.7}$$

τ_{SHG} Pulsdauer des SHG-Signals

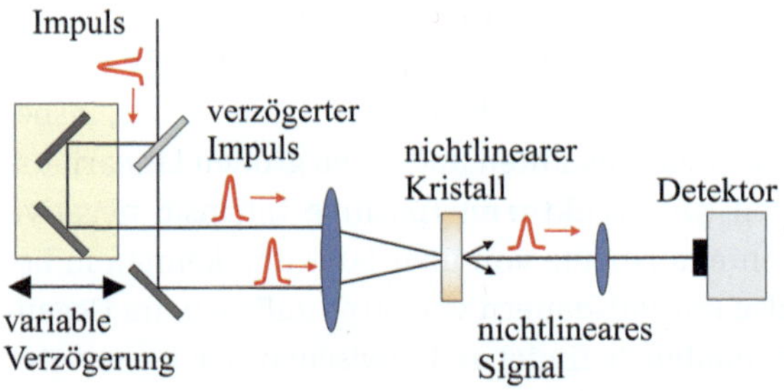

Bild 4.12 Grundanordnung eines Autokorrelators zur Messung ultrakurzer Impulse nach */Brun1989/*, */Eich2010/*

Eine zusätzliche spektrale Auflösung des Impulses gelingt mit der sogenannten **FROG-Technik** (Frequency Resolved Optical Gating). Mit diesem Verfahren wird ein zweidimensionales Impulssignal analysiert, das mithilfe eines iterativen Algorithmus auf das elektrische Feld schließen lässt. Damit ist es möglich, sowohl die **Pulsdauer** als auch den **Chirp des Pulses** (die zeitliche Veränderung der Frequenz innerhalb eines Pulses) zu bestimmen (Bild 4.13). */Eich2010/*, */Newport2007/*

Messanordnungen nach den vorstehend beschriebenen Verfahren erlauben bspw. das zeitaufgelöste Messen von 25 fs bis hin zu 160 ps. Gleichzeitig lassen sich auch sehr hohe Pulskontrastwerte von etwa 7000:1 erzielen */newport2012/*.

Im Vergleich zu anderen technischen Anlagen und Geräten weisen Laser einen vergleichsweise niedrigen **Wirkungsgrad** auf. In der Lasertechnikhistorie waren viele Jahre lang Wirkungsgrade unter 10 % typisch für die Laserquellen der LMB. Durch die stetige Entwicklung neuer Resonatoranordnungen, effizienterer Anregungsmechanismen und teilweise völlig neuer Pumpkonzepte ist es gelungen, höhere effektive Wirkungsgrade zu verwirklichen.

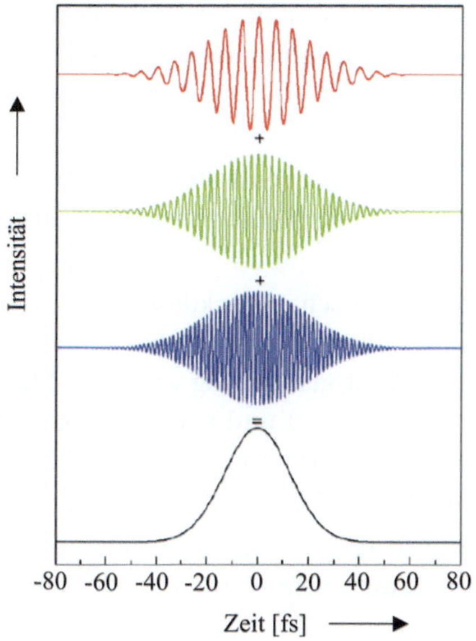

Bild 4.13
Darstellung eines zeit- und spektralaufgelösten gechirpten Pulses nach */Newport2012/*

Der theoretisch maximale Wirkungsgrad eines aktiven Mediums resultiert aus dem Energieniveauschema als Quotient der Photonenenergie und der nötigen Anregungsenergie und wird auch als **Quantenwirkungsgrad η_{quant}** bezeichnet. Für den CO_2-Laser kann dieser bis zu 45 % betragen. Der **effektive Wirkungsgrad η_{eff}** bildet sich aus dem Verhältnis optischer Leistung P_{opt} zur aufgebrachten elektrischen Leistung P_{elek}

$$\eta_{eff} = \frac{P_{opt}}{P_{elek}} \tag{4.8}$$

Für CO_2-Laser kann dieser immerhin noch bis zu 20 – 25 % betragen, wodurch der CO_2-Laser viele Jahre als effizienteste Laserquelle für die LMB galt.

Bei sehr vielen Lasern ist jedoch $\eta_{eff} \ll \eta_{quant}$. So verfügt bspw. der He-Ne-Laser für die wichtige Laserwellenlänge von 632,8 nm über einen Quantenwirkungsgrad von etwa 10 %, erreicht aber einen effektiven Wirkungsgrad von lediglich 0,1 %. Während bei den genannten Lasersystemen eine sehr große Differenz zwischen dem Quantenwirkungsgrad und dem effektiven Wirkungsgrad liegt, verhält sich dies für Dioden- und Faserlaser wesentlich effizienter. */Kneu2008/*

Diodenlaser haben sich in den letzten Jahren durch technologische Fortschritte hinsichtlich Materialsystemen (z. B. GaAs, InGaAsP) und Wärmemanagement erheblich verbessert. Je nach Wellenlänge und Bauform erreichen Single-Emitter-Dioden mittlerweile sehr hohe Wirkungsgrade von bis zu 65 %, während Diodenlaserbarren in Hochleistungsmodulen typischerweise bei 45 – 55 % liegen.

Auch Faserlaser, insbesondere Yb-dotierte Systeme im cw- und gepulsten Bereich, weisen heute sehr hohe Effizienzen auf, wodurch der Quantenwirkungsgrad typischerweise 60 – 70 % betragen kann. Der effektive Wirkungsgrad ist bei industriellen Singlemodefaserlasern mit 40 – 50 % Stand der Technik.

Diese hohe Energieeffizienz ist unter anderem auf die exzellente Pumpabsorption, das effektive Wärmemanagement durch das Faserdesign sowie die geringen Verluste im Resonator zurückzuführen.

Wirkungsgrade werden häufig auch in elektrisch-optisch („Steckdosenwirkungsgrad") und optisch-optisch unterteilt. Letztere Unterteilung bezieht sich auf optisch gepumpte Laser. Der optisch-optische Wirkungsgrad ist gleichzeitig auch ein Maß dafür, wie gut die Pumpstrahlung eingekoppelt werden kann und wie wirkungsvoll die Strahlung im aktiven Medium in Pumpleistung umgesetzt wird. Yb-dotierte Faserlaser erreichen bspw. optisch-optische Wirkungsgrade von 80 %.

Häufig wird auch der **differentielle Wirkungsgrad** (engl.: slope efficiency) angegeben. Er beschreibt das Verhältnis von Laserausgangsleistung zur erforderlichen Pumpleistung.

Für die Beschreibung der Prozesseffizienz in der LMB wird auch oft der **Prozesswirkungsgrad** betrachtet. Dieser berechnet sich aus dem Verhältnis der eingestrahlten Leistung zu der Leistung, die mindestens erforderlich ist, um das Werkstückvolumen aufzuschmelzen bzw. zu verdampfen. Damit ergibt sich für den Prozesswirkungsgrad η_P

$$\eta_P = \frac{P_{eff}}{P_{ein}} \tag{4.9}$$

P_{eff} effektiv erforderliche Leistung; P_{ein} eingestrahlte Leistung

Weitere Betrachtungen zu den Wechselwirkungsprozessen und Prozesswirkungsgraden werden in den Kapiteln 5,7, 8 und 9 ausgeführt.

Auswahlregeln für ein Laserleistungs- oder Energiemessgerät nach /Maie2006/

1. Auswahl des richtigen Wellenlängenbereiches
2. Wie viel Leistung kann ein Detektor durchschnittlich aufnehmen (Angabe erfolgt meist in Leistungsdichte $W \cdot cm^{-2}$)?
3. Wie konzentriert darf die Laserenergie in Bezug auf Raum und Zeit auf den Empfänger strahlen (Angabe erfolgt meist in Energiedichte $J \cdot cm^{-2}$)?
4. Wie genau kann die Leistung oder Energie des Laserstrahles tatsächlich gemessen werden?

4.3 Polarisation

Bei der Ausbreitung der elektromagnetischen Strahlung können viele Schwingungsebenen des E_F-**Vektors** des transversalen Wellenfeldes möglich sein. Treten bei der atomaren Emission der Lichtquellen alle Schwingungsebenen des Strahlungsfeldes auf, dann ist das Licht **unpolarisiert**. Der in der X-Y-Ebene schwingende elektrische Vektor E_F kann eine beliebige Lage und Amplitude haben. Wird eine Schwingungsebene jedoch bevorzugt, ist die Strahlung **polarisiert**. Dabei können verschiedene Polarisationszustände, linear, zirkular oder elliptisch, erzeugt werden (vgl. Bild 4.14) */Blie2022/*.

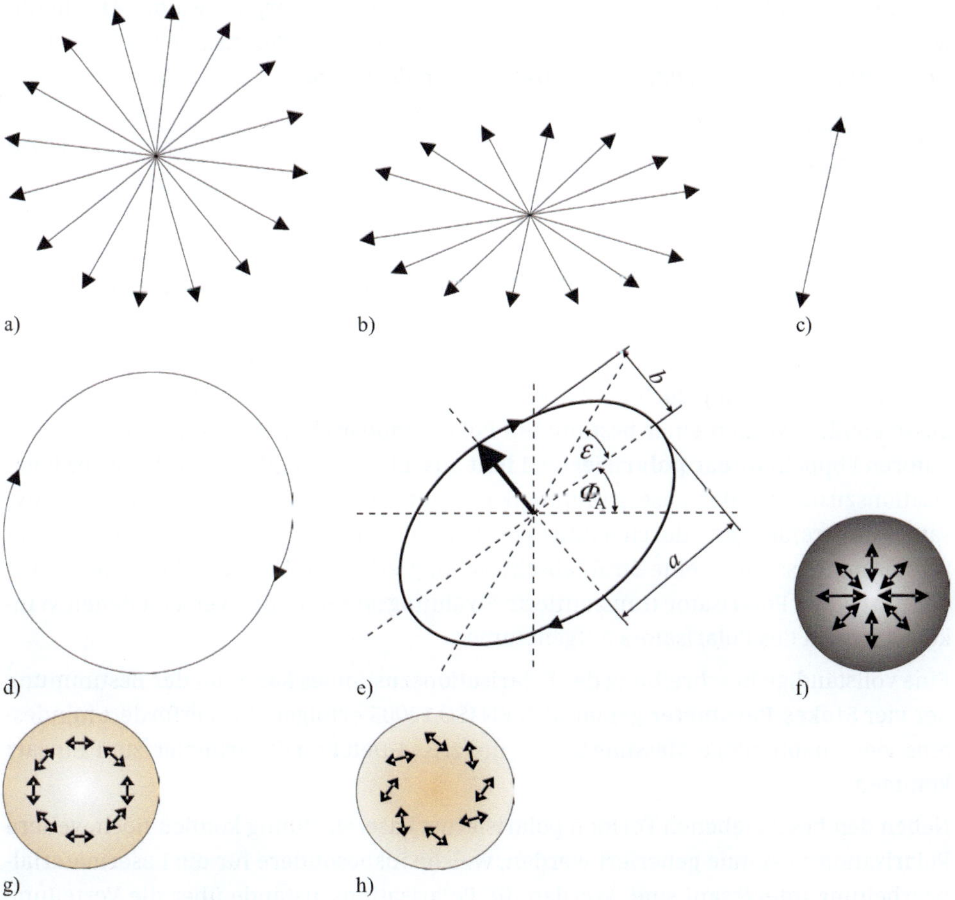

Bild 4.14 Schwingungsebenen und Ausbreitung verschiedener Polarisationszustände */Naum1992/, /Löff2020/*

Homogene Polarisationsverteilung: a) unpolarisiert, b) teilweise polarisiert, c) linear polarisiert, d) zirkular polarisiert, e) elliptisch polarisiert

Inhomogene Polarisationsverteilung: f) radial polarisiert, g) azimutal polarisiert, h) radialsymmetrisch mit definiertem Winkel polarisiert

Linear polarisiertes Licht hat eine feste Lage der Schwingungsrichtung des elektrischen Feldvektors. Vereinbarungsgemäß wird die Schwingungsrichtung des Feldvektors als **Polarisationsrichtung** bezeichnet. **Elliptisch polarisiertes** Licht stellt den allgemeinsten Polarisationszustand dar. Der Schwingungsvektor rotiert und ändert periodisch den Betrag der Amplitude zwischen einem Maximal- und einem Minimalwert. Für die Beschreibung des Vektors ist die Kenntnis der Ellipsengrößen a und b bzw. des Azimutwinkels Φ_A und des Elliptizitätswinkels ε erforderlich (Bild 4.14 e). Lineare und zirkulare Polarisationszustände sind die beiden Extremzustände der elliptischen Polarisation. Für $\varepsilon = 0$ ist die Polarisation linear, für $\varepsilon = \pi/4$ zirkular. Sehr oft ist die Strahlung nicht vollständig linear, sondern nur teilweise polarisiert. Ein Maß dafür verkörpert der **Polarisationsgrad P_{Pol}** mit $0 < P_{Pol} < 1$, der den Energieanteil der linear polarisierten Strahlung im Verhältnis zur Gesamtstrahlung angibt. Das **Extinktionsverhältnis E_{xv}** ist ein Maß für die Güte eines Linearpolarisators. Das heißt, wenn vollständig linear polarisierte Strahlung auf einen Polarisator (in Transmission) trifft, dann ergibt sich das **Extinktionsverhältnis** zu

$$E_{xv} = \frac{\tau_{min}}{\tau_{max}} \tag{4.10}$$

τ_{min} minimaler Transmissionsgrad; τ_{max} maximaler Transmissionsgrad

Im Falle eines reflektierenden Polarisators ist ρ_R (Reflexionsgrad) einzusetzen. */Naum1992/*, */Löff2020/*, DIN EN ISO 12005

Die entstehende Laserstrahlung ist zunächst unpolarisiert. Durch den Laserresonator wird in vielen Fällen jedoch die Laserstrahlung polarisiert, das bedeutet, es werden ausschließlich Wellen einer bestimmten Polarisationsrichtung verstärkt. Diese Resonatoren koppeln **linear polarisiertes Licht** aus. Eine sehr einfache Prüfung des Polarisationszustandes der Laserstrahlung kann mithilfe eines Polarisators bzw. Analysators im Strahlengang durchgeführt werden (Bild 4.15). Um den Polarisator nicht zu zerstören, muss meist eine Strahlabschwächung erfolgen. Mit dem Empfänger wird der durch den Polarisator transmittierte Strahlungsanteil in den verschiedenen Winkelpositionen des Polarisators aufgenommen.

Eine vollständige Beschreibung des Polarisationszustandes kann mit der Bestimmung der vier **Stokes-Parameter** gemäß DIN EN ISO 12005 erfolgen. Dies erfordert mindestens vier unabhängige Messungen, für die z. B. 4-Detektor-Polarimeter zum Einsatz kommen.

Neben den beschriebenen Formen polarisierter Laserstrahlung können noch weitere Polarisationszustände generiert werden, welche insbesondere für die Lasermaterialbearbeitung interessant sind. Werden die Polarisationszustände über die Verteilung im Strahlquerschnitt betrachtet (Bild 4.14), so kann eine Einteilung vorgenommen werden. Die linearen, elliptischen, zirkularen und unpolarisierten Polarisationszustände weisen eine homogene Verteilung auf, die Darstellungen im Bild 4.14 f bis h, hingegen eine **inhomogene, radialsymmetrische Verteilung**. Bei der radialen und azimutalen Polarisation schwingt der elektrische Feldvektor vorwiegend tangential bezüglich des Strahlquerschnittes und bei radialer Polarisation in radialer Richtung. Ferner können auch die elektrischen Feldvektoren der radialsymmetrischen Verteilung unter einem bestimmten Winkel schwingen. */Mose2006/*

Für die Erzeugung linear polarisierten Lichts werden **Polarisatoren** verwendet. Diese optischen Bauelemente lassen von allen Schwingungsamplituden nur die Komponenten einer Richtung durch, wobei allerdings das Strahlungsfeld insgesamt geschwächt wird. Oftmals werden dem Licht durch reflektierende Schichtsysteme bestimmte Polarisationszustände aufgeprägt. Mit der Hilfe von $\lambda/2$- bzw. $\lambda/4$-Verzögerungsplatten kann linear polarisiertes Licht in zirkular oder elliptisch polarisiertes Licht gewandelt werden. Meist gelingt es jedoch nicht, das Licht vollständig in eine Vorzugsrichtung zu polarisieren, d. h., das Licht ist nur **teilweise polarisiert**. Wird bei der Lasermaterialbearbeitung **linear polarisierte Strahlung** eingesetzt, so ist das Bearbeitungsergebnis von der Polarisationsrichtung des E_F-Vektors abhängig. Dies lässt sich beim Schneiden und Schweißen sehr deutlich nachweisen.

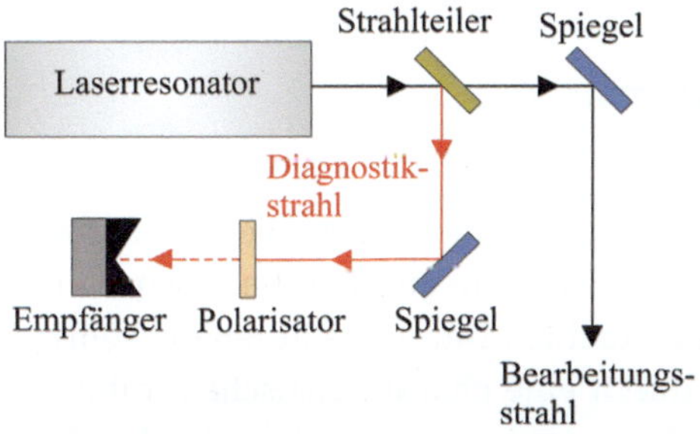

Bild 4.15
Messaufbau zur Prüfung des Polarisationszustandes

Wird bspw. in nur eine Achsrichtung geschweißt, dann bietet linear polarisierte Strahlung große Vorteile, wenn die Schweißrichtung und die Polarisationsrichtung parallel ausgerichtet sind (z. B. Rohrlängsnahtschweißen, vgl. Kapitel 9). Stehen beide Vektoren aber senkrecht zueinander, verschlechtert sich das Bearbeitungsergebnis merklich. I. d. R. ist die Richtungsabhängigkeit für eine mehrachsige Bearbeitung unerwünscht. In diesen Fällen wird zirkular polarisierte Strahlung verwendet. Die linear polarisierte Laserstrahlung kann durch einen **λ/4-Spiegel** oder eine **λ/4-Scheibe** in zirkular polarisierte Strahlung gewandelt werden, wenn es unter 45° auf das optische Bauelement trifft.

Bild 4.16 veranschaulicht beide gemessenen Zustände vor und nach der Polarisationstransformation.

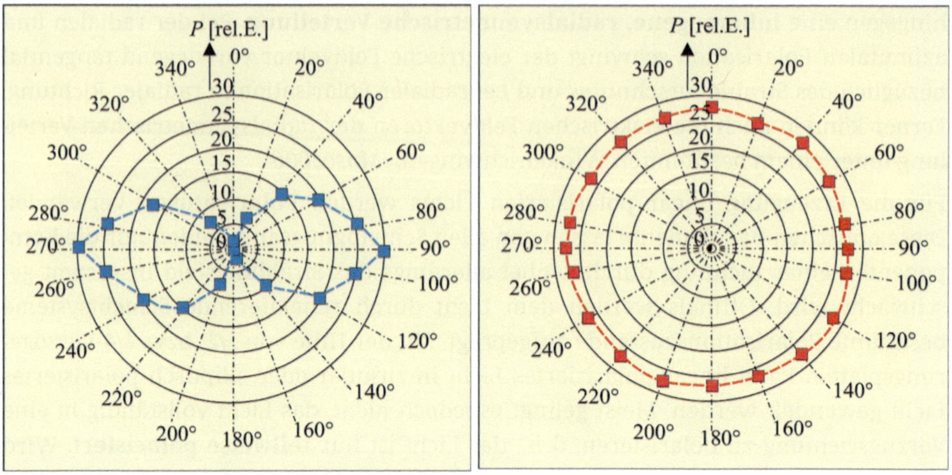

a) b)

Bild 4.16 Messung der Polarisationsrichtung. a) linear polarisierte Strahlung, b) zirkular polarisierte Strahlung nach λ/4-Spiegel nach */Blie1996/*

4.4 Strahlausbreitung und -geometrie

Der Laserstrahl zeichnet sich i. Allg. durch eine vergleichsweise engbegrenzte transversale Ausdehnung mit relativ kleinen Divergenzwinkeln aus. Für die Beschreibung wird die Ausbreitung eines **Gauss-Strahles** betrachtet. Durch die Resonatorkonfiguration ergibt sich ein Strahlprofil, welches durch eine charakteristische Strahltaille (Einschnürung, Ort des kleinsten Strahldurchmessers) gekennzeichnet ist. Die Lage der **Strahltaille** z_0, kann je nach Resonatoranordnung verschieden sein (innerhalb oder außerhalb des Resonators). Sie entspricht dem Abstand der Strahltaille vom entsprechenden fokussierenden Element. In Bild 4.17 ist ein plan-konkaver Resonator dargestellt, bei dem sich die Strahltaille am Ort des planen Auskoppelspiegels ausbildet. Die **Strahllage** $z = 0$ wird durch den Radius des konkaven Endspiegels vorgegeben. Von der Taille ausgehend weitet sich der Laserstrahl in Z-Richtung zunehmend auf. Als Maß für die **Divergenz** wird der Divergenzwinkel θ_0 des Strahls für die Zunahme des Strahldurchmessers mit größer werdendem Abstand von der Taillenlage angegeben. Der Strahl breitet sich umso divergenter aus, je enger die Strahltaille ist.

$$\tan\theta_0 \approx \theta_0 = \frac{\lambda}{\pi \cdot w_0} \tag{4.11}$$

(für idealen Strahl mit $M^2 = 1$)

Ist die Strahlung zylindersymmetrisch um die Ausbreitungsrichtung z verteilt, spricht man von einem stigmatischen Strahl. Die Größe a_W ist ein Maß für die Krümmung der Wellenfronten und wird auch als Krümmungsradius bezeichnet. Für $z = 0$ wird $a_W = \infty$ und für das Fernfeld $a_W \sim z$ angenommen. Der kleinste Strahlradius bzw. -durchmesser befindet sich am Ort der Strahltaille und wird ebenfalls durch die Resonatorkonfiguration bestimmt. Die Angabe des Strahltaillenradius erfolgt mit w_0 bzw. des **Strahltaillendurchmessers** mit d_0. Für dessen Definition gibt es unterschiedliche Festlegungen, die in Abschnitt 4.5 näher ausgeführt werden. Eine weitere wichtige Strahlparametergröße ist die Rayleigh-Länge z_R. Als **Rayleigh-Länge** wird die Entfernung von der Strahltaille bezeichnet, bei der sich die Strahlquerschnittsfläche verdoppelt bzw. der Strahlradius um Faktor $\sqrt{2}$ aufgeweitet hat.

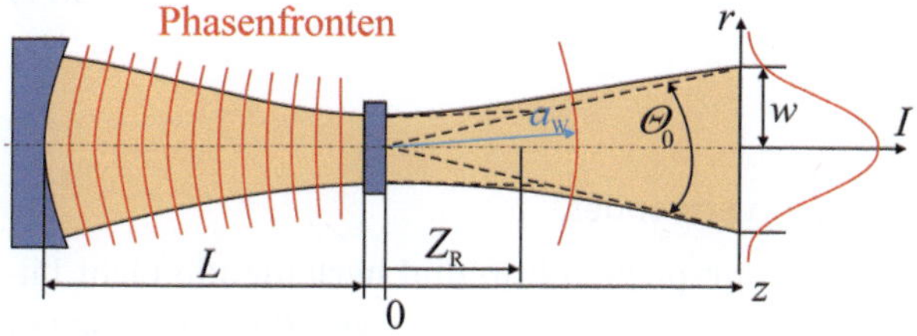

Bild 4.17 Darstellung der Strahlausbreitung und -geometrie am Beispiel eines plan-konkaven Resonators nach */Popr1998/*

Die Rayleigh-Länge gilt somit auch als ein Maß für die **Schärfentiefe**. Innerhalb des Schärfentiefebereichs gibt es nur geringe Änderungen der Leistungsdichte des Laserstrahls. Generell wird der Weg der Strahlausbreitung in Nahfeld und Fernfeld unterteilt, wobei die Bereiche, die Nah- und Fernfeld kennzeichnen, in der Literatur nicht einheitlich angegeben sind. Eine Form bezieht sich auf den Strahlparameter z. Folglich werden Bereiche, die innerhalb $0 < z < z_R$ liegen, als **Nahfeld** bezeichnet und der Bereich $z > z_R$ als **Fernfeld**. */Herz1993/*

$$z_R = \frac{\pi \cdot d_0^2}{4\lambda} \tag{4.12}$$

$$w(z_R) = w_0 \cdot \sqrt{2} \tag{4.13}$$

Mit wachsender Entfernung von der Strahltaille in Z-Richtung vergrößert sich der Strahlradius gemäß

$$w(z) = w_0 \cdot \sqrt{1 + \left[\frac{z}{z_R}\right]^2} \tag{4.14}$$

Bezogen auf den Divergenzwinkel ergeben sich für den Strahlradius in Abhängigkeit von z

$$w(z) = w_0 \cdot \sqrt{1 + \frac{\theta^2 \cdot z^2}{w_0^2}} \tag{4.15}$$

bzw.

$$w(z) = w_0 \cdot \sqrt{1 + \left[\frac{\lambda \cdot z}{\pi \cdot {w_0}^2}\right]^2} \tag{4.16}$$

4.5 Intensität und Intensitätsverteilung

Eine sehr wichtige Größe der Laserstrahlung für die LMB ist die Leistungsdichte bzw. **Intensität *I***, die das Verhältnis aus Leistung pro Fläche *A* angibt

$$I = \frac{P}{A} = \frac{P}{\pi \cdot w^2} \tag{4.17}$$

(für kreisförmige Strahlquerschnitte)

In der LMB wird als Einheit meist $W \cdot cm^{-2}$ verwendet.

Das in einem Laser zwischen den Resonatorspiegeln hin- und herlaufende Licht bildet stehende Wellen, die unterschiedliche räumliche Verteilungen der elektrischen Feldstärke besitzen. Diese Verteilungen werden als Schwingungsformen oder Moden des optischen Resonators bezeichnet (vgl. Kapitel 2). Die transversale Modenstruktur (TEM) gibt die **Intensitätsverteilung** über den Querschnitt des Laserstrahls wieder. Eine sehr homogen ausgeprägte transversale Mode ist die TEM_{00}-Mode, die auch Grundmode oder Gaussmode genannt wird und eine gaussförmige Intensitätsverteilung transversal zur Strahlrichtung besitzt (vgl. Abschnitt 2.4.3.1).

Die Intensität ist dem Quadrat der Feldstärke *E* proportional */Hüge1992/*.

$$I(r,z) = I_0(z) \cdot \mathrm{e}^{-\frac{2r^2}{w(z)^2}} \tag{4.18}$$

r Strahlausdehnung

Die Intensität nimmt mit größer werdenden Abstand *z* von der Strahltaille ab, somit ergibt sich für die Intensität auf der Strahlachse $I_0(z)$

$$I_0(z) = I_0(0) \cdot \frac{{w_0}^2}{w(z)^2} \tag{4.19}$$

Stabile Resonatoren haben in der Grundmode TEM_{00} die Intensitätsverteilung, die annähernd einem gaussförmigen Profil entspricht. In Bild 4.18 ist diese radialsymmetrische Intensitätsverteilung dargestellt.

Betrachtet man die Intensität in Abhängigkeit von *r*, dann geht diese für $r \to \infty$ gegen null. Aus diesem Sachverhalt heraus haben sich mehrere Definitionen des Ortes des **Strahlradius** ergeben (vgl. Bild 4.18). Eine weitverbreitete und oft angewendete Festlegung ist die am Ort $I_0 \cdot e^{-2}$. Damit ist der Strahlradius als die Entfernung von der Strahlachse definiert, die durch den Abfall der Maximalintensität auf $I_0 \cdot e^{-2}$ gekennzeichnet ist. Somit sind in der Strahlfläche $\pi \cdot w^2$ rund 86,5 % der gesamten Laserleistung enthalten.

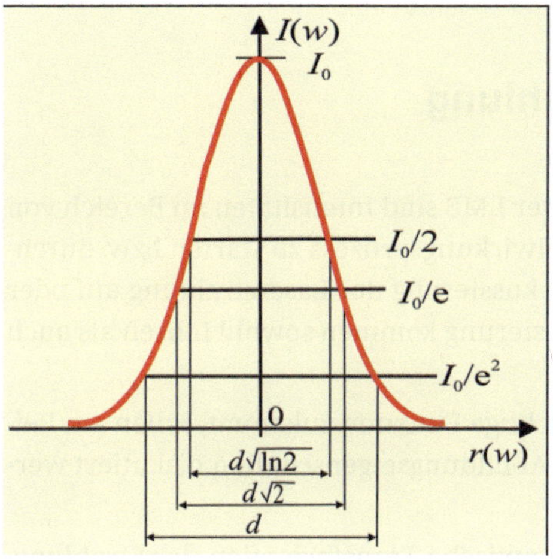

Bild 4.18 Intensitätsprofil eines gaussförmigen Strahlprofils (TEM_{00}-Mode)

Bild 4.19 zeigt die gemessenen Intensitätsverteilungen am Beispiel eines CO_2-Lasers. In der oberen Darstellung ist ein nahezu gaussförmiges Profil (TEM_{00}) eines 1500 W Lasers dargestellt. Das Bild b zeigt ein eher multimodiges Profil infolge einer Laserresonatordejustage.

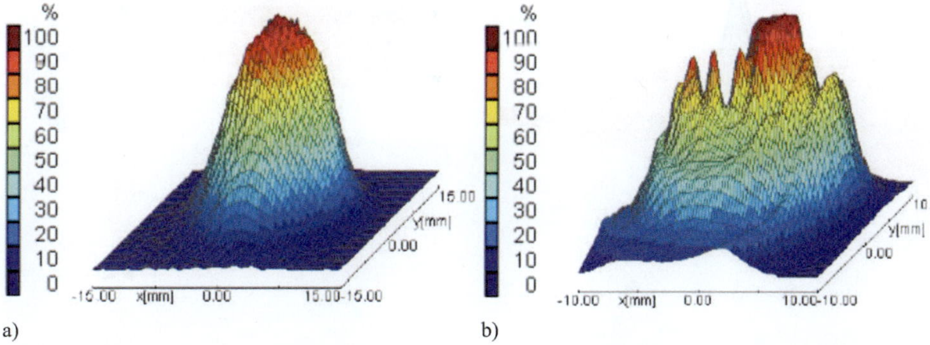

Bild 4.19 Gemessene Intensitätsverteilungen eines CO_2-Lasers. a) TEM_{00}-Mode, b) Multimodeprofil

Bei höheren transversalen Moden liegen kompliziertere Intensitätsverteilungen vor, deren mathematische Beschreibung wesentlich komplexer und für die LMB meist nicht erforderlich ist. Mit höherer Ordnung *m*, *n* der Moden nimmt der Strahlradius um einen von der Modenstruktur gegebenen Faktor zu. Auch der Divergenzwinkel wird mit zunehmender Modenordnung größer. Den Strahlradius für den $I_0 \cdot e^{-2}$-Wert der maximalen Intensität zu berechnen, ist nicht mehr anwendbar, wenn die Intensität im Randbereich mehrfach den $I_0 \cdot e^{-2}$-Wert durchläuft bzw. die Intensität im Strahlzentrum ein Minimum aufweist.

4.6 Fokussieren von Laserstrahlung

Abhängig vom gewählten Arbeitsverfahren der LMB sind Intensitäten im Bereich von $10^2 - 10^9\,\mathrm{W{\cdot}cm^{-2}}$ erforderlich, um den Wechselwirkungsprozess zu starten bzw. durchzuführen. Diese Werte werden durch eine Fokussierung der Laserstrahlung auf oder in die Materialoberfläche erreicht. Zur Fokussierung kommen sowohl Linsen als auch Spiegel zum Einsatz.

Da der Laserstrahlfokussierung eine sehr wichtige Funktion zukommt, sollen am Beispiel der dünnen Linse (Bild 4.20 a) wichtige Abbildungseigenschaften diskutiert werden.

Bei der Fokussierung erzeugt die Linse eine optische Transformation der Strahlung. Es gilt

$$d_0 \cdot \theta_0 = d_f \cdot \theta_f \tag{4.20}$$

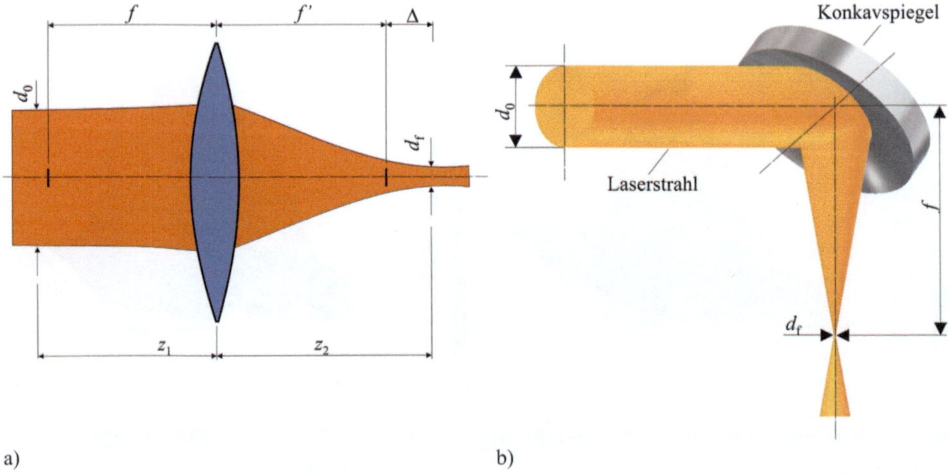

Bild 4.20 Fokussierung mit optischen Bauelement. a) Abbildung eines Gauss-Strahles durch eine dünne Linse, b) idealisierte Fokussierung mit einem Konkavspiegel

Aus dieser Gleichung lässt sich bereits schlussfolgern, je kleiner der Fokusdurchmesser d_f ist, desto größer wird der Divergenzwinkel des Strahles nach dem Fokus θ_f. Das hat auch eine kürzere Rayleigh-Länge zur Folge. Die abgeleiteten Größen aus Bild 4.20 a werden ausführlich in */Stau2000/*, */Mesch2017/* diskutiert.

Ein Auszug wichtiger Beziehungen wird nachfolgend gegeben.

Fokusradius

$$w_f = w_0 \cdot \frac{f}{\sqrt{{z_{R_0}}^2 + (z_1 - f)^2}} \tag{4.21}$$

w_0 Taillenradius Ausgangsstrahl; w_f Taillenradius fokussierter Strahl; z_1 Abstand Strahltaille zur Optik; z_{R_0} Rayleigh-Länge einfallender Strahl

Fokuslage

$$z_2 = f + (z_1 - f) \cdot \frac{f^2}{(z_1 - f)^2 + {z_{R_0}}^2} \tag{4.22}$$

Bild 4.20 a veranschaulicht, dass die Fokuslage gegenüber der Brennweite f um den Betrag $\Delta = z_2 - f$ verschoben ist. In der Praxis ist aber die Divergenz des einfallenden Strahles sehr gering, sodass die Größe Δ vernachlässigt werden kann.

$$\theta_f = \frac{\lambda}{\pi \cdot w_f} = \frac{\lambda}{\pi \cdot w_0} \cdot \frac{\sqrt{z_{R_0}^2 + (z_1 - f)^2}}{f} \tag{4.23}$$

Die **Strahlausbreitung** am Ort der Linse kann wie folgt angegeben werden

$$w(z_1) = w_0 \cdot \left[1 + \left(\frac{z_1}{z_{R_0}}\right)^2\right]^{\frac{1}{2}} \tag{4.24}$$

Eine vereinfachte Berechnung des ideal erreichbaren Fokusradius erfolgt in der Praxis häufig mit:

$$w_f \approx \theta_0 \cdot w_0 \cdot \frac{f}{w(z_1)} \approx \frac{f \cdot \lambda}{\pi \cdot w(z_1)} \tag{4.25}$$

Aus dieser Gleichung lassen sich für die Dimensionierung der Fokussieroptik in der Praxis wichtige Schlussfolgerungen ziehen.

Die diskutierten Fokusparameter und die errechneten Fokusdurchmesser gelten nur für den Fall, das ideale Bedingungen vorliegen. In der Praxis werden durch die realen Bedingungen, insbesondere durch die sphärische Aberration der Fokussieroptik und die Abweichungen des realen Strahles vom Gauss-Strahl, veränderte Parameter gemessen. Für die Wellenlänge $\lambda = 10\,640$ nm und eine Brennweite von $f = 150$ mm liegt der Fokusdurchmesser unter realen Bedingungen bei $d_f \approx 150\,\mu$m. Darüber hinaus verändern auch Verschmutzung und Alterung der Fokussieroptiken die realen Parameter. Das zeigt, dass die messtechnische Bewertung und Überwachung der Fokusparameter unabdingbar sind. Formel 4.25 verdeutlicht die Abhängigkeit des **Fokusdurchmessers** von den Parametern Brennweite und Wellenlänge, die der Anwender sorgsam auswählen muss. Für eine Vielzahl von Bearbeitungsverfahren, z. B. Abtragen, Strukturieren und Schneiden, wird versucht mit möglichst minimalen Fokusdurchmessern zu arbeiten.

Dies kann durch die folgenden Maßnahmen entsprechend Formel 4.25 erreicht werden:

- Verwendung kurzer Wellenlängen,
- Einsatz eines Laserstrahles mit kleinem Strahlparameterprodukt ($w_0 \cdot \theta_0$),
- Verwendung kurzbrennweitiger Fokussieroptiken,
- Verwendung einer großen Apertur des fokussierenden Bauelementes.

Oftmals ist aus Kostengründen oder bestimmten Randbedingungen ein Kompromiss aus den genannten Maßnahmen erforderlich. Der ideale **Divergenzwinkel** für den fokussierten Strahl ergibt sich aus

$$\theta_{\mathrm{f}} = \frac{w(z_1)}{f} \tag{4.26}$$

Die sich ergebende Divergenz ist somit nur von den Parametern Strahlradius (am Ort der Fokussieroptik) und der Brennweite abhängig. Bei der Auslegung der Tubusgeometrie eines Schneid- oder Schweißkopfes muss dies berücksichtigt werden.

Für den Bearbeitungsprozess ist die **Kaustik** des Strahles nach dem fokussierenden Bauelement von großer Bedeutung. Insbesondere folgende Parameter sollten für die verschiedenen Bearbeitungsverfahren bekannt sein oder gemessen werden:

- Fokuslage,
- Schärfentiefe (Rayleigh-Länge) und
- Fokusdurchmesser.

Die **Fokuslage** wird im Wesentlichen von der Brennweite der Optik bestimmt. Da die Brennweiten der Bauelemente nicht exakt gefertigt werden können, ist es nach dem Wechsel einer verschlissenen Optik erforderlich, die Fokuslage der neuen Optik genau zu vermessen.

Die **Schärfentiefe** des fokussierten Bündels ergibt sich aus der Beziehung

$$z_{\mathrm{R}} = \frac{\lambda \cdot f^2}{\pi \cdot w_0^2} \tag{4.27}$$

für $z_1 \gg f$

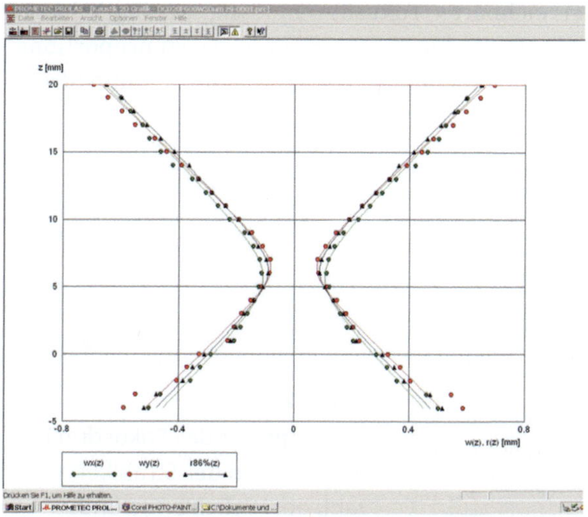

Bild 4.21
Darstellung der Strahlkaustik für unterschiedliche Brennweiten

Die **Rayleigh-Länge** ist diejenige Fokuslänge, in der sich die Intensität um maximal den Faktor 2 ändert. Im Strahlengang gibt es diesen Intensitätswert zweimal (vor und nach dem Ort von w_f), sodass die eigentliche **Rayleigh-Länge** $\mathbf{2 \cdot z_R}$ beträgt. Bei der realen Abbildung ergibt sich ein sogenannter „Fokusschlauch", d.h., entgegen der Annahme der geometrischen Optik einer Punktabbildung ist diese aufgrund von Beugungserscheinungen nicht exakt scharf. Die vorstehend diskutierte Strahlkaustik veranschaulicht Bild 4.21 für zwei unterschiedliche Brennweiten. Es wird deutlich, dass mit kleiner werdendem Fokusdurchmesser auch die verfügbare Rayleigh-Länge abnimmt. Umgekehrt bieten langbrennweitige Systeme zwar größere Fokusdurchmesser, können aber auch größere Schärfentiefebereiche ermöglichen, was in bestimmten Anwendungsfällen eine höhere Prozessstabilität zur Folge hat. In der Praxis wird auch häufig die **Fokussierkennzahl** verwendet. Der minimal erreichbare Fokusradius hängt bei fester Wellenlänge und Strahlqualitätskennzahl nur von der Fokussierkennzahl ab. */Stau2000/*, */Sale2019/*

$$F_K = \frac{f}{d_1} \tag{4.28}$$

F_K Fokussierkennzahl; d_1 Strahldurchmesser am Ort der Fokussierlinse

Setzt man in Formel 4.12 die Fokussierkennzahl ein und berücksichtigt zusätzlich die Strahlkennzahl M^2 (vgl. Abschnitt 4.7), dann ergibt sich für den **Fokusdurchmesser**

$$d_f \approx \frac{4 \cdot \lambda \cdot F_K \cdot M^2}{\pi} \tag{4.29}$$

Aus Formel 4.29 folgt, je kleiner die Fokussierkennzahl ist, desto kleiner ist auch der erreichbare Fokusdurchmesser. Den Einfluss von Wellenlänge, Fokusdurchmesser und Fokussierkennzahl auf den erreichbaren Fokusdurchmesser verdeutlicht zusammenfassend Bild 4.22 */Primes2012/*. Der Fokusdurchmesser ist direkt proportional zu den drei wichtigen Strahlparametern Wellenlänge, Fokussierkennzahl und Strahlkennzahl.

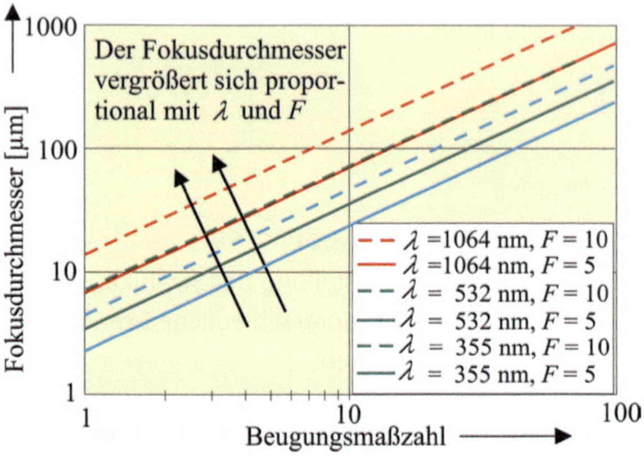

Bild 4.22
Abhängigkeit des Fokusdurchmessers von der Strahlkennzahl, der Wellenlänge und der Fokussierkennzahl nach */Primes 2012/*

4.7 Strahlqualität

Laserstrahlen mit unterschiedlichen Strahlparametern zu vergleichen, um Strahlqualitäten zu definieren, ist nicht trivial. Aus diesem Grund wird die **Strahlqualität** im Vergleich zu einem theoretischen Gauss-Strahl ermittelt. Ein realer Laserstrahl weicht vom idealen, beugungsbegrenzten Gauss-Strahl ab, so können höhere Moden z. T. zu signifikanten Abweichungen der Intensitätsverteilung von der Gauss-Form führen. Obwohl der Strahltaillendurchmesser vergleichbare Werte annehmen kann, ist der Divergenzwinkel größer als beim Gauss-Strahl. Diesen Sachverhalt veranschaulicht Bild 4.23.

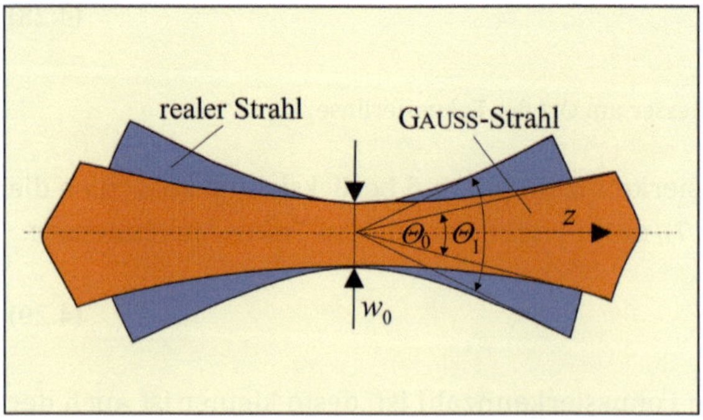

Bild 4.23
Divergenzwinkel eines realen Laserstrahls und des idealen Gauss-Strahls nach */coherent2011/*

Um verschiedene Lasersysteme vergleichen zu können, ist es erforderlich, die Strahlqualität quantitativ zu charakterisieren. Als Maß für die Strahlqualität ist die **Strahlkennzahl M^2** (Beugungsmaßzahl) definiert (DIN EN ISO 11146-1). Für stigmatische Strahlen ist sie das Verhältnis des Strahlparameterproduktes des realen Strahles bezogen auf das Strahlparameterprodukt eines beugungsbegrenzten Gauss-Strahls mit gleicher Wellenlänge.

$$M^2 = \frac{\pi \cdot d_0 \cdot \theta_0}{4 \cdot \lambda} \tag{4.30}$$

Im Falle $M^2 = 1$ würde sich ein idealer Gauss-Strahl abbilden. Für reale Strahlen gilt jedoch immer $M^2 > 1$. Damit kann eine wichtige Schlussfolgerung getroffen werden: **Je größer der Wert für M^2, desto schlechter ist die Strahlqualität des Laserstrahles.** In der Praxis werden häufig Laserstrahlen mit $M^2 < 1{,}5$ als nahezu grundmodig betrachtet.

Oft wird noch der veraltete Begriff **Strahlqualitätsfaktor** oder **Strahlpropagationsfaktor K** für die Beschreibung der Strahlqualität verwendet. Beide Größen können direkt ineinander umgerechnet werden:

$$K = \frac{1}{M^2} \tag{4.31}$$

Der reale Laserstrahl besitzt immer einen K-Wert < 1.

Das **Strahlparameterprodukt *SPP*** ist wie folgt definiert:

$$SPP = \frac{d_0 \cdot \theta_0}{4} \tag{4.32}$$

Werden optische Systeme ohne Aberrations- und Blendenwirkung zur Strahlführung und Strahlformung eingesetzt, bleibt das Strahlparameterprodukt während der Strahlausbreitung nahezu konstant.

4.8 Strahlprofilmessungen

Die Erfassung des räumlichen Intensitätsprofils eines Laserstrahls ist eine zentrale Aufgabe der Strahlcharakterisierung und spielt eine entscheidende Rolle in der Entwicklung, Justage und Anwendung von Lasersystemen. Das Strahlprofil liefert wichtige Informationen über die Parameter Modenstruktur, Fokuslage, Strahldivergenz und Qualität der Strahlformung, die eine wichtige Voraussetzung für die Beurteilung und Optimierung von Prozessen in der Materialbearbeitung sind. In der Praxis kommt eine Vielzahl qualitativer und quantitativer Messmethoden zur Anwendung, deren Auswahl sich nach den Strahleigenschaften, dem Leistungsniveau und den geforderten Genauigkeiten richtet.

Die Strahlqualität ist eine wichtige Strahleigenschaft, die in der LMB für sehr viele Verfahren berücksichtigt werden muss. Moderne Strahlquellen erreichen durch verbesserte Pumpkonzepte und spezielle Resonatorkonfigurationen sehr hohe Strahlqualitäten. Für CO_2-Laser sowie Scheiben- und Faserlaser lassen sich M^2 von 1,1 bzw. 1,02 erreichen.

Ein Strahlprofil beschreibt die Intensitätsverteilung eines Laserstrahls in einer Querschnittsebene senkrecht zur Ausbreitungsrichtung. Unterschieden wird zwischen:

- **2D-Profil:** Intensitätsverteilung im Strahlquerschnitt,
- **3D-Profil:** zusätzliche Informationen zur axialen Intensitätsverteilung,
- **zeitaufgelöstes Profil:** für gepulste Quellen (insbesondere UKP).

Dabei ist zu beachten, dass das Strahlprofil gemäß DIN EN ISO 11146 in einer zur Ausbreitungsrichtung senkrechten Ebene erfasst wird. In praxisrelevanten Remote-Anwendungen, etwa bei der Laserbearbeitung mit abgelenkten Strahlen, kann die effektive Intensitätsverteilung auch erweitert dargestellt werden. Bei dem Verfahren „ScanFieldMonitor“ (SFM) wird der Strahl bspw. in der Baufeldebene an dem Ort, an dem er tatsächlich mit dem Material interagiert, dargestellt. */primes2025-2/*

Beispiele zu SFM-Messungen werden auf *plus.hanser-fachbuch.de* vorgestellt.

Für die Bewertung der Strahlprofile und -qualität hat sich eine Reihe von Verfahrenslösungen in der Praxis etabliert. Von sehr einfachen subjektiven Methoden bis hin zu gerätetechnischen Anwendungen, die ein gemessenes und gerechnetes Strahlprofil ermitteln lassen, können wichtige Aussagen zum Strahlprofil und den Fokusparametern getroffen werden.

4.8.1 Qualitative Verfahren

Qualitative Methoden der Strahlprofilmessung erlauben eine subjektive Einschätzung der Intensitätsverteilung, der Symmetrie sowie eventueller Unregelmäßigkeiten in der Strahlform. Trotz begrenzter Messgenauigkeit bieten sie kostengünstige und robuste Möglichkeiten zur schnellen Vorbewertung des Strahlprofils.

Eine schnelle und kostengünstige Lösung ist das Abbilden des Strahlprofils in ein gut absorbierendes Material, um einen groben zweidimensionalen Eindruck über die Intensitätsverteilung des Strahles zu erhalten. Speziell für diesen Anwendungsfall stehen Thermal Beam Alignment Cards bzw. **Bildplatten** zur Verfügung, die in Bild 4.24 b beispielhaft dargestellt sind. Einen dreidimensionalen Eindruck vermitteln auch sogenannte **Modenschüsse** in Blöcken oder Scheiben aus transparenten PMMA-Materialien (lokale Absaugung erforderlich).

Spezielle **Wandlerkarten** (Bild 4.24 c) sind in der Lage, für das menschliche Auge unsichtbare Strahlung in den VIS-Bereich zu transformieren. Sie sind für geringe, mittlere und hohe Strahlleistungen verfügbar und können direkt in den Laserstrahl gehalten werden. Man bekommt sofort eine Aussage über die Strahlform und seine Leistungsdichteverteilung, bzw. kann diese Karten auch zur groben Positionsbestimmung des Laserstrahles im Strahlengang für Justageaufgaben einsetzen. Verfügbar sind Kartenmaterialien, die die IR-Strahlung durch Photonenwandlungsprozesse (Up-conversion) in den grünen Spektralbereich konvertieren. UV-Wandlerkarten konvertieren hingegen UV-Wellenlängen (190 und 390 nm) in einen roten Spektralbereich. Verschiedene dieser Materialien zeichnen sich durch eine gewisse Intensitätsempfindlichkeit aus, sodass auch transversale Moden gut sichtbar darstellbar sind. Materialentwicklungen brachten gleichfalls Wandlerkarten mit sehr hohen Zerstörschwellen hervor. So können maximale Intensitäten bis zu 10 $kW \cdot cm^{-2}$ bzw. Energiedichten bis 10 $J \cdot cm^{-2}$ abgebildet werden. */lasercomponents2025/*

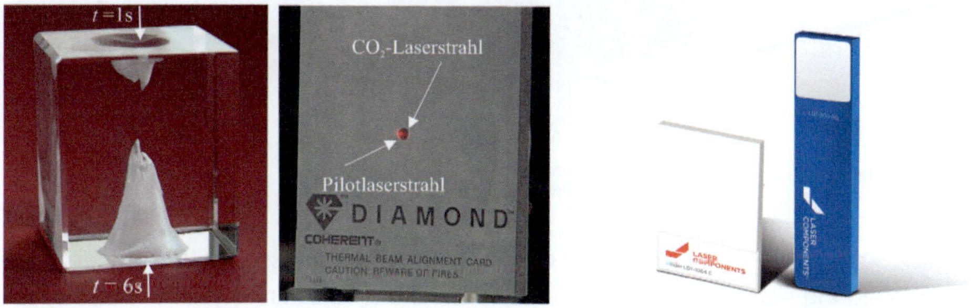

a) b) c)

Bild 4.24 Qualitative Methoden zur Ermittlung des Intensitätsprofils. a) PMMA-Einschuss, b) Bildkarten, c) Wandlerkarten IR und UV © LASER COMPONENTS Germany GmbH

Zwei einfache **qualitative Prüfmethoden** zur Bestimmung von Fokuslage und -durchmesser können mit der **Kaustikabbildung** auf einer schiefen Ebene und dem Plasmaabrissverfahren durchgeführt werden (vgl. Bild 4.25). Für die Kaustikabbildung bei geringen Strahlleistungen hat sich als abbildendes Material schwarz eloxiertes Aluminium etabliert. Die Probe wird in einem definierten Winkel (typisch $\alpha \sim 10° - 20°$, je nach Brennweite) auf der Ebene platziert und der Laserstrahl mit einem festen Z-Wert über die Probe gefahren. Am abgebildeten Kaustikprofil (vgl. Bild 4.25 b) kann der Fokusdurchmesser grob bestimmt und die **Fokuslage** ermittelt werden. Diese ergibt sich aus der einfachen Winkelbeziehung, wobei c_f messtechnisch ermittelt wird und α bekannt ist.

$$a + s = \sin\alpha \cdot c_f \qquad (4.33)$$

s Blechstärke; c_f Messstrecke; a Abstand der Fokuslage zur Bezugsfläche

Beim **Plasmaabrissverfahren** nutzt man einen fokussierten Strahl mit einer Intensität von etwa $I = 10^6\ \mathrm{W \cdot cm^{-2}}$. Trifft dieser auf eine Metalloberfläche wird Material verdampft und bildet eine meist blaue Plasmawolke. Bewegt man den Laserstrahl über die Oberfläche in diskreten Abstandsänderungen (Abstand Linse zur Materialoberfläche), wird die Plasmaflamme in ihrer Intensität geschwächt, färbt sich gelblich und reißt schließlich ab. Deutlich ändern sich auch die **WEZs** (Wärme-Einfluss-Zonen) auf der Blechoberfläche (vgl. Bild 4.25 c). Damit lässt sich der untere und obere Abreißpunkt bestimmen und der Verfahrposition der jeweiligen Abstandsänderung zuordnen /*Trumpf1990*/.

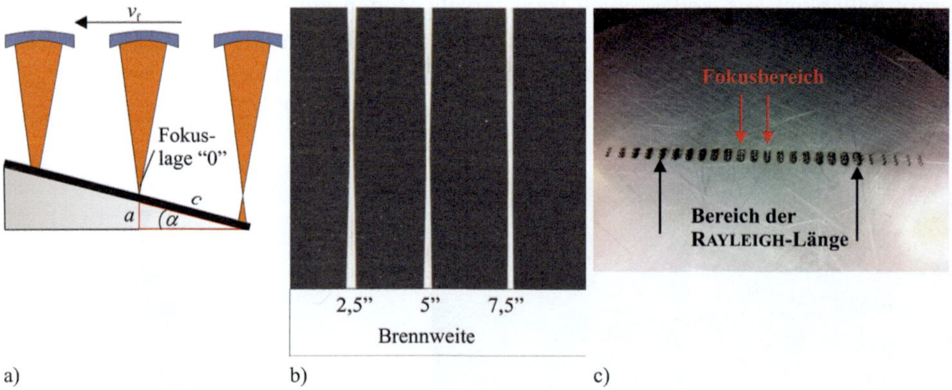

Bild 4.25 Subjektive Prüfmethode zu Fokuslage und -durchmesser. a) Prinzip der Kaustikabbildung – schiefe Ebene, b) Kaustikdarstellung (eloxiertes Aluminium), c) Plasmaabrissverfahren

4.8.2 Quantitative Verfahren

Quantitative Verfahren zur Strahlprofilmessung erlauben die objektive, kalibrierbare und rückführbare Erfassung von Intensitäts- oder Leistungsdichteverteilungen in einem oder mehreren Querschnitten des Laserstrahls. Sie basieren auf physikalischen Detektionsprinzipien wie Photodetektion, Thermografie oder Lichtstreuung und sind in der Regel messtechnisch auf Rückführbarkeit gemäß DIN EN ISO 11146 oder DIN EN ISO 13694 ausgelegt. Im Unterschied zu den qualitativen Verfahren liefern sie numerische Werte für Kenngrößen wie Strahldurchmesser d_{86}, Strahlkennzahl M^2, elliptische Asymmetrie, Divergenz, Rayleigh-Länge oder Fokuslage.

4.8.2.1 CCD-/CMOS-basierte Beam Profiler

Die direkte Bildgebung des Strahlprofils mittels CCD- oder CMOS-Sensoren stellt die heute am häufigste verwendete Methode zur zweidimensionalen Intensitätsmessung dar. Dabei wird ein schwach reflektierter Teil des Strahls (typisch 0,01 – 1 %) über einen Strahlteiler oder eine Streuscheibe auf einem Kamera-Chip abgebildet. Die lokale Bestrahlungsstärke E(x,y) wird dabei auf ein Graustufenbild übertragen und anschließend softwaregestützt ausgewertet.

Die Kamerasysteme verfügen über hohe Dynamikbereiche (12 – 16 Bit), Pixelauflösungen von 1 – 5 µm und Bildraten bis zu mehreren kHz. Mit geeigneten Optiken lassen sich Messbereiche von unter 50 µm bis zu mehreren Millimetern abdecken. Eine typisierte Kenngröße ist der Strahldurchmesser d_{86}, bei dem 86 % der Gesamtleistung enthalten sind. Alternativ kann die Intensitätsverteilung über eine 1D- oder 2D-Gauss-Fit-Funktion analysiert werden, um die Strahlradiusparameter w_x und w_y gemäß ISO 11146 zu ermitteln.

Die **kamerabasierte Strahlprofilmessung** unter Verwendung des Systems „BeamGage“ stellt bspw. eine Methode zur zweidimensionalen, ortsaufgelösten Analyse von Laserstrahlen dar. Das System besteht aus einer CCD- oder CMOS-Kamera zur bildgebenden Erfassung der Intensitätsverteilung und einer angeschlossenen Auswertesoftware, die eine Vielzahl an laserstrahlrelevanten Parametern gemäß den Normen ISO 11146 und ISO 13694 bestimmt. In der Praxis wird das System häufig in Kombination mit optischen Dämpfungssystemen (z. B. Neutraldichtefilter, reflektive Strahlteiler) eingesetzt, um die Strahlleistung in einen für die Kamera detektierbaren Bereich zu überführen, ohne das Intensitätsprofil zu verfälschen. Ein wesentlicher Vorteil des Verfahrens liegt in der Möglichkeit zur Echtzeitbeobachtung des Strahlprofils, wodurch beispielsweise Modulationsinstabilitäten, asymmetrische Moden oder temporäre Fluktuationen unmittelbar detektiert werden können. Die Software unterstützt eine umfassende, grafische Analyse, einschließlich 3D-Projektionen und Histogrammauswertungen. Zur Verbesserung der Messgenauigkeit kommt der entwickelte UltraCal™-Algorithmus zum Einsatz, der eine präzise Hintergrundsubtraktion und Systemkalibrierung ermöglicht und damit die Reproduzierbarkeit und Rückführbarkeit der Messergebnisse im industriellen Umfeld erhöht. Die kamerabasierte Strahlprofilmessung eignet sich insbesondere für Laserstrahlen im Wellenlängenbereich von etwa 200 nm bis 1100 nm (abhängig vom Kamerachip) und bietet eine wertvolle Grundlage zur Charakterisierung von Strahlparametern bei Entwicklung, Justage und Qualitätssicherung von Lasersystemen. */ophir2025/*

In Bild 4.26 ist ein 2D-Strahlprofil dargestellt, das während der Justierung eines UKP-Lasers im IR-Wellenlängenbereich und bei einer Repetitionsrate von 2000 kHz aufgenommen wurde. Das Profil zeigt eine Asymmetrie des Strahlquerschnittes und muss im Ergebnis des Justierzyklusses in X- und Y-Richtung symmetrisch angenähert werden.

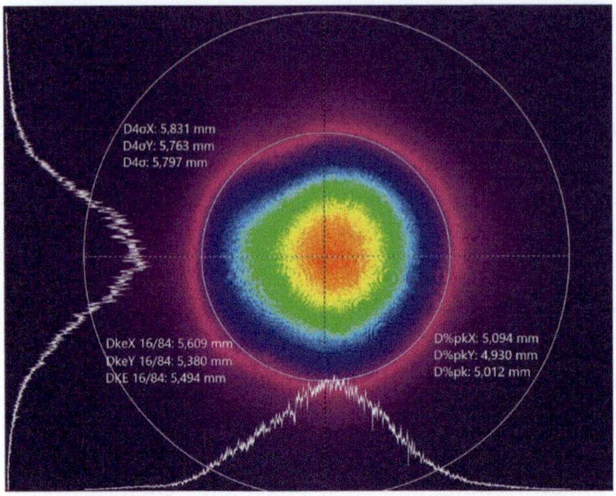

Bild 4.26
Kamerabasierte Strahlprofilmessung eines UKP-Lasers mit dem System „BeamGage"

Nachfolgend soll am Beispiel eines **MicroSpotMonitors** ein Geräteaufbau erläutert werden, der es erlaubt, auch sehr kleine Fokusdurchmesser analysieren zu können. */primes2012/*. Verwendung findet ein Messobjektiv, das in Verbindung mit geeigneten Strahlabschwächern den leistungsreduzierten Laserstrahl auf einen Chip abbildet. Mithilfe mehrachsiger Bewegungssysteme kann eine automatische Vermessung der Strahlkaustik erfolgen. Bild 4.27 veranschaulicht den prinzipiellen Aufbau des Monitors.

Die dargestellte Gerätelösung kann abhängig vom Messobjektiv Strahldurchmesser zwischen 10 und 1000 µm, sowohl kontinuierlich als auch gepulst betrieben, vermessen. Die Abtastung des Strahles erfolgt durch Objektive mit einer Numerischen Apertur von 0,1 bzw. 0,2. Durch gezielt einstellbare Abschwächerstufen wird der Strahl auf den Sensor abgebildet. Damit besteht die Möglichkeit, den Strahl direkt im Fokus bei sehr hohen Leistungsdichten vermessen zu können. Das Auswertesystem verfügt über einen hohen Dynamikbereich, sodass auch **Kaustikmessungen** über mehr als 4 Rayleigh-Längen entsprechend DIN EN ISO 11146 durchführbar sind. Durch die Integration einer motorisierten Z-Achse können die Fokusparameter schnell und automatisiert ermittelt und über die leistungsstarke LaserDiagnosticsSoftware (LDS) ausgewertet werden. Alle relevanten Fokusparameter können bei der Verfahrensentwicklung oder der Qualitätssicherung von Bearbeitungsprozessen eingesetzt werden. */primes2012/*, */primes2025/*

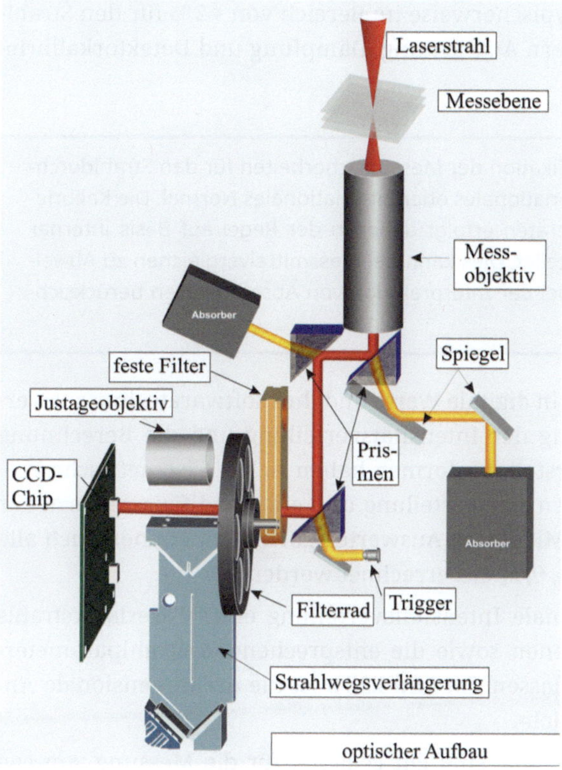

Bild 4.27
Darstellung des Aufbaus eines MicroSpotMonitors */Primes2012/*

4.8.2.2 Scanverfahren (Slit-, Knife-Edge- oder Pinhole-Scanner)

Für hochpräzise Messungen des Strahlprofils und insbesondere zur normgerechten Bestimmung des Strahlparameters M^2 gemäß ISO 11146 kommen scannende Verfahren zum Einsatz, die mit mechanisch bewegten Detektoreinheiten arbeiten:

- **Slit-Scanner:** Ein schmaler Spalt (typ. 10 – 30 µm) wird durch das Strahlprofil bewegt, während ein Photodetektor die durchgelassene Intensität aufnimmt. Die Ableitung der gemessenen Kurve ergibt das Intensitätsprofil.
- **Knife-Edge-Scanner:** Hinter einer scharfen Kante, die durch den Strahl geführt wird, wird die Leistung detektiert (Blocking). Durch Differenzierung des Signals lässt sich das Strahlprofil rekonstruieren.
- **Pinhole-Scanner:** Aus der rasterförmigen Bewegung einer kleinen Blende (typ. < 50 µm) durch den Strahl resultiert eine Punktverteilung, die direkt als Intensitätsbild dargestellt wird.

Durch kombinierte Bewegungen entlang der optischen Achse kann ein Z-Profil aufgenommen werden, aus dem Fokuslage, Strahlaufweitung und die Strahlkennzahl M^2 exakt bestimmt werden.

Messunsicherheiten liegen dabei typischerweise im Bereich von < 2 % für den Strahldurchmesser und < 5 % für M^2, sofern Ausrichtung, Dämpfung und Detektorkalibrierung korrekt ausgeführt sind.

Für die Definition bzw. Spezifikation der Messunsicherheiten für den Strahldurchmesser existiert bislang kein nationales oder internationales Normal. Die Kalibrierung von Strahlprofilmessgeräten erfolgt daher in der Regel auf Basis interner Referenzstandards der Hersteller. Dies kann bei Messmittelvergleichen zu Abweichungen führen und sollte bei der Interpretation von Absolutwerten berücksichtigt werden.

Die Wandlung der Detektorsignale in digitale Werte und ihre softwaretechnische Verarbeitung erlauben die Darstellung der Intensitätsverteilung und die Berechnung wichtiger Strahlparameter. Als Darstellungsformen haben sich die isometrische Projektion der dreidimensionalen Intensitätsverteilung und eine modifizierte Form der Höhenliniendarstellung bewährt. Mit diesen Auswertealgorithmen können auch alle relevanten Parameter wie M^2, K, d_0, θ, z_R etc. errechnet werden.

Bild 4.28 a zeigt die zweidimensionale Intensitätsverteilung eines Faserlaserstrahls mit den verschiedenen Schnittebenen sowie die entsprechenden Strahlparametergrößen, die sich direkt darstellen lassen. Im Bild 4.28 b ist die dreidimensionale Ansicht des Strahlprofils veranschaulicht.

Diese mechanisch abtastenden Systeme sind gut geeignet für die Messung von cw-Laserstrahlung, denn es besteht die Möglichkeit, ohne Strahlabschwächung direkt in unfokussierten oder fokussierten Strahlen Leistungsdichten bis zu 10^7 W·cm^{-2} und Leistungen von 25 kW zu messen.

Bild 4.29 a zeigt den schematischen Aufbau eines solchen Messsystems, bei dem eine rotierende Messspitze den Laserstrahl quer zur Ausbreitungsrichtung abtastet. Die resultierenden Signale werden durch die Detektionseinheit erfasst und zunächst in eine Flächeninformation der Schnittebene überführt. Diese Messroutine wird bei unterschiedlichen axialen Positionen wiederholt, sodass ein vollständiges 3D-Intensitätsprofil des Fokusbereichs rekonstruiert werden kann.

Die resultierende Intensitätsverteilung kann beispielsweise als Falschfarbendarstellung visualisiert werden (Bild 4.29 b). Die überlagerte Spur (schwarz dargestellt) markiert den Verlauf der detektierten Messpunkte innerhalb des Strahlprofils, wobei die Abtastung entlang der eingezeichneten Bahn erfolgt. Durch diese Messmethodik lässt sich die Lage des Fokus sowie die Strahlqualität (z. B. M^2-Wert, Fokuslage, Symmetrie) mit hoher Genauigkeit bestimmen. Fokusmonitore dieser Art sind insbesondere für die Prozessüberwachung und die Qualitätskontrolle in der industriellen Lasermaterialbearbeitung unverzichtbar und schließen oberhalb der Leistungsgrenze von kamerabasierten Systemen an. */Primes2018/*

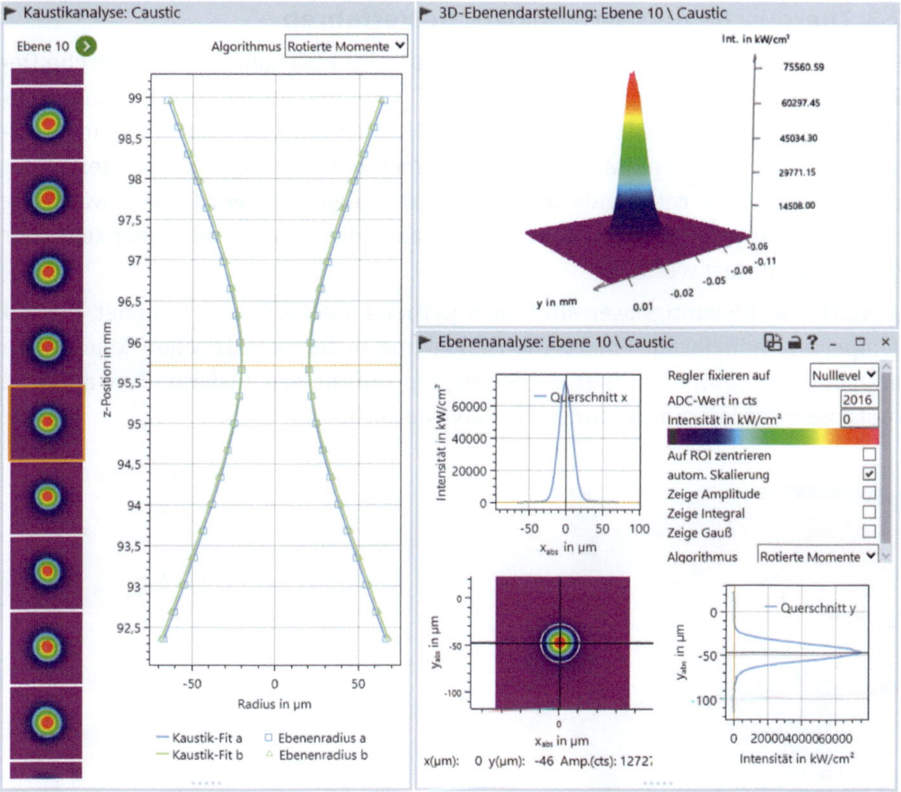

Bild 4.28 Strahlprofilvermessung eines 400-W-SM-Faserlasers mit dem Fokusmonitor © PRIMES

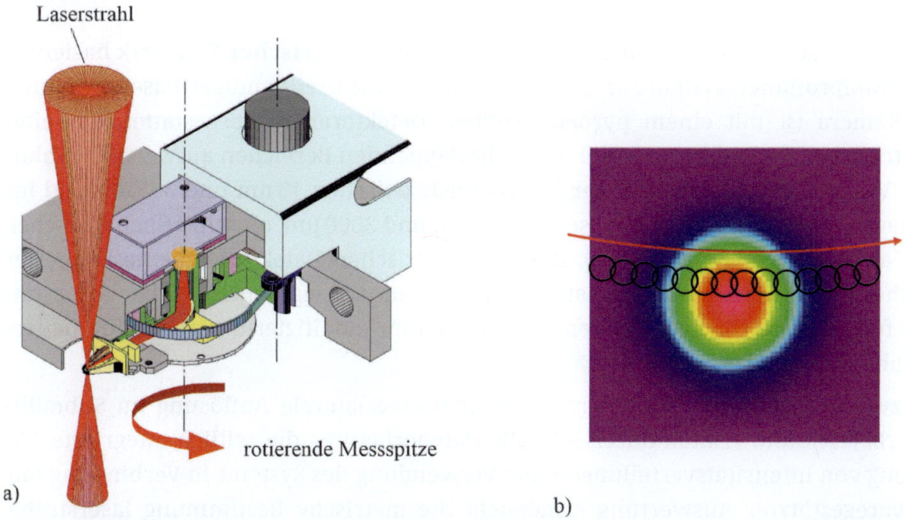

Bild 4.29 Fokusmonitor FM+ © PRIMES. a) schematische Darstellung des Messprinzips des Fokusmonitors, b) Abtastweg der Messpitze

4.8.2.3 Thermische und pyroelektrische Verfahren

Für Strahlprofile im Hochleistungsbereich (> 100 W bis kW) kommen **thermische Detektionsprinzipien** zum Einsatz, insbesondere in Kombination mit rotierenden Sensoren oder Gitterarrays. Die Firma Primes GmbH bietet mit Systemen wie dem FocusMonitor FM+ oder dem BeamMonitor BM+ kommerzielle Lösungen an, bei denen der Laserstrahl durch eine rotierende Detektorstruktur abgetastet wird. Die Erwärmung durch lokale Absorption wird in Spannungssignale umgesetzt, die mit hoher zeitlicher Auflösung digitalisiert werden.

Für gepulste Hochleistungslaser sind auch pyroelektrische Arrays geeignet, die auf der temperaturinduzierten Polarisationsänderung in ferroelektrischen Materialien basieren und eine Momentaufnahme des Strahlprofils liefern, insbesondere auch bei Kurzpulslaserstrahlen mit Leistungen im MW-Bereich.

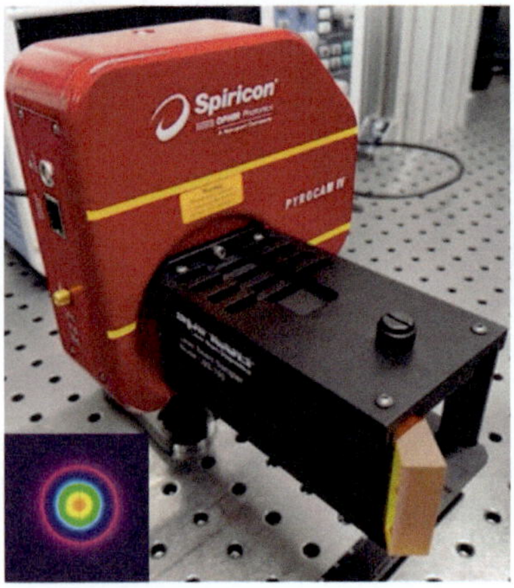

Bild 4.30
Pyrocam IV der Firma Ophir Spiricon Europe GmbH

Das Strahlanalysesystem in Bild 4.30 ist ein auf **pyroelektrischer Sensorik** basierendes Strahlprofilmesssystem zur quantitativen Analyse breitbandiger Laserstrahlung. Die Kamera ist mit einem pyroelektrischen Detektorarray ausgestattet, das eine spektrale Empfindlichkeit in zwei nicht überlappenden Bereichen aufweist. Im Vakuum-UV- bis UV-Spektrum liegt der Messbereich zwischen 13 nm und 355 nm und im mittleren bis fernen Infrarot zwischen 1,06 µm und 3000 µm, einschließlich typischer CO_2-Laserwellenlängen (10,6 µm). Die pyroelektrischen Detektorelemente reagieren auf thermisch induzierte Polarisationsänderungen und eignen sich daher insbesondere für gepulste Quellen, können jedoch auch im modifizierten Modus für Dauerstrichbetrieb verwendet werden.

Das zweidimensionale Halbleiterarray besitzt eine laterale Auflösung im Submillimeterbereich und erlaubt durch schnelle Datenerfassung die zeitlich integrierte Abbildung von Intensitätsverteilungen. Die Verwendung des Systems in Verbindung mit softwaregestützter Auswertung ermöglicht die metrische Bestimmung laserstrahlrelevanter Parameter, darunter Strahldurchmesser gemäß ISO 11146, Strahldivergenz, Intensitätsverteilungen, sowie die rechnerische Ableitung der Strahlkennzahl M^2. Aufgrund seiner spektralen Selektivität und der thermischen Empfindlichkeit eignet sich die Pyrocam IV insbesondere für die Profilanalyse von langwelligen Strahlquellen, bei denen herkömmliche CCD/CMOS-basierte Sensoren nicht einsetzbar sind.

Die in Bild 4.31 dargestellten Strahlprofilergebnisse wurden mit dem Pyrocamsystem an einem diodengepumten FK-Laser (Bild 3.29) ermittelt.

a) b)

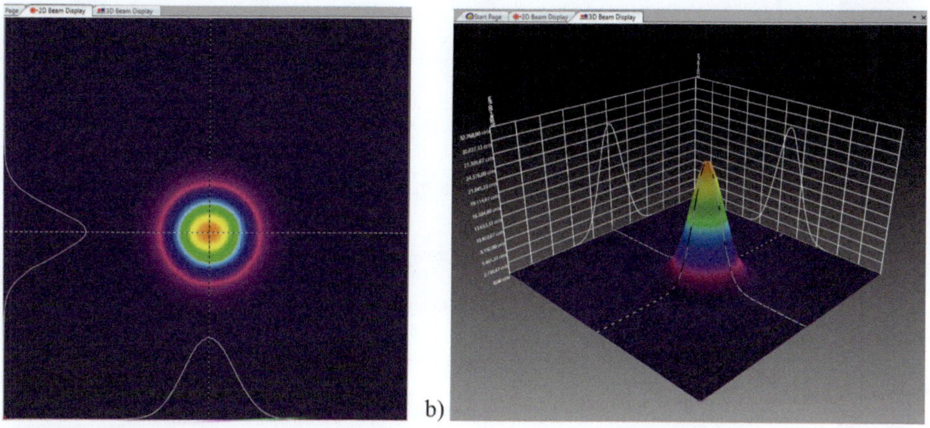

Bild 4.31 Strahlprofilmessung mit einer Pyrocam. a) 2D-Profilschnittdarstellung, b) 3D-Profildarstellung

Mit der Strahlprofilmessung aus Bild 4.31 wurden folgende Strahlkenngrößen ermittelt:

- Wellenlänge λ: 1910 nm
- Divergenzwinkel θ: 0,31° bzw. 5,411 mrad
- Taillenradius w_0: 115 µm
- Strahlkennzahl M^2: 1,023
- Strahlparameterprodukt SPP: 0,622 mm

Somit verfügt der diodengepumpte Festkörperlaser über eine sehr hohe Strahlqualität.

4.8.3 Beispiele für Strahlprofilanalysen

Mit den **kamerabasierten Systemen** besteht die Möglichkeit, auch Einzelimpulse mit Pulslängen kleiner $p_L < 10$ ms zu vermessen. Ebenso können Strahlkaustiken ultrakurzer Laserimpulse mit Pulslängen von $p_L < 80$ fs und Repetitionsraten von 1 kHz mit allen signifikanten Fokusparametern ermittelt werden. */primes2012/*

Bild 4.32 veranschaulicht beispielhaft eine Kaustikdarstellung nach einer Faserübertragung und Fokussieroptik für das BrightLine-Verfahren (siehe auch Kapitel 9).

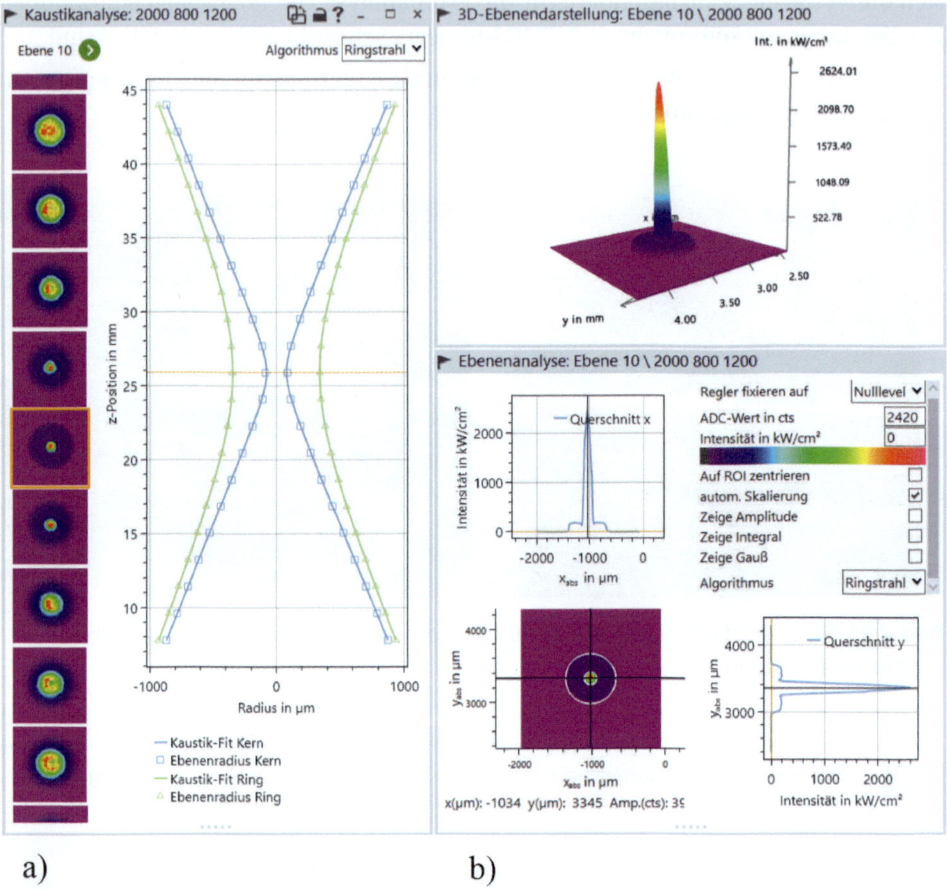

Bild 4.32 Kaustikdarstellung nach einer Faserübertragung und Fokussieroptik © PRIMES

Bild 4.32 a zeigt eine typische Kaustikdarstellung mit den Strahldurchmessern, gemessen mit einem Beam-Profiling-System (Primes MicroSpotMonitor), in Abhängigkeit von der axialen Position in Z-Richtung. Die Daten erlauben die Bestimmung zentraler Strahlparameter nach ISO 11146, insbesondere:

- Strahldurchmesser $d(z)$ nach dem 2. Momentenverfahren (zweifacher RMS-Wert),
- Strahlparameterprodukt SPP als Produkt aus minimalem Strahldurchmesser d_{min} und Divergenz,
- Rayleigh-Länge z_R und die daraus abgeleitete Strahlkennzahl M^2.

Im vorliegenden Fall ist ein symmetrisches Fokusverhalten beider Strahlenanteile der BrightLine-Technologie erkennbar, das auf eine gute Justage von Faser und Fokussieroptik schließen lässt. Bild 4.32 b zeigt die 3D-Darstellung der lateralen Intensitätsverteilung entlang der Z-Achse. Solche Volumenvisualisierungen ermöglichen eine intuitive Beurteilung der Strahlgeometrie und der Fokuseigenschaften. Die konzentrische Struktur und das gleichmäßige Abklingen der Intensität in Längsrichtung sprechen für ein homogenes Modenprofil.

Entsprechend Formel 4.25 lassen sich sehr kleine Fokusdurchmesser erzielen, wenn die Wellenlänge und die Brennweite sehr kurz und der Strahldurchmesser am Ort der Fokussierlinse sehr groß ist. Für Wellenlängen im UV-Bereich und kurzbrennweitige Objektive können Fokusdurchmesser kleiner 15 µm abgebildet werden (Bild 4.33). Sehr hohe Strahlqualitäten erreichen Singlemodefaserlaser. Bei einem Faserdurchmesser von 15 µm werden auch bei Laserleistungen in mittleren und höheren Leistungsbereichen nahezu beugungsbegrenzte Laserstrahlen mit Strahlqualitätskennzahlen bis zu $M^2 = 1{,}05$ ausgekoppelt.

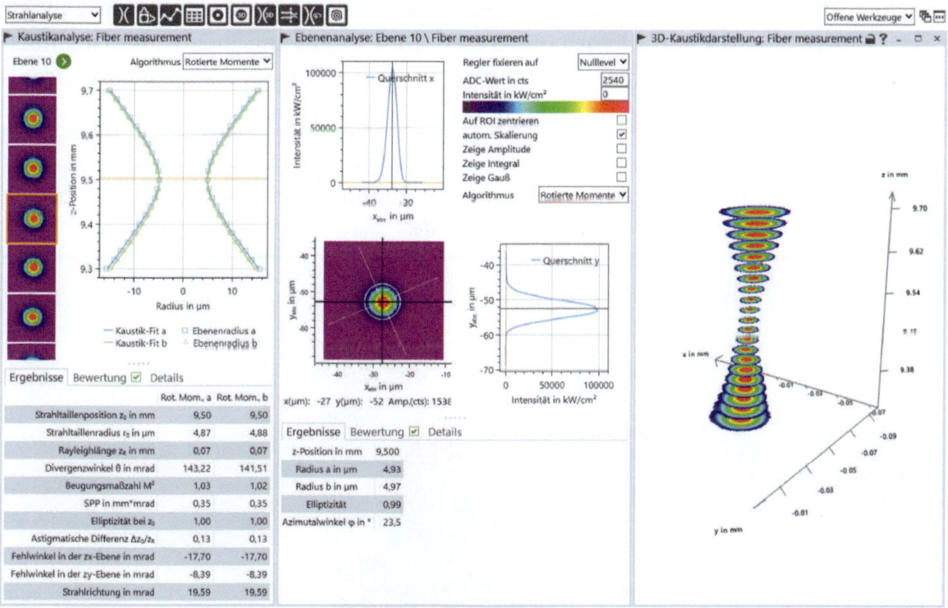

Bild 4.33 Messbeispiel einer Strahlanalyse für einen sehr kleinen Fokusdurchmesser © PRIMES

Für die präzise Charakterisierung der Strahlformung eines CO_2-Lasersystems wurde die Strahlpropagation durch eine Kombination aus Galvanometerscanner und F-Theta-Linse gemessen. Die eingesetzte Strahlquelle emittiert bei einer Wellenlänge von $\lambda = 10{,}6$ µm. Die Aufnahme der Strahlkaustik im Bild 4.34 a sowie des 3D-Strahlprofils im Bild 4.34 b geben eine qualitative Auskunft, um die Fokusqualität, die Symmetrie und den Verlauf der Intensitätsverteilung zu analysieren. Die Strahlkaustik zeigt den transversalen Radius des CO_2-Laserstrahls in Abhängigkeit von der axialen Z-Position. Der gemessene Ebenenradius (symmetrisch um die Z-Achse, quadratische Marker) sowie der durchgeführte Kaustik-Fit belegen den typischen Verlauf eines fokussierten gaussförmigen Strahls. Der minimale Strahldurchmesser liegt bei $z \approx 43$ mm und entspricht damit der Fokuslage. Die parabelförmige Hüllkurve des Fits beschreibt die Strahlverengung vor dem Fokus sowie dessen Divergenz nach der Engstelle und ermöglicht eine exakte Bestimmung des Rayleigh-Längen-Bereichs und des minimalen Strahlradius.

Der Verlauf belegt eine gute Strahlqualität und eine präzise Fokussierung durch die F-Theta-Optik, die für CO_2-Strahlung typischerweise aus ZnSe gefertigt ist. Der für F-Theta-Systeme charakteristische lineare Zusammenhang zwischen Ablenkwinkel und Fokusposition ist über die zentrale Strahlachse hinweg deutlich sichtbar. Geringe Verzeichnung und Fokusdrift bestätigen die zentrische Abbildungsqualität im Feldbereich.

Die Intensitätsverteilung bestätigt, dass keine signifikanten Hot-Spots oder asymmetrische Anteile im Strahlprofil vorhanden sind. Dies ist ein entscheidendes Qualitätsmerkmal, insbesondere bei thermisch sensiblen Anwendungen wie dem Laserstrahlbeschriften und Abtragen bei Polymeren, Leder, Textilien oder Glas.

Siehe auch Videosequenz „Laserstrahlbearbeitung mit einem CO_2-Laser und 3D-Scansystem" auf *plus.hanser-fachbuch.de*.

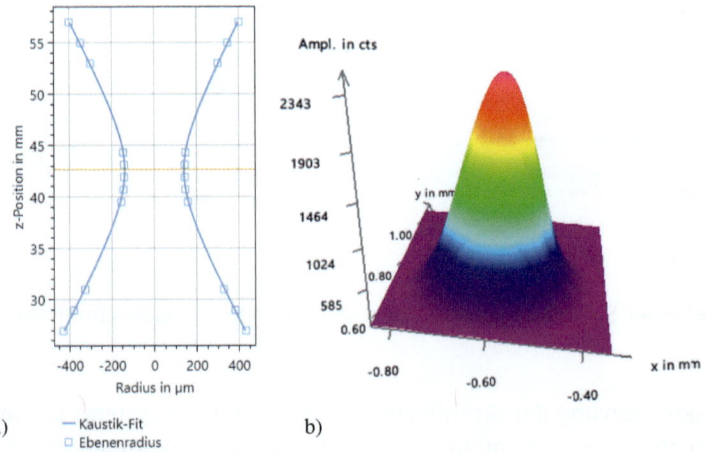

Bild 4.34 Strahlprofilmessung an einem 30-W-CO_2-Laser und einem Scansystem mit einer Brennweite von $f = 300$ mm. a) Strahlkaustik nach der F-Theta-Linse, b) Strahlprofil in der Fokusebene

Strahlprofilmessungen sind ebenfalls eine wichtige Methode zur Bewertung von Strahlprofilen, die durch strahlformende Komponenten gezielt verändert werden (siehe auch Kapitel 6). In Bild 4.35 ist beispielhaft eine durch ein Axicon erzeugte Strahlanalyse nach einer Strahlformung dargestellt. Trifft ein gaussförmiges Strahlprofil auf dieses refraktive strahlformende Element, dann entsteht ein sogenannter Besselstrahl mit einer ringförmigen Intensitätsverteilung.

Bild 4.35 a zeigt die über die Z-Achse aufgezeichnete Strahlkaustik, bei der die farbcodierten transversalen Intensitätsverteilungen in verschiedenen Ebenen das charakteristische Verhalten eines Ringstrahls visualisieren. In der Mitte des Diagramms ist der Bereich zu erkennen, in dem der Ringfokus durch die Überlagerung der an unterschiedlichen Radien brechenden Strahlen entsteht. Diese Zone ist durch eine relativ konstante Ringstruktur in axialer Richtung gekennzeichnet und korrespondiert mit der theoretischen Beschreibung eines besselartigen Strahls. Die Graphen im Diagramm in Bild 4.35 a quantifizieren die Ausbreitung des Rings über die Z-Position, wobei die Parameter „Kaustik-Fit Ring“ (blau) und „Kaustik-Fit Ring“ (grün) die resultierenden Fits der gemessenen Ebenenradien veranschaulichen. Die Darstellung zeigt eine nahezu lineare Divergenz der Ringstruktur mit einer symmetrischen Konvergenz auf einen minimalen Ringradius bei $z_0 \approx 65$ mm und kann als effektiver Arbeitsbereich interpretiert werden.

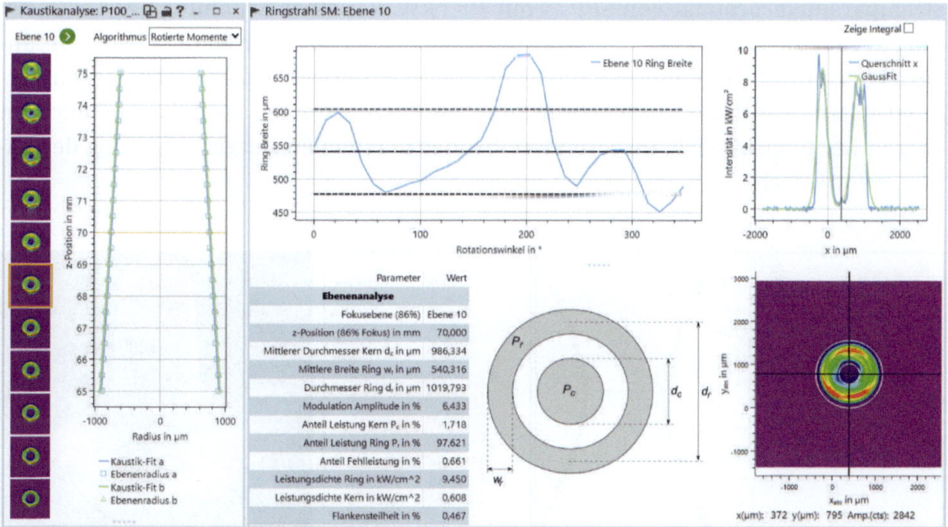

Bild 4.35 Strahlprofilmessung einer ringförmigen Strahlverteilung, erzeugt durch ein Axicon. a) Kaustikanalyse, b) 2D-Profildarstellung der ringförmigen Intensitätsverteilung

Bild 4.35 b stellt das transversale **Intensitätsprofil** im Fokusbereich dar, bei dem die ringförmige Energieverteilung deutlich sichtbar ist und eine hohe Rotationssymmetrie aufweist. Der Durchmesser des Rings, gemessen an den äußersten Intensitätsgrenzen, beträgt etwa 1000 µm. Die farbcodierte Intensitätsskala zeigt eine relativ homogene Energieverteilung entlang des Ringprofils, jedoch mit erkennbaren lokalen Modulationen in der Intensität, welche auf Interferenzphänomene oder axiconbedingte Beugungseffekte zurückgeführt werden können.

Mit den zur Verfügung stehenden Hochleistungslasersystemen kombiniert mit hohen Strahlqualitäten ergeben sich im Fokus sehr hohe Leistungsdichten (bis 10^9 W·cm^{-2}). Um diese extremen Abbildungsbedingungen ebenfalls messtechnisch zu erfassen, müssen zusätzliche leistungsminimierende Maßnahmen ergriffen werden. Die analysierbare Intensität des Sensors ist in etwa auf 10 mW·cm^{-2} begrenzt. In dem in Bild 4.27 vorgestellten kamerabasierten System wird dies durch ein Zusatzmodul gelöst. Die Integration eines Strahlteilers in das Messobjektiv koppelt ca. 99,5 % der Laserleistung aus und führt diesen Leistungsanteil einem Absorber zu. In dieser Anordnung besteht die Möglichkeit, Laserstrahlungsquellen mit Ausgangsleistungen bis zu 20 kW zu analysieren.

Bild 4.36 illustriert die **Kaustik** eines fokussierten Multimodefaserlaserstrahls im kW-Bereich. Die verwendete Kollimationsbrennweite betrug für diese Anwendung 200 mm und die Fokussierbrennweite 300 mm. Daraus ergibt sich ein gemessenes Strahlparameterprodukt von *SPP* = 4 mit *P* = 1 kW. Bei einer Erhöhung der Laserleistung auf *P* = 6 kW steigt der *SPP*-Wert um 0,4 an. Ursache dafür können bspw. Veränderungen in der Abbildungsqualität der Fokussieroptiken bei höheren Strahlungsintensitäten bzw. der Fokuslage sein. Somit ist das Messen der Strahlkaustik auch im oberen Leistungsbereich, insbesondere bei der maximalen Ausgangsleistung des Lasers, erforderlich.

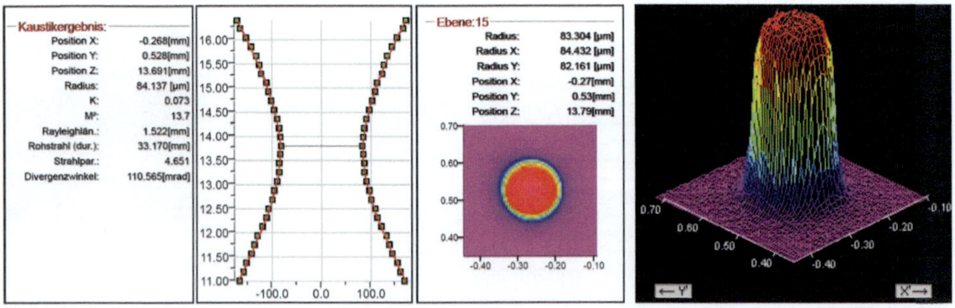

a) b)

Bild 4.36 Strahlprofile eines 8-kW-Multimodefaserlasers */Pats2008/*. a) Fokuskaustik für *P* = 6 kW, b) 3D-Strahlprofil für 150 µm Fokusdurchmesser und 300 mm Fokussierbrennweite

Um neben der Ausgangsleistung auch die Strahlqualität zu berücksichtigen, wurde der Begriff **Brillanz *B*** eingeführt. Sie berücksichtigt den für die LMB wichtigen Sachverhalt, wie viel Strahlleistung im Fokus gebündelt werden kann. Die Brillanz wird durch folgende Beziehung angegeben:

$$B = \frac{P}{\lambda^2 \cdot (M^2)^2} \tag{4.34}$$

Damit ergibt sich dieser Parameter aus dem Verhältnis der gemessenen Leistung zur Strahlkennzahl bezogen auf eine Wellenlänge. Die Interpretation der Formel 4.34 lässt erkennen, dass die höchste Brillanz für eine bestimmte Wellenlänge und Laserleistung für die beugungsbegrenzte Laserstrahlung ($M^2 \sim 1$) erzielt werden kann. Damit bietet dieser Strahlparameter im Gegensatz zur Laserleistung eine gute Vergleichsmöglichkeit für unterschiedliche Lasersysteme, denn hierbei wird der Laserstrahl umfassender beschrieben und die Strahlqualität berücksichtigt. */Bach2007/*

Eine besondere Rolle spielt die Brillanz bei der Beschreibung der Strahleigenschaften von Diodenlasern, die für den Einsatz als Pumpquelle für FK-Laser eine hohe Brillanz benötigen. Dies ist eine wichtige Voraussetzung, um die Pumpstrahlung möglichst verlustarm in das aktive Medium einkoppeln zu können und somit hohe Pumpwirkungsgrade zu erzielen. Werden bspw. Laserstrahlen verschiedener Diodenlaser überlagert, vergrößert sich zwar die Gesamtintensität, die Brillanz kann aber dadurch nicht erhöht werden, da sich die Strahldivergenz durch die Vergrößerung der Emitterfläche ebenfalls erhöht. Zur Erhöhung der Brillanz sind die Methoden Kohärente Strahlkombination, Wellenlängen-Strahlkombination und Polarisationsmultiplexing */Fan2005/*, */Kett2010/* bekannt (vgl. Kapitel 3). Der überlagerte Strahl kann im Idealfall dieselbe Strahlqualität wie jeder einzelne Emitter erreichen. Daraus resultiert eine kombinierte Ausgangsleistung und Brillanz, die um den Faktor $h_k \cdot N_E$ steigt, wobei N_E die Anzahl der einzelnen Emitter und $h_k \leq 1$ die Kombinationseffizienz darstellen */Kett2010/*.

Bei sehr hohen Strahlungsleistungen, insbesondere gekoppelt mit einer hohen Brillanz, werden Transmissionsoptiken z. T. sehr stark belastet. Dies kann im ungünstigen Fall zu einer Erwärmung der Fokussieroptik und zur Fokuslageverschiebung führen (vgl. */Schw2010/*). In den Anwendungsuntersuchungen zur **Strahlkaustik** des im Bild 4.36 dargestellten Profils eines 8-kW-Faserlasers wurde in Abhängigkeit von der verwendeten Fokussieroptik eine maximale Fokuslagedrift zwischen 0,5 und 1,5 mm ermittelt. Oft wird auch das Verhältnis Drift zur Rayleigh-Länge angeben. Kritisch werden **Fokuslageverschiebungen** für LMB-Prozesse, bei denen mit kurzen Brennweiten gearbeitet werden muss und folglich die Rayleigh-Längen klein sind. Für den Anwender sind die richtige Auswahl der Optik und deren Abbildungseigenschaften sowie die Überprüfung der Fokuslage unabdingbar.

Die Strahlführung mit einer **Prozessfaser** erfordert nach dem Faserausgang die Kollimation des austretenden Bündels, bevor es auf die Fokussieroptik trifft. Die Kollimatoren und Fokussiermodule sind oft wechselbar (auch variable Kollimatoren sind möglich, vgl. Kapitel 6), sodass unterschiedliche Brennweiten bei konstantem Faserdurchmesser realisiert werden können.

Mit Formel 4.35 lassen sich die **Fokusdurchmesser** bei Kombination der verschiedenen Kollimations- und Fokusbrennweiten berechnen:

$$d_{\mathrm{f}} = \frac{f_{\mathrm{fok}}}{f_{\mathrm{kol}}} \cdot d_{\mathrm{Faser}} \tag{4.35}$$

f_{fok} Fokussierbrennweite; f_{kol} Kollimationsbrennweite; d_{Faser} Faserdurchmesser

Tabelle 4.3 stellt berechnete und gemessene Fokusdurchmesser am Beispiel einer 100 µm Prozessfaser vor.

Tabelle 4.3 Berechnete und gemessene Fokusdurchmesser für die Übertragung mit einer 100 µm Prozessfaser */Pats2008/*

Kollimations-brennweite [mm]	Fokussier-brennweite [mm]	Berechneter Fokusdurch-messer [µm]	Gemessener Fokusdurch-messer [µm]	Rayleigh-Länge [mm]	Vergröße-rung *M*
200	200	100	102	0,7	1,0
200	300	150	145	1,1	1,5
100	200	200	193	2,1	2,0
100	300	300	330	5,7	3,0

Durch die verschiedenen Brennweiten und Abbildungsmaßstäbe ergeben sich für jeden Fokusdurchmesser unterschiedliche Flankenwinkel des Laserstrahles. Der **Flankenwinkel α_{F}** schließt den Winkelbereich zwischen der Strahlsymmetrieachse und der Strahleinhüllenden ein. Er lässt sich nach Formel 4.36 berechnen */Pats2008/*:

$$\alpha_{\mathrm{F}} = \tan^{-1}\left(\frac{\frac{d_1}{2} - \frac{d_{\mathrm{f}}}{2}}{f_{\mathrm{fok}}}\right) \tag{4.36}$$

d_1 Strahldurchmesser nach der Fokussieroptik

Der sich ergebende Flankenwinkel muss für die Wechselwirkungsbetrachtung, z. B. beim Verfahren Laserstrahlschweißen, berücksichtigt werden.

Die **Strahldiagnostik** hat einen hohen Stellenwert in der Qualitätssicherung des gesamten Laserprozesses erfahren. In Produktionsprozessen ist die optimale und gleichbleibende Einstellung der Laserparameter in relativ engen Grenzen für eine „Null-Fehler-Produktion“ sehr wichtig geworden. Nicht nur Veränderungen des Laserresonators (Resonatorjustage, Resonatordruck, Entladungsstrom, Gaszusammensetzung etc.) sondern auch die optischen Komponenten im Strahlengang bis hin zur Fokussieroptik können wichtige Strahlparameter verändern. Für den Anwender ist jedoch die Ermittlung und Kenntnis der **Fokusparameter** von grundlegender Bedeutung. Das betrifft insbesondere die Größen Fokusdurchmesser, Fokuslage und Rayleigh-Länge. Die ersten beiden genannten Parameter müssen für die einzelnen Bearbeitungsaufgaben oft geändert und angepasst werden.

4.9 Laserstrahlstabilität

In der Lasermaterialbearbeitung ist die **Stabilität der Laserstrahlung** eine entscheidende Voraussetzung für prozesssichere und reproduzierbare Bearbeitungsergebnisse. Instabilitäten im Strahlprofil, in der Fokuslage oder in der Leistungsabgabe führen zu Prozessschwankungen, verringern die Bearbeitungsqualität und beeinträchtigen die Prozesskontrolle. Besonders kritisch wirkt sich ein Fokusshift, also eine zeitliche oder thermisch bedingte Verschiebung der Fokuslage, auf die Wechselwirkungszone aus.

Die Parameter der Laserstrahlung Frequenz, Leistung, Polarisation, Strahlprofil und -richtung sind nicht absolut stabil und können im Einsatz zeitlichen Schwankungen unterliegen. Dies wirkt sich auf viele Anwendungen, die eine hohe Kontinuität bzw. Homogenität der Laserstrahlung erfordern, störend aus. Prinzipiell wird zwischen **Lang- und Kurzzeitschwankungen** unterschieden. Die Stabilisierung von gepulsten Lasern gestaltet sich oft schwieriger als die der kontinuierlich betriebenen Systeme. Schwankungen in der Impulsspitzenleistung können bspw. einen fehlerhaften Abtrag bewirken, während eine **Fokuslagedrift** (Wandern der Fokuslage) zum Aussetzen des Schneidprozesses führen kann.

Die **Strahlstabilität** beschreibt die Fähigkeit eines Lasers, seine Strahleigenschaften über die Zeit konstant zu halten. Folgende Parameter sind hierfür relevant:

- Leistungs- bzw. Energiefluktuationen $\Delta P/P$,
- Strahllagestabilität (engl. beam pointing stability),
- Modenstabilität (Transversale Modenstruktur),
- Fokuslagestabilität (Fokusshift),
- spektrale Stabilität (Wellenlänge, Linienbreite).

Wichtig ist die Kenntnis von Ursachen für mögliche Schwankungen wie optische Komponenten im Strahlengang, fehlerhaft dimensionierte Strahlkonzepte (z. B. zu hohe Leistungsdichten auf optischen Funktionsflächen) oder unzureichende Kühlmaßnahmen für thermisch beanspruchte Bauelemente. Insbesondere dem Anwender obliegt die Aufgabe, Laserstrahlstabilitäten hinreichend zu überprüfen und Maßnahmen zu ergreifen, damit die Laserstrahlung langzeitstabil für eine reproduzierbare Bearbeitung angewendet werden kann. Industriell verfügbare Laseranlagen weisen sehr hohe **Leistungsstabilitäten** auf, die bei CO_2-Lasern, Scheibenlasern und Faserlasern für Ausgangleistungen im Multikilowattbereich bei ±2% liegen. Die erreichbare zeitliche Leistungsstabilität ist somit auch maßgeblich für die Verwendbarkeit des Lasers für industrielle Zwecke ausschlaggebend. Bei gepulsten Systemen sind darüber hinaus noch die Stabilität von Pulsspitzenleistung, Pulsfrequenz und Pulsverhältnis entscheidend.

Generell können Schwankungen der **Laserleistungskennwerte** u. a. hervorgerufen werden durch:

- begrenzte Stabilität der Netzgeräte,
- Schwankungen der Netzfrequenz,
- mangelnde Stabilität des optisch-mechanischen Aufbaus,
- Temperaturänderungen,
- Instabilitäten aufgrund mangelnder Kühlung,
- Richtungsschwankungen durch Veränderungen der Strahlachse,
- Änderung der Polarisation des Laserstrahls durch polarisierende Elemente und
- Verschleiß und Alterung optischer Komponenten im Strahlengang.

Die Ursachen plötzlicher Leistungsschwankungen können sehr verschieden sein und hängen oftmals auch vom individuellen Aufbau ab. Somit empfiehlt sich eine turnusmäßige Überprüfung der für den Prozess relevanten Strahlparameter.

Ebenfalls zu den wichtigen Parametern zählen die **Strahllagestabilität** und die **Strahlrichtungsstabilität** des Laserstrahls. Optische Komponenten und teilweise auch Resonatoren werden in Maschinensysteme integriert und erfahren permanent Beschleunigungszyklen und Bewegungswechsel, sodass diese Systeme und Komponenten erschütterungsfest und langzeitstabil ausgeführt werden müssen. Insbesondere die zunehmende Prozessdynamik führt z. B. bei Hochgeschwindigkeits-Bearbeitungsprozessen zu hohen Beschleunigungswerten und somit zu einer großen Krafteinwirkung auf Strahlführungs- und Strahlformungskomponenten. Dies machen die Kenntnis und Überprüfung der Strahllage und Strahlrichtung ebenso erforderlich wie die Sicherstellung einer ausreichenden Stabilität der beiden Größen.

Nach DIN 11670 ist der **Mittelpunkt eines Laserstrahles** als der Schwerpunkt oder das erste Ortsmoment der Leistungsdichteverteilung definiert. Die Ausbreitungsachse eines Laserstrahles ergibt sich somit aus einer geraden Linie, die die in zwei unterschiedlichen Ebenen gleichzeitig gemessenen **Strahlschwerpunkte** in einem gleichförmigen, homogenen Medium miteinander verbindet. Sich ergebende Instabilitäten der Strahlachse werden durch transversale Verschiebungen und Winkelbewegungen beschrieben. In der DIN-Schrift wird darüber hinaus eine Unterteilung in monoton, periodisch oder stochastisch verteilte Instabilitäten vorgenommen.

Die Beschreibung der betrachteten Stabilitätszeiträume erfolgt in drei Klassen:

1. **Kurzzeitstabilität** (Zeitintervall von 1 s),
2. Stabilität über **mittlere Zeitspannen** (Zeitintervall von 1 min),
3. **Langzeitstabilität** (Zeitintervall von 1 h).

Die entsprechenden Prüfvorschriften sehen vor, dass die Strahlrichtungsstabilität direkt oder in der Bildebene eines abbildenden Elementes gemessen wird. Die Bewegung des Strahlschwerpunktes wird mithilfe eines positionsempfindlichen Detektors bestimmt. Die Strahllagestabilität wird in der Brennebene eines fokussierenden Elementes gemessen. DIN EN ISO 11670

Zur Auswertung der Messungen werden die signifikanten Strahlparameter ermittelt:

- Lage z_0 des Mindestwertes der Strahllagestabilität,
- Mindestwert der Strahllagestabilität Δ_0,
- Strahlrichtungsstabilität α_{Stab} und
- Strahlstabilitätsparameterprodukt.

Bild 4.37 zeigt ein Beispiel für die gemessene **Strahllagestabilität** bezogen auf die axiale Lage. Auf die genauen Prüfvorschriften und Definition der charakteristischen Größen sei an dieser Stelle auf die DIN EN ISO 11670 verwiesen.

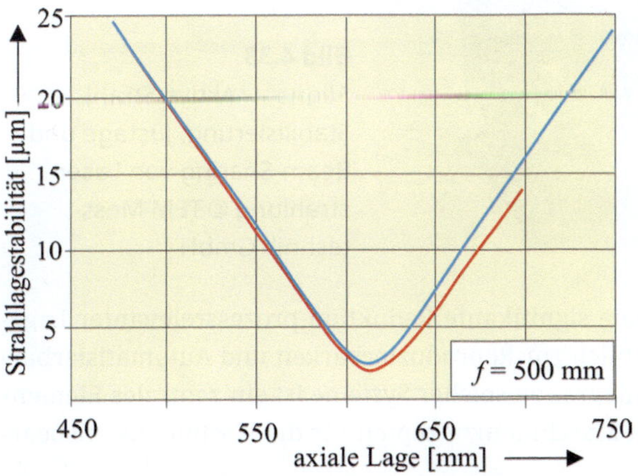

Bild 4.37
Strahllagestabilität eines gütegeschalteten Nd:YAG-Lasers (DIN EN ISO 11670)

In der Ultrakurzpulslaserbearbeitung führt bereits eine minimale Abweichung der Strahllage zu signifikanten Veränderungen in der Wechselwirkungszone zwischen Laserstrahl und Material, die insbesondere Bearbeitungsprozesse mit hoher Ortsauflösung betrifft, z. B. die Mikrobearbeitung. Ursachen für Strahllageabweichungen sind thermische Drifteffekte in der Optik, mechanische Instabilitäten im Strahlengang sowie schwankende Umgebungsbedingungen.

Zur Sicherstellung einer konstanten Bearbeitungsqualität kommen heute fortschrittliche Systeme zur aktiven Strahllagekorrektur zum Einsatz. Eine Lösung bietet ein kamerabasiertes Regelsystem, das die aktuelle Strahllage in Echtzeit über zwei CMOS-Kameras erfasst. Integrierte motorisierte Umlenkspiegel korrigieren bei Bedarf die Strahlposition mit einer Auflösung im Mikrometerbereich. Der gesamte Regelkreis ist so ausgelegt, dass Abweichungen < 5 µm in der Strahlposition über längere Zeiträume zuverlässig kompensiert werden können. */pulsar2025/*

Eine weitere technologische Lösung ist in Bild 4.38 dargestellt. Hier wird die Strahlstabilität durch ein koaxial zum Bearbeitungsstrahl angeordnetes Online-Monitoringsystem überwacht, das direkt am Werkstück die auftreffende Strahllage bestimmt. Das rückgeführte Signal dient nicht nur zur Dokumentation, sondern auch zur Prozessregelung z. B. über adaptive Scanner-Offsets oder Z-Achsen-Korrekturen. In Kombination mit hochdynamischen Ablenkeinheiten lassen sich so Driftphänomene auch bei variabler Pulsenergie oder schwankender Umgebungstemperatur kompensieren. */tem-messtechnik2025/*

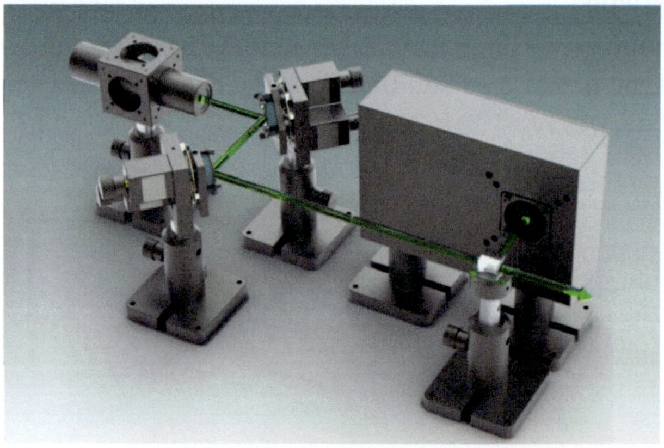

Bild 4.38
Aligna® – Aktive Strahl-Stabilisierung, Justage und Beam-Sharing von Laserstrahlung © TEM Messtechnik GmbH

Beide Systemlösungen erzielen eine signifikante Reduktion prozessrelevanter Lageabweichungen und tragen maßgeblich zur Reproduzierbarkeit und Automatisierbarkeit von UKP-Prozessen bei. Die Integration solcher Systeme ist ein zentrales Element in modernen, industrietauglichen Maschinenkonzepten für die Hochpräzisionsbearbeitung mit Ultrakurzpulslasern.

Auf weitere Ausführungen sei an dieser Stelle auf */pulsar2025/* und */tem-messtechnik2025/* verwiesen.

Als **Fokusshift** bezeichnet man die Verschiebung der Fokusposition entlang der Strahlachse (Z-Achse) relativ zur Optik oder zum Werkstück. Diese Verschiebung kann zeitlich variieren und ist meist das Resultat thermischer Ausdehnung, mechanischer Instabilitäten oder nichtlinearer optischer Effekte wie Selbstfokussierung (Self-Focusing) und thermisch induzierter Brechungsindexänderungen.

Formal kann die Fokuslage $z_f(t)$ beschrieben werden als Funktion der Zeit:

$$z_f(t) = z_0 + \Delta z(t) \tag{4.37}$$

z_0 nominale Fokuslage; $\Delta z(t)$ zeitlich variierende Fokusverschiebung

Werden Komponenten einer Fokussieroptik, z. B. ein Objektiv oder ein Schutzglas, mit einem intensiven Laserstrahl beaufschlagt, absorbiert das Substratmaterial einen Teil der eingestrahlten Leistung. Dies führt lokal zu einem Temperaturanstieg ΔT, der sich in einer Änderung des Brechungsindex $\Delta n(T)$ sowie der optischen Weglänge äußert. Die Brechungsindexänderung kann näherungsweise durch die thermische Dispersion beschrieben werden:

$$\Delta n = \frac{\mathrm{d}n}{\mathrm{d}T} \cdot \Delta T \tag{4.38}$$

Parallel dazu tritt eine thermische Expansion auf, die insbesondere bei ungleichmäßiger Erwärmung zu Verformungen führen kann. Diese beiden Effekte verändern die effektive Brennweite der Fokussieroptik und bewirken somit eine Verschiebung der Fokuslage Δz, die für die Prozessstabilität gravierende Folgen haben kann.

Die Fokuslage ist abhängig von der effektiven Brennweite des fokussierenden Elements sowie vom thermischen und refraktiven Indexverlauf im Strahlengang. Wichtige Ursachen für den Fokusshift sind:

- thermischer Linseneffekt (Thermooptik): Erhitzung optischer Elemente (z. B. Kollimator, F-Theta-Linse, Schutzgläser) führt zu einer Änderung der Brechzahl $n(T)$, was die unmittelbare Veränderung der Brennweite zur Folge hat,
- optische Aufbauten mit thermischer Drift (z. B. durch unzureichende Kühlung oder unzureichende thermische Entkopplung),
- instabile Strahlparameter (z. B. bei Hochleistungslasern durch Pumpinstabilität oder Modenumschaltung),
- mechanisches Spiel oder Vibrationen in der Strahlführung, insbesondere bei bewegten Optiken (Scannerspiegel, motorisierte Z-Achsen),
- Materialveränderungen im Strahlengang, z. B. durch partielle Absorption in optischen Komponenten.

Ein Fokusshift wirkt sich in vielfältiger Weise auf Qualität, Effizienz und Reproduzierbarkeit von Prozessen in der Lasermaterialbearbeitung aus. Da der Fokuspunkt die Zone maximaler Energiedichte und sehr oft die Arbeitsebene darstellt, führt jede Verschiebung dieser Lage zu einer veränderten Wechselwirkung der Laserstrahlung mit dem Werkstück. Insbesondere dann, wenn der Fokusshift so groß ist, dass die 2-fache Rayleigh-Länge verlassen wird, beeinflusst die daraus resultierende Änderung der

Energieverteilung sowohl den thermischen Eintrag als auch die geometrische Präzision der Bearbeitung. Bei Tiefbohr- oder Strukturierungsprozessen, insbesondere in der Mikrobearbeitung, kann ein bereits geringer Fokusshift im Bereich weniger Mikrometer dazu führen, dass die Energie nicht mehr effizient in das Substrat eingebracht wird. Dies äußert sich in reduzierten Bohrdurchmessern, unvollständiger Durchdringung oder asymmetrischen Strukturen. Beim Laserschneidprozess bewirkt eine Defokussierung eine Abnahme der Energiedichte an der Bearbeitungsstelle und führt dadurch zu erhöhter Gratbildung, unsauberen Schnittkanten oder gar unvollständiger Trennung (siehe auch Kapitel 8). Beim Schweißen kann ein Fokusshift ungleichmäßige Einschweißtiefe, Porenbildung oder mangelhaften Nahtschluss verursachen, da sich das Temperaturfeld im Werkstoff signifikant verändert.

Es muss berücksichtigt werden, dass ein Fokusshift die Wechselwirkungsbedingungen zwischen Laserstrahl und Material sehr stark verändern kann. Eine präzise Kontrolle und gegebenenfalls aktive Kompensation dieses Effekts ist daher eine grundlegende Voraussetzung für prozesssichere und qualitativ hochwertige Lasermaterialbearbeitungsprozesse.

Zur Charakterisierung des Fokusshifts stehen verschiedene Verfahren zur Verfügung:

- Fokuspositionstracking mittels CCD-/CMOS-Kameras: präzise Bestimmung der Fokuslage durch Axialscans und Bildauswertung der Spotgröße,
- Shack-Hartmann-Wellenfrontsensoren: zur Ermittlung der lokalen Wellenfront und Ableitung der effektiven Fokuslage,
- Hartmann-Test mit Pyrofilmkamera: indirekte Ermittlung durch Messung des Energieeintrags in verschiedenen Z-Lagen,
- Inline-Prozesssensorik: konfokale Fokuslagedetektion mit Rückreflexion */precitec2025/*.

Die Minimierung des Fokusshifts ist essenziell, um die langfristige Prozessstabilität und die Bearbeitungsqualität in der Lasermaterialbearbeitung sicherzustellen. Je nach Ursache des Fokusdrifts werden sowohl passive als auch aktive Maßnahmen zur Stabilisierung der Fokuslage angewandt.

In dem Projekt virtuelle Produkt- und Prozessoptimierung wurde ein Messstand vorgestellt, um diese thermischen Effekte quantitativ zu detektieren */Vipo2022/*. Die Messungen erfolgten mit Single- und Multimodefasern sowie mit unterschiedlichen Objektivkonfigurationen (BK7, Quarzglas) bei Laserleistungen bis zu 500 W (siehe auch Bild 4.39).

Die Erfassung des Fokusshifts erfolgte mittels Strahlcharakterisierungssystemen (Primes FocusMonitor) sowie thermografischer Aufnahmen (Wärmebildkamera, Pyrometer). Die Korrelation des zeitlichen Verlaufs der Fokusverschiebung $\Delta z(t)$ mit dem Temperaturanstieg der Optik zeigte, dass der Fokusshift zeitlich vor Erreichen der maximalen Linsenoberflächentemperatur einsetzt. In einem typischen Beispiel verschob sich der Fokus bei einer Linse mit $f = 400$ mm und einer Leistung $P = 500$ W bereits innerhalb der ersten 150 s um mehrere Millimeter, während die maximale Temperatur erst nach etwa 600 s erreicht wurde.

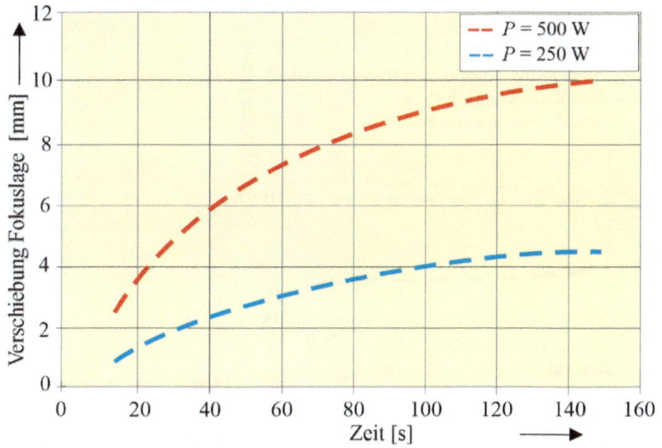

Bild 4.39 Darstellung des zeitlichen Fokusshifts in Abhängigkeit von dessen Verschiebung in Z-Richtung (Objektiv aus N-BK7) */Vipo2022/*

Da der Fokusshift sein Maximum vor dem thermischen Gleichgewicht der Optik erreicht, ist die alleinige Temperaturüberwachung zur Kompensation nicht ausreichend.

Die thermisch bedingte Fokusverschiebung hat unmittelbare Auswirkungen auf die Bearbeitungsergebnisse. Bei Schweißversuchen mit dem Werkzeugstahl 1.2343 konnte gezeigt werden, dass der Fokusshift einen Wechsel vom Tiefschweiß- zum Wärmeleitungsschweißregime verursacht (siehe auch Kapitel 9). Die Einschweißtiefe reduzierte sich trotz konstanter Laserleistung signifikant über die Zeit, wodurch die Prozessstabilität ohne Kompensation der Fokuslage nicht gewährleistet war. */Vipo2022/*

Basierend auf den gemessenen Fokusverläufen wurde ein aktives Kompensationssystem entwickelt, das mittels motorisierter Z-Verstellung die Fokuslage dynamisch nachführt. Dabei wurde die Z-Lageänderung $\Delta z(t)$ durch Interpolation realer Messdaten modelliert und ein Kompensationsprofil berechnet. Die Umsetzung erfolgte mit einer Genauigkeit von ca. 10 µm, somit konnte die Fokuslage bis auf weniger als $0{,}01 \cdot z_R$ stabil gehalten werden (Bild 4.40). */Vipo2022/*

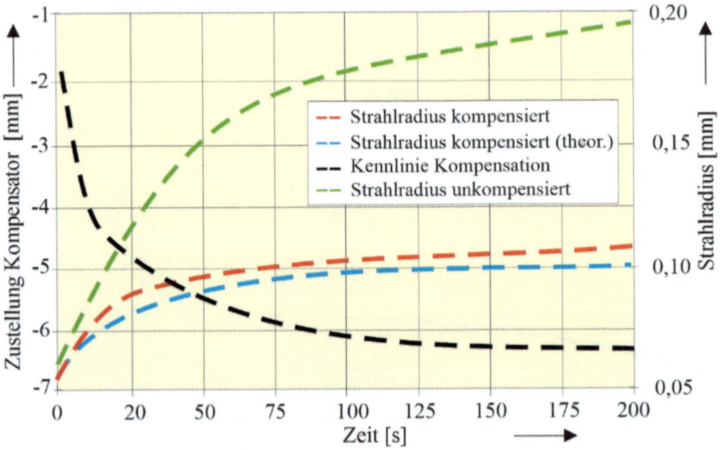

Bild 4.40 Vergleich der gemessenen Strahlradien im kompensierten und unkompensierten Zustand mit der Ideallinie unter Anwendung des entwickelten Zustellungskonzepts des Kompensators (schwarze Linie), Laserleistung $P = 300\,W$ */Vipo2022/*

Ein Vergleich der Intensitätsverteilungen mit und ohne Kompensation in Bild 4.41 zeigt, dass die Strahlkaustik im kompensierten Zustand der idealen Referenz sehr nahe kommt – ein entscheidender Vorteil für prozesssichere Anwendungen in der Mikro- und Makrobearbeitung.

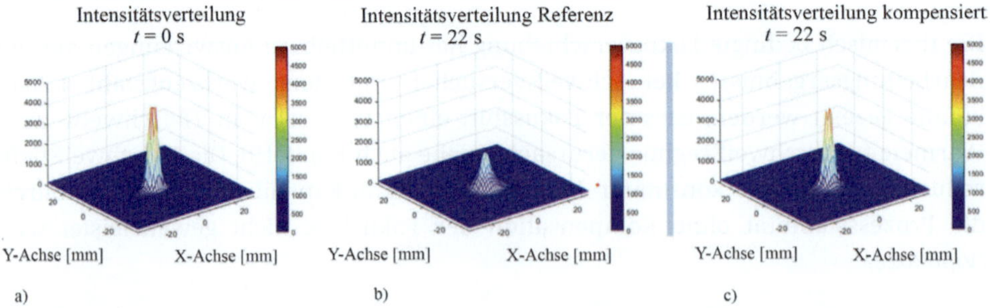

Bild 4.41 Darstellung der Intensitätsprofile im Fokus */Vipo2022/*. a) Ausgangsintensität bei $t = 0\,s$, b) ohne Kompensation bei $t = 22\,s$, c) mit Kompensation bei $t = 22\,s$

Die Auswahl des Substratmaterials sowie der optischen Beschichtungen spielt eine zentrale Rolle bei der Minimierung thermisch induzierter Fokusverschiebungen. Für Anwendungen mit hoher Laserleistung sollten bevorzugt Materialien mit folgenden Eigenschaften eingesetzt werden:

- niedrige Absorptionskoeffizienten bei der Laserwellenlänge $\alpha(\lambda)$ zur Minimierung der volumetrischen Energieeintragung,
- hohe thermische Leitfähigkeit für die Gewährleistung einer schnellen Wärmeabfuhr,
- geringer thermischer Ausdehnungskoeffizient α, um mechanisch bedingte Deformationen zu reduzieren,
- niedriger thermo-optischer Koeffizient dT/dn zur Begrenzung der Brechungsindexänderungen.

Geeignete Materialien sind insbesondere synthetisches Quarzglas (SiO_2), das eine geringe Absorption (bei 1064 nm) und eine hohe Temperaturstabilität aufweist. Auch das häufig verwendete optische Glas N-BK7 zeigt gute Eigenschaften, wenngleich es bei höheren Leistungen schneller zu thermischen Effekten neigt.

Antireflexbeschichtungen sollten auf minimale Absorption (Absorptionsgrad < 0,1 %) und hohe Laserzerstörschwellen ausgelegt sein. Besonders bei Mehrfachbeschichtungen ist auf deren thermische Stabilität zu achten. Ionenstrahlgeglättete Schichten (IBS – Ion Beam Sputtering) können erfolgreich eingesetzt werden, um Defekte und Absorptionszentren zu minimieren.

Im fs- und ps-Pulsbereich ist der Fokusshift besonders kritisch zu betrachten, da zusätzlich zu thermischen und mechanischen Einflussgrößen auch nichtlineare optische Effekte eine bedeutende Rolle spielen. Insbesondere die intensitätsabhängige Brechung in transparenten Medien, hervorgerufen durch den optischen Kerr-Effekt, führt zu einer dynamischen Verschiebung des Fokus während der Pulseinwirkung. Diese Effekte treten bereits bei mittleren Intensitäten im Bereich $I > 10^{12}\ \text{W}\cdot\text{cm}^{-2}$ auf, die in UKP-Prozessen erreicht werden können.

Die Änderung des Brechungsindex durch den Kerr-Effekt wird beschrieben durch:

$$n(I) = n_0 + n_2 \cdot I \tag{4.39}$$

n_0 linearer Brechnungsindex (dimensionslos); n_2 nichtlinearer Brechungskoeffizient (Einheit: $\text{cm}^2\cdot\text{W}^{-1}$); I Intensität des Laserimpulses

Berechnung des intensitätsabhängigen Brechungsindex für Quarzglas:

- $n_0 \approx 1{,}45$
- $n_2 \approx 3\cdot 10^{-16}\ \text{cm}^2\cdot\text{W}^{-1}$
- angenommene Intensität: $10^{13}\ \text{W}\cdot\text{cm}^{-2}$

Nach Einsetzen in die Formel 4.39 ergibt sich für $n(I) = 1{,}453$

Diese nichtlinearen Brechungswerte führen zur Selbstfokussierung des Strahls, da der zentrale Intensitätsbereich (mit höherem *n*) fokussierend wirkt und somit die Wellenfront stärker konvergiert. Der Effekt resultiert in einer Verschiebung des effektiven Fokus in Richtung der Strahlpropagation und wird als **nichtlinearer Fokusshift** bezeichnet. Beim Überschreiten eines kritischen Leistungswertes tritt eine progressive Fokussierung auf, die in extremen Fällen zu Filamentbildung, Mehrfachfoki oder Plasmaentladung führen kann. Einerseits ist diese Wechselwirkung bei Präzisionsanwendungen unerwünscht, andererseits wird dieser Effekt aber gezielt in der Volumenstrukturierung oder zum Filamentieren eingesetzt (siehe auch Kapitel 7). Des Weiteren kann der nichtlineare Fokusshift zu einem variablen Fokusort bei Pulsfolgen mit hoher Repetitionsrate führen, da die Materialreaktion von kurz aufeinanderfolgenden Pulsen beeinflusst wird. Dies erfordert bei UKP-Prozessen eine besondere Berücksichtigung der Puls-zu-Puls-Stabilität sowie der Gruppengeschwindigkeitsdispersion (GVD), da auch diese zur Verschiebung des effektiven Fokuspunkts beitragen kann.

Maßnahmen zur Kontrolle dieser Effekte beinhalten die Verwendung geeigneter Strahlformungslösungen (z. B. Bessel-Strahlen, Top-Hat), angepasste Energieverteilung (Pulse Shaping), der Einsatz von sogenannten chirped pulses zur Verringerung der Spitzenintensität sowie adaptive Optiken zur Kompensation nichtlinearer Verzerrungen. Darüber hinaus kann die numerische Modellierung mittels Nichtlinearer Schrödinger-Gleichung (NLSE) und Unidirectional Pulse Propagation Equation (UPPE) angewandt werden, um Fokusverläufe und kritische Intensitäten vorherzusagen. */Lighttrans2025/*

Zur Quantifizierung des nichtlinear induzierten Fokusshifts in UKP-Lasersystemen werden verschiedene optische Diagnostikmethoden verwendet, die auf der direkten oder indirekten Bestimmung der Strahllage und -konvergenz im Medium beruhen. Zwei bewährte Verfahren sind der Z-Scan und die Inline-Fokusdiagnostik mittels Detektionsoptik. Das Z-Scanverfahren ist ein etabliertes Messprinzip zur Bestimmung des nichtlinearen Brechungsindex n_2 und damit indirekt auch des Fokusshifts. Dabei wird ein fokussierter Laserstrahl mit variabler Intensität durch eine dünne Probe entlang der Z-Achse bewegt. Hinter der Probe ist entweder eine Blende (closed-aperture) oder ein Detektor ohne Blende (open-aperture) positioniert. Der Transmissionsverlauf als Funktion der Probenposition liefert Informationen über Selbstfokussierungs- bzw. Selbstdefokussierungseffekte. */Boud2025/*

Ein typischer Fokusshift äußert sich bei geschlossener Apertur durch ein charakteristisches Peak-Valley-Signal, dessen Amplitude direkt mit dem nichtlinearen Refraktionseffekt verknüpft ist. Die Methode erlaubt eine präzise Ableitung von n_2 und von der kritischen Leistung P_{krit}, liefert jedoch nur Mittelwerte über den Strahlquerschnitt und ist somit nicht ortsaufgelöst.

Für die prozessnahe und dynamische Erfassung des Fokusshifts eignen sich optische Inline-Diagnosesysteme, bei denen der Fokusverlauf innerhalb transparenter Medien in Echtzeit vermessen wird, wie beispielsweise Fourier-Imaging-Verfahren oder In-situ-Konfokaldiagnostik. Ein kollimierter Detektionsstrahl wird koaxial zum Bearbeitungsstrahl durch das Substrat geführt, wobei durch Interferenzeffekte oder Streumuster der Fokusort lokalisiert werden kann. */Hase2022/*

Moderne Systeme kombinieren diese Ansätze mit schnellen Kameras oder Photodiodenarrays, um die Position des Maximums der nichtlinearen Fokussierung über die Zeit zu verfolgen. In Verbindung mit Pulsenergie- und Dauerleistungsmonitoring lassen sich so dynamische Änderungen durch thermische oder optische Nichtlinearitäten auflösen. Ergänzend können Wellenfrontsensoren (z. B. Shack-Hartmann-Sensoren) eingesetzt werden, um durch Verformung der Wellenfront auf Fokusdrift oder -verzerrung zu schließen. */Rael2019/*

Die prinzipiell möglichen Maßnahmen zur Minimierung des Fokusshifts unterteilt man in passive und aktive Maßnahmen.

Passive Maßnahmen

- thermisch stabiles optisches Design (aplanatische Systeme, athermalisierte Linsen),
- Verwendung von Gläsern mit niedrigem thermo-optischen Koeffizienten $\mathrm{d}n/\mathrm{d}T$,
- effiziente Kühlung der Strahlformungseinheit,
- Minimierung optischer Verluste durch hochqualitative Beschichtungen.

Aktive Maßnahmen

- Closed-Loop-Z-Achsenregelung zur dynamischen Nachführung des Fokus,
- adaptive Optiken (z. B. deformierbare Spiegel),
- Strahlüberwachung und Selbstkalibrierung (z. B. Beam Profiling mit automatischer Justage),
- Auswahl von Lasern mit minimalem thermischen Einfluss (z. B. fasergeführte Diodenlaser Festkörperlaser mit effizientem Wärmemanagement).

Aktive Kompensation des Fokusshifts mittels temperaturgesteuertem Justiersignal

Nagel et al. entwickelten ein aktives Kompensationssystem, das auf der kontinuierlichen Messung der Temperatur an einem spezifischen Punkt des optischen Systems basiert, typischerweise in direkter Nähe zur letzten Linse eines F-Theta-Scanners */Nage2018/*. Die Grundannahme ist, dass sich durch die vom Laser induzierte Erwärmung, durch Absorption im Linsensubstrat und in den AR-Beschichtungen die Brechkraft der optischen Elemente ändert, was zu einer Verschiebung des Fokus entlang der Strahlachse führt. Die Temperaturmessung erfolgt über ein kontaktloses Infrarot-Sensorsystem, das auf die Gehäusefläche der Optik gerichtet ist. Die erfasste Oberflächentemperatur *T*(*t*) wird digitalisiert und über eine Kalibrierfunktion in ein Korrektursignal $\Delta z(T)$ umgewandelt. Diese Kalibrierung basiert auf zuvor empirisch bestimmten Zusammenhängen zwischen Temperaturänderung und Fokuslage gemäß folgender Berechnung:

$$\Delta z(T) = k \cdot (T - T_0) \qquad (4.40)$$

K empirisch bestimmter Proportionalitätsfaktor [mm·K^{-1}]; T_0 Referenztemperatur bei kalibrierter Fokuslage

Das System überträgt das berechnete Korrektursignal an einen Z-Aktor (z. B. Piezo-Linearaktor oder Fokuslinse auf einer Z-Achse), der in Echtzeit die Fokuslage entlang der Z-Achse verschiebt. Diese Korrektur erfolgt synchron zur Temperaturänderung mit einer zeitlichen Auflösung im Bereich von 1 – 2 Sekunden. Die Regelung agiert ohne Rückkopplung einer optischen Strahlcharakteristik, basiert aber auf der präzisen thermischen Modellierung und Kalibrierung. Von Nagel et al. durchgeführte Experimente zum Scannerschweißen mit einem 1-kW-Faserlaser zeigen, dass der thermisch induzierte Fokusshift von mehreren hundert Mikrometern auf weniger als 30 µm reduziert werden konnte. Der Ansatz zeichnet sich durch eine einfache Integration in bestehende Optiksysteme aus, da er keine zusätzliche Strahldiagnostik benötigt. Damit stellt dieses Kompensationsverfahren eine robuste und industriell umsetzbare Lösung für hochdynamische Prozesse dar, bei denen die thermische Drift als zentrales Problem für Reproduzierbarkeit und Präzision gilt. */Nage2018/*

Übungsaufgaben zum Kapitel 4

(Die zugehörigen Lösungen finden Sie auf *plus.hanser-fachbuch.de*.)

1. **Aufgabe:** Strahldivergenz und Fernfeldverhalten

   Ein kollimierter Laserstrahl (λ = 1064 nm) mit einem Gauss-Profil hat am Ort des minimalen Strahldurchmessers (Waist) einen 1/e^2-Radius von w_0 = 1,2 mm.

   a. Berechnen Sie die Strahldivergenz θ im Fernfeld unter Annahme idealer Beugung.
   b. In welchem Abstand vom Fokus hat der Strahl eine 1/e^2-Ausdehnung von 5 mm?
   c. Diskutieren Sie den Einfluss eines M^2-Faktors von 1,5 auf die Ergebnisse.

2. **Aufgabe:** Fokuslage und Rayleigh-Länge

   Ein Laserstrahl mit Wellenlänge λ = 515 nm und Strahlradius w_f = 25 µm wird mit einer Fokussieroptik (NA = 0,1) in ein Glasmaterial eingekoppelt.

   a. Berechnen Sie die Rayleigh-Länge.
   b. Wie verändert sich die Fokuslage, wenn die Fokussierlinse thermisch bedingt um Δn = 0,002 in der Brechkraft zunimmt?
   c. Erklären Sie qualitativ, warum dies bei UKP-Prozessen kritisch sein kann.

3. **Aufgabe:** Einfluss des M^2-Faktors

   Ein Laserstrahl weist einen gemessenen Strahldurchmesser ($1/e^2$) von 2,5 mm bei einem Abstand von 500 mm vom Fokus auf. Die Wellenlänge beträgt 1030 nm.

   a. Bestimmen Sie den M^2-Faktor, wenn die Strahltaille bei $w_f = 50$ µm liegt.
   b. Erläutern Sie, wie sich der M^2-Wert auf die Fokussierbarkeit und die Bearbeitungspräzision in der Mikromaterialbearbeitung auswirkt.
   c. Diskutieren Sie typische Ursachen für hohe M^2-Werte in Hochleistungsdiodenlasern.

4. **Aufgabe:** Fokusshift durch thermische Effekte

   In einem Hochleistungsbearbeitungsprozess mit einer CW-Laserleistung von 1 kW wird eine F-Theta-Optik verwendet, deren Frontlinse um 15 K erwärmt wird.

   a. Berechnen Sie die Brennweitenänderung bei einem Temperaturkoeffizienten $\Delta f/f = -1{,}2 \cdot 10^{-5}\,\mathrm{K}^{-1}$.
   b. Leiten Sie die daraus resultierende Fokusverschiebung Δz auf dem Werkstück bei einem nominalen Arbeitsabstand von 300 mm ab.
   c. Welche Kompensationsstrategien sind in einem Scansystem technisch realisierbar?

5. **Aufgabe**: Nichtlinearer Fokusshift bei UKP-Laserstrahlung

   Ein fs-Laserstrahl mit $\lambda = 800$ nm, Pulsdauer 200 fs und Pulsenergie 2 µJ wird in einem Borosilikatglas mit $n_2 = 3 \cdot 10^{-16}\,\mathrm{cm}^2$ fokussiert.

   a. Schätzen Sie die Spitzenintensität im Fokus für einen Strahlradius von $w_f = 10$ µm ab.
   b. Berechnen Sie die kritische Leistung für Selbstfokussierung und beurteilen Sie, ob der Fokusshift relevant ist.
   c. Diskutieren Sie geeignete Maßnahmen zur Minimierung der Effekte.

6. **Aufgabe**: Wellenfrontanalyse und Strahllagekorrektur

   Ein UKP-Lasersystem zeigt eine driftende Strahllage über mehrere Stunden.

   a. Beschreiben Sie experimentelle Methoden zur Erfassung und Korrektur der Strahllage.
   b. Wie wirkt sich eine laterale Strahllageänderung von 20 µm auf ein Bohrbild mit 50-µm-Spot-zu-Spot-Abstand aus?
   c. Welche Regelstrategien bieten kommerzielle Systeme zur Stabilisierung?

5 Wechselwirkungsprozesse

Für alle LMB-Verfahren wird die Eigenschaft des Lasers, kohärente Strahlung auf kleine Flächen zu fokussieren, ausgenutzt. Dadurch sind sehr hohe **Intensitäten** (Leistungsdichten) für den Wechselwirkungsprozess verfügbar. Unter einer Vielzahl von Prozessparametern, die die Bearbeitung beeinflussen und die erreichbare Qualität der Produkte maßgeblich bestimmen, ist die Absorption der einfallenden Laserstrahlen eine entscheidende Größe. Sie hängt von verschiedenen Parametern, insbesondere von der Wellenlänge und den Werkstoffeigenschaften, ab.

In Tabelle 5.1 sind signifikante Parameter zusammengefasst. Aufgrund der komplexen Wirkung dieser einzelnen Größen ist die Beherrschung des Wechselwirkungsprozesses oft nicht trivial. Neben den genannten Einflussparametern treten darüber hinaus dynamische Prozesse wie bspw. Plasmabildung, Marangoni-Strömung oder aber nichtlinear-optische Effekte auf.

Tabelle 5.1 Einflussparameter auf den Bearbeitungsprozess

Kriterium	Einflussparameter	
Laser	Laserstrahl	▪ Wellenlänge ▪ Ausgangsleistung ▪ Divergenz ▪ Strahldurchmesser
	Betriebsart	▪ cw ▪ pw
	Pulseigenschaften	▪ Frequenz ▪ Tastverhältnis ▪ Impulslänge ▪ Impulsspitzenleistung

Kriterium	Einflussparameter	
Bearbeitungs-einrichtung	Strahl- und Gasführung	▪ Strahlweg ▪ Fokussierung ▪ Gasdüse ▪ Gasdruck
Werkstück	Materialeigenschaften	▪ Absorption, Transmission, Reflexion ▪ Schmelz- und Verdampfungspunkt ▪ Wärmeleitfähigkeit ▪ Dichte ▪ Wärmekapazität
	Geometrie	▪ 2D-/3D-Kontur ▪ Kompliziertheitsgrad
Bearbeitungs-ergebnis	Qualität	▪ Bearbeitungsgenauigkeit ▪ Ebenheit ▪ Rauigkeit ▪ maximale Wärmeeinflusszone ▪ Härte
	Form	▪ Ovalität, Konizität ▪ Schnittbreite, Schweißtiefe ▪ Form- und Lagegenauigkeit

Bei den **thermischen Prozessen** spielen hauptsächlich der Wirkungsgrad zwischen eingestrahlter Energie und deren Umsetzung in Wärme eine entscheidende Rolle. Die extrem stark fokussierbare Laserleistung weist im Vergleich zu den thermischen Fertigungsverfahren teilweise völlig andere Wechselwirkungserscheinungen auf. Der sich ergebende große **Temperaturgradient** zwischen Wechselwirkungszone und dem angrenzenden Material führt für sehr viele Anwendungen zu enormen Vorteilen (kein Bauteilverzug, kleine Wärmeeinflusszone etc.). Für manche Anwendungen können Gradienten aber auch zu unerwünschten Ergebnissen führen, wie z. B. Spannungen in Gläsern oder hohe Aufhärtung beim Schweißen von Stählen (bei hohem Kohlenstoffgehalt). Insofern muss der Anwender Kenntnis über diese Wechselwirkungsphänomene besitzen und spezifische Bearbeitungsprozesse auch selbstständig anpassen können. Die Wechselwirkungsprozesse basieren im Wesentlichen auf der Übertragung der Strahlungsenergie auf die Gitter- oder Netzwerkstruktur der Materialien. Hierbei sind verschiedene Übertragungsformen möglich:

- **direkte Einkopplung** der Strahlungsenergie durch Absorption im Werkstück sowie
- **indirekte Einkopplung** durch absorbierende Schichten oder Materialdampfplasmen /*Popr2005*/.

Für die Prozessbeschreibung ist die Eindringtiefe der Laserstrahlung ausschlaggebend. Nach Art der entstehenden Wärmezone, in Abhängigkeit von Eindringtiefe und Wärmeleitung im Material, wird von einer **Oberflächen- oder Volumenquelle** gesprochen.

Wichtige Eigenschaften der Laserstrahlung in Bezug auf den Wechselwirkungsprozess mit dem Material fasst Tabelle 5.2 zusammen.

Tabelle 5.2 Eigenschaften der Laserstrahlung für den Wechselwirkungsprozess und die LMB-Verfahren

Eigenschaft	Wirkung
hohe Intensitäten	▪ lokal begrenzte Erwärmungszonen ▪ kleine Wärmeeinflusszonen ▪ sehr kurze Prozesszeiten zum Schmelzen oder Verdampfen des Materials ▪ sehr geringe bzw. keine Deformationen oder Bauteilverzug ▪ Minimierung der chemischen Reaktionen, z. B. Abbrand
berührungsloses Erwärmen	▪ kein Werkzeugverschleiß ▪ Bearbeiten an schwer zugänglichen Stellen ▪ einfaches Bauteilhandling
kurze Einwirkzeiten durch gepulste Energiezufuhr	▪ Minimierung der Wärmeleitungsverluste ▪ hoher Prozesswirkungsgrad ▪ geringe bzw. keine Bauteilbeeinflussung

Durch die Fokussierbedingungen der Laserstrahlung am Wechselwirkungsort (vgl. Kapitel 4) stehen extrem hohe Intensitäten zur Verfügung, woraus sehr eng begrenzte Erwärmungszonen resultieren und Material in sehr kurzen Prozesszeiten auf Schmelz- oder Verdampfungstemperatur erwärmt werden kann.

Athermische Prozesse stellen hingegen eine Klasse von Wechselwirkungsmechanismen dar, bei denen die Materialmodifikation primär nicht über thermische Effekte wie Schmelzen, Verdampfen oder Rekristallisation erfolgt, sondern über direkte elektronische Anregungen und damit verbundene nicht-thermische Strukturveränderungen. Im Gegensatz zu thermisch dominierten Prozessen, bei denen die Absorption der Laserenergie zu einem Temperaturanstieg und in der Folge zu Phasenumwandlungen führt, verlaufen athermische Prozesse ohne nennenswerte lokale Temperaturerhöhung im Materialgitter. Dies ist insbesondere bei ultrakurzen Laserpulsen (fs- und ps-Regime) von Bedeutung, da hier die Laserpulsdauer kürzer ist als die Elektron-Gitter-Kopplungszeit.

Athermische Prozesse basieren typischerweise auf folgenden physikalischen Mechanismen:

- **Multiphotonenabsorption (MPA):** Bei Materialien mit großer Bandlücke, z. B. Dielektrika oder transparente Keramiken, erfolgt die Elektronenanregung durch simultane Absorption mehrerer Photonen, da ein einzelnes Photon energetisch nicht ausreicht, um ein Elektron aus dem Valenz- in das Leitungsband zu überführen. Diese nichtlineare Absorption tritt bei hoher Bestrahlungsintensität im Fokusbereich auf.
- **Feldionisation und Tunnelionisation:** In extrem kurzen und intensiven Laserpulsen kann das elektrische Feld des Lasers das Coulomb-Potenzial der Atome so weit verformen, dass Elektronen mittels quantenmechanischer Tunnelprozesse freigesetzt werden (Keldysch-Parameter, */Keld1965/*).
- **Avalanche-Ionisation:** Freie Elektronen, die durch MPA oder Feldionisation generiert wurden, werden durch das elektrische Feld weiter beschleunigt und können bei Stößen mit Valenzelektronen weitere Elektronen freisetzen, was zu einer Lawinenbildung freier Ladungsträger führt.
- **Plasmaentstehung und -dynamik:** Die schnelle Anhäufung freier Elektronen führt zur Bildung eines dichten Elektronenplasmas im Material. Die Rückwirkung dieses Plasmas auf das Gitter erfolgt über kollektive Effekte wie Coulomb-Explosionen oder impulsartige Gitterschwingungen (coherent phonon excitation), bevor eine thermische Relaxation einsetzt. */Stuart1996/*

Die Besonderheit athermischer Prozesse liegt in der präzisen, minimalinvasiven Materialmodifikation ohne thermische Randzonenschädigung („heat affected zone", HAZ). Dadurch ermöglichen sie die submikrometergenaue Strukturierung, das Innenstrukturieren transparenter Materialien (z. B. 3D Mikroschreibprozesse), die Erzeugung nanoporöser Strukturen oder das selektive Brechen chemischer Bindungen. Besonders in der Mikrosystemtechnik, in der Optiktechnologie und in biofunktionalen Anwendungen haben athermische Prozesse an Bedeutung gewonnen.

Ein zentrales Kennzeichen athermischer Prozesse ist die Entkopplung von Energieeintrag und thermischer Diffusion, was durch die extrem kurze Kopplungszeit (fs–ps) zwischen Strahlungsfeld und Elektronensystem bei gleichzeitiger Trägheit des Gitters ermöglicht wird. Erst nach der Materialmodifikation folgt eine sekundäre thermische Relaxation auf längeren Zeitskalen (ns–µs), was jedoch für die Primärmodifikation irrelevant ist.

Alle LMB-Verfahren lassen sich durch eine spezifische **Intensität** und **Einwirkdauer** der Laserstrahlung charakterisieren (Bild 5.1). Neben diesen Parametern sind die Wellenlänge der verwendeten Strahlung, die Intensitätsverteilung, die Bearbeitungsgeometrie sowie die Materialeigenschaften von essenzieller Bedeutung.

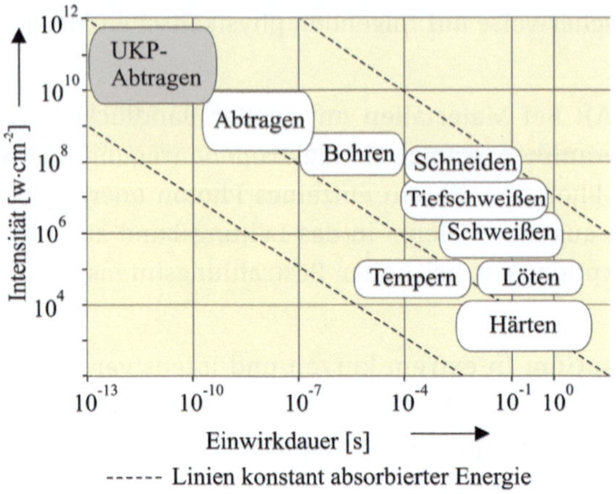

Bild 5.1
Laserintensität und Einwirkungsdauer für ausgewählte Bearbeitungsverfahren nach */Popr1998/*

In der Diagrammdarstellung im Bild 5.1 ergeben sich Linien konstanter absorbierter Energien für verschiedene Einwirkdauern und Intensitäten. Das heißt, dass mit kürzer werdender Einwirkzeit eine höhere Laserintensität erforderlich wird, um eine vergleichbare Energiemenge ins Werkstück einkoppeln zu können. Dieser Zusammenhang macht deutlich, dass gepulste Lasersysteme mit kürzer werdender Pulsdauer höhere Impulsspitzenleistungen erfordern. */Popr1998/* Gleichzeitig können durch die Anwendung sehr kurzer Einwirkzeiten die Wärmeleitungsverluste in das Materialvolumen gering gehalten werden (vgl. Abschnitte 5.2.3 und 5.3). Mit zunehmender Laserintensität und Einwirkdauer steigt tendenziell auch die Prozesstemperatur an. Bei geringen Intensitäten überwiegen die Prozesse der Materialerwärmung und des -schmelzens. Mit steigender Intensität nehmen die Verdampfungsanteile zu und dominieren den Wechselwirkungsprozess ab einer Intensität von etwa 10^8 W·cm^{-2} (materialabhängig). Verschiedene Verfahren können sowohl im gepulsten als auch im kontinuierlichen Betrieb angewandt werden, z. B. Schweißen, Schneiden, Polieren und LPBF (Laser Powder Bed Fusion).

5.1 Reflexion, Absorption, Transmission

Für die Betrachtung des senkrechten Strahleinfalles auf eine Werkstoffoberfläche kann vereinfacht folgende Beziehung angenommen werden

$$P_0 = P_R + P_T + P_A \tag{5.1}$$

P_0 auftreffende Laserstrahlung; P_R reflektierter Leistungsanteil; P_T transmittierter Leistungsanteil; P_A absorbierter Leistungsanteil

Trifft der Laserstrahl mit einer **Leistung** P_0 auf eine Werkstückoberfläche, so wird ein Teil der Strahlung an der Oberfläche reflektiert (P_R). Je nach Beschaffenheit der Oberfläche kann sich dieser Strahlungsanteil aus zwei Grundformen zusammensetzen, aus einem **direkt gerichtet reflektierten Strahl** und einem **diffus reflektierten Anteil**.

Der verbleibende Teil der Strahlung dringt in den Werkstoff ein und wird dort absorbiert (P_A). Je nach Transmissionseigenschaften des Materials gegenüber der verwendeten Laserwellenlänge kann auch ein transmittierter Leistungsanteil (P_T) auftreten (Bild 5.2).

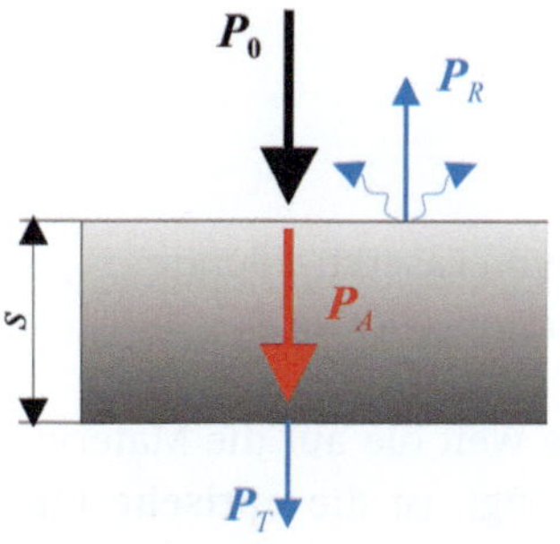

Bild 5.2
Strahlungseinfall und Leistungsbilanz

Setzt man die **Strahlungsanteile** in das Verhältnis zur auftreffenden Laserleistung P_0

$$1 = \frac{P_R}{P_0} + \frac{P_T}{P_0} + \frac{P_A}{P_0} \tag{5.2}$$

ergibt sich die allgemeingültige Bedingung

$$1 = R + T + A \tag{5.3}$$

Die Größe der Anteile der Formel 5.3 ist sehr stark von den Laserparametern und den Eigenschaften der wechselwirkenden Materialoberfläche abhängig.

Reflexions- (*R*), Absorptions- (*A*) und Transmissionsgrad (*T*) hängen einerseits von der verwendeten Wellenlänge, der Polarisation und dem Einfallswinkel und andererseits von den optischen Eigenschaften des Werkstoffes wie **Brechzahl *n*** und **Absorptionskoeffizient *α*** ab. Die Oberflächenbeschaffenheit der verwendeten Materialen hat Einfluss auf die Größe des reflektierten Strahlungsanteils, der für den Bearbeitungsprozess verloren geht. Für die Auslegung des Prozesses und die Wahl der entsprechenden Parameter sollte der absorbierte Leistungsanteil möglichst groß sein.

Für das Verständnis dieser Prozessauslegung müssen die Bedingungen und Gesetzmäßigkeiten für das Eindringen der optischen Strahlung in den Werkstoff näher betrachtet werden. Das **Lambert-Beersche Gesetz** eignet sich sehr gut, um den grundlegenden Vorgang der Absorption von Laserstrahlung zu beschreiben.

$$P(z_{\mathrm{Ein}}) = (P_0 - P_R) \cdot \mathrm{e}^{-\alpha \cdot z_{\mathrm{Ein}}} \tag{5.4}$$

z_{Ein} Distanz Grenzfläche zur Eindringtiefe; α linearer Absorptionskoeffizient; $P(z_{\mathrm{Ein}})$ Leistung am Ort der Eindringtiefe

Beim Eindringen der Strahlung in das Material wird diese vom Medium geschwächt, d. h., die Strahlung wird absorbiert und in innere Energie umgewandelt. Diese Schwächung erfolgt exponentiell in Abhängigkeit vom **linearen Absorptionskoeffizienten** und der Eindringtiefe (Bild 5.3).

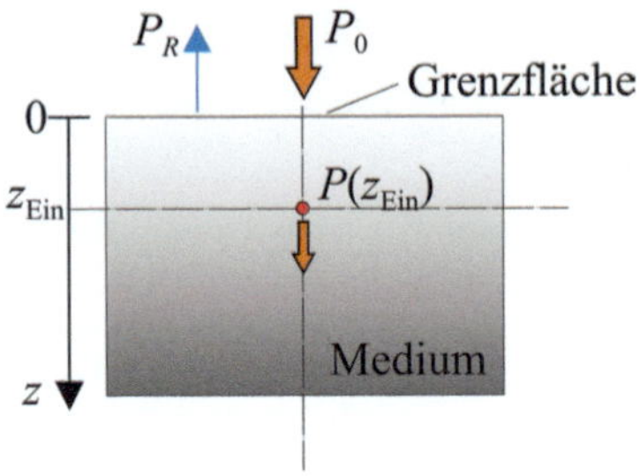

Bild 5.3
Größen der Absorption von Laserstrahlung in einem Medium nach */Stau2000/*

Ein charakteristisches und sehr wichtiges Maß dafür, wie weit die auf die Materialoberfläche auftreffende Strahlung in das Material eindringt, ist die **optische Eindringtiefe l_α** (auch als Absorptionslänge bezeichnet).

$$l_\alpha = \frac{1}{\alpha} \tag{5.5}$$

Die Eindringtiefe ist die durchlaufene Materialschichtdicke, in der die eindringende Leistung ($P_0 - P_R$) auf den 1/e-ten Teil abgefallen ist.

Das wechselwirkende Volumen V_α kann, ohne die Betrachtung von Wärmeleitungseffekten, Wärmestrahlung und Konvektion, vereinfacht wie folgt angegeben werden:

$$V_\alpha = \frac{\pi \cdot d_\mathrm{f}}{4} \cdot l_\alpha \tag{5.6}$$

d_f Fokusdurchmesser

In Bild 5.4 ist exemplarisch der funktionale Zusammenhang von optischer Eindringtiefe und Wellenlänge für den Werkstoff Quarzglas dargestellt. Der hier gewählte IR-Bereich soll veranschaulichen, wie stark sich die optische Eindringtiefe in einem engen spektralen Bereich ändern kann.

Für Materialien mit sehr großen linearen Absorptionskoeffizienten bleibt die Eindringtiefe aufgrund der großen Strahlschwächung relativ gering. Wenn die **Absorptionslänge** klein gegenüber dem bestrahlten Durchmesser auf der Oberfläche ist, wird die Strahlung weitestgehend im Oberflächenbereich absorbiert und man spricht von einer **Oberflächenquelle**. Das Material wird im Wesentlichen nur nahe der Oberfläche erwärmt und die Strahlungsenergie kann in diesem Fall nur durch Wärmeleitung in die Tiefe transportiert werden.

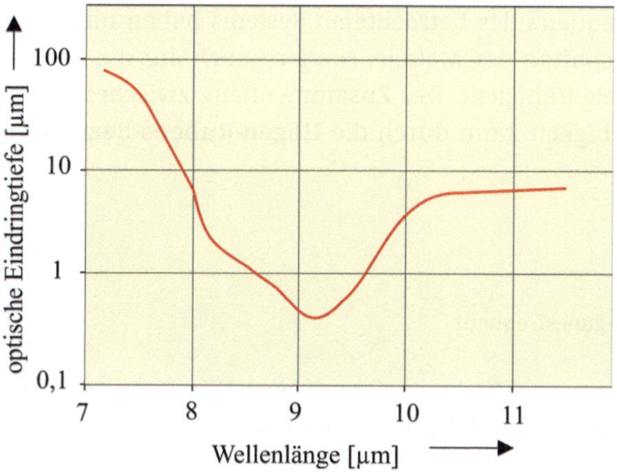

Bild 5.4
Abhängigkeit der optischen Eindringtiefe von der Wellenlänge im IR-Bereich für Quarzglas nach */Zolo1970/*

Bei einem kleinen Absorptionskoeffizienten dringt die Strahlung tief in das Material ein und wird über einen längeren Laufweg geschwächt. Wenn hierbei die Absorptionslänge groß gegenüber dem bestrahlten Durchmesser auf der Oberfläche ist, wird die Strahlung auch tiefer im Material absorbiert (Z-Koordinate, vgl. Bild 5.3). Das heißt, die von der Strahlung transportierte Energie wird über eine große Tiefe verteilt und man spricht von einer **Volumenquelle**.

Es muss noch ein dritter Fall betrachtet werden. Ist die Materialdicke geringer als die Absorptionslänge, wird ein Teil der Strahlung transmittiert.

Die **Wechselwirkung** der Laserstrahlung mit dem Material erfolgt vereinfacht beschrieben über geladene Teilchen. Bei den verwendeten Laserwellenlängen sind nur schwach gebundene Elektronen in der Lage mit den elektromagnetischen Feldern des Laserstrahles zu reagieren. Sie wechselwirken mit den positiv geladenen Atomrümpfen und mit den in den Kristallgittern vorhandenen Fehl- und Störstellen. Bei dieser vereinfachten Annahme werden die **optischen Eigenschaften** durch zwei wesentliche Größen bestimmt:

- die Schwingung der Elektronen gegen die Atomrümpfe (Schwingungsfrequenz ω) und
- die Stöße der Atome untereinander (Stoßfrequenz ν_c). */Herz1993/*

Es kommt bei entsprechenden Oberflächentemperaturen noch der Effekt der Plasmabildung hinzu. Dieses Plasma kann insgesamt gegen das Kristallgitter mit einer charakteristischen Frequenz schwingen. In erster Linie hängt die Plasmafrequenz ν_ω von der Dichte des Plasmas ρ_e ab. */Herz1993/*

$$\nu_\omega = \frac{e^2}{\varepsilon_0 \cdot m_e} \cdot \rho_e \tag{5.7}$$

e Elementarladung; ε_0 Dielektrizitätskonstante des Vakuums; m_e Elektronenmasse

Die Schwingungs- und die Stoßfrequenz des betrachteten Systems haben nicht nur Einfluss auf die optischen Eigenschaften der Metalle, sondern auch auf die elektrische Leitfähigkeit und die Wärmeleitfähigkeit. Der Zusammenhang zwischen Reflexionsgrad und elektrischer Leitfähigkeit kann durch die **Hagen-Rubens-Beziehung** beschrieben werden:

$$R = 1 - 2 \cdot \sqrt{\frac{2 \cdot \varepsilon_0 \cdot \omega}{\lambda_{\mathrm{el}}}} \tag{5.8}$$

λ_{el} elektrische Leitfähigkeit; ω Schwingungsfrequenz

Die o. g. Gleichung hat Gültigkeit für $\omega > \nu_c$. Mit der Beziehung nach **Wiedemann-Franz** kann ein Zusammenhang zwischen der Stoßfrequenz ν_c und der Wärmeleitfähigkeit gegeben werden

$$\nu_{\mathrm{c}} = \nu_{\omega}^2 \cdot \varepsilon_0 \cdot \frac{L}{\lambda_{\mathrm{F}}} \cdot T \tag{5.9}$$

L Lorenzzahl; T Temperatur; λ_F Wärmeleitfähigkeit

Für die Praxis ist Formel 5.9 sehr hilfreich, da experimentell aus den Messungen der Wärmeleitfähigkeit und der elektrischen Leitfähigkeit die relevanten Größen des Absorptionsverhaltens ermittelt werden können */Herz1993/*.

Der Absorptionskoeffizient kann für senkrechten Einfall vereinfacht durch Formel 5.10 beschrieben werden. */Hüge1992/*

$$\alpha = \frac{4 \cdot \pi \cdot n \cdot \kappa}{\lambda} \tag{5.10}$$

Der **Absorptionskoeffizient** wird durch die optischen Konstanten des Materials (Brechzahl n und Absorptionsindex κ) sowie der Strahlungswellenlänge bestimmt.

Die optischen Konstanten lassen sich numerisch, aber auch durch spezielle Messverfahren (meist Anordnungen in Reflexion) ermitteln. Somit kann für jede Wellenlänge der Absorptionskoeffizient bestimmt werden. Berechnungen nach */Allm1987/* zeigen, dass sich für Metalle im Wellenlängenbereich zwischen 100 nm und 10 µm Werte von 10^5 bis $10^8\,\mathrm{cm}^{-1}$ ergeben. Damit liegt die optische Eindringtiefe entsprechend Formel 5.5 zwischen 10^{-8} und 10^{-5} cm und ist viel kleiner als bspw. die Wellenlänge der IR-Laserstrahlung.

Bei kurzzeitiger Einwirkung der Laserstrahlung, z. B. im gepulsten Betrieb, muss in einer relativ dünnen Oberflächenschicht eine große Energiemenge durch Absorption aufgenommen werden. Überschlägige Abschätzungen ergeben demzufolge einen Temperaturgradient von etwa $10^8\,\mathrm{K{\cdot}cm^{-1}}$ bzw. $10^{10}\,\mathrm{K{\cdot}s^{-1}}$.

Die **Absorptionskonstante *k*** ist das Produkt aus den optischen Konstanten

$$k = n \cdot \kappa \tag{5.11}$$

Bild 5.5 illustriert den Verlauf der optischen Konstanten in Abhängigkeit von der Wellenlänge im gewählten IR-Bereich (in Analogie zu Bild 5.4) für den Werkstoff Quarzglas.

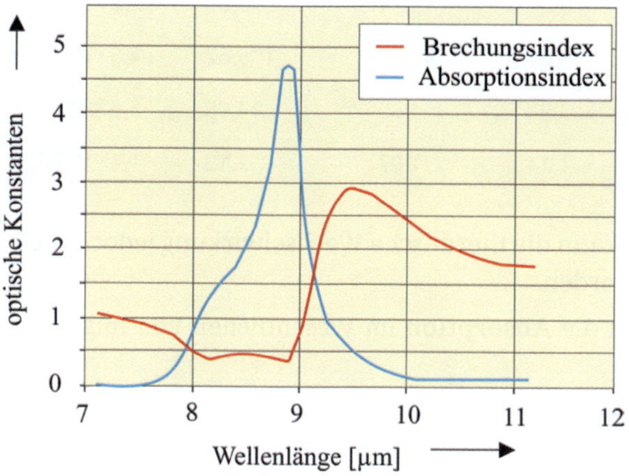

Bild 5.5
Änderungen der optischen Konstanten in Abhängigkeit der Wellenlänge für Quarzglas nach */Zolo1970/*

Generell führen Materialverunreinigungen oder auch Änderungen in der Stoffzusammensetzung zu einer Beeinflussung der optischen Konstanten, die im Materialbearbeitungsprozess berücksichtigt werden sollten.

In Tabelle 5.3 sind optische Konstanten und sich ergebende Eindringtiefen für ausgewählte Materialien in Abhängigkeit von der Wellenlänge zusammengestellt */Bass1994/*. Im Falle des Werkstoffes Quarzglas ändert sich die optische Eindringtiefe über den Wellenlängenbereich sehr stark. Für die Wellenlängen $\lambda = 1$ µm und $\lambda = 0{,}3$ µm sind die optischen Eindringtiefen sehr groß, da das Material in diesem Bereich eine hohe Transmission aufweist. Durch die relativ geringe optische Eindringtiefe an metallischen Oberflächen kann der Laserstrahl in der Wechselwirkung als eine zweidimensionale Wärmequelle angenommen werden.

Tabelle 5.3 Optische Konstanten ausgewählter Materialien für drei bzw. vier Wellenlängen nach */Bass1994/*, */Kita2007/*

Material	λ [µm]	R (0°)	n	κ	k	l_α [µm]
Quarzglas	10	0,11	2,0	0,035	0,07	12,4
Quarzglas	1	–	1,45	$5{,}2 \cdot 10^{-8}$	$7{,}5 \cdot 10^{-8}$	$1{,}1 \cdot 10^{6}$
Quarzglas	0,3	–	1,49	$4{,}3 \cdot 10^{-6}$	$7 \cdot 10^{-8}$	$3{,}4 \cdot 10^{5}$
Quarzglas	0,1	–	1,49	0,54	0,8	$1 \cdot 10^{-3}$
Aluminium	10	0,99	25,3	89,8	2271,94	$3{,}5 \cdot 10^{-4}$
Aluminium	1	–	1,2	11,2	13,44	$5{,}9 \cdot 10^{-3}$

Tabelle 5.3 Optische Konstanten ausgewählter Materialien für drei bzw. vier Wellenlängen nach */Bass1994/*, */Kita2007/ (Fortsetzung)*

Material	λ [µm]	R (0°)	n	κ	k	l_α [µm]
Aluminium	0,3	-	0,29	3,74	1,08	$2{,}2 \cdot 10^{-2}$
Eisen	10	-	5,81	30,4	176,62	$4{,}5 \cdot 10^{-3}$
Eisen	1	-	3,23	4,35	14,05	$5{,}6 \cdot 10^{-3}$
Eisen	0,3	-	1,14	1,87	2,13	$1{,}1 \cdot 10^{-2}$

Für eine Mehrzahl von Dielektrika kann die thermische Wechselwirkung jedoch nicht als Oberflächenquelle betrachtet werden.

Für **metallische Werkstoffe** hängt die **Absorption** im Wesentlichen von folgenden Parametern ab:

- optische Konstanten des Werkstoffes,
- verwendete Wellenlänge,
- eingestrahlte Intensität,
- geometrischer Zustand der Werkstoffoberfläche und
- chemische Beschaffenheit der Oberfläche.

Das **Absorptionsverhalten** ist in starkem Maße wellenlängenabhängig. In Bild 5.6 sind tendenzielle Absorptionsverläufe für ausgewählte Werkstoffe dargestellt.

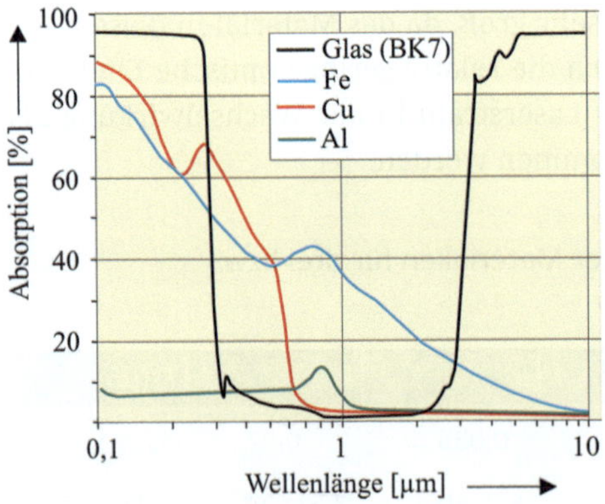

Bild 5.6
Tendenzielle Verläufe der Absorption im UV-, VIS- und IR-Bereich für ausgewählte Werkstoffe bzw. -gruppen (Fe, Cu, Al nach */Seib2006/*)

Hierbei handelt es sich um die Grundabsorption der Materialien für niedrige Intensitäten der Laserstrahlung. Im UV-Bereich haben die meisten Materialien einen relativ hohen Absorptionsgrad, mit Ausnahme einiger optischer Materialien (bspw. Kalziumfluorid und Quarzglas). Im sichtbaren Bereich sind die Materialien i. d. R. transparent oder stark reflektierend. Wellenlängen im Bereich um 1 µm werden generell relativ schwach absorbiert. Im mittleren Infrarot wird die Laserstrahlung von einem Großteil der Isolatoren sehr gut absorbiert, für Metalle sind die Absorptionswerte hingegen sehr gering.

Das **Absorptionsverhalten** der Materialien ist auch in starkem Maße von der **Intensität** der Laserstrahlung abhängig. Ab einer spezifischen Leistungsdichte nimmt die Absorption wesentlich höhere Werte an, als dies nach Formel 5.4 zu erwarten wäre. In der Folge nichtlinearer Wechselwirkungsvorgänge zwischen Laserstrahlung und Material tritt die sogenannte **anormale Absorption** (auch **progressive Absorption**) auf. Nach Überschreiten dieser Intensitätsschwelle erfährt der Absorptionsgrad einen sprunghaften Anstieg. Somit lassen sich auch nahezu „absorptionsfreie“ Materialien in den absorbierenden Zustand überführen. In Bild 5.7 ist der funktionale Zusammenhang schematisch dargestellt. Dieser nichtlineare Zusammenhang kann für eine Reihe von Verfahren, z. B. für das Schneiden und Schweißen, nachgewiesen werden (vgl. Kapitel 7). Die kritische Intensitätsschwelle liegt im Bereich zwischen 10^6 und 10^8 $W \cdot cm^{-2}$, wobei sie von der Laserwellenlänge, dem Material und der Strahlcharakteristik abhängig ist.

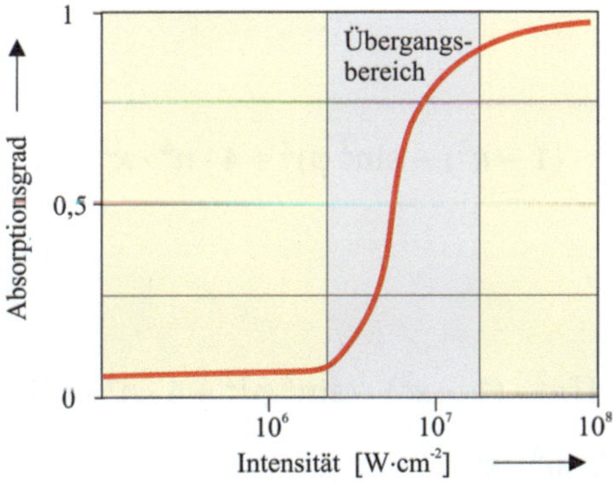

Bild 5.7
Abhängigkeit des Absorptionsgrades von der eingestrahlten Intensität

Die Beschreibung der anormalen Absorption ist relativ komplex und aufwendig. Nachfolgend werden einige Effekte, auf denen die anormale Absorption beruht, aufgeführt */Stau2000/*:

- der absorbierte Strahlungsanteil führt zu einem Aufheizen der Wechselwirkungszone, was zu einer Änderung der Reflexions- und Absorptionsanteile führen kann,
- Temperaturerhöhungen unterhalb des Schmelzpunktes führen bei einigen Metallen zu Gefügeänderungen, die zu einem Ansteigen der Absorption beitragen können,
- durch Prozessgase können chemische Reaktionen auf der erhitzen Festkörperfläche dünne Oberflächenschichten erzeugen, die die Absorption ebenfalls verändern,

- wenn die eingestrahlte Intensität groß genug ist, um oberflächennahe Bereiche aufzuschmelzen, werden die optischen Konstanten direkt beeinflusst,
- aufgeschmolzene Volumenelemente führen zu einer veränderten Geometrie.

Wie viel Leistung letztendlich im Material absorbiert werden kann, bestimmt das Reflexionsvermögen der Oberfläche.

Die **Reflexion** elektromagnetischer Wellen an einer idealen Grenzfläche zweier Medien wird durch die **Fresnelschen Formeln** beschrieben. Der **Reflexionsgrad *R*** hängt vom Einfallswinkel, den Brechzahlverhältnissen an der Grenzfläche und der Polarisation des einfallenden Lichtes ab (s – senkrechte Komponente und p – parallele Komponente).

$$R_s = \frac{a^2 + b^2 - 2 \cdot a \cdot \cos\varphi + \cos^2\varphi}{a^2 + b^2 + 2 \cdot a} \tag{5.12}$$

R_s Reflexionsgrad senkrechte Komponente; φ Einfallswinkel

$$R_p = R_s \cdot \frac{a^2 + b^2 - 2 \cdot a \cdot \sin\varphi \cdot \tan\varphi + \sin^2\varphi \cdot \tan^2\varphi}{a^2 + b^2 + 2 \cdot a \cdot \sin\varphi \cdot \tan\varphi + \sin^2\varphi \cdot \tan^2\varphi} \tag{5.13}$$

R_p Reflexionsgrad parallele Komponente

$$a = \left\{\frac{1}{2} \cdot (n^2 \cdot (1 - \kappa^2) - \sin^2\varphi) + \frac{1}{2} \cdot [(n^2 \cdot (1 - \kappa^2) - \sin^2\varphi)^2 + 4 \cdot n^4 \cdot \kappa^2)]^{\frac{1}{2}}\right\}^{\frac{1}{2}} \tag{5.14}$$

κ Extinktionskoeffizient

$$a^2 + b^2 = \frac{1}{2} \cdot [n^2 \cdot (1 - \kappa^2) - \sin^2\varphi] + \frac{1}{2} \cdot \{[n^2 \cdot (1 - \kappa^2) - \sin^2\varphi]^2 + 4 \cdot n^4 \cdot \kappa^2\}^{\frac{1}{2}} + \frac{2 \cdot n^4 \cdot \kappa^2}{[n^2 \cdot (1 - \kappa^2) - \sin^2\varphi] + \{[n^2 \cdot (1 - \kappa^2) - \sin^2\varphi]^2 + 4 \cdot n^4 \cdot \kappa^2\}^{\frac{1}{2}}} \tag{5.15}$$

Formel 5.12 und Formel 5.13 gelten für linear polarisierte Strahlung. Im Falle von unpolarisierter oder zirkular polarisierter Strahlung kann die Reflektivität $R_{u,z}$ aus dem Mittelwert der s- und p-Komponente gebildet werden.

$$R_{u,z} = \frac{R_s + R_p}{2} \tag{5.16}$$

Bei senkrechtem Strahleinfall $\varphi = 0°$ ist der Reflexionsgrad unabhängig von der Lage der Einfallsebene der Polarisation

$$R_s = R_p = R = \frac{(1 - n)^2 + n^2 \cdot \kappa^2}{(1 + n)^2 + n^2 \cdot \kappa^2} \tag{5.17}$$

In Tabelle 5.3 sind **Reflexionsgrade** von zwei verschiedenen Materialien für senkrechten Einfall dargestellt. Aus den großen Werten n und κ für metallische Werkstoffe im VIS- und IR-Bereich resultiert auch das relativ hohe Reflexionsvermögen dieser Werkstoffgruppe.

Bild 5.8 zeigt die nach den Fresnelschen Formeln berechneten Reflexionsgrade für ein Metall und einen Isolator in Abhängigkeit vom Einfallswinkel und von der Wellenlänge.

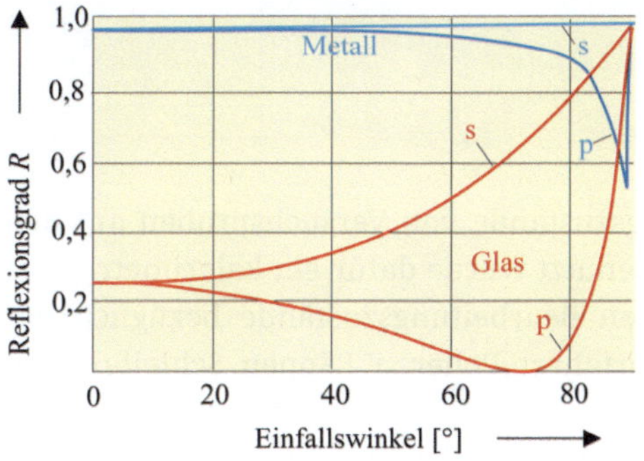

Bild 5.8
Reflexionsgrad in Abhängigkeit vom Einfallswinkel für parallel (p) und senkrecht (s) zur Einfallsebene polarisiertes Licht

Der Kurvenverlauf zeigt Minima des Reflexionsgrades für die parallel zur Einfallsebene schwingenden Komponenten (p-Polarisation). Bei Isolatoren geht die Reflexion für bestimmte Einfallswinkel φ gegen null. Der Winkel, bei dem minimale Reflexionsgrade auftreten, wird als **Polarisations- oder Brewster-Winkel** bezeichnet. Für metallische Oberflächen tritt der Effekt bei Einstrahlwinkeln von etwa 85°, d. h. bei nahezu streifendem Einfall, auf. Somit kann die Einstrahlung von p-polarisiertem Licht unter dem Brewster-Winkel genutzt werden, um den Reflexionsgrad an der Oberfläche zu minimieren und den absorbierten Strahlungsanteil zu erhöhen. Daraus resultiert jedoch eine Richtungsabhängigkeit für den Bearbeitungsprozess, die oftmals unerwünscht ist. Um diese Polarisationsabhängigkeit zu vermeiden, arbeitet man häufig mit zirkular polarisiertem Licht (vgl. Abschnitt 7.4).

Der **Absorptionsgrad** ist ebenfalls von der Oberflächenbeschaffenheit abhängig. Zum einen betrifft dies die Struktur (Rauheit) und zum anderen den Zustand (Beschichtung, Oxidhaut etc.) der Oberfläche. Sind die Oberflächenstrukturen in der Größenordnung der Laserwellenlänge, wird der Laserstrahl diffus reflektiert (Tabelle 5.4). Werden die Strukturen hingegen größer als die Wellenlänge, treten an Vertiefungen Mehrfachreflexionen auf, durch die der Energieeintrag in die Oberfläche erhöht wird. Die Verwendung von Deckschichten kann das Absorptionsvermögen gezielt steigern, sodass die Energieeinkopplung an der absorbierenden Schicht erfolgt.

Tabelle 5.4 Typische Oberflächenstrukturen und deren Einfluss auf Reflexion und Absorption nach */Popr1998/*

Rauheit	Welligkeit	Strukturen, Vertiefungen	Deckschichten	Plasma-entstehung

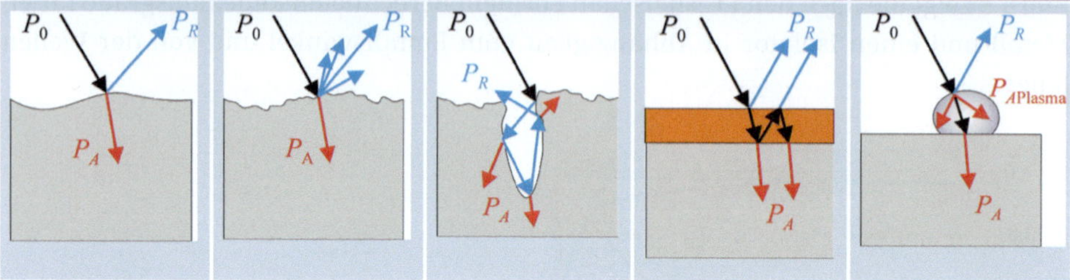

Den Einfluss unterschiedlicher Bearbeitungszustände von Versuchsproben auf den Absorptionsgrad veranschaulicht Bild 5.9. Genutzt wurde dafür ein kalorimetrischer Absorptionsmessplatz. Die unterschiedlichen Bearbeitungszustände bezüglich der Oberflächentopografie wurden durch die Verfahren Polieren, Läppen, Schleifen, Fräsen und Sandstrahlen erzeugt. Mit Zunahme des quadratischen Mittenrauwertes der Oberfläche *Rq* nimmt auch der Absorptionsgrad bis nahe 50 % zu. Unberücksichtigt bleibt der Unterschied zwischen den periodisch und aperiodisch erzeugten Oberflächenprofilen.

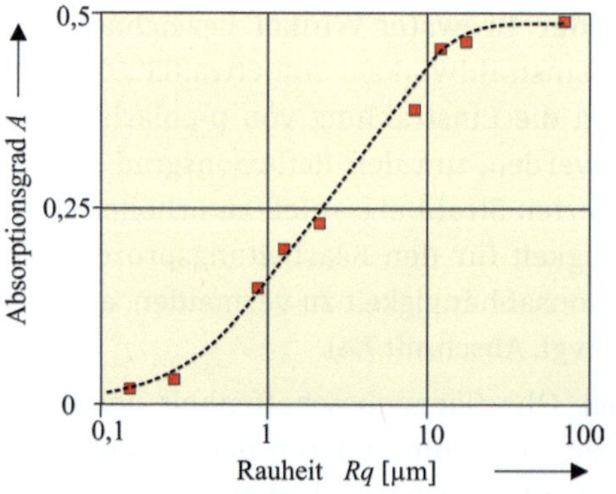

Bild 5.9
Absorption als Funktion der Rautiefe *Rq* am Werkstoff C60 nach */Blie1989/*

Die beschriebenen Wechselwirkungsmechanismen bezogen sich bisher immer auf einen homogenen Werkstoff. In der Praxis werden jedoch immer häufiger Werkstoffe eingesetzt, die eine inhomogene oder unterschiedlich funktionale Struktur aufweisen. Vertreter sind Komposit- und Verbundwerkstoffe oder aber Basiswerkstoffe mit Ein- bzw. Mehrschichtaufbauten. Solche Materialstrukturen haben die Eigenschaft, dass die einzelnen Materialkomponenten zum Teil sehr unterschiedliche Absorptionseigenschaften aufweisen. Dies bedeutet für die Anwendung, dass einerseits angepasste Verfahrenstechnologien erforderlich sind, und andererseits die **Absorptions-**

unterschiede für eine effizientere Bearbeitung genutzt werden können. Zu letztgenannter Verfahrensgruppe gehört beispielsweise das Aufbringen von absorbierenden Deckschichten, die für das Umwandlungshärten und Umschmelzen angewendet werden. Dadurch kann der **Absorptionsgrad** des Verbundes wesentlich erhöht werden. In */Herz1993/* werden zwei prinzipielle Fälle unterschieden:

1. die **optische Eindringtiefe** ist geringer als die Schichtdicke der **Deckschicht** und
2. die optische Eindringtiefe ist größer als die Schichtdicke der Deckschicht.

Im ersten Fall wird die Laserleistung vollständig in der Deckschicht absorbiert. Die entstehende Wärme kann über Wärmeleitung an das Grundmaterial abgegeben und dort zur Materialbearbeitung genutzt werden. Die Schichtdicke sollte gering sein, um möglichst schnell einen großen Anteil der Energie an das Grundmaterial zu überführen. Ist die **optische Eindringtiefe** größer als die Schichtdicke (Fall 2), dann wird nur ein Teil in der Deckschicht absorbiert und der Restanteil trifft auf das reflektierende Basismaterial. Nach erfolgter Reflexion wird ein Teil der Strahlung erneut in der Deckschicht absorbiert. Bei abgestimmten Schichtdicken kann dies auch zu einer konstruktiven Interferenz führen, wodurch der Absorptionsgrad ansteigt. */Herz1993/*

Das Durchstrahlschweißen nutzt bspw. einen teiltransparenten und einen absorbierenden Kunststoff zur Erzeugung einer Schweißnaht im Inneren des Verbundes (vgl. Kapitel 9). Nachteilig hingegen wirken sich unterschiedliche Absorptions- und thermische Eigenschaften aus, z. B. beim Schweißen verzinkter Stahlbleche oder aber beim Schneiden von Metalllegierungen. In Tabelle 5.5 ist der Einfluss spezieller Materialstrukturen auf den Absorptionsgrad an ausgewählten Applikationen dargestellt.

Tabelle 5.5 Auswirkung verschiedener Materialstrukturen und Deckschichten auf den Absorptionsgrad

	Kompositwerkstoff	Verbundwerkstoff	Deckschicht (vollständig absorbierend)	Deckschicht (teilabsorbierend)
Prinzipdarstellung	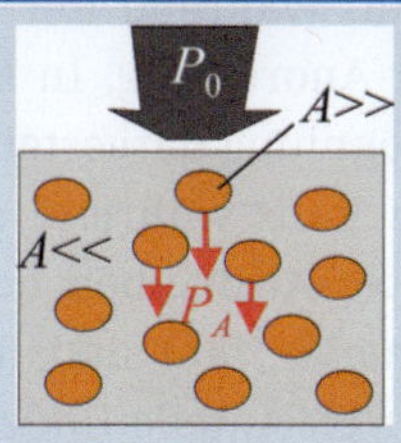	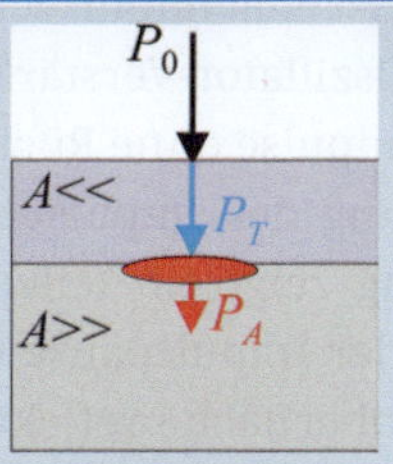	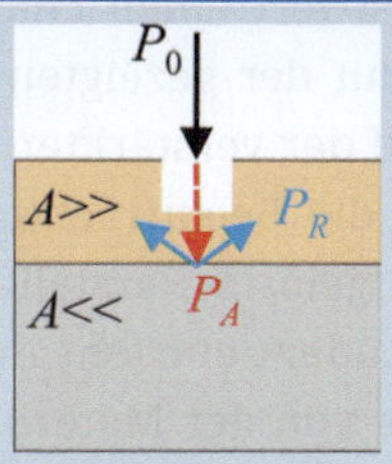	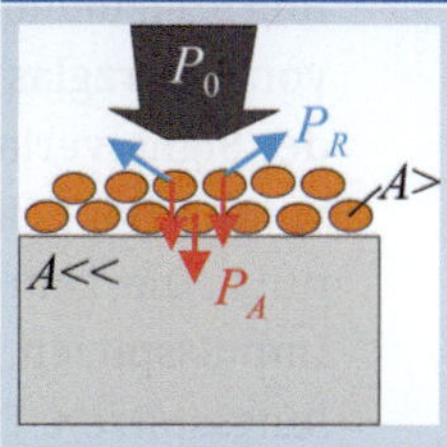
Beispiel	Funktionalisieren	Laserdurchstrahlschweißen	selektives Abtragen	Auftragsschweißen

Ein wichtiger Sonderfall der Wechselwirkung infolge von **Reflexionen an der Materialoberfläche** soll nachfolgend kurz diskutiert werden. Ist der Reflexionsanteil hoch genug, kann es zu einer Kopplung der dynamischen Bearbeitungsprozesse mit dem Laserprozess kommen. Der Laser und das Werkstück bilden ein System **gekoppelter optischer Resonatoren** */Beye1984-1/*. Bild 5.10 illustriert diesen Sachverhalt am Beispiel einer **Oszillator-Verstärker-Anordnung** (vgl. Kapitel 3), in der sich dieses Problem noch gravierender auswirkt. Die von der Materialoberfläche rückreflektierte Strahlung wird im Verstärker weiter verstärkt, bevor sie auf den Oszillator trifft. Dieser somit entstandene **Resonator 1 + 2** kann zu einer Beeinträchtigung des Laserbetriebes bis hin zu einem sogenannten „chaotischen Betrieb“ führen. Intensitätsüberhöhungen werden in */Herz1993/* mit einem möglichen Faktor 100 und höher angegeben, was neben der Beeinträchtigung des Bearbeitungsprozesses auch Schäden an optischen Bauelementen im Strahlengang und dem Resonator zur Folge haben kann.

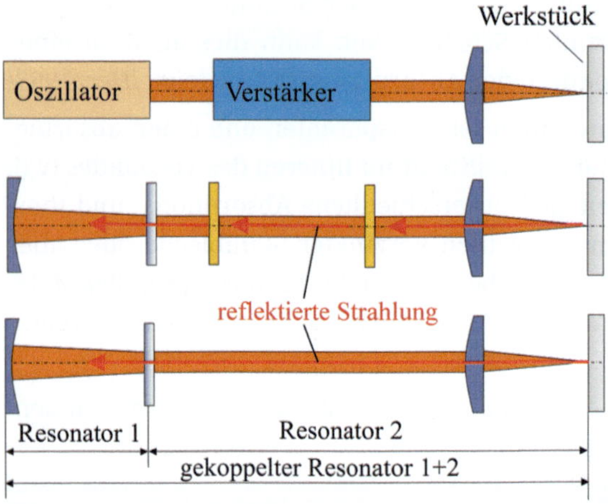

Bild 5.10
Schematische Darstellung der Ausbildung eines gekoppelten Resonatorsystems nach */Herz1993/*, */Blie1996/*

Oftmals ist in diesen Fällen eine reproduzierbare Bearbeitung nicht mehr möglich. Bild 5.11 demonstriert einen chaotischen Impulsverlauf während der Bearbeitung von Quarzglas mit der gezeigten Oszillator-Verstärker-Anordnung. In Bild 5.11 a ist der Signalverlauf der verstärkten Impulse ohne Rückkopplung dargestellt. Bild 5.11 b veranschaulicht die Beeinträchtigung des Impulsverhaltens während der Bearbeitung. Die zeitaufgelöste Darstellung zeigt ein teilweises Ausbleiben der regulären Impulsspitzen. Zudem entsteht in der Impulspause eine Vielzahl statistischer Strahlungsspitzen. Die von der Materialoberfläche reflektierten Anteile finden in der Impulspause im Verstärker eine hohe Inversion vor und bauen diese folglich unerwünscht im eigentlichen Off-Zustand des Oszillators ab. Die Reflexionswirkung an stark reflektierenden Materialien (bspw. Aluminium, Kupfer) kann nicht nur für Oszillator-Verstärker-Anordnungen problematisch werden, sondern auch für Laser mit einem hohen Verstärkungsfaktor. Aus diesem Grund werden optische Bauelemente in den Strahlengang integriert, die den Resonator von der Materialoberfläche entkoppeln und Rückreflexionen filtern. Anwendung finden bspw. ATFR-Spiegel (Absorbing Thin Film Reflector) und Faraday-Isolatoren, die im Kapitel 6 näher beschrieben werden.

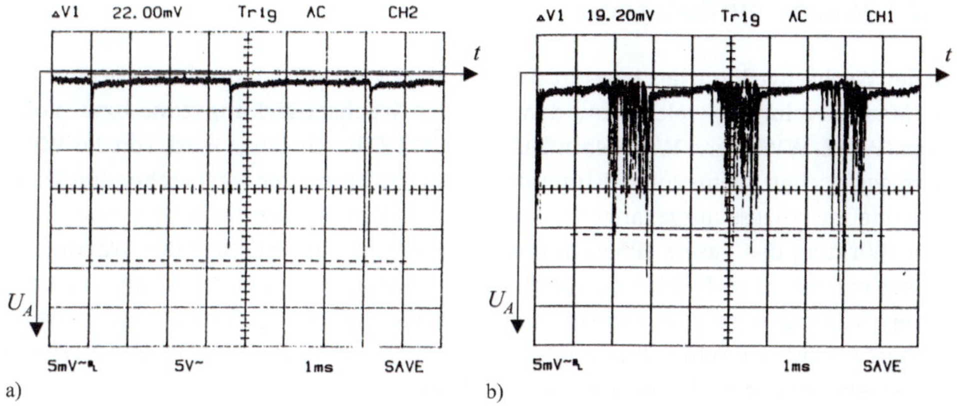

Bild 5.11 Impulsdarstellung. a) ohne Rückkopplung, b) mit Rückkopplung

5.2 Thermische Wechselwirkungsvorgänge

Sehr viele Prozesse basieren auf der **thermischen Wechselwirkung** des Laserstrahls mit der Werkstückoberfläche bzw. dem -volumen. Die absorbierte optische Energie wird im Werkstoff umgewandelt und als Prozesswärme für Phasenumwandlungsvorgänge genutzt (Tabelle 5.6).

Tabelle 5.6 Prozesse bei der Änderung von Aggregatzuständen

Ausgangszustand	Endzustand		
	fest	flüssig	gasförmig
fest	Erwärmen	Schmelzen	Sublimieren
flüssig	Erstarren	–	Verdampfen
gasförmig	Resublimieren	Kondensieren	–

Die **Energieübertragung** auf die Gitteratome erfordert eine Zeitdauer in der Größenordnung von 1 – 10 ps. Nach dieser Zeit liegt für die Elektronen und das Gitter quasi derselbe Temperaturwert vor. Vereinfacht kann angenommen werden, dass eine zwei- oder dreidimensionale Wärmeleitung der Prozessenergie in das Werkstückvolumen erfolgt, wenn die thermischen Zustandsänderungen größer sind als die Relaxationszeit /*Hüge2009*/. Im umgekehrten Fall können quasi athermische Prozesse bzw.

Prozesse mit einer sehr eng begrenzten Wärmeeinflusszone geführt werden (vgl. Abschnitt 5.3).

5.2.1 Wärmeeinflusszone

In der Wechselwirkung des Laserstrahles mit dem Werkstück entsteht ein beeinflusstes Materialvolumen, welches mit den Begriffen **Wechselwirkungszone bzw. -volumen** (**WWZ, WWV**) und **Wärmeeinflusszone** (**WEZ**) beschrieben wird. Von der WWZ wird gesprochen, wenn von der Interaktion des Lasers mit der entsprechenden Materialzone im Prozess ausgegangen wird. In dieser Zone findet die verfahrensspezifische Wirkung des Lasers (Phasenumwandlung) statt. Im Ergebnis des **Wärmeeintrages** entsteht eine **dreidimensionale WEZ**, die durch die thermische Wirkung des Lasers begrenzt wird. Dies ist bspw. für die qualitative Beschreibung eines Schweißprozesses bzw. der Schweißnaht oder einer Härtespur interessant. In Bild 5.12 sind verschiedene Formen der WEZ veranschaulicht.

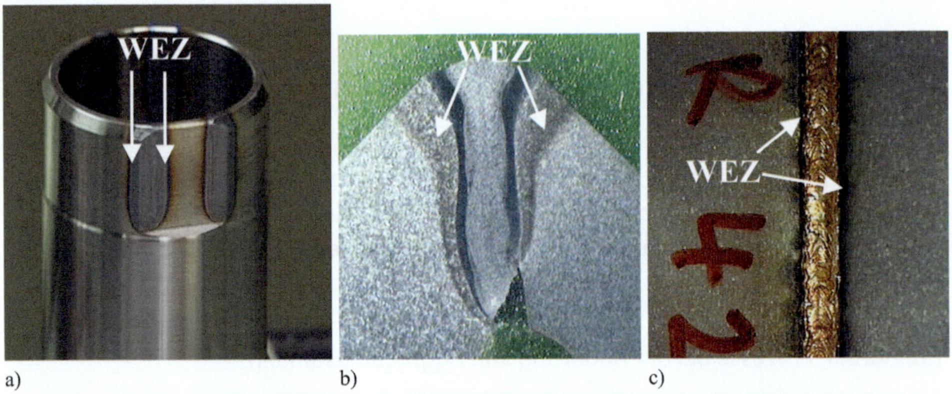

Bild 5.12 Ausgewählte Beispiele für Wärmeeinflusszonen. a) Härtespur, b) Schweißnaht (Schliffbilddarstellung), c) Hartlötnaht verzinkter Stahlbleche

Für gepulste Laseranwendungen wird sehr oft in Abhängigkeit von der Pulsdauer τ_{LP} und der Wärmeleitfähigkeit λ_F des Materials die **thermische Diffusionslänge** $\boldsymbol{l_{th}}$ angeführt.

$$l_{\text{th}} \approx \sqrt{2\lambda_{\text{F}} \cdot \tau_{\text{LP}}} \tag{5.18}$$

Mit dieser Beziehung lässt sich grob eine quantitative Aussage zur Ausbildung der WEZ treffen. Die sich ergebende thermische Diffusionslänge bestimmt somit die Ausbildung der WEZ und verkörpert letztendlich die Entfernung von der maximal auftretenden Temperatur bis in jenen Grenzbereich, wo sie auf den $e^{-1/2}$-ten Teil abgeklungen ist.

5.2.2 Wärmeleitungsvorgänge

Durch **Wärmeleitungsvorgänge** wird ein Teil der umgewandelten thermischen Energie aus dem Wechselwirkungsvolumen abgeführt und steht dem eigentlichen Prozess der Phasenumwandlung des entsprechenden Materialvolumens nicht mehr zur Verfügung. Die Kenntnis oder Abschätzung der jeweiligen **Wärmeleitungsverluste** ist für die Prozessauslegung und Festlegung der Laserparameter sehr hilfreich. Auch im Falle der unbedingten Vermeidung einer thermischen Beeinflussung von sensiblen Bauelementen ist die Wärmeausbreitung in das Grundmaterial von großem Interesse. Eine analytische Beschreibung ist jedoch oft sehr schwierig und kann vielfach nur mit geeigneten numerischen Berechnungsalgorithmen (z. B. Finite-Element-Methode) gelöst werden. In Ergänzung der errechneten Wärmeverteilungsfunktionen erfolgt in vielen Fällen auch eine Temperaturmessung während des Prozesses (mittels Sensoren, Pyrometer, Thermografiekamera).

In Festkörpern treten prinzipiell zwei **Wärmeleitungsmechanismen** auf. Durch Gitterschwingungen kann einerseits die thermische Energie in das Materialinnere transportiert werden. Diese Form der Wärmeleitung tritt bei Isolatoren auf. Andererseits kann in Leitern (metallische Werkstoffe) aufgrund der Elektronenleitfähigkeit Wärme in das Materialvolumen übertragen werden.

Zur Veranschaulichung des Prozesses der Wärmeleitung kann zunächst ein kleines Volumenelement (vgl. Bild 5.3) betrachtet werden, das sich in einer bestimmten Entfernung von der Materialoberfläche, aber noch innerhalb der Absorptionslänge l_α befindet /*Stau2000*/. Die auf das Volumenelement auftreffende Strahlungsintensität I lässt sich nach dem Lambert-Beerschen Gesetz berechnen. Die pro Zeiteinheit im Volumen freigesetzte Wärmemenge $\dot{Q}/\mathrm{d}V$ kann nach Formel 5.19 abgeschätzt werden:

$$\left|\frac{\mathrm{d}I(x,y,z,t)}{\mathrm{d}z}\right| = \frac{\dot{Q}(x,y,z,t)}{\mathrm{d}V} = \alpha \cdot (1-R) \cdot I_0(x,y,z,t)\mathrm{e}^{-\alpha \cdot z} \tag{5.19}$$

I_0 Eingangsintensität; t Zeit

Diese im Volumenelement $\mathrm{d}V$ freigesetzte Wärmemenge erzeugt eine Temperaturänderung, in der Form von

$$\frac{\partial Q}{\partial t} = \rho \cdot \mathrm{d}V \cdot c_p \cdot \frac{\partial T}{\partial t} \tag{5.20}$$

ρ Dichte; c_p spezifische Wärmekapazität

Der Transport der Wärme von dem betrachteten Element in das Materialinnere kann durch das **Fouriersche Gesetz** beschrieben werden

$$\dot{q} = -\lambda_\mathrm{F} \frac{\partial T}{\partial n_0} \tag{5.21}$$

n_0 Ortskoordinate in Wärmestromrichtung

Mit dem Minuszeichen wird die Richtung des Energietransportes angegeben, der immer zur niedrigeren Temperatur erfolgt. Die Energiestromdichte $\dot{q}$ ist die Wärmeenergie, die pro Zeiteinheit durch ein Flächenelement A_F in Richtung des sich ausbreitenden Wärmestromes transportiert wird */Stau2000/*

$$\dot{q} = \frac{Q}{\mathrm{d}A_\mathrm{F}} \tag{5.22}$$

5.2.3 Wärmeleitungsgleichungen

Die resultierende Wärmeausbreitung kann durch die **Wärmeleitungsgleichung** beschrieben werden, deren Lösung die räumliche und zeitliche Temperaturverteilung des Energietransportes ergibt. Die Wärmeleitungsgleichung ist eine komplizierte nichtlineare Differentialgleichung, die i. Allg. nur näherungsweise und mit großem Aufwand numerisch zu lösen ist. Weiterhin ist eine starke Abhängigkeit von den jeweiligen Randbedingungen und verfahrenstypischen Prozessgrößen gegeben. Für eine kurze Bestrahlungsdauer, d. h., wenn die thermische Eindringtiefe deutlich kleiner ist als die transversale Ausdehnung des Strahlungsquerschnitts auf der Oberfläche, findet der Wärmetransport überwiegend senkrecht zur Materialoberfläche in die Tiefe statt. Die Wärmeleitung kann in diesem Fall durch ein **eindimensionales Modell** beschrieben werden. Wird die Eindringtiefe wesentlich größer als die transversalen Abmessungen des abgebildeten Strahldurchmessers, findet der Wärmetransport radialsymmetrisch in den gesamten Halbraum unter der Materialoberfläche statt. Die Wärmeleitung muss in diesem Fall **dreidimensional** beschrieben werden. Die Wärmequelle ist dann als eine **Punktquelle** zu betrachten und die Wärme breitet sich radial in das Material aus (Bild 5.13). Im realen Fall liegt keine absolut gleichmäßige Intensitätsverteilung vor, sondern der Laserstrahl bildet ein gaussförmiges oder höhermodiges Profil ab. Bei dieser Betrachtungsweise ist das dreidimensionale Wärmeleitungsmodell zu bevorzugen.

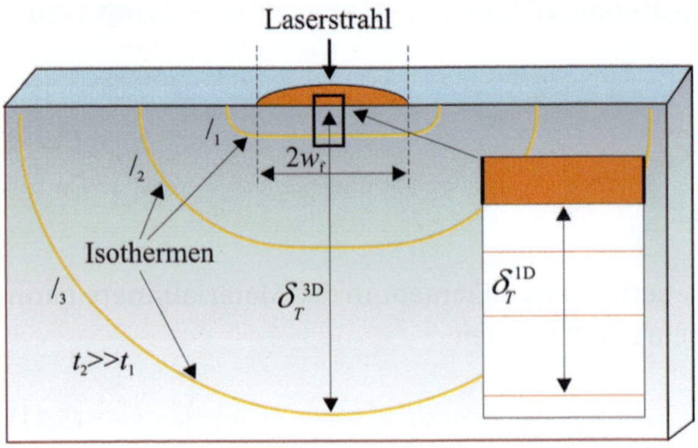

Bild 5.13
Schema der Wärmeausbreitung für Lasermaterialbearbeitungsprozesse nach */Popr2005/*

Die entsprechende Wärmeleitungsgleichung kann ganz allgemein nach */Stau2000/* wie folgt aufgestellt werden

$$\frac{\partial^2 T}{\partial x^2} + \frac{\partial^2 T}{\partial y^2} + \frac{\partial^2 T}{\partial z^2} = \frac{\rho \cdot c_p}{\lambda_F} \frac{\partial T}{\partial t} \tag{5.23}$$

Der Quotient wird als **Temperaturleitfähigkeit** k_W bezeichnet.

$$k_W = \frac{\lambda_F}{\rho \cdot c_p} \tag{5.24}$$

In den meisten Fällen muss die Wärmeleitung dreidimensional betrachtet werden. Ob eine vereinfachte eindimensionale Betrachtungsweise möglich ist, hängt vom Verhältnis der thermischen Diffusionslänge zum Laserstrahldurchmesser ab. Die **thermische Diffusionslänge** kann sowohl für pw- als auch cw-Laserstrahlung angegeben werden

$$l_{th} = 2 \cdot \sqrt{k_W \cdot t} \tag{5.25}$$

Sie ist auch das Maß für den zurückgelegten Weg einer Isothermen im Material in der betrachteten Zeit.

Es können folgende Entscheidungskriterien aufgestellt werden */Stau2000/*:

- für $l_{th} \ll d_f$ kann eine **eindimensionale** Wärmeleitung betrachtet werden,
- für $l_{th} \gg d_f$ muss die Rechnung **dreidimensional** erfolgen.

Für die z. T. sehr unterschiedlichen Randbedingungen der einzelnen LMB-Verfahren existieren in der Literatur Modelle, um die speziellen Verhältnisse beschreiben zu können. In */Popr2005/* werden bspw. folgende Modelle vorgestellt:

- Punktquelle,
- Linienquelle,
- transversal unendlich ausgedehnte Oberflächenquelle und
- transversal unendlich ausgedehnte Volumenquelle.

Beim Modell der **Punktquelle** wird häufig von einer idealisierten Punktquelle ausgegangen, d. h., die Intensität der Laserstrahlung, die auf die Werkstückoberfläche fokussiert wird, ist örtlich sehr stark begrenzt, wobei die genaue Verteilung der Laserstrahlung dabei vernachlässigt wird. Das Modell der **Linienquelle** beschreibt die Wärmeleitung für Verfahren, bei denen sich der Ort der Absorption verändert. Dies geschieht bspw. bei den Schneid- und Schweißverfahren, bei denen die Bewegung des Strahles erforderlich ist und sich eine Schnittfuge bzw. eine Schweißnaht ausbilden kann.

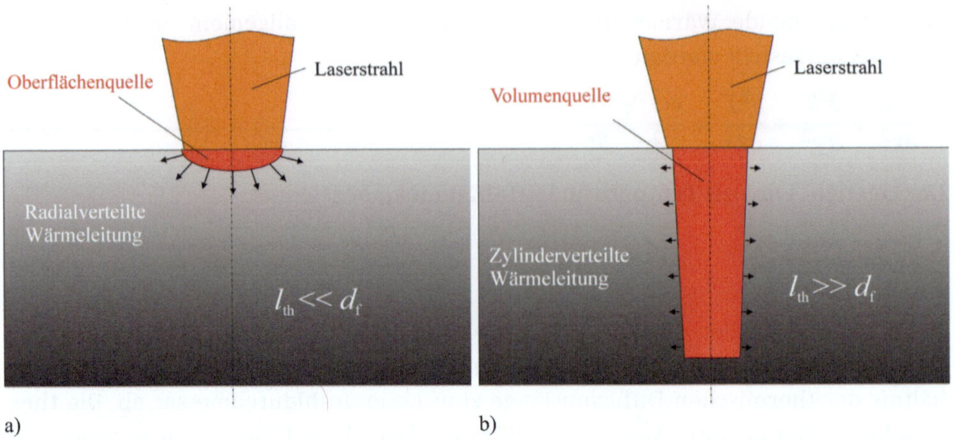

Bild 5.14 Idealisierte Wärmeleitungsmodelle. a) Oberflächenquelle (Metall), b) Volumenquelle (Isolator) nach */Popr1998/*

Die unterschiedlichen Absorptionsverhältnisse von Isolatoren und Leitern führen dazu, dass sich für diese Materialgruppen unterschiedliche Arten von Wärmequellen ausbilden. In Metallen wird die Strahlung aufgrund der geringen optischen Eindringtiefe bereits nahe der Oberfläche absorbiert. Somit entsteht eine sehr flache Wärmequelle an der Materialoberfläche, die als **Oberflächenquelle** bezeichnet wird (Bild 5.14 a). Dieser oberflächennahe Wechselwirkungsort ist der Ausgangspunkt für die Wärmeleitung in das umliegende Material. Für Isolatoren mit großer optischer Eindringtiefe (z. B. Gläser, Keramiken und Kunststoffe) besitzt die Wärmequelle eine große Ausdehnung in das Materialinnere. In diesem Fall spricht man von einer **Volumenquelle** (Bild 5.14 b). Die Wärmequelle bildet dann die Form eines Kanals in die Tiefe des Werkstücks. Im einfachsten Fall kann man von einem Zylinder ausgehen.

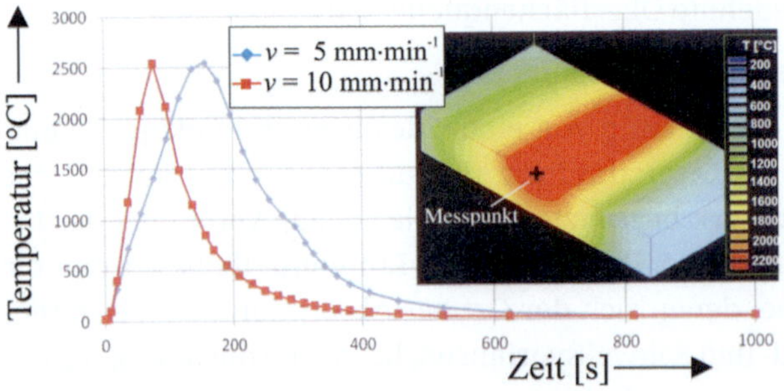

Bild 5.15 Berechnete Temperaturverteilung in Quarzglas für die Laserstrahlpolitur an einem festen Messpunkt auf der Probenoberflächenmitte nach */Hech2012/*, */Hild2011/*
Parameter: Größe: (25 × 25 × 4) mm^3, Laserleistung: 460 W, Strahldurchmesser: 7,5 mm, Vorschub: 5 bzw. 10 mm·min^{-1}, Starttemperatur: 20 °C, Konvektion/Strahlung: 25 W·mm^{-2}, ε für Abstrahlung: 0,8
Elemente (der FEM): Solid und Viskos

Moderne **Simulationsprozesse** können den numerischen Aufwand zur Lösung der Wärmeleitungsgleichung stark verringern. Angewendet wird sehr häufig die **F**inite-**E**lemente-**M**ethode (**FEM**). Mit diesen numerischen Näherungsverfahren lassen sich Reaktionen eines Systems auf mechanische und thermische Belastungen vorhersagen. Der Simulationsablauf ist in die drei Prozessschritte Modellbildung (Preprocessing), mathematische Berechnung (Solving) und die Auswertung (Postprocessing) untergliedert. Die FE-Simulation gibt Aufschluss über die im Prozess zu erwartenden Temperaturen, Temperaturverteilungen sowie Spannungen und Spannungsverteilungen.

Ein spezieller Anwendungsfall für die FE-Simulation ist in Bild 5.15 für das Laserstrahlpolieren von Quarzglasoberflächen dargestellt. Verfahrensbedingt wird eine Laserlinie mit einer Vorschubbewegung über die Materialoberfläche geführt. In der thermischen Simulation kann von einem Energieeintrag mit einem Absorptions- und Reflexionsanteil von 80 % bzw. 20 % ausgegangen werden.

Die Transmission ist bei der verwendeten Wellenlänge von 10,6 µm gleich null und der Absorptionskoeffizient ist größer $10^3\,cm^{-1}$ (Formel 5.4). Weitere Größen für die nichtlineare Simulation (FE-Simulationssoftware „SYSWELD") sind Enthalpie, Wärmeleitfähigkeit, Ausdehnungskoeffizient, E-Modul und dynamische Viskosität.

Die **Temperaturverläufe** weisen für beide Vorschubgeschwindigkeiten Maximalwerte auf, die deutlich oberhalb des Siedepunktes von Quarzglas liegen. Der sehr effiziente Energieeintrag lässt diese Maximaltemperaturen schnell erreichen. Der Kurvenverlauf im Abklingbereich ist aufgrund der schlechten Wärmeleitung des Quarzglases (Isolator) relativ flach. /*Hech2012*/

5.2.4 Temperaturmessung

Die Temperatur ist eine zentrale Prozessgröße in der thermisch geführten Lasermaterialbearbeitung, da sie direkt die Art und Effizienz der Material-Laser-Wechselwirkung beeinflusst. Für eine gezielte Prozessführung sowie zur Prozessüberwachung ist die Erfassung sowohl lokaler als auch zeitlich aufgelöster Temperaturinformationen unerlässlich.

Prinzipiell lassen sich zwei Messverfahren unterscheiden, die berührende und die berührungslose Temperaturmessung. Berührende Verfahren (z. B. Thermoelemente, Widerstandsthermometer) kommen überwiegend in der Anlagenüberwachung zum Einsatz, etwa zur Kontrolle von Kühlkreisläufen, Aktorik oder optischen Baugruppen. Aufgrund der extrem hohen Temperaturgradienten und der lokalen Energiedichte während des eigentlichen Laser-Wechselwirkungsprozesses sind jedoch ausschließlich berührungslose Messverfahren auf Basis der thermischen Emission geeignet.

5.2.4.1 Prinzipien der Strahlungsthermometrie

Alle Körper mit einer Temperatur oberhalb des absoluten Nullpunkts (0 K) emittieren elektromagnetische Strahlung. Diese Wärmestrahlung ist sowohl spektral als auch richtungsabhängig und kann zur Temperaturbestimmung genutzt werden. Ein zentraler Kennwert ist die spezifische Ausstrahlung eines **Schwarzen Strahlers** M, die mithilfe der Formel 5.26 beschrieben werden kann.

$$M = \frac{\mathrm{d}\Phi}{\mathrm{d}A_\mathrm{F}} = \frac{\mathrm{d}W}{\mathrm{d}A_\mathrm{F} \cdot \mathrm{d}t} \tag{5.26}$$

Φ Strahlungsleistung; W abgestrahlte Energie; A_F Flächenelement

Die Strahlung, die von einem Flächenelement in den über ihm liegenden Halbraum ausgesandt wird, hat eine spektrale Abhängigkeit, die durch das **Plancksche Gesetz** berücksichtigt wird.

$$M_\mathrm{S}(\lambda) = \frac{2\pi \cdot c^2 \cdot h}{\lambda^5 \left(\mathrm{e}^{\frac{ch}{\lambda k_\mathrm{B} T}} - 1\right)} \tag{5.27}$$

k_B Boltzmann-Konstante; h Plancksches Wirkungsquantum; c Lichtgeschwindigkeit

Für die exakte Temperaturerfassung stellt der **Emissionsgrad ε** einen sehr wichtigen Parameter dar, da in realen Prozessen die Oberflächen nicht wie ein idealer Schwarzer Körper emittieren. Er gibt das Verhältnis der spezifischen Ausstrahlung des betrachteten Strahlers M_S (Messobjekt) zur spezifischen Ausstrahlung eines schwarzen Strahlers M an.

$$\varepsilon = \frac{M_\mathrm{S}}{M} \tag{5.28}$$

bzw. spektraler Emissionsgrad

$$\varepsilon(\lambda, T) = \frac{M_\mathrm{S}(\lambda, T)}{M(\lambda, T)} \tag{5.29}$$

Der **Emissionsgrad** ε ist eine dimensionslose Größe und kann einen Wert zwischen 0 und 1 annehmen. Er hängt neben der Temperatur auch von dem Messobjekt selbst ab, insbesondere von dessen Oberflächenbeschaffenheit. Unter einem **Schwarzen Strahler** ist ein idealer Wärmestrahler zu verstehen, d. h., er kann die gesamte aufgenommene Strahlung wieder vollständig emittieren. Ein **realer Strahler** kann hingegen (bei exakt gleichen Temperaturbedingungen) nur einen geringeren Strahlungsanteil abgeben. Damit beschreibt ε die Fähigkeit eines Messobjektes, die absorbierte Energie in einer bestimmten Höhe durch Wärmestrahlung wieder abzugeben. */kell2011/*

Zur Bestimmung des spektralen oder integrierten Emissionsgrades ε einer realen Oberfläche wird ein **Kalibrierverfahren** auf der Grundlage eines Schwarzen Strahlers durchgeführt. Dieses basiert auf dem Vergleich der detektierten Strahlungsintensitäten zwischen einer Referenzquelle mit bekanntem Emissionsverhalten und der zu charakterisierenden Oberfläche unter identischen geometrischen und spektralen Messbedingungen. Bild 5.16 zeigt einen schematischen Aufbau zur Kalibrierung des Emissionsgrades an realen Oberflächen mithilfe eines Schwarzen Strahlers (Blackbody).

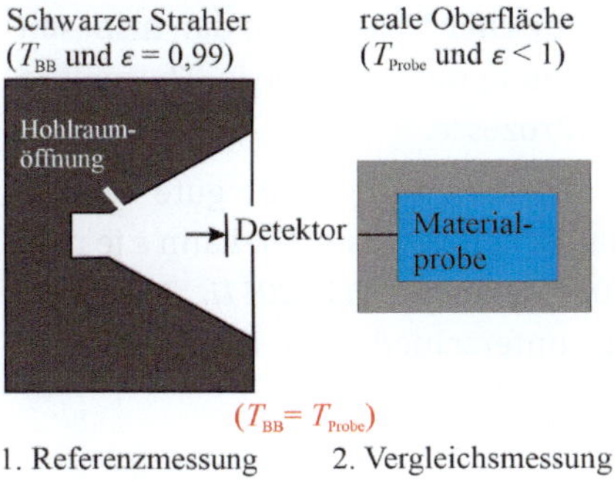

Bild 5.16
Schematischer Aufbau einer Kalibriermessung mit einem Schwarzen Strahler

Die Referenzmessung, die erste der zwei Messphasen des Prozesses, erfolgt mit einem Schwarzen Strahler, in der Regel ein temperaturstabiler Hohlraumstrahler mit definiertem Emissionsverhalten, der aufgrund der nahezu idealen Absorption (typisch $\varepsilon > 0{,}99$) als Referenz dient. Der Schwarze Strahler wird auf eine definierte Temperatur T_{BB} eingestellt, um die resultierende spektrale Strahldichte $L_\lambda^{BB}(T_{BB})$ mit einem kalibrierten Detektor aufzunehmen. Diese Messung entspricht dem idealisierten Fall $\varepsilon = 1$ und bildet die Normierung für die nachfolgende Vergleichsmessung, die an der zu untersuchenden realen Oberfläche durchgeführt wird. Dazu wird die Probe auf exakt dieselbe Temperatur $T_{Probe} = T_{BB}$ gebracht, sodass Unterschiede in der detektierten Strahlungsleistung ausschließlich auf den abweichenden Emissionsgrad zurückzuführen sind. Die reale Oberfläche emittiert im Vergleich zur Schwarzkörperreferenz eine reduzierte Strahlung gemäß

$$L_\lambda^{\text{real}}(T) = \epsilon(\lambda, T) \cdot L_\lambda^{\text{ideal}}(Z) \tag{5.30}$$

Daraus lässt sich durch Quotientenbildung der spektrale Emissionsgrad bestimmen

$$\varepsilon(\lambda, T) = \frac{L_\lambda^{\text{real}}\,(T)}{L_\lambda^{\text{BB}}} \tag{5.31}$$

Diese Messung kann abhängig vom verwendeten Detektor entweder spektral aufgelöst (z. B. mittels FTIR – Fourier-Transform-Infrarotspektroskopie oder Monochromator) oder breitbandig integriert vorgenommen werden. Wichtig ist, dass der Detektor in beiden Fällen exakt gleich positioniert ist und sowohl die Messgeometrie (identischer Öffnungswinkel, gleicher Abstand) als auch die spektralen Filter (Bandpass, Detektorempfindlichkeit) unverändert bleiben.

Zur Minimierung systematischer Fehler muss darüber hinaus sichergestellt werden, dass die Oberflächentemperaturen identisch sind. Gegebenenfalls ist eine zusätzliche Temperaturmessung mit einem berührenden Thermometer erforderlich. Streulicht, Reflexionen und Umgebungsstrahlung müssen durch geeignete Abschirmungen oder modulationsbasierte Messverfahren (z. B. mit Chopper und Lock-In-Technik) unterdrückt werden.

Insgesamt stellt dieses Verfahren eine präzise und rückführbare Methode zur experimentellen Bestimmung des Emissionsgrades technischer Materialien dar, insbesondere bei hohen Temperaturen und für Anwendungen in der Pyrometrie, Thermografie oder der numerischen Simulation thermischer Prozesse.

Nichtmetallische und nichttransparente Werkstoffe sind i. Allg. sehr gute Wärmestrahler und erreichen Werte von $\varepsilon > 0{,}8$. Bei metallischen Werkstoffen kann ε je nach Oberflächenbeschaffenheit zwischen 0,05 und 0,9 variieren */kell2011/*. Tabelle 5.7 stellt exemplarisch ausgewählte Emissionsgrade unterschiedlicher Materialien gegenüber und verdeutlicht die teilweise großen Unterschiede.

Tabelle 5.7 Typische Emissionsgrade technischer Werkstoffe */Step2021/*, */ASTM E1933-14/*

Werkstoff	Oberfläche	ε
Aluminium	poliert	0,04 - 0,06
Aluminium	oxidiert	0,20 - 0,30
Kupfer	poliert	0,02 - 0,05
Kupfer	oxidiert	0,60 - 0,80
Stahl	blank	0,10 - 0,15
Stahl	oxidiert, Zunderoberfläche	0,70 - 0,90
CrNi-Stahl	geschliffen	0,30 - 0,45
Titan	oxidiert, bläuliche Anlauffarbe	0,60 - 0,85
Keramik (z. B. Al_2O_3)	matt, unglasiert	0,85 - 0,95
Graphit	poröse Struktur	0,95 - 0,98
Glaskeramik	diffus streuend	0,95 - 0,98
lackierte Oberflächen	matt, schwarzer Farbton	0,90 - 0,97

Die Abhängigkeit des Emissionsgrades von Wellenlänge und Temperaturbereich erfordert die Berücksichtigung der spezifischen Randbedingungen und die Bestimmung des **reellen Emissionsgrades** für exakte Temperaturmessungen im realen Wechselwirkungsprozess. Da die Strahlungsleistung gemäß dem Stefan-Boltzmann-Gesetz nichtlinear mit der Temperatur skaliert, bewirken bereits geringe Unsicherheiten im Emissionsgrad Temperaturfehler von mehreren 100 K. Dies ist insbesondere bei Prozessen mit steilem Temperaturgradienten (z. B. Schmelzen, Phasenumwandlung etc.) kritisch. Nur durch experimentelle Bestimmung oder präzise Kenntnis des Emissionsgrades kann eine zuverlässige thermische Prozesskontrolle gewährleistet werden.

5.2.4.2 Pyrometrie und Thermografie

Zur **berührungslosen Temperaturmessung** in der LMB werden v. a. zwei Verfahren eingesetzt:

- **Pyrometrie:** punktuelle Temperaturmessung über die detektierte Strahlungsintensität. Die Emissionsgradabhängigkeit kann durch den Einsatz eines durchstimmbaren Filters oder einer Zwei-Farben-Messung minimiert werden. In Verbindung mit Scanoptiken sind auch linienförmige Messungen realisierbar.
- **Thermografie:** flächenhafte Temperaturerfassung mit Infrarotkameras, basierend auf Detektorarrays (typisch: 10 – 30 µm Pixelkantenlänge). Unterschieden wird zwischen gekühlten (z. B. MCT-, InSb-Detektoren) und ungekühlten Arrays (z. B. Mikrobolometer).

Die Erfassung kann mit den beiden genannten Verfahren punktuell mit einem Strahlungspyrometer oder aber flächenhaft mit einer Wärmebildkamera erfolgen. In Kombination mit einer Scanoptik erfassen **Pyrometer** auch linienförmige Temperaturverläufe. Bei der Auswahl geeigneter Pyrometer sind die Messwellenlänge, der Messbereich, der Messabstand, die Messgeschwindigkeit und der Messfleckdurchmesser zu berücksichtigen */Hech2012/*.

Gekühlte Anordnungen können die Temperaturen wesentlich exakter und hochaufgelöster erfassen, sind aber sehr stark wellenlängenabhängig. Für einen größeren Wellenlängenbereich sind hingegen ungekühlte Kamerasysteme geeignet, die jedoch nicht die hohen Genauigkeiten gekühlter Systeme erreichen. Kenngrößen und Ausführungen von Temperaturerfassungssystemen sind aufgrund der verschiedenen Messanforderungen entsprechend unterschiedlich.

Die Auswahl geeigneter Systeme hängt ab von:

- dem Wellenlängenbereich (z. B. 1 µm für Metalle, 8 – 12 µm für Gläser),
- der Messfeldgröße/Auflösung,
- dem Temperaturbereich,

- der Reaktionszeit (bei dynamischen Prozessen entscheidend),
- dem optischen Zugang zur Wechselwirkungszone.

Exemplarisch veranschaulicht Tabelle 5.8 wichtige Kenngrößen eines Pyrometers und einer Wärmebildkamera, wie sie bei der Temperaturmessung für den Werkstoff Quarzglas gewählt wurden. Im Bild 5.17 ist für die Werkstoffe CrNi-Stahl und Quarzglas mit gleichen Bauteilabmessungen die Temperaturverteilung für eine stationäre Erwärmung mit gleicher Intensität und gleicher Einwirkdauer dargestellt.

Tabelle 5.8 Kenngrößen der gewählten Temperaturerfassungsgeräte für die Quarzglasbearbeitung */lumaSense2012/, /flir2011/*

Kenngröße	Pyrometer (IE 120/51-1)	Wärmebildkamera (SC655)
Messbereich	500 - 2500 °C	MB 1: 100 - 900 °C MB 2: 350 - 2500 °C
Spektralbereich	5,14 µm	7,5 - 9,9 µm (Cut-Off-Filter)
Genauigkeit	1 K ± 0,5 % der Differenz von Mess- zu Gehäusetemperatur	±2 K bzw. ±2 % des Ablesewertes
Erfassungszeit	100 ms	8 ms
Bilderfassungsrate	-	bis 50 Hz
Messfeld	Punkt: Ø 1,4 mm (Integration von T)	Fläche: 640 × 480 Pixel

Die in Bild 5.14 vorgestellten Wärmeleitungsmodelle wurden im Experiment überprüft. Metalle (Bild 5.17 a) sind sehr gute Wärmeleiter mit geringer optischer Eindringtiefe der Laserstrahlung (vgl. Tabelle 5.3), bei denen sich bereits nach kurzer Bestrahlungsdauer eine radiale Wärmeverteilung (Modell Oberflächenquelle) ausbildet. Aufgrund der Reflexionsverluste an der metallischen Oberfläche ist die sich ergebende Maximaltemperatur im Vergleich zum Glas (Bild 5.17 b) wesentlich geringer. Die Temperaturverteilung im Quarzglas kommt der des Modells der Volumenquelle nahe. Die relativ große Absorptionslänge im Bereich der Laserwellenlänge und die schlechte Wärmeleitfähigkeit führen zu einer dreidimensionalen Wärmeleitung in das Materialinnere. Dies veranschaulicht auch der sehr große Temperaturgradient zwischen der WWZ und den Probenrändern. Das schnelle Erreichen der hohen Maximaltemperaturen belegt zudem, dass die eingestrahlte Laserleistung nahezu vollständig vom Materialvolumen absorbiert werden kann.

Temperaturmessungen liefern gut auswertbare Messergebnisse zu relativen Temperaturverläufen und Temperaturmesswerten. Problematisch gestaltet sich jedoch die Angabe von absoluten Temperaturen, da bei den dynamischen Laserprozessen der **Emissionsgrad** in bestimmten Grenzen variieren kann.

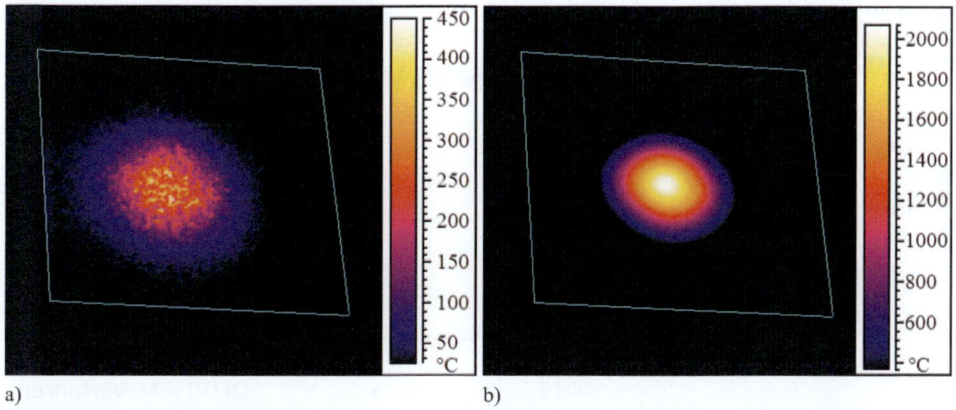

Bild 5.17 Temperaturverteilungsbilder, stationärer Laserstrahl, Einwirkdauer 8 s, konstante Intensität, Probenabmessung (25 × 25 × 3) mm³. a) Werkstoff – CrNi-Stahl (1.4301), b) Werkstoff Quarzglas (die blau eingezeichneten Linien symbolisieren die Außenkanten der 3 mm starken Proben)

5.2.4.3 Mehrfarben- und hyperspektrale Thermometrie

Während klassische Pyrometer meist auf Ein- oder Zwei-Farben-Messung basieren, nutzen erweiterte Konzepte jedoch eine mehrkanalige spektrale Erfassung. Beispiele dafür sind nachfolgend aufgeführt.

Die **Mehrfarben-Pyrometrie** erfasst Strahlungsintensitäten bei drei oder mehr Wellenlängen λ_1, λ_2, λ_3 bis λ_n und löst simultan die Gleichungssysteme aus dem Planckschen Gesetz unter Berücksichtigung eines modellierten spektralen Emissionsgrads $\varepsilon(\lambda)$. Damit können auch unbekannte oder dynamische Emissionsgrade kompensiert werden. Ein wesentlicher Vorteil besteht in einer reproduzierbaren Temperaturbestimmung bei sich ändernden Oberflächenzuständen, z. B. Oxidation, Phasenübergänge oder Schmelzbildung. Typische Anwendung sind das Laserstrahlschweißen, die Additive Fertigung (DED/LB-M) und die Randschichthärtung.

Bild 5.18 veranschaulicht den temperaturzeitlichen Verlauf einer Einzelspur, gemessen während eines pulverbasierten DED/LB-M-Prozesses (Directed Energy Deposition/Laser Beam-Metal) mittels eines Zweifarbenpyrometers (IGAR 12-LO). Es handelt sich um eine typische Anwendung zur Echtzeit-Überwachung der Schmelzbadtemperatur bei der additiven Fertigung mit metallischen Werkstoffen.

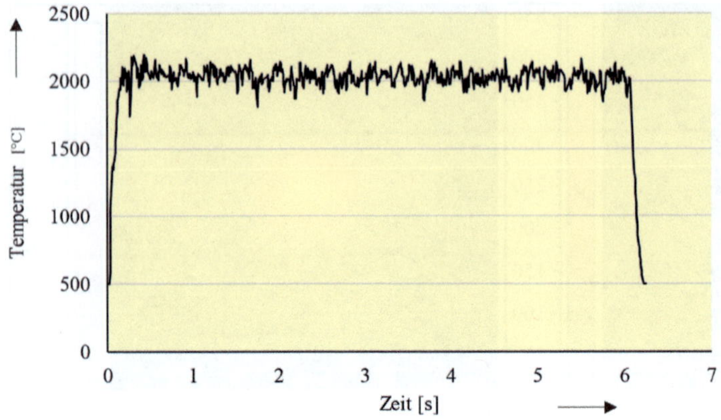

Bild 5.18 Temperaturmessung mit einem Quotientenpyrometer im Schmelzbad beim DED/LB-M-Verfahren

Das **Quotientenpyrometer** (Zweifarbenpyrometer IGAR 12-LO) wertet das Intensitätsverhältnis der vom Schmelzbad emittierten Strahlung bei zwei nah beieinanderliegenden Wellenlängen aus, siehe Tabelle 5.9. Dies erlaubt eine weitestgehend emissionsgradunabhängige Temperaturbestimmung, da sich viele systematische Fehler (z. B. aufgrund veränderlicher Oberflächeneigenschaften) substituieren lassen, sofern das Verhältnis der Emissionsgrade an beiden Wellenlängen konstant ist. Eine vereinfachte Modellformel für die Quotientenpyrometrie mit spektralen Anteilen λ_1, λ_2 stellt die Formel 5.32 dar:

$$T = \frac{C_2(\lambda_2 - \lambda_1)}{\ln\left(\frac{R \cdot \lambda_2^5}{\lambda_1^5} \cdot \frac{e^{\frac{C_2}{\lambda_2 \cdot T}} - 1}{e^{\frac{C_2}{\lambda_1 \cdot T}} - 1}\right)} \tag{5.32}$$

λ_1 erste Messwellenlänge; λ_2 zweite Messwellenlänge des Pyrometers; R Quotient der Strahlungsintensitäten bei den Wellenlängen λ_1 und λ_2; C_2 Strahlungskonstante bei der zweiten Messwellenlänge

$$C_2 = \frac{h \cdot c}{k} \tag{5.33}$$

h Plancksches Wirkungsquantum; c Lichtgeschwindigkeit; k Boltzmann-Konstante

In dem in Bild 5.18 gezeigten Temperaturverlauf wird bereits innerhalb der ersten 0,2 s nach Prozessstart ein stabiles Temperaturniveau von etwa 2000 °C erreicht. Dieses hohe Temperaturniveau bleibt über die gesamte Dauer der Laserbestrahlung (etwa 6 s) weitgehend konstant, was auf eine stabile Energieeinbringung und eine gut kontrollierte Schmelzbadausbildung schließen lässt. Die in der Kurve erkennbaren Fluktuationen im Bereich von ±100 K resultieren aus natürlichen Instabilitäten des Schmelzbades, etwa durch Konvektion, lokal unterschiedliche Pulverzufuhr, partielle Oxidation oder Verdampfung. Am Ende der Bearbeitungszeit erfolgt ein abrupter Temperaturabfall, den das Abschalten des Laserstrahls verursacht und die rasche Erstarrung und Abkühlung des Materials markiert.

Tabelle 5.9 Ausgewählte Parameter der pyrometrischen Messung des Beispiels aus Bild 5.18

Parameter	Wert
Strahldurchmesser [mm]	3
Laserleistung [W]	1061
Vorschubgeschwindigkeit [mm·s^{-1}]	6,6
Pulvermassestrom [g·min^{-1}]	5,37
Materialsystem	1.3342 (HS6-5-2C) auf 1.0037 (S235JR)
Pyrometer-Modell	IGAR 12-LO
Messwellenlängen [µm]	1,52 und 1,64
Messbereich [°C]	500 – 2300
Messabstand [mm]	200
Messfleckdurchmesser [mm]	0,8

Technologisch ist die hohe und konstante Schmelzbadtemperatur als Hinweis auf eine vollständige Durchschmelzung der Substratoberfläche sowie eine zuverlässige Pulveraufschmelzung zu werten. Die hohe Zieltemperatur von etwa 2000 °C liegt dabei deutlich über den Schmelzpunkten der verwendeten Werkstoffe 1.0037 (S235JR, ~1490 °C) und 1.3342 (HS6-5-2C, ~1420 – 1460 °C) und ist für die stoffschlüssige Verbindung erforderlich. Die Prozessparameter, insbesondere Laserleistung, Vorschubgeschwindigkeit und Pulvermassestrom, sind so gewählt, dass eine gleichmäßige Energieverteilung über die Bearbeitungsstrecke erreicht wird. Die hochaufgelöste, zeitlich abgetastete Temperaturmessung mit dem Zweifarbenpyrometer erlaubt eine direkte Prozessbewertung und kann als Grundlage für ein adaptives Prozessmonitoring dienen, um beispielsweise Durchschmelzungen zu vermeiden oder eine gezielte Durchmischung im Übergangsbereich unterschiedlicher Werkstoffe zu kontrollieren. In speziellen Anwendungen wird diese Art der temperaturbasierten Prozessüberwachung in geschlossene Regelkreise (Closed-Loop Control) integriert, um eine reproduzierbare Qualität im schichtweisen Aufbau komplexer Funktionsbauteile sicherzustellen.

Die **hyperspektrale Thermografie** ist ein modernes Messverfahren, das die spektrale Abhängigkeit der thermischen Emission über ein breites Wellenlängenspektrum hinweg analysiert. Im Gegensatz zu herkömmlichen Wärmebildkameras, die in einem festen Spektralbereich (z. B. 7,5 – 13 µm) arbeiten, erfasst ein hyperspektrales System spektral aufgelöste Emissionsdaten mit hoher spektraler und räumlicher Auflösung. Dies ermöglicht eine pixelweise Berechnung von Temperatur und Emissionsgrad über verschiedene Wellenlängen hinweg und erhöht die Genauigkeit der Temperaturbestimmung insbesondere bei Werkstoffen mit stark wellenlängenabhängigem Emissionsverhalten.

Ein wichtiger Vorteil besteht in der simultanen Bestimmung von Oberflächentemperatur und lokalem Emissionsgrad $\varepsilon(\lambda, T)$, wodurch systematische Fehler bei der Temperaturmessung durch falsch angenommene Emissionsgrade signifikant reduziert werden können. Diese Methode ist besonders relevant für Anwendungen in der Lasermaterialbearbeitung, bei denen sich der **Emissionsgrad** dynamisch verändert, z. B. durch:

- Oxidationsprozesse während der Laserbearbeitung metallischer Werkstoffe,
- Phasenübergänge (z. B. Schmelzen, Verdampfen) oder
- Strukturveränderungen an der Oberfläche (z. B. Aufrauhung, Partikelanhaftung).

In der LMB wird dieses Verfahren u. a. für die Echtzeit-Prozessüberwachung beim Laserstrahlschweißen, insbesondere bei Aluminium oder Titanlegierungen mit komplexem Emissionsverhalten eingesetzt. Darüber hinaus wird diese Methode bei der Analyse transienter Temperaturverteilungen in der Lasermikrobearbeitung oder der Charakterisierung von additiven Fertigungsprozessen, z. B. Laser-Pulverbettverfahren angewandt, bei denen neben der Temperatur auch spektrale Analysen zur Pulverzustandserkennung genutzt werden.

5.2.4.4 Temperaturmessung unter Plasmaeinfluss

Bei vielen Hochleistungsprozessen der Lasermaterialbearbeitung, insbesondere bei Intensitäten > 10^8 W·cm^{-2}, bildet sich durch Stoßionisation des abgetragenen Materials und der Umgebungsgase im Wechselwirkungsbereich ein **laserinduziertes Plasma** aus. Das Plasma emittiert selbst intensive thermische und nichtthermische Strahlung, insbesondere im UV- und sichtbaren Spektralbereich, wodurch die Wärmestrahlung des Werkstücks überlagert wird. Damit beeinflusst dieses Plasma die berührungslose Temperaturmessung in mehrfacher Hinsicht, sodass zusätzliche Maßnahmen erforderlich werden:

- **Spektrale Filterung:** Zur Unterdrückung der Plasmastrahlung werden häufig Bandpassfilter eingesetzt, die nur ausgewählte Infrarotwellenlängen (z. B. 4,5 µm) durchlassen. Damit lässt sich die detektierte Strahlung auf das thermische Emissionsmaximum des Substrats fokussieren, während plasmainduzierte Emissionen reduziert werden.
- **Zeitliche Separation:** Alternativ erfolgt die Temperaturerfassung zeitlich versetzt zur Laserstrahlung (z. B. mit Delay-Zeiten im µs-Bereich), wenn das Plasma bereits aufgelöst, die Werkstückoberfläche jedoch noch ausreichend warm ist. Diese Strategie findet insbesondere bei gepulsten Laserstrahlungsquellen Anwendung.

- **Beobachtungsgeometrie:** Eine seitliche Detektionsrichtung (tangential zur Oberfläche) kann die Plasmaüberlagerung mindern, da das Plasma bevorzugt senkrecht zur Bearbeitungsfläche expandiert. Optische Aperturen und Blenden helfen, den Sichtbereich auf die Werkstückoberfläche zu begrenzen.
- **Spektrale Trennung durch multispektrale Systeme:** Bei der Verwendung der zuvor beschriebenen Zwei- oder Mehrfarbenpyrometern lässt sich durch die Analyse von Intensitätsverhältnissen unterschiedlicher Wellenlängen der Temperatureinfluss des Plasmas kompensieren, da die Plasmastrahlung spektral oft deutlich flacher verläuft als die thermische Emission eines Festkörpers.

Das Plasma stellt eine bedeutende Störgröße für präzise Temperaturmessungen dar. In der industriellen Praxis ist daher eine Kombination aus spektraler Filterung, geeigneter Geometrie und ggf. zeitlich versetzter Detektion essenziell, um die Oberflächentemperatur im Prozess korrekt zu ermitteln. Forschungsthemen auf diesem Gebiet umfassen die modellgestützte Dekonvolution von Plasmaspektren und die Entwicklung intelligenter Echtzeitfilter für Pyrometriesignale. */Feag2021/, /Huan2023/, /Maue2011/*

5.2.4.5 Modellgestützte Temperaturrekonstruktion

Die **modellgestützte Temperaturrekonstruktion** ist ein Verfahren zur indirekten Bestimmung der Temperaturverteilung in der Wechselwirkungszone (WWZ) bei Lasermaterialbearbeitungsprozessen. Sie basiert auf der Kombination von experimentell zugänglichen Messdaten (z. B. Oberflächentemperatur, spektrale Emission, Phasenzustände) mit einem physikalischen Modell, das den Wärmetransport im Werkstück beschreibt. Das Ziel ist die Ermittlung der dreidimensionalen, zeitlich aufgelösten Temperaturfelder, insbesondere unter Bedingungen, bei denen eine direkte Temperaturmessung unzureichend oder gestört ist.

Zur Beschreibung der **Energieeinbringung** wird häufig das Lambert-Beer-Modell verwendet. Für gepulste oder scannende Laserstrahlen ist eine zeitlich und räumlich dynamische Quellterm-Modellierung erforderlich, dabei erfolgt die Temperaturrekonstruktion durch Lösung eines inversen Problems. Aus den Messdaten (z. B. thermografische Oberflächentemperaturen) wird durch Anpassung der Rand- und Anfangsbedingungen sowie der Materialparameter dasjenige Temperaturfeld ermittelt, das mit den beobachteten Daten konsistent ist. Hierzu kommen Optimierungsverfahren wie das Levenberg-Marquardt-Verfahren, die Bayessche Inversionsmethoden oder Machine-Learning-Ansätze (z. B. neuronale Netze, Gaussian Processes) zum Einsatz. */Łapk2018/, /Ji2023/, /Male2018/*

Die modellgestützte Temperaturrekonstruktion hat sich besonders für folgende Anwendungsbereiche der LMB bewährt:

- **Additive Fertigung (LPBF, DED):** Rückrechnung der Schmelzbadtemperatur aus Emissionsdaten zur Vorhersage von Porenbildung, Mikrostruktur und Eigenspannungen.

- **Ultrakurzpulslaserprozesse:** Rekonstruktion transienter Temperaturverläufe unterhalb der thermischen Diffusionszeit, inklusive Phasenwechsel und Plasmabildung.
- **Mikrostrukturierte Oberflächen:** Ermittlung lokal hochaufgelöster Temperaturprofile zur Prozesskontrolle und Qualitätsvorhersage bei Multi-Puls-Bearbeitung.
- **Hochgeschwindigkeitsbearbeitung mit Scanneroptiken:** 3D-Rekonstruktion der Temperatur in Werkstoffen mit geringer Wärmeleitfähigkeit (z. B. Keramiken, Gläser).

Die modellgestützte Temperaturrekonstruktion bietet eine Reihe signifikanter Vorteile gegenüber konventionellen Temperaturmessverfahren. Sie erlaubt die vollständige räumlich-zeitliche Rekonstruktion von Temperaturfeldern innerhalb des Werkstücks, auch in Bereichen, die messtechnisch nicht direkt zugänglich sind, z. B. im Materialinneren oder in stark emittierenden Wechselwirkungszonen mit Plasmabildung. Insbesondere die Möglichkeit, Materialinhomogenitäten und temperaturabhängige nichtlineare Materialkennwerte in die Modellbildung zu integrieren, führt zu einer hohen Prognosequalität. Zudem lässt sich die Methode mit anderen Prozessmodellen zur Vorhersage von Eigenspannungen, Gefügeentwicklung oder Materialmodifikationen kombinieren.

Ein weiterer wesentlicher Vorteil liegt in der Echtzeitverarbeitung in modernen Fertigungsanlagen, etwa durch die Kopplung an simulationsgestützte Digitale Zwillinge oder KI-gestützte Systeme zur Prozessüberwachung. Dadurch kann die Temperaturrekonstruktion auch als Grundlage für eine modellbasierte Prozessregelung dienen, um beispielsweise lokale Überhitzung, Schmelzbadinstabilitäten oder unzureichende Durchwärmung zu vermeiden.

Den genannten Vorteilen stehen jedoch auch Herausforderungen gegenüber. Ein zentrales Problem ist der hohe Rechenaufwand, in erster Linie bei dreidimensionalen, transienten Modellen mit hoher zeitlicher Auflösung. Hinzu kommt die Notwendigkeit präziser Eingangsgrößen, da Materialkennwerte wie Temperaturleitfähigkeit, Absorptionskoeffizient oder Emissionsgrad mit hoher Genauigkeit bekannt sein oder kalibriert werden müssen. Diese Werte unterliegen insbesondere bei Hochtemperaturprozessen oder in der Nähe von Phasenübergängen oft starken Schwankungen.

Darüber hinaus ist die Stabilität und Eindeutigkeit der inversen Rekonstruktion ein kritischer Punkt, da kleine Messfehler oder unzureichende Anfangsbedingungen zu signifikanten Abweichungen im rekonstruierten Temperaturfeld führen können. Schließlich erfordert der Einsatz modellgestützter Methoden ein tiefes Verständnis sowohl der physikalischen Prozessmechanismen als auch der numerischen Lösungstechniken, was häufig mit einem erhöhten Implementierungsaufwand verbunden ist. */Kim2021/*

Aktuell stehen Simulationstools wie COMSOL Multiphysics, ANSYS, Simufact Additive oder spezialisierte Entwicklungen für Echtzeitsimulationen (z. B. Meltpool-Tracking-

Systeme in LPBF-Anlagen) für die Temperaturrekonstruktion zur Verfügung. Forschungsarbeiten fokussieren derzeit auf die Themenstellungen */Safa2025/*, */Yava2021/*:

- Inline-Datenstrom und Simulation (Digital Twin),
- Echtzeit-Temperaturfelder mittels physics-informed neural networks (PINNs),
- modellbasierte Regelungssysteme zur Prozessführung bei variierenden Werkstoffeigenschaften.

5.2.4.6 Inline-Temperaturmessungen

Die **Inline-Temperaturmessung** hat sich als unverzichtbares Prozessüberwachungstool in der Additiven Fertigung (Additive Manufacturing, AM), insbesondere im pulverbettbasierten Laserstrahlschmelzen (LPBF) sowie beim Laserauftragsschweißen (DED – Directed Energy Deposition), etabliert. Diese Methode ermöglicht die kontinuierliche Erfassung von thermischen Zuständen während des Schichtaufbaus und liefert damit essenzielle Informationen zur Prozessstabilität, zur Bauteilqualität sowie zu möglichen Defektbildungen wie Poren, Rissen oder Delaminationen.

Bei der Inline-Thermografie werden Infrarotdetektoren oder Wärmebildkameras in die Prozessoptik integriert oder koaxial zur Bearbeitungsoptik ausgerichtet. Alternativ kann eine schräg positionierte, ex-situ angeordnete Kamera verwendet werden. Moderne Systeme nutzen InGaAs-, HgCdTe- oder Mikrobolometer-Detektoren, je nach spektralem Bereich (SWIR, MWIR, LWIR). Zur Reduktion von Emissionsverfälschungen durch das Prozessplasma oder durch Reflektionen kommen häufig spektral selektive Bandpassfilter und modulierte Detektionsmethoden zum Einsatz.

Die **thermografischen Daten** werden meist mit hoher zeitlicher Auflösung (Bildrate bis zu mehreren kHz) und einer Pixelauflösung von mehreren 10^5 Pixeln erfasst. Je nach Applikation werden Temperaturfelder entweder absolut kalibriert oder als relative Helligkeitsbilder zur Prozessüberwachung verwendet. Eine typische Herausforderung ist die hohe Dynamik des Temperaturbereichs. Lokale Schmelzbäder können Temperaturen über 2000 °C erreichen, während angrenzende Bereiche deutlich geringere Temperaturwerte aufweisen.

Die thermografischen Daten werden in Echtzeit analysiert, um Prozessanomalien zu identifizieren. Relevante Kenngrößen sind unter anderem:

- Maximaltemperatur und Temperaturgradienten im Schmelzbad,
- Abkühlraten als Indikator für Gefügeentwicklung und Eigenspannungen,
- Melt-Pool-Geometrie (Länge, Breite, Tiefe) über korrelierte Helligkeitsverläufe,
- thermische Gleichmäßigkeit zur Schicht-für-Schicht-Bewertung.

In der industriellen Praxis erfolgt zunehmend die Kopplung mit maschinellem Lernen und KI-basierten Algorithmen zur automatischen Defekterkennung. Dabei werden große Datenmengen zur Charakterisierung thermischer Signaturen typischer Defekte herangezogen (z. B. Unterschmelzungen, Bindefehler, Delaminationen).

Die Vorteile der Inline-Thermografie liegen in ihrer hohen zeitlichen Auflösung, der flächigen Erfassung und der Möglichkeit, den Prozess adaptiv zu steuern. Sie stellt damit eine zentrale Technologie zur Umsetzung einer geschlossenen Prozessregelung dar und ist u. a. ein Schlüsselinstrument im Konzept des „Digital Twin“ der Additiven Fertigung. */Chen2023/*, */Yeun2023/*

Weitere Herausforderungen bestehen u. a. in der exakten Emissionsgradkalibrierung unter realen Prozessbedingungen, der Abschirmung von Plasmastrahlung und Strahlungsreflexionen sowie der Interpretation komplexer Wärmeflüsse, insbesondere bei hybriden oder Multi-Material-Systemen. Die enormen Datenvolumina erfordern zudem leistungsfähige Hardware und robuste Algorithmen zur Online-Auswertung.

5.2.4.7 Raman-Thermometrie für transparente Materialien

Die **Raman-Thermometrie** stellt ein hochauflösendes kontaktloses Messverfahren dar, das auf der Analyse von inelastischer Lichtstreuung (Raman-Streuung) basiert und insbesondere für die Temperaturmessung in transparenten oder teiltransparenten Materialien wie Quarzglas, Saphir, Kristallen und anderen dielektrischen Werkstoffen geeignet ist. Im Gegensatz zur klassischen Pyrometrie, die auf thermischer Emission basiert, bietet die Raman-Thermometrie eine materialspezifische und ortsaufgelöste Möglichkeit der Temperaturbestimmung auch bei sehr hohen optischen Transparenzen im sichtbaren und nahen infraroten Spektralbereich.

Die Raman-Streuung entsteht, wenn einfallende Photonen mit Gitterschwingungen eines Festkörpers wechselwirken und dabei Teile der Photonenenergie auf das Gittersystem übertragen oder daraus aufnehmen. Dies führt zu einer Frequenzverschiebung der gestreuten Photonen, dem sogenannten Stokes- und Anti-Stokes-Raman-Effekt.

Die Intensität des Anti-Stokes-Signals ist stark temperaturabhängig, da sie von der thermischen Besetzungswahrscheinlichkeit der Gitterschwingungszustände beeinflusst wird. Das Verhältnis der Intensitäten von Anti-Stokes- zu Stokes-Linien kann zur Bestimmung der absoluten Temperatur verwendet werden, die sich nach folgender Gleichung berechnen lässt */Ferr2003/*:

$$\frac{I_{\mathrm{AS}}}{I_{\mathrm{S}}} = \exp\left(-\frac{h \cdot \nu_{\mathrm{GS}}}{k_{\mathrm{B}} \cdot T_{\mathrm{Abs}}}\right) \tag{5.34}$$

I_{AS} Anti-Stokes-Intensität der Raman-Linie; I_{S} Stokes-Intensität der Raman-Linie; h Plancksches Wirkungsquantum; ν_{GS} Frequenz der Gitterschwingung; k_{B} Boltzmann-Konstante; T_{Abs} absolute Temperatur

Ein zentraler Vorteil der Raman-Thermometrie ist die lokale Temperaturauflösung auf Mikrometer-Skala sowie die Unabhängigkeit von Oberflächenemission oder Emissionsgrad, was besonders bei glatten, transparenten Materialien relevant ist. Weiterhin erlaubt diese Technik die spektroskopische Differenzierung mehrerer Phasen, etwa bei Phasenübergängen, Rekristallisation oder der Entstehung amorpher Zonen unter thermischer oder mechanischer Belastung.

Typische Messsysteme verwenden frequenzstabile Laserquellen (z. B. bei 532 nm oder 785 nm) und hochempfindliche Spektrometer mit gekühlten CCD-Detektoren. Die Raman-Thermometrie kann in punktförmiger Ausführung (Raman-Mikroskopie) oder über laterale Abtastung (Raman-Imaging) betrieben werden. */Schlü2003/*

Das hohe Potenzial der Raman-Thermometrie in der Lasermaterialbearbeitung zeigt sich besonders bei */Fang2021/*:

- Prozesscharakterisierung beim Laserschneiden oder -polieren von Quarzglas und Saphir: Durch den transparenten Werkstoff ist klassische Pyrometrie oft ungeeignet. Raman-basierte Verfahren erlauben eine exakte In-situ-Messung der Temperaturverteilung im Substrat.
- Erfassung von Temperaturspitzen beim Lasermikroschweißen von Gläsern oder Kristallen,
- Beobachtung von Phasenübergängen und Spannungszonen während der laserinduzierten Modifikation im Inneren von optischen Komponenten,
- Monitoring von 3D-Laserstrukturierungen in transparenten Medien (z. B. Mikrofluidik in Borosilikatglas), bei denen lokale thermische Einflüsse gezielt induziert oder vermieden werden sollen.

Trotz ihrer zahlreichen Vorteile ist die Anwendung der Raman-Thermometrie mit spezifischen Herausforderungen verbunden. Ein grundlegendes Problem ist der geringe Raman-Streuquerschnitt vieler Materialien, der zu sehr schwachen Signalintensitäten führt. Dies erfordert entweder längere Integrationszeiten oder den Einsatz hochintensiver Anregungslaser, was jedoch insbesondere bei temperaturempfindlichen Materialien zu thermischen Artefakten führen kann. Zudem tritt bei einigen Werkstoffen eine unerwünschte Fluoreszenz auf, die das Raman-Signal teilweise oder vollständig überlagern kann, wodurch die Temperaturauswertung erschwert oder unmöglich wird.

Ein weiterer Aspekt betrifft die erreichbare Temperaturauflösung, die aufgrund des signalbedingten Rauschens in der Regel auf ±10 K bis ±20 K limitiert ist. Diese Einschränkung ist insbesondere bei der Beobachtung kleiner Temperaturdifferenzen innerhalb eines räumlich eng begrenzten Bereichs relevant. Darüber hinaus ist die Auswahl der Anregungswellenlänge entscheidend, da sie einerseits genügend Raman-Effizienz bieten muss, andererseits aber auch optische Schäden oder unerwünschte Absorptionen im Substrat vermieden werden müssen. Schließlich erfordert die korrekte Interpretation der Raman-Spektren eine materialspezifische Kalibrierung, insbesondere, wenn Temperaturgradienten, mechanische Spannungen oder Phasenübergänge gleichzeitig auftreten, da diese ebenfalls zu Frequenzverschiebungen führen können, die nicht ausschließlich temperaturinduziert sind. */Stru2015/*, */Kuba2016/*

Grenzen der Temperaturmessung

Obwohl Temperaturverläufe sehr gut erfasst werden können, ist die Bestimmung absoluter Temperaturen oft mit Unsicherheiten behaftet. Ursachen sind u. a.:

- unbekannter bzw. sich verändernder Emissionsgrad,
- variierende Oberflächenzustände während des Prozesses (Oxidation, Schmelze),
- Störungen durch Umgebungsstrahlung oder Plasmen.

Multispektrale oder modellgestützte Messverfahren sowie Kalibrierungen an bekannten Referenzpunkten können hier Abhilfe schaffen.

5.3 Athermische Wechselwirkungsvorgänge

Unter dem Begriff **athermisch** ist für die nachfolgenden Betrachtungen zu verstehen, dass die Wechselwirkungsvorgänge zwischen Laserstrahlung und Material nicht vollkommen frei von thermischen Effekten sind, sondern diese lediglich eine untergeordnete Rolle spielen und für einige Prozesse vernachlässigt werden können. Die **Relaxationszeit** ist die Zeitdauer, die ein Elektronensystem benötigt, um die Strahlungsenergie auf das Atomgitter zu übertragen, sie liegt im Pikosekundenbereich */Daus1995/*. Gelingt es, die Wechselwirkungsdauer (die Dauer der Energieeinbringung) kürzer als diese Relaxationszeit zu halten, so kann ein Materialabtrag mit minimaler thermischer Belastung erfolgen. Dies ist insbesondere bei der Verwendung von Femtosekunden- und Pikosekunden-Laserpulsen der Fall. Der Abtrag erfolgt hierbei in einem Zustand, in dem das Material noch keine nennenswerte Erwärmung erfahren hat, ein sogenannter **kalter Abtrag**. Die dabei auftretenden Phänomene sind stark von quantenmechanischen Prozessen geprägt und ermöglichen hochpräzise Materialbearbeitungsprozesse mit minimaler Schädigung der umgebenden Volumina zu führen.

Ein zentrales Phänomen der **athermischen Wechselwirkung** ultrakurzer Laserpulse mit transparenten oder halbleitenden Materialien ist die **nichtlineare Mehrphotonenabsorption (MPA)**. Dabei kann ein Elektron durch gleichzeitige Absorption mehrerer Photonen in einen energetisch höheren Zustand überführt werden, auch wenn die Energie eines einzelnen Photons unterhalb der Bandlücke des Materials liegt. Führt diese angeregte Zustandsänderung lediglich zu einer besetzten elektronischen Zustandsdichte im Leitungsband, ohne dass das Elektron vollständig aus dem Atom- oder Gitterverband herausgelöst wird, spricht man allgemein von Mehrphotonenabsorption. In Bild 5.19 ist der Unterschied zwischen linearer und nichtlinearer Absorption schematisch dargestellt.

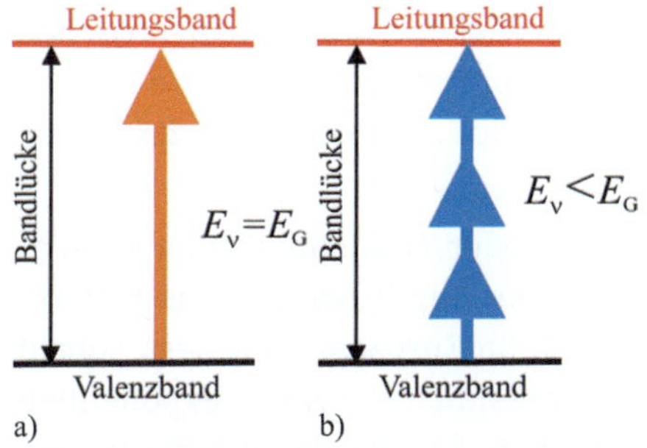

Bild 5.19
Schematische Darstellung der Photonenabsorption in einem Festkörper, mit E_V als Energie des Valenzbandes und E_G als Bandlückenenergie. a) lineare Absorption, b) nichtlineare Mehrphotonenabsorption

Kommt es jedoch zur vollständigen Überwindung des Ionisationspotenzials (bei Atomen) oder der Bandlücke (bei Festkörpern), so liegt eine **Mehrphotonenionisation (MPI)** vor. Diese stellt somit einen Spezialfall der Mehrphotonenabsorption dar. Beide Prozesse sind nichtlinear und gewinnen erst bei sehr hohen Intensitäten, typischerweise im Bereich von 10^{12} bis 10^{15} $W \cdot cm^{-2}$, an Bedeutung. Die Mehrphotonenionisation bildet dabei einen wesentlichen Ausgangspunkt für die Erzeugung freier Ladungsträger, die zur Bildung dichter Plasmen, Coulomb-Explosionen und letztlich zu einem materialabtragenden Effekt führen können, noch bevor thermische Relaxationseffekte einsetzen. Diese Effekte sind charakteristisch für die als „kalt" bezeichneten Abtragsmechanismen in der Ultrakurzpulslaserbearbeitung. /*Ruf2004*/

Die Wechselwirkung ultrakurzer Laserpulse erfolgt primär mit den Elektronen im Material. Dabei werden freie Elektronen entweder direkt aus dem Valenzband gelöst oder durch nichtlineare Prozesse erzeugt. Es gibt drei dominierende Ionisationsmechanismen/*Will2004*/:

- **Mehrphotonenionisation (MPI):** Bei hoher Photonenflussdichte können mehrere Photonen simultan absorbiert werden, um die Bandlücke E_G zu überwinden. Dieser Prozess ist ein statistischer Vorgang und tritt vor allem bei Photonenenergien unterhalb der Bandlücke auf, wie z. B. bei transparenten Materialien mit geringer linearer Absorption. Die Wahrscheinlichkeit des Eintretens hängt von der Strahlungsintensität, der Ortsverteilung der Photonen (Fokuslage, Modenstruktur) und der Pulslänge ab.
- **Tunnelionisation:** Im sehr intensiven elektrischen Feld des Laserpulses wird die Coulomb-Barriere des Elektrons deformiert, sodass dieses mit einer endlichen Wahrscheinlichkeit tunneln kann.
- **Avalanche-Ionisation (Stoßionisation):** Bereits erzeugte freie Elektronen werden im elektromagnetischen Feld weiter beschleunigt und ionisieren durch Stoßprozesse zusätzliche Valenzelektronen.

$$\gamma = \sqrt{\frac{I_P}{2U_P}} \tag{5.35}$$

I_P Ionisierungspotenzial; U_P ponderomotives Potenzial

Dabei entspricht U_P der mittleren kinetischen Energie des Elektrons im elektrischen Feld des Lasers. Für $\gamma \gg 1$ dominiert die Mehrphotonenionisation, für $\gamma \ll 1$ die Tunnelionisation. Im Übergangsbereich ($\gamma \approx 1$) liegen hybride Ionisationsprozesse vor. */Will2004/*, */Keld1965/*

Nach initialer Erzeugung freier Elektronen über MPI oder Tunnelionisation kann es zur Stoßionisation (Avalanche) kommen. Dabei werden durch bereits freie Elektronen weitere Elektronen aus dem Valenzband durch Stoßprozesse ionisiert, sobald eine kritische Dichte überschritten wird. Die Elektronendichte n_e steigt exponentiell und kann die sogenannte kritische Dichte n_c erreichen, bei der das Plasma für die eingestrahlte Wellenlänge reflektiv wird. Diese Plasmabildung führt zur lokalen Deponierung von Energie auf sehr kurzen Längenskalen (nm bis µm) und Zeiten (fs bis ps) ohne signifikante thermische Diffusion in die Umgebung.

5.3.1 Nichtlineare Absorption bei transparenten Materialien

Besitzen transparente Materialien, beispielsweise Quarz- oder Borosilikatglas, keine lineare Absorption bei der gewählten Laserwellenlänge (z. B. $\lambda = 1064$ nm, $E_v \approx 1{,}17$ eV), so ist eine nichtlineare Wechselwirkung erforderlich, um diese Materialien dennoch bearbeiten zu können. Gemäß Bild 5.19 erfolgt dies durch simultane Absorption mehrerer Photonen (MPI) oder durch Tunnelionisation. Für Quarzglas beträgt die Bandlücke ca. 9 eV, für Borosilikatglas rund 4,77 eV. Daraus ergibt sich, dass für Quarzglas eine Mehrphotonenabsorption mit mindestens 9 Photonen (bei $\lambda = 1064$ nm) erforderlich ist, wodurch eine direkte lineare Absorption ausgeschlossen ist.

Untersuchungen von Giesecke et al. zum Abtrag von N-BK7-Glas mit ps-Laserstrahlung bei den Wellenlängen 355 nm und 1064 nm ergaben Keldysh-Parameter von $\gamma_{355} = 18$ und $\gamma_{1064} = 4$, die auf eine Dominanz der MPI hinweisen */Gies2012/*. Dabei entstehen zunächst freie Ladungsträger, gefolgt von Plasma- oder Coulomb-Explosionen, wobei die thermische Relaxation aufgrund der kurzen Pulsdauer weitgehend unterdrückt ist.

Die **Abtragsschwelle** F_{th} für transparente Materialien mit fs-Pulsen liegt typischerweise im Bereich von $0{,}1 - 2\ \mathrm{J \cdot cm^{-2}}$, abhängig von Material, Wellenlänge und Fokussierung. Die Ablation erfolgt über:

- direktes Sublimieren des Materials (kalter Abtrag),
- explosionsartige Plasmaexpansion,
- Kavitationsblasen in Volumenprozessen (z. B. beim fs-Volumenstrukturieren),
- nichtlineare Absorption auch Volumenmodifikation in der Tiefe bei fs-Pulsen (z. B. für 3D-Wellenleiterschreiben oder mikrofluidische Kanalstrukturen in Glas).

5.3.2 Plasmabildung und Coulomb-Explosion

Durch die hohe Elektronendichte im angeregten Zustand bildet sich ein Plasmazustand mit hoher optischer Dichte, der eine starke Absorption und Reflektion nachfolgender Pulse (Shielding-Effekt) bewirkt. Überschreitet die Elektronendichte den kritischen Wert, kann es zur **Coulomb-Explosion** kommen. Die dadurch bedingte gegenseitige Abstoßung der positiven Ionen aufgrund der fehlenden Elektronen führt zu einem schnellen Materialauswurf ohne Wärmeeintrag. Dies ist der Grund für die präzise Materialabtragung ohne Schmelze und Randschädigung.

Ist die Anzahl bzw. Dichte dieser freien Elektronen hinreichend hoch ($N_e \geq 10^{21}$ cm^{-3}), kommt es zur optischen Durchbruchbildung, d. h., das Material verhält sich lokal wie ein Plasma. Dieses optisch induzierte Plasma steht am Anfang eines hochdynamischen Ablationsprozesses.

Eine Besonderheit der Wechselwirkung ultrakurzer Pulse besteht darin, dass die freie Elektronengaswolke während der Pulsdauer noch nicht thermisch mit dem Gitter gekoppelt ist. Die Ionenrümpfe verbleiben zunächst in ihren ursprünglichen Positionen. Wird das Elektronensystem durch photoionisierende Prozesse ausreichend schnell entladen, kommt es zu einer lokalen positiven Raumladung. Aufgrund der elektrostatischen Abstoßung der positiv geladenen Ionenrümpfe entsteht ein starker Coulomb-Druck, der eine explosionsartige Materialablation auslösen kann. Dieser Mechanismus ist als **Coulomb-Explosion** bekannt und stellt ein athermisches Ablationsregime dar. */Hari2014/, /Bulga2007/*

Die Energiedichte, die zum Auftreten einer Coulomb-Explosion erforderlich ist, liegt typischerweise im Bereich von wenigen J·cm^{-2}. Entscheidend ist, dass sich dieser Mechanismus unterhalb der Schmelzschwelle abspielt, d. h. ohne vorherige thermische Aufschmelzung des Materials. Dies erklärt die hohe Präzision und die geringe Wärmeeinflusszone (WEZ) bei der Laserbearbeitung mit ultrakurzen Pulsen.

Die Plasmabildung beeinflusst stark die lokale Brechzahl sowie die Absorption des Materials und kann zur Selbstfokussierung und Filamentbildung führen. Diese Effekte rufen insbesondere in transparenten Materialien eine axiale Verlängerung der Bearbeitungszone hervor. Auch Stoßionisationen können sich in die Tiefe fortsetzen und die Oberflächenmodifikation beeinflussen.

Die Kombination aus nichtlinearer Ionisation, plasmainitiierter Materialexpansion und Coulomb-Explosion ist von zentraler Bedeutung für folgende Anwendungen */Hari2014/, /Bulga2007/, /Zhig2003/*:

- Ablation in transparenten Materialien ohne thermische Risse, z. B. bei der Herstellung mikrofluidischer Kanäle oder der Glasbearbeitung, wobei beim Abtrag dennoch sogenannte **Sub Surface Damage (SSD)** entstehen können (siehe Abschnitt 7.1),

- Strukturierung von optischen Volumenbauelementen (z. B. integrierte Wellenleiter oder Streuelemente),
- Sub-Surface Processing, etwa für 3D-Strukturierungen im Inneren von Gläsern oder Kristallen,
- fs-Laser-Lift-Off von Dünnschichten (z. B. bei Halbleiterprozessen).

5.3.3 Anwendung des Drude-Modells

Ein vertieftes Verständnis der athermischen Wechselwirkungsvorgänge erfordert die Betrachtung der zeitlich und örtlich veränderlichen optischen Eigenschaften des Materials während der Wechselwirkung mit ultrakurzen Laserpulsen. In diesem Zusammenhang liefert das klassische Drude-Modell eine geeignete physikalische Beschreibung für das Verhalten freier Elektronen im Material, insbesondere nach deren Anregung durch nichtlineare Prozesse wie Mehrphotonenionisation oder Stoßionisation.

Das **Drude-Modell** beschreibt die kollektive Bewegung freier Ladungsträger in einem äußeren elektrischen Feld. Die frequenzabhängige komplexe Permittivität $\varepsilon(\omega)$ wird durch folgende Gleichung angegeben:

$$\varepsilon(\omega) = \varepsilon_\infty - \frac{N_e \cdot e^2}{\varepsilon_0 \cdot m^* \cdot (\omega^2 + i\omega \cdot \nu)} \tag{5.36}$$

N_e Dichte freier Elektronen; m^* effektive Masse der Elektronen; ν Kollisionsfrequenz (Relaxationsrate); ε_0 elektrische Feldkonstante; ε_∞ Permittivität bei hohen Frequenzen; ω Kreisfrequenz der eingekoppelten Strahlung

Durch die Entstehung eines transienten Plasmas verändert sich die effektive Permittivität und damit auch die Brechzahl und der Absorptionskoeffizient des Materials innerhalb weniger Femtosekunden. Diese Änderung führt zu signifikanten Effekten für den Wechselwirkungsprozess */Usti2022/*, */Pron1995/*:

- **Transiente metallische Eigenschaften:** Durch die schnelle Erhöhung der freien Elektronendichte in transparenten Materialien kann ein Zustand erreicht werden, bei dem das Material für die Laserstrahlung metallähnliche Eigenschaften aufweist. In diesem Fall wird die Reflexion erhöht, während der Transmissionsanteil nahezu verschwindet. Dieser Effekt begrenzt die Eindringtiefe des Laserpulses und beeinflusst die Effizienz des Energieeintrags.
- **Verstärkte Absorption durch freie Elektronen:** Die durch das Drude-Modell beschriebene freie Elektronen-Absorption (inverse Bremsstrahlung) trägt insbesondere bei sub-ps-Pulsen zur weiteren Ionisation und Erwärmung der Elektronen bei. Allerdings ist dieser Effekt zeitlich stark begrenzt, da er mit der Kollisionsrate skaliert und bei sehr kurzen Pulsdauern eine untergeordnete Rolle spielt.

- **Einfluss auf das Schwellenverhalten:** Die optischen Änderungen führen zu einer nichtlinearen Erhöhung der Energieabsorption bei Überschreiten eines kritischen Schwellenwerts. Dies beeinflusst maßgeblich die Position der Ablationsschwelle und führt zu einem ausgeprägten Schwellenverhalten, das eine präzise und reproduzierbare Bearbeitung ermöglicht.

Zeitaufgelöste Reflexionsmessungen können zur Charakterisierung der transienten Änderungen verwendet werden und liefern Informationen über die freie Elektronendichte und damit über die Stärke der Ionisation. In Kombination mit dem Drude-Modell lassen sich daraus dynamische Eigenschaften der Wechselwirkungszone (WWZ) rekonstruieren.

Das **Drude-Modell** liefert somit eine theoretische Grundlage zur Modellierung der komplexen Wechselwirkung zwischen ultrakurzen Laserpulsen und Materie. Insbesondere für die innenliegende Strukturierung in transparenten Medien, die Prozessstabilität bei der Mikrostrukturierung sowie die modellgestützte Prozesssimulation bietet das Modell wertvolle Ansätze. In Verbindung mit zeitaufgelösten Experimenten und numerischen Simulationen ermöglicht es eine detaillierte Analyse der energiegetriebenen Prozesse, die auf ultrakurze Zeit- und Längenskalen begrenzt sind.

Das Beispiel soll veranschaulichen, wie stark die Erzeugung freier Ladungsträger bei hohen Intensitäten die dielektrische Antwort des Materials verändert und welche Rückwirkungen sich auf Absorption, Reflexion und Durchlässigkeit ergeben. Dies sind entscheidende Faktoren für die Steuerung, Optimierung und Modellierung athermischer Bearbeitungsprozesse.

Es wird eine transiente freie Elektronendichte von $N_e = 1{,}0 \cdot 10^{21}\,\text{cm}^{-3}$ angenommen, wie sie im kurzzeitigen Plasmazustand innerhalb eines dielektrischen Werkstoffs auftreten kann. Die effektive Masse wird mit der Elektronenmasse $m^* = 9{,}11 \cdot 10^{-31}\,\text{kg}$, die Kollisionsfrequenz mit $\nu = 1{,}0 \cdot 10^{14}\,\text{s}^{-1}$ und die Vakuumpermittivität mit $\varepsilon_0 = 8{,}854 \cdot 10^{-12}\,\text{F}\cdot\text{m}^{-1}$ angesetzt. Für typische transparente Materialien wie Siliziumdioxid wird $\varepsilon_\infty = 2{,}1$ verwendet.

Die komplexe Permittivität ergibt sich zu:

$$\varepsilon(\omega) = 2{,}1 - (1{,}01 - i0{,}057) = 1{,}09 + i0{,}057 \tag{5.37}$$

Dieses Ergebnis zeigt, dass der reelle Teil der Permittivität durch die transiente Anregung der Elektronen deutlich reduziert wird, was auf eine Änderung des Brechungsindex und somit auf dispersive Effekte hinweist. Der Imaginärteil beschreibt die Absorption durch freie Ladungsträger, die mit steigender Dichte zu einer signifikanten Abschwächung der eindringenden Laserstrahlung führen kann. Diese rechnerische Abschätzung belegt den zentralen Einfluss der transient erzeugten freien Elektronen auf die optischen Eigenschaften des Materials und liefert eine quantifizierbare Grundlage zur Analyse von Schwellenprozessen, optischer Durchbruchbildung oder plasmainduzierter Reflexion in der Lasermaterialbearbeitung.

5.3.4 Weitere Effekte und Anwendungen

Neben der primären nichtlinearen Absorption, der Plasmabildung und der Coulomb-Explosion tritt bei der Wechselwirkung ultrakurzer Laserpulse mit Festkörpern eine Vielzahl weiterer physikalischer Effekte auf. Diese Effekte bieten nicht nur interessante Einsichten in die fundamentale Wechselwirkung, sondern eröffnen auch ein breites Spektrum an innovativen Anwendungen in der Mikro- und Nanostrukturierung, der optischen Modifikation von Substraten sowie der funktionalen Materialveränderung. Folgende Effekte und Anwendungen sind für die LMB interessant */Schaf2001/*, */Mali2016/*, */Wata2025/*:

- **Selbstfokussierung und Filamentbildung:** Bei hohen Intensitäten ($I > 10^{13}$ W·cm^{-2}) besteht die Möglichkeit einer intensitätsabhängigen Brechzahländerung in transparenten Materialien durch den optischen Kerr-Effekt. Diese Selbstfokussierung kann zu einer lokalen Erhöhung der Intensität im Fokus führen, was wiederum die Ionisation verstärkt. Im Zusammenspiel mit der Plasmaentstehung, die eine defokussierende Wirkung hat, kann ein Gleichgewicht verursacht werden, das eine Filamentbildung bewirkt.
- **Wellenleiter- und Volumenschreiben:** Durch kontrollierte Fokussierung ultrakurzer Pulse lassen sich permanente Brechungsindexmodifikationen im Inneren transparenter Materialien erzeugen. Je nach Energiedichte, Pulsanzahl und Fokusgeometrie unterscheidet man:
  - positive Δn (z. B. durch Strukturmodifikation oder Dichteänderung),
  - negative Δn (z. B. durch Mikrorissbildung oder Hohlräume).
- **Nanoablation und Nanostrukturierung:** Durch lokale Coulomb-Explosion oder ultrakurzzeitige Sublimation können Strukturen mit sub-100-nm-Auflösung erzeugt werden. Dies ist weit unterhalb der klassischen Beugungsgrenze möglich, insbesondere bei Einzelpulsmodifikation und unter Nutzung von Near-Field-Effekten oder Plasmonresonanzen.
- **Erzeugung von Nanopartikeln:** Durch die impulsartige, athermische Ablation kann auf einem Substrat in Flüssigkeiten eine Laserablation durchgeführt werden. Dabei entstehen kolloidale Nanopartikel mit definierter Morphologie.
- **Nichtlineare Phaseneffekte und Brechungsindexänderung**: Bei der Energieabsorption in transparenten Festkörpern können elektronisch induzierte Brechungsindexänderungen auftreten, die als Grundlage für optische Schaltelemente dienen. Auch transiente Gitter, erzeugt durch Interferenz zweier fs-Pulse, erlauben die optische Modulation mit extrem hoher Geschwindigkeit.
- **Stressinduktion und Mikroexplosionen**: In tiefen Fokusebenen können durch fs-Pulse lokal sehr hohe Drücke (bis zu mehrere GPa) aufgebaut werden, die zu Mikroexplosionen führen. Diese Effekte erzeugen kugelförmige Hohlräume oder

Defektzonen, die optische Eigenschaften oder mechanische Spannungen gezielt verändern.

Die Vielzahl athermischer Prozesse bei der Wechselwirkung ultrakurzer Laserpulse mit Materialien eröffnet weitreichende Möglichkeiten zur hochpräzisen und funktionellen Materialbearbeitung. Charakteristisch für diese Prozesse ist die extrem kurze Energieeintragsdauer, wodurch eine Energieabsorption erfolgen kann, bevor eine nennenswerte thermische Diffusion oder Gittererwärmung stattfindet. Dadurch entstehen Bearbeitungsprozesse mit minimalen Wärmeeinflusszonen (WEZ) und hoher lateraler sowie axialer Auflösung, oft im Submikrometerbereich. Insbesondere die nichtlinearen Effekte wie Selbstfokussierung, Filamentbildung oder Mehrphotonenabsorption führen zu einer Vielzahl technisch nutzbarer Effekte. Diese Effekte bieten neue Perspektiven für Anwendungen in der Photonik, der Mikrofluidik, der Medizintechnik sowie in der Quantenoptik und Sensorik.

In Kapitel 7 werden weitere prozesstechnische Details und Beispiele beschrieben.

5.4 Wechselwirkungsprozess – Energieeinkopplung

Wie effizient die zur Verfügung stehende Energie in die Wechselwirkungszone eingekoppelt werden kann, ist eine wichtige Fragestellung für die Prozessbetrachtung in der LMB. Der **thermische Wirkungsgrad** sowie der **Prozesswirkungsgrad** sind Größen, die eine quantitative Abschätzung der Prozesseffizienz ermöglichen. Die qualitative Beschreibung des jeweiligen Bearbeitungsregimes kann an den resultierenden Wechselwirkungen erfolgen. Generell sind die Prozesse thermische Wechselwirkung und quasi athermische Wechselwirkung zu unterscheiden.

Eine wichtige Grundgröße für alle thermischen Wechselwirkungsprozesse ist die auf die Materialoberfläche auftreffende **Intensität**. In Abhängigkeit von der gewählten Intensität der Laserstrahlung und den spezifischen Materialparametern kann der Wechselwirkungsprozess in der festen, flüssigen oder gasförmigen Phase stattfinden.

Während der thermischen Laserbearbeitung laufen verschiedene **Wechselwirkungsprozesse** zwischen Laserstrahl und Werkstück ab, die sich vereinfachend in vier Phasen einteilen lassen:

- **Erwärmen**,
- **Schmelzen**,
- **Verdampfen** und
- **Ionisieren**.

In Bild 5.20 sind diese Phasen bzw. deren Wirkung an der Materialoberfläche dargestellt. Alle Phasen können im Prozess gleichzeitig vorkommen. Es gibt aber auch

Materialien, die sich nur in einzelne Phasen überführen lassen. Dies trifft bspw. für Materialien wie Holz, Papier oder bestimmte Kunststoffe zu, die keinen Schmelzpunkt haben. Andererseits lassen sich durch die Wahl der Prozessparameter bestimmte Phasen für den Wechselwirkungsprozess gezielt einstellen. Ein wichtiger Parameter zur Steuerung dieser Prozesse ist die **Intensität**, die je nach Bearbeitungsverfahren um mehrere Größenordnungen variieren kann. Bild 5.21 illustriert die erforderlichen Intensitäten am Beispiel metallischer Werkstoffe.

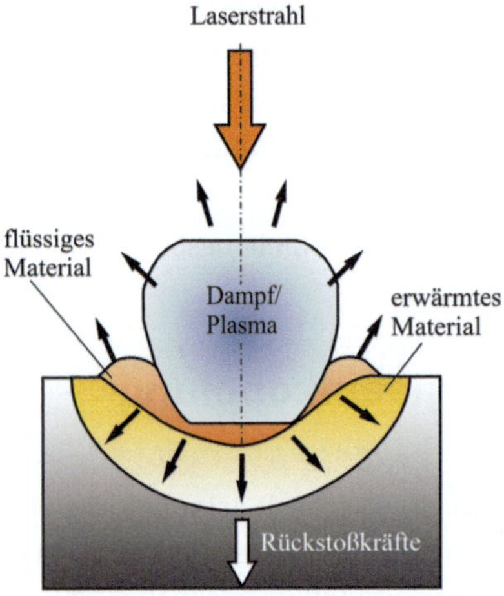

Bild 5.20
Schema der Phasenanteile im Wechselwirkungsvolumen nach */Brun1989/*

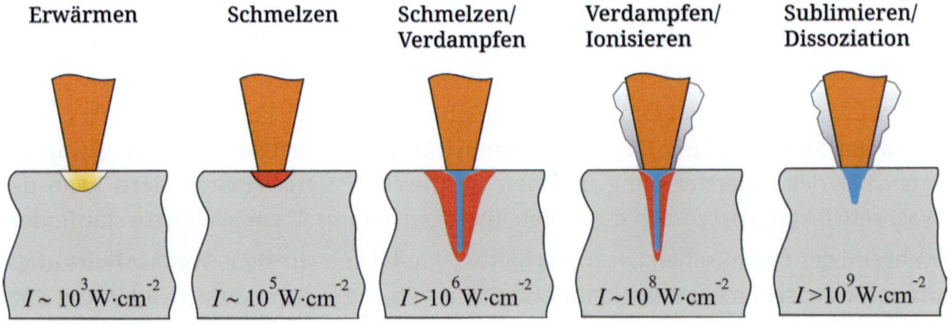

Bild 5.21 Wechselwirkungsprozesse und typische Phasen in Abhängigkeit von der Intensität nach */Hüge1992/*

Für das **Erwärmen** metallischer Oberflächen reichen bereits relativ niedrige Intensitäten aus. Liegt normale Absorption vor, werden nur wenige Prozent der auftreffenden Strahlung absorbiert, der größere Teil wird reflektiert. Die eingebrachte Energie führt zur lokalen Aufheizung des Werkstücks, und das Erwärmen läuft bei Temperaturen unterhalb der Schmelztemperatur ab. Verfahrensbeispiele für das Erwärmen sind die Anlassbeschriftung und das Laserstrahlhärten.

Deutlich höhere Intensitäten sind für das **Schmelzen** metallischer Oberflächen und Werkstoffvolumina erforderlich. Je nach Schmelztemperatur des verwendeten Metalls sind dafür durchschnittliche Leistungsdichten von 10^5 bis 10^6 W·cm^{-2} notwendig. Die Absorption steigt etwas an (vgl. Bild 5.7). Das Aufschmelzen von Volumenelementen wird durch die dreidimensionale Wärmeleitung dominiert. Die erreichbare Schmelztiefe wird primär durch die absorbierte Energiedichte bestimmt. Bei den meisten Verfahren, die auf dem Aufschmelzen des Grundwerkstoffes beruhen, soll der verdampfte Anteil (Materialverlust) möglichst gering gehalten werden. Die maximale **Schmelztiefe *h***, die erreicht werden kann, bevor ein „heftiges Verdampfen" an der Materialoberfläche beginnt, lässt sich nach */Stau2000/* und */Cohe1972/* bestimmen.

$$h = \frac{0{,}16 \cdot I \cdot A_\mathrm{F} \cdot (t_\mathrm{p} - t_\mathrm{t})}{\rho \cdot c_t} \qquad (5.38)$$

t_t Zeit vom Beginn der Absorption bis zum Beginn des Schmelzens an der Oberfläche; t_p Zeit vom Beginn der Absorption bis zum „heftigen Verdampfen" an der Oberfläche; c_t spezifische Schmelzwärme des Materials

Typische Verfahrensbeispiele für das Schmelzen sind das Wärmeleitungsschweißen, das Auftragsschweißen und das Schmelzschneiden.

Bei weiterer Erhöhung der Intensität wird an der Oberfläche des Werkstücks die Verdampfungstemperatur erreicht bzw. überschritten. Der Prozess des **Verdampfens** beginnt in etwa bei Strahlungsintensitäten im Bereich von 10^6 – 10^7 W·cm^{-2} und hängt von der materialspezifischen Verdampfungstemperatur ab. In diesem Bereich liegt für metallische Werkstoffe bereits anormale Absorption vor, d. h., die Absorption der Laserstrahlung nimmt sehr stark zu (Bild 5.7). Es kann sich ein **Dampfkanal** (auch **Dampfkapillare**) ausbilden, dessen Durchmesser etwa dem des fokussierten Laserstrahls entspricht. Durch diesen Dampfkanal lässt sich die Laserstrahlung in das Materialinnere transportieren. Ein wichtiges Verfahrensbeispiel, bei dem die Ausbildung einer Dampfkapillare gezielt genutzt wird, ist das Tiefschweißen. Eine exakte Beschreibung der Wechselwirkungsvorgänge gestaltet sich sehr kompliziert, da man hier auch die Sekundärwirkungen des Laserstrahles mit der entstehenden Wolke aus Dämpfen und abgetragenem Material berücksichtigen muss. In der Literatur werden sehr oft vereinfachte Modelle herangezogen, die eine Abschätzung der Zeit t_p bis zum Einsetzen des Verdampfens und der dafür erforderlichen **Schwellintensität** I_Sch ermöglichen */Anis1970/*, */Stau2000/*.

$$t_\mathrm{p} = \frac{\pi \cdot \lambda \cdot \rho \cdot c_p \cdot (T_\mathrm{Sied} - T_\mathrm{A})^2}{4 \cdot (I \cdot A_\mathrm{F})^2} \qquad (5.39)$$

T_Sied Siedetemperatur; T_A Anfangstemperatur

$$I_\mathrm{Sch} = \frac{\rho \cdot c_p}{A_\mathrm{F}} \cdot \sqrt{\frac{k_\mathrm{W}}{t_\mathrm{P}}} \qquad (5.40)$$

Formel 5.39 und Formel 5.40 beziehen sich auf ein vereinfachtes Modell, welches keine flüssigen Zwischenphasen beim Verdampfen berücksichtigt. Dies entspricht im Wesentlichen dem **Abdampfmodell** (vgl. Bild 5.23, Abschnitt 5.4.3). In der Praxis werden oftmals beim Abtragen und Bohren auch flüssige Phasenanteile erzeugt (Kolbenmodell), sodass für diese Prozesse weniger Energie aufgewendet werden muss, als durch die vorstehenden Gleichungen abgeschätzt wird.

Bei sehr hohen Leistungsdichten kann das verdampfte Material (Dampfwolke) und das Umgebungsgas durch die einfallende Laserstrahlung ionisiert werden. Die **Ionisation** findet für metallische Werkstoffe bei Intensitäten von etwa $10^8\,W{\cdot}cm^{-2}$ statt. In der Wechselwirkungszone bildet sich ein Plasma aus. In der Metalldampfschicht entziehen die Elektronen dem Laserstrahl Energie und heizen den Metalldampf weiter auf. In der Folge werden immer mehr Elektronen erzeugt, die durch Stoßprozesse ihre Energie an die Ionen übertragen, sodass sich ein **Metalldampfplasma** ausbildet. Dieses Plasma kann einen beträchtlichen Teil der Laserstrahlung absorbieren und das Werkstück abschirmen. Dadurch kann sich die maximale erreichbare Eindringtiefe verringern. Andererseits kann aber auch eine Plasmabildung zu einer verbesserten Energieeinkopplung in die Materialoberfläche beitragen (vgl. Abschnitt 5.4.2).

Um die Effizienz der Bearbeitungsprozesse einschätzen bzw. auch vergleichen zu können wurden folgende Größen eingeführt */Hüge2009/*, */Daus1995/*:

- Einkoppelgrad,
- thermischer Wirkungsgrad und
- Prozesswirkungsgrad.

Der **Einkoppelgrad η_A** beschreibt die Effizienz der Umwandlung der Laserenergie in Wärme und kann ganz allgemein bestimmt werden

$$\eta_A = \frac{P_A}{P_0} \tag{5.41}$$

P_0 eingestrahlte Leistung

Die Größe P_A stellt den absorbierten Leistungsanteil dar. Näherungsweise lässt sich der Einkoppelgrad relativ einfach mit kalorimetrischen Messmethoden experimentell ermitteln */Hüge2009/*. Durch eine Reihe von Verlustprozessen wie Wärmeleitung in das Material, thermische Strahlung und Konvektion mit Prozessgasen steht die umgewandelte Wärmeleistung nicht vollständig als **Prozessleistung P_P** zur Verfügung. Die Summe dieser Verluste wird zur **Verlustleistung P_V** zusammengefasst. Das Verhältnis aus Prozessleistung P_P zur absorbierten Leistung wird nach */Hüge2009/* als **thermischer Wirkungsgrad η_{th}** bezeichnet.

$$\eta_{th} = \frac{P_P}{P_A} = 1 - \frac{P_V}{P_A} \tag{5.42}$$

Für die Beschreibung der Prozesseffizienz in der LMB wird auch oft der **Prozesswirkungsgrad η_P** betrachtet. Dieser berechnet sich aus dem Verhältnis der eingestrahlten Leistung zu der Leistung, die mindestens erforderlich ist, um das Werkstückvolumen aufzuschmelzen bzw. zu verdampfen.

Für viele Verfahren kommt der Parameter **Streckenenergie** zur Anwendung, der das Verhältnis von Leistung am Werkstück zur gewählten Vorschubgeschwindigkeit (P_{Werk}/v_f) beschreibt. Bestimmte Mindeststreckenenergien sind erforderlich, um z. B. Bleche zu trennen oder Schweißnähte mit ausreichender Festigkeit zu erzeugen. Generell soll jedoch die Streckenenergie so niedrig wie möglich gewählt werden, um die thermische Belastung der Bauteile gering zu halten und somit einen hohen thermischen Wirkungsgrad zu erzielen.

Für die Beschreibung der Verlustprozesse bei der Energieeinkopplung für die thermischen Verfahren verwendet man häufig die **Péclet-Zahl *Pe***. Sie ist eine dimensionslose Kennzahl und gibt das Verhältnis von konvektiv transportierter zu geleiteter Wärmemenge an und entspricht dem Produkt von **Reynolds-Zahl *Re*** und **Prandtl-Zahl *Pr***.

$$Pe = \frac{l \cdot v}{k_W} = \frac{l \cdot v \cdot \rho \cdot c_p}{\lambda_F} = Re \cdot Pr \qquad (5.43)$$

l Bezugslänge; v Geschwindigkeit

5.4.1 Schmelzbaddynamik

Das Erwärmen und Schmelzen von Material in der WWZ ist ein häufiger Prozess, der für viele Verfahren der LMB zur Anwendung kommt. Während bei den trennenden Verfahren das geschmolzene Material aus der Schnittfuge bzw. WWZ ausgetrieben wird, umströmt beim Tiefschweißen das geschmolzene Volumen die Dampfkapillare und erstarrt zur Schweißnaht. Für das Umschmelzen und Wärmeleitungsschweißen ist die Ausbildung eines Schmelzbadvolumens die prozessbestimmende Wechselwirkung.

Durch das schnelle Aufwärmen und Schmelzen von Material treten starke **Temperaturgradienten** an der Oberfläche auf, die Scherkräfte verursachen und in der Folge zu einer hohen Dynamik im Schmelzbadbereich führen. Dies äußert sich in ausgeprägten **Oberflächenströmungen**, die aufgrund der niedrigen Viskosität der Schmelze bis in tiefere geschmolzene Bereiche wirken. Es herrscht dann eine Strömung in der WWZ, die sich nach dem Modell der **Marangoni-Strömung** beschreiben lässt und letztendlich auf der temperatur- und konzentrationsabhängigen Oberflächenspannung beruht (Bild 5.22). /*Herz1993*/

Die **Oberflächenspannung σ** kann nach */Bran1983/* in eine ortsabhängige Oberflächenspannung mithilfe des Oberflächenspannungskoeffizienten σ_K über die nachfolgende Beziehung umgerechnet werden.

$$\sigma(T) = \sigma_S + \sigma_K(T - T_S) \tag{5.44}$$

T_S Schmelztemperatur; σ_S Oberflächenspannung bei T_S

$$\sigma_K = \frac{d\sigma}{dT} \tag{5.45}$$

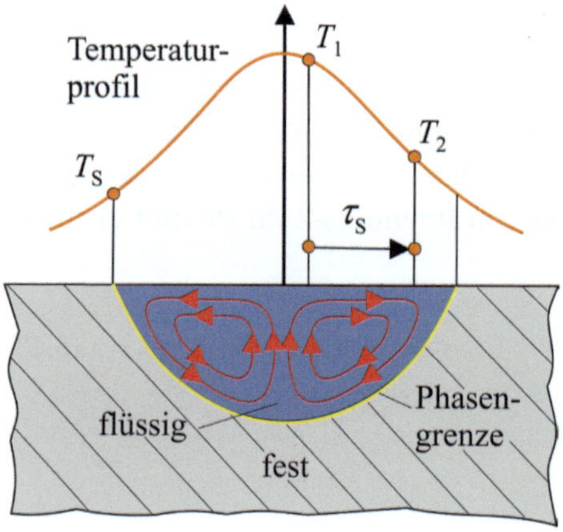

Bild 5.22
Darstellung der Marangoni-Strömung in einer geschmolzenen WWZ nach */Herz1993/*

Die Oberflächenspannung sinkt im Temperaturprofilverlauf (Bild 5.22) mit zunehmender Prozesstemperatur. Dies führt infolge des Oberflächengradienten zu einer nach innen gerichteten Kraft von den Temperaturpunkten T_2 nach T_1. Daraus resultiert wiederum eine der Kraft entgegen gerichtete **Schubspannung** τ_S, die eine Strömung der Schmelze bewirkt. */Herz1993/*

$$\tau_S = \frac{d\sigma}{dy} \tag{5.46}$$

In Abhängigkeit von σ_K wird vom Zentrum der maximalen Temperatur in Richtung des Schmelzbadrandes eine sinkende oder steigende Oberflächenspannung erzeugt. Für Metalle ist der Oberflächenkoeffizient negativ, was zu einer radial nach außen gerichteten Oberflächenströmung führt. Mit einer relativ hohen Strömungsgeschwindigkeit von etwa 1 $m \cdot s^{-1}$ entsteht eine hohe Schmelzbaddynamik */Bran1983/*, */Pirc1980/*. Im Bereich der Schmelzisothermen, am Übergangsbereich von flüssig nach fest, kommt es zu einer Umlenkung der Strömung. Das sich ausbildende Strömungsprofil ist typisch für eine laserinduzierte Marangoni-Strömung. Die Strömungsgeschwindigkeiten sind in erster Linie von der Wärmeleitfähigkeit des Werkstoffes abhängig. In */Herz1993/* wird angeführt, dass sich die Strömungsgeschwindigkeit an der Phasengrenze um zwei Größenordnungen verringert. Die in diesem Fall von der Schmelzbadmitte nach außen gerichtete Strömung verursacht eine Energieverteilung in den oberflächennahen Bereich und verbreitert somit das Schmelzvolumen. Für viele Anwendungen ist jedoch eine Schmelzbadausrichtung in die Materialtiefe erwünscht. Durch den Einsatz oberflächenaktiver Elemente (Mangan, Vanadium) kann die **Marangoni-Strömung** direkt beeinflusst werden. Die Zugabe eines Prozessgases (z. B. Sauerstoff beim Schweißen) kann die Schmelzbadströmung so steuern, dass die energiereiche Schmelze in tiefer liegende Zonen transportiert wird (vgl. Abschnitt 7.5). Die generell zugrundeliegenden hydrodynamischen Gleichungen zur Schmelzbadbetrachtung leiten sich aus den Bilanzgleichungen für Masse, Energie und Impuls ab. Die sich ergebenden Temperatur-, Druck- und Strömungsfelder können letztendlich mit der Lösung der Wärmeleitungsgleichung sowie der **Navier-Stokes-Gleichungen** bestimmt werden. Zwei dimensionslose Kennzahlen sind für die Betrachtung des Einflusses der Konvektion auf den Energietransport (**Péclet-Zahl** *Pe*) sowie für die Ausdehnung der Randschicht an der Oberfläche (**Reynolds-Zahl** *Re*) besonders interessant. Durch die Haftbedingung am Übergang flüssig / fest resultiert die sich ausbildende Randschicht, die auch Marangoni-Randschicht genannt wird. */Herz1993/*, */Merk1987/*

5.4.2 Laserinduziertes Plasma

Die sich bei der LMB an der Materialoberfläche ausbildenden **Plasmen** können den Gesamtablauf und die Qualität des Bearbeitungsprozesses z. T. entscheidend beeinflussen. Die wesentliche optische Wirkung des Plasmas besteht in der Absorption der Laserstrahlung und einer damit verbundenen Änderung der Brechzahl im Plasma. Das Plasma führt zu einer Wechselwirkung mit der Materialoberfläche und der umgebenden Atmosphäre. Dies kann eine erhöhte Energieeinkopplung in das Werkstück zur Folge haben, aber auch zu einer ungewollten Abschirmung der Laserstrahlung führen. Die hierdurch ausgelösten Vorgänge werden als **LSA-Wellen** (Laser Supported Absorption Waves) bezeichnet. Diese hängen in komplexer Weise von der Strahlungsintensität, dem zeitlichen Intensitätsverlauf, von Strahlform und -durchmesser, Art und Druck des umgebenden Gases u. a. ab. Generell unterscheidet man zwischen den sogenannten **LSC-Wellen** (Laser Supported Combustion Waves – laserunterstützte Verbrennungswellen) und **LSD-Wellen** (Laser Supported Detonation Waves – laserunterstützte Detonationswellen) */Stau2000/*, */Steg1973/*.

LSC-Wellen können bereits bei **Laserintensitäten** in der Größenordnung von 10^6 bis 10^7 W·cm^{-2} (für $\lambda = 10{,}6$ µm) an der Materialoberfläche beobachtet werden. Sie breiten sich sehr schnell mit typischen Geschwindigkeiten im Bereich von 10 bis 100 m·s^{-1} aus. Die LSC-Wellen erreichen eine Ausdehnung in der Größenordnung von mm bis cm und unterstützen die Einkopplung der Laserstrahlung in das Material.

LSD-Wellen treten bei Intensitäten größer 10^7 W·cm^{-2} (für $\lambda = 10{,}6$ µm) auf. Sie werden durch das von der Materialoberfläche abströmende Plasma ausgelöst. Innerhalb einer sehr kurzen Zeit von einigen 10 ns kommt es zur Absorption der Laserstrahlung in einer sehr dünnen Oberflächenschicht. Diese verdampft, wird ionisiert und löst sich von der Oberfläche ab. Mit sehr hohen Geschwindigkeiten bewegt sich die Welle in Richtung des einfallenden Laserstrahls. Die Laserstrahlung wird in dem sich von der Materialoberfläche **ablösenden Plasma** absorbiert und folglich abgeschirmt. Die hohe Absorption der Laserstrahlung in dem durch LSD-Wellen erzeugten Plasma kann zur teilweisen oder auch vollständigen Abschirmung der Laserstrahlung von der Materialoberfläche führen, sodass bspw. Schweißprozesse vollständig aussetzen, bis das Plasma zusammenbricht. */Stau2000/*

5.4.3 Abtragsmodelle

Die thermischen Bearbeitungsverfahren wie Abtragen, Bohren und Schneiden basieren auf einem Materialabtrag durch Schmelzen und/oder Verdampfen des zu bearbeitenden Werkstückvolumens. Zeitlich betrachtet erfolgt der **thermische Abtragsprozess** in vier Phasen:

1. Phase – Reflexion und Absorption der Laserstrahlung an der Werkstückoberfläche,
2. Phase – Ausbildung einer flächenhaften Wärmezone,
3. Phase – durch Temperaturerhöhung und Wärmeleitung erfolgt die Ausbreitung der Wechselwirkungszone in tiefere Bereiche des Werkstückes, einhergehend mit einer Phasenumwandlung (flüssig und oder dampfförmig),
4. Phase – Verlagerung der Schmelz- und Verdampfungszone von der Eintrittsseite in tiefere Werkstückbereiche bei gleichzeitigem Austreiben des erschmolzenen bzw. verdampften Materialanteiles.

Durch die starke **Materialerwärmung** in einem sehr engbegrenzten Werkstoffvolumen erfährt das Material einen **hohen Innendruck**, der in der Literatur mit einem Wert von etwa 10^3 Pa beschrieben wird */Brun1989/*. Dadurch erreichen die abgetragenen Materialanteile eine hohe Geschwindigkeit bis zu 10^3 $m{\cdot}s^{-1}$, mit der sie sich von der Werkstückoberfläche wegbewegen. Diese Dynamik stellt eine wesentliche Voraussetzung dafür dar, dass auch aus tieferen oder engbegrenzten Bohrungen bzw. Strukturen abgetragenes Material an die Oberfläche befördert werden kann. In Abhängigkeit von dem Werkstoff, der Laserwellenlänge, der Einwirkzeiten und der Fokussierbedingungen gibt es unterschiedliche Abtragsmechanismen und davon abgeleitete Modellvorstellungen. Drei vielfach angewendete **Abtragsmodelle** stellt Bild 5.23 dar, wobei die in a bzw. b gezeigten Modelle auf der thermischen Wirkung des Laserstrahles beruhen. Die Werkstoffzone innerhalb der vom Laserstrahl beaufschlagten Fläche schmilzt auf und verdampft. Der entstehende Überdruck (Differenz zwischen Dampf- und Umgebungsdruck) treibt das abgetragene Materialvolumen aus der Wechselwirkungszone aus.

Ob das Materialvolumen in Form von **Schmelze**, **Dampf** oder auch in beiden Phasen abgetragen wird, hängt von den Materialeigenschaften und von der absorbierten Intensität des Laserstrahls ab. Metallische Werkstoffe können sowohl flüssig als auch dampfförmig abgetragen werden. Spezielle Keramiken (z. B. Siliziumnitrid), aber auch Werkstoffe wie Holz und spezielle Kunststoffe (z. B. Duroplaste) werden hingegen durch **Sublimation** abgetragen. Unter Sublimation versteht man den Übergang vom festen in den gasförmigen Zustand ohne Schmelzanteil. Dies trifft für alle Werkstoffe zu, die keinen ausgeprägten Schmelzpunkt besitzen. In Hinsicht auf die Energieeffizienz beider thermischer Verfahren kann vergleichend festgestellt werden, dass der Materialabtrag in der flüssigen Phase weniger Energie erfordert als in der Dampfphase. Liegen die Verdampfungs- und Schmelztemperatur eines Werkstoffes weit auseinander wird die Energiedifferenz signifikant, was sich auch in den erforderlichen Prozesszeiten äußert. Bild 5.23 a veranschaulicht weiterhin, dass die erreichbare Bearbeitungsqualität infolge von Grenzschichtwechselwirkungen zwischen **Schmelzfilm** und festem Material sowie lokalen Erstarrungsvorgängen geringer ist. Es entstehen deutlich größere WEZ als beim Abtragsprozess durch Abdampfen. Der Schmelzaustrieb wird durch eine zusätzliche externe Gasströmung unterstützt. Eine Modellbeschreibung der genannten Wechselwirkungsmechanismen kann sehr gut durch das **Kolben- und Abdampfmodell** am Beispiel des Materialabtrags beim Bohren erfolgen. */Hüge1992/*

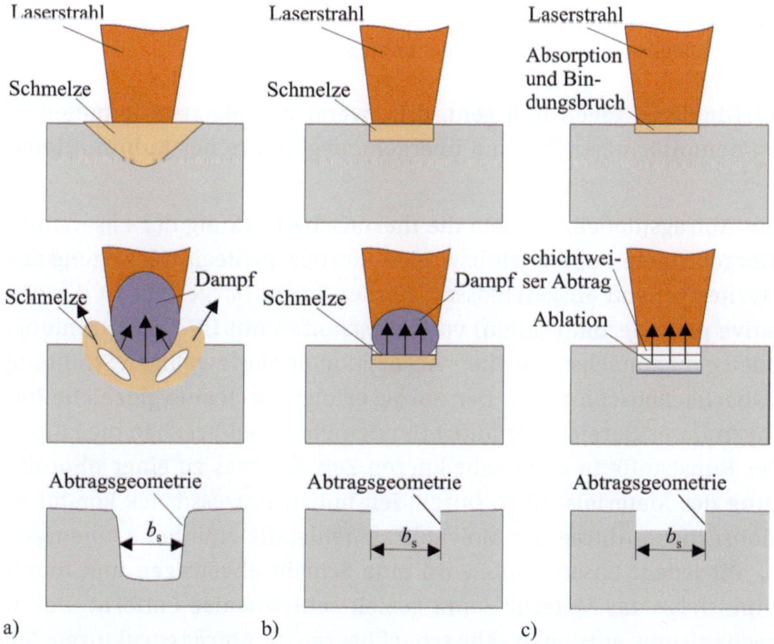

Bild 5.23 Abtragsmodelle nach */Hüge1996/*. a) Kolbenmodell, b) Abdampfmodell, c) Ablationsmodell

Charakteristisch für das **Kolbenmodell** ist die Ausbildung eines Schmelzfilmes zwischen der absorbierenden Fläche am Bohrungsgrund und dem festen Werkstoff infolge der Wärmeleitung. Während des Abtragsprozesses entsteht durch den Dampfdruck ein Rückstoß auf die Schmelzoberfläche, der wie ein Kolben auf die am Bohrungsgrund befindliche Schmelze wirkt und diese zunächst radial nach außen und im Anschluss entlang der Bohrungswand nach oben treibt. Das geschmolzene Material verlässt das Bohrloch in Form von Tröpfchen. Die **Schmelzfilmdynamik** beeinflusst insbesondere bei spröden Materialien die Rissentstehung. Beim **Abdampfmodell** wird davon ausgegangen, dass der Abtragsprozess durch Verdampfen der dominante Prozess ist. Die aufgeschmolzene Zone ist sehr klein bzw. gar nicht vorhanden, und es wird sehr schnell die materialspezifische Verdampfungstemperatur erreicht.

Das Abdampfmodell liefert eine grobe Abschätzung der Abtragsgeschwindigkeit anhand der Formel 5.47. Die zum Verdampfen erforderliche Energie pro Volumeneinheit ist abhängig von der Phasenumwandlungsenthalpie H_e, der Temperatur T, der Dichte ρ und der spezifischen Wärmekapazität c_p. Die maximale Abtragsgeschwindigkeit v_A erhält man durch Gleichsetzen der je Zeiteinheit in der bestrahlten Fläche absorbierten Energie und der für die Verdampfung des darunterliegenden Materials erforderlichen Energie. */Hüge1996/, /Blie1996/*

$$v_{\mathrm{A}} = \frac{\mathrm{d}z}{\mathrm{d}t} = \frac{A_{\mathrm{F}} \cdot I}{\rho(c_p \cdot T + h_{\mathrm{s}} + h_{\mathrm{v}})} \tag{5.47}$$

h_s spezifische Schmelzenthalpie; h_v spezifische Verdampfungsenthalpie

Wenn die Schmelzfilmdicke gegen null geht, d. h., wenn das Material unmittelbar vom festen in den dampfförmigen Zustand übergeht, liegt ein reiner **Sublimationsabtrag** vor.

Bild 5.23 c zeigt ein Abtragsmodell, bei dem die thermische Wirkung der Laserstrahlung nur eine untergeordnete Rolle spielt bzw. eine thermische Beeinträchtigung des Grundmaterials weitestgehend ausgeschlossen werden kann. Dargestellt ist die **Ablation** (engl. ablative photodecomposition) von Kunststoffen mit UV-Laserstrahlung. Das Ablationsmodell geht zunächst von einer Absorption der kurzwelligen Strahlung in einer dünnen Oberflächenschicht aus. Der Abtrag erfolgt durch **energiereiche Impulse** mit Pulslängen im ns-Bereich. Die auftreffenden Photonen brechen die langen Polymerketten der Kunststoffe in einer sehr kurzen Zeit auf, was zu einer **photolytischen Zersetzung** des Materials führt. Durch den hohen Prozessdruck kommt es zu einem explosionsartigen Abtrag der Molekülfragmente, die eine hohe kinetische Energie besitzen. Mit jedem Laserimpuls wird eine Schicht abgetragen und durch eine gewählte Impulsfolge das Material somit gezielt **schichtweise** entfernt. Durch diesen Abtragsmechanismus entstehen sehr scharf begrenzte Abtragsstrukturen. Sie sind die Voraussetzung für einen äußerst präzisen Abtragsprozess ohne thermische Belastung des Materials. Typische Energiedichten liegen im Bereich von 0,1 bis 1 $\mathrm{J \cdot cm^2}$.

Der **Abtrag mit ultrakurzen Laserpulsen (ps** und **fs)** ist ebenfalls durch keine bzw. eine nur sehr geringe thermische und mechanische Schädigungszone gekennzeichnet. Dieser Abtragsprozess lässt sich durch zwei aufeinanderfolgende Prozessschritte beschreiben */Nolte2008/*:

- Die Absorption der Laserstrahlung erfolgt innerhalb einer dünnen Oberflächenschicht durch Anregung gebundener Elektronen, Ionisationsprozesse sowie Aufheizung freier Elektronen durch inverse Bremsstrahlung. Die absorbierte Energie kann dabei im Elektronensystem des Festkörpers deponiert werden.
- Durch den Energieübertrag von Elektronen auf das Festkörpergitter (Ionensystem) kommt es anschließend zum Aufbrechen von Atom- und Molekülbindungen sowie zur Ausdehnung und damit zur Ablation des Materials.

Im Unterschied dazu finden beim Abtragen mit längeren Laserpulsen die o. g. Prozesse gleichzeitig statt. Die Folge ist das Ansteigen der **Ablationsschwelle** (proportional zur Wurzel der Pulsdauer) einhergehend mit der Zunahme thermischer Wechselwirkungsprozesse.

Für den Abtrag mit **ultrakurzen Laserimpulsen** veranschaulicht Bild 5.24 die Intensitätsverteilung und die Ablationsschwelle (ablation threshold). Übersteigen die Intensitätswerte die Ablationsschwelle, kann das Material ionisiert und ablatiert werden. Intensitäten unterhalb der Schwelle tragen dazu bei, dass Wärme in das Material eingetragen wird. Die **Abtragsmechanismen** zwischen metallischen und dielektrischen Werkstoffen unterscheiden sich grundsätzlich. In **Metallen** wird das Elektronengas angeregt und die freien Ladungsträger aufgeheizt. Der Übergang freier Elektronen in eine Fermi-Verteilung erfolgt bereits innerhalb 1 fs. Somit kann sich während der Impulsdauer eine Elektronentemperatur einstellen. Die Relaxationszeit der Elektronenenergie in das Gitter beträgt hingegen einige ps. Damit kann das laserbeeinflusste System mit zwei Temperaturen beschrieben werden, man spricht auch vom sogenannten **2-Temperatur-Modell**. In */Dirs2005/* wird beschrieben, dass die freien Elektronen sehr schnell eine Temperatur von mehreren 1000 K erreichen, während das Gitter kalt bleibt, somit liegen zu diesem Zeitpunkt zwei unterschiedliche Temperaturen vor. Nach einigen ps erwärmt sich das Gitter durch Stöße mit den energetisch angeregten Elektronen und hat nach etwa 10 ps eine Temperatur von über 1000 K erreicht. Es bildet sich ein überkritisches Gas geladener Teilchen mit der Dichte des Festkörpers aus. Dieser Zustand führt zu einem eruptiven Ablatieren von einigen 100 nm pro Puls, wobei die Ablationstiefe durch die Eindringtiefe des Laserlichtes und durch die Materialeigenschaften bestimmt wird. */Dirs2005/* Die sehr kurzen Wechselwirkungszeiten führen zu einer quasi athermischen Bearbeitung, sodass das angrenzende Materialvolumen thermisch nicht bzw. nur marginal belastet wird.

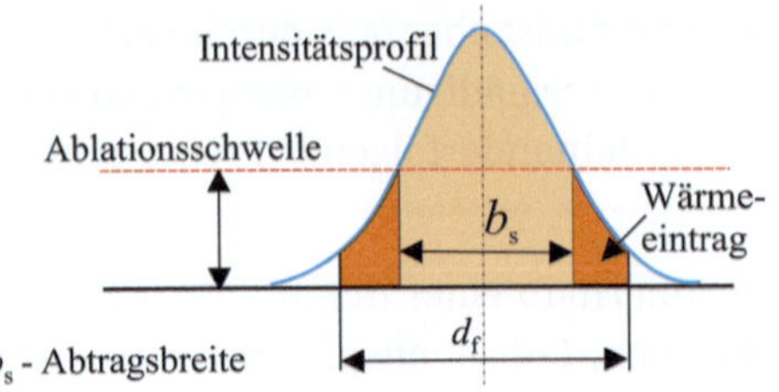

Bild 5.24
Räumliche Intensitätsverteilung und Abtragsschwelle für ein gaussförmiges Strahlprofil nach */Müll2010/*

Bei den **dielektrischen Werkstoffen** tritt bei sehr hohen Intensitäten die nichtlineare Mehrphotonenabsorption auf (vgl. Abschnitt 5.3). Es kommt unmittelbar nach dem Puls zu einer kalten Ablation durch die sogenannte **Coulomb-Explosion** mit Ablationstiefen von einigen nm pro Puls. Durch die Photonen werden aus dem Valenzband Elektronen herausgelöst und das Grundmaterial ionisiert. Bei kürzeren Wellenlängen werden weniger Photonen benötigt, um die Schwelle für ein Herauslösen der Elektronen zu erreichen.

Bei **Halbleitern** können beide beschriebenen Ablationsmodelle auftreten. Entsprechend der jeweiligen materialspezifischen Struktur überwiegt die eine oder andere Wechselwirkung (siehe auch Abschnitt 5.3). */Dirs2005/*

5.4.4 Geometrieausbildung infolge der Wechselwirkung

Die vorstehend beschriebenen Wechselwirkungsmechanismen werden für die LMB gezielt angewendet, um die Materialeigenschaften von Bauteilen zu ändern oder deren Stoffzusammenhalt nach DIN 8580 zu vermindern oder zu vermehren. Dabei kommt es zur Ausbildung von **Grundgeometrien** in Abhängigkeit vom gewählten Bearbeitungsverfahren. Berücksichtigt werden muss zudem, dass oftmals auch kein senkrechter Strahleinfall vorliegt. Bei Abweichungen von der senkrechten Inzidenz muss ggf. der Polarisationseinfluss (Abschnitt 5.1) zusätzlich betrachtet werden. In Ergänzung der Wechselwirkungsmechanismen werden nachfolgend drei Grundgeometrien erläutert und die Verlustprozesse (Energiebilanz) diskutiert.

5.4.4.1 Ausbilden eines Bohrloches

Der Ausbildung eines **Bohrloches** liegt (mit Ausnahme des Trepanier- und Wendelbohrens) meist eine stationäre Bearbeitung für die Einwirkzeit des Laserstrahles zugrunde. Beim Auftreffen der Laserstrahlung P_0 tritt zunächst eine Wechselwirkung mit einer dünnen Oberflächenschicht ein. Ein Teil der Strahlung wird absorbiert und in die erforderliche **Prozesswärme** gewandelt, um den Schmelz- und Verdampfungsprozess zu starten. Gleichermaßen treten Strahlungsverluste durch Reflexion, Wärmeleitung und -konvektion während des Startprozesses an der Materialoberfläche auf. Die in das sich ausbildende Bohrloch eintretende Laserstrahlung wird an den Bohrungswänden reflektiert und dort ebenfalls absorbiert. Diese Absorptionsvorgänge tragen zum Schmelzen von Material bei und führen gleichzeitig auch zu Wärmeleitungs- und Wärmestrahlungsverlusten (P_{WL} und P_{ST}). An den Bohrungswänden entsteht ein dünner Schmelzfilm (für thermisches Bohren, Bild 5.25), der zu einer Vergrößerung des Bohrungsdurchmessers führt. Die Höhe des absorbierten Leistungsanteils wird im Wesentlichen durch die **Fresnelschen Formeln** bestimmt. Er ist in erster Linie von der **Brechzahl *n***, vom **Absorptionsindex *κ*** sowie vom Einfallswinkel der Strahlung auf die Bohrungswand und der Divergenz des fokussierten Laserstrahles abhängig. Verluste treten weiterhin auch im Metalldampf und dem sich ausbildenden Plasma im Bohrungskanal auf. Die am Bohrungsgrund ankommende Reststrahlung P_B führt dort zu einem Aufschmelzen und Verdampfen des Materials und treibt letztendlich die Bohrung in Z-Richtung in die Tiefe. Mit zunehmender Tiefe nehmen die genannten Strahlungsverluste zu und schwächen den zum Bohren zur Verfügung stehenden Leistungsanteil. Reicht dieser nicht mehr zum Schmelzen und Verdampfen des Materials aus, ist die **maximale Bohrungstiefe** erreicht. */Stau2000/* Diese hängt sehr stark von der zur Verfügung stehenden Eingangsleistung, den Fokussierbedingungen und auch von der sich ausbildenden Bohrungsgeometrie ab (vgl. Abschnitt 7.2).

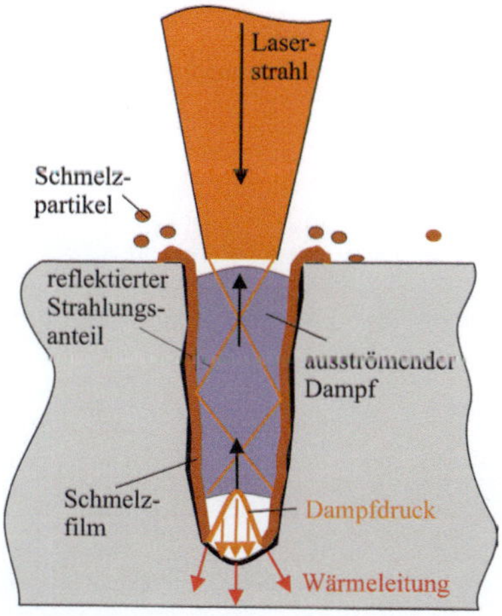

Bild 5.25
Verhältnisse am Bohrloch (thermischer Bohrprozess)

5.4.4.2 Ausbilden einer Dampfkapillare (Keyhole)

Eine sehr spezielle geometrische Grundform stellt die **Dampfkapillare**, das sogenannte **Keyhole**, dar, das sich für metallische Werkstoffe in etwa bei Strahlungsintensitäten $I \geq 10^6\,\mathrm{W \cdot cm^{-2}}$ ausbildet und den Strahlungstransport in größere Materialtiefen ermöglicht. Dies geschieht durch eine verlustarme **Mehrfachreflexion** der Strahlung an der Kapillarwand. Die Ausbildung des Keyholes ist die Voraussetzung für den Tiefschweißprozess. Im Unterschied zum Bohrloch wird das Keyhole durch das Material in Vorschubrichtung bewegt und erzeugt somit eine tiefe Schweißnaht. An der Rückfront der Dampfkapillare **rekondensiert** infolge der Strahlbewegung ein bestimmtes

Materialvolumen aus der WWZ in den flüssigen Zustand und bildet eine Schmelzzone, die im weiteren Verlauf zur Schweißnaht erstarrt. Der Kapillardurchmesser liegt im Bereich des Fokusdurchmessers (typisch 50 µm – 1 mm). Die Tiefe der Kapillare wird durch die gewählte Einschweißtiefe bzw. die dafür erforderlichen Laser- und Prozessparameter bestimmt. Durch den Druck des verdampften Materials kann ein Verschließen der Kapillare durch die umgebende flüssige Phase verhindert werden. Die Parameter Fokusdurchmesser, Fokuslage, Intensität und letztlich die Streckenenergie bestimmen die **Kapillarform**. Unter der Annahme einer zylinderförmigen Dampfkapillare kann vereinfacht eine Proportionalität zwischen folgenden Größen für den Schweißprozess angenommen werden */Hueg1996/*

$$\frac{P}{d_\mathrm{f}} \approx s \cdot v_\mathrm{s} \tag{5.48}$$

s Schweißnahttiefe; v_s Schweißgeschwindigkeit

Bild 5.26 veranschaulicht die **Energiebilanz** am Keyhole bzw. der gesamten WWZ. Die prozessentscheidenden Energieanteile sind E_v (die Energie für das Materialverdampfen) und E_s (absorbierte Energie für das Schmelzen). Daneben treten eine Reihe von Energieverlusten der Laserstrahlung auf.

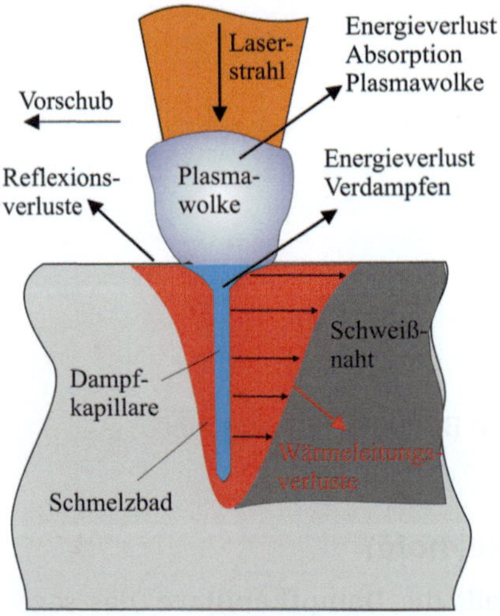

Bild 5.26
Energiebilanz am Keyhole und der WWZ

Für die Beschreibung des erreichbaren Prozesswirkungsgrades sind die Kenntnis des Einkoppelgrades der Strahlung in das Keyhole sowie der thermische Wirkungsgrad relevant. In */Daus1995/*, */Swif1973/* wird der **thermische Wirkungsgrad** für das Laserstrahlschweißen wie folgt angegeben:

$$\eta_\mathrm{th} = \frac{v_\mathrm{s} \cdot s \cdot W_\mathrm{m} \cdot H_\mathrm{m}}{\eta_\mathrm{A} \cdot P_P} \tag{5.49}$$

Neben der Geschwindigkeit v_s und der Schweißnahttiefe s haben die Parameter Schweißnahtbreite W_m und der spezifische Wärmebedarf H_m Einfluss auf den thermischen Wirkungsgrad. Dieser lässt sich über folgende Beziehung näherungsweise bestimmen:

$$H_\mathrm{m} \approx \rho(c_p T_\mathrm{S} + h_s) \tag{5.50}$$

5.4.4.3 Ausbilden eines Schneidspaltes

Die Entstehung eines **Schneidspaltes** setzt zunächst die Ausbildung eines Bohrloches voraus. Wenn der Laserstrahl das Grundmaterial durchdrungen hat, startet durch eine gesteuerte Vorschubbewegung der eigentliche Schneidprozess. Es bildet sich der typische Schneidspalt aus, der für nahezu alle Laserschneidverfahren durch eine **Riefenstruktur** gekennzeichnet ist (Bild 5.27).

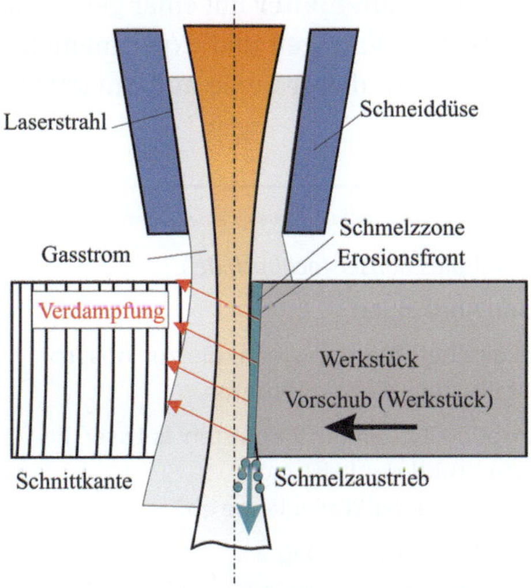

Bild 5.27
Schematische Darstellung des Ausbildens eines Schnittspaltes

Die unmittelbare Wechselwirkungszone wird durch die **Schnittfront**, dem Ort der Energieeinkopplung, bestimmt. Für einen effizienten Schneidprozess muss sichergestellt werden, dass ein sehr großer Strahlungsanteil der eingestrahlten Intensität absorbiert wird und zur Prozesswärme beitragen kann. Das erwärmte Materialvolumen beginnt je nach Material und gewähltem Verfahrensregime zu schmelzen, zu verdampfen und oder zu sublimieren. Das „Freilegen“ des Schneidspaltes von den getrennten Materialvolumenanteilen wird durch einen Prozessgasstrahl stark unterstützt. Die geometrischen Verhältnisse des Schneidspaltes sind durch ein großes Aspektverhältnis (Verhältnis Spalttiefe zu Spaltbreite) gekennzeichnet. Minimale Spaltbreiten liegen in der Größenordnung des Fokusdurchmessers und maximale Spalttiefen sind bis etwa 20 – 30 mm erreichbar. Den theoretischen Ausgangspunkt für die quantitative Beschreibung der resultierenden Absorption im Schnittspalt bilden wiederum die fresnelschen Formeln. Im betrachteten Schneidspaltmodell kommt es zu einer **Schnittfrontneigung**. Diese ergibt sich prozessbedingt und hängt im Wesentlichen von den Parametern Intensitätsverteilung, Polarisation und Schneidgeschwindigkeit sowie den Materialeigenschaften ab. Die Schnittfrontneigung bestimmt auch die Ausbildung der typischen Riefenstruktur. Abhängig vom eingesetzten Schneidregime, vom Prozessgas, von den Fokussierbedingungen sowie der Materialart und -dicke bilden sich unterschiedliche Riefenstrukturen aus. Diese bestimmen maßgeblich die erreichbare Qualität der Schnittflächen. **Riefenstrukturen** entstehen durch die Dynamik des Schneidprozesses und bilden sich auf den Schnittflächen ab (vgl. Abschnitt 8.2). Über die Schnitttiefe betrachtet können sie ab einer bestimmten Materialstärke unterschiedliche Gestalt annehmen und sind meist im unteren Drittel (zum Strahlaustritt hin) stärker ausgeprägt.

Für die **Prozesseffizienz** ist jedoch die Art des Transportes der Strahlungsleistung bis zum unteren Rand des Werkstückes entscheidend. Dieser erfolgt durch den bereits geöffneten Schneidspalt, der für die Strahlung einen **Wellenleiter** mit einer gewissen **Dämpfung** darstellt */Stau2000/*. Auf ausgewählte Berechnungen und experimentelle Untersuchungen zur Dämpfung im Schneidspalt sei an dieser Stelle auf */Stau2000/*, */Schu1982/* und */Arat1978/* verwiesen.

Übungsaufgaben zum Kapitel 5

(Die dazugehörigen Lösungen finden Sie auf *plus.hanser-fachbuch.de*.)

1. **Aufgabe:** Strahl-Materie-Kopplung und Absorption

   Nennen und erläutern Sie die physikalischen Mechanismen, die zur Absorption von Laserstrahlung in einem metallischen Werkstoff führen.

   a. Wie unterscheidet sich die Absorption bei einem gepulsten fs-Laser im Vergleich zu einem cw-Laser gleicher mittlerer Leistung?
   b. Inwiefern hängt der Absorptionsgrad von der Wellenlänge ab?

2. **Aufgabe:** Wärmeleitung in der Lasermaterialbearbeitung

   Berechnen Sie die Temperaturverteilung $T(r,t)$ in einem Halbraum bei kurzzeitiger Oberflächenbestrahlung mit einem Laserstrahl. Verwenden Sie die klassische Wärmeleitungsgleichung (1D) und folgende Parameter:

   - Wärmeleitfähigkeit $\lambda_F = 150\,W \cdot m^{-1}\,K^{-1}$,
   - Dichte $\rho = 7900\,kg \cdot m^{-3}$,
   - Spezifische Wärmekapazität $c_p = 500\,J \cdot kg^{-1}\,K^{-1}$,
   - Energieeinkopplung $Q_0 = 1\,J \cdot mm^{-2}$,
   - Impulsdauer $\tau_{LP} = 1\,ms$.

3. **Aufgabe:** Pyrometrie vs. Thermografie

   Vergleichen Sie einfarbige Pyrometrie, Zweifarbenpyrometrie und Thermografie in Hinblick auf folgende Kriterien:

   a. Temperaturbereich,
   b. Emissionskorrektur,

   c. Ortsauflösung,
   d. Anwendungsfelder in der Additiven Fertigung.

4. **Aufgabe:** Plasmaeinfluss auf die Temperaturmessung

   Welche Auswirkungen hat die Plasmabildung auf die Genauigkeit der Temperaturmessung mittels Strahlungsthermometrie?
   Diskutieren Sie:

   a. Absorption und Reemission,
   b. Streuung und optische Dicke,
   c. technische Ansätze zur Korrektur.

5. **Aufgabe:** Modellgestützte Temperaturrekonstruktion

   Skizzieren Sie ein Simulationsmodell (z. B. FEM), das zur Temperaturrekonstruktion bei einem selektiven Laserschmelzprozess eingesetzt werden kann.

   a. Welche Eingangsdaten werden benötigt?
   b. Wie wird die Modellvalidierung mit realen Messdaten durchgeführt?

6. **Aufgabe:** Nichtlineare Absorption – Keldysh-Parameter

   Berechnen Sie den Keldysh-Parameter γ für die Laserbearbeitung eines Glases mit folgenden Parametern:

   - Wellenlänge: $\lambda = 1064$ nm,
   - Intensität: $I = 1 \cdot 10^{14}$ W·m^2
   - Bandlücke: $E_G = 6$ eV,
   - Ionisierungspotenzial $I_P = 6$ eV,

   Was können Sie über das vorherrschende Ionisationsregime aussagen?

7. **Aufgabe:** Drude-Modell–Komplexer Brechungsindex

   Leiten Sie basierend auf dem Drude-Modell die frequenzabhängige komplexe Permittivität $\varepsilon(\omega)$ für ein leitfähiges Material her und diskutieren Sie den Einfluss der freien Elektronendichte auf die optische Absorption.
   Beziehen Sie sich auf Laserstrahlung mit λ=1064 nm und folgende Parameter:

   - N_e: freie Elektronendichte [m^{-3}],
   - e: Elementarladung = 1,602·10^{-19} C,
   - m_e: Elektronenmasse = 9,109·10^{-31} kg,
   - ε_0: elektrische Feldkonstante = 8,854·10^{-12} F·m^{-1}.

   a. Diskutieren Sie qualitativ, wie sich die realen und imaginären Anteile von $\varepsilon(\omega)$ in Abhängigkeit von der Frequenz verhalten. Welche Rückschlüsse lassen sich auf das Absorptionsverhalten bei verschiedenen Wellenlängen ziehen?
   b. Welche Konsequenzen ergeben sich für die Lasermaterialbearbeitung mit Wellenlängen im nahen Infrarotbereich (z. B. Nd:YAG bei 1064 nm) hinsichtlich Eindringtiefe, Reflexion und Energieabsorption?

8. **Aufgabe:** Coulomb-Explosion vs. Sublimation

   Erläutern Sie die Unterschiede zwischen Sublimation und Coulomb-Explosion im Kontext athermischer Materialabtragung.
   Welche physikalischen Voraussetzungen sind notwendig, damit eine Coulomb-Explosion dominiert?

9. **Aufgabe:** Inline-Thermografie in der Additiven Fertigung

   Entwerfen Sie ein optisches System zur thermografischen Überwachung eines LPBF-Prozesses (Laser Powder Bed Fusion, siehe auch Kapitel 10).

   a. Welche spektralen Fenster sind relevant?
   b. Wie werden Emissionsgrad und Messunsicherheit berücksichtigt?
   c. Welche Aussagen zur Prozessqualität lassen sich treffen?

10. **Aufgabe:** Raman-Thermometrie bei transparenten Werkstoffen

    Beschreiben Sie das Funktionsprinzip der Raman-Thermometrie und zeigen Sie anhand der Boltzmann-Relation, wie die Temperatur aus dem Anti-Stokes/Stokes-Verhältnis bestimmt wird.
    Worin liegen die besonderen Herausforderungen bei der Anwendung dieser Messmethode in Quarzglas?

6 Lasermaterialbearbeitungsanlagen

Die in der Lasermaterialbearbeitung zum Einsatz kommenden Anlagen sind sehr vielgestaltig und müssen den geforderten Bearbeitungsaufgaben aufgrund der meist hohen Investitionskosten sehr sorgsam angepasst werden. Grundsätzlich unterscheiden sich Lasermaterialbearbeitungsanlagen zunächst nach dem Kriterium **Flexibilität**. So gibt es einerseits sogenannte **Universalanlagen** mit denen der Anwender versucht, ein großes Spektrum an Bauteilsortimenten verfahrensspezifisch zu bearbeiten. Andererseits werden in der Serienfertigung vielfach **Spezialanlagen** eingesetzt, die bspw. im Automobilbau Karosseriebauteile durch Laserstrahlschneiden bearbeiten und auf kurze Prozesszeiten ausgelegt sind. Weitere Unterscheidungskriterien stellen das einzusetzende Verfahren, die zu bearbeitende Werkstoffart, die Bauteilgröße oder die geforderten Eigenschaften des Bauteils bzw. der Baugruppe dar. Neben der richtigen Wahl der Strahlungsquelle muss der Entwickler und Systemintegrator auch die Handlingseinrichtung und Strahlübertragung sorgfältig planen. Im folgenden Kapitel wird auf verschiedene Anforderungen und Auslegungsmöglichkeiten von Lasermaterialbearbeitungsanlagen näher eingegangen.

6.1 Grundaufbau von Lasermaterialbearbeitungsanlagen

Trotz der großen Vielfalt von Ausführungsformen der Lasermaterialbearbeitungsanlagen lassen sich diese prinzipiell auf ein vereinfachtes Grundschema von **Funktionseinheiten** zurückführen. Diese Funktionseinheiten sowie ihre Verknüpfungen sind schematisch in Bild 6.1 zusammengefasst.

Die von der **Laserstrahlungsquelle** erzeugte Strahlung wird mit Elementen der **Strahlführung** zum Werkstück gelenkt. Diese Komponenten, z. B. Spiegel oder Lichtleitfasern, sind so ausgelegt, dass auch über größere Strahlwege die Strahlverluste möglichst gering bleiben. In den Strahlengang sind optische Komponenten zur **Strahlformung** integriert, die den Laserstrahl beispielsweise durch Fokussierung oder Strahlaufweitung so formen, dass die erforderlichen Wechselwirkungsprozesse „Laserstrahl – Werkstoff" erzielt werden können.

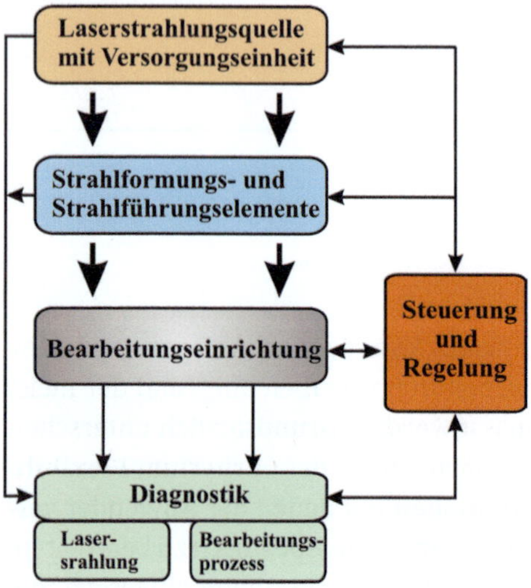

Bild 6.1
Schematische Anordnung der Funktionseinheiten einer Lasermaterialbearbeitungsanlage

Die Positionierung der Bauteile sowie die benötigte Relativbewegung zwischen Laserstrahl und Werkstück werden durch Aufnahmeelemente, Spannvorrichtungen und Bewegungseinrichtungen realisiert, die zur Funktionsgruppe **Bearbeitungseinrichtung** gehören. Die Bewegungskonzepte können sehr unterschiedlich gestaltet sein und werden in Abschnitt 6.3 näher vorgestellt. Weitere wichtige Funktionsgruppen einer LMB-Anlage werden durch die Komponenten **Diagnostik** sowie **Steuerung und Regelung** gebildet. In modernen Produktionsprozessen erlangt die Diagnostik aufgrund der hohen Anforderungen an die Qualitätssicherung („Null-Fehler-Produktion") immer stärkere Bedeutung. Versorgungseinrichtungen für Prozessgas, Kühlung und Zusatzstoffe, Auffangvorrichtungen für Werkstücke und Absaugeinrichtungen sowie Laserschutzwände oder -kabinen vervollständigen die **Grundkomponenten einer LMB-Anlage**. Bild 6.2 veranschaulicht die erforderlichen Komponenten einer Lasermaterialbearbeitungsanlage. Laseranlagen zeichnen sich ebenfalls durch einen sehr hohen Integrationsgrad aus. Die gute Steuerbarkeit des Lasers, das schnelle Pulsen sowie Ein- und Ausschaltverhalten des Laserstrahles gestatten den Einsatz in automatisierten Produktionsprozessen.

So kann das Werkzeug Laserstrahl für Bearbeitungsaufgaben **On-the-fly** (während einer Fließbandbewegung) oder auch gekoppelt mit flexiblen Handhabungssystemen, wie bspw. Gelenkarmrobotern oder 3D-Portalanlagen, eingesetzt werden. Die flexible Strahlführung erlaubt dabei auch über größere Entfernung und beliebige Raumpunkte eine sehr hohe Bauteilzugänglichkeit auf engstem Raum.

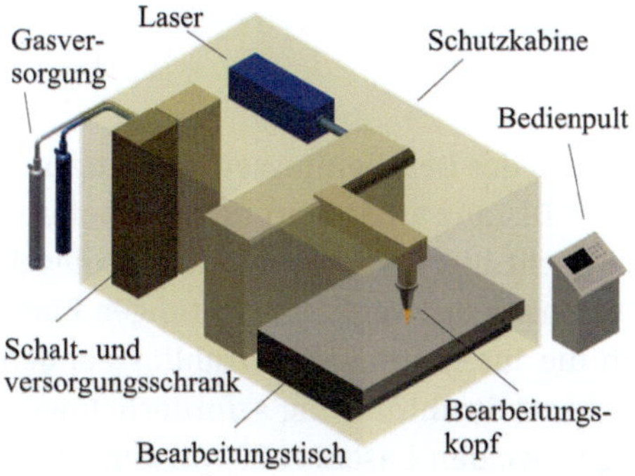

Bild 6.2
Funktionseinheiten einer LMB-Anlage

Neben den klassischen Funktionseinheiten einer Lasermaterialbearbeitungsanlage gewinnen im Zuge der zunehmenden Digitalisierung und Automatisierung weitere Systemkomponenten an Bedeutung. So ermöglichen **cyber-physische Systeme (CPS)** und digitale Zwillinge eine durchgängige Darstellung der realen Anlage in der virtuellen Welt. Diese Integration gilt u. a. als Voraussetzung für eine vorausschauende Instandhaltung, adaptive Prozessführung sowie die umfassende Prozessüberwachung in Echtzeit.

In modernen Anlagen werden zudem verstärkt optische Inline-Messtechniken in den Strahlengang implementiert. Typische Beispiele sind Pyrometer zur Temperaturmessung, CCD-Kameras zur Prozessvisualisierung oder hyperspektrale Sensoren zur Emissionsanalyse. Diese Sensoren liefern in Echtzeit prozessrelevante Daten, die direkt zur Regelung des Lasers oder zur Qualitätssicherung genutzt werden können.

Ein weiterer technologischer Fortschritt liegt in der aktiven Strahlformung, für die zunehmend adaptive Optiken, wie deformierbare Spiegel oder Modulatoren, zum Einsatz kommen, die eine dynamische Anpassung der Intensitätsverteilung an wechselnde Bearbeitungsanforderungen ermöglicht. Auch modengeführte Fasern, welche spezielle Intensitätsprofile (z. B. Ringmoden oder Top-Hat-Profile) übertragen, dienen der gezielten Anpassung der Energieeinbringung in die Wechselwirkungszone.

Die für die Relativbewegung zwischen Strahl und Werkstück zuständige Bearbeitungseinheit wird durch vielfältige Bewegungskonzepte ergänzt. Neben klassischen Achssystemen finden auch Gelenkarmroboter, Delta-Kinematiken oder hexapodale Plattformen Anwendung, um komplexe 3D-Geometrien mit hoher Präzision zu bearbeiten. Diese Systeme bieten eine große Bewegungsfreiheit bei gleichzeitig kompakter Bauweise. Darüber hinaus gewinnen modulare Anlagenarchitekturen an Relevanz, die die flexible Anpassung der Anlage an wechselnde Bearbeitungsaufgaben oder Produktvarianten erlauben. Über standardisierte Schnittstellen, z. B. OPC UA oder MTConnect (siehe auch Kapitel 15), können Funktionseinheiten digital vernetzt werden, was insbesondere in agilen Produktionsumgebungen Vorteile bietet.

6.2 Strahlführung und Strahlformung

In vielen Fällen ist der Laserresonator getrennt von der Bearbeitungseinrichtung aufgestellt, sodass der Laserstrahl über eine gewisse Distanz an den Ort der Bearbeitung geführt werden muss. In den meisten Fällen reicht hierfür keine einfache Spiegelumlenkung aus, sondern es müssen sehr oft Distanzen in zwei Raumrichtungen überbrückt und der Strahl justiert werden. Durch die Integration von strahlformenden Komponenten kann zusätzlich auch eine erweiterte Strahlführung erforderlich werden. Eine wichtige Aufgabe der Strahlführung ist es, den Laserstrahl von der Laserstrahlungsquelle möglichst verlustarm und ohne Beeinträchtigung der Strahlqualität zum Ort der Bearbeitung zu lenken.

Während bei der **Strahlführung** lediglich die Strahlrichtung beeinflusst wird, können durch Strahlformungselemente gezielt Laserstrahlparameter geändert werden. Die Möglichkeiten der **Strahlformung** lassen sich in folgende grundsätzliche Maßnahmen unterteilen:

- Strahlaufweitung,
- Divergenzeinstellung,
- Strahlfokussierung,
- Strahlquerschnittanpassung,
- Modenformung,
- Polarisationsänderung und
- Strahlüberlagerung.

Für beide Funktionsgruppen (Strahlführung, Strahlformung) werden unterschiedliche optische Bauelementen benötigt, die im nachfolgenden Abschnitt näher ausgeführt werden.

Um die optische Qualität und die Justagestabilität auch bei hohen Strahlleistungen langfristig zu gewährleisten, werden aktiv gekühlte optische Komponenten verwendet. Hierzu zählen mikrokanalisierte Spiegelträger oder Peltier-Elemente, die temperaturbedingte Deformationen und Fokusdrift minimieren.

6.2.1 Optische Komponenten

Aufgrund der unterschiedlichen Laserstrahleigenschaften und Bearbeitungsverfahren sind die Anforderungen an optische Komponenten und Systeme in LMB-Anlagen sehr vielgestaltig. Für die speziellen Anwendungsfälle kommen verschiedene optische Konzepte zum Einsatz (Tabelle 6.1). Diese reichen von einfachen optischen Elementen bis hin zu komplizierten optischen Systemen. Aufgrund der Entwicklungen des Optical Designs und der Optikfertigung in den letzten Jahren stehen dem Anwender heute neben Asphären und korrigierten optischen Systemen auch sogenannte „maßgeschneiderte Lösungen“ zur Verfügung. Darunter sind optische Komponenten zu verstehen, die bspw. ganz speziell für eine Bearbeitungsaufgabe entwickelt und hergestellt wurden. Bei der richtigen Auswahl der optischen Komponenten spielen die einzusetzende Wellenlänge, die erforderliche Leistungsdichte, der gewünschte Bearbeitungsdurchmesser und der technologisch bedingte Arbeitsabstand eine wesentliche Rolle.

Tabelle 6.1 Einteilung der optischen Bauelemente

Optische Wirkung	Richtungsabhängigkeit	Stoffeigenschaft	Physikalische Wechselwirkung
refraktiv (brechende Wirkung) Linsen, Prismen	**isotrop** Glas, Kunststoff	**homogen** Glas, Kunststoff	**absorbierend** Empfänger
diffraktiv (beugende Wirkung) Gitter	**anisotrop** doppelbrechende Kristalle, Flüssigkristalle	**inhomogen** GRIN-, Kerr-Medium	**transmittierend** Fasern, Filter
			reflektierend Spiegel, Reflexionsgitter

6.2.1.1 Planparallele Platten

Die einfachste geometrische Grundform optischer Komponenten stellt die planparallele Platte dar. **Planplatten** werden durch zwei ebene sowie parallele Flächen gebildet. Bei der Transmission eines Strahlenbündels im schrägen Einfall kommt es zu einer parallelen Versetzung des Bündels, der in der Auslegung des Strahlenganges berücksichtigt werden muss. Bild 6.3 illustriert diesen Zusammenhang und zeigt die geometrischen Verhältnisse des Strahlenversatzes.

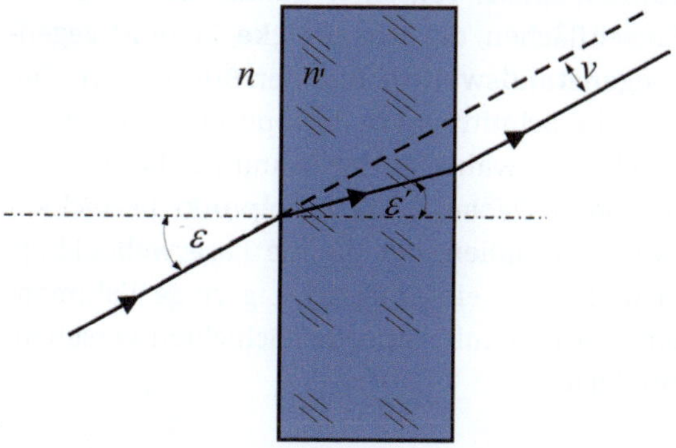

Bild 6.3
Strahlenversatz an einer Planplatte

Der theoretische **Strahlenversatz** $\boldsymbol{v}$ wird in Formel 6.1 und Formel 6.2 nur durch die **Plattendicke** $\boldsymbol{s}$, den **Einfallswinkel** $\boldsymbol{\varepsilon}$ und den **Brechungswinkel** $\boldsymbol{\varepsilon'}$ bestimmt.

$$v = s \cdot \frac{\sin(\varepsilon - \varepsilon')}{\cos \varepsilon'} \tag{6.1}$$

$$v = s \cdot \frac{(n-1)}{n} \cdot \tan \varepsilon \tag{6.2}$$

n Brechzahl

Der Einfluss der **Planplattendeformation** hingegen lässt sich durch ein angemessenes Verhältnis von Plattendicke zu Plattendurchmesser ausschließen. Bei hohen Genauigkeitsanforderungen wird ein Verhältnis von 0,1 – 0,2 vorgeschlagen */Löff2020/*. Im Fertigungsprozess werden Toleranzangaben an die Planität der Platten (üblich: $\lambda/10 - \lambda/20$) und die Parallelität (üblich: 1' – 5') gestellt. Planplatten werden in sehr unterschiedlichen Anwendungen der LMB benötigt (z. B. als Strahlteiler, Polarisatoren, Filter, Schutzgläser). Die Grundmaterialien der planparallelen Bauelemente sind auf den jeweiligen Wellenlängenbereich abgestimmt und besitzen entsprechend ihrer Funktion reflexionsmindernde oder teildurchlässige Schichten.

6.2.1.2 Linsen

Linsen werden in den unterschiedlichsten Ausführungen in Strahlformungseinrichtungen eingesetzt. Die geometrischen Formen von **Linsen** sind verschieden und können nach ihrer Wirkung in **lichtsammelnd** (Sammellinse oder Positivlinse) oder in **lichtzerstreuend** (Zerstreuungslinse oder Minuslinse) unterteilt werden. Linsen bestehen aus für die jeweilige Einsatzwellenlänge transparentem Material und haben meist **sphärische** oder **asphärische** Flächen. Bei Planlinsen, z. B. Plankonvexlinsen, wird eine Linsenfläche als Planfläche ausgelegt (in diesem Fall ist der Radius gleich unendlich).

Die **Linsenabbildung** (Bild 6.4) erfolgt in vereinfachter Weise im **paraxialen Gebiet** (achsennaher Raum) und an einer **dünnen Linse**. Von einer dünnen Linse spricht man, wenn der Abstand der beiden Linsenflächen, die **Mittendicke**, klein ist gegenüber den **Brennweiten** $\boldsymbol{f}$ und $\boldsymbol{f'}$, der **Gegenstandsweite** $\boldsymbol{a}$ und der **Bildweite** $\boldsymbol{a'}$. Die **Hauptpunkte** $\boldsymbol{H}$ und $\boldsymbol{H'}$ einer Linse sind die Schnittpunkte der optischen Achse mit den zu ihr senkrecht stehenden Hauptebenen, während der Schnittpunkt der optischen Achse mit der jeweiligen brechenden Fläche als **Scheitelpunkt** bezeichnet wird. Die Linsen bestehen generell aus Materialien, die für die Laserwellenlänge einen sehr hohen Transmissionsgrad und somit eine möglichst geringe Volumenabsorption aufweisen. Sie sind sehr oft beidseitig mit Antireflex-Schichten versehen, um die Grenzflächenreflexionen zu mindern.

Brennweiten:

$$f \cdot n = f' \cdot n'$$

Abbildungsgleichung:

$$\frac{1}{f'} = \frac{1}{a'} - \frac{1}{a}$$

Abbildungsmaßstab:

$$\beta' = \frac{y'}{y} = \frac{a'}{a} = \frac{f'}{a + f'}$$

nach Newton

$$z \cdot z' = -f'^2$$

z Objektweite bis zur Hauptebene; z' Bildweite bis zur Hauptebene

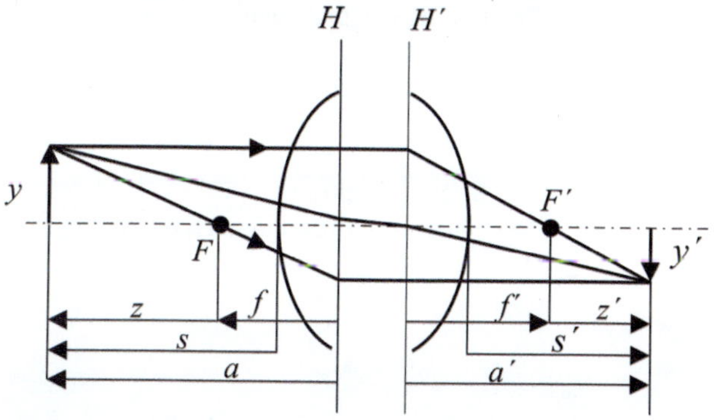

Bild 6.4 Darstellung der Größen für die Abbildung an einer dünnen Linse

Für die erreichbaren **Abbildungseigenschaften** ist die Wahl der Krümmungsgeometrien entscheidend. Einfache sphärische Geometrien wie die einer Plankonvexlinse lassen sich sehr preisgünstig herstellen, verursachen in der Abbildung aber einen Öffnungsfehler (sphärische Aberration). Das heißt, achsferne Strahlen werden stärker gebrochen als achsnahe. Eine besondere Form stellt die **Bestformlinse** dar, für die eine Optimierung der gekrümmten Flächen zur Minimierung der sphärischen Aberration erfolgt.

Werden sehr hohe Anforderungen an die Abbildungsqualität gestellt, kommen **asphärische Linsen** zum Einsatz. Die Asphärenform ist im Randbereich der Linse weniger gekrümmt als in der Linsenmitte und gestattet somit eine Korrektur der Brennweiten für achsferne Strahlen.

In Tabelle 6.2 sind **typische Linsenformen**, die in den unterschiedlichsten Strahlkonzepten der LMB eingesetzt werden, exemplarisch gegenübergestellt. Plankonvex- und

Plankonkavlinsen werden für die Strahlfokussierung und die Strahlaufweitung in Teleskopen verwendet. Bi-Linsen haben aufgrund ihrer doppelten Krümmung eine höhere Brechkraft, weisen auch für die 1:1-Abbildung sehr gute Abbildungseigenschaften auf und werden für sehr kurzbrennweitige Systemanforderungen eingesetzt. **Zylinderlinsen** stellen eine Spezialform dar und wandeln aufgrund ihrer torischen Form gaussförmige Strahlenbündel in rechteck- bzw. linienförmige Intensitätsprofile um. Ferner wird diese Linsenform auch zur Kollimation asymmetrischer Strahlengänge oder aber zur Korrektur von Astigmatismen (unterschiedliche Brennweiten in der meridionalen und sagittalen Ebene) genutzt.

Tabelle 6.2 Übersicht ausgewählter Linsenformen für die LMB (R – Linsenradius, C – Krümmungsmittelpunkt)

Element	Darstellung	Anwendung
Bikonvexlinse	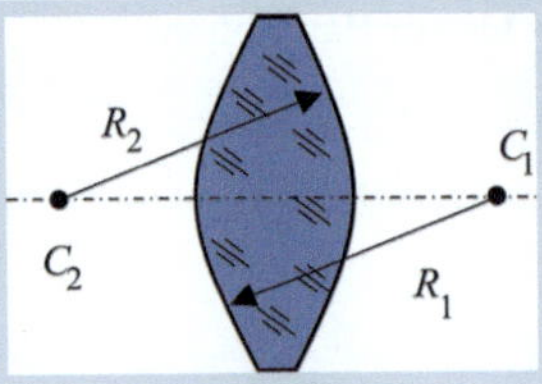	▪ Fokussierung für kurze Brennweiten ▪ Strahlkollimation ▪ Einsatz in Objektiven
Plankonkavlinse	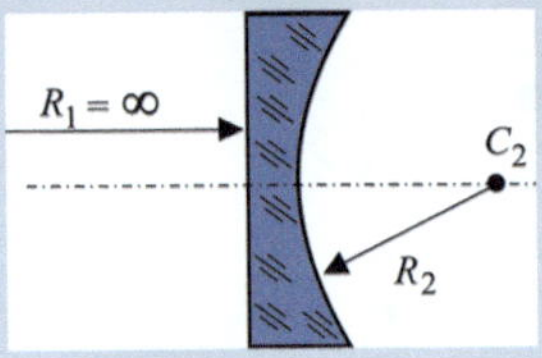	▪ Strahlaufweitung ▪ Teleskopanordnung nach Galilei
Zylinderlinse	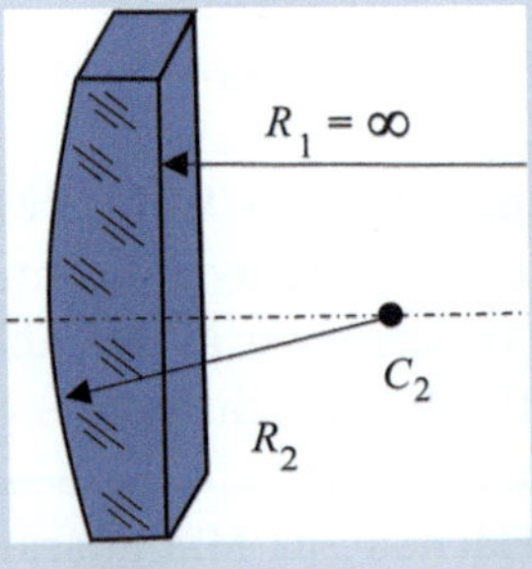	▪ Fokussierung (Linienfokus) ▪ Korrektur von Astigmatismus ▪ Strahlkollimation
Meniskuslinse	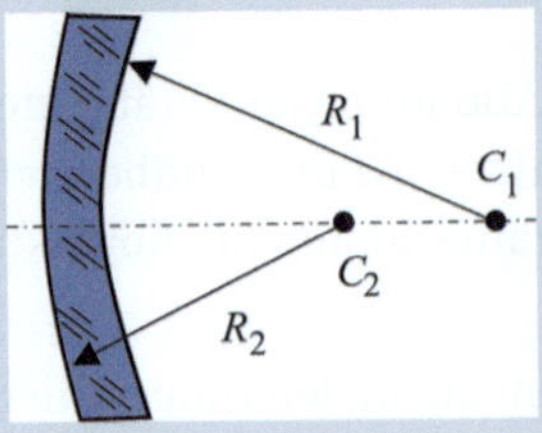	▪ Fokussierung (minimalste sphärische Aberration) ▪ Einsatz in Objektiven kurzer Brennweite

Meniskenlinsen besitzen eine konvexe und eine konkave Krümmung. Sie werden bevorzugt zur Strahlfokussierung mit minimaler sphärischer Aberration eingesetzt. Damit lassen sich sehr gute Fokussierbedingungen mit geringem Brennfleckdurchmesser erzielen.

Eine ganz besondere Linsenform stellen sogenannte Axicon-Linsen dar. **Axicone** sind optische Bauelemente der Strahlformung und wandeln gaussförmige Strahlprofile in ringförmige Profile um. Bei dieser Art von ringförmiger Strahlverteilung spricht man auch von Bessel-Strahlen, die eine sehr homogene und nahezu beugungsfreie Verteilung aufweisen. In der Bearbeitung lassen sich dadurch sehr hohe Schärfetiefen erzielen. Bild 6.5 veranschaulicht den Strahlenverlauf im Axicon sowie ein gemessenes Strahlprofil */Zeng2006/*.

Der Winkel β bezeichnet den Neigungswinkel der konischen Oberfläche des Axicons relativ zur optischen Achse, bestimmt wesentlich die Brechungseigenschaften der eintretenden Strahlen und beeinflusst damit die Form und Divergenz des erzeugten Bessel-Strahls. Bei einem transmissiven Axicon ist β der Winkel zwischen der Kegeloberfläche (brechende Fläche) und der optischen Achse. Der Winkel θ beschreibt den Austritts- oder Ablenkwinkel der Strahlen nach Durchgang durch das Axicon relativ zur optischen Achse. Dieser Winkel ist von β sowie vom Brechungsindex n des optischen Materials abhängig und ergibt sich gemäß dem Snelliusschen Brechungsgesetz (siehe Kapitel 2).

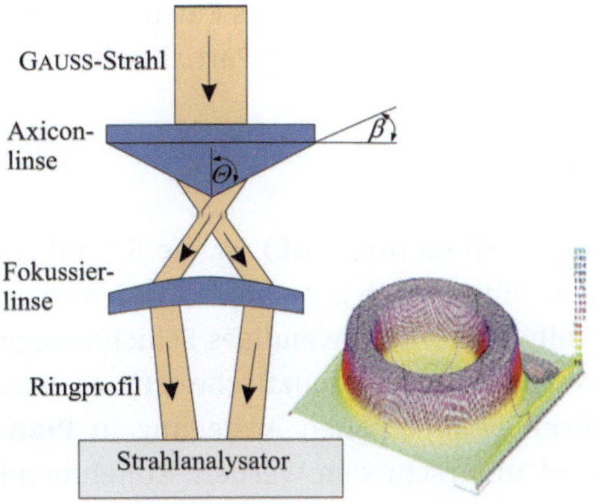

Bild 6.5
Strahlformung mit einer Axiconlinse nach */Zeng2006/*

Die Anwendung der Lasertechnik in den verschiedenen Wellenlängenbereichen erfordert unterschiedliche optische Materialien. Für die Auswahl eines geeigneten Materials muss zunächst die Transmissionscharakteristik für die geforderte Wellenlänge betrachtet werden. Bild 6.6 illustriert das spektrale Verhalten für typische optische Materialien der LMB. Im UV-Bereich kommen ausschließlich Quarzglas und Calziumfluorid zum Einsatz, im VIS und nahen Infrarot hingegen ist auch die Verwendung von BK7 und anderer optischer Gläser möglich. Für die Strahlformung des CO_2-Lasers werden ausschließlich Kristallwerkstoffe wie ZnSe, CdTe, GaAs, teilweise noch Ge und NaCl eingesetzt.

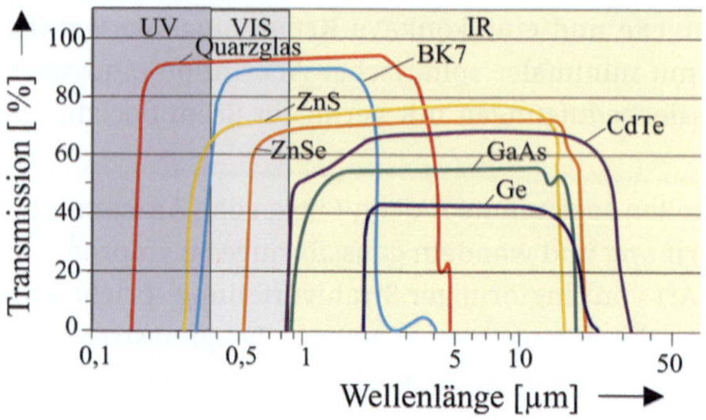

Bild 6.6 Transmissionskurven ausgewählter optischer Materialien

Neben der Transmissionscharakteristik sind drei weitere Parameter für die Auswahl eines geeigneten optischen Materials relevant. Hierzu zählen die Absorption A, die Wärmeleitfähigkeit λ_F und der Verformungsparameter V, der die mechanische Stabilität des optischen Materials beschreibt. In */Stau2000/* wird die sogenannte Größe ***FOM*** **(**Figure of Merrit) aus diesen drei Größen definiert:

$$FOM = \frac{\lambda_F}{A \cdot V} \tag{6.3}$$

Aus der Beziehung folgt, je größer der *FOM*-Wert ist, desto besser ist das Material für ein optisches Bauelement geeignet.

Um die Reflexionsverluste an den optischen Bauelementen zu reduzieren, werden diese meist mit einem dielektrischen Schichtsystem vergütet, das aus Entspiegelungsschichten (AR-Coating) oder teilweise entspiegelnden Schichten, sog. Partial-Reflection-Coatings (PR-Coating) bestehen kann.

6.2.1.3 Spiegel

Die Aufgabe von reflektierenden **optischen Bauelementen (BE)** ist die Strahlführung und -formung durch gerichtete Reflexion mit möglichst geringen Strahlverlusten. Für hochreflektierende BE muss dafür teilweise ein aufwendiges Schichtdesign entwickelt und aufgebracht werden, um die Verluste an der Grenzfläche sehr stark zu minimieren. Spiegel können hinsichtlich ihrer geometrischen Auslegung in **Planspiegel**, **sphärische** und **asphärische Spiegel** unterschieden werden. Zunehmend gewinnen auch Spiegelgeometrien mit Freiformflächen oder Mikrostrukturen an Bedeutung, die z. B. die Strahleigenschaften hinsichtlich der Homogenität der Intensitätsverteilung gezielt beeinflussen können. Die Herstellung solcher Formen ist sehr aufwendig und erfordert die Verfahren der Ultrapräzisionsbearbeitung (UP). Darüber hinaus können Spiegel auch nach dem Ort der Spiegelschicht in **Vorderflächen-** und **Rückflächenspiegel** unterteilt werden, wobei in den meisten Strahlengängen jedoch Vorderflächenspiegel mit vergüteten Oberflächen zum Einsatz kommen. Rückflächenspiegel finden dagegen lediglich für Beleuchtungsstrahlengänge oder aber zur Strahlablenkung für geringere Qualitätsansprüche Anwendung. Die Beschichtung dieser kann allerdings meist preiswerter hergestellt sowie besser geschützt werden und ist damit oftmals verschleißfester */Blie2022/*.

Die **Spiegel** bestehen i. d. R. aus einem Substratmaterial mit aufgebrachten reflektierenden Schichten. Für spezielle Bearbeitungsaufgaben werden aufgrund der guten Wärmeleitung auch massive Metallspiegel aus Kupfer und Molybdän eingesetzt. Bei den Beschichtungsarten kann prinzipiell zwischen **Metallbeschichtung** und dielektrischen Vielschichtsystemen unterschieden werden. **Dielektrische Schichten** beeinflussen die Reflektivität des Trägermaterials und führen infolge von Interferenzeffekten zu Ent- oder Verspiegelungen. Um ein sehr hohes Reflexionsvermögens zu erzielen, wird das Substrat mit einer bestimmten Schichtfolge vergütet, die eine Kombination aus alternierenden hoch- und niedrigbrechenden $\lambda/4$-Schichten ist. Werden dielektrische Spiegel als Umlenkspiegel eingesetzt, so muss der gewünschte Reflexionswinkel und die Polarisation des Lichtes berücksichtigt werden */Stau2000/*.

Laserspiegelbeschichtungen müssen extreme Anforderungen erfüllen, um auch die hohen Strahlleistungen von Hochleistungslasern zu übertragen, und sind oftmals kompliziert aufgebaute Schichtsysteme aus meist mehr als 17 Schichten. Die beim Aufdampfen bzw. Sputtern angewandten **dielektrischen Materialien** sind nahezu absorptionsfrei und ermöglichen maximale Reflexionen größer 99,9 % für die jeweilige Einsatzwellenlänge.

Dielektrische Spiegel hoher Reflektivität werden vor allem bei FK- und Excimerlasern eingesetzt, bei CO_2-Lasern haben metallische Beschichtungen, häufig Silber- und Goldschichten, den Vorrang.

Den immer leichter werdenden Elementen für sogenannte fliegende Optiken, z. B. an lineargetriebenen Laserbearbeitungsmaschinen, kann durch die Anwendung der UP-Bearbeitung auch mit neuen Baukonzepten entsprochen werden. Hierzu zählt beispielsweise die Entwicklung eines Kupfer-Keramik-Leichtgewichtsspiegels, der eine Gewichtsreduktion um den Faktor 4 bis 5 gegenüber herkömmlichen Metalloptiken ermöglicht */Kugler2011/*, */Atki2024/*.

In der Ultrakurzpulslaserbearbeitung (UKP) kommen Pulse mit Pulslängen im Bereich von Femtosekunden (fs) bis wenigen Pikosekunden (ps) zum Einsatz. Die Charakteristika dieser Pulse, im Wesentlichen ihre extrem hohe Spitzenleistung (Peak Power) bei gleichzeitig geringer mittlerer Leistung, stellen besondere Anforderungen an die optischen Komponenten eines Strahlführungssystems dar. Spiegel, die zur Reflexion solcher Pulse verwendet werden, müssen gleichzeitig dispersionserhaltend und hochbelastbar sein. Hierbei von Bedeutung sind zwei wesentliche Kenngrößen, die **Gruppenlaufzeitdispersion (Group Delay Dispersion GDD)** und die **Laserschadensschwelle (Laser-Induced Damage Threshold LIDT)**.

Für die Reflexion ultrakurzer Lichtpulse gelten gegenüber konventionellen Anwendungen besonders strenge Anforderungen. Zum einen muss sichergestellt werden, dass die optische Komponente die zeitliche Struktur des Pulses möglichst unverändert überträgt. Dies erfordert eine minimale Gruppenlaufzeitdispersion (GDD), um temporale

Verzerrungen wie Pulsverbreiterung oder Front-Back-Verzerrung zu vermeiden. Unter **Front-Back-Verzerrung** versteht man eine asymmetrische zeitliche Verformung eines ultrakurzen Laserpulses, bei der die vordere (Front) und die hintere (Back) Flanke des Pulses unterschiedlich stark betroffen sind, z. B. durch eine ungleichmäßige spektrale Phasenverzögerung. Das kann dazu führen, dass der Puls nicht nur breiter wird (wie bei allgemeiner GDD), sondern auch unsymmetrisch, mit einem Nach- oder Vorlauf. Besonders bei Femtosekundenpulsen führen selbst geringe Dispersionsbeiträge zu deutlichen Veränderungen der Pulsform, die in der Materialbearbeitung einen verringerten Wirkungsgrad oder ungewollte Bearbeitungseffekte hervorrufen können.

Zum anderen ist die hohe Spitzenleistung, die typischerweise mehrere Gigawatt pro Quadratzentimeter erreichen kann, eine große Herausforderung für die Materialintegrität der Spiegelbeschichtung. Eine hohe Laserschadensschwelle (LIDT) ist daher essenziell, um thermische, mechanische oder ionisationsbedingte Schädigungsmechanismen zu vermeiden. Die idealen Spiegel für UKP-Anwendungen vereinen daher eine nahezu „null-GDD“ im spezifizierten Wellenlängenbereich mit einer LIDT, die deutlich über den zu erwartenden Pulsbelastungen liegt.

Die **Gruppenlaufzeitdispersion GDD** beschreibt die Dispersion der Gruppenlaufzeit eines optischen Pulses in Abhängigkeit von seiner spektralen Zusammensetzung.

Die 1. Ableitung der spektralen Phase beschreibt die Gruppenlaufzeit $\tau_g(\omega)$.

$$\tau_g(\omega) = \frac{d\varphi(\omega)}{d(\omega)} \tag{6.4}$$

Die 2. Ableitung der spektralen Phase definiert die Gruppenlaufzeitdispersion *GDD*.

$$GDD = \frac{d^2\varphi(\omega)}{d\omega^2} \tag{6.5}$$

Hierbei ist $\varphi(\omega)$ die spektrale Phase eines reflektierten oder transmittierten Lichtfeldes und ω die Kreisfrequenz. Je kleiner die GDD, deren Einheit in fs^2 angegeben wird, eingehalten werden kann, desto geringer ist die Verzerrung eines Pulses beim Durchgang oder bei der Reflexion.

In der UKP-Technologie sind typischerweise GDD-Werte von $< 20\,fs^2$ im relevanten Spektralbereich anzustreben, das entspricht in etwa < 50 nm der Bandbreite um die Zentrumswellenlänge. Für Anwendungen mit Kompressionseffekten oder Carrier-Envelope-Phase-(CEP)-stabilen Pulsen sind noch deutlich niedrigere GDD-Werte erforderlich. CEP-stabile Pulse sind ultrakurze Laserpulse, bei denen die Phase zwischen der Trägerwelle und der Puls-Hüllkurve (CEP) kontrolliert und stabil gehalten wird.

Die **Laserschadensschwelle (Laser-Induced Damage Threshold, LIDT)** definiert die maximale Energiedichte, die eine optische Komponente ohne dauerhafte Beeinträchtigung ihrer Funktionalität aushalten kann. Bei ultrakurzen Laserpulsen wirken extrem hohe Peak-Leistungen über sehr kurze Zeitintervalle auf die Spiegeloberfläche ein, was Schädigungen auf unterschiedlichen physikalischen Wegen zur Folge haben kann. Dazu zählen unter anderem multiphotonische Ionisation, optische Durchschläge (optical breakdown) sowie thermische und mechanische Spannungen innerhalb der dielektrischen Schichten.

Die konkrete Schwelle der LIDT ist von mehreren Faktoren abhängig, insbesondere von der Pulsdauer, der Wellenlänge, dem Bestrahlungsmodus (Einzelpuls oder Multipuls), dem Einfallswinkel, der Polarisation sowie den Umgebungsbedingungen (z. B. Luft, Schutzgas oder Vakuum). Kürzere Laserpulse können zu einer höheren LIDT führen, da während der sehr kurzen Pulsdauer die Energieeintragung überwiegend nicht-thermisch erfolgt und keine signifikante Wärmediffusion in das Substratmaterial stattfindet.

Für den industriellen Einsatz von UKP-Spiegeln bei z. B. einer Wellenlänge $\lambda = 1030$ nm, einer Pulsdauer $\tau_{LP} = 300$ fs und einer Pulsfrequenz von 1 kHz liegen typische Werte für die LIDT im Bereich von 0,5 bis 1,5 $J \cdot cm^{-2}$. Die daraus resultierenden Spitzenleistungsdichten können mehrere Gigawatt pro Quadratzentimeter erreichen, weshalb solche Anforderungen eine präzise Auswahl und Prüfung geeigneter Spiegelschichtsysteme impliziert. Die Beständigkeit wird dabei gemäß DIN ISO 21254-1 im sogenannten S-on-1-Test überprüft, bei dem eine definierte Pulsanzahl *S* auf dieselbe Stelle *1* des Spiegels fokussiert wird, um die Mehrfach-Bestrahlungsresistenz zu ermitteln.

Beispiel für eine Spiegelstruktur für Ultrakurzpulslaseranwendungen, wie sie typischerweise im Bereich von $\lambda = 1030$ nm (z. B. Yb-dotierte Systeme) verwendet wird. Der Fokus liegt auf einem dielektrischen Hochreflexionsspiegel (HR-Mirror), optimiert für geringe Gruppenlaufzeitdispersion (GDD) und hohe Laserschadensschwelle (LIDT), ausgelegt für s-polarisiertes Licht bei 45° Einfallswinkel.

Designparameter

- Zielwellenlänge λ_0: 1030 nm,
- Bandbreite $\Delta\lambda$: ±50 nm (entspricht ~ 980 – 1080 nm),
- Reflektivität *R*: > 99,9 % für s-Polarisation,
- Einfallswinkel (AOI): 45°,
- GDD: < 10 fs^2 über $\Delta\lambda$,
- LIDT (bei 100 fs, 1 kHz, 1030 nm): > 1 $J \cdot cm^{-2}$.

Zur Realisierung solcher Spiegel werden typischerweise dielektrische Mehrschichtsysteme mit hohem Brechungsindexgradienten eingesetzt, etwa Kombinationen aus Ta_2O_5/SiO_2 oder HfO_2/SiO_2, die als Bragg-Spiegel oder „chirped mirrors" mit gezielter Phasenkontrolle ausgelegt sind. Die präzise Steuerung der Schichtdicken ermöglicht eine gleichzeitige Optimierung von Reflektivität, Dispersionseigenschaften und Laserfestigkeit.

Tabelle 6.3 Typische Schichtmaterialien

Schichtmaterial	Brechungsindex bei $\lambda = 1030$ nm	Funktion
Ta_2O_5 (Tantalpentoxid)	n ≈ 2,08	High-Index (H)
SiO_2 (Siliziumdioxid)	n ≈ 1,45	Low-Index (L)

Beide Materialien zeichnen sich durch eine hohe Laserfestigkeit, geringe Absorption und mechanische Stabilität aus.

Ein typischer GDD-optimierter Spiegel besteht nicht aus einem einfachen $\lambda/4$-Stapel, sondern aus einer modulierten (aplanarisierten) Sequenz mit angepassten optischen Schichtdicken. Ziel ist eine möglichst konstante spektrale Phase über das Nutzspektrum zur Vermeidung temporaler Verzerrungen ultrakurzer Pulse.

Ein möglicher vereinfachter Aufbau (von Substrat zu Luft) ist in Tabelle 6.4 vorgestellt.

Tabelle 6.4 Schichtaufbau für einen GDD-optimierten Spiegel

Schicht	Material	Optische Dicke
1	SiO_2	$\lambda/8$
2	Ta_2O_5	$0{,}22 \cdot \lambda$
3	SiO_2	$0{,}27 \cdot \lambda$
4	Ta_2O_5	$0{,}25 \cdot \lambda$
5	SiO_2	$0{,}24 \cdot \lambda$
6	Ta_2O_5	$0{,}28 \cdot \lambda$
7	SiO_2	$0{,}26 \cdot \lambda$
...	...	...
N	SiO_2	~$\lambda/4$ (Schutzschicht)

Der hier gezeigte Aufbau ist als Veranschaulichung anzusehen, denn reale Designs bestehen typischerweise aus 30 bis 50 Schichten. Die letzte Schicht dient als Schutz gegen Umwelteinflüsse und zur Optimierung der LIDT.

Die in Tabelle 6.4 aufgeführten Schichtdicken werden mittels optischer Optimierungsmethoden mit den Zielgrößen für *GDD* und *R* bestimmt. Mit diesen gewählten Parametern ergibt sich folgende Spiegelcharakteristik:

- Reflexionsspektrum:
  $R > 99{,}9\,\%$ im Bereich 980 – 1080 nm,
- GDD-Spektrum:
  $\pm 5\,\mathrm{fs}^2$ im Bereich 1000 – 1060 nm
  keine Nullstellen oder Oszillationen im GDD-Verlauf,
- LIDT-Test (ISO 21254):
  S-on-1-Test mit 100 fs Pulsdauer, AOI = 45°, s-pol: kein Schaden bei $1{,}2\,\mathrm{J \cdot cm^{-2}}$ (10^6 Pulse).

Als Substratmaterial für Spiegel in der Ultrakurzpulslaserbearbeitung wird in der Regel synthetisches Quarzglas (Fused Silica) verwendet. Besonders hervorzuheben ist die sehr geringe optische Absorption im relevanten Wellenlängenbereich vom nahen UV- bis in den NIR-Bereich, wodurch thermisch induzierte Effekte wie lokale Erhitzung oder thermische Linsenbildung für den Einsatz in transmittierenden Anwendungen weitgehend vermieden werden. Das Material Quarzglas weist zudem eine sehr hohe LIDT auf und ist aufgrund dessen besonders robust gegenüber der hohen Pulsenergie ultrakurzer Laserpulse. Darüber hinaus besitzt das Material eine hohe Homogenität des Brechungsindex. Es eignet sich daher sehr gut für den Einsatz in optischen Hochleistungssystemen, insbesondere auch bei größeren Einfallswinkeln. Durch seine thermisch-mechanische Stabilität und den geringen Ausdehnungskoeffizienten bleibt auch bei schwankenden Umgebungsbedingungen die Wellenfrontqualität weitestgehend erhalten. Alternativ können für bestimmte Transmissionsoptiken auch Substrate wie Saphir oder CaF_2 eingesetzt werden, hauptsächlich, wenn hohe Anforderungen an Temperaturleitfähigkeit oder Transmission im UV-Bereich bestehen.

Die Herstellung von hochreflektierenden Spiegeln für die Ultrakurzpulslaserbearbeitung erfordert präzise kontrollierte Beschichtungsverfahren, um die geforderten optischen und mechanischen Eigenschaften zu erreichen. Als besonders geeignet hat sich hierbei das Verfahren Ion Beam Sputtering (IBS) erwiesen, das sich durch eine extrem hohe Packungsdichte der Schichten, eine geringe Rauigkeit sowie eine hervorragende Reproduzierbarkeit auszeichnet. Durch den Einsatz eines gerichteten Ionenstrahls wird das Targetmaterial unter Hochvakuumbedingungen mit kontrollierter Energie auf das Substrat aufgebracht, wodurch Schichten mit nahezu amorpher Struktur und minimaler Porosität entstehen. Diese hohe Dichte führt zu einer exzellenten Langzeitstabilität und ermöglicht Laserschadensschwellen (LIDT) weit oberhalb von 1 $J{\cdot}cm^{-2}$ für Pulsdauern im Bereich von 100 fs.

6.2.1.4 Diffraktive Elemente

Der Einsatz **diffraktiver optischer Elemente** erfolgt in der LMB an unterschiedlichen Orten. Als wellenlängenselektive Elemente werden vorrangig Reflexionsgitter innerhalb des Laserresonators verwendet. Gitter werden bspw. auch extern als Strecker und Kompressor in Ultrakurzpulslasersystemen verwendet (vgl. Kapitel 3).

Das Grundprinzip **diffraktiver optischer Elemente (DOE)** beruht auf der Beugung des einfallenden Lichtes, wobei es durch unterschiedliche Weglängen der Teilstrahlen zu einer Phasenmodulation kommt und Interferenzmuster entstehen. Durch das konstruktive und destruktive Interferieren der Teilstrahlen tritt eine Amplitudenmodulation auf.

Die **optischen Gitter** sind die wichtigsten Vertreter der DOE und in ihrem Aufbau durch örtlich periodische Strukturen (Mikrostrukturen) gekennzeichnet. Die meist parallel angeordneten Linien wirken auf die Amplitude oder die Phase des eingestrahlten Lichtes. Eine wichtige Gittergröße ist der Abstand benachbarter gleichartiger Strukturen, der als **Gitterkonstante *g*** bezeichnet wird. Der Reziprokwert $1/g$ ist die **Ortsfrequenz** des Gitters und wird mit der Einheit Linienpaare (LP) pro mm angegeben. Typische Werte sind 100 LP·mm^{-1}, was einer Gitterkonstante von $g = 10\ \mu m$ entspricht. Die Gitter werden unterschieden in **Transmissionsgitter** (lichtdurchlässig) oder **Reflexionsgitter** (reflektiv). Ferner können benachbarte Strukturlinien auch unterschiedlich transparent oder reflektierend sein und somit die Wellenamplitude beeinflussen (**Amplitudengitter**) oder die Wellen unterschiedlich verzögern und eine Phasenverschiebung verursachen (**Phasengitter**). In der Praxis bringt man solche Mikrostrukturen auf ebene Grundkörper (Plangitter) oder auf Hohlflächen (Konkavgitter) auf, um beispielsweise die nachgeschaltete Fokussierlinse einzusparen. */Pedr2002/*

Bei einem Gitter überlagert sich eine Vielzahl von an den Gitterstrukturen gebeugten Wellen und erzeugt in bestimmte Richtungen Intensitätsmaxima. In Bild 6.7 sind verschiedene Gittertypen dargestellt.

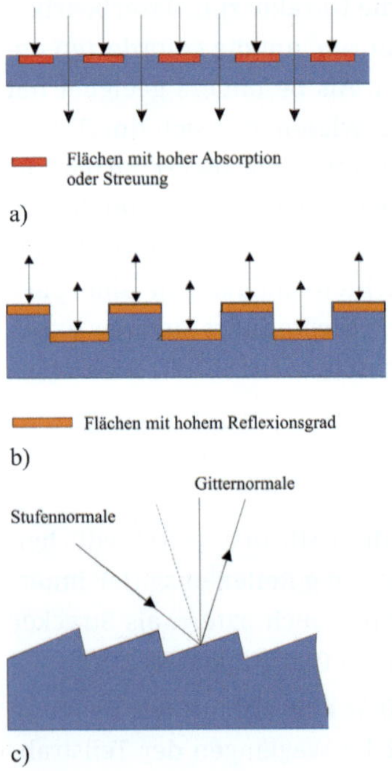

Bild 6.7
Schematische Darstellung der Wirkung von Beugungsgittern nach */Pedr2002/*. a) Transmissionsgitter (Amplitude), b) Reflexionsgitter (Phase), c) Blazegitter (Phase)

Die Verteilung der Energie auf die einzelnen Ordnungen hängt von der Form der periodischen Gitterstrukturen ab. Das im Bild 6.7 c illustrierte **Blazegitter** ist eine besondere Form der Reflexionsgitter. Bei diesem Typ wird die Gitterfurchung auf die gewünschte Blazewellenlänge (Blaze: maximale Intensität) so eingestellt, dass Reflexions- und Beugungsrichtung übereinstimmen. Damit wird eine bestimmte Ordnung bevorzugt (meist 1. Ordnung). Das **Auflösungsvermögen** von Gittern berechnet sich wie folgt:

$$\frac{\lambda}{\Delta\lambda} = m \cdot N \tag{6.6}$$

N Anzahl der Gitterlinien, *m* Ordnung des Maximums

In der Lasertechnik nutzt man DOE bspw. zur gezielten Strahlformung oder aber auch zur Strahlteilung. Ein DOE kann Wirkungsgrade zwischen 80 % und 99 % und Transmissionsgrade von 95 – 99 % erreichen. */Pedr2002/*

Neben klassischen linearen Gittern gewinnen weitere diffraktive optische Elemente (DOE) zunehmend an Bedeutung, insbesondere im Kontext der Strahlformung in der Lasermaterialbearbeitung. Solche DOE sind meist phasenkodierte Mikrooptiken, die gezielt zur Erzeugung komplexer Intensitätsverteilungen angewandt werden. Im Gegensatz zu rein spektral-selektiven Gittern (z. B. in UKP-Streckern, siehe Kapitel 3) basieren diese auf der räumlichen Phasenmodulation der Wellenfront zur Formung von Tophatprofilen, Ringspots oder Multispotanordnungen.

Ein wesentliches Designmerkmal ist die Möglichkeit zur Multifunktionalität, etwa durch Kombination von Fokussierung, Strahlteilung und Intensitätsmodulation in einem einzigen DOE. Dies ermöglicht kompakte, ausrichtungsstabile Systeme mit hoher Wiederholgenauigkeit. Die zugrundeliegende Designmethode basiert auf der Fourieroptik und iterativen Algorithmen wie dem Gerchberg-Saxton-Verfahren, mit denen eine Zielintensitätsverteilung I(x,y) durch inverse Berechnung einer Phasenmaske φ(x,y) realisiert werden kann. Der DOE-Oberflächenhöhenwert h(x,y) ist dann direkt mit der Phasenverzögerung über den Brechungsindex n verknüpft. */Xue2024/*, */Niu2024/*

$$\varphi(x, y) = \frac{2\pi}{\lambda}(n - 1) \cdot h(x, y) \tag{6.7}$$

φ(x,y) positionsabhängige Phasenverschiebung in Radiant; h(x,y) Oberflächenhöhenwert (auch Pfeilhöhe genannt)

Typische Anwendungen liegen in der homogenen Energieverteilung auf Bearbeitungsflächen, z. B. beim Laserstrahlhärten, Mikroschweißen oder für die parallele Strukturierung mittels Multispots (Arrayanordnung). Im Bereich der Additiven Fertigung erlaubt der Einsatz von DOE eine flexible Anpassung der Spotgeometrie an Bauteilgeometrien oder Prozessbedingungen.

Während klassische DOE passive strukturierte Oberflächen mit festem Funktionsdesign sind, ermöglichen hingegen **Spatial Light Modulators (SLM)** oder Digital Micromirror Devices (DMD) eine dynamisch steuerbare Strahlformung (vgl. Abschnitt 6.2.4).

SLM dienen der ortsabhängigen digitalen Phasenmodulation der einfallenden Wellenfront in Echtzeit. In der LMB finden bevorzugt phasenmodulierende, transmissive

SLM auf Flüssigkristallbasis (LCOS – Liquid Crystal on Silicon) Anwendung. Diese SLM ermöglichen eine Phasenmodulation von bis zu 2π über eine adressierbare Matrix (typisch: 792 × 600 Pixel) mit einer Pixelgröße von 20 µm. Die typische maximale optische Apertur liegt bei $(15 \times 11)\,mm^2$, die Bildwiederholrate beträgt etwa 60 Hz. */Hama2025/*

Das zugrundeliegende Funktionsprinzip beruht auf der spannungsgesteuerten Änderung des effektiven Brechungsindexes des Flüssigkristalls innerhalb der einzelnen Pixelzellen. Über eine geeignete Kalibrierung zwischen Grauwert und Phasenverzögerung lässt sich damit jeder Punkt der eingestrahlten Wellenfront präzise modulieren. Die Phasenmodulation $\varphi(x,y)$ ist in Analogie zur Formel 6.7 gegeben durch:

$$\varphi(x, y) = \frac{2\pi}{\lambda} \cdot \Delta n(V) \cdot d \qquad (6.8)$$

$\Delta n(V)$ spannungsabhängige Änderung des Brechungsindex; d effektive Schichtdicke der Flüssigkristallschicht

Die Effizienz der Phasenmodulation ist stark von der Polarisation des einfallenden Lichts abhängig. Da die Modulation nur für linear polarisierte Strahlung wirksam ist, werden SLM üblicherweise in Kombination mit Polarisationsoptiken wie $\lambda/2$-Platten oder Glan-Taylor-Prismen betrieben.

In der LMB erlauben SLM eine flexible und prozessadaptive Strahlformung, z. B. zur:

- Echtzeitanpassung von Multispotanordnungen an komplexe Werkstückgeometrien,
- Erzeugung von Tophat- oder Ringprofilen zur thermisch optimierten Energieeinbringung,
- Realisierung prozessspezifischer Strahlformprofile in Mehrstrahlsystemen für parallele Bearbeitung.

Ein wesentlicher Vorteil gegenüber feststrukturierten DOE besteht in der softwaregesteuerten Rekonfiguration der Phasenmuster, wodurch eine hohe Prozessflexibilität bei gleichzeitig ausgezeichneter Strahlstabilität erzielt werden kann. Auch adaptive Verfahren, etwa auf Basis maschinellen Lernens zur Optimierung des Phasenhologramms, lassen sich mit SLM besonders effizient realisieren.

Ein zentrales Anwendungsfeld von Spatial Light Modulatoren (SLM) ist die adaptive Erzeugung maßgeschneiderter Intensitätsverteilungen mittels numerisch berechneter Phasenhologramme. Im Bild 6.8 a ist exemplarisch ein Phasenmuster dargestellt, das eine rechteckförmige Strahlform generiert. Dieses kontinuierliche, symmetrische Phasenprofil entsteht durch eine gezielte wellenfrontabhängige Phasenverzögerung über die Aperturfläche des SLM hinweg.

Bild 6.8 b zeigt exemplarisch resultierenden Intensitätsverteilungen im Fokus für unterschiedliche regelmäßige Multispot-Muster (z. B. für parallele Materialbearbeitungsprozesse). Diese Strahlformung erfolgt rein softwaregesteuert, wodurch eine sehr hohe Flexibilität für unterschiedliche Prozessanforderungen erzielt wird.

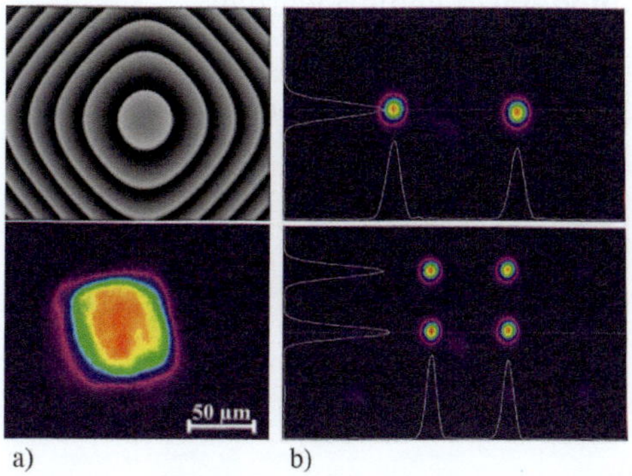

Bild 6.8
Spatial Light Modulator für UKP-Laseranwendungen. a) Phasenhologramm und damit erzeugte Intensitätsverteilung (Tophatprofil), b) Beispiele für Strahlprofile in Multistrahlanordnung

Die dargestellten Profile verdeutlichen die Vielseitigkeit von SLM-basierten Systemen in der modernen Lasermaterialbearbeitung, etwa zur Produktivitätssteigerung durch Parallelisierung, zur selektiven Reinigung, für strukturierte Oberflächenfunktionalisierung oder für die Erzeugung hochpräziser geometrischer Energieeinträge.

6.2.1.5 Optische Fasern

Die Transmission von Licht kann in zylindrischen Wellenleitern über weite Strecken erfolgen, wenn es nach jedem Auftreffen auf der Wand des Wellenleiters nahezu verlustfrei reflektiert wird. Das Prinzip der Wellenleitung beruht auf **Totalreflexion**, wodurch Signale auf optischem Weg über sehr große Entfernungen mit geringer **Dämpfung** (Verlusten) übertragen werden können. In Bild 6.9 ist der grundlegende Aufbau einer optischen Faser dargestellt. Der **Kern** mit der Brechzahl n_1, in dem das Licht geführt wird, ist eingebettet in einen **Mantel** mit einer Brechzahl $n_2 < n_1$. Werden Lichtstrahlen mit einem Winkel θ, der größer ist als der **Akzeptanzwinkel** $\boldsymbol{\theta_a}$, in die Faser eingekoppelt, so werden diese im Kern geführt. Strahlen mit einem kleineren Winkel verlieren bei jeder Reflexion Energie und werden nicht geführt. Der Akzeptanzwinkel ergibt sich aus der Beziehung

$$\theta_a = \arcsin\sqrt{n_1^2 - n_2^2} \tag{6.9}$$

Sehr häufig wird die **Numerische Apertur (*NA*)** als signifikante Größe für die Einkoppelbedingung in eine Faser angegeben:

$$NA = \sqrt{{n_1}^2 - {n_2}^2} \tag{6.10}$$

Die numerische Apertur bestimmt somit, unter welchem Winkel θ_a Licht in die Faser eingekoppelt werden muss, sodass sich geführte Moden ausbilden.

Die Lichtleitung in Wellenleitern erfolgt prinzipiell durch sogenannte **Strahlungsmoden** (vgl. Kapitel 3). Ist der Faserkern klein genug, sodass nur eine Mode geführt werden kann, spricht man von einer **Monomodefaser**, bei größeren Kerndurchmessern können mehrere Moden in einer **Multimodefaser** geführt werden.

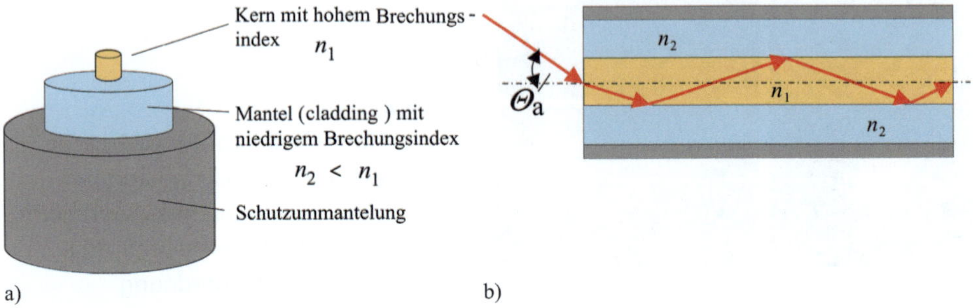

Bild 6.9 Prinzipieller Aufbau und Wirkungsweise einer optischen Faser. a) Faseraufbau, b) Strahlausbreitung durch Totalreflexion

Optische Fasern werden des Weiteren in **Stufenindex-Fasern** und **Gradientenindex-Fasern** unterteilt. Der erste Fasertyp hat einen stufenförmigen Brechzahlübergang zwischen Kern und Fasermantel, wohingegen sich die Brechzahl des Kerns bei der Gradientenindex-Faser stetig der des Mantels annähert (Bild 6.10).

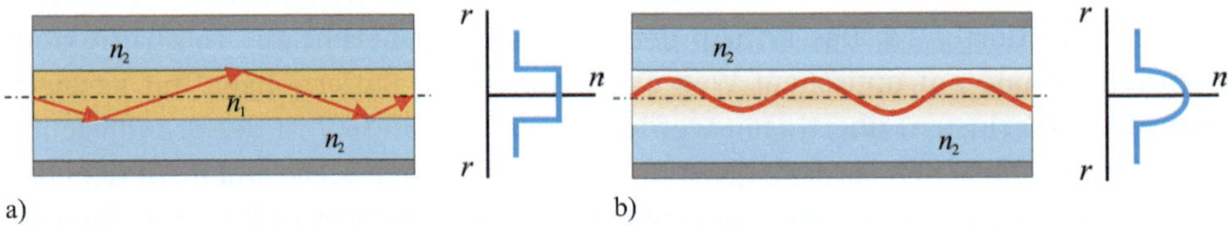

Bild 6.10 Prinzipielle Fasergeometrien. a) Stufenindex-Faser, b) Gradientenindex-Faser

Mit **Lichtleitfasern** können in der LMB sehr lange Wege (bis etwa 100 m) überbrückt werden. Die Verluste der Faserübertragung werden insbesondere durch die Ein- und Auskoppelung in bzw. aus der Faser verursacht. Mit einer entsprechenden Beschichtung der Faserenden lassen sich diese Verluste minimieren. Die Faser wird zusätzlich in einen kevlarverstärkten Kunststoffmantel eingebettet und dieser Verbund wiederum in einen flexiblen Metallschlauch zum Schutz vor mechanischer Beschädigung. Oft wird gleichzeitig auch eine Datenleitung zum Bearbeitungskopf in diesem Schlauch mitgeführt. Für Prozessfasern werden überwiegend Kerndurchmesser zwischen 0,15 und 1,5 mm eingesetzt.

6.2.1.6 Sonderformen

Um Rückreflexionen von der Werkstückoberfläche zum Resonator zu verhindern (vgl. Kapitel 5), werden spezielle Bauelemente im Strahlengang angeordnet. Für die Strahlung des CO_2-Lasers können **ATFR-Elemente** (Absorbing Thin Film Reflector) wirkungsvoll eingesetzt werden. Der ATFR ist ein speziell beschichteter polarisationsempfindlicher Kupferspiegel, der unter einem Einfallswinkel von 45° den Strahlungsanteil mit s-Polarisation vollständig reflektiert und den p-Polarisationsanteil nahezu vollständig absorbiert. In Kombination mit einem $\lambda/4$-Phasenschieberspiegel können somit rücklaufende Strahlungsanteile von der Materialoberfläche eliminiert werden. Bild 6.11 a veranschaulicht die beschriebene Anordnung sowie die jeweiligen Polarisationszustände der Strahlung.

Faraday-Isolatoren sind optische Bauelemente, die Strahlung in nur eine Richtung durchlassen und ebenfalls zum Schutz in Lasermaterialbearbeitungsanlagen eingesetzt werden. Hauptbestandteil des in Bild 6.11 b veranschaulichten Aufbaus ist der **Faraday-Rotator**, der aus einem **TGG-Kristall** (**T**erbium-**G**allium-**G**ranat) in einem permanent magnetischen Feld besteht. Der Faraday-Rotator wird zwischen zwei Glan-Taylor-Prismen eingebaut, die unter einem Winkel von 45° angeordnet sind. */lasercomponents2012/*

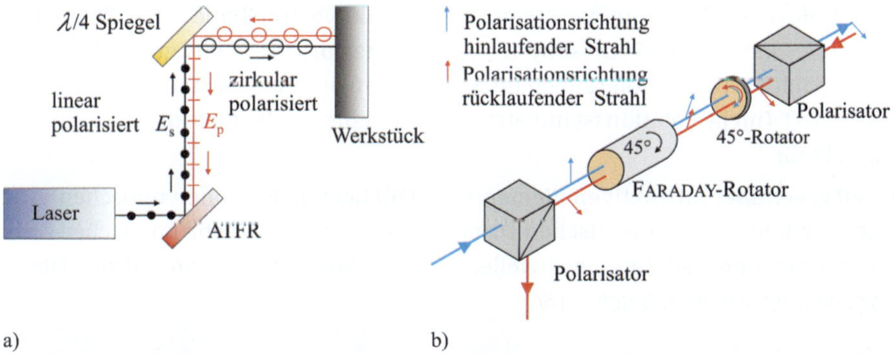

Bild 6.11 Grundanordnungen optischer Isolatoren. a) ATFR-Spiegel nach */LOT1995/*, b) Faraday-Isolator nach */lasercomponents2012/*

Refraktive Strahlformungselemente, wie z. B. piShaper oder spezielle Beam Shaping Optics, transformieren ein gaussförmiges Intensitätsprofil in eine flach-homogene Verteilung (Tophat-Profil), wobei die Kollimation des Strahls erhalten bleibt. Diese Optiken arbeiten beugungsfrei und ermöglichen eine verlustarme, wellenlängenunabhängige Umformung. Das Funktionsprinzip basiert auf einem Strahlengang mit rotationssymmetrischen asphärischen Flächen, die so ausgelegt sind, dass sich die Strahlenergie im Fernfeld homogen verteilt. Refraktive Strahlformer bieten folgende Vorteile:

- kein Fokusshift bei Umformung,
- hohe Transmission (typ. > 98 %),
- Wellenlängenunabhängigkeit durch rein refraktive Abbildung,
- besonders geeignet für UKP-Laserprozesse und präzise Mikrobearbeitung.

Asphärische Strahlformungselemente nutzen die Abweichung von der sphärischen Form, um Strahlgeometrie, Divergenz oder Intensitätsverteilung eines Laserstrahls gezielt zu modifizieren. Sie finden insbesondere dort Anwendung, wo Standardlinsen oder sphärische Optiken nicht ausreichen, um die gewünschten Strahlprofile abzubilden oder Aberrationen zu minimieren.

Ein zentrales Anwendungsfeld ist die strahlformende Abbildung, etwa zur Transformation eines gaussförmigen Profils in ein Tophat-, Donut- oder Linienprofil. Asphärische Elemente ermöglichen diese Umformung durch lokale Variation des Brechungswinkels entlang des Strahlquerschnitts ohne diffraktive Verluste und bei signifikant reduzierten Abbildungsfehlern. Der Einsatz ist besonders vorteilhaft bei Anforderungen an hohe Strahlqualität, Fokusstabilität und thermische Robustheit.

Asphärische Einzellinsen (z. B. Plankonvexlinsen mit asphärischer Vorderfläche) werden zur Reduktion sphärischer Aberration eingesetzt und können gleichzeitig Fokuslage und -größe optimieren. Bei Kombination mehrerer asphärischer Flächen entstehen komplexe Strahlformungssysteme, z. B. refraktive TopShape- oder BeamShaper-Module, /*asphericon2025*/. Diese Systeme beinhalten präzise gefertigte asphärische Oberflächen mit Fertigungstoleranzen im Bereich $\lambda/10$ oder besser und sind teilweise freiformbasiert (nicht rotationssymmetrisch), was eine noch individuellere Strahlführung erlaubt.

Ein Vorteil gegenüber diffraktiven Elementen (DOE) liegt in der hohen optischen Effizienz, der Freiheit von chromatischen Dispersionseffekten (bei achromatischer Auslegung) und der höheren Zerstörschwelle, da keine Mikrostrukturen auf der Oberfläche verwendet werden. /*Fuch2016*/

6.2.1.7 Aktive optische Elemente

Im Gegensatz zu passiven optischen Komponenten wie Linsen oder Spiegeln, die die Eigenschaften eines Strahls durch feste Geometrien oder Materialien beeinflussen, erlauben aktive optische Elemente eine dynamische Modifikation des Laserstrahls. Diese Elemente sind insbesondere in der LMB von zunehmender Bedeutung, da sie eine flexible Strahlformung, Schaltbarkeit und Prozessanpassung in Echtzeit ermöglichen. Aktive Komponenten lassen sich prinzipiell nach ihrer Wirkweise in folgende Klassen unterteilen:

- **Spatial Light Modulatoren (SLM):** SLM, insbesondere auf Flüssigkristallbasis (LCoS – Liquid Crystal on Silicon), modulieren die Phase (oder Amplitude) eines einfallenden Strahls ortsaufgelöst (pixelweise). Typische Systeme bestehen aus Arrays mit bis zu mehreren Millionen adressierbaren Pixeln. Die Modulation basiert auf der spannungsgesteuerten Änderung des effektiven Brechungsindex in der Flüssigkristallschicht, wodurch die Wellenfront lokal verzögert wird (siehe auch Abschnitt 6.2.1.4).

- **Akusto-optische Modulatoren (AOM):** AOM nutzen akustische Wellen in kristallinen Materialien (z. B. Tellurit, Quarz), um über photoelastische Effekte ein dynamisches Brechungsindexgitter zu erzeugen (Bragg-Gitter). Das einfallende Licht wird entsprechend der Bragg-Bedingung gebeugt:

  $$2n \cdot \Lambda \sin\theta = m \cdot \lambda \tag{6.11}$$

  Hierbei ist Λ die akustische Wellenlänge, n der Brechungsindex des Mediums, θ der Ablenkwinkel und m die Beugungsordnung. Die Intensität des gebeugten Strahls kann über die akustische Leistung gesteuert werden. AOM werden typischerweise für schnelle Strahlablenkung, Intensitätsmodulation im MHz-Bereich oder als Pulsselektoren (Pulse Pickers) in UKP-Systemen eingesetzt.

- **Elektro-optische Modulatoren (EOM):** EOM (z. B. Pockels-Zellen) ändern den Brechungsindex eines optisch aktiven Kristalls (z. B. BBO, KDP oder $LiNbO_3$) durch ein externes elektrisches Feld, das eine phasenabhängige Polarisationsänderung bewirkt. In Kombination mit Polarisationsoptiken lässt sich so der Strahl mit hoher Geschwindigkeit schalten. Die erzeugte Phasenverzögerung $\Delta\phi$ ergibt sich aus:

  $$\Delta\phi = \frac{2\pi}{\lambda} n_0^3 \cdot r_{\mathrm{eo}} \cdot \frac{U_{\mathrm{a}} \cdot L}{d_{\mathrm{E}}} \tag{6.12}$$

  r_{eo} elektro-optischer Koeffizient; L Ausbreitungsrichtung; U_{a} angelegte Spannung; d_{E} Abstand der Elektroden (Elektrodengeometrie)

  EOM finden Anwendung in Q-Switchanordnungen, zur Pulsselektion in UKP-Lasern oder zur Impulsmodulation in gepulsten Lasersystemen.

- **Adaptive Optiken:** Das Prinzip adaptiver Optiken basiert auf verformbaren optischen Komponenten, deren Geometrie durch elektrische, mechanische oder thermische Signale gezielt verändert wird. Zwei grundlegende Klassen in der LMB sind:
  - **Deformierbare Spiegel:** Sie bestehen aus einer reflektierenden Membran oder dünnen Spiegelfläche, die durch Arrays von Aktuatoren (piezoelektrisch oder elektrostatisch) lokal verformt werden. Die dadurch bedingte ortsaufgelöste Anpassung der Phasenfront der reflektierten Welle erlaubt die Kompensation niederfrequenter Aberrationen (z. B. Defokus, Astigmatismus, Koma) und die fokusadaptive Prozessführung.
  - **Wellenfrontmodulierende Phasenplatten:** Sie arbeiten typischerweise transmissiv und ermöglichen eine räumlich variable Phasenmodulation durch mechanische oder thermische Deformation der Substratstruktur.

Die Auswahl eines geeigneten aktiven optischen Elements richtet sich nach der gewünschten Modulationsart (Amplitude, Phase, Richtung), der Modulationsgeschwindigkeit und der spektralen sowie leistungstechnischen Kompatibilität mit dem verwendeten Lasersystem. Tabelle 6.5 fasst die wichtigsten Charakteristika der genannten Elemente zusammen.

Tabelle 6.5 Vergleich aktiver optischer Elemente in der Lasermaterialbearbeitung

Elementtyp	Modulationsart	Modulationsgeschwindigkeit	Wellenlängenbereich	Leistungsbereich	Typische Anwendungen
SLM (LCoS)	Phase (auch Amplitude)	~10 – 100 Hz (bildfrequenzlimitiert)	400 – 1600 nm (modellabhängig)	bis einige Watt (passive Kühlung) – 100 W	Strahlformung, Multiplexing, adaptive Optik, Mikrostrukturierung
AOM	Amplitude, Richtung	~10 – 200 MHz	200 – 2000 nm	bis ca. 10 W (ausreichende Kühlung nötig)	Intensitätsmodulation, Pulsselektion, Scannerersatz, Strahlablenkung
EOM (Pockels-Zelle)	Polarisation, Phase	> GHz	300 – 2000 nm	bis mehrere 100 W (modellabhängig)	Q-Switching, UKP-Pulsselektion, Modulation, Pulsformatierung
Digital Micromirror Device (DMD)	Amplitude (binär, per Mikrospiegel)	bis ~10 – 30 kHz	400 – 700 nm (VIS)	bis wenige Watt (abhängig von Spiegelbeschichtung)	Maskenprojektion, Mikrostrukturierung, Graustufenbelichtung
Deformable Mirror (DM)	Phase (kontinuierlich)	~100 – 1000 Hz	300 – 2500 nm	> 100 W	adaptive Optik, Aberrationskorrektur, Hochleistungsanwendungen

6.2.2 Opto-mechanische Komponenten

Unter dem Begriff **opto-mechanische Komponenten** werden alle Bauelemente zusammengefasst, die eine Aufnahme, Anordnung und Justierung der optischen Bauelemente im Strahlengang ermöglichen. Dazu zählen insbesondere Spiegelhalterungen, Optikfassungen, mechanische Verstelleinheiten, Justiervorrichtungen und auch Blenden. In der Anwendung muss zunächst die Unterscheidung zwischen **optisch inte-**

grierten Systemen und den sogenannten „offene Anordnungen“ getroffen werden. Optische integrierte Aufbauten gewinnen zunehmend für faserbasierte und Diodenlaseranordnungen an Bedeutung. Bei dieser Technik lassen sich besonders kompakte, auf kleinstem Raum angeordnete Strahlengänge realisieren und erlauben die Miniaturisierung optischer Systemlösungen. Zu offenen Anordnungen zählen all diejenigen Strahlengänge, die zwischen Laserresonator und Handlingseinrichtung eine gewisse Distanz zu überbrücken haben. Es werden zwei Grundanordnungen unterschieden:

1. **optisch integrierte Systeme:** eingesetzt in kompakten, faserbasierten Lasermodulen, Laserdiodenarrays und Integrationslösungen für die Serienfertigung und
2. **offene Anordnungen:** charakteristisch für Labor- und Entwicklungsumgebungen mit externem Strahlengang.

Zu erstgenannter Gruppe gehören **permanente Strahlengänge**, die für die industrielle Anwendung konzipiert werden und nach der Grundjustierung i. d. R. fest angeordnet bleiben. **Variable Aufbauten** werden dagegen für Labor- bzw. Forschungsaufgaben vorgesehen. Diese Strahlengänge müssen über eine hohe Flexibilität verfügen und möglichst große Justierfreiheitsgrade aufweisen. Grundelemente dafür bilden oftmals modulare Aufbauten, die unter dem Begriff „Optische Bank“ bekannt geworden sind */newport2025/, /excelitas2025-1/, /excelitas2025-2/, /Thorlabs2025/.*

Opto-mechanische Baukastensysteme (Optische Bank) weisen folgende Merkmale auf:

- sehr stabile Aufbauten, auch in Verbindung mit optisch gedämpften Tischsystemen,
- kleine und platzsparende Abmessungen,
- sehr enge Toleranzen, präzise zentrierte Ausrichtung der optischen Komponenten möglich,
- universelle und einfache Anordnung der Komponenten und
- Erweiterungsmodule sind leicht integrierbar.

Zahlreiche Elemente wie Verstelleinheiten, Aufnahmen, Würfel, Adapter bis hin zu gefassten optischen Komponenten erlauben ein sehr schnelles Aufbauen und Justieren im optischen Strahlengang. Das Grundprinzip besteht in der Kombination genormter Aufnahmeplatten, die durch Edelstahlstangen miteinander verbunden werden und auf denen Optiken aller Art angeordnet werden können. Neben zweidimensionalen sind auch räumliche Aufbauten schnell verwirklicht (Bild 6.12 b).

Hinsichtlich der verwendeten freien Aperturen der optischen Bauelemente sind mehrere standardisierte Baukastensysteme verfügbar. Auf weitere Lösungen für opto-mechanische Systeme sei auf */Kidg2001/, /thorlabs2025/, /edmundoptics2025/, /owis2025/* verwiesen.

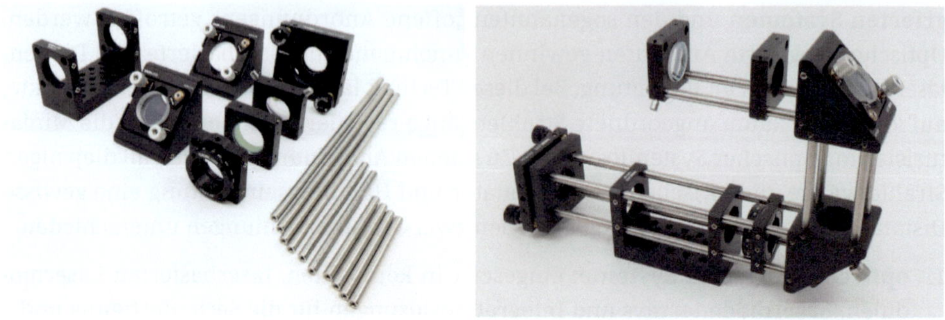

a) b)

Bild 6.12 Opto-mechanisches Baukastensystem Mikrobank. a) ausgewählte Basiselemente, b) Anwendungsbeispiel

Das Zusammenspiel zwischen optischem Bauteil und Fassung muss genau aufeinander abgestimmt werden, dabei sollten die Toleranzen optimal auf Optik und Fassung verteilt werden. Zur Gewährleistung der Funktion im optischen Strahlengang sind die Optiken lagesicher, spannungsarm, dauerhaft oder auch austauschbar einzubauen. Folgende Anforderungen sind an das **Fassen eines optischen Bauelementes** zu stellen */Blie2022/*:

- beschädigungsfreie Montage der optischen Bauelemente,
- feste Lage des Bauteils in der Fassung ohne bzw. mit minimalen Verspannungen,
- exakte Lagesicherung sowohl für den statischen als auch den dynamischen Einsatzfall,
- Gewährleistung einer möglichst großen, freien optisch wirksamen Fläche,
- keine Verspannungen des Bauteils infolge von Temperaturveränderungen (ggf. temperaturkompensierende Maßnahmen),
- hohe Festigkeit des Fassungselementes sowie des Verbundes ohne das Auftreten von Eigenspannungen,
- für justierbare Elemente muss die erforderliche Zugänglichkeit und ein ausreichender Justierfreiheitsgrad gewährleistet werden,
- gute Systemintegrierbarkeit und möglichst einfache Handhabung.

Als **Fassungsmaterialien** kommen sehr häufig die Werkstoffe Aluminium und Messing zum Einsatz. Sehr oft werden zum Schutz der optischen Bauelemente auch elastische Kunststoffringe als Zwischenringe vorgesehen (Bild 6.13).

Um präzise Bewegungsabläufe optischer Komponenten und Werkstücke vornehmen zu können, werden **Positioniersysteme** eingesetzt. Als Standardpositioniersysteme stehen Linear-, Rotations-, Winkelverstell- und Neigetische sowie Mess- und Feingewindeschrauben zur Verfügung. Die Kombinierbarkeit der unterschiedlichen Positioniersysteme gestattet den Aufbau von mehrachsigen Bewegungseinheiten, wodurch ein mehrdimensionales Positionieren, Justieren oder Verschieben unterschiedlicher Lasten mit veränderlichen Geschwindigkeiten ermöglicht wird. Hinsichtlich der Positioniergenauigkeit und erreichbaren Stellwege lassen sich verschiedene Genauigkeitsklassen unterteilen.

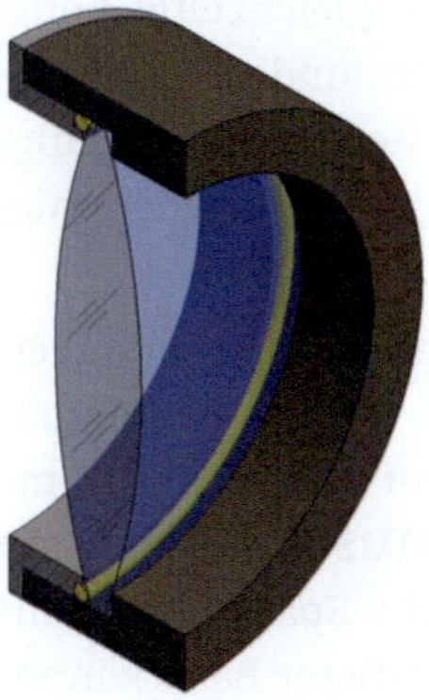

Bild 6.13
Optik, gefasst mit elastischem Zwischenring */Blie2022/*

In den vergangenen Jahren haben sich im Bereich der opto-mechanischen Komponenten zahlreiche technologische Innovationen etabliert, die signifikante Fortschritte hinsichtlich Präzision, Modularität und Integrationsfähigkeit optischer Systeme ermöglicht haben.

Ein zentrales Entwicklungsfeld im Präzisionsmaschinen- und Optikbau ist der Einsatz thermisch und mechanisch optimierter Strukturmaterialien wie kohlenstofffaserverstärkter Kunststoffe (CFK), Glaskeramiken (z. B. Zerodur®) sowie Aluminium-Silizium-Komposite (z. B. AlSi40). Diese Werkstoffe weisen eine extrem geringe thermische Längenausdehnung auf (z. B. Zerodur®: $\alpha \approx 0 \pm 0{,}007 \cdot 10^{-6}\ K^{-1}$ */schott2021/*), kombiniert mit einer hohen spezifischen Steifigkeit (E/ρ) und einer ausgezeichneten Vibrationsdämpfung. Aufgrund dieser Eigenschaften finden sie zunehmend Anwendung in hochpräzisen Positioniersystemen, u. a. bei Herstellern wie Newport */newport2025/* oder Physik Instrumente (PI) GmbH */physikinstrumente2025/*, insbesondere in optischen Aufbauten mit engen Justiertoleranzen und bei thermisch hochstabilen Komponenten für Laserstrahlquellen hoher Brillanz.

Ein besonders zukunftsweisendes Innovationsfeld ist die Entwicklung **sensorintegrierter, adaptiver Halterungen** (sogenannter Smart Mounts). Dabei werden miniaturisierte Sensoren auf MEMS-Basis – beispielsweise Beschleunigungssensoren, Neigungs- oder Temperatursensoren – direkt in Fassungen oder optomechanische Montageelemente integriert. Führende Anbieter wie Thorlabs */thorlabs2025/* und OWIS */owis2025-1/* entwickeln solche intelligenten Halterungen mit digitalen Kommunikationsschnittstellen (z. B. USB-C, EtherCAT), die eine kontinuierliche Zustandsüberwachung ermöglichen und perspektivisch auch eine Closed-Loop-Rejustage im laufenden Betrieb erlauben. Diese Technologien besitzen besondere Relevanz im Kontext von Predictive Maintenance, adaptiven Optiksystemen und dynamischer Prozessführung.

Im industriellen Umfeld der Lasermaterialbearbeitung gewinnen werkzeuglose Montagesysteme zunehmend an Bedeutung. Modulare Plattformen mit Schnellspannmechanismen, geführten Zentriereinheiten und integrierten Klemmgeometrien gewährleisten eine reproduzierbare und fehlerfreie Montage bei gleichzeitig hoher Justiergenauigkeit. Solche Systeme ermöglichen kurze Rüstzeiten und eine flexible Anpassung der Strahlführung. Besonders relevant ist dies in der Serienfertigung, wenn häufig optische Komponenten gewechselt oder neu konfiguriert werden müssen. */excelitas2025-1/*, */owis2025-2/*, */edmundoptics2025-1/*

Ein weiterer bedeutender Entwicklungstrend in der opto-mechanischen Systemtechnik ist die zunehmende Etablierung digitaler Zwillinge (Digital Twins) und simulationsgestützter Entwicklungsansätze. Durch die Kombination von CAD-Modellen mit Finite-Elemente-Analysen (FEM), mit Softwarelösungen wie COMSOL Multiphysics oder ANSYS, lassen sich mechanische Deformationen, thermische Spannungen und Eigenfrequenzen frühzeitig im Designprozess quantifizieren. Auf dieser Basis können geometrische Parameter von Halterungen, Fassungen und Trägersystemen gezielt optimiert werden, um Steifigkeit, thermische Stabilität und modale Resonanzvermeidung sicherzustellen. Insbesondere bei hochbrillanten Laserstrahlquellen mit engen Justiertoleranzen erlaubt die simulationsgestützte Auslegung eine Reduktion des Justageaufwands, eine Erhöhung der thermischen Stabilität sowie eine Verbesserung der Langzeitpräzision. Die Integration solcher digitalen Modelle in einen durchgängigen Entwicklungsworkflow bietet nicht nur eine vorausschauende Systemauslegung, sondern auch eine spätere Korrelation mit realen Betriebsdaten im Rahmen eines Digital-Twin-Konzepts.

In Kombination mit automatisierten Aktorsystemen – etwa piezobasierten Präzisionsstellgliedern – und Optimierungsalgorithmen zur Strahlführung, Zustandsüberwachung und Fehlerkompensation entstehen konkrete Konzepte zur vollautomatisierten Justage und Rekonfiguration optischer Systeme. Beispielsweise zeigt die anwendungsbezogene Justage von Laserkavitäten das Potenzial piezogestützter aktiver Ausrichtung in industriellen Systemen */Proc2016/*. Auch modulare, flexure-basierte Mikromanipulatoren zur automatisierten Montage optischer Komponenten mit Nanometer-Auflösung verdeutlichen die Realisierbarkeit solcher Ansätze */Silb2015/*.

6.2.3 Anordnungen zur Strahlführung

Strahlführungssysteme überbrücken den Weg von der Laserstrahlungsquelle zum Werkstück und erlauben eine verlustarme und sehr flexible Führung der Laserstrahlen auch über größere Entfernungen. Dies ist eine wesentliche Voraussetzung für die

Integrierbarkeit von Laserverfahren in bestehende Maschinenkonzepte oder Produktionsabläufe, aber auch für das schnelle Umschalten des Laserstrahles zwischen mehreren Bearbeitungsorten. Darüber hinaus lassen sich Laserstrahlen definiert aufteilen oder gezielt überlagern.

6.2.3.1 Grundanordnungen

Entsprechend der verwendeten Laserwellenlänge und den zu lösenden Bearbeitungsaufgaben müssen unterschiedliche Grundanordnungen betrachtet werden. Die klassische **Strahlübertragung** mit Spiegeln zeigt die Anordnung im Bild 6.14 a. In den Strahlengang sind neben strahlführenden auch strahlformende Elemente, ein aus Konvex- und Konkavspiegel gebildetes Galilei-Teleskop sowie eine Fokussierlinse, integriert. Je nach Raumanordnung und Zugänglichkeit kann sich die Anzahl der Umlenkspiegel auch erhöhen. Dies ermöglicht eine höhere Justierfreiheit. Gleichzeitig führt jedoch jedes zusätzliche optische BE zu höheren Kosten und Strahlungsverlusten.

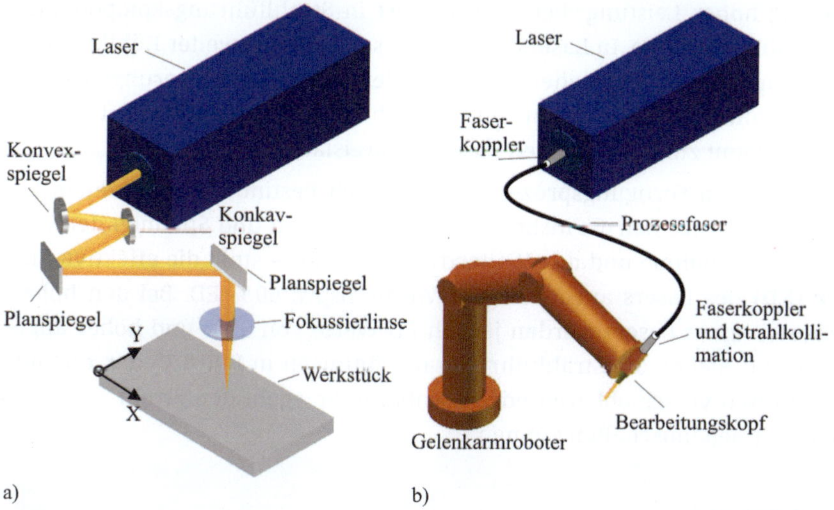

Bild 6.14 Grundanordnungen der Strahlübertragung. a) mit Spiegelanordnung, b) mit Prozessfaser

In Bild 6.14 b übernimmt eine **Prozessfaser** die Strahlführung. Diese Anordnung hat den Vorteil, dass der Strahl über weite Wege und unterschiedliche Raumpositionen mit nur einem optischen BE, der Faser und Faserkoppelelementen, übertragen werden kann. Je nach Länge und Kerndurchmesser der Prozessfaser sowie der Strahlqualität ergeben sich Strahlführungsverluste durch die Koppeleffizienz sowie die Dämpfung des Laserstrahles in der Faser. Die Strahlung von Festkörper- und Diodenlasern lässt sich über optische Fasern verlustarm transportieren, die Strahlführung des CO_2-Lasersstrahles kann hingegen nur durch Umlenkspiegel erfolgen. Der Grund hierfür ist in der Absorptionscharakteristik dieser Wellenlänge in den für Lichtleitfasern typischen Materialien Glas und Kunststoff zu sehen. Bei der Wellenlänge von 10,6 µm sind beide Materialien nichttransparent und absorbieren die auftreffende Strahlung, was unweigerlich zu einer Zerstörung der Faser führen würde. Die Spiegelübertragungssysteme für die CO_2-Laserstrahlung werden aus Sicherheitsgründen und zum Schutz der Spiegel vor Staub innerhalb von Schutzrohren geführt. Die Spülung dieser Rohre mit gereinigter Luft bietet eine ausreichende Langzeitstabilität der optischen BE.

In Bild 6.14 b ist das **Strahlführungssystem** direkt mit einem Gelenkarmroboter gekoppelt. In dieser Anlagenkonfiguration können die hohe Flexibilität und die 3D-Bearbeitungsmöglichkeit einer solchen Roboteranordnung vorteilhaft genutzt werden. Allerdings muss einschränkend erwähnt werden, dass die erreichbare Positioniergenauigkeit wesentlich geringer ist als bspw. die eines hochgenauen Linearantriebes oder einer Portalmaschine (vgl. Abschnitt 6.3). Dennoch sind robotergeführte LMB-Anlagen für viele Verfahrensanwendungen, z. B. Schweißen, Löten und Härten, häufig vorzuziehen.

Die Übertragung hoher Leistungsdichten erfordert in Strahlführungskomponenten auch geeignete Kühlkonzepte. In Lasersystemen ist sehr oft ein zweiter Kühlkreislauf für optische Komponenten vorgesehen. Aufgrund der höheren Anforderungen an die Temperaturkonstanz des Kühlmediums und der schnellen Temperaturstabilisierung werden diese getrennt zum eigentlichen Laserkühlkreislauf ausgelegt.

Neben Hauptzeiten im Fertigungsprozess müssen auch bestimmte Nebenzeiten berücksichtigt werden. Dies betrifft insbesondere das Einlegen und Spannen der Bauteile sowie deren Entnahme und den Weitertransport. Damit sinkt die effektive **Einschaltdauer (ED)** des Lasers auf niedrigere Werte, bspw. 60 % ED. Bei den hohen Investitionskosten eines Lasers werden jedoch ED-Werte von 90 % und höher angestrebt. Eine Lösung stellen die Strahlführungsanordnungen in Bild 6.15 dar, die mithilfe von dynamisch verschiebbaren oder drehbaren Spiegeln den Strahl zwischen zwei Stationen schnell umschalten können.

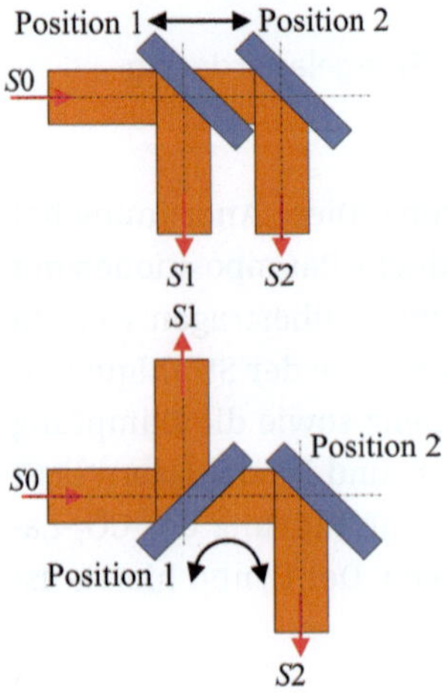

Bild 6.15
Dynamische Strahlführungsanordnung mit beweglichen Spiegeln

6.2.3.2 Strahlteilung

Strahlführungssysteme können ebenfalls dazu beitragen, die Auslastung der Strahlquelle zu erhöhen. Dies kann durch die gleichzeitige Bearbeitung mehrerer Werkstücke oder durch serielle Bearbeitung auf mehreren Stationen (Time-sharing-Betrieb) erfolgen. Das Prinzip des parallelen und seriellen Mehrstationenbetriebs veranschaulicht Bild 6.16. Hierfür werden optische Strahlteilungselemente eingesetzt.

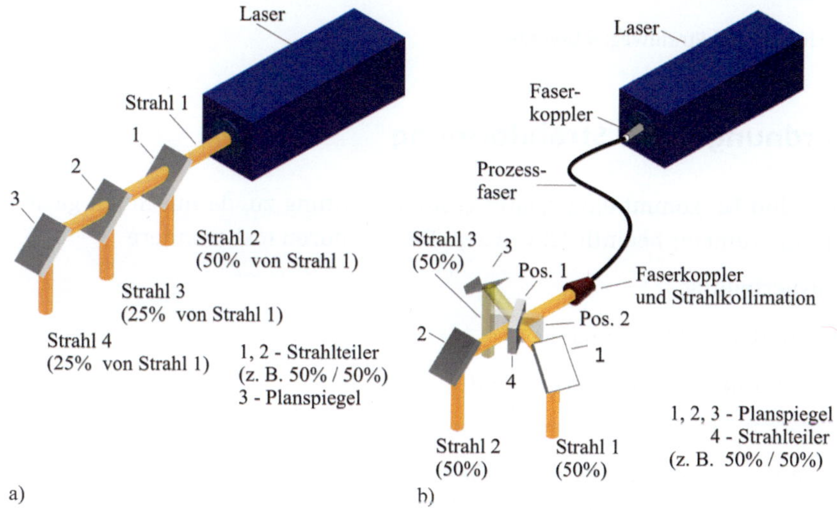

Bild 6.16 Schematische Darstellung des Mehrstationenbetriebes nach */Behl1990/*.
a) paralleler Betrieb, b) serieller Betrieb

Strahlteiler werden aus Materialien gefertigt, die für die Wellenlänge des Laserlichts durchlässig sind und nur eine geringe Volumenabsorption besitzen. Die **Strahlteilung** kann sowohl geometrisch optisch als auch transmittiv oder reflektiv erfolgen. Durch spezielle dielektrische oder metallische Beschichtungen wird ein frei wählbarer, definierter Reflexions- und Transmissionsgrad des Strahlteilers durch den Beschichtungsprozess eingestellt. Die Austrittsfläche von Strahlteilern wird meist mit einer Antireflex-Beschichtung versehen, um an dieser Grenzfläche das Auftreten unerwünschter Reflexionen zu vermeiden. Die Aufspaltung des Laserstrahles und die Weiterführung des reflektiven Strahlenanteiles am Strahlteiler erfordert das Einstellen eines definierten Winkels zum auftreffenden Laserstrahl. Dadurch muss bei der Auswahl dieses optischen BEs eine größere erforderliche optische Wirkfläche berücksichtigt werden. Das **Teilungsverhältnis** kann in relativ weiten Grenzen gezielt angepasst werden, so besitzen Standardstrahlteiler ein typisches Verhältnis von 50 : 50, 60 : 40 oder 70 : 30.

Der Anwender muss die **freien Öffnungen (Aperturen)** aller Strahlführungselemente ausreichend dimensionieren. Hierzu sind die Divergenz, die Modenstruktur und die Raumrichtungsstabilität des Laserstrahls zu berücksichtigen. Bei sehr langen Strahlwegen können diese Parameter, insbesondere die Divergenz, dazu führen, dass relativ große Aperturen der Strahlführungskomponenten eingesetzt werden müssen.

Bei einer Strahlführung über große Entfernungen ist es daher zweckmäßig, den Rohstrahl aufzuweiten, um damit seine Divergenz zu verkleinern. Für die Aufweitung eines Strahlenbündels gilt vereinfacht die Beziehung */Stau2000/*.

$$\Delta d = 2L \cdot \tan\theta \tag{6.13}$$

d Strahldurchmesser; L Strahlweg; θ Divergenz

6.2.4 Anordnungen zur Strahlformung

Strahlformenden BE kommt eine relativ große Bedeutung zu, da mit ihnen gezielt wichtige Strahlparameter beeinflusst werden. Dazu gehören insbesondere

- Intensitätsverteilung,
- Divergenz und Strahldurchmesser,
- Strahlform, Strahlhomogenisierung und
- Polarisation.

Prinzipiell kommen für diese Aufgaben reflektierende und transmittierende optische Elemente zum Einsatz. Erstere Elemente sind für hohe Strahlleistung zu favorisieren, während transmittive Optiken sehr kompakte und einfachere Strahlaufbauten ermöglichen.

6.2.4.1 Strahlaufweitung

In der Regel besitzen die ausgekoppelten Laserstrahlen einen zu kleinen Durchmesser, um die gewünschten Fokussiereigenschaften erzielen zu können (vgl. Abschnitt 6.2.4.2). Sehr oft werden strahlaufweitende optische Systeme (sog. Beam Expander) in den Strahlengang integriert, um den Strahl fest oder variabel aufzuweiten und dadurch den Fokusdurchmesser gezielt an die Bearbeitungsaufgabe anpassen zu können. Zwei wichtige Funktionen lassen sich mit der **Strahlaufweitung** realisieren:

1. größerer Strahldurchmesser gestattet kleinere Fokusdurchmesser und
2. Verteilung der Laserleistung auf größere optisch wirksame Flächen.

Hierfür stehen unterschiedliche Anordnungen zur Verfügung. Generell beruht die optische Wirkung der **Strahlaufweitung** auf

- refraktiver Anordnung,
- reflektierender Anordnung und
- diffraktiver Anordnung.

Bild 6.17 veranschaulicht die Grundformen der Strahlaufweitung exemplarisch an drei gewählten Anordnungen, wobei für **Strahlengänge** in der LMB meist nur die beiden erstgenannten Systeme zum Einsatz kommen. Die **Teleskopanordnung** nach Kepler basiert auf der Anordnung von zwei Sammellinsen auf der optischen Achse (vgl. Bild 6.17 a). Beide Linsen werden so justiert, dass der bildseitige Brennpunkt der Linse 1 mit dem objektseitigen Brennpunkt der Linse 2 genau zusammenfällt.

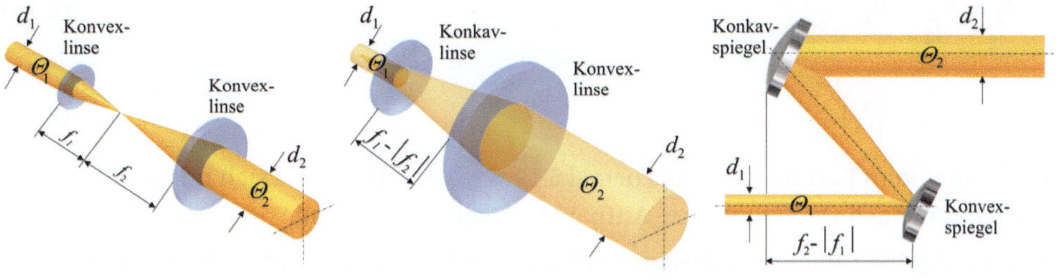

a) b) c)

Bild 6.17 Grundanordnung zur Strahlaufweitung. a) Kepler-Teleskop, b) Galilei-Teleskop, c) Parabolspiegelanordnung

Bei dieser Teleskopanordnung entsteht ein Zwischenfokus, der unbedingt beim Justieren beachtet werden muss. Angenommen, Linse 2 wird versehentlich zu nah an den bildseitigen Brennpunkt der Linse 1 geführt, dann werden sehr große Leistungsdichten aufgrund eines kleinen Strahldurchmessers auf der optischen Fläche abgebildet, was unter Umständen zur Zerstörung der Linse führen kann. Andererseits bietet der Zwischenfokus aber auch die Möglichkeit der Integration eines **Pinholes** (Raumfilter), mit dem sich bspw. Strahlqualitätsverbesserungen erzielen lassen. Bei der Anordnung nach Kepler ergeben sich die folgenden wichtigen Abbildungsparameter:

$$d_2 = \frac{f_2}{f_1} \cdot d_1 \qquad (6.14)$$

d Strahldurchmesser; f Brennweite

$$\theta_2 = \frac{f_1}{f_2} \cdot \theta_1 \qquad (6.15)$$

θ Divergenzwinkel

$$d_{\mathrm{Tel}} = f_1 + f_2 \qquad (6.16)$$

d_{Tel} Teleskoplänge

Die **Teleskopanordnung nach Galilei** basiert hingegen auf der Kombination einer Sammellinse und einer Zerstreuungslinse auf einer gemeinsamen optischen Achse.

Die Brennpunkte beider Linsen fallen wiederum zusammen, wobei der durch die Zerstreuungslinse aufgeweitete Strahl durch die Sammellinse parallelisiert wird. Es gelten folgende Bedingungen:

$$d_2 = \frac{f_2}{\left|f_1'\right|} \cdot d_1 \tag{6.17}$$

$$\theta_2 = \frac{\left|f_1'\right|}{f_2} \cdot \theta_1 \tag{6.18}$$

$$d_{\mathrm{Tel}} = f_2 - \left|f_1'\right| \tag{6.19}$$

Betrachtet man Formel 6.16 und Formel 6.19 wird deutlich, dass sich mit der Teleskopanordnung nach Galilei kürzere Aufbauten realisieren lassen.

Ein für die LMB wichtiger Zusammenhang ergibt sich für beide Teleskopanordnungen aus der Beziehung

$$\frac{d_2}{d_1} = \frac{\theta_1}{\theta_2} \tag{6.20}$$

Aus Formel 6.20 wird ersichtlich, dass eine Strahlaufweitung zu einer Verringerung der Divergenz führt. Beide Teleskopanordnungen können auch mit Spiegeln aufgebaut werden, welche insbesondere für höhere Strahlungsleistungen anzuwenden sind. Teleskopanordnungen bieten auch den Vorteil, dass die Divergenz eines Strahlenbündels beeinflusst werden kann. Das gezielte Verschieben der beiden Optiken gegeneinander („Verstimmung“ des Teleskops) hat eine Divergenzänderung des austretenden Strahls zur Folge. Bei Änderungen des Strahlweges kann dadurch bspw. der Strahldurchmesser am Ort der Fokussierlinse konstant gehalten werden.

Mit einer Spiegelanordnung mit zwei Parabolspiegeln (Bild 6.17 c) lassen sich hohe Strahlabbildungsleistungen erreichen. Das Einsetzen der sogenannten Off-axis-Spiegelkonfiguration erlaubt die Konzipierung sehr kompakter und raumsparender Anordnungen. Bei Off-axis-Spiegelkonfigurationen wird nur ein außermittiger (nicht koaxialer) Ausschnitt eines sphärischen oder parabolischen Spiegels verwendet, wodurch der Strahlengang bewusst aus der optischen Achse verlagert wird. Diese Konfiguration reduziert Baulänge und Streulicht, vermeidet Aperturverluste durch Abschattung und ermöglicht eine kompakte, achsversetzte Strahlführung.

Für universelle Aufbauten werden vielfach auch die **Beam expander** als komplette Baugruppe gehaust in den optischen Strahlengang implementiert. Beam expander werden beugungsbegrenzt und lagestabilisiert ausgelegt und entsprechend der eingesetzten Arbeitswellenlänge oberflächenvergütet. Mithilfe der Feinfokussierung des Strahlaufweiters können Abweichungen des Arbeitsabstandes am Ort der Bearbeitung sehr gut ausgeglichen werden. Die optischen Baugruppen lassen sich in drei Grundsysteme unterteilen:

1. Strahlaufweitung mit fester Vergrößerung und Feinfokussierung,
2. Strahlaufweitung mit variabler Vergrößerung (manuelle Handhabung) und
3. Strahlaufweitung mit variabler Vergrößerung (motorisierte Version).

6.2.4.2 Strahlfokussierung

Die Fokussierung der Laserstrahlung stellt einen zentralen Aspekt dar und wurde bereits in Abschnitt 4.6 diskutiert. Nachfolgend werden ausgewählte Grundprinzipien der **Strahlfokussierung** vorgestellt (Tabelle 6.6). Die Kombination einer Linse mit einem integrierten Strahlteiler wird sehr häufig verwendet, um Prozesssignale aus dem Bearbeitungsprozess zu diagnostizieren oder CCD-Kameras zur Prozesskontrolle in den Strahlengang zu integrieren.

Für den Wellenlängenbereich von 350–1064 nm werden zur Fokussierung meist keine Einzellinsen, sondern Objektive angewandt.

Tabelle 6.6 Ausgewählte Grundprinzipien der Strahlfokussierung

Fokussierlinse

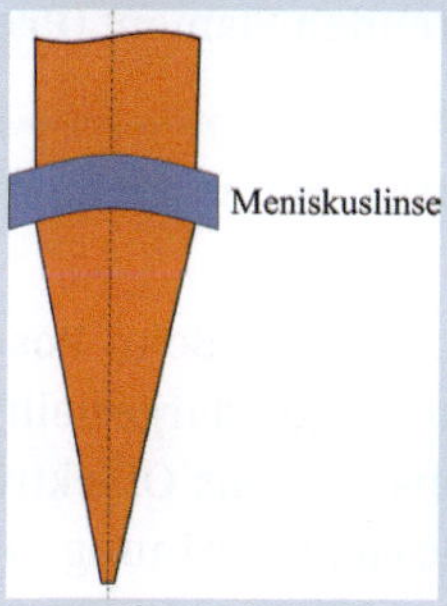

Off-axis-Spiegelsystem

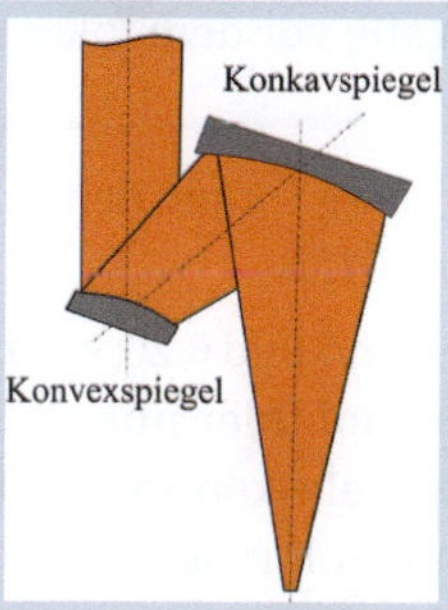

Faserkopplung

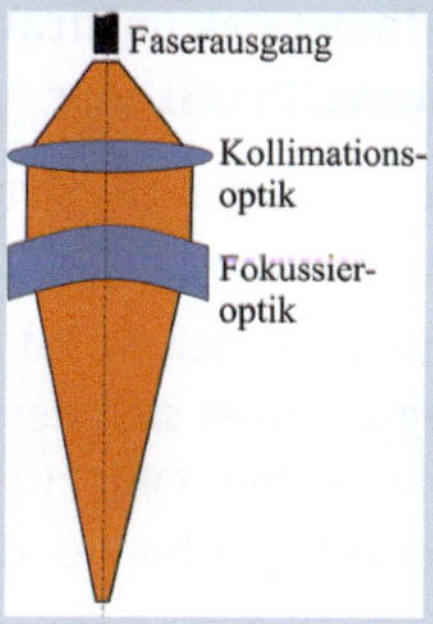

Linse und Teilerwürfel

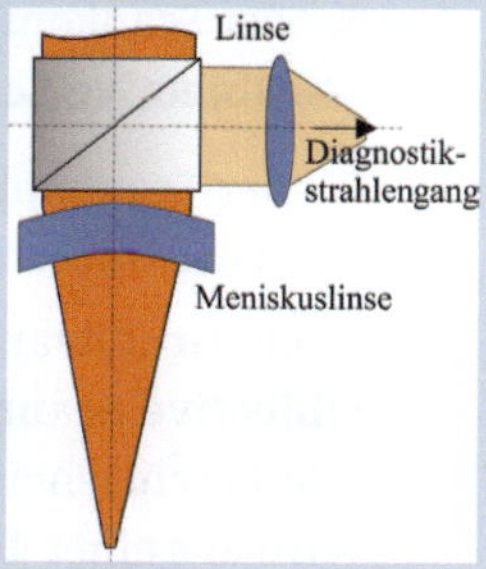

Für den Fall der Faserkopplung mit einem Bearbeitungskopf bilden die Faseraustrittsfläche und die sich anschließende Kollimationsoptik ein Teleskop, um den Strahl aufzuweiten und zu parallelisieren. Durch eine Fokussierlinse wird der Strahl auf die Werkstückoberfläche gebündelt. Die Kombination von Kollimator und Fokussierlinse bildet den einfachsten Aufbau eines fasergekoppelten Bearbeitungskopfes, der neben der eigentlichen Fokussierung noch weitere wichtige Funktionen wie Prozessgaszuführung, CrossJet etc. erfüllt (vgl. Kapitel 7, 8, 9).

Eine sehr interessante Sonderform des Fokussierens stellt das Prinzip der **dynamischen Fokussierung** dar, für das es in der Praxis zahlreiche spezielle Anwendungen gibt. Das gezeigte Prinzip in Bild 6.18 basiert auf der schnellen Linearverschiebung einer Linse, durch deren präzises Verschieben um einen Weg Δs im Strahlengang die Position des Zwischenfokus definiert verändert wird, was wiederum eine Fokuslageänderung Δf am Ort der Bearbeitung bewirkt.

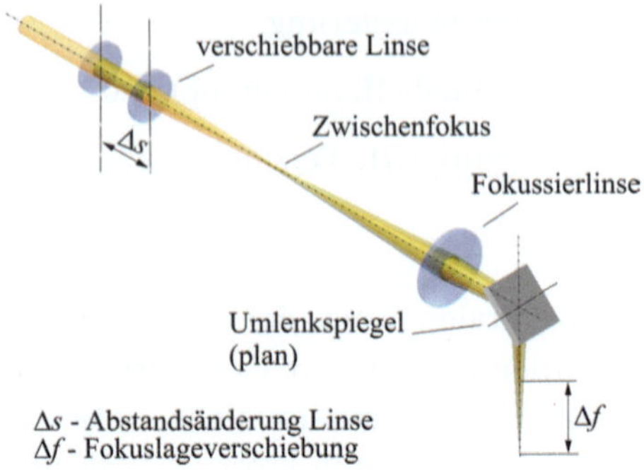

Bild 6.18
Dynamische Fokussierung mit schnellbewegter Teleskopoptik

Im einfachsten Fall kann so die Fokuslage auf unterschiedlich benötigte Arbeitsabstände, z. B. Bearbeitung von Bauteilen mit verschiedenen Höhen, eingestellt werden. Gelingt es nun, diese Bewegung sehr schnell, bspw. mit einer Linearachse, auszuführen, kann auch eine 3D-Bearbeitung direkt realisiert werden.

Scannende Anwendungen gewinnen aufgrund ihrer hohen Dynamik immer stärker an Bedeutung. In der Praxis werden unterschiedliche **Scanmodi** angewandt, die generell zwei Hauptgruppen zugeordnet werden können:

1. der Scankopf befindet sich im Strahlengang vor dem fokussierenden Element **(Pre Objective Scanning; PrOS)** oder
2. der Scankopf befindet sich im Strahlengang hinter dem fokussierenden Element (**Post Objective Scanning; PoOS**) */arges2012/*.

Beide Grundvarianten werden in Bild 6.19 und Bild 6.20 veranschaulicht. Beim **Post Objective Scanning** befindet sich der Scankopf (hier nur als Scanspiegel dargestellt) wie beschrieben hinter dem Objektiv bzw. Teleskop im Strahlengang. Das Objektiv wird aus einer gleichzeitig aufweitenden und fokussierenden Teleskopanordnung gebildet.

Die Ablenkung des Laserstrahles erfolgt über den Scanspiegel. Die optische Abbildung ergibt eine gekrümmte Fokuslage, die korrigiert werden muss, um das Scanfeld in eine Ebene zu transformieren. Diese Korrektur der Brennweite nimmt die Teleskopanordnung im Bild 6.19 b mithilfe eines zusätzlichen optischen Elements vor, das dabei im Strahlengang bewegt wird. Der erforderliche Abstand ergibt sich aus der Auslenkposition des Scanspiegels. Gelingt es, diese Bewegungen sehr gut zu synchronisieren bzw. zu regeln, kann die Fokuslage sehr genau korrigiert werden.

Die Vorteile dieser Variante gegenüber dem **Pre Objective Scanning** bestehen in der Korrekturmöglichkeit großer Scanfelder, der besseren Leistungsverteilung auf den Scanspiegeln sowie der Übertragung hoher Strahlleistungen. Allerdings schränkt die Implementierung größerer Spiegelflächen und damit größerer bewegter Massen die Dynamik des Scanners ein. Die erforderliche Linearverschiebung der bewegten Optik kann mit Linearachsen relativ schnell erfolgen, grenzt aber ebenfalls die erreichbare Bearbeitungsgeschwindigkeit gegenüber dem PrOS-Verfahren ein. Bei vielen LMB-

Aufgaben ist die Verwendung von Schutzfenstern für die Optik erforderlich. Bei der Anordnung in Bild 6.19 kann von kleineren Strahlaustrittflächen ausgegangen werden, dadurch kann der erforderliche optisch wirksame Durchmesser des Schutzglases relativ klein gehalten und somit Kosten gespart werden.

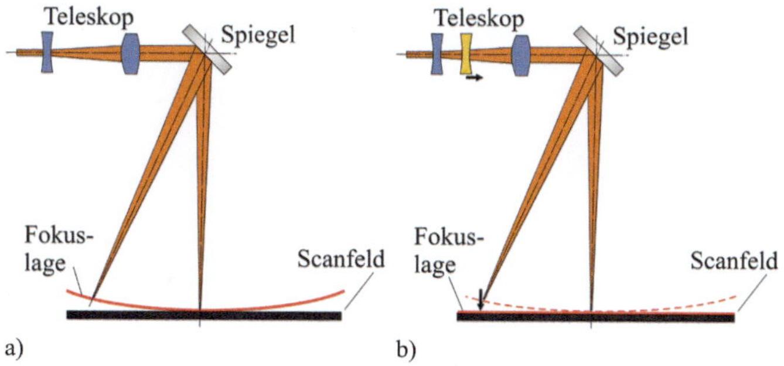

Bild 6.19 Anordnungsprinzipien für das Post Objective Scanning nach */arges2012/*. a) feste Teleskopanordnung, b) bewegliche Teleskopanordnung

F-Theta-Objektive oder **-Linsen** werden für Galvanometerscansysteme im PrOS-Verfahren eingesetzt. Durch das Auftreffen des Laserstrahles auf ein fokussierendes System unter einem veränderlichen Winkel ergibt sich bei einfachen Anordnungen eine Fokuslageverschiebung im betrachteten Scanfeld (Bild 6.20 a). F-Theta-Objektive sind mehrlinsige Systeme, die in Abhängigkeit von der verwendeten Wellenlänge und der Brennweite diese Fokuslageverschiebung korrigieren. Damit erreicht man in einem bestimmten Bildfeld eine konstante Fokuslage (vgl. Bild 6.20 b). Einen Spezialfall bilden die **telezentrischen F-Theta-Objektive** (Bild 6.20 c), die ebenfalls die Fokuslage im Bildfeld korrigieren, aber darüber hinaus den Laserstrahl senkrecht zum Scanfeld halten. Hauptanwendungsgebiet dieser telezentrischen Anordnungen sind Bearbeitungsaufgaben mit hohen Genauigkeitsanforderungen, wie sie bspw. in der Mikromaterialbearbeitung gefordert werden.

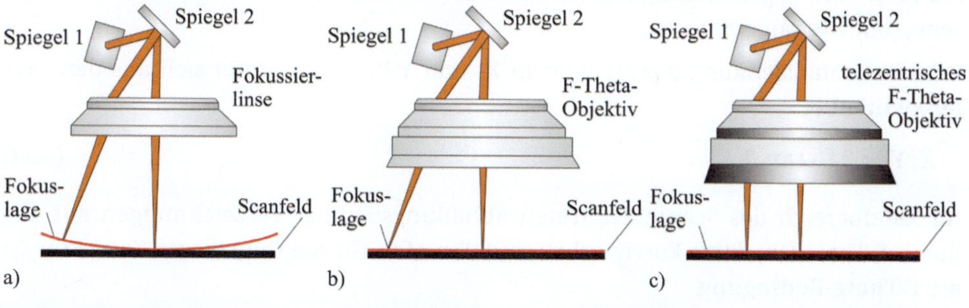

Bild 6.20 Fokussierprinzipien im Vergleich. a) Abbildung mit einer Meniskuslinse, b) Fokuslagekorrektur mit einem F-Theta-Objektiv, c) Fokuslage und Winkelkorrektur mit einem telezentrischen F-Theta-Objektiv

Beim telezentrischen F-Theta-Objektiv gibt der sogenannte **Aperturstop** die geometrische Mitte der beiden Spiegelabstände zur Fassungskante des Objektivs an. Wichtige Kenngrößen eines F-Theta-Objektivs sind der erreichbare Fokusdurchmesser, die Scanfeldlänge und die Verzeichnung im Randbereich des Feldes (Bild 6.21).

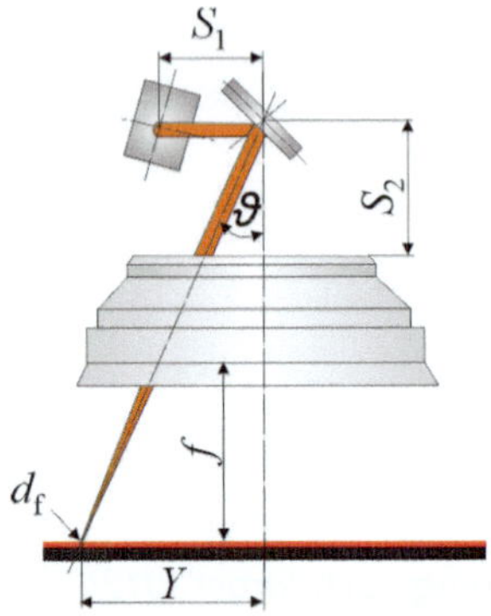

Bild 6.21
Größen an einem F-Theta-Objektiv nach */qioptiq2012/*

Die allgemeine Formel zur Berechnung der **Scanlänge** veranschaulicht den direkten Zusammenhang zwischen Brennweite, Scanfeld und Fokusdurchmesser.

$$2Y = \frac{f \cdot 2\vartheta \cdot \pi}{180} \tag{6.21}$$

2ϑ gesamter Scanwinkel; $2Y$ gesamte Scanlänge; f effektive Brennweite

$$d_f = \frac{1{,}83 \cdot \lambda \cdot f}{d_1} \tag{6.22}$$

d_f Fokusdurchmesser; λ Wellenlänge; f effektive Brennweite; 1,83 Aposidationsfaktor;
d_1 Durchmesser des Eingangsstrahles

Je größer die Brennweite, desto größer ist das korrigierte Scanfeld, wobei gleichzeitig auch der Fokusdurchmesser ansteigt. Eine Maßnahme, dem entgegenzuwirken, ist die Verwendung großer Eingangsstrahldurchmesser, die allerdings auch größere Linsensysteme voraussetzt.

Eine Gesamtauslenkung des Strahles in X- und Y-Richtung ergibt sich aus dem **Ablenkwinkel** ϑ.

$$X; Y = 2f \cdot \tan\vartheta \tag{6.23}$$

Im Randbereich des Scanfeldes treten abbildungsbedingt Verzeichnungen auf, die durch F-Theta-Objektive korrigierbar sind. Ein Maß für die Güte dieser Korrektur ist die **F-Theta-Bedingung**

$$X(Y) = 2f \cdot \vartheta \tag{6.24}$$

Hochwertige F-Theta-Objektive erfüllen diese Bedingung genauer als 0,1°. Für ideale Strahlabbildungseigenschaften müssen Strahlabschattungen durch richtige Dimensionierung der Größen aus Bild 6.21 (insbesondere der Abstände S_1 und S_2) vermieden werden. Um das Problem der thermischen Linse (Verschiebung der Fokuslage) beim Fokussieren generell zu umgehen, kommen sehr oft Quarzgläser als optisches Material zum Einsatz. Für Kurzpulslaser werden auch ausgewählte Gläser mit sehr geringen Dispersionswerten verwendet, wodurch sich die Auswirkung der Gruppenlaufzeit auf die einzelnen Wellenlängenanteile des Laserpulses und damit seine Verbreiterung verringern lässt */sill2012/*.

6.2.4.3 Formung der Intensitätsverteilung

Die **Intensitätsverteilung** eines Strahles beim Austritt aus dem Resonator kann für die verschiedenen Laserarten und Leistungsbereiche z. T. verschieden sein. Für viele Anwendungen ist eine gaussförmige Intensitätsverteilung erwünscht, während sich andere Applikationen vorteilhaft mit einer speziellen Intensitätsverteilung, z. B. einer **Rechteckverteilung (Tophat)**, realisieren lassen. Darüber hinaus gibt es zahlreiche Bearbeitungsaufgaben, die ein angepasstes Fokusprofil, bspw. einen Linienfokus oder einen definierten Intensitätsverlauf, auf der Werkstückoberfläche erfordern. Für all diese intensitätsformenden Maßnahmen existieren recht unterschiedliche optische Komponenten bzw. Systeme:

- beweglicher Spiegel,
- Axicon,
- Polygonspiegel,
- Integratoroptik,
- Zylinderspiegel,
- FAC (Fast Axis Collimator) und
- Homogenisierer.

Bewegliche Spiegel erlauben es, den Laserstrahl auf eine sehr einfache Art und Weise über eine größere Fläche pendeln zu lassen und somit eine quasisimultane Bearbeitung zu erreichen.

Die überstrahlten Bereiche des Bauteils können sehr leicht und flexibel durch die Wahl der Amplitude und der Geschwindigkeit des Bewegungsvektors eingestellt bzw. variiert werden. Typische Spiegelvertreter sind:

- Schwingspiegel,
- Drehspiegel oder
- Polygonspiegel.

Beispielhaft ist in Bild 6.22 ein piezobetriebener Scanspiegel dargestellt.

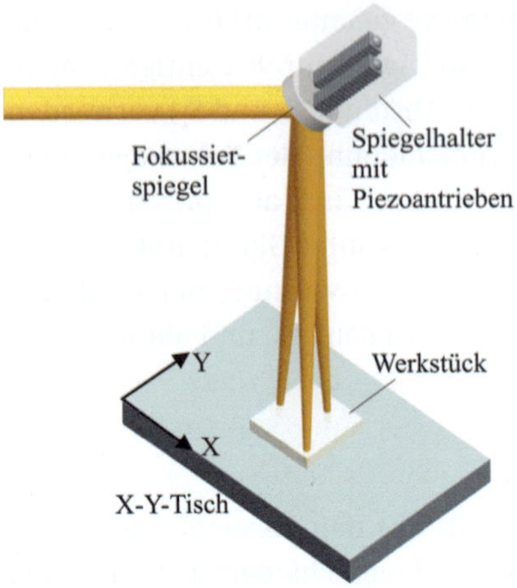

Bild 6.22
Piezobetriebener Scanspiegel nach */Haup2009/*
Parameter: Konkavspiegel: $R = -2500$ mm, Scanfeld: 20 mm × 35 mm, Scangeschwindigkeit: max. 1000 mm·s^{-1}, Laserleistung: bis 5 kW (in Abhängigkeit von der gewählten Beschichtung)

Die **Strahlformung mit Zylinderspiegeln** oder **-linsen** gestattet die Transformation eines gaussförmigen Profils in eine **linienförmige Intensitätsverteilung** (Bild 6.23 a). In der Strahlanordnung mit einem oder zwei zylinderförmigen Bauelementen kann die Intensitätstransformation entsprechend eindimensional oder zweidimensional, wie in Bild 6.23 b, erfolgen. Durch die zweidimensionale Transformation ist das sich auf dem Werkstück ergebende **Rechteckprofil** in beiden Strahlquerschnittskoordinaten verkleinert. Durch die Variation des Abstandes der beiden Spiegel zueinander sowie des 2. Spiegels zur Werkstückoberfläche kann die Rechteckgeometrie sehr variabel über diese Anordnung eingestellt werden.

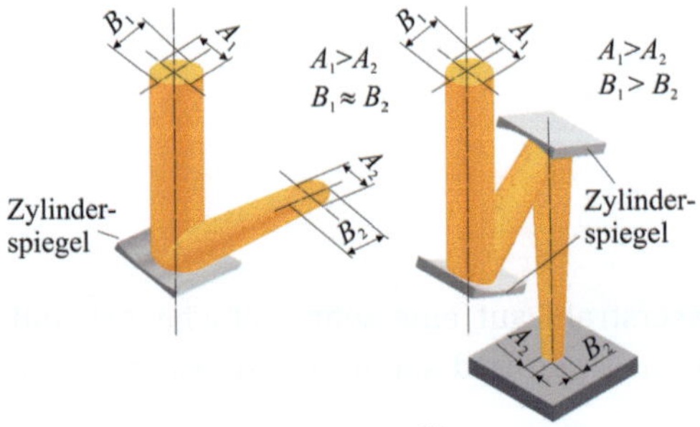

Bild 6.23
Strahlformung mit Zylinderspiegeln.
a) linien- bzw. elliptisches Strahlprofil,
b) rechteckförmiges Strahlprofil

Ein weiteres sehr wichtiges Anwendungsgebiet der Zylinderoptiken ist die **Strahlkollimation** von Laserdioden bzw. -barren. Bereits im Kapitel 3 wurde ausführlich auf die Problematik der Strahlcharakteristik von Laserdioden hingewiesen.

In beiden Ausbreitungsrichtungen treten unterschiedliche Strahleigenschaften auf. Typischerweise werden in der Fast Axis M^2-Werte bis 1,2 erzielt, was nahezu einem Gauss-Mode entspricht, während in der Slow Axis ein multimodiges Verhalten mit M^2-Werten von etwa 20 bis 50 vorliegt. Damit ergibt sich im Fernfeld eine rechteckförmige Feldverteilung, die eine Korrektur mittels einer meist zweistufigen Strahlkollimation erfordert (Bild 6.24) */Schr2003/*. In einem ersten Kollimationsschritt wird die stark divergierende Ausbreitungsrichtung mit einem Fast Axis Collimator (FAC) geformt. Für diese Abbildung kommen Zylinderlinsenasphären zum Einsatz, die sehr hohe Numerische Aperturen bis $NA = 0{,}85$ ermöglichen. In */Schr2003/* wird ebenfalls darauf hingewiesen, dass bei geringeren *NA*-Werten auch sphärische Zylinderlinsen mit GRIN-Korrektur oder reine GRIN-Zylinderlinsen Verwendung finden. Nachfolgend wird ein **Slow Axis Kollimationsarray** (SAC) im Strahlengang angeordnet. Einerseits wird durch diese Mikrolinsen-Arrayanordnung der nichtstrahlende Bereich des LD-Barrens ausgeblendet (man spricht von Space-filling), andererseits wird eine Verbesserung des Modenverhaltens angestrebt. Die Beugungsmaßzahl der Slow Axis kann allerdings mit diesem Kollimationsschritt nur um den Faktor 2 verbessert werden. Für höhere Anforderungen, z. B. Faserkopplungen, müssen weitere Kollimationsschritte erfolgen */Schr2003/*.

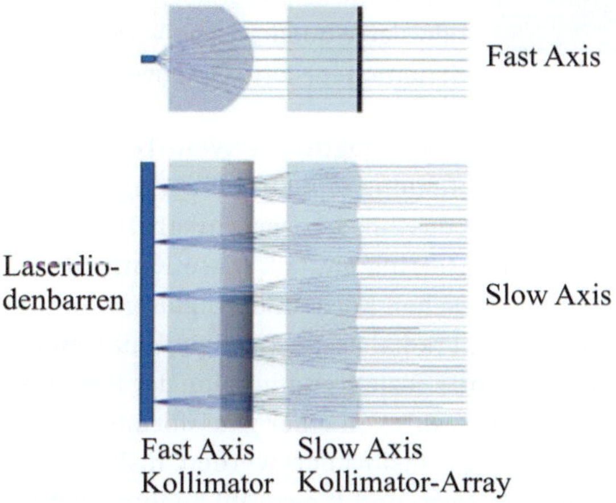

Bild 6.24
Strahlkollimation der Fast Axis und der Slow Axis eines Laserdiodenbarrens nach */Schr2003/*

Eine Reihe von Laserstrahlungsquellen emittieren multimodige Strahlung, die für die Anwendung in Bearbeitungsverfahren in vielen Fällen einer **Strahlhomogenisierung** bedarf. Setzt man bspw. Excimerlaser in der Maskenprojektionstechnik ein, werden homogene Intensitätsverteilungen mit Abweichungen kleiner ±2 % gefordert. In der Praxis existiert eine Reihe von Homogenisierungskonzepten. Man unterscheidet zwischen Optiken, die Teilbereiche eines kollimierten Strahles gezielt umsortieren, und Optiken, die eine Homogenisierung durch Vervielfachung der Bildpunkte einer Strahlungsquelle erreichen */Völk2006/*. In heutigen Aufbauten werden sehr oft auch **Mikrolinsenarrays**, abbildende und nicht-abbildende Systeme, zur Strahlhomogenisierung angewendet. Bild 6.25 illustriert exemplarisch eine Mikrolinsenarrayanordnung eines abbildenden Homogenisierers, die aus zwei Mikrolinsenarrays und einer sogenannten sphärischen Fourier-Linse (zur Ausführung einer zweidimensionalen räumlichen Fourier-Transformation) besteht.

Die Fokusebene dieser Linse ist gleichzeitig auch die Homogenisierungsebene. Neben der homogenen Verteilung ist ebenfalls die erreichbare Größe des homogenisierten Rechteckprofildurchmessers interessant. Bild 6.25 c veranschaulicht das Ergebnis des abbildenden Homogenisierers.

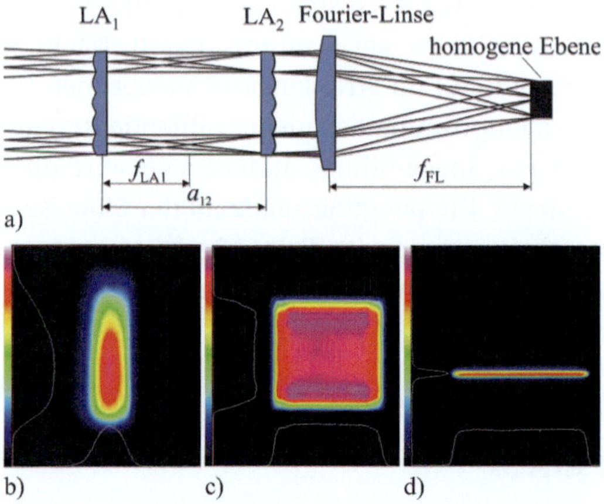

Bild 6.25
Abbildender Strahlhomogenisierer nach */Völk2006/*. a) Prinzipdarstellung der Strahlhomogenisierung, b) Rohstrahl eines Excimerlasers, c) homogenisierte quadratische Verteilung, d) homogenisierte Linienverteilung

Eine weitere Strahlformungsmethode ist die **BrightLine-Weld-Technologie** */trumpf2025-4/*, die auf einer speziellen Strahlaufteilung und Strahlüberlagerung basiert. Zentraler Bestandteil dieser Technologie ist das 2-in-1-Laserlichtkabel (LLK), das einen inneren Faserkern und einen äußeren Faserring enthält. Diese Konfiguration ermöglicht eine flexible Leistungsverteilung zwischen Kern- und Ringfaser, wodurch die Intensitätsverteilung des Laserstrahls sowohl radial als auch longitudinal entlang der Fokusachse angepasst werden kann. Durch die gezielte Modulation der Leistungsverteilung kann das Intensitätsprofil des Laserstrahls von einer gaussförmigen zu einer ringförmigen oder multimodalen Verteilung transformiert werden. Insbesondere beim Schweißen führt die Überlagerung von Kern- und Ringstrahl zu einer Vergrößerung der Keyhole-Öffnung, wodurch der Metalldampf leichter entweichen kann. Dies reduziert die Spritzerbildung erheblich und verbessert die Qualität der Schweißnähte.

In Kapitel 4 wurde in Bild 4.32 die Z-Verteilung der Intensität und die zugehörigen lateralen Fokusquerschnitte bei unterschiedlichen axialen Positionen gezeigt. Diese longitudinale Homogenisierung erlaubt einen erweiterten Schärfetiefenbereich und eine robuste Einkopplung in die Werkstückoberfläche.

Beim Laserstrahlschneiden führt diese BrightLine-Weld-Technologie zu einer signifikanten Verbesserung der Schnittkantenqualität (Minimierung der Rauheit), insbesondere bei mittleren bis großen Materialdicken, da die Energie gleichmäßiger im Bereich der Schneidfront verteilt wird. Zudem wird die Bildung von Graten und Anlauffarben reduziert. Im Schweißbetrieb wiederum ermöglicht die ringförmige Energieverteilung des äußeren Strahlenanteils eine stabilere Schmelzbaddynamik, insbesondere bei wärmeleitungsstarken Materialien wie Aluminium oder Kupfer, wodurch Porenbildung, Spritzerneigung und Einbrandfluktuationen reduziert werden.

Ein weiterer Vorteil besteht in der erhöhten Fokusstabilität über größere Tiefenbereiche (hohe Rayleigh-Länge) sowie einer reduzierten Sensitivität gegenüber Fokuslagefehlern */trumpf2025-4/*.

6.2.4.4 Strahlüberlagerung

Für manche Anwendungen ist die starke Fokussierung des Laserlichtes auf eine sehr kleine Fläche und der damit einhergehend starke Temperaturgradient nachteilig. Insbesondere, wenn Metalle mit hohem Kohlenstoffgehalt (starke Aufhärtung in der Schweißnaht) oder aber spröde Materialien, wie Gläser und Keramiken, bearbeitet werden müssen. Für die genannten Applikationen wird bevorzugt eine **Strahlüberlagerung** eingesetzt. Starke Temperaturgradienten können mit einem dem Hauptstrahl überlagerten Vorwärmstrahl gezielt verringert werden.

Die einfachste Form der Strahlüberlagerung ist die Verwendung von zwei Teilstrahlen aus zwei unterschiedlichen Laserstrahlungsquellen. Dies hat den Vorteil, dass beide Strahlen sehr flexibel angepasst und am Bearbeitungsort überlagert oder nebeneinander angeordnet werden können. Darüber hinaus ist auch die Anwendung zweier unterschiedlicher Wellenlängen möglich. Nachteilig wirken sich jedoch die hohen Investitionskosten für zwei Laserquellen aus.

Bild 6.26 zeigt die strahlüberlagerte Kopplung eines IR-Hochleistungsdiodenlasers (Wellenlänge typischerweise 980 – 1070 nm) mit einem UV-Hochleistungsdiodenlaser ($\lambda = 445$ nm). Dieses Konzept kombiniert gezielt die physikalischen Vorteile zweier verschiedener Wellenlängen zur Optimierung laserbasierter Fügeprozesse, insbesondere beim Schweißen von Metallen wie Kupfer oder Aluminium. */laserline2025/*

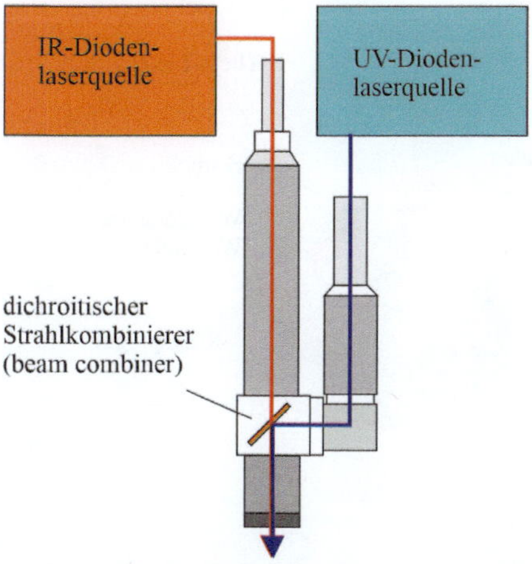

Bild 6.26
Strahlüberlagerte Kopplung eines IR-Diodenlasers (typ. $\lambda = 980 – 1070$ nm) mit einem UV-Hochleistungsdiodenlaser (typ. $\lambda = 445$ nm) nach */laserline2025/*

Die simultane Strahlüberlagerung basiert auf einem spektralen Strahlkombinationsprinzip (z. B. dichroitische Strahlteiler bzw. Strahlkombinierer) und ermöglicht die koaxiale Fokussierung beider Strahlenanteile auf eine gemeinsame Bearbeitungszone. Die blaue Strahlung weist im Vergleich zum Infrarotbereich eine signifikant höhere Absorption in stark reflektierenden Metallen auf, z. B. für Kupfer > 60 % bei 445 nm gegenüber < 5 % bei 1030 nm, was zu einem stabileren Energieeintrag in der Initialphase des Schweißprozesses führt. Gleichzeitig bietet die infrarote Strahlkomponente eine höhere verfügbare Gesamtleistung und eine größere Eindringtiefe aufgrund geringerer Absorption im geschmolzenen Zustand. Die Kombination beider Wellenlängen eröffnet somit eine adaptive Prozessführung, bei der durch gezielte Steuerung des Leistungsverhältnisses (P_{IR}/P_{UV}) der Energieeintrag sowohl oberflächen- als auch tiefenwirksam angepasst werden kann. */laserline2025/*

In der Praxis existieren zahlreiche Lösungen mit lediglich einer Strahlungsquelle und der Aufteilung des Hauptstrahls in zwei oder mehrere Teilstrahlen, die nach einer Strahlformung der Einzelstrahlen am Bearbeitungsort zusammengeführt werden. Eine solche Anordnung der Strahlteilung mit **kollinearer Überlagerung** der beiden Teilstrahlen zeigt Bild 6.27 a. Das Kernelement der kollinearen Zusammenführung beider Strahlen stellt in diesem Beispiel ein **Lochspiegel** dar. Ein Spiegel führt eine 90° Umlenkung des Hauptstrahles L1 aus und überlagert diesen mit dem zweiten Strahl. Der Strahl L2 trifft vorfokussiert auf den Lochspiegel, und beide Strahlenbündel werden mit der Fokussieroptik auf die Werkstückoberfläche abgebildet. Sowohl das Durchmesserverhältnis der beiden Teilstrahlen, als auch die Leistungsaufteilung kann in gewissen Grenzen frei gewählt werden.

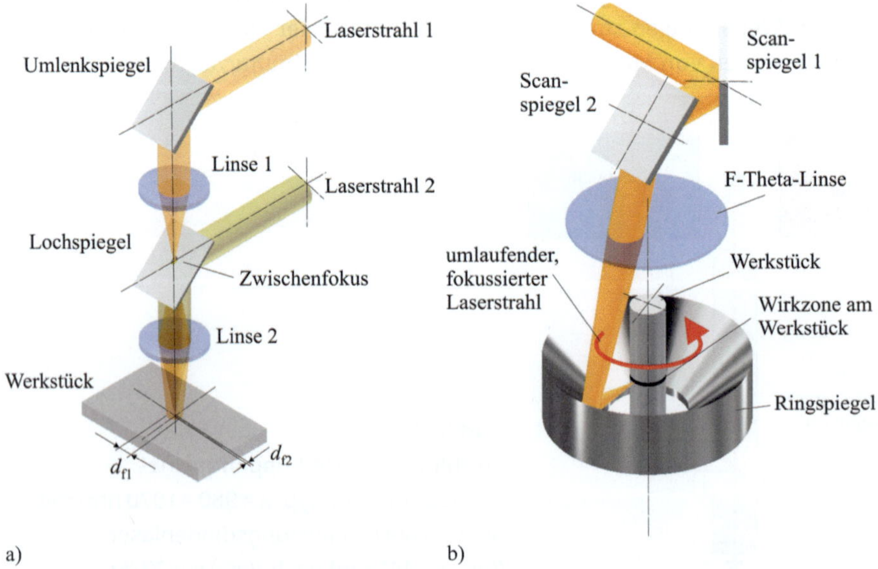

Bild 6.27 Strahlüberlagerungskonzepte. a) kollineare Strahlüberlagerung, b) quasisimultanes Strahlscannen

Für homogene Erwärmungsstrategien wird in der LMB häufig die simultane oder quasisimultane Bearbeitung eingesetzt. Bei der **simultanen Bearbeitung** wird der Laserstrahl derart geformt, dass die gesamte zu bearbeitende Geometrie gleichzeitig erwärmt, geschmolzen oder verdampft werden kann, wodurch sich auch sehr kurze Prozesszeiten erzielen lassen. Die Strahlformung ist allerdings oft aufwendig und meist sehr unflexibel. Im Gegensatz dazu lassen sich **quasisimultane Prozesse** wesentlich flexibler gestalten. Das Strahlüberlagerungskonzept im Bild 6.27 b veranschaulicht einen quasisimultanen Erwärmungsprozess durch **dynamisches Strahlscannen**, bei dem der Strahl ständig auf einer Kreisbahn über den konischen Ringspiegel geführt wird. Der reflektierte Strahl trifft das Werkstück genau am Umfang und erwärmt die Wechselwirkungszone sehr gleichmäßig. Die Geschwindigkeit der Scanbewegung wird so gewählt, dass sie ein Vielfaches der Wärmeleitungseffekte im Bauteil beträgt. Mit der Entwicklung von hochdynamischen Scannern ($v_s = 15\,m{\cdot}s^{-1}$) haben diese quasisimultanen Bearbeitungsstrategien stark an Bedeutung gewonnen.

6.3 Bearbeitungseinrichtungen

Ein wichtiges Bindeglied zwischen dem Laserstrahl und dem Werkstück stellen **Bearbeitungseinrichtungen** dar. Mit ihnen werden die Positionierung der Werkstücke zum Laserstrahl sowie die Relativbewegung beider zueinander gewährleistet. Moderne Automatisierungslösungen gestatten darüber hinaus auch die automatische Bauteilzuführung und -entnahme sowie das Ausschleusen von Restmaterial (siehe auch Kapitel 15). Weitere wichtige Funktionen sind die Prozessgasführung und die Schadstoffentsorgung durch geeignete Filter- und Absauganlagen.

6.3.1 Grundanordnungen

Für die einzelnen Verfahrensanwendungen erfordert die Anschaffung von Laseranlagen ein spezifisches Investitionsvolumen, welches sorgfältig geplant werden muss. Neben den Kosten sind auch eine Reihe von **Einsatzkriterien** zu prüfen und zu bewerten. Hierzu gehören signifikante Bewertungsgrößen wie Gewicht, Größe, Geometrie, Genauigkeit und Geschwindigkeit, die in Tabelle 6.7 zusammengestellt sind.

Grundsätzliche Voraussetzungen für die Qualität des Laserbearbeitungsverfahrens sind

- die präzise Bewegung des Werkzeugs oder Laserstrahles und
- die relative Positionierung und Bewegung zwischen Laserstrahl und Werkstück.

Tabelle 6.7 Auswahlkriterien für Bearbeitungseinrichtungen

Kriterium	Entscheidungsgrößen
Gewicht (Masse)	▪ Gewicht des Resonators und externer Strahlführungs-/Strahlformungselemente ▪ Gewicht der zu bearbeitenden Bauteile
Größe	▪ Dimensionen der zu bearbeitenden Konturen ▪ Raumbedarfsanforderung
Geometrie	▪ 2D-, 2,5D- oder 3D-Bearbeitungsanforderungen ▪ Bauteilzugänglichkeit
Genauigkeit	▪ Positioniergenauigkeit ▪ Wiederholgenauigkeit ▪ Justieren und Einrichten
Geschwindigkeit	▪ maximale Bearbeitungsgeschwindigkeit ▪ maximale Zustellgeschwindigkeiten
Kosten	▪ Investitionsbedarf ▪ Verbrauchskosten
Sonstiges	▪ Handling der Bauteile ▪ erforderliche Zusatzfunktionen (Automatisierungslösungen, Anlagenintegration etc.) ▪ sicherheitstechnische Aspekte

Die vielfältig eingesetzten **Anlagenkonzepte** lassen sich grundsätzlich nach den Gesichtspunkten in Tabelle 6.8 hinsichtlich der Bewegungsformen und der daraus resultierenden Arbeitsräume sowie der Erzeugung der Relativbewegung zwischen Werkstück und Laserstrahl unterteilen. Für die Bewegung oder Positionierung der Werkstücke und Laserstrahlen kommen translatorische und rotatorische Achssysteme zum Einsatz. Eine Verknüpfung mehrerer Achsen und Bewegungsarten gestattet eine Erhöhung der Flexibilität und eine Verbesserung der Bearbeitbarkeit bzw. Zugänglichkeit. Während für die eindimensionale Bearbeitung lediglich eine Achse notwendig ist, sind für die 3D-Bearbeitung mindestens 5 Achsen (drei translatorische und zwei rotatorische) erforderlich. In dieser 5-Achs-Konfiguration ist eine Fünf-Seitenbearbeitung in einer Aufspannung möglich. In sehr vielen Anwendungsfällen wird auch eine synchrone Bewegung mehrerer Achsen gefordert, die erhöhte Anforderung an die Steuerung des Bewegungssystems stellt. Gleichzeitig muss bedacht werden, dass eine höhere Achsanzahl die erreichbare Positionier- und Wiederholgenauigkeit verringert.

Eine sehr hohe Flexibilität und Zugänglichkeit erreicht man ebenfalls mit einem 6-Achs-Gelenkarmroboter. Alle Achsen sind in diesem Bewegungskonzept als rotatorische Achsen ausgelegt.

Tabelle 6.8 Grundsätzliche Unterteilung von Bearbeitungseinrichtungen

Kriterium	Arten
Bewegungsformen	■ geradlinige Bewegung (Translationsachsen) ■ kreisförmige Bewegung (Rotationsachsen) ■ unabhängige Bewegung (kartesische Koordinatenmaschinen) ■ verkettete Bewegung (Knickarmroboter)
Arbeitsräume	■ 1D ■ 2D ■ 2,5D ■ 3D
Relativbewegung Werkstück – Laserstrahl	■ bewegtes Werkstück – feststehende Optik ■ bewegtes Werkstück – bewegte Optik ■ feststehendes Werkstück – bewegte Optik

Für spezielle Anwendungen lässt sich das Robotersystem ideal mit einer zusätzlichen Linearachse koppeln. Insofern besteht die Möglichkeit, weitere Zusatzachsen zum eigentlichen Bearbeitungssystem zu implementieren.

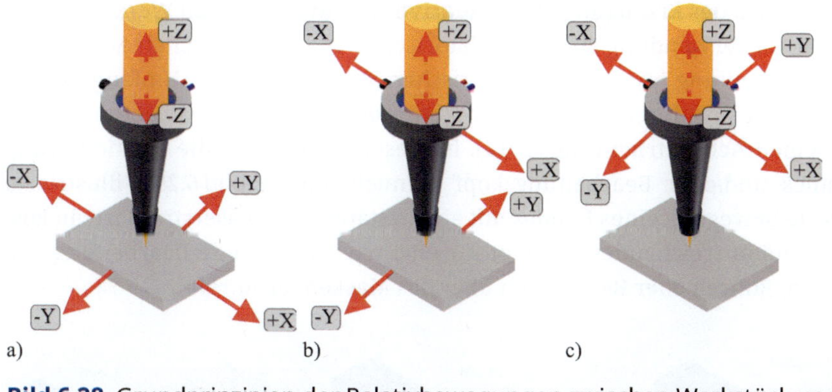

Bild 6.28 Grundprinzipien der Relativbewegungen zwischen Werkstück und Laserstrahl. a) bewegtes Werkstück – feststehende Optik, b) bewegtes Werkstück – bewegte Optik, c) feststehendes Werkstück – bewegte Optik

Ein weiteres sehr wichtiges Einsatzkriterium ist die **Relativbewegung** zwischen dem Werkstück und dem Laserstrahl. Prinzipiell kann zwischen den drei Grundkonzepten im Bild 6.28 unterschieden werden, wobei die Masse des Werkstücks sowie das erforderliche Bearbeitungsfeld grundsätzlich die wichtigsten Merkmale für die entsprechende Auswahl sind. Bei großen und schweren Werkstücken kommt oftmals die sogenannte **„fliegende Optik"** zum Einsatz. Hierfür werden die strahlführenden oder strahlformenden Optiken auf den Bewegungsachsen direkt angeordnet und mit diesen verfahren, sie können aber auch mit einer Tischachse kombiniert eingesetzt werden (Bild 6.28 b). Insbesondere für Flachbettanlagen ist dieses Konzept erfolgreich umgesetzt. Für eine große Anzahl von Anwendungen wird die schnelle Strahlbewegung verwendet (Bild 6.28 c). Dazu zählen auch die strahlscannenden Verfahren, die eine sehr hohe Bearbeitungsdynamik erzielen und Relativgeschwindigkeiten bis zu 10 $m \cdot s^{-1}$ und höher erreichen. Bauteile mit sehr kleinen Massen werden häufig nach dem Konzept im Bild 6.28 a bewegt, mit dem sehr hohe Bearbeitungsqualitäten erzielbar sind. Von Vorteil ist bei dieser Anordnungsvariante, dass die Laserstrahlungsquelle sowie die optischen Bauelemente im Strahlengang feststehend bleiben, wodurch die Justieranfälligkeit des Strahlenganges sinkt.

6.3.2 Bewegungseinheiten

Bewegungseinheiten unterscheiden sich in Hinsicht auf Präzision, Größe, zu bewegende Massen, Flexibilität sowie Automatisierbarkeit. Die notwendige Flexibilität bzw. Universalität einer Einheit ergibt sich aus der zu bearbeitenden Geometrie sowie dem Bauteilspektrum.

6.3.2.1 Eindimensionale Bearbeitung

Die einfachste Form der Erzeugung einer **Relativbewegung** zwischen Werkstück und Laserstrahl ist die Verwendung einer translatorischen oder rotatorischen Achse. Eine geradlinige Bearbeitung rotationssymmetrischer Werkstücke am Umfang (bspw. Rohrtrennen) lässt sich durch die Drehbewegung des Werkstücks realisieren und erfordert nur einen Achsantrieb (Bild 6.29 a). In diesem Fall erfolgt die Positionierung von Werkstück und/oder Bearbeitungskopf manuell. Die in Bild 6.29 b illustrierte translatorische Bewegung eines Bandes mit einem stationären Laserstrahl ist ein kostengünstiges und ausreichendes Konzept für eine wiederkehrende Bearbeitung wie z. B. Markieren, Bohren oder Beschriften über das Maskenverfahren.

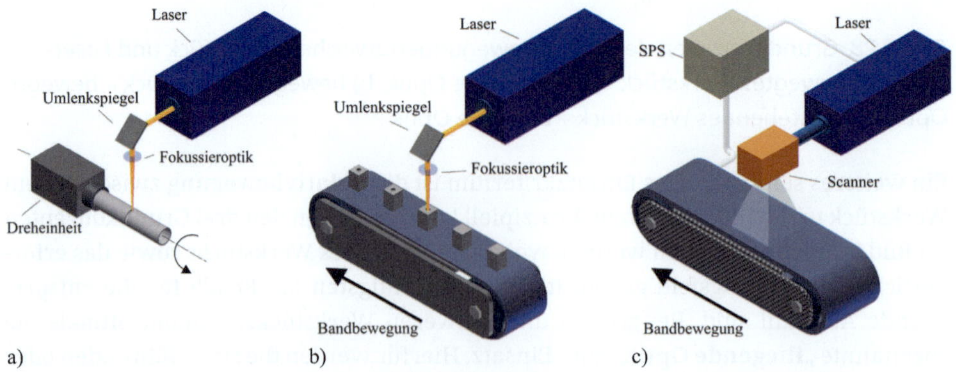

Bild 6.29 Ein- und zweidimensionale Bearbeitungsbeispiele. a) Bearbeitung mit rotatorischer Achse, b) Bandbearbeitung mit translatorischer Achse, c) Bandbewegung mit Scannerbewegung synchronisiert

Typisch für solch einfache Anordnungen ist die Großserien- und Massenproduktion. So werden bspw. Laserschweißverfahren zum Rohrnahtlängsschweißen eingesetzt oder aber zum Härten von Federelementen, die mit einem angepassten Strahlprofil simultan bestrahlt werden. Eine höhere Flexibilität lässt sich durch die Kombination eines schnellbewegten Scanners mit der **Bandbewegung** erzielen (Bild 6.29 c), was jedoch bereits einer zweidimensionalen Bearbeitung entspricht.

6.3.2.2 Zweidimensionale Bearbeitung

Eine sehr häufig angewendete Technologie ist die **zweidimensionale Bearbeitung** bzw. die Bearbeitung in der Ebene. Meist werden hierfür zwei Achsen für die X- und Y-Bewegung und eine dritte Achse für die Zustellbewegung in Z-Richtung (Fokuslage) genutzt. In den verschiedenen Ausführungsformen kann der Bearbeitungskopf über das Werkstück geführt, das Werkstück selbst unter dem feststehenden Laserstrahl bewegt werden, oder eine Kombination aus beiden Bewegungen erfolgen. Bild 6.30 illustriert zwei grundsätzliche Bewegungsvarianten. Im Bild a ist ein **X-Y-Koordinatentisch** dargestellt, der über ein entsprechendes Spannelement das Werkstück aufnimmt und unter dem Laserstrahl bewegt. Diese Bewegungsform wird für sehr hohe Positioniergenauigkeiten und für kleinere Werkstückmassen bevorzugt eingesetzt. Spindelantriebe oder Linearantriebe erzeugen die erforderliche Vorschubbewegung in Verbindung mit einer hochgenauen Bahnsteuerung. Für höhere Anforderungen werden auch luftgelagerte Achsantriebe und geregelte Piezotranslatoren verwendet, wobei letztgenannte Antriebselemente nur über einen relativ kleinen Verstellbereich verfügen. Großformatige Bauteile, bei denen die genannte Bauteilbewegung oftmals nicht anwendbar ist, werden auf Flachbettanlagen platziert, die mit zwei translatorischen Achsen für das Bewegen der Strahlführungsoptik ausgerüstet sind (Bild 6.30 b).

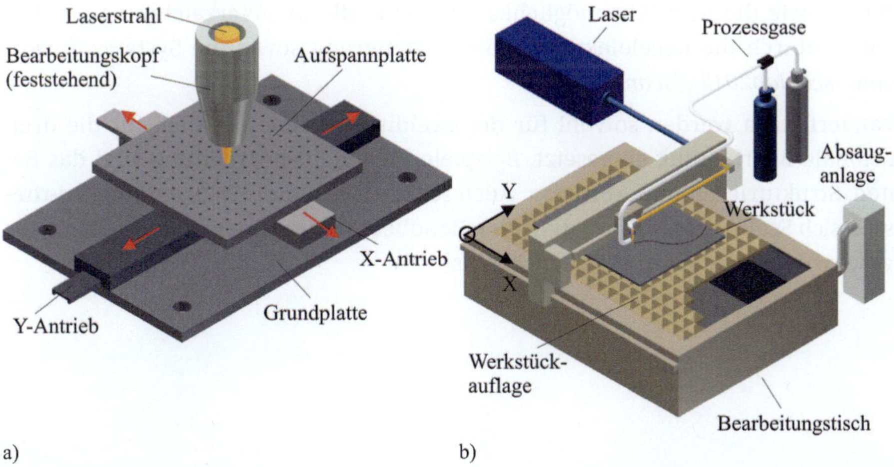

Bild 6.30 Grundanordnungen für 2D-Bearbeitung. a) X-Y-Koordinatentisch; b) Flachbettanlage mit „fliegender Optik"

In der **Blechbearbeitung** haben sich solche Lösungen etabliert, um Bleche mit mittleren und großen Formaten oder direkt vom Coil flexibel schneiden zu können. Darüber hinaus führt diese Variante zu einer Verringerung des Platzbedarfs für den gesamten Systemaufbau und somit auch zu einer Verbesserung der Einbindungsmöglichkeiten in flexible Fertigungssysteme.

Für die zweidimensionale Bearbeitung kann ebenfalls eine Kombination aus den beiden beschriebenen Lösungen vorteilhaft eingesetzt werden, wodurch ein besseres Ausschleusen der Teile nach dem Schneiden sowie eine ortsfeste Absaugung der entstehenden Restpartikel und Dämpfe erzielt wird. Die Zustellung des Bearbeitungskopfes zur Werkstückoberfläche übernimmt eine dritte Achse, die in Verbindung mit einer kapazitiven oder taktilen Abstandssensorik über eine Regelung Oberflächenunebenheiten schnell und hinreichend genau ausgleichen kann. Ein aufwendiges kraftschlüssiges Spannen und damit ein kostenintensiver Vorrichtungsbau können nahezu vollständig entfallen, wenn der Laserstrahl bewegt wird und das Bauteil feststeht. Lediglich Positionsanschläge und Ausrichthilfen sind für das Einrichten der Bauteile erforderlich.

Beim **Scanverfahren** wird der Laserstrahl über einen, vorwiegend jedoch über zwei galvanometrisch bewegte Spiegel auf die Werkstückoberfläche abgelenkt. Als fokussierendes Element wird fast ausschließlich ein F-Theta-Objektiv bzw. eine F-Theta-Linse verwendet (vgl. Abschnitt 6.2.4.2). Im Vergleich zu bewegten Werkstücken ermöglicht die Scantechnologie aufgrund der sehr geringen Massen der Galvanometerspiegel sowie der sehr schnellen Winkelauslenkung wesentlich höhere Bearbeitungsgeschwindigkeiten. Allerdings ist die Größe des **Bearbeitungsfeldes** begrenzt und hängt von der Brennweite der Optik und den optischen Grenzen des F-Theta-Objektives ab (vgl. Tabelle 6.9). Um hohe Genauigkeitsforderungen zu erfüllen, können Scanner mit einer automatischen Selbstkalibrierung erweitert werden. Die **Scangenauigkeit** sowie die Korrekturmöglichkeiten der Restbildfeldverzeichnung werden maßgeblich durch die Regelelektronik, die Ansteuerung sowie die Systemsoftware bestimmt */scanlab2012/*, */scanlab2025/*.

Die Scanverfahren werden sowohl für die zweidimensionale als auch für die dreidimensionale Bearbeitung eingesetzt. Beispiele für die 2D-Bearbeitung sind das Beschriften, Strukturieren und Abtragen. Auch für die sogenannte Bearbeitung **On-the-fly** lassen sich Scansysteme sehr gut in eine Bandbearbeitung integrieren und mit der Bandgeschwindigkeit takten bzw. synchronisieren.

Tabelle 6.9 Größen eines Galvanometerscanners nach */scanlab2012/*

Fokusdurchmesser: $d_f = \frac{\lambda \cdot f \cdot M^2 \cdot k}{d_1}$
Bildfeldseitenlänge:
bs ~ 0,5 - 0,8 *f*
λ - Wellenlänge (typ. 193 nm - 10,6 µm)
f - Brennweite (typ. 30 - 2000 mm)
M^2 - Strahlqualität (abhängig vom Lasertyp)
k - Korrekturfaktor (ideal 1,27; real oft 1,5 - 2)
d_1 - Strahldurchmesser (typ. 6 - 70 mm)

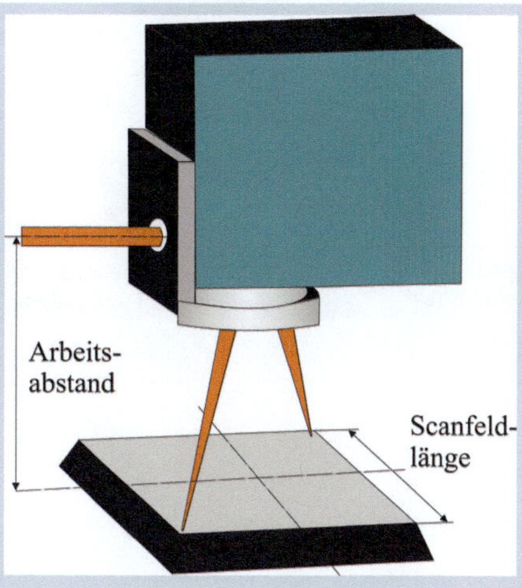

6.3.2.3 Dreidimensionale Bearbeitung

Die **dreidimensionale Bearbeitung** hat in den letzten Jahren durch die Entwicklung leistungsstarker Steuerungen, die fünf Achsen simultan ansteuern können, sowie leistungsstarker CAD-CAM-Programme stark zugenommen. Hieraus ergibt sich eine „echte" dreidimensionale Bearbeitung, bei der theoretisch jeder beliebige Punkt im vorgegebenen Bearbeitungsraum angefahren werden kann. Für diese Bearbeitungsart werden zusätzlich zu den drei translatorischen Achsen zwei Rotationsachsen im Systemaufbau benötigt (Bild 6.31 b).

3D-Bearbeitungszentren werden zumeist durch folgende (charakteristische) Ausführungen realisiert:

- Gantry-Bauweise,
- Portalanlage oder
- Konsolenbauweise.

Das im Bild 6.31 a dargestellte **Gantry-Konzept** bietet aufgrund des sehr kurzen Abstandes der Führungen eine extrem hohe Stabilität über den gesamten Arbeitsbereich. Die translatorischen Achsen X, Y und Z sind über dem Werkstück angeordnet und gestatten eine sehr hohe Bauteilzugänglichkeit. Der Bearbeitungskopf (hier Scanner) wird an die Z-Achse des Systems montiert und kann über eine Abstandsregelung einen vorgegebenen Sollabstandsweg zur Bauteiloberfläche nachgeführt werden. Für die Bearbeitung größerer Werkstücke kommt auch in der 3D-Bearbeitung die „fliegende Optik" zum Einsatz. Das in Bild 6.31 b dargestellte Anlagenkonzept lässt sich variabel an unterschiedliche Bearbeitungsaufgaben anpassen.

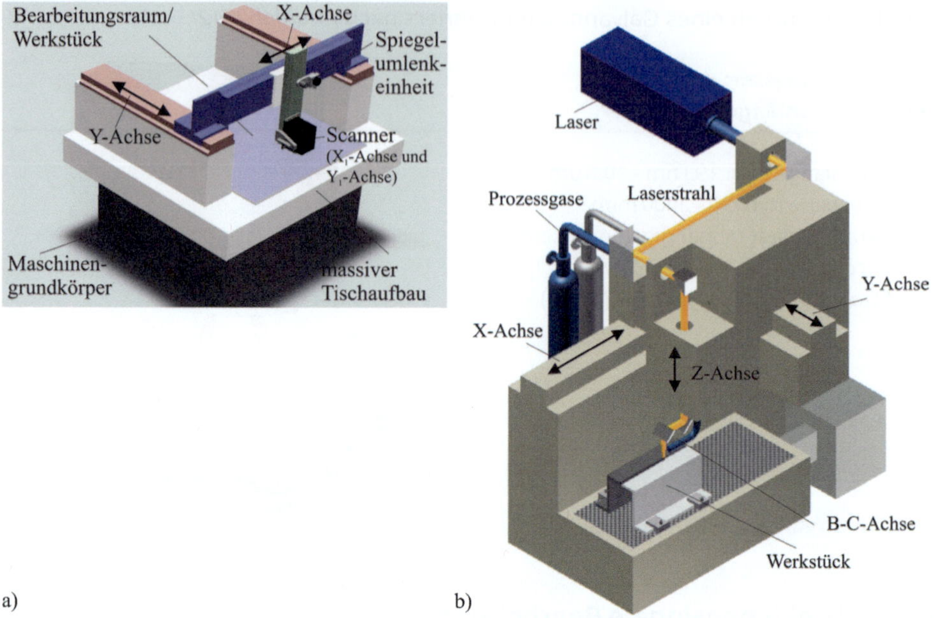

Bild 6.31 3D-Bearbeitungszentren mit 5 Achsen. a) Gantry-Bauweise, b) Portalbauweise

Beide Bauweisen basieren oft auf **Baukastensystemen**, sodass sich aus Einzelmodulen optimierte Maschinenvarianten für unterschiedliche Bearbeitungsaufgaben zusammenstellen lassen.

Bild 6.32 veranschaulicht das Bewegungsprinzip der eingangs erwähnten zusätzlichen **Rotationsachsen**, deren großer Schwenkbereich von B- und C-Achse (C-Achse 360° und B-Achse ±90°) auch für diese Anordnung eine hohe Bauteilzugänglichkeit gewährleistet.

Wahlweise können verschiedene Laserstrahlköpfe (z. B. Schneiden und Schweißen) ausgewechselt und an den Rotationsachsen implementiert werden. Sie lassen eine räumliche Ausrichtung der Fokusposition zu, sodass auch gekrümmte und kompliziert geformte Bauteiloberflächen bearbeitbar sind.

Zunehmende Bedeutung haben in den letzten Jahren **robotergekoppelte Laseranlagen** erfahren, die in erster Linie zum Schweißen und Hartlöten verwendet werden, wobei auch Anwendungen zum Schneiden und Härten erfolgreich industrieerprobt sind. Hinsichtlich der Grundanordnungen solcher Systemlösungen lassen sich drei Realisierungskonzepte unterscheiden:

1. Handhabung des Werkstücks bei feststehendem Laserstrahl,
2. Bewegung des Laserstrahls mit externem Strahlführungssystem und
3. Bewegung des Laserstrahls mit internem Strahlführungssystem.

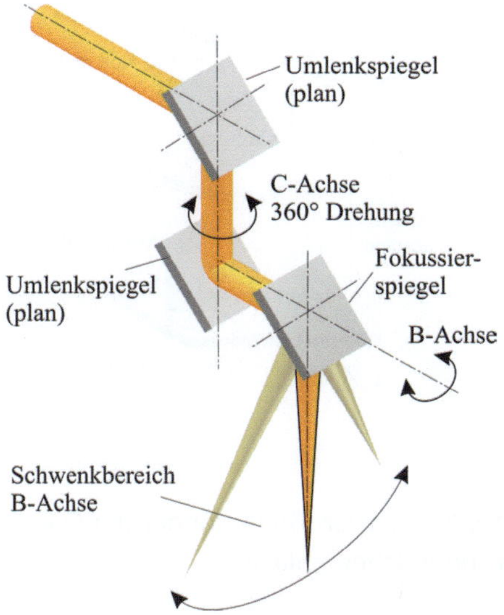

Bild 6.32
Strahlführung mit zwei Rotationsachsen

Für die Bearbeitung von geringen Werkstückmassen können **6-Achs-Gelenkarmroboter** mit einem Werkstückgreifer die Bauteile unter dem feststehenden Laserbearbeitungskopf positionieren und bewegen. Es sind jedoch hinsichtlich Gewicht und Volumen der zu bearbeitenden Bauteile Grenzen gesetzt. Der Laser kann getrennt von der eigentlichen Bearbeitungsstation installiert werden und über Prozessfasern (Festkörperlaser) die Laserleistung am Werkstück bereitstellen. Die Faserübertragung erlaubt eine sehr einfache Kopplung mit dem Bearbeitungskopf, der mit dem Roboter fest- oder wechselbar verbunden werden kann. Aufgrund des geringeren Gewichts von Prozessfaser und Bearbeitungskopf erhöht sich die dynamische Genauigkeit des Gesamtsystems bei gleichzeitiger Vergrößerung des Bearbeitungsraumes.

Eine sehr innovative Verfahrenslösung der dreidimensionalen Bearbeitung ist die **Remote-Technologie (Fernbearbeitung)**. Der Begriff **Remote** leitet sich aus der größeren Entfernung zwischen Fokussierlinse und Bearbeitungsort ab. Mithilfe der Remote Technologie kann eine sehr schnelle Positionierung und Bearbeitung in einem relativ großen Arbeitsfeld oder Raum erfolgen. Das Prinzip dieses Verfahrens veranschaulicht Bild 6.33 a. Bei dieser Anordnung wird der Laserstrahl durch ein Teleskop aufgeweitet und mithilfe einer Transmissionsoptik, die auf einem schnellbewegten Linearschlitten montiert ist, in den Arbeitsraum fokussiert. Die Positionierung des Fokuspunktes in Richtung der Z-Achse resultiert aus der Verfahrbewegung der beweglichen Optik, während sich die Bewegungen in X- und Y-Richtung aus der Anordnung eines 2D-Scanners, in Form eines oder zwei drehbar gelagerter Spiegel, ergeben.

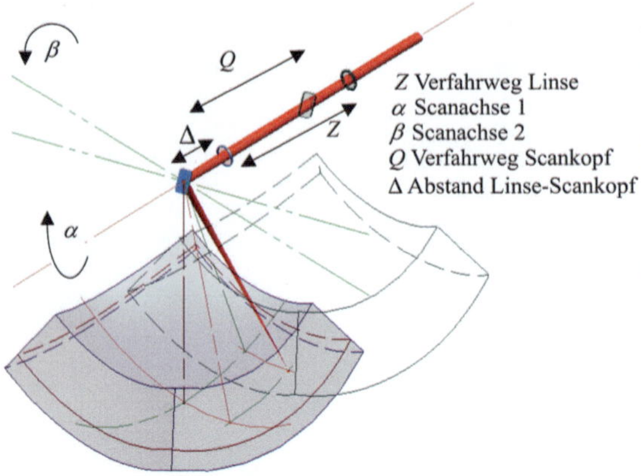

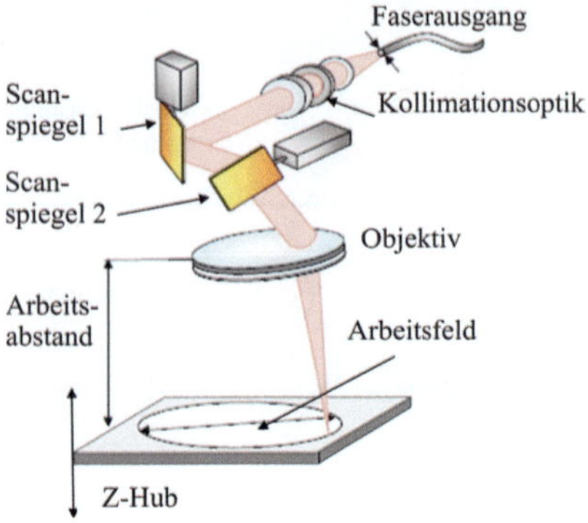

Bild 6.33 3D-Scanprinzipien */Bergmann&Steffen2011/*. a) Großfeldscanner mit CO_2- oder Faserlaser, b) Kleinfeldscanner mit Faser- oder Scheibenlaser

Zusätzlich lässt sich der Spiegel entlang der Y-Achse verfahren, wodurch sich der Arbeitsraum vergrößert. Bedingt durch die große Brennweite der Fokussieroptik bewirken kleine Winkelauslenkungen des Spiegels bereits lange Wege in der Ebene und ermöglichen dadurch auch extrem schnelle Positionierungen des Fokus an verschiedenen Raumpositionen. */Rofin2004/*

Eine weitere **Remotelösung** basiert auf der **Kombination von Roboter und Scanner**, die die Vorteile beider Systemkomponenten ideal verbindet. Einerseits sind sehr hohe Prozessgeschwindigkeiten durch die schnellbewegten Scanspiegel möglich, anderseits lässt sich durch die Kombination ein vergrößerter Bearbeitungsraum abdecken. Mit der Roboterbewegung kann der Laserstrahl an verschiedenen Stellen im vorgegebenen Arbeitsraum positioniert und durch den Scanner ausgelenkt werden. Die Bewegungsabläufe erfolgen simultan. Bei dieser Bewegungsüberlagerung spricht man im Fall des Schweißens von **Welding-on-the-fly**.

6.4 Gesamtsystemlösungen

Systemlösungen für die LMB sind aufgrund der großen Verfahrensvielfalt und des hohen Potenzials des Werkzeugs Laserstrahl extrem breit gefächert. Zum einen stehen dem Anwender **modulare Universalanlagen** und Bearbeitungszentren zur Auswahl, die meist auf Kundenwunsch dem Spektrum der Bearbeitungsaufgaben angepasst werden können, zum anderen lassen sich maßgeschneiderte Lösungen für ganz spezielle Anwendungen konzipieren und entwickeln. Nachfolgend werden exemplarisch drei Gesamtsystemlösungen vorgestellt, die sich durch eine kompakte und zugleich variable Bauform auszeichnen. Baugröße, Achsanordnung, Wahl der Laserstrahlungsquelle sowie die Prozessoptik definieren die Grundkonfiguration des Laserbearbeitungssystems in Bild 6.34 */SITEC2011-1/*, das ein fasergeführtes System zum Schweißen und Härten beinhaltet. Das Maschinensystem beruht auf einer **Konsolenbauweise** und ermöglicht eine hohe Flexibilität in Bezug auf das zu bearbeitende Bauteil oder die Integration in automatisierte Fertigungsabläufe. Der verfügbare Bauraum bietet die Voraussetzung für die Anordnung von Werkstückvorrichtungsaufbauten bei gleichzeitig hoher Bauteilzugänglichkeit für den Bearbeitungskopf und die Prozessdiagnostik. Der Z-Achsenaufbau ist geeignet, um sensorische Elemente wie CCD-Kamera, Pyrometer etc. aufzunehmen. Solche **diagnostischen Systeme** werden vielfältig zur Charakterisierung des Wechselwirkungsprozesses von Laserstrahlung und Werkstück eingesetzt. Unterschieden werden Systemlösungen, die einmalig bzw. in regelmäßigen Abständen Parameter messen und überprüfen, und Systeme, die online eingesetzt werden, um bestimmte Prozessgrößen permanent zu diagnostizieren. Ein vielfach eingesetztes System ist die **Abstandssensorik** für das Verfahren Schneiden. Um den erforderlichen Abstand zwischen Schneiddüse und Werkstück sicherzustellen, erfolgt in Abhängigkeit von der aktuellen Position eine schnelle Regelung der Z-Achsenposition. Hierfür haben sich zwei Varianten durchgesetzt. Beim berührungslosen, nur für metallische Werkstoffe geeigneten Prinzip wird der Abstand **kapazitiv** ermittelt, stattdessen steht für nichtmetallische Materialien die abtastende, **taktile** Methode zur Verfügung. Eine wichtige Funktion stellt die **Online-Prozessüberwachung** während der Bearbeitung dar. Insbesondere bei den Verfahren Schweißen, Löten und Härten werden diagnostische Verfahren im Prozess simultan erfassend eingesetzt, wobei je nach Messposition zwischen **Pre-**, **In-** und **Post-Prozessüberwachung** unterschieden wird.

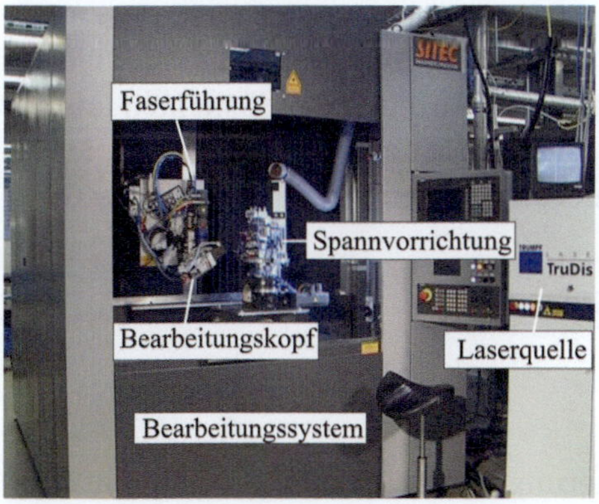

Bild 6.34
Fasergeführte LMB-Anlage „LS108C" */SITEC2011-1/, /sitec2025/*

Unter **Pre-Prozessüberwachung** werden dem eigentlichen Laserwechselwirkungsprozess vorlaufende Diagnostiksysteme verstanden. Diese Sensorik gestattet bspw. die optische Erkennung und Verfolgung einer Spaltgeometrie von zwei zu fügenden Bauteilen, wodurch in der Serienfertigung Bauteiltoleranzen und Spannfehler ausgeglichen werden können. Solche Nahtverfolgungssysteme ermöglichen darüber hinaus in Kombination mit einer Linearachse auch die exakte Positionierung des Schweißkopfes auf den erforderlichen Arbeitsabstand. Für die **In-situ-Überwachung** von Bearbeitungsprozessen haben sich ortsaufgelöste Verfahren etabliert, die in die Bearbeitungseinrichtung direkt integriert werden. Ziel dieser **In-Prozessüberwachung** ist das Gewinnen von Informationen aus der Wechselwirkung des Laserstrahles mit dem Werkstück. Diese Analyse erlaubt Rückschlüsse auf Prozessunregelmäßigkeiten und wird teilweise auch zur direkten Regelung von Prozessparametern wie Laserleistung oder Vorschubgeschwindigkeit verwendet. So können bspw. Fotodioden die zurückstreuende Strahlung spektral auflösen oder aber Kamerasysteme zur Analyse der Schmelzbad- und Kapillargeometrie (vgl. Kapitel 9) eingesetzt werden. */precitec2012/, /precitec2025-1/, /precitec2025-2/*

Sollen 3D-Bearbeitungstechnologien mit größeren Verfahrbereichen Verwendung finden, dann kann diese Aufgabenstellung sehr wirtschaftlich mit IR-Robotern umgesetzt werden. Zudem bieten sie ein sehr hohes Automatisierungspotenzial. Eine Systemlösung diesbezüglich illustriert Bild 6.35, bei der der Ausgangsstrahl eines FK-Lasers über eine Lichtleitfaser zum Schweißkopf geführt wird. Ein Industrieroboter nimmt diesen Bearbeitungskopf auf und bewegt den Strahl im vorgegebenen Arbeitsraum über das Bauteil. Durch die Einbindung eines Dreh-Kipp-Positionierers kann das Bauteil zusätzlich bewegt werden. Ein automatischer Werkstückwechseltisch ermöglicht das sogenannte **hauptzeitparallele Rüsten** der Werkstücke (Werkstücke werden parallel zum Bearbeitungsprozess außerhalb der Laserzelle aufgespannt bzw. entnommen). Dies erfordert den gesteuerten Ablauf des Bearbeitungsprozesses. Eine Vielzahl von Operationen (Achsenbewegung, Laserleistung, Strahlshutter, Zuschaltung von Prozessgasen, Komponenten der Überwachung der Lasersicherheit etc.) muss exakt gesteuert und getaktet werden bzw. auch synchron ablaufen. Diese Aufgaben übernimmt die Funktionseinheit **Steuerung und Regelung** (vgl. Bild 6.1) der LMB-Anlage. Die Kommunikation zwischen den einzelnen Komponenten und der Austausch der Signal- und Datenflüsse werden von einer **übergeordneten Steuerung** übernommen. Häufig verwendete **Steuerungssysteme** lassen sich in drei Gruppen unterteilen:

1. **S**peicher **P**rogrammierbare **S**teuerung (SPS),
2. **D**igital **S**ignal **P**rocessing (DSP) und
3. **PC-S**teuerung (PCS).

Weitere Ausführungen zu den Themen Steuerung und Automatisierung sind in Kapitel 15 aufgeführt.

Sehr oft werden **SPS-Lösungen** als übergeordnetes Steuerungssystem verwendet. Für den Anwender ist letztendlich die Programmierung der Bearbeitungsabläufe und -schritte die entscheidende Interaktion, um den Prozess einmalig oder wiederholt fehlerfrei ablaufen zu lassen.

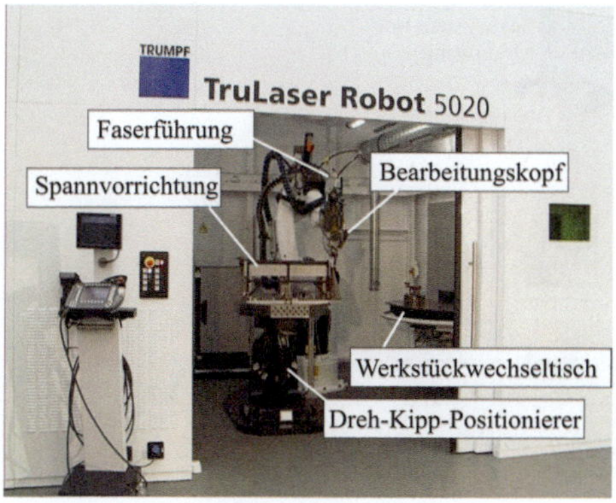

Bild 6.35
Automatisierte Roboterzelle */Trumpf2011/*, © TRUMPF Gruppe

Die Integration von Industrierobotern in Maschinensysteme der LMB gewinnt zunehmend an Bedeutung, insbesondere zur flexiblen Bearbeitung komplexer 3D-Bauteilgeometrien. Die Auslegung solch robotergestützter Bearbeitungseinheiten erfordert ein tiefgehendes Verständnis kinematischer Prinzipien sowie deren softwaretechnische Umsetzung zur Bahnplanung und Strahlführung.

In der kinematischen Auslegung von Robotersysteme unterscheidet man zwischen direkter und inverser Kinematik. Die **direkte Kinematik** beschreibt die Vorwärtstransformation eines Roboterarms. Aus den gegebenen Gelenkwinkeln (bzw. translatorischen Verschiebungen bei Linearachsen) wird die räumliche Position und die Orientierung des Endeffektors (Zielposition) im kartesischen Raum berechnet. Diese Transformation ist eindeutig und mathematisch vergleichsweise einfach durch sukzessive Multiplikation homogener Transformationsmatrizen darstellbar. Demgegenüber steht die **inverse Kinematik**, die bei gegebener Zielposition des Werkzeugs im Raum die entsprechenden Gelenkparameter des Roboters ermittelt. Dieses Problem ist nicht immer eindeutig lösbar und erfordert numerische Lösungsverfahren (z. B. Newton-Raphson, Jacobian-Inversion) oder spezielle analytische Lösungsansätze bei kinematisch einfachen Systemen (z. B. SCARA-Roboter). Die inverse Kinematik ist für die Trajektorienplanung in der Lasermaterialbearbeitung unverzichtbar, da die gewünschte Bearbeitungsbahn im Werkstückkoordinatensystem vorliegt und in das Gelenkkoordinatensystem des Roboters übertragen werden muss. Zusätzlich muss die Orientierung des Laserstrahls zur Werkstückoberfläche berücksichtigt werden. Hierbei wird häufig ein Werkzeugkoordinatensystem definiert, das mit dem Fokusort des Lasers übereinstimmt und eine kontinuierlich korrekte Ausrichtung entlang der Bearbeitungsbahn sicherstellt. In Bild 6.36 sind beide kinematischen Grundvarianten gegenübergestellt.

Siehe auch Videosequenz „Roboterbasierte LMB" auf *plus.hanser-fachbuch.de*

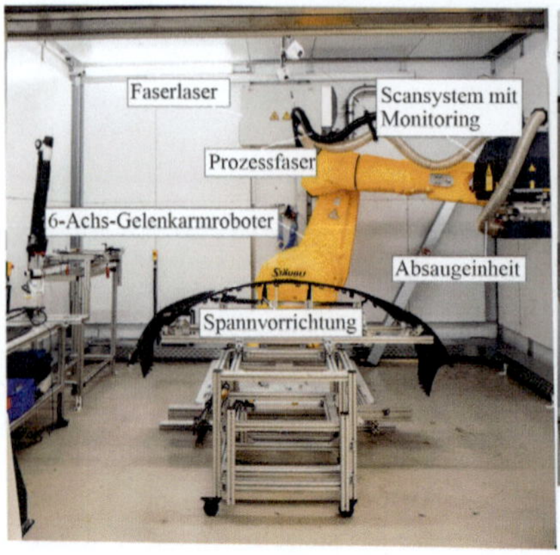

a)

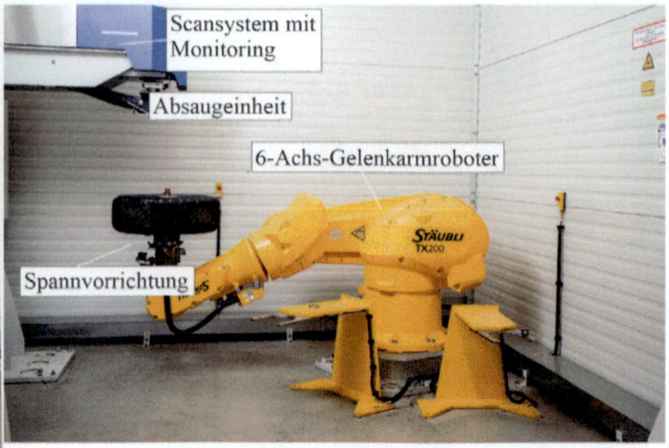

b)

Bild 6.36 Kinematische Auslegungsvarianten von Roboterzellen. a) direkte Kinematik, b) inverse Kinematik */Jenoptik 2025/*

Ein weiteres zentrales Modul einer Roboterzelle stellt das **Prozessmonitoring** dar, welches zunehmend inline, d. h. während der Bearbeitung, erfolgt. Hierbei kommen optische Sensoren wie Pyrometer, Photodioden oder CCD-/CMOS-Kameras zum Einsatz, die koaxial oder unter Winkeln in das Bearbeitungssystem integriert sind. Diese Sensorik erlaubt eine kontinuierliche Überwachung von Prozessparametern wie Emission, Temperatur oder Plasmabildung und wird häufig zur Detektion von Nahtfehlern oder Fokusabweichungen verwendet. In speziellen Anlagen erfolgt zudem eine Closed-Loop-Regelung, bei der erkannte Abweichungen in Echtzeit über Stellglieder, beispielsweise motorisierte Fokusachsen oder adaptive Spiegel, kompensiert werden.

Neben der Hardwareintegration gewinnt auch die softwareseitige Anbindung an Bedeutung. Simulationsgestützte Offline-Programmierumgebungen ermöglichen die Planung und Optimierung von Roboterbahnen basierend auf CAD-Daten. Hierbei werden inverse Kinematik, Kollisionsvermeidung und Optimierung der Bearbeitungssequenz bereits vor der realen Ausführung virtuell validiert. Diese digitale Vorabplanung ist insbesondere bei komplexen Bauteilgeometrien oder sicherheitskritischen Prozessen essenziell.

Kompakte und **hochpräzise Mikromaterialbearbeitungsanlagen** werden für den Einsatz der UKP-Laser angewandt. Bild 6.37 illustriert exemplarisch eine modular aufgebaute Systemlösung für die Bearbeitung mit ps- oder fs-Lasertechnik. Der schwingungsgedämpfte Maschinengrundkörper gewährt die Aufnahme von bis zu zwei UKP-Laserstrahlquellen und ist für drei unabhängige Strahlengänge ausgelegt, wodurch z. B. eine kombinierte Nutzung unterschiedlicher Bearbeitungsstrategien wie Scanfeldbearbeitung, Präzisionsbohren und 3D-Mikrobearbeitung in einem System realisiert werden kann.

Bild 6.37
LMB-Anlage für die Mikrobearbeitung mit UKP-Laserstrahlquelle

Die Strahlführung erfolgt über einen optisch modular aufgebauten Strahlengang mit selektierbaren Festoptiken, Galvanometerscannern sowie adaptiven Strahlformungskomponenten. Eine zentrale Rolle spielt dabei der Spatial Light Modulator (SLM), ein phasenmodulierendes diffraktives Element zur dynamischen Erzeugung und Kontrolle komplexer Strahlprofile. Der SLM kann für multiplexe Parallelbearbeitung, z. B. durch Erzeugung mehrerer Bearbeitungsspots (Multi-Spot-Technologie), oder zur gezielten Anpassung des Energieeintrags mittels topologieoptimierter Intensitätsverteilungen (z. B. Bessel-, Donut- oder Top-Hat-Profile) angewandt werden. Die SLM-Steuerung ist vollständig in das Prozessleitsystem integriert und erlaubt eine adaptive on-the-fly-Strahlformung in Echtzeit. Für hohe Positionier- und Wiederholgenauigkeiten sorgen Linearmotorachsen mit hochauflösenden Wegmesssystemen (Auflösung < 1 µm) in Kombination mit optionalen Dreh-Schwenk-Kinematiken. Somit ist die Bearbeitung komplexer Geometrien auch unter nichtorthogonalen Einfallswinkeln, wie sie etwa bei der Freiformbearbeitung oder bei der Innenseitenstrukturierung zylindrischer Substrate erforderlich sind, möglich.

Ein wesentlicher Bestandteil moderner UKP-Anlagen ist oftmals ein integriertes **Prozessmonitoring**, für das verschiedene sensorische Module zur Inline-Qualitätskontrolle zur Verfügung stehen:

- optisches Koaxialmonitoring mit CMOS- oder sCMOS-Kameras zur Visualisierung des Bearbeitungsprozesses,
- Photodioden- und Pyrometersysteme zur Echtzeit-Erfassung des Energieeintrags und der Prozessstabilität,
- Inline-Rückstreusignalanalyse (Backscatter Detection) zur Detektion von Durchbrüchen, Substratschäden oder des Prozessendes.

Für hohe Anforderungen an die Strahllagestabilität werden Kompensationssysteme in den Strahlengang integriert. Ein aktives Beam-Tracking-System mit Positionssensoren und Rückführregelung kann die thermische Drift oder mechanische Verlagerung der Strahlposition über lange Bearbeitungszeiten kompensieren (siehe auch Kapitel 5). Dies ist insbesondere bei der Mikrostrukturierung mit hoher Auflösung (Spotgrößen < 10 µm) und hohen Anforderungen an die Genauigkeit essenziell.

Moderne Steuerungssysteme erlauben eine durchgängige Parametrisierung, Visualisierung und Archivierung aller relevanten Prozess- und Maschinendaten, wobei über standardisierte Schnittstellen (z. B. OPC UA, EtherCAT) auch die Einbindung in industrielle Fertigungslinien möglich ist. Die Anlagen sind somit vollständig skalierbare modulare Systemlösungen für die präzise UKP-Materialbearbeitung und bieten eine flexible Anpassung an unterschiedliche Bearbeitungsanforderungen. */PulsarPhotonics2025/*

Auf weitere Anlagenausführungen wird an dieser Stelle auf */3D Micromac2025/*, */GFH 2025/*, */Pulsar Photonics2025/* sowie Kapitel 14 verwiesen.

Übungsaufgaben zum Kapitel 6

(Die dazugehörigen Lösungen finden Sie auf *plus.hanser-fachbuch.de*.)

1. **Aufgabe:** Grundlagen der Strahlführung

   Erläutern Sie den grundsätzlichen Aufbau eines Strahlführungssystems in einem industriellen Lasersystem. Nennen Sie die Hauptkomponenten und beschreiben Sie deren jeweilige Funktion.

2. **Aufgabe:** Strahlqualität und M^2

   Ein Laserstrahl weist einen M^2-Wert von 1,1 auf. Diskutieren Sie die Auswirkungen auf die Fokussierbarkeit und die erzielbare Intensität im Fokus im Vergleich zu einem Strahl mit $M^2 = 5$.

3. **Aufgabe:** Faserkopplung

   Ein Diodenlaser soll über eine Faser mit einem Kerndurchmesser von 200 µm gekoppelt werden. Welche Anforderungen ergeben sich an die Strahldivergenz und an die Einkoppeloptik?

4. **Aufgabe:** Strahlformung mit Tophat

   Warum wird bei der Lasermaterialbearbeitung häufig ein Tophat-Intensitätsprofil angestrebt? Nennen Sie zwei typische Anwendungen, bei denen dieses Profil vorteilhaft ist.

5. **Aufgabe:** Axicons und Ringmoden

   Beschreiben Sie den physikalischen Aufbau und die Funktion eines Axicons in der Strahlformung. Welche Intensitätsverteilung lässt sich damit erzeugen?

6. **Aufgabe:** BrightLine-Weld-Technologie

   Sie ermöglicht die gleichzeitige Nutzung von Kern- und Ringmoden einer 2-in-1-Faser. Diskutieren Sie, wie damit Spritzerbildung beim Kupferschweißen vermieden wird.

7. **Aufgabe:** Strahlüberlagerung

   Nennen Sie zwei Vorteile der strahlüberlagerten Nutzung von blauer (445 nm) und infraroter (1030 nm) Laserstrahlung beim Schweißen von Kupfer.

8. **Aufgabe:** Entwurf eines Strahlformungssystems

   Konzipieren Sie ein Strahlführungssystem für einen 2-kW-Festkörperlaser, mit dem Kupferkontakte in einem Batteriemodul geschweißt werden sollen. Anforderungen: Spritzerfreiheit, Nahttiefe $\geq$ 1,2 mm, Bearbeitungszeit < 1 s. Berücksichtigen Sie geeignete Strahlformungskonzepte und begründen Sie Ihre Wahl.

9. **Aufgabe:** Strahlführung in Mehrkopf-Systemen

   Bei einem laserbasierten Multihead-System für die additive Fertigung sollen vier Scanoptiken parallel mit einem Hochleistungslaser versorgt werden. Beschreiben Sie die Möglichkeiten zur strahlzeitlich getakteten oder spektralen Aufteilung des Laserstrahls auf mehrere Köpfe und diskutieren Sie die Vor- und Nachteile.

10. **Aufgabe:** Diffraktive Optik in der Strahlformung

    Erklären Sie den Einsatz diffraktiver optischer Elemente (DOE) zur Erzeugung komplexer Intensitätsverteilungen (z. B. Ring, Linienfeld, Mehrpunktstruktur). Nennen Sie eine konkrete Anwendung, bei der ein DOE industriell genutzt wird, und welche Vorteile es dort bietet.

7 Abtragen, Strukturieren und Materialmodifikation

Die Lasermaterialbearbeitung umfasst neben den trennenden und fügenden Prozessen ein breites Spektrum von Verfahren, bei denen gezielt Material von der Werkstückoberfläche entfernt, die Oberfläche funktional strukturiert oder physikalisch modifiziert wird. Diese Prozesse stellen wesentliche Schlüsseltechnologien für die Präzisionsfertigung, die Mikrobearbeitung und die Erzeugung hochfunktionaler Oberflächen dar.

Im vorliegenden Kapitel werden die grundlegenden physikalischen Wirkprinzipien, die technologischen Möglichkeiten sowie die spezifischen Anforderungen an Anlagentechnik und Prozessführung für das laserbasierte Abtragen, Strukturieren und die Materialmodifikation systematisch beschrieben.

Die dargestellten Verfahren reichen vom klassischen Laserabtragen durch thermische oder photomechanische Materialentfernung über die präzise Mikro- und Nanostrukturierung bis hin zu innovativen Methoden der selektiven Materialmodifikation.

Aufgrund der hohen Komplexität der zugrundeliegenden Wechselwirkungsmechanismen und der Vielzahl an Prozessparametern ist eine sorgfältige Auswahl geeigneter Lasersysteme, Strahlformungselemente und Bearbeitungsstrategien essenziell.

7.1 Abtragen und Strukturieren

Das gezielte Abtragen und Strukturieren mit Laserstrahlung hat eine große Verbreitung im Bereich der Mikrobearbeitung gefunden. Der Lasermaterialabtrag ermöglicht die Bearbeitung von Materialien und Konturen, die mit zerspanenden oder erosiven Verfahren teilweise nur mit hohem Aufwand zu realisieren sind. Unter dem Begriff **Abtragen** wird allgemein ein flächiges oder räumliches Entfernen von Material verstanden, welches die definierte Überlagerung von Einzelimpulsen (im Falle des gepulsten Betriebes) voraussetzt. Mit einer frei wählbaren Pulsüberlappung (hitch und pitch; vgl. Kapitel 5 und Bild 7.5) können bspw. selektiv Deckschichten abgetragen oder aber ein Formabtrag in die Tiefe komplexer Baueilgeometrien erzeugt werden. Im Gegensatz dazu spricht man vom **Strukturieren**, wenn durch den Abtrag periodisch wiederkehrende Geometrien in der Oberfläche eines Werkstückes generiert werden. Häufig wird mit dem Strukturieren von Oberflächen eine Eigenschaftsänderung von Bauteilen verfolgt. Ein bekanntes Anwendungsbeispiel ist das Einbringen von Schmierstofftaschen, um das tribologische Verhalten von stark auf Reibung beanspruchten Bauteilen zu verbessern. Für das Abtragen und Strukturieren kommen teilweise kontinuierlich angeregte, überwiegend aber gepulste Laserstrahlungsquellen zum Einsatz.

7.1.1 Grundverfahren des Abtragens

Die abtragenden Verfahren lassen sich prinzipiell in thermische und athermische Verfahren unterscheiden. Für **thermische Abtragsverfahren** ist der Materialabtrag durch drei charakteristische Phasen gekennzeichnet, die in Bild 7.1 zusammengefasst sind.

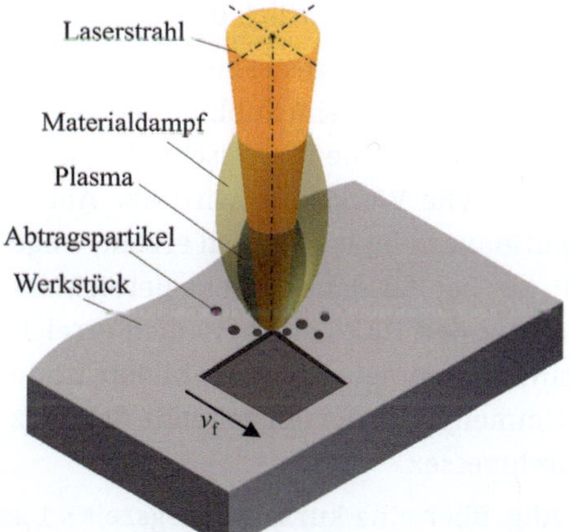

Bild 7.1 Grundprinzip des thermischen Abtragens nach */Brun1989/*

1. Phase:
- Reflexion und Absorption der Laserstrahlung im oberflächennahen Bereich
- relativ geringe Eindringtiefe der Photonen

2. Phase:
- Ausbildung einer Flächenwärmequelle
- Temperaturerhöhung und Wärmeleitung in tiefere Werkstoffzonen
- Phasenumwandlung (flüssig, dampfförmig)

3. Phase:
- Verlagerung der Schmelz- bzw. Verdampfungszone von der Oberfläche in tiefere Bereiche
- stetiger Auswurf oder Austreiben des flüssigen bzw. dampfförmigen Materials

Der Materialabtrag wird durch eine flüssige und/oder eine dampfförmige Phase bestimmt. Je nachdem welcher Anteil vorliegt, kann das Verfahren als Sublimations- oder Schmelzabtragen betrachtet werden. Beim **Sublimationsabtrag** erfolgt der Materialabtrag überwiegend durch Verdampfen/Sublimieren. Die auf die Oberfläche auftreffende Energiemenge führt zu einer lokalen Verdampfung/Sublimation, wobei sich die eigentliche Verdampfungs- bzw. Sublimationszone in etwa 0,05 – 0,1 µm unterhalb der Werkstückoberfläche ausbildet */Brun1989/*. Durch den Dampfdruck kann auch ein Teil des aufgrund der Wärmeleitung schmelzflüssig gewordenen Materials explosionsartig aus dem Wechselwirkungsvolumen ausgetrieben werden. In diesem kurzzeitig überhitzten Zustand steht das beeinflusste Werkstoffvolumen unter einem hohen Innendruck (10^8 Pa), sodass sich die abgetragenen Partikel mit sehr hohen Geschwindigkeiten (etwa $10^2 - 10^3$ $m \cdot s^{-1}$) von der WEZ weg bewegen */Brun1989/*.

Beim **Schmelzabtrag** wird der Werkstoff aufgeschmolzen und die Schmelze mittels eines gerichteten Gasstrahles ausgetrieben. Das hat den Vorteil, dass im Vergleich zum Sublimationsabtragen eine höhere Abtragsrate erzielt werden kann, jedoch sind die erreichbaren Kontur- bzw. Strukturgenauigkeiten geringer. Beim Schmelzabtrag ist die eingebrachte Energie so zu wählen, dass der gerichtete Gasstrahl das Schmelzvolumen vollständig austreiben kann. Ist dies nicht der Fall, können Effekte auftreten, die zu einer deutlichen Verringerung der Oberflächenqualität führen. Die verschiedenen Abtragsmodelle und -mechanismen sind in Kapitel 5 ausführlich dargestellt.

In Abhängigkeit von den Werkstoffeigenschaften und dem angestrebten Abtragsprozess werden verschiedene **Laserbetriebsarten** verwendet. Beim Sublimationsabtrag muss die Einwirkdauer bzw. die eingebrachte Energie an die thermische Belastbarkeit des Materials angepasst werden. Für keramische Werkstoffe wird der Abtrag bspw. mithilfe gepulster Festkörperlaser mit Pulsdauern im ms-Bereich erzielt, wogegen bei Metallen ein Sublimationsabtrag i. d. R. nur bei Pulsdauern im ns-Bereich und kürzer, die mit gütegeschalteten Laserquellen bzw. den UKP-Lasersystemen erreicht werden, realisierbar ist. Bei Materialien, die eine ausgeprägte Schmelze bilden, ist die Einwirkdauer bzw. Leistungsdichte so abzustimmen, dass die entstehende Schmelzfilmdicke sehr viel kleiner ist als der Strahldurchmesser.

Mit einem kurzen **Laserschaltimpuls**, der i. Allg. über eine kurze Anstiegszeit < 1 µs und Intensitäten $> 10^7$ $W \cdot cm^{-2}$ verfügen sollte, lassen sich die Werkstücke sehr schnell in den absorbierenden Zustand überführen. Die Pulsdauern sind klein gegenüber der Zeitkonstante der Wärmeleitung zu wählen, sodass die Verluste der Wärmeleitung vernachlässigt werden können. Der Abtragsprozess kann durch die Impulsform und -zeit gezielt gesteuert werden. In der Praxis hat sich der Einsatz von modulierten Laserimpulsen und Impulszügen (Bursts) bewährt.

Bei Annahme des Abdampfmodells (vgl. Kapitel 5) und des Modells der eindimensionalen, stationären Energiebilanz (Bild 7.2) können wichtige Zusammenhänge für das thermische Abtragen vereinfacht diskutiert werden.

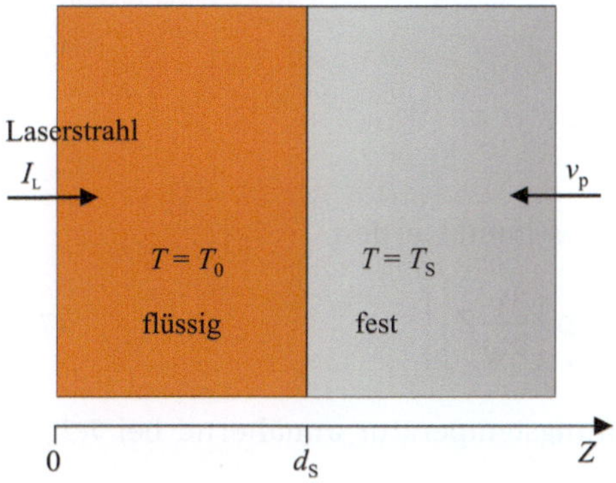

Bild 7.2
Eindimensionales stationäres Abtragsmodell nach */Herz1991/*

Der Energieeintrag wird durch die auftreffende Intensität I_L und die Absorption an der Oberfläche bestimmt. Je nach Abtragsart, Schmelz- bzw. Sublimationsabtragen, muss das Material auf Schmelz- bzw. Verdampfungstemperatur erwärmt werden. Die dafür erforderliche Energie pro Volumeneinheit, betrachtet für einen Phasenübergang, ist von der Phasenumwandlungsenthalpie H_e, der Temperatur T, der Dichte ρ und der spezifischen Wärmekapazität c_p abhängig.

$$E = \rho(H_e + c_p T) \tag{7.1}$$

Für die maximal erreichbare Abtragsrate V_W in Abhängigkeit von der Laserleistung P ergibt sich

$$V_W = \frac{P}{\rho(H_e + c_p T)} \tag{7.2}$$

Bei dieser Betrachtungsweise wird allerdings vorausgesetzt, dass keine Wärme in die nichtabgetragenen Werkstückbereiche transportiert wird und die Temperatur dem vereinfachten Modell in Bild 7.2 folgt. */Herz1991/*

Das Werkstück bewegt sich mit einer Geschwindigkeit v_P in Richtung des Laserstrahles. Der zumeist an der Oberfläche entstehende Schmelzfilm hat die Dicke d_S. Bei Voraussetzung konstanter Materialkoeffizienten kann der stationäre eindimensionale Energietransport bestimmt werden.

$$\frac{d^2T}{dZ^2} - \frac{v_p dT}{k_W} = 0 \tag{7.3}$$

k_W Temperaturleitfähigkeit; v_p Prozessgeschwindigkeit; Z Ausbreitungsrichtung von der Oberfläche ins Material

Unter der Bedingung, dass für T bei $Z = d_S$ $T(d_S) = T_S$ gilt und der Wärmetransport durch Wärmeleitung genauso groß ist wie der konvektive Wärmetransport, kann Formel 7.4 aufgestellt werden.

$$-\rho c_p k_W \frac{dt}{du} = \rho v_p (h_s + c_p T_S) \quad (7.4)$$

h_s Schmelzenthalpie; T_S Schmelztemperatur

Die erforderliche Temperatur kann wie folgt bestimmt werden.

$$T = T_S + T_S \left(1 + \frac{h_s}{c_p T_S}\right) \cdot \left[\exp\left(\frac{v_p}{k_W} d_S\right) - \exp\left[\frac{v_p}{k_W} Z\right]\right] \quad (7.5)$$

Für den Werkstoff Stahl wird die Verdampfungstemperatur annähernd bei $T/T_S \approx 2$ erreicht.

Die erforderliche Strahlungsintensität, die in die Werkstückoberfläche eingekoppelt werden muss, ergibt sich aus

$$I_0 = \rho v_p (h_{(s+v)} + c_p T_0) \quad (7.6)$$

I_0 Intensität und T_0 Temperatur, jeweils an der Werkstückoberfläche

Unter der Voraussetzung, dass die Oberflächentemperatur unterhalb der Verdampfungstemperatur T_V liegt, lässt sich die maximale Schmelzfilmdicke abschätzen mit

$$d_S = \frac{k_W}{v_p} \ln\left[\frac{T_V}{T_S}\right] \quad (7.7)$$

Aus dieser Beziehung folgt die Forderung nach einer hohen Abtragsgeschwindigkeit (Prozessgeschwindigkeit), um den Schmelzfilm so dünn wie möglich zu halten. In der Energiebilanz müssen jedoch die Wärmeleitungsverluste berücksichtigt werden, sodass die erforderliche Abtragsleistung P_{Abtr} nach Formel 7.8 berechnet werden kann.

$$P_{Abtr} = P(1 - R_s)(1 - \eta_W) \quad (7.8)$$

R_s Reflexionsverluste; η_W Verlustwirkungsgrad durch Wärmeleitung

Die Berechnung der Wärmeleitungsverluste erfordert die Lösung der dreidimensionalen zeitabhängigen Wärmeleitungsgleichung, wobei die veränderlichen Randbedingungen berücksichtigt werden müssen. */Herz1991/*, */Hüge2009/*, */Blie1996/*

Unter **athermischen Abtragsverfahren** werden Laserprozesse verstanden, bei denen die Einwirkdauer so kurz ist, dass Wärmeleitungsprozesse in das Grundmaterial nicht auftreten bzw. vernachlässigt werden können. Dies erreicht man durch den Einsatz sehr kurzer Impulsdauern (UK-Pulsen), die i. d. R. kleiner als 10 ps zu wählen sind. Werden ns- bzw. µs-Impulse zum Abtragen verwendet, kommt es durch den Laserimpuls zu einer Plasmabildung an der metallischen Oberfläche. In der Wechselwirkung mit UK-Pulsen hingegen ist die räumliche Ausdehnung des Plasmas innerhalb der kurzen Einwirkzeit eines Einzelpulses vernachlässigbar klein.

Die ablaufenden Prozesse nach Auftreffen eines Laserimpulses veranschaulicht Bild 7.3 /*Brün2010*/.

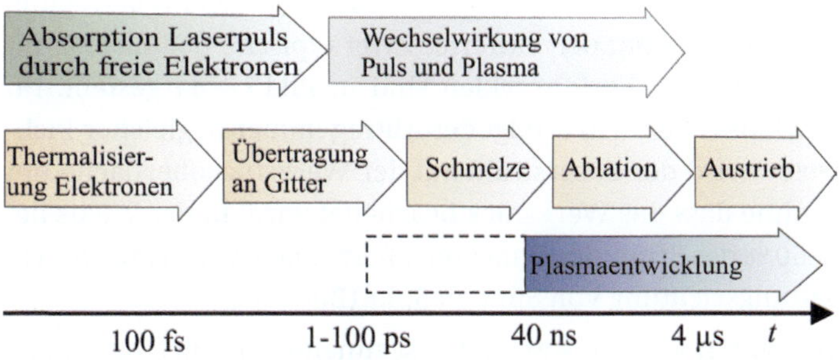

Bild 7.3 Ablaufende Prozesse nach Auftreffen eines Laserimpulses auf eine metallische Oberfläche nach /*Brün2010*/

Nach Absorption der auftreffenden Laserstrahlung durch die leicht beweglichen Elektronen findet eine Thermalisierung der Elektronen in einer Zeit von etwa 100 fs durch Stöße statt /*Chiv1996*/. Die schweren Ionen und Atomrümpfe des Gitters können den schnellen Oszillationen des elektromagnetischen Feldes nicht folgen und absorbieren somit keine Strahlungsanteile. Die eigentliche Erwärmung des Gitters erfolgt durch die hochenergetischen Elektronenstöße. Durch den großen Masseunterschied zwischen Elektronen und Ionen sowie Atomrümpfen kann lediglich ein kleiner Energieanteil übertragen werden. Die Zeit für die Elektronen-Gitterwechselwirkung ist um ein Vielfaches höher als die der Kopplung von Elektronen und Elektronen. /*Brün2010*/

Der Impuls darf somit nicht länger als die Relaxationszeit der Elektronen sein. Diese Zeit beträgt bspw. für Eisen 15,2 ps und für Kupfer 53,3 ps. Mit der Berücksichtigung einer Temperaturleitfähigkeit für Kupfer von $k_W = 1{,}14 \cdot 10^{-4}\,m^2 \cdot s^{-1}$ ergibt sich entsprechend Formel 5.25 (Kapitel 5) für eine Impulslänge von 1 ps eine theoretische thermische Eindringtiefe von 156 nm, die nicht der optischen Eindringtiefe der verwendeten Strahlung entspricht. Daraus folgt, dass Formel 5.25 (Bestimmung der thermischen Eindringtiefe) für Impulse kleiner 10 ps nicht anwendbar ist. Vielmehr wird das Zwei-Temperatur-Modell zur Beschreibung des Prozesses angewendet. /*Köni2006*/, /*Brün2010*/

Durch die Verwendung von UK-Pulsen < 10 ps kann ein kontinuierlicher Aufheizeffekt des Grundmaterials und die damit einhergehenden Schmelzerscheinungen weitestgehend unterbunden werden. Dies führt zu einer Steigerung der erreichbaren Präzision des Abtrages.

Für den Abtragsprozess kommen verschiedene Möglichkeiten der Strahlpositionierung und Strahlführung, wie **abbildende** und **scannende** oder **achsbewegte Verfahren**, in Betracht. Das **abbildende Verfahren** nutzt die Maskentechnik und wird in

Verbindung mit Excimerlasern bspw. für lithografische Aufgabenstellungen, das Erzeugen von Gitterstrukturen oder Arrayanordnungen eingesetzt. Bei den **scannenden Verfahren**, die für den Schicht- oder Formabtrag mit gepulsten FK-Lasern Anwendung finden, wird ein definiertes Materialvolumen durch die Relativbewegung von Laserstrahl und Werkstück zueinander entfernt. Zwei typische der hierfür infrage kommenden unterschiedlichen Verfahrzyklen sind in Bild 7.4 dargestellt. Im Fall des unidirektionalen Zyklus (Bild 7.4 a) erfolgt der Abtrag immer in gleicher Richtung, und beim Zurücksetzen wird der Laserstrahl auf der Werkstückoberfläche um die Zustellung z_s versetzt, ohne dass das Werkstück bearbeitet wird. In der Praxis beträgt die Zustellung bis zu 50 % des Strahldurchmessers. Beim mäanderförmigen Zyklus ändert sich die Bearbeitungsrichtung von Spur zu Spur (Bild 7.4 b).

Diese allgemeinen **Verfahrzyklen** werden sowohl für scannende als auch achsangetriebene Techniken eingesetzt. Mit der Verfügbarkeit von flexiblen und schnellen Scansystemen ist die Variationsbreite für Scanmuster (Verfahrzyklen) sehr groß. Zusätzlich kann bspw. auch der Vorschubbewegung eine schnelle periodische Struktur (z. B. Kreis, Spirale, Rechteck) überlagert werden.

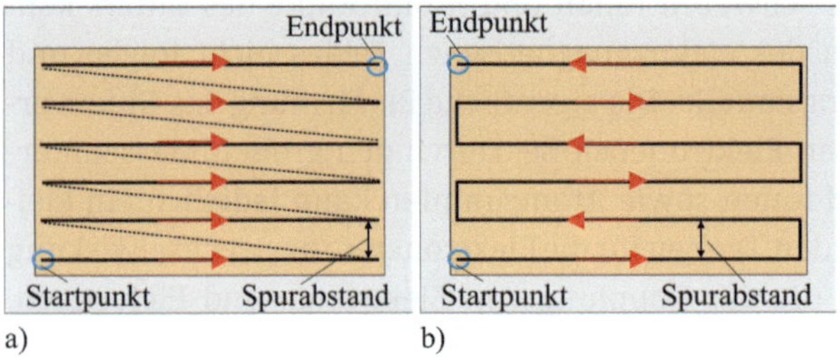

Bild 7.4 Ausgewählte Verfahrzyklen für das scannende und achsbewegte Abtragen. a) unidirektional, b) mäanderförmig

Die wichtigsten Qualitätsmerkmale beim Abtragen sind die Oberflächenqualität und die Einhaltung der vorgegebenen Geometrie bei maximaler Abtragrate. Signifikante Einflussgrößen sind neben den Laserparametern die **Puls-** und **Spurüberdeckung**, die Orientierung des Laserstrahls zum Werkstück und die Dynamik des Handhabungssystems.

Bild 7.5 veranschaulicht die Puls- und Spurüberdeckung (auch Pitch und Hitch genannt) und zeigt deren Einfluss am Beispiel des Abtragens eines borosilikatischen Glases.

Bild 7.5 b veranschaulicht den Einfluss des Abtragsergebnisses in Abhängigkeit von der Hitch /Pitch-Variation am Beispiel einer Konturfläche von (2 × 10) mm^2 auf einem Glassubstrat (Borofloat 33), die mit einer Wellenlänge von 355 nm bearbeitet wurde. Die Puls- und Spurüberdeckung wurde von 2 µm auf 6 µm erhöht, wobei in diesem Beispiel immer $PÜ = SÜ$ gewählt wurde. Neben der maximalen Abtragsrate müssen jedoch auch die Auswirkung auf die Rauigkeit und mögliche Störtiefenschädigungen beachtet werden.

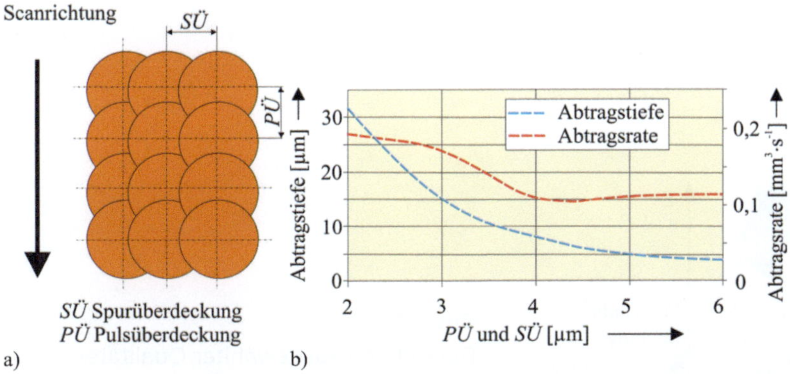

Bild 7.5 Puls- und Spurüberlagerung beim Abtragen. a) Schematische Darstellung der Überlappungsgeometrien, b) Abhängigkeit der Abtragstiefe und der Abtragsrate von der *PÜ*- und *SÜ*-Einstellung für ein borosilikatisches Glas

Für die Bearbeitung mit UKP-Lasern liegen die **Schwellfluenzen** des Abtrages für silikatische Werkstoffe bei etwa 1 $J\cdot cm^{-2}$, sodass die Abtragsschwelle mit einer gewählten Prozessfluenz von 1,5 $J\cdot cm^{-2}$ sicher überschritten werden kann.

Typische **Abtragsraten** für die Bearbeitung mit ultrakurzen Impulsen liegen für viele Werkstoffe bei etwa 0,1 $mm^3\cdot min^{-1}$ pro Watt Laserleistung. Die erreichbare Prozessgeschwindigkeit v_P ergibt sich aus

$$v_p = P \cdot V_W \tag{7.9}$$

V_W Abtragsrate

Die erforderliche Laserleistung kann nach Formel 7.10 bestimmt werden

$$P = E \cdot f_p = F \cdot A \cdot f_p \tag{7.10}$$

A Strahlquerschnitt im Fokus; f_p Repetitionsrate; E Energie; F Fluenz

Unter der Voraussetzung, dass Fokusdurchmesser und die erforderliche Fluenz für ein gewähltes Material konstant sind, wird die notwendige Laserleistung durch die Repetitionsrate bestimmt.

Ausgewählte der in DIN 32540 aufgeführten wichtigen Qualitätsparameter zur Charakterisierung der Abtragsergebnisse sind in Bild 7.6 ausgewiesen.

Die in Bild 7.5 dargestellte **Puls-** und **Spurüberdeckung** kann mit den Parametern nach DIN 32540 sowie Formel 7.11 und Formel 7.12 ermittelt werden:

$$P\ddot{U} = 1 - \frac{v_s \cdot t_p}{d_W + v_s \cdot \tau_H} \tag{7.11}$$

PÜ Pulsüberdeckung; t_p Pulsperiodendauer; τ_H Pulsdauer

$$SÜ = 1 - \frac{\Delta y}{d_W} \tag{7.12}$$

SÜ Spurüberdeckung

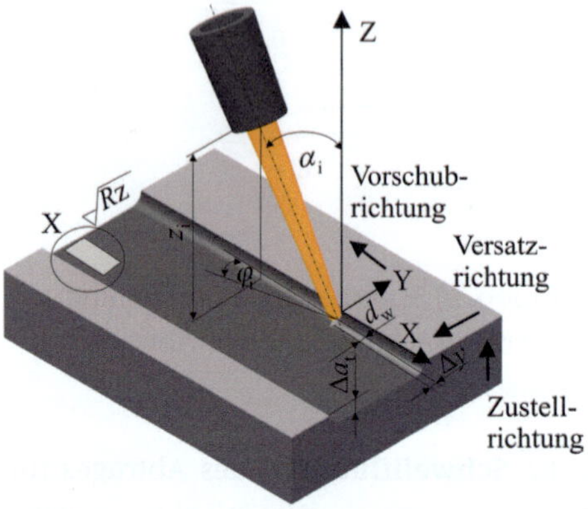

Bild 7.6
Darstellung ausgewählter Qualitätsparameter nach DIN 32540
α_i Einstrahlwinkel, φ_i Rotationswinkel, v_S Vorschubgeschwindigkeit, z_i Arbeitsabstand Koaxialdüse, d_W Durchmesser Arbeitsfleck (runder Strahlquerschnitt), z Fokuslage, Δa_t Abtragstiefe, Δy Versatz, Rz gemittelte Rautiefe

Wichtige Kenngrößen zur Bewertung der Abtragsqualität sind:

- Oberflächenkennwerte (Rauigkeit, Welligkeit),
- Prozessrückstände (ohne feste Bindung, manuell entfernbar, fest anhaftend),
- Werkstoffbeeinflussung (Aufhärtung, Rissbildung, selektiver Abbrand etc.),
- Konturabweichungen (Form- und Lageabweichungen, Rechtwinkligkeit).

Die Größen Abtragsrate V_W (abgetragenes Volumen pro Zeit) und Flächenrate A_W (abgetragene Fläche pro Zeit) geben Auskunft über die Prozesseffizienz des Abtragens.

7.1.2 Ausgewählte Verfahren des Abtragens und Strukturierens

Die verfahrenstechnischen Anforderungen an das Abtragen und Strukturieren sind meist sehr verschieden. So werden an lithografische Prozesse extreme Anforderungen an das Auflösungsvermögen und die minimal erreichbaren Strukturgrößen gestellt, während beim Strukturieren großflächiger Druckwalzen eine hohe Abtragsrate erzielt werden muss. Die Verfahren erlauben sowohl das Entfernen von Werkstoffschichten als auch das Abtragen von Werkstückteilen. Für die Einteilung der verschiedenen Verfahrenslösungen können unterschiedliche Kriterien zugrunde gelegt werden. Die abtragenden Verfahren werden nach DIN 32540 unterteilt in:

- Laserstrahlentschichten,
- Laserstrahlflächenabtragen,
- Laserstrahlformabtragen,

- Laserstrahlschneidabtragen,
- Laserstrahlschmelzabtragen,
- Laserstrahlspanen,
- Laserstrahlsublimationsabtragen und
- chemisch unterstütztes Laserstrahlabtragen.

Das Laserstrahltrimmen ist ein spezielles Verfahren des Laserstrahlformabtragens, das in der Elektronikindustrie zunehmend an Bedeutung gewonnen hat. Ziel des Prozesses ist die präzise Erzeugung von Strukturen in Substraten oder Bauteilen, etwa in Leiterplatten, Halbleitermaterialien oder keramischen Trägern. Dabei werden mit einem fokussierten Laserstrahl kontrolliert Materialbereiche in definierter Breite und Tiefe abgetragen.

Nachfolgend werden ausgewählte Verfahren näher vorgestellt.

7.1.2.1 Laserstrahlentschichten

Ist der Abtrag des Materials in die Tiefe des Grundmaterials stark begrenzt oder es wird eine artfremde Schicht von einem Bauteil abgetragen, spricht man von einem **flächenhaften Schichtabtrag**, der auf engbegrenzten Geometrieelementen, aber auch auf größeren Flächen, bspw. Werkzeugen und Formen, erfolgen kann. Das **Laserstrahlentschichten (Reinigen)** zählt zu den selektiv arbeitenden Abtragsverfahren, mit dem neben artgleichen auch artfremde Schichten durch kurze und leistungsstarke Laserimpulse von einem Substrat entfernt werden können. Die abzutragende Deckschicht weist einen hohen Absorptionsgrad gegenüber der Strahlungswellenlänge auf, kann diese in thermische Energie umwandeln und wird infolge der Erwärmung verdampft bzw. sublimiert. Das Grundmaterial reflektiert oder transmittiert die Strahlung, sodass der Abtragsprozess an der Grenzfläche gestoppt wird. Bei entsprechender Abstimmung der Laserparameter kann ein Anschmelzen oder Beschädigen des Grundmaterials ausgeschlossen werden. Ein spezielles Verfahren des selektiven Schichtabtragens ist das **Entlacken**. Die Laserstrahlung wird in der obersten Lackschicht absorbiert, und es kommt zu einer lokal begrenzten Aufheizung des organischen Bindemittels über die Zersetzungstemperatur, wodurch das Material verdampft wird und aus der WEZ abströmt. Eine geeignete Wahl der Laserparameter kann infolge von Spannungen in der Lackschicht auch zu einem Abplatzen kleinerer fester Partikel führen, was sich positiv auf die erreichbare **Flächenrate** auswirkt.

Bild 7.7 zeigt ein mobiles Laserreinigungssystem mit einer maximalen Laserleistung von 1000 W. Typische Applikationen sind die großflächige Entlackung, Dekontamination sowie Schweißnahtvorbereitung mit hohen Geschwindigkeiten. Für großflächige Bauteile wird der Laserreinigungsprozess auch automatisiert, mit Achsen oder Robotern gekoppelt, betrieben. Im Fall der Entlackung von Bremsscheiben werden diese unter dem linienförmigen Laserstrahl durch einen Rundtisch bewegt (Bild 7.7 b). */cleanlaser2012/*

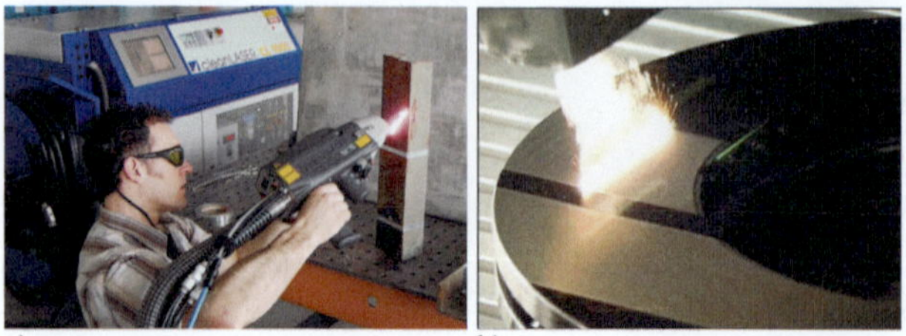

a) b)

Bild 7.7 Lasersystem und Anwendung für das Entlacken © cleanLaser GmbH */cleanLASER2012/*. a) Manueller Entlackungsprozess, b) Entlacken von Bremsscheiben

Ausstattung Basissystem CL 1000: diodengepumptes Lasermodulluft- oder wassergekühlt, Laseroptik Typ OS A 70 oder OS H 80, Faserlänge 10 m, Prozessdatenspeicherung und Visualisierung (PC/Touchscreen)

Die Anwendungen des **Laserstrahlreinigens** reichen vom Entlacken und Entschichten über die Bauteilvorbehandlung zum Kleben und Beschichten, dem Formreinigen und Entfetten bis hin zum Restaurieren (Bild 7.8).

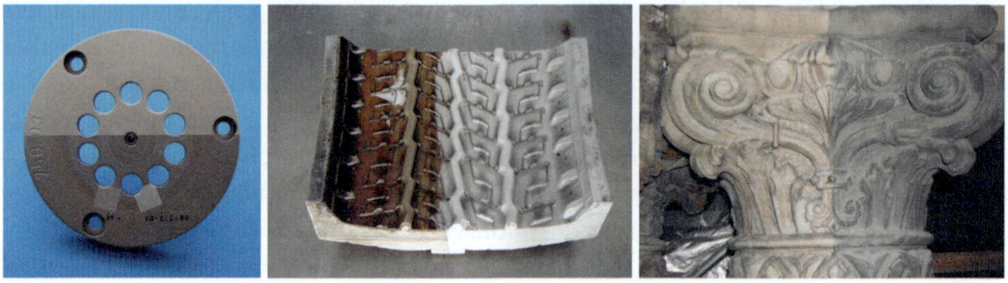

a) b) c)

Bild 7.8 Ausgewählte Anwendungsbeispiele für das Laserstrahlreinigen (halbseitig laserstrahlgereinigt) © cleanLaser GmbH */cleanLASER2012/*. a) PVD-Werkzeug, b) Reifenform, c) Sandsteinsäule

Das Entfernen sehr harter Schichten ist für die Werkstückträger (Racks) von Beschichtungsanlagen erforderlich, denn beim Beschichtungsprozess werden nicht nur die Bauteile, sondern auch die Racks sowie die Innenverkleidung der Kammer bedampft. Die erforderliche Reinigung der Werkstückträger ist mit konventionellen Reinigungsmethoden oft sehr aufwendig.

Das Laserstrahlabtragen wird ebenfalls für die Reinigung von Reifenformen eingesetzt (Bild 7.8 b), da die empfindliche Formoberfläche mit dem Laser abrasions- und deformationsfrei gereinigt werden kann. Die hohe Absorption von Verwitterungs- oder Verschmutzungsschichten gegenüber der Laserstrahlung kann für eine beschädigungsfreie Bearbeitung im Bereich der Restauration ausgenutzt werden.

Lasergebohrte Formeinsätze kommen in Spritzgusswerkzeugen zum Einsatz, um durch die Entlüftungsbohrung das Ausformen der Kunststoffteile zu verbessern (Bild 7.9). Die Bohrungsdurchmesser sind kleiner 100 µm und setzen sich im Spritzgussprozess kontinuierlich zu. Eine Reinigung dieser Geometrie ist mit konventionellen Methoden sehr schwierig (Bild 7.9 b), wogegen eine gezielte Laserreinigung das Freilegen der Bohrung erleichtert (Bild 7.9 c).

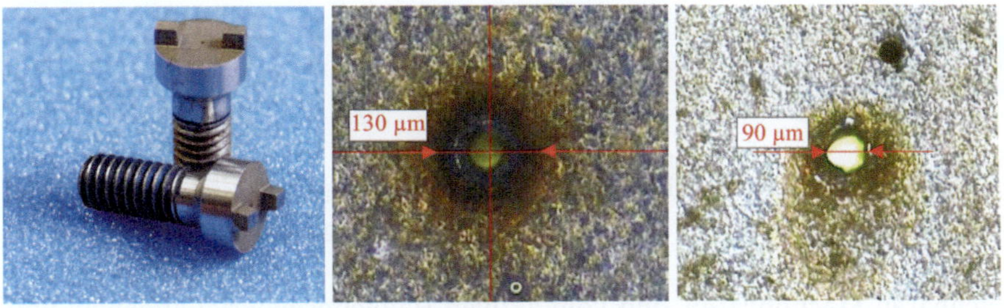

a) b) c)

Bild 7.9 Reinigung von Formeinsätzen */ifw2011/*. a) Formeinsätze, b) Bohrung mit Rückständen zugesetzt (original Ø 40 µm, Ultraschallreinigung ergebnislos), c) Reinigung der Bohrung mit Laserimpulsen („freigeschossen“ Ø 45 µm, $E < 100$ m J, $p_L = 80$ µs, $f_p > 200$ Hz)

Eine interessante Anwendung des partiellen Entschichtens zeigt das selektive Materialentfernen in Bild 7.10, das lediglich in Zonen des Randbereiches der polymeren Oberflächenbeschichtung mit schnellbewegtem Scanner erfolgt. Die zurückbleibende Randstruktur kann als Dichtungselement verwendet werden.

Bild 7.10
Entschichten von Elastomeren zur Dichtungsherstellung © cleanLaser GmbH */cleanLASER2012/*

Ein ebenfalls industriell erprobtes Laserabtragsverfahren ist das **Kantenisolieren von Solarzellen**. Die Herstellung von Dünnschichtsolarzellen erfolgt mit Glas als Trägermaterial, auf das mehrere Schichten aufgetragen werden. Man unterscheidet dabei eine transparente elektrisch leitende Schicht (TCO – transparent conductive oxyde), das darauf abgeschiedene funktionelle Schichtsystem des photoelektrischen

Halbleiters und eine metallische Beschichtung zur elektrischen Kontaktierung. Für die nachfolgende Laminierung des aktiven Panels mit einer Glasscheibe als Gegenstück müssen alle funktionellen Schichten der Solarzelle auf eine Breite von 10 bis 20 mm umlaufend entfernt werden (Bild 7.11). Damit wird die Dünnschichtzelle gegen das Eindringen von Feuchtigkeit geschützt, und ein Berührungsschutz gegen die stromführenden Komponenten ist somit gegeben. /*Rüte2008*/

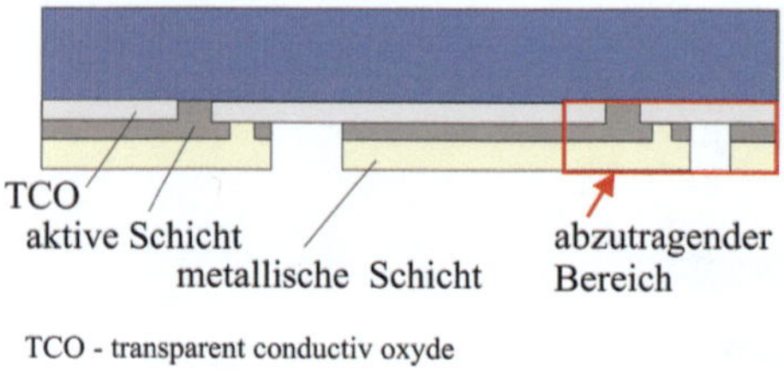

Bild 7.11
Abtragsbereich einer Dünnschicht-Solarzelle nach /*Rüte2008*/

Die erreichbaren **Flächenraten** sind vom aktiven Halbleitermaterial abhängig und erreichen typischerweise Werte von 50 $cm^2 \cdot s^{-1}$. Für den Abtragsprozess sind eine Pulsüberdeckung von 0,2 – 0,4 und für die hohen Flächenraten Ablenkgeschwindigkeiten zwischen 3,5 und 7 $m \cdot s^{-1}$ erforderlich, die man mit einem robotergekoppelten Scansystem (Bild 7.12 a) erreicht. Eingesetzte Spotdurchmesser auf der Werkstückoberfläche variieren in Abhängigkeit vom Schichtmaterial zwischen 0,8 bis 1,6 mm. Im Ergebnis des Schichtabtrages werden transparente Randbereiche mit Isolationswiderständen > 30 MΩ erzielt. /*Rüte2008*/

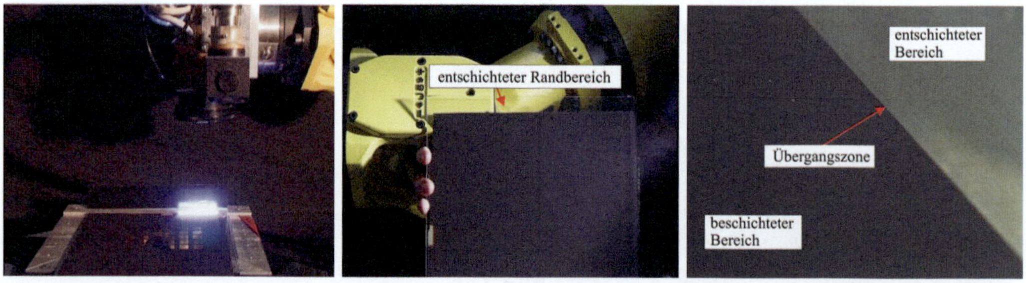

Bild 7.12 Kantenisolierung von Dünnschichtsolarzellen /*Jena2011-7.1.1*/. a) robotergekoppeltes Scansystem, b) entschichteter Randbereich, c) Ausschnittsvergrößerung des Übergangsbereiches

Die Elektromobilität hat neue Herausforderungen für die Lasermaterialbearbeitung gebracht. Leistungsstarke elektrische Antriebe, Energiespeicher sowie die Leistungselektronik erfordern neue Fertigungsprozesse, um die Leistungsparameter, die Langzeitstabilität und die Kostenstruktur zu verbessern. Ein wichtiges Verfahren ist das selektive Abtragen von Schichten mit Laserstrahlung. Dabei werden funktionale

Schichten, Isolationen oder Oberflächen selektiv entfernt, ohne dass darunter liegendes Grundmaterial geschädigt oder geschwächt wird (vgl. */Lv2017/*, */Kim2021/*, */FraunhoferILT2023/*). Die Wicklungen von Elektromotoren in E-Fahrzeugen werden aus Flachdrähten, sogenannten Hairpins, aufgebaut, die aus Kupfer ausgeformt (häufig in rechteckigem Querschnitt) und zum Erhalt ihrer dielektrischen Isolation mit einer polymeren Schicht überzogen sind, z. B. Polyamid (PA), Polyamid-Imid (PAI) oder Polyetheretherketon (PEEK). Vor der Verschaltung muss dieser Isolierlack jedoch an den Anschlusspunkten selektiv entfernt werden, um die elektrische Leitfähigkeit sicherzustellen */Damb2024/*, */IPG2025/*, */trumpf2025–13/*.

Bild 7.13 Laserbasiertes Entlacken elektrischer Kupferdrähte mit integrierter KI-gestützter Bildauswertung zur automatisierten Prozesskontrolle © Trumpf Gruppe

Bild 7.13 verdeutlicht den Einsatz eines Lasersystems zum präzisen Entlacken elektrischer Kupferdrähte in Statoren. Neben dem eigentlichen Bearbeitungsprozess wird eine KI-gestützte Bildauswertung eingesetzt, um die Qualität und Prozesssicherheit zu gewährleisten. Hierzu wird ein Kamerabild aufgenommen, in dem die relevanten Strukturen, wie die zu bearbeitenden Drähte oder Nähte, automatisch erkannt und markiert werden. Ergänzend wird die Analyse durch ein Convolutional Neural Network (CNN) unterstützt, dessen Klassifikations-Score in Form einer überlagerten Häufigkeits- und Verteilungskarte (Heatmap) dargestellt wird. Diese sogenannte Heatmap zeigt die Bereiche mit höchster Relevanz für die Entscheidungsfindung des KI-Modells und ermöglicht so eine transparente und nachvollziehbare Prozessbewertung.

Die traditionelle Vorgehensweise zum Entlacken (z. B. mechanisches Abfräsen) ist jedoch mit erheblichen Nachteilen wie Materialabtrag am Kupfer, erheblicher Werkzeugverschleiß, Staubbildung sowie mangelnde Selektivität behaftet. Demgegenüber eröffnet die Lasertechnologie entscheidende Vorteile:

- verlustfreier Materialabtrag: lediglich das Polymer wird verdampft, das Kupfermaterial bleibt erhalten,
- werkzeuglos: keine mechanische Kraft, daher keine Verformung oder Beschädigung,
- hohe Bearbeitungsgeschwindigkeit: der Galvanometerscanner führt den Laserstrahl mit großen Vorschubgeschwindigkeiten.

Die lokalen Leistungsparameter (z. B. Leistungsdichte, Pulsdauer, Wiederholrate) werden explizit für das Polymer ausgelegt, um dessen Ablation unter Vermeidung von Wärmeinflusszonen im Kupfer sicherzustellen. */Damb2024/*

Ähnliche Anforderungen ergeben sich beim Abtragen von Epoxidharz-Isolierungen an Stromschienen in Leistungsmodulen für Elektrofahrzeuge. Auch hier muss das Epoxid selektiv entfernt werden, um Anschlussprozesse (z. B. das Ultraschallschweißen) vorzubereiten. Der Laser trägt das Polymer aufgrund seiner höheren absorptiven Querschnitte für die Laserstrahlung schonend und präzise ab, ohne das Leitermaterial aufzuschmelzen */Luxinar2025/*.

Prismatische Lithium-Ionen-Batteriezellen sind zum Schutz, zur Isolation oder zur Erleichterung des Thermomanagements oft in Polymerfolie (z. B. PET) gehüllt. Für die Demontage im Anschluss an das Erreichen des Lebensendes (Recycling) oder für den Einbau neuer Leistungs- oder Kühlkomponenten muss die Folie aufgeschält werden. Dabei ist das manuelle Öffnen ebenso zeitaufwendig wie fehleranfällig, weil das Zellgehäuse unter der Folie leicht beschädigt werden könnte. Auch hier eröffnet das Laserverfahren entscheidende Vorteile, denn die Folie wird selektiv verdampft und das darunterliegende Material bleibt unversehrt */Rette2023/*.

7.1.2.2 Laserstrahlflächenabtragen

Das abzutragende Werkstoffvolumen wird vollständig durch den Laserstrahl erwärmt und in die schmelz- oder dampfförmige Phase überführt. Durch Einzelbahnen oder die gewählten Verfahrzyklen (vgl. Bild 7.4) wird der Werkstoff schichtweise abgetragen, wobei zusätzlich ein Arbeitsmedium (z. B. Prozess- oder Schutzgas) dem Prozess zugeführt werden kann. (DIN 32540)

Angewendet wird das Laserstrahlflächenabtragen insbesondere zur Herstellung technischer Oberflächenstrukturen. Die 5-Achs-Laserbearbeitung hat sich für die definierte Strukturierung von Freiformflächen bei der Herstellung von Spritzgusswerkzeugen für den Formenbau etabliert. Bei Laserstrahlflächenabtragen liegt der Vorteil gegenüber den konventionellen Ätztechniken in erster Linie in der Einsparung des chemischen Ätzprozesses und der größeren Flexibilität, denn es lassen sich Strukturen erzeugen, die mit fotochemischen Folien nicht realisiert werden können. Bild 7.14 zeigt Abtragsergebnisse mit Scanner in einem 5-Achs-Bearbeitungszentrum. Die Kombination Fräs- und Laserbearbeitung in einer Maschine bietet die Möglichkeit der Komplettbearbeitung in einer Bauteilaufspannung bei einer sehr hohen Flexibilität.

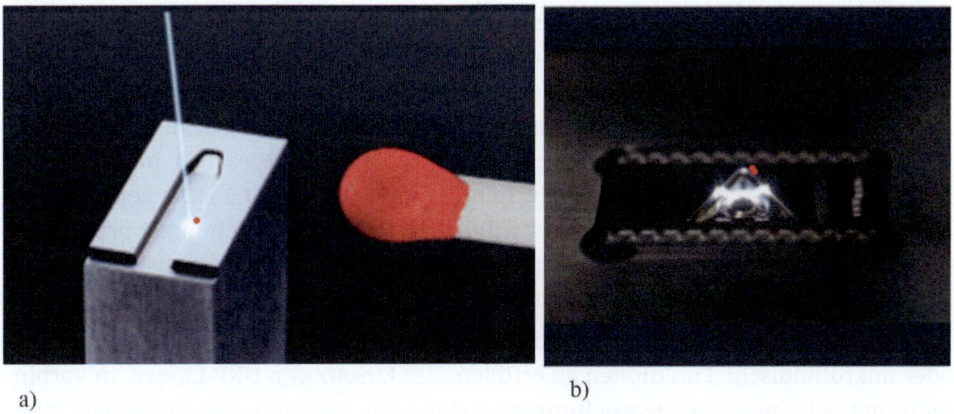

Bild 7.14 Laserstrahlabtragen metallischer Oberflächen ©DMG MORI. a) Präzisionsstrukturierung mit fs-Laserpulsen, b) Ausschnittvergrößerung des Strukturelementes aus a)

Das Laserstrahlflächenabtragen wird zur Oberflächenstrukturierung eingesetzt, um Reibkräfte in tribologischen Systemen (bspw. in Kolbenringen und Zylinderlaufbahnen eines Verbrennungsmotors) zu reduzieren. Unter „**Laserstrahlhonen**", wie dieses spezielle Verfahren auch genannt wird, versteht man das kombinierte Honen und Laserstrukturieren von Zylinderlaufflächen. Bei dem Prozess durchläuft der Motorblock zuerst das konventionelle Vor- und Zwischenhonen, um die gewünschte Ausgangsoberfläche für das Laserstrukturieren zu erhalten. Im Anschluss werden mit dem Laserstrahlabtragen mikroskopisch kleine Taschen, die motorspezifische Laserstruktur, in die Laufbahnoberfläche eingebracht. Als letzte Arbeitsgänge dienen Entgraten und Fertighonen zum Abtragen der bei der Laserbearbeitung entstandenen Schmelzaufwürfe und zur Erzeugung einer extrem feinen Oberfläche. */gehring2012/*

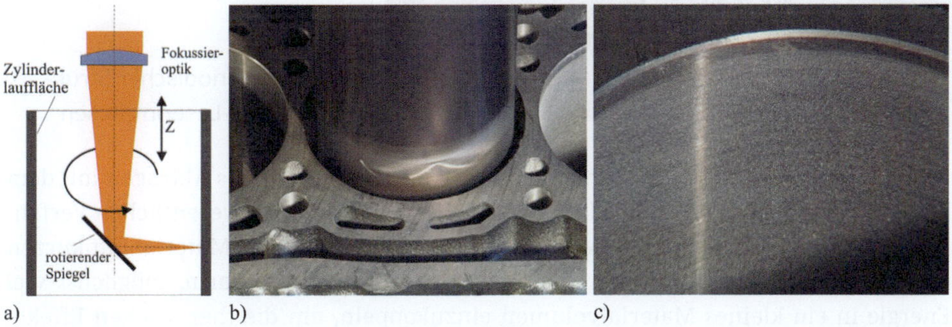

Bild 7.15 Laserstrahlstrukturieren von Zylinderlaufflächen */Jena2012-7.1.1/*. a) Strahlengang, b) Prozessbild, c) Laserabtragsstruktur

Bild 7.15 veranschaulicht ein Verfahrensprinzip und eine typische Abtragsstruktur. Zur Fokussierung des Laserstrahles auf die Zylinderlaufflächen wird eine spezielle Strahlführung angewandt, bei der der Strahl eines 30-W-Faserlasers über einen drehbargelagerten Spiegel ($f = 160$ mm) umlaufend auf die Oberfläche gelenkt wird. Gleichzeitig erfolgt eine Zustellbewegung der Strahlführungseinheit in Z-Richtung (Bild 7.15 b), wodurch der Strahl einer Spiralbahn folgt und mit 15 kHz gepulst wird. Durch die gewählte Umdrehungsgeschwindigkeit von 900 Umdrehungen pro Minute werden die einzelnen Impulse der Pulsfolge so aufgelöst, dass die typische Abtragsstruktur entsteht (Bild 7.15 c). */Arges2012/*

Eine Reihe von Anwendungen erfordert periodische Strukturen, um bspw. optische oder mikrofluidische Funktionen zu erfüllen. Der Einsatz von UKP-Lasern, in Verbindung mit sehr präzisen Bearbeitungseinrichtungen, gestattet das Herstellen minimaler Strukturgrößen, die im Bereich des Fokusdurchmessers liegen (etwa 20 µm). Bild 7.16 illustriert ein Beispiel mit etwa 325 µm tiefen Strukturgräben, die als Aufnahme für optische Fasern dienen und 200 Überfahrten mit einer Scangeschwindigkeit von 400 mm·s^{-1} und eine mittlere Leistung von 12 W erfordern. Das verwendet Material, Inconel, wurde mit ps-Laserimpulsen bei einer Wellenlänge von 1064 nm abgetragen.

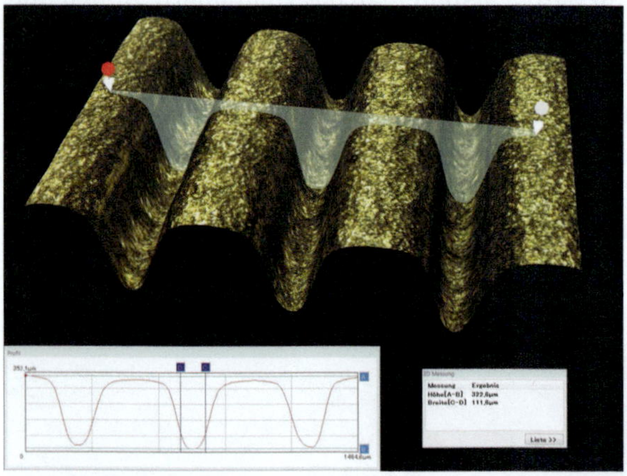

Bild 7.16
Abtragen periodischer Strukturen mit ps-Laserimpulsen

Durch die Bearbeitbarkeit nichtmetallischer Werkstoffe bietet das Abtragen mit dem Laserstrahl gegenüber dem Erodieren oder Mikrospanen einen wesentlichen Verfahrensvorteil. Auch bei diesen Anwendungen wird meist versucht, Material mit kurzen und leistungsstarken Impulsen abzutragen. Das Ziel besteht darin, möglichst viel Energie in ein kleines Materialvolumen einzukoppeln, um die thermischen Effekte gering zu halten und einen sehr präzisen Abtrag sicherzustellen. Für diese Aufgabenstellungen kommen häufig gütegeschaltete FK-Laser und UKP-Lasersysteme zum Einsatz. Das in Bild 7.17 dargestellte Demonstratorbauteil besteht aus einer polierten Aluminiumoxid-Keramik (Al_2O_3, Reinheitsgrad ≥ 99,6 %), die mittels Pikosekundenlaser sowohl abgetragen als auch vollständig durchtrennt wurde. Durch den Einsatz von Ultrakurzpulslasern mit Pulsdauern im Bereich $\tau_{LP} < 10$ ps und Wellenlängen im nahen Infrarot ($\lambda \approx 1030$ nm) konnte eine nahezu thermisch schädigungsfreie Materialbearbeitung mit minimaler Wärmeeinflusszone realisiert werden. Im linken Bereich der Probe sind Bohrreihen mit unterschiedlichen Lochdurchmessern (typisch 20 – 100 µm) sowie eine flächige Reliefgravur (Schmetterlingsmotiv) dargestellt, die den präzisen, materialabtragenden Einsatz des ps-Lasers im Scanmodus demonstrieren. Im mittleren und rechten Bereich wurden komplexe Konturen, feinste Linienmuster, periodische Punktstrukturen und Freiformmotive (z. B. Spinnennetzstruktur) gefertigt. Die Trennschnitte weisen eine hohe Kantenqualität mit mittlerer Rauheit $R_a < 1$ µm und ohne signifikante Mikrorisse auf. Die Bearbeitung erfolgte in zwei Verfahrensmodi:

1. Oberflächenstrukturierung durch Mehrfachscan mit reduzierter Pulsenergie ($E_P \approx 5 - 10$ µJ), hoher Überlappung (typisch 80 – 90 %) und Scangeschwindigkeit von 100 – 500 mm·s^{-1}.
2. Durchtrennung mittels Multipass-Schnittstrategie mit optimierter Fokuslage und erhöhter Pulsenergie ($E_P \approx 20 - 30$ µJ) bei Scangeschwindigkeit von 20 – 50 mm·s^{-1}.

Die dargestellten Ergebnisse verdeutlichen das Potenzial der Pikosekundenlaserbearbeitung für sprödharte keramische Werkstoffe, insbesondere bei Anforderungen an hohe Maßgenauigkeit, komplexe Geometrien und geringe Randzonenschädigung. Solche Strukturen finden Anwendung in der Substratherstellung für Elektronik, in Sensorträgern, in Mikrofluidikchips sowie in miniaturisierten opto-mechatronischen Komponenten.

Bild 7.17 Abtragen und Trennen von technischen Keramiken am Beispiel von Al_2O_3

Das nachfolgend beschriebene Applikationsbeispiel „Verdampferschiffchen" verdeutlicht exemplarisch die Wirkung von Laserabtragsspuren auf das Standzeitverhalten innovativer Werkzeuge. Verdampferschiffchen bestehen aus Titandiborid (TiB_2) und Bornitrid (BN) bzw. aus Titandiborid, Bornitrid und Aluminiumnitrid (AlNi) und werden für die Metallisierung von Kunststofffolien, die insbesondere für Lebensmittelverpackungen verwendet werden, eingesetzt. Das Ausgangspulver wird im Heißpressverfahren bei max. 2000 °C zu Blöcken gesintert, aus denen anschließend die Verdampferschiffchen entsprechend den geforderten Abmessungen mittels Diamantwerkzeugen mechanisch herausgearbeitet werden */eskceramics2012/*, */eskceramics2025/*. Durch den Einsatz des Laserstrahlabtragens wird eine zusätzliche definierte Abtragsstruktur auf die Schiffchenoberfläche appliziert, die in einem rein thermischen Prozess, bestehend aus Erwärmen und Verdampfen von Materialpartikeln, abgetragen wird. Für das Abtragen des keramischen Substrates kann die Strahlung des CO_2-Lasers verwendet werden. Im industriellen Einsatz bietet die Kopplung des Lasers mit einem Scansystem eine wirtschaftliche Systemintegration. Bild 7.18 illustriert ein untersuchtes Strukturdesign auf dem Verdampfermaterial „DiMet®“ mit den Abmessungen $(9 \times 35 \times 130)\,mm^3$. Durch die relativ hohen erreichbaren Scangeschwindigkeiten lassen sich Laserleistungen im Kilowattbereich umsetzen. Die laserabgetragenen Oberflächenstrukturen führen zu einer sehr guten Benetzung des Aluminiumbades auf einer möglichst großen Verdampferoberfläche während der gesamten Standzeit des Werkzeuges.

Bild 7.18
Strukturierung eines Verdampferschiffchens */ifw2011/*
Laserparameter: Laserstrahlleistung: $P_{eff} = 1200$ W, Scangeschwindigkeit: $v = 1{,}5\ m{\cdot}s^{-1}$, Fokusdurchmesser: $d_f = 0{,}2$ mm, Intensität: $I = 3{,}82 \cdot 10^6\ W{\cdot}cm^{-2}$
Prozessparameter: Bearbeitungszeit: 28 s, Bearbeitungsgeschwindigkeit: $25{,}8\ mm{\cdot}s^{-1}$, Scanmodus: Wobbeln, Wobbeldurchmesser: 1 mm, Sprungabstand: 0,125 mm

7.1.2.3 Laserstrahlformabtragen

Durch das wiederholte Abtragen von Schichten mit einer Zustellung in die Materialtiefe (Z-Richtung) lassen sich beliebige Formen erzeugen. Die einzelnen Abtragsschichten können beim **Laserstrahlformabtragen** unterschiedliche Abmessungen besitzen und gestatten in der jeweiligen Anordnung auch komplexere Konturelemente sowie Hinterschneidungen. (DIN 32540)

Bild 7.19 zeigt zwei typische Verfahrensanordnungen, **Masken-** und **scannende Verfahren**, die vorzugsweise im Bereich der Mikromaterialbearbeitung eingesetzt werden. Beim **Maskenverfahren** erfolgt die Übertragung der Struktur durch eine im Strahlengang positionierte Maske (Negativstruktur). Vorteilhaft sind große Strahlquerschnitte mit einer homogenen Intensitätsverteilung, wie sie homogenisierte Excimerlaserstrahlen aufweisen, und kurze Impulse mit sehr hohen Impulsleistungen, wodurch auch für Materialien, deren Energietransport durch Wärmeleitung bestimmt wird, hohe Energiedichten in engbegrenzten Wechselwirkungszonen erzielt werden können. Die Maske kann mit unterschiedlichen Abbildungsmaßstäben auf der Werkstückoberfläche abgebildet werden. Durch eine Bewegung des Werkstückes oder des Projektionsobjektives lassen sich auch größere Flächen schrittweise bearbeiten. Die Maskentechnik wird zwar vielfach für die flächige Bearbeitung eingesetzt, dennoch können durch Mehrfachbelichtung oder spezielle Bewegungsalgorithmen auch Konturen abgetragen werden.

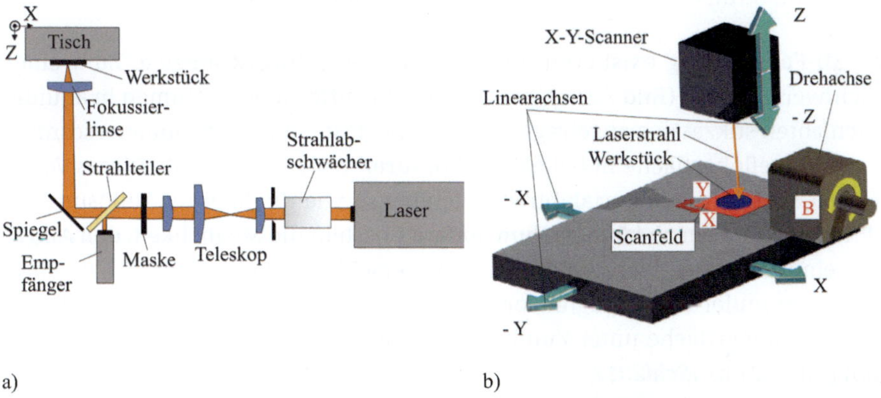

Bild 7.19 Verfahrensanordnungen zum Formabtrag. a) Maskentechnik mit Excimerlaser nach */Zieg2012/*, b) Bearbeitungssytem mit Scanner

Scannende Verfahren werden häufig in der Kombination mit FK-Lasern hoher Strahlqualität zum Formabtragen angewandt. Die Kopplung mit sehr genauen Linearachssystemen (Bild 7.19 b) ermöglicht eine simultane 5-Achs-Bearbeitung und schafft die Voraussetzung für das Abtragen sehr präziser Formen und Strukturen über einen größeren Bearbeitungsraum. Bild 7.20 illustriert die mikroskopische Aufnahme eines ps-Formabtrages am Werkstoff SiC. Die dargestellte Kanalstruktur für mikrofluidische Anwendungen weist eine Breite von 1 mm und eine Tiefe von 10 µm auf und wurde mit einer Laserleistung von 7 W, einer Repetitionsrate von 100 kHz, einer Pulsüberdeckung von 0,6 und mit einer Überfahrt erzeugt.

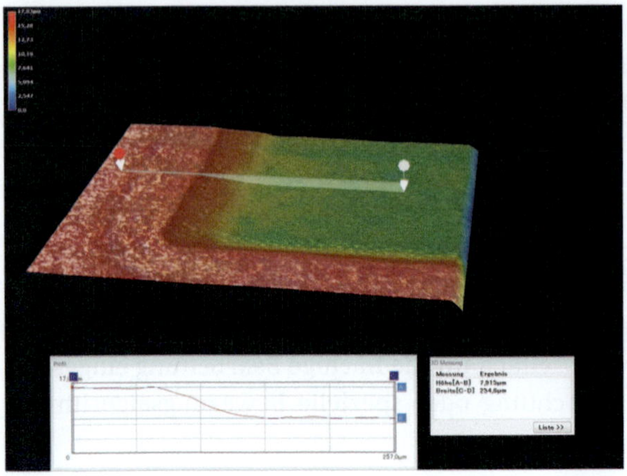

Bild 7.20 Formabtrag mit ps-Laserstrahlen an einer SiC-Oberfläche

Für den **3D-Formabtrag** existieren unterschiedliche Abtragsstrategien. Zum einen der schichtweise Abtrag (Bild 7.21 a), bei dem das zu entfernende Volumen in äquidistanten Schichten sukzessive abgetragen wird. Dabei tastet das Galvanometerscannersystem die Bauteiloberfläche in beliebigen Konturen Zeile für Zeile ab. Dieses Vorgehen hat den Vorteil, die Materialabtragstiefe ebenso wie die laterale Auflösung mit hoher Präzision steuern zu können. Zum anderen besteht die Möglichkeit, den Abtrag auf Basis einer lateralen weg-zeit-gesteuerten Verschiebung eines vom Galvanometerscanner kontinuierlich erzeugten, ortsinvarianten, ausgedehnten Scanprofiles relativ zur Bauteiloberfläche unter Zuhilfenahme eines zusätzlichen Achssystems auszuführen (Bild 7.21 b). */Schi2012/*

Dafür ist zunächst die Bestimmung der Werkzeugfunktion sowie die anschließende Berechnung der Abtragsfunktion entscheidend. Die sogenannte Werkzeugfunktion beschreibt in diesem Zusammenhang die geometrische Abbildung des Laserstrahls auf das Werkstück, d. h. den Footprint, sowie das dabei auf der Materialoberfläche entstehende Leistungs- bzw. Intensitätsprofil. Dieses Profil ergibt sich aus der lokalen Leistungsdichteverteilung im Brennpunkt oder im Bereich seiner Wechselwirkung mit dem Material. Typischerweise handelt es sich um Gauß-, Tophat- oder maßgeschneiderte Intensitätsprofile, die das Abtragsverhalten entscheidend bestimmen.

Die **Abtragsfunktion** beschreibt das tatsächlich im Material entfernte Volumen in Abhängigkeit von der lokalen Leistungsdichte, der Wechselwirkzeit, den Materialeigenschaften (z. B. Absorption, Wärmeleitwert, Schwellenfluenz) sowie von der Vorschubgeschwindigkeit des Werkzeugs. Sie ist das Ergebnis dieser Wechselwirkungen und gibt das auf die Bauteiloberfläche übertragene Materialabtragsprofil als dreidimensionalen Datensatz wieder. Die Abtragsfunktion muss daher aus der Werkzeugfunktion, den Verfahrensparametern und den Materialkennwerten berechnet werden, um das Ergebnis des Formabtrags vorherzusagen und prozesstechnische Rückschlüsse für die Erzeugung komplexer Oberflächengeometrien ziehen zu können. Dieses Verfahrensprinzip ist insbesondere in Verbindung mit Ultrakurzpulslasern von Interesse. Dennoch können im Materialvolumen Störtiefenschädigungen zurückbleiben, die sehr stark von den gewählten Prozessparametern, insbesondere Fluenz, Wellenlänge, Scanstrategie und Polarisation, abhängig sind. */Fran2024/*

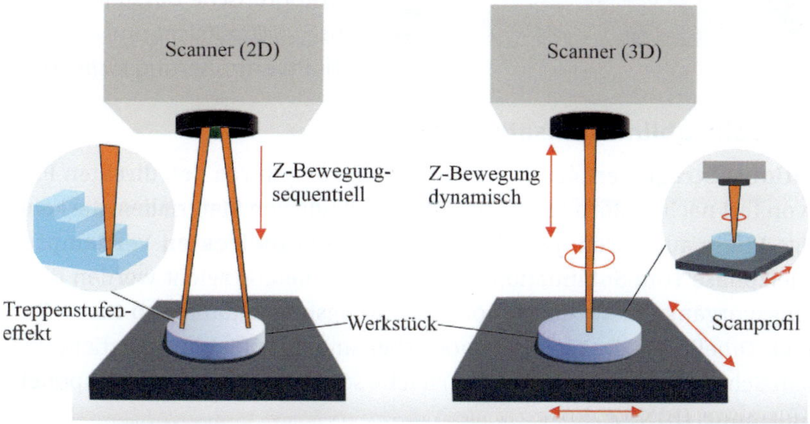

Bild 7.21 Verfahrensschemata für den Materialabtrag. a) schichtweiser Abtrag mit Z-Nachstellung, b) weg-zeit-gesteuerter Abtrag mit berechneter Werkzeug- und Abtragsfunktion nach */Schi2012/*

Bild 7.22 veranschaulicht den Abtrag einer Linsengeometrie aus einem zylindrischen Rohteil, der mittels **Slicen** (Zerlegen der abzutragenden Geometrie in einzelne Schichten) realisiert wurde. Die computergenerierten Schichtinformationen werden durch den Laserstrahl schichtweise gescannt und in einer Folge von 4 µm abgetragen. Dadurch entsteht im Abtragsbild der sogenannte „Treppenstufeneffekt“ (vgl. Kapitel 10), gut erkennbar auch an der Struktur in Bild 7.22 b. In der dargestellten Mehrachsanordnung können beliebige Formen bis hin zu Freiformgeometrien abtragend hergestellt werden.

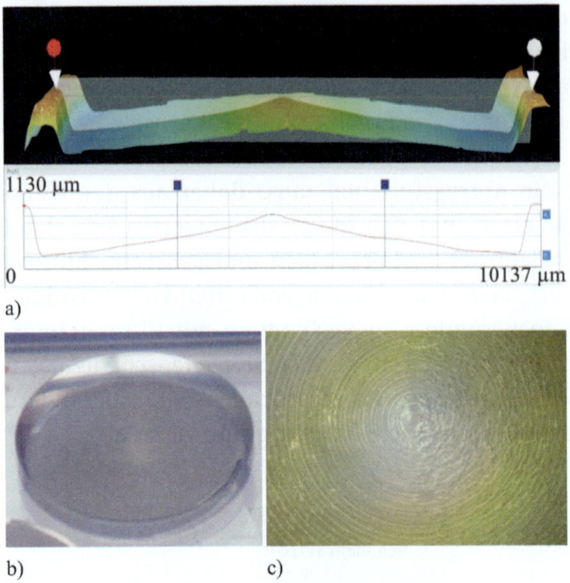

Bild 7.22
Formabtrag an einer Glasoberfläche (Material: BK7). a) Profildarstellung der Linsenform, b) fotografische Darstellung der Linse, c) Draufsicht und Ausschnittvergrößerung */Schi2012/*

7.1.2.4 Laserstrahlsublimationsabtragen

Beim **Sublimationsabtragen** erfolgt das Materialentfernen durch den direkten Phasenübergang von fest nach gasförmig und betrifft eine Reihe von Materialien, die keine schmelzförmige Phase aufweisen. Jedoch wird auch beim **indirekten Verdampfen** über die Schmelzphase vom Sublimationsabtrag gesprochen. Erreicht werden diese Wechselwirkungsvorgänge meist durch hohe Strahlungsintensitäten und kurze Einwirkdauern (vgl. Tabelle 7.1). Das verwendete Arbeitsmedium (Schutzgas) dient vordergründig dem Schutz der bearbeiteten Oberfläche sowie der optischen Komponenten der Strahlformung. (DIN 32540)

Hohe Strahlungsintensitäten und Pulslängen im ns-Bereich werden z. B. mit MOPA-Systemen erzielt (vgl. Kapitel 3). Der Impuls wird in einem gütegeschalteten Laseroszillator bei niedriger Leistung generiert. Anschließend erfolgt die Verstärkung in einem Laserverstärker. Ein Vorteil des Systems liegt darin, dass Pulsdauer und -energie in einem weiten Bereich variiert und angepasst werden können. In Tabelle 7.1 sind berechnete Intensitäten für ein solches Lasersystem zum Abtragen für drei Wellenlängen aufgeführt.

Tabelle 7.1 Berechnete Intensitäten für ein MOPA-Lasersystem zum Abtragen */Pats2008/*

λ [nm]	p_L [ns]	P [W]	ν [kHz]	d_f [µm]	I [GW·cm^{-2}]
355	60	5,5	50	10	2,33
532	60	10,5	50	14	2,27
1064	60	21,5	50	23	1,72

Diese Laserstrahlintensitäten sind gut geeignet, um metallische Folien durch Sublimationsabtrag zu strukturieren. Bild 7.23 veranschaulicht exemplarisch experimentell ermittelte **Strukturtiefen** bei der Bearbeitung von Kupfer mit drei verschiedenen Wellenlängen. Die Grafik zeigt, dass die maximal erreichbare Tiefe bei der Bearbeitung mit der Wellenlänge $\lambda = 532\,\text{nm}$ am größten ist. Theoretisch steigt für kürzere Wellenlängen die Abtragstiefe, wobei diese Annahme für $\lambda = 355\,\text{nm}$ nicht bestätigt werden konnte. Ein Grund hierfür ist in der schmalen Strahltaille der kurzwelligen Strahlung zu sehen, wodurch sich sehr kleine Strukturbreiten ergeben, die einen Materialaustrieb ab einer bestimmten Tiefe erschweren. Die Strukturgeometrien unterscheiden sich ebenfalls in Abhängigkeit von der eingesetzten Wellenlänge.

Bei weiterem Überfahren dieser Struktur kann kein Tiefenzuwachs mehr erreicht werden. Es ergeben sich Aspektverhältnisse (Strukturtiefe/-breite) von 10 : 1 ($\lambda = 1064\,\text{nm}$) und 43 : 1 ($\lambda = 532\,\text{nm}$). */Pats2008/*

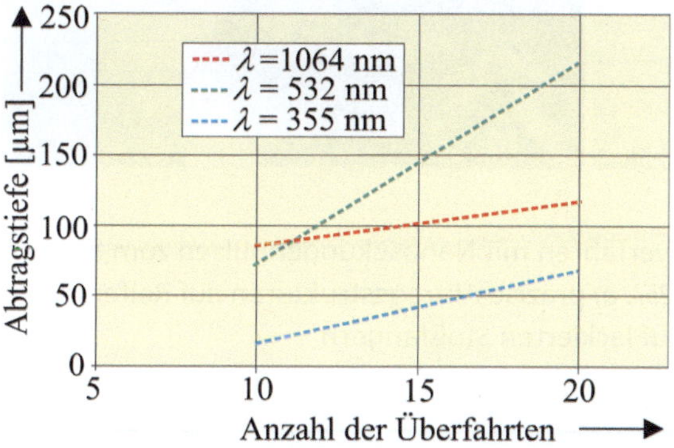

Bild 7.23
Abhängigkeit der Strukturtiefe von der Anzahl der Überläufe und der Wellenlänge */Pats2008/*

Als flexible Lasersysteme für Strukturierungsprozesse werden gepulste Faserlaser eingesetzt, die eine hohe Flexibilität bei der Anpassung von Pulsenergie, -dauer und -frequenz bieten und dadurch für eine Vielzahl von Abtrags- und Strukturierungsanwendungen prädestiniert sind. Mit einer Pulswiederholrate von bis zu 4 MHz und einer Pulsdauer von 3 bis 2000 ns ermöglicht diese Technologie eine gezielte und kontrollierte Materialbearbeitung. Die hohe Wiederholrate und die exakte Steuerung der Pulsparameter sind unabdingbar für eine präzise Prozesskontrolle, die für die Herstellung mikroskalierter Strukturen erforderlich ist. Für Anwendungen in der Batterietechnologie wird ns-Pulslaserstrahlung zur Strukturierung von Anodenmaterialien eingesetzt, um die Oberflächenbeschaffenheit zu optimieren und die Leistung von Batteriezellen zu steigern. */trumpf2025/*

In Bild 7.24 ist der Sublimationsabtrag mittels ns-Laserpulsen für zwei innovative Anwendungen im Automobilbereich dargestellt. Zum einen wird das Verfahren zur berührungslosen Strukturierung von Pkw-Reifen eingesetzt, indem präzise Strukturen direkt in die Gummilauffläche eingebracht werden. Diese Methode ist von besonderem Interesse in der Prototypenfertigung, beispielsweise zur Erzeugung und Erprobung funktionaler Mikrostrukturen mit dem Ziel der Reibwerterhöhung (Bild 7.24 a). Zum anderen findet die Technologie Anwendung bei der funktionalen Gestaltung von Kunststoffstoßfängern, etwa zur laserbasierten Erzeugung von Lichtdesigns unter lackierten oder beschichteten Oberflächen (Bild 7.24 b). Dabei werden die Deckschichten kontrolliert durch einen gesteuerten Sublimationsprozess abgetragen, ohne die darunterliegende Oberfläche zu beschädigen. Auf diese Weise können hochpräzise, flexible und langlebige Strukturen für lichttechnische und sensorische Anwendungen in der Automobilindustrie erzeugt werden. */Jenoptik2025/*

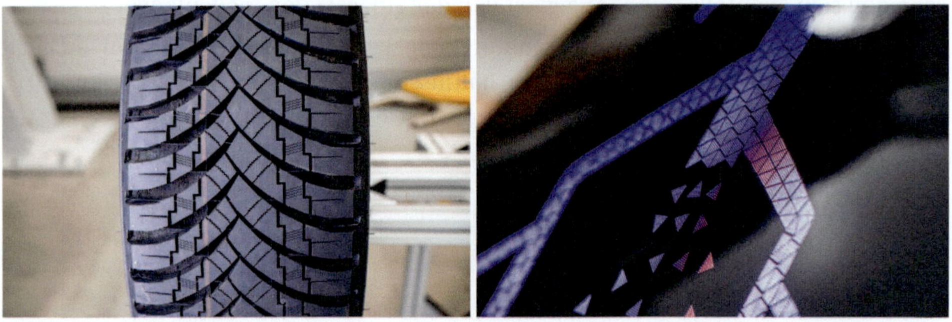

a) b)

Bild 7.24 Laserbasierte Sublimationsverfahren mit Nanosekundenpulsen zum flächenhaften Strukturieren */Jenoptik2025/*. a) präzise Abtragsstrukturen auf Reifenlaufflächen, b) funktionale Lichtdesigns auf lackierten Stoßfängern

Siehe auch Videosequenz „Roboterbasierte LMB“ zu beiden Prozessen auf *plus.hanser-fachbuch.de*.

Das **selektive Abtragen** von Kunststoffbeschichtungen ist ebenfalls eine Anwendung des Sublimationsabtragsverfahrens. Es wird versucht, das Kunststoffmaterial in kurzen Wechselwirkungszeiten zu sublimieren, um mögliche Verbrennungserscheinungen an den Strukturkanten zu vermeiden. Hierfür werden ebenfalls schnell scannende Bearbeitungssysteme eingesetzt (Bild 7.25 a). Die Selektivität des Abtragsprozesses ist dadurch gekennzeichnet, inwieweit sich das Schichtmaterial rückstandsfrei abtragen lässt und ob der Grundwerkstoff unbeeinflusst bleibt. Häufig ist dafür eine Prozessdiagnostik erforderlich, um bspw. die Temperatur oder die Eindringtiefe der Strahlung zu erfassen.

Sehr einfache und dekorative Kunststoffoberflächen lassen sich mit **Flockmaterialien** herstellen. Bei diesen Verfahren wird ein Primer (Kleber) auf die Substratoberfläche aufgetragen, in die kurze Kunststofffasern (meist aus Polyamid) mit hoher Geschwindigkeit eingebracht werden. Mit Laserstrahlung können auf Flockoberflächen einerseits Struktureffekte in der Flockschicht erzeugt und andererseits das Flockmaterial bis auf den Grundwerkstoff abgetragen werden. Bearbeitungsziel ist das Erreichen eines hohen Kontrastes sowie eines homogenen Abtragsbildes. Strukturierungen in Abhängigkeit von der gewählten Laserleistung veranschaulicht Bild 7.25 b.

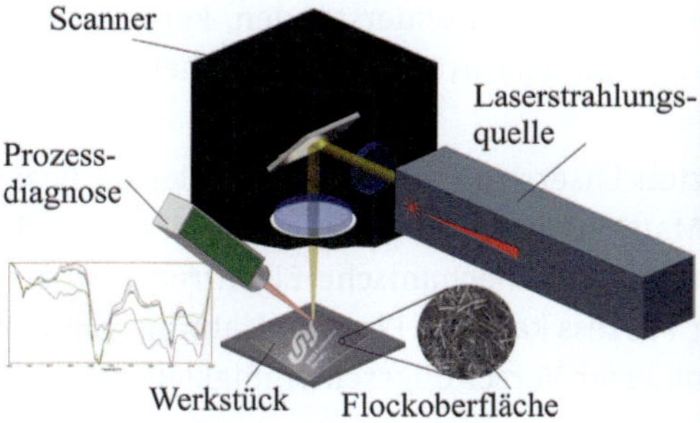

a)

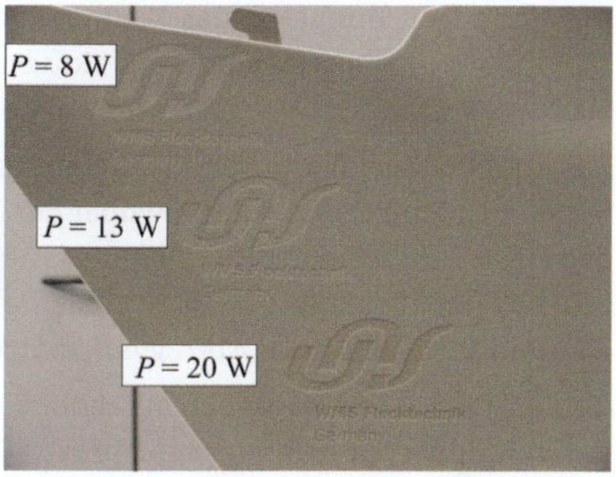

b)

Bild 7.25 Sublimationsabtragen beflockter Oberflächen */Laserdekor2009/*. a) Verfahrensanordnung, b) Strukturierungsbeispiel in Abhängigkeit von der gewählten Laserleistung

Neben der Laserausgangsleistung haben die Scangeschwindigkeit, die Fokusbreite und die Spurüberdeckung bzw. die Schraffurdichte einen wesentlichen Einfluss auf den Abtragsprozess. Bild 7.26 a illustriert ein strukturiertes Probenmaterial zur Bewertung unterschiedlicher Oberflächenstrukturen. Die Anwendbarkeit dieses Abtragsverfahrens ist durch den verbreiteten Einsatz beflockter Oberflächen relativ groß (Bild 7.26 b).

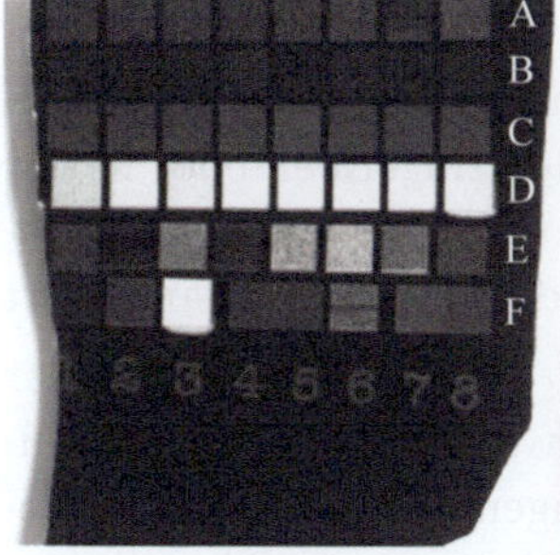

a)

b)

Bild 7.26 Sublimationsabtrag beflockter Oberflächen */Laserdekor2009/*. a) Versuchsmatrix zur Bestimmung von Strukturierungseffekten, b) Anwendungsbeispiele

7.1.2.5 Laserstrahltrimmen

Das **Laserstrahltrimmen** ist ein präzises materialabtragendes Verfahren zur nachträglichen Justierung funktionaler Bauelemente, insbesondere im Bereich der Elektronik und Mikrosystemtechnik. Ziel ist die gezielte Veränderung elektrischer, mechanischer oder optischer Eigenschaften durch kontrollierten Materialabtrag. Typische Anwendungen umfassen das Trimmen von Dickschichtwiderständen, keramischen Schaltungen, kapazitiven oder induktiven Sensorstrukturen sowie optischen Phasenelementen.

Das Trimmen erfolgt durch lokal begrenzten Laserstrahlabtrag an definierten Positionen der Funktionsstruktur, wobei der Materialabtrag so gesteuert wird, dass sich der elektrische Widerstand, die Kapazität oder die mechanische Eigenfrequenz des bearbeiteten Elements gezielt einstellt. Der Prozess kann als Einzelpulsabtrag oder als kontinuierlich geführter Abtrag mit kontrollierter Vorschubgeschwindigkeit erfolgen.

Der Laserstrahl wird dabei mit hoher Ortsauflösung positioniert, typischerweise durch Scanneroptiken oder hochpräzise X-Y-Tische. Die Bearbeitung erfolgt in Echtzeit unter Rückkopplung des elektrischen oder optischen Ist-Werts an eine Steuereinheit, welche den Abtragsprozess bei Erreichen des Sollwerts automatisch stoppt (closed-loop-Trimming).

Je nach Materialsystem kommen unterschiedliche Laserquellen zum Einsatz:

- CO_2-Laser ($\lambda = 10{,}6\,\mu m$) für keramische Substrate (z. B. Al_2O_3, LTCC),
- Nd:YAG- und Nd:YVO_4-Laser ($\lambda = 1064\,\mu m$) für metallische oder leitfähige Pasten,
- Festkörper-UV-Laser ($\lambda = 355\,nm$) oder Pikosekundenlaser zur hochauflösenden Strukturierung dünner Funktionsschichten.

Typische Pulsdauern liegen im Bereich von ns bis ps, wobei ultrakurze Pulse Vorteile hinsichtlich minimierter thermischer Beeinflussung und hoher Kantenschärfe bieten. Die Fokusdurchmesser bewegen sich im Bereich von 10 – 50 µm bei typischen Pulsspitzenleistungen bis in den kW-Bereich.

In der industriellen Praxis findet das Laserstrahltrimmen vor allem Anwendung bei der Justage von Widerstandswerten in Dick- und Dünnschichtwiderständen, wie sie in hochpräzisen elektronischen Baugruppen, Sensoren, Medizingeräten oder in der automobilen Messtechnik vorkommen. Das Ziel besteht darin, durch gezielten Materialabtrag die Geometrie des Strompfads zu verändern und so den Widerstandswert auf einen exakt definierten Sollwert einzustellen.

Ein typisches Beispiel ist die Bearbeitung von Dickschichtwiderständen auf keramischen Substraten (z. B. Al_2O_3), wie sie in hybriden Schaltungen oder als SMD-Komponenten verbaut werden. Hier erfolgt der Abtrag selektiv über eine leitfähige Paste, wobei durch präzise steuerbare Einschnitte der effektive Leiterquerschnitt oder die Leitungslänge variiert wird (siehe Bild 7.27). Die dabei eingesetzten Ultrakurzpulslaser ermöglichen eine kalte Ablation, d. h. einen Materialabtrag oberhalb der Ablationsschwelle ohne signifikante thermische Belastung der angrenzenden Bereiche.

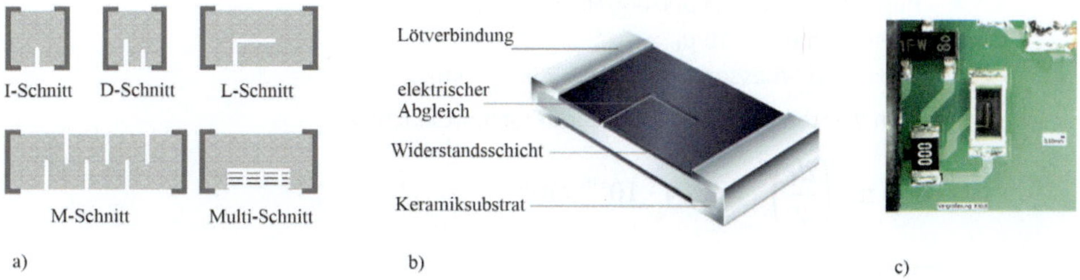

Bild 7.27 Lasertrimmprozess und Trennschnittgeometrien © ACI Laser GmbH. a) schematische Darstellung typischer Trimmformen, b) Grundstruktur eines Widerstandselements, c) Widerstandselement auf einer Leiterplatte (PCB)

Bild 7.27 zeigt typische **Trimmgeometrien**, wie sie beim Trimmen von Dickschichtwiderständen verwendet werden. Besonders häufig sind L-, U- und M-förmige Einschnitte, die durch kontrollierten Materialabtrag den elektrischen Pfad verlängern und somit den Widerstand erhöhen. Die Form wird in Echtzeit so lange erweitert, bis der gewünschte Zielwert erreicht ist.

Die Ablationstiefe d_a und die Schnittbreite w_s stehen in direkter Abhängigkeit zur Fluenz F, wobei UKP-Laser mit Energiedichten oberhalb der Materialschwelle arbeiten und somit einen kontrollierten, reproduzierbaren Materialabtrag erlauben. Dank hoher Pulsfrequenzen (bis zu 1 MHz) und hoher Repetitionsgenauigkeit sind schnelle automatisierte Anpassungsprozesse möglich.

Moderne Trimmsysteme sind vollständig in Prüf- und Produktionsanlagen integriert. Die Überwachung erfolgt durch Inline-Messung des elektrischen Ist-Werts, oft bei gleichzeitigem Temperatur- und Umgebungskontrollmanagement. Der Abtragsprozess kann dabei in verschiedenen Geometrien erfolgen (siehe Bild 7.27 a und b) mit jeweils spezifischer Auswirkung auf den funktionalen Parameterverlauf.

Zu den typischen Trimmmaterialien zählen oxidische oder metallische Widerstandsschichten wie RuO_2 (Rutheniumdioxid), NiCr (Nickelchrom), CrSi (Chrom-Silicid), TaN (Tantalnitrid) oder SiCr (Siliziumchrom), die als Dick- oder Dünnschichtstrukturen auf Substrate aufgebracht werden. Diese Materialien zeichnen sich durch ihre elektrische Stabilität, Thermobeständigkeit und gute Abtragbarkeit mittels Laserstrahlung aus. Ihre spezifischen thermischen und optischen Eigenschaften sind entscheidend für die Auswahl geeigneter Prozessparameter beim Laserstrahltrimmen.

Beispielrechnung: Energieeintrag beim Laserstrahltrimmen

Gegebene Parameter:

- Laserleistung: $P = 5$ W,
- Repetitionsrate: $f_P = 500\,000$ Hz = 500 kHz,
- Pulsenergie: $E_P = 10$ µJ,
- Fokusdurchmesser: $d_f = 20$ µm = $2{,}0 \cdot 10^{-3}$ cm.

Aus den Werten können die Strahlquerschnittsfläche A

$$A = \pi \cdot \left(\frac{d_f}{2}\right)^2 = 3{,}14 \cdot 10^{-6}\ \mathrm{cm}^2$$

sowie die Fluenz F

$$F = \frac{E_P}{A} = 3{,}11\ \mathrm{J} \cdot \mathrm{cm}^2$$

bestimmt werden.

Mit einer berechneten Fluenz von $F \approx 3{,}2\ \mathrm{J \cdot cm^{-2}}$ liegt der Energieeintrag oberhalb der Ablationsschwelle typischer Trimmmaterialien (ca. $0{,}5 - 2\ \mathrm{J \cdot cm^{-2}}$) und ist somit für ein effektives Laserstrahltrimmen ausreichend dimensioniert. Die Kombination aus hoher Pulsrate und definierter Strahlgeometrie ermöglicht eine kontrollierte thermisch schonende Bearbeitung ohne strukturelle Schädigung des Bauelements.

Das Laserstrahltrimmen bietet eine Reihe signifikanter Vorteile, die es zu einem bevorzugten Verfahren für die Feinjustage funktionaler Bauelemente in der Elektronik- und Sensortechnik machen. Besonders hervorzuheben ist die hohe Präzision der Parametereinstellung, insbesondere von elektrischen Widerständen oder kapazitiven Strukturen, bei gleichzeitig berührungsloser und werkzeugfreier Bearbeitung. Durch die Möglichkeit, sehr kleine Strukturen mit hoher Ortsauflösung selektiv zu bearbeiten, lassen sich Fertigungstoleranzen effizient kompensieren. Darüber hinaus ist der Lasertrimmprozess einfach in automatisierte Fertigungslinien integrierbar und erfordert keine nennenswerten Nachbearbeitungsschritte oder chemische Prozesse. Auch die geringe thermische Beeinflussung angrenzender Bereiche, insbesondere beim Einsatz ultrakurzer Pulse, stellt einen entscheidenden Vorteil dar. Demgegenüber stehen einige Einschränkungen, die bei der Prozessauslegung und Applikationswahl berücksichtigt werden müssen. So ist das Laserstrahltrimmen bei mehrlagigen oder nicht-homogenen Werkstoffsystemen nur bedingt einsetzbar, da sich der Materialabtrag dort weniger kontrolliert durchführen lässt. Zudem hängt die erreichbare Trimmgenauigkeit stark von der Qualität der Rückkopplungssensorik sowie von der Stabilität der Laserstrahlformung und -führung ab. Bei sehr dicken oder thermisch hochleitenden Schichten stößt das Verfahren hinsichtlich Eindringtiefe und Lokalisierung des Abtrags an physikalische Grenzen. Insgesamt bleibt das Laserstrahltrimmen jedoch ein etabliertes Präzisionsverfahren zur funktionsorientierten Modifikation laserbearbeitbarer Strukturen – insbesondere bei hohen Anforderungen an Prozesssicherheit, Automatisierbarkeit und Reproduzierbarkeit.

7.1.3 Abtragen und Strukturieren von silikatischen Werkstoffen

Das Abtragen und Strukturieren von Gläsern mit Laserstrahlung ist eine oft angewendete Technologie, insbesondere, wenn definierte und kleine Strukturen und Geometrieelemente gefordert sind. Prinzipiell unterscheidet man direkte und indirekte Abtragsverfahren. Bei der erstgenannten Verfahrensgruppe werden die Glasstrukturen in mehreren Prozessschritten erzeugt. Es wird hierfür die sehr präzise Strukturierungsfähigkeit von Lackschichten mittels Laserstrahlung ausgenutzt. Der eigentliche Glasabtrag erfolgt dann im Anschluss durch spezielle Ätzprozesse.

Für den hartspröden Werkstoff Glas müssen aber teilweise andere Regime für die Einbringung der Laserleistung in das Materialvolumen gefunden werden, um eine direkte oder indirekte Zerstörung des Bauteils zu vermeiden. Insbesondere beim **Abtragsmodell mit Schmelzanteil** und **ausgeprägter Wärmeeinflusszone** ist die Gefahr der Rissbildung besonders hoch (Bild 7.29 a).

Auf zwei Methoden, das Elementar-Volumen-Abtrag-Modell und das Abtragen mit ultrakurzen Laserpulsen, sei nachfolgend kurz eingegangen.

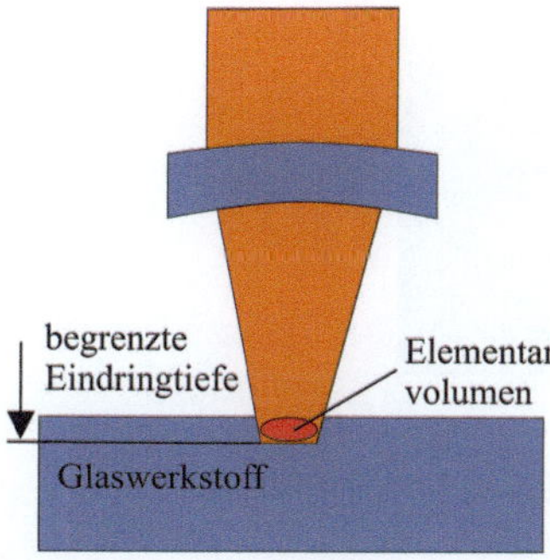

Bild 7.28
Darstellung des Modells zum Elementar-Volumen-Abtrag nach */Stau2000/*

Bei dem Modell des **Elementar-Volumen-Abtrages (EVA)** (Bild 7.28) wird die Wechselwirkungszone zwischen Laserstrahl und Werkstückoberfläche auf ein minimales Maß beschränkt und liegt im Bereich der optischen Eindringtiefe der verwendeten Laserwellenlänge. Das Materialvolumen wird örtlich schnell verdampft (gepulste Laserstrahlung), wobei angrenzende Bereiche thermisch kaum beeinflusst werden. Dadurch kann die Wärmeleitung weitestgehend unterbunden werden und das Einbringen von Spannungszuständen in den Glaswerkstoff wird auf ein Minimum beschränkt. In der Regel kommen geringe Laserleistungen im gepulsten Regime zum Einsatz, die mit einer Frequenz von einigen kHz gepulst werden. Dadurch können typische Probleme der Rissbildung und des Schmelzaufwurfes unterbunden werden. Da die gewählte Abtragstiefe des EVA-Modells verfahrensbedingt sehr gering ist, wird vorzugsweise mit einem schnellen Scansystem mehrfach über die zu bearbeitende Fläche gescannt. Das Verfahren kann für das Abtragen, Bohren und Strukturieren in der Mikromaterialbearbeitung von hartspröden Werkstoffen eingesetzt werden. */Stau2000/*

In Bild 7.29 b ist das **Abtragsmodell für die Bestrahlung mit ultrakurzen Laserpulsen** dargestellt. Der kurze Laserpuls trifft mit einer hohen Energie auf die Materialoberfläche, wobei durch die sehr kurze Pulseinwirkzeit Wärmeleitungsprozesse kaum bzw. eine untergeordnete Rolle spielen. Die enormen Leistungsdichten führen zu nichtlinearen Absorptionsvorgängen im Wechselwirkungsvolumen. Dabei wird eine kritische Elektronendichte erreicht, wobei die feste Phase ohne Schmelzen oder Sublimieren direkt in ein Plasma übergeht und der Materialverbund sich partiell auflöst.

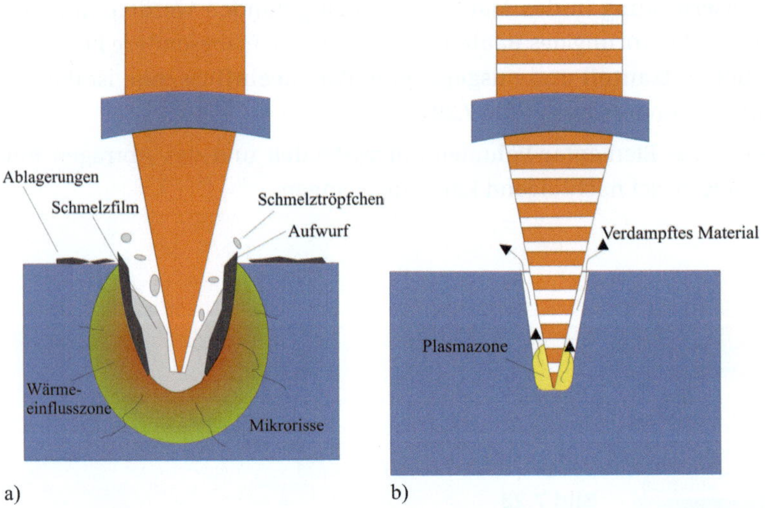

Bild 7.29 Vergleich der Abtragsmodelle nach */Lumera2012/*. a) Bohren mit ms-Laserstrahlen, b) Bohren mit ps-Laserstrahlen

Somit wird das Grundmaterial thermisch sehr gering bzw. vernachlässigbar beeinflusst, sodass keine störenden Spannungszustände im Materialvolumen aufgebaut werden. Die grundlegenden Varianten des Energieeintrages mit ultrakurzen Pulsen beruhen auf der **Multiphotonenionisation** und der Kaskadenionisation (vgl. Kapitel 5).

Gläser weisen z. T., in Abhängigkeit von ihrer stofflichen Zusammensetzung, unterschiedliche Bearbeitungsergebnisse auf. Für die Praxis heißt das sehr oft, dass je nach verwendeter Glasart sowie der spezifischen Randbedingungen angepasste Bearbeitungstechnologien bzw. -regime angewendet werden müssen.

7.1.3.1 Direktes Abtragen

Für das **direkte Abtragen** an Glasoberflächen haben sich unterschiedliche Laserstrahlverfahren etabliert. Sowohl mit dem Maskenverfahren als auch mit dem Strahlablenkverfahren können Strukturen schnell und flexibel in Glasoberflächen eingebracht werden. Vorzugsweise werden Laser im UV-Bereich und UKP-Laser (ps- und fs-Lasersystemen) eingesetzt (Bild 7.30 a). Der Grund dafür ist die sehr gute Absorption dieser Laserwellenlängen im Glasvolumen bzw. die „stressfreie" Materialwechselwirkung. Für Quarzglas kann auch der CO_2-Laser vorteilhaft angewendet werden (Bild 7.30 b).

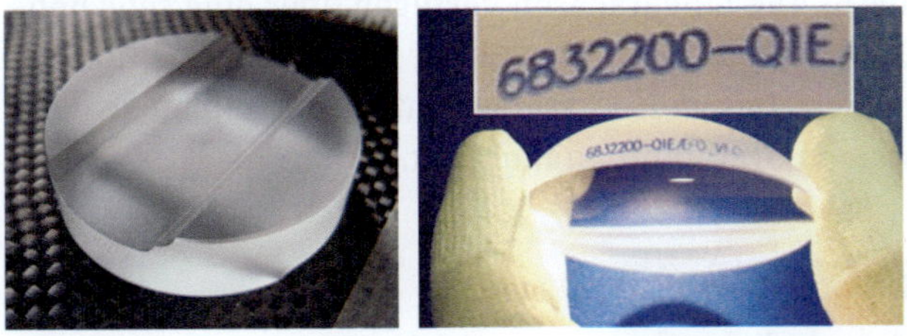

a) b)

Bild 7.30 Anwendungsbeispiele für das direkte Glasabtragen mittels Laserstrahlung. a) Formabtrag mit UKP-Laserstrahlung */Gies2012/*, b) Laserkennzeichnung von Optiken aus Quarzglas mit CO_2-Laserstrahlung

Das Strukturieren mittels Laserstrahlung ermöglicht ebenfalls die Herstellung von Mikrolinsen. Dabei wird die sehr gute Fokussierbarkeit des Laserstrahles genutzt, um kleinste Strukturelemente im Glas zu erzeugen. Dadurch wird bspw. die Herstellung von Mikrolinsenarrays in mineralischen Gläsern auf $(1 \times 1)\,mm^2$ möglich */Bast2001/*.

Wellenlängen im UV-Bereich, wie sie bspw. **Excimerlaser** emittieren, gestatten einen quasi kalten und stressfreien Abtrag von Gläsern. Durch die kurzen Einwirkzeiten mit hohen Pulsspitzenenergien wird nur eine sehr geringe Wärmemenge in das Material eingebracht. Durch die gute Fokussierbarkeit der UV-Laser gelingt es bspw. in der Halbleiterfertigung mithilfe von speziellen Strahlführungssystemen und Hochleistungsobjektiven Strukturbreiten von 80 nm auf Glaswafern zu erzeugen.

Mit der Verfügbarkeit von industrietauglichen **ps-** und **fs-Lasersystemen** eröffnen sich für die Bearbeitung silikatischer Materialien, insbesondere für das Abtragen, interessante und teilweise neue Anwendungsbereiche. Ein wesentlicher Vorteil von ps-Lasern für den Einsatz in der LMB ist die relativ hohe erreichbare mittlere Leistung bei Pulsenergien bis zu 300 µJ. Dadurch erzielen diese Systeme wirtschaftliche Abtragsraten für hohe Qualitätsansprüche. Diese Laser werden durch die gute Skalierbarkeit der Leistung (Pulsspitzenleistungen bis 50 MW) und die mögliche Frequenzkonversion in den grünen und ultravioletten Spektralbereich für eine Vielzahl von Gläsern einsetzbar.

Die sehr kurzen energiereichen Impulse schließen Wärmeleitungseffekte nahezu aus, es kann von einem **kalten Abtrag** ausgegangen werden. Durch das fast vollständige Fehlen von Schmelzanteilen im Prozess, können sehr präzise und schädigungsfreie Ergebnisse auch an sprödharten Werkstoffen erzielt werden.

Bild 7.31 illustriert ein typisches **Anlagenkonzept** zur Bearbeitung mit hohen Präzisionsanforderungen. Die Wirkbewegung erfolgt zunächst über einen schnell bewegten Scanner in Verbindung mit einem F-Theta-Objektiv (meist telezentrisch). Zusätzlich wird das aufgespannte Werkstück (kleine Bauteilabmessungen über einen Vakuumchuck) mit einer X- und Y-Achse unter dem scannenden Laserstrahl bewegt. Für dreidimensionale Anwendungen kommen auch 5-Achs-Simultanbearbeitungskonzepte in Betracht (vgl. Kapitel 6). Die Linearachsen verfügen über eine sehr hohe Positioniergenauigkeit (typ. 10 $\mu m \cdot m^{-1}$), um den Vorteil der erreichbaren Präzision der UKP-Laser nicht einzuschränken. Das ganze Lasersystem wird komplett schwingungsentkoppelt auf einem massiven Granitaufbau montiert.

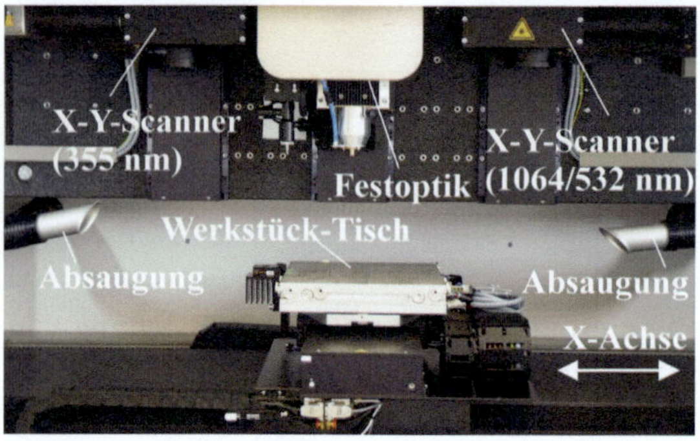

Bild 7.31 ps-Lasersystem für die Glasbearbeitung nach */3DMicromac2011/*
HyperRapid */coherent2025/*
Max. mittl. Laserleistung: 50 W / 25 W / 16 W, Wellenlänge: 1064 nm / 532 nm / 355 nm, Pulslänge: 10 ps, Scangeschwindigkeit: 2 $m \cdot s^{-1}$, Abtragsrate: 20 $mm^3 \cdot s^{-1}$, Fokusdurchmesser: 30 µm, Frequenz: 2 MHz; Burst

Für die UKP-Bearbeitung sind die Abtragsstrategien sorgfältig auszuwählen und auf den Prozess abzustimmen. Vorzugsweise wird das Prinzip des **Schwellwertabtrags** (Threshold) angewendet. In Bild 7.32 sind dieses Abtragsprinzip und typisch wählbare Parameter für das Abtragen mit ps-Laserstrahlung dargestellt.

Das Abtragsprinzip basiert auf einem **zeitaufgelösten Abtrag der Einzelimpulse**. Diese werden mit der Scangeschwindigkeit abgestimmt, sodass sich in etwa eine Puls-zu-Puls-Überlagerung von 30 % in der resultierenden Spur (**Pitch**) ergibt. Um die hohen Repetitionsraten der Kurzpulslaser (MHz-Bereich) ausnutzen zu können, sind dementsprechend sehr hohe Scangeschwindigkeiten erforderlich. Der flächenhafte Abtrag wird durch die Überlagerung mehrerer Spuren (**Hatch oder Hitch**) erzielt.

Um nun einen definierten Abtrag in die Tiefe zu ermöglichen, werden entsprechende Wiederholungen (Überfahrten) vorgenommen.

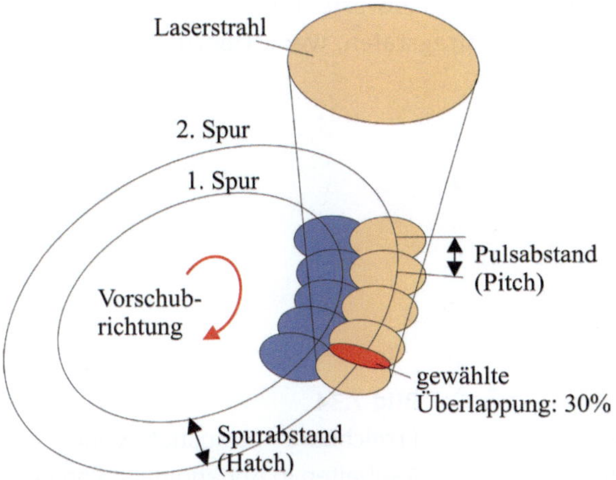

Bild 7.32
Schematische Darstellung der Abtragsstrategie nach */Müll2010/*

Typische Parameter:
Fluenz: ≈ 1 J·cm^{-2}, Fokusdurchmesser: 30 µm, Pulsenergie: 10 – 50 µJ, Auflösung lateral: ~ 1 µm, Abtrag pro Puls: 50 nm – 1 µm

Eine **typische Scantechnik** ist z. B. das zeilenförmige Scannen in Bild 7.33 a (unidirektionales und bidirektionales Scannen). Weist das Abtragsergebnis ein anisotropes Verhalten auf, kann dies oftmals durch eine Kreuzschraffur (Bild 7.33 b) oder durch das kontinuierliche Drehen der Abtragsrichtung (Bild 7.33 c) weitestgehend unterdrückt werden.

a) b) c)

Bild 7.33 Scanstrategien für den Abtragsprozess. a) bidirektionales Scannen, b) gekreuztes Scannen, c) kontinuierliches Drehen der Abtragsrichtung

Der Abtragsprozess wird im Wesentlichen von folgenden Parametern bestimmt:

- Laserleistung,
- Pulsenergie, Pulsdauer,
- Energiedichte,
- Repetitionsrate und Burstmode,
- Scangeschwindigkeit sowie den Hitch- und Pitch-Parametern.

In Bild 7.34 ist die Abhängigkeit der Parameter Abtragstiefe und Rauheit von der gewählten Laserleistung dargestellt. Erwartungsgemäß steigt mit zunehmender Leistung auch die erreichbare Abtragstiefe in dem gezeigten Bereich nahezu linear an. Gleichzeitig steigen jedoch die Oberflächenrauheitswerte. Interessant sind für viele Anwendungen die maximal erreichbaren Abtragsraten, wenn Oberflächenrauigkeiten nicht von primärer Bedeutung sind.

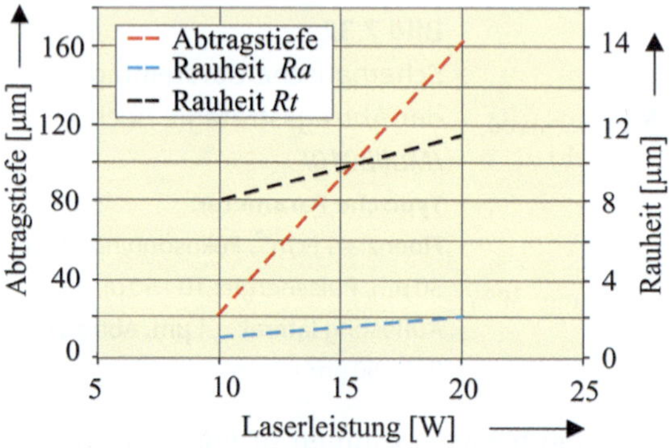

Bild 7.34
Erreichbare Abtragstiefen und Rauheiten in Abhängigkeit von der gewählten Leistung

Bild 7.35 zeigt die erreichbaren Abtragsraten für ein borosilikatisches Material für unterschiedliche Repetitionsraten bis zu einer maximalen mittleren Leistung von 45 W. Die Abtragsqualität der Strukturen für eine Repetitionsrate von 625 kHz und einer mittleren Laserleistung von 42,5 W veranschaulicht die fotografische Darstellung. In der Auslegung des Prozesses muss letztendlich entsprechend der Bauteilanforderungen ein Kompromiss zwischen maximaler Abtragstiefe und erreichbarer Oberflächenqualität gefunden werden.

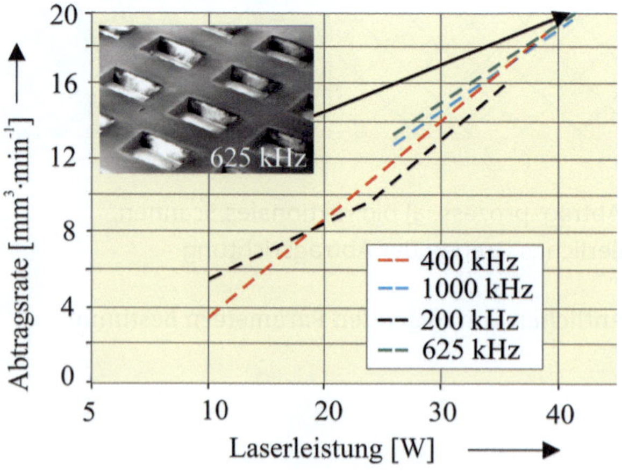

Bild 7.35
Abtragen mit ps-Laserstrahlung, Material: Borofloat 33 nach */Nebe2009/*

Erfahrungsgemäß können mit kürzeren Wellenlängen die Bearbeitungsergebnisse qualitativ verbessert werden, insbesondere die erzielbaren Oberflächengüten und Strukturgenauigkeiten. Trotz Reduzierung der verfügbaren Laserleistungen nach erfolgter Wellenlängenkonversion reichen diese für die Bearbeitung silikatischer Werkstoffe i. d. R. aus.

Für die Optimierung des Abtragsprozesses stehen in Abhängigkeit vom verwendeten Glaswerkstoff folgende Zielparameter im Vordergrund:

- Abtragsrate,
- Rauheit, Störtiefe,
- minimale thermische Belastung und
- Prozessstabilität.

Ein weiterer wesentlicher Parameter, der die Abtragstiefe maßgeblich beeinflusst, ist die **Scangeschwindigkeit**. In Bild 7.36 ist für den Werkstoff BK7 diese Abhängigkeit dargestellt. Mit größer werdender Scangeschwindigkeit sinkt die Abtragstiefe. Nach dem vorstehend beschriebenen Abtragsmodell sollte die Scangeschwindigkeit so hoch gewählt werden, dass unerwünschte thermische Einflüsse während des Abtragsprozesses nicht einsetzen. Andererseits können zu hoch gewählte Scangeschwindigkeiten auch zu inhomogenem Abtragsverhalten und instabilen Prozessen führen.

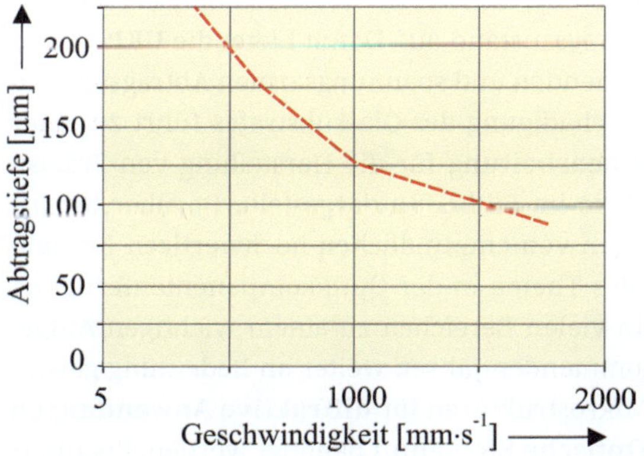

Bild 7.36
Erreichbare Abtragstiefen in Abhängigkeit von der Geschwindigkeit für BK7

Gläser weisen sehr unterschiedliche Netzwerkstrukturen auf. Diese materialtypischen Strukturen und Eigenschaften haben auf den Abtragsprozess ebenfalls einen Einfluss. In Tabelle 7.2 sind exemplarisch für das Quarzglas SQ1, den Kristallwerkstoff Kalziumfluorid CaF_2 und das Flintglas SF6 experimentell ermittelte Abtragsergebnisse dargestellt. Interessant sind die unterschiedlichen optimierten Parameter für CaF_2 und SQ1 im Vergleich zum Schwerflintglas SF6. Für viele Anwendungen ist auch die Kenntnis der **Störtiefenschädigungen** in das Grundmaterial nach dem Abtragsprozess wichtig */Frank2024/*. In Tabelle 7.2 sind diese Schädigungen ebenfalls angegeben.

Tabelle 7.2 Ausgewählte Abtragsergebnisse für unterschiedliche Gläser an einer rechteckförmig abgetragenen Kavität

	$\lambda = 355$ nm; $d_f = 20$ µm		
	Leistung: 2 W Abtragsrate: 2,5 mm³·s⁻¹		Leistung: 0,5 W Abtragsrate: 6 mm³·s⁻¹
	SQ1	CaF_2	SF6
Profiltiefe [µm]	30	60	64
Ra [µm]	0,75	0,74	0,28
Rq [µm]	0,97	0,94	0,37
Rz [µm]	5,4	5,7	1,8
Störtiefe (zentral) [µm]	20	13	20
Störtiefe (Rand) [µm]	28	13	100

Für den Werkstoff Quarzglas sind in Bild 7.37 Detaildarstellungen für die in Tabelle 7.2 angegeben Parameter zusammengestellt. Die Bilder veranschaulichen den Ausschnitt der abgetragenen Kavität bzw. die **Spannungsdoppelbrechung** für die gesamte Substratgrundplatte (Bild 7.37 b). Die einzelnen abgetragenen Strukturen sind in der Spannungsanalyse zwar sichtbar, weisen aber keinen gravierenden optischen Gangunterschied bzw. mechanischen Spannungszustand auf. Damit bietet die **UKP-Lasertechnik** die Möglichkeit einer sehr schonenden und spannungsarmen Abtragstechnologie. Die erreichbare Präzision ohne Schädigung des Glassubstrates führt zu einer Anwendbarkeit der **ps-Lasermaterialbearbeitung** für die Herstellung von Präzisionsmaßstäben und Positionsmarken, wie im Bild 7.38 a dargestellt. Darüber hinaus sind fälschungssichere Kennzeichnungen von empfindlichen hochwertigen Kristallwerkstoffen, wie z. B. CaF_2, ein zentrales Thema in der Optikkomponentenfertigung (Bild b). Die **Glasstrukturierung** ist in vielen Bereichen zu einem wichtigen Aufgabenfeld geworden und wird in den kommenden Jahren weiter an Bedeutung gewinnen. Dies betrifft die Erzeugung von Mikrostrukturen für **diffraktive Anwendungen** wie sie bspw. für **DOEs (Diffraktive Optische Elemente)** benötigt werden. Ebenfalls ist die Herstellung von multifunktionalen Komponenten für optische Anwendungen interessant. Darunter ist z. B. die Integration von **mikrostrukturierten Flächen** auf Sphären, Asphären oder Freiformkomponenten zu verstehen.

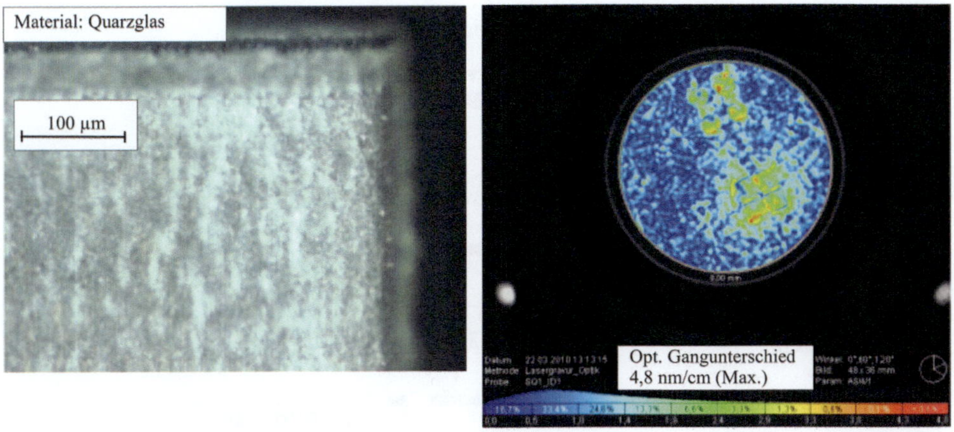

a) b)

Bild 7.37 Darstellung einer rechteckförmigen Kavität für den Werkstoff SQ1. a) mikroskopischer Ausschnitt der Kavität, b) Spannungsdoppelbrechung

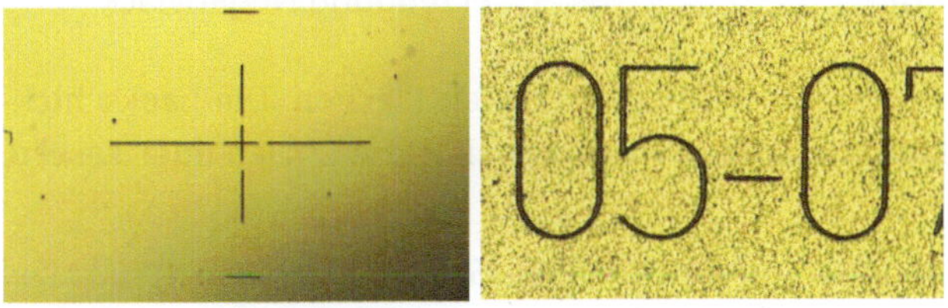

a) b)

Bild 7.38 Strukturierungsbeispiele mit ps-Lasern. a) Positionsfadenkreuz im optischen Bauelement, b) CaF_2-Kennzeichnung

7.1.3.2 Indirektes Abtragen

Das **indirekte Abtragen** wird hauptsächlich für mikrolithographische Prozesse angewendet. Sehr häufig werden dafür Maskenverfahren eingesetzt. Der mikrolithografische Technologieprozess kann nach dem Schema in Bild 7.39 dargestellt werden. Das Prinzip besteht in der Erzeugung der gewünschten Struktur zunächst in einer dünnen Lackschicht (Resist) auf dem Substrat. Durch gezielte Bestrahlung definierter Substratbereiche mit Licht oder Teilchenstrahlung ändert sich die Löslichkeit des Lackes. Beim anschließenden Entwicklungsprozess werden die so selektierten Bereiche vom Lack freigelegt. Nach der Strukturätzung kann der Fotolack vom gesamten Substrat entfernt werden. Verwendete Substrate sind Trägermaterialien aus Quarzglas, Borofloatglas oder Silizium, auf denen die Strukturierung im Verlauf des Lithografieprozesses erfolgt.

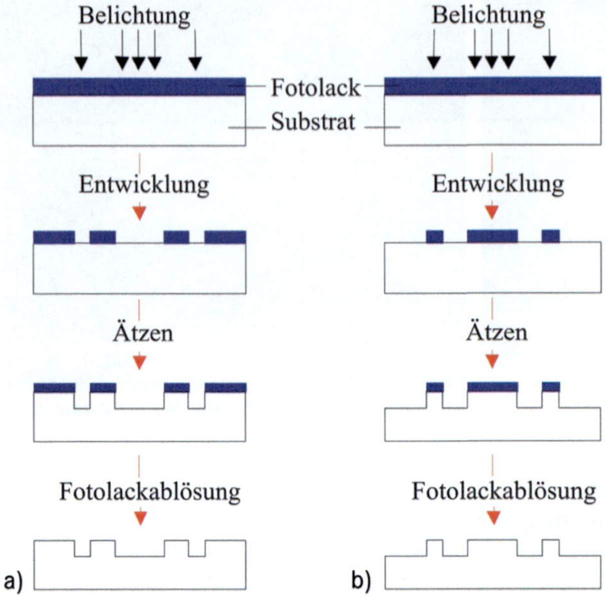

Bild 7.39
Prinzipdarstellung des Lithografieprozesses nach */Fehl2002/*. a) Strukturerzeugung Positivlack, b) Strukturerzeugung Negativlack

Weitgehend durchgesetzt hat sich das Arbeiten auf ebenen Flächen. Die Lackschichten können aber auch auf gekrümmte Träger, wie beispielsweise Linsen oder Fasern, aufgebracht werden.

Als Belichtungsquellen verwendet man unterschiedliche Systeme, die prinzipiell zwei Gruppen zugeordnet werden können. Sehr häufig kommen direktschreibende Laserbelichter und **DUV-Interferenzbelichter** mit gepulster Laserstrahlung zum Einsatz. Bei dem erstgenannten Verfahren werden die computergenerierten Mikrostrukturen mit dem fokussierten Laserstrahl direkt in die Fotolackschichten belichtet. Während der Belichtung wird der Substrattisch entsprechend der Computerdaten unter dem Laserstrahl bewegt und die zu erzeugenden Strukturen im Raster-Scan-Verfahren seriell abgearbeitet.

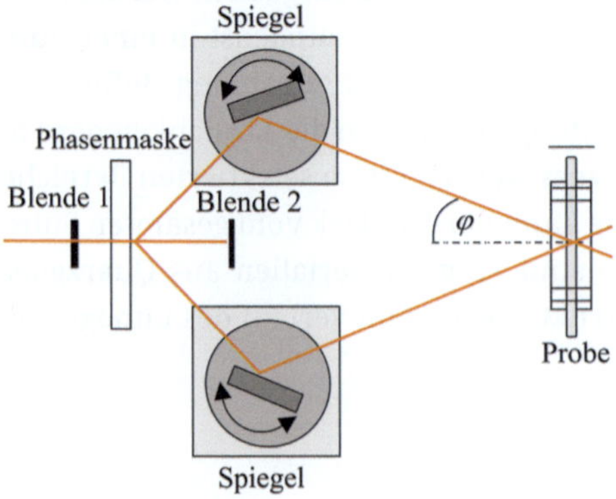

Bild 7.40
Strahlverlauf des Interferenzbelichters nach */Jaue2006/*

Bei dem Interferenzbelichtungsverfahren wird der Laserstrahl an einer **Phasenmaske** in Teilbündel aufgespaltet. Die an der Phasenmaske entstehenden Teilstrahlen (positive und negative erste Beugungsordnung) treffen auf drehbar gelagerte Spiegel und überlagern sich kohärent unter einem Winkel 2φ auf der Probenoberfläche. Die Blende 2 verhindert, dass auch der an der Phasenmaske ungebeugt transmittierte Strahlungsanteil zur Belichtung der Probe beitragen kann. Der Strahlverlauf in der als **Talbot-Interferometer** bezeichneten Anordnung ist in Bild 7.40 dargestellt. */Jaue2006/* Nach dem Belichtungsschritt erfolgt i. Allg. die Entwicklung des Fotolackes. Um eine bessere chemische Resistenz oder gewisse mechanische Eigenschaften des Lackes für nachfolgende Prozessschritte zu gewährleisten, kann ein Temperprozess angeschlossen werden. Exemplarisch zeigt Bild 7.41 einige durch Laserbelichtung erzeugte Strukturen an Glasoberflächen. Bild 7.41 b illustriert eine gekreuzte Belichtung auf Glasplatten mit einer Gitterperiode von 280 nm. Die Lackdicke beträgt 300 nm und der Durchmesser der Lackzylinder 110 nm. In Bild 7.41 c ist die durch einen Interferenzbelichter erzeugte Strukturierung der Stirnfläche einer Lichtleitfaser (Kerndurchmesser 3 µm) zu sehen. Die Periode beträgt 800 nm und die Lackdicke wiederum 300 nm.

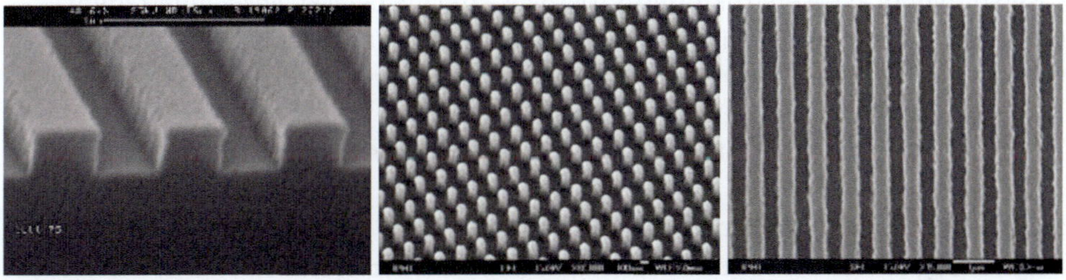

a) b) c)

Bild 7.41 Strukturierungsbeispiele für fotolithografische Prozesse */Jaue2006/*. a) Gitter mit Linienbreiten von 400 nm, b) gekreuzte Belichtung auf Glasplatte, c) Strukturierung einer Lichtleitfaser

Eine interessante Verfahrensmöglichkeit bietet das **Strukturieren aufgetragener Metall- und Lackschichten** mit Laserstrahlung, die für das Glasvolumen transparent ist. Dadurch erreicht man eine hohe Selektivität des Abtrages und kann die Beeinflussung der Gläser auf ein Minimum reduzieren. Das Abtragen kann je nach Anwendungsfall direkt auf der Deckschicht oder aber durch das Glasvolumen hindurch erfolgen.

Bei diesen Technologien werden in einem ersten Schritt metallische Schichten oder Lackschichten auf die Glasoberfläche aufgetragen. In einem zweiten Schritt werden Strukturen durch partielles Abtragen der Schichten erzeugt. Zum Abtragen eignen sich mechanische Verfahren und spezielle Laserverfahren. Als Schichten werden vorwiegend Chrom oder Aluminium aufgedampft oder Schwarzlackschichten aufgespritzt. In der Anwendung des Schwarzlackverfahrens werden Strukturen nach dem Trocknungsprozess des Lackes mit dem Laserstrahl definiert entfernt. Die abgetragenen Lackschichtbereiche werden darauffolgend mit einer metallischen Schicht bedampft. In einem letzten Prozessschritt wird die Lackschicht mit Aceton oder Spiritus entfernt. Diese Verfahren erzeugen typischerweise Strichbreiten zwischen 0,001 mm und 0,1 mm. Sie werden vorwiegend zur Herstellung von Blenden und Figuren in optischen Strahlengängen eingesetzt. Etabliert haben sich auch Laserabtragsverfahren zum direkten Strukturieren dünner metallischer Schichten auf Glasträgern. Im Bild 7.42 sind zwei Beispiele für das Laserabtragsverfahren exemplarisch dargestellt.

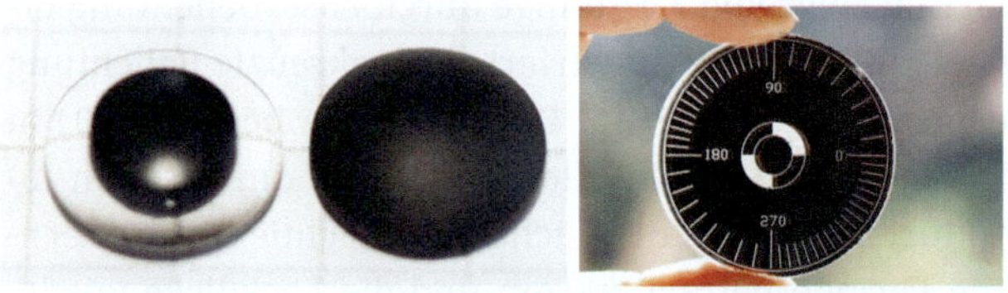

a) b)

Bild 7.42 Erzeugen von Strukturen an beschichteten Glasoberflächen mittels Laserstrahlung. a) Laserstrukturierte Mikrolinse (rechts belackt; links abgetragen), b) direkter Laserabtrag an einer Aluminiumoberfläche auf Glassubstrat

7.1.4 Abtragen und Strukturieren von polymeren Werkstoffen

Die in Kapitel 5 beschriebenen **Abtragsmodelle** lassen sich auch für die Kunststoffbearbeitung anwenden. Für das Abtragen und Strukturieren von Kunststoffen kommen, aufgrund des sehr guten Absorptionsverhaltens, Excimer- und CO_2-Laser und UKP-Laser zum Einsatz. Die Wechselwirkungsmechanismen lassen sich in drei Gruppen unterteilen:

1. Polymerablation,
2. Schmelzabtragen und
3. Abtragen durch Verdampfen.

In der Regel sind die Bearbeitungsverfahren zum Abtragen und Strukturieren Verfahren mit sehr hohen Präzisionsanforderungen oder Hochgeschwindigkeitsprozesse. Aus diesem Grund finden vorwiegend die Scan- oder Maskenverfahren Verwendung.

Bei der **Polymerablation** wird die hohe Photonenenergie von UV-Laserquellen genutzt, um die Polymerketten aufzubrechen. Innerhalb weniger Nanosekunden werden sehr hohe Photonenenergien von etwa 5 eV in die Kunststoffoberfläche eingekoppelt. Durch die geringen Absorptionslängen wird die auftreffende Strahlung vollständig im oberflächennahen Bereich absorbiert. Es kommt dabei zu einem hohen Druckanstieg, sodass die aufgebrochenen Polymerketten sich mit einer hohen kinetischen Energie von der Werkstückoberfläche wegbewegen und teilweise ionisieren. Es reichen bereits Fluenzen von wenigen $J \cdot cm^{-2}$ aus, um die Ablationsschwellen der Kunststoffe zu erreichen. Eine thermische Belastung des Restmateriales bleibt aufgrund der geringen Eindringtiefe nahezu aus, weshalb auch oft von einem sogenannten „kalten Abtrag“ gesprochen wird. Durch die sehr geringen Fokusdurchmesser im kurzen Wellenlängenbereich (193 – 351 nm) können extrem hohe Auflösungen erreicht werden. Ein sehr wichtiges Einsatzgebiet sind lithografische Prozesse (LIGA), die diese hohen Auflösungsvermögen erfordern. In der Anwendung des LIGA-Verfahrens werden Photoresiste auf Silizium- oder Glaswafern strukturiert. Ein Beispiel des Laserstrukturierens mit Excimerlaserstrahlung veranschaulicht Bild 7.43. Hier wurde eine Gitterstruktur in eine mit Photoresist belackte Quarzglasfaserstirnfläche eingebracht */Jaue2006/*.

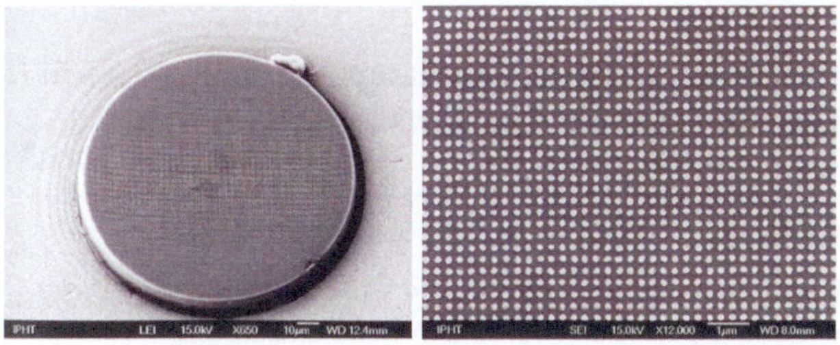

a) b)

Bild 7.43
Gekreuzte Belichtung einer LLF-Stirnfläche */Jaue2006/*. a) Übersicht, b) Ausschnitt aus dem Kernbereich

Für die meisten Abtragsprozesse muss eine Vielzahl von Impulsen von der Kunststoffoberfläche absorbiert werden, um zwei- und dreidimensionale Abtragsstrukturen in den Polymeren zu erzielen. Die wechselwirkenden Volumenanteile werden erwärmt und erreichen nach sehr kurzer Zeit die Verdampfungstemperatur. Der Abtrag erfolgt somit zum überwiegenden Teil durch **Verdampfung**. In Analogie zum vorgestellten Abdampfmodell (vgl. Kapitel 5) werden hohe Abtragsqualitäten realisiert, wenn der Schmelzanteil möglichst gering bzw. nicht vorhanden ist und der Verdampfungsprozess überwiegt. Dies kann bei den Kunststoffmaterialien aufgrund der niedrigen Verdampfungstemperatur und des geringen Wärmeleitvermögens mit gepulster Laserstrahlung und schnellen Scansystemen gut erreicht werden.

7.1.5 Perforieren

Das Laserstrahlperforieren bezeichnet das gezielte Erzeugen regelmäßig angeordneter Bohrungen (sowohl Durchgangs- als auch Sacklochbohrung) in dünnwandige Materialien mittels fokussierter Laserstrahlung. Es stellt eine Sonderform des abtragenden Strukturierens dar, bei der die Mikrostruktur in Form einer periodischen oder individuell definierten Bohrungsmatrix realisiert wird. Ziel ist es, definierte Flächenanteile eines Materials teilweise oder vollständig zu durchdringen, ohne dabei das Werkstück großflächig zu beschädigen.

Das physikalische Prinzip basiert auf dem lokalen Energieeintrag in das Werkstück mittels eines gepulsten oder kontinuierlichen Laserstrahls. Bei ausreichender Intensität I wird die Werkstoffoberfläche lokal bis zur Schmelztemperatur, sehr oft aber bis zur Verdampfungstemperatur aufgeheizt. Um den Perforationsprozess effizient durchführen zu können, wird versucht, eine Bohrungsgeometrie pro Puls zu erzeugen, wodurch sich sehr hohe Bearbeitungsgeschwindigkeiten ergeben. Für diesen Fall der Bohrungsentstehung ist die folgende Bedingung maßgeblich:

$$E_\mathrm{p} = V_\mathrm{Bohr} \cdot s \cdot \rho \cdot (c_p \cdot \Delta T + H_\mathrm{m} + H_\mathrm{v}) \qquad (7.13)$$

E_p Pulsenergie; d Durchmesser Bohrloch; s Werkstückdicke; ρ Dichte des Materials; c_p spezifische Wärmekapazität; ΔT Temperaturdifferenz von Raumtemperatur bis zur Schmelz- bzw. Verdampfungstemperatur; H_m Schmelzenthalpie; H_v Verdampfungsenthalpie

Für Verfahren mit Schmelzabtrag ohne vollständige Verdampfung kann der Term H_v weggelassen oder durch einen Schmelzauswurfkorrekturfaktor ersetzt werden.

Beispielrechnung für Edelstahl

Eine CrNi-Stahlfolie mit Bohrlochdurchmessern von $d = 100\,\mu\mathrm{m}$ und einer Dicke von $s = 100\,\mu\mathrm{m}$ soll durchgängig perforiert werden. Welche Einzelpulsenergie ist erforderlich, um ein entsprechendes Bohrloch zu erzeugen?

Setzt man folgende Materialwerte voraus:

$\rho = 8000\,\mathrm{kg \cdot m^3}$,

$c_p = 500\,\mathrm{J \cdot kg^{-1} \cdot K^{-1}}$,

$\Delta T = 1500\,\mathrm{K}$,

$H_\mathrm{m} = 2 \cdot 10^5\,\mathrm{J \cdot kg^{-1}}$,

$H_\mathrm{v} = 6 \cdot 10^6\,\mathrm{J \cdot kg^{-1}}$,

ergibt sich für E_p nach Formel 7.13 ein Wert von $E_\mathrm{P} = 43{,}6\,\mathrm{mJ}$.

Somit folgt, dass für einen Einzelpulsdurchbruch durch eine 100-µm-dicke CrNi-Stahlfolie mit einem 100-µm-Lochdurchmesser mindestens ca. 44 mJ Pulsenergie notwendig sind. Dieser berechnete Wert bezieht sich auf Idealbedingungen. Berücksichtigt werden muss noch die Kopplungseffizienz (Absorptionsgrad):

$$E_\mathrm{P,real} = \frac{E_\mathrm{P}}{\eta_\mathrm{abs}}$$

η_abs Absorptionsgrad

In Abhängigkeit von der verwendeten Wellenlänge, des Oberflächenzustandes und der Intensität kann der Absorptionsgrad sehr unterschiedlich sein (bspw. in einem Bereich von 0,2 – 0,7).

Der abtragende Prozess beim Perforieren verläuft zumeist mit definierten Pulsfolgen bei Bewegung des Werkstücks und/oder des Laserstrahls. Die Periodizität der Perforation wird durch die zeitliche Taktung und/oder durch ein externes Vorschubsystem gesteuert. Das typische Merkmal des Laserperforierens ist der reproduzierbare Abtrag in der Pulsfolge auch bei kleinem Fokusdurchmesser $d_f < 100$ µm.

Für das Laserstrahlperforieren sind folgende Parameter entscheidend:

- Fokusdurchmesser d_f bestimmt die minimale Lochgröße,
- Pulslänge p_L und Pulsenergie E_P definieren die Abtragscharakteristik (Schmelz- oder Sublimationsabtrag),
- Perforationsrate v_P legt die Anzahl der Löcher pro Sekunde fest,
- Pitch p_p stellt den Abstand der Perforationen zueinander dar,
- Schichtdicke s (bei vollständiger Durchdringung = Durchgangsbohrung).

In der Praxis werden typischerweise Faser- oder gepulste CO_2-Laser eingesetzt. Für Metallfolien sind ns- und ps-Faserlasersysteme mit hoher Wiederholrate (> 100 kHz) üblich, während für polymere Substrate auch langwellige CO_2- oder UV-Laser mit kürzeren Wellenlängen (z. B. 355 nm) angewandt werden, um photothermische oder photochemische Effekte zu nutzen.

In Tabelle 7.3 sind typische Prozessparameter für den Perforationsprozess zusammengestellt.

Tabelle 7.3 Typische Prozessparameter für Perforationsanwendungen

Werkstoff	Laserquelle	Wellenlänge	Pulsdauer	Durchmesser	Perferationsrate	Schichtdicke
PET-Folie	CO_2-Laser	10,6 µm	cw oder ms	100 – 300 µm	> 1000 Hz	< 100 µm
Edelstahlfolie	Faserlaser (ns)	1064 nm	10 – 200 ns	50 – 200 µm	100 – 500 Hz	50 – 500 µm
Al-Folie	Faserlaser (ps)	532/1064 nm	10 – 100 ps	30 – 100 µm	200 – 1000 Hz	20 – 100 µm
Keramiksubstrate	UV-Laser (DPSS)	355 nm	10 – 50 ns	20 – 80 µm	< 100 Hz	< 300 µm

Für höhere Präzisionsanforderungen (Bohrungsdurchmesser < 20 µm) sind Ultrakurzpulslaser notwendig, um den thermische Einfluss zu minimieren.

Ein sehr großes Einsatzgebiet des Abtragens und Strukturierens hat sich mit den **Hochgeschwindigkeitsanwendungen** in der Verpackungsindustrie etablieren können. Die speziellen Laserverfahren werden für folgende drei Aufgabenschwerpunkte eingesetzt:

1. gezielte Mikroschwächung von Verpackungen als Aufreißhilfe,
2. Perforation von Folien und stärkeren Kunststoffmaterialien und
3. Ritzen und Schneiden von Verpackungsmaterialien.

Verpackungsfolien sind i. d. R. Multilayerstrukturen, die aus mehreren übereinanderliegenden Folien mit einer Einzeldicke von einigen 10 µm aufgebaut werden. Diese Schichten bestehen aus verschiedenen Materialien mit jeweils unterschiedlichen Funktionen. Bei der Anwendung des **Mikroschwächens** kann die selektive Wirkung des Laserstrahles ausgenutzt werden. Die einzelnen Folienschichten besitzen für die gewählte Laserwellenlänge unterschiedliche Eigenschaften (Transmission, Absorption). Damit wird es möglich, dass der Laserstrahl die mechanisch tragenden Folienlagen selektiv schwächt, ohne die Funktionalität der anderen Schichten (Licht- oder Feuchtigkeitsdichte) zu beeinträchtigen. Die Perforation von Folien der Verpackungs- und Lebensmittelindustrie lässt sich für die Verlängerung von Frische und Qualität verderblicher Waren einsetzen. Sind die perforierten Lochdurchmesser entsprechend klein, wird die Durchlässigkeit für Feuchtigkeit blockiert, aber gleichzeitig der Austausch von Luft noch gewährleistet. Die eingesetzte Bohrtechnik zeichnet sich durch kleine Löcher aus, welche zudem durch einen Mikroschmelzrand einreißgesichert sind. Typische Bohrungsdurchmesser dieser Mikrolöcher betragen je nach Anwendung zwischen 50 und 130 µm. */Rohd2011/*

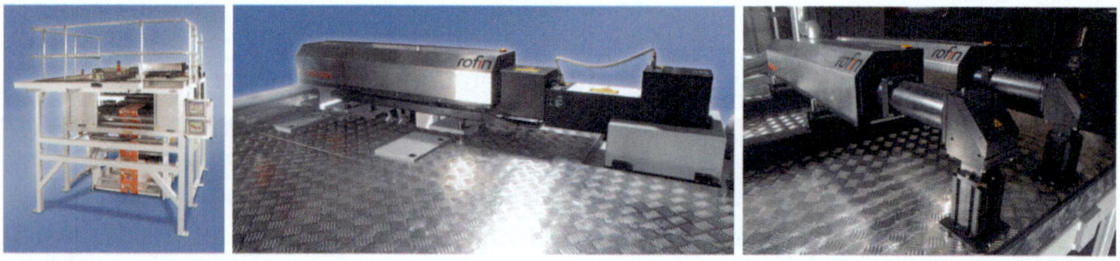

a) b) c)

Bild 7.44 Folientransportsystem */Rofin2012-1/*. a) Gesamtansicht, b) Resonatorausgang, c) parallele Strahlanordnung

Die Anwendungen der Verpackungsmittelindustrie verlangen enorme Prozessgeschwindigkeiten, die eine direkte Integration der Lasertechnik in automatisierte Folientransportsysteme (Wickelmaschinen) erfordern. Bild 7.44 veranschaulicht exemplarisch eine Systemintegration. Sie gestattet, die Laserquelle oberhalb der Folientransporteinheit anzuordnen. Eine Strahlführung lenkt den Laserstrahl relativ einfach in das Bearbeitungsfeld. Sehr anspruchsvoll hingegen ist die Synchronisation der Lasereinheit mit den hohen Bandgeschwindigkeiten der Folienbewegung. Die Folienstrukturierung erfolgt im On-the-fly-Modus. Mit der eingesetzten Lasersteuerung müssen nicht nur die zu erzeugenden Laserstrukturen zu den Bandgeschwindigkeiten (bis zu 800 $m \cdot min^{-1}$) synchronisiert, sondern auch auf Änderungen der Bandgeschwindigkeiten im Prozess online reagiert werden. Eingesetzt werden typischerweise scannende Systeme oder feststehende Optiken (vgl. Bild 7.44 b und c), die an unterschiedliche Aufgabenstellungen angepasst sind. Meist werden mehrere Laserquellen und Abbildungsoptiken an einer Transferlinie eingesetzt, um simultan zu arbeiten. In Tabelle 7.4 sind verschiedene prinzipielle Anordnungsmöglichkeiten dargestellt */Rofin2012-1/*.

Tabelle 7.4 Anordnungsvarianten für das Strukturieren während der Bandbearbeitung */Rofin2012-1/*

Anwendung	Bearbeiten in Bahnrichtung	Bearbeiten quer zur Bahnrichtung	Bearbeitung in und quer zur Bahnrichtung	Bearbeitung dicker Materialverbunde
	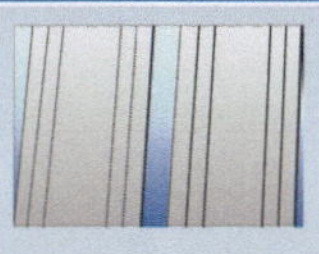	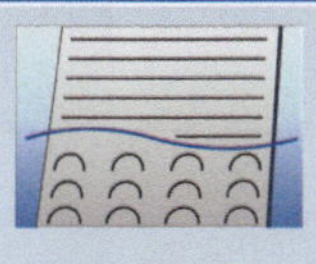	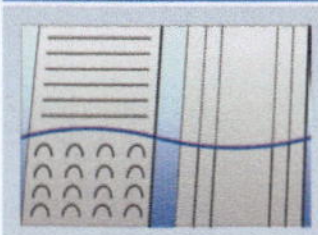	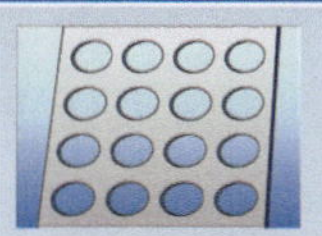
Strahlführung/ -formung	Bearbeitungskopf	Scansystem	Scansystem	Scansystem
Laserleistungen [W]	100 - 600	100 - 600	100 - 600	1000 - 2500
Bahngeschwindigkeit [$m \cdot min^{-1}$] (materialabhängig)	700	600	600	600

Die Verfahren unterscheiden sich nach der Anordnung längs oder quer zur Bahnbewegung, der Flexibilität hinsichtlich der Bearbeitungskontur und dem zu realisierenden Verfahren (Ritzen, Perforieren und/oder Schneiden). Überwiegend werden für diese Anwendungen CO_2-Laser eingesetzt. Entsprechend der genannten Verfahren und des zu bearbeitenden Materials sind Laserleistungen in einem Bereich von 100 – 600 W erforderlich. Zum Schneiden von stärkeren Verpackungsmaterialien können auch Systeme bis zu einer maximalen Leistung von 2500 W zum Einsatz kommen. Aufgrund der unterschiedlichen Absorptionsmaxima der verschiedenen Kunststoffmaterialien wählt man für bestimmte Polymere auch andere Wellenlängen als die typische mit 10,6 µm aus (bspw. 10,25 und 9,35 µm). Polypropylen kann z. B. mit einer Wellenlänge von λ = 10,25 µm deutlich effizienter bearbeitet werden.

Strukturierungen während der Bandbewegung führen infolge der Überlagerung der Bandbewegung ohne Kompensationsmaßnahmen zu einer richtungsabhängigen Skalierung der Geometrie. Mikrobohrungen weisen in diesem Fall elliptische Formen auf (vgl. Tabelle 7.5). Eingesetzte Systeme und Algorithmen erlauben die Kompensation der überlagerten Bandbewegung und führen so letztendlich zu kreisförmigen Mikrobohrungen. Die in Tabelle 9.12 gezeigten Ergebnisse lassen sich mit einer sogenannten WMC-Technologie (Web Movement Compensation) erzielen, wobei ein Regelbereich zwischen 0 und 380 m·min^{-1} sicher gewährleistet werden kann */Rohd2011/*. In Bild 7.45 sind exemplarisch zwei Perforationsergebnisse dargestellt. Neben den vielfältigen Anwendungen der Aufreißhilfen (Bild a) werden die Perforationsverfahren auch für sehr spezielle Lösungen eingesetzt, die die Vorteile der Lasertechnik ideal nutzen. Bild b illustriert das Perforieren eines Dampfventils für Mikrowellenverpackungen.

Tabelle 7.5 Lochgeometrien in Abhängigkeit von der Bahngeschwindigkeit. oben – ohne Regelung, unten – mit Regelung */Rofin2012-1/*

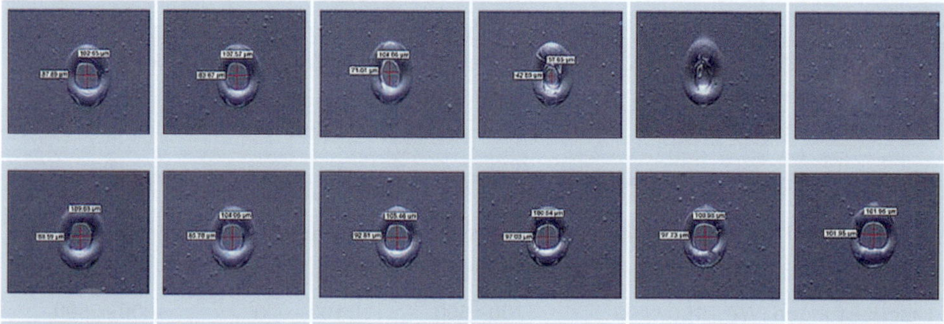

10 m·min^{-1}	50 m·min^{-1}	100 m·min^{-1}	150 m·min^{-1}	200 m·min^{-1}	250 m·min^{-1}

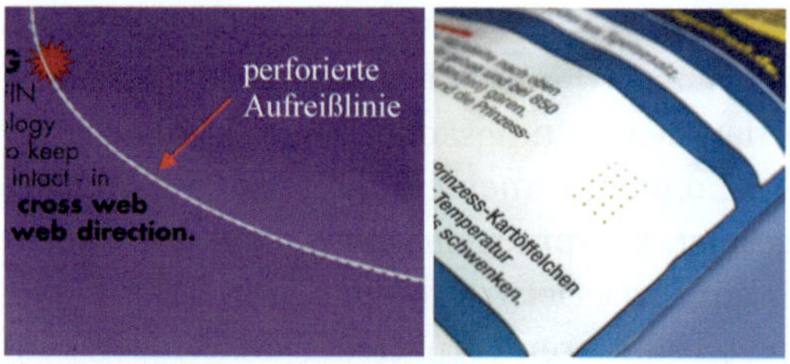

a) b)

Bild 7.45
Perforationsbeispiele */Rofin2012-1/*.
a) Aufreißhilfe, b) Dampfventil

Mit der Lasertechnologie werden Anwendungen möglich, die mit anderen Verfahren und Technologien nicht ausführbar wären, wie das folgende Beispiel zeigt. Das Grundprinzip beruht auf einer sensorischen Erfassung von geschwächter Laserstrahlung. Übersteigt diese einen festgelegten Schwellwert, wird der Laserprozess beendet. Diese Methode wendet man für **definierte Tiefenschnitte** oder **Mikroperforation** zur Erzeugung von Sollbruchstellen für den integrierten Airbag an (siehe Bild 7.46) */Preu2000/*.

Bild 7.46 b veranschaulicht schematisch das Beispiel einer Sollbruchstelle. Der Laserstrahl dringt von der Trägerschichtseite in den Verbund ein und schwächt das Material bis zu einer Restwandstärke in der Deckschicht. Von der Rückseite der Deckschicht (Fahrgastinnenraum) sind die Mikrobohrungen nicht zu sehen. Die erforderliche Restwandstärke wird in erster Linie durch das Material und die Öffnungskraft des Airbags bestimmt. Sehr genau kann diese über den integrierten Sensor sowie den Regelkreis zur Lasersteuerung im Prozess eingestellt werden. Der Schwellwert zum Beenden des Perforationsvorganges wird so angepasst, dass der Laserstrahl die Deckschicht nicht vollständig durchtrennt. Bild 7.46 a illustriert die Anordnung Bearbeitungskopf, Werkstück und Sensoreinheit.

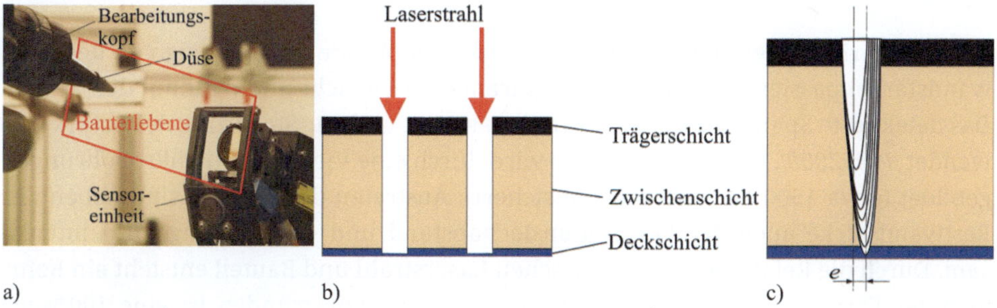

Bild 7.46 Prinzipdarstellung der Airbagmikroperforation */Jenoptik2011-2/*. a) Bearbeitungsanordnung, b) Prinzip Sollbruchstelle, c) Bohrungsgeometrie

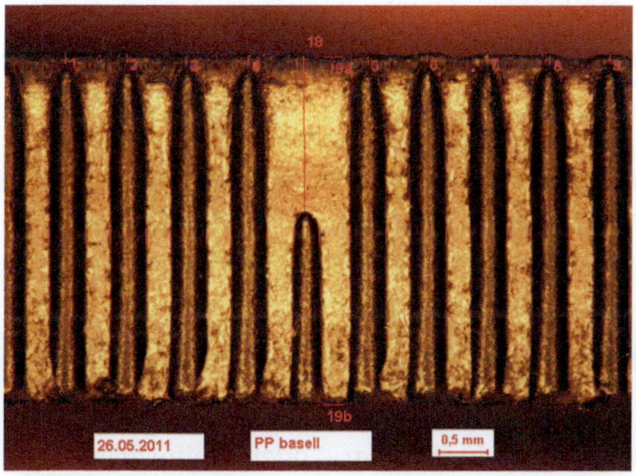

Bild 7.47
Querschnitt einer Airbagperforation, Materialdicke: 3,5 mm
/Jenoptik2011-2/

Bohrung	Restwandstärke [mm]
1	0,119
2	0,091
3	0,100
4	0,109
18	1,587

Bohrung	Restwandstärke [mm]
5	0,109
6	0,091
7	0,119
8	0,100
9	0,082

Ein sehr geringer Teil der Laserstrahlung (die Amplitude ist abhängig von der Restwandstärke) passiert aber die teiltransparente Deckschicht und trifft auf den Sensor. Das detektierte Spannungssignal wird ausgewertet und zur Steuerung des Lasers verwendet */Preu2000/*. Die Sollbruchstelle wird durch eine Vielzahl von Mikrobohrungen gebildet (etwa 1500 Löcher). Für ein sicheres Austreten des Airbags sind neben der Restwandstärke auch der Perforationslochabstand und die Bohrungsform interessant. Durch die Relativbewegung zwischen Laserstrahl und Bauteil entsteht ein Bohrloch der Form wie in Bild 7.46 c gezeigt. Aus Sicherheitsgründen ist eine 100 %-ige Kontrolle erforderlich, d. h., zu jedem einzelnen Perforationsloch lässt sich eine qualitative Aussage treffen. Bild 7.47 veranschaulicht einen Querschnittsauszug einer Perforationslinie und verdeutlicht die engen erreichbaren Toleranzwerte der Restwandstärke (das Bohrloch 18 stellt eine Kontrollbohrung dar).

Ein wichtiges Verfahren zur Erzeugung optischer Oberflächen mit Rauigkeiten im Bereich von $R_q = 1$ nm ist das Polieren, bei dem bisher in der Regel Suspensionen mit Polierkorn (Ceroxid, Aluminiumoxid oder Diamant) verwendet werden, wobei neue Ansätze auf Polierverfahren mit gebundenem Korn basieren. Ein spezielles Verfahren, das additiv hergestellte Ceriumoxid-Polierfolien nutzt, bei denen die Polierkörner in einer Polymermatrix gebunden sind, eröffnet folgende entscheidende Vorteile */Schul 2024/*:

- konstante Körnerkonzentration: keine Schwankungen im Vergleich zu Poliersuspensionen,
- Werkzeuggeometrie: flexible Formgebung für planare oder freiformgeformte Oberflächen,
- Prozessstabilität: reproduzierbares Polierverhalten,
- Einsatz ohne Poliersuspension: als Medium zur Abführung der Reibungswärme und der abgetragenen Partikel genügt ein Wasser-Additiv-Gemisch.

Um die Polierfolien mit einer Dicke von ca. 1 mm als Poliermittelträger einsetzen zu können, werden diese mit einem Laserstrahl strukturiert und im Anschluss getrennt. Die Flexibilität des Verfahrens ermöglicht eine sehr individuelle Formgestaltung und Designfreiheit des Perforationsmusters. In Bild 7.48 ist exemplarisch eine oft in der Feinoptik verwendete blütenartige Form mit einer quadratischen Perforationsstruktur von 1 mm × 1 mm dargestellt.

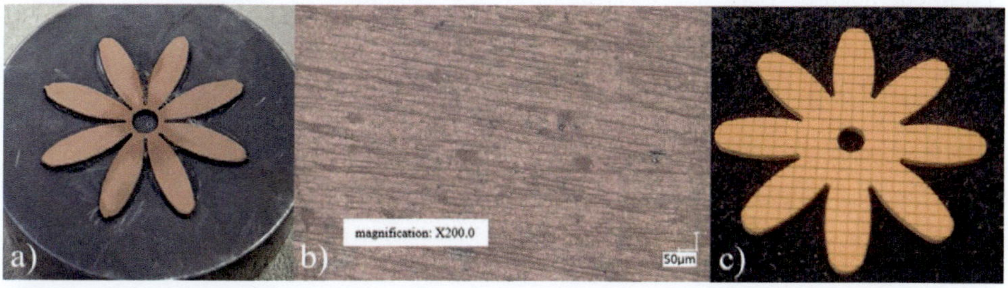

Bild 7.48 Perforieren und Trennen von Poliermittelträgern. a) Polierwerkzeug mit Polierfolie, b) Vergrößerung der strukturierten Polierfolie, c) getrennte und strukturierte Polierfolie

Für diese Strukturierungsaufgabe kommt ein kurzgepulster Faserlaser mit einer Wellenlänge von $\lambda = 1064$ nm zum Einsatz. Mit den gewählten Parametern der Tabelle 7.6 lassen sich hohe Aspektverhältnisse (Spurtiefe zu Spurbreite) von nahezu 100 erzielen. Die leichten Schwankungen der Strukturtiefe (siehe Bild 7.49) haben für den Polierprozess keine Auswirkungen.

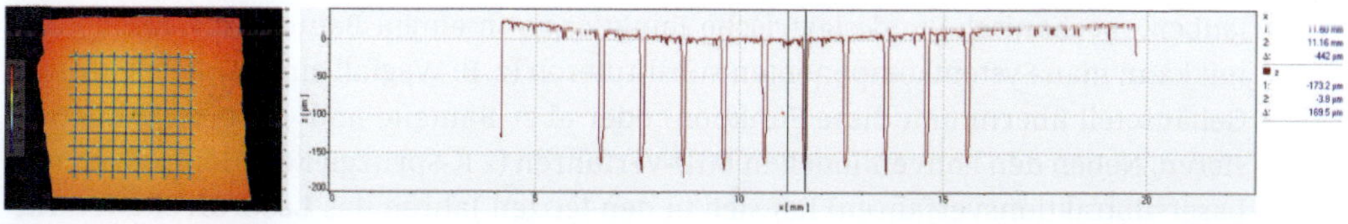

a) b)

Bild 7.49 Weißlichtinterferometrische Untersuchungen des Strukturierungsbeispiels (Raster: 1 mm × 1 mm). a) Draufsicht auf das Strukturierungsfeld, b) Darstellung der Strukturtiefe und -breite

In Tabelle 7.6 sind wichtige Prozessparameter des Lasertrahlstrukturierens und -trennens des Poliermittelträgers aus Bild 7.49 zusammengefasst. Hierfür werden dynamische Scannersysteme, die Perforationsgeschwindigkeiten bis zu 10 m·s^{-1} erreichen, angewandt (siehe auch Kapitel 6).

Tabelle 7.6 Ausgewählte Prozessparameter für das Laserstrahlstrukturieren und -trennen von polymeren Folien versetzt mit Ceroxidpartikeln (Partikelgröße (d50): 2 µm)

Prozessparameter	Wert
Laserleistung [W]	20
Pulslänge [ns]	250
Pulswiederholrate [kHz]	65
Brennweite [mm]	254
Fokusdurchmesser [µm]	65
Scangeschwindigkeit [$mm \cdot s^{-1}$]	100
Prozesszeit Strukturieren [s]	62
Prozesszeit Trennen [s]	8,8

7.1.6 Erzeugung von Strukturen zum gezielten Funktionalisieren von Oberflächen

Das Laserstrahlstrukturieren kann auch für ein speziell entwickeltes MID-Verfahren vorteilhaft eingesetzt werden. Unter MID (Molded Interconnect Devices) versteht man mechanisch-elektronische Komponenten, bei denen die metallischen Leiterbahnen auf spritzgegossene oder heißgeprägte Kunststoffbauteile direkt aufgetragen sind. Diese innovative Technologie bietet sehr gute Designmöglichkeiten, die es erlauben, mechanische und elektrische Funktionen in einem Bauteil zu vereinen. Damit kann man Systemkomponenten substituieren (z. B. Wegfall einer Leiterplatte, das Gehäuseteil übernimmt diese Funktion) oder aber Bauteile und -gruppen miniaturisieren. Neben den konventionellen MID-Verfahren (2 K-Spritzgießen, Heißprägen und Lasersubtraktionsverfahren) hat sich in den letzten Jahren das **Laserdirektstrukturieren (LDS)** sehr stark etabliert. Diese moderne Technologie basiert auf einem vierstufigen Prozess, den Tabelle 7.7 veranschaulicht. Die Grundkörper werden in einem ersten Schritt im Spritzgussverfahren hergestellt. Zur Anwendung kommen thermoplastische Kunststoffe, denen ein laseraktivierbares Additiv beigemischt ist. Der eigentliche Laserprozess erfolgt in Stufe 2. Mithilfe eines schnellbewegten IR-Laserstrahles wird die oberste Polymerschicht verdampft und die aktivierbaren Metallkeime (Additive) freigelegt. Die erzeugte Struktur erfährt gleichzeitig eine Aufrauung, die den anschließenden Metallisierungsprozess begünstigt. Dieser selektive Laserprozess muss in der Parameterwahl so angepasst werden, dass der Polymerabtrag in der Tiefe begrenzt wird und gleichzeitig genügend Metallkeime aktiviert werden. Um einen ausreichenden Kontrast zu erzielen, sollte der Scanwinkel 65° zum Einfallslot nicht überschreiten. */LPKF2011-3/*, */LPKF2025/*

Tabelle 7.7 Prozessstufen des LDS-MID © LPKF Laser & Electronics SE /*LPKF2011-2*/, /*LPKF2025*/

Kunststoffspritzgießen ▪ Herstellen des Spritzgussbauteils aus einem LDS-additiviertem thermoplastischen Kunststoff (z. B. PA6/6T; PBT; LCP; PC/ABS)		
Laserdirektstrukturieren ▪ Laserstrahlscannen der Leiterbahnstrukturen ▪ partielles Verdampfen des Polymers ▪ Aktivieren der Metallkeime		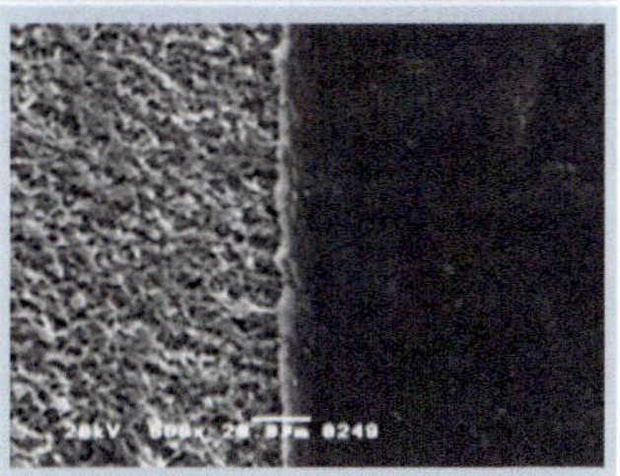
Metallisieren der Leiterbahnen ▪ stromloses Metallisierungsbad ▪ Schichtfolge: Kupfer, Nickel und Goldfinish		
Aufbau- und Verbindungstechnik ▪ Bestückung der Leitungsträger mit elektronischen Bauelementen (SMD-Technik) ▪ bleifreies Löten, Kleben oder Drahtbonden		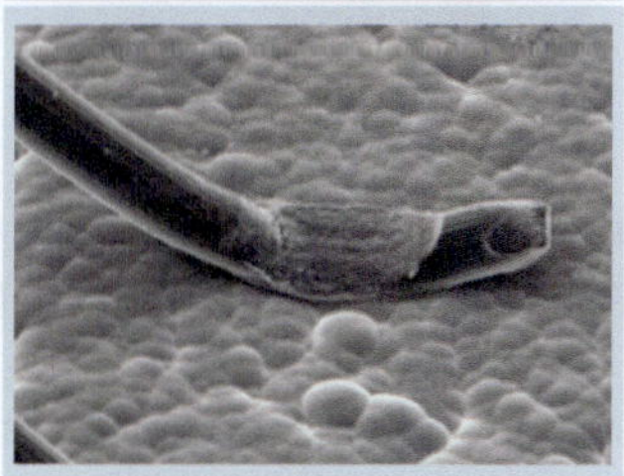

Die aktivierten Strukturen bilden die Grundlage für den nachfolgenden Metallisierungsprozess. Die erste leitende Schicht aus Kupfer wird durch einen chemischen Galvanisierungsprozess stromlos mit typischen Schichtdicken von 8 µm abgeschieden. Daran schließt sich das Abscheiden einer Nickel-/Phosphorschicht mit Schichtdicken von 3 – 10 µm an. Um den Aufbau- und Verbindungsprozess zu unterstützen, finden sehr oft dünne Goldschichten von etwa 0,08 – 0,12 µm als Schichtabschluss Verwendung. Der finale Prozessschritt (Stufe 4) beinhaltet das Bestücken und Kontaktieren der elektrischen Bauelemente auf dem dreidimensionalen Leitungsträger. Es können verschiedene SMD-Verbindungstechniken (Surface Mounted Devices) zur Anwendung gelangen, so bspw. das bleifreie Löten, das Kleben oder das Drahtbonden. Die minimalen Strukturierungsbreiten hängen maßgeblich vom verwendeten Fokusdurchmesser ab. Standardmäßig werden mit einem Fokusdurchmesser von $2d_f = 65\,\mu m$ minimale Leiterbahnenbreiten von 150 µm und Bahnabstände von 200 µm erreicht. Auch für diese Anwendung können Faserlaser (vgl. Kapitel 3) zum Einsatz kommen. Aufgrund der hohen Strahlqualitäten und erreichbaren Fokusparameter dieser Laser werden minimale Strukturbreiten von 80 µm möglich.

Eine Voraussetzung für die Herstellung homogener Leiterbahnenstrukturen im Prozess ist die gleichmäßig verteilte Konzentration des metalloxidhaltigen Additivs im thermoplastischen Grundmaterial. Es ist eine Reihe von Kunststoffmaterialien verfügbar, die u. a. diese Voraussetzung beim Compoundieren gut erfüllen. Neben Pocan (PBT und PET), zählen PA6/6T (teilaromatisches Polyamid auf der Basis von Ultramid), vernetzbares PBT (Polybutylenterephthalat), LCP (Liquid Crystal Polymer) und ein Blend aus PC/ABS zu den Standardmaterialien. */LPKF2011-3/*

Bild 7.50 zeigt einige Anwendungsbeispiele, die das hohe Potenzial dieser Lasertechnologie veranschaulichen. Wichtige Anwendungsfelder zielen auf die Bereiche Automotiv, Informations- und Kommunikationstechnik sowie Medizintechnik ab.

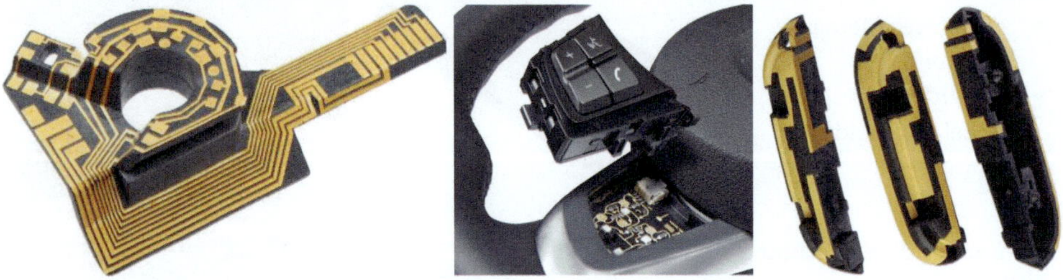

a) b) c)

Bild 7.50 LDS-MID Beispiele © LPKF Laser & Electronics SE */LPKF2011-2/*. a) Conti Radarsensor, b) Lenkradschalter, c) Handyantennen

Mit der beschriebenen Technologie lassen sich dreidimensionale Schaltungsträger in einer verkürzten Prozesskette und äußerst flexibel herstellen. Das LDS-Verfahren eröffnet im Vergleich zu anderen MID-Technologien auch die Möglichkeit des Rapid Prototypings, d. h. Stückzahlen von „eins" wirtschaftlich herzustellen. Dieser speziellen Anwendung liegt die Idee zugrunde, eine direkte Laserstrukturierung auf generativ erzeugten Prototypen vorzunehmen. Ausgangspunkt sind 3D-Kunststoffteile, die mit den in Kapitel 10 beschriebenen additiven Verfahren hergestellt werden können. Um die laseraktivierbaren Additive für den Prozess bereitzustellen, wird ein spezieller Lack von etwa 30 – 40 µm Schichtdicke auf die Kunststoffoberfläche aufgetragen. Die restlichen Prozessschritte erfolgen in Analogie zum vorstehend beschriebenen

Prozess des Serienteiles. Der Metallisierungsprozess ist für diese flexible Form der Bauteilstrukturierung vereinfacht und angepasst. Die erreichbaren Schichthaftungen der so erzeugten Leiterbahnen liegen bei ähnlichen Abzugskräften wie die der LDS-Kunststoffbauteile */LPKF2011-3/*.

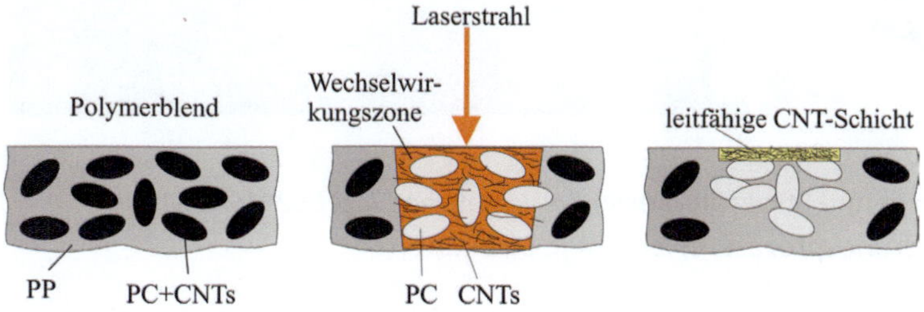

Bild 7.51 Prinzipdarstellung der CNT-Aktivierung nach */Carbo2010/*

In der Entwicklung befinden sich weitere Verfahren, um elektrische Leitfähigkeiten an Kunststoffoberflächen zu erzielen. Eine spezielle Methode ist das LCA-Verfahren (Laser-Carbo-Aktiv). Es findet hier eine Leitfähigkeitsaktivierung von Kunststoffformteilen aus CNT-haltigen Polymerblends (CNT – Carbo Nano Tubes) statt. Diese mehrphasigen Polymerblends enthalten Matrix-disperse Phasen. Das sind Strukturen, in denen die CNTs in einer dispersen Phase (Depots) lokalisiert sind (vgl. Bild 7.51). Mit einem fokussierten Laserstrahl wird die Oberfläche eines nichtleitfähigen Kunststoffteils gescannt, um so eine ortsaufgelöste Modifikation der elektrischen Leitfähigkeit zu erreichen. Es wird angenommen, dass durch die thermische Wirkung des Laserstrahles die CNTs aus den Depots herausgelöst werden und sich an der Oberfläche zu einer leitfähigen Struktur verbinden. Die Leitfähigkeit wird letztendlich durch Ausbildung eines Perkolationsnetzwerkes erzeugt, wobei die elektrische Leitung zwischen benachbarten Nanotubes (zwischen denen sich Polymerketten befinden) über Hopping- oder Tunneling-Effekte erfolgt. Daher ist die elektrische Leitfähigkeit in derartigen Kompositen stets geringer als für die reinen leitfähigen Materialien (Maximum für CNT-Gehalte < 5 Ma % etwa 0,1 $S \cdot m^{-1}$). Im Bild 7.52 ist der Prozess der Strukturierung dargestellt. Eingesetzt werden Laserstrahlungsquellen im IR-Bereich, die mit einer Laserscaneinheit gekoppelt sind. Durch die relativ geringen erforderlichen Laserleistungen sind für den Strukturierungsprozess hohe Scangeschwindigkeiten umsetzbar. Allerdings sind die erreichbaren Leitfähigkeiten geringer als bei metallischen Strukturen. Die Einsatzgebiete sind vorwiegend im Bereich der Sensorik und der Beleuchtung (LED) zu sehen.

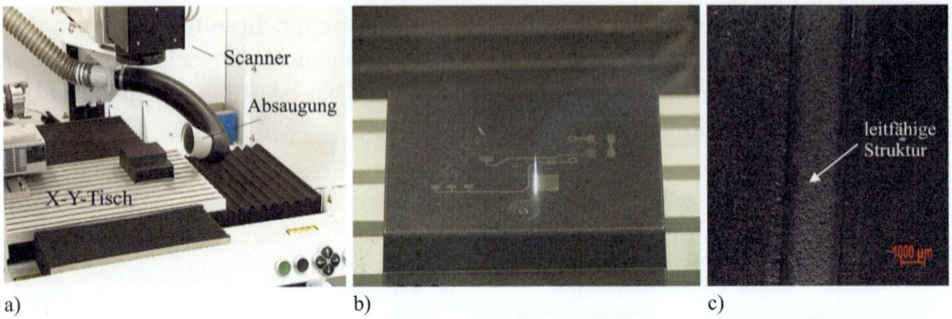

Bild 7.52 Lasersystem und Strukturen des LCA-Verfahrens */Carbo2010/*. a) Lasersystem, b) Strukturierungsprozess, c) leitfähige Strukturen

Das **LSA-Verfahren (Laser Selective Activation)** stellt eine neuartige Technologie zur Strukturierung funktionaler Oberflächen dar. Im Unterschied zu etablierten laserbasierten Verfahren wie dem LDS (Laser Direct Structuring), bei dem metallorganische Additive bereits in der Kunststoffmatrix eingebettet sind, verfolgt das LSA-Konzept einen prozesstechnisch entkoppelten Ansatz. Dabei wird die Laserbearbeitung unabhängig von dem Vorhandensein von Additiven in der Kunststoffmatrix durchgeführt. */EP2906025 (B1)/*

Die technologische Grundidee besteht in der gezielten Bestrahlung der Substratoberfläche mit kurzen oder ultrakurzen Laserpulsen. Die Laserenergie wechselwirkt an der Substratoberfläche und modifiziert dort gezielt chemisch-physikalische Eigenschaften, die eine spätere selektive Keimbildung durch einen Katalysator und eine anschließende chemische Verkupferung ermöglichen. Im LSA-Verfahren wird dieser Prozess in drei diskrete Schritte aufgeteilt, die in Bild 7.53 zusammengefasst sind:

- laserinduzierte Aktivierung der Kunststoffoberfläche durch gepulste Strahlung,
- chemische Bekeimung mittels $PdCl_2$-Lösung (Palladium als Katalysator),
- außenstromlose Metallisierung durch selektives Kupferwachstum in den aktivierten Bereichen.

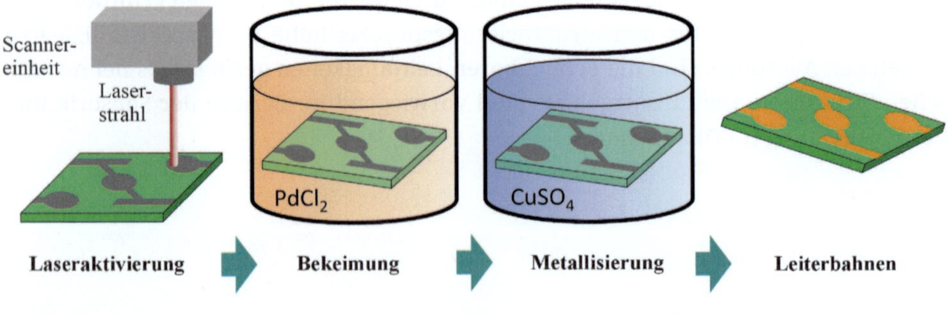

Bild 7.53 Prozessschritte des LSA-Verfahrens (laserbasierte Aktivierung von Kunststoffoberflächen) nach */EP2906025 (B1)/*, */Seil2022/*

Das Verfahren zielt darauf ab, elektrisch leitfähige Mikrostrukturen mit hoher Ortsauflösung auf Polymeroberflächen zu erzeugen, etwa für den Einsatz in der Mikroelektronik, Sensorik oder im Bereich der Aufbau- und Verbindungstechnik (AVT).

Die zentrale Voraussetzung für die selektive Metallisierung im LSA-Verfahren ist die gezielte Laseraktivierung der Polymeroberfläche, durch die chemisch aktivierte Zonen für die nachfolgende chemische Palladiumabscheidung geschaffen werden. Dabei erfolgt die Strukturierung durch Ultrakurzpulslaser (typischerweise Pikosekundenpulse), die aufgrund ihrer kurzen Pulsdauer nicht-thermische Materialmodifikationen ermöglichen und eine hohe räumliche Präzision mit minimalem thermischen Einflussbereich (WEZ) bieten.

Die Wechselwirkung der Laserpulse mit der polymeren Oberfläche beruht primär auf:

- Bildung lokaler Defektstrukturen und Mikro-/Nanotopografien,
- Oxidation oder Carbonisierung von Polymerketten, insbesondere bei PBT und LCP,
- lokaler Erhöhung der Sauerstofffunktionalisierung zur Steigerung der Benetzbarkeit und der chemischen Affinität gegenüber Pd^{2+}-Ionen.

Die entstehende Oberflächenstruktur zeigt in der Analyse eine Mikrorauheit im Bereich von 100 nm bis wenigen µm. Zudem entstehen durch die Laserbestrahlung chemisch aktive Gruppen wie Carbonyl- (C=O), Hydroxyl- (-OH) oder Carboxylgruppen (-COOH), welche als Reduktionsmittel für Pd-Ionen fungieren können.

Die Qualität und Effizienz der Aktivierung hängt wesentlich von folgenden Laserparametern ab:

- Pulslänge: Pikosekundenbereich (1 – 20 ps),
- Pulsenergie: typ. 1 – 20 µJ,
- Wellenlänge: meist 532 nm oder 1064 nm,
- Pulsüberlappung (durch Puls- und Linienabstand): entscheidend für Keimdichte,
- Scangeschwindigkeit und Repetitionsrate: beeinflussen Wärmeeintrag und Strukturhomogenität.

Seiler et al. wiesen experimentell nach, dass der Metallauftrag unmittelbar von der kumulierten Laserfluenz abhängt. Dies erlaubt die präzise Anpassung der Schichthomogenität, Strukturbreiten und Leitfähigkeit durch parametrisierte Laserscans hinsichtlich Pulsenergie, Scanabstand und Pulsfrequenz. */Seil2022/*

Die resultierende Modifikation der Oberfläche bewirkt eine lokal selektive Adsorption von Pd-Ionen im nachfolgenden chemischen Schritt. Je nach Überlappungsgrad der Pulse können dabei punktuelle, linienförmige oder flächige Aktivierungszonen realisiert werden (vgl. Bild 7.54).

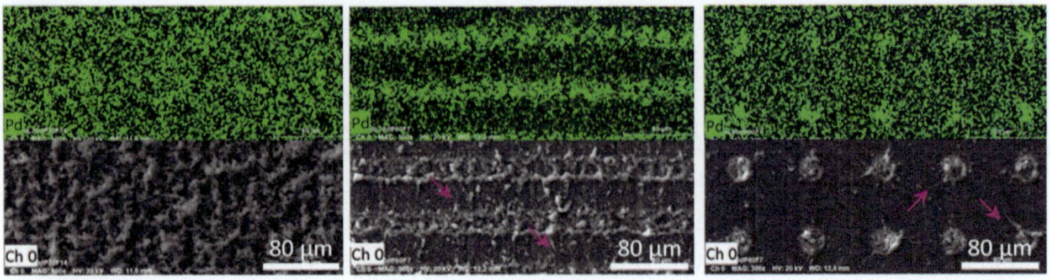

a) b) c)

Bild 7.54 REM-Aufnahmen laserstrukturierter Kunststoffproben (PBT). a) homogene Pd-Bekeimung mit optimaler (überlappend) Wahl von d_p und d_l, b) lineare Pd-Abscheidung entlang von Laserbahnen mit großem Linienabstand d_l, c) punktuelle Aktivierung an einer Pulsfolge Abstände d_p und d_l groß gewählt) nach */Seil2022/*

Eine optimal gewählte Pulsüberlappung ist entscheidend für den Prozess, um eine gleichmäßige Pd-Anlagerung zu erreichen und damit eine geschlossene, gleichmäßig wachsende Metallschicht im dritten Prozessschritt zu ermöglichen.

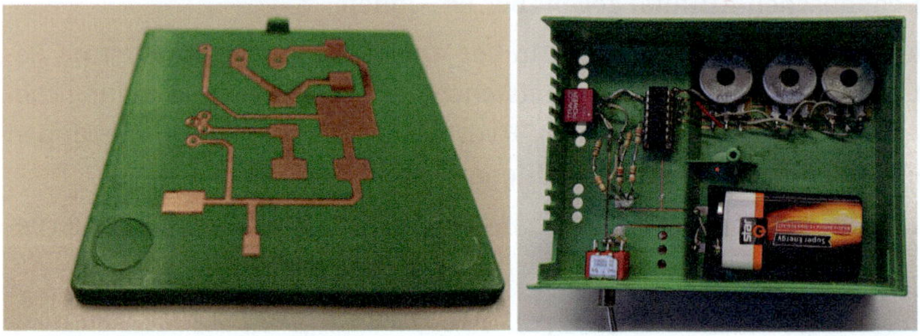

a) b)

Bild 7.55 Anwendungsbeispiele des LSA-Verfahrens. a) elektrisch leitfähige Leiterbahnstrukturen auf einer spritzgegossenen PBT-Oberfläche, b) dynamische LED-Steuerung mit Gehäuseintegration

Bild 7.55 zeigt exemplarisch zwei Anwendungsbeispiele für das LSA-Verfahren. Die aufgebrachten leitfähigen Leiterbahnstrukturen auf einer spritzgegossenen PBT-Oberfläche in Bild 7.55 a zeichnen sich durch eine sehr hohe Haftfestigkeit zwischen Metallisierung und Basismaterial aus und stellen damit eine wichtige Voraussetzung für die Langzeitstabilität mechatronischer Systeme dar. Die Demonstratoranwendung einer dynamischen LED-Steuerung in Bild 7.55 b verdeutlicht das Potenzial zur vollständigen Integration dieser MID-Technologie in angepasste Gehäuseformen.

Das LSA-Verfahren gilt damit als vielversprechende Technologie, die eine wichtige Ergänzung oder Alternative zu etablierten Verfahren wie der Laserdirektstrukturierung (LDS) bietet. Durch die Kombination der Vorteile ultrakurzer Laserpulse mit hoher Gestaltungsfreiheit und breiter Materialkompatibilität ergibt sich ein weites Spektrum insbesondere für moderne Elektronik-, Sensor- und MID-Anwendungen.

Aktuelle Forschungsvorhaben zielen auf die Übertragung des Verfahrens auf flexible Substrate und Wearables ab, wodurch sich neue Einsatzfelder im Bereich tragbarer Elektronik, Smart Textiles und biointegrierter Systeme erschließen lassen. */Blie2024/*

7.1.7 Rückseitenablation

Die **Rückseitenablation** (engl.: Back-side Ablation) ist ein Verfahren zum Materialabtrag, bei dem der Laserstrahl durch das Werkstück transmittieren kann. Dieses Vorgehen kommt insbesondere dann zum Einsatz, wenn die direkte Oberflächenbearbeitung aus prozesstechnischen oder funktionalen Gründen vermieden werden soll, beispielsweise zum Schutz von Oberflächen, zur Erzeugung von Hohlräumen unter der Materialoberfläche oder zur lokalen Materialentfernung in schwer zugänglichen Bereichen */Lei2016/*, */Zimm2008/*.

Die Rückseitenablation ist erfolgversprechend bei der Erzeugung von Strukturen im Inneren von Gläsern, Kristallen oder transparenten Polymeren, indem das Material von der Rückseite her geschwächt oder geöffnet wird (Bild 7.56). Der Laserstrahl wird auf bzw. kurz unterhalb der Rückseite fokussiert, wobei die Laserparameter so abgestimmt werden, dass die Ablationsschwelle nur in der Fokusebene überschritten und das restliche Werkstück nicht geschädigt bzw. beeinflusst wird.

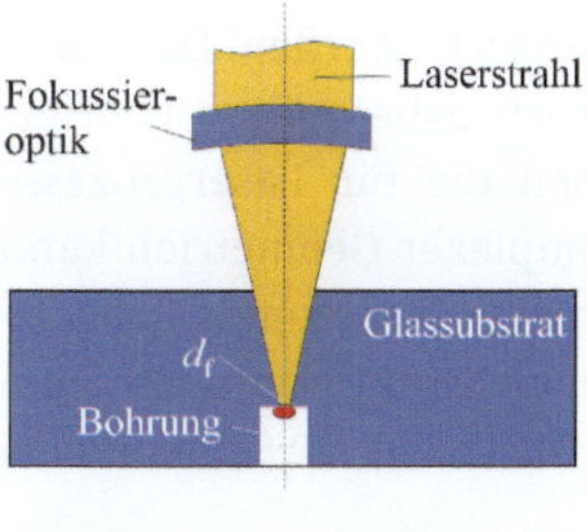

Bild 7.56
Prinzipielle Verfahrensanordnung zur Rückseitenablation

In der Regel werden kurze Laserpulse im Bereich von Pikosekunden oder Femtosekunden verwendet, die das Material durch nichtlineare Prozesse (z. B. Multiphotonenabsorption, Avalanche-Ionisation) in der Fokusebene abtragen. In der Folge kommt es zur Ablösung (Ablation) oder zur Mikroexplosion und Abspaltung kleiner Materialvolumina.

Tabelle 7.8 Typische Parameter für die technische Umsetzung der Rückseitenablation

Prozessparameter	Leistungsmerkmale
Pulsdauer	Femtosekunden (100 – 500 fs) oder Pikosekunden
Pulsenergie	einige µJ
Repetitionsrate	einige 100 kHz
Strahlführung	durch das Werkstück mit Fokussierung auf der Rückseite
Bearbeitungstiefe	einige 10 µm bis einige 100 µm
Absorption	Multiphotonenabsorption, Avalanche-Ionisation oder plasmainduziert
Flankenrauigkeit	< 500 nm
Werkstoffe	Gläser (z. B. Quarz, Saphir), Kristalle, Polymere

Ein Spezialverfahren der Rückseitenablation ist der sogenannte **Flow-Supported-Laser-Ablation-Prozess (FSLA)**, bei dem ein Ultrakurzpulslaser mit typischen Pulsdauern von weniger als 20 ps für die Rückseitenbearbeitung eingesetzt wird. Der Laserfokus wird dabei kontinuierlich, beginnend von der Rückseite ins Material verschoben, wobei die Rückseite des Substrates zusätzlich mit einem Medium angeströmt wird. Diese Strömung wird gezielt an den Ablationsprozess angepasst, um den Abtransport der Ablationsprodukte zu gewährleisten und eine zunehmende Wärmeentwicklung im Substrat zu verhindern. Fließmedien und Additive können je nach Anwendung variieren. Mit geeigneten Lasereinstellungen hinsichtlich Volumen und Druck des Stromes können Materialstärken zwischen 50 µm und 50 mm prinzipiell bearbeitet werden. */3DMicromac2025/*, */Wern2015/*

Die **Rückseitenablation** ist für die Bearbeitung von Gläsern und Kristallen geeignet. Dabei können Abtragraten von bis zu 10 mm^3 pro Minute erreicht werden. Das maximal erzielbare Aspektverhältnis liegt bei etwa 1 : 20 und ist insbesondere vom gewünschten Bohrlochdurchmesser abhängig. Somit werden die für Laserprozesse typischen Konizitäten vermieden. Auch die Erzeugung komplexer Geometrien kann auf diese Weise realisiert werden (s. Bild 7.57). Durch die materialschonende Bearbeitung werden Abplatzungen im Randbereich der abgetragenen Strukturen unter 5 µm begrenzt. Die erzielbare minimale Wandrauigkeit liegt für Glas bei $R_a \approx 0{,}5$ µm und bei Saphir bei $R_a \approx 1$ µm.

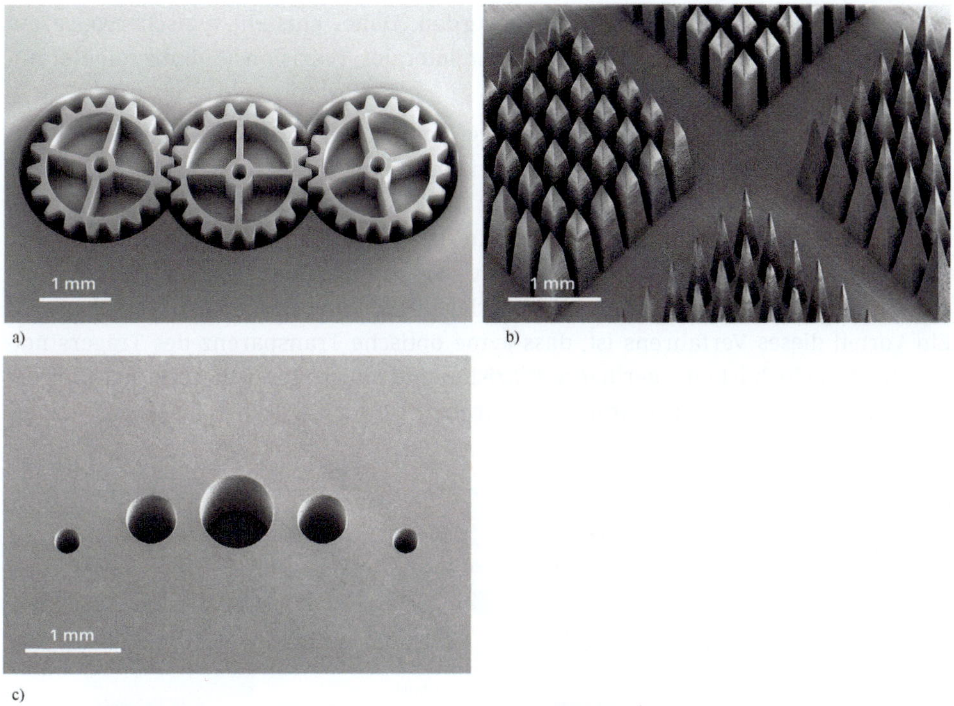

Bild 7.57 Applikationsbeispiele für das FSLA®-Verfahren © 3D-Micromac. a) Mikrozahnräder in linearer Anordnung, b) dichte Matrix pyramiden- bzw. nadelartiger Mikrospitzen in periodischer Anordnung, c) zylindrische Durchgangslöcher in Borosilikatglas mit 90° Wandwinkel

7.1.8 Dünnschichtabtragen – Laser-Induced Forward Transfer (LIFT) und verwandte Verfahren

Das **Laser-Induced-Forward-Transfer-Verfahren (LIFT)** erlaubt den präzisen Transfer dünner Materialfilme auf Zielsubstrate mittels gepulster Laserstrahlung. Die zugrundeliegende physikalische Wechselwirkung basiert auf der kontrollierten laserinduzierten Ablösung von Materialsegmenten infolge photothermischer oder photomechanischer Effekte. Die Materialübertragung erfolgt dabei von einem transparenten Trägersubstrat (Donor) auf ein Empfängersubstrat (Akzeptor) entlang der Laserstrahlrichtung (vgl. Bild 7.58 a) */Serr2019/*, */Dela2016/*.

Der Einsatz von Ultrakurzpulslaserstrahlung gewährleistet eine so kurzzeitige und lokal begrenzte Energieeinbringung, dass sie nahezu ausschließlich auf die zu bearbeitende Schicht wirkt, ohne dass nennenswerte Wärmeleitung in das Trägermaterial oder in das Substrat stattfindet. Die Folge ist ein photomechanischer Ablöseprozess, bei dem durch Plasmadruck, Schockwellen oder lokale Verdampfung kleine Volumina auf das Zielsubstrat übertragen werden. Dabei entsteht typischerweise ein punktförmiger Abdruck („Dot“) mit hoher lateraler Präzision (Submikrometerauflösung möglich).

Im Unterschied zum LIFT-Verfahren erfolgt beim **Laser-Induced-Backward-Transfer-Prozess (LIBT)** die Materialübertragung entgegen der Richtung des einfallenden Laserstrahls (Bild 7.58 b). Hierbei wird der Laserimpuls direkt in die Materialschicht eingekoppelt, typischerweise über die Rückseite eines absorbierenden Films. Die thermische Ausdehnung oder das explosive Verdampfen der unteren Schicht führt zur katapultartigen Auslösung von Material in Richtung des Empfängersubstrates. Ein Vorteil dieses Verfahrens ist, dass keine optische Transparenz des Trägers notwendig ist. Jedoch ist eine geringere Präzision und ein größerer thermischer Einfluss im Vergleich zum LIFT-Verfahren zu erwarten.

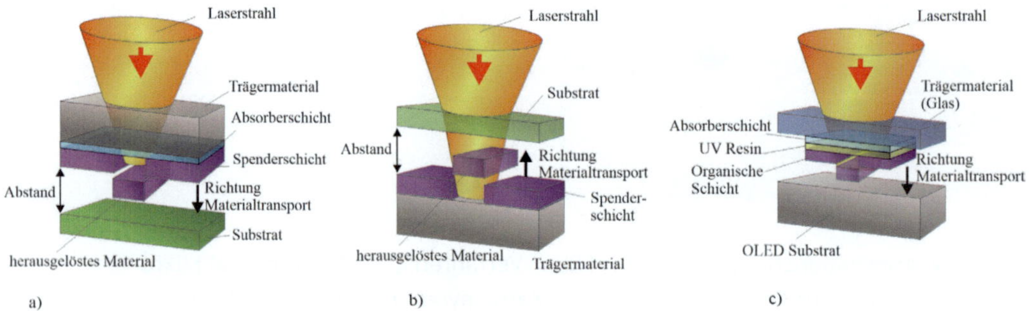

Bild 7.58 Schematische Darstellungen der Verfahren zum Dünnschichtabtragen nach */Lee2023/*. a) laserinduzierte Vorwärtsübertragung (LIFT), b) laserinduzierte Rückwärtsübertragung (LIBT), c) laserinduzierte Thermobildgebung (LITI)

Bei der **Laser-Induced-Thermal-Imaging-Technologie (LITI)** in Bild 7.58 c handelt es sich um ein thermisch gestütztes Drucktransferverfahren. Ein Laserstrahl wird auf eine absorbierende Trägerschicht gerichtet, die auf eine Farb- oder Funktionsschicht laminiert ist. Durch lokale Erwärmung wird die obere Schicht selektiv auf ein Zielsubstrat übertragen, wodurch ein großflächiger Transfer mit einer sehr hohen Homogenität erzielt wird. Das häufig in der Displayfertigung und OLED-Strukturierung angewandte Verfahren erreicht jedoch eine geringere Auflösung im Vergleich zum LIFT-Prozess und thermisch induzierte Materialmodifikationen sind verfahrensbedingt zu berücksichtigen. */Lee2023/*

Für eine gezielte Prozesssteuerung im **LIFT-Verfahren** ist die Kenntnis zweier zentraler physikalischer Größen entscheidend:

1. **Werkzeugfunktion:** Die Werkzeugfunktion beschreibt die auf der Materialoberfläche wirksame Energieverteilung, die durch den Laserstrahl auf das zu bearbeitende Medium übertragen wird, und stellt gewissermaßen den optisch erzeugten „Footprint“ des Lasers auf der Schicht dar. Form und Intensitätsverteilung der

Laserstrahlung werden wesentlich durch die Strahlgeometrie, die Fokussierung, das Strahlprofil (z. B. Gauß- oder Tophatprofil) sowie durch die numerische Apertur des verwendeten optischen Systems bestimmt. In ihrer Wirkung definiert die Werkzeugfunktion somit die Ausdehnung und Intensität der Laserwechselwirkungszone auf dem Material und bildet die Grundlage für die Prozessauflösung, den Dot-Durchmesser und die Energieeinbringung pro Fläche.

2. **Abtragsfunktion:** Die Abtragsfunktion hingegen beschreibt das tatsächliche Materialvolumen, das infolge der Laserbestrahlung abgelöst, abgetragen oder übertragen wird. Sie ergibt sich aus dem Zusammenspiel zwischen der Werkzeugfunktion und den materialabhängigen Reaktionsmechanismen, etwa der Absorptionscharakteristik, der Schwellfluenz, der thermophysikalischen Parameter und der Schichtdicke. Während die Werkzeugfunktion das einwirkende Laserfeld definiert, kennzeichnet die Abtragsfunktion die resultierende geometrische und volumetrische Veränderung des Materials pro Puls. In komplexeren Systemen kann die Abtragsfunktion stark nichtlinear sein, insbesondere bei multiphotonischen Wechselwirkungen, Plasmaentstehung oder bei materialspezifischen Schichtmodifikationen.

In der Prozesssimulation und -auslegung dienen beide Funktionen als zentrale Eingangsgrößen zur Beschreibung der Wechselwirkung von Laserstrahlung mit Dünnschichten. Eine präzise Kenntnis dieser Funktionen erlaubt es, die Parameter so zu wählen, dass eine gezielte Materialübertragung mit hoher lateraler Auflösung, minimaler thermischer Beeinflussung des Substrates und reproduzierbarer Prozessqualität erreicht wird.

Typische Prozessparameter und Anwendungen des LIFT-Verfahrens sind in Tabelle 7.9 zusammengestellt.

Tabelle 7.9 Typische Prozessparameter und Anwendungen des LIFT-Verfahrens mit UKP-Laserstrahlung

Materialfilm	Laserwellenlänge	Pulsdauer	Energie je Puls	Zielsubstrat	Anwendung
Silbernanopartikel-Tinte	515 nm (fs-Laser)	200 fs	10 – 50 nJ	PET-Folie, PI	flexible Elektronik, RFID
PEDOT:PSS (Polymer)	1030 nm (ps-Laser)	10 ps	100 – 500 nJ	Glas, Silizium	Touch-Displays, Sensorik
Aluminiumfilm	343 nm (fs-Laser)	300 fs	100 – 300 nJ	Si-Wafer	Mikroelektronik, Bauelementereparatur
Proteinlösungen	532 nm (fs-Laser)	100 fs	1 – 10 nJ	Glasträger (Biochip)	Bioprinting, mikrofluidische Systeme
ZnO- oder ITO-Schichten	355 nm (ps-Laser)	10 ps	10 – 100 nJ	flexible PET-Substrate	Dünnschichtsolarzellen, OLED

LIFT und verwandte Transferprozesse erschließen ein breites Spektrum präziser Materialbearbeitungen, insbesondere dort, wo konventionelle lithografische oder drucktechnische Verfahren an ihre Grenzen stoßen. Potenzielle Erweiterungen umfassen:

- 3D-Mikrostrukturierung durch sequenziellen Mehrlagenaufbau,
- Reparatur und Patchen funktionaler Bauteile (z. B. Photodetektoren, Displays),
- Integration in R2R-Produktionssysteme (roll-to-roll) für flexible Elektronik.

Ein besonders relevantes Anwendungsfeld des LIFT-Verfahrens liegt in der Herstellung von MikroLED-Displays, bei denen winzige LED-Chips mit hoher Präzision von einem Trägersubstrat (Donor) auf ein Empfängersubstrat (Backplane) übertragen werden müssen. Hier ermöglicht LIFT mit ultrakurz gepulster Laserstrahlung einen kontaktlosen, thermisch schonenden und hochaufgelösten Transferprozess. Zudem können tausende LEDs pro Sekunde ohne mechanische Greifer oder Pick-and-Place-Systeme mit Submikrometergenauigkeit platziert und eine Steigerung der Durchsatzrate erreicht werden. Somit stellt diese Methode einen entscheidenden Faktor für die Skalierbarkeit von MikroLED-Displays dar, insbesondere für Wearables, AR/VR-Systeme und großflächige Bildschirme. Eine Optimierung der LIFT-Prozesse führt zu einer signifikanten Steigerung der Ausbeute und der Prozesssicherheit im Vergleich zu konventionellen Transferverfahren. /*coherent2025-2*/

7.2 Beschriften

Eines der am weitesten verbreiteten Verfahren der Lasermaterialbearbeitung ist das Beschriften unterschiedlichster Bauteile, Baugruppen und Fertigprodukte in großer Bandbreite (häufig auch als Markieren oder Gravieren bezeichnet). Das Beschriften mit Herstellerbezeichnungen oder Bauteilnummern stellt bereits seit vielen Jahren eine Standardanwendung in den verschiedensten Branchen dar. Während die Verfahren Etikettendruck, Tintenstrahlcodierung oder Tampondruck nur eine temporäre Kennzeichnung ermöglichen, etabliert sich unter den dauerhaften industriellen Kennzeichnungsverfahren immer mehr die Laserkennzeichnung.

7.2.1 Verfahrensgrundlagen

Die vielen Vorteile des **Laserstrahlbeschriftens** haben das Verfahren für zahlreiche Anwendungen zur favorisierten Methode werden lassen. Wichtige Vor- und Nachteile werden in Tabelle 7.10 gegenübergestellt.

Das Laserstrahlbeschriften ist ein Verfahren, bei dem durch den Einfluss von gebündelter Laserstrahlung die Oberflächenstruktur eines Werkstoffs verändert wird. Die Bestrahlung führt entweder zum Materialabtrag oder es erfolgt ein Farbumschlag durch Veränderung der chemischen Struktur an den bearbeiteten Stellen, die sich dann optisch oder durch ein verändertes Tastgefühl von ihrer Umgebung unterscheiden. Der definierte Materialabtrag an der Werkstückoberfläche wird jedoch am häufigsten genutzt.

Tabelle 7.10 Vor- und Nachteile des Verfahrens

Vorteile	Nachteile
▪ hohe Flexibilität der Beschriftung durch Ansteuerung über Computer (Software) ▪ anwendbar auf nahezu jedes Material ▪ hohe Qualität und Reproduzierbarkeit der Beschriftung ▪ hohe Bearbeitungsgeschwindigkeiten möglich ▪ hohe Flexibilität der zu bearbeitenden Stückzahlen (auch Losgröße 1 effizient bearbeitbar) ▪ Beschriftungen sind fälschungssicher, abriebfest und dauerhaft ▪ verschleißfreies Werkzeug ▪ Beschriftung von Freiformflächen möglich ▪ einfache Integration in automatisierte Prozesse ▪ Beschriftungen ohne Aufwurf möglich ▪ kein Einsatz von Chemikalien bzw. Farben erforderlich ▪ kein Spannen oder Klemmen der Bauteile erforderlich	▪ vergleichsweise hohe Investitionskosten ▪ Farbbeschriftungen nicht in jeder Variation realisierbar; Auftreten von Prozessemissionen ▪ Integration von Absaugeinheiten erforderlich

Wichtig ist die richtige Wahl der Wellenlänge für den jeweilig zu beschriftenden Werkstoff. Die Grundabsorption der Werkstoffe spielt hierbei eine besondere Rolle. Da in der Regel mit kleineren Intensitätswerten gearbeitet wird, können Effekte der konstruktiven bzw. anormalen Absorption für viele Anwendungen nicht genutzt werden. Des Weiteren können in Abhängigkeit von der verwendeten Laserwellenlänge ganz unterschiedliche Materialeffekte auftreten, die nachfolgend beschrieben werden.

Die erforderlichen **Strahlparameter** für die unterschiedlichen Intensitätsbereiche der in Bild 7.59 dargestellten Verfahrensmechanismen lassen sich nach der Formel 7.14 abschätzen.

$$I = \frac{P_{\mathrm{Werk}}}{\pi \cdot w_{\mathrm{f}}^2} \tag{7.14}$$

P_{Werk} Laserleistung am Werkstück; w_{f} Strahlradius im Fokus

Die Aufstellung in Bild 7.59 gibt einen Überblick über die Mechanismen des Beschriftens mit dem Laserstrahl.

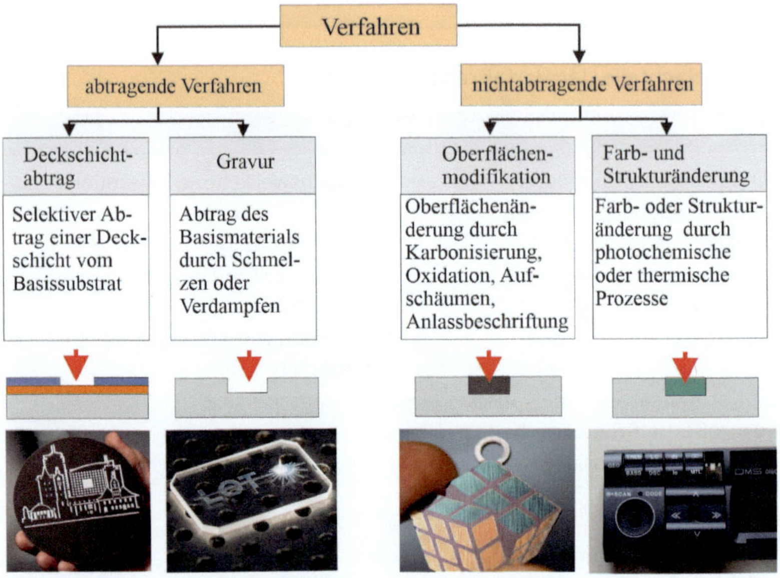

Bild 7.59 Mechanismen bei der Laserstrahlbeschriftung

Die unterschiedlichen Wechselwirkungen an Oberflächen können in vielen Fällen zunächst in abtragende und nichtabtragende Verfahren unterschieden werden. Entsprechend der Materialeigenschaften, z. B. reiner Grundwerkstoff oder Substrat mit beschichteter Oberfläche, lassen sich die abtragenden Methoden in die **Gravur** und das **selektive Abtragen von Deckschichten** unterscheiden. Bei letztgenannter Methode spielt insbesondere die Selektivität eine entscheidende Rolle. Die Wahl der Laserwellenlänge erfolgt anhand der Absorptionscharakteristik. Ideal ist hierbei der Fall, wenn die Deckschicht (A_D) die Laserstrahlung sehr gut absorbiert und das Basismaterial (A_B) möglichst einen hohen Reflexions- oder Transmissionsgrad gegenüber der Wellenlänge aufweist ($A_D > A_B$).

Typische Schichtdicken liegen im Bereich zwischen 1 und 100 µm. Aufgrund der sehr unterschiedlichen Materialeigenschaften lassen sich mit dieser Methode hohe Kontraste, die insbesondere auch durch die Selektivität stark beeinflusst werden, erzielen. Je nach verwendeten Strahlparametern und Fokussiercharakteristiken sind Spurbreiten zwischen 5 und 150 µm typisch. Diese interessante Beschriftungsmethode führte zu der Entwicklung ganz spezieller laserbeschriftbarer Materialien. Beispielsweise wurden spezifische Pigmente bzw. Additive für die Kunststoffgranulate entwickelt, welche bei der Beschriftung wellenlängenselektiv zu hohen optischen Kontrasten ohne Abtrag auf Kunststoffoberflächen führen. Ein anderes Beispiel sind

Laserfolien, deren Oberfläche ein großes Absorptionsvermögen gegenüber der Laserstrahlung besitzt.

Das Abtragen von artgleichen oberflächennahen Partikeln wird als **Gravieren** bezeichnet. Hierbei ist ein relativ großer Materialabtrag erforderlich, um im reflektierten Licht an der abgetragenen Struktur eine Kontrastdarstellung der Beschriftung zu erhalten, wobei der Kontrast durch Dunkelfärbung oder Schattenwurf an der abgetragenen Struktur erhöht werden kann. Die Wechselwirkungsmechanismen sind gleich bzw. ähnlich denen des Laserstrahlabtragens (vgl. Abschnitt 7.1). Im fokussierten Laserstrahl wird Material geschmolzen und/oder verdampft und aus dem Wechselwirkungsbereich ausgetragen. Sehr oft entstehen durch diesen Prozess ein ganz leichter Aufwurf und Debris (Ablagerungen) im Eintrittsbereich des Laserstrahles. Jeder Laserpuls erzeugt eine Mikroexplosion, die mit hohem Druck auf die Materialoberfläche wirkt und dabei die Schmelze aus der Wechselwirkungszone austreibt. Mit zunehmender Gravurtiefe lagert sich ein Teil der Schmelze an den Rändern der Gravur ab, da sie nicht mehr ungehindert ausgetrieben werden kann, und führt zur Bildung von Graten. Dieser Effekt kann gezielt genutzt werden, um einen selektiven Materialaufwurf zu erzeugen, der für bestimmte Anwendungen erwünscht ist, beispielsweise, wenn nach der Lasermarkierung eine Farb- oder Lackschicht aufgetragen werden soll. Durch den Materialaufwurf bleibt die Markierung erhaben und ist selbst bei einer dicken Lackschicht weiterhin gut lesbar, wie es bei Data-Matrix-Codes (DMC) auf Druckgussteilen erforderlich ist.

Um Material bspw. zu verdampfen, kommen für das Abtragen relativ hohe Pulsspitzenleistungen zum Einsatz. Im gepulsten Betrieb wird mit Frequenzen zwischen 2000 und 10 000 Hz gearbeitet. Insbesondere bei spröden Materialien wie Silizium und Keramik wird der Wahl der Pulsparameter eine entscheidende Bedeutung beigemessen, um möglichst wenige Spannungen im Bauteil durch den thermischen Prozess zu initiieren. Die typischen Spurbreiten liegen für diese Anwendungen zwischen 100 und 150 µm.

Dauerhafte Beschriftungen lassen sich auch ohne Materialabtrag erzielen. Für metallische Oberflächen sind **Anlasseffekte** hervorragend für kontrastreiche Beschriftungen geeignet. Bei dieser Methode kommt es unter der thermischen Wirkung des Laserstrahles und dem Luftsauerstoff zu einer partiellen Farbänderung des beeinflussten Bereiches, ohne dass Material abgetragen wird.

Die **Anlassbeschriftung** bei metallischen Werkstoffen zur Erzeugung farblicher Markierungen auf der Materialoberfläche entsteht durch eine gezielte Erwärmung der Oberfläche mit einem Laser und der damit verbundenen Bildung einer dünnen Oxidschicht. Die Dicke dieser Schicht wird durch die Temperatur gesteuert und führt aufgrund von Interferenzeffekten zu unterschiedlichen Farben.

Bei der Laserbeschriftung durch Kohlenstoffausscheidung wird die Materialoberfläche durch den Laserstrahl so stark erhitzt, dass Kohlenstoff aus der Metallmatrix ausgetrieben wird und sich an der Oberfläche anreichert (Carbonisierung). Die dadurch bedingte Veränderung der Materialzusammensetzung führt zu einer dunklen, kontrastreichen Markierung, die besonders lichtabsorbierend ist.

Der erreichbare Kontrast ist sehr stark von den Parametern Pulsfrequenz, Pulsleistung und Scangeschwindigkeit abhängig und kann ganz gezielt eingestellt werden (vgl. Bild 7.60). Die Eindringtiefe der laserbeeinflussten Spur ist aber relativ gering und beträgt in der Regel nur 2 – 5 µm.

Bei Kunststoffen hingegen kann neben der bereits genannten Gravur auch ein **Farbumschlag** ohne Materialabtrag an der Oberfläche erzeugt werden. Einerseits können durch die thermische Wirkung des Laserstrahles Pigmente im Kunststoff aktiviert werden (z. B. stark absorbierende Farbpigmente). Andererseits neigen bestimmte Kunststoffe zum partiellen Aufschäumen, was meist eine helle Farbänderung hervorruft. Materialhersteller können diese Effekte durch Zugabe von Additiven gezielt beeinflussen. In Abhängigkeit von der gewählten Laserwellenlänge sind die Wechselwirkungsprozesse grundsätzlich verschieden. Im langwelligen Spektrum (IR) treten überwiegend thermische Effekte auf, wohingegen im kurzwelligen Bereich (UV) rein photochemische Wechselwirkungen den Prozess bestimmen. Die Eindringtiefen sind gegenüber der Anlassbeschriftung weitaus größer und können bis zu 250 µm betragen.

Signifikante Laserparameter sind für die Verfahren Gravieren, Abtragen und Verfärben sowie Anlassen im Bild 7.60 funktional dargestellt.

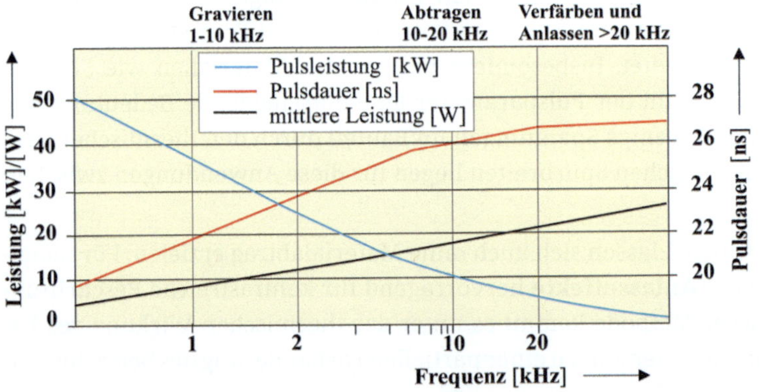

Bild 7.60 Ausgewählte Bearbeitungsparameter für die Verfahren Gravieren, Abtragen, Verfärben und Anlassen nach */Trumpf2006/*

7.2.2 Laser- und Prozessparameter

Für die industrielle Laserbeschriftung und -strukturierung stehen dem Anwender folgende einstellbare Laser- und Prozessparameter zur Verfügung:

- mittlere Laserleistung,
- Scangeschwindigkeit,
- Pulswiederholrate,
- Pulsdauer,
- Fokuslage bzw. Defokussierung,
- Anzahl der Bearbeitungsdurchläufe (Zyklen).

Je nach Lasertyp erfolgt die Leistungssteuerung auf unterschiedliche Weise. Die primäre Regelgröße bei Faserlasern stellt der Anregungsstrom dar, der üblicherweise vom Anwender im Bereich 0 – 100 % der maximalen Ansteuerungsleistung gewählt werden kann und direkt proportional zur emittierten mittleren Ausgangsleistung ist. Eine lineare Regelcharakteristik ermöglicht eine präzise Einstellung der Leistung, was insbesondere bei strukturell hochaufgelösten Applikationen wie dem Markieren oder Funktionalisieren vorteilhaft ist.

Bei CO_2-Laserquellen hingegen erfolgt die Steuerung der mittleren Ausgangsleistung oftmals über die Anregungsfrequenz. Hierbei handelt es sich um eine niederenergetische Voranregung des Entladungsplasmas, die den Laser im „Bereitschaftszustand" hält. Die Beeinflussung der mittleren Laserleistung durch Variation dieser Frequenz gewährleistet insbesondere bei gepulsten oder quasikontinuierlichen Prozessen eine schnelle Reaktionsfähigkeit bei gleichzeitig konstanter Laserstabilität.

Die **Scangeschwindigkeit** v_s ist ein maßgeblicher Parameter für den räumlichen Pulsabstand und bestimmt in Kombination mit der Pulsfolgefrequenz die Überlappung der Einzelpulse. Der große Abstand zwischen den Pulsen bei hohen Scangeschwindigkeiten und der dadurch bedingten Isolierung einzelner Punkte ist ein Vorteil für die Bearbeitung temperaturkritischer Substrate wie elektronische Schaltungen oder mehrlagige Materialsysteme aus Metallen und Polymeren. Eine niedrigere Scangeschwindigkeit führt zur Pulsüberlagerung und fördert eine lokale Temperaturakkumulation, die gezielt bei Anwendungen wie der Anlassbeschriftung, der Carbonisierung oder der Lasergravur genutzt wird, bei denen thermisch induzierte Effekte im Vordergrund stehen.

Die **Pulsfolgefrequenz** definiert die Anzahl der Pulse pro Sekunde, wobei jeder Puls einen definierten Energieanteil auf die Werkstückoberfläche überträgt. Die akkumulierte Energie erhöht die lokale Temperatur im Wechselwirkungsbereich. Für eine konstante mittlere Leistung besteht eine indirekte Proportionalität zwischen Pulsenergie und Pulswiederholrate. Die Pulsdauer beeinflusst maßgeblich die Pulsspitzenleistung, wobei kürzere Pulse bei gegebener Pulsenergie signifikant höhere Intensitäten erzeugen und Prozesse mit geringer thermischer Beeinflussung ermöglichen. Längere Pulse hingegen bewirken eine gleichmäßigere Energieeinbringung und sind für thermisch dominierte Prozesse geeignet.

Die Wahl der **Pulsdauer** erfolgt in Abhängigkeit vom gewünschten Beschriftungsmechanismus:

- **thermisch dominierte Prozesse:** Dazu zählen Anlassbeschriftung, „Schwarzmarkierung" (z. B. durch Carbonisierung) und Gravur. Hier werden Pulsweiten im Bereich von mehreren 10 bis 100 ns bevorzugt, um gezielt den erforderlichen Wärmeeintrag zu generieren.
- **quasi-athermische Prozesse:** Bei Verwendung ultrakurzer Laserpulse entstehen extrem hohe Pulsspitzenleistungen (mehrere MW bis GW), bei denen aufgrund der geringen thermischen Diffusion nahezu keine Wärmeeinflusszone (WEZ) entsteht. Es kommt zur direkten Ablation (z. B. durch Coulomb-Explosion oder direkte Sublimation) ohne Schmelzphase, wodurch sich exakte Strukturen mit minimalem Grat und hoher Präzision realisieren lassen.

Die Defokussierung Δz beeinflusst die lokale Intensitätsverteilung auf der Werkstückoberfläche und kann gezielt zur Variation des Energieeintrags über die Z-Ausdehnung in die Materialtiefe eingesetzt werden. Nachteilig für das defokussierte Arbeiten ist jedoch, dass sich kleinere Schwankungen in der Z-Position (bspw. Materialunebenheiten) sehr stark auf den Kontrast auswirken können. Aus diesem Grund sollte mit einer optischen Strahlformung (bspw. Teleskop) gearbeitet werden, um reprozierbare Beschriftungsergebnisse erreichen zu können. Auch die Anzahl der Bearbeitungszyklen spielt eine Rolle, insbesondere bei Materialien mit geringer Absorption oder hoher Wärmeleitfähigkeit, da hier akkumulierte Energieeinträge zur gewünschten Materialmodifikation führen.

7.2.3 Beschriftungsverfahren

In der Praxis werden in der Regel zwei Verfahrensvarianten für das Laserstrahlbeschriften angewandt, das Scanverfahren und das Maskenverfahren. Das **Scanverfahren** nach Bild 7.61 a, auch als Strahlablenkverfahren bezeichnet, ist sehr flexibel einsetzbar und kann sehr hohe Beschriftungsgeschwindigkeiten (etwa $10\,m \cdot s^{-1}$) erzielen. Der meist aufgeweitete Laserstrahl trifft auf einen sogenannten Laserscanner, der durch zwei Galvanometereinheiten (Scanspiegel X-Position und Scanspiegel Y-Position) und einem Planfeldobjektiv oder einer F-Theta-Optik gebildet wird. Eine Galvanometereinheit besteht aus einem elektromechanischen Antrieb, auf dem ein masseoptimierter Spiegel montiert ist, und einem Positionssensor (vgl. Kapitel 6).

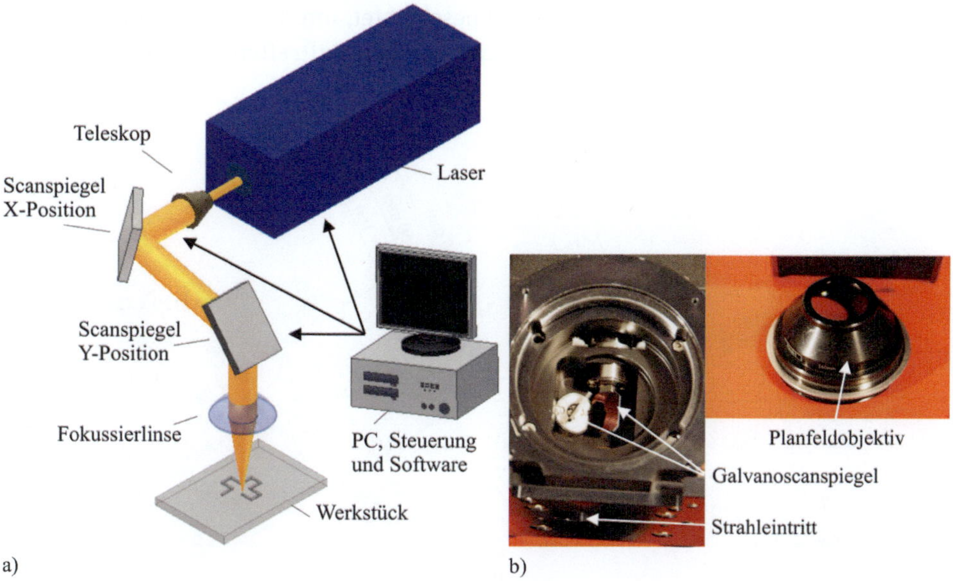

Bild 7.61 Beschriften mit Scanverfahren. a) Komponenten einer Laserscananlage, b) Elemente des Laserscanners */Jena2011-7.3.1/*

Die simultane Bewegung beider Spiegel gestattet somit das Erreichen jeder Position im Beschriftungsfeld. Mit der Drehgeschwindigkeit der Spiegel kann die Geschwindigkeit des Beschriftens direkt beeinflusst werden. Der Vorteil gegenüber Verfahren, bei denen das Werkstück oder die Bearbeitungsoptik bewegt wird, liegt in der Möglichkeit, sehr schnelle Richtungsänderungen ausführen zu können.

Eine Systemsteuerung in Verbindung mit einem PC übernimmt die Ansteuerung der Scanspiegel und der Laserstrahlquelle. Bei der Erstellung der Bearbeitungsprogramme lassen sich auch Zeichnungen, Schriften und andere Elemente aus externen CAD-Systemen sowie gescannte Vorlagen integrieren.

Der durch die Scanspiegel abgelenkte Laserstrahl wird mit einer Fokussieroptik auf die Werkstoffoberfläche gebündelt. Bild 7.62 a veranschaulicht, dass für die Scantechnologie einfache Fokussierlinsen nicht eingesetzt werden können. In Abhängigkeit vom Auslenkwinkel würde der Laserstrahl im Bearbeitungsraum an unterschiedlichen Positionen die Fokuslage verändern. In der Anwendung käme es dann zu deutlich unterschiedlichen Beschriftungsergebnissen im Scanfeld. Aus diesem Grund kommen ausschließlich **F-Theta-Objektive** (Planfeldobjektive) zum Einsatz. Diese Objektive korrigieren die genannte Fokuslageverschiebung und ermöglichen eine konstante Fokuslage des Laserstrahles im Beschriftungsfeld, unabhängig vom Auslenkwinkel des Strahles. F-Theta-Objektive sind mehrlinsige Systeme, die genau für bestimmte Wellenlängenbereiche berechnet und ausgelegt sind. Um das teure Objektiv zu schützen, wird ein Schutzglas vorgesetzt. Dieses ist für die verwendete Laserwellenlänge zweifach AR(**A**nti**R**eflexions)-beschichtet, um den Laserstrahl mit möglichst wenigen Verlusten auf die Werkstückoberfläche auftreffen zu lassen.

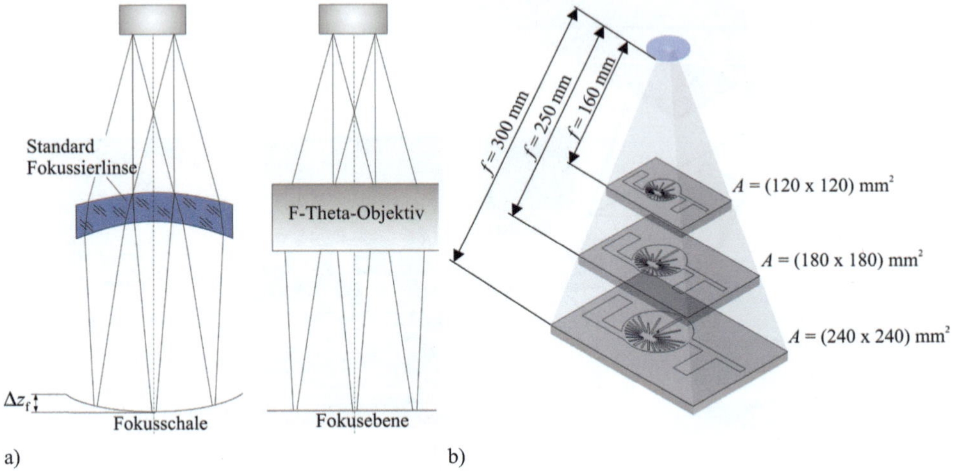

Bild 7.62 Fokuslagen und Beschriftungsfelder. a) Prinzip der Fokuslageverschiebung bzw. -korrektur, b) ausgewählte Brennweiten und Scanfelder

Für Anwendungen mit dem CO_2-Laser können aber auch korrigierte Einzellinsen zum Einsatz kommen (F-Theta-Linse).

In der Anwendung ist die richtige Wahl des Scansystems, insbesondere des F-Theta-Objektives, erforderlich und muss an die jeweilige Bearbeitungsaufgabe angepasst werden. Wichtige Parameter und Beispiele sind in Tabelle 7.11 zusammengefasst.

Die Brennweite der eingesetzten Fokussieroptik bestimmt die Größe des Beschriftungsfeldes, wie Bild 7.62 b veranschaulicht.

Eine **Fokuslagekorrektur** kann nur in bestimmten Bereichen vorgenommen werden, daher sind maximale Beschriftungsfelder definiert. Größere Brennweiten erlauben größere Beschriftungsfelder, führen aber gleichzeitig auch zu größeren Fokusdurchmessern.

Aus der Kombination der Systemkomponenten, bestehend aus Laserscanner, Scannersteuerung, F-Theta-Objektiv und Laserstrahlquelle (siehe auch Bild 7.61), ergibt sich die theoretisch erreichbare Positionsauflösung eines Galvanometersystems im Beschriftungsprozess. Eine beispielsweise mit 32 Bit auflösende Digitalsteuerung unterteilt den maximal adressierbaren Scanbereich in 2^{32} diskrete Schritte. Daraus ergibt sich bei einem quadratischen Scanfeld von $(100 \times 100)\,\text{mm}^2$ eine rechnerische Ortsauflösung von 2,33 nm. Diese theoretische Auflösung beschreibt jedoch lediglich die numerische Genauigkeit der digitalen Ansteuerung. In der Praxis wird die effektive laterale Auflösung des Systems wesentlich durch den Fokusdurchmesser d_f des Laserstrahls begrenzt, der wiederum von der Wellenlänge λ, dem Strahlparameterprodukt M^2 sowie der Brennweite und der Qualität der eingesetzten Fokussieroptik abhängt. Typische Fokusdurchmesser liegen in industriellen Anwendungen zwischen etwa 5 µm und 200 µm. Somit stellt nicht die digitale Positionsauflösung, sondern der physikalisch begrenzte Durchmesser des Laserfokus die maßgebliche Kenngröße für die kleinste realisierbare Strukturgröße im Beschriftungsprozess dar. Die digitale Steuerungsauflösung ist in der Regel um mehrere Größenordnungen geringer als die durch die Optik vorgegebene laterale Auflösung und wirkt sich daher nur bei hochpräzisen Vektorisierungsprozessen oder in der Mikrobearbeitung direkt auf das Ergebnis aus.

Tabelle 7.11 Parameter ausgewählter Laserscansysteme der Firma SCANLAB GmbH

Parameter	Galvanometerscanner: intelli*SCAN* IV 20 mit vario*SCAN*$_{de}$ II 40i, Type-229-S	Galvanometerscanner: intelli*SCAN* IV 14 mit vario*SCAN*$_{de}$ II 20i, Type-20-S
Verwendete Wellenlänge [µm]	10,6	1,064
Brennweite [mm]	150/300/600	100/255
Arbeitsabstand [mm]	105/284/591	136/303
Fokusdurchmesser [µm] mit vario*SCAN*	190/379/759 (M^2 ~ 1,25, Ø 12,5 mm)	18/46 (M^2 ~ 1,05, Ø 3 mm)
Max. Beschriftungsfeldgröße [mm²]	75 × 75 / 85 × 85 / 230 × 230	40 × 40 / 110 × 110
Apertur [mm]	20	14
z-Hub [+/- mm]	11/45/168	12/78
Maximale Scangeschwindigkeit [rad · s_{-1}] mit *SCAN*ahead	120 (19,2 m · s^{-1}, f = 160 mm)	240 (38,4 m · s^{-1}, f = 160 mm)
Spiegel und Beschichtung (Reflektivität)	Quarzglasspiegel mit dielektrischer Hochleistungsschicht (R > 99,5 % pro Spiegel)	Siliziumspiegel mit dielektrischer Hochleistungsschicht (R > 99,5 % pro Spiegel)
Bitte beachten Sie, dass es sich um theoretische Richtwerte handelt. In der Praxis wird jede Scan-Konfiguration individuell auf das jeweilige Lasersystem und die konkrete Anwendung abgestimmt.		

Die Scanspiegel von Galvanometersystemen werden konstruktiv bedingt in der Regel ausschließlich durch Luft gekühlt. Zwar existieren am Markt auch wassergekühlte Scansysteme, jedoch bezieht sich diese Kühlung meist auf das Gehäuse oder die Aktoreinheit und nicht auf die Spiegel selbst. Eine direkte thermische Ankopplung zur effektiven Wärmeabfuhr von den Spiegeln ist aufgrund der filigranen und beweglichen

Lagerung bautechnisch nicht realisierbar. In der Praxis kann die durch absorbierte Laserleistung entstehende Wärme am Spiegel daher nur begrenzt abgeführt werden, was die thermische Belastbarkeit des Gesamtsystems einschränkt und bei hohen Leistungen zur Verformung oder zum Ausfall führen kann. Bei höheren Leistungsdichten (Abtragen oder Schweißen mit Scannern) erfordert dies hohe Reflektivitäten bei geringen Absorptionsverlusten der Spiegelsubstrate. Damit die Scanspiegel kein Driften durch mögliche Temperaturschwankungen erfahren, werden diese für präzise Anwendungen auch mit Heizelementen und einem Temperatursensor versehen. In Kombination mit einem Heiz- und Regelkreis können so tolerierte Temperaturbereiche eingehalten werden.

Die Anwendung dieser schnellen Scantechnik erlaubt drei typische Verfahrensvarianten, die in Tabelle 7.12 gegenübergestellt sind.

Tabelle 7.12 Verfahrensanwendungen des Scanverfahrens

Vektorverfahren	Rasterverfahren	Dot-Matrix-Verfahren
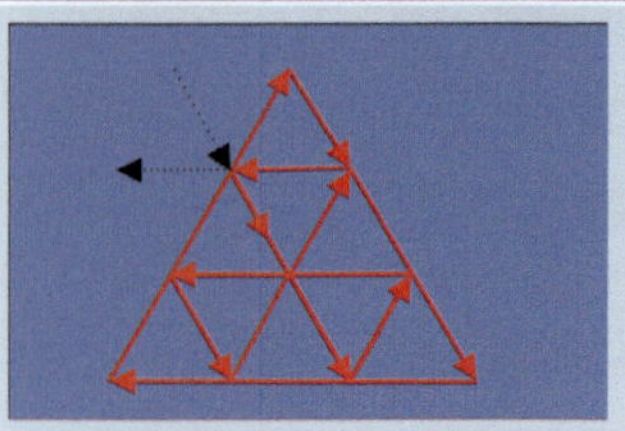	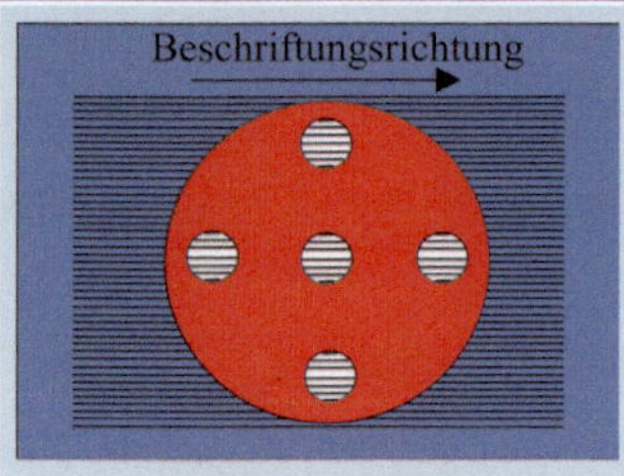	
▪ Vektorisieren der Bildinformation ▪ Schalten des Lasers entsprechend der vektorisierten Bildinformation ▪ sehr hoher Kontrast ▪ Schraffur flächiger Bildelemente	▪ zeilenweises Abrastern des Bildfeldes ▪ hohe Bilddichteinformation umsetzbar ▪ Schalten des Lasers während der Linienbewegung der X-Achse	▪ Auflösen der Scanbewegung in eine Punktefolge ▪ sehr hohe Beschriftungsgeschwindigkeiten erzielbar ▪ für geringe Qualitätsanforderungen

Wenn das Beschriftungsbild vektorisiert dargestellt werden kann und in der Spiegelbewegung der Laserstrahl linear von einem Punkt A nach Punkt B mit konstanter Geschwindigkeit abgelenkt wird, spricht man vom **Vektorverfahren**. Zwischen zwei Punkten, die keine Beschriftungsinformation enthalten, wird der Laserstrahl ausgetastet und die Spiegel mit einer Sprungfunktion zum nächsten Punkt ausgelenkt. Wesentliche Vorteile sind in der hohen Flexibilität und der hohen Beschriftungsqualität des Verfahrens zu sehen.

Beim **Rasterverfahren** wird der Laserstrahl ebenfalls über die beiden Scanspiegel abgelenkt, jedoch gibt es hier einen festen Richtungsbezug. So wird das Beschriftungsbild zeilenweise aufgebaut und der Laserstrahl an der entsprechenden Stelle der Beschriftungsinformation angetastet. Insbesondere für Bilder mit sehr hohen Informationsdichten ist die Scanmethode von Vorteil. Die Qualität der Beschriftung ist allerdings geringer im Vergleich zum Vektorverfahren. Für sehr hohe Beschriftungsgeschwindigkeiten wird oftmals ein Scanspiegel durch einen Polygonspiegel ersetzt. Das rotierende Polygon weist mehrere Spiegelflächen am Umfang auf und kann den Laserstrahl sehr schnell und konstant über eine Zeile führen. Interessant ist diese Polygonanwendung in der Großserien- und Massenproduktion, wie bspw. für Anwendungen in der Verpackungsindustrie.

Bei diesen sehr hohen Beschriftungsgeschwindigkeiten stoßen die schnellen Scansysteme dennoch an ihre Grenzen. Eingesetzt werden dann häufig **Dot-Matrix-Beschriftungsverfahren** in Analogie der gezeigten Darstellung in Tabelle 7.12. In dieser Anordnung werden mehrere Laserstrahlen verwendet, deren Fokusse in einer Linie angeordnet sind. Die Produkte laufen auf einem Fließband unter den Laserstrahlen hindurch, und diese werden entsprechend der zu beschriftenden Information an- und ausgeschaltet. Mit nur einem Laserstrahl, in Verbindung mit einem schnelldrehenden Polygonspiegel (Dot-Matrix-Polygonradbeschriftung), kann ebenfalls eine sehr schnelle Bandbeschriftung durchgeführt werden. Die Polygonbewegung erfolgt in diesem Fall senkrecht zur Bandrichtung der zu beschriftenden Bauteile. */Gill2009/*

Das **Maskenverfahren** bildet im Gegensatz zur Scantechnik (Bild 7.63) die zu kennzeichnende Geometrie mit einem entsprechend aufgeweiteten Laserstrahl über einen Impuls bzw. eine Impulsfolge direkt auf das Werkstück ab. Erforderlich ist dafür die Herstellung einer körperlichen Maske, die im Strahlengang positioniert wird. Bei der Abbildung mit einer Fokussierlinse ergibt sich ein verkleinertes und seitenverkehrtes Bild. Bei sehr starken und homogen ausgeleuchteten Feldern können 10–20 mm Beschriftungsdurchmesser erzielt werden. Durch Verschiebung der Fokuslage oder Bauteilposition kann die Größe noch in gewissen Grenzen angepasst werden. Allerdings verschlechtert sich dabei der Bildkontrast.

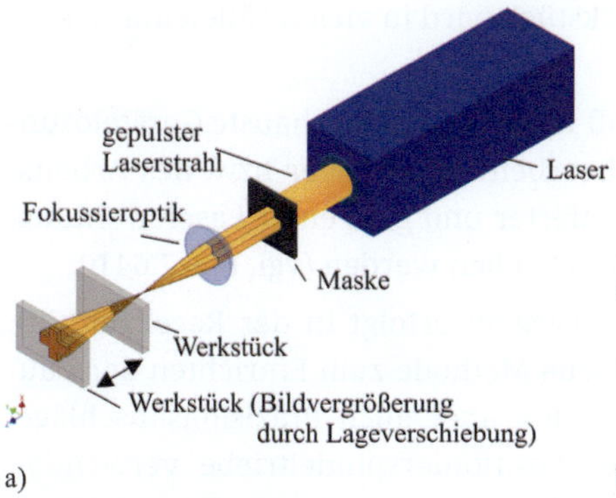

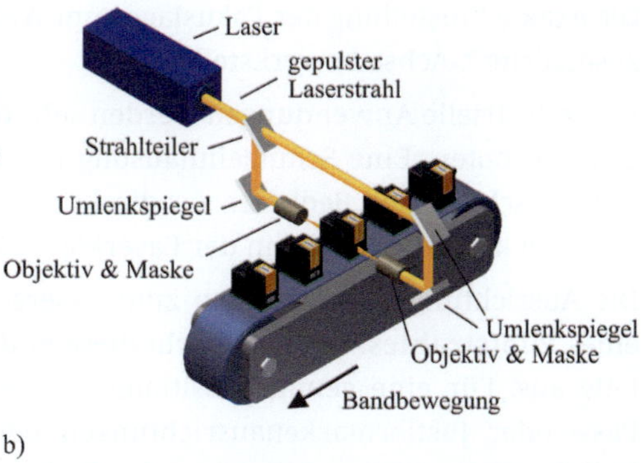

Bild 7.63 Beschriften mit Maskenverfahren. a) Beschriften auf stationär angeordnetem Bauteil, b) Beschriften bewegter Bauteile mit Strahlteilung

Für das Verfahren kommen meist metallische Masken aus Folien mit Dicken zwischen 100 und 500 µm zum Einsatz. Diese werden in photochemischen Ätzprozessen, durch Drahterodieren oder mithilfe des Laserstrahlschneidens hergestellt. Die Standzeit der Masken ist jedoch begrenzt, da ein Teil der Laserstrahlung durch die Maske selbst absorbiert oder reflektiert wird. Durch diese thermische Belastung über einen längeren Zeitraum wird das Maskenmaterial geschädigt. Insbesondere verliert dann die Beschriftung deutlich an Kontrast.

Da ein vollständiges Schriftzeichen oder ein ganzer Schriftsatz durch einen einzigen Laserimpuls erzeugt werden kann, sind hohe Beschriftungsgeschwindigkeiten möglich. Aufgrund der kurzen Impulsdauern kann die Markierung auch am bewegten Werkstück und damit in der laufenden Fertigung erfolgen. Prädestiniert ist dieses Verfahren in der Massenproduktion mit geringen Anforderungen an die Flexibilität. Diese lässt sich zum Teil noch mit sogenannten Stapelmasken oder drehenden Scheibenmasken erhöhen. */Mich1992/*

Die mangelnde Flexibilität der Strahlformung sowie das eingeschränkte Beschriftungsfeld führen jedoch zu einer sinkenden Bedeutung dieses Verfahrens am Markt.

7.2.4 Beschriftungsanlagen

Bearbeitungssysteme für das Laserstrahlbeschriften sind meist modular aufgebaut und werden durch Laserresonator und -versorgung, Elemente der Strahlführung und Strahlformung sowie durch das Herzstück, einen schnellen Laserscankopf, gebildet. Die Prozesssteuerung und die Programmerstellung erfolgen mithilfe eines Industrie-PCs bzw. der speziellen Beschriftungssoftware. Das Ansteuern des Lasers sowie die positionsgenaue und simultane Bewegung der Scanspiegel erfolgt ebenfalls über die Prozesssteuerung. Werkzeugtische zur Probenausrichtung und ggf. zum Spannen der Werkstücke ergänzen das erforderliche Equipment.

Die exakte Einstellung der Fokuslage zum Werkstück wird in vielen Fällen durch eine zusätzliche Z-Achse bewerkstelligt.

Für industrielle Anwendungen werden sehr oft komplette und gehauste Gerätelösungen angeboten. Eine Schutzeinhausung der Bearbeitungskammer bzw. des Arbeitsraumes schützt den Bediener vor direkt reflektierter und gestreuter Laserstrahlung. Dadurch kann die Anlage in der Laserklasse 1 betrieben werden (vgl. Bild 7.64 b).

Die Ausrichtung von Bauteilen zum Laserscansystem erfolgt in der Regel mithilfe eines **Pilotstrahles**. Sehr oft reicht diese einfache Methode zum Einrichten der Bauteile aus. Für eine genaue Positionierung werden aber auch Präzisionsanschläge, Pass- oder Justiermarkenausrichtungen oder Positionierspindeltriebe verwendet. Mithilfe eines Pilotstrahles kann der Bediener das maximale Beschriftungsfeld auf der Bauteiloberfläche sichtbar machen oder aber die zu beschriftende Kontur simultan darstellen lassen (Bild 7.65).

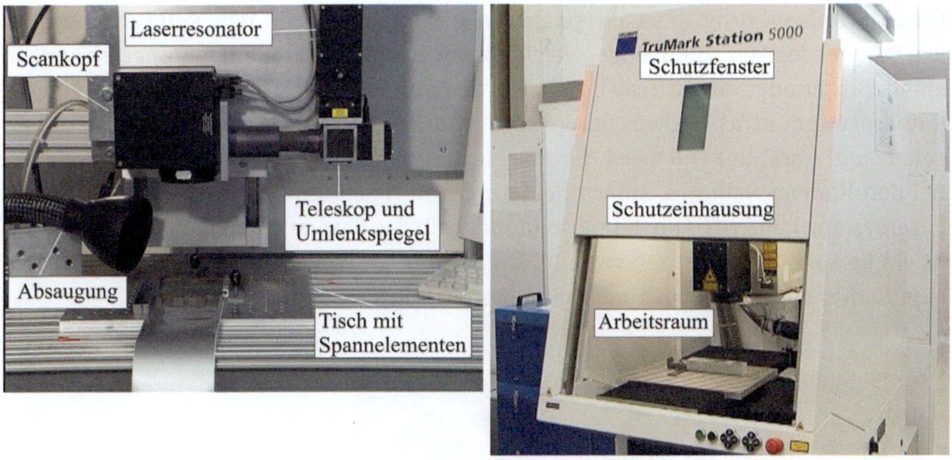

a) b)

Bild 7.64 Lasersysteme für das Scanverfahren */Jena2011-7.3.2/*. a) offenes System, b) gehaustes System

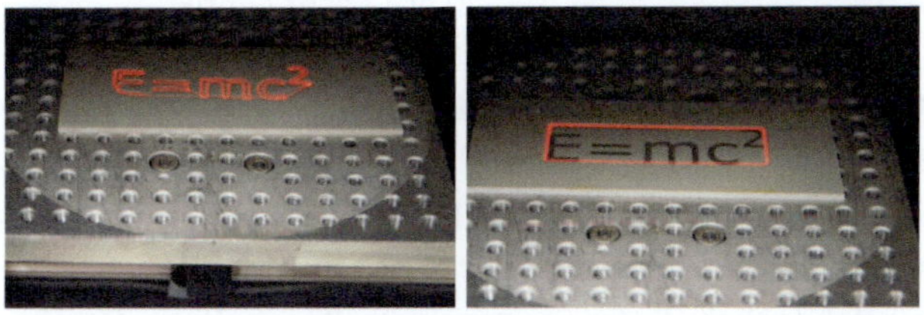

a) b)

Bild 7.65 Bauteilausrichtung mit Pilotstrahl. a) Modus 1: direkte Bilddarstellung, b) Modus 2: Positionsrahmendarstellung

Der Pilotlaser emittiert meist bei einer Wellenlänge um die 650 nm (intensives Rot) und ist in der Regel dispersionskorrigiert. Damit stimmt die angezeigte Beschriftungsposition auch mit der realen Beschriftung überein. Ausgangsleistungen von 1 mW sind für die Standardanwendungen ausreichend.

Siehe auch Videosequenz „Laserstrahlbeschriften und -trennen mit schnell bewegtem Scannersystem und Faserlaser" auf *plus.hanser-fachbuch.de*.

Die Strahlübertragung mit flexiblen Lichtleitfasern erlaubt die Anwendung von **handgeführten Scansystemen**. Diese Bewegungsfreiheit ermöglicht die Beschriftung von sehr unterschiedlichen oder großvolumigen Bauteilen. Monitoringsysteme und strahleinhausende Komponenten machen diese Baueinheiten industrietauglich.

Applikationen mit einer hohen Durchsatzrate und engen Toleranzen erfordern häufig den Einsatz von **integrierten Kamerasystemen**. Im Rahmen der Applikationsentwicklung erfolgt zunächst ein Teachingprozess, der eine Abstimmung der erforderlichen Scanbewegung des Laserstrahls in Abhängigkeit von den Referenzkonturen des Bauteils festlegt. Halbzeuge, welche bspw. in statistisch nicht gesicherter Lage in einem Blister oder einem Tray liegen, werden anhand der angelernten Konturen vom Kamerasystem erfasst sowie deren Lage und Position an das Scannersystem übergeben und anschließend wird die Markierung lage- und positionsgenau appliziert. Bei den Kamerasystemen unterscheidet man In-Axis-Kameras (im Strahlengang des Lasersystems) und Off-Axis-Kameras (außerhalb des Laserstrahlenganges). In Bild 7.66 ist ein Beispiel für statistisch verteilte Lagepostionen von Bauteilen gezeigt, die durch eine Kameraerfassung positionsgenau beschriftet werden können.

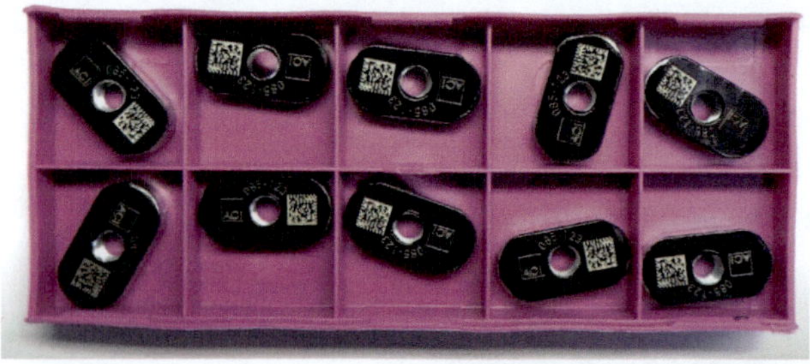

Bild 7.66
Palettenanordnung mit statistisch verteilt angeordneten Halbzeugen
© ACI Laser GmbH

Die Integration von Laserbeschriftungssystemen in automatisierte Produktionsanlagen gewinnt zunehmend im Bereich der Serien- und Massenproduktion an Bedeutung.

Automatisierte Prozesse erfordern oft das schnelle Beschriften während der Bandbewegung. Insbesondere in der Großserienfertigung oder Massenproduktion werden sehr kurze Beschriftungstakte erforderlich. Dieses sogenannte **Beschriften On-the-fly** erfordert die Synchronisation der Bandbewegung mit dem hochdynamischen Beschriftungsvorgang. Gekoppelt mit Kamerasystemen kann eine entsprechende Lageerkennung der bewegten Bauteile vorgenommen werden. In diesen Anwendungen ist neben der schnellen Beschriftung auch die flexible Kennzeichnungsmöglichkeit des Lasers ein wichtiger Vorteil.

Sehr viele Beschriftungsaufgaben ergeben sich aus der Notwendigkeit der Kontrolle des Produkts und dessen Rückverfolgung. Mit der Einführung der Fertigungsstandardisierung nach DIN ISO 9000 müssen Produkte kennzeichnet werden. Die schnelle und wirtschaftliche Herstellung von laserbeschriftbaren Etiketten bietet für diese Anforderungen eine sehr gute Lösung. Spezielle **Laseretikettenbeschrifter** wurden entwickelt, die eine Sonderlösung für diesen Anwendungsbereich darstellen. Über eine Folientransporteinheit wird die Folie von der Rolle kommend unter dem Laserstrahl positioniert und mithilfe des Strahlablenkverfahrens beschriftet. Das kompakt aufgebaute System ermöglicht die quasi Endlosbandbeschriftung von Etiketten mit Produktinformationen und laufenden Seriennummern.

Bei der Etikettenbeschriftungsanlage in Bild 7.67 kommt ein diodengepumpter Ytterbium-Faserlaser zum Einsatz. Dieser Beschriftungslaser besteht aus einer Laserstrahlquelle im Tischgehäuse oder 19“-Rack und aus einem fasergekoppelten Galvanometerkopf zur Strahlablenkung. In den Laserscanner können unterschiedliche F-Theta-Objektive eingesetzt werden. Die hohe Fokussierbarkeit und die Erstpulsunterdrückung erlauben Beschriftungen mit einer Auflösung bis zu 1000 dpi.

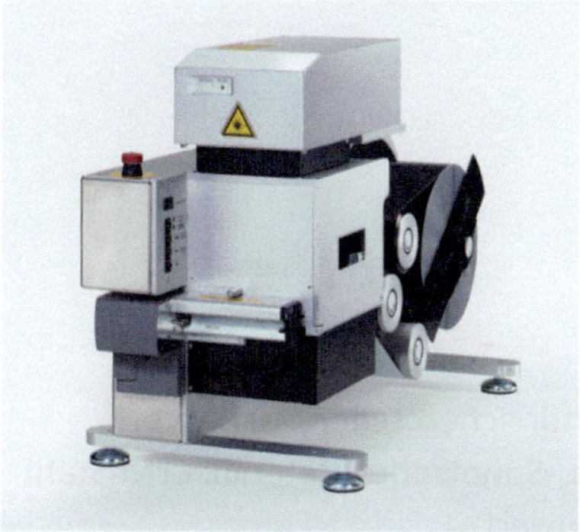

Bild 7.67
Folienbeschriftungsanlage © cab Produktionstechnik GmbH & Co KG, */Cab2010/*
Parameter des Ytterbium-Faserlasers:
$P = 15\,W$, $\nu = 100\,kHz$, $v_s = 10\,m{\cdot}s^{-1}$

Die **Schärfentiefe** des fokussierten Laserstrahles ist begrenzt und schränkt die Nutzung eines 2D-Scanners auf einen bestimmten Z-Bereich stark ein. Sie hängt im Wesentlichen von den Parametern Brennweite, Wellenlänge und Eingangsapertur ab. Für die Bearbeitung von zylinderförmigen Bauteilen kann eine Drehachse in den Bearbeitungsraum integriert werden (Bild 7.68). Bei dieser sogenannten Mantelbeschriftung wird die Achsdrehbewegung mit den Bewegungen der Scanspiegel synchronisiert und die Mantelfläche segmentweise bearbeitet. Dabei wird der Bereich der Schärfentiefe des Systems ausgenutzt (vgl. Kapitel 4). Ein Maß für die sinnvolle Nutzung des Schärfentiefebereiches ist die Rayleigh-Länge z_R. Mit Formel 7.15 kann sie annähernd bestimmt werden.

$$z_R = \frac{\pi \cdot w_f^2}{\lambda} \qquad (7.15)$$

Mit **3D-Scansystemen** besteht die Möglichkeit, über eine schnelle Z-Achsensteuerung (vgl. Kapitel 6) eine räumliche Beschriftung von Bauteilen in bestimmten Raumabmessungen und Ablenkwinkeln durchführen zu können. Bild 7.69 stellt die schematische Anordnung eines solchen Systems dar, welches einen Beschriftungsraum von $(120 \times 120 \times 42)\,mm^3$ bei einem maximalen Ablenkwinkel von 120° ermöglicht. Mit der hier verwendeten Marking-Builder-Software können zweidimensionale Markierungen auf dem Bildschirm leicht dreidimensionalen Figuren in der Programmierphase zugeordnet werden. Die Markierungen können auf eine Vielzahl von Formen übertragen werden, z. B. Zylinder, schräge Oberflächen, Kegel und prismatische Körper */Keyence2025/*. Generell besteht auch die Möglichkeit, im CAD erstellte Volumenmodelle in die Beschriftungsprogramme einzulesen und die zu beschriftenden Informationen entsprechend zu zuordnen. Damit können aufwendige Einrichtoperationen im Prozess teilweise substituiert werden.

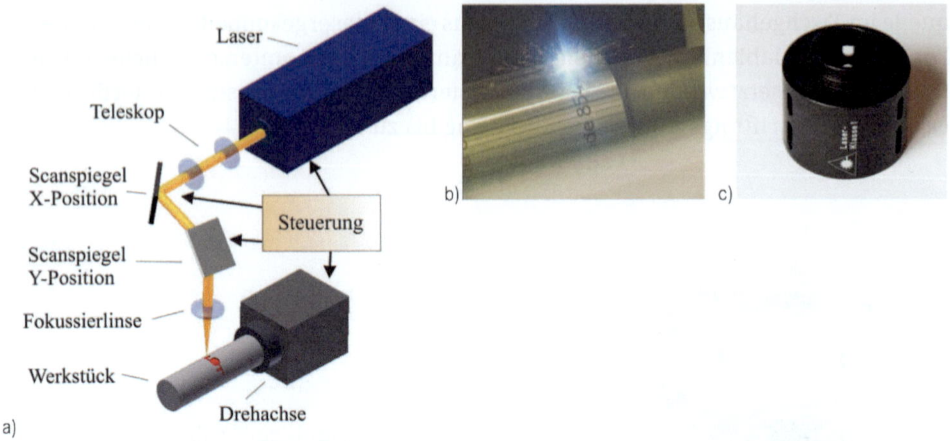

Bild 7.68 Mantelbeschriftung (Beschriftung von zylindrischen Teilen). a) Beschriftungsanlage mit integrierter Drehachse, b) Werkzeug-Sonotrode (Material: CrNi-Stahl 1.4301), c) mechanische Fassung (Material: AlMg3 eloxiert)

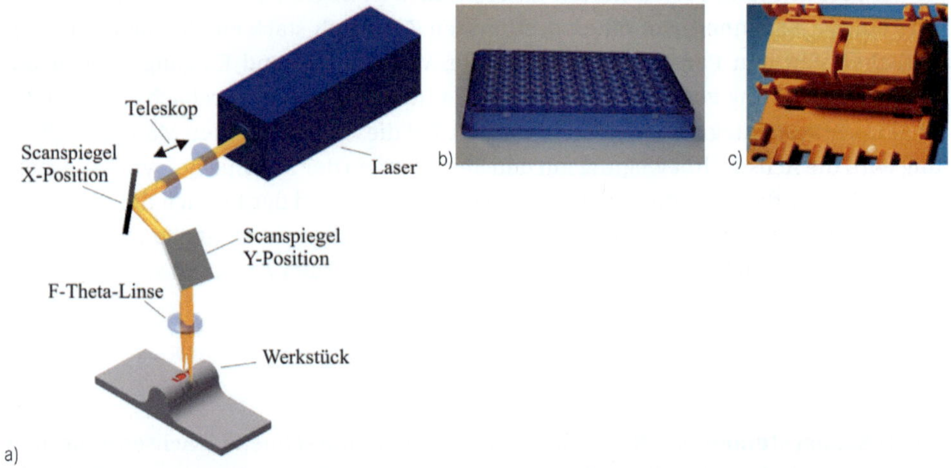

Bild 7.69 3D-Laserscanbeschriftung. a) Prinzipanordnung der 3D-Scanbeschriftung, b) Applikationsbeispiele Mikrotiterplatte, c) Adapter für Leiterverbindungsklemmen

	Mikrotiterplatte	Adapter für Leiterverbindungsklemmen
Material:	Polycarbonat	Polyamid 66
Laserleistung:	9 W	9 W
Scangeschwindigkeit:	300 mm·s^{-1}	500 mm·s^{-1}
Brennweite:	300 mm	300 mm

	Mikrotiterplatte	Adapter für Leiterverbindungsklemmen
Fokusdurchmesser:	0,2 mm	0,2 mm
Winkel zwischen Beschriftungsebenen:	90°	45°
Differenz der Beschriftungsebenen:	–	21 mm

7.2.5 Lasertypen und Leistungsklassen

Für das Laserstrahlbeschriften finden Gas- und Festkörperlaser mit geringeren Ausgangsleistungen Verwendung. Aufgrund der verschiedenen Wechselwirkungsprozesse der beschriftbaren Materialien sowie der hohen Anwendungsbreite des Verfahrens können unterschiedliche Wellenlängen vorteilhaft eingesetzt werden.

Zum Einsatz kommen vorwiegend kompakte Strahlungsquellen mit hohen Verfügbarkeiten, um eine vielfach geforderte Funktionsintegration in bestehende automatisierte Prozesse zu ermöglichen. Der CO_2-Laser wird aus diesen Gründen vorwiegend als **Sealed-Off-System** verwendet, wobei oftmals luftgekühlte Resonatoren vorteilhaft eingesetzt werden können. Typische Leistungsbereiche liegen zwischen 5 und 50 W (für Spezialanwendungen auch bis 100 W). Excimerlaser werden für spezielle Anwendungen gewählt, wenn bspw. sehr filigrane Strukturen zu beschriften oder spezielle Materialien (Glas, Keramik) mit anderen Verfahren nicht beschriftbar sind.

Der größte Anwendungsbereich wird gegenwärtig aber durch Festkörperlaser abgedeckt. Insbesondere die diodengepumpten Nd:YAG-Laser und die Faserlasers sind durch ihren kompakten Aufbau, dem vergleichsweise hohen Wirkungsgrad und die hohe Strahlqualität als Laserquelle sehr gut geeignet. Typische Ausgangsleistungen liegen bei diesen Systemen zwischen 3 und 100 W. Auch auf dem Beschriftungssektor werden zunehmend Lasersysteme mit hohen Impulsspitzenleistungen bei kurzen Impulszeiten eingesetzt. Damit lassen sich thermische Einflüsse minimieren und kontrastreiche Beschriftungen bspw. auf metallischen Oberflächen in kürzeren Beschriftungszeiten erzeugen:

- Standardanwendungen: $P_{LM} \sim 20$ kW bei $\tau_{LP} \sim 20-40$ ns,
- Spezialanwendungen: $P_{LM} \sim 100$ kW bei $\tau_{LP} \sim 4-8$ ns.

Im niederen Leistungsbereich, zwischen 5 und 15 W, kann auch der **Nd:YVO4-Laser** genutzt werden. Er ist besonders durch seine Energieeffizienz und die gute Fokussierbarkeit interessant (vgl. Kapitel 3). Dieser Lasertyp erreicht darüber hinaus sehr hohe Wiederholfrequenzen bei guter Impulsstabilität. Die Auskopplung der Laserimpulse erfolgt meist mit einer Güteschaltung, um die hohen Scangeschwindigkeiten umsetzen zu können.

Für das Maskenverfahren werden ausschließlich gepulste Lasersysteme verwendet. Diese arbeiten mit sehr hohen Impulsenergien und kurzen Impulslängen, die typischerweise wenige µs betragen. Neben den Lasertypen Nd:YAG-, CO_2- und Excimerlaser werden auch TEA-CO_2-Laser angewandt, die diese Impulsanforderungen sehr gut erfüllen.

Tabelle 7.13 stellt wichtige Strahlparameter ausgewählter Strahlungsquellen für das Laserstrahlbeschriften gegenüber.

Tabelle 7.13 Ausgewählte Lasersysteme und typische Strahlparameter

Laserart	CO_2 (Sealed-Off)	Nd:YAG (lampen-gepumpt)	Nd:YAG (dioden-gepumpt)	Nd:YVO_4	Faser-laser	Nd:YAG (Maske)	UKP-Laser (fs/ps/IR/UV)
Wellenlänge [nm]	10 600	1064	1064	1064	1090	1064	1030, 1064, 355, 266
Leistung [W]	60	60	30	5 – 15	50	10	1 – 50
Pulsspitzen-leistung [kW]	–	60	100	40 – 120	100	80	10^3 – 10^6
Pulsweite [ns/ps]	–	< 50	< 20	< 10	< 30	10^6	0,3 – 10 ps
Pulsfrequenz [kHz/MHz]	–	60	1 – 100	0 – 400	60 – 120	1 – 10 Hz	100 kHz – 10 MHz
Fokusdurch-messer [µm]	150	80 – 150	50 – 100	30 – 60	50 – 100	150	10 – 50
Strahlqualität [M^2]	< 1,2	< 2,0	< 1,5	< 1,2	< 1,2	< 2,3	< 1,2

Faserlaser nehmen in der Industrie einen sehr hohen Anteil ein und zeichnen sich insbesondere durch eine hohe Leistungsdichte bei großer Kompaktheit aus. Zudem sind die im geschlossenen System integrierten Optiken äußerst robust gegenüber externen Störeinflüssen wie Vibrationen, Verunreinigungen oder ausgeprägten Temperaturschwankungen. Ein weiterer Vorteil von Sealed-Off-Systemen ist die flexible Integration des Laserkopfs in Automatisierungslösungen. Der Laserkopf und die Strahlquelle sind hierbei durch eine robust ummantelte Lichtleitfaser verbunden, wodurch die Strahlquelle außerhalb der Produktionsumgebung platziert werden kann. Trotz der hohen Unempfindlichkeit von Faserlasern gegenüber Temperaturschwankungen im Vergleich zu klassischen Resonatoraufbauten ist es dennoch ratsam, zusätzlichen Schutz gegen große Temperaturunterschiede in Produktionsanlagen zu implementieren.

UKP-Laser erweitern das Spektrum industrieller Beschriftungslösungen insbesondere für hochpräzise Anwendungen. Durch Pulsdauern im Femtosekunden- bis Pikosekundenbereich kann das Material nahezu thermisch unbelastet abgetragen werden, wodurch Wärmeeintrag, Mikrorisse oder Aufrauungen minimiert werden. Dies erlaubt das direkte Beschriften empfindlicher Werkstoffe wie Kunststoffe, Glas, Keramiken oder Halbleiterchips mit Submikrometerauflösung. UV-UKP-Laser, die über Frequenzverdopplung oder -verdreifachung von IR-UKP-Lasern realisiert werden, bieten zudem eine noch höhere Absorption in vielen Materialien und ermöglichen besonders feine Strukturen. Aufgrund ihrer hohen Wiederholraten und präzisen Pulssteuerung eignen sich UKP-Laser auch für die Mikrostrukturierung und Serienproduktion, wie sie beispielsweise bei MikroLED-Displays oder Sicherheitskennzeichnungen erforderlich ist. Die Integration in Automatisierungslösungen ist vergleichbar flexibel wie bei Faserlasern, wobei durch die kompakten Strahlquellen und die robusten Optiken auch anspruchsvolle Produktionsumgebungen zuverlässig bedient werden können.

7.2.6 Beschriftungsparameter

Die zu betrachtenden Beschriftungsparameter können je nach Anwendung und Werkstoff sehr unterschiedlich sein. Generell können sie unterteilt werden in:

- Laserparameter,
- Scanparameter,
- Prozessparameter,
- verfahrensspezifische Parameter.

Zu den signifikanten **Laserparametern** gehören neben den bereits betrachteten Größen Wellenlänge und Leistung, insbesondere auch die Betriebsarten cw, pw und Güteschaltung sowie die erreichbaren Impulsspitzenleistungen und verwendeten Impulslängen. Wichtig sind weiterhin Strahlqualität, Fokusdurchmesser und Brennweite sowie das sich ergebende maximale Beschriftungsfeld.

Das sehr schnelle An- und Ausschalten des Laserstrahles ist eine wichtige Voraussetzung, um die sehr hohen Scangeschwindigkeiten realisieren zu können. In der Praxis werden für Festkörperlaser häufig schnelle Güteschalter eingesetzt, während CO_2-Laser durch die HF-Anregung direkt an- und ausgetastet werden. Moderne Faserlaser werden hingegen oftmals im sogenannten MOPA-Design (Master Oscillator Power Amplifier) ausgeführt (siehe auch Kapitel 3).

Wichtige **Scanparameter** sind durch die Steuerung der Galvanospiegel und die Art der Überlagerung der Drehbewegungen gegeben. Somit ist ein entscheidender Parameter die Scangeschwindigkeit, über deren Wahl sich auch die Streckenenergie, die einen großen Einfluss auf das Beschriftungsergebnis hat, einstellen lässt. Bild 7.70

illustriert die Regelung der Parameter Güteschaltungsfrequenz ν_g und Scangeschwindigkeit.

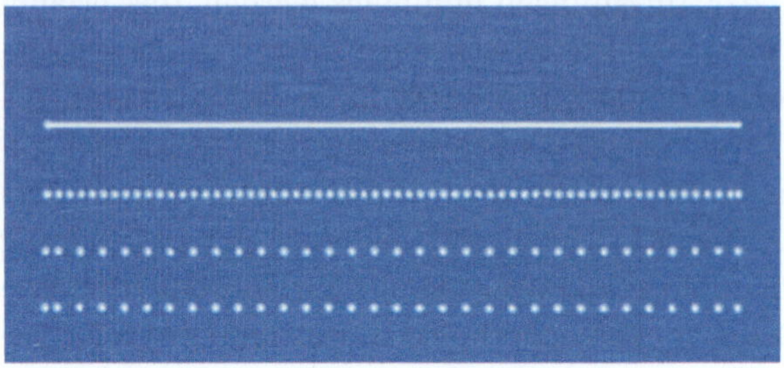

Bild 7.70 Optimierung Frequenz und Scangeschwindigkeit
Nd:YAG-Laser
Material: beschichteter Karton
$P_{Werk} = 60\,W$; $f = 120\,mm$; $v_s = 0{,}5\,m \cdot s^{-1}$
1. Spur: $\nu_g = 20\,000\,Hz$
2. Spur: $\nu_g = 1000\,Hz$
3. Spur: $\nu_g = 500\,Hz$
4. Spur: $\nu_g = 500\,Hz$; (Wiederholung Spur 3)

Hierdurch wird deutlich, dass für geschlossene Linienzüge hohe Frequenzen erforderlich sind, um die zur Verfügung stehenden maximalen Scangeschwindigkeiten (etwa $10\,m \cdot s^{-1}$) am Bauteil umsetzen zu können. Es werden in der Anwendung aber auch Güteschalter nur zum An- und Ausschalten des Strahles eingesetzt, wobei auch hier deutlich wird, dass der Strahl sehr schnell geschalten werden muss, um keine Verzögerungszeiten und damit einen Teilverlust von Beschriftungsinformationen zu erhalten.

Ebenfalls sind für das Erreichen von homogenen Beschriftungsbildern eine ausreichende Impulsstabilität und Impulsfolge von entscheidender Bedeutung. Die vierte Spur der Abbildung stellt eine Wiederholung der Parameter von Spur 3 dar und illustriert die gute Übereinstimmung der Pulsparameter.

Ein typisches Beschriftungsproblem (Bild 7.70, oberste Spur) liegt im erhöhten Erstimpuls (vgl. Kapitel 3). Schnelle Güteschalter koppeln in der Regel einen leistungsüberhöhten Erstimpuls aus. Dieser führt in der Beschriftungsanwendung zu deutlich sichtbaren Störungen im Beschriftungsbild (Bild 7.71 a). Bei der Funktion Erstimpulsunterdrückung wird dieser leistungsüberhöhte Impuls ausgeschnitten und quasi erst mit dem zweiten Impuls die Beschriftung gestartet, wie in Bild 7.71 b gezeigt ist.

In den meisten Anwendungsfällen erzeugen Beschriftungssysteme Schriftzüge, Grafiken oder grafische Codes (Bar-Codes, Data-Matrix-Codes) auf Produkten. Das entstehende Beschriftungsbild besteht aus einer Anzahl von Vektoren und Polygonzügen und wird als **Beschriftungsprojekt** bezeichnet. Beim Beschriften eines Projektes ist der Laser in der Zeit, in der ein einzelner Vektor (oder Polygonzug) geschrieben wird, eingeschaltet (t_m) und in der Zeit, in der die Auslenkspiegel den Ankerpunkt des nächsten Vektors oder Polygonzugs ansteuern, ausgeschaltet (t_j). Zwischen dem Beschriften von zwei Beschriftungsprojekten besteht eine Pausenzeit t_p, in der das Produkt vor dem Laser bspw. auf einem Band bewegt wird. Das nachfolgende Beispiel veranschaulicht die Zeitverhältnisse.

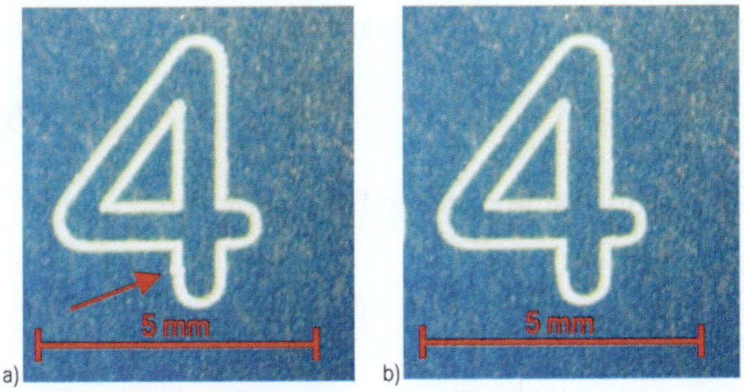

Bild 7.71 Beschriftungsbeispiele für Erstimpulsunterdrückung. a) ohne Erstimpulsunterdrückung, b) mit Erstimpulsunterdrückung

Beispiel

Eine Laserbeschriftungsanlage in der Getränkeindustrie markiert bis zu 72 000 Flaschen in der Stunde mit einem Haltbarkeitsdatum. Die Beschriftung einer Einzelflasche dauert demnach 50 ms (Gesamtzeit t_{ges}). In dieser Zeit wird sowohl der Schriftzug auf die Flasche aufgebracht (t_m), als auch die nächste Flasche vor den Laser bewegt (t_p). Daraus resultiert innerhalb einer Reihe von Beschriftungsvorgängen ein Verhältnis aus der Zeit, in der der Laser eingeschaltet ist, zur Gesamtzeit, welches als **Mark-Duty-Cycle** bezeichnet wird. Für die Dauer der Markierzeit arbeitet der Laser im cw-Betrieb (Bild 7.72)

$$\mathrm{MDC} = \frac{t_m}{t_m + t_j + t_p} = \frac{t_m}{t_{ges}} \tag{7.16}$$

MDC – Mark-Duty-Cycle; t_m Markierzeit; t_p Pausenzeit; t_j Laser aus; t_{ges} Gesamtzeit; $t_{Projekt}$ Projektzeit

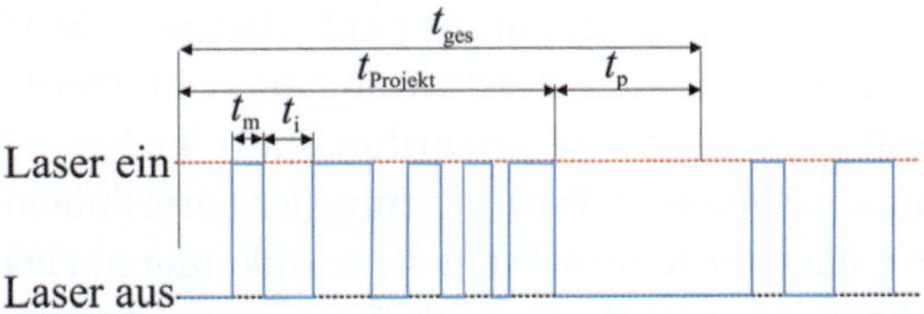

Bild 7.72 Beschriftungszeiten nach */Kuna2010/*

Ein wichtiges Bewertungskriterium für das Beschriftungsergebnis ist der erreichbare Kontrast, häufig auch als Beschriftungsintensität bezeichnet.

Der Kontrast ist ein Kriterium für den Helligkeitsverlauf eines Bildes oder zwei benachbarter Bildpunkte. Die Dynamik eines Bildes beschreibt dabei den maximalen Intensitätsunterschied zwischen dem hellsten und dunkelsten Punkt eines Bildes. In der Optik wird der Kontrast auch in Abhängigkeit vom Auflösungsvermögen eines optischen Systems als Modulationsübertragungsfunktion beschrieben.

Der **Kontrast *K*** kann nach A. A. Michelson durch folgende Beziehung definiert werden:

$$K = \frac{I_{\text{max}} - I_{\text{min}}}{I_{\text{max}} + I_{\text{min}}} \tag{7.17}$$

Für das Beschriften ist der erreichbare Kontrast in der Regel abhängig von:

- Material und Oberflächenbeschaffenheit,
- Fokusdurchmesser und Strahlqualität,
- Streckenenergie,
- Schraffurabstand bzw. Punktabstand (dpi).

Kontraste lassen sich mit optischen Verfahren bestimmen und werden zur Qualitätssicherung auch in der Serienbeschriftung eingesetzt.

Für viele Anwendungen in der Beschriftungspraxis reichen aber subjektive Auswertungsmethoden sehr oft aus. Das Auge kann die Kontrastunterschiede mithilfe von Vergleichsmustern sehr gut bewerten. Eine in der Praxis häufig angewendete Methode ist das Aufstellen einer Parametermatrix. Der Bediener erstellt zunächst eine Parametermatrix, um die geeigneten Laser- und Prozessparameter für den zu beschriftenden Werkstoff zu ermitteln. Nach der Auswahl der optimalen Laserparameter erfolgt ihre Zuweisung auf die zu beschriftenden Geometrieelemente. Bild 7.73 veranschaulicht eine solche Matrix (Parametergitter). Es werden zwei Variable gewählt, hier Scangeschwindigkeit und Pulsfrequenz, und die Laserausgangsleistung konstant gelassen. In der Auswertung der Testgeometrien lassen sich eindeutig die kontrastreichsten Beschriftungsbilder auswählen und die optimalen Laser- und Prozessparameter bestimmen.

Der Laserstrahl lässt sich auf kleine Fokusdurchmesser abbilden, was die Voraussetzung für eine sehr kontrastreiche und präzise Beschriftung darstellt. Werden jedoch größere Strukturbreiten oder flächige Elemente beschriftet, sind eine Defokussierung des Laserstrahles und die damit verbundene Verbreiterung der Laserlinie nicht sinnvoll. Das liegt darin begründet, dass der Kontrast sehr stark sinkt und in vielen Fällen keine qualitätsgerechte Beschriftung möglich ist. Auch für diese Strukturen wird im Fokusbereich des Laserstrahles gearbeitet und die Flächenelemente schraffiert bzw. Schriftzeichen gefüllt. Softwaretechnisch stehen eine Reihe von Schraffur- bzw. Füllmustern zur Verfügung, um für die jeweilige Applikation eine homogene Schraffur des Feldes erreichen zu können. Allerdings erfordern diese flächigen Beschriftungen einen höheren Zeitaufwand. Um diesen zu optimieren, ist neben der Scangeschwindigkeit auch die Wahl des Spurabstandes ein wichtiges Einflusskriterium. Bild 7.74 a zeigt einen Screenshot mit einer linearen Schraffur sowie die An- und Abfahrtswege. Neben linearen Schraffuren mit unterschiedlichen Winkelausrichtungen findet auch die Kreuzschraffur häufig Anwendung. Die Abfolge der Schraffurlinien kann uni- oder bidirektional erfolgen. Darüber hinaus hat der Anwender aber auch die Möglichkeit, eigene Schraffurmuster festzulegen und zu erproben.

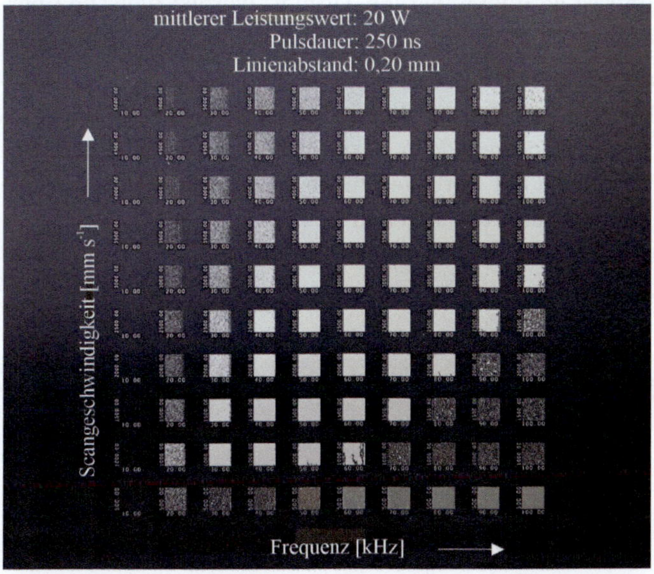

Bild 7.73 Parametermatrix zur Bestimmung geeigneter Prozessparameter für ein zu beschriftendes Material

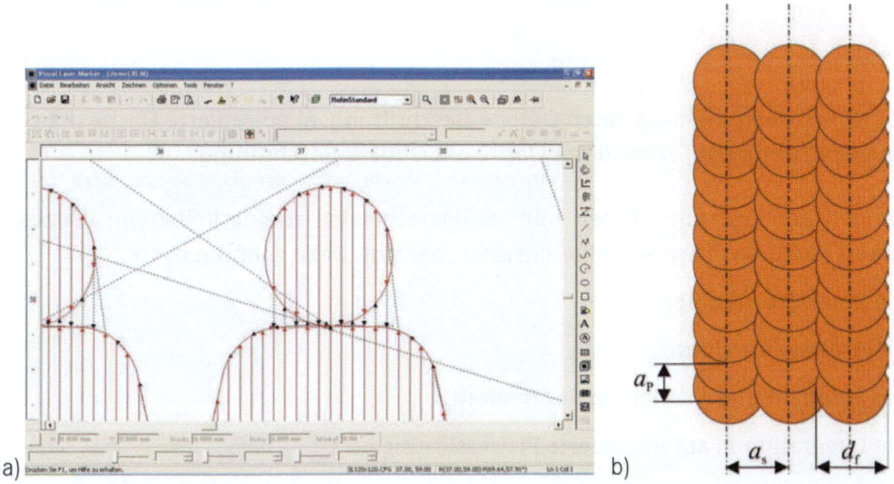

Bild 7.74 Darstellung der Laserstrahlschraffur. a) Darstellung der Schraffur sowie An- und Abfahrtswege, b) Darstellung der Laserspuren und Überlappungsgrad

Um homogene und flächig gefüllte Muster zu beschriften, ist ein bestimmter **Überlappungsgrad *Ü*** der Laserspuren erforderlich. Der Überlappungsgrad ergibt sich aus dem Abstand der Spuren a_s und dem Fokusdurchmesser d_f (vgl. Bild 7.74 b).

$$\ddot{U}[\%] = \frac{(d_f - a_s)}{d_f} \cdot 100 \tag{7.18}$$

Der gewählte Überlappungsgrad bestimmt die Homogenität der beschrifteten Strukturen. In der Anwendung sollte ein Kompromiss zwischen Beschriftungsgeschwindigkeit und erforderlichem Kontrast gefunden werden. Oftmals werden typische Überlappungsgrade zwischen 10 und 30 % gewählt.

In den Randgebieten schraffierter Flächen bilden sich häufig unregelmäßige Übergänge aus, dargestellt in Bild 7.75 a. Es lassen sich oftmals keine scharfen Randbegrenzungen erzeugen. Realisierbar sind diese jedoch mit der Funktion Outline-Beschriftung. Mit dieser Funktion wird nach der durchgeführten Schraffur die Kontur noch einmal im Randbereich mit dem Laserstrahl überfahren. Im Ergebnis der Outline-Beschriftung bildet sich ein sehr scharfer Randbereich mit einem hohen Kontrast aus (vgl. Bild 7.75 b).

a) b)

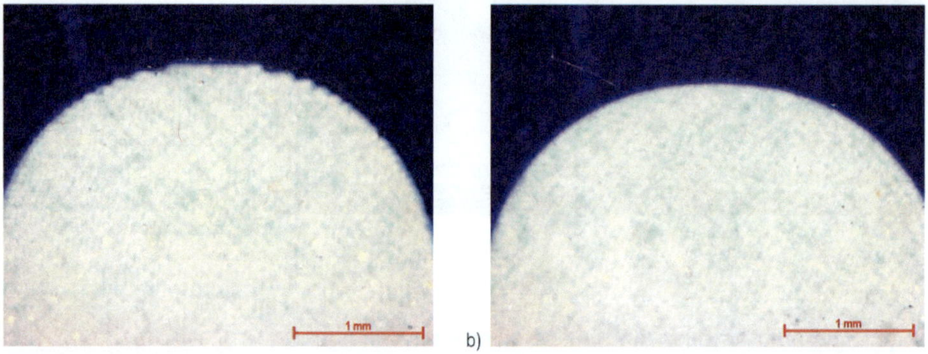

Bild 7.75 Kontrasterhöhung durch Outline-Beschriftung. a) schraffierte Fläche ohne Outline-Beschriftung, b) schraffierte Fläche mit Outline-Beschriftung

Neben den beschriebenen Laser- und Scanparametern ist eine Reihe von **Prozessparametern** für das Laserstrahlbeschriften relevant. Dazu gehören bspw.:

- die Beschriftungsfolge,
- die Absaugeinrichtung,
- das Spannen und Ausrichten des Bauteils,
- die Integration in automatisierte Prozesslösungen.

7.2.7 Ausgewählte Beschriftungsmethoden und Applikationsbeispiele

7.2.7.1 Anlassbeschriften

Metallische Oberflächen bilden bei einer örtlichen Erwärmung in Gegenwart von Sauerstoff in bestimmten Temperaturbereichen Oxidschichten aus. Diese relativ dünnen Schichten erscheinen in Abhängigkeit von ihrer Dicke und Reflektivität unterschiedlich farbig. Dieser Oberflächeneffekt wird gezielt bei der **Anlassbeschriftung** angewendet. Material wird bei dieser Beschriftungsmethode nur unwesentlich bzw. gar nicht abgetragen. Das Verfahren wird vor allem für Edelstahl eingesetzt, findet aber auch Anwendung bei allen Metallen, die unter Einwirkung von Wärme und Sauerstoff Oxidschichten bilden.

a) $P = 40$ W
$\nu = 2000$ Hz
$v_s = 20$ mm·s-1
$t = 240$ s

b) $P = 35$ W
$\nu = 7000$ Hz
$v_s = 200$ mm·s-1
$t = 30$ s

c) $P = 30$ W
$\nu = 10.000$ Hz
$v_s = 400$ mm·s-1
$t = 12$ s

Bild 7.76
Ausgewählte Farbeffekte und Kontraste in Abhängigkeit von den gewählten Prozessparametern (**Nd:YAG-Laser,** $\lambda = 1{,}06\,\mu m$; $P_a = 60$ W; $f = 120$ mm)

Für Edelstahloberflächen wird sehr häufig eine dunkle Kennzeichnung genutzt, die eine sehr kontrastreiche Beschriftung ermöglicht. Jedoch können in Abhängigkeit von den gewählten Parametern und des Oberflächenzustandes (gebürstet, gestrahlt oder poliert) unterschiedliche Farbeffekte auftreten. Drei typische Zustände und die dafür zur Anwendung gekommenen Parameter sind in Bild 7.76 aufgeführt.

Die exakte Wahl einer Prozesstemperatur und das reproduzierbare Beschriften erlauben das Erzeugen von Farbeindrücken auf metallischen Oberflächen. In Tabelle 7.14 und Tabelle 7.15 sind mögliche Farberscheinungen und die jeweils dazugehörige Oxidfilmdicke für Stahl- und Nickeloberflächen zusammengestellt. Der Farbeffekt beruht auf der Interferenz an dünnen Schichten. Gelingt es, diese Oxidfilmdicken exakt zu erzeugen, kann man eine selektive Farbkennzeichnung vornehmen. Die hier gemessenen Schichtdicken und die zugehörigen Farben lassen sich in der Praxis mit einer Parametermatrix (vgl. Bild 7.77 a) sehr gut nachweisen.

Tabelle 7.14 Dicke von Oxidfilmen auf Nickel- und Stahloberflächen */Evan1934/*

Farberscheinung	Schichtdicke [Å]
Nickeloxidfilm	
Braun	490
Dunkelbraun	540
Purpurn	570
Dunkelviolett	600
Dunkelblau	760
Silbergrau	1120
Gelblichgrün	1200
Gelb	1260
Strohgelb	1350
Gelbbraun	1620
Dunkelbraun	1720
Eisenoxidfilm (auf Stahl)	
Strohgelb	460
Rötlichgelb	520
Rotbraun	580
Purpur	630
Violett	680
Blau	720

Tabelle 7.15 Anlassfarben und Temperaturen

Anlassfarben		Temperatur [°C]
Weißgelb		200
Strohgelb		220
Goldgelb		230
Gelbbraun		240
Braunrot		250
Rot		260
Purpur		270
Violett		280
Dunkelblau		290
Kornblumenblau		300
Hellblau		320
Blaugrau		340
Grau		360

Beim Anlassbeschriften nutzt man den Güteschalter überwiegend für die Sprünge (Ein- und Auschalten des Laserstrahls) und nicht zum Pulsen des Laserstrahles. Damit wird sichergestellt, dass kein Material schmilzt oder sublimiert und somit kein Abtrag stattfinden kann. Aufgrund der thermischen Wirkung (Wärmeleitungseffekte) ist für diese Bearbeitungsmethode etwas mehr Prozesszeit erforderlich als beim Gravieren. Im Ergebnis entstehen ebene Oberflächen ohne Aufwurf, sodass diese Methode ideal für die Beschriftung von endgefertigten Bauteilen ist.

Sehr deutlich wird darüber hinaus, dass bei Edelstählen das erzeugbare Farbspektrum wesentlich größer ist, als bei niedrig legierten Stahloberflächen. Die größte Farbvarianz weisen jedoch Titanoberflächen auf, wie die sehr homogenen farbigen Flächenelemente in Bild 7.77 b zeigen. Diese weisen im Übergang zu benachbarten Farbstrukturen einen exakten und scharfen Übergang auf. Es können mit dieser Beschriftungsmethode extrem hohe Kontrastwerte erzielt werden.

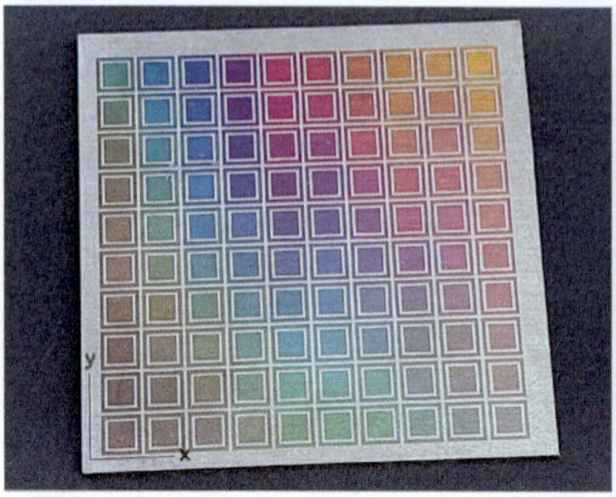

a)

b)

Bild 7.77 Beispiele für das Anlassbeschriften (Material: CrNi-Stahl 1.4301). a) Erstellen der Farbmatrix, b) Zuweisung der Laser- und Prozessparameter einer Bilddatei

7.2.7.2 Schwarzbeschriften (Black Marking)

Die sogenannte **Schwarzbeschriftung** ist ein Verfahren zur Erzeugung von optisch kontrastreichen, dauerhaften Markierungen, das insbesondere bei Metallen wie Edelstahl zum Einsatz kommt. Dabei wirkt der Laserstrahl mit reduzierter Leistungsdichte und längerer Wechselwirkzeit auf die Materialoberfläche, ohne jedoch das Material aufzuschmelzen oder substanziell abzutragen. Der Kontrast resultiert für ns-Pulsdauern aus lokalen, thermisch induzierten Gefügeveränderungen sowie aus der Bildung von Oberflächenoxiden, die das Reflexionsverhalten entscheidend verändern.

Der ausgeprägte optische Kontrast ergibt sich hauptsächlich aus einer Mikrooxidation in der Randzone sowie aus der lokalen Anreicherung von Kohlenstoff, der aus der Metallmatrix freigesetzt werden kann. Dieses Phänomen führt zur Bildung einer carbonisierten Deckschicht, die das absorbierende Verhalten der Oberfläche verstärkt und ihr das charakteristische schwarze Erscheinungsbild verleiht (Bild 7.78).

Die Schwarzbeschriftung zeichnet sich durch folgende Vorteile aus:

- hohe Lesbarkeit, selbst unter schwierigen Lichtverhältnissen oder nach mechanischer Beanspruchung,
- dauerhafte Markierung, die insbesondere für Rückverfolgbarkeit, Serialisierung oder Produktidentifizierung verwendet werden kann.

Ein potenzieller Nachteil besteht jedoch in einer Beeinträchtigung der Korrosionsbeständigkeit im Bereich der Markierung, insbesondere bei Edelstahl. Die lokalen Gefügeveränderungen können die Bildung einer geschlossenen Chromoxidschicht verhindern, wodurch das Material für Korrosion anfälliger werden kann. Um dieser Beeinträchtigung vorzubeugen, können nachgeschaltete Schutzmaßnahmen wie chemische Passivierungen, Beizen oder Oberflächenveredelungen zum Erhalt der Korrosionsresistenz angewandt werden. So ist die Schwarzbeschriftung ebenso für Anwendungen geeignet, bei denen sowohl Lebensdauer als auch Ästhetik entscheidende Faktoren darstellen.

a) b)

Bild 7.78 Ausgewählte Anwendungen für die Schwarzbeschriftung © ACI Laser GmbH. a) Drucktransmitter, b) Werkzeugbeschriftung – Kegelsenker

Die Schwarzbeschriftung mittels Ultrakurzpulslasern basiert auf der gezielten Erzeugung von Mikro- und Nanostrukturen, die eine nahezu vollständige Lichtabsorption bewirken und dadurch extrem kontrastreiche, tiefschwarze Markierungen ermöglichen. Dabei wird die Materialoberfläche durch ultrakurze Laserpulse modifiziert, ohne dass thermische Schäden oder eine signifikante Wärmeeinflusszone entstehen. Die Modifikation erfolgt direkt im Substrat ohne den Einsatz von Pigmenten oder Beschichtungen, was die Markierungen besonders langlebig und abriebfest macht. Durch die präzise Steuerung der Laserparameter lassen sich Materialien wie Edelstahl, Aluminium und Titan mit einem hohen Kontrast bearbeiten. Die resultierenden Markierungen zeichnen sich ebenfalls durch eine hohe Temperaturresistenz und mechanische Stabilität aus.

Trotz der Vielseitigkeit und Präzision ist der Prozess zeitintensiv, da die Erzeugung der Mikro- und Nanostrukturen eine hohe Pulsdichte und exakt abgestimmte Parameter erfordert.

In Bild 7.79 ist eine Schwarzbeschriftung mit UKP-Laserstrahlung dargestellt. Obwohl die Bauteiloberfläche kein ideales Kontrastverhalten aufweist, konnte eine gut auflösbare Markierung vorgenommen werden.

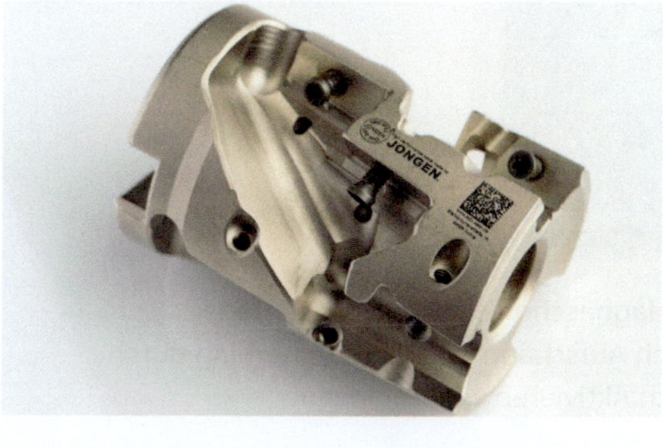

Bild 7.79 Schwarzbeschriftung mit UKP-Laserstrahlung auf einer metallischen Oberflächenstruktur © ACI Laser GmbH

7.2.7.3 Farbumschlag von Kunststoffen

Durch Bestrahlung mit Laserstrahlen bestimmter Wellenlängen kann ein **Farbumschlag** in Kunststoffmaterialien erzielt werden. Das ist entweder auf Zersetzung der Makromoleküle unter Erzeugung von Kohlenstoff oder auf einen Farbumschlag von speziell zugesetzten Pigmenten zurückzuführen. Durch spezifische Beigaben zu den Kunststoffen können spezielle Farbkontraste und Farbkombinationen erzielt werden. Die Oberfläche bleibt hierbei glatt. Die Zersetzung des Kunststoffmaterials wird als **Carbonisierung** bezeichnet. Die Beschriftung erscheint dann meist dunkel (Bild 7.80 b). Für diese Beschriftungsmethode werden immer stärker diodengepumpte Nd:YAG- und Faserlaser eingesetzt. Insbesondere eigen sich gepulste Laser mit Impulsdauern von wenigen ns, da die Effekte des Farbumschlages ebenfalls in diesem zeitlichen Bereich liegen. Dadurch kann eine thermische Belastung des Kunststoffes vermieden werden. Wie eingangs erwähnt können Farbtiefen bis zu 250 µm erzielt werden.

Wird das Material bewusst thermisch beeinflusst, kann durch die Erwärmung der Kunststoff aufgeschäumt werden, und die Beschriftung erscheint durch diffuse Lichtreflexion für das menschliche Auge ebenfalls farbig. Bei diesem Verfahren kann der Laser je nach Werkstoff kontinuierlich oder gepulst betrieben werden. Bild 7.80 a illustriert einen PVC-Kunststoff mit einer sehr hohen aufgeschäumten Struktur. In der Regel ist dieser Zustand nicht erwünscht, wobei jedoch spezielle Anwendungen solch eine erhabene Schrift erfordern (Tastsinn).

a) b) c)

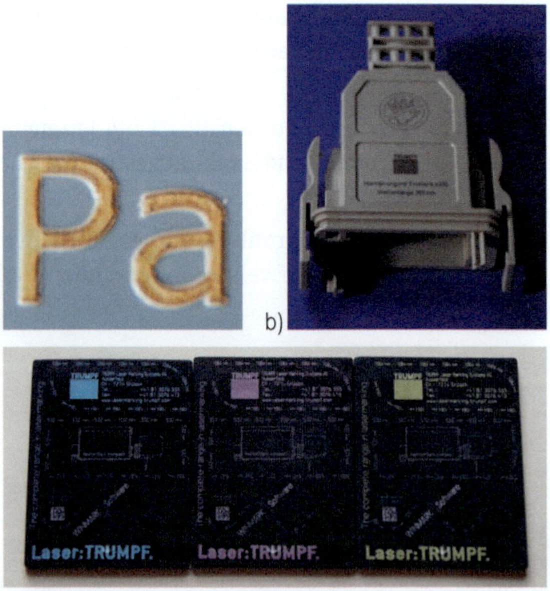

Bild 7.80 Beispiele für das Farbumschlagbeschriften von Kunststoffen */Jena2011-7.3.4/*. a) Farbumschlag durch Aufschäumen, b) Farbumschlag durch Carbonisierung, c) Farbumschlag durch Aktivieren von Additiven

Anhand lichtmikroskopischer Aufnahmen an Dünnschnitten lassen sich die Verfärbungstiefe und die Aufschäumhöhe näherungsweise ermitteln. Die Verfärbungstiefe sollte mindestens 80 – 100 µm betragen und die Aufschäumhöhe sollte möglichst gering sein. Eine wichtige Bewertungsgröße der erzielten Beschriftung ist der **Kontrast**. Dieser wird mithilfe eines Leuchtdichtemessgerätes bestimmt. Um Glanzwinkeleffekte auszuschalten, wird die Messstelle mittels einer Ulbricht-Kugel mit einer Beleuchtungsstärke von 200 lx beleuchtet. Es werden die Hintergrundleuchtdichte (HLD) und die Zeichenleuchtdichte (ZLD) bestimmt. Der Kontrast *K* ergibt sich als Verhältnis von HLD/ZLD. Nach den Prüfsätzen der Verwaltungs-Berufsgenossenschaft GS-VWSG7 muss bspw. für Zeichen auf Tastenkappen der Kontrast größer gleich drei sein. /*Evonik2010*/

Die Zugabe von Additiven in die Kunststoffmatrix ermöglicht für das selektive Beschriften das Erzielen bestimmter Farbeffekte. Dadurch kann ein Farbumschlag auch ohne eine Veränderung der Kunststoffmatrix erzielt werden. Ein bekanntes Additiv ist Titandioxid, das bei der Bestrahlung mit UV-Laserlicht die gewünschte Veränderung der Oxidationsstufe vornimmt. Der Vorteil von modifizierten Kunststoffen ist, dass die Aktivierung in einem bestimmten Wellenlängenbereich erfolgt. So können bspw. frequenzvervielfachte Festkörperlaser unterschiedliche Farbwirkungen bei verschiedenen Wellenlängen bewirken (vgl. Bild 7.80 c).

Bild 7.81 stellt zwei Musterbeschriftungen mit einem gleichen Grundwerkstoff gegenüber. Das verwendete PVC unterscheidet sich lediglich in der Einfärbung. Die Aktivierung der Farbpigmente illustriert für die gezeigten Einfärbungen jedoch konträre Farbeffekte.

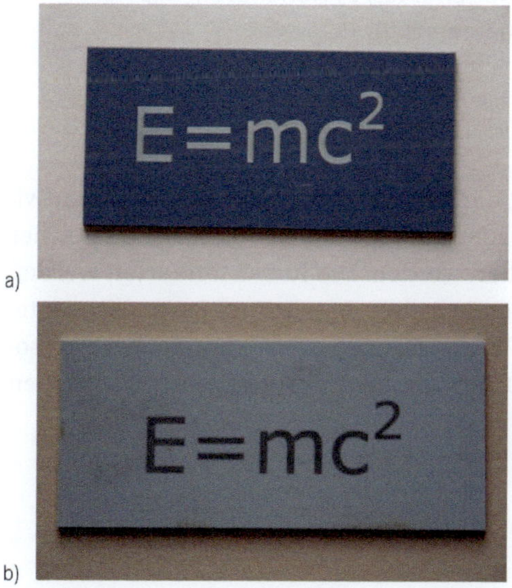

Bild 7.81
Beispiele für das Kunststoffbeschriften. a) PVC-Grundwerkstoff – dunkel eingefärbt, b) PVC-Grundwerkstoff – hell eingefärbt

Eine Variation der Leistung, wie in Bild 7.82 gezeigt, verdeutlicht die sehr empfindliche Reaktion des Kunststoffmateriales. Alle anderen Parameter blieben konstant. Überwiegen bei niedrigeren Leistungswerten bzw. Streckenenergien die Effekte des Farbumschlages durch Aktivierung der Farbpigmente, so wird bei höheren Leistungswerten der Farbumschlag durch die Aufschäumeffekte an der Kunststoffoberfläche dominiert. Die Höhenprofildarstellungen der Abbildungen illustrieren die jeweiligen Extremwerte.

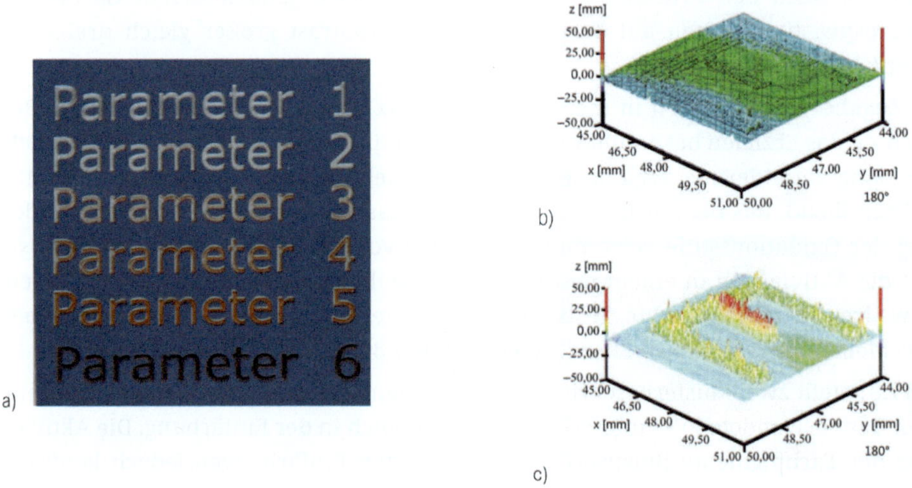

Bild 7.82 Änderung des Beschriftungsbildes in Abhängigkeit von der gewählten Laserleistung. a) Fotografische Darstellung des Effektes, b) Höhenprofil des Aufschäumens für P1, c) Höhenprofil des Aufschäumens für P6

Nd:YAG-Laser

λ = 1,06 µm; P_a = 60 W; f = 120 mm, P1 = 10,0 W, P2 = 10,5 W, P3 = 11,0 W, P4 = 11,5 W, P5 = 12,0 W, P6 = 15,0 W

Ein großes Anwendungsgebiet hat sich mit der Beschriftung von Smart Cards entwickelt. ID-Cards, Telefon- oder Kreditkarten können sehr schnell und fälschungssicher mit Bild, Schriftzügen und Barcodes versehen werden. Die Kunststoffkarten werden vorwiegend durch Farbumschlag mit kurzen Impulsen beschriftet. Bestimmte Materialien erzielen durch das Beschriften mit leistungsangepassten Parametern eine sogenannte **Grauwertbeschriftung** (Bild 7.83). Für diesen Anwendungsbereich wurden spezielle Additive entwickelt.

a)  b) 

Bild 7.83 Beispiel für eine Grauwertbeschriftung */Rofin2010/*. a) Bitmap-Vorlage, b) Beschriftungsbild – Rasterverfahren

7.2.7.4 Abtragen von Oberflächenschichten

Das selektive Abtragen von Oberflächenschichten mittels Laserstrahl ist ebenfalls ein sehr häufig eingesetztes Verfahren. Es wird eine Deckschicht möglichst rückstandslos abgetragen, um den Grundwerkstoff freizulegen. Der Grundwerkstoff soll dabei nicht geschädigt werden. Hierbei ist die Selektivität des Abtragens entscheidend für den erreichbaren Kontrast.

Es eignen sich im Besonderen Grundwerkstoffe und Deckschichten, die einen großen Farbunterschied aufweisen.

Die Anforderungen an die Deckschicht sind vorzugsweise:

- hoher Kontrast zum Grundwerkstoff,
- gutes Absorptionsvermögen,
- homogene Schichtdicke.

Anwendung findet diese Methode zum Beispiel beim Abtragen von lackierten Bauteilen, an eloxierten Aluminiumoberflächen und Laserbeschriftungsfolien. In Bild 7.84 sind Beispiele für das Abtragen von lackierten Schichten dargestellt. Sehr harte Lackschichten, wie sie beim Pulverlackieren entstehen, bis hin zu Multilayerschichten auf Leiterplattenmaterialien können selektiv und mit hohem Kontrast beschriftet werden. Die Deckschichten weisen z. T. sehr unterschiedliche Schichtstärken auf (auch chargenabhängig) was eine Parameterüberprüfung und ggf. Parameteroptimierung für den Anwender zur Folge haben kann.

Das sogenannte **Tag-&-Nacht-Design** ist eine spezielle Anwendung des Abtrags von Oberflächenschichten und wurde für durchscheinende, hintergrundbeleuchtete Bedienelemente entwickelt. Dabei wird durch den Laserstrahl eine lichtundurchlässige Deckschicht von einem transparenten Grundstoff entfernt (Bild 7.84 c). Kurze Laserpulse lassen den Oberflächenwerkstoff explosionsartig verdampfen und legen darunter liegende Schichten frei. Die entstehenden Druckwellen treiben das abgetragene Material aus. Diese Methode durch einen guten Kontrast und hohe Verschleißfestigkeit gekennzeichnet.

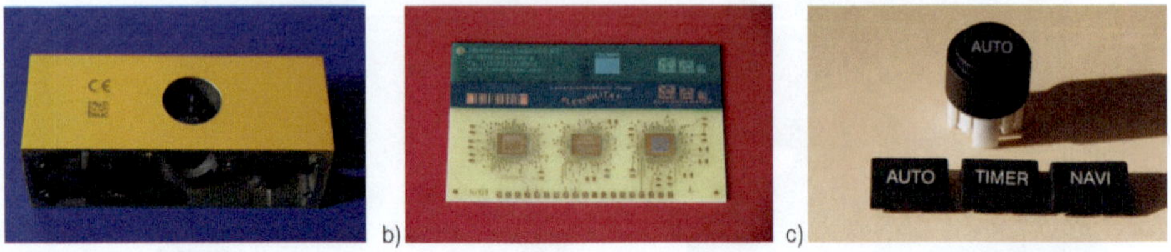

a) b) c)

Bild 7.84 Abtragen von Deckschichten. a) Aludruckguss/Pulverlack (Abtragstiefe: 100 µm, Scangeschwindigkeit: 0,1 m·s^{-1}), b) Leiterplattenmaterial (Abtragstiefe: 30 µm, Scangeschwindigkeit: 1 m · s^{-1}), c) Tag-&-Nacht-Design (Abtragstiefe: 20 µm, Scangeschwindigkeit: 1 m·s^{-1})

Speziell für das Verfahren des selektiven Schichtabtragens wurden die **Laserbeschriftungsfolien** für die Etikettierung entwickelt. Das Design solcher Folien ist sehr vielgestaltig. Ein Beispiel eines Foliendesigns illustriert Bild 7.85. Im Beispiel wird durch die Laserstrahlung eine schwarzfarbene Schicht selektiv abgetragen, sodass eine darunterliegende weiße Schicht sichtbar wird. Sowohl die laseraktive als auch die Farbreferenzschicht können durch verschiedene Farbkombinationen gebildet werden.

Für die Anwendung werden zwei Parameterblöcke programmiert. Ein erster Block mit geringer Streckenenergie erzeugt die eigentliche Beschriftung. Im zweiten Schritt wird die Streckenenergie erhöht und die Etikettenumrandung bis auf die Trägerschicht getrennt. Dadurch kann das Folienetikett sehr einfach vom Trägerwerkstoff entfernt werden. Das Besondere am Foliendesign ist die fälschungssichere Klebverbindung. Die selbstklebenden Folien können nach einem einmaligen Aufbringen auf einer Produktoberfläche nicht zerstörungsfrei entfernt werden.

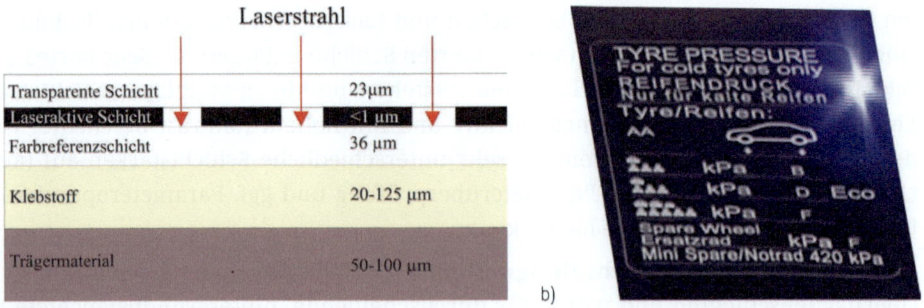

a) b)

Bild 7.85 Laserfolienbeschriftung. a) Schichtaufbau CLF-schwarz-weiß nach */SchreinerGroup2011/*, b) Laserbeschriftetes Etikett */Jena2011-7.3.5/*

Ein oft angewendetes Oberflächenveredlungsverfahren für Aluminiumbauteile ist das Eloxieren. Beim **Eloxal-Verfahren** (**El**ektrolytische **Ox**idation von **Al**uminium) wird eine oxidische Schutzschicht auf Aluminiumoberflächen durch anodisches Oxidieren erzeugt. Dabei findet ein chemischer Umwandlungsprozess der metallischen Oberflächenschicht in ein Oxid bzw. Hydroxid statt. Chemische Grundreaktion für diesen Prozess ist die Elektrolyse, wobei das in einem Säurebad enthaltene Oxonium an der Kathode in Wasserstoff und Wasser zerlegt wird. An der Anode findet die eigentliche Oxidation von Aluminium zu Aluminiumoxid statt. Die Dicke der ausgebildeten Aluminiumoxidschicht beträgt zwischen 5 und 30 µm. Die vereinfachte Gesamtreaktion kann durch Formel 7.19 beschrieben werden

$$2Al + 3H_2O \longrightarrow Al_2O_3 + 3H_2 \tag{7.19}$$

Die gebildete Aluminiumoxidschicht besteht aus einer porösen Deckschicht und einer dichten Sperrschicht (etwa 15 nm), die fest mit dem Aluminiumsubstrat verbunden ist (vgl. Bild 7.86).

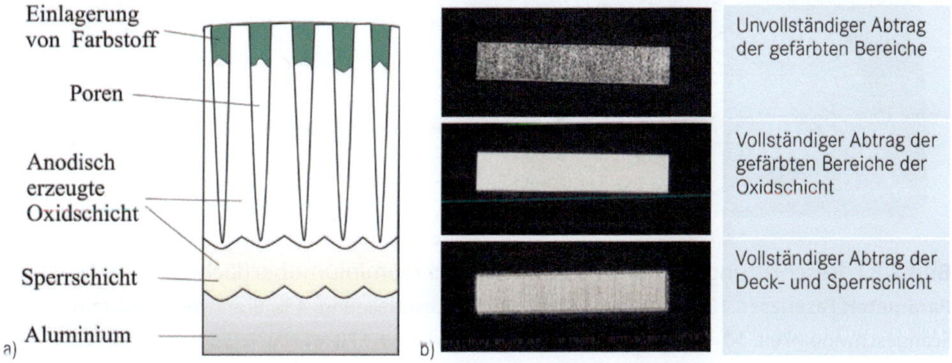

Bild 7.86 Aufbau und Abtragsuntersuchungen gefärbter, eloxierter Aluminiumoberflächen. a) Schnittdarstellung einer gefärbten, eloxierten Aluminiumoberfläche, b) Beschriftungsergebnisse in Abhängigkeit von der Abtragstiefe

Für die Anwendung des Laserstrahlbeschriftens sind farbige Eloxalschichten besonders interessant. Durch **adsorptives Färben** (Einbringen von organischen oder anorganischen Farbstoffen nach dem Eloxieren) oder **elektrolytisches Färben** (dem Elektrolyten kann ein färbendes Metallsalz beigegeben werden) können verschiedene Farbstoffe in die Eloxalschicht eingebracht werden.

Durch die Wechselwirkung der farbigen Eloxalschicht mit dem Laserstrahl werden die Farbstoffe pyrolysiert, wobei die eigentliche Eloxalschicht, das Aluminiumoxid, teilweise erhalten bleibt, und eine typisch weiße Färbung als Beschriftungsspur kontrastreich erscheint.

Die Wahl der Laser- und Prozessparameter ist entscheidend für die Ausprägung des Kontrastes. In Bild 7.86 b sind Beschriftungsbeispiele mit unterschiedlichen Abtragstiefen dargestellt. In der oberen Darstellung ist die Laserleistung bzw. Streckenenergie zu gering gewählt. Der gefärbte Bereich der Oxidschicht wurde unvollständig abgetragen, es sind Restfarbpigmente zu erkennen. Im mittleren Beispiel erfolgte ein vollständiger Abtrag der gefärbten Zone. Zurück bleibt die weiße Oxidschicht. Ihre Restdicke hängt wiederum stark von der Höhe der Streckenenergie ab. Wird diese zu hoch gewählt, kommt es zum Abtrag der gesamten Eloxalschicht einschließlich der Sperrschicht. Deutlich wird dies an der grauen Färbung der freigelegten Aluminiumoberfläche (siehe untere Darstellung).

Bild 7.87 zeigt ein Beschriftungsbeispiel für optische Anwendungen (Siemensstern). Der hohe Kontrast wird durch den vollständigen Abtrag der gefärbten Bereiche der Eloxalschicht erzielt.

Bild 7.87 Beschriftungsbeispiel einer eloxierten Aluminiumoberfläche */ifw2011/*
Parameter: Faserlaser: 100 W, Wellenlänge: 1064 nm, Laserleistung: 4 %, Brennweite: 100 mm, Scangeschwindigkeit: 50 mm·s^{-1}, Frequenz: 10 kHz, Pulslänge: 120 ns, Hatch (Spurabstand): 0,01

7.2.7.5 Gravur

Werden Materialien durch einen gezielten Materialabtrag beschriftet, dann spricht man vom **Gravieren**. Es entstehen reliefartige Vertiefungen im Werkstück, die typischerweise 10 – 50 µm Tiefe aufweisen. Man erreicht dies durch wiederholtes Abarbeiten der gleichen Kontur. Sehr gute Ergebnisse werden bspw. mit einer Kreuzschraffur der Flächen erzielt. Dabei wird das Material geschmolzen bzw. sublimiert und aus der Wechselwirkungszone ausgetrieben. Oftmals ergibt sich durch diese Wechselwirkung auch ein geringer Aufwurf an der Oberseite, der i. Allg. für den Einsatz des Bauteils unwesentlich ist */Rofin2010/*.

Bei Eindringtiefen größer 100 µm wird auch von einer **Tiefengravur** gesprochen. Werden an der gleichen Stelle nacheinander mehrere Schichten abgetragen, dann entstehen reliefartige Vertiefungen im Werkstück. Die Anwendungen hierfür liegen sehr oft im Bereich von fälschungssicheren Beschriftungen oder aber im Einbringen von Strukturen für Werkzeuge und Formen.

Für das Gravieren werden vorwiegend gepulste Lasersysteme mit hohen Pulsspitzenleistungen und Frequenzen bis 10 kHz eingesetzt. Die Scangeschwindigkeit muss so gewählt werden, dass eine ausreichende Pulsüberlappung eine in sich geschlossene Spur entstehen lässt.

Bild 7.88 zeigt exemplarisch zwei typische Anwendungen für das Gravieren von metallischen Oberflächen. Entsprechend den geforderten Gravurtiefen werden die Strukturen entweder einfach oder in mehreren Durchläufen beschriftet.

Aluminiumoberflächen absorbieren die Laserstrahlung relativ schlecht. Sie können aber prinzipiell durch einen Materialabtrag graviert werden. Um den Kontrast auf urgeformten oder bearbeiteten Aluminiumbauteilen zu erhöhen, wird die Beschriftung in zwei Prozessstufen durchgeführt. Zunächst wird ein Hintergrundfeld gescannt, wodurch die Oberfläche geebnet und gereinigt wird. Die anschließende Beschriftung erzielt eine dunkle Beschriftungsspur und erreicht dadurch wesentlich höhere Kontrastwerte.

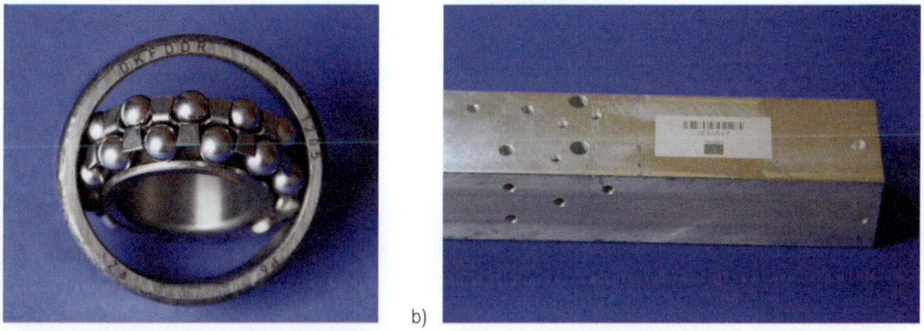

a) b)

Bild 7.88 Abtragen von metallischen Oberflächen. a) Ringbeschriftung Kugellager, b) zweistufige Gravur/Aluminiumoberfläche

Die Kennzeichnung von integrierten Schaltkreisen ist mit dem Laserstrahlverfahren besonders wirtschaftlich. Es lassen sich in sehr kurzen Prozesszeiten laufende Seriennummern auf die Schaltkreise übertragen. Zur Effizienzsteigerung werden auch häufig mehrere Laserstrahlen simultan eingesetzt. Bei dieser Anwendung (Bild 7.89 a) müssen die Laserparameter sehr genau eingestellt werden, damit der Laserstrahl die vorgegebene maximale Eindringtiefe nicht überschreitet. Bild 7.89 b illustriert eine Tiefengravur in einem Dichtring aus Siliziumnitrid. Die eingebrachten Kreistaschen wurden durch mehrmaliges Scannen mit einer Kreuzschraffur erzeugt. Die Abtragstiefe beträgt 2,5 mm.

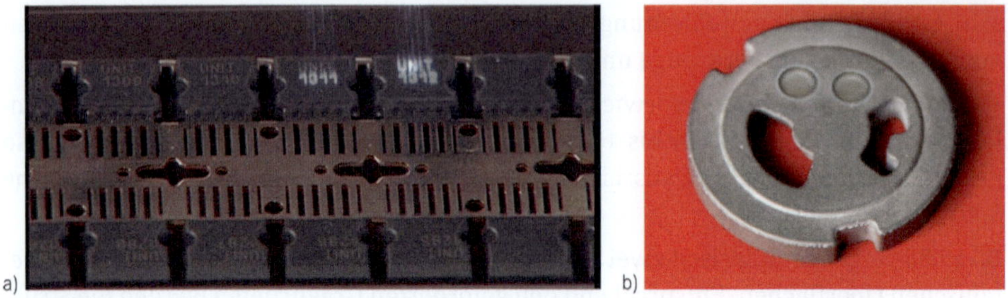

Bild 7.89 Abtragen von nichtmetallischen Oberflächen. a) Serienbeschriftung von integrierten Schaltkreisen (ICs) */Jena2011-7.3.6/*, b) Gravieren eines Dichtringes

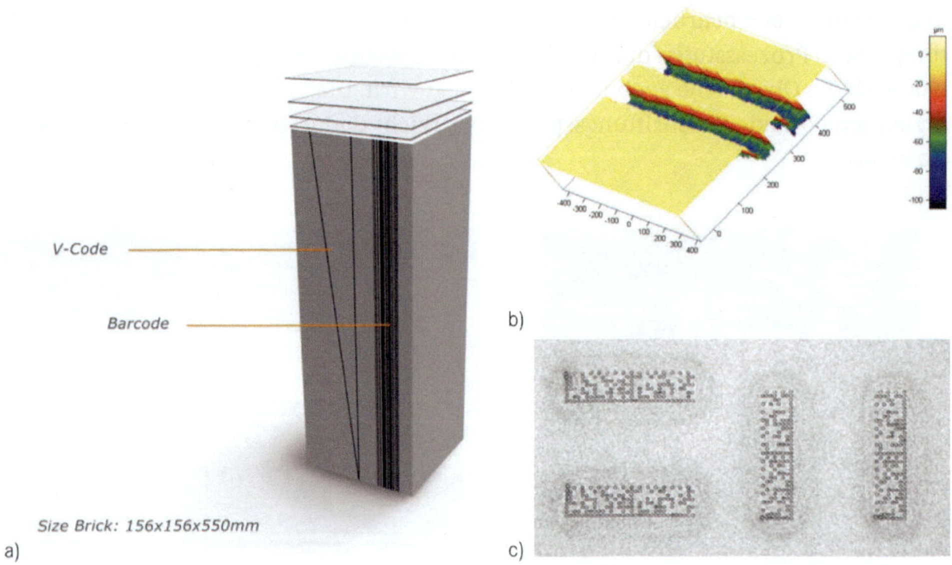

Bild 7.90 On-the-fly-Lasermarkierung von mono- und polykristallinen Silizium-Wafern © Techauer GmbH, */Tesch2010/*. a) Schematische Darstellung einer Siliziumsäule mit Positions- und Identifikationscode, b) Grabengeometrie beim Brick Marking als 3D-Darstellung (Grabenbreiten: 60 – 70 µm, Abtragstiefen: < 75 µm), c) Beispiel für Data-Matrix-Codierungen, aufgebracht durch Wafer Marking

Eine spezielle Anwendung des Gravierens stellt das sogenannte **Brick Marking** von Siliziumsäulen in der Solarzellenfertigung dar (Bild 7.90). Durch das Lasergravieren werden mehrere Codierungen auf der Seitenfläche eines Bricks aufgebracht. Dadurch kann ein Wafer eindeutig der Säule zugeordnet werden, aus welcher er im Fertigungsprozess gesägt wurde. Durch eine zusätzliche Markierung ist die Position des Wafers im Brick nachvollziehbar. Um eine effektive Bearbeitung mit sicherer Lesbarkeit an der Waferkante zu kombinieren, wurden in dieser Anwendung zwei Codeformate,

Barcode und V-Code, eingesetzt (Bild 7.90 a). Das Lasergravieren von Siliziumsäulen kann automatisch in einer Fertigungslinie **Marking On-the-fly** erfolgen. Durch die Lasergravur wird eine lückenlose Rückverfolgbarkeit des Einzelwafers vom Solarmodul bis zur Siliziumsäule gewährleistet. In dieser Anwendung lassen sich Säulenlängen bis zu 550 mm mit einer hohen Durchsatzrate (4000 Wafer pro Stunde) gravieren. /*Tesch2010*/

7.3 Laser Dicing

Das **Laser Dicing** bezeichnet ein spezielles mikromaterialabtragendes Trennverfahren zur präzisen Vereinzelung von sprödharten Materialien, insbesondere Silizium, Saphir, SiC, GaN oder Glaskeramiken. Es wird zunehmend als Ersatz für konventionelle mechanische Trennverfahren wie Diamantsäge oder Ritz-Brech-Verfahren angewandt, da es kontakt- und partikelfrei, gratarm sowie substratschonend arbeitet.

Treibende Kräfte für den Einsatz von Laser-Dicing-Verfahren sind:

- Miniaturisierung elektronischer Komponenten (Wafer Level Packaging),
- Anstieg der Chipanzahl pro Wafer (Yield-Optimierung),
- steigende Anforderungen an Kantenqualität und Partikelfreiheit,
- dünnere Wafer (unter 100 µm), die mechanisch kaum noch sicher trennbar sind.

7.3.1 Prinzipien und Prozessstrategien

Beim **direkten Laser Dicing** wird Material entlang einer Sollbruchlinie durch kontrolliertes Verdampfen oder Schmelzen entfernt. Es werden meist gepulste Laser im ns- bis fs-Bereich mit Wellenlängen im UV (355 nm), VIS (532 nm) oder IR (1064 nm) eingesetzt, wobei der Werkstoff lokal über die Verdampfungstemperatur hinaus erhitzt wird. Die Bearbeitung erfolgt linienförmig entlang der Dicingspur. Charakteristisch für dieses Verfahren ist der mehrstufige Materialabtrag.

Das **Stealth Dicing (SD)** ist ein volumetrisches Trennverfahren, das im Inneren des Substrates eine durch den Laser induzierte Bruchschwächung erzeugt. Wird ein fokussierter IR-Femtosekundenlaser unterhalb der Oberfläche des Wafers ausgerichtet, entstehen durch nichtlineare Absorption (Multiphotonenprozesse, Avalanche-Ionisation) modifizierte Volumina mit mechanischen Spannungen. Die anschließende mechanische Separation erfolgt entlang der erzeugten Risse, welche von der modifizierten Schicht ausgehen. /*Hamamatsu2025*/

Der Prozess gliedert sich in zwei Hauptschritte:

1. **Laserbestrahlung:** Ein Laserstrahl wird fokussiert, um im Inneren des Wafers SD-Schichten zu erzeugen. Diese Schichten initiieren Risse, die sich entlang der geplanten Trennlinien ausbreiten.
2. **Expansion:** Durch das Anwenden von Zugspannungen, beispielsweise durch das Dehnen des Trägerfilms, werden die Risse bis zur Oberfläche propagiert, wodurch der Wafer entlang der SD-Schichten bricht.

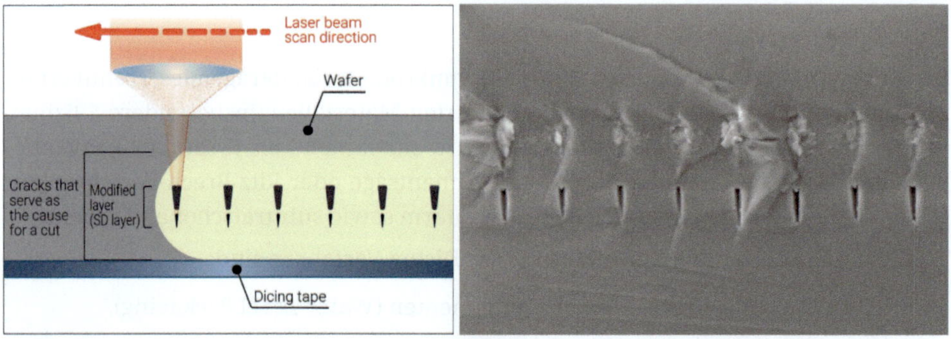

a) b)

Bild 7.91 Darstellung des Stealth-Dicing-Verfahrens (SD) © Hamamatsu Photonics Deutschland GmbH. a) schematische Darstellung der Strukturausbildung im Waferinneren, b) mikroskopische Darstellung der ausgebildeten SD-Schicht

In Bild 7.91 a ist das Prinzip der Stealth-Dicing-Technologie veranschaulicht. Die SD-Schicht wird entlang der späteren Trennlinie (im Schritt 2) durch fokussierte Bestrahlung im Volumen erzeugt, ohne dabei die Oberfläche des Substrates zu beschädigen. Obwohl das Material für die Laserwellenlänge transparent ist, kommt es durch nichtlineare Absorption (v. a. Multiphotonenabsorption, siehe Kapitel 5) bei hoher Intensität zur lokalen Energiedeposition und damit zur mikroskopischen Modifikation des Kristallgitters mit folgenden Merkmalen */Hamamatsu2025/*:

- lokale Rissbildung (Nano-Kavitation),
- Phasenumwandlungen (z. B. Bildung amorpher Zonen bei Kristallwerkstoffen),
- lokale Spannungseinträge durch Dichteänderung,
- zumeist refraktive Brechungsindexänderung (optisch nachweisbar).

Diese Modifikationszone liegt typischerweise einige bis mehrere Hundert Mikrometer unterhalb der Oberfläche und hat eine geringe laterale Ausdehnung (typisch 1 – 3 µm in X-, Y-Richtung, siehe Bild 7.91 b).

Die SD-Schicht erfüllt dabei zwei zentrale Funktionen:

- **Mechanische Schwächung:** Die lokal geschwächte Zone wirkt als vordefinierte Bruchlinie, an der sich Risse bei mechanischer Belastung bevorzugt ausbreiten.
- **Rissinitiierung und -leitung:** Nach dem Laserschritt kann durch z. B. thermisches oder mechanisches Dehnen ein kontrollierter Bruch entlang dieser Linie erzeugt werden, ohne Materialverlust oder Gratbildung an der Oberfläche.

Die Stealth-Dicing-Technologie findet Anwendung in verschiedenen Bereichen der Halbleiterfertigung. Dazu zählen bspw. MEMS-Strukturen (empfindliche Strukturen können ohne Beschädigung getrennt werden), Leistungsbauelemente (das Schneiden von dicken Wafern mit hoher Präzision) sowie optoelektronische Bauelemente (Schneiden von Materialien mit unterschiedlichen optischen Eigenschaften).

Das **Thermische Spalten (Thermal Laser Separation – TLS)** nutzt im Gegensatz zu den vorstehend beschriebenen Verfahren die gezielte thermische Gradientenerzeugung durch cw-Laserstrahlung, um eine definierte Rissführung zu induzieren. Dabei wird das Substrat lokal erwärmt und anschließend durch gezieltes Kühlen (z. B. Gasstrahl oder Kühlblock) zum definierten Bruch angeregt. Diese Methode ist besonders für Glaskeramiken und große Substratdicken geeignet.

7.3.2 Laserquellen und Strahlführung

Die Wahl einer geeigneten Laserquelle für das **Laser Dicing** hängt wesentlich von der Art des zu bearbeitenden Materials, der geforderten Trennqualität sowie den gewünschten Prozessgeschwindigkeiten ab. Grundsätzlich müssen Laserquellen für das Dicing sprödharter Materialien eine Kombination aus hoher Präzision, prozessspezifischer Energieeinbringung und industrieller Robustheit bieten. Zunächst ist eine ausreichend hohe mittlere Leistung erforderlich, um wirtschaftlich relevante Bearbeitungsgeschwindigkeiten zu erreichen, insbesondere bei der Vereinzelung großer Substrate oder im seriellen Betrieb. Gleichzeitig muss die Pulsenergie hoch genug sein, um die Abtrags- oder Modifikationsschwelle des Werkstoffs zuverlässig zu überschreiten, vornehmlich bei ultrakurzen Pulsen, bei denen die Energie auf extrem kurze Zeiträume konzentriert ist.

Von zentraler Bedeutung ist zudem die Strahlqualität. Eine hohe Strahlqualität ermöglicht die Erzeugung kleiner Fokusdurchmesser bei hoher Intensität, was für präzise und gratfreie Schnittkanten essenziell ist. Weiterhin ist eine hohe Pulswiederholrate vorteilhaft, um eine hohe Pulsüberlappung und damit eine kontinuierliche Linienführung zu erzielen, die Prozessunstetigkeiten reduziert und die Kantenhomogenität verbessert.

In Abhängigkeit vom **Pulsregime** ergeben sich spezifische Anforderungen und unterschiedliche Prinzipien (siehe Tabelle 7.16). Während bei nanosekundengepulsten Laserquellen thermisch dominierte Ablationsprozesse mit kontrollierter Schmelzzone auftreten, ermöglichen Pikosekunden- und insbesondere Femtosekundenlaser durch nichtlineare Absorptionsmechanismen eine quasi kalte Ablation mit minimalem Wärmeeintrag. Letztere sind besonders für das Stealth Dicing geeignet, da sie volumetrische Modifikationen ohne sichtbare Oberflächenablation erzeugen können.

Tabelle 7.16 Unterteilung der Prizipien nach der Pulsdauer

Pulsdauer	Mechanismus	Typische Effekte
cw	thermische Spaltung	kontrolliertes Risswachstum
µs – ns	Verdampfen, Schmelzen	konventionelles Dicing, Gratbildung möglich
ps – fs	athermische Ablation	hohe Präzision, keine Wärmeeinflusszone (WEZ), geeignet für Stealth Dicing

Schließlich muss die Laserquelle hohe Langzeitstabilität, einfache Strahlführbarkeit (z. B. über Glasfaser bei gepulsten Faserlasern) sowie Integrationsfähigkeit in automatisierte Fertigungslinien aufweisen. Zusätzliche Anforderungen wie Triggerbarkeit, Synchronisierbarkeit mit Bewegungsachsen und Schnittstellen zur Prozessüberwachung (z. B. Inline-Pyrometrie oder Kameraüberwachung) vervollständigen das Anforderungsprofil für moderne Laser-Dicing-Systeme.

Die Qualität der Schnittkanten und die Bearbeitungsgeschwindigkeit hängen stark vom eingesetzten Strahlprofil ab. Verschiedene Techniken der Strahlformung kommen hierbei zum Einsatz:

- Tophatprofile: homogener Energieeintrag → gleichmäßiger Abtrag,
- Gaußprofile: einfache Optik, aber inhomogener Abtrag,
- Besselstrahlen: große Schärfentiefe, gut für dicke transparente Materialien,
- Vortexstrahlen: zur selektiven Ablation bei minimaler thermischer Belastung.

Zur Umsetzung werden diffraktive optische Elemente (DOE), Axicons, räumliche Strahlmodulatoren (SLM) oder adaptive Optiken verwendet.

Für die Strahlführung werden sehr oft folgende Konzepte in industriellen Systemen angewandt:

- Galvanometer-Scanner mit F-Theta-Objektiv: flexibel, hohe Geschwindigkeit,
- Bewegungsachsen: für präzise Positionierung bei großen Substraten,
- dynamische Fokusnachführung (Z-Tracking): bei Stealth Dicing oder Bearbeitung gewölbter Substrate,
- koaxiale Kameraüberwachung: zur Echtzeitjustierung des Fokus oder zur Positionskontrolle.

Ein industrielles Laser-Dicing-System für Si-Wafer kann beispielhaft folgendermaßen aufgebaut sein:

- Femtosekundenlaser mit 1030 nm, 500 fs, 10 W, 1 MHz
- Galvanometer-Scanner mit telezentrischem F-Theta-Objektiv (f = 100 mm)
- Strahlformung mit DOE für Tophatspot 15 µm
- Inline-Kamera für Wafer Alignment
- Luftabsaugung und Partikelfilterung (Cleanroom ISO 5)

In Bild 7.92 sind MEMS-Bauteile mit einer Membranstruktur illustriert, die mit der Stealth-Dicing-Technologie getrennt wurden. Oftmals werden die Bauteile mit einer Schutzfolie oder Schutzschicht versehen, um eine hohe Schnittqualität ohne Ausbrüche auf der Ober- und Unterseite des Chips zu erreichen. Dadurch werden qualitätsgerechte Dicing-Ergebnisse ohne Beschädigung oder Anhaftung von Verunreinigungen an der Membranstruktur in der Mitte des Chips erzielt.

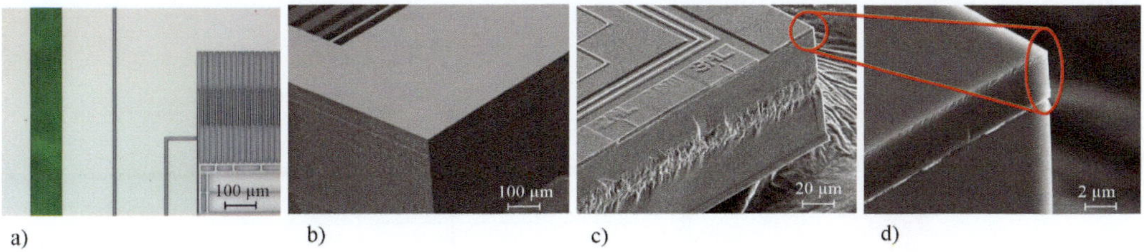

Bild 7.92 MEMS-Anwendung mit Membranstruktur © Hamamatsu Photonics Deutschland GmbH. a) Draufsicht mit der Membranstruktur, b – d) Anwendung mit einer Schutzschicht aus SiO_2 in verschiedenen Vergrößerungen

7.4 Volumenmodifikation

Die gezielte **Volumenmodifikation** mittels kurzer und ultrakurzer Laserpulse (ns- bis fs-Bereich) stellt eine wichtige Verfahrenstechnologie für die Erzeugung von dreidimensionalen Strukturen im Inneren transparenter Materialien dar. Im Gegensatz zu oberflächenwirksamen Verfahren erlaubt diese Methode eine hochpräzise und lokal begrenzte Veränderung des Brechungsindex, der Dichte oder der Materialstruktur ohne sichtbare Schädigung der Oberfläche. Durch nichtlineare Absorptionsprozesse, insbesondere Multiphotonenabsorption und Avalanche-Ionisation (siehe auch Kapitel 5), kann die Energie eines fokussierten Laserpulses gezielt im Volumen aplliziert werden. Dies eröffnet vielfältige Anwendungen, von integrierten photonischen Bauelementen über Speichermedien bis hin zur inneren Strukturierung für Mikrofluidik, Wellenleitern oder Volumenmarkierung. Die räumliche und energetische

Steuerbarkeit dieser Prozesse hängt wesentlich von der Pulsdauer, der Fokusgeometrie sowie der Pulseigenschaften wie Energie und Repetitionsrate ab.

Bei hohen Intensitäten gewinnen **nichtlineare optische Effekte** für die Wechselwirkung an Bedeutung. Dabei erhöht sich der nichtlineare Brechungsindex des Glases in Abhängigkeit von der Leistungsdichte. Da dieser Koeffizient für Glas typischerweise $0{,}013 \cdot 10^{-18}\,m^2 \cdot W^{-1}$ beträgt, tritt eine **Selbstfokussierung** erst bei Intensitäten von 10^9 bis $10^{10}\,W \cdot cm^{-2}$ auf. Bei einer gaußförmigen Intensitätsverteilung der Laserstrahlung in einem Glaskörper führt der Effekt dazu, dass der Brechungsindex in der Strahlmitte ein Maximum annimmt und nach außen abfällt. Dieser radiale Brechungsindexgradient wirkt auf den Laserstrahl wie eine Linse, vgl. Bild 7.93 a. Durch die Fokussierung der Laserstrahlung erhöht sich die Intensität weiter, was eine stärkere Linsenwirkung zur Folge hat. Diese wiederum verursacht eine stärkere Fokussierung. Dieser Prozess baut sich weiter auf, bis es letztendlich zu einer hohen Absorption der Strahlung kommt. Dies führt zu einer Ionisation der mit dem Laserstrahl wechselwirkenden Glaselemente.

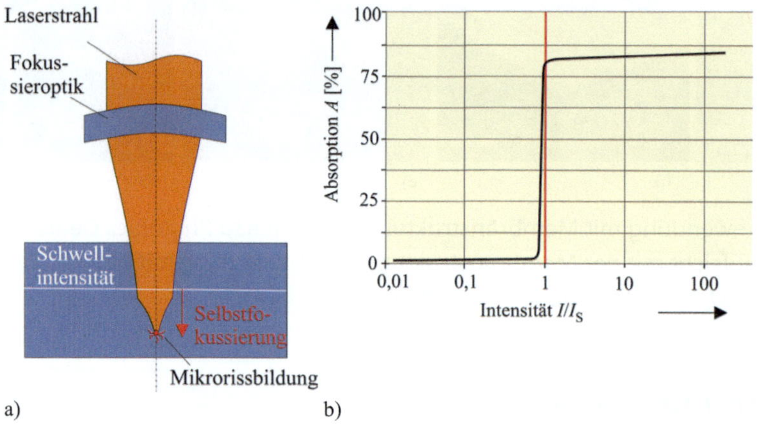

Bild 7.93 Innenstrukturieren von Gläsern. a) Prinzip der Selbstfokussierung, b) Absorptionsverhalten in Abhängigkeit von der Intensität nach */Edgewave2011/*

Durch die schlagartige Erhöhung des Absorptionskoeffizienten kommt es nur zu einer partiellen Beeinflussung des Materials. Bei diesem Prozess ist die Interaktion des Glasmaterials örtlich auf den Fokuspunkt des Laserstrahls begrenzt. Das Material, das sich über bzw. unter dieser Einflusszone befindet, wird nicht vom Laser beeinflusst. */Dick1995/*, */edgewave2012/* Der **Selbstfokussierungseffekt** lässt sich durch eine entsprechende Strahlformung verstärken. Es wird allerdings ein Laser benötigt, der mit einer hohen Strahlqualität emittiert, sodass der Strahl auf einen sehr kleinen Durchmesser fokussiert werden kann. Ferner muss dieser Laser zugleich eine sehr hohe Pulsspitzenleistung erzeugen, um die erforderlichen Schwellintensitäten im Wechselwirkungsvolumen erzeugen zu können. Einsatz finden hierfür bspw. diodengepumpte und gütegeschaltete Festkörperlaser (vgl. Kapitel 3). */Dick1995/*, */edgewave2012/*

7.5 Strukturieren in transparenten Materialien

In Glasblöcken lassen sich 2D- oder 3D-Strukturen durch den beschriebenen Prozess erzeugen. Kleine punktuelle Lasereinflusszonen im Glasvolumen ergeben in der Überlagerung bzw. Anordnung ein dreidimensionales Bild. Die Punktgröße beträgt zwischen 50 – 250 µm. Überwiegend kommen Kurzpulslaser mit einer Wellenlänge von 532 nm zum Einsatz. Mit Repetitionsraten bis zu 20 kHz und mittleren Laserleistungen bis 20 W können sehr hohe Gravurgeschwindigkeiten erreicht werden. */Cerion2012-1/*

In Bild 7.94 sind Beispiele für eine dreidimensionale Glasinnengravur dargestellt. Die inzwischen verbreitete Verfahrenstechnologie wird überwiegend für werbetechnische Zwecke angewendet.

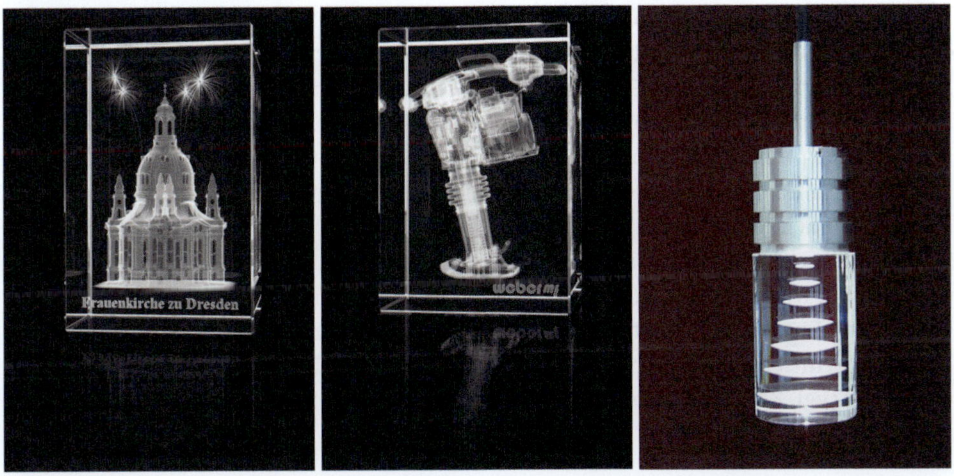

a) b) c)

Bild 7.94 Beispiele für die Glasinnengravur. a) Frauenkirche zu Dresden © GLASFOTO.COM, Dresden, b) Maschinentechnik Weber © GLASFOTO.COM, Dresden, b) Leuchtkörper © Cerion2012-2

Einen wichtigen Anwendungsbereich stellt das **Einschreiben** von **Faser-Bragg-Gittern (FBG)** in Fasern und optische Wellenleiter dar. Hierfür sind insbesondere Laserquellen mit einer hohen Kohärenz erforderlich. Solche Indexnanostrukturen bestehen aus „Nanoscheibchen", die entlang des Faserkerns ausgebildet sind (Bild 7.95).

Die erforderliche Anzahl dieser „Nanoscheibchen“ liegt typischerweise > 10 000. Für eine bestimmte Lichtwellenlänge kommt es zu einer phasenrichtigen Überlagerung der einzelnen an jedem Indexsprung bzw. „Nanoscheibchen“ reflektierten Lichtanteile. Diese Wellenlänge wird **Bragg-Wellenlänge λ_{Bragg}** genannt. Aufgrund der Überlagerung sehr vieler Einzelreflexe ergibt sich für das FBG ein spektral schmalbandiger Reflexionspeak. */Roth2008/*

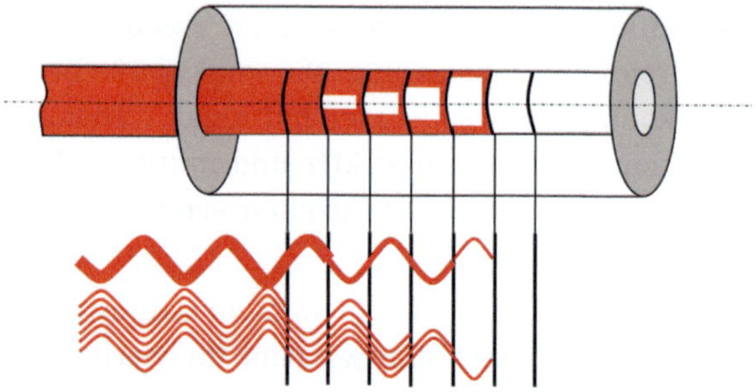

Bild 7.95
Prinzipdarstellung eines Faser-Bragg-Gitters nach */Roth2008/*

Das Einschreiben der **Nanostrukturen** erfolgt durch Belichtung mit UV-Laserstrahlung oder fs-Impulsen mit hohen Spitzenintensitäten (Multiphotonenabsorption). Das Belichten mit UV-Laserstrahlung setzt die Absorption der Strahlung im Faserkern voraus. Bei ausreichender UV-Fotoempfindlichkeit des Kernmaterials kommt es an den belichteten Stellen zur Erhöhung der Brechzahl. Als Kernmaterialien kommen für die UV-Absorption Germanium-dotiertes Quarzglas oder Germanium/Bor-codotiertes Quarzglas zum Einsatz. Diese Materialien erlauben prinzipiell das Erzeugen von FBGs mit einem Excimerlaserpuls von einigen 100 mJ Pulsenergie */Roth2008/*. Für die optische Abbildung der Laserstrahlung bzw. Erzeugung des Interferenzmusters werden bspw. Talbot-Interferometer (Grundprinzip in Bild 7.40) angewandt. Zum Einschreiben eignen sich Excimerlaser mit einer Wellenlänge von 248 nm (KrF) oder 193 nm (ArF). Um die gewünschte Pulsenergie von > 400 mJ bereitzustellen, werden MOPA-Systeme eingesetzt (vgl. Kapitel 3). */Roth2008/*

7.6 Filamentieren

Das **Filamentieren** mit ultrakurzen Laserpulsen in transparenten Materialien basiert ebenfalls auf dem vorstehend beschriebenen nichtlinearer Ausbreitungseffekt, der auf dem Zusammenspiel zwischen selbstfokussierender Kerr-Linsenbildung und defokussierender Plasmaerzeugung beruht. Bei ausreichend hohen Spitzenintensitäten wird die kritische Grenze für Selbstfokussierung überschritten, wodurch im Material ein lokal von der Intensität abhängiger Brechungsindex entsteht, der den Strahl zusätzlich fokussiert. Diese sogenannte Selbstfokussierung führt zu einer lokalen Intensitätszunahme, die im weiteren Verlauf eine Ionisation des Mediums und somit eine Plasmaerzeugung auslöst. Das entstehende Plasma wirkt defokussierend, wodurch ein Gleichgewichtszustand entstehen kann, in dem sich der Laserstrahl über eine gewisse Distanz nahezu ohne Divergenz fortpflanzt. Diese typische Struktur wird als Filament bezeichnet (siehe Bild 7.96).

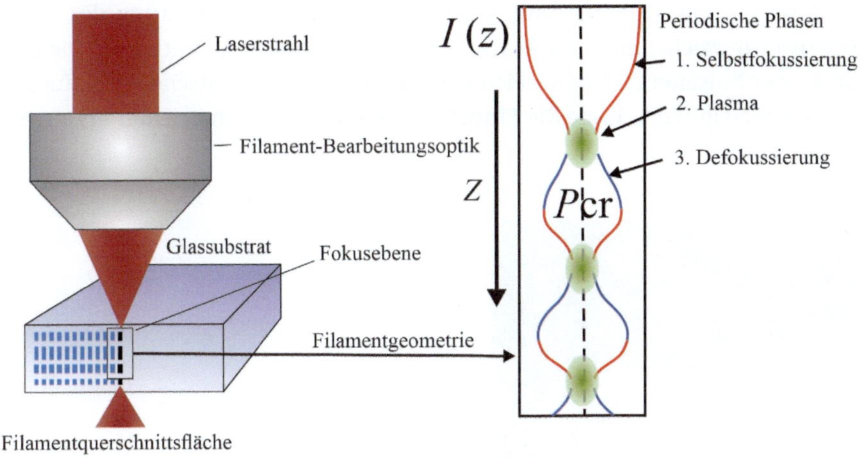

Bild 7.96 Illustration der Filamentierung mit Ultrakurzpuls-(UKP)-Laserstrahlen. a) Erzeugung von Filamenten im Inneren des Glases, b) Ausbreitung von Hochenergielaserpulsen im transparenten Medium aufgrund nichtlinearer optischer Effekte dritter Ordnung (Kerr-Effekt)

Für die Herstellung von Filamenten über die gesamte Glasdicke, die mehrere Millimeter betragen kann, kommen speziell entwickelte Cleave-Optiken zur Kontrolle der Strahlformung und der Tiefenfokussierung zum Einsatz. Ziel ist die Bildung eines stabilen Filaments an einer definierten Tiefe im Substrat. Moderne Systeme verwenden dabei oft zylindrische oder asphärische Elemente, Diffraktive Optiken (DOE) oder Axicons zur longitudinalen Verlängerung des Fokusbereichs sowie zur Erzeugung der dafür erforderlichen Besselstrahlen.

Im Bereich der Materialtrennung transparenter Substrate hat sich die Filamentierungsoptik in Kombination mit Ultrakurzpulslasern als zentrales Element etabliert, um präzise und kontrollierte Trennprozesse zu realisieren. Der Laserstrahl wird durch speziell entwickelte Optiken fokussiert, wodurch an einer definierten Tiefe im Material ein Filament erzeugt wird. Die Energiedeposition führt zur Bildung eines lokalen Plasmas, das wiederum Stoßionisation initiiert und dadurch thermomechanische Spannungen hervorruft. Diese Spannungen ermöglichen die kontrollierte Ausbildung von Mikrorissen entlang der gewünschten Trennlinie, ohne dass Material von der Oberfläche abgetragen werden muss. Die anschließende Separation des Materials erfolgt durch mechanisches Brechen entlang der induzierten Risslinie. Spezielle Cleave-Optiken erlauben dabei die Optimierung der Filamentform (z. B. elongierte Filamente für breitere Trennzonen), um saubere und reproduzierbare Trennschnitte sicherzustellen. */trumpf2025–14/*, */4jetmicrotech2025/*

Die für die Filamentierung eingesetzten UKP-Laser weisen eine typische durchschnittliche Leistung im Bereich 10 – 100 W, eine hohe Repetitionsrate zwischen 100 kHz und 1 MHz sowie eine Wellenlänge im nahen Infrarotbereich (beispielsweise 1030 nm bei Ytterbium-dotierten Laserquellen) auf. Die erforderliche Spitzenleistung der Pulse liegt im Gigawatt-Bereich, um nichtlineare Absorptionsprozesse zu initiieren. Die präzise Kontrolle der Pulsenergie (im Bereich weniger µJ bis mJ) ist entscheidend für den Einsatz von Cleave-Optiken, da sie die Eindringtiefe und die Geometrie der erzeugten Filamente bestimmt.

Bild 7.97
Filamentieren von Alumosilikatgläsern mit UKP-Laserstrahlung © TRUMPF Gruppe

Mittels Filamentierung können Materialdicken von wenigen Mikrometern bis zu mehreren Millimetern präzise getrennt werden (Bild 7.97). Hauptsächlich wird diese Technologie in der Elektronikindustrie für Substratdicken von 0,1 mm bis 2 mm eingesetzt, z. B. bei der Herstellung von Displayglas, beim Vereinzeln von Wafern in der Halbleiterproduktion oder beim Schneiden von Saphirsubstraten für Leuchtdioden (LEDs). Bei dickeren Materialien wird der Prozess durch mehrfaches Abfahren der gewünschten Trennlinie erweitert („multiple scan“).

7.7 Selektives Laserstrahlätzen

Das **Selektive Laserstrahlätzen (SLE, engl.: Selective Laser Etching)** ist ein Hybridverfahren, bei dem zunächst mithilfe von Ultrakurzpulslaserstrahlung lokale Materialmodifikationen im Volumen erzeugt werden, um das Material im Anschluss durch chemisches Ätzen selektiv abzutragen. Dieses Vorgehen ermöglicht die Erzeugung von inneren 3D-Strukturen in transparenten Werkstoffen, insbesondere in Gläsern (z. B. Quarzglas, Borosilikatgläser) oder Kristallen (Saphir), die mit herkömmlichen mikrotechnischen Verfahren schwer zugänglich sind */Herm2014/*, */Gott2017/*, */Butk2021/*.

Das Verfahrensprinzip des SLE besteht aus zwei Schritten:

1. **Ultrakurzpulslaserstrukturierung:** Ein Femtosekundenlaser (typischer Bereich 300 – 500 fs) mit Wellenlängen im Nahinfrarot ($\lambda = 1030$ nm) wird in das Volumen eines Glaskörpers fokussiert. Dabei werden aufgrund von lokal hohen Intensitäten $> 10^{12}$ W·cm^{-2} defekte Zonen im Material erzeugt (z. B. durch Bindungsschäden, aufgebrochene Si-O-Bindungen im Glasnetzwerk, Punktdefekte mit mikroskopischer Rissbildung oder Nanovoids).
2. **Chemisches Ätzen:** Die geschädigten Volumina werden im Anschluss in einer Flusssäurelösung (z. B. 5 % Fluorwasserstoffsäure) oder in einer alkalischen Lauge (z. B. Kalilauge) geätzt. Dabei greift das Ätzmedium das geschädigte Material deutlich schneller (um das 100-fache) an als das ungeschädigte Material. Die sogenannte Ätzselektivität S wird wie folgt beschrieben:

$$S = \frac{v_{\ddot{A}\ \text{geschädigt}}}{v_{\ddot{A}\ \text{ungeschädigt}}} \tag{7.20}$$

$v_{\ddot{A}}$ Ätzrate

Dieses Phänomen ermöglicht das selektive Herausätzen (Freilegen) von Hohlräumen in einem Glasvolumen, wobei die Ätzeigenschaften von der Art des Glases, der Konzentration, der Temperatur sowie von der Ätzdauer abhängen. Flusssäure (HF) greift vorwiegend das Siliziumdioxid-Gerüst an. Kalilauge (KOH) ätzt ebenso das Glas, jedoch mit ausgeprägtem anisotropem Ätzverhalten. So können beispielsweise mit KOH Flanken ausgeformt werden, die für einige mikrofluidische oder optische Anwendungen vorteilhaft sind. Typische Ätzraten für prozessierte Gläser liegen bei einigen µm·h^{-1}, für ungeschädigte dagegen unter 0,05 µm·h^{-1}.

Das **Selektive Laserstrahlätzen** findet vor allem Anwendung in der Fertigung von Mikrofluidik-Chips, mikrooptischen Bauelementen, mikrofluidischen Kanälen, Gitterstrukturen oder Hohlräumen im Inneren von Gläsern für die Optik, Medizintechnik, Analytik oder Biophotonik. In Bild 7.98 sind exemplarische Beispiele für den SLE-Prozess dargestellt. In dem Mikrokanalverzweiger wurden unterschiedliche Kanalquerschnitte als Einführhilfen für Glaskapillaren erzeugt (Bild 7.98 a). Bild 7.98 b und c zeigen mikrooptische Formkörper optischer Baulemente nach dem Ätzprozess, die im weiteren Verlauf feinstgeschliffen und poliert zu präzisionsoptischen Komponenten weiterverarbeitet wurden. */lightfab2025/*, */UKPflex2022/*

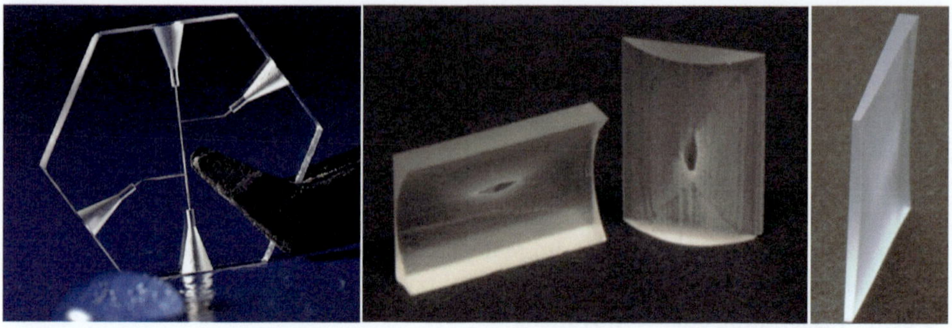

a) b) c)

Bild 7.98 Beispiele für Formköper aus Quarzglas mittels SLE-Verfahren hergestellt. a) Mikrokanalverzweiger © Lightfab GmbH, b) Zylinderlinsenrohlinge, c) freiform-optisches Bauelement */UKPflex2022/*

Übungsaufgaben zum Kapitel 7

(Die dazugehörigen Lösungen finden Sie auf *plus.hanser-fachbuch.de*.)

1. **Aufgabe**: Vergleich der Grundverfahren

   Beschreiben Sie die Unterschiede zwischen thermischem und photomechanischem Abtrag im Hinblick auf Wirkprinzip, Prozessparameter und resultierende Materialmodifikation.

2. **Aufgabe:** Selektives Abtragen von Schichten

   Diskutieren Sie den Einsatz von Ultrakurzpulslasern für das Entlacken von Hairpins in der E-Mobilität. Gehen Sie dabei auf die Herausforderungen in Bezug auf Selektivität, Substratschonung und Taktzeiten ein.

3. **Aufgabe:** Rückseitenablation

   Erklären Sie das Prinzip der Rückseitenablation am Beispiel der Mikrobearbeitung transparenter Materialien. Warum ist diese Methode besonders bei der strukturierten Bearbeitung von Glas interessant?

4. **Aufgabe:** Abtrag in Silikatgläsern

   Welche physikalischen Effekte sind für den Abtrag in silikatischen Werkstoffen mit Femtosekundenlasern verantwortlich? Welche Rolle spielt dabei die Mehrphotonenabsorption?

5. **Aufgabe:** 3D-Formabtrag

   Erläutern Sie das Prinzip des 3D-Formabtrags mittels Slicen und geben Sie Vor- und Nachteile dieser Methode im Vergleich zum kontinuierlichen Formabtrag an.

6. **Aufgabe:** Abtragsfunktion und Werkzeugfunktion

   Erklären Sie die Begriffe Werkzeugfunktion und Abtragsfunktion im Zusammenhang mit der lateralen Bahnführung und Formgebung. Wie lassen sich diese Funktionen messtechnisch erfassen und modellieren?

7. **Aufgabe:** Dünnschichtabtragen (LIFT vs. LITI)

   Beschreiben Sie den Unterschied zwischen LIFT (Laser-Induced Forward Transfer) und LITI (Laser-Induced Thermal Imaging). Für welche Dünnschichtmaterialien ist welches Verfahren besonders geeignet?

8. **Aufgabe:** Laserparameter für Beschriftungsprozesse

   Ein Werkstoff soll dauerhaft beschriftet werden. Welche Rolle spielen Pulsdauer, Wellenlänge und mittlere Leistung bei der Wahl eines geeigneten Lasersystems?

9. **Aufgabe:** Unterschiede bei der Beschriftung metallischer und polymerer Werkstoffe

   Beschreiben Sie die Unterschiede in der Wechselwirkung bei der Beschriftung von Metallen und Polymeren. Welche Parameter sollten jeweils angepasst werden?

10. **Aufgabe:** Strahlführungskonzepte

    Nennen Sie mindestens drei unterschiedliche Strahlführungssysteme für das Lasermarkieren und bewerten Sie diese hinsichtlich ihrer Eignung für hohe Taktzeiten und Prozessflexibilität.

11. **Aufgabe:** Vermeidung von Splittern beim Dicing

    Welche Strategien existieren beim Laser Dicing, um Rissbildung und Ausbrüche an Kanten zu vermeiden? Gehen Sie auf Einflussgrößen wie Fokuslage, Pulsenergie und Bearbeitungsrichtung ein.

12. **Aufgabe:** Vergleich mit konventionellen Trenntechniken

    Vergleichen Sie das Laser Dicing mit mechanischen Trennverfahren (z. B. Scribe-and-Break) hinsichtlich Schnittqualität, Flexibilität und Prozesskosten.

13. **Aufgabe:** Volumenmodifikation zur Wellenleitererzeugung

    Erklären Sie, wie durch fokussierte Ultrakurzpulslaserimpulse innerhalb transparenter Materialien permanente Brechungsindexänderungen erzeugt werden können. Welche Anwendungen sind damit möglich?

14. **Aufgabe:** Filamentierungseffekte

    Was versteht man unter Filamentierung bei der Femtosekundenlaserbearbeitung? Diskutieren Sie deren Vorteile und Risiken für die Materialmodifikation im Volumen.

15. **Aufgabe:** Selektives Funktionalisieren

    Ein Sensorbauteil soll mittels selektiver Materialmodifikation funktionalisiert werden. Wie lässt sich durch gezielte Laserbestrahlung z. B. eine elektrische Leitfähigkeit lokal erzeugen? Nennen Sie Beispiele und erläutern Sie den Mechanismus.

8 Trennende Verfahren

Die trennenden Verfahren der Lasermaterialbearbeitung zielen darauf ab, den Stoffzusammenhalt lokal zu vermindern, um Geometrien durch rein thermische, thermomechanische oder photochemische Prozesse zu erzeugen. Diese Methoden zeichnen sich durch hohe Präzision, geringen mechanischen Einfluss und eine flexible Anpassbarkeit an verschiedene Werkstoffe und Geometrien aus. Insbesondere bei sprödharten, dünnwandigen oder komplex geformten Bauteilen ermöglichen laserbasierte Trennverfahren gegenüber konventionellen Techniken wie Stanzen, Fräsen oder Erodieren oftmals eine effizientere, materialschonendere und oft auch wirtschaftlichere Bearbeitung.

Das Kapitel behandelt zwei zentrale Prozesse der trennenden Lasermaterialbearbeitung, das Laserstrahlbohren und das Laserstrahlschneiden. Beim Laserstrahlbohren wird durch fokussierte Laserenergie Material an definierten Stellen selektiv entfernt, wobei sowohl Einzelbohrungen (Perkussion), rotierende Trajektorien (Trepanning) als auch komplexe Helixbewegungen eingesetzt werden. Dieser Prozess findet breite Anwendung z. B. in der Mikrobearbeitung, Medizintechnik und Luftfahrt. Das Laserstrahlschneiden hingegen ist ein kontinuierlicher Trennprozess mittels einer definierten Kontur. Der Laserstrahl durchdringt das gesamte Werkstückmaterial entlang der Schnittlinie, wobei durch die Kombination von Laserenergie und Prozessgas ein effizienter Materialauswurf und eine hohe Schnittkantenqualität erreicht werden. Das Verfahren wird in nahezu allen industriellen Bereichen angewandt, von der Blechbearbeitung über die Mikrosystemtechnik bis hin zur Bearbeitung von Keramiken und Polymeren.

Darüber hinaus existieren innovative laserbasierte Verfahren wie das Laserdrehen und Laserfräsen, bei denen durch eine definierte Relativbewegung zwischen Werkstück und fokussiertem Laserstrahl dreh- oder fräsähnliche Bearbeitungsstrategien umgesetzt werden. Diese Methoden bieten interessante Potenziale für die präzise spanfreie Bearbeitung komplexer Geometrien und werden aktuell intensiv in Forschung und Entwicklung untersucht. */Zett2021/, /Romo2018/, /Yuan2022/, /gfh2025/*

Nach der Begriffsdefinition gemäß DIN 8580 und DIN ISO 17296-2 zählen diese Verfahren jedoch zu den abtragenden Verfahren, da die Werkstofftrennung durch sukzessiven Materialabtrag erfolgt.

Im Folgenden werden zunächst Grundlagen, Verfahrenstypen und anwendungsspezifische Anforderungen des Laserstrahlbohrens (Abschnitt 8.1) und anschließend die des Laserstrahlschneidens (Abschnitt 8.2) systematisch dargestellt.

8.1 Laserstrahlbohren

Das **Laserstrahlbohren** stellt eine Form des definierten Materialabtrags bis in größere Materialtiefen dar. Der Abtrag erfolgt i. Allg. durch eine kurzzeitige Intensitätseinwirkung, die auch periodisch wiederkehrend (Perkussionsbohren) angewendet wird. Dafür kommen gepulste Lasersysteme zum Einsatz. Der **Impulsbetrieb** gestattet, die Zeitdauer der Impulse klein im Vergleich zur Zeitkonstanten der Wärmeleitung zu wählen, sodass die Verluste durch Wärmeleitung minimiert werden können.

Aufgrund der verschiedenartig verfügbaren Lasersysteme können nahezu in jedes Material Bohrungen mit z. T. auch sehr unterschiedlichen Geometrieanforderungen eingebracht werden. Die für den Bohrprozess charakteristischen Kriterien wie:

- maximale Bohrungstiefe,
- minimaler Bohrungsdurchmesser,
- Aspektverhältnis (Verhältnis Bohrungstiefe zu Bohrungsdurchmesser) sowie
- Bearbeitungsgeschwindigkeit

werden durch verschiedene materialabhängige physikalisch-technische Randbedingungen vorgegeben.

Neben dem Erzeugen definierter Bohrungsgeometrien stellt das Laserstrahlbohren auch eine Voraussetzung für das Laserstrahlschneiden dar. So werden diese Prozesszeiten maßgeblich durch das **Kontureinstechen** (Startlochbohrung) bestimmt. Moderne Hochgeschwindigkeitsschneidprozesse erfordern das „fliegende Einstechen“ (in der Bewegung, kein stationäres Bohren) und einen optimierten Schmelzaustrieb.

Die besonderen Merkmale des Laserstrahlbohrens liegen in der hohen erreichbaren Bohrgeschwindigkeit und der berührungslosen und nahezu kräftefreien Bearbeitung. Tabelle 8.1 zeigt die Vor- und Nachteile des Laserstrahlbohrens gegenüber dem mechanischen Bohrverfahren. Mit dem Laserstrahl können auch sehr harte und spröde Werkstoffe gebohrt werden. Die Bohrungsgrößen lassen sich in gewissen Grenzen variieren. Kleinste Bohrungen sind in der Größenordnung des Fokusdurchmessers erzielbar. Für größere Bohrungsdurchmesser kann auch das Laserstrahlschneiden (Kreisbewegung des Laserstrahles) eingesetzt werden. Darüber hinaus ist es möglich, die Bohrungsachse zur Oberfläche zu neigen. Bei richtiger Wahl und geeigneter Abstimmung der Prozessparameter auf den Werkstoff lässt sich das Laserstrahlbohren sehr wirtschaftlich einsetzen.

Tabelle 8.1 Vor- und Nachteile des Laserstrahlbohrens gegenüber dem mechanischen Bohrverfahren

Vorteile	Nachteile
▪ berührungslos arbeitendes Verfahren ▪ es sind keine Verschleiß- oder Standzeitkriterien zu berücksichtigen ▪ kleine Lochdurchmesser lassen sich effizient bohren ▪ große Aspektverhältnisse möglich ▪ Erzeugen schräger, nicht orthogonaler Bohrungen zur Werkstückoberfläche ▪ relativ geringe Gratbildung ▪ auch die Bearbeitung von Sonderwerkstoffen wie Keramiken, Gläser, Kristalle und Hartmetalle ist möglich ▪ Zentrierarbeitsgang entfällt ▪ keine Kühl-Schmierstoffe erforderlich	▪ eingeschränkte Bohrungstiefen ▪ Konizität von Bohreintritts- zu Bohraustrittsöffnung insbesondere bei größeren Materialdicken typisch ▪ Ablagerungen von geschmolzenen oder verdampften Material auf der Werkstückoberseite und den Bohrungswandungen ▪ höhere Investitionskosten ▪ Bohrwandbeeinflussung durch thermische Wechselwirkung

8.1.1 Grundlagen des Laserstrahlbohrens

Die verschiedenen thermischen Bohrverfahren können in das **Laserstrahlbohren** mit **Schmelzaustrieb** und **Laserstrahlsublimationsbohren** eingeteilt werden. Entsprechend der gewählten Intensität des einfallenden Laserstrahles schmilzt und/oder verdampft das Material. Beim Bohren mit Schmelzaustrieb erfolgt der Werkstoffabtrag vorwiegend in schmelzflüssiger Form, während beim Laserstrahlsublimationsbohren das Material im gasförmigen Zustand aus dem Bohrloch ausgetrieben wird. Beide Verfahren unterscheiden sich im Hinblick auf die erreichbare Bohrgeschwindigkeit und Genauigkeit. Kürzere Prozessdauern lassen sich mit dem Bohrverfahren mit Schmelzaustrieb erreichen. Um hingegen eine hohe Bohrungsqualität zu erzielen, wird ein möglichst großer Verdampfungsanteil angestrebt. Das Prinzip des Laserstrahlbohrens wird am Beispiel des Bohrens mit Schmelzaustrieb (Bild 8.1) nachfolgend diskutiert.

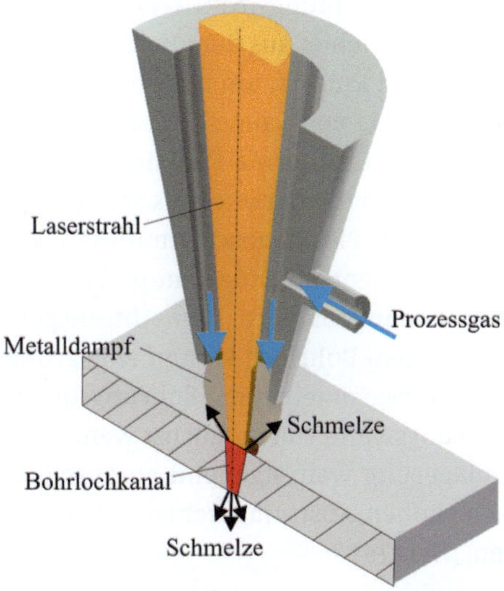

Bild 8.1 Prinzip des Laserstrahlbohrens mit Schmelzaustrieb

Verfahrensprinzip:

- Fokussierung der Laserstrahlung auf die Werkstückoberfläche
- Absorption der Laserstrahlung und lokale Erwärmung des Werkstoffes
- Aufschmelzen und/oder Verdampfen des Werkstoffs in der WWZ
- Austrieb des abgetragenen Materials in Richtung Strahleintritt
- Materialabtrag in die Tiefe
- Materialdurchbruch an der Werkstückunterseite
- Austreiben des Restmateriales durch die Strahlaustrittsseite

Die eingestrahlte Laserleistung P_0 wird je nach verwendeter Materialart zwischen 3 und 30 % an der Oberfläche absorbiert. Die **absorbierte Laserleistung** heizt den Werkstoff in sehr kurzer Zeit auf. Um die Wärmeleitungsverluste möglichst gering zu halten, wird versucht, die Materialoberfläche sehr schnell auf Verdampfungstemperatur zu erwärmen. Die dafür erforderlichen Intensitäten sind relativ hoch und erreichen Werte größer $10^7\,\mathrm{W{\cdot}cm^{-2}}$. Eine grobe Abschätzung der **Intensität I_V** in Abhängigkeit von der Verdampfungstemperatur, des Absorptionsgrades und der Temperaturleitfähigkeit liefert Formel 8.1. */Herz1993/*

$$I_V = \sqrt{\frac{2}{\pi}\frac{2T_V k_W \rho c_p}{w_f A}} \qquad (8.1)$$

T_V Verdampfungstemperatur; k_W Temperaturleitfähigkeit; c_p spezifische Wärmekapazität; A Absorptionsgrad; w_f Fokusradius; ρ Dichte

Nach Erreichen der Verdampfungstemperatur startet der Abtrag durch das Verdampfen und den Austrieb des geschmolzenen Metalls. Aufgrund der schnellen und starken Erhitzung entsteht ein hoher Druck an der Verdampfungsfront (etwa 50 bar), sodass der expandierende Metalldampf die Schmelztröpfchen aus dem Bohrloch austreibt. Zusätzlich kommen meist auch Prozessgase zum Einsatz, um das abgetragene Material gezielt aus dem Bohrloch auszublasen. Im Falle von Sauerstoff als Prozessgas, wird ähnlich dem Laserstrahlbrennschneiden die exotherme Reaktionsenergie des Sauerstoffes für den Bohrprozess genutzt. Gase können aber auch als Schutzgase (Argon und Helium) zur Vermeidung unerwünschter Plasmaabschirmungseffekte eingesetzt werden. Diese Effekte treten auf, wenn der entstehende Dampfdruck infolge einer Überhitzung oder Ionisierung des Gases sehr groß wird. Dem Abtransport des geschmolzenen und verdampften Materials aus dem Bohrloch kommt eine große Bedeutung zu. Dieser Vorgang beeinflusst die Bohrungsgeometrie, die Bohrungsqualität und die Bohrdauer entscheidend. An der Bohrungswand soll möglichst wenig Metalldampf rekondensieren, um eine Schmelzanlagerung weitestgehend auszuschließen. Ein hoher Dampfdruck, verbunden mit sehr hohen Abströmgeschwindigkeiten, kann einer Schmelzanlagerung entgegenwirken. */Herz1993/*

Der **Materialabtrag** wird im Wesentlichen durch die Intensität und die Einwirkdauer des Laserstrahles bestimmt, aber auch durch die Bohrungsgeometrie und das Aspektverhältnis. Ist letzteres sehr groß, kann es bei der Bearbeitung zu einem Verschluss des Bohrloches im oberen Bereich kommen, wenn sich durch ungenügenden Schmelzaustrieb zu viel Schmelze an der Bohrungswand ablagert. Im Allgemeinen versucht man bei großen Aspektverhältnissen die Bohrzeit und den Verdampfungsanteil zu erhöhen. Bild 8.2 a illustriert eine Bohrung in einem 4 mm starken metallischen Formeinsatz (Material 1.2311) mit einem Aspektverhältnis von 50. Bei den gewählten Parametern entsteht ein nur leicht konisch ausgebildeter Bohrungskanal. Im Beispiel in Bild 8.2 b wurde die Intensität geändert. Im Bohrungskanal entsteht ein sogenannter Plasmastau, der die Bohrung sehr stark aufweitet und zu unterschiedlichen Bohrungsdurchmessern führt. Bei geringen Bohrungstiefen absorbiert das an der Materialoberfläche entstehende Plasma einen Teil Strahlung und stellt einen Verlust für die Leistungsbilanz dar. Für größere Bohrungstiefen wechselwirkt das laserinduzierte Plasma mit der Bohrungswand und führt zu einem weiteren Aufschmelzen der Wand. Bei diesen Prozessbedingungen kann der Materialabtrag bis zu 80 % durch Schmelzaustrieb erfolgen. An der Bohrungswand bildet sich eine Oberflächenstruktur aus, die durch eine dünne Schmelzhaut (< 5 µm) und Rauigkeiten im Bereich von 1 – 5 µm gekennzeichnet ist. Wird das Plasma in die Bohrung verlagert, kann die Energieeinkopplung der Laserstrahlung nahezu 100 % betragen. */Herz1993/*

In Bild 8.3 sind zwei Extrembeispiele dargestellt, die nach unterschiedlichen Zielgrößen optimiert wurden. Die Forderung, Bohrungen in großen Materialstärken und sehr kurzen Prozesszeiten zu erzeugen, sollte erfüllt werden, wobei die Bohrungsqualität dabei sekundär war. Ein typisches Einsatzgebiet ist das **Einstechen** als Vorstufe zum Laserstrahlschneiden (Bild 8.3 a). Die Parameter werden so gewählt, dass ein hoher Schmelzanteil den Bohrprozess dominiert (deutlich an den Schmelzablagerungen an der Blechoberseite zu erkennen). Es wurde eine Pulsdauer im ms-Bereich gewählt. Bild b illustriert ein Bohrungsbeispiel, mit hohen Anforderungen an die Qualität des Bearbeitungsergebnisses. Mit dem gewählten fs-Regime kann der Schmelzanteil des Abtrages nahezu vollständig unterdrückt werden, was eine sehr hohe Qualität der Bohranwendung gestattet.

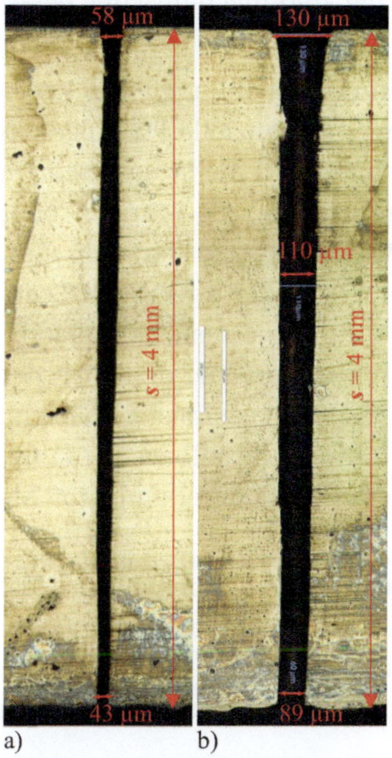

Bild 8.2
Bohrungsquerschliffe. a) mit optimierter Intensität gebohrt, b) Durchmesservergrößerung infolge zu hoher Intensität

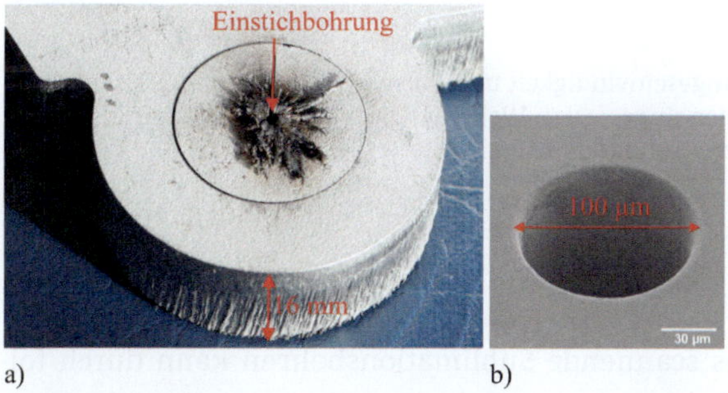

Bild 8.3 Vergleich von Bohrungsbeispielen mit unterschiedlichen Pulsdauern und Qualitätsanforderungen (es wurden zur Veranschaulichung Extrembeispiele ausgewählt). a) Einstechoperation zum Trennen von 16 mm CrNi-Stahl, b) Präzisionsbohren in Silizium mit UKP-Laser © Micreon GmbH, */Micreon2011/*

Beim **Laserstrahlbohren mit scannenden Verfahren** erfolgt der Materialabtrag nicht durch eine statische Bestrahlung der Werkstückoberfläche, sondern durch eine hochfrequente laterale Ablenkung des fokussierten Laserstrahls über eine vordefinierte Bahn innerhalb der Bohrlochöffnung. Dies geschieht typischerweise durch den Einsatz galvanometrischer Scanner oder polygonbasierter Ablenksysteme. Das Verfahren erlaubt die Erzeugung von Bohrungen mit hoher Formkontrolle, reduzierter Wärmeeinflusszone (WEZ) sowie geringer thermischer und mechanischer Belastung des umgebenden Materials.

Die Fokussierung des Laserstrahls erfolgt hierbei kontinuierlich entlang einer Kreis- oder Spirallinie, wobei sich die thermische Energie durch sequenzielle Pulsfolgen in das Material einträgt. Eine verfahrenstechnische Besonderheit beim scannenden Bohrverfahren ist das Fehlen eines gerichteten Zusatzgasstroms zur Schmelz- oder Dampfaustreibung aus der Wechselwirkungszone (WWZ). Aufgrund der typischerweise sehr kleinen Bohrlochdurchmesser (oft < 200 µm) und des gewählten Scanmodus kann kein effektiver Gasstrom in das Bohrloch geführt werden. Daraus folgt, dass das Verfahren primär auf dem Sublimationsbohren basiert, bei dem sich der Materialabtrag durch direkte Phasenumwandlung von fest nach gasförmig vollzieht. Die Wirkung basiert auf lokal hohen Energiedichten, die eine unmittelbare Verdampfung oder sogar Dissoziation des Materials erzeugen. Der entstehende Dampfstoß bewirkt den Abtransport des abgetragenen Materials.

Die erreichbare Bohrlochtiefe d_{tief} bei einem scannenden Sublimationsbohrprozess hängt stark von der Strahlleistung P, der Pulsdauer τ_{LP}, der Pulswiederholrate f_{p}, der Absorption A, der Sublimationsenthalpie H_{sub}, der fokussierten Strahlfläche A_{f} sowie der Effektivität des Dampfstoßes ab. Unter der Annahme idealisierter Bedingungen ergibt sich:

$$d_{\text{tief}} = \frac{N \cdot E_{\text{P}} \cdot A}{A_{\text{f}} \cdot \rho \cdot H_{\text{sub}}} \tag{8.2}$$

N Anzahl der Pulse (abhängig von Scangeschwindigkeit und Pulswiederholrate); E_{P} Pulsenergie; A Absorptionsgrad des Materials bei der eingesetzten Wellenlänge; ρ Dichte des Materials; A_{f} effektive Fokusfläche; H_{sub} spezifische Sublimationsenthalpie

$$E_{\text{p}} = \frac{P}{f_{\text{p}}} \tag{8.3}$$

Die Massenabtragsrate M_{w} für das scannende Sublimationsbohren kann durch folgende Gleichung abgeschätzt werden:

$$M_{\text{W}} = \rho \cdot V_{\text{p}} \cdot \nu_{\text{p}} \tag{8.4}$$

M_{W} Massenabtragsrate; V_{p} Volumenabtrag pro Puls; ν_{p} Pulsfolgefrequenz

Die Kenngrößen zur Beurteilung von **Bohrungsgeometrien** sind in der VDI-Richtlinie 2906 ausgeführt /*VDI2906*/. In Bild 8.4 sind wichtige Kenngrößen zur Charakterisierung der Form- und Lagetoleranz der Bohrung definiert (z. B. die Winkel α, β).

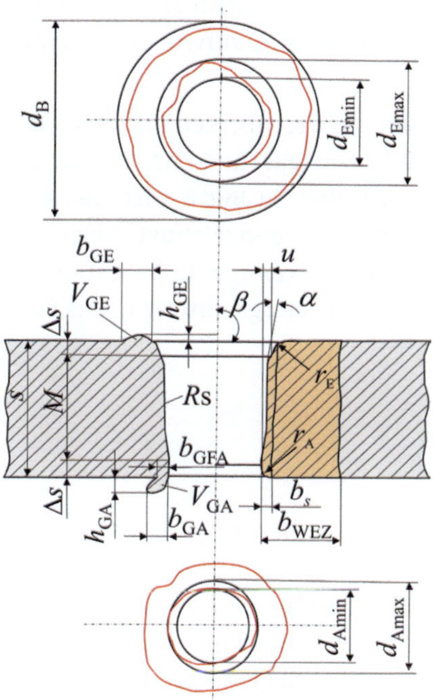

Bild 8.4
Kenngrößen zur Beurteilung der Bohrungsgeometrie /*VDI2906*/
d_{Emax}, d_{Emin} Bohrungsdurchmesser auf der Strahleintrittsseite, d_{Amax}, d_{Amin} Bohrungsdurchmesser auf der Strahlaustrittsseite, d_B Durchmesser der Schmelzablagerungen, V_{GE}, b_{GE}, h_{GE} Volumen, Breite und Höhe des Schmelzaufwurfes, V_{GA}, b_{GA}, h_{GA} Gratvolumen, -breite, und -höhe, b_{GFA} Gratfußbreite, r_E, r_A Anschmelzradius auf der Strahlein- und Strahlaustrittsseite, M Messbereich zur Bestimmung von α, β, b_S und b_{WEZ}, α Flankenwinkel, β Orientierung der Bohrung, u Rechtwinkligkeits- und Neigungstoleranz, b_S Breite der Schmelzablagerung, b_{WEZ} Breite der Wärmeeinflusszone, R_S Rauheit der Bohrungswand, s Materialdicke, Δs 0,1 s für $s < 2$ mm; 0,2 s für $s > 2$ mm

Die Grundform einer Bohrung beschreiben die Größen **Konizität K_{on}** und **Ovalität O_{va}**. Diese sind sehr einfach durch folgende Verhältnisse darstellbar:

$$K_{on} = \frac{d_E - d_A}{s} \cdot 100 \tag{8.5}$$

$$O_{va} = \frac{d_{E\,max} - d_{E\,min}}{d_{E\,max} + d_{E\,min}} \cdot 100 \tag{8.6}$$

d_E Eintritssdurchmesser; d_A Austrittsdurchmesser; s Materialdicke

In der Regel entstehen beim Laserstrahlbohren **konische Bohrungen**, die eine Verjüngung von der Strahleintrittsseite zur Strahlaustrittsseite aufweisen. Für spezielle Anwendungen (z. B. Strömungsgeometrien) ist diese Bohrungsform erwünscht. Meist werden jedoch zylindrische Bohrungsgeometrien benötigt. Durch die Variation spezieller Laserparameter, insbesondere der Fokuslage, kann auf die Konizität gezielt Einfluss genommen werden. Die Abweichung von der Kreissymmetrie, in Form eines ovalen Eintritts- und Austrittsdurchmessers, tritt hauptsächlich beim Bohren mit einer schlechteren Strahlqualität auf (Bohren mit Polarisationseinfluss bzw. Bohren

On-the-fly). Als sogenannter **Anschmelzradius** wird der Radius bezeichnet, der sich beim Übergang von der Werkstückoberfläche zur Bohrungswand ausbildet. Er sollte möglichst minimal sein, um ein nachfolgendes Entgraten zu vermeiden. Tritt während des Laserstrahlbohrens an der Strahlaustrittsseite ein Grat auf, liegt dies meist in einer fehlerhaften Fokuslage oder in einem unzureichenden Schmelzaustrieb begründet. Letzterer kann auch zu einem unerwünschten Schmelzaufwurf und zu Ablagerungen an der Strahleintrittsseite führen.

Der Niederschlag von verdampften Materialpartikeln auf der Oberseite wird als **Debris** bezeichnet. Er kann in gewissen Grenzen durch Prozessgas- und Zusatzgasdüsen in Verbindung mit einem Absaugsystem minimiert werden. In Bild 8.4 ist ebenfalls die in Kapitel 5 beschriebene Wärmeeinflusszone (WEZ) gekennzeichnet. Der Parameter b_{WEZ} ist ein Maß für deren Breite. Um unerwünschte Gefüge- bzw. Stoffeigenschaftsänderungen zu vermeiden, sollten die WEZ und der Energieeintrag in das Bauteil so gering wie möglich gehalten werden.

8.1.2 Bohrverfahren

Für die unterschiedlichen Bohrverfahren kommen neben den **CO_2- und Excimerlasern** insbesondere die **Festkörperlaser** zum Einsatz. Eine Erweiterung der Bohrapplikationen wurde in den letzten Jahren durch Verwendung von Nano-, Piko- und Femtosekundenimpulsen erreicht. Über den gesamten Pulslängenbereich werden verstärkt sowohl Faser- und Scheibenlaser als auch konventionelle Festkörperlaser angewandt */Gill2006/*, */Lieb2008/*.

Prozessverbesserungen wurden bei den µs- und ms-Strahlquellen hinsichtlich der **Strahlqualitäten** sowie der zeitlichen Einbringung der Strahlungsleistung durch Impulsmodulation und angepasste Impulszüge erreicht */Lieb2006/*.

In Abhängigkeit von Werkstoff, Lasertyp und den geforderten Bohrparametern werden überwiegend vier Bohrverfahren eingesetzt (Tabelle 8.2):

- Einzelimpulsbohren,
- Perkussionsbohren,
- Trepanierbohren und
- Wendelbohren (Helixbohren).

Im **Einzelpulsverfahren** können Bohrungen mit einem maximalen Durchmesser von 0,25 mm hergestellt werden, wobei die Bohrungsgeometrie mit einem einzigen Impuls erzeugt wird. Durch dieses schnelle Bohrverfahren können aber nur relativ geringe Materialstärken durchbohrt werden. Zum Einsatz kommen energiereiche Impulse. Der Laser wird für dieses Verfahren im Grundmode (TEM_{00}) betrieben, um eine möglichst hohe Bearbeitungsqualität durch eine gute Fokussierbarkeit der Strahlung zu gewährleisten.

Tabelle 8.2 Schematische Darstellung und Kennzeichnungsmerkmale der Bohrverfahren

Einzelpulsbohren	Perkussionsbohren	Trepanierbohren	Wendelbohren
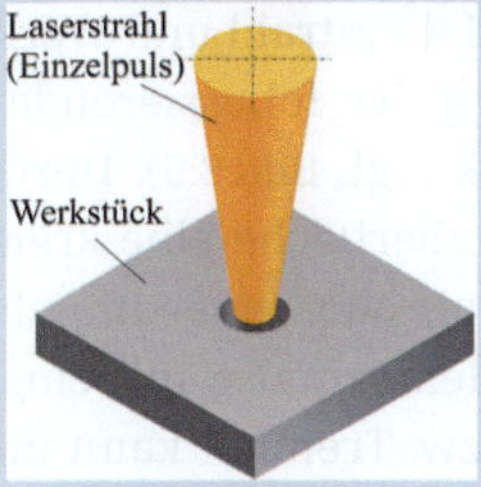	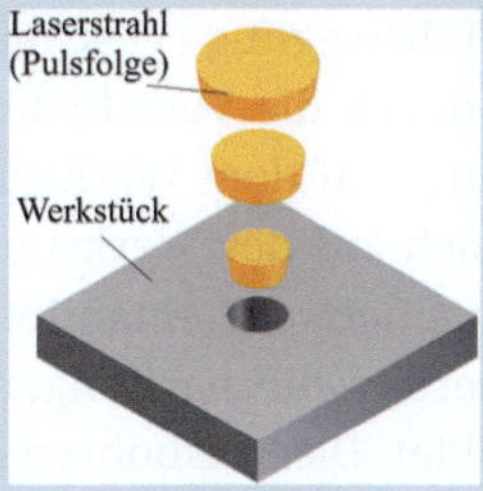	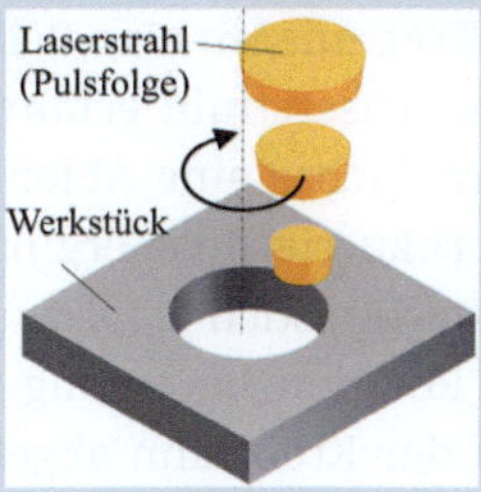	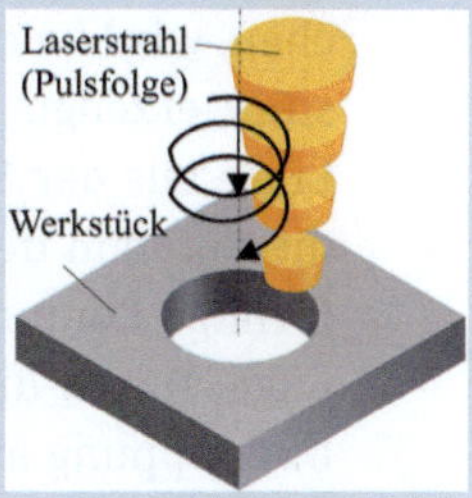
▪ ein Laserpuls ▪ geringe Materialstärken ($s < 1$ mm) ▪ Bohrungen mit Durchmesser $d < 0{,}25$ mm ▪ konische Bohrungsgeometrie ▪ sehr kurze Bohrdauer ▪ Laser im Grundmodebetrieb (TEM_{00})	▪ mehrere Laserpulse ▪ Bohrungen mit Durchmesser $d < 1$ mm ▪ Bohrungstiefe $s < 20$ mm ▪ Laser mit hohen Pulsleistungen	▪ Nachführen des Lasers entlang der Lochgeometrie ▪ Bohrungen mit typischen Durchmessern im Millimeterbereich ▪ $0{,}5$ mm $< d < 10$ mm	▪ Nachführen des Lasers entlang der Lochgeometrie und Nachführen in Richtung der Bohrtiefe (Z-Achse) ▪ sehr hohe Bohrqualitäten erzielbar ▪ bevorzugter Einsatz in Kombination mit UKP-Lasersystemen

Das **Perkussionsbohren** (Mehrfachpulsverfahren) arbeitet mit einer zeitlich definierten Impulsfolge. In Analogie zum Einzelpulsverfahren wird der Laserstrahl auf eine feste Werkstückposition fokussiert. Durch die Verwendung einer Impulsfolge kann die Reproduzierbarkeit der Lochgeometrie erhöht werden (Toleranzen von < 5 % sind möglich). Die erreichbare Bohrungstiefe ist im Vergleich zum Einzelpulsverfahren wesentlich größer (Aspektverhältnisse bis etwa 250 sind möglich). Mehrere aufeinanderfolgende Impulse mit Pulsleistungen bis 25 kW lassen maximale Bohrungstiefen bis 20 mm zu. **Mehrfachreflexionen** an der Bohrungswand können zu einer Art Selbstfokussierung des Laserstrahles führen. Dies ist ein Grund für die Erzeugung extremer Bohrungstiefen mit leicht konischer Geometrie, die wesentlich größer als die Rayleigh-Länge des fokussierten Strahles sind. Prozessentscheidend ist jedoch die Art und Weise der Energieeinkopplung in das sich ausbildende Bohrloch. Insbesondere gestattet neben der Anpassung von Pulsfrequenz und -leistung auch die gezielte Steuerung der zeitlichen Pulsleistungsform eine Prozessoptimierung für unterschiedliche Perkussionsanwendungen */Lieb2008/*. Perkussionsbohrverfahren können in Abhängigkeit von den Fokussierbedingungen für Bohrungsdurchmesser bis maximal 1 mm angewendet werden.

Sind größere Durchmesser erforderlich, findet neben dem Laserstrahlschneiden eine dritte Bohrtechnik, das **Trepanierverfahren** (Hohl- oder Kernbohren), Verwendung. Mit dieser Technik lassen sich, je nach eingesetzter Optik, Bohrungsdurchmesser bis zu einigen Millimetern realisieren. Um eine homogene Bohrungsgeometrie zu erreichen, wird beim Trepanieren eine Relativbewegung zwischen Laserstrahl und Werkstück erzeugt. Der Laserstrahl erfährt durch die Verschiebung der fokussierenden Linse aus der Strahlachse eine Ablenkung auf dem Werkstück (vgl. Bild 8.5). Durch die Rotation der Fokussierlinse ergibt sich auf der Werkstückoberfläche eine kreisförmige Kontur. Der Einstich erfolgt mit einem einzelnen Impuls oder einer Impulsfolge. Durch die Rotationsbewegung werden die nachfolgenden Impulse mit einer Überlappung auf der Kreisbahn abgebildet. Das Ausbohren bzw. Trennen kann mit einem Gasstrahl unterstützt werden. Das abgetragene Material lässt sich in Analogie zum Laserstrahlschneiden durch den Bohrungsaustritt austreiben. Durch definiertes Ändern des Abstandes zwischen optischer Achse der Linse und Strahlachse des Laserstrahls kann der Bohrungsdurchmesser vergrößert oder verkleinert werden. Trepanierte Bohrungen zeichnen sich durch eine relativ glatte Trenn- bzw. Bohrkante mit hoher Parallelität aus.

Der Aufbau eines Trepanierbohrkopfes entsprechend Bild 8.5 ermöglicht die Zuführung eines koaxial geführten Prozessgases. Ist dies für den Bohrprozess nicht unbedingt erforderlich oder lässt sich ein Gasstrom seitlich (nicht koaxial) anordnen, werden die Bohr- und Trennaufgaben vorzugsweise durch **schnell bewegte Scanneranordnungen** ausgeführt. Dadurch erreicht man eine wesentlich höhere Flexibilität hinsichtlich der herzustellenden Bohrung.

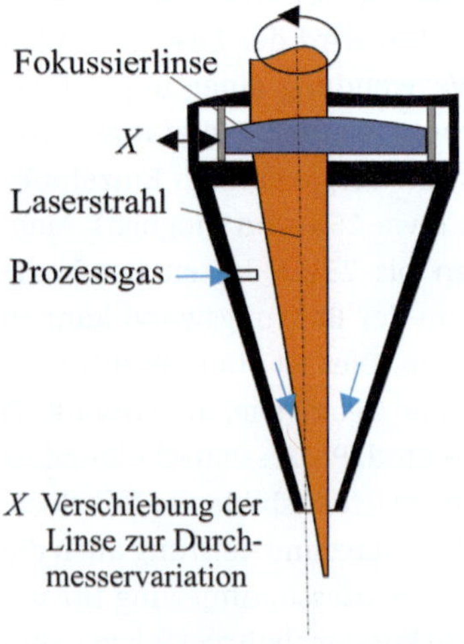

Bild 8.5
Prinzipdarstellung eines Trepanierbohrkopfes
/Herz1993/

Ein vergleichsweise junges, aber zunehmend etabliertes Verfahren in der präzisen Laserbearbeitung ist die Wendelbohrtechnik (Helical Drilling). Im Gegensatz zu konventionellen Verfahren wie Perkussions- oder Trepanierbohren erlaubt sie die Erzeugung hochpräziser Bohrungen mit minimaler Gratbildung und sehr geringer Wärmeeinflusszone (WEZ). Dabei wird der Laserstrahl mithilfe einer rotatorischen Strahlablenkung, etwa durch eine Spiral- oder Wendeloptik (z. B. Galvo-basierte Helix-Module oder Polygonspiegel in Kombination mit F-Theta-Objektiven), überlagert und entlang einer spiralförmigen Bahn durch das Material geführt.

Diese spiralförmige Bewegung des Fokus (analog zum Trepanierbohren, jedoch mit kontinuierlicher Z-Achsen-Modulation) ermöglicht eine gezielte Verlagerung der Fokusposition in die Tiefe des Werkstücks. Der Abtrag erfolgt volumetrisch entlang dieser Helixbahn, wobei Puls für Puls kleine Materialvolumina sublimiert oder verdampft werden. Hierdurch können Bohrlöcher mit hoher Zylindrizität, geringer Rauheit und nahezu gratfreien Ausläufen erzeugt werden, auch bei Bohrdurchmessern < 100 µm oder in sprödharten Materialien.

Für die Wendelbohrtechnik werden primär kurz- und ultrakurzgepulste Laserquellen (ps- bis fs-Bereich) mit hoher Strahlqualität ($M^2 \approx 1$) eingesetzt, da nur so die erforderlichen Intensitäten und Fokusparameter über die gesamte Helixbahn erreicht werden können. Typische Pulsenergien liegen im sub-mJ- bis niedrigen mJ-Bereich bei Repetitionsraten von 100 kHz bis mehreren MHz, um ausreichend Energie pro Umdrehung bei hoher Pulsüberlagerung sicherzustellen. Der damit einhergehende Abtrag bei minimaler thermischer Belastung erlaubt auch die Bearbeitung von temperaturempfindlichen Werkstoffen wie Dünnfolien, medizinischen Polymeren oder technischen Keramiken.

Neuere Entwicklungen integrieren adaptive Optiken oder modulierte Strahlformen (z. B. Bessel- oder Vortexstrahlen), um die Bohrlochtiefe und -geometrie adaptiv zu steuern, was in der Mikrosystemtechnik, der Medizintechnik (z. B. für Stents, Endoskopoptiken) oder der additiven Fertigung (z. B. Düsenstrukturierung) zunehmend genutzt wird.

Das **Multistrahlbohren** stellt eine innovative Weiterentwicklung konventioneller Laserstrahlbohrverfahren dar, bei der ein einzelner Laserstrahl in eine Vielzahl kohärenter Teilstrahlen aufgeteilt wird. Diese Teilstrahlen, auch als Strahlarray, Beamlet-Array oder Teilstrahlmatrix bezeichnet, ermöglichen die gleichzeitige Bearbeitung mehrerer Bohrstellen in einem einzigen Bearbeitungsschritt. Ziel ist es, die Prozesszeit deutlich zu verkürzen, die Bohrqualität homogen zu gestalten und gleichzeitig die Reproduzierbarkeit bei hoher Taktzahl an Bohrungen sicherzustellen. */Barthels2018/*

Die Aufteilung des Primärstrahls erfolgt typischerweise durch diffraktive optische Elemente (DOE – diffractive optical elements), durch modulare Mikrolinsenanordnungen (z. B. MLA – microlens arrays) oder durch den in Kapitel 6 vorgestellten Spatial Light Modulator (SLM). Dabei wird das ursprüngliche Strahlprofil in ein regelmäßig oder gezielt gestaltetes Raster von Einzelstrahlen transformiert, deren Energieverteilung, Fokusdurchmesser und Divergenz durch das Design des strahlformenden Bauelementes festgelegt wird. Die erzeugten Teilstrahlen sind meist im Bereich von wenigen Mikrometern fokussierbar und lassen sich, je nach eingesetztem System, statisch oder dynamisch modulieren. Moderne DOE-Technologien ermöglichen zudem die phasenstabile Vervielfachung von Strahlprofilen ultrakurz gepulster Laserstrahlquellen, wodurch sich diese Technik besonders für Multistrahlbohrprozesse mit höchsten Präzisionsanforderungen eignet. */Bart2018/*, */Haus2021/*, */Bart2022/*

Für die Multistrahlbohranwendung in Bild 8.6 kam ein Ultrakurzpulslaser mit einer Wellenlänge von 525 nm, einer Pulsdauer von 500 fs, einer Pulsenergie von 7,6 µJ sowie einer Repetitionsrate von 25 kHz zum Einsatz. Zur Strahlteilung wurde ein phasenmodulierender SLM genutzt, mit dem eine 2 × 2-Strahlmatrix generiert wurde. Bild 8.6 a zeigt die berechnete Phasenmaske, die für die Erzeugung der vier Teilstrahlen erforderlich ist. Die resultierende Strahlverteilung nach der Umsetzung wird in Bild 8.6 b dargestellt und verdeutlicht die hohe Homogenität und Reproduzierbarkeit der erzeugten Strahlmatrix. Bild c veranschaulicht die resultierenden Bohrlochgeometrien in einer 200 µm dicken CrNi-Folie, welche durch die simultane Bearbeitung mit den vier Teilstrahlen erzeugt wurden. Das Verfahren erlaubt eine deutliche Steigerung der Bearbeitungseffizienz bei gleichbleibender Präzision und ist insbesondere für Anwendungen im Hochdurchsatz-Mikrobohren von Relevanz.

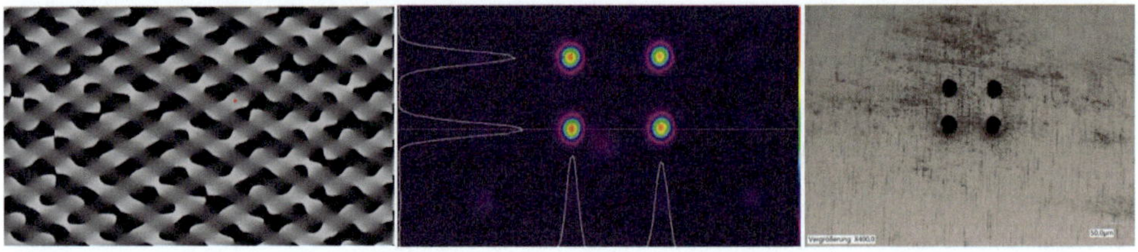

a) b) c)

Bild 8.6 Multistrahlbohren mit einem UKP-Laser und SLM. a) Phasenmaske für die 2 × 2-Strahlmatrix, b) Strahlanalyse der 4 Teilstrahlen, c) Bohrlochgeometrien in 200 µm dicke CrNi-Folie

Das Multistrahlbohren wird vor allem dort eingesetzt, wo viele gleichartige Bohrungen mit hoher Packungsdichte erforderlich sind. Beispiele hierfür sind:

- Filter- und Siebanwendungen (z. B. in der Medizintechnik oder für Mikrodosiersysteme),
- Kühlkanalbohrungen in Turbinenschaufeln oder Werkzeugen,
- Leiterplattenbearbeitung (HDI-Technologien),
- Mikroperforation von Folien (Verpackungsindustrie, kontrollierte Atmungsaktivität).

Ein wesentlicher technischer Aspekt ist die Leistungsbegrenzung pro Teilstrahl, da die Gesamtenergie des Lasers auf mehrere Strahlen verteilt wird. Für viele metallische Werkstoffe kann dies zu reduzierter Eindringtiefe oder ineffizienter Materialabtragung führen, wenn die Einzelstrahlenergie unterhalb der Schwelle für Schmelz- oder Sublimationsprozesse liegt. Daher sind hochbrillante Strahlungsquellen mit ausreichender Gesamtleistung (z. B. > 50 W im fs-Bereich) Voraussetzung für die Umsetzung der Multistrahltechnologie. Weitere Herausforderungen betreffen die optische Justage und die Stabilität der DOE-Systeme sowie die Vermeidung von Interferenzartefakten bei überlagernden Beamlets.

8.1.3 Einflussgrößen auf den Bohrprozess

Eine Reihe von Laser- und Prozessparametern haben Einfluss auf die Bohrungsgeometrie, deren Qualität und auf die Bohrdauer. Signifikante Laserparameter und deren Wirkung auf den Bohrprozess werden nachfolgend dargestellt. Zu diesen zählen:

- die Impulsspitzenleistung,
- der zeitliche Intensitätsverlauf der Laserstrahlung,
- die Impulsform und Impulsfolge,
- die Strahlqualität,
- die Lage des Fokus und
- die Polarisation.

Die **erreichbaren Bohrungstiefen** hängen primär von der Impulsleistung und der Einwirkdauer ab. Die Erhöhung der Bohrzeit bewirkt ein tieferes Eindringen des Laserstrahles in das Material. Aufgrund der stärkeren Strahlungsverluste, die sich mit zunehmender Bohrungstiefe im Material ergeben, verringert sich der Tiefenzuwachs mit zunehmender Bohrungstiefe.

Für die Wirtschaftlichkeit des Bohrprozesses ist die Bohrdauer ein ausschlaggebender Faktor. Die **erreichbare Bohrzeit** hängt vordergründig von der Impulsleistung und Impulsdauer ab. Diesen funktionalen Zusammenhang veranschaulicht Bild 8.7 am Beispiel der Impulsspitzenleistung /*Lieb2008*/. Mit zunehmender Blechdicke steigt erwartungsgemäß die Bohrzeit.

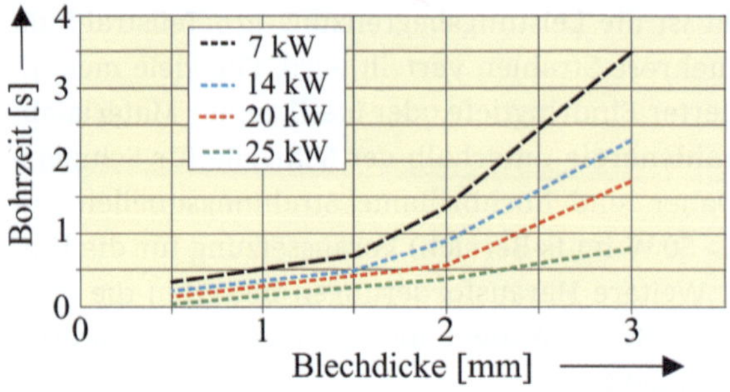

Bild 8.7 Bohrzeit in Abhängigkeit von der Impulsspitzenleistung, FK-Laser, 300 µm Fokusdurchmesser, Werkstoff 1.4301

Eine Erhöhung der **Impulsspitzenleistung** wirkt sich insbesondere für größere Blechdicken auf die Bohrdauer vorteilhaft aus. Für Bohrungen mit einem Durchmesser von etwa 500 µm in 3 mm dickem Stahl (1.4301) lässt sich die Bohrzeit für hohe Impulsspitzenleistungen (25 kW) unter 1 s minimieren.

Neben den genannten Einflüssen stellt die erreichbare **Qualität** der Bohrungen, entsprechend der Kenngrößen in Bild 8.4, ein wichtiges Auswahlkriterium für den Lasereinsatz dar. Bild 8.8 illustriert exemplarisch zwei REM-Aufnahmen von Bohrungswandungen. Gezeigt sind die Austrittsdurchmesser an einem gegossenen und einem gesinterten Werkstoff. Während bei dem gegossenen Material (Bild 8.8 a) deutlich Spuren des Schmelzaustriebes zu erkennen sind, weist die Bohrungswand des gesinterten Werkstoffes in Bild 8.8 b die Grundstruktur des Materials ohne Schmelzanlagerungen auf.

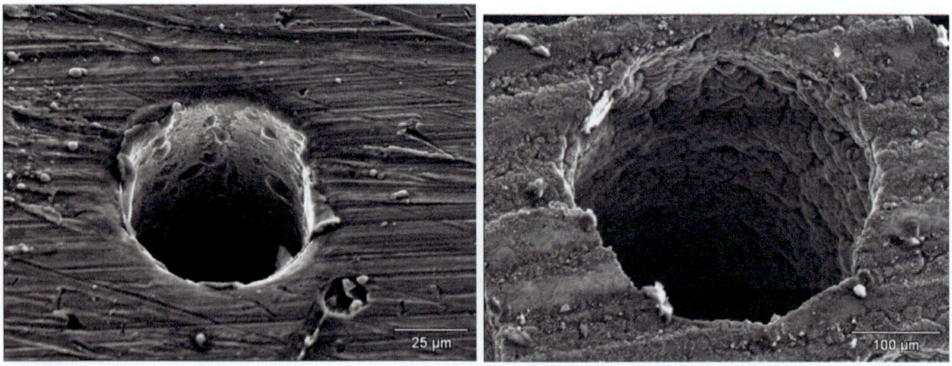

a) b)

Bild 8.8 Ausbildung der Bohrungswand in Abhängigkeit vom verwendeten Material. a) Material 1.2311, 4 mm dick, b) Sinterwerkzeugstahl, 4 mm dick

Der **Schmelzaustrieb** hängt entscheidend von der Wirkung und Größe des Dampfdruckes und des Plasmas ab. Gezielten Einfluss auf diesen Prozess kann durch die zeitliche Folge der Einzelpulse genommen werden. Gleichzeitig wirkt sich eine **Pulsmodulation** positiv auf die Bohrungsgeometrien aus. So ist durch das definierte Perkussieren eine deutliche Verbesserung der **Bohrungsform** im Hinblick auf die Zylindrizität (weniger konisch) erreichbar. Die Aufeinanderfolge der Pulse kann zu einer Aufweitung des Bohrungsaustrittes beitragen. Durch das Aufteilen der Pulsenergie in zeitlich aufeinander folgende Einzelpulse mit einem Tastverhältnis von 1 : 1 kann das Plasma so gesteuert werden, dass die gewünschte Bohrungsgeometrie erreicht wird.

Die **Laserstrahlqualität** hat ebenfalls Einfluss auf die Bohrungsgeometrie. Prinzipiell lässt sich feststellen, dass höhere Strahlqualitäten zu besseren Bohrungsergebnissen führen. Bei hoher Strahlqualität und entsprechend kleiner Strahltaille lässt sich der Bohrungsdurchmesser bei gleicher Blechdicke gegenüber einer schlechteren Strahlqualität verringern.

Beim Bohren ist für viele Anwendungen die richtige **Fokuslage** entscheidend, insbesondere wenn die doppelte Rayleigh-Länge kleiner ist als die Materialstärke (für kurzbrennweitige Systeme). Den Einfluss der **Schärfentiefe** und der relativen Fokuslage des Laserstrahls zum Werkstück verdeutlicht Bild 8.9. Um möglichst zylindrische Bohrungen zu erhalten, sollte der Fokus des Laserstrahls für diesen Einsatzfall in die Werkstückmitte gelegt werden. Erfolgt die Positionierung des Laserstrahlfokus an der Werkstückunterseite bzw. an der Werkstückoberseite, entstehen stärker konische Bohrungsgeometrien mit entsprechender Ausrichtung. Durch die Wahl der Fokuslage kann somit die sich ausbildende Bohrungsgeometrie gezielt in gewissen Grenzen variiert werden.

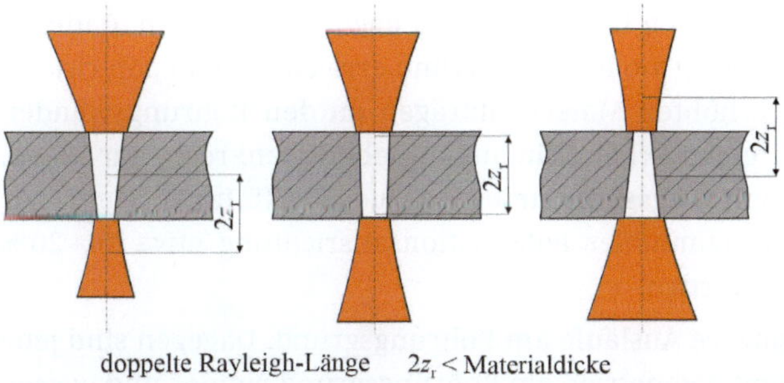

Bild 8.9
Abhängigkeit der Bohrungsgeometrie von der Fokuslage nach */Popr2000/*

Eine weitere wichtige Größe für den Bohrprozess ist die **Polarisation** der Laserstrahlung. Sie beeinflusst die Wechselwirkung zwischen Laserstrahlung und Materie maßgeblich aufgrund der signifikanten Unterschiede im Absorptionsverhalten bezüglich der verschiedenen Polarisationsrichtungen. Tabelle 8.3 zeigt die Abhängigkeit der Bohrungsgeometrie vom Polarisationszustand am Beispiel des Wendelbohrens.

Die Austrittsbohrungen der mit linear und zirkular polarisierter Strahlung gebohrten Löcher weisen eine elliptische Form auf. Die beiden mit einer symmetrischen Polarisationsverteilung gebohrten Austritte zeigen dagegen nur eine sehr geringe Ovalität. Auch in Hinsicht auf die Gratfreiheit lassen sich mit **radial verteilter Polarisation** sehr gute Ergebnisse erzielen */Schä2008/*.

Tabelle 8.3 Abhängigkeit der Bohrungsgeometrie vom Polarisationszustand beim Wendelbohren /*Schä2008*/

Dioden-gepumpter Nd:YAG-Q-Switch-Laser: ▪ $\tau_{LP} = 15$ ns ▪ $\nu_p = 15$ kHz ▪ $P = 37{,}4$ W ▪ $E = 2{,}5$ mJ ▪ $M^2 < 1{,}5$	**Polarisationszustand**			
	linear	radial	azimutal	zirkular
	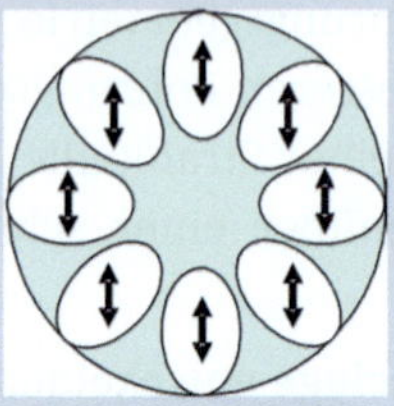	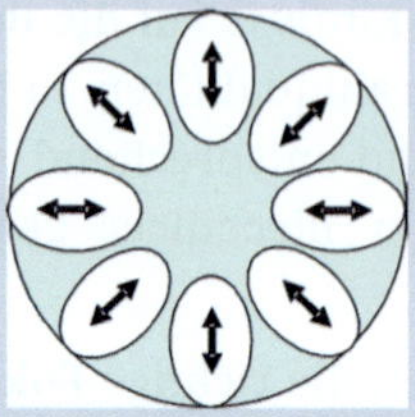	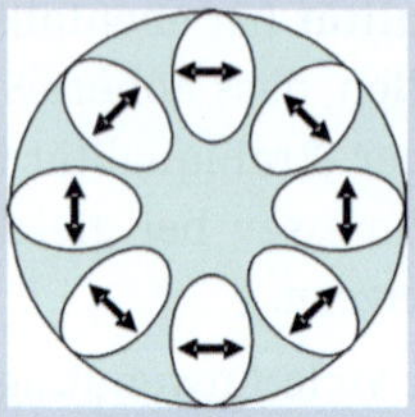	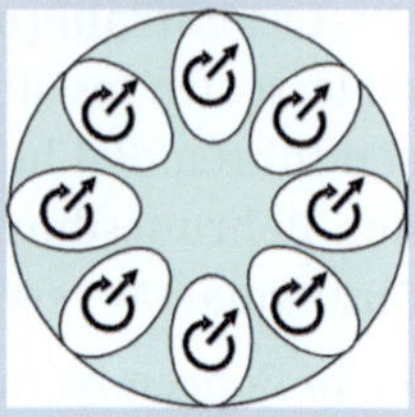
	Bohrungsaustrittsseite			
		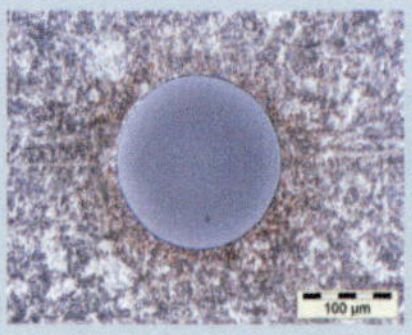	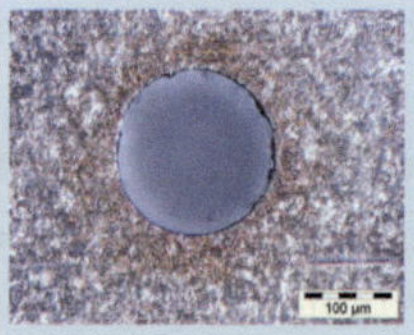	

Durch die Verwendung **azimutal polarisierter Laserstrahlung** beim Perkussionsbohren kann aufgrund der parallel zur Bohrungswand ausgerichteten Polarisationsebene die Reflexion der Strahlung zum Bohrungsgrund begünstigt werden. Dadurch wird ein verbesserter Materialabtrag am Bohrungsgrund erreicht. Radial polarisierte Strahlung führt hingegen zu erhöhten Materialabträgen an den Bohrungswänden aufgrund der Ausrichtung der elektrischen Schwingungsebene senkrecht zur Wand. Bild 8.10 veranschaulicht die **Bohrungsgeometrien** im Querschliff. Im Vergleich zur radialen Verteilung können in azimutaler Polarisationsausrichtung etwa 10 – 20 % größere Bohrungstiefen erzielt werden.

Ferner zeigen diese Löcher spitzere Ausläufe am Bohrungsgrund. Dagegen sind jene mit radial polarisierten Bohrungsgeometrien am Bohrungsgrund runder und weisen einen größeren Bohrungsdurchmesser auf. Das Diagramm in Bild 8.11 verdeutlicht den Verlauf der Tiefe der Bohrungen in Abhängigkeit von den applizierten Impulsen. Ab einem Pulsburst von 150 Pulsen sind die azimutal polarisierten Bohrungen in dem 3 mm dicken Versuchsmaterial Durchgangsbohrungen. Die radial polarisiert erzeugten Bohrungen weisen (mit den gleichen Einstellungen) deutlich geringere Eindringtiefen auf. Für die beiden Polarisationszustände werden Unterschiede der Eindringtiefe bis maximal 30 % festgestellt /*Schä2008*/.

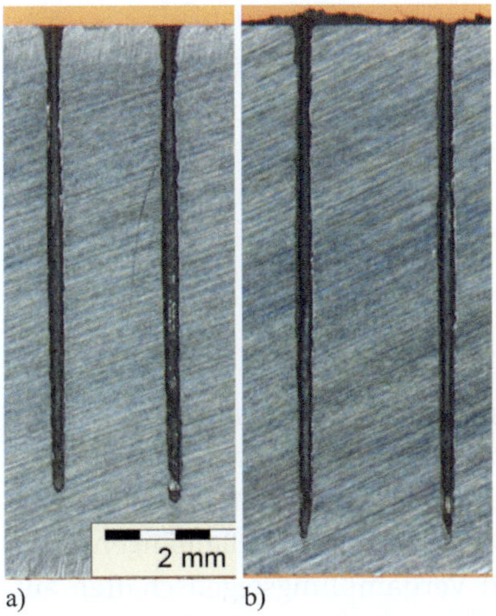

Bild 8.10
Querschliffdarstellung Bohrungen. a) Polarisation – radial, b) Polarisation – azimutal nach /*Schä2008*/
Material: 1.4301, Dicke: 6,3 mm, Laserparameter: $E = 1$ J, $\nu_p = 17$ Hz, $\tau_{LP} = 0{,}45$ ms, Prozessgas: Sauerstoff, Burst: 115 Pulse

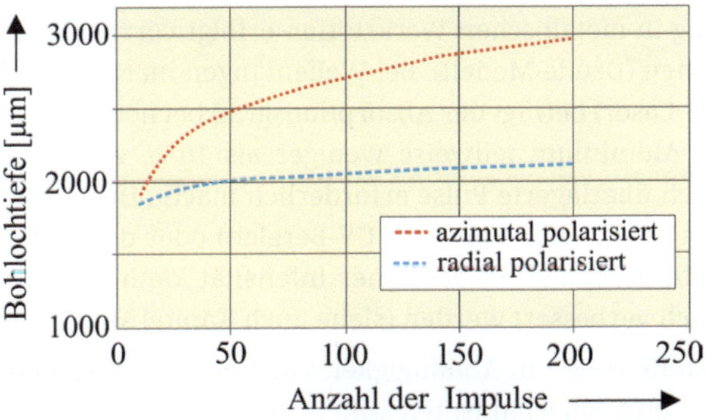

Bild 8.11 Abhängigkeit der Bohrungstiefe von der Pulsanzahl und des Polarisationszustandes nach /*Schä2008*/
Material: CK 75 (ungehärtet), Materialstärke: 3 mm, Pulsenergie: 200 mJ, Pulsfolgefrequenz: 45 Hz, Pulsdauer: 0,11 ms, Prozessgas: Luft

Für den industriellen Einsatz zum Bohren steht ein großes Spektrum an Lasersystemen zur Verfügung. FK-Laser sind die am häufigsten eingesetzten Laser für das Bohren von Metallen. Die Systeme werden meist gepulst betrieben (ms- bis µs-Pulsdauern). Für spezielle Anwendungen werden auch kontinuierliche Lasersysteme mit periodischer Gütemodulation (Q-Switch) angewandt. Kürzere Pulsdauern im ns-Bereich bieten Vorteile für Bohraufgaben in der Mikromaterialbearbeitung. Höchste Präzision lässt sich für diesen interessanten Anwendungsbereich mit UKP-Lasersystemen erzielen. CO_2-Laser finden überwiegend zum Bearbeiten dielektrischer Werkstoffe, die i. d. R. die gesamte Laserstrahlung absorbieren, Verwendung. Die Laser werden bei einer mittleren Leistung von 100 bis etwa 250 W kontinuierlich oder im

Pulsbetrieb eingesetzt. Excimerlaser weisen aufgrund der kurzen Wellenlänge schon in der Startphase der Bearbeitung eine nahezu vollständige Energieeinkopplung in Metalle und dielektrische Werkstoffe auf. Mit typischen Impulsdauern von einigen 10 ns und guten Fokussierbedingungen können ebenfalls sehr präzise Bohrungsgeometrien erzeugt werden.

8.1.4 Bohren metallischer Werkstoffe

Die laserbasierte Bearbeitung metallischer Werkstoffe stellt aufgrund der physikalischen Eigenschaften dieser Materialgruppe besondere Anforderungen an den Bohrprozess. Im Unterschied zu nichtmetallischen Substraten weisen Metalle eine hohe thermische Leitfähigkeit, hohe Absorptionsschwellen bei kurzen Wellenlängen sowie je nach Legierung unterschiedliche Schmelz- und Verdampfungseigenschaften auf. Diese Parameter beeinflussen direkt den Energieeintrag, die Wechselwirkungszeit sowie die resultierende Geometrie und Qualität der Bohrung.

Die Absorption der Laserstrahlung in metallischen Werkstoffen erfolgt vorrangig an der Oberfläche über freie Elektronen (Drude-Modell). Bei Wellenlängen im Nahinfrarotbereich (z. B. 1030 nm für Yb:FS-Laser) beträgt der Absorptionsgrad bei hochreflektiven Metallen wie Kupfer oder Aluminium teilweise weniger als 10 %, was eine erhöhte Pulsenergie oder mehrfach überlagerte Pulse erforderlich macht. Durch Laserstrahlung mit kürzeren Wellenlängen (z. B. VIS- oder UV-Bereich) oder durch die Erzeugung von transienten Oberflächenplasmen bei hoher Intensität kann die Einkopplung des Laserstrahles deutlich verbessert werden (siehe auch Kapitel 5).

Beim Bohren metallischer Werkstoffe treten in Abhängigkeit von der Pulsdauer und Leistungsdichte unterschiedliche Abtragsmechanismen auf:

- **Thermisches Schmelzabtragen** (vorrangige Pulsdauer $\tau_{LP} > 10\,\text{ns}$): Klassisches Verfahren bei gepulsten Nd:YAG- oder Faserlasern im Nano- bis Millisekundenbereich. Das Material wird lokal geschmolzen und durch Dampfdruck oder Prozessgas aus der Bohrung entfernt. Es können Rekondensationszonen, Mikrorisse und Grate, insbesondere bei hoher Pulsenergie und Mehrschichtsystemen, auftreten.
- **Sublimativer Abtrag** (vorrangig $\tau_{LP} < 10\,\text{ps}$): Insbesondere bei kurz- und ultrakurzgepulsten Lasersystemen erfolgt eine direkte Phasenumwandlung von fest zu gasförmig (Sublimation) unter weitgehender Vermeidung von Schmelzphasen. Dies führt zu hochpräzisen Bohrgeometrien mit minimaler Wärmeeinflusszone (WEZ) und ohne Aufwurf.
- **Hybridprozesse**: Eine Kombination aus Vorwärmen (cw- oder pw-Betrieb mit ms-Pulsdauern) und Abtrag durch UKP-Laserstrahlung wird eingesetzt, um Werkstoffe mit hohen Reflexionsgraden effizient zu bearbeiten.

Ein zentrales Kriterium für die erfolgreiche Umsetzung des laserbasierten Bohrens bei metallischen Werkstoffen ist die Berücksichtigung der werkstoffspezifischen Eigenschaften. So zeigen rostfreie austenitische Stähle, wie beispielsweise 1.4301, ein gutes Absorptionsverhalten im infraroten Spektralbereich bei erhöhten Temperaturen. Durch die relativ geringe Wärmeleitfähigkeit dieser Werkstoffe kann eine stabile Schmelzphase ausgebildet und aufgrund dessen die Durchführung thermischer Bohrprozesse wie dem Perkussions- oder Trepanierbohren erleichtert werden. Gleichzeitig ist jedoch auf mögliche Mikrostrukturveränderungen wie Karbidausscheidungen zu achten, die bei hohen Temperaturen insbesondere entlang der Wärmeeinflusszone auftreten können.

Im Gegensatz dazu stellen Aluminiumlegierungen höhere Anforderungen an den Prozess, da diese Werkstoffe im infraroten Spektrum stark reflektierend sind und eine hohe thermische Leitfähigkeit besitzen, wodurch der eingebrachte Energieeintrag schnell dissipiert wird. Als Folge neigen sie bei thermischen Bohrprozessen zur Ausbildung ausgeprägter Schmelzanhaftungen und Gratstrukturen am Austritt. Eine signifikante Verbesserung lässt sich durch den Einsatz ultrakurzgepulster Laserstrahlung erzielen, die eine nahezu schmelzfreie Bearbeitung ermöglicht. Besonders in der Mikrobohrtechnik erweist sich dies als vorteilhaft, etwa zur Herstellung von Kühlbohrungen oder Mikrokanälen in Dünnblechstrukturen. Die genannten Schmelzanhaftungen entstehen typischerweise beim thermischen Bohren oder Schneiden, wenn das geschmolzene Metall nicht vollständig aus der Bearbeitungszone entfernt wird, etwa durch unzureichenden Gasdruck, falsche Pulsparameter oder einen instabilen Schmelzfluss bzw. -austrieb.

Noch anspruchsvoller gestaltet sich das laserbasierte Bohren von Kupfer und dessen Legierungen. Die extrem hohe Reflektivität verbunden mit einer sehr hohen Wärmeleitfähigkeit im infraroten Bereich erschwert eine effiziente Einkopplung der Laserstrahlung erheblich. Um eine ausreichende Absorption zu erreichen, wird zunehmend auf Lasersysteme mit kürzeren Wellenlängen, insbesondere im grünen ($\lambda \approx 515$ nm) oder im UV-Bereich, zurückgegriffen. In Kombination mit Ultrakurzpulslasern lassen sich auf diese Weise stabile Bohrprozesse mit hoher Reproduzierbarkeit und minimaler thermischer Schädigung realisieren. Derartige Systeme finden bereits breite Anwendung in der Elektronikfertigung, etwa bei der Kontaktierung von Kupferstrukturen in Leiterplatten.

Titanlegierungen wie Ti-6Al-4V zeigen hingegen ein günstigeres Absorptionsverhalten, jedoch aufgrund ihrer vergleichsweise geringen Wärmeleitfähigkeit eine starke lokale Erwärmung, die bei thermischen Bohrprozessen zu Mikrorissen, Verzug oder Oxidation führen kann. Daher sind auch hier Ultrakurzpulsverfahren oder besonders kontrollierte Trepanierprozesse mit reduzierter Energieeinbringung vorteilhaft. Der geringe Schmelzfluss begünstigt präzise Bohrlochkanten, allerdings ist der Materialabtrag im Vergleich zu gut wärmeleitenden Metallen deutlich geringer.

Das Bohren metallischer Werkstoffe mit Laserstrahlung erfordert eine präzise Auswahl der Wellenlänge, Pulsdauer, Strahlführung und Prozessstrategie. Während thermische Verfahren kosteneffizient und robust sind, bieten Ultrakurzpulsverfahren deutliche Vorteile hinsichtlich Präzision und Werkstückschonung, insbesondere bei miniaturisierten Anwendungen oder schwer bearbeitbaren Legierungen. Die Entwicklung angepasster Strahlformeigenschaften und dynamischer Fokusmodulationen erlaubt eine zunehmende Flexibilität im Bereich des Mikro- und Präzisionsbohrens metallischer Werkstoffe.

Die **Bohranwendungen** für die Lasertechnik sind sehr vielgestaltig. Sie sind hauptsächlich dort zu finden, wo mechanische Verfahren versagen. Industrielle Laserbohranwendungen erfordern die Integration der o. g. Strahlungsquellen in die Maschinensysteme. In Spezialmaschinen (große Stückzahlen) oder auch Universalmaschinen (wechselnde kleinere Losgrößen) wird der Laserstrahl mit Festoptiken oder Scansystemen auf die Bauteiloberfläche fokussiert.

Bild 8.12 illustriert ein dynamisches 5-Achs-Maschinensystem zur Laserstrahlbearbeitung von Kühlluftbohrungen in Leit- und Laufschaufeln (links) sowie Brennkammern (rechts) */DMG2025/*. Automatische Fokussierkopfwechsler und ein konstanter Strahlengang sorgen für gleichbleibende Bohrungsqualität. Der Einsatz eines FK-Lasers in Kombination mit einem schnellen Strahlshutter ermöglicht das synchrone Bohren bei rotierendem Bauteil. Interessant sind auch spezielle optische Durchschusskontrollen, die über eine Steuerung die Optimierung der Bearbeitungszeit erlauben */DMGMORI2025/*.

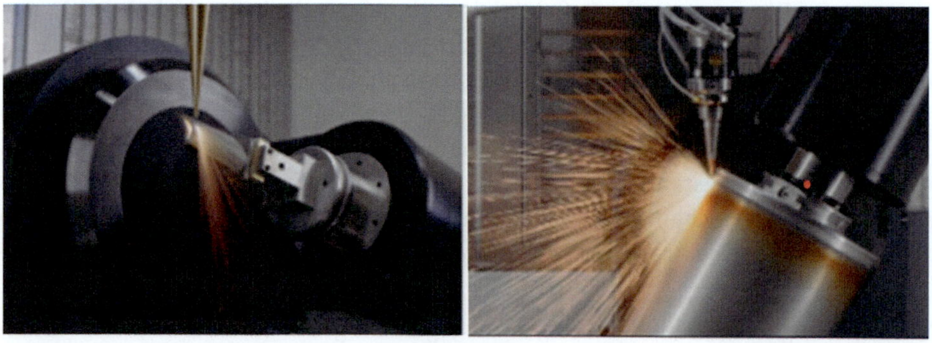

a) b)

Bild 8.12 5-Achs-Maschinensystem zum Laserstrahlbohren © DMG MORI. a) Kühlluftbohrungen in Turbinenschaufeln, b) Kühlluftbohrungen in Brennkammern (Combustor-Bearbeitung)

Mit gepulsten Festkörperlasern im ms-Pulsregime können Impulsleistungen bis zu 200 kW erreicht werden. Strahlqualitäten im Bereich von $M^2 = 1{,}2 - 2$ sind je nach gewählter Laserquelle bzw. Resonatoranordnung typisch */Lieb2008/*, */Stut2012/*, */Chou2021/*. Sehr häufig werden für Serienanwendungen, entsprechend dem geforderten Durchmesser bzw. Aspektverhältnis, spezielle Laserkonfigurationen ausgewählt, um einen hohen Prozesswirkungsgrad sicherzustellen. In Bild 8.13 ist für drei Anwendungsbeispiele (Kaffeefilter, Kraftstofffilter und Separator) die Abhängigkeit der erreichbaren Lochanzahl vom Lochdurchmesser dargestellt. Die Bohrungen wurden im **Einzelpulsverfahren** erzeugt */Lieb2008/*. Durch eine gezielte Strahlformung kann die Bohrungsgeometrie auch abweichend von der rotationssymmetrischen Form abgebildet werden (Beispiel: Separator, Bildmitte). Das Laserstrahlbohren erfolgt für diese rotationssymmetrischen Bauteile On-the-fly. Zur Optimierung der Lochqualität und Reproduzierbarkeit gibt es neben den genannten Parametern weitere Prozessbedingungen, auf die gezielt Einfluss genommen werden kann. In Bild 8.13 b ist der Einsatz einer seitlichen Zusatzdüse (Crossjet) zur Beseitigung von Materialablagerungen aufgezeigt. Um die Qualität der Bohrungsaustrittsseite zu verbessern, wird mit sogenannten „Backing"-Materialien gearbeitet. Dabei handelt es sich um Opfermaterialien wie z. B. Silikon oder Aluminiumoxidkeramik, die an der Unterseite des Laserstrahlaustrittes angeordnet werden. In */Lieb2008/* wird ausgeführt, dass mit gepulsten Nd:YAG-Lasern bei Kraftstofffiltern der Dicke 0,5 mm 700 Löcher pro Sekunde herstellbar sind (Eintrittsdurchmesser: 80 µm und Austrittsdurchmesser: 60 µm). Für dünne Folien (< 0,3 mm) können mit einem 100-W-Faserlaser bis zu 5000 Löcher pro Sekunde gebohrt werden. Für diese Bohranwendungen sind Toleranzwerte von 5 – 10 % erreichbar. Die Lochqualität bei Einzelpulsbohrungen ist durch eine definierte Pulsleistungsmodulation regulierbar. Hierbei bieten sowohl die Modulationsfrequenz als auch der Pulsleistungsverlauf im Laserpuls die Möglichkeit, das Bohrungsergebnis zu beeinflussen.

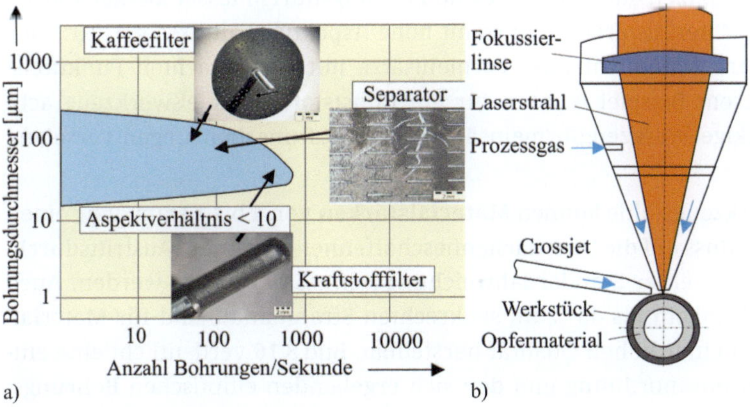

Bild 8.13 Bohranwendung für das Einzelpulsbohren nach */Baum2007/*, */Lieb2008/*.
a) Darstellung der Produktivität, b) Gasführung beim Bohren rotationssymmetrischer Bauteile

Eine Anwendung dafür illustriert Bild 8.14. Das Einbringen von Sacklochbohrungen in Chirurgienadeln erfordert eine hohe Reproduzierbarkeit und eine geringe thermische Beeinflussung des Grundmaterials. Eine leichte Verrundung an der Bohrungseintrittsseite ist optimal für den Nadeleinsatz. Für diese Anwendung eignen sich Oszillator-Verstärker-Anordnungen. Mit solchen Systemen lassen sich Bohrungen im Durchmesserbereich von 50 – 700 µm mit Aspektverhältnissen von 4 : 1 bis 8 : 1 herstellen. */Lieb2008/*

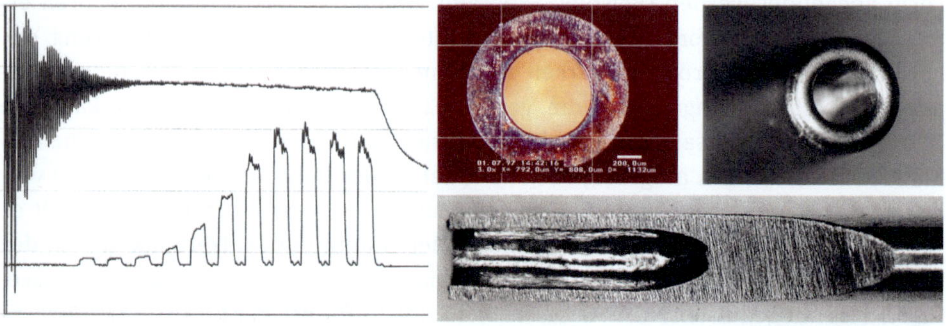

a) b)

Bild 8.14 Präzisionsbohren chirurgischer Nadeln in Cr-Ni-Stahl 113 */Lieb2008/*.
a) Impulsverlauf der Pulsmodulation, b) Ansichten der stirnseitigen Sacklochbohrung (Draufsicht und Schliffdarstellung)

Oszillator-Verstärker-Anordnung / Pulsmodulation: Bohrungsdurchmesser: 200 µm, Aspektverhältnis: 4:1 bis 8:1, Stückzahl: 4 bis 10 Nadeln pro Sekunde

Eine interessante Bohrapplikation stellt das Einbringen von **Entlüftungsbohrungen** in Spritzgussformeinsätzen dar. Gefordert sind Bohrungsdurchmesser kleiner 100 µm für zumeist große Materialstärken und somit hohe Aspektverhältnisse von 10 : 1 bis 100 : 1. Bild 8.15 veranschaulicht zwei Formeinsätze mit eingebrachten Funktionsbohrungen. In diesem Beispiel wurden für ein Kunststoffspritzgießwerkzeug acht identische rechteckige Werkzeugformeinsätze mit Entlüftungsbohrungen versehen. */ifw2012/*

Für zahlreiche Werkzeugstähle können **Materialstärken** von 4 bis 10 mm ohne einen nennenswerten Einfluss auf die Oberflächenbeschaffenheit mit einem Austrittsdurchmesser von 65 µm bei einer Standardabweichung von < 5 % gebohrt werden. Auch Bohrungen unter Winkeln bis 45° zum senkrechten Strahleinfall sind für Materialstärken bis 4 mm in einer hohen Qualität herstellbar. Bild 8.16 verdeutlicht eine entsprechende Verfahrensanordnung und den sich ergebenden elliptischen Bohrungseintritt von 239 µm zu 160 µm. Für das Bohren unter größeren Winkeln müssen die Einkoppelverluste infolge erhöhter Reflexionswerte (Fresnel-Absorption) berücksichtigt werden (vgl. Kapitel 5). Für die 45°-Bohrungen wurde mit einer Impulsenergie von 370 mJ und Impulsdauern von 100 µs gearbeitet.

a) b) c)

Bild 8.15 Präzisionsbohren von Werkzeugeinsätzen /*ifw2012*/. a) Darstellung Werkzeugformeinsatz, b) Bohrungsraster (16 Bohrungen, Raster von 500 µm × 500 µm), c) Vergrößerungsdarstellung des Bohrungsrasters (Bohrungsdurchmesser: 55 – 65 µm)
Nd:YAG-Laser: instabiler Resonator, Impulsenergie: 200 mJ, Impulsdauer: 150 µs, Pulsfrequenz: 100 Hz, Teleskop: 1-fach, Fokussierbrennweite: 150 mm, Fokuslage: 0, Gasart/-druck: O_2 / 3 bar, Bohrzeit: 5 s

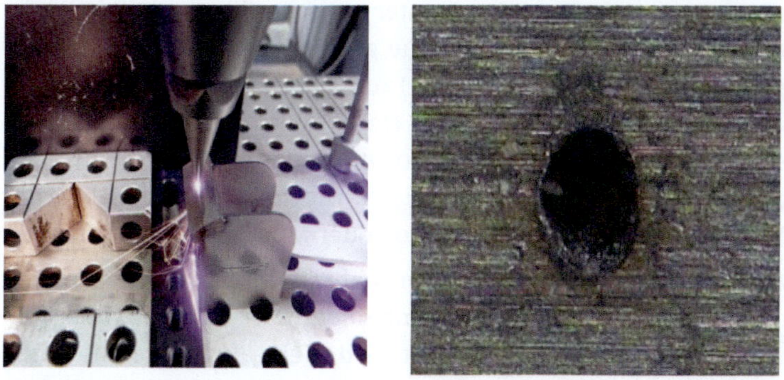

a) b)

Bild 8.16 Präzisionsbohren unter 45°-geneigtem Strahleintritt. /*ifw2012*/
a) Darstellung der Bohranordnung, b) Bohrungsaustritt

Extrem präzise Bohrungen mit hohen Qualitätsansprüchen können mit sehr kurzen Impulsdauern erzeugt werden. Für Einspritzdüsen werden bspw. Bohrungsdurchmesser kleiner 150 µm gefordert, die möglichst sehr wenige bzw. gar keine Schmelzablagerungen an der Bohrungswand aufweisen. Die Ausführung der Bohrungsgeometrie entscheidet letztendlich auch über die erreichbaren Leistungsdichten, Emissionswerte sowie den Kraftstoffverbrauch. In Kombination mit dem **Wendelbohrverfahren** ermöglicht der Einsatz der **Kurzpulslaser** die geforderte Bohrungsgeometrie reproduzierbar herzustellen

Siehe auch Videosequenz zum Thema „Laserstrahlbohren" auf *plus.hanser-fachbuch.de.*

8.1.5 Bohren von silikatischen Werkstoffen

Das Laserstrahlbohren silikatischer Werkstoffe, insbesondere technischer Gläser wie Borosilikat, Quarzglas (SiO_2), Alumosilikat oder Glaskeramiken, stellt eine zentrale Schlüsseltechnologie für die Präzisionsbearbeitung in der Optik- und Displayindustrie dar. Diese Werkstoffe zeichnen sich durch eine hohe chemische Beständigkeit, hohe Härte und thermische Stabilität aus, weisen jedoch gleichzeitig eine sprödhafte Materialcharakteristik auf, die konventionelle spanende Bohrverfahren stark limitiert. Mechanische Bearbeitungsverfahren führen häufig zu Rissbildungen, Kantenabplatzungen (chipping) und substanziellen Sub-Surface Damage (SSD), welche die optische Qualität und die mechanische Festigkeit negativ beeinflussen.

Das laserbasierte Bohren eröffnet hier einen alternativen Bearbeitungsansatz, da der Materialabtrag kontaktfrei und gezielt über photonisch induzierte Wechselwirkungen erfolgt. Die grundlegenden Herausforderungen beim Laserstrahlbohren silikatischer Materialien resultieren dabei aus deren transparenter optischer Eigenschaft im sichtbaren und nahinfraroten Spektralbereich, was eine geringe lineare Absorption bei Standardwellenlängen ($\lambda = 1064\,\text{nm}$ und $\lambda = 1030\,\text{nm}$) zur Folge hat. Erst durch den Einsatz ultrakurzer Laserpulse und hoher Intensitäten ($I > 10^{13}\,\text{W}\cdot\text{cm}^{-2}$) können nichtlineare Absorptionsprozesse wie die Mehrphotonenabsorption oder Avalanche-Ionisation initiiert werden. Dadurch ist ein lokalisierter Energieeintrag im Volumen möglich, der zum kontrollierten Materialabtrag durch Sublimation oder Mikroexplosionen führt.

Typische Prozessstrategien umfassen das Perkussionsbohren (direktes Einbohren mit hoher Pulsrepetition) oder das spiralförmige, volumenmodifizierende Trepanierbohren, bei dem der Strahl auf einer Kreisbahn geführt wird (siehe auch Abschnitt 8.1.2). Ziel ist eine mikrorissfreie Bohrlochgeometrie, oft mit konischem Verlauf und definierter Austrittsqualität. Dabei sind insbesondere die Wahl der Pulsenergie, die exakte Einstellung der Fokuslage im Werkstück (vor allem bei der Bearbeitung innerhalb des Volumens) sowie der Einsatz spezieller Optiken zur Erzeugung sogenannter Besselstrahlen von Bedeutung, da sie eine langgestreckte Fokuszone ermöglichen.

Die prozessbedingten Vorteile des Laserstrahlbohrens in silikatischen Werkstoffen liegen in der hohen Präzision, der Möglichkeit zur Bearbeitung komplexer Geometrien und der Eignung für Dünngläser bis in den µm-Bereich, wie sie etwa in der Medizintechnik, Sensorik oder Mikrofluidik eingesetzt werden. Dennoch erfordert das Verfahren eine exakt abgestimmte Parametrierung und spezielle Laserquellen, um unerwünschte Effekte wie Mikroexplosionsrückstände, Plasmaabschattung oder thermisch bedingte Rissinitiierung zu vermeiden.

Aufgrund der Erwärmung lokal begrenzter Volumenbereiche mittels Laserstrahlung entstehen Temperaturdifferenzen im Material, in deren Folge sich **Temperaturgradienten** in axialer und radialer Richtung des Bauteils ausbilden. Durch die geringe Wärmeleitung im Glasvolumen werden thermische Spannungen σ_T erzeugt. Für ein homogenes und **eindimensionales Temperaturfeld** kann folgende Beziehung angenommen werden:

$$\sigma_T = \alpha \cdot E_M \cdot \Delta T \quad (8.7)$$

Für die Beschreibung von dreidimensionalen Spannungszuständen und Temperaturgradienten in den betrachteten Richtungen sind die analytischen Lösungen wesentlich komplizierter. Wenn die thermischen Spannungen die Bruchfestigkeit σ_{Br} erreichen, kommt es zur Rissbildung:

$$\sigma_T > \sigma_{Br} = \frac{K_{IC}}{\sqrt{l_R \cdot f_f}} \quad (8.8)$$

K_{IC} kritischer Spannungsintensitätsfaktor; l_R Risslänge; f_f Formfaktor

Die sich ergebende Rissart, tangential oder radial, hängt davon ab, in welcher Richtung die Zugspannung die Festigkeitsgrenze erreicht. Dies ist beim Abkühlen und Aufheizen jeweils eine andere. Während des Aufheizens ist die Dehnung des erwärmten Glases in radialer Richtung behindert. Es treten somit in radialer Richtung Druckspannungen auf und senkrecht dazu in tangentialer Richtung Zugspannungen. Nach einer gewissen Bestrahlungsdauer können diese Zugspannungen die Festigkeit des Glases überschreiten, und es treten Risse auf. Wenn die Spannungen sehr groß werden, kann dies auch zum Bruch des Bauteils führen. Beim Abkühlen kehren sich die Verhältnisse aufgrund der Volumenverkleinerung des Glases um. In der Folge entstehen radial Zugspannungen und tangential Druckspannungen. Entsprechend treten beim Abkühlen ringförmige Radialrisse auf, die die bestrahlte Fläche umgeben. */Buer1994/*

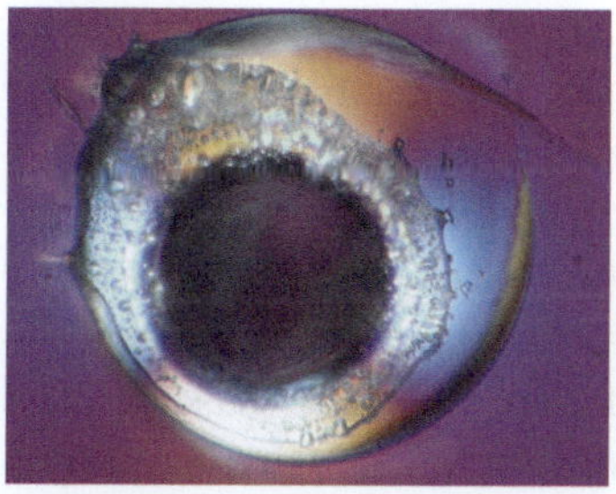

Bild 8.17
Spannungszustand an einem Bohrloch in Borofloat 33 */Wolf2003/*

Bild 8.17 veranschaulicht diesen Sachverhalt am Beispiel einer laserstrahlgebohrten Geometrie in Borosilikatglas. Die Darstellung von Spannungszuständen erfolgt mit der Methode der **Spannungsdoppelbrechung**. Die thermische Wechselwirkung an der Bohrungsgeometrie führt in diesem Beispiel zu ausgeprägten Zug- und Druckspannungszonen. **Spannungszustände** im Glas können aber auch „eingefroren“ bleiben und zu einem späteren Zeitpunkt, ausgelöst durch einen Impuls, zur Bauteilschädigung führen. I. d. R. werden die durch den Laserprozess eingebrachten Spannungen durch ein nachträgliches Entspannungskühlen beseitigt. Andererseits nutzen ausgewählte Anwendungen, z. B. das thermisch induzierte Trennen von Gläsern, gezielt den Aufbau von Spannungsgebieten in Glasbauteilen, um diese zu trennen.

Für das **Bohren von Glaswerkstoffen** werden verschiedene **Laserstrahlverfahren** angewendet. Es sind insbesondere Excimer-, Ultrakurzpuls- sowie CO_2-Laser geeignet. Die emittierten Wellenlängen im UV- und IR-Bereich werden durch die Glaswerkstoffe gut absorbiert. Aufgrund der starken thermischen Wechselwirkung der infraroten Strahlung des CO_2-Lasers ist er vorzugsweise für die Quarzglasbearbeitung einsetzbar. Darüber hinaus sollte nach einer Laserbearbeitung mit dieser Strahlung ein nachträglicher Kühlprozess durchgeführt werden, was die spannungsoptische Darstellung in Bild 8.18 sehr gut veranschaulicht. Dieses borosilikatische Floatglas weist nach der Laserbearbeitung Spannungszentren rund um die Bohrungsgeometrien auf, die im späteren Gebrauch des Bauteils zu einem Versagen führen könnten. In der Regel erfolgt ein nachträgliches Entspannungskühlen.

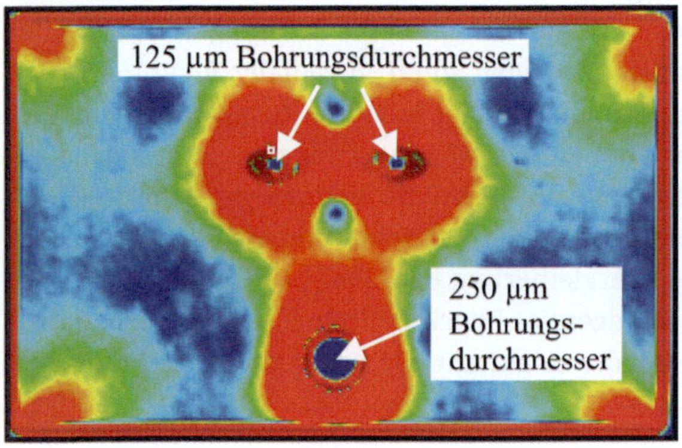

Bild 8.18
Optoelektronisches Sensorelement (Substratdicke: 250 µm, Material: Borosilikat)
Max. optischer Gangunterschied: 83,5 $nm \cdot cm^{-1}$

Dieser abschließende Prozessschritt ist nicht erforderlich, wenn der Laserprozess an einer erwärmten Glasprobe durchgeführt wird. Das Erwärmen in einer Ofenkammer erfolgt bis zu einer materialspezifischen Temperatur (zwischen der oberen und unteren Entspannungsgrenze des Glases, sodass der anschließende Bohrprozess keine Glasschädigungen verursacht). Durch eine Temperatur-Zeit-gesteuerte Abkühlung bleiben keine signifikanten Restspannungen im Glas zurück. Der zusätzliche energetische Aufwand des Erwärmens kann vollständig entfallen, wenn der Laserprozess direkt in die Glasverarbeitungslinie des Herstellers eingebunden ist. Mit diesem **hybriden thermischen Verfahren** lassen sich in sehr kurzen Bearbeitungszeiten Bohrungsgeometrien auch in dickwandigen Gläsern erzeugen.

Bild 8.19 illustriert eine typische Bohrungsgeometrie, wie sie mit dem Schmelzverfahren erreicht werden kann. Dabei kommt es allerdings zu leichten Verformungen an der Bohrungseintritts- und -austrittsseite. Nach dem Abkühlprozess des Glases bleiben keine zusätzlichen Restspannungen infolge der Laserbearbeitung zurück.

Quarzgläser können aufgrund ihrer eingangs beschriebenen Materialeigenschaften durch Schmelzen bzw. Sublimieren mit dem CO_2-Laser sehr gut bearbeitet werden. Beim Bohrprozess kann ein **Selbstkanalisierungseffekt** genutzt werden, um Bohrungen mit großen Aspektverhältnissen zu erzielen. Bild 8.20 veranschaulicht diesen

Prozess. Wird der Fokusdurchmesser auf die Glasoberfläche gelegt ($z_f = 0$), entsteht ein Startloch, dessen Durchmesser in etwa der Größenordnung des Laserfokus entspricht. Die Startlochtiefe wird durch die optische Eindringtiefe vorgegeben. Durch den relativ kleinen Einfallswinkel und die hohen Leistungsdichten, die zur Sublimation des Materials führen, kommt es in der Bohrung zu Reflexionen der Laserstrahlung. Bei Materialien mit hohem Schmelzanteil hingegen wird die Reflexion gemindert. Bei Quarzglas liegen jedoch Schmelz- und Verdampfungstemperatur eng beieinander, sodass das Material beim Bohrprozess überwiegend sublimiert. Der Strahl wird ähnlich eines Wellenleiters durch **Mehrfachreflexion** an der Bohrungswandung kanalisiert und weiter in die Tiefe geführt. Bild 8.20 b veranschaulicht die Abhängigkeit der Eindringtiefe von der Lasereinwirkzeit. Bei kurzen Einwirkzeiten bildet sich zunächst der Bohrungskanal sehr schnell aus. Mit verlängerten Zeiten, größer 1 s, ist ein geringeres Wachstum zu beobachten (nicht in Bild 8.20 dargestellt). Die Tiefe des Bohrloches nähert sich dann asymptotisch einer Grenze, die von der Laserstrahlleistung und den Fokussierbedingungen abhängig ist.

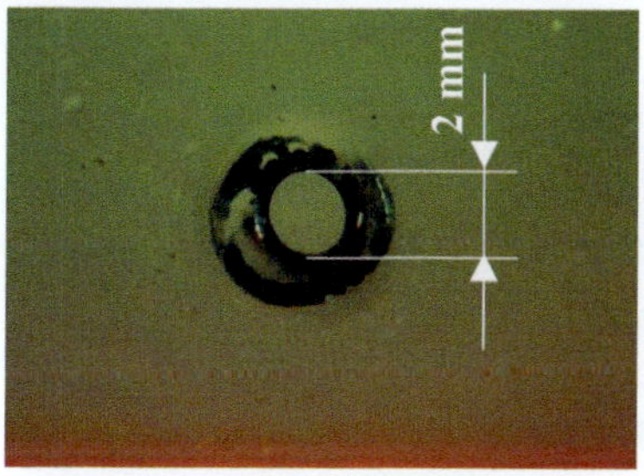

Bild 8.19
Laserstrahlbohren mit vorgewärmtem Glas
CO_2-Laser: $P_{Werk} = 250$ W, Betriebsart: cw, Prozessgas: Luft; $p = 2$ bar
Borosilikatische Hohlgläser: Borofloat 33, $s = 1{,}5$ mm, $T_G = 450$ °C
Bearbeitungszeit: $t = 1{,}2$ s

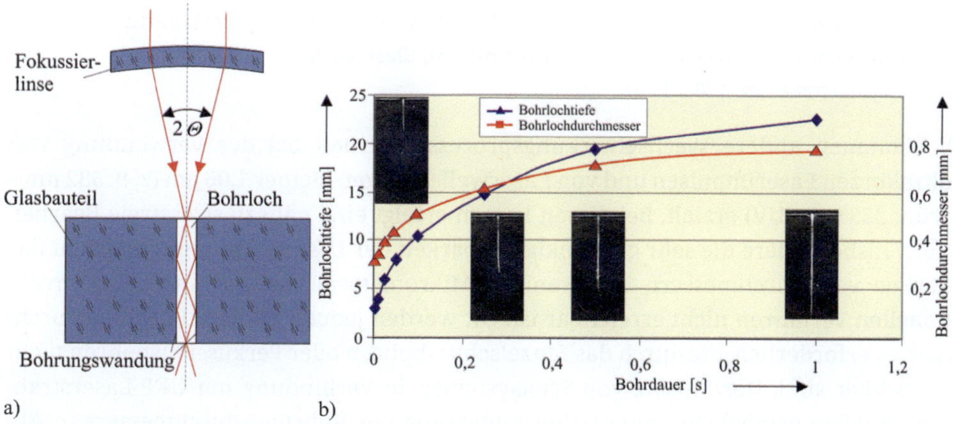

Bild 8.20 Bohren in Quarzglas. a) Prinzipdarstellung, b) Bohrungstiefe in Abhängigkeit von der Bohrdauer
$P = 500$ W; TEM_{00}, $d_f = 200$ µm, $f = 127$ mm; $z_f = 0$

Die **Bohrungstiefe z_E** kann nach /*Maču1988*/ mit Formel 8.9 abgeschätzt werden.

$$z_E = -\frac{d_f}{\tan\theta \cdot \ln\rho_R} \cdot \ln\left[P\left(1-\rho_R^{\frac{t_E P_{max} \cdot \tan\theta}{2\pi \cdot Q_0 \cdot w_f^3}}\right)\right] \tag{8.9}$$

ρ_R Reflexionsgrad; t_E Einwirkzeit; Q_0 latente Verdampfungswärme

Schwierig gestaltet sich bei der Parameterbestimmung die Ermittlung des Reflexionskoeffizienten an der Bohrungswandung. Für senkrechten Einfall kann für poliertes Quarzglas bei der verwendeten Wellenlänge ein Wert von $R \approx 0{,}1$ angenommen werden. Berücksichtigt man eine Strahldivergenz von 0,2 mrad kann ein Wert von $R \approx 0{,}45$ in Formel 8.9 eingesetzt werden. Anstelle der Verdampfungswärme wurde die Sublimationswärme nach /*Maču1988*/ mit $Q_S = 4{,}05 \cdot 10^5\ \mathrm{J{\cdot}cm^{-3}}$ verwendet.

Die Anwendungen für das Bohren von Quarzgläsern sind vielfältig. Bild 8.21 illustriert exemplarisch das Bohren eines Fasermontageplatzes in Quarzglas. Die für das Laserstrahlverfahren typische **konische Bohrungsgeometrie** kann für das Zentrieren der Glasfasern ideal eingesetzt werden.

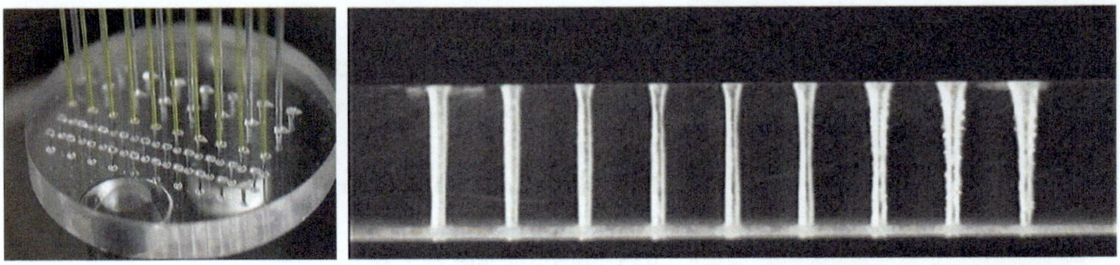

a) b)

Bild 8.21 Bearbeitungsergebnis Laserstrahlbohren mit CO_2-Laser /*Müll06*/, /*ifw2012*/.
a) Ansicht eines Fasermontageplatzes, b) Ansicht der Bohrungsquerschnitte
Präzisionsbohrungen in Quarzglas zur Aufnahme von Glasfasern
Bohrungsdurchmesser: 130 ± 1 µm

Vollkommen andere Wechselwirkungsprozesse werden bei der Verwendung von ultrakurzen Laserimpulsen und von Laserwellenlängen kleiner 1,06 µm (z. B. 532 nm – grün; 355 nm – UV) erzielt. Bei diesen Lasern erfolgt eine nahezu stressfreie Bearbeitung. Insbesondere die sehr gute Fokussierbarkeit der Laserstrahlung ermöglicht das Bohren von Durchmessern von wenigen Mikrometern, was mit anderen konventionellen Verfahren nicht erreichbar ist. Oft werden jedoch größere Bohrungsdurchmesser erforderlich, die durch das Einzelschussbohren oder Perkussionsbohren nicht erreichbar sind. Der Einsatz von Scansystemen in Verbindung mit UKP-Laserstrahlungsquellen ermöglicht die variable Anpassung des Bohrungsdurchmessers in Abhängigkeit von der Strahlauslenkung. Um rechtwinklige Schnittflächen der Bohrungswandung zu erreichen, kommen meist telezentrische Scanobjektive zum Einsatz (vgl. Kapitel 6). Bild 8.22 illustriert das Bohrungsergebnis eines Glaswafers aus borosilikatischem Glas. Die Ausschnittvergrößerung zeigt eine sehr glatte Bohrungswand ohne Materialstörungen oder -defekte.

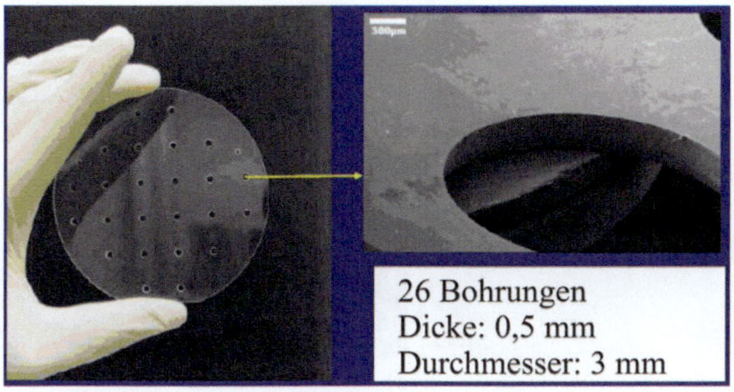

Bild 8.22
Bohren eines Glaswafers mit ps-Laser, Material: Borofloat 33 */Nebe2009/*

Bild 8.23 stellt eine **Stufenbohrung** im Kristallwerkstoff Saphir dar. Saphir gehört zu den härtesten Werkstoffen und erfordert relative hohe Bearbeitungszeiten mit Diamantwerkzeugen. Durch das mehrfache Überfahren der zu scannenden Kontur und den schichtweisen Abtrag von wenigen Mikrometern pro Überfahrt lassen sich definierte Bohrungstiefen mit sehr homogenen Bohrungsgrundflächen erzielen.

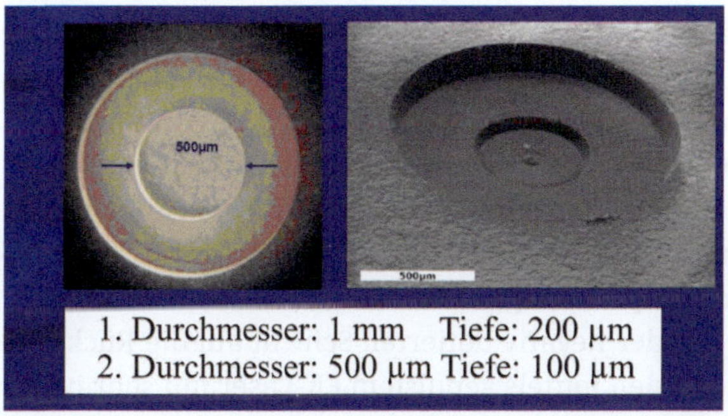

Bild 8.23
Erzeugen von Bohrungsgeometrien in Saphir */Nebe2009/*

Das Beispiel in Bild 8.24 zeigt das Einbringen von Bohrungen zur Befestigung und Durchkontaktierung von elektronischen Bauteilen in einem Keramiksubstrat sowie das Ritzen (Scriben) von Bruchkanten zur Trennung der einzelnen Keramikplatten. Beim Verfahren **Scriben** wird mittels gepulstem CO_2-Laser eine Spur eng aneinanderliegender Sacklochbohrungen mit einer definierten Tiefe in das Keramiksubstrat eingebracht (vgl. Bild 8.24 b). Beim Auslösen der Impulsfolge, überlagert mit einer angepassten Vorschubbewegung, erzeugt jeder Impuls eine Sacklochgeometrie. Verfahrensbedingt müssen reproduzierbare Impulse generiert werden, um Bohrungsgeometrie und -tiefe in einem definierten Toleranzbereich erzielen zu können. Bohrungstiefe und -abstand werden entsprechend des keramischen Werkstoffes und der Anwendung festgelegt. Ein typisches Einsatzfeld liegt bspw. in der Herstellung hybridkeramischer Bauelemente für die Elektronikbranche. Keramiksubstrate werden als Nutzen gescribt (vgl. Bild 8.24 a), die sich im späteren Bearbeitungsprozess sehr einfach durch mechanisches Brechen vereinzeln lassen, wobei eine typische Bruchkante entsteht (Bild 8.24 c).

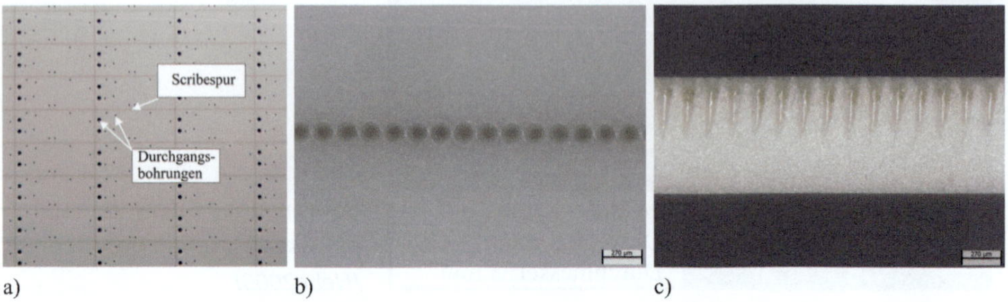

Bild 8.24 Bohren und Scriben eines Keramiksubstrates mit CO_2-Laser © Laser Cut Processing GmbH. a) Keramiknutzen, b) Scribespur, c) Bruchkante nach mechanischer Trennung

Das Laserstrahlbohren hat auch einen breiten Einsatz für die Herstellung von Rückkontaktsolarzellen erfahren. Mit diesen Zelltypen kann die sonst notwendige Leiterbahnenstruktur auf der aktiven Vorderfläche der Solarzelle substituiert werden. Beim **Metal-Wrap-Through-Verfahren (MWT)** werden die für die Verschaltung der einzelnen Module erforderlichen Lötbahnen auf die Rückseite der Fläche verlegt, um die effektiv zur Verfügung stehende Solarfläche und somit auch den Gesamtwirkungsgrad solcher Zellen zu erhöhen. Dafür werden etwa 25 – 50 Löcher mit einem Durchmesser von 300 – 500 µm in einer Matrixanordnung gebohrt und in einem späteren Verarbeitungsschritt mit leitendem Material gefüllt. Die Zahl der erforderlichen Laserbohrungen steigt beim **Emitter-Wrap-Through -Verfahren (EWT)**, da bei diesem Konzept die komplette Kontaktierung der negativ dotierten Schicht auf die Rückseite der Solarzelle geführt wird. Dafür werden mittels gepulstem FK-Laser mit sehr hoher Strahlqualität etwa 15 000 Löcher mit einem Durchmesser von etwa 60 – 70 µm in das Wafermaterial gebohrt. Ein abgestimmtes Pulsbreitenregime ermöglicht Bohrungen von bis zu 3000 Löchern pro Sekunde. In Tabelle 8.4 sind beide Verfahren gegenübergestellt und ausgewählte Bohrungsgeometrien veranschaulicht. Das sehr schnelle Verfahren mit einem gepulsten Faserlaser arbeitet mit Frequenzen bis 30 kHz und Scangeschwindigkeiten von $3\,m{\cdot}s^{-1}$. Für diese Anwendungen sind mittlere Leistungen von 30 W und maximale Impulsenergien von 2 mJ erforderlich. */Rofin2011-1/*

Das Bohren von Silizium und Kristallwerkstoffen ist neben dem solaren Bereich ein sehr wichtiges Anwendungsfeld der LMB. Mit dem **Perkussionsbohrverfahren** können beispielsweise mit einem **Nd:YAG-Laser** Bohrungsdurchmesser bis 600 µm in 6 mm starke monokristalline Siliziumsubstrate eingebracht werden (vgl. Beispiel in Bild 8.25). Nach der Vereinzelung des gebohrten Wafers werden aus den Segmenten sensorische Komponenten gefertigt. Ein wesentlicher Vorteil des Lasereinsatzes besteht in der „sauberen“ und nahezu rückstandsfreien Bearbeitung. Der Prozessschritt Bohren kann somit nach dem Polier- bzw. Bedampfungsprozess (Goldschicht für das sich anschließende Bondverfahren) erfolgen.

Tabelle 8.4 Bohren für solare Anwendungen */Rofin2011-2/*

Verfahren	Bohrungsanordnung	Bohrungsgeometrien
MWT (Metal-Wrap-Through) Bohrtechnik: Perkussionsbohren oder Trepanierbohren		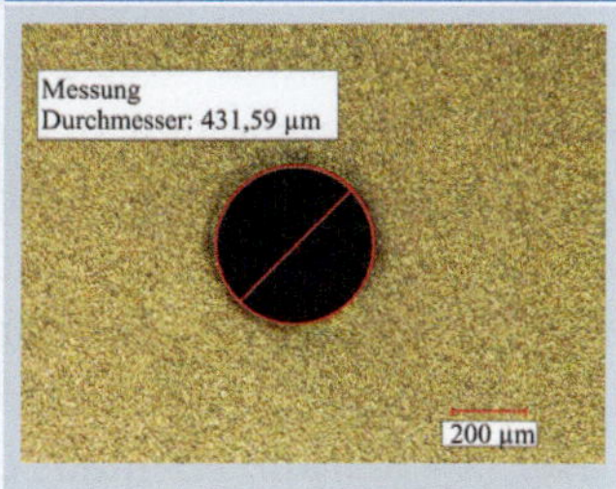
EWT (Emitter-Wrap-Through) Bohrtechnik: Perkussionsbohren		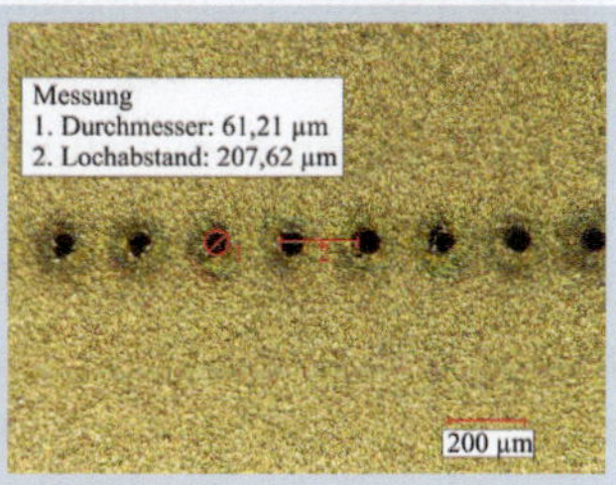

a) b)

Bild 8.25 Perkussionsbohren von monokristallinen Siliziumsubstraten. */ifw2012/*, */eah2012/* a) Si-Wafer mit Bohrmatrix, b) Ansicht der Einzelbohrung

Siehe auch Videosequenz „Bearbeitung silikatischer Werkstoffe“, in der ausgewählte Bohrverfahren gezeigt werden, auf *plus.hanser-fachbuch.de*.

8.1.6 Bohren von polymeren Werkstoffen

Polymere zeichnen sich durch eine Vielzahl funktionaler Eigenschaften aus, darunter geringe thermische Leitfähigkeit, geringe Härte sowie eine hohe chemische Variabilität. Diese Vielfalt eröffnet breite Anwendungsmöglichkeiten des Laserstrahlbohrens, insbesondere in der Medizintechnik, Mikrofluidik, Sensorik, Verpackungsindustrie sowie in Funktionalisierungsprozessen in der Elektronik (MID-Technologien).

Die physikalischen Wechselwirkungen zwischen Laserstrahlung und polymerem Substrat unterscheiden sich dabei grundlegend von metallischen oder silikatischen Werkstoffen. Polymere absorbieren Laserstrahlung oft selektiv in Abhängigkeit von Wellenlänge, Polarisation und Additivgehalt im Grundwerkstoff. Während viele technische Thermoplaste aufgrund elektronischer Übergänge eine hohe Absorption bei UV-Wellenlängen ($\lambda \approx 193-355\,\text{nm}$) zeigen, können IR-Laser ($\lambda = 1064\,\text{nm}$) und CO_2-Laser ($\lambda = 10{,}6\,\mu\text{m}$) ebenfalls effizient eingesetzt werden, sofern das Material entsprechende Vibrationsmoden im Molekülgerüst besitzt oder gezielt Absorber (z. B. Ruß, Additive, Pigmente) zugesetzt wurden.

Im Unterschied zum volumetrischen Abtrag bei transparenten Gläsern erfolgt der Materialabtrag in Polymeren in der Regel durch photothermische Prozesse (bei ns- und µs-Pulsen) oder durch photochemisch getriebene Ablation bei kurzen Pulsdauern (ps- und fs-Pulsen). In letzterem Fall können bei geeigneter Parametrierung athermische Abtragsmechanismen dominieren, was die Ausbildung von Schmelzrändern, Materialverfärbung oder thermischen Defekten (wie Ausgasung, Reflow oder Carbonisierung) minimiert.

Die Wechselwirkung zwischen Laserstrahl und Kunststoff wird ganz wesentlich durch die optischen Materialeigenschaften, insbesondere die Absorption und die materialabhängigen Streueffekte bestimmt. Kunststoffe ohne Additive absorbieren Licht im UV- und IR-Bereich sehr gut. Im sichtbaren und nahen IR-Bereich sind sie meist transparent oder teiltransparent. Die Absorptionsmechanismen beruhen im Falle von UV-Strahlung auf elektronischer Anregung und bei infraroter Strahlung auf der Anregung von Molekülschwingungen (vgl. Bild 8.26). Die Wellenlänge eines CO_2-Lasers liegt bspw. im Bereich der Absorptionsbande der Dehnungsschwingung der C–C-Bindung. Aufgrund der hohen Zahl dieser Bindungen in Kunststoffen wird die CO_2-Laserstrahlung stark absorbiert. Kunststoffe weisen eine Vielzahl von Absorptionsmaxima über das Spektrum gesehen auf, sodass eine genaue Anpassung der Laserwellenlänge an den jeweiligen Kunststoff sinnvoll sein kann (bspw. CO_2-Laser). Eine Absorption im NIR kann jedoch durch die Zugabe von Zusatzwerkstoffen (Additiven) wie angesprochen ermöglicht werden. Als laserabsorbierende Zusätze sind Ruß, Farbpigmente und Farbstoffe geeignet. Die Konzentration dieser Zusatzwerkstoffe kann dabei so eingestellt werden, dass die Absorption der Laserleistung je nach Bearbeitungsverfahren im Oberflächenbereich oder auch im Volumen des Materials erfolgt.

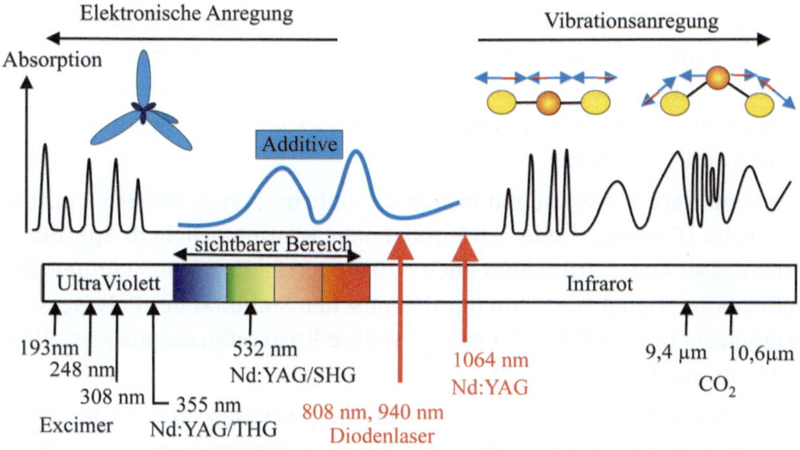

Bild 8.26 Absorptionsspektrum von Kunststoffen nach */Treffert2011/*

Die **Oberflächenabsorption** mit einer für Wellenlängen im UV-Bereich typischen optischen Eindringtiefe einiger µm wird sehr oft für die Verfahren Abtragen, Strukturieren und Gravurbeschriften eingesetzt. Die Verfahren Schneiden, Schweißen und Beschriftung über Farbumschlag erfordern hingegen eine Volumenabsorption mit optischen Eindringtiefen im Bereich einiger 100 µm. Durch die vorstehend genannte Möglichkeit, den Polymeren Additive zusetzen, werden auch FK-Laser und Diodenlaser für ausgewählte Verfahren einsetzbar.

Die Grundprinzipien der **Wechselwirkung** zwischen dem Laserstrahl und den Kunststoffmaterialien beruhen auf den Mechanismen:

- molekulare Bindungen aufbrechen,
- Erwärmen,
- Aufschmelzen und
- Zersetzen.

Bei der Wechselwirkung können auch mehrere Prozesse kombiniert zum Bearbeitungsergebnis führen. Bei Prozesstemperaturen oberhalb der Zersetzungstemperatur des Kunststoffes werden Zersetzungsprodukte freigesetzt. Dieses Material kann sich auf der Oberfläche als sogenanntes Debris niederschlagen. Aus diesem Grund wird dem Einsatz einer optimierten Absaugvorrichtung bei der Kunststoffbearbeitung eine große Bedeutung beigemessen.

Diese Aspekte entscheiden über die Auswahl des geeigneten Lasers, der Laserwellenlänge, der Fokussierbedingungen und der Art der Energieeinbringung. Mittlerweile stehen für viele Problemstellungen Standardlösungen zur Verfügung. Neben der Absorption spielt auch die Streuung im Kunststoff eine wichtige Rolle. Streueffekte führen zu einer Aufweitung des fokussierten Laserstrahls. Ursachen hierfür sind u. a. Struktur und Zusammensetzung der Kunststoffe. Zusatzwerkstoffe wie Verstärkungsmittel, Flammschutzmittel und Füllstoffe können die Streueffekte z. T. beträchtlich erhöhen und die Laserintensität so stark abschwächen, dass diese für das Schmelzen des Kunststoffs nicht ausreicht. Die richtige Auswahl des zu bearbeitenden Kunststoffs, der Pigmente und Farbstoffe und nicht zuletzt des Lasertyps bestimmen das Resultat des Bearbeitungsprozesses.

In Abhängigkeit vom Werkstoffverhalten erfolgt die Bohrung typischerweise mittels Perkussionsverfahren (Einzelpuls oder Multipuls) oder kontinuierlichem Spiralbohren, wobei Durchmesser von < 10 µm aber auch > 10 mm erreicht werden können. Die erreichbare Bohrqualität hängt stark von der thermischen Stabilität des Polymers ab. Amorphe Thermoplaste (z. B. PMMA, PC) zeigen andere Prozessfenster als kristalline oder vernetzte Materialien (z. B. PEEK, PI, LCP).

Ein zentrales Ziel ist die Minimierung von Gratbildung, Schmelzrändern und Aufwurfzonen, insbesondere bei Anwendungen mit hohen Anforderungen an die Oberflächenqualität oder in der Mikrofluidik.

Im UV-Bereich ist der Absorptionsgrad der meisten Materialien höher als im VIS oder IR. Dadurch kann bei den kurzen Wellenlängen eine nahezu vollständige Energieeinkopplung erfolgen. Darüber hinaus bieten diese Bohrtechniken Bearbeitungsergebnisse mit hohen optischen Auflösungen, sodass insbesondere sehr kleine Bohrungsgeometrien erzeugbar sind. Mit ns-Impulsen der Excimerlaser sowie ps- und fs-Impulsen der FK-Laser lassen sich thermische Effekte beim Bohren sehr stark minimieren. Die hohen Intensitäten bei kurzen Impulsdauern vermeiden Wärmeeinflusszonen nahezu vollständig.

Der **Excimerlaser** ermöglicht das Erzeugen von Mikrobohrungen mit sehr kleinen Bohrungsdurchmessern. Bild 8.27 illustriert exemplarisch Bohrungsbeispiele in Kunststoffen. Für zahlreiche Bohranwendungen mit Excimerlasern wird der Strahl über eine **Maskenabbildung** auf die Oberfläche fokussiert. Das ermöglicht einerseits das simultane Erzeugen mehrerer Löcher, andererseits lassen sich auch Bohrungsgeometrien herstellen, die von einer kreisförmigen Kontur abweichen. Die wohl bekannteste industrielle Bohrapplikation mittels Excimerlaser ist das Bohren von Düsen für Tintenstrahldrucker. Für diese Massenproduktion werden typischerweise zwei Reihen (etwa 150 Düsen je Reihe) mit einer Länge von 12,7 mm gebohrt. Der Bohrungsdurchmesser am Eingang beträgt 20 – 40 µm und muss am Bohrungsausgang 20 µm betragen. Die geforderten Toleranzen von ±0,25 µm mit einer Rundheitsabweichung (Ovalität) kleiner 0,5 µm lassen sich nur mit dem Laserstrahlbohrverfahren wirtschaftlich erzielen. */Bast2001/*

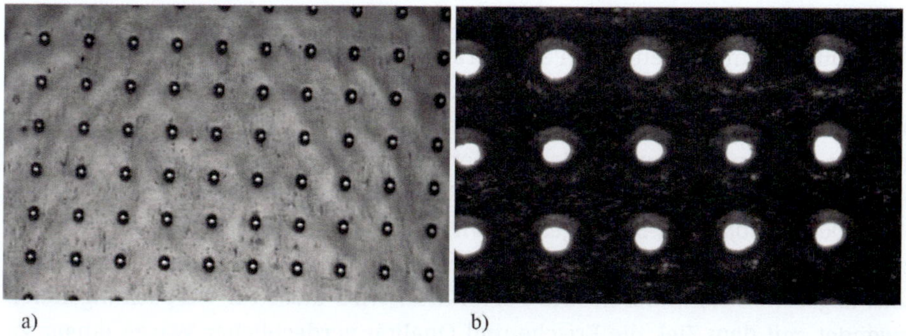

Bild 8.27 Bohren mit Excimerlaserstrahlung /Zieg2012/. a) Bohrungsraster in PP-Folie (weiß, $\lambda = 248$ nm, $\nu_p = 150$ Hz, Durchmesser: 21 µm). b) Bohrungsraster in PP-Folie (schwarz, $\lambda = 248$ nm, $\nu = 100$ Hz, Durchmesser: 21 µm)

Für den **CO_2-Laser** besteht ein sehr großes Einsatzpotenzial des Bohrens von dielektrischen Werkstoffen. Diese Materialien absorbieren die 10,6-µm-Strahlung größtenteils sehr gut. Neben den bereits erwähnten keramischen Werkstoffen werden auch Gläser, Papier und textile Werkstoffe sowie in hohem Maß Kunststoffmaterialien gebohrt. In Bild 8.28 ist das **Einzelpulsbohren** am Beispiel einer Verteilerschiene dargestellt. Für diese Anwendung wird ein Rohrhalbzeug aus dem Material ABS mit einer Vielzahl von Bohrungen, sowohl unter senkrechtem Strahleinfall als auch unter bestimmten Winkelpositionen, gebohrt. Bei dieser Applikation erfolgt ein sogenanntes Bohren On-the-fly. Dabei erzeugt jeder Laserimpuls eine einzelne Bohrung, sodass bei einer Bearbeitungsgeschwindigkeit von 5 $m \cdot min^{-1}$ eine sequenzielle Bohrung mit hoher Effizienz erfolgt.

Das schnelle und flexible Bohren sehr kleiner Sackloch- und Durchgangsbohrungen ist eine Domäne des Laserstrahlbohrens und gewinnt zunehmend an Bedeutung. So können bspw. das Aufrauen von Oberflächen für Klebe- und Beschichtungsaufgaben vorgenommen oder Filtermaterialien gezielt perforiert werden.

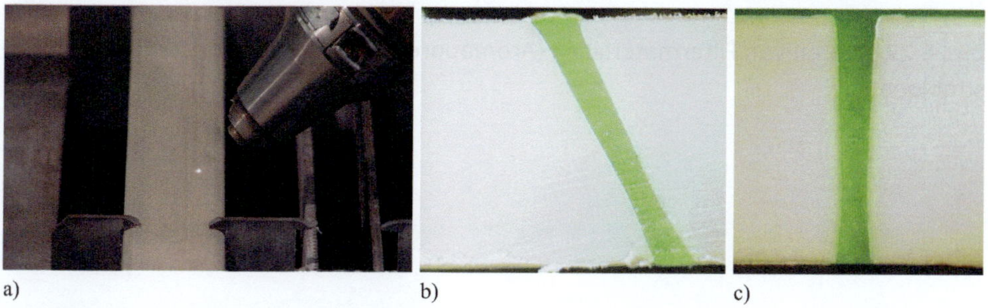

Bild 8.28 Einbringen von Bohrungen in Verteilerschiene /ifw2011/. a) Bohrprozess, b) Querschnitt schräge Bohrung, c) Querschnitt senkrechte Bohrung
Bohren von Kunststoffspritzgussteilen, Wandstärke 5 mm, Bohrungsdurchmesser 0,45 mm
Laser: CO_2, gepulst, 150 W

CO_2-Laser mit einer schnellen Modulierbarkeit und hoher Leistungsstabilität bieten die Möglichkeit zum Bohren bzw. Perforieren von Papier- und Kunststofffolien. Um sehr hohe Prozessgeschwindigkeiten umsetzen zu können, wird meist Material von der Rolle mit Geschwindigkeiten bis 700 m·min^{-1} auf Wicklersystemen verarbeitet. In solch einer Anlagenkonfiguration lassen sich Perforationsgeschwindigkeiten mit bis zu 420 000 Löchern pro Sekunde erzielen. Typische Bohrungsdurchmesser reichen von 50–400 µm */Rofin2011-3/*. Eingesetzt wird diese hochdynamische Bohrtechnologie zum Perforieren von Zigarettenmundstückpapier, die den Teer- und Nikotingehalt in Leichtzigaretten minimieren. Die Perforation wird auch für Verpackungsfolien angewendet, mit dem Ziel, die Frische und Qualität verderblicher Waren länger zu erhalten. Die kleinen Lochdurchmesser kontrollieren den Austausch von Feuchtigkeit und bestimmten Gasen. */Rofin2011-3/*

Das Einbringen von Mikrobohrungen in Filterwerkstoffe illustriert das Beispiel im Bild 8.29. Ein wesentlicher Vorteil des Laserstrahlbohrens (Bild b) gegenüber dem mechanischen Stanzen (Bild a) ist in der berührungslosen Bearbeitung zu sehen. Die Bearbeitung dieser dünnen Materialien erfordert beim Stanzen ein stets scharfes Werkzeug. Dies bedeutet einen zusätzlichen Arbeitsaufwand durch häufige Werkzeugwechsel und Schärfen der Werkzeuge.

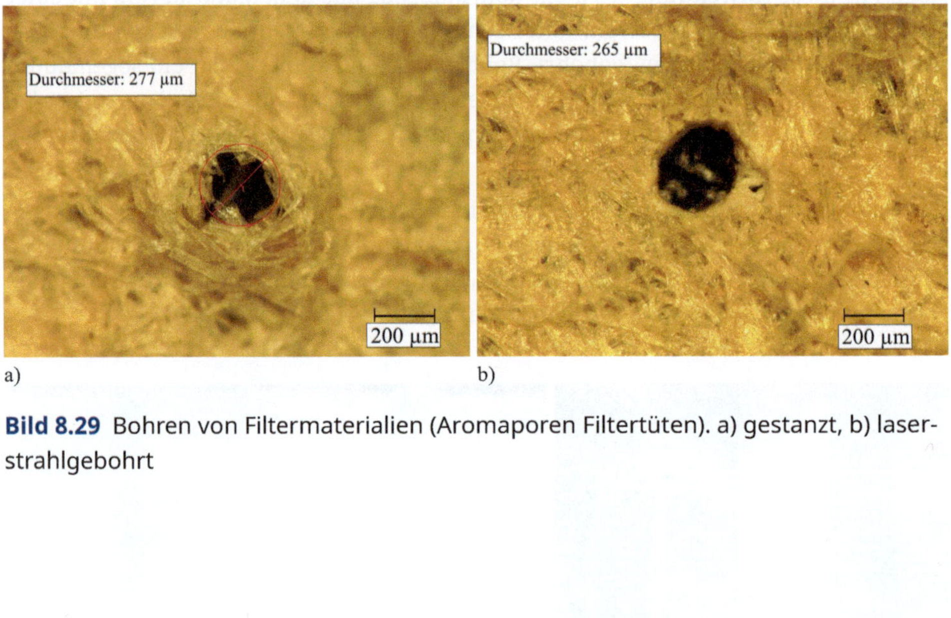

Bild 8.29 Bohren von Filtermaterialien (Aromaporen Filtertüten). a) gestanzt, b) laserstrahlgebohrt

8.2 Laserstrahlschneiden

Das **Laserstrahlschneiden** ist ein fest etabliertes Verfahren für die Bearbeitung von metallischen Blechen und Folien. Darüber hinaus bietet das präzise Trennverfahren auch die Möglichkeit Kunststoffe, Verbundwerkstoffe, Gläser und Keramiken sehr flexibel und mit hoher Qualität zu bearbeiten. Die gute Integrierbarkeit von Laserstrahlungsquellen in mehrachsige Bearbeitungsanlagen oder Robotersysteme gestattet neben der zweidimensionalen Bearbeitung auch ein dreidimensionales Konturschneiden oder eine Rohr- und Profilbearbeitung. Durch die sehr gute Fokussierbarkeit des Laserstrahls kann die erforderliche Prozesswärme für ein eng begrenztes Wechselwirkungsvolumen bereitgestellt werden. Die Wärmebelastung des gesamten Werkstücks ist somit relativ gering, wodurch auch gut wärmeleitende Bauteile nahezu verzugs- und spannungsfrei getrennt werden können. Der Laserstrahlschnitt zeichnet sich durch eine relativ gleichmäßige Schnittfugengeometrie (meist ohne Gratbildung), eine geringe Rauheit der Schnittflächen sowie eine engbegrenzte wärmebeeinflusste Zone aus. Eine Schnittkantennachbearbeitung ist für die meisten Schneidanwendungen nicht erforderlich.

8.2.1 Verfahrensgrundlagen

Das **Verfahrensprinzip** des Schneidens ist durch die Fokussierung des Laserstrahls auf die Werkstückoberfläche und deren lokale Aufheizung sowie den Austrieb des Materials im Bereich der Wechselwirkungszone in Form von Dampf, Plasma oder Schmelze gekennzeichnet und unterteilt sich in die beiden Prozessstufen **Erwärmung** und **Schnittfugenausbildung**. Der Trennvorgang wird durch einen Gasstrom, das **Prozessgas**, unterstützt (außer bei Scanneranwendungen), welcher zusätzlich die Fokussieroptik vor Dämpfen und herausgelösten Werkstoffpartikeln schützt. Der in Bild 8.30 dargestellte **Bearbeitungskopf** besteht aus den Einzelkomponenten Fokussierlinse, Schneiddüse, Gaszufuhr und Gasstromführung. Der **Arbeitsabstand *b*** (Düsenabstand) ist in den meisten Fällen sehr klein zu wählen (0,5 – 1 mm), damit der Gasstrom in den Schneidspalt wirkungsvoll eingeblasen werden kann. Der Laserschneidprozess erfolgt in dieser Darstellung ohne mechanischen Kontakt zwischen Werkzeug und Werkstück (vgl. Abschnitt 8.2.3.1). Bearbeitungsköpfe werden allgemein so aufgebaut, dass eine Verschiebung der Fokussierlinse zur Bauteiloberfläche entweder manuell oder automatisch verstellbar möglich ist (in Bild 8.30 nicht dargestellt). Damit erreicht man eine exakte Einstellung der Fokuslage, die für das Verfahren Schneiden besonders wichtig ist (vgl. Abschnitt 8.2.4). Veranschaulicht wird in Bild 8.30 die koaxiale Anordnung der Schneiddüse zur Fokussieroptik, durch die der **Prozessgasstrahl** sehr homogen verteilt austritt und unmittelbar in die Schnittfugenfront eindringt.

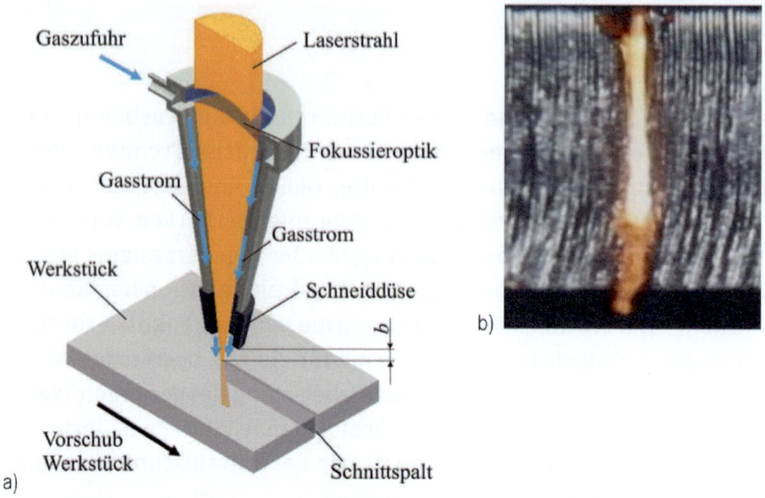

Bild 8.30 Prinzip des Laserstrahlschneidens. a) Schnittdarstellung Schneidkopf, b) Schmelzaustrieb im Schnittspalt (offener Schnitt) – Hochgeschwindigkeitsaufnahme, 5000 Bilder pro Sekunde */Linde2011/*

Laserstrahlbrennschneiden: Material: St37, 8 mm dick, Schneidgas: O_2, 1 bar, Schneidgeschwindigkeit: 1,2 $m \cdot min^{-1}$

Verfahrensprinzip:

- Fokussierung der Laserstrahlung auf die Werkstückoberfläche
- Absorption der Laserstrahlung und lokale Erwärmung des Werkstoffs
- Aufschmelzen und/oder Verdampfen des Werkstoffs
- Austrieb des Fugenmaterials durch einen inerten oder reaktiven Schneidgasstrahl

Beim Durchströmen des Spaltes überträgt das Gas einen Teil seiner kinetischen Energie durch Reibung auf die Schmelze und treibt diese nach unten aus. Bild b verdeutlicht diesen Sachverhalt am Beispiel einer Schnittkante für das Hochdruckschmelzschneiden eines CrNi-Stahls (getrennt im offenen Trennschnitt). Der dargestellte Bearbeitungskopf erfüllt damit zwei wichtige Funktionen, zum einen die Fokussierung des Laserstrahles auf einen definierten Ort durch eine integrierte Linsen- oder Spiegeloptik und zum anderen die Zufuhr des Schneidgases koaxial zum Laserstrahl in die WWZ.

Je nachdem, ob das Fugenmaterial beim Laserstrahlschneiden überwiegend als Dampf, Flüssigkeit oder Oxidationsprodukt anfällt, ist zwischen drei Verfahren zu unterscheiden:

- **Laserstrahlsublimationsschneiden:** Prozessgas N_2, Ar, Luft u. a.,
- **Laserstrahlschmelzschneiden:** Prozessgas N_2, Ar, Luft u. a.,
- **Laserstrahlbrennschneiden:** Prozessgas O_2.

Die genannten Verfahren erfordern bei der Wahl der Laser- und Prozessparameter z. T. verschiedene Einstellbedingungen. Wichtige Einflussparameter, die das Laserstrahlschneiden direkt oder indirekt beeinflussen, sind in Tabelle 8.5 zusammengestellt.

Tabelle 8.5 Einflussparameter beim Laserstrahlschneiden

	Einflussparameter
Laserstrahl	▪ Wellenlänge ▪ Intensitätsverteilung ▪ Strahlqualität ▪ Strahldurchmesser ▪ Polarisation ▪ Leistung (cw, pw)
Werkstück	▪ Material ▪ Dicke ▪ Oberflächenzustand
Schneidgas	▪ Gasart ▪ Gasdruck ▪ Düsenform ▪ Düsenabstand
Handhabung	▪ Schneidgeschwindigkeit ▪ Kopforientierung
Optik	▪ Brennweite ▪ Fokuslage ▪ Abbildungseigenschaften

Für die Auswahl der erforderlichen Laserstrahlparameter ist in erster Linie die Werkstückbeschaffenheit ausschlaggebend. Ausgehend vom materialspezifischen Absorptionsverhalten müssen die Schmelz- und Verdampfungstemperatur, die Wärmeleitfähigkeit, die Gefügestruktur und bestimmte chemische Eigenschaften für die Prozessauslegung Berücksichtigung finden. Für das Schneiden werden Laserstrahlungsquellen mit hohen Strahlqualitäten ausgewählt, die in der Grundmode arbeiten. Neben der angeführten Laserleistung, dem Prozessgas und der Schneidgeschwindigkeit sind die **Fokussierbedingungen** für den Schneidprozess ebenfalls von großer Relevanz.

Ein vereinfachtes Modell für die Beschreibung der Schneidspaltausbildung in den ablaufenden Prozessstufen illustriert Bild 8.31 am Beispiel des Laserstrahlbrennschneidens. Dieses Modell liefert eine Vorstellung über die Ausbildung der typischen Riefenstruktur auf einer Schnittfläche. Ein ausgeprägtes Riefenbild tritt zunächst unabhängig von der Betriebsart des Lasers auf. Sowohl im cw- als auch pw-Betrieb entstehen Schnittflächen mit einer Riefenstruktur, die beim Verfahren Brennschneiden am stärksten ausgeprägt ist und in erster Linie von der Prozessdynamik bestimmt wird.

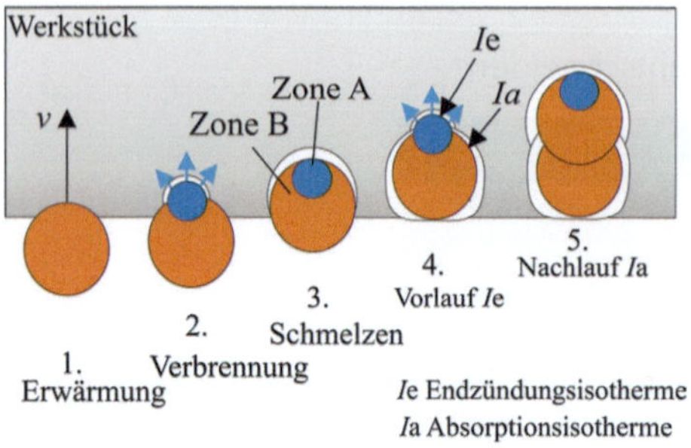

Bild 8.31 Modellvorstellung des Laserstrahlbrennschneidens nach */Stee2003/*

Der **Schneidprozess** läuft nach dem Modell in Bild 8.31 in fünf Teilstufen periodisch ab. Das Erreichen der Entzündungstemperatur löst das Aufschmelzen und Verbrennen des Materials im Bereich der Entzündungsisothermen (Zone A) aus. Danach schmilzt das gesamte Materialvolumen innerhalb der Absorptionsisothermen (Zone B) auf, wird mit dem Gasstrahl ausgeblasen und formt die gesamte Schnittfuge mit der -breite b_s aus. Zeitlich betrachtet eilt Zone A der Zone B etwas voraus und wird während des Schneidprozesses wieder eingeholt. Dieser Prozess wiederholt sich und bildet die typischen Riefen an den Schnittflächen aus.

Die Analyse der Bildung der **Riefen** und eines möglichen Grates an der Strahlaustrittsseite sowie der zugrunde liegenden Strömung von Schneidgas und Schmelze entlang der zeitlich veränderlichen Form der Schneidfront waren und sind Gegenstand vieler theoretischer und experimenteller Untersuchungen. In */Schu1987/* werden bspw. Ein-, Zwei- und Dreiphasenmodelle vorgestellt, die eine räumlich dreidimensionale Bewegung der Schmelzfront, die reproduzierbare Struktur der Riefen 1. Art und 2. Art, den Wärmetransport in der Schmelze sowie die kompressible Strömung des Schneidgases berücksichtigen.

Eine vereinfachte **Energiebilanz** für das Schneiden lässt sich bei gegebenen Parametern (Laserleistung, Strahlqualität, Wellenlänge und Fokussierbedingung) für eine bestimmte Blechdicke s in Abhängigkeit von der Geschwindigkeit mit der Prozessleistung P_p aufstellen */Hüge2009/*.

$$P_p = v \cdot b_s \cdot s \cdot \rho [c_p \cdot \Delta T_p + h_s] \tag{8.10}$$

v Geschwindigkeit; b_s Schnittfugenbreite; s Blechdicke; ΔT_p erforderliche Prozesstemperatur; h_s Schmelzfilmdicke

In */Hüge2009/* und */Petr1995/* wird ferner die infolge der Wärmeleitung in das Bauteil verlorene Leistung P_V abgeschätzt. Für diesen Ansatz wird die Verlustleistung als Funktion der Péclet-Zahl Pe (vgl. Kapitel 5) angegeben.

Die Ergebnisse in /*Petr1995*/ und /*Arat1987*/ konnten den Einfluss der Geschwindigkeit und der Materialkennwerte auf die Verlustleistung experimentell nachweisen. Diese ist im Wesentlichen von der Wärmeleitfähigkeit des zu trennenden Materials abhängig und wird durch den Geschwindigkeitswert nahezu nicht beeinflusst.

Bild 8.32 veranschaulicht die **Schnittspaltgeometrie** und die signifikanten Schnittspaltgrößen, die für die Bewertung der Qualität relevant sind. Die sich ausbildende Schnittspaltbreite b_s hängt vordergründig vom Fokusdurchmesser und dem Wechselwirkungsprozess (z. B. Schmelzfilmdicke, Wechselwirkungsvolumen) ab. Die mittlere Rauheit Rz wird durch die Riefentiefe und -gestalt bestimmt.

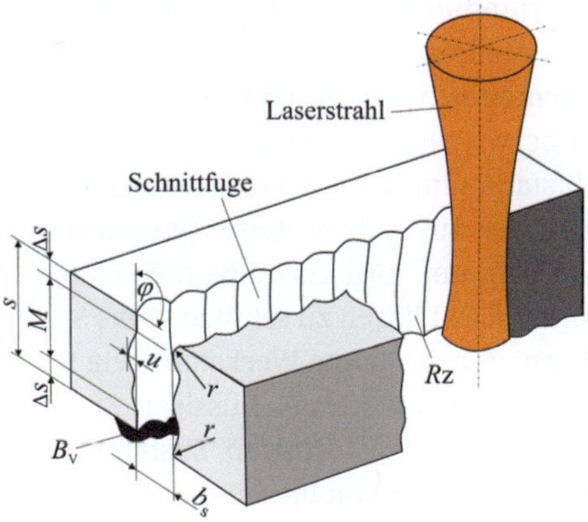

Bild 8.32
Darstellung der Schnittspaltgeometrie und -größen nach VDI 2906

Die Effizienz eines Laserschneidprozesses lässt sich nach /*Gabz1989*/ mit dem Effizienzfaktor S_E beschreiben.

$$S_E = \frac{v \cdot s}{b_s \cdot Rz} \tag{8.11}$$

s Materialdicke

Das Verhältnis dieser vier Größen ermöglicht einen Vergleich der verschiedenen Schneidverfahren für unterschiedliche Materialien und berücksichtigt sowohl die Prozessgeschwindigkeit als auch die erreichbare Schnittqualität.

8.2.2 Schneidverfahren

Die zur Anwendung kommenden Schneidverfahren sind sehr vielfältig und können nach unterschiedlichen Gesichtspunkten eingeordnet werden. Das Ausbringen des Schnittfugenmaterials (flüssig, dampfförmig) ist diesbezüglich ein wichtiges Unterscheidungskriterium. Drei prinzipielle Verfahren werden nachfolgend ausführlich diskutiert. Darüber hinaus gibt es sehr interessante Spezialverfahren, die für bestimmte Zielgrößen entwickelt und optimiert wurden und zu denen bspw. das Hochgeschwindigkeitsschneiden, das Präzisions- bzw. Feinschneiden und das wasserstrahlunterstützte Schneiden zählen. Diese speziellen Verfahren werden in Abschnitt 8.2.5 beschrieben.

8.2.2.1 Sublimationsschneiden

Unter **Sublimation** ist der unmittelbare Übergang eines Stoffes vom festen in den gasförmigen Aggregatzustand ohne vorheriges Schmelzen zu verstehen. Das **Sublimationsschneiden** basiert auf Wechselwirkungsprozessen, die durch einen sehr hohen Sublimationsanteil gekennzeichnet sind. In Verbindung mit einem Prozessgas bzw. Schutzgas (bspw. Ar, N_2) können bei diesem Schneidregime sehr glatte und nichtoxidierte Schnittkanten **mit einer geringen Wärmeeinflusszone (WEZ)** erzeugt werden. Beim Sublimationsschneiden wird der überwiegende Anteil des Werkstoffs im Bereich der Schnittfuge in den gasförmigen Zustand umgewandelt und entweicht mit sehr hoher Geschwindigkeit. Durch die Dynamik des Austreibens dieser Gase sind nur sehr geringe Drücke des Prozessgases erforderlich, um vordergründig die Fokussieroptik vor Beschlag und die Schnittflächen vor dem Oxidieren zu schützen. Das Sublimationsschneiden wird für metallische und für nichtmetallische Werkstoffe wie Holz, Papier, Keramik und Kunststoff, die keinen ausgeprägten schmelzflüssigen Zustand besitzen, eingesetzt. Der Übergang vom festen in den gasförmigen Zustand kann durch **Verdampfen/Sublimieren** (Metalle), **Sublimieren** (Graphit) oder auch **Zersetzen** (Kunststoffe, Holz) erfolgen. Beim Zersetzen von polymeren Materialien infolge der Lasereinwirkung entstehen feste und gasförmige Zersetzungsprodukte. Bei der Bearbeitung von Metallen wird ein minimales Schmelzvolumen angestrebt. Dementsprechend sind die Laserstrahlintensitäten hoch (im Bereich von $10^7 - 10^8\ W \cdot cm^{-2}$) zu wählen, um einen möglichst hohen Sublimationsanteil zu erzielen.

Ein Modell des Sublimationsschneidens nach */Roth1986/* zeigt Bild 8.33.

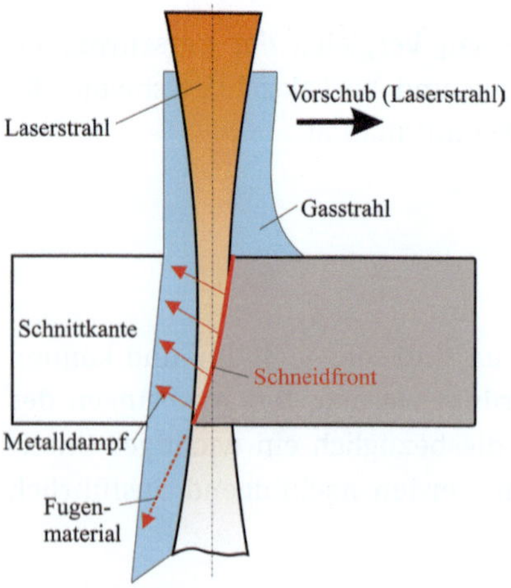

Bild 8.33
Prinzipdarstellung der Schnittfuge beim Sublimationsschneiden nach */Roth1986/*

Bei dieser Hypothese wird für metallische Werkstoffe davon ausgegangen, dass die entstehenden gasförmigen Volumenanteile an der Schnittfront für die Laserstrahlung nahezu transparent sind und der Laserstrahl durch eine „Dampfkapillare“ (vgl. Kapitel 5) in das Werkstück eindringen kann. Die Ausbildung des Schnittspaltes erfolgt durch die Bewegung der Dampfkapillare durch das Materialvolumen. Im Unterschied zum Laserstrahlschweißen (Tiefschweißeffekt) muss durch die Parameterwahl sichergestellt werden, dass ein Kondensieren und anschließendes Erstarren der gasförmigen Anteile in der Schnittfuge nicht stattfindet.

Für die Ausbildung der **Dampfkapillare** und des **Wechselwirkungsprozesses** gibt es unterschiedliche Modelle und Vorstellungen. In */Roth1986/* und */Miya1980/* wird ein Modell diskutiert, bei dem angenommen wird, dass zunächst ein geringer Anteil der Laserstrahlung auf der Oberfläche des Werkstückes absorbiert wird. Dies hat in der direkten Wechselwirkung das kurzzeitige Aufschmelzen einer geringen Oberflächenschicht zur Folge. Durch die eintretende anormale Absorption bei den hohen Intensitäten des Sublimationsschneidens kommt es sehr schnell zum Sublimieren des Materials und zur Ausbildung einer Dampfkapillare, um die sich ein dünner Schmelzfilm ausbildet. So kann ein schneller und direkter Übergang des festen Materials in den gasförmigen Zustand (Sublimieren) sichergestellt werden. Der Laserstrahl wird beim Auftreffen auf die Kapillarwand teils absorbiert und teils reflektiert und dringt über Mehrfachreflexion in das Material ein. Durch diese Wechselwirkungsprozesse kann ein hoher Gesamtabsorptionsgrad der Laserstrahlung erzielt werden. Die Form des Laserstrahles bestimmt den Durchmesser der Dampfkapillare sowie die Anzahl der Reflexionen an der Kapillarwand und somit die erreichbare Schnittspalttiefe s_{Sp}. Um ein Verschließen der Kapillare während des Schneidprozesses zu verhindern, muss der hohe statische Dampfdruck im Gleichgewicht zu den schnittfugenbegrenzenden Flächenspannungen stehen.

In Tabelle 8.6 sind ausgewählte Verfahrensbesonderheiten des Sublimationsschneidens, mit dem eine geringe Wärmebelastung des Schnittfugenbereiches sichergestellt werden kann, zusammengestellt. Im Unterschied zum Brennschneiden sind die Schnittkanten relativ glatt und weisen nur eine sehr fein ausgeprägte Riefenstruktur auf.

Nichtmetallische Werkstoffe, insbesondere Papier, Holz, Kunststoff und Leder, besitzen einen sehr hohen Absorptionsgrad für die Wellenlänge $\lambda = 10{,}6\ \mu m$. Auch die Wärmeleitung dieser Materialien ist um einige Größenordnungen geringer als die der metallischen Werkstoffe, sodass beim Sublimationsschneiden Wärmeleitungsverluste nur eine untergeordnete Rolle spielen. In Bild 8.34 ist ein Beispiel für den Werkstoff Holz in Form einer Intarsie dargestellt. Für Intarsien müssen verschiedenfarbige Furnierhölzer sehr exakt getrennt werden, um diese im Anschluss möglichst spaltfrei ineinander setzen zu können. Die sehr hohe Präzision erreicht man durch den Sublimationstrennschnitt in Verbindung mit einer Schnittspaltkorrektur, wobei die Kontur um die Schnittfugenbreite kleiner bzw. größer programmiert und getrennt wird. Typische Furnierstärken werden im Bereich von 0,2 – 1 mm getrennt. Mit der Skalierung der Laserleistung in den kW-Bereich lassen sich Holzwerkstoffe bis zu einer Dicke von etwa 25 mm problemlos durchtrennen, jedoch nimmt meist der Schwärzungsgrad der Schnittkante mit der Materialstärke zu. Viele Anwendungen können sehr effizient mit einem schnellen Scansystem bearbeitet werden. Neben der sehr hohen Flexibilität lassen sich durch schnelle Scanbewegungen (Mehrfachscan) die Verbrennungserscheinungen an den Trennflächen auch für die Werkstoffe Papier und Hartfasergewebe sehr stark minimieren.

Tabelle 8.6 Verfahrensbesonderheiten des Sublimationsschneidens

Typische Laser, Parameter und Werkstoffe	Verfahrenscharakterisierung	Beispiel für Geometrie und Schnittfläche © Micreon GmbH, */Micreon2011/*
Laser ▪ CO_2-, FK-, speziell auch KP- und UKP-Laser ▪ cw-, überwiegend pw-Systeme	▪ kleine Schmelzfilmdicken, glatte Schnittkanten ▪ kleine Ausdehnung der Wärmeeinflusszone, geringe Wärmebelastung des Werkstücks, vernachlässigbare thermomechanische Wirkung ▪ keine Oxidation der Schnittkante, direkte Weiterverarbeitung (z. B. Lackieren) ohne Nachbehandlung möglich ▪ hohe Intensitäten erforderlich ▪ leistungsstarke Laser mit hoher Strahlqualität	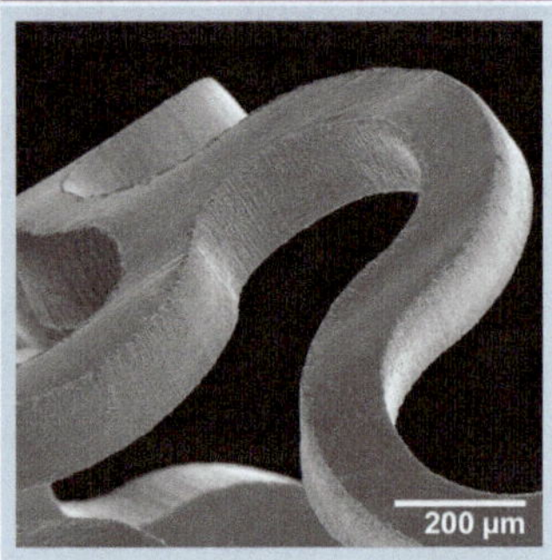
Prozessgas Ar, N_2, Luft		
Gasdruck 0,5 – 3 bar		
Typische Werkstoffe CrNi-Stähle, hochlegierte Stähle, Nichteisenmetalle, Polymere, Papier, Holz, Keramik		

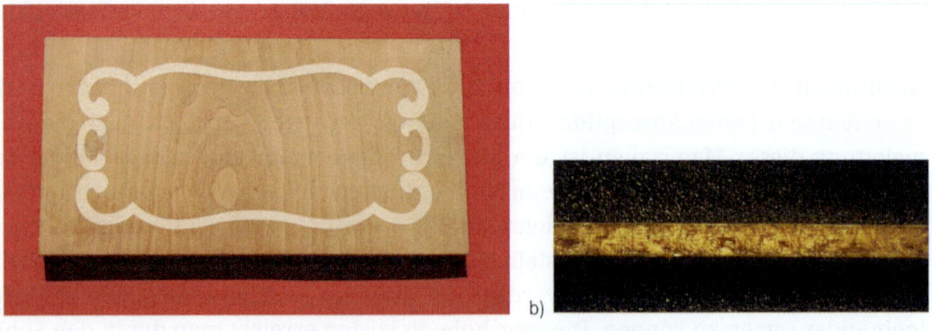

a) b)

Bild 8.34 Sublimationsschneiden von Holz. a) Intarsienfrontplatte, b) mikroskopische Schnittkantendarstellung

Laser: CO_2, Leistung: 25 W, Schneidgeschwindigkeit: 2 m·min^{-1}, Brennweite: 125 mm

Bild 8.35 illustriert ein Applikationsbeispiel, bei dem Graukeile aus einem bedruckten PET-Foliennutzen (links) getrennt werden, die in der Polarisationsoptik eingesetzt werden. Rechts sind die lasergetrennten und anschließend montierten Graukeile zu sehen.

Für das Sublimationsschneiden von Siliziummaterialien eignen sich die verschiedenen Wellenlängen der FK-Laser sehr gut. Die erforderlichen Intensitäten können durch die gute Fokussierbarkeit des Laserstrahles (kleiner Fokusdurchmesser und hohe Strahlqualität) erreicht werden. Zusätzlich ist für die Bearbeitung spröder Materialien die Pulsbarkeit des Lasers von zentraler Bedeutung (vgl. Abschnitt 8.2.6).

a)

b)

Bild 8.35
Folienschneiden von Graukeilen */ifw2011/*.
a) Foliennutzen – 9 × 9 Graukeile, b) lasergetrennte und montierte Graukeile

Da es sich i. d. R. um das Schneiden kleiner bis mittlerer Bauteilmassen handelt, wird die Relativbewegung zwischen Laserstrahl und Bauteil durch einen Präzisionskoordinatentisch realisiert. Bild 8.36 illustriert das Sublimationsschneiden an ausgewählten Beispielen eines polykristallinen Siliziummaterials sowie einer Zirkonoxidkeramik. In einem Dickenbereich von 100 µm bis 6 mm können diese hartspröden Werkstoffe spannungsarm getrennt werden. Sehr anspruchsvoll ist das qualitätsgerechte Trennen großformatiger Bauteile mit relativ geringem Restvolumen, wie in Bild 8.36 a demonstriert. Die Riefenbildung hängt sehr stark von der Vorschubgeschwindigkeit und dem Gasdruck ab.

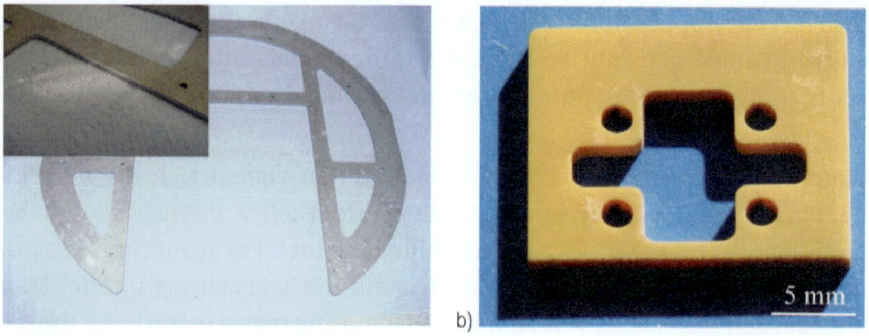

Bild 8.36 Sublimationsschneiden mit einem gepulsten FK-Laser. a) Applikationsbeispiel – Si-Trägerelement für 12"-Wafer (Durchmesser 300 mm), b) Funktionsbauteil, Material: Zirkonoxid */ifw2012/*

Diamantbasierte Schneid- und Zerspanwerkzeuge aus polykristallinem Diamant (PKD), chemisch abgeschiedenem Diamant (CVD) sowie kubischem Bornitrid (CBN) zählen zu den härtesten bekannten Werkstoffen. Ihre Bearbeitung stellt aufgrund der extrem hohen Härte und Sprödigkeit eine besondere Herausforderung dar, die konventionell nur mittels funkenerosiver oder mechanischer Verfahren mit erheblichem Verschleißaufwand möglich ist.

Das Laserstrahlschneiden mit ultrakurzen Pulsen hat sich als hoch effizientes Trennverfahren etabliert, da die extrem hohe Energiedichte innerhalb der Pulsdauer eine nahezu thermisch schädigungsfreie Materialbearbeitung ermöglicht und dadurch prozessbedingte Defekte wie Graphitisierung, Rissbildung oder Mikroausbrüche weitgehend vermieden werden. Besonders bei PKD-Werkzeugen erlaubt die selektive Abtragung des Bindergefüges eine präzise Konturierung der Schneiden.

Im Anschluss an den Schneidprozess kann vorteilhaft ein Laserstrahlfinishing erfolgen, um die Oberflächenqualität gezielt zu optimieren. Mit ultrakurzen Pulsen lassen sich Rauheitswerte im Bereich $Ra < 200\,\text{nm}$ erreichen, wodurch die Standzeit der Werkzeuge erhöht und die Reibung im Einsatz deutlich reduziert wird. Durch kontrolliertes Finishing können zudem gezielte Mikrostrukturen eingebracht werden, die die Spanabfuhr verbessern oder tribologische Eigenschaften gezielt einstellen.

In Bild 8.37 ist exemplarisch ein Lasersrahlschneidprozess mit anschließenden Laserstrahlfinishing von Diamantwerkzeugen gezeigt.

Bild 8.37
Laserstrahlschneiden und -finishing von Diamantwerkzeugen mit geometrisch bestimmter Schneide © DMG MORI

8.2.2.2 Schmelzschneiden

Der Werkstoff wird beim **Schmelzschneiden** durch den Laserstrahl im Bereich der Schnittfuge in den schmelzförmigen Zustand überführt und das erschmolzene Materialvolumen mit einem Prozessgas ausgetrieben. Als Prozessgase kommen für legierte Stähle inerte Gase (überwiegend Stickstoff, z. T. auch Argon) zum Einsatz, wodurch eine Oxidation der Schnittkanten vermieden werden kann. Im Schneidergebnisse entstehen hochwertige glänzende Schnittflächen, die als Sichtkante des Bauteiles ohne Nachbehandlung einsetzbar sind. Im Schneidprozess muss das Materialvolumen nur die Schmelztemperatur erreichen, was im Vergleich zum Sublimationsschneiden zu deutlich höheren Schneidgeschwindigkeiten führt. Während zum Erschmelzen eines bestimmten Materialvolumens des Werkstoffs Stahl eine Energie von etwa 10 Ws·mm^{-3} benötigt wird, sind für das Verdampfen etwa 70 Ws·mm^{-3} erforderlich */Roth1986/*.

Durch die entstehende Dynamik der Schmelzströmung im Schneidspalt tritt die charakteristische Riefenstruktur jedoch wesentlich stärker in Erscheinung. Bild 8.38 veranschaulicht das Prinzip des Laserstrahlschmelzschneidens, bei dem man davon ausgeht, dass der Stofftransport des getrennten Materialvolumens ausschließlich über die flüssige Phase stattfindet.

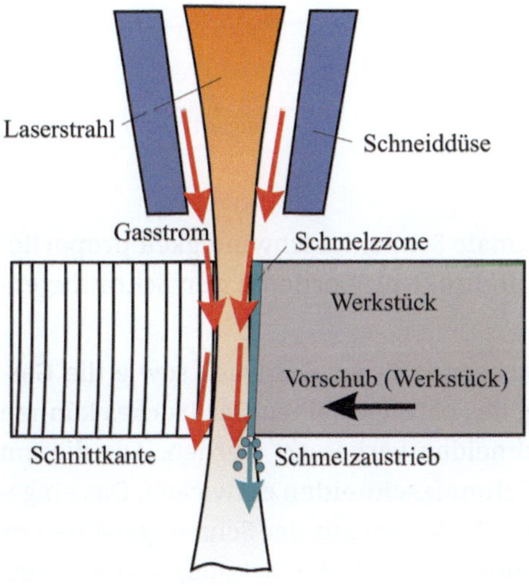

Bild 8.38
Prinzip des Laserstrahlschmelzschneidens

Der Prozess beginnt mit einer Erwärmung der Werkstückoberfläche bis zum Erschmelzen. Die Dicke der Schmelzschicht wächst an, bis die Wirkung des Gasdruckes größer ist als die Oberflächenspannung an den Grenzbereichen. Somit kann das geschmolzene Materialvolumen ausgeblasen werden und es entsteht ein Materialabtrag. Laser- und Gasstrahl dringen in die sich ausbildenden Vertiefungen ein, schmelzen weitere Volumenanteile auf und blasen diese aus. Durch die gewählte Vorschubbewegung bildet sich ein kontinuierlicher Schneidspalt aus. Eine entscheidende Rolle spielt das Prozessgas. In Abhängigkeit von der Viskosität der metallischen Schmelze muss ein ausreichendes Gasvolumen mit entsprechend hohem Druck in den Schnittspalt eingebracht werden, um den erforderlichen Schmelzaustrieb zu gewährleisten. Ist dieser zu gering, kann das Schmelzanlagerungen an der Strahlaustrittsseite zur Folge haben und so zu einer unerwünschten Gratbildung führen. Die Schmelze tritt mit einer Geschwindigkeit v_1 aus der Schnittfuge aus. Die sich ergebende Strömung ist durch den Massendurchsatz $\dot{m}$ charakterisiert. Mit Formel 8.12 kann die erforderliche Aufschmelzleistung P_s bestimmt werden */Roth1986/*

$$P_s = \dot{m}(c_p \cdot T_m + H_s) \tag{8.12}$$

c_p spezifische Wärmekapazität; T_m mittlere Temperatur der Schmelzschicht; H_s spezifische Schmelzwärme

Der einfallende Laserstrahl kann nur teilweise zur erforderlichen Aufschmelzleistung beitragen. Zusätzlich treten Strahlungsverluste durch Reflexion, Wärmeleitung und Konvektion auf. Die Konvektionsverluste werden durch das Schneidgas verursacht, das sich beim Ausblasen im Kontakt mit der Schmelze erwärmt. Eine wichtige Größe stellt die erreichbare Schneidgeschwindigkeit für das Schmelzschneiden dar, die unter Vernachlässigung der Konvektionsverluste vereinfacht wie folgt angegeben werden kann. */Roth1986/*

$$v_{max} = \frac{P_L - P_R}{b_s \cdot s \cdot \rho(c_p \cdot T_m + H_s)} \tag{8.13}$$

P_L Laserleistung; P_R Reflexionsverluste

Aus Formel 8.13 wird deutlich, dass die maximale Schneidgeschwindigkeit proportional zum absorbierten Leistungsanteil und indirekt proportional zur Schnittfugenbreite und zur Materialdicke ist.

In der Anwendung des Verfahrens sind insbesondere der Gasdruck sowie die Gasführung relevant, denn durch die Erhöhung des bereitgestellten Gasdruckes können die Prozessbedingungen für das Schmelzschneiden verbessert werden. Aus diesem Sachverhalt hat sich das **Hochdruck-(HD-) Schmelzschneiden** entwickelt. Das eingesetzte Gas tritt unter sehr hohem Druck (etwa 7 – 20 bar) aus der Schneidgasdüse aus und gelangt in den Schneidspalt. Dadurch kann ein sehr hohes Schmelzvolumen ausgetrieben und die schneidbare Materialdicke vergrößert werden. Bild 8.39 zeigt eine HD-Schneidanwendung für das Trennen von CrNi-Stählen mit einer Dicke von 16 mm. Auch bei dieser großen Blechdicke kann ein gratfreies Schneiden erreicht werden. Lediglich an der Unterseite des Bleches ist eine leichte WEZ erkennbar.

Mit dem Laserstrahl lassen sich Blechdicken unlegierter Stähle (teilweise durch Brennschneiden) bis 30 mm, legierter Stähle bis 25 mm und von Aluminiumwerkstoffen bis 15 mm qualitätsgerecht schneiden.

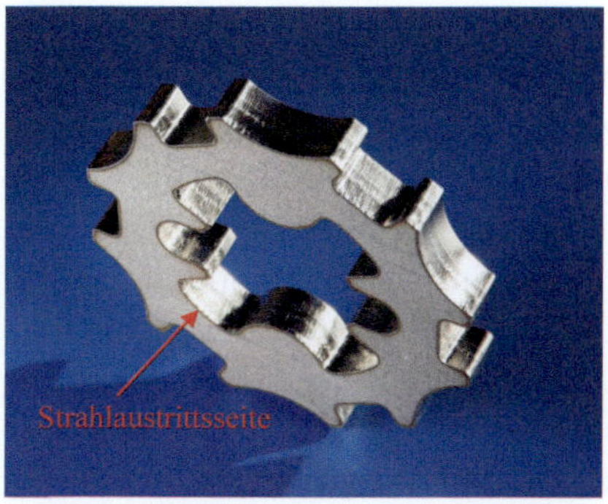

Bild 8.39
Schneidbeispiel für das Hochdruckschmelzschneiden, Material: 1.4301, 16 mm dick, */Jena2011-7.4.1/*

Zum HD-Schneiden müssen Optiken eingesetzt werden, die für diese Drücke ausgelegt sind. Optikhersteller bieten für diesen Zweck i. d. R. Linsen mit größerer Mittendicke an. Damit die hohe Gasdynamik zum Austreiben des geschmolzenen Materials wirkungsvoll eingesetzt werden kann, ist eine optimale Gasführung entscheidend. Für das exakte Ausrichten des Gasstromes auf den Schneidspalt und dessen möglichst optimale Einkopplung werden in vielen Fällen Spezialdüsen, bspw. Lavaldüsen, verwendet (vgl. Abschnitt 8.2.3.1).

Tabelle 8.7 fasst die Verfahrensbesonderheiten für das Schmelzschneiden, für das vorwiegend CO_2- und FK-Laser sowohl im cw- als auch im pw-Betrieb angewandt werden, zusammen. Der Neigungswinkel der Schneidfront wird im Wesentlichen durch die Strahlkaustik, die Materialdicke und das Verhältnis von absorbierter Intensität und Vorschubgeschwindigkeit bestimmt. Die richtige Lage des Fokus trägt entscheidend zu einem qualitativen Trennergebnis bei. Je nach Material und Blechdicke werden Fokuslagen auf der Oberfläche ($z_f = 0$), im Material ($-z_f$) und über dem Material ($+z_f$) gewählt.

Tabelle 8.7 Verfahrensbesonderheiten des Schmelzschneidens

Typische Laser, Parameter und Werkstoffe	Verfahrenscharakterisierung	Beispiel für Geometrie und Schnittfläche
Laser ▪ CO_2-, FK-Laser ▪ cw- und pw-Systeme **Prozessgas** N_2, Luft, Ar **Gasdruck** 2 – 20 bar (Spezialanwendungen auch bis 30 bar) **Typische Werkstoffe** CrNi-Stähle, hochlegierte Stähle, Nichteisenmetalle, Keramik, Kunststoffe	▪ geringer Energiebedarf zum Aufschmelzen des Werkstoffs ▪ höhere Schneidgeschwindigkeiten bei gleicher Intensität (Vergleich zum Sublimationsschneiden) ▪ keine Oxidation der Schnittkanten ▪ Schmelzströmung führt zu charakteristischen Riefen an den Schnittflächen ▪ sehr geringe WEZ ▪ parallele Schnittkanten ▪ keine Nacharbeit erforderlich ▪ hoher Schneidgasverbrauch	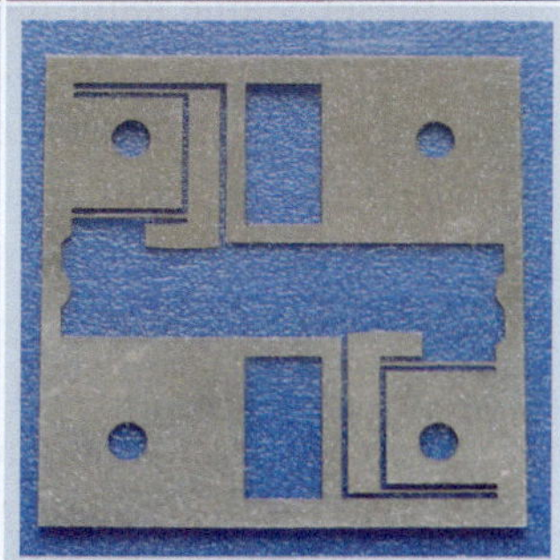

Für kleinere Blechdicken wird das Schmelzschneiden teilweise auch mit Luft als Prozessgas betrieben, wobei die Luft getrocknet und entölt vorliegen muss und nur für bestimmte Einsatzfälle eine sinnvolle Alternative zum Stickstoff ist. Mit Drücken von 5 – 6 bar können Blechdicken bis 2 mm gratfrei getrennt und ähnliche Schneidgeschwindigkeiten wie beim Brennschneiden erreicht werden. Für größere Blechdicken geht die Schneidgeschwindigkeit jedoch zurück, denn das Einstechen mit Stickstoff führt zu langen Einstechzeiten, die bei vielen Schneidanlagen durch kurzzeitiges Umschalten auf Sauerstoff verringert werden können. Bild 8.40 stellt die Abhängigkeit der Schneidleistung von der Materialstärke für drei sehr häufig bearbeitete Materialgruppen Baustahl, Edelstahl und Aluminium bzw. Aluminiumlegierungen dar, die mit einer Laserleistung von 2,5 kW im Schmelzschneidverfahren getrennt wurden. Mit zunehmender Materialstärke nimmt bei konstanter Laserleistung die Schneidgeschwindigkeit exponentiell ab. Maximale Schneidgeschwindigkeiten von 18 m·min^{-1} können bspw. für 1 mm Materialdicke erzielt werden.

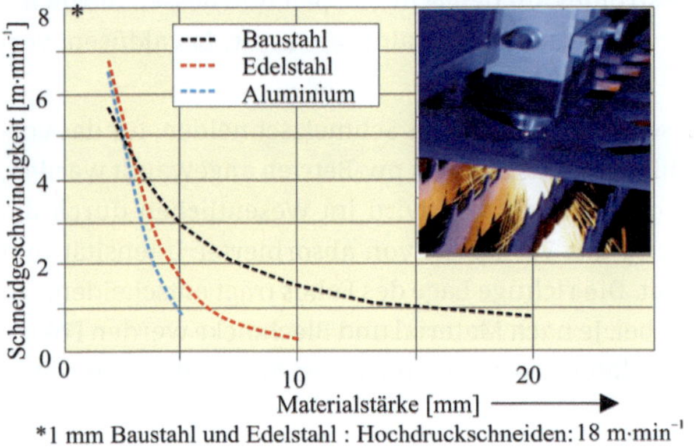

Bild 8.40
Abhängigkeit der Schneidgeschwindigkeit von der Materialstärke für drei verschiedene Materialien nach */Rofin2011-4/*

Neben diesen Standardmaterialien kommen auch höherfeste und warm umgeformte Stähle, vorwiegend im Bereich des Automobilbaus, zum Einsatz. Mit der Anwendung dieser Stähle kann das Gewicht der Bauteile bei gleichzeitig höherer Lastaufnahme verringert werden. Diese Materialeigenschaften setzen gleichzeitig höhere Anforderungen an Stanzwerkzeuge voraus, sodass das Laserstrahlschneiden oftmals den Vorzug erhält. In Bild 8.41 ist die 3D-Bearbeitung am Beispiel einer B-Säule aus höherfestem Stahl dargestellt. */Harr2010/*

Für den Dünnblechbereich werden bevorzugt FK-Laser eingesetzt, durch deren gute Fokussierbarkeit und hohe Brillanz hohe Geschwindigkeiten und Schnittqualitäten erreicht werden können. Bild 8.42 stellt die realisierbaren Schneidgeschwindigkeiten eines CO_2-Lasers und eines Scheibenlasers sowie die daraus resultierenden typischen Schnittflächen gegenüber. Die unterschiedliche Ausbildung der Schneidfront beruht auf dem Einfluss der Wellenlänge. Der Absorptionsgrad bei der Wellenlänge $\lambda = 10{,}6\ \mu m$ nimmt für Eisen erst bei sehr großen Einstrahlwinkeln stark zu. Dies bestätigt sich auch beim Schneiden größerer Materialdicken, bei denen der Laserstrahl unter einem großen Winkel auf die Schneidfront trifft. Bei kleineren Materialdicken entsteht durch die hohe Vorschubgeschwindigkeit eine stark angestellte Schneidfront, die den Einkoppelverhältnissen der FK-Laser ideal entspricht. */Harr2010/*

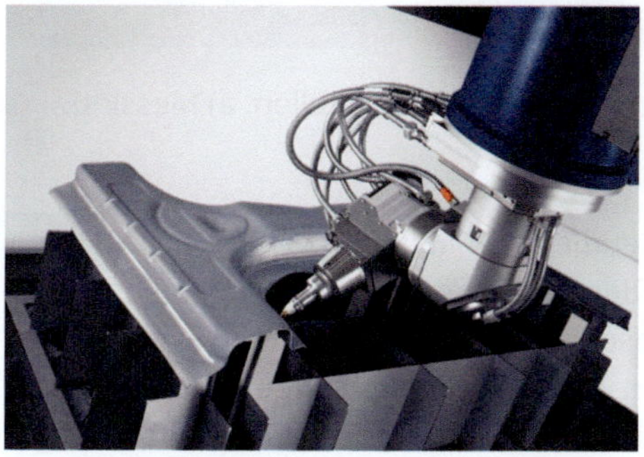

Bild 8.41
Laserschneiden einer B-Säule mit einer TruLaser Cell 7040 */Harr2010/*

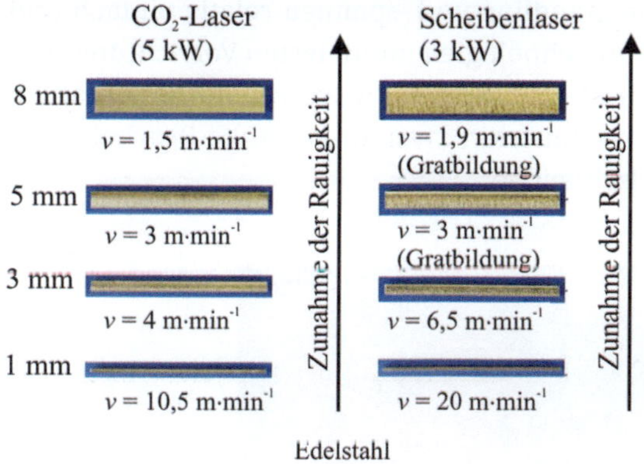

Bild 8.42
Abhängigkeit der Schneidgeschwindigkeit von der Materialstärke für Laser verschiedener Wellenlängen */Harr2010/*

Beim Schmelzschneiden kommt es auch auf die Wahl der richtigen Streckenenergie (Verhältnis aus eingestrahlter Leistung zur Schneidgeschwindigkeit) an. Wird diese zu groß gewählt, stellt sich eine steile Schneidfront ein, wodurch ein Teil der Laserstrahlung durch die Schnittfuge transmittiert und die Schneidleistung für größere Materialdicken nicht vollständig für den Schneidprozess genutzt werden kann. Dies führt unter Umständen zu einer unerwünschten Gratbildung, die beim FK-Laser bei einer Materialdicke ab 5 mm einsetzt, und zu einer deutlichen Zunahme der Rauigkeit. Für Blechdicken von 1 und 3 mm sind die Schnittkantenqualitäten der verglichenen Lasersysteme ähnlich, wobei mit dem FK-Laser deutlich höhere Schneidgeschwindigkeiten erzielbar sind. */Harr2010/* Dieser Sachverhalt wird auch für das Schmelzschneiden von NE-Metallen ausgenutzt (vgl. Bild 8.43).

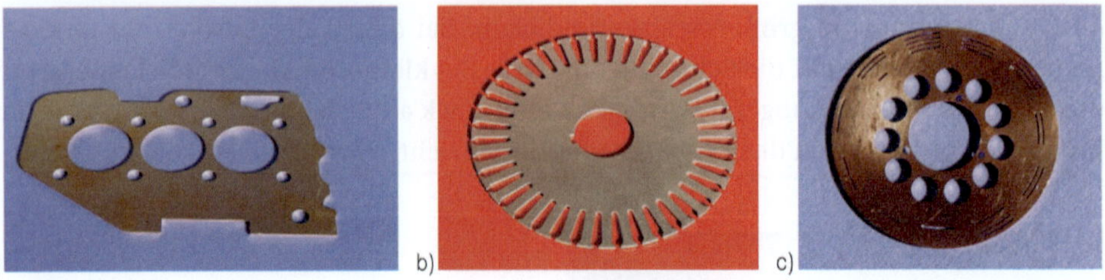

Bild 8.43 Schneidbeispiele für das Schmelzschneiden von NE-Metallen. a) Messing, b) Aluminium, c) Kupfer

Insbesondere das Trennen von Nichteisenmetallen (NE-Metalle) wie Kupfer, Messing und Aluminium kann bei der kürzeren Wellenlänge durch günstigere Ankoppelbedingungen wirtschaftlicher erfolgen. Das Laserstrahlschmelzschneiden bietet große Vorteile bei der 2,5- und 3D-Bearbeitung von Bauteilen und -gruppen. Einerseits erlaubt die sehr gute Integrierbarkeit der Laserstrahlführungs- und Strahlformungskomponenten die Kombination des Lasers mit 3D-Bearbeitungsanlagen und Robotersystemen. Andererseits kann das Bauteilhandling und -spannen relativ einfach und mit einem im Vergleich zu anderen Trenntechnologien minimierten Vorrichtungsaufwand erfolgen. Das ist insbesondere für kleine und ständig wechselnde Stückzahlen ein wichtiger Verfahrensvorteil. Bild 8.44 illustriert zwei ausgewählte Bearbeitungsbeispiele für das räumliche Laserstrahlschneiden.

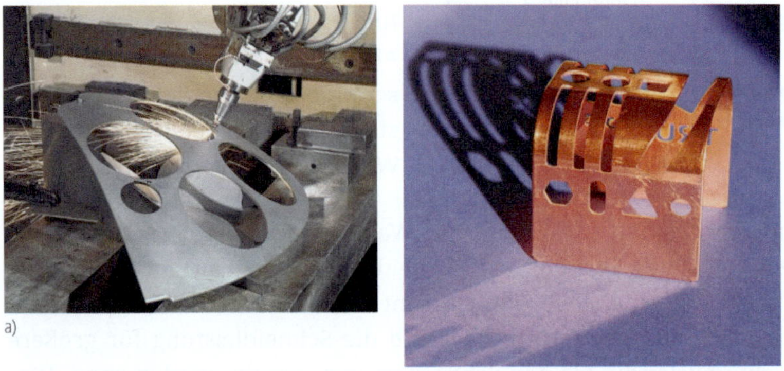

Bild 8.44 Schmelzschneiden von 3D-Konturen. a) Kalottenaufnahme für Beschichtungssubstrate */Jena2011-7.4.2/*, */ifw2012/* b) Cu-Profilelement

8.2.2.3 Brennschneiden

Das **Laserstrahlbrennschneiden** nutzt im Vergleich zu den vorstehend beschriebenen Verfahren einen zusätzlichen Effekt für die Ausformung des Schnittspaltes. Der Laserprozess wird durch das eingesetzte Prozessgas Sauerstoff und der daraus resultierenden Zuführung von exothermer Verbrennungsenergie unterstützt. Man spricht hier auch von einem Brennschneiden, da ein Teil des Fugenwerkstoffes verbrannt wird. Der Verbrennungsprozess setzt ein, wenn das wechselwirkende Werkstoffvolumen mithilfe des fokussierten Laserstrahls auf Entzündungstemperatur gebracht wird und mit dem Prozessgas reagiert. Durch die exotherme Reaktion des Sauerstoffs mit dem aufgeschmolzenen Metall erfolgt eine zusätzliche Energiezufuhr in den Wechselwirkungsbereich und führt zu einem schnelleren Erwärmen und Austreiben des Materials. Diese zusätzlich bereitgestellte Energie kann bis in die Größenordnung der Strahlungsleistung reichen. Das Verfahren wird hauptsächlich zum Trennen von Metallen, insbesondere von unlegierten und niedriglegierten Stählen, eingesetzt. Von Vorteil sind die durch diesen Prozess bedingten erreichbaren Schneidgeschwindigkeiten, die im Vergleich zum Laserstrahlschmelzschneiden, je nach Materialart und -dicke sowie verfügbarer Laserstrahlleistung, um einen Faktor 2 bis 4 höher sein können.

Ein Modell für das Laserstrahlbrennschneiden nach */Roth1986/*, für das die Wärmequelle als eine Linienquelle angenommen wird, ist in Bild 8.45 dargestellt. Im Unterschied zum Schmelzschneiden wird das ausgetriebene Fugenmaterial infolge des Verbrennungsprozesses auch durch einen Schlackenanteil gebildet. Das Bild stellt eine „ausgezeichnete“ Isotherme **(Schmelzisotherme)** dar, die für den Betrachtungsfall des Brennschneidens eine wesentliche Rolle spielt, da sie die Grenze zwischen dem festen Material und dem geschmolzenen Fugenanteil bildet. Die Ausdehnung der Schmelzisotherme wird durch den vordersten Punkt und ihrer breitesten Ausbildung begrenzt und formt die eigentliche **Schneidfront**, die durch die Schneidgeschwindigkeit kontinuierlich durch das Material bewegt wird.

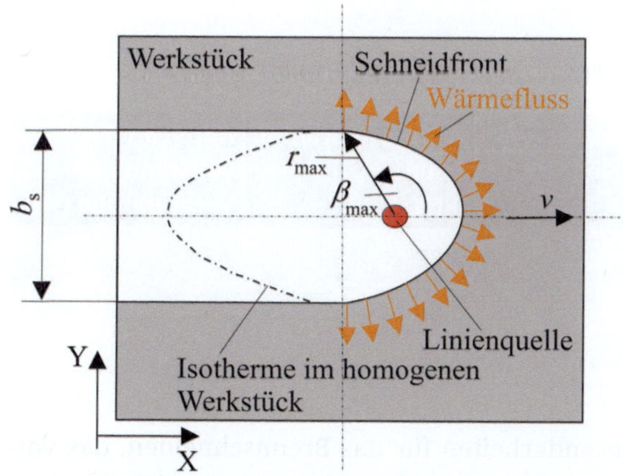

Bild 8.45
Modell zum Laserstrahlbrennschneiden nach */Roth1986/*

Der Laserstrahl und die Verbrennungswärme wirken im Bereich der Schmelzisotherme über die gesamte Materialtiefe. Somit fließt der in das Werkstück gelangende Wärmestrom vollständig durch die Schmelzisotherme. Die resultierende Bilanz aus der zugeführten Leistung P_{zu} ergibt sich nach */Roth1986/* folgendermaßen

$$P_{zu} = P_A + P_B - P_{Fug} - P_{Kon} \quad (8.14)$$

P_A absorbierte Laserleistung; P_B Verbrennungsleistung; P_{Fug} Verlustleistung durch Abführen mit der Schlacke; P_{Kon} Verlustleistung durch Konvektion

bzw.

$$P_{zu} = P_L + b_s \cdot s \cdot v \cdot \rho \cdot \Delta q \quad (8.15)$$

P_L Laserleistung; b_s Schnittfugenbreite; Δq spezifische freie Reaktionsenergie

Aus Formel 8.15 kann ein linearer Zusammenhang zwischen der Schneidgeschwindigkeit und zugeführter Leistung abgeleitet werden. Allerdings ist diese vereinfachte Gleichung nur eingeschränkt gültig, und zwar für relativ langsame Schneidgeschwindigkeiten */Roth1986/*.

In Tabelle 8.8 sind die **chemischen Grundreaktionen** für das Laserstrahlbrennschneiden am Beispiel der Oxidation von Eisen, die generell stufenweise unter Bildung verschiedener Zwischenprodukte abläuft, dargestellt. Jede dieser Reaktionen ist exotherm und setzt eine entsprechende Wärmemenge frei, wobei die angegebenen Reaktionsenthalpien auf die Masse des Reaktionsprodukts bezogen sind. Bei den hohen Prozesstemperaturen des Laserstrahlbrennschneidens kann bereits das Produkt der ersten Teilreaktion FeO stabil sein. In diesem Fall laufen die übrigen Teilreaktionen nicht mehr ab. Die Reaktionsenthalpie des Oxidationsprozesses beträgt in etwa –3,75 $kJ \cdot g^{-1}$. Somit wird mehr Energie freigesetzt, als zum Erwärmen und Aufschmelzen des Eisens erforderlich ist. Dennoch muss berücksichtigt werden, dass nur ein gewisser Anteil des Materials im Fugenvolumen (typischerweise einige 10 %) reagiert. */Herz1993/*

Tabelle 8.8 Oxidationsreaktionen für Eisen */Herz1993/, /Roth1986/, /Popr2005/*

	Oxidationsreaktion	Reaktions-enthalpie $(\Delta H)_R$ $[kJ \cdot g^{-1}]$	Wärme je Gramm Eisen $[kJ \cdot g^{-1}]$	Anteil an der vollständigen Verbrennung [%]
1	$Fe + 0{,}5\,O_2 \rightarrow FeO$	–3,75	4,82	65
2	$3\,FeO + 0{,}5\,O_2 \rightarrow Fe_3O_4$	–1,34	1,84	25
3	$2\,Fe_3O_4 + 0{,}5\,O_2 \rightarrow 3\,Fe_2O_3$	–1,62	0,75	10

In Tabelle 8.9 sind die Verfahrensbesonderheiten für das Brennschneiden, das vorwiegend mittels CO_2- und FK-Laser sowohl im cw- als auch im pw-Betrieb durchgeführt wird, zusammengefasst. Für das Laserstrahlschneiden von Dünnblechen liegt der typische Leistungsbereich industriell eingesetzter Strahlquellen im Bereich von etwa 2 kW bis 4 kW. Aktuell sind auf dem Markt leistungsfähige Faserlaser im Bereich von 40 kW serienreif, während erste Laseranlagen mit 50 – 60 kW für besonders anspruchsvolle Schneidanwendungen verfügbar sind. Diese Entwicklung markiert einen signifikanten Fortschritt gegenüber Standardanlagen mit 4–12 kW, vor allem hinsichtlich Geschwindigkeit und Schnittqualität bei dicken Blechen. */ipg2025-3/*, */trumpf2025-6/*

Für die Prozessoptimierung ist das richtige Verhältnis zwischen absorbierter Laserleistung und chemischer Leistung wichtig. Ist die Brennwirkung zu gering, kommt es nur zur ungenügenden Ausbildung der Schnittspaltbreite und der Schnittspalt wird infolgedessen nur unvollständig geöffnet. Sind die chemischen Reaktionen zu dominant, kann das zu einer sehr starken Riefenbildung und zum Ausbrennen der Schnittfläche führen. Im Schneidergebnis entstehen in diesem Fall sehr starke Rauigkeiten.

Tabelle 8.9 Verfahrensbesonderheiten des Brennschneidens

Typische Laser, Parameter und Werkstoffe	Verfahrenscharakterisierung	Beispiel für Geometrie und Schnittfläche
Laser ▪ CO_2-, FK-Laser ▪ cw-, und pw-Systeme **Prozessgas** O_2 **Gasdruck** 0,5–3 bar **Typische Werkstoffe** unlegierte und niedriglegierte Stähle	▪ hohe Effektivität ▪ hohe Schneidgeschwindigkeiten ▪ geringer Gasdruck ▪ Oxidation der Schnittkanten ▪ ggf. Nachbearbeitung der Schnittfläche erforderlich ▪ Gefahr des Materialabbrandes (durch geeignete Prozessführung vermeidbar, z. B. Pulsbetrieb, Reduzierung des Schneidgasdruckes)	

Ein wichtiger Parameter bezüglich der Wirtschaftlichkeit des Brennschneidens ist die erreichbare Schneidgeschwindigkeit in Abhängigkeit von der Laserleistung und der Materialdicke, die in Bild 8.46 dargestellt ist. In */Herz1993/* wird auf die materialabhängigen Schwellwerte der Laserleistung bei minimaler Schneidgeschwindigkeit hingewiesen, die im Wesentlichen aus dem Einfluss der Wärmeleitungsverluste auf die Leistungsbilanz des Schneidprozesses resultieren. Der in Bild 8.46 veranschaulichte Vergleich zwischen Schmelz- und Brennschneiden ergibt eine deutlich höhere Schneidgeschwindigkeit für das Brennschneiden, welche auf die unterstützende Wirkung des Prozessgases Sauerstoff zurückzuführen ist.

Das Brennschneiden besitzt aber auch Verfahrensnachteile, die in erster Linie die erreichbaren Schnittflächenqualitäten betreffen. Eine deutlich stärkere Riefenbildung einhergehend mit höheren Rauigkeiten kennzeichnet die Brennschnittfläche. Zusätzlich entstehen aus den exothermen Reaktionen Eisenoxidverbindungen (Eisen(II)-, Eisen(II, III)- und Eisen(III)-oxid), die eine Oxidhaut mit typischen Dicken im Bereich von 1–10 µm auf den Schnittflächen bilden. Diese Oxidschicht kann bei nachgelagerten Prozessstufen, z. B. Schweißen, Verzinken oder Lackieren, sehr störend wirken und muss dann in einer Nachbearbeitungsstufe entfernt werden. Bild 8.47 enthält ausgewählte REM-Aufnahmen von zwei Schnittflächen. Im Bild a ist eine Oxidhaut mit deutlichen Schwankungen der Schichtdicke erkennbar. Auf die Stärke und Ausprägung der Oxidhaut hat eine Reihe von Prozessparametern Einfluss. Im Bild b ist eine Schnittfläche mit vereinzelten Oxidresten zu sehen, die bei geringen Schneidgeschwindigkeiten dort zurückbleiben und erstarren (schwarze „Nasen"). Eine schmelzflüssige Verunreinigungsschicht kann sich im Bereich der Schnittfront aufgrund der geringen Schneidgeschwindigkeit nicht ausbilden */Lore2009/*.

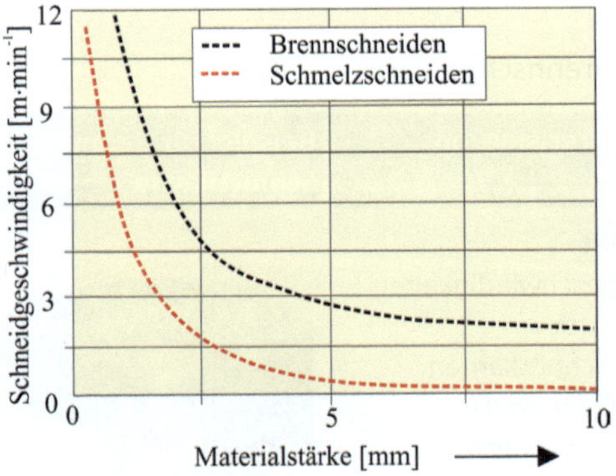

Bild 8.46
Maximale Schneidgeschwindigkeit in Abhängigkeit von der Blechdicke für das Schneiden von Baustahl mit einer Leistung von 1,5 kW nach */Herz1993/*

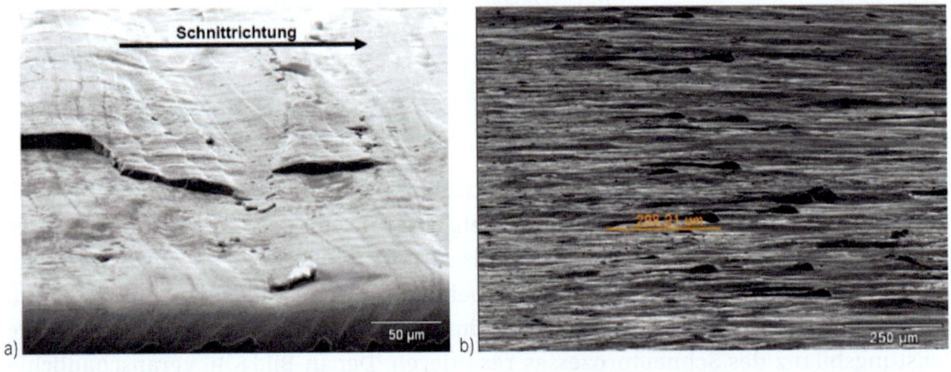

Bild 8.47 REM-Aufnahmen von Schnittflächen beim Brennschneiden */Lore2009/*.
a) Ausbildung einer Oxidschicht, b) annähernd oxidfreie Schnittfläche

Die Sauerstoffreinheit hat ebenfalls Auswirkungen auf den Schneidprozess, der überwiegend mit der Industriequalität 3.5 (Reinheit 99,95 %) geführt wird. Die Schnittqualität und auch die erreichbare Schneidgeschwindigkeit werden durch eine unzureichende Sauerstoffreinheit beeinträchtigt. Im Schneidergebnis können Fehler wie Grat- und Bartbildung sowie Verbrennungen bzw. Auskolkungen zu einem unterbrochenen Trennen im Bereich komplexer Schneidkonturen führen. Das Trennen von unlegierten und niedriglegierten Stählen durch Brennschneiden ist mittlerweile ein sehr weit verbreitetes Verfahren, das insbesondere dann eingesetzt wird, wenn eine hohe Flexibilität und Bauteile mit großer Konturvielfalt verlangt werden. Das 5 mm starke Funktionsbauteil aus St1203 in Bild 8.48 a erfüllt die genannten Kriterien und kann mit einem sehr geringen Vorbereitungs- und Rüstaufwand (Programmieren, Spannen, Einrichten) gefertigt werden. Bild 8.48 b illustriert ein Musterteil für eine Stanzplatine aus Werkzeugstahl, bei dem die Stelle des Kontureinstiches automatisch durch das CAM-Programm festgelegt wurde. In diesem Fall ist die Einstechposition ungünstig, da sich eine größere Vertiefung auf der Schnittfläche abbildet. Für Anwendungen, bei denen dies problematisch ist, sollte die Einstechposition und das „Einfahren“ in die Kontur, wie mit der roten Markierung angedeutet, gewählt werden.

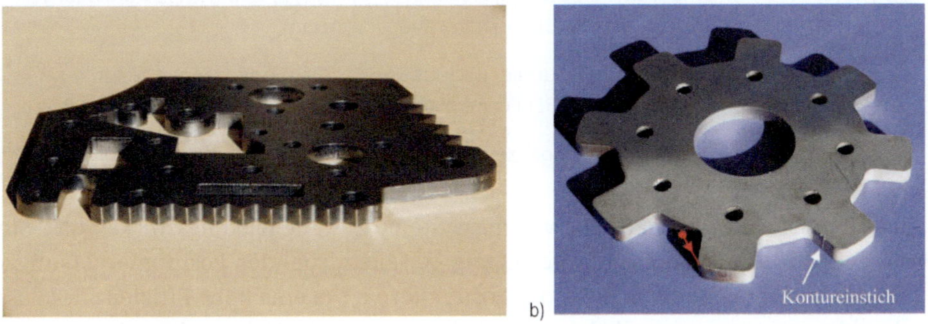

a) b)

Bild 8.48 Schneidbeispiele für das Brennschneiden. a) Musterplatine, b) Stanzplatine

8.2.3 Schneidanlagen

Die unterschiedlichen Konzepte und Ausführungen von Schneidanlagen richten sich in erster Linie nach der Bauteilgeometrie und -größe. Darüber hinaus sind folgende Kriterien entscheidend für die Anlagengestaltung und -auslegung:

- Genauigkeit,
- maximale Schneidgeschwindigkeit und Eilvorschub,
- Bauteilzugänglichkeit,
- Automatisierungsgrad und
- Flexibilität.

In Tabelle 8.10 sind grundsätzliche Schneidanlagentypen zusammengestellt und entsprechende Achskonfigurationen angeführt. Generell muss aber betont werden, dass die Ausgestaltung eines Bewegungskonzeptes oft sehr speziell erfolgt. Es lassen sich beliebige Zusatzachsen in ein System integrieren oder aber verschiedene Bewegungstypen kombinieren, bspw. Roboter und Scanner oder Roboter mit Dreh-Kipp-Positionierer. Verschiedene Maschinensysteme für die 2D- und 3D-Bearbeitung werden in Kapitel 6 vorgestellt und diskutiert.

Tabelle 8.10 Ausgewählte Typen von Schneidanlagen und häufig verwendete Achskonfigurationen

Typ	Bevorzugte Bauteile	Typische Achskonfigurationen
Flachbett	Bleche in den verschiedenen Formaten	X, Y, Z (Zustellung)
Rohrbearbeitung	Rohrtrennen, Rohrumfangs-bearbeitung	X, Y, A
3D-Portal	umgeformte Bauteile, Gehäuse, Spritzgussteile, 3D-Formkörper	X, Y, Z, C, B (Achse Rohrbearbeitung)
Roboterzelle	umgeformte Bauteile, Gehäuse, Spritzgussteile, 3D-Formkörper	Scara oder 6-Achs-Gelenkarm
Scansysteme	Bleche, Folien, Spritzgussteile	X, Y (optional Z)

Eine Herausforderung an die Bewegungssysteme und die leistungsstarken CNC-Steuerungen ist die simultane Achsbewegung bei ausreichender Positioniergenauigkeit und minimalem Zeitaufwand für das Positionieren. Um eine hohe Effizienz des Laserschneidprozesses zu gewährleisten, wird versucht die Nebenzeiten durch zunehmende Anwendung automatisierter Schneidprozesse gering zu halten.

Automatische Palettenwechsler ermöglichen das bedienerlose Einbringen von Blechtafeln in die Schneidanlage sowie das Ausbringen (Ausschleusen) der Resttafel mit den getrennten Bauteilen. Dadurch können hauptzeitparallel die Tafelbereitstellung sowie das Entladen der Bauteile erfolgen. Ebenfalls parallel zum Schneidprozess werden Schlacke und Restteile aus dem Bearbeitungsraum abtransportiert. Die Entnahme und Sortierung der getrennten Werkstücke lassen sich ebenfalls automatisieren. */trumpf2025-7/*

Zur Ausstattung einer Laserschneidanlage sind **Absauganlagen** mit geeigneter Filtertechnik unerlässlich. Verschiedene Filtersysteme und Absaugleistungen sind für unterschiedliche Werkstoffe zu dimensionieren. Eine entsprechende Absaugung der gasförmigen und kleineren festen Schneidrückstände sollte möglichst nahe am Entstehungsort erfolgen.

Das Laserstrahlschneiden gehört neben dem Beschriften zu den am meist verbreiteten Lasertechnologien. Entsprechend der vielfältigen Schneidaufgaben und -anwendungen stehen dem Nutzer unterschiedliche Schneidsysteme zur Verfügung. Das betrifft zum einen die **Strahlungsquellen** in ihren Eigenschaften (Leistung, Pulsparameter, Fokussierbedingungen) und zum anderen auch die Maschinenkonfigurationen (Achsanzahl, Verfahrwege, Geschwindigkeiten). Eine generelle Unterteilung kann zunächst in **Universal-** und **Spezialschneidsysteme** geführt werden. Die erste Gruppe wird meist als Modulsystem (z. B. nach Verfahrbereich, Leistungsklasse) aufgebaut und deckt ein relativ breites Bauteilspektrum ab. Spezialschneidmaschinen dagegen werden „maßgeschneidert“ für die jeweilige Bearbeitungsaufgabe entwickelt und aufgebaut. Meist sind solche Lösungen für die direkte Integration in Fertigungsprozesse vorgesehen.

8.2.3.1 Laserstrahlungsquellen und -komponenten

Strahlungsquellen wie der Scheibenlaser, der Faserlaser oder auch die Ultrakurzpulslaser haben die LMB, insbesondere auch das Schneiden, immens bereichert und sind Standardlösungen geworden. Neben der Erschließung neuer Schneidanwendungen können auch bestehende Schneidaufgaben mit einem höheren Prozesswirkungsgrad durchgeführt werden und eine Erweiterung der Anwendungsbereiche wird für die kommenden Jahre prognostiziert. Dies trifft auch für die Ultrakurzpulslasertechnik zu, die im Bereich der Mikro-LMB über ein hohes Potenzial verfügt. Der CO_2-Laser ist nach wie vor im Bereich der Makro-LMB eine oft eingesetzte Laserstrahlungsquelle und bietet Vorteile, wenn sehr unterschiedliche Materialien (Metalle, silikatische Werkstoffe und Polymere) auf einem Anlagensystem flexibel getrennt werden müssen. Für das Schneiden von Blechstärken kleiner 3 mm und die Bearbeitung von NE-Metallen (insbesondere Kupfer, Messing und Aluminium) sind Faser- und Scheibenlaser oft die bevorzugten Quellen.

Um den Laserstrahl mit den entsprechenden Parametern für die Anforderungen des Schneidens zur Verfügung zu stellen, sind die im Kapitel 6 beschriebenen Komponenten der Strahlführung und -formung erforderlich, von denen nachfolgend lediglich ausgewählte schneidtypische Komponenten kurz vorgestellt werden. Der **Bearbeitungskopf (Schneidkopf)** zählt zu den wichtigen Elementen für das Schneiden und erfüllt mehrere Aufgaben (standardmäßig oder optional):

- Fokussierung des Laserstrahles,
- Änderung der Fokuslage,
- Zuführung des Prozessgases,
- Einstellung des Düsenabstandes zur Werkstückoberfläche, Online-Regelung des Abstandes während des Schneidprozesses,
- Schutz der Fokussieroptik vor Schneidrückständen und
- Diagnostik des Schneidspaltes bzw. des Einstechvorganges.

Entsprechend den genannten Funktionen existieren verschiedene Kopfsysteme, die für unterschiedliche Anwendungsbereiche wie bspw. 2D- oder 3D-Schneiden, Hochgeschwindigkeitsschneiden und Dünn- oder Dickblechbereich ausgelegt sind. Schneidköpfe werden sehr oft modular aufgebaut, sodass durch bestimmte Schnittstellen der Kopf an wechselnde Bearbeitungsaufgaben angepasst werden kann.

Der in Bild 8.49 a dargestellte Bearbeitungskopf ist für die **Mikrolaserbearbeitung** ausgelegt. Durch unterschiedliche optische Konfigurationen kann der Fokusdurchmesser sehr variabel geändert werden und erlaubt damit sowohl das Schneiden als auch das Schweißen unterschiedlicher Materialien. Durch die modulare Bauweise können unterschiedliche Prozessmodule, wie bspw. Schneidaufsätze oder Schutzgaszuführungen an den Kopf adaptiert werden. Zusatzmodule, zur Überwachung und Einstellung des Schneidprozesses sowie optische Schnittstellen zur Bilderkennung, verdeutlichen die hohe Prozessfähigkeit und sind für verschiedene Schneidanwendungen unerlässlich. */highyag2012/*, */coherent2025-3/*

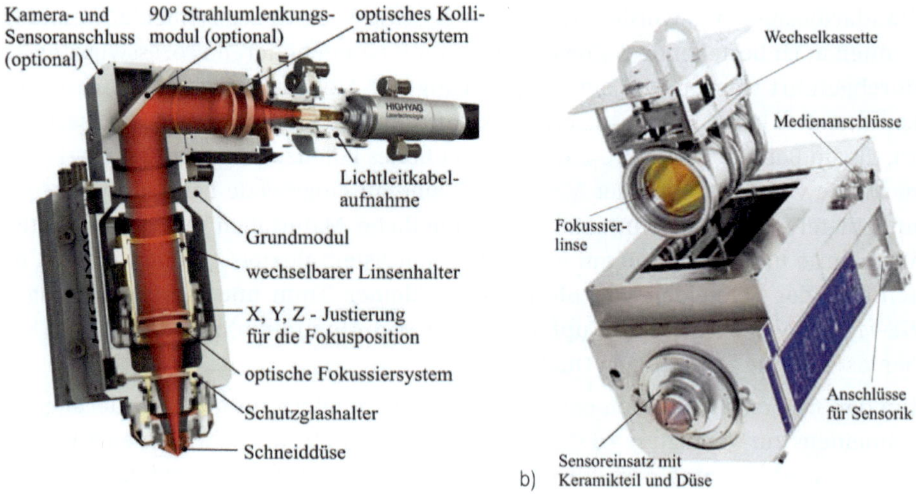

Bild 8.49 Exemplarische Darstellung von Schneidkopfsystemen. a) Querschnittdarstellung des Laserbearbeitungskopfes BIMO-FSC © HIGHYAG Lasertechnik GmbH, */HIGHYAG2012/*, b) Hochgeschwindigkeitsbearbeitungskopf mit Kassettenwechselsystem und über CNC einstellbarer Fokuslage © Precitec GmbH & Co. KG, */Precitec2012/*

Bild 8.49 b zeigt einen universellen **Hochgeschwindigkeitsschneidkopf** für CO_2-Flachbett- und Rohrschneidanlagen. Mit dem integrierten Kassettenwechselsystem können vorjustierte Kassetten (gefasste Meniskusfokussierlinsen) getauscht werden, sodass wechselnde Werkstückdicken und Materialarten geschnitten werden können. Die integrierte **Abstandssensorik** ermöglicht den Ausgleich von Materialunebenheiten während der Bearbeitung. Die motorische Fokuslageverstellung erlaubt das dynamische Einstechen (schnelles Bewegen in Richtung $+z_f$) sowie das Schneiden unterschiedlicher Werkstückdicken in einem Schneidzyklus. Moderne Schneidköpfe verfügen über eine Vielzahl von wichtigen Überwachungsfunktionen (Temperatur- und Linsenbruchsensor), die den Schneidkopf kontrollieren. Eine Online-Prozessüberwachung des Schneidprozesses überwacht dagegen insbesondere den Einstechvorgang, um Einstechzeiten zu verkürzen und den Schneidprozess erst bei vollständigem Materialdurchbruch starten zu lassen. */precitec2012/*, */precitec2025/*

Schneiddüsen, die gemäß der Schneidaufgabe verschiedene Düsenformen und Abmessungen aufweisen, bestimmen den Gasdurchsatz und die Form des Gasstrahles sowie die Lage des Gasstromes zum Laserstrahl (Bild 8.50 a). Bild 8.50 b illustriert schematisch wichtige **Grundformen von Schneiddüsen**, die hauptsächlich nach Gasdruck und Einsatzbereich ausgewählt werden. Auch die äußere Düsenform variiert entsprechend einer 2D- oder 3D-Anwendung, denn aufgrund der notwendigen Zugänglichkeit sind für die dreidimensionale Bearbeitung spitzzulaufende und längliche Düsengeometrien zu bevorzugen. Der maximale Gasdurchlass wird durch den Düsendurchmesser bestimmt, der für das Brenn- und Sublimationsschneiden im kleineren Bereich zwischen 0,7 und 1,5 mm liegt. Einen hohen Gasdurchsatz mit typischen Düsendurchmessern von 1,5 – 2,5 mm erfordert das Schmelzschneiden. Für ständig wechselnde Bearbeitungsaufgaben werden in die Laserschneidsysteme auch automatische Düsenwechseleinrichtungen integriert (Bild 8.50 c). Düsenreinigungssysteme sind ebenfalls oft Standard, um nach bestimmten Schneidzyklen die Anhaftungen (Schlacke, Metallspritzer) zu entfernen.

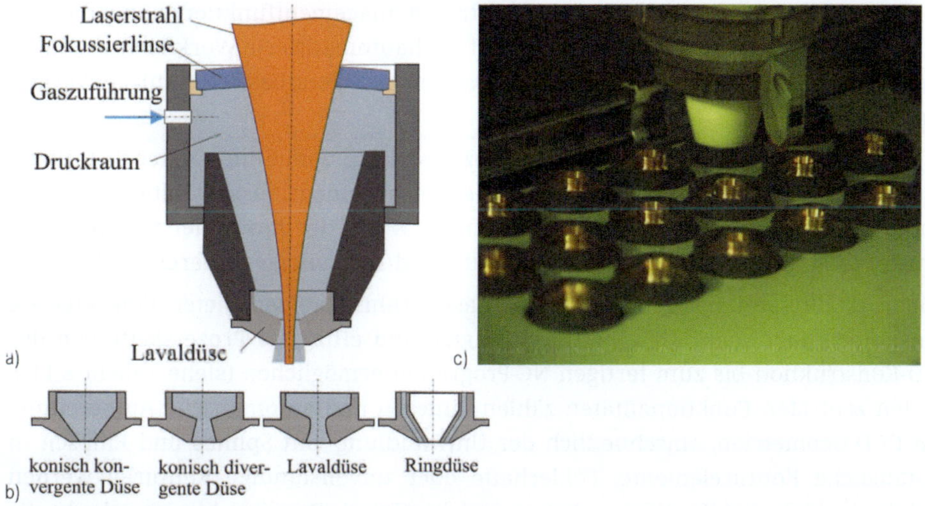

Bild 8.50 Schneiddüsen. a) Schematische Darstellung Schneidkopf mit Düse, b) gebräuchliche Düsenformen, c) Ansicht eines Düsenwechslersystems */Jena2011-7.4.3/*

Um den ausströmenden Gasstrahl möglichst effizient in den Schnittspalt zu führen, sind beim Laserstrahlschneiden kleine Düsenabstände unabdingbar, die i. d. R. 0,7 – 1,25 mm betragen und während der Bearbeitung konstant gehalten werden müssen. Dies erreicht man durch eine sensorische Abstandsregelung, bei der die aktuelle Abstandslage gemessen und über eine Zustellachse geregelt wird. Die kapazitive (nur für Metalle; Bild 8.51) und die taktile Abstandsregelung sind bekannte und bewährte Methoden.

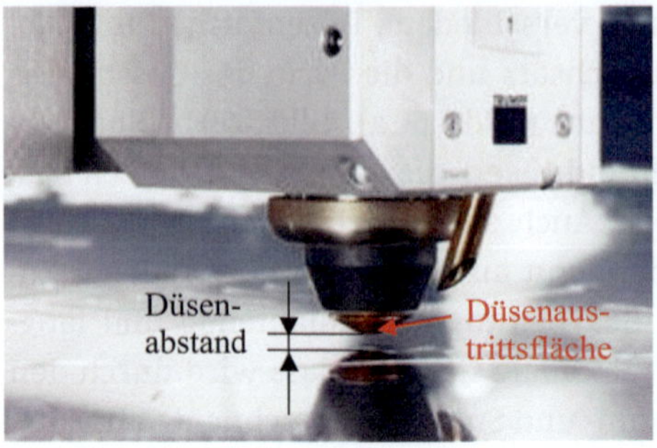

Bild 8.51
Detailansicht der kapazitiven Abstandsregelung */Jena2011-7.4.3/*

8.2.3.2 NC-Programmerstellung

Das Laserstrahlschneiden im 2D- und 3D-Bereich erfordert durch die zunehmende Komplexität von Bauteilgeometrien, Werkstoffkombinationen und Fertigungsstrategien eine durchgängige digitale Prozesskette, die von der CAD-basierten Konstruktion über die Fertigungsplanung bis hin zur Erstellung eines prozesssicheren NC-Programms für die Laseranlage reicht. Moderne Softwarelösungen integrieren heute CAD-, CAM-, Nesting-, Simulations- und Auftragsmanagementfunktionen in einer einzigen Plattform. Heutige Systeme setzen auf hochautomatisierte Workflows mit intelligenter Feature-Erkennung, Prozessdatenbanken und cloudbasierter Anlagenvernetzung (Industrie 4.0).

In Tabelle 8.11 sind die grundlegenden Prozessschritte vom Einlesen der CAD-Daten bis zum NC-Programm für das Laserschneiden an einem ausgewählten CAM-Programm dargestellt. Der Ablauf ist dialoggeführt, wobei der Anwender mit einfachen Schritten sehr schnell zur kompletten Kontur- und Technologieaufbereitung kommt.

Moderne Softwareumgebungen für das Laserstrahlschneiden bieten eine Vielzahl relevanter Funktionen, die eine durchgängige und effiziente Prozesskette von der CAD-Konstruktion bis zum fertigen NC-Programm ermöglichen (siehe Tabelle 8.11). Zu den zentralen Funktionalitäten zählen Einlesen und automatische Aufbereitung von CAD-Geometrien, einschließlich der Umwandlung von Splines und Ellipsen in NC-taugliche Konturelemente. Fehlerhafte oder unvollständige Konturen werden mithilfe integrierter Routinen erkannt und korrigiert. Darüber hinaus erlaubt die Software das automatische Setzen von An- und Ausschnittsfahnen, die Festlegung der Bearbeitungsreihenfolge unter Berücksichtigung von Wärmeeintrag und Bauteilentnahme sowie das verschachtelte Anordnen mehrerer Werkstücke zur Materialoptimierung (Nesting). Ein weiteres wesentliches Merkmal ist die grafische Simulation der Bearbeitung zur frühzeitigen Erkennung und somit Vermeidung von potenziellen Kollisionen und Bearbeitungsfehler. Die Softwareumgebungen beinhalten zudem Werkstoffdatenbanken, in denen schnittrelevante Parameter wie Leistung, Fokuslage oder Gasdruck materialspezifisch hinterlegt sind. Durch den Einsatz intelligenter Regelwerke und Postprozessoren kann für jede Maschinenkonfiguration automatisch ein anlagenspezifisches NC-Programm generiert werden. Die Integration in übergeordnete Fertigungsleitsysteme (MES) sowie die Möglichkeit zur Rückverfolgung von Aufträgen und Bauteilen runden das Funktionsspektrum ab. Diese umfassenden Fähigkeiten tragen wesentlich zur Reduktion von Programmierzeiten, zur Steigerung der Prozesssicherheit und zur wirtschaftlichen Fertigung bei. */trumpf2025-8/*

Tabelle 8.11 Typischer Ablauf am Beispiel des NC-Programmiersystems „TruTops Boost" */Trumpf2025-8/*

Nr.	Schritte	Beschreibung
1	Import von 2D-/3D-CAD-Daten	automatische Erkennung relevanter Geometrieelemente, u. a. über STEP, IGES, DXF, SolidWorks etc.
2	Geometrieanalyse und -reparatur	Korrektur von Lücken, redundanten Linien, fehlerhaften Splines; automatische Ableitung von Konturen
3	Technologiezuweisung	material-, dicken- und anlagenabhängige Definition von Schneidparametern, Mikrostegen, Ein- und Ausfahrstrategien
4	Nesting (Schachtelung)	algorithmisch optimiertes Platzieren der Teile auf Standard- oder Restblechen zur Maximierung der Ausnutzung
5	Bearbeitungsfolge festlegen	automatische oder benutzerdefinierte Reihenfolge zur Minimierung thermischer Verzüge und Sicherstellung der Prozessstabilität
6	Simulation	Kollisionserkennung, Visualisierung von Bearbeitungswegen, thermische Analyse, Zeitsimulation
7	NC-Code-Generierung	maschinenoptimierter Code über anlagenspezifischen Postprozessor (z. B. TRUMPF TruDisk, Bystronic Fiber etc.)
8	Produktionsfreigabe und Rückmeldung	Übergabe an BDE/MES-Systeme, Statusverfolgung, digitale Rückmeldung über Jobs und Bauteilzustände

Bild 8.52 zeigt die Benutzeroberfläche der Software TruTops Boost, die im Rahmen der in Tabelle 8.11 dargestellten CAM-Lösung zur automatisierten NC-Programmerstellung für das Laserstrahlschneiden eingesetzt wird. Im Vordergrund steht die CAD-Ansicht mit eingebetteter Teilekontur, ergänzt durch strukturierte Navigations- und Technologiemenüs. Rechts in der Bedienoberfläche sind die eingestellten Bearbeitungsparameter wie Werkstoff (z. B. Baustahl), Blechdicke und Fokuslage ersichtlich. Darunter befindet sich der Nesting-Bereich, der die optimierte Blechbelegung grafisch darstellt. Die Software integriert CAD, CAM und Nesting in einer durchgängigen Umgebung und ermöglicht so eine automatisierte, regelbasierte und materialeffiziente NC-Programmerstellung. */trumpf2025-8/*

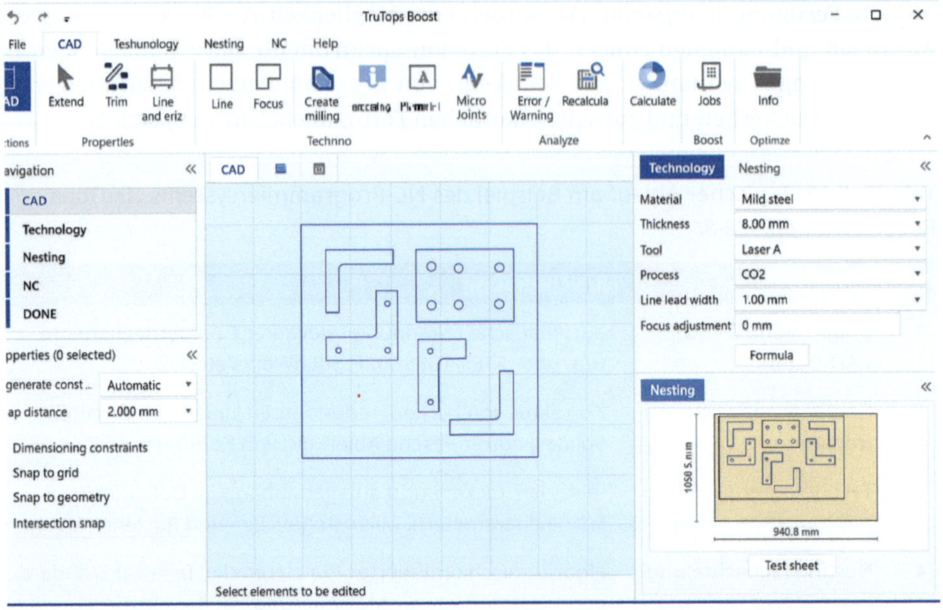

Bild 8.52 Ansichtsdarstellung der Benutzeroberfläche „TruTops Boost" */Trumpf2025-8/*

Wichtige Technologiefunktionen wie **An-** und **Abfahren, Schnittspaltkorrektur** sowie **Bearbeitungsfolge** legt der Bediener in Abhängigkeit von den Geometrien und den zu trennenden Materialen fest. Die Programmalgorithmen und Vorgehensweisen für verschiedene Laserschneidanlagen sind weitestgehend identisch und unterscheiden sich erst im letzten Programmschritt, dem Erstellen des NC-Programms, das durch einen anlagenspezifischen Postprozessor erzeugt wird und von der Steuerung gelesen werden kann.

Die Nutzung von Offline-Programmiersystemen lässt eine parallelisierte Prozesskette zu, sodass während des Produktionsprozesses der Laseranlage unabhängig davon neue Jobs vorbereitet werden können. Die Offline-Programmierung reduziert Stillstandzeiten erheblich, erlaubt präzise Taktzeitplanung, erhöht die Gesamtanlageneffektivität (Overall Equipment Effectiveness OEE) und ist darüber hinaus Voraussetzung für Simulation, Prozessoptimierung und digitale Rückverfolgbarkeit. */trumpf2025-8/*

8.2.4 Schneidstrategien

Das Laserstrahlschneiden ist ein Verfahren der LMB, das sehr prozesssicher in einer großen Breite industriell eingesetzt wird. Verschiedene **Schneidstrategien** haben sich etablieren können und stehen dem Anwender in Form von Technologietabellen unterstützend für die Auswahl der entsprechenden Prozesse zur Verfügung. Nachfolgend werden ausgewählte Einflussgrößen und sich ergebende Schneidstrategien am Beispiel der Makrobearbeitung diskutiert.

Das Schneiden ist ein prinzipiell zweiteiliger Prozess und wird in die Stufen Einstechen und **Konturschneiden** untergliedert, wobei dem Einstechen im Gesamtprozess aus den nachfolgenden Gründen eine besondere Bedeutung zukommt:

- schnelles und sicheres Erzeugen einer Startlochbohrung,
- „kontrolliertes" Ausbringen des abgetragenen Materials,
- sicheres Starten in den Schneidprozess und
- kein oder wenig Materialverlust auf der Resttafel (bestimmt durch Lage und Größe der Einstechgeometrie).

Sind auf einer Schneidkontur sehr viele **Einstechoperationen** erforderlich, dann bestimmt auch die Zeitdauer der Einstechzyklen maßgeblich die erforderliche Gesamtbearbeitungszeit. Neben der Zeitdauer ist die Größe der Einstichöffnung für manche Anwendungen relevant. Der Durchmesser ist in den meisten Fällen größer als die Schnittfugenbreite (vgl. Bild 8.53 a) und i. Allg. wird das **Einstechen auf der Kontur** vermieden. Durch die Optimierung der Einstechparameter (insbesondere Pulsregime) kann für bestimmte Anwendungen die Einstichgröße deutliche minimiert werden (Bild 8.53 b).

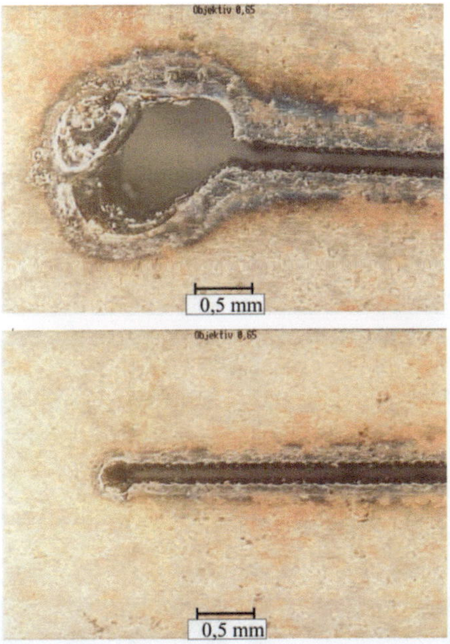

a)
b)

Bild 8.53
Einstechkonturen. a) ohne Einstechoptimierung, b) mit Einstechoptimierung */Blie1996/*

Der Einstechvorgang wird in vielen Fällen gepulst und mit angepassten Laserparametern, die sich von den Schneidparametern unterscheiden, durchgeführt. Bei der Festlegung der Technologieparameter wird somit eine getrennte Programmierung der Einstech- und Schneidparameter erforderlich. Für dickere Materialien wird der Arbeitsabstand zur Werkstückoberfläche beim **Einstechen** leicht vergrößert, um ein besseres Ausbringen des verflüssigten und verdampften Materials während des Einstechens zu ermöglichen. Beim Schmelzschneiden wird zum Einstechen häufig auch ein Sauerstoffanteil zur Verkürzung der Einstechzeiten, die in Abhängigkeit von der Materialart und -dicke variieren, verwendet. Dafür werden programmtechnisch sogenannte Haltezeiten programmiert oder mit einem Sensor im Schneidkopf der Prozess nach Erkennen des Durchbruches beendet. Hohe Anforderungen werden an das Einstechen beim Hochgeschwindigkeitsschneiden dünner Bleche gestellt. Es findet ein direkter Übergang ohne Verweilzeit von dem Einstech- in den Schneidzyklus statt, sodass man auch vom „fliegenden Einstechen" spricht.

Für das **Anfahren an die Kontur** nach dem Einstechen gibt es verschiedene Strategien. In Tabelle 8.12 sind drei ausgewählte Standardanfahrwege dargestellt. Wichtige Parameter sind **Anfahrlänge** und **-winkel**. Die Länge muss konturabhängig festgelegt werden, denn einerseits sollte diese lang genug sein, damit sich der Schneidprozess stabilisiert, aber andererseits nicht zu lang, um die Materialverluste gering zu halten. Der Anfahrwinkel hat einen großen Einfluss auf die Kantenqualität. Wenn die Kontur die Voraussetzung für einen geraden bzw. tangentialen Anfahrweg ermöglicht, folgt keine Auswirkung auf die Schnittkantenrauigkeit. Beim Anfahren unter einem Winkel sind im Konturübergang immer Materialvertiefungen zu beobachten, die den *Rt*-Wert (Maximalwert im Rauigkeitsprofil) deutlich erhöhen. Dieser lässt sich verringern, wenn ein Einfahrradius gewählt wird und ein „sanfter Übergang" in die Schneidkontur erfolgen kann.

Tabelle 8.12 Konturanfahren Außenkontur Laserstrahlbrennschneiden; Material St37; Dicke: 4 mm

Konturanfahren	0°-Anfahren (geradlinig)	90°-Anfahren (rechtwinklig)	Einfahrradius
Prinzipbild	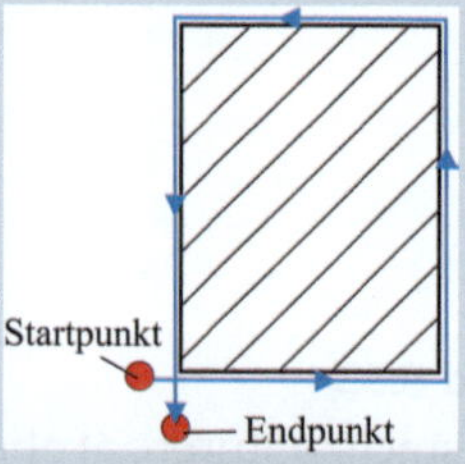	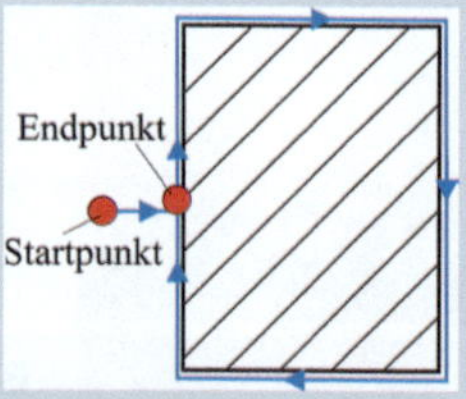	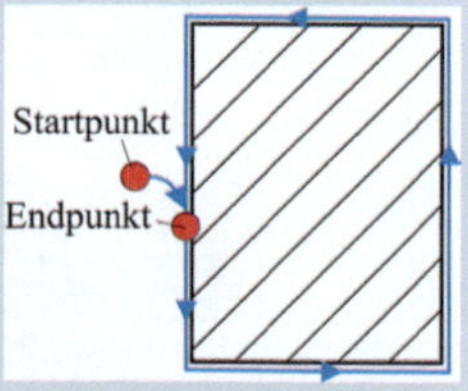
Schnittspalt-darstellung	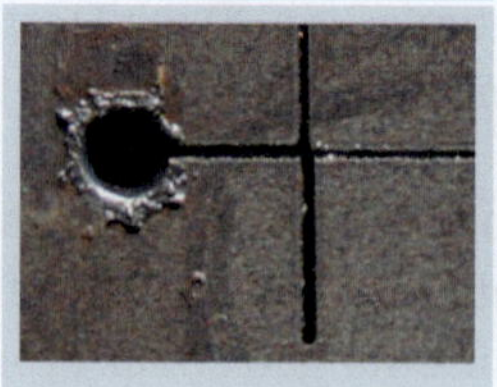		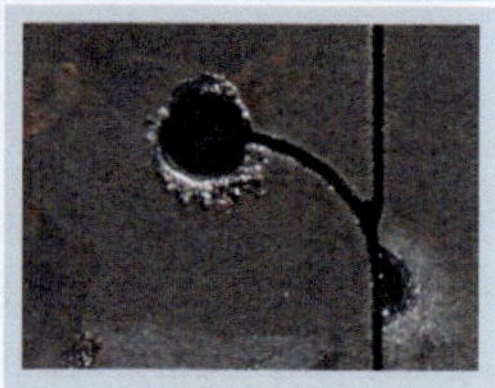

Der Wechselwirkungsprozess im Übergang vom Einstechen in das Schneidregime ist häufig bei größeren Materialdicken durch eine gewisse Instabilität gekennzeichnet. Aus diesem Grund werden sogenannte Rampen programmiert. Das heißt, der Trennprozess startet leistungs- und geschwindigkeitsreduziert auf dem Anfahrweg und wird bis zum Konturstart auf die Maximalwerte der Laserleistung und Schneidgeschwindigkeit „gerampt".

Das **Konturschneiden**, eine weitere wichtige Schneidstrategie (Tabelle 8.13), erfordert einen häufigen Richtungswechsel. Ist dieser extrem, wirkt sich die Dynamik der Achsen (Abbremsen und Beschleunigen) auf das Schneidergebnis aus. Diesen Sachverhalt veranschaulicht Tabelle 8.13 für das Konturfahren mit konstanter Leistung. Die zwangsläufige Reduzierung der Schneidgeschwindigkeit an der Spitze führt zu einer höheren Streckenenergie und zu einem wärmeleitungsbedingten Hitzestau. Die Ecke verrundet sehr stark und weist eine ausgeprägte WEZ auf.

In der Praxis haben sich zwei Schneidstrategien für die Lösung der genannten Problematik bewährt. Mit dem Konturüberfahren und auf einer größeren Bahn wieder Einfahren kann der extreme Richtungswechsel vermieden werden und die Spitze bildet sich konturgetreu ab. Nachteilig ist jedoch der zusätzliche Materialbedarf durch die Überfahrfläche. Sehr gute Kantenergebnisse lassen sich mit der dritten Schneidstrategie erzielen, bei der die schnelle Steuerbarkeit der Laserleistung ausgenutzt wird, um eine **geschwindigkeitsabhängige Laserleistung** am Bearbeitungsort bereitzuhalten. Allerdings erfordert die abgestimmte Leistungsgrenzenvorgabe in Abhängigkeit vom Material und von der Kontur eine gewisse Erfahrung des Bedieners.

Tabelle 8.13 Konturanfahren spitzwinklige Kontur

Konturanfahren	Konturfahren mit konstanter Leistung	Konturüberfahren (Looping)	Geschwindigkeitsabhängige Laserleistungsregelung
Prinzipbild	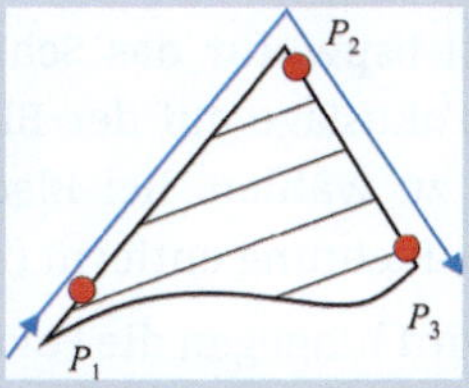	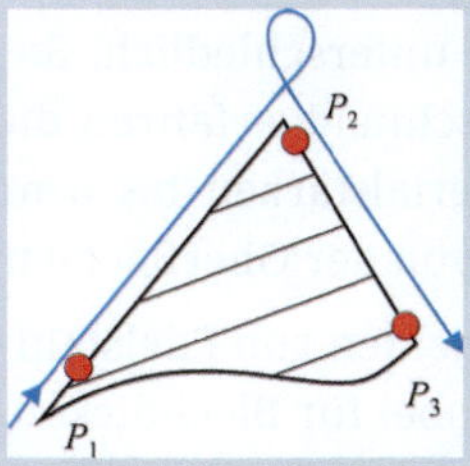	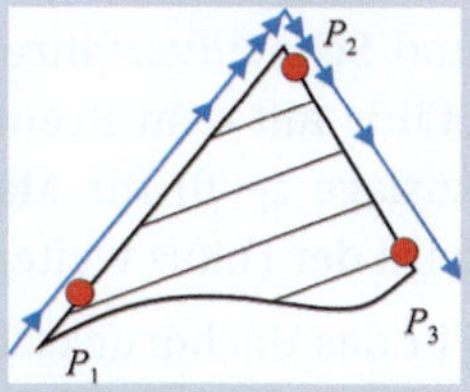
Verlauf der Streckenenergie	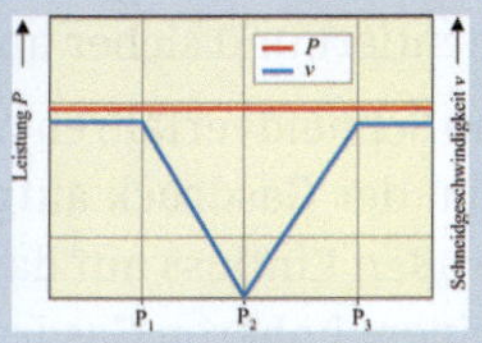	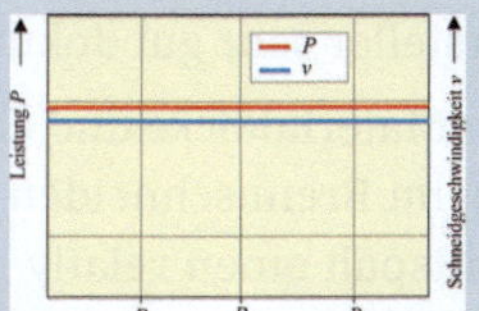	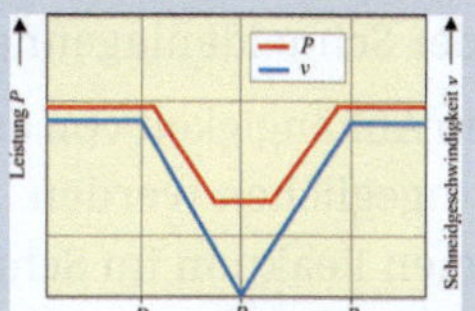

Zu einem Wärmestau kann es ebenfalls kommen, wenn die Maschinendynamik die geforderten Schneidgeschwindigkeiten nicht erreicht. Dies passiert insbesondere, wenn die Kontur sehr klein oder die programmierte Schneidgeschwindigkeit durch schnell aufeinanderfolgende Abbrems- und Beschleunigungszyklen nicht bzw. nur teilweise realisiert werden kann. Dadurch ergibt sich eine zu hohe Streckenergie, die zu verbreiterten Schnittspalten und großen WEZ führt. In diesen Fällen wird mit geänderten Laserparametern getrennt (Schneiden „kleine Kontur"), d. h., die Laserleistung wird in Abhängigkeit von der durchschnittlich erreichbaren verminderten Schneidgeschwindigkeit reduziert, sodass die Streckenenergie für optimale Schneidbedingungen angepasst wird. Dadurch verlängert sich die Bearbeitungszeit, aber es können gute Schnittqualitäten erzielt werden. Wann der Fall für eine „kleine Kontur" gegeben ist, kann generell nicht festgelegt werden, da dies sehr stark von der verfügbaren Maschinendynamik bzw. auch Leistungsfähigkeit der Laserleistungssteuerung abhängt.

Neben der richtigen Wahl der Streckenenergie hat die **Fokuslage** einen großen Einfluss auf die Schneidgeschwindigkeit und die Qualität der Schnittflächen. Die exakte Lage des Fokus ist eine wichtige Voraussetzung für gute Schneidergebnisse.

Wie stark sich die Fokuslage tatsächlich auswirkt ist vordergründig von der Strahlkaustik abhängig. Insofern wird beim Laserstrahlschneiden auch die Brennweite an die zu trennende Blechdicke angepasst. Für kleinere Blechdicken sind kurzbrennweitige Fokussierlinsen zu wählen ($f = 50 - 125$ mm), denn diese erzeugen einen kleineren Fokusdurchmesser und somit auch kleinere Schnittspaltbreiten. Beim Trennen größerer Blechdicken werden langbrennweitige Fokussierungen ($f = 125 - 200$ mm) ausgewählt, um eine größere Rayleigh-Länge zu erhalten und dadurch eine höhere Prozessstabilität zu gewähren und parallelere Schnittflächen zu erzeugen. Dies hat, aufgrund des größeren Fokusdurchmessers, eine Verbreiterung des Schnittspaltes zur Folge, was letztendlich einen besseren Materialaustrieb bei stärkeren Blechdicken ermöglicht.

Die einzelnen Fokuslagen sind für die verschiedenen Materialien, Materialdicken und Schneidverfahren unterschiedlich. So ist bspw. für das Schneiden unlegierter Stähle mit dem Brennschneidverfahren die Fokuslage auf der Blechoberfläche (Fokuslage $z_f = 0$) für Materialstärken bis 6 mm zu wählen. Bei Blechstärken $s > 6$ mm wird der Fokus weiter von der Oberfläche in +-Richtung entfernt (max. $z_f = +2{,}5$ mm).

Für das Hochdruckschneiden von Edelstahl wird hingegen die Fokuslage in das Material gelegt ($z_f \sim 0{,}3\,d$), wobei für Blechdicken größer 5 mm eine individuelle Fokuslage erforderlich ist. Entsprechende Einstellparameter sind in den Technologietabellen der Schneidanlagenhersteller sehr gut dokumentiert und sicher anwendbar.

In Abhängigkeit von der Materialdicke und dem Schneidverfahren muss der **Gasdruck** angeglichen werden. Beim Brennschneiden hat der Gasdruck aufgrund der exothermen Reaktion im Schnittspalt einen relativ großen Einfluss auf das Schneidergebnis. Bleche mit einer geringen Dicke werden mit einem höheren Gasdruck geschnitten als dickere Bleche. Dies ist hauptsächlich auf die erhöhte Schnittgeschwindigkeit zurückzuführen, da es schneller zu einem Sauerstoffmangel kommen kann. Beim Schmelzschneiden hingegen werden dickere Materialien mit einem höheren Druck geschnitten, um das größere Schmelzvolumen aus dem Spalt ausblasen zu können.

Umfangreiche Untersuchungen zur Gestaltung von Laserschneiddüsen wurden in */Shap2006/*, */Herz1993/*, */Künt2011/* ausgeführt. Für viele Schneidanwendungen werden die in Bild 8.54 dargestellten Düsenformen eingesetzt. Fertigungstechnisch lassen sich konische Geometrien, die beim Brennschneiden und Sublimationsschneiden vorzugsweise angewandt werden, sehr einfach herstellen. Für das Schneiden bei höheren Gasdrücken oder aber sehr dünnen Materialien kann dies jedoch zu Problemen führen, wie Bild 8.54 c für das Schneiden dünner metallischer Folien verdeutlicht.

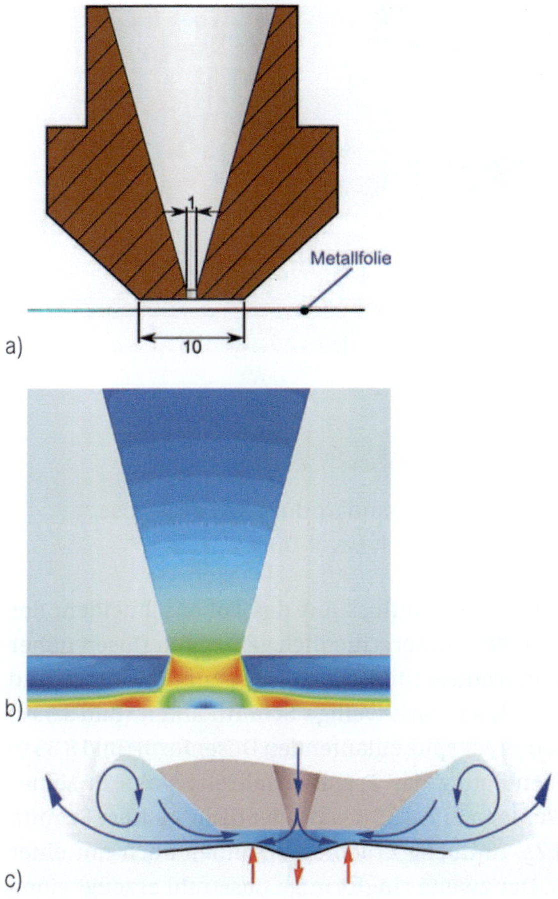

Bild 8.54
Konische Standarddüse */Künt2011/*. a) Querschnitt, b) Geschwindigkeitsprofil des ausströmenden Schneidgases, c) Darstellung der Gaswirkung auf Metallfolien

Mit der in Bild 8.54 a gezeigten Standarddüse strömt der Hauptteil des Gases zwischen Düse und Folien nach außen ab. Aufgrund des geringen Düsenabstandes wird die Strömung nach dem Umlenken erneut beschleunigt und erzeugt einen Unterdruck zwischen Düse und Metallfolien, der zu einem Aufwölben des Materials führt. Infolge der Verwölbung wird der Abstand verringert, die Strömung weiter beschleunigt und das Druckgefälle vergrößert, bis es zum Kontakt zwischen Düse und Folie kommt. Bei Anwendung einer kapazitiven Abstandsregelung führt das zu einem Nachregeln der Fokuslage und zum Abreißen des Folienkontaktes, wodurch ein periodischer Prozess (Folienschwingen) in Gang gesetzt werden kann und der Schneidprozess sehr instabil wird. Abhilfe können Schneiddüsen mit einer Lavalgeometrie schaffen. /*Künt2011*/

Auf die strömungstechnischen Betrachtungen wird an dieser Stelle verzichtet und auf /*Shap2006*/, /*Künt2011*/, /*Bork2021*/ und /*Bork2023*/ verwiesen.

Bild 8.55 Schneiden dünner Folien /*Künt2011*/. a) Standarddüse, b) Laval-Düse, c) Trennschnitt mit Standarddüse, d) Trennschnitt mit Laval-Düse

Weiterhin hat die Außengeometrie der Düse Einfluss auf das Folienschneiden, der anhand der im Bild 8.55 gegenübergestellten unterschiedlich geformten Düsen näher erläutert wird. Der Gasstrahl der Standarddüse (Bild 8.55 a) führt zum Ansaugen und Schwingen der 50 µm dicken Folie und lässt stark wellige Schnittkanten (Bild 8.55 c) mit großer WEZ entstehen. Beim Einsatz einer spitz zulaufenden Düsenform (Bild 8.55 b) bleibt das Folienmaterial bis zur Beendigung des Trennverfahrens stabil in seiner Spannlage. Die dazugehörige Schnittkante in Bild 8.55 d weist deutliche glattere Schnittflächen auf, frei von sichtbaren WEZs. Ähnliche Ergebnisse können auch mit einer Ringdüse (Bild 8.56) erreicht werden. Der zweite ringförmige Gasstrahl erzeugt einen zusätzlichen Druck auf die Folienoberfläche und kann bei einem abgestimmten Gasdruck die Folie während des Schneidens in einer stabilen Lage halten. Solche Ringdüsen (auch Doppeldüsen genannt) wirken für bestimmte Anwendungen qualitätssteigernd auf die Schnittflächengeometrie.

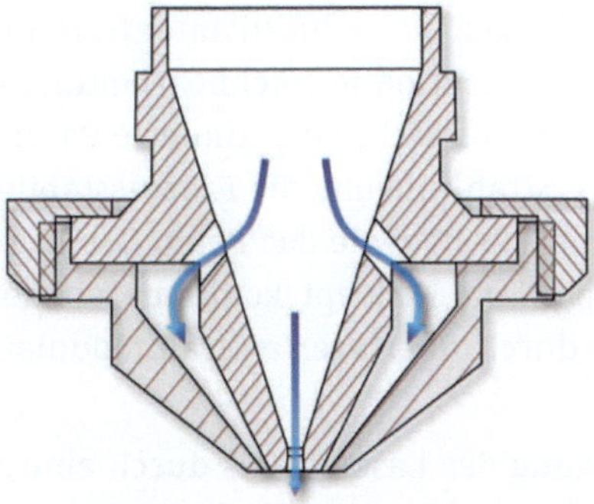
a)

b)

Bild 8.56 Ringdüse */Künt2011/*. a) Schnittansicht, b) fotografische Darstellung

Einen richtungsabhängigen Einfluss auf das Schneidergebnis kann auch die **Polarisation** des Laserstrahles erzeugen, wenn er linear oder elliptisch polarisiert eingesetzt wird. Für unterschiedliche Schneidrichtungen ergeben sich unterschiedliche Schnittfugenbreiten und Winkel der Schnittflächen. Die kleinste Schnittfugenbreite und eine hohe Rechtwinkligkeit der Schnittflächen werden erreicht, wenn die Schneidrichtung parallel zur Polarisationsrichtung verläuft ($\alpha = 0°$). Wesentlich breiter wird die Schnittfuge für $\alpha = 90°$, d. h., die Vektoren der Polarisationsrichtung und Schneidrichtung stehen 90° zueinander. Der Strahl erfährt in diesem Fall eine stärkere Absorption an den Seitenwänden des Schneidspaltes. In den Zwischenzuständen weichen die Schnittfugen zum Teil sehr stark von einer rechtwinkligen Schneidspaltgeometrie ab. Die sich ergebende Neigung des Schneidspaltes hängt von α ab. */Stau2000/*

Für Anwendungen, bei denen das Blech- oder Rohrtrennen lediglich in eine Schneidrichtung erfolgen muss, lässt sich die linear polarisierte Strahlung optimal einsetzen, wobei dieser Fall in der Praxis eher selten ist. Meist liegen Konturen vor, die sich aus Trennschnitten in unterschiedliche Schneidrichtungen zusammensetzen und gleichbleibende richtungsunabhängige Schnittqualitäten erfordern, die mit unpolarisierter oder **zirkular polarisierter Strahlung** erreichbar sind. Mithilfe polarisationsbeeinflussender optischer Komponenten, z. B. Lambdaviertel-Phasenschieberspiegel, kann im Strahlengang von Schneidanlagen problemlos eine Umwandlung von linear polarisierter Laserstrahlung in zirkular polarisierte vorgenommen werden.

8.2.5 Schneiden metallischer Werkstoffe

Die Auswahl geeigneter Schneidparameter hängt wesentlich vom Werkstofftyp, der Dicke und den thermophysikalischen Eigenschaften (z. B. Wärmeleitfähigkeit, Schmelztemperatur, Oxidationsverhalten) ab. Hochreflektive Werkstoffe wie Kupfer oder Aluminium stellen besondere Herausforderungen dar, da sie im infraroten Wellenlängenbereich ($\lambda \approx 1\ \mu m$) eine geringe Absorption zeigen. Zunehmend Abhilfe schaffen Ultrakurzpulslaser oder frequenzkonvertierte Systeme.

Im Bereich dünnwandiger Materialien (< 3 mm) lassen sich schnittkantenfreie Konturen mit minimierten Wärmeeinflusszonen (WEZ) und ohne Nachbearbeitung erzeugen. Für dickere Werkstoffe (bis 40 mm bei Stahl) wird durch optimierte Parameter, höhere mittlere Leistungswerte und adaptive Strahlführung die Prozessstabilität und Kantenqualität gewährleistet. Fortschrittliche Ansätze wie das Beam Oscillation Cutting (Strahlschwingverfahren) oder das BrightLine-Konzept kombinieren hohe Geschwindigkeit mit verbesserter Schnittkante durch überlagerte Strahlmodulationen. */Gopp2020/*, */Gopp2016/*, */Flam2020/*

Beim **Beam Oscillation Cutting** wird die Bewegung des Laserstrahls durch eine zusätzliche schnelle Schwingung (Oszillation) überlagert. Diese Oszillation erfolgt typischerweise transversal oder elliptisch zur Schneidrichtung und wird mithilfe spezieller Oszillationsoptiken oder adaptiver Scannertechnologie erzeugt. Die resultierende dynamische Strahlspur vergrößert die Wechselwirkungszone zwischen Strahl und Werkstoff und führt zu einer gleichmäßigeren Energieeinbringung entlang der Schnittkante. Wesentliche Vorteile sind:

- Verbesserung der Schnittqualität bei problematischen Werkstoffen wie Aluminium oder hochlegierte Stählen,
- Reduktion von Gratbildung und Schlackeanhaftung,
- besseres Ausblasen der Schmelze durch optimierte Dynamik im Schneidspalt,
- stabilere Prozessführung bei variierenden Blechdicken.

Diese Technik ist insbesondere bei dicken Materialien oder nichtlinearen Schnittgeometrien vorteilhaft, da sie die Schnittkantenqualität verbessert und den Nachbearbeitungsaufwand reduziert.

Das BrightLine-Edge-Verfahren */trumpf2025-9/* kombiniert eine hochbrillante Strahlungsquelle (z. B. Scheiben- oder Faserlaser) mit einem optischen Strahlformungssystem, das die Energieverteilung im Fokus gezielt moduliert. Durch eine überlagerte Strahloszillation (Beam Shaping & Wobble) entstehen homogene thermische Profile entlang der Schnittkante. Dabei wird insbesondere der Fokusquerschnitt über ein spezielles Optikmodul dynamisch variiert, sodass sich die Schnittflankenqualität signifikant verbessert. Das Verfahren ist eng verwandt mit der Technologie BrightLine Weld aus dem Bereich des Laserstrahlschweißens (siehe auch Kapitel 9).

Die wesentlichen Vorteile sind:

- hohe Schnittflächenqualität bei hoher Schneidgeschwindigkeit,
- Reduktion von Spritzern, Gratbildung und Anlauffarben,
- automatische Anpassung des Energieeintrags an komplexe Schnittkonturen.

Besonders geeignet ist diese Technologie für dickere Edelstahl- und Aluminiumbleche.

Die Integration solcher adaptiven Strahlmodulationsverfahren steht exemplarisch für die zunehmende Verschmelzung von optischem Engineering, digitaler Prozessführung und präziser Laserstrahlbearbeitung. Beide Technologien zeigen, dass durch Kombination von unterschiedlichen Verfahrensansätzen erhebliche Qualitätsvorteile und Produktivitätssteigerungen realisierbar sind.

Die prozesstechnische Effizienz und Qualität des Laserstrahlschneidens werden maßgeblich durch die physikalischen und chemischen Eigenschaften des zu bearbeitenden Metalls bestimmt. Zu den wichtigsten Werkstoffparametern gehören:

- **Reflexionsverhalten:** Metalle mit hohem Reflexionsgrad im infraroten Bereich (z. B. Kupfer, Aluminium) absorbieren nur einen geringen Anteil der eingestrahlten Laserenergie, was höhere Anfangsenergien oder kürzere Wellenlängen (z. B. im VIS oder UV) erforderlich macht.
- **Wärmeleitfähigkeit:** Hochleitfähige Metalle wie Kupfer leiten den eingekoppelten Wärmeeintrag schnell ab, wodurch die Ausbildung eines ausreichend tiefen Schnittspalts erschwert wird. Eine hohe Wärmeleitfähigkeit erfordert hohe Leistungsdichten und ggf. eine geeignete Fokuslage.
- **Schmelz- und Verdampfungstemperatur:** Diese Temperaturen bestimmen, ob der Prozess primär schmelzend oder sublimierend verläuft. Werkstoffe mit niedrigerer Schmelztemperatur (z. B. Zinklegierungen) lassen sich bei geringerem Energieeintrag schneiden.
- **Oxidationsverhalten:** Reaktive Metalle wie unlegierter Stahl ermöglichen durch Einsatz von Sauerstoff als Schneidgas eine exotherme Reaktion, die den Energieeintrag erhöht (autogener Brennschneideffekt). Edelstähle oder Aluminium werden hingegen meist mit Inertgas (N_2, Ar) geschnitten, um oxidfreie Schnittkanten zu erzeugen.
- **Zähigkeit und Härte:** Diese mechanischen Eigenschaften beeinflussen die Gefahr von Gratbildung, Spritzern oder thermischen Spannungsrissen.
- **Werkstoffdicke:** Mit zunehmender Dicke steigen die notwendige Laserleistung und die Prozessstabilität. Abhängig von der Materialdicke muss die Fokuslage angepasst und ggf. eine Strahloszillation implementiert werden (z. B. BrightLine-Technologie).

In der industriellen Praxis haben sich folgende Lasertypen für das Schneiden metallischer Werkstoffe etabliert:

- Faserlaser (Yb:YAG, $\lambda \approx 1{,}03\ \mu m$):

  hohe Effizienz, exzellente Strahlqualität ($M^2 < 1{,}2$), wartungsarm; ideal für dünne bis mittlere Blechdicken sowie für hochreflektive Metalle in Kombination mit geeigneter Strahlformung; besonders wirtschaftlich in 2D- und 3D-Schneidanlagen;

  typische Leistungen: 1 – 20 kW (cw), Pulslaser (ns bis fs) für Spezialanwendungen,

- CO_2-Laser ($\lambda = 10{,}6\,\mu m$):

  gute Schnittqualität bei organischen Materialien und dickeren Stahlblechen, jedoch geringere Absorption bei Nichteisen-Metallen; aufgrund komplexerer Strahlführung zunehmend durch Faserlaser verdrängt;

  typische Leistungen: 2–8 kW (cw), vorrangig in flexibel arbeitenden Systemen (unterschiedliche Materialfolge, z. B. Metalle und Polymere) oder Spezialanwendungen im Dickblechbereich,

- Scheibenlaser (Yb:YAG, $\lambda \approx 1{,}03\,\mu m$):

  kompakte Bauweise, hohe Strahlqualität, robust gegenüber Rückreflexionen; ideal für das Schneiden von hochreflektiven Werkstoffen wie Kupfer und Messing;

  typische Leistungen: 2–16 kW (cw),

- Kurz- und Ultrakurzpulslaser (ns-, ps-, fs-Pulse, $\lambda \approx 1{,}06\,\mu m$ und $\lambda \approx 1{,}03\,\mu m$):

  für Mikroschnitte, insbesondere in Dünnfolien und bei metallischen Funktionswerkstoffen; ermöglichen athermische Prozesse (z. B. Sublimationsschnitt mit minimaler Wärmeeinflusszone);

  typische Leistungen: < 1 kW, Pulsenergien 10 µJ bis 1 mJ, Repetitionsraten bis in den MHz-Bereich,

- VIS-/UV-Laser ($\lambda = 515$ nm / $\lambda = 355$ nm):

  bessere Absorption und Einkopplung an hochreflektiven Metalloberflächen (Cu, Ag, Al); derzeit verstärkte industrielle Einführung, insbesondere im Bereich Batterietechnologie und Elektromobilität;

  typische Leistungen: 10–1000 W, meist auch als frequenzverdoppelte Faser- oder Festkörperlaser.

Die Auswahl des geeigneten Lasertyps und der Prozessstrategie ist eng an die werkstoffspezifischen Eigenschaften gekoppelt. Während sich Faser- und Scheibenlaser als universelle Werkzeuge im Blech- und Rohrschneiden durchgesetzt haben, gewinnen Ultrakurzpulslaser und frequenzkonvertierte Quellen zunehmend an Bedeutung für präzise Mikrobearbeitungen und schwer bearbeitbare Metalle. Entscheidend für die Prozessqualität ist das integrative Zusammenspiel aus Laserstrahlungsquelle, Strahlführung, Prozessgasversorgung, Monitoring und CNC-Systemintegration, insbesondere bei komplexen 3D-Geometrien oder variierenden Werkstoffstärken.

Neben den vorstehend beschriebenen Schneidverfahren können Verfahren auch nach anderen Kriterien wie bspw. Geschwindigkeit, Präzision oder Relativbewegung zwischen Laserstrahl und Werkstück eingeteilt bzw. bewertet werden. Nachfolgend werden ausgewählte Schneidverfahren näher diskutiert.

8.2.5.1 Hochgeschwindigkeitsschneiden

Die angeführten Vorteile der FK-Laser im Dünnblechbereich lassen sich auch für das Hochgeschwindigkeitsschneiden anwenden. Neben dem höheren Absorptionsgrad sowie einer größeren Prozesseffizienz ist für den hochdynamischen Prozess die Strahlführung über die Faser zum Schneidkopf ein Plus der FK-Laser. Um die hohen Geschwindigkeiten und die geforderte Genauigkeit zu erzielen, werden hohe Anforderungen an die Maschinendynamik gestellt. Einerseits sollten die bewegten Massen gering sein, um hohe Beschleunigungswerte zu erreichen, aber andererseits muss das gesamte System über eine sehr hohe Steifigkeit verfügen. Für das Flachbettschneiden haben sich sogenannte Gantry-Bauweisen mit schnellen Linearachsen bewährt. In */Bull2010/* wird eine interessante Lösung einer Leichtbaukonstruktion vorgestellt, deren Komponenten wie Schlitten und Platten sowie die Y-Achse durch einen Kohlefaserverbundaufbau ausgeführt sind. Damit kann eine Gewichtsreduktion von 80 kg, bei gleichzeitiger Erhöhung der Steifigkeit, erzielt werden. In Kombination mit direkt angetriebenen Linearachsen werden beim Schneiden Beschleunigungswerte von 4 g erzielt. In Bild 8.57 ist eine Hochgeschwindigkeitsschneidanlage für den Arbeitsbereich von (2500 × 1250) mm^2 dargestellt.

Bild 8.57 Schneidanlage „Stiefelmayer effective" © Stiefelmayer GmbH &Co. KG, */Stiefelmayer2012/*, */stiefelmayer2025/*

Bauweise: Gantry

Arbeitsbereich: (2500 × 1250) mm^2, Antriebe: X-, Y-Achse Linearmotoren, Z-Achse Spindel, max. Arbeitsgeschwindigkeit: 200 $m \cdot min^{-1}$, Material für Querträger: CFK (Kohlefaser), Beschleunigung: 4 g (effektiv in der Kontur), Laser: Faserlaser, Leistung: 1 kW (skalierbar in den kW-Bereich)

Um die hohe Prozessdynamik des Hochgeschwindigkeitsschneidens optimal anwenden zu können, gibt es unterschiedliche und z. T. auch auf den jeweiligen Prozess speziell ausgerichtete Schneidstrategien, wie z. B. das sogenannte **FlyLine-Konzept** in Bild 8.58. Dieses Konzept ist durch drei wichtige Bearbeitungsmerkmale gekennzeichnet:

- „Fliegendes“ (Fly), positionsgenaues Zu- und Abschalten des Laserstrahls, die Achsen werden möglichst nicht gestoppt oder abgebremst,
- Schnittfolge: Aufsplitten rechtwinkliger Einzelkonturen, die auf einer Linie liegen, zur Vermeidung einer Eckenbearbeitung,
- Reduzierung der Geschwindigkeit nur bei den unvermeidlichen Richtungswechseln.

a)  b) 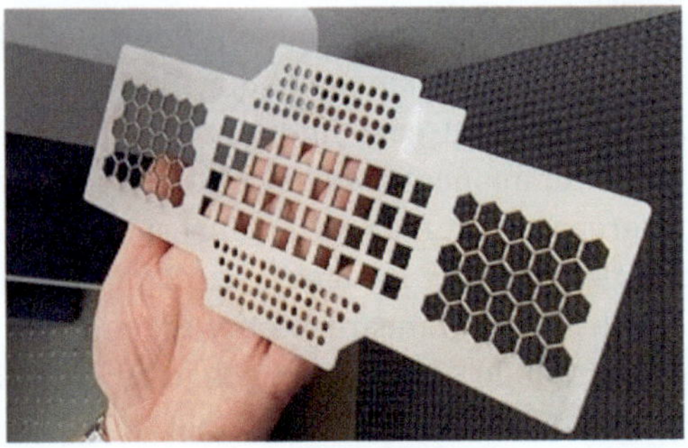

Bild 8.58 Hochgeschwindigkeitsschneiden 2D-Blechbearbeitung FlyLine */Jena2011-7.4.3/*. a) Schneidprozess, b) Demonstrationsbeispiel

Die Geschwindigkeitsvorteile können insbesondere für Blechdicken bis 1,5 mm und Teilegeometrien mit vielen Konturelementen genutzt werden. */Trumpf2011-1/*, */trumpf2025–10/*

Aktuell gibt es Verfahren, die das Hochgeschwindigkeitsschneiden auch für Blechdicken bis ca. 3 mm, teils sogar bis 4 mm, wirtschaftlich ermöglichen, allerdings hängt dies stark von der konkreten Materialart (z. B. Edelstahl vs. Baustahl), der gewünschten Schnittqualität und der Laserleistung ab.

Folgende ausgewählte Verfahrenslösungen werden für das Hochgeschwindigkeitsschneiden eingesetzt:

- Das FlyLine-Konzept mit hohen Schnittgeschwindigkeiten wird typischerweise im Blechdickenbereich von 0,5 bis 1,5 mm eingesetzt, insbesondere bei filigranen Konturen oder Kleinteilen.
- Das BrightLine-Speed- oder Highspeed-Eco-Konzept kann je nach verwendeter Laserleistung (z. B. 6 – 12 kW) auch bei mittleren Blechdicken bis ca. 3 mm signifikante Geschwindigkeitsvorteile bieten, wobei der Nutzen bei dünneren Blechen (< 1,5 mm) am ausgeprägtesten ist. */trumpf2025–10/*

Eine interessante Schneidanwendung für das Hochgeschwindigkeitsschneiden ist der hochpräzise Zuschnitt von Elektroblechen. Diese bestehen zumeist aus einer Eisen-Silizium-Legierung, die mit aufgebrachten Phosphatierungsschichten isolierend wirken.

Diese Einzelbleche werden gestapelt und bilden die Lamellenkerne für Transformatoren und Motoren (DIN EN 10106). Bild 8.59 illustriert ein Einzelblech und einen Stapel für eine E-Motorenanwendung. Verwendung finden vorzugsweise Blechdicken von 0,5 mm, teilweise auch 0,35 und 0,3 mm. Die hohe Flexibilität der Laserschneidanlagen erlaubt das wirtschaftliche Trennen sehr filigraner und komplex ausgelegter Konturen wie in Bild 8.59 c für unterschiedliche Materialien zu sehen ist. Neben den Standardmaterialien Baustahl und Edelstahl können auch Aluminium, Messing und Kupfermaterialien in sehr hohen Qualitäten bearbeitet werden. Für die genannten Standardmaterialien lassen sich mit der Anlagenkonfiguration in Bild 8.57 Blechdicken bis 6 mm trennen.

a) b) c)

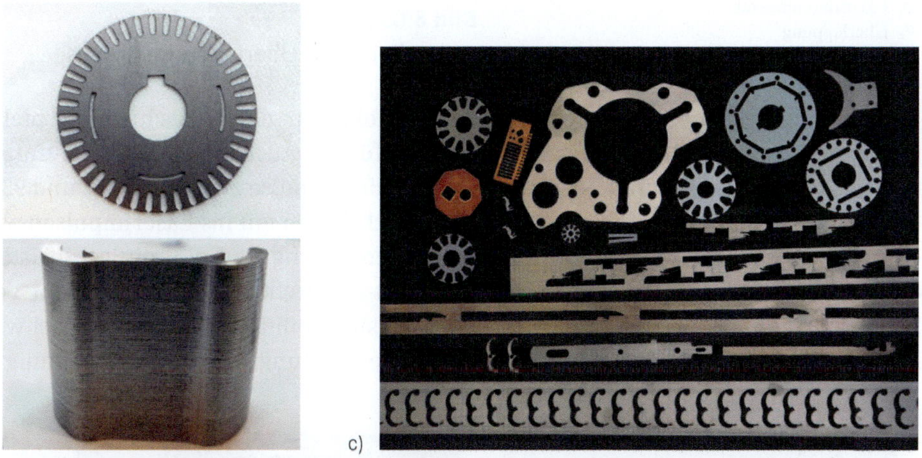

Bild 8.59 Hochgeschwindigkeitsschneiden – Anwendungsbeispiele © Stiefelmayer GmbH &Co. KG, */Stiefelmayer2012/*. a) Elektroblechteil, Materialstärke 0,5 mm, b) Paketstapel für E-Motor, c) ausgewähltes Bauteilspektrum

Das Hochgeschwindigkeitsschneiden erreicht insbesondere in jenen Bereichen große Anwendung, in denen metallische Folienmaterialien mit hohen Durchsatzzahlen präzise getrennt werden müssen. So wird das Laserverfahren zum Schneiden von beschichteten Aluminium- und Kupferfolien (150 µm dick) für Lithium-Ionen Zellen eingesetzt (Batterien für Elektrofahrzeuge).

8.2.5.2 Präzisionsschneiden

Unter dem Begriff **Präzisionsschneiden** wird auch häufig das **Feinschneiden** oder ein Teilgebiet der **Lasermikrobearbeitung** verstanden. Konkurriert das Laserstrahlschneiden im Makrobereich zumeist mit dem Stanzen oder auch dem Plasmaschneiden, so sind es im Bereich Mikro die Präzisionstechnologien Erodieren, Ultrapräzisionsfräsen und die verschiedenen Ätzverfahren. Für das Präzisionsschneiden mit Laserstrahlung kommen überwiegend gepulste Systeme mit Impulsdauern im Bereich von ms bis fs zum Einsatz. Die Abstimmung der Impulsparameter auf die Vorschubgeschwindigkeit entsprechend der Feinschneidaufgabe ist eine wichtige Aufgabenstellung.

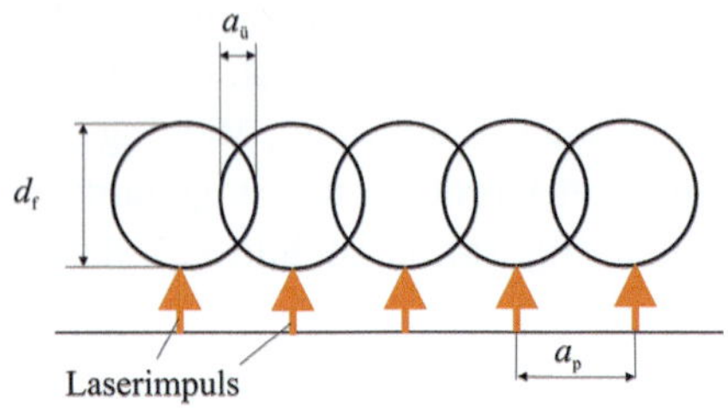

d_f Fokusdurchmesser
$a_ü$ Überlappung
a_p geometrischer Pulsabstand

Bild 8.60
Darstellung des Überlappungsgrades

Bild 8.60 veranschaulicht die gewählte Impulsfolge für das Feinschneidbeispiel in Bild 8.61. Die gepulste Energiezufuhr erfordert für die Ausbildung einer kontinuierlichen Schnittfuge prinzipiell eine Überlappung der Impulse zwischen 40 % und 95 %, im Beispiel in Bild 8.61 beträgt er 87 %. Für das Schneiden mit ms-Laserimpulsen wird der Prozess so ausgelegt, dass die Impulsspitzenleistung und die mittlere Leistung ausreichen, um das Material mit einer Überfahrt zu durchtrennen. Ein gewisser Leistungsüberschuss wird vorgesehen, um Prozessinstabilitäten (Blechdickenschwankung, Materialinhomogenitäten) während der Bearbeitung ausgleichen zu können.

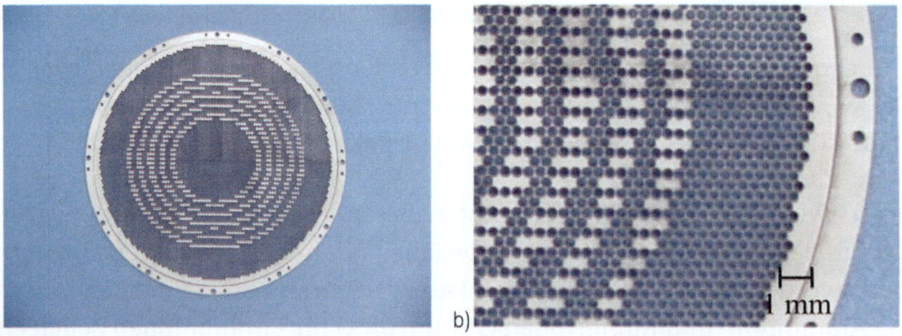

a) b)

Bild 8.61 Molybdängitter für eine Ionenstrahlanlage */ifw2011/*. a) Gitterkontur, b) Ausschnittsvergrößerung

Laser: Nd:YAG; $\overline{P}_{LM}$ = 100 W (mittlere Pulsleistung); τ_{LP} = 0,35 ms; p_P = 15 ms

Strahl: d_0 = 5,8 mm; mit 3-facher Aufweitung, ohne Modenblenden, Fokussierung: f = 74 mm; z_f = 0; d_f = 80 µm

Prozess: v_s = 3 mm · s^{-1}; Gas: Luft, 9 bar; D_A = 148 mm (Außendurchmesser), s = 2 mm

Die minimal erreichbaren Strukturgrößen werden in erster Linie durch die Fokussierbedingungen bestimmt. Kurzbrennweitige Systeme sowie Laserstrahlungsquellen mit hohen Strahlqualitäten finden in der Präzisionsbearbeitung Anwendung. Beugungsmaßzahlen von $M^2 \sim 1{,}2$ und die sich daraus ergebenden extrem kleiner Fokusdurchmesser (20 µm) mit hohen Intensitäten ermöglichen, Strukturgrößen im Bereich von 10 µm und Schnittspaltbreiten von etwa 20 µm im Schneidprozess zu erzielen.

Durch die relativ hohen Intensitäten und Folgefrequenzen beim Präzisionsschneiden kann eine geringe Beeinflussung des Grundmaterials erreicht, die Bauteilaufheizung sehr stark minimiert und somit ein Bauteilverzug nahezu ausgeschlossen werden. Dieser Vorteil zeigt sich sehr anschaulich bei der Lochstruktur des Ionenstrahlgitters in Bild 8.61 b. Wie auch in diesem Beispiel wird beim Präzisionsschneiden meist die Fokuslage $z_f = 0$ gewählt. Dies ist in erster Linie den geringen Materialdicken und den filigranen Strukturelementen, die einen kleinen Fokusdurchmesser erfordern, geschuldet. In Bild 8.62 sind zwei Beispiele für das Präzisionsschneiden mit einem Nd:YAG-Laser (ms-Impulse) dargestellt. Die Lotpastenschablone (SMD-Schablone) in Bild 8.62 a dient dem Aufbringen von Lotdepots auf Leiterplatten, in denen im Anschluss die SMD-Bauteile (Surface Mounted Device) platziert und in einem nachfolgenden Reflow-Lötprozess verlötet werden. Die Anforderungen an die Positioniergenauigkeit (±2 µm) und die Strukturauflösung sind für diese Anwendung relativ hoch. Für die Herstellung des Demonstrators in Bild 8.62 b werden zugleich drei Laserverfahren, Schneiden, Bohren und Beschriften, eingesetzt.

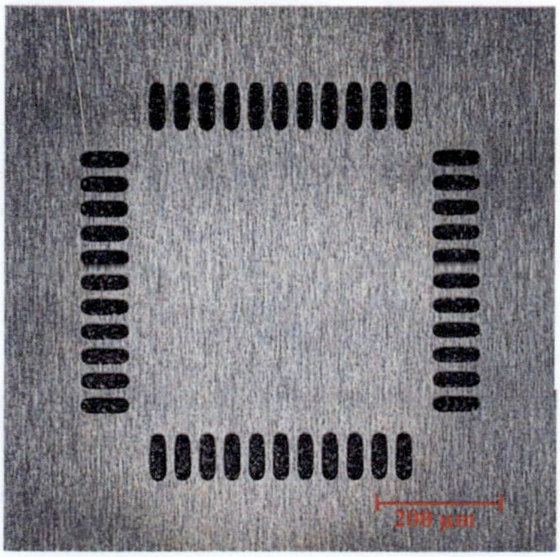

a)

b)

Bild 8.62 Präzisionsschneiden mit FK-Laser */ifw2011/*. a) SMD-Schablonenausschnitt – Materialdicke: 50 µm, b) Demonstrator Präzisionsschneiden

Mit geringer werdender Impulsdauer bzw. Einwirkzeit kann die thermische Wirkung in das Bauteil minimiert werden. Das veranschaulicht auch die vereinfachte Beziehung der **Wärmeeindringtiefe d_W** nach */Popr2005/*

$$d_W = \sqrt{4 k_W t} \tag{8.16}$$

k_W Temperaturleitfähigkeit; t Einwirkdauer

Die thermische Wirkung kann insbesondere durch die Verwendung von UK-Laserimpulsen stark reduziert werden. Charakteristisch für das Präzisionsschneiden mittels fs- oder ps-Laserstrahlen ist die hohe Pulsspitzenleistung bei einer sehr kurzen Pulsdauer. Das Material wird schlagartig in den gasförmigen Zustand überführt, sodass im Schnittspaltbereich die WWZ sehr eng begrenzt ist und nur eine ganz geringe bzw. keine Wärmeeinflusszone erkennbar ist. Durch mehrfache Überfahrten wird der Werkstoff sublimiert und somit schichtweise abgetragen. Um die sehr hohen Repetitionsraten (200 kHz) auf die Werkstückoberfläche zu applizieren, werden bei dieser Prozessführung meist schnelle Scansysteme angewandt. Bild 8.63 illustriert Beispiele aus zwei wichtigen Anwendungsbereichen der UKP-Laserbearbeitung, der Mikrotechnik und Medizintechnik. Die Herstellung des Ionenmikrofallenchips (Bild 8.63 b) bestehend aus drei unterschiedlichen Bauteilen erfordert verschiedene Bearbeitungsprozesse. Nach dem Schneiden der keramischen Grundstruktur mit einem fs-Laser erfolgt die Goldbeschichtung, dann das Laserstrahlbohren der Isolationskanäle. Zum Schluss werden die Leiterbahnen durch einen selektiven Laserabtrag in den Chip eingebracht. /*Kaml2009*/.

Bild 8.63 Trennen mit UKP-Laserstrahlung © Micreon GmbH, /*Micreon2011*/. a) Schattenmaske, b) segmentierte Ionenmikrofallenchip, c) Biopsiezange

Bild 8.64 veranschaulicht das Erzeugen filigraner Strukturen am Beispiel der Herstellung von Stents für die Medizin. Stents sind Stützimplantate, die aus Edelstahl bzw. Nickel-Titan-Legierungen (Formgedächtnislegierung) oder Polymeren bestehen und deren Geometrie aus einem Rohr mit typischen Rohrdurchmessern zwischen 1 und 10 mm bei einer Wandstärke von etwa 100 µm geschnitten wird. Die hierfür notwendige einzigartige Qualität wird durch gepulste Lasersysteme mit hohen Strahlqualitäten erreicht. Mit speziellen Lasersystemen wie beispielsweise StarCut Stent von Rofin können gratfreie Schnitte unterhalb 20 µm Breite mit Schnittgeschwindigkeiten von mehreren $mm \cdot s^{-1}$ erzielt werden. Zur Herstellung von 1 cm langen Stents werden typischerweise bis zu 40 cm lange Laserschnitte benötigt. /*Rofin2011-5*/

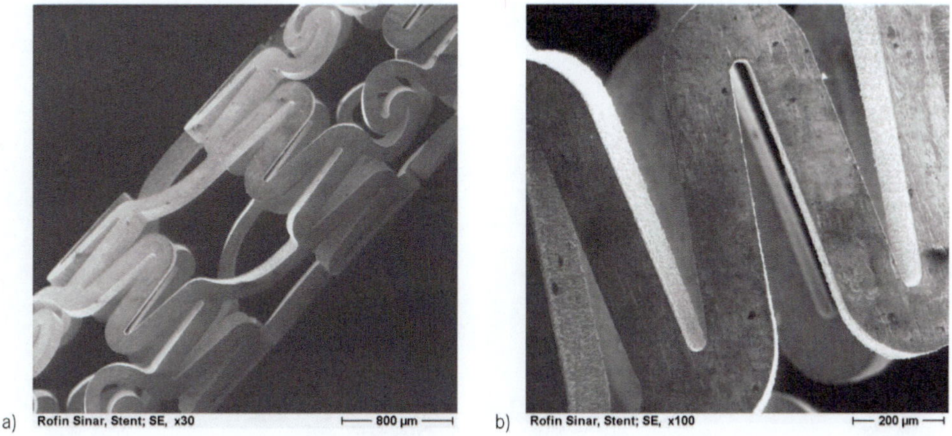

Bild 8.64 Scheiden von Stents mit fs-Laserimpulsen */Rofin2011-2/*

Für temperaturempfindliche Materialien, bspw. Polymere zur Stentherstellung oder flexible Schaltungsträger, werden fs-Laserimpulse mit Pulsfrequenzen von 100 Hz und geringer eingesetzt. Höhere Wiederholraten können selbst bei den kurzen fs-Impulsen aufgrund von Wärmeakkumulation zu thermischen Beschädigungen an den bioresorbierenden Materialien führen. */Kaml2009/*

Die hohen Pulswiederholraten der UKP-Laser sind für das Bohren und Schneiden dünner Materialien mit hohen Schmelz- bzw. Verdampfungstemperaturen von Vorteil (Bild 8.65). Bei dem zu trennenden Folienmaterial handelt es sich um eine gesinterte Wolframlegierung mit geringem Anteil an Nickel und Kupfer (Bindemittel) mit einer Dicke von 90 µm. Eine hohe mittlere Leistung eines CO_2-Lasers ermöglicht die Trennung der Folie in einem Schnitt und die Bearbeitung dieses refraktären Werkstoffs (hochschmelzendes Metall) mittels Schmelzschneiden (Bild 8.65 a). Aufgrund der sehr unterschiedlichen Schmelztemperaturen der Sinterpartner schmilzt der Binder (Kupfer und Nickel) bereits bei niederen Temperaturen auf und wird durch den Gasstrom ausgeblasen. Die Wolframkörner können jedoch nicht aufgeschmolzen werden, bleiben an der Schnittkante zurück und prägen der Schnittfläche eine raue Struktur auf. Anders verhält sich das Schneiden mit ps-Impulsen (Bild 8.65 b), denn beim reinen Sublimationsschneiden ist die Intensität in der WWZ sehr hoch und die Einwirkdauer sehr kurz. Dadurch werden die hohen Sublimationstemperaturen erreicht, sodass die Wolframkörner durchtrennt werden können und eine homogen ausgebildete **Schnittfläche** mit einer sehr geringen Rauigkeit entsteht. Aufgrund der geringen mittleren Leistung sind für das Trennen etwa 500 – 1000 Überfahrten mit einer Scangeschwindigkeit von $1\,m{\cdot}s^{-1}$ erforderlich. Die Rauheit und das Oberflächengefüge der Schnittkante werden durch Frequenz, Pulsspitzenleistung und Streckenenergie maßgeblich beeinflusst. Mit steigender Streckenenergie E_{ST} nimmt die Rauheit der Schnittkante zu. Dieser Zusammenhang trifft für beide Pulsregime zu.

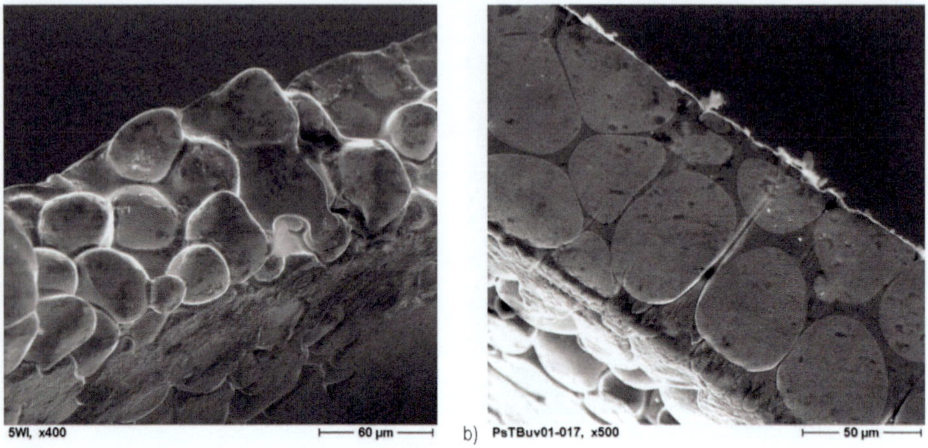

Bild 8.65 Schnittkantendarstellungen getrennter Wolframfolien (Dicke: 90 µm). a) ms-Pulsregime CO_2-Laser, b) ps-Laser

Linkes Bild:

Laser: CO_2, pw-Betrieb; $\overline{P} = 350$ W, $\nu = 5$ kHz, EST = 42,17 J·mm^{-1}, Schneidgas: N_2, Oberflächenkennwert: $Ra = 10{,}87$ µm

Rechtes Bild:

Laser: ps-Laser, pw-Betrieb; $\overline{P} = 9{,}5$ W, $\nu = 200$ kHz, $P_{LM} = 2{,}02$ MW, EST = 4,8 mJ·mm^{-1}, Schneidgas: –, Oberflächenkennwert: $Ra = 0{,}78$ µm

Die Anwendung des Präzisionsschneidens mit UKP-Laserstrahlung ermöglicht aufgrund der sehr hohen Präzision z. T. völlig neue Schneidanwendungen, wodurch die längeren Bearbeitungszeiten in vielen Fällen gerechtfertigt sind. In Bild 8.66 ist für die vorstehend beschriebene Wolframlegierung eine Applikation zur Ausbildung extremer Spitzengeometrien dargestellt.

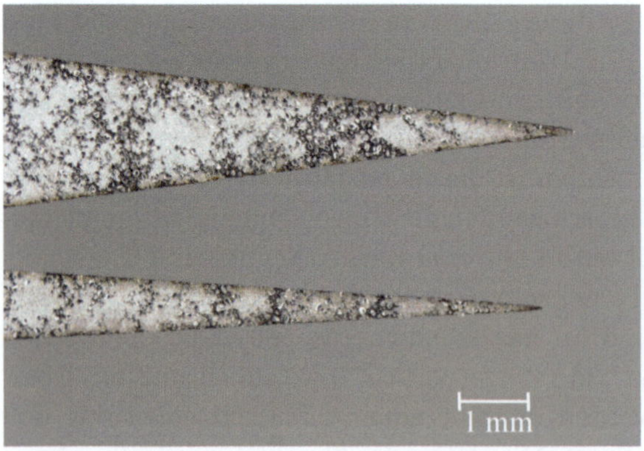

Bild 8.66 Trennen von Wolframfolienwerkstoffen mit einem ps-Lasersystem

8.2.5.3 Schneiden mit Scansystemen (Remoteschneiden)

Die in Kapitel 6 beschriebenen Scansysteme können auch für eine Reihe von Schneidanwendungen vorteilhaft eingesetzt werden. Durch den i. d. R. fehlenden gerichteten Prozessgasstrom ist das Laserstrahlschneiden mit Scansystemen, oft auch Remoteschneiden genannt, auf das Sublimationsschneiden beschränkt. Charakteristisch für diese Schneidtechnologien ist das Verwenden sehr genauer Scanner, meist in Kombination mit einem telezentrischen F-Theta-Objektiv. Der Scannereinsatz begründet sich in erster Linie durch die sehr hohen Repetitionsraten dieser Laser, die sehr schnelle Vorschubgeschwindigkeiten ermöglichen. Für die Bearbeitungsverfahren Abtragen, Bohren, Strukturieren und Schneiden werden die auf das Scanfeld begrenzten Verfahrwege meist mit sehr präzisen Achssystemen gekoppelt (vgl. Kapitel 6).

Bei den meisten Scanschneidanwendungen entsteht der Schnittspalt durch ein mehrmaliges Überfahren der Kontur und dem damit verbundenen schichtweisen Abtrag der Einzelspuren. Eingesetzt werden gepulste Lasersysteme, meist Singlemodefaserlaser oder Scheibenlaser mit sehr hohen Strahlqualitäten, für das Schneiden metallischer Folien. Entsprechend Bild 8.60 ergibt sich im gepulsten Betrieb mit der Impulsfrequenz ν_P und der Vorschubgeschwindigkeit (hier Scangeschwindigkeit) v_s der **Überlappungsgrad** *Ü*.

$$\ddot{U} = 1 - \frac{v_s}{d_f \cdot \nu_p} = 1 - \frac{a_{\ddot{U}}}{d_f} \tag{8.17}$$

$a_{\ddot{U}}$ Überlappung

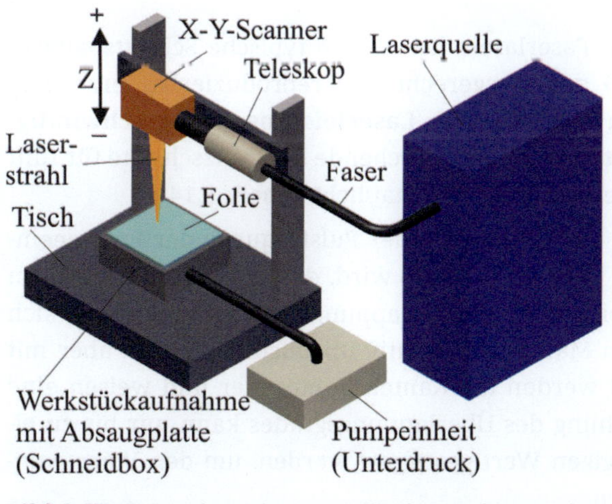

Bild 8.67 Scanschneiden metallischer Folienwerkstoffe nach */Remd2010/*
gepulster Faserlaser (YLP-HP-1-120-100-100)
λ = 1 065 nm, M^2 = 1,5, ν = 100 kHz, τ_{LP} = 120 ns, E = 1,0 mJ, $\overline{P}$ = 100 W, zweifache Strahlaufweitung, f = 100 mm, d_f = 15 µm (berechnet), z_R = 110 µm

Die Abstimmung der Pulsfrequenz und der Scangeschwindigkeit muss sehr genau vorgenommen werden, denn ist die Scangeschwindigkeit zu hoch bzw. die Pulsfrequenz zu niedrig gewählt, hat dies einen zu geringen Überlappungsgrad zur Folge. Dadurch entstehen ungleichmäßige Schnittkanten mit hohen Rauigkeitswerten. Im umgekehrten Fall findet ein erhöhter Wärmeeintrag in das Material statt, der den thermischen Verzug des Bauteils bzw. Anschmelzungen im Schnittspalt zur Folge hat.

Scansysteme erlauben für viele Anwendungen sehr einfache Werkstückvorrichtungen, die eine lagestabile Spannung der Werkstücke während des Trennvorgangs ermöglichen und in der Praxis etabliert sind. Der gekoppelte Aufbau eines Faserlasers mit einem X-Y-Scanner in Bild 8.67 nutzt zum Trennen metallischer Folien eine Schneidbox, in der ein Unterdruck erzeugt wird, um den Folienwerkstoff permanent gegen eine Auflagefläche anzudrücken. Darüber hinaus kommen auch spezielle Spannsysteme zur Anwendung.

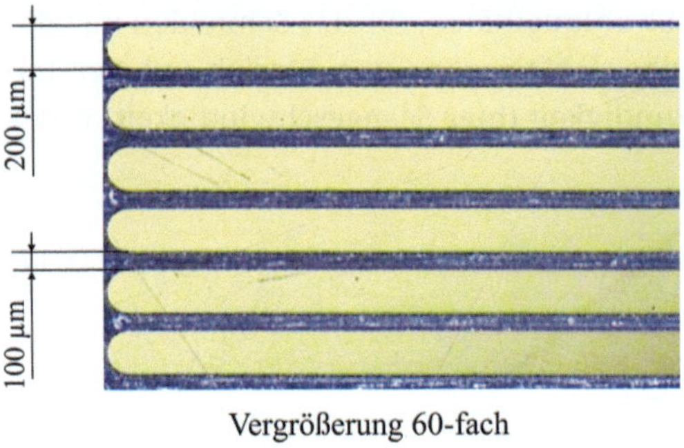

Bild 8.68
Typische Schnittspaltgeometrie und -abstände – Werkstoff X5CrNi18–10 */Remd2010/*
$\nu = 8$ kHz; $P = 20$ %; $v_s = 60$ mm · s^{-1}; $L = 6$, Foliendicke: 50 µm

Mit den Parametern des gepulsten Faserlasers lassen sich typische Schnittspaltgeometrien und -abstände (Bild 8.68) qualitätsgerecht und reproduzierbar erzeugen. Wichtige Prozessparameter stellen **Pulsfrequenz, Laserleistung, Scangeschwindigkeit** und die Anzahl der **Überfahrten** ***L*** dar. Entsprechende Referenzschnitte für fünf verschiedene metallische Folienwerkstoffe veranschaulicht Tabelle 8.14.

Generell lässt sich schlussfolgern, dass mit steigender Pulsfrequenz der Energieeintrag in den Werkstoff erhöht und teilweise so groß wird, dass Verschmelzungen im Schnittspalt auftreten können. Bei geringem Überlappungsgrad (< 0,33) bilden sich die Schnittkanten bei den meisten Materialien relativ ungleichmäßig aus, aber mit zunehmendem Überlappungsgrad werden die Kanten homogener und weisen eine geringere Rauigkeit auf. Die Erhöhung des Überlappungsgrades kann nur bis zu einem bestimmten werkstoffabhängigen Wert gesteigert werden, um den Wärmeeintrag in das Werkstück zu begrenzen.

Tabelle 8.14 Übersicht erstellter Referenzschnitte für unterschiedliche metallische Werkstoffe */Remd2010/*

Werkstoff	Al 99 %	Cu 100 %	CuSn8	Ti 100 %	X5CrNi18-10
technische Parameter	$\nu = 4$ kHz $P = 20$ % $v_s = 50$ mm·s^{-1} $L = 6$	$\nu = 8$ kHz $P = 40$ % $v_s = 50$ mm·s^{-1} $L = 5$	$\nu = 8$ kHz $P = 40$ % $v_s = 50$ mm·s^{-1} $L = 5$	$\nu = 8$ kHz $P = 20$ % $v_s = 50$ mm·s^{-1} $L = 6$	$\nu = 8$ kHz $P = 20$ % $v_s = 50$ mm·s^{-1} $L = 6$
Überlappungs-grad *Ü*	0,17	0,58	0,58	0,58	0,58
Bilddarstellung Draufsicht (Vergrößerung 260x)					
b_S **[µm]**	9,3 ± 0,5	10,3 ± 0,9	12,1 ± 0,6	11,6 ± 0,5	10,4 ± 0,7

Die einfachen Referenzschnitte sind prinzipiell auf komplexere Schneidgeometrien übertragbar, im Einzelfall sind jedoch konturspezifische Optimierungsschnitte zur Reduzierung des Wärmeeintrages in das Bauteil erforderlich. Die Möglichkeiten und die Grenzen des Scanschneidens metallischer Folienmaterialien zeigen exemplarisch zwei spezielle Zahnradstrukturen für mikrosystemtechnische Anwendungen in Bild 8.69 auf.

In */Beye2009/* werden sehr interessante Lösungen für das **Scanschneiden** vorgestellt. Aktuelle Entwicklungen zielen auch auf das gasunterstützte Remoteschneiden hin, bei dem die Positionierung einer Düseneinheit mit einem hochdynamischen Direktantrieb entsprechend der aktuellen Strahlposition erfolgt.

Dies setzt eine Beschleunigung der Düsenantriebsachsen von 100 m·s^{-2} voraus, um eine max. Verfahrgeschwindigkeit von 1,5 m·s^{-1} zu erreichen. Die bauteilabhängige Konturbewegung erfordert eine entsprechende softwaretechnische Bahnplanung aller bewegten Achsen. Durch die Gasunterstützung können deutlich bessere Schnittkantenqualitäten bei kürzeren Prozesszeiten erzielt werden. */Beye2009/*, */Wist2024/*

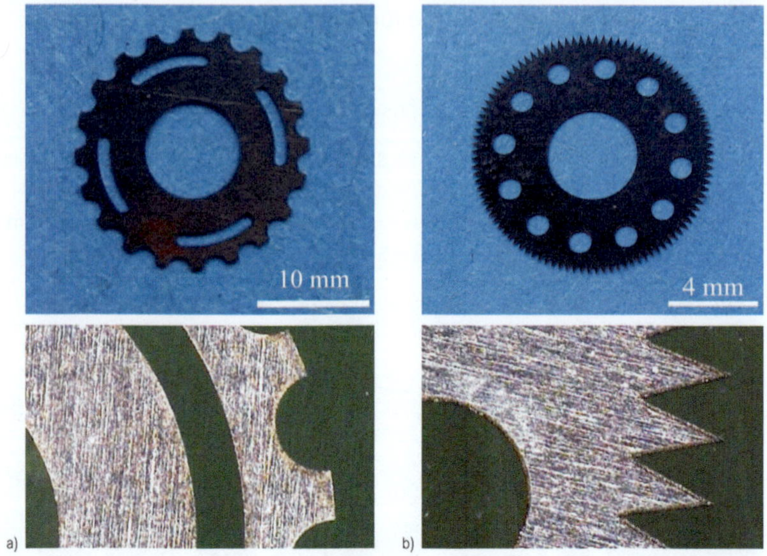

Bild 8.69 Anwendungsbeispiele für das Scanschneiden metallischer Folien */Remd2010/*. a) Flachkämmige Verzahnungsstrukur, b) spitzkämmige Verzahnungsstruktur

Aktuelle Entwicklungen zeigen, dass die gezielte Kombination aus hochdynamischen Düsensystemen und optimierter Gasführung das Potenzial des Remoteschneidens erheblich erweitert. Durch den Einsatz speziell geformter Düsen, beispielsweise Laval- oder Supersonic-Düsen, lässt sich die Strömungsgeschwindigkeit des Prozessgases signifikant erhöhen, was insbesondere bei hochlegierten Stählen zu einer deutlichen Verbesserung der Schnittkantenqualität führt und die Prozesszeiten reduziert */Li2014/*. Darüber hinaus belegen neue technologische Ansätze, dass durch die softwaregestützte Synchronisation der Bewegungsachsen von Laseroptik und Gasdüse eine exakte, konturfolgende Gaszufuhr realisiert werden kann. Dies ermöglicht eine gleichbleibend hohe Prozessqualität auch bei komplexen 3D-Geometrien und hohen Bearbeitungsgeschwindigkeiten */US20180009061A1/*.

Das Scanschneiden wird, neben den diskutierten metallischen Werkstoffen, bereits sehr breit im Bereich der Kunststoffe eingesetzt (vgl. Abschnitt 8.2.7). Für großflächige Schneidanwendungen wird das Scansystem häufig mit einem Roboter oder Maschinensystem gekoppelt, um so das eingeschränkte Scanfeld zwei- oder dreidimensional zu erweitern. Durch die quasisimultane Bewegung des Achssystems, überlagert mit der schnellen Bewegung der Scanspiegel kann eine sehr effiziente Schnittaufteilung erfolgen.

8.2.5.4 Wasserstrahlunterstütztes Schneiden

Eine spezielle Schneidtechnologie wurde mit der **Laser-MicroJet-Technologie** für die Präzisionsbearbeitung entwickelt. Bei diesem Verfahren werden die unterschiedlichen Brechungsindizes von Wasser und Luft genutzt. Ausgangspunkt ist die Erzeugung eines parallelen Wasserstrahles in einem Wasserbehälter mithilfe einer zentrisch angeordneten Düse. Der fokussierte Laserstrahl wird in die sich ausbildende Wasserstrahlkapillare eingekoppelt und über Mehrfachreflexion geführt (vgl. Bild 8.70). Durch die vollständige Reflexion des Laserstrahles an der Wasser-Luft-Übergangsfläche kann dieser über Distanzen von 10 cm parallel geführt werden.

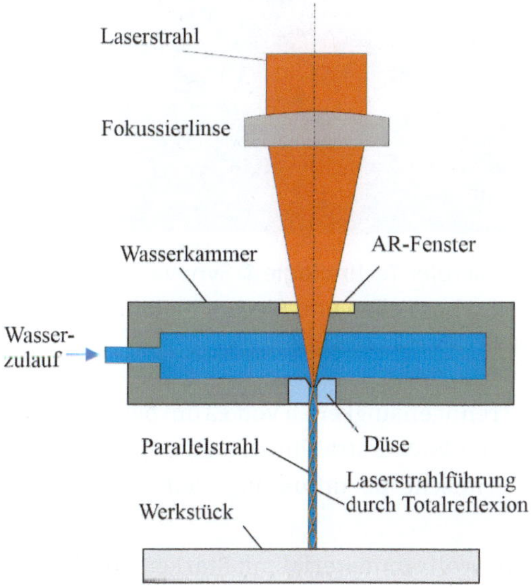

Bild 8.70
Wasserstrahlgeführtes Laserschneidsystem – Prinzip der Einkopplung des Lasers in den Wasserstrahl nach */Synova2012/*

Durch diese Anordnung ergeben sich die nachfolgenden Vorteile:

- paralleler Strahl über größere Distanzen, dadurch ist ein vergrößerter Arbeitsabstand möglich,
- WEZ kann durch Kühleffekt des Wasserstrahles minimiert werden,
- Abtransport von Schneidrückständen durch den Wasserstrahl,
- hohe Schärfentiefe, unkritisch gegenüber Abstandsänderungen. */synova2012/*, */synova2025/*

Für die Laser-MicroJet-Technologie finden FK-Lasersysteme (auch frequenzvervielfacht) Anwendung.

Die in Bild 8.71 dargestellten Verfahrensanordnungen für unterschiedliche Bauteilgeometrien zeichnen sich durch einen großen Arbeitsabstand zwischen Schneidkopf und Bauteiloberfläche aus. Die Schneidtechnologie ermöglicht ein qualitativ hochwertiges Schneiden metallischer, aber auch hartspröder Werkstoffe, insbesondere Halbleitermaterialien wie Si, GaAS, Ge, InP und SiC.

Bild 8.71 Anwendungsbeispiele der Laser-MicroJet-Technologie © Synova SA, */Synova2012/*. a) Präzisionsschneiden metallischer Folien und Bleche, b) Rohrbearbeitung

Für diese hartspröden Werkstoffe werden Trenngenauigkeiten von ±3 µm bei Geschwindigkeiten bis zu 300 mm·s^{-1} erzielt. Durch die Wasserstrahlunterstützung lassen sich Absplitterungen, Ablagerungen sowie thermische Beeinflussung weitestgehend eliminieren. */synova2012/*, */synova2025/*

Bild 8.72 zeigt Querschliffe von getrenntem Wolframmaterial mit Stärken von 0,5 mm und 1,5 mm. Die Schnittspaltgeometrien wurden mit einer Pulsfrequenz von 5 kHz und einer mittleren Laserleistung von 38 W (λ = 532 nm) bearbeitet. Der Wasserstrahl wird durch die Düse mit einem Durchmesser von 60 µm und einem Wasserdruck von 300 bar parallelisiert. Der Schnittspalt ist sehr gleichmäßig und parallel ausgebildet, was sich auch bei einem um den Faktor 3 stärkeren Wolframblech nicht ändert.

Neben den klassischen Anwendungen des Laser-MicroJet®-Verfahrens zur präzisen Trennung metallischer und nichtmetallischer Werkstoffe wurden die Technologie und die zugehörigen Anlagensysteme in den letzten Jahren weiterentwickelt. Die Integration intelligenter Sensorsysteme und softwaregestützter Prozessüberwachung erlaubt mittlerweile die Realisierung Industrie-4.0-fähiger Lösungen für das wasserstrahlgeführte Laserschneiden. So können Bearbeitungsprozesse kontinuierlich überwacht und qualitätskritische Abweichungen automatisiert erkannt werden */Brau2020/*.

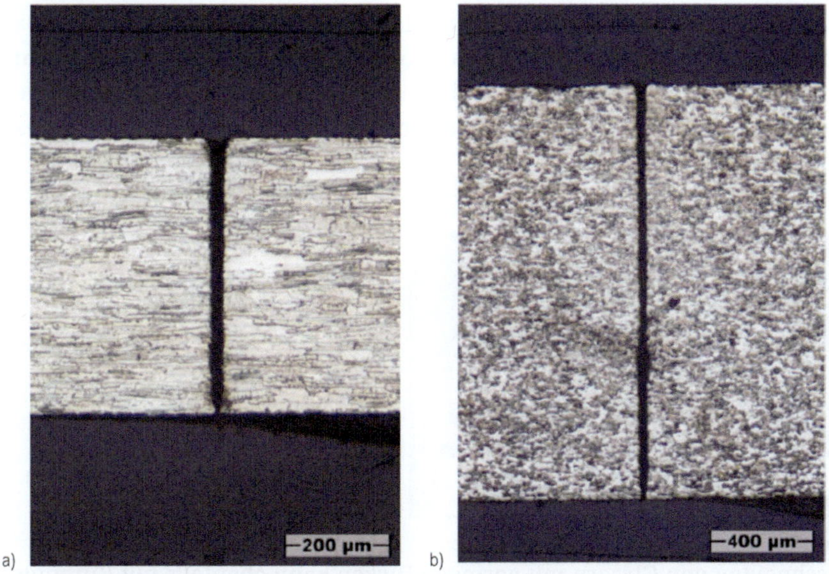

Bild 8.72 Darstellung ausgewählter Schnittspaltgeometrien – Material: Wolfram © Synova SA, */synova2025/*. a) Materialdicke: 0,5 mm, b) Materialdicke: 1,5 mm

Darüber hinaus zeigen neuere Forschungsergebnisse, dass sich der Ansatz des wasserstrahlgeführten Laserschneidens auch auf die Mikrobearbeitung übertragen lässt. Dabei wird ein laserinduzierter Mikrojet genutzt, um das Material während der Laserbearbeitung nicht nur lokal zu kühlen, sondern gleichzeitig auch Prozessrückstände effektiv abzutragen. Dadurch lassen sich Mikrostrukturen mit hoher Aspekt-Ratio und qualitativ hochwertigen Schnittkanten erzeugen, ohne dass eine thermische Schädigung angrenzender Bereiche auftritt */Guo2022/*.

Siehe auch Videosequenz zum Thema „Laserstrahlschneiden" auf *plus.hanser-fachbuch.de*.

8.2.6 Schneiden von silikatischen Werkstoffen

8.2.6.1 Sublimationsschneiden

Zum Schneiden von Gläsern können ebenfalls die beschriebenen UKP-Lasersysteme eingesetzt werden. Allerdings ist bei den meisten Systemen mit sehr langen Prozesszeiten für Schneidanwendungen zu rechnen, wenn die Vorteile des athermischen Abtragens angewendet werden sollen. Insofern sind typische Schneidgeometrien momentan meist noch auf kleine Konturen und Geometrieabmessungen beschränkt. In Bild 8.73 ist exemplarisch das Schneiden von Bohrungen in Saphir dargestellt. Die hier illustrierten Lochdurchmesser von 200 µm lassen sich mit herkömmlichen spanenden Verfahren (z. B. Ausbohren mit Ultraschall-Formprofilschleifen) nur wesentlich aufwendiger herstellen. Das an der Strahleintrittsseite abgelagerte Debris haftet nur sehr leicht an und lässt sich im nachgelagerten Ultraschall-Reinigungsprozess problemlos entfernen.

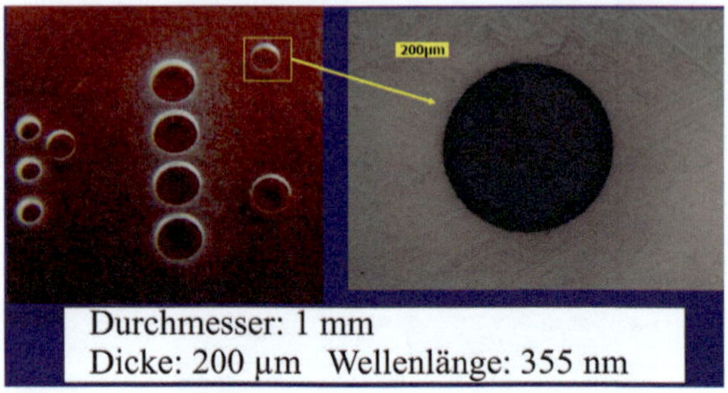

Bild 8.73
Schneiden mit ps-Laserstrahlung, Material: Saphir */Nebe2009/*

Das Konturschneiden von Gläsern mit geringen Dicken kann ebenfalls mit Kurzpulslasern erfolgen. Insbesondere für Anwendungen in der Displaytechnik oder das 3D-Schneiden von Glaskondensern kann durch einen **Schicht-für-Schicht-Ablationsprozess** (Wirkprinzip für das Schneiden mit UKP-Lasersystemen) ein wirtschaftliches Bearbeitungsergebnis erzielt werden. Angegeben wird für das Beispiel in Bild 8.74 eine Glasdicke von 0,7 mm und eine maximale Schneidgeschwindigkeit von $10\,mm\cdot s^{-1}$ */edgewave2011/*.

Bild 8.74
Schneiden einer Touchscreen-Displaykontur mit INNOSLAB-Laser © Edgewave GmbH, */Edgewave2011/*

Silikatische Werkstoffe mit relativ kleinen linearen Ausdehnungskoeffizienten ($\alpha \approx 0{,}5 \cdot 10^{-6}\,K^{-1}$) lassen sich im **Sublimationsschneidverfahren** i. d. R. mit CO_2-Laser trennen. Hier wird in Analogie zum Schneiden von Metallen das Material lokal auf Sublimationstemperatur erwärmt und die Schnittfuge durch einen unterstützenden Gasstrahl ausgeblasen. Man verwendet überwiegend geringe Gasdrücke bis zu 2 bar, wobei verschiedene Gasarten oder Gasgemische zum Einsatz kommen können. In

Bild 8.75 ist eine 3D-Bearbeitung am Beispiel des Quarzglas-Sublimationsschneidens dargestellt. Typische Anwendungen sind das Trennen und Bohren von Magazinier- oder Positionierbauteilen für die Halbleiterproduktion.

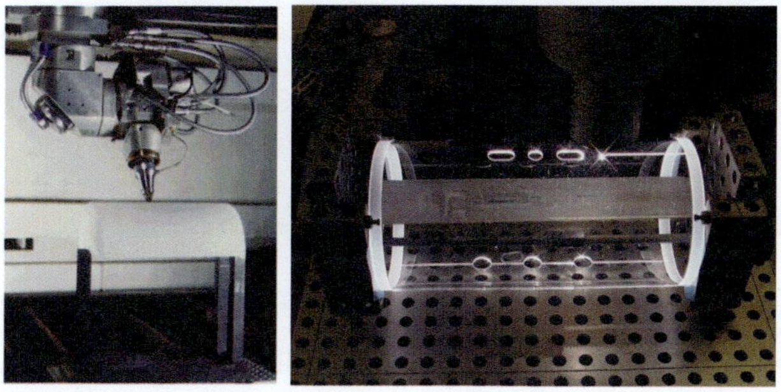

a) b)

Bild 8.75 Quarzglasbearbeitung von Komponenten für die Halbleiterproduktion */ifw2011/*. a) Quarzglashalbschale, b) Quarzglasrohr

a) **Quarzglashalbschale:** 5-Achs-Portalmaschine, 1,5-kW-CO_2-Laser, Wandstärke: 2,5 mm, 364 Bohrungen (Mantelfläche, geschnitten): Ø = 2,5 mm, 8 Bohrungen (Stirnfläche, geschnitten): Ø = 6 mm, Bearbeitungszeit: 16 min

b) **Quarzglasrohr;** X-Y-Tisch mit Drehachse, 100-W-CO_2-Laser, Wandstärke: 3 mm, 2 Langlöcher (geschnitten): 18 mm × 30 mm, 4 Bohrungen (geschnitten): Ø = 18 mm, Bearbeitungszeit: 1,5 min

In Abhängigkeit von den gewählten Prozessparametern können die Kantenqualitäten stark unterschiedlich ausgeprägt sein. Insbesondere die Mikro- und Makrotopografie der Schnittkante bilden sich teilweise unterschiedlich aus. Die Struktur von sublimationsgetrennten Schnittflächen weist unterschiedliche Schnittkantenqualitäten auf, die von sehr starker Riefenbildung bis hin zu nahezu polierten Flächen reichen. Hier werden sehr oft Optimierungsuntersuchungen für konkrete Bearbeitungsaufgaben erforderlich. Starken Einfluss auf die Schnittkante haben die Parameter Streckenenergie und Gasdruck, die auch die Schnittspaltbreite beeinflussen (Tabelle 8.15). Ähnlich dem Schneiden von metallischen Werkstoffen bildet sich eine Riefenstruktur aus (vgl. Abschnitt 8.2.1 und Abschnitt 8.2.5).

Geht die Optimierung in Richtung **Schnittkantenqualität** (kleine Rauheitswerte), sind i. d. R. kleinere Vorschubwerte zu wählen. Ein erzieltes Bearbeitungsergebnis illustriert Bild 8.76. Die dargestellte Ausschnittsvergrößerung und der gemessene arithmetische Rauheitswert von $Ra = 0{,}116\ \mu m$ kommen einer polierten Kantenqualität bereits sehr nahe und erfordern für viele Anwendungen keine nachträgliche Polierarbeitsstufe. Darüber hinaus weisen die Kanten nur geringe Abweichungen von der Rechtwinkligkeit auf.

Generell sind Quarzgläser bis zu einer Materialstärke von etwa 12 mm qualitätsgerecht trennbar.

Tabelle 8.15 Darstellung unterschiedlicher Kantenqualitäten in Abhängigkeit vom gewählten Gasdruck (Luft) (Vergrößerung: 30-fach)

Material: SQ1; Dicke: 6 mm; Laserleistung: 1000 W; Brennweite: 125 mm		
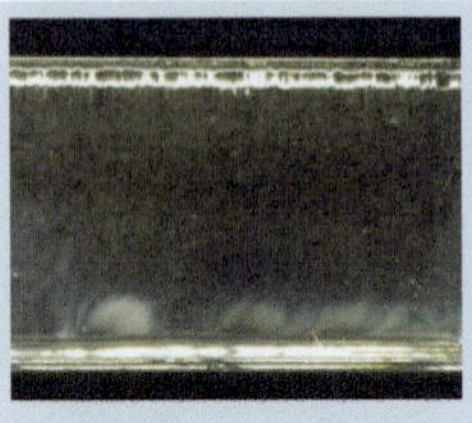		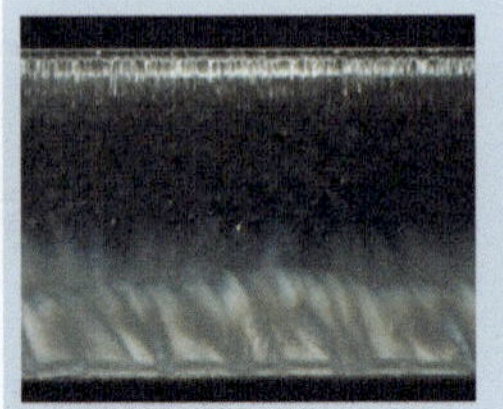
Gasdruck: 0,5 bar	Gasdruck: 1 bar	Gasdruck: 2 bar
Schnittspalt: 270 µm	Schnittspalt: 385 µm	Schnittspalt: 410 µm

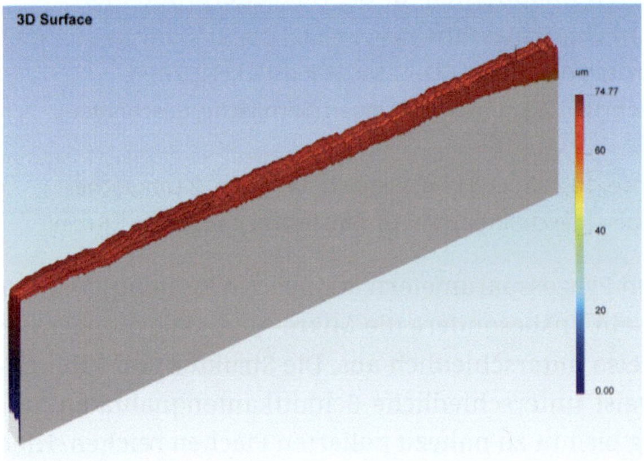

Bild 8.76
Darstellung einer optimierten Schnittkante von Quarzglas „SQ1"; Materialstärke 6 mm
$Ra = 0{,}12\ \mu m$, $Wa = 0{,}59\ \mu m$,
$Rq = 0{,}14\ \mu m$, $Wq = 0{,}623\ \mu m$,
$Rz = 0{,}58\ \mu m$, $Wz = 0{,}5\ \mu m$

Typischerweise werden Laserleistungen zwischen 100 und 2000 W für das Trennen von Quarzglas im cw-Betrieb eingesetzt. Ähnlich dem Bohren von metallischen Werkstoffen kann auch ein Tiefenabtrag durch Nutzung von Mehrfachreflexionen im Schnittspalt verfahrenstechnisch angewendet werden. Ein Kriterium für die erreichbare Schnittqualität stellt die verfügbare Strahlqualität der verwendeten Laserstrahlung dar. Schnittgeschwindigkeiten liegen, entsprechend der verwendeten Leistung und der zu trennenden Materialstärke, überwiegend im Bereich von $0{,}1-2\ m \cdot min^{-1}$. Die genannte Abhängigkeit veranschaulicht das Diagramm in Bild 8.77.

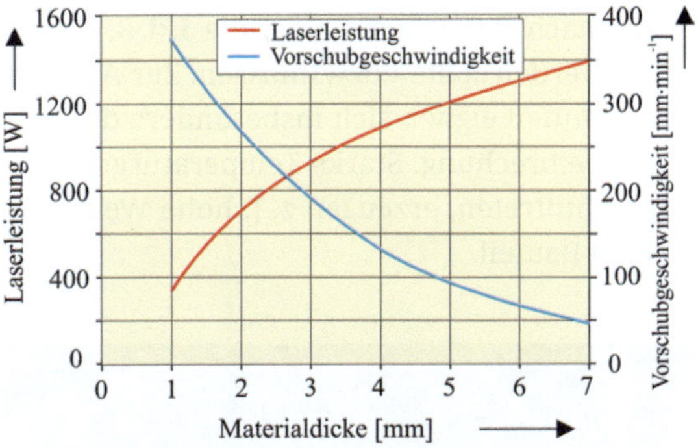

Bild 8.77 Funktionale Abhängigkeit der erreichbaren Schneidgeschwindigkeit von der Laserleistung und der Materialdicke

Typische Schneidanwendungen liegen im Bereich der Mikrosystemtechnik, der Halbleiterindustrie und der optischen Industrie. In Bild 8.78 a ist exemplarisch eine Applikation dargestellt. Der Biegebalken, als Aufnahme für ein faseroptisches Element, veranschaulicht die Anforderungen an die zu trennende Innenkontur. Das eigentliche Funktionselement (Pfeil) wird durch den sehr schmal ausgelegten Steg gebildet. Je schmaler dieser Steg ausgeführt werden kann, desto größere Resonanzfrequenzen lassen sich im dynamischen Betrieb dieses Biegebalkens erzielen. Das schließt jedoch eine erhöhte Bruchgefahr ein. Bei entsprechender Prozessbeherrschung sind auch schwierige Bauteilgeometrien und -formen mit dem Sublimationsschneidverfahren realisierbar.

Eine besondere Applikation des „hartspröden" Quarzglases veranschaulicht Bild 8.78 b. Durch das spiralförmige Auftrennen eines Quarzglasrohres konnte im Ergebnis eine biegsame Feder hergestellt werden.

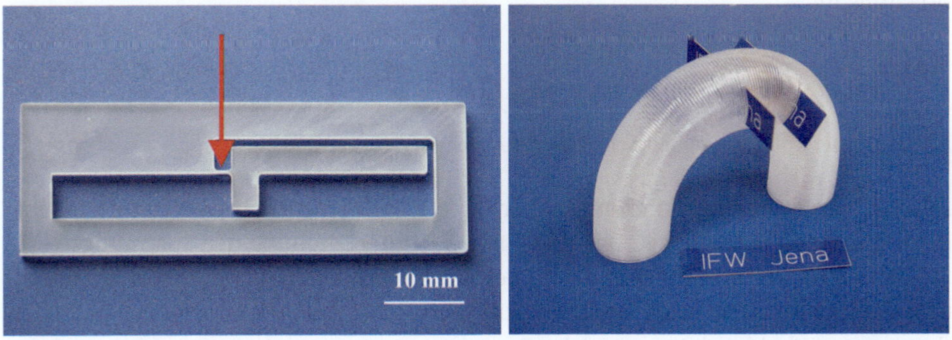

a) b)

Bild 8.78 Ausgewählte Schneidanwendungen für den Werkstoff Quarzglas */ifw2011/*.
a) Mechanischer Biegebalken für einen optischen Fasersensor, b) Federelement

Problematisch sind **Spannungen im Glas** nach der Bearbeitung, die i.d.R. durch einen nachträglichen Kühlprozess beseitigt werden sollten bzw. müssen. Zur Analyse der Restspannungen im geschnittenen Glasbauteil eignen sich insbesondere die Verfahren zur Bestimmung der Spannungsdoppelbrechung. Starke Temperaturgradienten, wie sie während der Laserbearbeitung auftreten, erzeugen z.T. hohe Werte für Zug-Druck-Spannungszonen im bearbeiteten Bauteil.

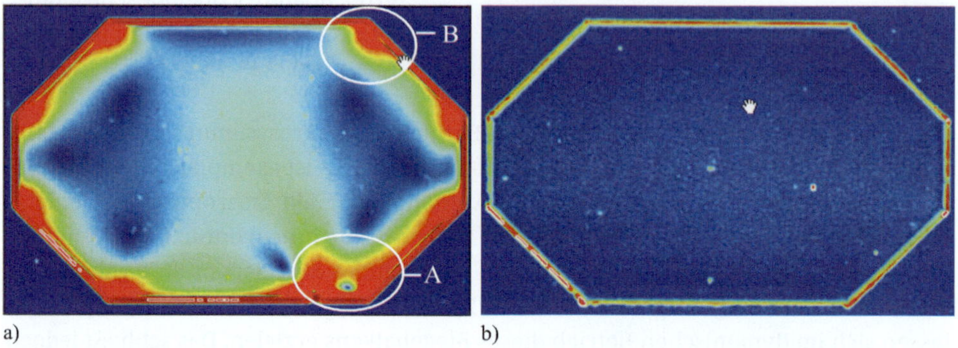

Bild 8.79 Spannungsoptische Darstellung von Spannungszuständen in lasergetrennten Quarzglasbauteilen. a) nach der Laserbearbeitung (A und B – Bereiche stark erhöhter Spannungen, max. opt. Gangunterschied: 150 nm·cm^{-1}), b) nach dem einfachen Entspannungskühlen (max. opt. Gangunterschied: < 10 nm·cm^{-1}) */Blie2022/*

Permanente Spannungen können durch gezieltes Kühlen, wie in Bild 8.79 gezeigt, verringert werden. Ein Maß für die Restspannungen im Glas ist die Spannungsdoppelbrechung Δn.

$$\Delta n = \frac{\Gamma}{l_L} \tag{8.18}$$

Γ Gangunterschied; l_L geometrische Länge des Lichtweges

Bild 8.79 veranschaulicht diesen Sachverhalt am Beispiel eines lasergetrennten Substrates für einen Scanspiegel. Darüber hinaus ist die Erhöhung der Spannungswerte im Bereich A (Konturanfang) und dem Bereich B (Umkehrpunkt der Verfahrrichtung) sehr deutlich sichtbar. Nach einem im Anschluss an die Bearbeitung durchgeführten Entspannungskühlen können solche Spannungen stark minimiert werden und der Scanspiegel den nachfolgenden Beschichtungsprozess durchlaufen.

8.2.6.2 Absprengen und Separieren

Beim **spannungsinduzierten Trennen** möchte man mithilfe des Laserstrahles definiert Spannungszustände im Glasmaterial erzeugen, um diese für einen gesteuerten Trennprozess auszunutzen. Dieses sehr innovative Verfahren besitzt wesentliche

Vorteile gegenüber den konventionellen Trennverfahren, wie bspw. mechanisches oder abrasives Trennen mit dem Wasserstrahl. Das Verfahren „teilt" den Werkstoff, wobei keine Abprodukte entstehen. Die vorliegende Trennkante ist eine Bruchfläche. Diese relativ junge Verfahrenstechnologie hat ein sehr hohes Entwicklungspotenzial, z. B. für den Konturschnitt silikatischer Werkstoffe oder das Trennen von Kristallwerkstoffen wie Silizium und Galliumarsenid.

8.2.6.2.1 Spannungsinduziertes Separieren von Flachgläsern

Das Verfahren des **spannungsinduzierten Separierens** von **Flachgläsern** gestattet ein sehr genaues Trennen von Flachgläsern entlang einer thermisch beeinflussten Trennlinie. Der Prozess ist zweiteilig:

1. das Erzeugen einer Trennlinie mit dem Laserstrahl (kein Abtrag bzw. mechanische Beeinflussung der Materialoberfläche!),
2. mechanisches Brechen entlang der Trennlinie.

Im ersten Prozessschritt wird ein Laserstrahl mit ausreichender Leistung über die Glasoberfläche geführt.

Durch die bereits erwähnte geringe Wärmeleitfähigkeit der Gläser erwärmt sich infolge der Laserbestrahlung nur eine dünne Oberflächenschicht, wobei der erzeugte Temperaturgradient große Spannungen verursacht. Dabei wird die Streckenenergie so gewählt, dass die Temperatur die Grenze der **Temperaturwechselbeständigkeit** überschreitet, jedoch noch nicht die Oberfläche über den Transformationsbereich erwärmt. Dadurch entsteht in einer bestimmten Entfernung vom bewegten Laserstrahl eine Spannungslinie, die dem Strahl folgt. Die Wärme und letztlich auch die Spannungen breiten sich mit endlicher Geschwindigkeit in die Tiefe des Glases aus. Die Ausbreitung der Wärmespannungen ist folglich kleiner als die mögliche Bewegungsgeschwindigkeit des Laserstrahles. Das Erreichen des **thermisch induzierten Spannungszustandes** in die Materialtiefe ist ebenfalls verzögert zum vorauseilenden Laserstrahl an der Glasoberfläche. Je mehr sich das Entstehen der Spannungslinie zum bewegten Laserstrahl verzögert, umso geringer ist die Wahrscheinlichkeit, dass die Linie dem Laserstrahl folgen kann. Insbesondere wenn Glasinhomogenitäten oder mechanische Einflüsse von außen auf die Glasprobe wirken. Die Verzögerungsstrecke Δx, kann durch eine einfache Näherung abgeschätzt werden:

$$\Delta x = \frac{s \cdot v}{4 \cdot a_K} \tag{8.19}$$

s Wandstärke; v Geschwindigkeit; a_K Wärmediffusionskonstante

In der Praxis wird die Verzögerungszeit durch den Einsatz eines **Kühlstromes** minimiert. Dieser führt zu einem schnelleren Erreichen des erforderlichen Spannungszustandes im Vergleich zur Abkühlung der laserbeeinflussten Linie an der Umgebungstemperatur.

Die erforderliche Laserleistung lässt sich mit Formel 8.20 abschätzen. Angenommen wurde als maximale Temperatur die Transformationstemperatur T_G, um über genügend Prozesssicherheit zu verfügen. Bei Temperaturen oberhalb T_G entspannt sich das Glas jedoch wieder.

$$P = 2{,}85 \cdot T_G \sqrt{s^3} \lambda_F \cdot \rho \cdot c_p \cdot v \quad (8.20)$$

λ_F Wärmeleitfähigkeit; ρ Dichte; c_p spezifische Wärmekapazität

In einem zweiten Prozessschritt erfolgt ein mechanisches Brechen des Glases entlang der Trennlinie.

Im Bereich des spannungsinduzierten Trennens gibt es zwei prinzipielle Verfahren, die von den Firmen Schott Mainz und Jenoptik AT Jena entwickelt wurden. In Bild 8.80 a ist das Verfahrensprinzip der Firma Jenoptik dargestellt.

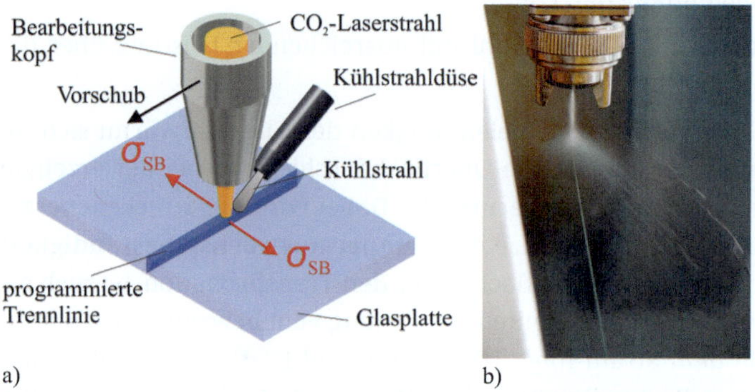

Bild 8.80 Trennen durch thermisch induzierte Spannungen. a) Schematische Darstellung des Prozesses, b) Rissentstehung © Jenoptik AG, */Jenoptik2011-2/*

Mit einem Laserstrahl wird die Oberfläche erwärmt und eine Druckspannungszone aufgebaut, wobei der Laserstrahl die Glasoberfläche lediglich lokal in der gewünschten Trennlinie aufheizt, ohne es anzuschmelzen oder Glasvolumina abzutragen. Durch die Verwendung eines Kühlstromes kommt es zu einer raschen Abkühlung der Oberfläche. Durch den **Temperaturgradienten** entstehen Zugspannungen σ_{SB}. Eine anschließende mechanische Initialrisserzeugung treibt den Startriss entlang der laserbeeinflussten Zone über das Bauteil.

Es werden vorrangig CO_2-Laser zum Trennen von Flachglas eingesetzt. Die Strahlform ist in der Regel als ein **Linienfokus** oder mit **elliptischer Form** quer zur Vorschubrichtung ausgebildet. Bei komplizierten Konturen können Probleme bei der Geometrieausbildung auftreten, da der Fokus i. d. R. nachgeführt werden muss.

Die Trenngeschwindigkeit ist sehr stark vom linearen Ausdehnungskoeffizienten abhängig. Ursache dafür ist die Zunahme der Zugspannungsempfindlichkeit bei Gläsern mit höheren Ausdehnungskoeffizienten. Die dargestellte Kurve in Bild 8.81 zeigt einen linearen Zusammenhang zwischen der Trenngeschwindigkeit und dem Ausdehnungskoeffizienten verschieden gewählter Gläser. Durch gezielte Parameterwahl von Laser und Kühlung kann der Riss bis in eine definierte Tiefe getrieben werden und so eine gewünschte Bruchkraft für den anschließenden Brechprozess eingestellt werden.

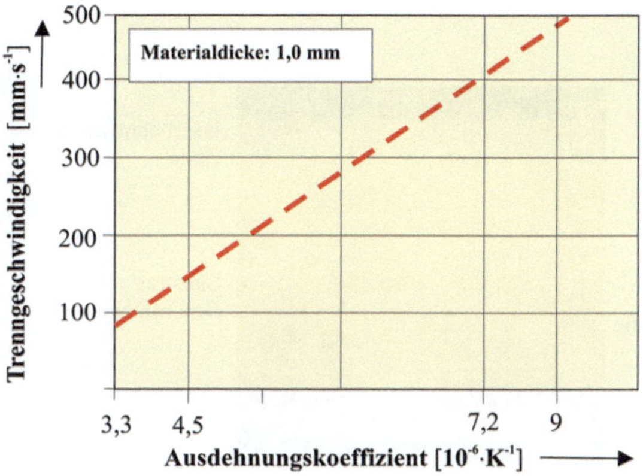

Bild 8.81
Funktionaler Zusammenhang zwischen der Trenngeschwindigkeit und dem linearen Ausdehnungskoeffizienten

Im Gegensatz zum Trennen von rotationssymmetrischen Glasbauteilen ist für das gezielte Brechen von Flachglas entlang der laserbeeinflussten Zone eine zusätzliche Brechkraft erforderlich. Diese kann manuell oder auch automatisiert durch Brechkrafteinrichtungen erzeugt werden.

Es muss eine ausreichend große Störung im Glas (Initialriss) vorhanden sein, damit sich durch die starke Spannungserhöhung von dort aus ein Riss fortpflanzen bzw. dorthin laufen kann. Vorhandene Mikrorisse an den Kanten der Glasproben können eine entsprechend große Störstelle darstellen und den Start eines solchen Initialrisses verursachen. In diesem Fall ist jedoch keine Reproduzierbarkeit gewährleistet, da nicht eindeutig bestimmt werden kann, welcher Mikroriss für den Vorgang verantwortlich sein wird. In der Praxis werden sehr häufig durch mechanisches Ritzen die erforderlichen Störstellen in das Glas eingebracht. Nachteil dieser Methode ist die Verlängerung der Schneidzeit, da vor jedem Laserschnitt eine Störstelle gebildet werden muss.

In Bild 8.80 b sind die Bildung des Spannungszustandes und die Rissentstehung an einer 19 mm dicken Glasplatte dargestellt. Die **Kantenqualität** ist höher als beim mechanischen Trennen – eine Nachbearbeitung (Schleifen oder Polieren) ist in den meisten Fällen nicht mehr erforderlich. Bild 8.82 zeigt einen Vergleich zwischen einer mechanischen und einer lasererzeugten Trennfläche. Die Darstellungen im Strahlengang eines DIC-Mikroskops (mit Polarisationsfiltern) lassen sehr deutlich die Spannungsunterschiede beider Trennkanten erkennen. Die mit einem Schneidrad erzeugte Ritzspur weist Spannungszentren auf, die von der Ritzspur ausgehen. Die

Bruchfläche hinterlässt an der Bruchkante Bruchschollen, die einem gemessenen Höhenunterschied von etwa 15 µm entsprechen. Im Gegensatz dazu weisen die lasergetrennten Kanten sehr ebene Oberflächen ohne Ausplatzungen oder Splitterbildung auf. Die sichtbare laserbeeinflusste Zone beträgt in etwa 200 µm und verläuft absolut parallel zur Lasereintrittsfläche. Der farbliche Unterschied beruht lediglich auf einem geringfügigen optischen Gangunterschied im Vergleich zur restlichen Bruchfläche. Geometrische Änderungen sind im Vergleich zu den schneidradgetrennten Kanten nicht messbar.

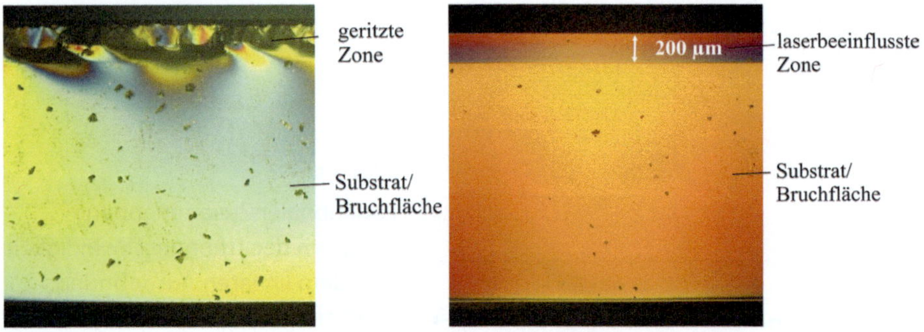

a) b)

Bild 8.82 Darstellung der Schnittkantenqualität mit DIC-Mikroskopie. a) schneidradgetrennte Kante, b) lasergetrennte Kante

Das Verfahren wird insbesondere für die Weiterverarbeitung von Floatgläsern im Dickenbereich von 0,5 mm bis 3 mm eingesetzt. Mit einer speziellen Handhabungstechnik sind auch Dünnstgläser trennbar, die für Anwendungen in der Displaytechnik besonders interessant sind. Aber auch im Bereich Automotiv oder Sensortechnik ist der Einsatz des thermisch induzierten Trennens zum Konturtrennen oder Vereinzeln vorteilhaft möglich.

Die bereits angesprochenen höheren Qualitäten der **lasergetrennten Trennflächen** äußern sich auch in der **Kantenfestigkeit** der Gläser. Zwar unterliegen Gläser aufgrund ihrer Eigenschaften generell einem größeren Streubereich der erreichbaren Festigkeitswerte, dennoch können lasergetrennte Kanten mit höheren Kräften beaufschlagt werden, bevor ein Bruch erfolgt. Standardmäßig kommt die **Vierpunktbiegemethode** nach DIN EN 1288-3 (Glas) zur Anwendung, um Kantenfestigkeiten zu ermitteln. In Tabelle 8.16 sind vergleichend **Bruchkennwerte** für lasergetrennte und schneidradgetrennte Proben dargestellt. Neben den erreichbaren Biegefestigkeiten sind auch Bruchbilder dargestellt. Mit ihnen kann das Bauteilversagen qualitativ analysiert werden.

Tabelle 8.16 Gegenüberstellung verschieden getrennter Schneidkanten

	Schneidradgetrennt	Laserstrahlgetrennt
Bruchbild	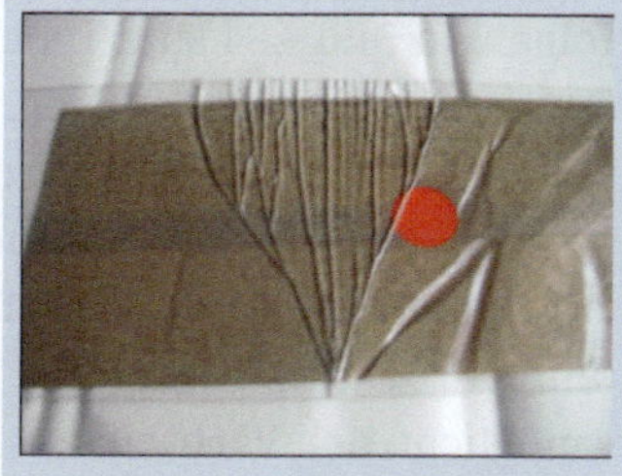	
Dicke [mm]	1	1
Bruchursprung	Kante	innerhalb
Bruchkraft [N]	142,79	161,34
Durchbiegung [mm]	1,03	1,10
Biegefestigkeit [MPa]	107,09	121,03

Generell kann der Bruch direkt von der Kante ausgehen oder aber im Materialinneren starten, z. B. aufgrund von Glasinhomogenitäten. Andererseits tritt der Bruchursprung auch direkt an den Lastrollen auf, wenn bspw. keine gleichmäßig verteilte Krafteinleitung vorliegt. Im Fall von chemisch vorgespannten Gläsern, wie sie auch im Displaybereich zur Anwendung kommen, sind die Unterschiede der erreichbaren Biegefestigkeiten im Vergleich der Trennmethoden deutlich größer.

Mit dem spannungsinduzierten Laserverfahren sind neben linearen Geometrien auch Radien- oder bogenförmige Konturen bearbeitbar. Schwierig bis nicht trennbar gestalten sich allerdings spitzwinklige und engkonturierte Geometrien. Bild 8.83 illustriert einen Trennschnitt mit mehreren Radienübergängen, der aufgrund der Änderung der Bewegungsrichtung ein Nachführen des Bearbeitungskopfes für eine qualitativ hochwertige und reproduzierbare Bearbeitung verlangt.

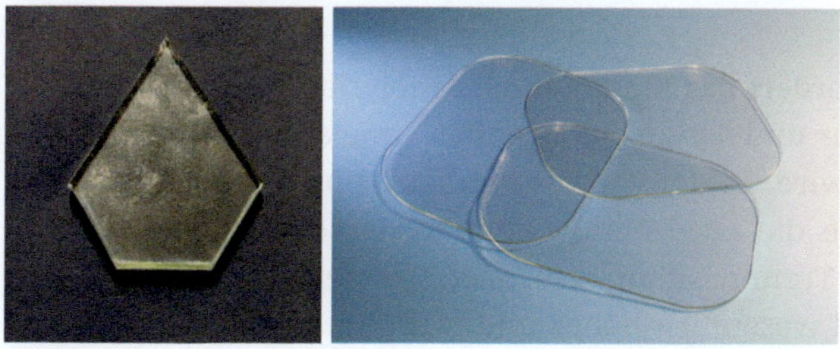

a) b)

Bild 8.83 Bearbeitungsbeispiel für das Konturtrennen © Jenoptik AG, */Jenoptik2011-2/*. a) Fünfeckgeometriekörper, b) Spiegelsubstrate

Für die Bilddarstellung im Informations- und Kommunikationsbereich, insbesondere auch für verschmutzungsanfällige Umgebungen, hat sich die Touchscreen-Technologie etabliert. Die Schaltfunktionen können durch unterschiedliche Technologien, kapazitiv, optisch oder sensitiv, erfolgen. In Bild 8.84 sind Touch-Panels, die durch das **T**hermal-**L**aser-**S**eparating-(**TLS**)-Verfahren separiert wurden, dargestellt. Diese müssen aus einem sog. „Nutzen" (= sinnvolle technologische Anordnung mehrerer Panels auf einer Grundfläche) vereinzelt werden. Das 3 mm starke Spezialglas ist beschichtet und verfügt über eine gehärtete und damit kratzfeste Oberfläche. Im Randbereich der Panels sind Leiterstrukturen aufgedruckt und mit einer Schutzfolie abgedeckt. Der Einsatz des Laserverfahrens ermöglicht, den Verbund aus Glas und Schutzfolie in einem Schritt zu separieren.

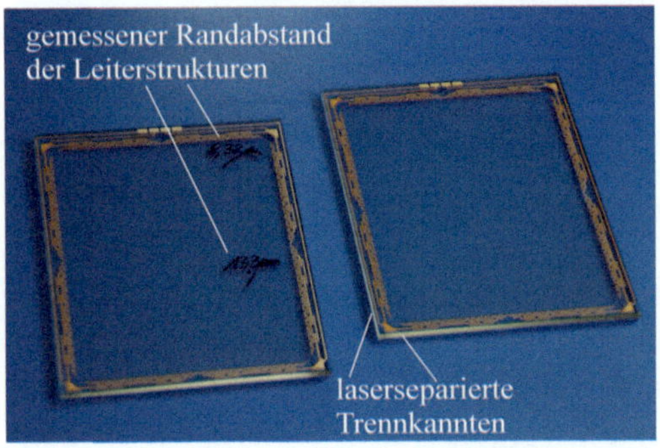

Bild 8.84 TLS-Anwendung zum Separieren von Touch-Panel-Elementen ©Jenoptik AG, */Jena2011-8.1/*

Laserparameter: Laser: CO_2-Laser (Sealed-Off), Leistung: $P_{max} = 400$ W, Fokussierung: elliptisch geformter Strahl, Brennweite: $f = 250$ mm

Prozessparameter: Kühlstrahl: Luft-Wasser-Gemisch, Vorschub: 450 $mm \cdot s^{-1}$

In einem ersten Verfahrensschritt werden mit dem vorstehend beschriebenen TLS-Verfahren die für den späteren Bruch erforderlichen Spannungszustände in das Glasvolumen eingebracht. In zwei nachgeschalteten Brecheinheiten werden zunächst die Ränder getrennt und anschließend die jeweils um 90° versetzten Trennkanten erzeugt.

Die Verfahrenstechnologie erfordert das Einhalten eines tolerierten Abstandes zwischen der Leiterbahnenstruktur und der zu erzeugenden Panelaußenkante, welches über Passmarken ermöglicht wird. In der Anlagenkonfiguration kommen zwei Kamerasysteme zum Einsatz, die die Lage der Passmarken erkennen und aus dieser Information die aktuelle Trennposition errechnen können. Die erreichbaren **Schnittkantenqualitäten** sind wesentlich höher und reproduzierbarer als bei den konventionellen mechanischen Ritz- und Brechverfahren. */Jenoptik2011/* Die Kanten sind frei von Ausmuschelungen und Mikrorissen und erreichen dadurch eine hohe Festigkeit. Die spannungsoptische Analyse bestätigt auch für diese Anwendung wesentlich kleinere Beträge von Restspannungen gegenüber mechanisch getrennten Kanten.

Die Herstellung von **Bioslides** (Trägermaterial für bioaktive Beschichtungen) (Bild 8.85) erfordert ebenfalls die Anwendung des Lasertrennverfahrens. Im Verfahrensschritt Zuschneiden werden Ausgangsformate von etwa (1000 × 800) mm^2 mit dem Laserstrahl auf die Slidegröße von (100 × 60 × 1) mm^3 vereinzelt. Auf einer Flachbetttrennanlage werden zunächst mechanische Anrisse mit einem Hartmetallwerkzeug in die Glasplatte eingebracht. Im Anschluss werden die Laserbahnen in X-Richtung und danach in Y-Richtung erzeugt. Der Trennprozess wird mittels Kamera überwacht und ggf. wiederholt, wenn Fehlstellen im Glas das Erlangen des erforderlichen Spannungszustandes verhindern.

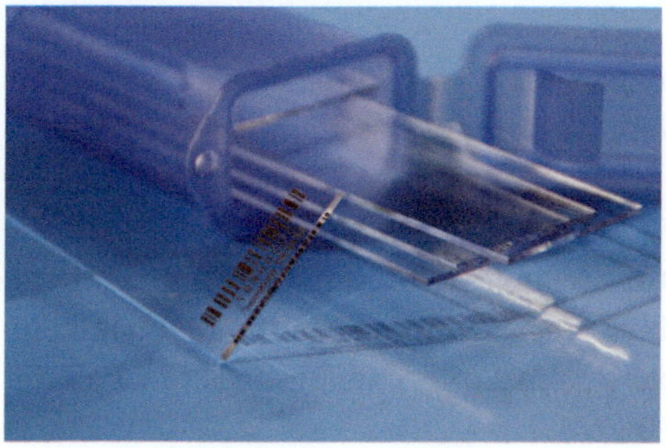

Bild 8.85
Getrennte Bioslides; Material: Borofloat 33
Laserparameter: Laser: CO_2-Laser (Sealed-Off), Leistung: P_{max} = 400 W, Fokussierung: elliptisch geformter Strahl, Brennweite: f = 250 mm
Prozessparameter: Kühlstrahl: Wasser-Gemisch, Vorschub: 4,3 m·min^{-1}

Das Brechen der Glassegmente erfolgt in dieser Anwendung manuell, um eine sehr hohe Kantenqualität zu sichern. Parallele Kanten und scharf ausgebildete Ecken der Glasslides erfordern einen feinfühligen Brechprozess, der sich nicht automatisieren lässt. Bioslides werden nach dem Brechvorgang gereinigt und einer Gütekontrolle unterzogen. Im weiteren Herstellungsprozess werden die Slides mit den entsprechenden bioaktiven Funktionsschichten beschichtet und erhalten eine Laserbeschriftung.

8.2.6.2.2 Absprengen und Separieren rotationssymmetrischer Gläser

Der CO_2-Laser kann auch zum Trennen von **rohrförmigem Glas** eingesetzt werden und dient somit zum Erzeugen einer „Sollbruchstelle" für das sogenannte „Absprengen". Dazu wird das Glasrohr in Rotation versetzt und der Laserstrahl kurzzeitig auf die Rohrglasoberfläche fokussiert. Analog zum Flachglastrennen werden Zug- und Druckspannungen an der Oberfläche des Glasbauteils erzeugt, die zu einem definierten Bruch entlang der Wechselwirkungszone führen. Im Unterschied zum Flachglastrennen wird bei diesem Absprengvorgang für Gläser mit hohem Ausdehnungskoeffizient keine zusätzliche Startrissinitialisierung benötigt. In der Regel erfolgt eine Mehrfachüberfahrt über die Trennlinie, sodass sich ein sehr gleichmäßiger Spannungsaufbau erzielen lässt. Beim Trennen der Flachgläser befindet sich der Ursprung des Risses immer am Glasrand. Ein Glasrohr dagegen weist eine geschlossene Oberfläche auf. Die Oberflächenstruktur beinhaltet jedoch eine gewisse Anzahl von Mikrodefektstrukturen, die prinzipiell das Startzentrum des Risses bilden können. Aus diesem Grund ist das Startrisszentrum für rohrförmige Geometrien nicht eindeutig definiert. In Bild 8.86 ist das grundsätzliche Verfahrensprinzip dargestellt. Der zugrundeliegende Prozess wird nachfolgend kurz vorgestellt. Rotiert das Glasrohr gegenüber dem feststehenden Laserstrahl, erwärmt sich jeder Punkt der Rohroberfläche entlang der Bearbeitungslinie. Die sich ergebende Temperatur an der Glasoberfläche kann durch Formel 8.21 näherungsweise angegeben werden. */Maču1988/*

$$T = \frac{0{,}45 \cdot P}{\sqrt{(\pi \cdot w_{\mathrm{f}})^3 \cdot \lambda_{\mathrm{F}} \cdot \rho \cdot c_p \cdot v}} \tag{8.21}$$

λ_F Wärmeleitfähigkeit; c_p spezifische Wärmekapazität; v Relativgeschwindigkeit des Laserstrahles; w_f Fokusradius

Aufgrund der relativ geringen Wärmeleitfähigkeit der Gläser kühlt sich das bestrahlte Glasvolumen nur sehr langsam ab und bleibt auf einem bestimmten Temperaturwert, bis beim nächsten Rotationsdurchlauf das betrachtete Glasvolumenelement erneut durch den Laserstrahl erwärmt wird. Die Erwärmung der Glasoberfläche wiederholt sich ständig, wobei die Temperatur ansteigt. Somit baut sich ein Temperaturgradient zwischen der bestrahlten Glaslinie und dem umgebenden Materialvolumen auf. Durch die Einwirkung des Laserstrahles wird nur eine dünne Schicht an der Oberfläche des Glasrohres erwärmt (Bild 8.86).

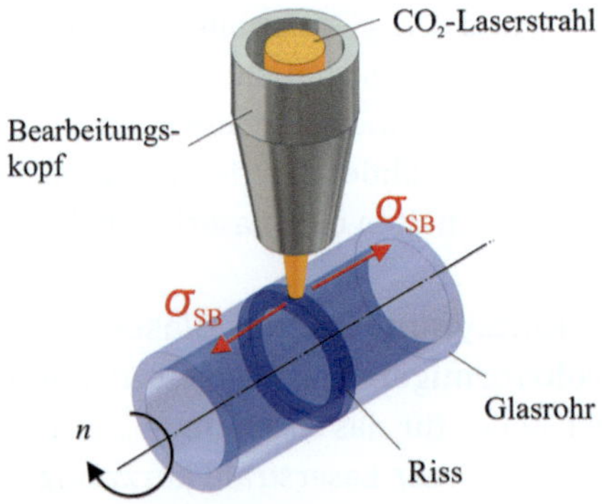

Bild 8.86
Verfahrensprinzip Absprengen von rohrförmigen Glasbauteilen

Dies verursacht das Entstehen von Druckspannungen, während gleichzeitig im Inneren des Glases Zugspannungen aufgebaut werden. Durch die Symmetrie des Rohres verlaufen die entstehenden mechanischen Spannungen in Richtung der Rotationsachse. Wenn der Temperaturgradient so groß wird, dass er die Temperaturwechselbeständigkeit des Glases überschreitet, wird der **Absprengvorgang** eingeleitet. Der Sprung startet an der größten Störstelle des erwärmten Bereiches, der entlang dieser laserbeeinflussten Linie umläuft. Ein wesentliches Qualitätsmerkmal für das Rohrabsprengen ist die Optimierung des Rissumlaufs, d. h., dass sich Start- und Endpunkt möglichst exakt treffen, ohne dass ein Absatz in der Trennlinie zu verzeichnen ist.

Interessant für die Prozessauslegung ist neben der optimalen Spannungsverteilung auch die Kenntnis der Maximalkraft, die zum Sprengen des Glasrohres erforderlich ist. In */Maču1988/* werden diesbezüglich Abschätzungen vorgenommen, die nachfolgend herangezogen werden.

Diskutiert wurde bereits, dass für das Absprengen von Gläsern **elliptische Strahlquerschnitte** vorteilhaft eingesetzt werden können, um eine optimale Spannungsverteilung zu erzielen. Im vorliegenden Betrachtungsfall wird eine maximale Strahlausdehnung von einem 2,5-fachen Wert des gaußförmigen Strahlradius (w_f) angenommen. Mit Formel 8.22 lässt sich der gemittelte Temperaturwert auf der bestrahlten Glasrohroberfläche bestimmen.

$$\overline{T} = \frac{\int_0^{\infty} T(w_f) \cdot \mathrm{d}w_f}{2{,}5 \cdot w_f} \approx \frac{\sqrt{\pi}}{5} \cdot T_{max} \tag{8.22}$$

T_{max} Maximalwert der Temperatur

Unter Verwendung dieser Gleichung kann auch die Kraft, die zum Absprengen des Glasrohres erforderlich ist, ermittelt werden:

$$F = 2 \int_0^{2{,}5w_f} \pi \cdot d_{Rohr} \frac{\alpha \cdot E_M}{1 - \gamma_P} \cdot \frac{\mathrm{d}w_f}{w_f^2} \left[- \int_0^{w_f} \overline{T} \cdot w_f \cdot \mathrm{d}w_f \right] = \frac{\pi \cdot \sqrt{\pi}}{2} \cdot \frac{w_f \cdot d_{Rohr} \cdot \alpha \cdot E_M \cdot T_{max}}{1 - \gamma_P} \tag{8.23}$$

d_{Rohr} Rohrdurchmesser; α linearer Ausdehnungskoeffizient; E_M Elastizitätsmodul; w_f Fokusradius; γ_P Poisson-Zahl

Diese Kraft kann ebenfalls durch den folgenden Zusammenhang beschrieben werden:

$$F = \sigma_{Br} \cdot \pi \cdot s \cdot d_{Rohr} \tag{8.24}$$

s Rohrwandstärke; σ_{Br} Bruchfestigkeit

Aus Formel 8.23 und Formel 8.24 kann dann die Bedingung für den erforderlichen Strahlradius ermittelt werden:

$$w_f = \left(\frac{2s}{3\sqrt{\pi}} \right) \left(\frac{\sigma_{Br}}{\sigma_B} \right) \tag{8.25}$$

σ_B Biegefestigkeit

Für den Werkstoff Glas gilt annähernd $\sigma_{Br} \approx \sigma_B$, sodass sich daraus folgende wichtige Beziehung ergibt:

$$2{,}5 w_f \approx s \tag{8.26}$$

Der Strahldurchmesser sollte in etwa der zu trennenden Wandstärke entsprechen oder etwas größer gewählt werden. Die sich maximal ergebende Temperatur an der Glasoberfläche kann entsprechend der Formel 8.27 ebenfalls nach */Mačul1988/* abgeschätzt werden:

$$T_{max} = \frac{0{,}2P}{\sqrt{d_{Rohr} \cdot s^3 \cdot n_{Wst} \cdot \lambda_F \cdot \rho \cdot c_p}} \tag{8.27}$$

n_{Wst} Drehzahl des Werkstückes

In der **Drehzahl** ist eine wichtige Prozessgröße für das Rohrabsprengen zu sehen. Sie muss genau auf die Leistung und den Rohrdurchmesser abgestimmt werden und geht letztendlich auch in die Gleichung zur Bestimmung der Streckenenergie ein. Wird die Streckenenergie zu niedrig gewählt, reicht der Spannungszustand im Glasrohr zum Absprengen nicht aus. Ist der gewählte Wert zu hoch wird das Glasrohr zu stark durchgewärmt, sodass sich die gewünschten Spannungsgradienten nicht ausbilden können oder im Erwärmungsprozess wieder abgebaut werden. Die zu wählende Drehzahl ist umgekehrt proportional zum Rohrdurchmesser. Somit kommt der Wahl und der Optimierung dieser Prozessgröße eine besondere Bedeutung zu. Neben dem Rohrglastrennen hat sich das Verfahren auch für andere rotationssymmetrische Glaskörper etabliert. Ein Anwendungsfeld ist das **Absprengen** der sog. **Blaskappen**, die verfahrensbedingt im Formgebungsprozess für Glashohlkörper entstehen. Bild 8.87 illustriert ein Stielglas mit Blaskappe und ein Glas nach dem Absprengen ohne Blaskappe. In der Regel entstehen sehr saubere und splitterfreie Bruchkanten, die aber oft einen sehr scharfen Rand aufweisen, der durch kurzes Anschleifen und Nachverflammen seine Endqualität erreicht. Inwieweit sich das Absprengen für unterschiedliche Gläser anwenden lässt, hängt in erster Linie von der **Glasart** und dem **linearen Ausdehnungskoeffizienten** ab. Das Absprengen von Gläsern kann prinzipiell in drei Gruppen unterteilt werden:

- $\alpha > 4{,}5 \cdot 10^{-6}\,K^{-1}$
  → sehr gutes Absprengverhalten,
- $1 \cdot 10^{-6}\,K^{-1} < \alpha < 4{,}5 \cdot 10^{-6}\,K^{-1}$
  → Absprengen möglich,
- $\alpha < 1 \cdot 10^{-6}\,K^{-1}$
  → Absprengen nicht möglich.

Bild 8.87 Absprengen von Blaskappen an rotationssymmetrischen Hohlkörpern
Laserparameter: Laser: CO_2-Laser, Leistung: $P = 500$ W (cw), Brennweite: $f = 100$ mm, $z_f = +2$ mm
Prozessparameter: Drehzahl des Werkstücks: $n_{Wst} = 250$ min^{-1}, Rohrdurchmesser: $d_{Rohr} = 80$ mm, Gas: Luft; $p = 2$ bar, Trennzeit: $t = 5$ s

Näherungsweise ist die erforderliche Bearbeitungszeit umgekehrt proportional zum Anstieg des Ausdehnungskoeffizienten. Für das Trennen von borosilikatischem Rohrglas können zusätzlich angepasste Strahlsysteme angewendet werden, um eine qualitätsgerechte Bearbeitung in sehr kurzer Trennzeit zu ermöglichen. Im Verfahrensansatz wird die Kombination von einem tiefengesteuerten Materialabtrag und einem spannungsinduzierten Trennen verfolgt. Daher müssen zwei unterschiedliche und angepasste Laserstrahlen am Bearbeitungsort zur Verfügung stehen.

Eine schematische Veranschaulichung des Grundprinzips dieser Trenntechnologie ist in Bild 8.88 gegeben. Der scharf fokussierte Laserstrahl erzeugt eine Abtragspur, die über die Dauer der Trennzeit eine Tiefenwirkung im Glasrohr erzielt. Jeder Impuls hinterlässt im Glas kleine Abtragskrater, die in der Summe einen flächenhaften Abtrag ergeben. Dabei entsteht, je nach Frequenz des Laserstrahls und der Umdrehungsgeschwindigkeit des Glasrohres, ein bestimmtes Anordnungsmuster bzw. eine Überlagerung der einzelnen Krater. Das Material wird dabei sublimiert. Die Auswahl dieser Prozessparameter bestimmt ganz wesentlich die Trennzeit und -qualität. Gleichzeitig ist dem beschriebenen Trennprozess ein zweiter Prozess, das Absprengen, überlagert (Bild 8.88 b). Mit einem entsprechend elliptischen Strahlquerschnitt erzeugt ein zweiter Strahl den Temperaturgradient in einem wesentlich größeren Glasvolumen. Die Folge ist das Erzielen von Zug- und Druckspannungen im Trennbereich. Ohne eine geringe Abtragsspur reicht der realisierbare Spannungszustand im Werkstoff Borosilikatglas oft nicht aus, um einen sauberen Riss quer zur Glasröhrenachse, in der vorgegebenen Bearbeitungszeit zu initiieren.

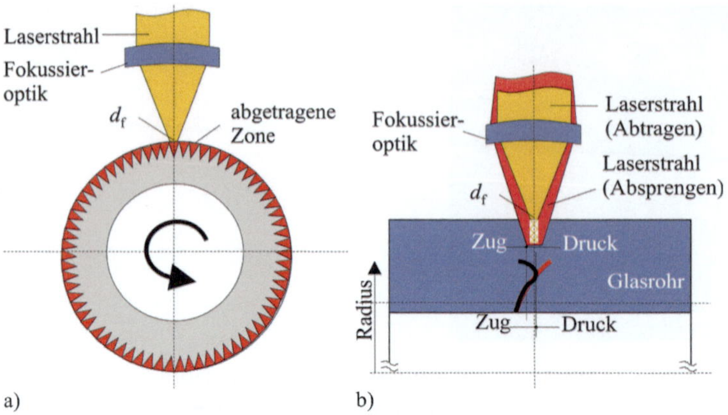

Bild 8.88 Schematische Darstellung des Trennprozesses. a) Wirkprinzip definierter Tiefenabtrag, b) Wirkprinzip Absprengen

Typische Anwendungsgebiete für das Rohrglastrennen sind in den Bereichen Haushaltsglas, Pharmazie oder Sensortechnik zu finden. Das Vereinzeln von langen Rohren zu Rohrsegmenten erfolgt bei der Ampullenfertigung für Durchmesser von 10–30 mm. Neben einer sehr kurzen Prozesszeit für das Glasrohrtrennen (im Sekundentakt) ist der Abtrag an der Schnittfläche so gering wie möglich zu halten. Wichtig für die Qualitätsanforderungen im Prozess sind die nachfolgend aufgeführten Kriterien:

1. parallele Trennkante,
2. keine Ausplatzungen und Verunreinigungen durch Sublimatbildung,
3. minimale Spannungsbelastung des Trennbereiches nach dem Trennvorgang,
4. Einhaltung des Toleranzfeldes für die Längenabweichung.

Bild 8.89 illustriert die fotografische Darstellung eines lasergetrennten Glasröhrchens.

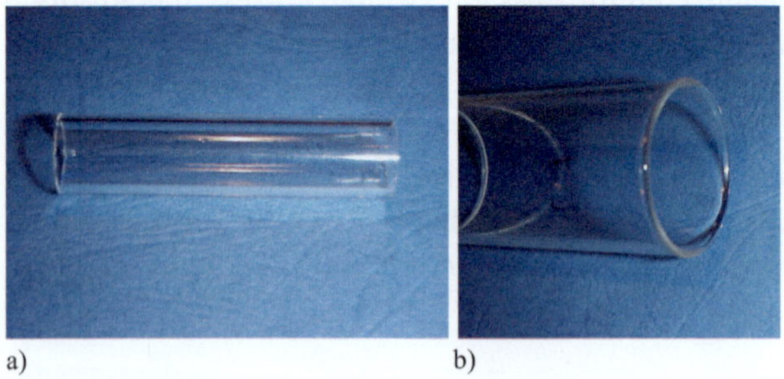

Bild 8.89 Fotografische Darstellungen Rohrsegment nach Trennprozess (d = 10,75 mm); Prozesszeit: 0,75 s. a) Rohrgesamtansicht, b) Trennkantenansicht

Nach dem Trennprozess schließt sich das Laserumformen an. Das heißt, die Bruchkante wird durch ein Erweichen mittels Laserstrahl verrundet.

Das sogenannte **Filamentieren** stellt ein innovatives Trennverfahren dar, das speziell für das präzise und qualitativ hochwertige Schneiden von Gläsern und anderen sprödharten Werkstoffen entwickelt wurde. Grundlage dieses Verfahrens ist die Nutzung von Ultrakurzpulslaserstrahlung (UKP-Laser), typischerweise im fs- bis ps-Bereich, um im Materialinneren entlang der gewünschten Trennlinie lokal periodische Mikrorisse, sogenannte Filamente, zu erzeugen. Durch die gezielte Einstellung der Laserparameter, insbesondere Pulsenergie, Fokuslage und Scanstrategie, kann die induzierte Rissbildung so gesteuert werden, dass glatte und gratfreie Schnittkanten entstehen. Diese Methode ermöglicht das Trennen von Gläsern mit Materialdicken von wenigen Zehntelmillimetern bis hin zu mehreren Millimetern bei gleichzeitig hoher Kantenqualität und minimaler mechanischer Belastung des Bauteils. Eine ausführliche technische Beschreibung sowie weiterführende Informationen zum physikalischen Wirkprinzip und den Prozessparametern des Filamentierens sind im Abschnitt 7.6 aufgeführt.

Siehe auch Videosequenz zum Thema „Laserstrahlschneiden“ auf *plus.hanser-fachbuch.de*.

8.2.7 Schneiden von polymeren Werkstoffen

Auch für das Trennen von Kunststoffen lassen sich die Vorteile des Laserstrahlschneidens, die in Abschnitt 8.2.1 ausgeführt wurden, sehr gut anwenden. Dies erfordert jedoch die Berücksichtigung der spezifischen Materialeigenschaften der verschiedenen polymeren Werkstoffe. Insbesondere können bei bestimmten Materialien Verbrennungs- und Verkokungserscheinungen im Schnittfugenbereich oder aber bei Verbundwerkstoffen z. T. Delaminierungseffekte auftreten. Ferner muss eine hinreichende Abluftentsorgung der entstehenden Schadstoffemissionen berücksichtigt werden. Das Laserstrahlschneiden konkurriert in erster Linie mit den mechanischen Verfahren Stanzen, Sägen, Fräsen und Wasserstrahlschneiden. Die Entscheidung für den Einsatz eines Laserstrahlverfahrens wird häufig neben den Investitionskosten durch die folgenden Qualitätskriterien bestimmt:

- strukturelle Veränderungen des Materials im Schnittfugenbereich,
- erreichbare Form- und Gestaltabweichungen,
- entstehende Schnittfugenbreite,
- Rauheit und Welligkeit der Schnittkante,
- Parallelität der Schnittkante,
- farbliche Veränderungen im Wechselwirkungsbereich.

Das Schneiden mit herkömmlichen Verfahren ist sehr oft mit einem hohen Verschleiß der Schneidwerkzeuge verbunden. Bereits nach einer geringen Standzeit der Werkzeuge kann es zum Ausreißen oder zu unsauberen Schnittkanten führen. Das Werkzeug muss öfter gewechselt werden, was für viele Anwendungen den berührungslos arbeitenden Laserstrahl interessant macht.

8.2.7.1 Grundlagen

Das Schneiden von reinen Kunststoffen erfordert im Vergleich zu metallischen Werkstoffen weniger Laserleistung, da die Schmelz- und Zersetzungstemperaturen deutlich geringer sind. Die Absorption der Laserstrahlung führt zu einer Erwärmung und zum Schmelzen des Kunststoffes in der Wechselwirkungszone. Im Prinzip handelt es sich um ein Schmelzschneiden mit einem niedrigen Gasdruck. Für das Schneiden mit einer Bearbeitungsoptik und bewegten Achsen wird koaxial zum Laserstrahl ein Gasstrahl in die Schnittfuge gerichtet, der die Schmelze und zersetztes Material gezielt austreibt. Eine Reihe von Kunststoffe kann durch direktes Sublimationsschneiden (Schmelzanteil gering bzw. nicht vorhanden) getrennt werden.

Ohne zusätzliche Gasunterstützung lassen sich Kunststoffe aber auch durch schnell bewegte Scannersysteme trennen. Durch speziell angeordnete Absaugdüsen wird das freigesetzte Material meist großflächig abgesaugt, um Ablagerungen (Debris) auf der Materialoberseite zu verhindern. Oft arbeitet man bei größeren Werkstückdicken auch sequenziell, d. h., der Trennprozess erfolgt durch mehrmaliges Scannen der Kontur.

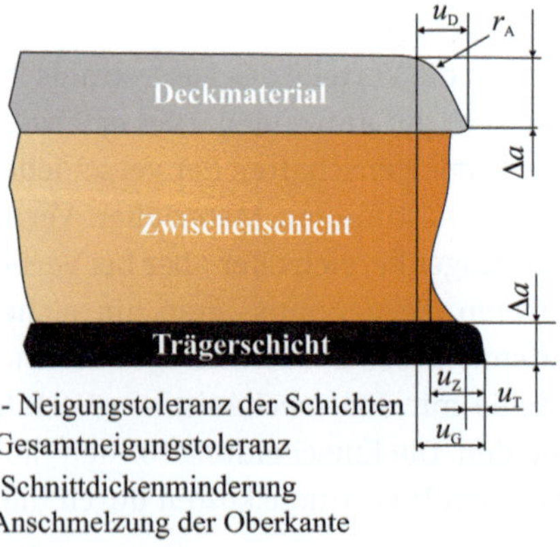

Bild 8.90
Schnittkantendarstellung mit ausgewählten Fehlergrößen

In Bild 8.90 sind die Schnittfuge eines Verbundwerkstoffes und mögliche Fehler aufgezeigt. Signifikanten Einfluss auf das Bearbeitungsergebnis haben die Prozessparameter:

- Wellenlänge,
- Laserleistung und Vorschubgeschwindigkeit,
- Fokusdurchmesser und -lage sowie
- Gasdruck (Bearbeitungskopf).

Die Optimierung der Prozessparameter muss oftmals individuell auf den Kunststoff und die Additive abgestimmt erfolgen. Schwierig gestaltet sich das Schneiden von Verbundwerkstoffen, wenn die Materialien unterschiedliche Schmelztemperaturen besitzen. Dadurch besteht die Gefahr, dass die niedrigschmelzende Komponente verbrennt oder stärker abgetragen wird (vgl. Bild 8.90). Mit der Anpassung der Fokuslage sowie des Gasdruckes kann die Parallelität der Schnittfugen beeinflusst werden. Typische Fokusdurchmesser werden in einem Bereich zwischen 100 und 250 µm gewählt.

8.2.7.2 Laserstrahlungsquellen und Systeme

Die Absorption der Kunststoffe liegt, wie in Bild 8.26 gezeigt, im IR- und UV-Bereich. Eine sehr große Einsatzbreite hat der CO_2-Laser erlangt. Da das Absorptionsspektrum von Polymeren im IR-Bereich sehr stark von der chemischen Zusammensetzung abhängt, ist bei bestimmten Materialien (bspw. Polyethylen) der Laserbetrieb bei einer Wellenlänge von 9,4 µm anstelle von 10,6 µm sinnvoll. Bei der Bearbeitung thermoplastischer Kunststoffe reicht das Laserleistungsspektrum von 25 W bis hin zu 1 kW. Dieser Leistungsbereich kann sehr gut durch die Sealed-Off-Laser abgedeckt werden, die auch zum überwiegenden Teil Verwendung finden. In Bild 8.91 sind drei unterschiedliche CO_2-Lasersysteme zum Schneiden von Kunststoffen gegenübergestellt. Bild 8.91 a illustriert eine Flachbettschneidanlage mit einem 1-kW-CO_2-Laser. Bild 8.91 b und c zeigen Roboterlösungen. Da die Wellenlänge des CO_2-Lasers nicht über eine Prozessfaser geführt werden kann, erfolgt die Strahlführung über Spiegel. Bild 8.91 b zeigt eine Variante, bei der der Laser direkt an die Roboterachse montiert ist. Dadurch verkürzt sich der Strahlweg erheblich und zwischen Laser und letzter Roboterachse (mit Bearbeitungskopf) sind lediglich zwei Spiegel erforderlich. Bild 8.91 c veranschaulicht eine geschickte Strahlführung im Inneren des Roboters. Diese Anordnung gewährt ein einfaches Strahljustieren und große Bewegungsfreiheit der Roboterachsen.

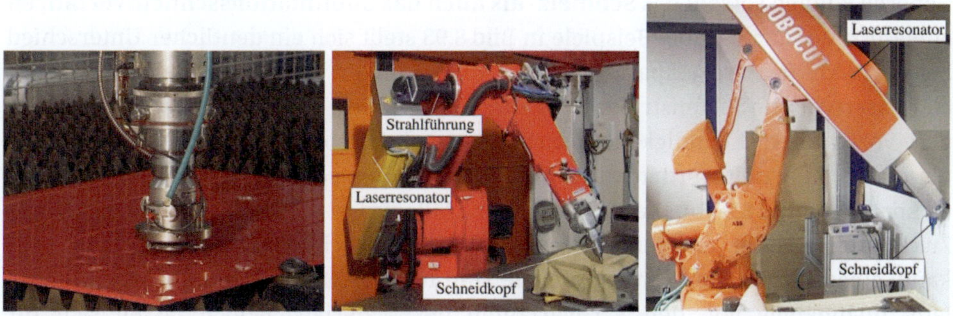

a) b) c)

Bild 8.91 Systembeispiele zum Bearbeiten von Kunststoffen. a) X-Y-Bearbeitungstisch, b) Roboter mit teilintegrierter Strahlführung */Jena2011-9.2/*, c) Roboter mit direkter Laserkopplung */Jena2012-9.3/*

Werden hohe Ansprüche an die Bearbeitungsqualität gestellt kommen auch UV-Laser, Excimerlaser und frequenzverdreifachte Nd:YAG-Laser zum Einsatz. Für Verbundwerkstoffe mit unterschiedlichen Materialeigenschaften können so sehr präzise Konturschnitte mit der kurzen Wellenlänge erzeugt werden. Bild 8.92 illustriert das Bearbeitungsergebnis eines Innenkonturschnittes eines FR4-Multilayers */LaserMicronics2012/*. Mit der Wellenlänge von 355 nm entstehen qualitativ hochwertige Schnittkanten ohne Delaminierung des Schichtverbundes.

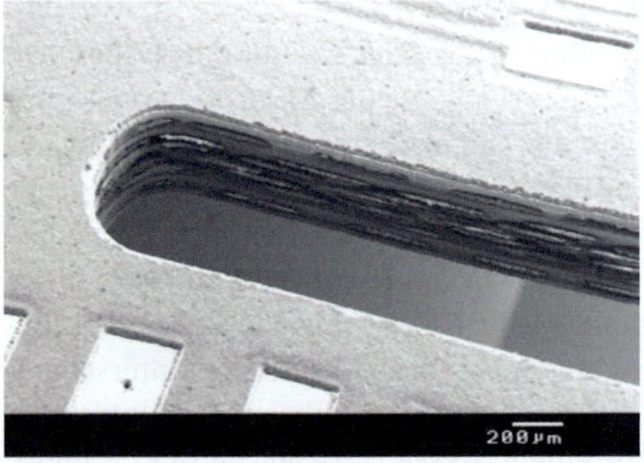

Bild 8.92
Innenkonturtrennen eines FR4-Multilayers © LaserMicronics GmbH, */LaserMicronics2012/*

8.2.7.3 Ausgewählte Anwendungen

Das **Laserstrahlschneiden** von Kunststoffen lässt sich für ein relativ großes Materialspektrum anwenden. Die Bearbeitungsergebnisse sind aber z. T. sehr unterschiedlich und erfordern im Einzelfall oft eine Prozessoptimierung. Der Kunststoff **PMMA** war eines der ersten Materialien, welches mittels CO_2-Laser getrennt wurde. Die Einsatzgebiete für diesen Werkstoff reichen von der Werbebranche, über die Medizintechnik bis hin zu optischen Anwendungsfeldern.

Generell können sowohl das **Schmelz- als auch das Sublimationsschneidverfahren** eingesetzt werden. Für die Beispiele in Bild 8.93 stellt sich ein deutlicher Unterschied bei der Wahl der Prozessparameter dar. In der linken Schnittkantendarstellung ist eine lasertypische Riefenstruktur erkennbar. Optimiert man den Prozess, insbesondere Vorschubgeschwindigkeit, Gasart und -druck, können optisch transparente Kantenqualitäten erzielt werden, die nahezu denen von mechanisch polierten Bauteilen entsprechen (Bild 8.93 b). Dieser Vorteil der LMB wird in vielen Bereichen des PMMA-Zuschnittes genutzt, um den konventionell erforderlichen Polierschritt der Trennkante einzusparen. Die Trennergebnisse sind für die CO_2-Laserstrahlbearbeitung relativ unabhängig von den Farbvarianten des Materials. Jedoch lassen sich für XT-Materialien (extrudiert) etwas bessere Kantenqualitäten erreichen als für GS-Material (gegossen). In der Praxis werden die Schutzfolien auf dem PMMA-Plattenmaterial vor der Laserbearbeitung meist nicht entfernt und ohne Qualitätsverluste der Schnittkante mit getrennt. Neben dem Kratzschutz der Materialien hat dies im Prozess auch Vorteile in Hinsicht auf mögliche Rückreflexe oder Sublimatablagerungen. Mit dem Laser kann eine gleichbleibende Schnittqualität gewährleistet werden. Allerdings müssen evtl. Chargenschwankungen der Kunststoffmaterialien berücksichtigt werden. Die erreichbaren Schneidgeschwindigkeiten hängen sehr stark von der gewünschten Kantenqualität ab. Thermoplastische Kunststoffe können bereits mit relativ geringen Leistungen von 100 – 300 W mit CO_2-Laserstrahlung getrennt werden. Neben dem Kunststoff PMMA lässt sich eine Reihe thermoplastischer Kunststoffe wie bspw. PC, PP, PUR, ABS oder Polymerblends qualitätsgerecht trennen. Bild 8.94 illustriert ein Anwendungsbeispiel aus dem Automobilbereich. In der 5-Achs-Laserzelle werden an einem endlackierten Bauteil funktionelle Konturelemente getrennt (Bild 8.94 a). Die hohe Flexibilität des Lasers wird insbesondere auch im Prototypenbau und der Kleinserie mit variablen Bearbeitungsanforderungen angewendet. Interessant ist bei diesen Applikationen, dass auch lackierte Kunststoffoberflächen ohne wahrnehmbare visuelle Schädigung im Bereich der Wechselwirkungszone trennbar sind. Die Trennkante selbst zeigt im Vergleich zum Werkstoff PMMA ein wesentlich raueres Profil, liegt aber mit einem arithmetischen Rauheitswert von $Ra = 6\ \mu m$ für die meisten Anwendungen in einem tolerierbaren Bereich (Bild 8.94 b und c).

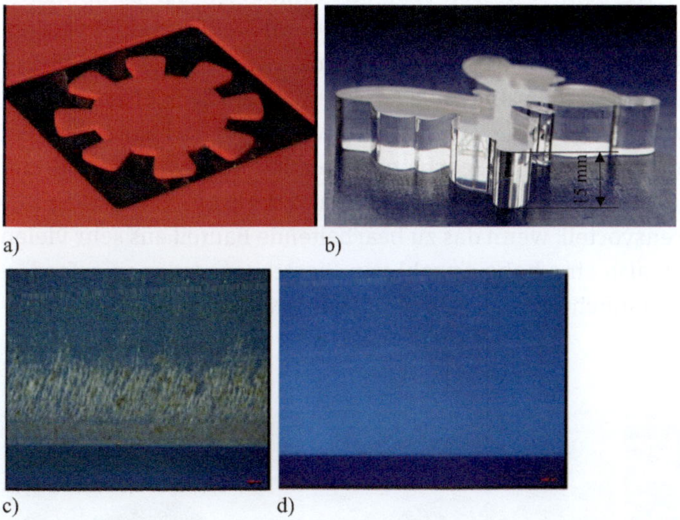

Bild 8.93 Beispiele – PMMA. a) Sublimationsschneiden, b) Schmelzschneiden, c) Schnittkantendarstellung Sublimationsschneiden, d) Schnittkantendarstellung Schmelzschneiden

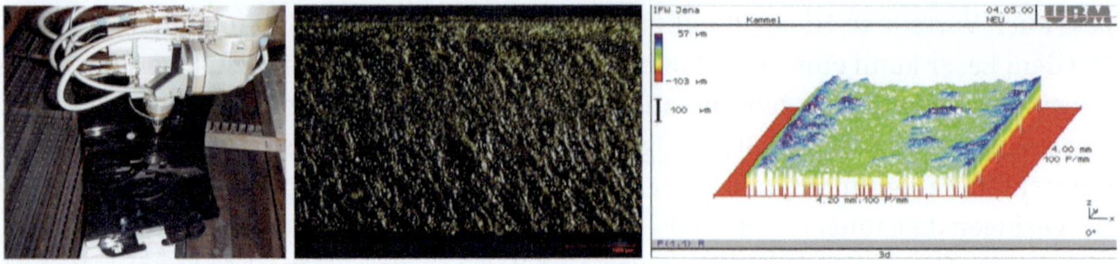

a) b) c)

Bild 8.94 Konturschneiden Pkw-Verkleidungselemente, Material: PBT + PC.
a) 5-Achs-Bearbeitungszentrum, b) Mikroskopische Schnittkantendarstellung, c) Profildarstellung der Schnittkante

Im Gegensatz zu den metallischen Werkstoffen erfordern Kunststoffe nur relativ geringe Strahlungsintensitäten zum Schneiden. Daraus resultieren auch die **hohen Bearbeitungsgeschwindigkeiten** die sich im Schneidprozess umsetzen lassen. Eine Vielzahl von Anwendungen nutzt schnell bewegte Scansysteme, um diesen Verfahrensvorteil noch besser auszunutzen. Nachteilig wirkt sich dabei das Fehlen der Prozessgasunterstützung aus. Durch geschickte Scanstrategien kann dies für viele Anwendungen kompensiert werden. So lassen sich Verbrennungen der Schnittkante durch ein sehr schnelles quasisimultanes Scannen der Kontur weitestgehend vermeiden. Bild 8.95 b und c stellen das Bearbeitungsergebnis zweier unterschiedlicher Scanvarianten gegenüber. Erkennbar sind Ablagerungen an der lackierten Bauteiloberfläche in Bild 8.95 b. Wichtig ist die prozessnahe Absaugung der entstehenden Schadstoffemissionen, um einerseits die Bearbeitungsqualität zu gewährleisten und andererseits Bediener und System zu schützen. Scannerbasierte Systeme haben insbesondere einen Verfahrensvorteil, wenn das zu bearbeitende Bauteil aus sehr vielen Konturelementen besteht, also eine hohe Anzahl von Einstechoperationen erforderlich ist. Bild 8.95 a veranschaulicht dies an einem Bohrungsmuster für einen Silikonwerkstoff.

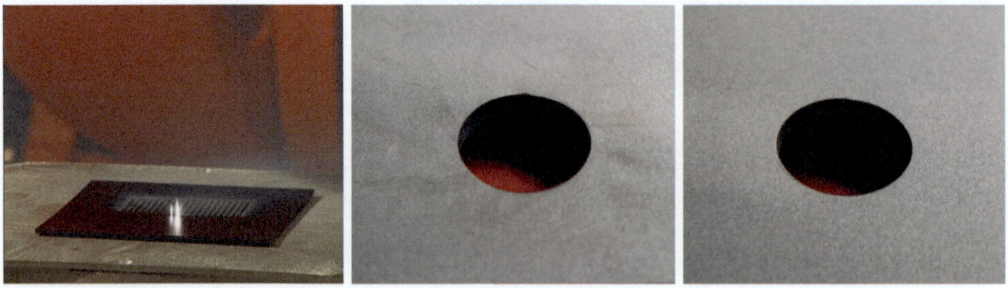

a) b) c)

Bild 8.95 Scannerbasiertes Schneiden von Kunststoffen */Jena2011-9.3/*. a) Bohrungsraster – Material: Silikon, b) Bohrung mit Debris, c) Bohrung ohne Debris

Ein weiteres Beispiel für den Lasereinsatz stellt das Trennen von Angussstegen dar (Bild 8.96). Nach einem Spritzgussprozess mit Anguss muss dieser vom Bauteil entfernt werden. Neben den weitverbreiteten mechanischen Trennverfahren werden teilweise auch laserbasierte Trenntechnologien erfolgreich eingesetzt. Die Rücklichtschale in Bild 8.96 kann sehr schnell und in hoher Qualität endbearbeitet werden, wobei sich durch die Trennoperation gleichzeitig auch eine gratfreie und transparente Schnittkante ohne Nachbearbeitung formgenau herstellen lässt.

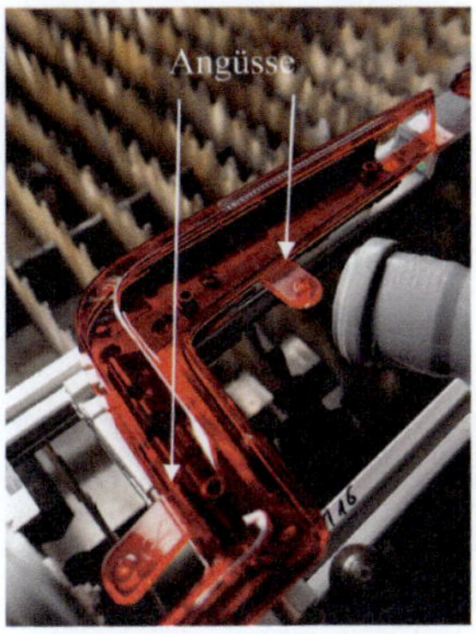

Bild 8.96
Trennen von Angussstegen einer Rücklichtschale

8.2.7.4 Trennen von Verbundwerkstoffen

Komplexer ist die Bearbeitung von polymeren Verbundwerkstoffen, die bspw. einen großen Einsatzbereich im Interieurbereich des Automobilbaus finden. Meist haben die am Verbund beteiligten Materialien sehr unterschiedliche thermische Eigenschaften, was eine sehr gute Prozessabstimmung erfordert. Der Laser kann zum Erzeugen von Sollbruchstellen (Airbag), dem Randbesäumen, dem Konturschnitt sowie zum Beschriften eingesetzt werden. Typische Verbunde sind als Dreischichtsysteme mit Träger-, Zwischen- und Deckschicht aufgebaut. Bild 8.97 illustriert einen solchen Verbund anhand einer lasergetrennten Schnittkante. Die Materialstärken der Zwischenschicht ändern sich über das Bauteilvolumen aus Gründen der Funktionalität.

Tabelle 8.17 gibt einen Überblick zu ausgewählten Verbundaufbauten. Im typischen Dickenbereich dieser Werkstoffe (5 – 10 mm) können mit dem Laserstrahl im Unterschied zu den konkurrierenden Verfahren wie dem mechanischen Trennen und dem Wasserstrahlschneiden vergleichsweise hohe Vorschubgeschwindigkeiten erzielt werden. In Bild 8.99 sind die maximal erreichbaren Werte für das Laserstrahltrennen von Material 4 (vgl. Tabelle 8.17) aufgetragen, bei denen die geforderten Qualitäten erreichbar sind. Dies betrifft insbesondere den „Verbrennungsgrad“ und die Parallelität der Schnittkante. Aufgrund der niedrigeren Schmelztemperatur des PUR-Schaums, im Vergleich zu den Deckmaterialien und Trägerschichten, wird die Zwischenschicht im Schnittspalt stärker abgetragen bzw. schmilzt im Vergleich zur Trägerschicht weiter zurück.

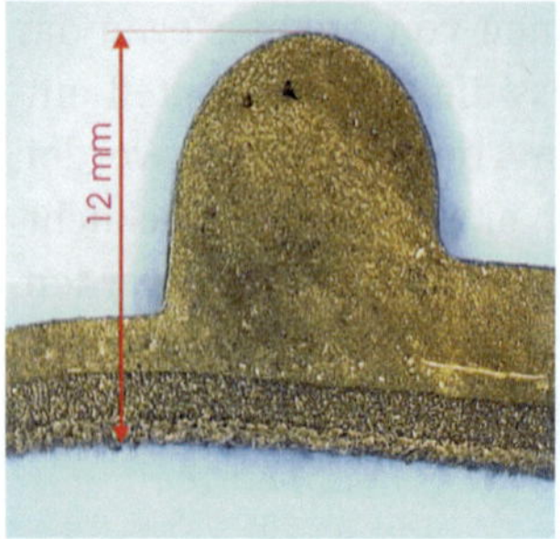

a)

b)

Bild 8.97 Laserstrahlbearbeitung von polymeren Verbundwerkstoffen */Blie2000/*
CO_2-Laser; $\lambda = 10{,}6\,\mu m$, Max. Laserleistung: 1 500 W, Max. Trenngeschwindigkeit: $12\,m \cdot min^{-1}$, Gasart: Luft, Gasdruck: 5 bar

Tabelle 8.17 Struktureller Aufbau ausgewählter Verbundwerkstoffe

	Material 1	Material 2	Material 3	Material 4
Trägerschicht	Polycarbonat (PC)ABS – glasfaserverstärkt	PC	PUR mit Holzfaserformstoff	PUR
Zwischenschicht	Polyurethan-(PUR)-Schaum	PUR-Schaum	PUR-Schaum	PUR-Schaum
Deckmaterial	PUR-Sprühhaut, strukturiert	PVC-Deckschicht	PUR-Sprühhaut	Textilglasfaser

Besonders vorteilhaft lassen sich Laserstrahlverfahren für die Bearbeitung von Verbundmaterialien einsetzen, die ähnlich aufgebaut sind wie Verbundwerkstoff mit Material 4 (Tabelle 8.17). Entscheidend ist hier, dass durch die thermische Wirkung des Laserstrahlverfahrens eine abgeschmolzene Kante der textilen Deckschicht erzielt werden kann.

Im Gegensatz dazu kommt es bei den mechanischen Verfahren zu einer Zerstörung der textilen Struktur in der Bearbeitungszone. Bild 8.98 illustriert typische Deckschichtstrukturen nach dem Trennen mit einem mechanischen Verfahren, dem Wasserstrahlverfahren und dem Laserstrahlverfahren */Blie1999/*.

Diese positive thermische Beeinflussung der Fasern durch die Laserstrahlung wird ebenfalls für den Zuschnitt von Gewebe- und Stoffmaterialien im textilen Bereich angewendet.

Neben den unterschiedlichen Bearbeitungsqualitäten sind auch unterschiedliche Vorschubgeschwindigkeiten mit den drei gegenüber gestellten Verfahren erreichbar. Bild 8.99 stellt die Bearbeitungsgeschwindigkeit der einzelnen Verfahren für unterschiedliche Materialstärken dar.

Bei vergleichbaren Kantenqualitäten der Zwischen- und Trägerschicht lassen sich mit dem Laserstrahlverfahren im Dickenbereich 5 – 15 mm wesentlich höhere Vorschubgeschwindigkeiten erzielen. Trotz stärkerer Abnahme der Vorschubgeschwindigkeit mit zunehmender Materialstärke liegt die Endgeschwindigkeit bei maximalen Materialstärken noch höher als bei den konkurrierenden Verfahren.

Bild 8.98 Fotografische Darstellungen der bearbeiteten Deckflächenstrukturen, Material 4. a) gefräst, b) Wasserstrahl geschnitten, c) Laserstrahl geschnitten

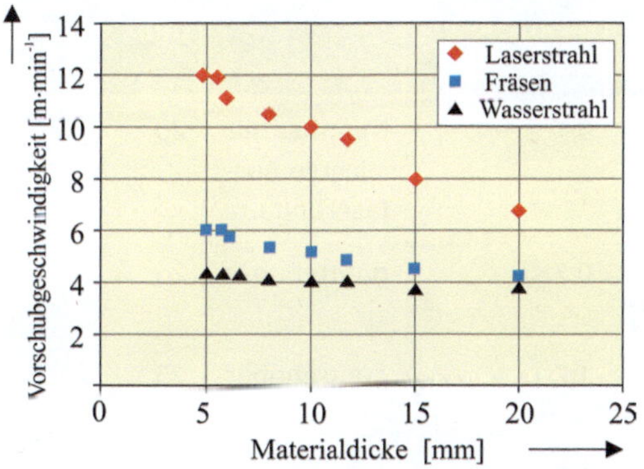

Bild 8.99
Vorschubgeschwindigkeit in Abhängigkeit von der Materialstärke, Material 4

Faserverbundwerkstoffe (FVK) sind aufgrund ihrer hervorragenden Leichtbaukennwerte als moderne Funktionswerkstoffe für eine Reihe von Anwendungen außerordentlich interessant. Der große Vorteil dieser Werkstoffgruppe – die große Variationsvielfalt bei der Herstellung und Gestaltung solcher Verbunde – eröffnet die Möglichkeit der Fertigung von maßgeschneiderten Bauteilen und -gruppen. Dieser Werkstoffvorteil erfordert aber oftmals die Anwendung von modernen, flexiblen Schneidverfahren, um die Bearbeitung der Halbzeuge und die Finishbearbeitung der Bauteile qualitätsgerecht vornehmen zu können. Mit der Lasertechnik steht dem Anwender ein flexibles Bearbeitungsverfahren zur Verfügung, das ihm die Möglichkeit bietet, an verschiedenen Stufen der FVK-Herstellung diese Technik bspw. zum Schneiden, Bohren oder partiellen Aushärten einzusetzen. Der Laser ist somit bei folgenden Prozessstufen einsetzbar:

- Zuschnitt von Fadenhalbzeugen,
- Zuschnitt von vorgetränkten Faserhalbzeugen (Prepregs),
- Bearbeitung von ausgehärteten Halbzeugen und
- Finishbearbeitung von FVK-Bauteilen.

Notwendigerweise müssen jedoch die Laser- und Prozessparameter für die genannten Prozessstufen verschieden spezifiziert werden.

Tabelle 8.18 stellt wichtige Parameter für ausgewählte Faserhalbzeuge (Gewebe) und die erreichbaren Trennergebnisse vor. Aufgrund der spezifischen Schmelz- (T_s) und Zersetzungstemperaturen (T_z) müssen unterschiedliche Laserparameter eingesetzt werden. Das Trennen von C-Fasergeweben (C – Kohlenstoff, $T_z = 3600$ °C) verlangt wesentlich höhere Streckenenergien als bspw. G-Fasergewebe (G – Glas, $T_s = 1300$ °C) oder Aramidgewebe ($T_s = 550$ °C).

Tabelle 8.18 Ausgewählte lasertrennbare Faserhalbzeuge

Fadenhalbzeug	Schmelz- oder Zersetzungstemperatur [°C]	Wärmeleitfähigkeit [$W \cdot m^{-1} \cdot K^{-1}$]	Spezifische Wärme [$kJ \cdot kg^{-1} \cdot K^{-1}$]	Einlagenschnitt	Mehrlagenschnitt [max. Anzahl]
C-Faser-(HT)-Gewebe	3600	30	0,7	trennbar mit leichten Ausfaserungen	20
E-Glas-Gewebe	1300	0,8	0,7	gut trennbar	25
Aramid-Gewebe	550	0,13	1,2	gut trennbar	25
Kombinierter Verbund (C-G-G-C–V)	3600/1300	30/0,8	0,7	trennbar mit partiellem Verschmelzen	6 (6-mal: C-G-G-C–V)

Das Zuschneiden von Fasergeweben kann sowohl im Einlagenschnitt als auch im Mehrlagenschnitt erfolgen. Die Anzahl der trennbaren Lagen richtet sich nach der verfügbaren Leistung sowie der tolerierbaren Kantenqualität. Die hohen Prozesstemperaturen für C-Fasergewebe erfordern Laserleistungen im kW-Bereich, um mehr als zehn Gewebelagen sicher und in einer akzeptablen Prozesszeit vollständig trennen zu können. Bild 8.100 zeigt die Trennergebnisse für das Laserstrahlschneiden von C- und G-Fasergeweben. Mit einer CO_2-Laserleistung von 1,5 kW können für den Einlagenschnitt (C-Faser) typische Vorschubgeschwindigkeiten von 2 $m \cdot min^{-1}$ erzielt werden. Für G-Fasern liegen die erreichbaren Geschwindigkeiten deutlich darüber.

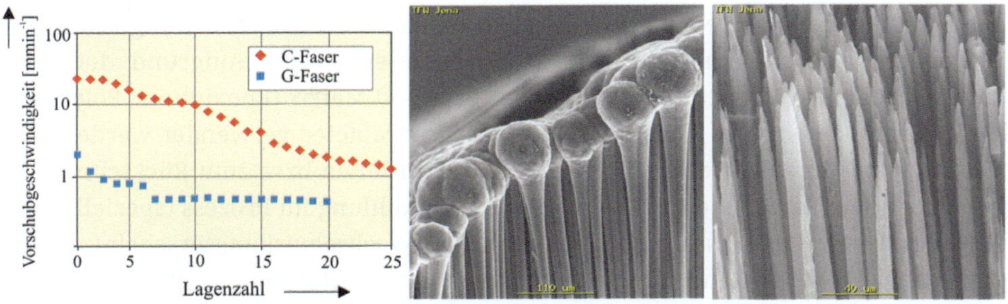

a) b) c)

Bild 8.100 Ergebnisse des CFK-Lagenschneidens */Blie2000/*. a) Abhängigkeit der Trenngeschwindigkeit von der Lagenzahl, b) Trennkante – 20 Lagen, c) Trennkante – 1 Lage
Leistung: 1500 W, Vorschub: 1 m·min^{-1}, Prozessgas: Druckluft, Gasdruck: 1 bar, Fokuslage: 0

Die in Bild 8.100 dargestellten REM-Aufnahmen der Faserschnittflächen illustrieren die Faserstruktur nach dem Trennprozess. Während die Fasern im Einlagenschnitt einzeln getrennt vorliegen, erfolgt bei dem Mehrlagenschnitt eine geometrische Umformung und Glättung der Schnittfläche. Durch den anteiligen Prozesssauerstoff kommt es bei hohen Temperaturen zu einer Umwandlung der kristallinen Kohlenstoffstruktur in eine amorphe Phase. Die Faserenden erhalten gleichzeitig eine Lagefixierung und sind leicht (aber wieder trennbar) verbunden. Bild 8.101 illustriert einen C-Faserzuschnitt für Halterungselemente mit einer Lagenzahl von 15. Das leichte Verschmelzen der Faserenden verhindert gleichzeitig ein Ausfasern des Gewebezuschnittes.

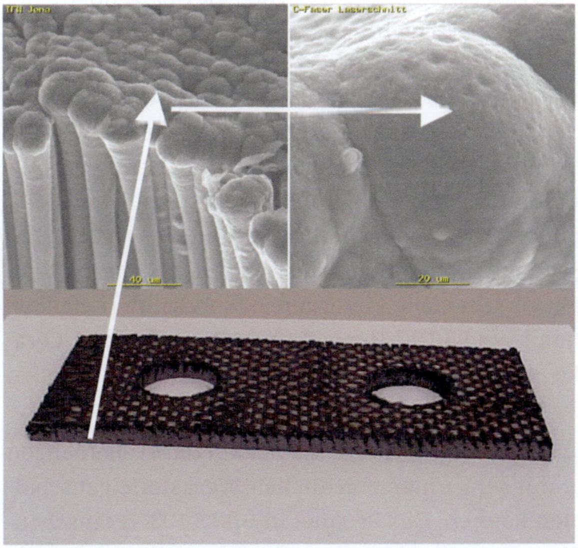

Bild 8.101 Trennen eines C-Faser-Gewebes (15 Lagen) */Blie2000/*
Beispiel: Halterungselement: Material: C-Faser-Gewebe, Abmessung: (200 × 100) mm^2, Lagenanzahl: 15, Laserleistung: 1500 W, Geschwindigkeit: 750 mm · min^{-1}

Das Laserstrahlschneidverfahren wird auch für die Preformbearbeitung sowie die Bearbeitung von ausgehärteten FVK-Halbzeugen eingesetzt. Aufgrund der sehr unterschiedlichen Werkstoffparameter von Faser und Matrix (Epoxidharz, Polyesterharz, ...) müssen speziell angepasste Verfahrensparameter verwendet werden. Die Matrixkomponente des Verbundes neigt zum Verbrennen bzw. zum Rückschmelzen gegenüber dem Fasermaterial. Durch eine Kantenkühlung im Prozess (spezielle Gasführung oder ein Gas-Wassergemisch) kann dieser Wechselwirkungserscheinung entgegen gewirkt werden. In Bild 8.102 sind exemplarisch Halbzeugzuschnitte, die mit dem Laserstrahl getrennt wurden, dargestellt. Die qualitätsgerecht trennbaren Materialstärken sind aufgrund der vorstehend genannten Effekte eingeschränkt und liegen typischerweise zwischen 2 – 5 mm. Abhängig sind diese auch von dem jeweiligen prozentualen Anteil der Fasern am Verbund sowie dem verwendeten Matrixwerkstoff.

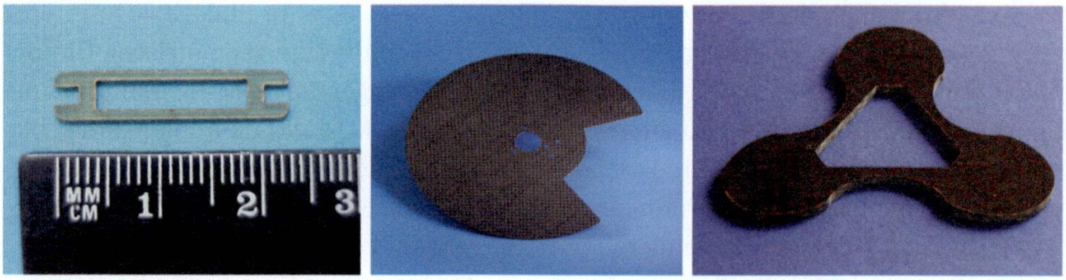

a) b) c)

Bild 8.102 Anwendungsbeispiele zum Laserstrahlschneiden von FVK-Halbzeugen */ifw2011/*. a) Sensorgehäuse (GFK), b) Chopperscheibe (CFK), c) Radialverdichter (CFK)

Minimieren kann man den thermischen Einfluss durch die Verwendung von UV-Laserstrahlung. Aufgrund der direkten Zersetzung des Materials wird die Ausbildung einer Schmelze weitestgehend verhindert. Dadurch können, entsprechend dem Abtragsmodell (vgl. Abschnitt 5.4), wesentlich präzisere Konturen getrennt und Delaminationserscheinungen im Verbund nahezu vollständig verhindert werden. Ein wichtiges Einsatzgebiet ist das Schneiden und Konturieren in der Leiterplattenfertigung. Mit dem UV-Laser können verschiedene Materialien, insbesondere flexible Leiterplatten, FR4-Multilayer, Keramik und LTCC (Low Temperature Co-fired Ceramics) bis zu einer Materialdicke von 1 mm qualitätsgerecht getrennt werden */lasermicronics2012/*.

Interessant ist auch, dass aufgrund der Abtragsverhältnisse bei kurzen Wellenlängen am Verbund beteiligte Materialien mit sehr unterschiedlichen Werkstoffeigenschaften sehr präzise durchtrennt werden können. Das Beispiel in Bild 8.103 veranschaulicht dies an einem vollständigen Konturschnitt einer starr-flexiblen Leiterplatte. Die REM-Aufnahme einer Schnittkante zeigt die hohe Schnittkantenqualität sowohl für den Kupferleiter als auch für den polymeren Träger. Verwendung finden frequenzverdreifachte Nd:YAG-Laser mit einer Wellenlänge von 355 nm in Verbindung mit präzisen Scan- und Tischsystemen. Das Erreichen von senkrechten Schnittkanten erfordert zumeist den Einsatz telezentrischer Scanobjektive (vgl. Kapitel 6) */lasermicronics2012/*.

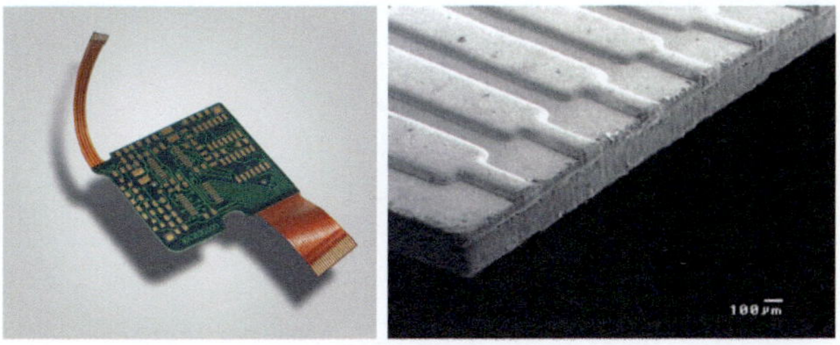

a) b)

Bild 8.103 Starr-flexible Leiterplatte © LaserMicronics GmbH, */LaserMicronics2012/*. a) vollständiger Konturschnitt, b) REM-Darstellung einer Schnittkante

8.2.7.5 Schadstoffemissionen

Bei allen Vorteilen, welche die Laserbearbeitung von Kunststoffen und Verbundwerkstoffen gegenüber herkömmlichen Verfahren mit sich bringt, muss beachtet werden, dass während der Bearbeitung Reaktionen in den Materialien ausgelöst werden, die zur Emission teilweise hochgiftiger Gase und Dämpfe führen können (Bild 8.104). Alle klassischen Polymere werden unter dem Einfluss der hohen Temperatur des Laserstrahls depolymerisiert und fragmentiert, sodass Monomere und kurzkettige Bruchstücke freigesetzt werden. Diese Moleküle können mit dem Sauerstoff der Luft unter Bildung von Schadstoffen wie Formaldehyd oder Acetylaldehyd partiell weiteroxidieren oder wieder zu Oligomeren rekombinieren, wobei polyzyklische kondensierte Aromaten oder klebrige bzw. pastöse Stoffe unbekannter Zusammensetzung entstehen. Welche der Reaktionen bevorzugt stattfindet, ist abhängig vom Material und den Bearbeitungsbedingungen. Um einen optimalen, stabilen und umweltverträglichen Bearbeitungsprozess zu gewährleisten, sind eine angepasste Prozessführung sowie die Separierung und Behandlung der entstehenden Schadstoffe erforderlich. Folgende Anforderungen müssen an das Separierungssystem gestellt werden:

- Erfassung der Schadstoffe nahe am Bearbeitungsort,
- hohe Abbauraten,
- Separieren und Behandeln grober Partikel bis hin zu Gasen und
- gute Integrationsmöglichkeit in Laseranlagen.

Die Absaugung der Schadstoffe über herkömmliche Filteranlagen, wie sie für metallische Werkstoffe genutzt werden, ist in vielen Fällen unzureichend. Die Filtertechnik wird aus diesem Grund speziell für die Kunststoffbearbeitung ausgelegt. Dabei kommen spezielle Aktivkohlefilter zum Einsatz, die die Schadstoffe zurückhalten. Häufig wird ein Vorfilter mit einer Additiv-Dosierung (Precoatiermaterial) zusätzlich vorgesehen. Diese Maßnahme verhindert ein schnelles Verkleben und Zusetzen des eingesetzten Filtermaterials.

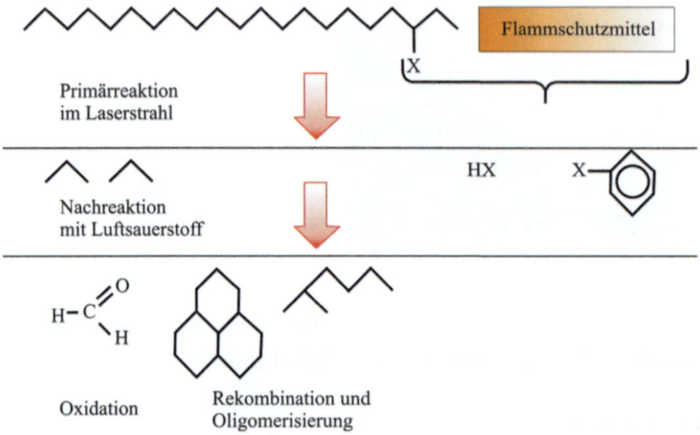

Bild 8.104 Schematische Darstellung der Reaktionswege bei der LMB von Kunstoffen und Kunststoffverbunden */Blie2000/*

Eine weitere mögliche Lösungsvariante besteht in der Anwendung eines katalytischen, regenerativen Abgasreinigungssystems. Das Prinzip dieses Systems beruht auf der katalytischen Oxidation der Schadstoffe in zwei im Regenerativverfahren betriebenen Reaktoren. Die somit gereinigte Abluft kann problemlos wieder in den Luftkreislauf zurückgeführt werden. Mit diesem katalytischen Abgasreinigungssystem sind bei einigen Kunststoffen Abbauraten bis 95 % erreichbar */Blie2000/*.

Die auftretenden Schadstoffe sollten so nah wie möglich an der Entstehungsstelle erfasst werden. Mit sogenannten Lokalabsaugungen, die mit einer Luftströmung von 75 – 300 $m^3 \cdot h^{-1}$ betrieben werden, können bis zu 90 % der freigesetzten Schadstoffe abgesaugt bzw. erfasst werden.

Wichtig für das Bearbeiten von polymeren Verbundwerkstoffen ist die Nutzung einer geschlossenen Schneidkabine, um Bediener und Umwelt weitestgehend zu schützen. Typisch für das Schneiden von Verbundwerkstoffen mit einer PVC-Komponente ist der hohe Schadstoffanteil an Salzsäure. Diese Schadstoffkomponente muss auf jeden Fall bei der Konstruktion der geschlossenen Laserschneidkabine Berücksichtigung finden, da für die meisten Konstruktionswerkstoffe ein sehr schneller Korrosionsvorgang einsetzt.

Für den Anwender ist wichtig, die durch den Gesetzgeber vorgegebenen **Arbeitsplatzgrenzwerte** mit dem Betrieb der Laseranlage für die Kunststoffbearbeitung einzuhalten */baua2025/*.

Siehe auch Videosequenz zum Thema „Laserstrahlschneiden von Kunststoffen" auf *plus.hanser-fachbuch.de*.

8.2.8 Schnittkantendarstellung und -bewertung

Die Schnittkantenqualität kann durch die **Rauheit** des Laserschnittes und durch die **Geometrie des Schnittspaltes** beschrieben werden. Die Rauheit wird aus dem Oberflächenprofil eines geeigneten Messverfahrens (Tastschnitt, optische Verfahren, AFM etc.) bestimmt. Die Kenngrößen an den Schnittflächen sind in der Richtlinie VDI 2906 und der Norm DIN EN ISO 9013 definiert. Bild 8.105 verdeutlicht ausgewählte Parameter in Ergänzung zu Bild 8.32.

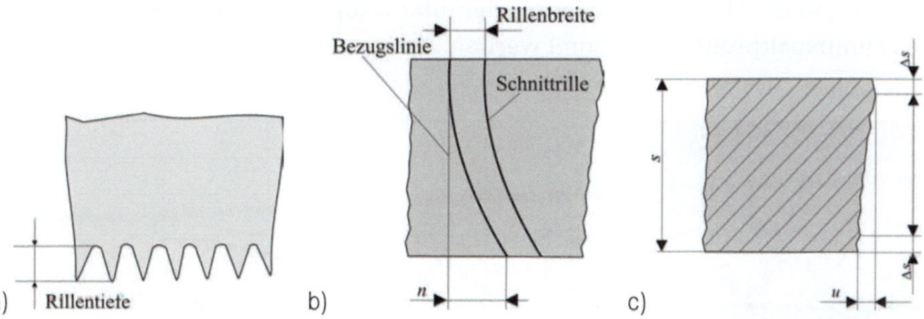

Bild 8.105 Geometrie des Schnittspaltes und wichtige Parameter nach DIN 2310 */DIN2310-6/*. a) Rillentiefe, b) Rillennachlauf, c) Rechtwinkligkeitstoleranz

Bewertungskriterien:, Schnittspaltbreite, Rautiefe, Rechtwinkligkeit , Riefennachlauf, Gratbildung, Kolkungen, WEZ

Die Rautiefen der Schnittflächen werden nach DIN EN ISO 9013 bis zu einer Blechdicke von 2 mm in der Probenmitte gemessen */DINENISO9013/*. Für größere Blechstärken wird die Rauheit in einem Abstand von 2/3 *s*, ausgehend von der Strahleintrittsseite, bestimmt. Die **Rillen-** bzw. **Riefentiefe** (Bild 8.105 a) ergibt sich aus den Parametern der Rauheitsmessungen. Der Wert *Rt* gibt die größte Riefentiefe an. Charakteristisch für das Laserstrahlschneiden sind die Riefenstrukturen, die bei geringen Schneidgeschwindigkeiten und kleineren Blechstärken nahezu parallel zum Laserstrahl verlaufen. Bei höheren Schneidgeschwindigkeiten und größeren Blechstärken krümmen sich die Riefenstrukturen entgegen der Schneidrichtung. Man spricht vom **Rillennachlauf (Riefennachlauf)** n_R, der als größter Abstand zweier Punkte einer Schnittriefe in Schneidrichtung definiert ist.

In der **Rechtwinkligkeits-** oder **Neigungstoleranz** sind sowohl die Geradheits- als auch die Ebenheitsabweichungen enthalten.

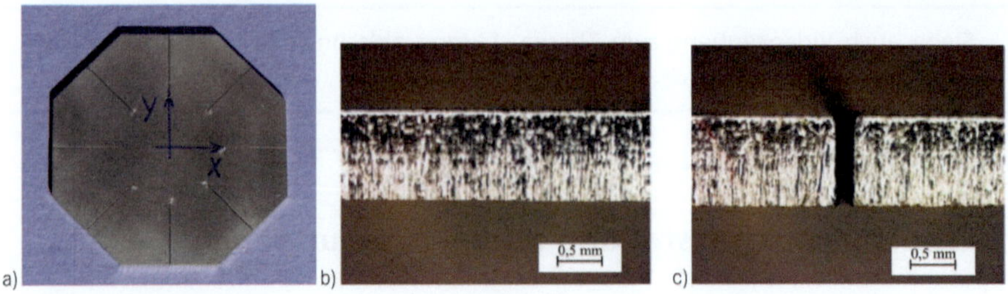

Bild 8.106 Probengeometrie und Schnittkantendarstellungen. a) Probengeometrie, b) Darstellung der Schnittfläche, c) Schneidspalt

In der Praxis haben sich verschiedene Testgeometrien zur Bewertung dieser Schnittspaltparameter etabliert. Bild 8.106 zeigt die Testgeometrie eines Achteckes aus CrNi-Stahl 1.4301. Durch die gewählte Probengeometrie lassen sich an den äußeren offenen Schnitten die Rauheitswerte der Schnittflächen verschiedener Schneidrichtungen einfach bestimmen. Mit einer Fühllehre oder mikroskopisch kann an den Schnittspalten die Schnittspaltbreite b_s bestimmt werden.

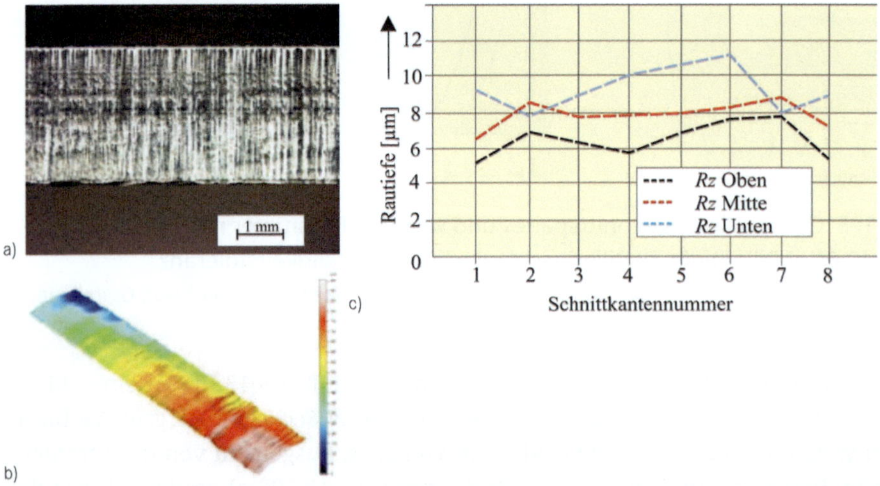

Bild 8.107 Einfluss des Laserprozesses auf die Rauigkeit der acht Schnittflächen. a) Schnittflächendarstellung, b) gemessenes Oberflächenprofil, c) Darstellung von *Rz* über die acht Schneidrichtungen

Rz Oben – Messstelle 1/3 von Strahleintrittsseite, *Rz* Mitte – Messstelle mittig auf Schnittfläche, *Rz* Unten – Messstelle 1/3 von Strahlaustrittsseite

In Bild 8.107 a und b ist exemplarisch eine der acht **Schnittkanten** für einen 3 mm Trennschnitt veranschaulicht. Die in Bild b dargestellte Oberflächentopografie gibt Aufschluss über die Rauheits- und Welligkeitsgrößen der gesamten Schnittfläche. Eine Gegenüberstellung der einzelnen Schnittspaltparameter (Bild 8.107 c) verschafft einen guten Überblick, ob die Werte sich in Abhängigkeit von der Schneidrichtung ändern und bspw. ein Einfluss der Polarisation, Textur oder Maschinendynamik vorliegt. Häufig wird, in Ergänzung zur genannten DIN, die Rauigkeit an drei Orten der Schnittfläche gemessen (vgl. Bild 8.107 c).

8.2.9 Fehlergrößen und -ursachen

Im Ergebnis des Schneidens können durch falsch gewählte Parameter, Dejustierung der Strahlengänge oder verschlissene Komponenten, sehr unterschiedliche Fehlerbilder auftreten. Wichtige Kontrollmaßnahmen vor dem Schneidprozess bzw. in turnusmäßigen Abständen sind:

- Überprüfung der Fokuslage,
- Lage des Laserstrahles zum Mittelpunkt der Düsenöffnung,
- Sauberkeit der Fokussieroptik,
- Zustand der Schneiddüse und
- ausreichender Gasdurchsatz.

Neben der richtigen Wahl der **Streckenenergie** hat die **Fokuslage** einen großen Einfluss auf das Schneidergebnis. Hinweise zur Überprüfung der Fokuslage werden im Kapitel 4 gegeben. Eine Dejustage des Strahlenganges kann zu einem Versatzfehler führen, wie in Bild 8.108 erkennbar ist. Der Laserstrahl verlässt dann nicht mehr mittig die Düsenöffnung, sondern erfährt einen Versatz und kann im Extremfall an der Düsenwand teilweise oder vollständig abgeschirmt werden. Die Kontrolle des mittigen Strahldurchgangs durch die Düsenöffnung ist unerlässlich und muss sehr sorgfältig erfolgen.

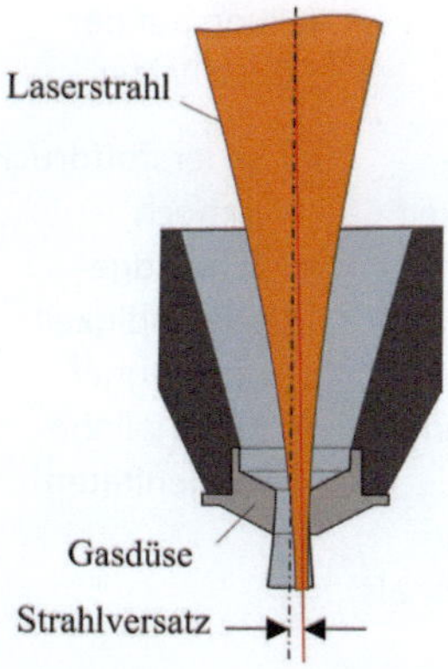

a)

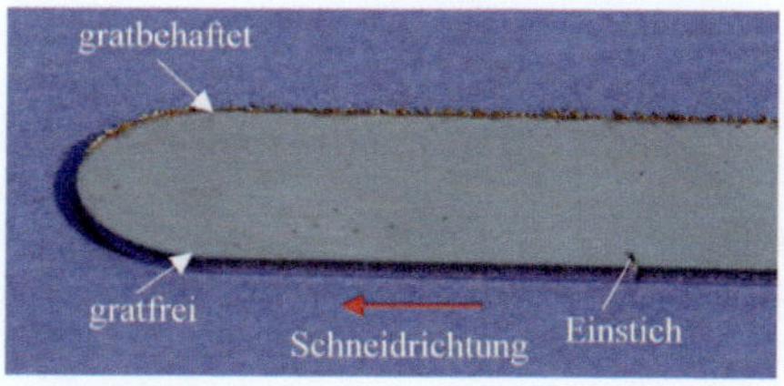

b)

Bild 8.108 Einfluss eines Strahlwinkelfehlers. a) schematische Darstellung der Schneiddüse, b) Fehlerbild an der Strahlaustrittsseite

Laser: CO_2, Leistung: 2000 W, Gas: N_2, Druck: 15 bar, Material: 1.4301; 3 mm, Winkelfehler: 0,3°, (bezogen auf Umlenkspiegel, Abstand: 1 250 mm)

Laserhersteller bieten für diese Überprüfung ein sogenanntes Schussprogramm an. Geprüft wird mit einem am Düsenausgang angebrachten Klebeband, wobei ein kurzer leistungsschwacher Laserimpuls das Klebeband durchbohrt. Eine Zuordnung des Strahls zur Mitte der Düsenöffnung erfolgt dann subjektiv mit einer Lupe.

Im Falle eines **Winkelfehlers** liegen Laserstrahl und Gasstrahl nicht mehr in einer Achse, sodass die Schmelze ungleichmäßig ausgeblasen wird und sich als Folgeerscheinung ein ungleichmäßiger Grat am Schnittspalt bilden kann. Im Bild b ist ein Schnittspalt an der Strahlaustrittsseite dargestellt, der unter einem Winkelfehler erzeugt wurde. Der Winkelversatz hat zur Folge, dass die eine Blechseite ohne Grat und die gegenüberliegende Seite mit Grat behaftet ist.

Ausgewählte **Fehlerbilder**, die sich typischerweise auf Schnittflächen ausbilden können, sowie deren mögliche Ursachen sind in der Tabelle 8.19 zusammengestellt.

Tabelle 8.19 Ausgewählte Fehlerbilder des Schnittspaltes und der Schnittflächen sowie Ursachen nach */Trumpf1990/*

Fehler	Umknicken der Riefen	Gratbildung	Schnittspalt nicht durchgängig	Kolkungen
Fehlerbild	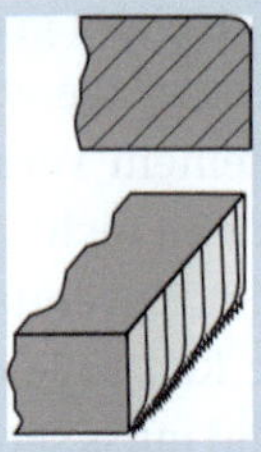	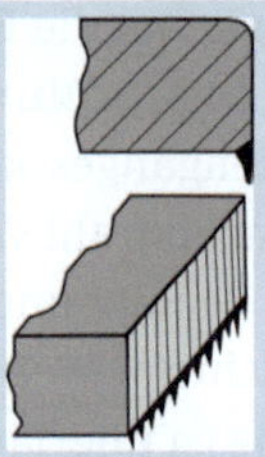	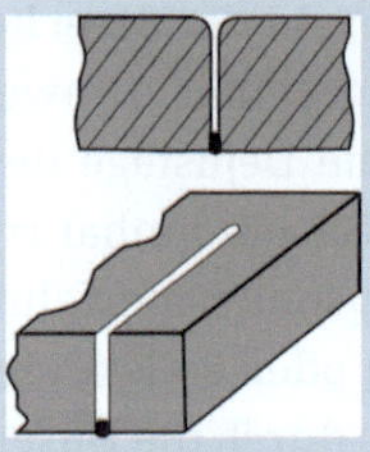	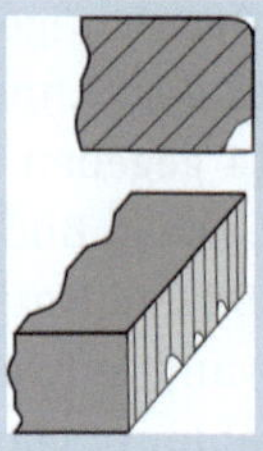
Erscheinung	starkes Umknicken der Riefen, insbesondere im letzten Drittel der Schnittfläche	leicht bis stark anhaftender metallischer Rückstand an der Strahlaustrittseite	Schnittkante nicht vollständig durchtrennt, Teile sind noch verbunden	Auswaschungen unregelmäßiger Breite und Verteilung auf der Schnittfläche
Ursachen	▪ Schneidgeschwindigkeit zu hoch ▪ Fokuslage zu tief ▪ Laserleistung zu gering	▪ Fokuslage ungeeignet ▪ Gasdruck zu gering ▪ Laserleistung ungeeignet ▪ Schneidgeschwindigkeit ungeeignet	▪ Schneidgeschwindigkeit zu hoch ▪ Fokuslage ungeeignet ▪ Laserleistung zu gering ▪ Einstechvorgang fehlerhaft	▪ Sauerstoffdruck zu hoch ▪ Schneidgeschwindigkeit ungeeignet ▪ Materialinhomogenitäten

Neben den genannten Fehlerursachen können aber auch weitere Einflüsse auf den Schneidprozess wirken. Ein Beispiel dafür ist die **Fokuslageverschiebung**. Durch die Erwärmung der Fokussieroptik (Verschmutzung, falsche Auslegung der Strahlparameter, sehr hohe Leistungsdichten) verändert die Linse ihren Krümmungsradius und verschiebt in Abhängigkeit der Temperaturzunahme ihre Fokuslage, wodurch es zu einer Gratbildung kommen kann. Eine Drift der Fokuslage außerhalb des Bereiches der Rayleigh-Länge kann überdies zum Versagen des Schnittes führen.

Die **Gratfreiheit** zählt zu den wichtigsten Qualitätsmerkmalen des Laserstrahlschneidens gegenüber anderen Trennverfahren, denn hierdurch lassen sich aufwendige Nacharbeitsschritte einsparen. Insofern ist die Sicherstellung eines gratfreien Schnittes eine wichtige Optimierungsaufgabe für den Prozess. Als Fehlerbild können verschiedene Gratformen auftreten, die von leicht entfernbaren Schlackeresten bis zu sehr scharfen und festanhaftenden metallischen Graten reichen. In Tabelle 8.20 sind drei typische Gratformen für metallische Materialien dargestellt.

Tabelle 8.20 Ausgewählte Gratformen

Schmelzschnitt Edelstahl	Aluminium	Baustahl
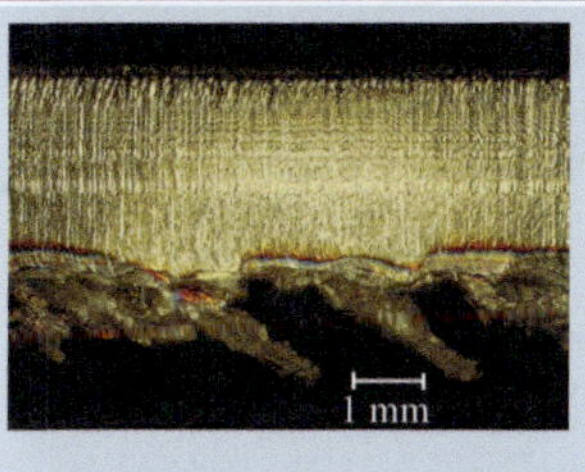	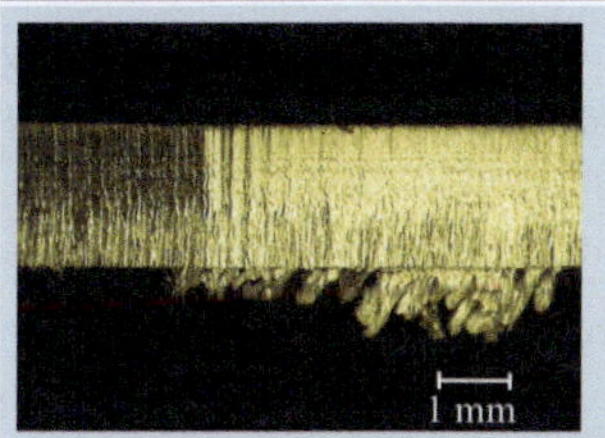	
▪ scharfkantige Gratbildung ▪ sehr fest anhaftend ▪ aufwendig entfernbar	▪ leichte gleichmäßige Gratbildung ▪ schwach anhaftend ▪ leicht entfernbar	▪ tropfenförmige Gratbildung ▪ sehr fest anhaftend ▪ aufwendig entfernbar

Das Ausbilden von **WWZs** ist typisch für die thermische Bearbeitung mit dem Laserstrahl. Auch wenn sie im Vergleich zu anderen thermischen Verfahren auf eine sehr engbegrenzte Materialzone beschränkt ist, kann es in Abhängigkeit von den Prozessparametern zu unterschiedlichen Breiten im Schnittspaltbereich führen. Die Wärmebeeinflussung hat eine Änderung des Werkstoffgefüges zur Folge und kann von einer Farbänderung (Anlassfarben) bis zu einer Aufhärtung für bestimmte Werkstoffe (hoher C-Gehalt) in der unmittelbaren Schnittflächenumgebung führen. Eine zu starke Wärmebeeinflussung äußert sich in einer starken Verfärbung des Schnittes bis hin zum Verbrennen von filigranen Konturelementen. Die Ursachen dafür können sein:

- zu hohe Streckenenergie,
- zu geringer Gasdruck (Schmelzschneiden),

- zu großer Fokusdurchmesser oder falsche Fokuslage (zu geringe Intensität) und
- schlechte Strahlqualität.

Übungsaufgaben zum Kapitel 8

(Die dazugehörigen Lösungen finden Sie *plus.hanser-fachbuch.de*.)

1. **Aufgabe:** Grundlagen des Bohrprozesses

   Erläutern Sie die physikalischen Unterschiede zwischen Perkussions-, Trepanier- und Helixbohren. Welche Auswirkungen haben diese Verfahren auf Bohrgeschwindigkeit, Qualität und Geometrie?

2. **Aufgabe:** Bohrverfahren in der Praxis

   Ein 0,3 mm dickes Edelstahlblech soll mit einem ns-Faserlaser per Perkussionsverfahren durchbohrt werden. Beschreiben Sie die geeigneten Prozessparameter und begründen Sie deren Wahl.

3. **Aufgabe:** Einflussgrößen

   Wie beeinflussen Pulsdauer, Pulsenergie und Fokuslage die Entstehung von Schmelzrückständen beim Bohren metallischer Werkstoffe?

4. **Aufgabe:** Werkstoffverhalten bei Metallen

   Erläutern Sie, welche metallkundlichen Eigenschaften von Aluminium wie zum Beispiel die hohe Wärmeleitfähigkeit und die vergleichsweise niedrige Schmelztemperatur das Laserstrahlbohren beeinflussen.

5. **Aufgabe:** Bohren silikatischer Werkstoffe

   Nennen Sie typische Herausforderungen beim Laserstrahlbohren von Glaskeramiken. Welche Lasertypen sind besonders geeignet? Begründen Sie Ihre Antwort mit Bezug zur Wechselwirkungsphysik.

6. **Aufgabe:** Bohren polymerer Werkstoffe

   Diskutieren Sie das Verhalten thermoplastischer und duroplastischer Kunststoffe beim Bohrprozess mit einem CO_2-Laser. Wie wirkt sich die Absorption bei $\lambda = 10{,}6\,\mu m$ auf das Bearbeitungsergebnis aus?

7. **Aufgabe:** Schneidverfahren

   Vergleichen Sie die drei Hauptverfahren des Laserstrahlschneidens (Sublimations-, Schmelz- und Brennschneiden) hinsichtlich Mechanismus, Gasverwendung und typischer Werkstoffanwendungen.

8. **Aufgabe:** Sublimationsschneiden

   Berechnen Sie die notwendige spezifische Laserleistung pro mm^2, um ein 0,5 mm dickes PMMA-Substrat mit einer Sublimationstemperatur von 573 K und einer Verdampfungsenthalpie von $850\,kJ \cdot kg^{-1}$ zu schneiden.

9. **Aufgabe:** Schneidstrategien

   Beschreiben Sie typische Strategien zur Vermeidung von Wärmestau und Aufwurfpartikeln bei filigranen Konturen aus Edelstahl. Welche Rolle spielt dabei die Schnittreihenfolge?

10. **Aufgabe:** NC-Programmerstellung

    Erklären Sie den grundlegenden Ablauf zur Generierung eines NC-Programms für das Laserstrahlschneiden mithilfe von TruTops Boost. Gehen Sie dabei auf das Nesting (Schachtelung), die Geometrieaufbereitung und den Postprozessor ein.

11. **Aufgabe:** Schneiden hochreflektierender Metalle

    Warum stellt das Laserstrahlschneiden von Kupfer eine Herausforderung dar? Welche Lasertypen bieten sich als Lösung an und warum?

12. **Aufgabe:** Präzisionsschneiden

    Welche Laserparameter sind entscheidend, um beim Schneiden dünner Folien (< 100 µm) eine gratfreie Schnittkante zu erzeugen? Wie wird der thermische Verzug minimiert?

13. **Aufgabe:** Silikatische Werkstoffe

    Wie unterscheiden sich die thermischen Trennmechanismen beim Laserstrahlschneiden von Borosilikatglas und Quarzglas? Welche Bedeutung hat die Nichtlinearität der Absorption?

14. **Aufgabe:** Trennen von Polymeren

    Diskutieren Sie die Vorteile eines CO_2-Lasers gegenüber denen eines Faserlasers beim Schneiden von Polyamid. Wie beeinflusst die Wellenlänge die Schnittqualität?

15. **Aufgabe:** Fehlerquellen

    Analysieren Sie drei häufige Fehlerursachen beim Laserstrahlschneiden und schlagen Sie jeweils geeignete Gegenmaßnahmen vor. Beziehen Sie sich auf unterschiedliche Werkstoffklassen.

9 Fügen mit dem Laserstrahl

Das Fügen zählt zu den zentralen Fertigungsprozessen in nahezu allen industriellen Anwendungsbereichen. Durch das Fügen werden Einzelbauteile dauerhaft miteinander verbunden, wodurch komplexe Baugruppen oder funktionsfähige Endprodukte entstehen. Mit dem Fortschritt der Lasertechnologie haben sich in den letzten Jahrzehnten innovative Fügeverfahren auf der Basis von Laserstrahlung etabliert, die klassische Verbindungsmethoden in vielen Bereichen ergänzen oder zunehmend ersetzen.

Charakteristisch für das Fügen mit Laserstrahlung ist die berührungslose, präzise Energieeinbringung, die eine lokal begrenzte und prozesssichere Herstellung von Verbindungen ermöglicht. Die Laserstrahlquellen bieten dabei ein breites Spektrum an Leistung, Wellenlängen und Strahleigenschaften, wodurch das Verfahren an verschiedenste Werkstoffe, Geometrien und Funktionsanforderungen angepasst werden kann.

Die Hauptanwendungsgebiete dieser Technologie liegen derzeit im Bereich des Schweißens, Lötens und des lasergestützten Klebens.

Die folgenden Ausführungen berücksichtigen dabei sowohl die material- und prozessspezifischen Grundlagen als auch die relevanten Anlagentechnologien, Anwendungen sowie Aspekte der Qualitätssicherung und Prozesskontrolle. Durch den zunehmenden Einsatz hybrider Prozesse, der Integration von Beam-Shaping-Ansätzen sowie der Unterstützung durch moderne Sensorsysteme und KI-gestützte Prozessoptimierung wird das Fügen mit Laserstrahlung zu einer hochflexiblen und prozesssicheren Fertigungstechnologie.

9.1 Laserstrahlschweißen

In der industriellen Fertigung von Bauteilen und -gruppen hat sich das **Laserstrahlschweißen** fest etablieren können. Gründe hierfür sind hauptsächlich in den Eigenschaften der Laserschweißnaht, wie großes Aspektverhältnis (Verhältnis von Schweißnahttiefe zu Schweißnahtbreite) und geringe Wärmeeinflusszone, zu sehen. Damit bietet das Werkzeug Laserstrahl eine gute Möglichkeit, den bei konventionellen thermischen Fügeverfahren auftretenden Bauteilverzug stark zu minimieren und auch spezielle **Schweißanforderungen** für das Fügen zu erfüllen, wie bspw.:

- kompliziert geformte Schweißkonturen,
- unterschiedliche Bauteildicken (tailored blanks) und
- artfremde Fügepartner.

Ferner weist das Laserstrahlschweißen ein großes Automatisierungspotenzial auf und erreicht aufgrund der hohen Bearbeitungsgeschwindigkeiten sehr kurze Taktzeiten. Neben dem Serieneinsatz gestattet die hohe Flexibilität des Verfahrens auch die wirtschaftliche Fertigung kleiner Losgrößen bis zur Stückzahl „eins".

Im Vergleich zu den konventionellen thermischen Schweißverfahren erfordern Laserstrahlverfahren infolge der örtlich stärker begrenzten Wechselwirkungszone (WWZ) relativ eng tolerierte Spaltmaße. Durch die hohen Aufheiz- und Abkühlgeschwindigkeiten des Verfahrens muss die Aufhärtung bei kohlenstoffhaltigen Werkstoffen berücksichtigt werden.

Das Schweißen mit dem Laser wird durch die Eigenschaften der Laserstrahlung, des Werkstückes und der Prozessmedien sowie die Handhabungsbedingungen charakterisiert, die im Wesentlichen in Tabelle 9.1 zusammengestellt sind. Die Laserstrahlung wird nach der Auskopplung im Resonator durch ein Strahlführungssystem zur Bearbeitungsstelle geleitet und mit geeigneten Optiken auf die Werkstückoberfläche fokussiert. Der absorbierte Anteil der Laserstrahlung führt zu einer lokalen Erwärmung des Werkstückes, wobei dieses bei genügend hoher Intensität zu schmelzen beginnt. Durch die Relativbewegung Laserstrahl und Werkstück kühlt die Schmelze an der rückseitigen Schweißfront ab und erstarrt zu einem Gefüge. Bei diesem Schweißprinzip spielen Wärmeleitungsprozesse eine vordergründige Rolle, denn erhöht man die Intensität über einen Schwellbereich hinaus, kommt es zur Ausbildung einer Dampfkapillare und die Einschweißtiefen können deutlich vergrößert werden. In den vielfältigen Anwendungen des Laserstrahlschweißens lassen sich weitere Verfahrensprinzipien unterscheiden. So haben sich bspw. handgeführte Schweißprozesse oder auch die Verfahren des Auftragsschweißens sowie hybride Technologien (Kombination mit MIG- oder MAG-Schweißquellen) etabliert.

Tabelle 9.1 Einflussparameter beim Laserstrahlschweißen

	Einflussparameter
Laserstrahl	▪ Wellenlänge ▪ Intensitätsverteilung ▪ Strahlqualität und -durchmesser ▪ Polarisation ▪ Fokuslage ▪ Leistung (cw, gepulst)
Werkstück	▪ Material ▪ Dicke ▪ Oberflächenzustand ▪ Gefügezustand ▪ Kantenvorbereitung
Prozessmedien	▪ Prozessgas ▪ Gasfluss bzw. -menge ▪ Düsendurchmesser ▪ Zusatzwerkstoff ▪ Größe des Zusatzmaterials ▪ Fördergeschwindigkeit bzw. -menge des Zusatzmateriales
Handhabung	▪ Schweißgeschwindigkeit ▪ Schweißrichtung und -position ▪ Zugänglichkeit

9.1.1 Schweißtechnische Grundlagen

Eine wichtige Voraussetzung für den Schweißprozess ist die **Schweißeignung** des gewählten Werkstoffes bzw. des Verbundes. Zusätzlich müssen die Konstruktion und die fertigungstechnische Realisierbarkeit betrachtet werden. In der Schweißpraxis wird von der sogenannten **Schweißbarkeit** gesprochen /*Matt2002*/, die durch drei Größen maßgeblich bestimmt wird

- Schweißeignung (Werkstoff – Verfahren),
- Schweißsicherheit (Werkstoff – Konstruktion),
- Schweißmöglichkeit (Verfahren – Konstruktion).

Im sog. **Schweißdreieck** (Bild 9.1) sind die Abhängigkeiten bzw. Verknüpfungen der genannten Größen dargestellt.

Bild 9.1
Veranschaulichung der Schweißbarkeit nach TR581 */ISO/TR 581:2007/*

Für Metalle und Legierungen ist der Laserschweißprozess durch:

- eine sehr schnelle Erwärmung (> 10 000 $K \cdot s^{-1}$),
- eine konzentrierte und örtlich begrenzte Wärmeeinbringung sowie
- einen kurzen Wechselwirkungsprozess mit großen Abkühlraten

gekennzeichnet (*/DVS3203-3/*).

Die **Schweißeignung** eines Werkstoffes wird sehr stark durch seine chemische Zusammensetzung bestimmt. Die sich daraus ableitenden Schmelz- und Verdampfungstemperaturen sind für die Prozessauslegung ebenso relevant wie das Wärmeleitvermögen. Umfangreiche Technologiedaten zur Schweißeignung der unterschiedlichsten Werkstoffe sind in den DVS-Richtlinien zusammengestellt, wobei die Werkstoffe in drei Kategorien eingeteilt werden:

- A – ohne besondere Maßnahme schweißgeeignet,
- B – unter besonderer Maßnahme schweißgeeignet (Vorwärmen, Wärmenachbehandlung etc.),
- C – begrenzt schweißgeeignet */DVS3203-3/*.

Tabelle 9.2 veranschaulicht die **Schweißeignung** verschiedener Metalle unter Verwendung eines Festkörper-(FK)-Lasers. Die angegebene charakteristische Klassifizierung lässt jedoch nur generelle Aussagen zu und muss ggf. durch eigene Schweißuntersuchungen in Abhängigkeit von den speziellen Randbedingungen bestimmt werden.

Die Schweißeignung verbessert sich bei vielen Werkstoffen durch die höhere Fokussierbarkeit und die kürzere Wellenlänge des FK-Lasers im Vergleich zum CO_2-Laser, insbesondere bei schlecht absorbierenden Werkstoffen wie Aluminium oder Titan.

Tabelle 9.2 Schweißeignung ausgewählter metallischer Werkstoffe unter Verwendung eines Festkörper-(FK)-Lasers */DVS3203-3/*

Wst.-Nr. DIN 17007	Bezeichnung	Schweiß-eignung	Maßnahme
1.0116	St 37-3	A	–
1.0060	St 60-2	A/B	ggf. vorwärmen → bei höherem C-Gehalt beachten
1.4034	X46Cr13	B	Glühen nach dem Schweißen zur Vermeidung von Härterissen
1.4301	X5CrNi 1810	A	–
3.0255	Al99,5	A	hohe Reflexion → Anpassung der Strahlparameter notwendig
3.3655	AlMg5	C	hohe Heißrissneigung → Zusatzwerkstoff und spezielle Strategie erforderlich
3.7035	Ti2	B	ausreichender Gasschutz (Schutzgasglocke) notwendig
3.7115	TiAl5Sn2.5	C	ausreichender Gasschutz (Schutzgasglocke) notwendig, geeignetes Fülldrahtmaterial erforderlich

Eine wichtige Werkstoffgruppe für das Laserstrahlschweißen bilden die Stähle, für die die Abschätzung der Schweißeignung nach Stahlgruppen erfolgt und die entsprechend den Legierungsgehalten unterteilt werden in:

- unlegierte,
- niedrig legierte und
- hochlegierte Stähle.

Eine Abschätzung der prinzipiellen Schweißeignung der genannten Gruppen kann nach */Matt2002/* vorgenommen werden:

1. Eine Schweißeignung für unlegierte Stähle liegt vor, wenn der Kohlenstoffgehalt $C \leq 0{,}22\,\%$ beträgt (für $0{,}22\,\% \leq C \leq 0{,}44\,\%$ ist der Stahl begrenzt schweißgeeignet).
2. Für niedriglegierte Stähle liegt eine Schweißeignung vor, wenn das Kohlenstoffäquivalent $C_d \leq 0{,}4\,\%$ beträgt, wobei das Kohlenstoffäquivalent in Abhängigkeit von den Legierungselementen in Gewichtsprozenten wie folgt bestimmt wird

$$C_d = C + \frac{Mn}{6} + \frac{Cr + Mo + V}{5} + \frac{Ni + Cu + Si}{15}\,\% \qquad (9.1)$$

Für Kohlenstoffgehalte > 0,4 % kann der Stahl mit besonderen Maßnahmen wie Vorwärmen oder Erhöhen der Streckenenergie teilweise geschweißt werden. Weiterführende Aussagen zur Schweißbarkeit können auch mit den jeweiligen Schweiß-ZTU-Diagrammen (Zeit-Temperatur-Umwandlungsschaubild) getroffen werden.

3. Die Schweißeignung für hochlegierte Stähle kann mit dem Cr-Ni-Äquivalent hinreichend genau abgeschätzt werden. Eine praktische Methode ist hierfür die Verwendung des Schaeffler-Diagramms. Es ermöglicht die Bestimmung des Grundwerkstoffes, des Schweißzusatzes und der Lage des Schweißgutes. Die Schweißeignung wird wesentlich durch die Lage des Schweißgutes bestimmt und sollte im Austenitbereich mit 10 – 15 % Ferrit liegen.

Das Laserstrahlschweißen ist bezüglich der möglichen fügbaren Werkstückformen sehr flexibel. Im einfachsten Fall ist dabei zwischen dem Schweißen **flacher** und **zylindrischer Werkstücke** zu unterscheiden, wobei folgende Schweißnähte möglich sind:

- Punktschweißnähte,
- lineare Schweißnähte,
- Radialrundschweißnähte sowie
- Axialrundschweißnähte.

Tabelle 9.3 gibt eine Übersicht über mögliche Schweißnahtarten und deren Bewertung.

Zusätzlich findet in der experimentellen Phase zur Prozessauslegung häufig die sogenannte **Blindnaht** Anwendung. Diese Naht dient in diesem Zusammenhang nicht primär als funktionsfähige Fügeverbindung, sondern als methodischer Schritt zur systematischen Ermittlung der optimalen Laser- und Prozessparameter. Insbesondere lassen sich über Blindnähte die erzielbare Einschweißtiefe, die Geometrie des Schmelzbades sowie die Stabilität des Tiefschmelzprozesses reproduzierbar analysieren.

Die Gestaltung einer Schweißnaht wird durch die Art der Beanspruchung und die konstruktiven Erfordernisse des Bauteils bestimmt. Insofern muss neben der Schweißtiefe auch der Nahtquerschnitt Berücksichtigung finden. Eine Sonderform stellt das Punktschweißverfahren dar, da hier im Unterschied zu linearen Schweißnähten keine Relativbewegung zwischen Laserstrahl und Werkstück erfolgt. Der Schweißpunkt wird durch einen einzelnen Laserpuls oder eine Reihe von Laserpulsen erzeugt. Die Eindringtiefe lässt sich durch Strahlintensität, Pulsenergie und Pulsfrequenz steuern.

Tabelle 9.3 Schweißnahtarten und deren Vor- und Nachteile nach */Trumpf2006-2/*

Schweißnahtart	Nahtgeometrien	Besonderheiten
Kehlnaht		▪ aufwendige Nahtvorbereitung (Spaltmaß gering) ▪ günstiger Kraftfluss ▪ ungünstige Zugänglichkeit ▪ kann zu Bindefehlern neigen
I-Naht		▪ aufwendige Nahtvorbereitung (Spaltmaß gering) ▪ günstiger Kraftfluss ▪ gute Zugänglichkeit ▪ der Fügespalt sollte klein sein (Fügespalt „0")
Überlappnaht		▪ sehr geringer Aufwand der Nahtvorbereitung ▪ ungünstiger Kraftfluss ▪ sehr gute Zugänglichkeit ▪ der Fügequerschnitt ist abhängig von der Nahbreite
Axialrundnaht		▪ aufwendige Nahtvorbereitung (Presspassung oder 3-Punktheften) ▪ günstiger Kraftfluss ▪ Zugänglichkeit ist abhängig von der Geometrie der Fügepartner
Bördelnaht		▪ sehr geringer Aufwand der Nahtvorbereitung ▪ ungünstiger Kraftfluss ▪ sehr gute Zugänglichkeit ▪ höherer Materialaufwand ▪ hohe Steifigkeit der Verbindung
Radialrundnaht	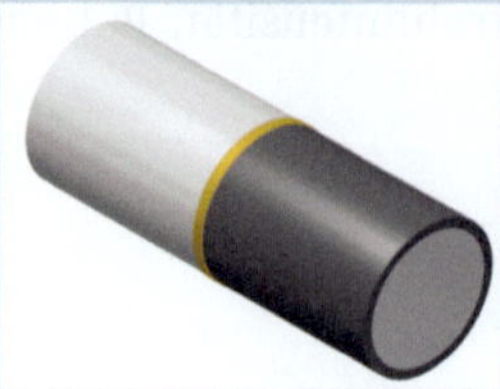	▪ aufwendige Nahtvorbereitung (Spaltmaß gering) ▪ günstiger Kraftfluss ▪ gute Zugänglichkeit ▪ besseres und leichteres Fixieren als bei der Axialrundnaht

9.1.2 Grundlegende Schweißverfahren

In den folgenden Abschnitten wird der Schwerpunkt auf das Schweißen metallischer Werkstoffe gelegt und entsprechende Wechselwirkungsprozesse für diese Werkstoffgruppe diskutiert. Verfahrensanwendungen für Gläser und Kunststoffe sind in den Abschnitt 9.1.7 und Abschnitt 9.1.8 ausgeführt.

Beim Laserstrahlschweißen werden die Fügepartner partiell erwärmt und eine schmelzförmige Zone gebildet. Im **Fügespalt** kommt es aufgrund der geringeren Oberflächenspannung der niedrigviskosen Schmelzanteile zu einer Durchmischung der erschmolzenen Bereiche. Nach dem Erstarren der Schweißzone liegt ein stoffschlüssiger Verbund vor. Der Bereich der Schweißzone wird zumeist durch ein Schutzgas abgeschirmt, um unerwünschte Oxidationen durch den Luftsauerstoff auszuschließen. In der Anordnung in Bild 9.2 wird dies durch eine Zusatzdüse realisiert, die sowohl stechend (Gasstromrichtung entgegen der Vorschubrichtung) als auch schleppend (Gasstromrichtung in Vorschubrichtung) angeordnet sein kann. Seitliche Düsenanordnungen werden insbesondere beim Scannerschweißen angewandt. Eine Prinzipanordnung des Einsatzes von Festoptiken in koaxialen Gasstromzuführungen ist ebenfalls schematisch dargestellt. Für das Laserstrahlschweißen ist ein sogenannter Crossjet, ein aufgefächerter Gasstrom, erforderlich, der den Schweißoptiken meist Schutz vor aufsteigenden Prozessdämpfen und Spritzern bietet. Bei Schweißanwendungen mit FK-Lasern finden zusätzlich Schutzglasfenster Verwendung, die aus einem Substratmaterial und einer zweifachen AR-Beschichtung bestehen und sich zwischen der Schweißoptik und dem Crossjet befinden. Bei der nichtauszuschließenden Verschmutzung während des Schweißprozesses muss das Schutzglas nach entsprechenden Zeitintervallen ersetzt werden.

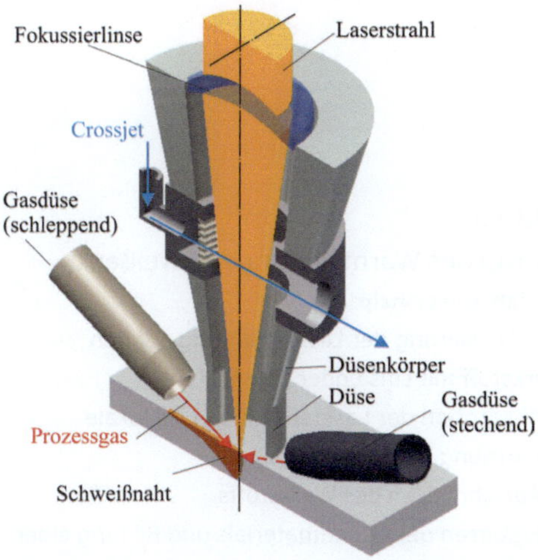

Bild 9.2
Prinzipanordnung zum Laserstrahlschweißen

9.1.2.1 Wärmeleitungsschweißen

Beim **Wärmeleitungsschweißen** wird die Laserstrahlung an der Werkstückoberfläche absorbiert und die erforderliche Energie durch Wärmeleitung in das Bauteil geführt. Der Prozess, der mit vergleichsweise geringen Intensitäten geführt wird ($I < 10^6\,W{\cdot}cm^{-2}$), ist dadurch gekennzeichnet, dass das Material örtlich auf Schmelztemperatur erhitzt wird und im Fügebereich die absorbierte Leistung größer ist als die durch Wärmeleitung abgeführte Energie. Die Geometrie des sich einstellenden Schmelzbades und somit auch die Einschweißtiefe hängen direkt von der Wärmeleitung in das Werkstück ab. Bild 9.3 veranschaulicht das Prinzip des Wärmeleitungsschweißens. Von der Oberfläche gelangt die Wärme durch Wärmeleitung nahezu richtungsunabhängig in das Innere des Werkstücks und bildet ein radialsymmetrisches Temperaturgefälle aus, dessen Zentrum sich im Fokus des Laserstrahls befindet. In diesem Bereich verflüssigt sich ein kleiner Volumenanteil der erwärmten Zone und lässt eine Schweißnaht mit kreisförmigem Querschnitt entstehen. Unterhalb der Schwellintensität zum Tiefschweißen ist die **Einschweißtiefe** begrenzt und die Wärmeleitungsschweißnähte sind durch ein geringes Aspektverhältnis gekennzeichnet, das i. d. R. nicht über den Wert von 1 hinausgeht. Damit ist die Schweißnahtbreite größer als die -tiefe. Die Nahttiefen reichen von wenigen Zehntelmillimetern bis zu 1 – 3 mm. Ausgangsleistungen mit 2 bzw. 5 kW reichen für die meisten Anwendungen aus, wobei dünne Werkstücke wie Folien oder Drähte sowie Blechstärken bis max. 3 mm erfolgreich gefügt werden können. Für größere Blechdicken und breitere Schweißnähte kommen auch wesentlich leistungsstärkere Lasersysteme zum Einsatz. */Üstü2018/*

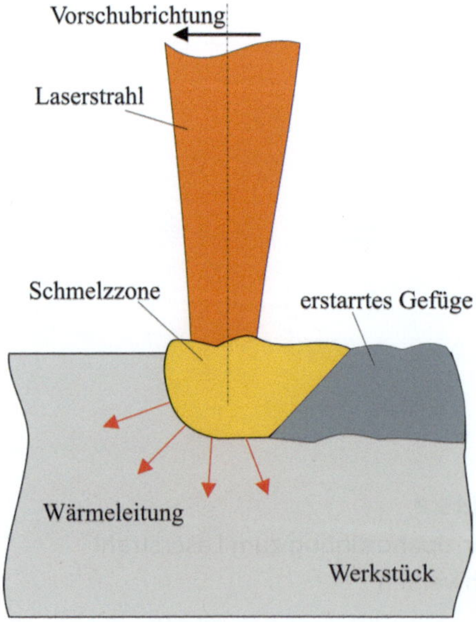

Bild 9.3
Prinzip des Wärmeleitungsschweißens
Verfahrensprinzip:
1. Fokussierung der Laserstrahlung auf den Werkstoff mit Linse oder Spiegel,
2. Absorption der Laserstrahlung und lokale Erwärmung des Werkstoffs,
3. Aufschmelzen des Werkstoffs,
4. Erstarren des Fugenmaterials und Bildung einer Schweißnaht

Bild 9.4 zeigt deutlich die Unterschiede des Wärmeleitungsschweißens an typischen Schweißnähten zweier verschiedener Materialien. Während im Bild a eine sehr homogen ausgebildete Handschweißnaht zu sehen ist, weist die Nahtgeometrie des Werkstoffs Aluminium (Bild 9.4 b) zum einen erwartungsgemäß größere Schweißnahtbreiten und Wärmeeinflusszonen (WEZ) als beim Tiefschweißen auf und verfügt andererseits über keinen optimalen Wurzelbereich. Diese Erscheinung ist auf eine nichtausreichende Schweißnahtvorbereitung zurückzuführen, die für alle Schweißaufgaben, insbesondere aber für das Laserstrahlschweißen von sehr großer Bedeutung ist */Blie2000-2/*.

a) 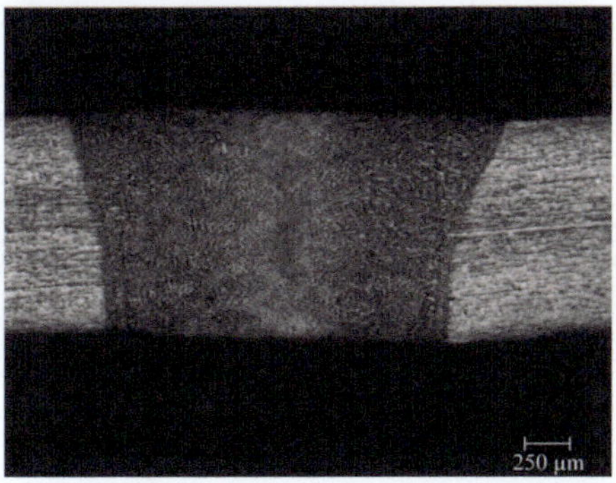

b) 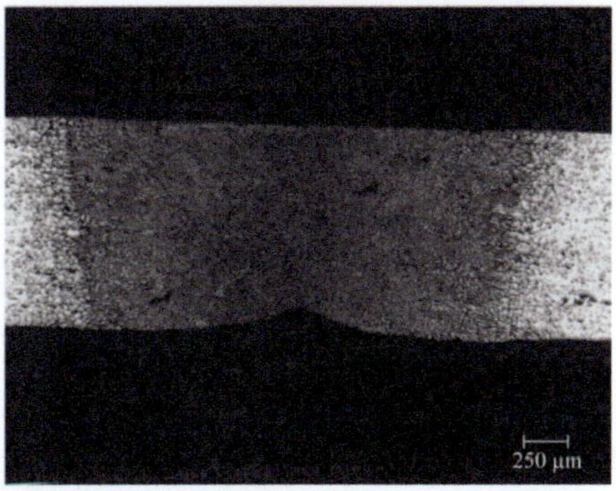

Bild 9.4 I-Nahtdarstellungen des Wärmeleitungsschweißens. a) Querschliff – CrNi-Stahl, b) Querschliff – Aluminiumlegierung
Linkes Bild: Werkstoff: X5CrNi1810, Blechdicke *s*: 1 mm, I-Naht, Laserleistung *P*: 850 W, Schweißgeschwindigkeit v_f: 500 mm·min^{-1}
Rechtes Bild: Werkstoff: AlMg1, Blechdicke *s*: 1 mm, I-Naht, Laserleistung *P*: 2500 W, Schweißgeschwindigkeit v_f: 500 mm·min^{-1}

9.1.2.2 Tiefschweißen

Im Gegensatz zum vorstehend diskutierten Wärmeleitungsschweißen wird beim Tiefschweißen die Strahlungsintensität über eine für die Verdampfung des Werkstückmaterials erforderliche Schwellintensität erhöht. In der Folge bilden sich neben der schmelzflüssigen Phase eine **Dampfkapillare** (auch **Keyhole** genannt) und eine Metalldampfwolke, die sich aufgrund der Erhitzung des Materials auf Verdampfungstemperatur an der Materialoberseite entwickelt (Bild 9.5). Durch die Absorption der Laserstrahlung in diesem Metalldampf und der damit verbundenen teilweisen Ionisation des Metalldampfes kann ein laserinduziertes **Metalldampfplasma** entstehen, das für die Strahlung der FK-Laser im nahen IR weitestgehend transparent ist und eine hellgelbliche teilweise sehr starke Leuchterscheinung zeigt. Im Gegensatz dazu kann die Strahlung des CO_2-Lasers zu einem großen Teil in diesem Plasma absorbiert werden, was durch eine bläulich starke Leuchterscheinung gekennzeichnet ist. Dieser Effekt unterstützt sehr stark die Einkopplung der Laserstrahlung in die Schweißzone und erzielt wesentlich höhere Absorptionswerte als an einer rein metallischen Oberfläche. Die Funktion des Plasmas stellt eine wesentliche Prozessgröße dar und kann im Negativfall (z. B. Abschirmung der Laserstrahlung, vgl. Kapitel 5) aber auch zum Leistungsverlust in der Schweißzone führen.

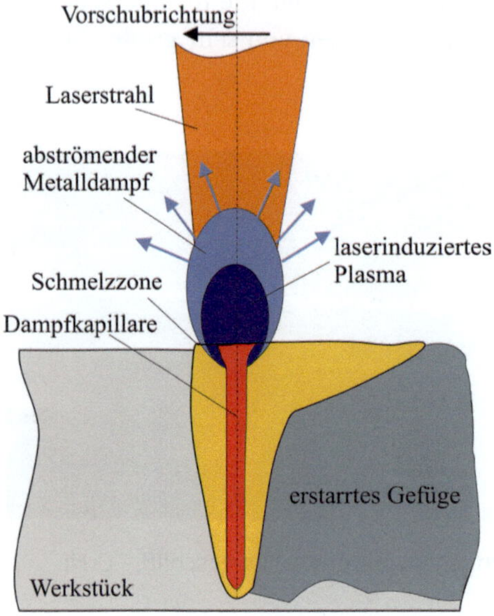

Bild 9.5
Prinzip des Tiefschweißens, Modell zur Ausbildung der Dampfkapillare

Verfahrensprinzip:

1. Absorption der Laserstrahlung und lokale Erwärmung des Werkstoffs
2. Aufschmelzen und Verdampfen des Werkstoffs
3. Ausbildung einer Dampfkapillare
4. Bewegung des Laserstrahles und der Dampfkapillare entlang der Schweißnaht
5. Verdampfen des Materials an der Vorderfront der Dampfkapillare
6. Strömen des Metalldampfes zur kälteren Rückfront der Kapillare und Kondensation der Schmelze
7. Erstarren zum Gefüge und Bildung der Schweißnaht

Der Begriff **Tiefschweißen** leitet sich von einer wesentlichen Funktion der Dampfkapillare ab, die die Führung der Laserstrahlung tief in das Werkstück ermöglicht. Dieser Tiefschweißeffekt zeichnet sich durch große Aspektverhältnisse (Nahttiefe zu Nahtbreite) im Bereich von 10 : 1 und größer aus. Der Durchmesser der Dampfkapillare liegt typischerweise in der Größenordnung des Strahldurchmessers, wobei die Tiefe des Keyholes nahezu identisch mit der Einschweißtiefe ist.

Die Ausbildung und Form der Kapillarengeometrie sowie deren Stabilität im Schweißprozess bestimmen maßgeblich das erreichbare Bearbeitungsergebnis, denn in der Kapillare kann der Laserstrahl sehr effizient und nahezu vollständig in Wärme umgewandelt werden. Die Dampfkapillare formt sich sehr schnell und wird durch die relative Bewegung des Lasers zum Werkstück durch das zu fügende Volumen geführt. Durch den starken Temperaturanstieg in Richtung Fokusmittelpunkt kann Material verdampft werden und sich das Keyhole ausbilden. In der weiteren Bewegung des Laserstrahles durch das Materialvolumen wird das Material an der Vorderfront der Kapillare vollständig aufgeschmolzen. Ein Teil des geschmolzenen Volumens umfließt die Kapillare als Schmelze, der andere Teil wird direkt verdampft und kondensiert anschließend an der Rückseite der Kapillare. Durch die Fortbewegung des Laserstrahls nimmt die Temperatur wieder ab und das Material erstarrt zur Schweißnaht.

In /*Beye1996*/ und /*Daus2004*/ werden die schmelzdynamischen Vorgänge ausführlich beschrieben.

Die Laserstrahlung wird beim Tiefschweißen durch Mehrfachreflexionen an den Begrenzungswänden der Kapillare bis in große Werkstücktiefen transportiert und nahezu vollständig absorbiert, wodurch sich eine gleichmäßige Erwärmung der Naht über die gesamte Eindringtiefe ergibt. Im Fall von Durchschweißungen entsteht von der Ober- zur Unterseite der Fügepartner eine offene Kapillare, die für eine ausreichende Entgasung sorgt, sodass die Bildung von Poren in der Schweißnaht weitestgehend vermieden werden kann. Für konkrete Schweißaufgaben muss die Geometrie der Strahlkapillare an die Werkstück- und Schweißnahtgeometrie angepasst werden. Die **Schweißnahtgeometrie** lässt sich in gewissen Grenzen variieren:

- die Einschweißtiefe – durch die Rayleigh-Länge der Laserstrahlung z_R und
- die Schweißnahtbreite – durch den Fokusdurchmesser d_f.

Das **Tiefschweißen** zeichnet sich durch hohe Vorschubgeschwindigkeiten, kleine Wärmeeinflusszonen, schlanke und tiefe Schweißnähte sowie eine geringe thermische Belastung des angrenzenden Materialvolumens aus. Die **Energieeinkopplung** ist im Vergleich zum Wärmeleitungsschweißen jedoch deutlich stärker, wie in der stark zunehmenden Schweißtiefe und den geringeren WEZs (Bild 9.6) zu erkennen ist.

Bild 9.6 Schweißnahtdarstellung (Querschliff) des Tiefschweißens. a) CO_2-Laser, Material Edelstahl, Einschweißtiefe 4 mm, b) Faserlaser, geschweißt mit der AMB Technologie, Material Baustahl, Einschweißtiefe: 6 mm © IPG Photonics GmbH & Co. KG

Bei den sehr komplexen Wechselwirkungsprozessen zwischen Laserstrahl und zu schweißendem Werkstoff müssen zusammengefasst folgende Gesichtspunkte besonders berücksichtigt werden:

- Einfluss der Wellenlänge des Lasers und Absorptionsverhalten bei hohen Intensitäten,
- thermodynamische Prozesse beim Erwärmen, Aufschmelzen und Verdampfen,

- Entstehung des Plasmas und Wechselwirkung mit der Laserstrahlung,
- Intensitätsverteilung, gewählte Streckenenergie sowie Schweißnahtform und -qualität.

9.1.3 Einflussgrößen der Schweißverfahren

9.1.3.1 Absorption der Laserstrahlung, Intensität und Einschweißtiefe

Die Auswahl der **Wellenlänge** und das daraus resultierende Absorptionsvermögen der Werkstoffe haben beim Schweißen eine große Bedeutung. Metallische Werkstoffe absorbieren die Wellenlängen der FK- und CO_2-Laser bei geringen Intensitäten relativ schwach (etwa ≤ 10 %). Bei ansteigenden Intensitäten (vgl. Kapitel 5) kann aufgrund der anormalen Absorption die absorbierte Leistung im Materialvolumen sprunghaft ansteigen und die eingestrahlte Leistung zur deutlichen Erhöhung der Prozessenergie für den Schweißvorgang beitragen.

Bild 9.7 a veranschaulicht die Abhängigkeit der **Einschweißtiefe** von der Strahlungsintensität am Beispiel der CO_2-Laserstrahlung. Bei Intensitäten unterhalb von $10^6\,W{\cdot}cm^{-2}$ ist die Zunahme der Schweißtiefe mit ansteigender Intensität sehr gering und der Prozess wird durch das Wärmeleitungsschweißen bestimmt.

Wird eine bestimmte **Intensitätsschwelle** überschritten, so erfolgt ein starker Anstieg der Einschweißtiefe. Das Einsetzen dieser Schwelle ist jedoch stark materialabhängig und beträgt bspw. für Aluminium und Aluminiumlegierungen aufgrund des hohen Wärmeleitvermögens dieser Werkstoffgruppe $10^7\,W{\cdot}cm^{-2}$, während bei Stählen in etwa $10^6\,W{\cdot}cm^{-2}$ nötig sind. Bei dieser Laserintensität, auch Plasmaschwelle genannt, beginnt das Material zu verdampfen und im Werkstück bildet sich die Dampfkapillare aus. Infolge der höheren Grundabsorption setzt die Schwellintensität für FK- und Diodenlaser bereits bei geringeren Intensitäten ein (Bild 9.7 b).

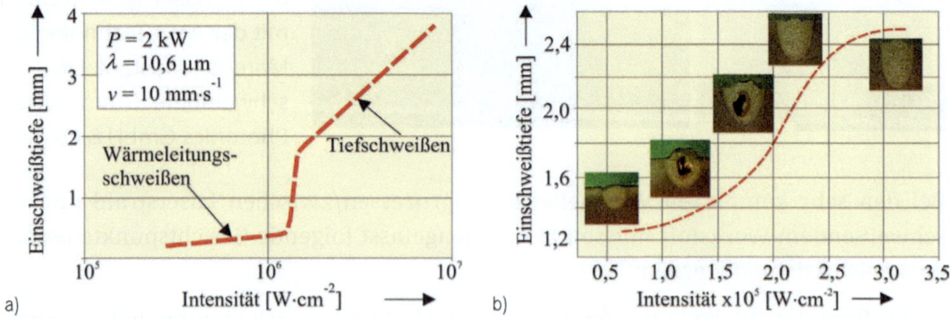

Bild 9.7 Abhängigkeit der Einschweißtiefe von der Intensität. a) CO_2-Laser nach */Herz1993/*, b) Diodenlaser

Mit einem Hochleistungsdiodenlaser wurden auf einer 10 mm dicken St1203-Werkstoffprobe Blindnähte mit einer konstanten Streckenenergie von 150 $J \cdot mm^{-1}$ geschweißt. Die Leistung wurde dabei schrittweise von 500 W auf 2500 W erhöht und die Geschwindigkeit entsprechend von 200 $mm \cdot min^{-1}$ auf 1000 $mm \cdot min^{-1}$ angepasst. Nach Überschreiten einer Intensität von $2{,}7 \cdot 10^5\ W \cdot cm^{-2}$ wird neben deutlich höheren Einschweißtiefen der Bereich des Tiefschweißens erreicht. Im Übergangsbereich zwischen Wärmeleitungs- und Tiefschweißen ist ein instabiler Prozess mit Schweißfehlern zu beobachten */Blie2000-2/*. Die prozessbezogene Schweißgeschwindigkeit, mit der die Dampfkapillare durch das zu fügende Materialvolumen geführt wird, beeinflusst die resultierenden Einschweißtiefen für gewählte Laserleistungen maßgeblich. In Bild 9.8 ist die Abhängigkeit der Einschweißtiefe für das Schweißen des Werkstoffes St52 dargestellt. Der Anstieg der Schweißgeschwindigkeit führt zur deutlichen Abnahme der erreichbaren Einschweißtiefen. Mit Erhöhung der Laserleistung nimmt die Einschweißtiefe bei gleichen Schweißgeschwindigkeiten tendenziell zu, wobei eine Veränderung der Nahtgeometrie berücksichtigt werden muss.

Die Ermittlung solcher materialspezifischen Schweißkurven ist für die Anwendung des Laserstrahlschweißens mit definierten Einschweißtiefen unerlässlich.

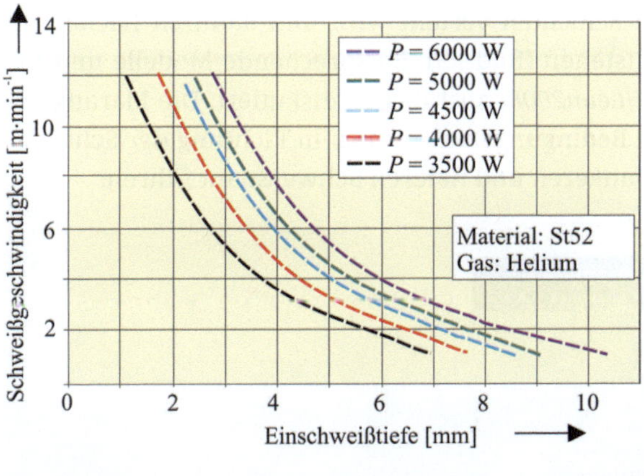

Bild 9.8
Abhängigkeit der Einschweißtiefe von der Schweißgeschwindigkeit nach */Rofin2011-4/*

Bei Verwendung sehr hoher Streckenenergien wird die Strahlung gleichmäßig an allen Flächen der Kapillarwände absorbiert und es entstehen relativ große Nahtbreiten (**Dampfplasmaabsorption**). Bei der plasmaunterstützten Absorption (geringere Streckenenergie im Vergleich zur Dampfplasmaabsorption) können sehr günstige Prozessbedingungen erzielt werden. Die Strahlleistung kann sehr gut an der Vorderfront der Dampfkapillare absorbiert werden (**Mikroplasmaabsorption**). Im Ergebnis entstehen Schweißnähte mit sehr hohen Aspektverhältnissen. Wird die Streckenenergie weiter verringert, wird weniger Strahlung in der Plasmaschicht absorbiert, sodass in zunehmendem Maß die Strahlung auf die verdampfende Schmelzoberfläche trifft. Dadurch überwiegt die Fresnel-Absorption (vgl. Kapitel 5) an den Kapillarwänden und führt zu einer Polarisationsabhängigkeit des Schweißprozesses. Dieser

Absorptionsmechanismus steht auch bei den Schweißanwendungen mit Festkörperlasern im Vordergrund. */Trei1990/*

Im Fall der **Fresnel-Absorption** hat der Polarisationszustand einen direkten Einfluss auf das Schweißergebnis. Geht man von einem linear polarisierten Strahl aus, dann ergeben sich Verfahrensvorteile, wenn die Richtung des Polarisationsvektors parallel zur Schweißvorschubrichtung angeordnet wird. Die bevorzugte Absorption der Laserstrahlung an der Verdampfungsfront der Kapillare führt zu großen Einschweißtiefen und Aspektverhältnissen und wird gezielt bei eindimensionalen Schweißaufgaben ausgenutzt. In der Regel wird für zwei- und dreidimensionale Schweißaufgaben mit zirkular polarisierter Strahlung gearbeitet, um eine Richtungsunabhängigkeit des Schweißergebnisses zu erzielen.

Bei der Betrachtung der **Schmelzbaddyamik** kommt neben den bereits beschriebenen Prozessen noch die Marangoni-Strömung (vgl. Abschnitt 5.4.1) hinzu, die insbesondere für das Wärmeleitungsschweißen von großer Bedeutung ist.

Der Marangoni-Effekt beruht auf einem Sonderfall der Konvektion. Aufgrund von Oberflächenspannungen infolge steigender Prozesstemperaturen im Schmelzbadzentrum wirkt eine Kraft auf das Schmelzbad. Die von der Schmelzbadmitte hin zu den Rändern verlaufende Strömung führt dazu, dass ein Großteil der zugeführten Energie in den oberflächennahen Schichten verteilt wird und dadurch flache und breite Schweißnahtgeometrien entstehen (Bild 9.9). Entsprechende Modelle und Experimente werden in */Hüge2009/*, */Leim2008/* ausführlich diskutiert. Die Marangoni-Strömung kann unter bestimmten Bedingungen aber auch in Richtung der Schweißnahttiefe wirken und zu einer schlankeren und tieferen Schweißnaht führen.

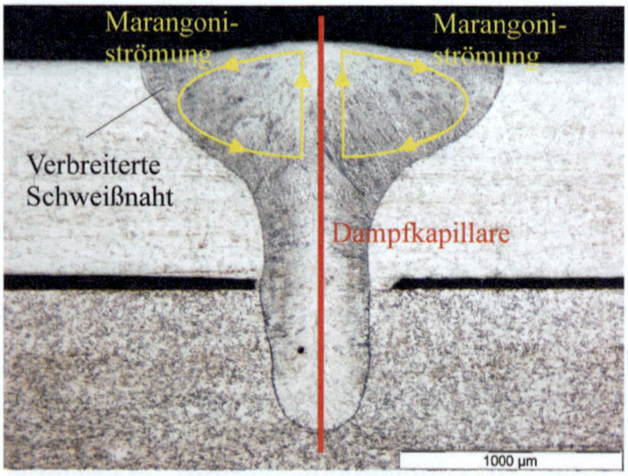

Bild 9.9
Darstellung der Marangoni-Strömung, Querschliff einer Überlappschweißnaht

9.1.3.2 Nahtform und -qualität

Die **Schweißnahtform** und **-qualität** sind entscheidend für die erreichbaren Festigkeiten der Schweißverbindung. In Bild 9.10 sind schematisch Nahtgeometrien dargestellt, die beim Wärmeleitungsschweißen entstehen und in Abhängigkeit von der gewählten Streckenenergie unterschiedliche Formen aufweisen.

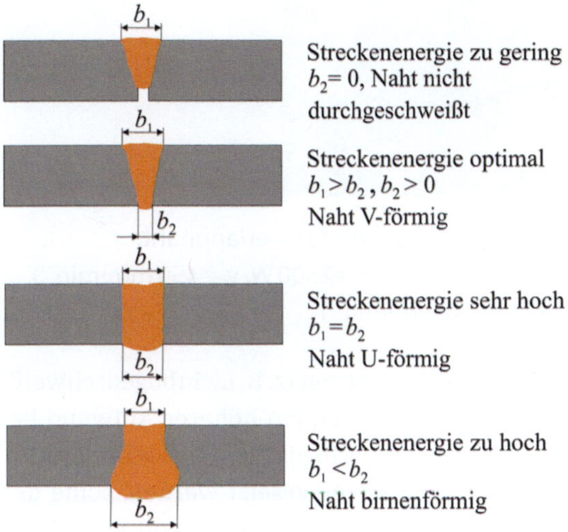

Bild 9.10
Schweißnahtformen für das Wärmeleitungsschweißen nach */Wohl2002/*

Die für Laserschweißnähte charakteristische schlanke Nahtform hat einen V-förmigen Nahtquerschnitt, der sich bei höheren Streckenenergien U-förmig ausbildet */Wohl2002/*. Sogenannte birnenförmige Querschnitte können zu Erstarrungsrissen führen und werden durch eine zu hohe Streckenenergie verursacht. Für qualitätsgerechte Laserschweißnähte muss die Wurzelbreite b_w größer als 0 und kleiner als die Schweißnahtbreite b sein ($b > b_w > 0$).

Auch für Nahtgeometrien im Tiefschweißverfahren werden für viele Anwendungen V-förmige Querschnitte angestrebt. Bild 9.11 a illustriert eine Überlappnahtform mit nahezu konstantem Nahtquerschnitt, einem ausgebildeten Wurzelbereich und somit einer vollständigen Durchschweißung. Spezielle Anwendungen jedoch (z. B. im Bereich des Fahrzeugbaus) erfordern zum Teil verdeckte Schweißnähte mit einer definierten Einschweißtiefe und hinreichender Nahtstabilität (Bild 9.11 b). Die Naht dieser Diodenlaseranwendung mit Aspektverhältnissen von etwa 3:1 weist eine leichte Birnenform auf, was auf eine etwas zu hohe Streckenenergie schließen lässt. Die in den Schliffdarstellungen sichtbaren Gefügestrukturen der Erstarrungsgefüge lassen Rückschlüsse auf das Vorhandensein von Dampfkapillaren zu. Eine wichtige Prozessgröße stellt auch die Fokuslage dar. Bei konstanter Fokuslage werden sehr stabile Schweißprozesse mit gut reproduzierbaren Nahtqualitäten erzielt. Fokuslageänderungen während des Prozesses können zu einer instabilen Plasmafackel führen.

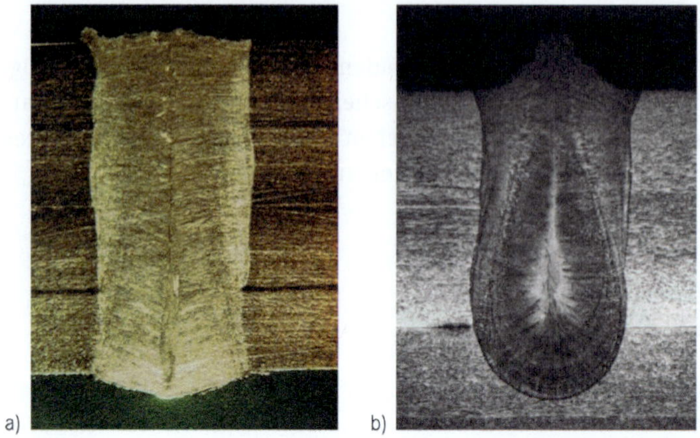

Bild 9.11 Tiefschweißen – Schliffdarstellung (Maßstab: 40:1) Überlappnaht: (2 × 2,5) mm^2 (Mat.: X5CrNi1810). a) Durchschweißung (P = 2500 W, v_f = 450 mm·min^{-1}), b) definierte Einschweißtiefe (P = 2500 W, v_f = 550 mm·min^{-1})

Durch die im Vergleich zu vielen anderen Schweißverfahren (z. B. Lichtbogenschweißverfahren) relativ kleine Wechselwirkungszone ist jedoch ein höherer Aufwand bei der Nahtvorbereitung und der Bauteilpositionierung erforderlich. Insbesondere für das Tiefschweißen, bei dem kleine Fokusdurchmesser eingesetzt werden, sollte der Fügespalt so klein wie nötig gestaltet werden. Der Fachmann spricht oft vom Fügespalt „Null" (**technischer Nullspalt**). Zu große Spaltmaße führen sehr oft zum Nahteinfall, da der Spalt durch das begrenzt erschmolzene Material nicht vollständig geschlossen werden kann. In der Praxis wird dann häufig mit Zusatzmaterialien geschweißt. Verunreinigungen der Fügeflächen, z. B. durch Schneidöle, Lacke etc., wirken sich umso weniger auf das Schweißergebnis aus, je höher die Streckenergien gewählt werden kann */Clee1987/*. Beschichtete Stahlbleche, die bspw. eine verzinkte Oberfläche aufweisen, erfordern besondere Maßnahmen wie die Realisierung eines prozessbedingten Spaltmaßes, damit der Zinkanteil ausgasen kann und das Schweißbad nicht beeinträchtigt.

Zur Beurteilung der Schweißnahtqualität zählt auch die Analyse **innerer Nahtfehler** (Lunker, Poren, Risse etc.). Lunker treten aufgrund der sehr hohen Prozessgeschwindigkeiten und des kleinen Wechselwirkungsvolumens eher selten auf. Bei Werkstoffen mit höherem Kohlenstoffgehalt (C > 0,22 %, z. B. 42CrMo4V) können Heißrisserscheinungen beim Schweißen auftreten, sofern keine Vor- bzw. Nachbehandlungsmaßnahmen durchgeführt werden (Tabelle 9.4). */Matt2002/*

Der Einschluss von Gasblasen in Form von **Poren** tritt beim Laserstrahlschweißen häufiger auf (vgl. Tabelle 9.4, mittlere Darstellung). Sehr oft resultiert die Porenbildung aus einer Überhitzung der Schmelze bei großen Streckenergien und dem Einschluss der entstehenden Dampfblasen beim Erstarren des Gefüges. Durch Prozessoptimierungsschritte kann die Porenbildung jedoch minimiert oder ausgeschlossen werden. Die sehr hohen Aufheiz- und Abkühlgeschwindigkeiten beim Schweißprozess können bei bestimmten Werkstoffen zu einer deutlichen Aufhärtung im Bereich der Schweißnaht bzw. in der Wechselwirkungszone und den Übergangszonen führen, die insbesondere bei Werkstoffen mit einem hohen Kohlenstoffgehalt auftritt.

Tabelle 9.4 Darstellung ausgewählter Schweißnahtqualitäten

i. O.-Naht	Porenbildung	Heißrissbildung
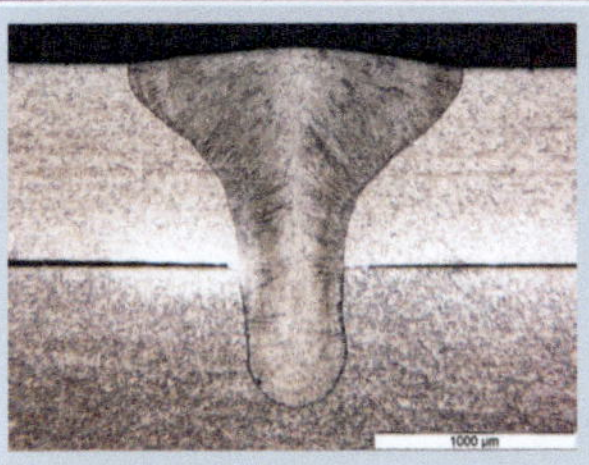		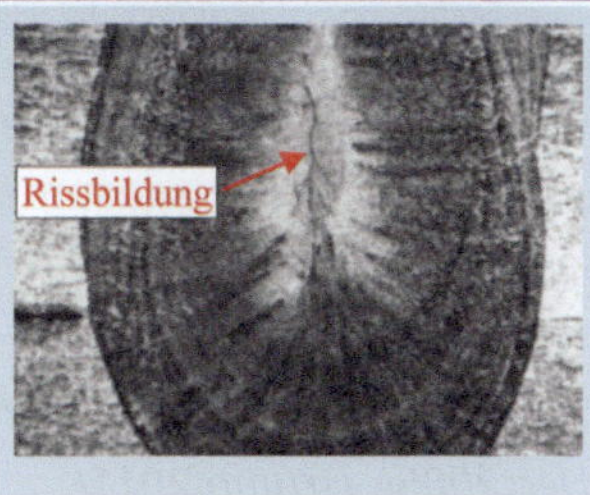

Die **Aufhärtung** der Schweißnahtzone infolge der lasertypischen Prozessgeschwindigkeiten veranschaulicht die Diagrammdarstellung in Bild 9.12. In der Anwendung solcher Werkstoffe und -gruppen müssen die Härteverläufe berücksichtigt werden, um ein mögliches Bauteilversagen aufgrund erhöhter Sprödbruchneigung auszuschließen.

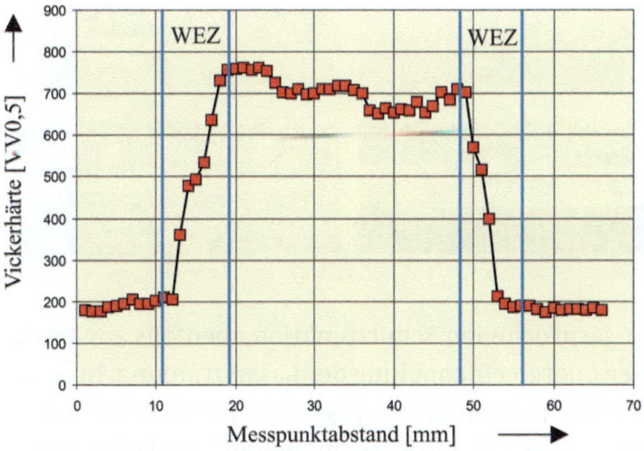

Bild 9.12
Schweißnahtdarstellungen mit unterschiedlichen Streckenenergien und Härteverlauf am Beispiel des Werkstoffes C45 */Blie2000-2/*

9.1.3.3 Prozessgase

Einen entscheidenden Einfluss auf die vorstehend diskutierten Nahtformen und -qualitäten hat das Prozessgas. Sehr oft haben Gase (z. B. Ar, He) die Aufgabe, das Schweißgut bzw. die Wechselwirkungszone vor Luftsauerstoff zu schützen und Oxidationsprozesse zu vermeiden und werden daher auch als **Schutzgase** bezeichnet. Ohne Gaszufuhr kann der Sauerstoff der Luft über die Reaktion mit Eisen und auch mit anderen Legierungsbestandteilen zu lokalen Überhitzungen, unruhigem Schweißbad, Gaseinschlüssen, Oxidbelägen und Spritzern führen. Die eingesetzten Inertgase wechselwirken jedoch auch durch Plasmabeeinflussung mit dem Schweißprozess, sodass heute vielfach vom **Prozessgas** allgemein gesprochen wird.

In Tabelle 9.5 sind Schweißnähte von Edelstahl bildlich dargestellt, die mit und ohne Prozessgas geschweißt wurden. Im Gegensatz zu den geschweißten Nähten unter Prozessgas treten ohne Schutzgas deutliche Oxidationserscheinungen auf, die in den meisten Fällen unerwünscht sind, da der hochwertige Stahlwerkstoff häufig in Sichtbereichen verwendet wird. Eine zusätzliche Schutzgasabdeckung an der Nahtunterseite durch eine Zusatzdüse ermöglicht eine komplett oxidfreie Schweißbearbeitung. Durch eine Prozessgasunterstützung wird auch die Schweißnahthomogenität verbessert.

Tabelle 9.5 Nahtgeometrien mit und ohne Prozessgas geschweißt; Material 1.4301 */Herr2006/, /Trumpf2011/*

	Decklage	Nahtunterseite
Ohne Prozessgas	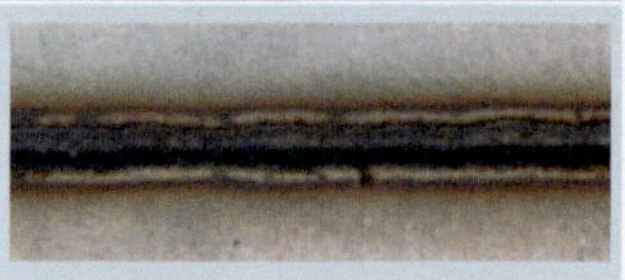	
Mit Prozessgas an Decklage		
Mit Prozessgas an Decklage und Nahtunterseite zum Wurzelschutz		

Prozessgase dienen neben der angesprochenen Schutzfunktion ebenfalls zur Beeinflussung des Plasmas und somit der Energieeinkopplung der Laserstrahlung. In erster Linie ist dafür die Erhöhung der Elektronendichte im Plasma durch Rekombination von Elektronen und Ionen verantwortlich. Leichte Gase mit hohen Ionisierungsenergien, z. B. Helium, können die Rekombinationsrate im Plasma erhöhen, das wiederum führt zu einer geringeren Abschirmung der Laserstrahlung. Insbesondere bei sehr hohen Plasmadichten und Verdampfungsraten, wie sie bei hohen Streckenenergien auftreten, sind Prozessgase notwendig, um einen stabilen Schweißprozess zu erzielen. Zur Aufrechterhaltung des Tiefschweißeffektes ist ein Überdruck in der Kapillare erforderlich, sodass ständig gasförmiges Material austreten kann und dadurch ein Füllen der Kapillare mit Schmelze sowie eine starke Begrenzung der Einschweißtiefe vermieden werden. Außerhalb der Dampfkapillare bewegt sich der Partikelstrom von der Werkstückoberfläche weg in Richtung der Laserstrahlquelle und wird dabei durch die Kollision mit der Umgebungsluft abgebremst und auseinandergedrückt. Durch den Einsatz einer lateral angebrachten **Prozessgasdüse** kann das aus der Dampfkapillare ausströmende Material seitlich abgelenkt werden. Der verwendete Düsendurchmesser, die Gasmenge und seine Dichte sowie die Position der Düse bestimmen, wie stark der Partikelstrom abgelenkt wird. Durch den Einsatz von Prozessgasdüsen kann sichergestellt werden, dass immer die komplette Laserleistung zum Werkstück kommt und damit eine sehr gleichmäßige, konstante Einschweißung erzielt wird. Ferner ist bei der Wahl von Gasart, Menge und Düsendurchmesser zu beachten, dass neben der Ablenkung des Partikelstroms, auch der Schutz der Schmelze vor der Umgebungsluft gewährleistet sein muss. Diese genannten Anforderungen sind sehr gut mit größeren Düsen und geringen Ausströmgeschwindigkeiten realisierbar. */Herr2006/* Der Einfluss des Prozessgases wird an Versuchsproben, die mit gleichen Laserparametern geschweißt wurden, in Tabelle 9.6 exemplarisch veranschaulicht, wobei hier lediglich das Prozessgas und die Art seiner Zuführung geändert wurden. Der Vergleich zeigt, dass bei schleppender Anordnung der Prozessgasdüse homogener ausgebildete Schweißnahtverläufe erzielt werden können. Die Ursache hierfür kann in der unterstützenden Wirkung des Gasdruckes auf die Schmelzströmung von der Vorderseite der Dampfkapillare zur erzeugten Schweißnaht gesehen werden. Des Weiteren führt eine Prozessgaszusammensetzung aus drei Komponenten, vgl. **LASGON C1** (Ar, He, CO_2) und **Ar-He-H_2-Gemisch**, aufgrund des höheren Energietransportes in die Schweißnahtwurzel zu einer größeren Einschweißtiefe.

Tabelle 9.6 Querschliffe für ausgewählte Prozessgasanwendungen */Herr2006/*

	Ar + He	Ar + H_2	LASGON	Ar + He + H_2
schleppende Anordnung			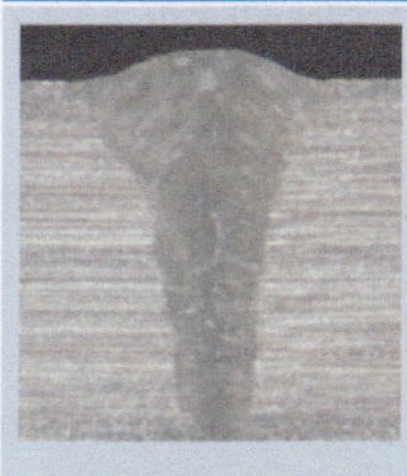	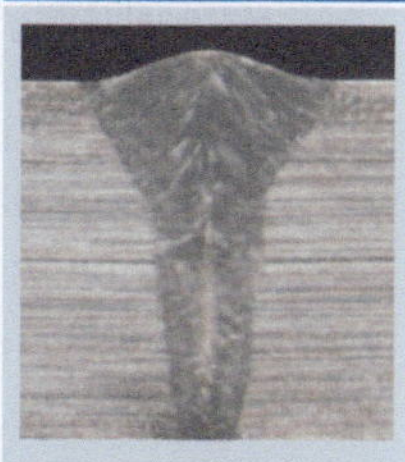
stechende Anordnung		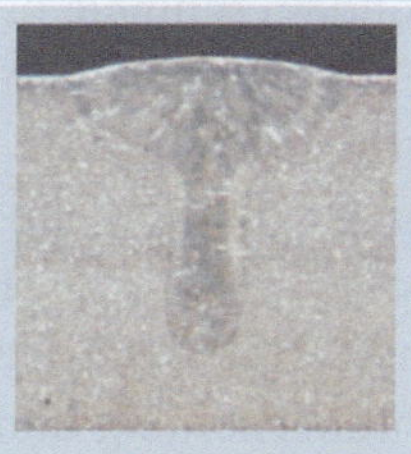		

Die Kristallstruktur der Querschliffe der breiteren Nähte weist im unteren Bereich eine Kristallisation zur Schweißnahtmitte und im oberen Bereich zur Werkstückoberfläche auf. Bei Dreikomponentengasen sind in den Schliffbildern eine sehr homogene Kristallstruktur sowie eine Reduzierung der Poren feststellbar */Herr2006/*.

Die in Bild 9.2 dargestellte schleppende Düsenanordnung gestattet, die Schmelze hinter der Dampfkapillare auf höherer Temperatur zu halten, wodurch sie dünnflüssiger bleibt und damit eine sogenannte **Sekundärnutzung** der Prozessenergie ermöglicht.

Prozessgase können auch als sogenannte **Aktivgase** eingesetzt werden. Besonders interessant ist dies für Werkstoffe wie Aluminium, die über einen hohen Reflexionsgrad und ein hohes Wärmeleitvermögen verfügen. Während geringe Strahlungsintensitäten an der Oberfläche des hochreflektierenden Materials lediglich ein reines Wärmeleitungsschweißen erlauben (Bild 9.13), lässt der Einsatz eines **Aktivgases**, z. B. CO_2, einen Tiefschweißeffekt zu. Bei den Darstellungen a – d wurden die Schweißparametern konstant gehalten und nur das Prozessgas geändert. */Danz2004/*

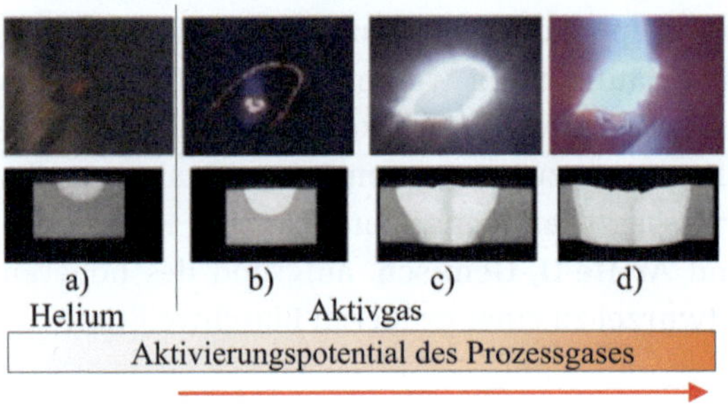

Bild 9.13 Prozessgaseinfluss auf die Nahtformbildung und Einschweißtiefe */Danz2004/*
Material: AlMgSi1, Dicke 2 mm, P = 3000 W, v_f = 1 m·min^{-1}, f = 100 mm

Zur Erzielung optimaler Schweißergebnisse sollte der Aktivgasanteil in Abhängigkeit von Wellenlänge und Energiedichte der Strahlquelle so bemessen werden, dass der Tiefschweißeffekt stabil erreicht, die Oxidation aber auf ein Minimum beschränkt wird.

Durch die Verfügbarkeit brillanter Strahlungsquellen und mit deren sehr guten Fokussierbedingungen können besonders schmale und tiefe Schweißnähte ausgebildet werden. Dies hat aber auch zur Folge, dass die Dampfkapillarquerschnitte sehr klein werden und die Gefahr der Überhitzung besteht. Können die entstehenden Metalldämpfe aufgrund eines zu engen Keyholes nicht mehr frei ausströmen, entstehen Schweißbadüberhöhungen, die auch zu einem **Humping** führen. Unter Humping (engl. Hump = Buckel, Höcker) sind Schweißnahtfehler zu verstehen, die an der Nahtoberseite durch wiederholte Nahtüberhöhung und Nahteinfall gekennzeichnet sind (vgl. Bild 9.14).

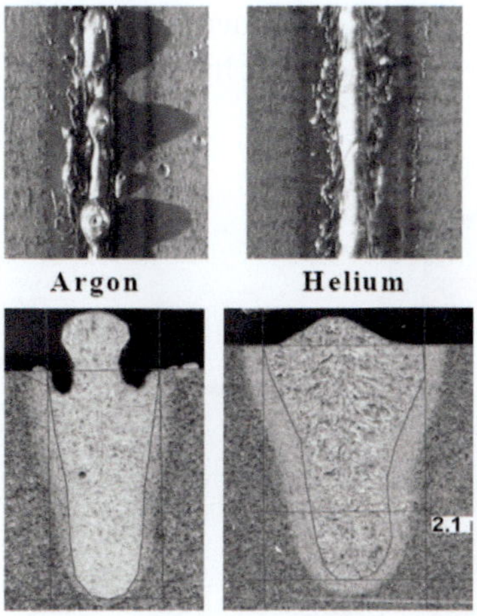

Bild 9.14
Vergleich Prozessgas Argon und Helium (Material SJ 235R, Dicke 5 mm, Faserlaser, Leistung 2 kW, Fokusradius 0,1 mm, Fokuslage 0, Schweißgeschwindigkeit 1 m·min^{-1}) */Danz2004/*

Dieser Vorgang ist geschwindigkeits- und leistungsabhängig. */Hüge2009/* begründet diesen Effekt mit dem Masseerhalt bei hohen Schweißgeschwindigkeiten, wodurch der Kanalquerschnitt der aufgeschmolzenen Naht hinter der Kapillare von der Schmelze nicht ausgefüllt werden kann. Die in der Kapillarfront beschleunigte Schmelze strömt mit sehr hohen Geschwindigkeiten seitlich an den Kapillarwänden zur Rückfront der Kapillare, an der ein Staubereich mit einem sehr hohen Druck entsteht, der Schmelzanteile nach oben in Richtung des Laserstrahleintrittes befördert. Die Oberflächenspannungskräfte verhindern zunächst einen Materialaustritt, aber wenn jedoch die ansteigenden Druckkräfte die entgegenwirkenden Oberflächenkräfte übersteigen, kommt es zum Herausschleudern von Schmelzanteilen. Dieser Prozess bewirkt kurzzeitig einen Abbau der Druckkräfte mit nachfolgendem Nahteinfall und erzeugt durch stetige Wiederholung die typische „Humping-Schweißnaht“. Zu beobachten ist dieser Vorgang häufig bei Aluminiumwerkstoffen unter Verwendung von Argon als Prozessgas. In */Danz2004/* konnte nachgewiesen werden, dass man aufgrund der besseren Wärmeleitfähigkeit von Helium das Keyhole mit diesem Prozessgas aufweiten und damit das Humping vermeiden kann.

Die exakte Einstellung und Ausrichtung des Gasstromes ist für den Schweißprozess entscheidend. In Abhängigkeit von der zu schweißenden Bauteilgeometrie müssen laterale Schweißdüsen über entsprechende Justiermöglichkeiten verfügen. Für die Sicherstellung einer laminaren Gasströmung wird in der typischen Anordnung in Bild 9.15 a ein Rohr aus Edelstahl oder Kupfer verwendet, dessen Mindestlänge dem sechsfachen Durchmesser entsprechen sollte. Der Rohrdurchmesser des Gasaustritts sollte mindestens 6 mm betragen, um das Schweißbad vollständig mit dem Prozessgas abdecken zu können und einen gleichmäßigen Strömungsdruck des Gases auf die Schmelze zu gewährleisten, und der Abstand der Düse vom Schweißprozess sollte so klein wie möglich gewählt werden. Die Mittelachse der Düse wird auf die Achse des Laserstrahls gerichtet und trifft diese im Regelfall über dem Material. Für den Winkel zwischen Düse und Werkstück wird ein regelbarer Bereich zwischen 30° und 60° empfohlen, wobei sich ein Winkel von 40° als Standardwert bewährt hat. /*Herr2006*/

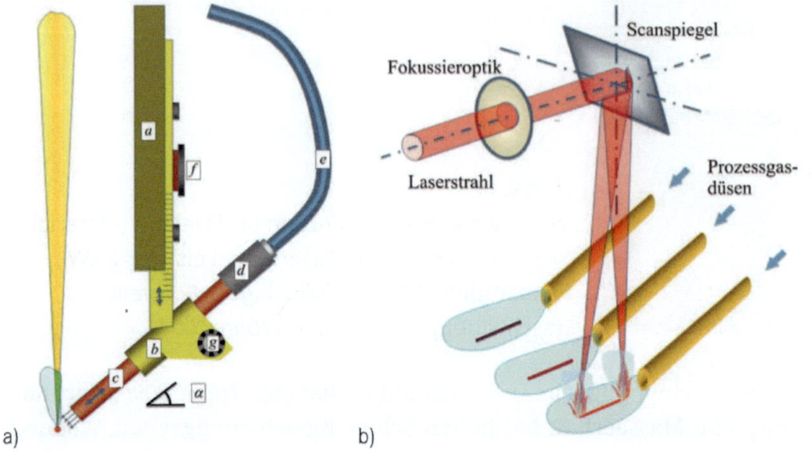

Bild 9.15 Prozessgaszuführung nach /*Herr2006*/. a) Düse für laterale Prozessgasführung, b) Zuführung für Remoteschweißen

Bei Fokuslagenänderungen muss berücksichtigt werden, dass bei einer Fixierung der Prozessgasdüse an der Schweißoptik auch die Düsenposition verändert wird. Im Falle des Remote-Schweißens ist es i. d. R. nicht möglich, eine Düse dem Laserstrahl mit der gleicher Geschwindigkeit und Beschleunigung nachzuführen. Aus diesem Grund wird häufig die Gaszufuhr in die Spannvorrichtung der zu verbindenden Teile integriert. Während bei Steppnähten die Integration einer Düse für jeden Stepp eine mögliche Lösung ist, sollten seitliche Abgrenzungs- und Leitflächen mit einer tangentialen Einspeisung bei geschlossenen Nahtkonturen für eine definierte Prozessgasabdeckung und -strömung sorgen. Für eine Minimierung des Gasverbrauchs ist eine abschnittsweise Zu- und Abschaltung des Gasstromes vorzusehen /*Herr2006*/.

Sehr oft finden beim Remoteschweißen sogenannte **Schutzgasfinger** Anwendung, die die Nahtoberraupe auch nach der direkten Schweißzone mit Prozessgas versorgen und somit das erstarrende Gefüge schützen. Die in Bild 9.16 dargestellte Reihenanordnung solcher Schutzfinger ist besonders für hohe Schweißgeschwindigkeiten oder bei Schweißnähten mit großem Schmelzvolumen erforderlich. In beiden genannten Fällen kann die Verwendung von nur einer Gasdüse dazu führen, dass die Wirkung des Prozessgases in der WWZ endet, bevor die kritische Temperatur von 200 °C unterschritten ist und es infolgedessen zu einer Oxidation der Nahtoberraupe kommt /*Herr2004*/.

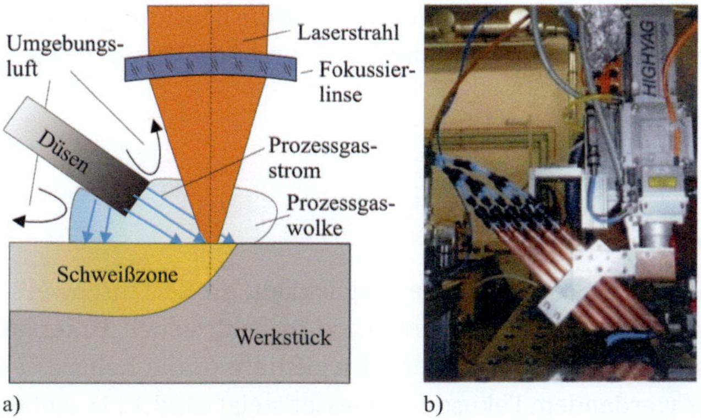

Bild 9.16 Prozessgaszuführung mit Prozessgasfingern. a) Prinzip der Prozessbegasung, b) Reihenschaltung für Remoteanwendung */Sahi2010/*

In der WEZ kann es auch zu Einwirbelungen von Umgebungsluft kommen, insbesondere wenn die zu schweißenden Fügepartner aufgrund ihrer Geometrie den Gasstrom beeinflussen (Bild 9.16 a). Insofern ist eine Optimierung der Düsenanordnung an konkrete Schweißaufgaben meist unumgänglich. Das Einbringen von Bohrungen an der Düsenunterseite gestattet das Erzeugen eines Prozessgaspolsters unter der Düse, wodurch das eingezogene Gas aus der Umgebungsatmosphäre bei schleppender Anordnung verringert werden kann */Leim2008/*.

Neben der direkten Schutzgaszufuhr zur Abdeckung der Schweißzone auf der Oberseite des Werkstücks kommt beim Laserstrahlschweißen insbesondere bei metallischen Werkstoffen häufig die sogenannte **Formiergasanwendung** zum Einsatz. Ziel dieses Verfahrens ist es, die Schweißnahtwurzel auf der Unterseite des Werkstücks während des Fügeprozesses vor oxidierenden Einflüssen aus der Umgebungsatmosphäre zu schützen. Hierzu wird im Bereich der Nahtwurzel ein inertes oder reduzierendes Prozessgas, typischerweise Argon, Stickstoff oder ein definiertes Formiergasgemisch (z. B. Stickstoff mit 5 – 10 % Wasserstoffanteil), zugeführt. Auf diese Weise wird der Sauerstoff im unmittelbaren Wurzelbereich verdrängt und so die Bildung von Oxidationsprodukten oder Poren an der Nahtwurzel verhindert. Besonders bei hochlegierten Stählen, Nickel-Basis-Werkstoffen sowie Titan- oder Aluminiumlegierungen ist die Qualität der Wurzelseite von entscheidender Bedeutung für die mechanischen und korrosiven Eigenschaften der Verbindung. */Hafe2023/*, */Lee2022/*

Die Zuführung des Formiergases erfolgt dabei in geschlossenen oder halboffenen Kammern durch integrierte Vorrichtungen im Spannsystem oder durch mobile Abdeckvorrichtungen direkt am Werkstück. Die Wahl der Gaszusammensetzung und die Durchflussraten müssen dabei exakt auf Werkstoff, Nahtgeometrie und Prozessparameter abgestimmt werden, um unerwünschte Nebeneffekte wie unzureichende Schutzwirkung, Wasserstoffversprödung oder Turbulenzeffekte zu vermeiden.

In der industriellen Praxis hat sich insbesondere das Formieren mit Stickstoff-Wasserstoff-Gemischen bewährt, da der Wasserstoffanteil zusätzlich eine reduzierende Wirkung entfaltet und zur Minimierung von Oxidschichten beiträgt. Voraussetzung für den sicheren Einsatz ist jedoch ein kontrolliertes Gashandling sowie die Beachtung arbeitsschutzrechtlicher Vorschriften hinsichtlich Explosionsschutz und Gasüberwachung.

9.1.4 Ausgewählte Verfahren

9.1.4.1 Schweißen mit hoher Brillanz

Der Einsatz brillanter Strahlungsquellen bietet die Möglichkeit, große Einschweißtiefen und hohe Prozessgeschwindigkeiten zu erreichen. In zahlreichen Untersuchungen konnte nachgewiesen werden, dass die **Einschweißtiefe** durch höhere Laserleistungen und mit kleiner werdendem Fokusdurchmesser steigt (Bild 9.17), wobei Letzteres für Fokusdurchmesser bis 200 µm (gleiche Divergenzwinkel) gilt. Für kleinere Durchmesser stellt der Divergenzwinkel des fokussierten Laserstrahles einen limitierenden Faktor dar. Ebenfalls muss bei den Betrachtungen der Einfluss der Vorschubgeschwindigkeit auf die Ausbildung der Dampfkapillare und auf die erreichbare Einschweißtiefe (die mit zunehmender Vorschubgeschwindigkeit erwartungsgemäß abnimmt) berücksichtigt werden. */Webe2010/*

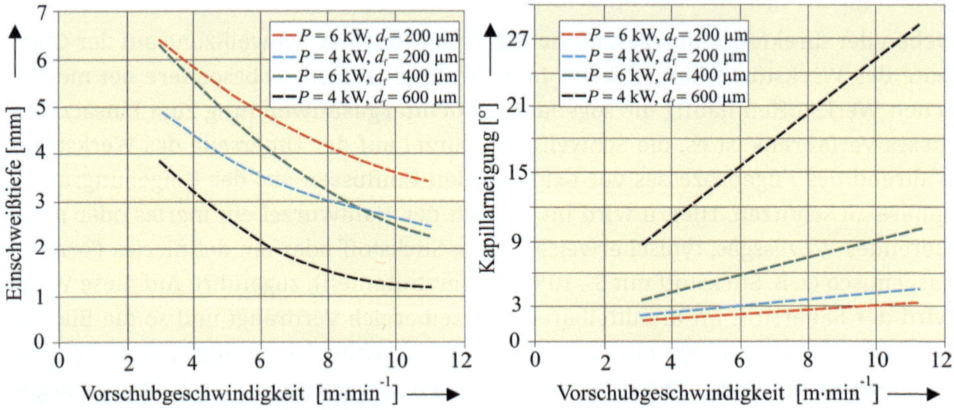

Bild 9.17 Abhängigkeit der Vorschubgeschwindigkeit für verschiedene Fokusdurchmesser und Laserleistungen; Material CrNi18–10. a) erreichbare Einschweißtiefen, b) Kapillarneigung */Webe2010/*

Im Wesentlichen kann die Einschweißtiefe anhand der genannten Parameter sehr gut skaliert werden (Formel 9.2), was insbesondere für Schweißnähte mit definierter Einschweißtiefe d_s relevant ist.

$$d_s \approx \frac{P}{d_f \cdot v_f} \tag{9.2}$$

P Laserleistung; d_f Fokusdurchmesser; v_f Vorschubgeschwindigkeit

Wie Bild 9.17 b zu entnehmen ist, nimmt die **Kapillarneigung** (vgl. Bild 9.5) mit größer werdendem Vorschub nahezu linear zu. Dem kann mit der Erhöhung der Laserleistung oder der Verringerung des Fokusdurchmessers entgegen gewirkt werden.

Mit kleiner werdendem Fokusdurchmesser steigt, bei gleichbleibender Leistung, die Intensität. Somit nimmt meist auch die Einschweißtiefe (bis $d_f = 200\,\mu m$) zu. Für Fokuswerte < 200 µm kann jedoch keine Zunahme der Einschweißtiefe erreicht werden. Das bestätigen tendenziell auch die ermittelten Einschweißtiefen in Bild 9.18. Die stärkere Fokussierung bewirkt gleichzeitig einen größeren Divergenzwinkel, der die Schärfentiefe maßgeblich beeinflusst. */Pats2008/*.

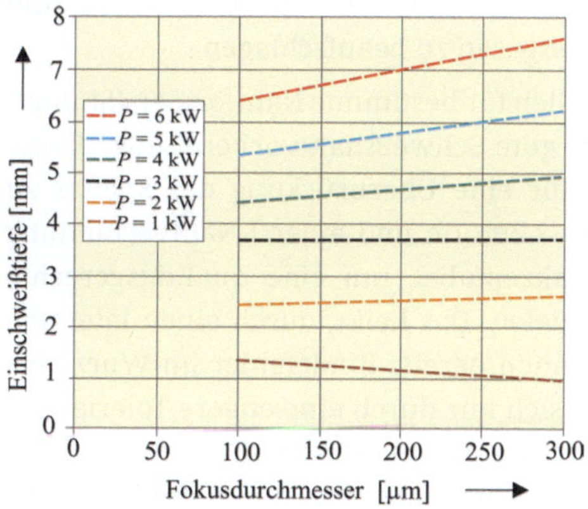

Bild 9.18
Einschweißtiefe in Abhängigkeit vom Fokusdurchmesser */Pats2008/*
Faserlaser; $P_{max} = 8$ kW, $\lambda = 1070$ nm, Material AlMg3, $v_f = 5\,m \cdot min^{-1}$

In Bild 9.19 ist die **normierte Intensität** für Fokusdurchmesser von 100 µm und 150 µm dargestellt. Die diskreten Intensitätswerte sind entlang der Strahlausbreitungsrichtung dargestellt, die weiße waagerechte Linie (die sich durch alle Bilder zieht) kennzeichnet die Fokuslage, wobei die Scheibchen der verschiedenen Ebenen jeweils die Bereiche gleicher Leistungsdichten charakterisieren. Diese isophotile Darstellungsform macht deutlich, dass Bereiche gleicher Intensität bei der stärkeren Fokussierung ($d_f = 100\,\mu m$) eine geringere Ausdehnung aufweisen */Pats2008/*.

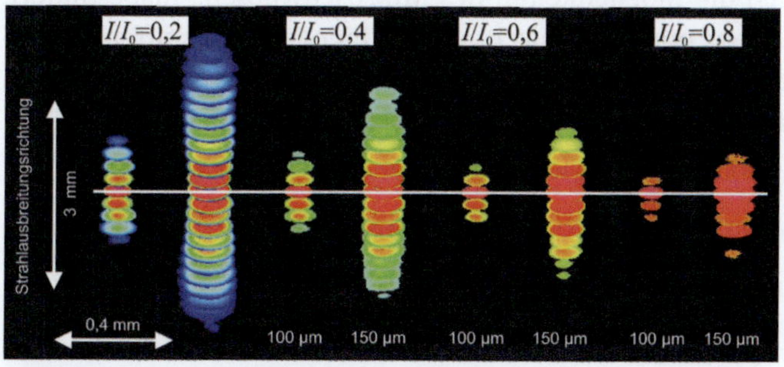

Bild 9.19 Normierte Leistungsdichten für 100 µm und 150 µm Fokusdurchmesser (mit I_0 als Maximalintensität) */Pats2008/*

Der Einsatz von Lasern mit kleinen Divergenzen und Fokusdurchmessern führt bei geringen Vorschubwerten zu einem nahezu senkrechten Einfall der Strahlung an den Wänden, sodass an diesen weniger Leistung absorbiert werden kann und die Absorption stärker an der Kapillarfront und der Wurzel erfolgt. Der Dampfkapillardurchmesser nimmt kleinere Werte an, was zu einem schnelleren Verschließen der Kapillare im Prozess führen kann. Ein Optimierungsansatz besteht in solchen Fällen darin, die Vergrößerung des Fokusdurchmessers vorzusehen.

Das aus der Dampfkapillare austretende Material und der eng gebündelte Laserstrahl erzeugen direkt über der Dampfkapillare eine Wechselwirkungszone mit extremen Energiedichten, Temperaturen und Plasmen, die die Strahlqualität sehr stark beeinflussen können. Somit ist es für den Einsatz von Scheiben- und Faserlasern zum Schweißen sinnvoll, diesen Bereich mit Prozessgasen zu beaufschlagen.

Gleichzeitig erfordern brillante Strahlungsquellen für bestimmte Nahtformen (Stumpfstoß- oder Kehlnahtverbindungen) eine sehr gute Schweißnahtvorbereitung, da die Strahlqualität bzw. der Strahldurchmesser für eine Überbrückung des Spaltes zu „gut" bzw. zu klein sind. Bei Materialstärken < 200 µm und einer I-Nahtverbindung sind Spaltbreiten von maximal 10 – 20 µm akzeptabel, um eine qualitätsgerechte Schweißverbindung ohne Bindefehler zu erzielen. Das heißt, durch einen lateralen Versatz der Fügepartner von etwa 20 µm können bereits Bindefehler im Wurzelbereich entstehen. Diese Anforderungen lassen sich nur durch eine engere Tolerierung der Bauteile oder entsprechende Spannvorrichtungen realisieren. Eine zweite Möglichkeit besteht in der Vergrößerung des Schmelzbadvolumens durch die Vergrößerung des Fokusdurchmessers oder aber durch **Strahlpendeln (Wobble-Technik)** bei Scanneranwendungen. Reichen diese Maßnahmen nicht aus, erlauben multimodige Laser oder Laser mit einem Donutmode oft eine größere Spaltüberbrückung.

9.1.4.2 Feinschweißen/Mikrobearbeitung

In der **Mikromaterialbearbeitung** haben sich in den letzten Jahren neben den gepulsten Nd:YAG-Laserstrahlquellen zunehmend auch gepulste Scheiben- und Singlemodefaserlaser mit bis zu mehreren Hundert Watt Leistung sowie UKP-Laser durchgesetzt. Letztere erweitern erheblich die Möglichkeiten des Mikroschweißens insbesondere bei extrem filigranen Bauteilen oder thermisch empfindlichen Werkstoffen. Laserquellen mit sehr guten Strahlqualitäten ($M^2 < 1{,}2$) bieten für Schweißanwendungen in der Mikromaterialbearbeitung ausgezeichnete Prozessvoraussetzungen.

Die Anforderungen an das **Mikrolaserschweißen** bestehen vordergründig in:

- dem Erzielen einer qualitativ hochwertigen Nahtober- und Nahtunterseite,
- dem Erreichen guter Anbindungsquerschnitte,

- der Minimierung des thermischen Verzuges durch einen begrenzten Wärmeeintrag und
- der homogenen Gefügeausbildung ohne Schweißnahtfehler wie Poren, Risse oder Einschlüsse.

Für thermisch empfindliche Bauteile ist oft nur die Schweißnahtqualität entscheidend, während die Schweißgeschwindigkeit vielfach eine untergeordnete Rolle spielt. Schweißaufgaben für metallurgisch hoch anspruchsvolle Werkstoffe oder die Verbindung artfremder Werkstoffe sind wichtige Anwendungsbereiche gepulster Nd:YAG-Lasersysteme /*Lieb2010*/.

Lasersysteme zum **Feinschweißen** werden sehr häufig als fasergekoppelte gepulste Festkörperlaser konzipiert, um eine hohe Integrationsfähigkeit und -flexibiltät zu erreichen. Freistrahlsysteme werden lediglich eingesetzt, wenn sehr kleine Fokusdurchmesser mit einer hohen Strahlqualität erforderlich sind. In Tabelle 9.7 sind die Anforderungen sowie typische Leistungskennwerte von gepulsten Feinschweißlasersystemen gegenübergestellt.

Insbesondere die zunehmende Verfügbarkeit von UKP-Lasersystemen eröffnet im Bereich des Mikroschweißens neue Anwendungspotenziale. Aufgrund der extrem kurzen Wechselwirkungszeiten im Bereich weniger Piko- bis Femtosekunden kann das Material nahezu athermisch gefügt werden. Dadurch lassen sich filigrane Verbindungen realisieren, bei denen konventionelle Verfahren aufgrund von Wärmeeintrag oder Materialschädigung an ihre Grenzen stoßen. Typische Einsatzbereiche sind das Fügen von dünnsten Drähten, medizinischen Implantaten, Mikrosensoren oder Präzisionsbaugruppen.

Beim Schweißen mit **gepulster Laserstrahlung** wird die Energie bzw. Wärme sehr gezielt in das Werkstück eingebracht. Die Wechselwirkungszeiten liegen typischerweise im Millisekundenbereich (vgl. Tabelle 9.7), wodurch es gelingt, konventionell schwer schweißbare Werkstoffe mit dem Laserstrahl zu fügen. Viele Werkstoffe lassen sich artgleich und artfremd mit dem Feinschweißverfahren verbinden:

- hochlegierte Stähle,
- Edel- und Nichteisenmetalle,
- Wolfram, Molybdän,
- Tantal, Nickel und Beryllium,
- Aluminium, Titan und Kupfer.

Die Laserpulse können als Einzelpulse zum **Punktschweißen** oder aber pulsüberlappend zum **Nahtschweißen** appliziert werden. In Bild 9.20 sind Anwendungsbeispiele zum Feinschweißen dargestellt.

Tabelle 9.7 Anforderungen und Leistungskennwerte an das Feinschweißen

Anforderungen / Eigenschaften	Parameter	Bereich
▪ Wärmeleitungsanteile in das Bauteil gering halten, geringe Wärmeeinflusszonen ▪ in kurzen Zeiträumen hohe Pulsleistungen zur Verfügung stellen (multi-kW in µs und ms) ▪ Steuerung des Wärmeeintrags über das Pulsregime sowie die Pulsform und Anpassung der Gegebenheiten an die Materialien ▪ kein Bauteilverzug, homogene Gefügeausbildung ▪ Erzeugung filligraner Nahtgeometrien, präziser Energieeintrag	Laserleistung [W]	10 – 500
	Pulserzeugung	elektrisch/gütegeschaltet/moduliert
	Pulsleistung [kW]	1 – 10 (UKP-Laser: Peakleistung bis mehrere MW)
	Pulsenergie [J]	0,5 – 120
	Pulsdauer [ms]	0,1 – 120 (UKP-Laser <1 – 10 ps)
	Pulsfrequenz [Hz]	0,1 – 500 (UKP-Laser mit Leistungen bis in den MHz-Bereich)
	Fokusdurchmesser [µm]	50 – 600

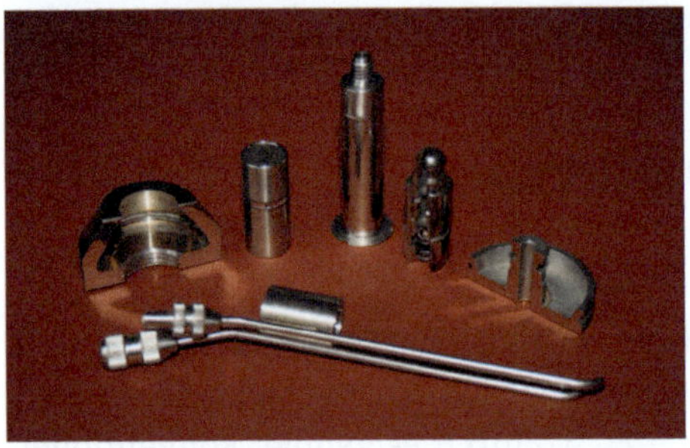

Bild 9.20 Anwendungsbeispiele für das Feinschweißen */ifw2011/*

Bei komplizierten Schweißkonstruktionen sind Bauteile oder -gruppen während des Schweißprozesses teilweise verzugsgefährdet. In diesem Fall können simultane Schweißstrategien mit **mehreren Arbeitsstrahlen** angewandt werden, die in zwei oder mehreren Richtungen das Bauteil gleichzeitig schweißen. Dafür eignen sich insbesondere Faserkopplungen, die im Energy- oder Timesharing-Modus verwendet werden */Rofin2004/*. In vielen Applikationen werden kamerabasierte Bilderkennungssysteme zur Bauteillageerkennung und Schweißnahtverfolgung genutzt. Eine wesentliche Prozessgröße stellt die Auswahl des Pulsregimes mit den jeweiligen Pulsparametern in Abhängigkeit von dem Werkstoff und der zu schweißenden Kontur dar. Neben der Pulsfrequenz, -energie und -dauer kann durch eine Pulsformung direkt Einfluss auf den Schweißprozess genommen werden. Aluminiumwerkstoffe benötigen bspw. für das Aufbrechen der Oxidhaut eine hohe Anfangsintensität, kohlenstoffhaltige Materialien dagegen eine Nachwärmphase, um Aufhärtungseffekte zu vermeiden.

In Bild 9.21 ist die in vier Phasen unterschiedene **zeitliche Formung** eines Laserpulses schematisch dargestellt. In Phase 1 wird die Oberfläche einhergehend mit der erforderlichen Absorptionserhöhung erwärmt, um das Material in Phase 2 sehr schnell an die Schwelle zum Schmelzen zu bringen. Danach wird die Strahlungsintensität materialspezifisch soweit verringert, dass das erforderliche Schmelzbadvolumen entsteht, aber eine Überhitzung der Schmelze vermieden wird. Im Anschluss erfolgt zur Vermeidung einer Poren- und Rissbildung in Phase 4 eine gezielte Abkühlung des Schmelzgutes. Bei diesem zeitlich gesteuerten Verlauf spricht man auch von einem **thermischen Puls**. Länge und Anstiegswinkel des Amplituden-Zeit-Verlaufes (α – σ) werden materialspezifisch angepasst. Mithilfe schneller Pulsleistungsregelungen können Soll- und Istverlaufsform des Arbeitspulses verglichen und geregelt werden. Einen interessanten Ansatz stellt die zusätzliche Pulsmodulation dar (vgl. Bild 9.21 a), bei der die Überlagerung eines höherfrequenten **metallurgischen Pulsanteils** das Schmelzbad aktiv beeinflussen kann. Den Unterschied der Schweißergebnisse mit und ohne Pulsmodulation illustriert Bild 9.21 b. */Dürr2008/*, */Witt2006/* Eine spezielle Entwicklung des gepulsten Laserstrahlschweißens ist das **Shadow**-Verfahren (**S**tepless **H**igh **A**ccurate and **D**iscrete **O**ne Pulse **W**elding), bei dem Schweißnähte mit einer Länge von mehreren Millimetern bzw. Zentimetern durch hohe Vorschubgeschwindigkeiten mit nur einem einzigen Laserpuls verschweißt werden. Dies erreicht man durch die Verwendung schneller Rotationsachsen oder Scanner, gekoppelt mit einer Pulsleistungsregelung. Typische Pulslängen für Schweißnähte bis zu einer Länge von 80 mm reichen von 10 bis 50 ms. Das damit verbundene Erstarrungsverhalten ermöglicht eine deutliche Unterdrückung der Ausscheidung intermetallischer Phasen beim Schweißen artfremder Legierungen (z. B. Kupfer und Stahl oder Stahl und Aluminium) und verbessert damit die mechanisch-technologischen Eigenschaften. */Schn2004/*

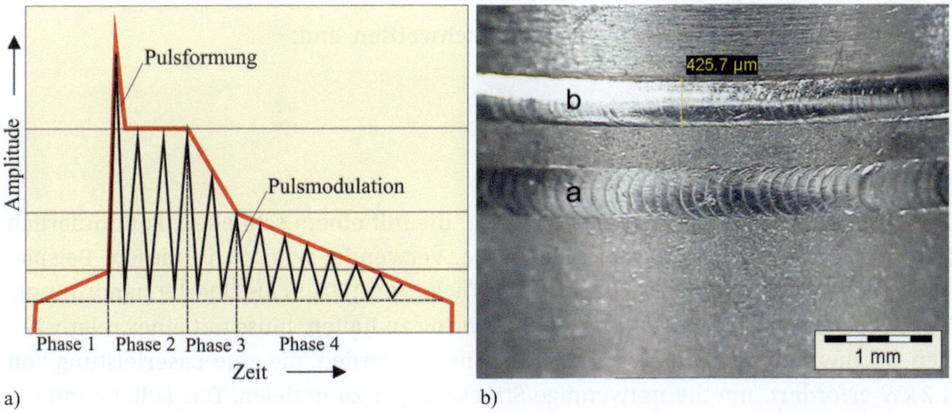

Bild 9.21 Pulsformung. a) schematische Darstellung der Pulsformung, b) Beispiel: Titan-Nahtschweißung (a – ohne Pulsmodulation, b – mit Pulsmodulation) */Dürr2008/*

Mit cw-Singlemodefaserlasern können für **Mikroschweißanwendungen** große Schweißtiefen mit geringer Wärmebeeinflussung der Fügepartner erzielt werden (Bild 9.22). Verfügt die Strahlungsquelle über eine Pulsmodulation, kann die Leistung bzw. die Repetitionsrate an die Prozessgeschwindigkeit anpasst werden. Eine Intensitätsanpassung ist erforderlich, da gepulste Schweißprozesse leicht zum Überhitzen der metallischen Schmelze und infolgedessen zu Schweißnahtfehlern führen können */Lieb2010/*.

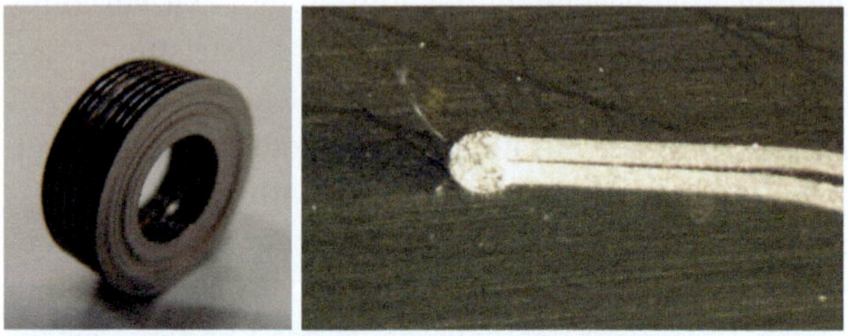

a) b)

Bild 9.22 Feinschweißen „Flexible Tubes" (YLR-100-SM; $P = 100$ W) © IPG Photonics GmbH & Co. KG, */IPG2012/*. a) Bauteilansicht, b) Querschliff der Fügezone

Das Laserstrahlschweißen wird auch für das **Fügen dünner Bleche** und **metallischer Folien** vorteilhaft eingesetzt. Unter Folien werden i. Allg. Bauteile mit Materialstärken kleiner 500 µm verstanden. Die im Vergleich zu konventionellen Verfahren örtlich stark begrenzte Energieeinbringung gestattet im Laserschweißprozess, die Wärmeleitungsverluste so gering zu halten, dass sich das erforderliche Schmelzvolumen ausbilden kann und Verbindungen mit ausreichender Festigkeit erzielen lassen. In dieser Fügekonstellation kann von einer zweidimensionalen Wärmeleitung ausgegangen werden, die den Prozess dominiert.

Typische Fügeanordnungen für das **Folienschweißen** sind:

- Punktschweißungen,
- Steppnähte und
- Konturschweißnähte.

In Bild 9.23 ist eine Punktmatrix dargestellt, die mit einem schnellen, kontinuierlich betriebenen Scansystem geschweißt wurde. Verwendet wurden in diesem Beispiel Folien aus dem Werkstoff 1.4301 mit einer Dicke von 150 µm als Überlappanordnung. Um unerwünschte Wärmeleitungseffekte gering zu halten, muss mit einer relativ hohen Geschwindigkeit von etwa 1 $m \cdot s^{-1}$ gearbeitet werden, die eine Laserleistung von 1,2 kW erfordert, um die notwendige Streckenergie zu erzielen. Das Folienhandling erfordert spezielle Spanntechniken, denn bereits kleine Spaltmaße von etwa 0,1 mm können zu einem Deck- oder Wurzellageneinfall führen.

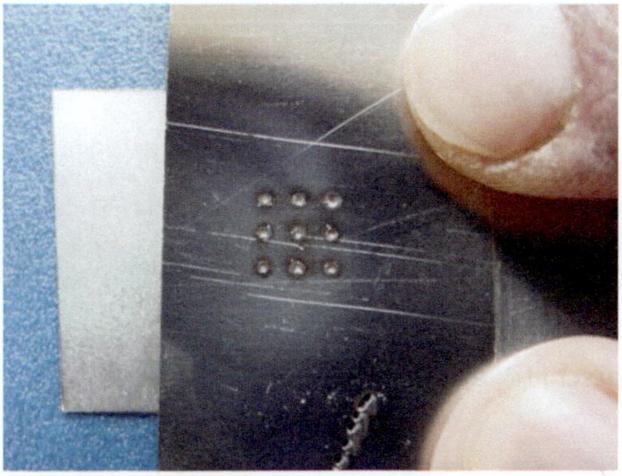

Bild 9.23
Punktschweißungen am Beispiel einer Überlappnaht, Material 1.3401 CrNi-Stahl, Dicke: 150 µm

Bild 9.24 illustriert exemplarisch eine **I-Nahtschweißanordnung** von 200 µm dünnen Cr-Ni-Folien, geschweißt mit einem 200-W-Faserlaser für zwei unterschiedliche Fokusdurchmesser. Die maximale Einschweißtiefe ohne Bauteilverzug beträgt etwa 0,5 mm */Lieb2010/*.

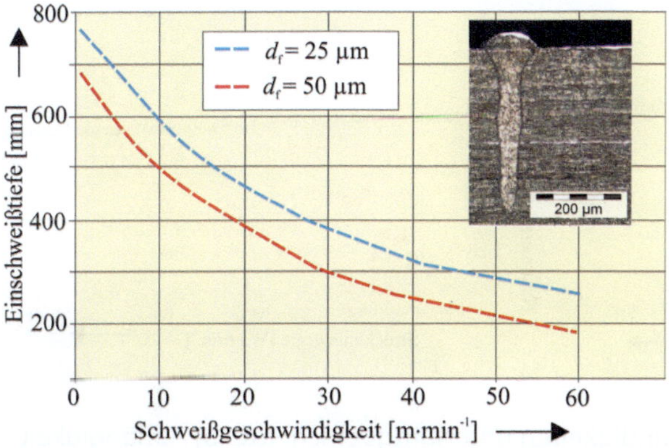

Bild 9.24
Einschweißtiefe in Abhängigkeit von der Geschwindigkeit */Lieb2010/*

Spezielle Anwendungen erfordern das Verschweißen dünnerer Materialstärken als bisher diskutiert. Bei den in Bild 9.25 gegenübergestellten Überlappschweißnähten metallischer Folien (Material 1.4301) wurde ein Singlemodefaserlaser im cw-Betrieb (M^2 = 1,15) mit einer Wellenlänge von 1 070 nm und einer Maximalleistung von 1 kW eingesetzt. Der Laserstrahl wurde für diese Anwendung auf Spotgrößen von 20 µm, 35 µm und 76 µm fokussiert, um Wärmeleitungsverluste und Folienverwerfungen möglichst gering zu halten. Eine gute Verschweißbarkeit ist bei Folienstärken von 25 µm und 50 µm gegeben. Auch dünnere Folien können prinzipiell in dieser Prozesskonfiguration verschweißt werden, jedoch ist die Schwelle zwischen Durchschweißung und einem unerwünschten Trennen gering.

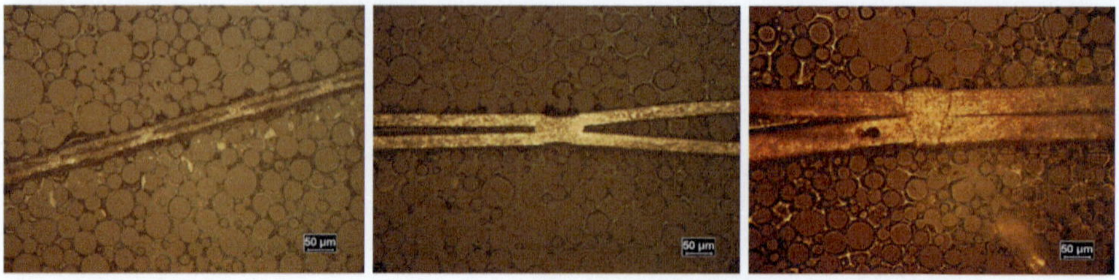

a) b) c)

Bild 9.25 Schweißnahtdarstellungen (Querschliff). a) 15-µm-Folie, b) 25-µm-Folie, c) 50-µm-Folie */Pats2010/*

Bild 9.26 a stellt die Abhängigkeit der erreichbaren Scangeschwindigkeit von der Laserleistung für unterschiedliche Folienstärken dar. Um die erforderliche Festigkeit der Schweißnähte zu erzielen, muss ein ausreichender **Nahtquerschnitt** vorliegen, der von der Streckenenergie und der Folienstärke abhängt (Bild 9.26 b). Die applizierte **Streckenenergie** ist für die thermische Belastung eines Werkstückes wesentlich.

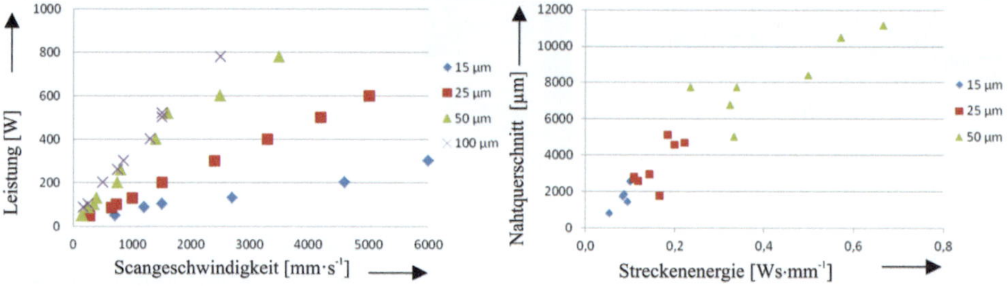

a) b)

Bild 9.26 Erreichbare Scangeschwindigkeiten und Nahtquerschnitte. a) Abhängigkeit der Scangeschwindigkeit von der Leistung, b) Abhängigkeit des Nahtquerschnittes von der Streckenenergie */Pats2010/*

Im Gegensatz zu konventionellen gepulsten oder kontinuierlichen Laserstrahlquellen basiert das UKP-Laserstrahlschweißen auf extrem kurzen Pulsdauern, die sich dabei im typischen Intervall von 100 fs bis 10 ps bei Repetitionsraten von einigen kHz bis zu mehreren MHz bewegen.

Die Wechselwirkung von Ultrakurzpulslaserstrahlung mit metallischen oder nichtmetallischen Werkstoffen unterscheidet sich grundlegend von klassischen thermischen Fügeprozessen. Aufgrund der extrem kurzen Wechselwirkungszeiten erfolgt der wesentliche Teil der Energieeinbringung, bevor ein signifikanter Wärmetransport in das umgebende Material einsetzen kann. Dies führt zu einem quasi-athermischen Materialumschmelzen, bei dem lokale Schmelzbäder oder kontrollierte Mikroschmelzzonen entstehen können, ohne dass großflächige Wärmeeinflusszonen (WEZ) oder thermisch bedingte Bauteildefekte auftreten.

Durch die gezielte Einstellung von Pulsenergie, Überlappungsgrad der Pulsfolgen sowie Fokuslage kann das Verhältnis von Mikroschmelze, Materialabtrag und Geometrie der Fügeverbindung exakt beeinflusst werden. Die wesentlichen Parameter beim UKP-Laserstrahlschweißen umfassen:

- Pulsdauer: typischerweise 0,2 – 10 ps,
- Pulsenergie: bis zu mehreren 100 µJ bei hoher Repetitionsrate,
- mittlere Leistung: je nach Anwendung 5 – 100 W,
- Fokusdurchmesser: oft < 50 µm, je nach Strahlquelle und Fokussierbedingungen,
- Bearbeitungsgeschwindigkeit: im Bereich von wenigen $mm \cdot s^{-1}$ bis hin zu mehreren $100\,mm \cdot s^{-1}$.

Aktuelle Entwicklungen zielen auf die Skalierung der mittleren Laserleistungen, die Steigerung der Prozessgeschwindigkeit und die Erweiterung des industriellen Anwendungsspektrums ab. Insbesondere in Kombination mit intelligenten Strahlformungstechnologien, Scannerlösungen und adaptiver Prozessregelung wird erwartet, dass das UKP-Laserstrahlschweißen zukünftig verstärkt auch in anspruchsvollen Serienprozessen, insbesondere in der Elektronik sowie der Sensor- und Medizintechnik, zum Einsatz kommt.

Die werkstoffspezifischen Eigenschaften spielen beim Laserstrahlschweißen mit Ultrakurzpulslasern (UKP) eine entscheidende Rolle für die Prozessführung und die Qualität der Verbindung. Insbesondere Faktoren wie Absorptionsverhalten, Wärmeleitfähigkeit, Schmelz- und Verdampfungstemperaturen sowie die Neigung zur Riss- oder Porenbildung bestimmen maßgeblich die Wahl geeigneter Prozessparameter. Das UKP-Laserstrahlschweißen ist insbesondere geeignet für:

- Metalle mit hoher Reflektivität (z. B. Kupfer, Gold, Aluminium),
- dünnste Metallfolien (< 100 µm) oder Drähte,
- empfindliche Legierungen (z. B. Titan-, Nickel- oder Edelmetalllegierungen),
- Kombination artverschiedener Werkstoffe, auch Metall-Keramik- oder Metall-Polymer-Verbindungen,
- mikro-optische Komponenten, die höchste Präzision erfordern.

In Tabelle 9.8 sind typische Prozessparameter und Anwendungsbeispiele für das UKP-Laserstrahlschweißen zusammengefasst.

Tabelle 9.8 Typische Prozessparameter und Anwendungsbeispiele für das UKP-Laserstrahlschweißen

Werkstoff bzw. Werkstoff-kombination	Pulsdauer [ps]	Pulsenergie [µJ]	Fokusdurch-messer [µm]	Anwendungsbeispiele/besondere Vorteile
Edelstahl (z. B. 1.4301)	1-10	20-200	20-50	Dünnblechverbindungen in der Medizintechnik, gratfreie Mikronähte
Kupfer (hochreflektierend)	0,5-5	50-300	20-30	Mikrokontakte für Batterien, Mikroelektronik, Sensorik
Titanlegierungen	1-10	30-150	20-40	biokompatible Mikroschweißverbindungen in Implantaten
Edelmetalle (z. B. Gold, Platin)	0,5-2	10-100	10-20	Präzisionsverbindungen in der Uhrenindustrie, Medizintechnik
Aluminium (dünnwandig)	1-5	50-200	20-50	dünnste Aluminiumfolien für Sensorgehäuse, Mikrosystemtechnik
Hybridverbindungen Metall – Keramik	1-10	50-150	20-50	Fügen von Mikrogehäusen und optischen Baugruppen
Hybridverbindungen Metall – Glas	0,2-2	10-50	10-20	hermetisches Verschweißen von Mikrooptiken, Photonik

9.1.4.3 Schweißen beschichteter Werkstoffe

Aus Gründen des Oberflächenschutzes vor Korrosion werden Stahlbleche immer häufiger mit Beschichtungen versehen. So sind bspw. verzinkte Stahlbleche ein verwendetes Standardmaterial für Fahrzeugkarosserien, Industriebehälter oder Gehäuse für Haushaltsgeräte. Derartige Beschichtungen verhalten sich jedoch im Schweißprozess problematisch, denn während die Schmelztemperatur von Eisen bei 1800 K erreicht wird, liegt die Verdampfungstemperatur von Zink bereits bei 1180 K. Dadurch werden im Spalt bzw. an den Grenzflächen der Materialien große Mengen Zinkdampf erzeugt, die ein größeres Volumen als die ursprüngliche Zinkschicht annehmen und einen hohen Dampfdruck zur Folge haben. Der Zinkdampf entweicht über die Dampfkapillare oder die Schmelze, wobei Schmelzanteile an der Rückwand der Kapillare nach oben ausgeworfen werden, was zu Schweißnahtfehlern und einer starken Spritzerwirkung führt (Bild 9.27). Es existiert eine Reihe von Lösungen zum qualitätsgerechten Fügen verzinkter Stahlbleche mit dem Laserstrahl:

1. konstruktive Bauteilauslegung zur Entgasung der Schichtelemente,
2. partielles Entfernen der Beschichtung (mechanisch oder mittels Laserstrahl),
3. Verwendung von Zusatzgasen,
4. Aufbringen einer Zusatzschicht.

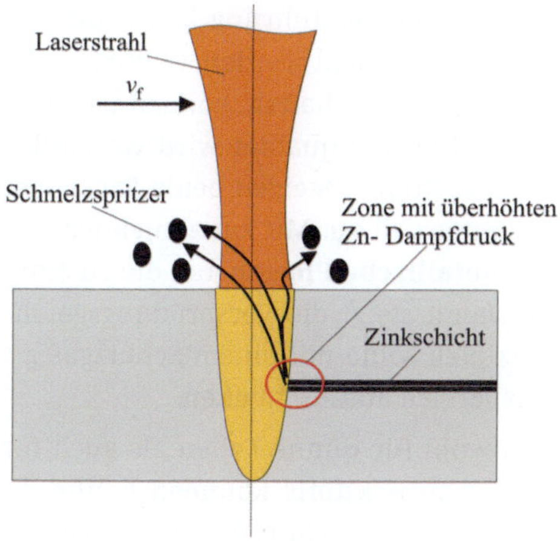

Bild 9.27 Zinkentgasung bei einer Überlappschweißnaht

In der Praxis haben sich konstruktive Bauteilauslegungen, die einen entsprechenden Entgasungsspalt vorsehen, bewährt, um den verdampften Zinkanteil von der Schmelzzone fernzuhalten. Durch Verwendung eines 0,1 mm Entgasungsspaltes können homogene Schweißnähte mit den geforderten Festigkeitswerten geschweißt werden. In Bild 9.28 sind exemplarisch eine Kehlnaht und eine Überlappnaht galvanisch verzinkter Stahlbleche dargestellt.

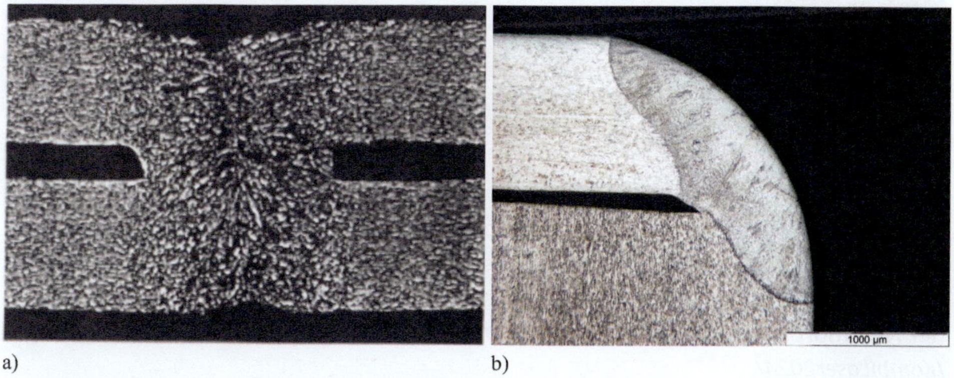

Bild 9.28 Schweißnahtbilder galvanisch verzinkter Stahlbleche. a) Überlappschweißnaht, b) Kehlnaht

9.1.4.4 Schweißen artfremder Materialien

Das Schweißen **artfremder Materialien bzw. Mischverbindungen** konzentriert sich auf die Bereiche des Automobilbaus und der Luftfahrtindustrie. Typische Mischverbindungen stellen Aluminium-Stahl, Titan-Aluminium und Titan-Stahl dar. Für den Pkw-Antriebsstrang werden bspw. metallische Fe-Basis-Mischverbindungen (Stähle und Gusseisen) eingesetzt.

Mit einer an die Materialeigenschaften angepassten Prozessführung kann auch ein Tiefschweißeffekt für bestimmte Mischverbindungen erreicht werden. Gelingt es, die intermetallischen Phasen in der Fügeverbindung gering zu halten, können teilweise gute Qualitäten der Schweißnaht erzielt werden. Die Nahtqualität wird wesentlich von der Schweißnahttiefe und der Laserleistung bestimmt. Steigen beide Parameter an, nehmen Nahtfehler wie Risse und Poren tendenziell zu. Mit zunehmender Vermischung der Fügepartner treten stärker **intermetallische Phasen** auf, die zu einer Zunahme der Härte in der Fügezone führen. Damit steigt die Versprödungsgefahr und Rissanfälligkeit der Fügeverbindung. Prinzipiell sollte mit einem Schutzgas gearbeitet werden, um eine Oxidation im Schmelzbereich auszuschließen.

Das Schweißen artfremder Materialien wird sowohl für dünne Folien als auch für Blechstärken bis etwa 3 mm angewandt. Für Folienwerkstoffe kommen häufig gepulste Festkörpersysteme zum Einsatz, um die Wärmeeinbringung in die Fügepartner zu minimieren. Die vorliegenden Schliffbilder in Bild 9.29 zeigen die Ergebnisse einer Laserstrahlschweißung einer Aluminium- und einer Kupferfolie, jeweils mit einer Dicke von 200 µm. Der Prozess wurde mit einer mittleren Laserleistung von 650 W im gepulsten Modus sowie einer Scangeschwindigkeit von 8 mm·s^{-1} durchgeführt.

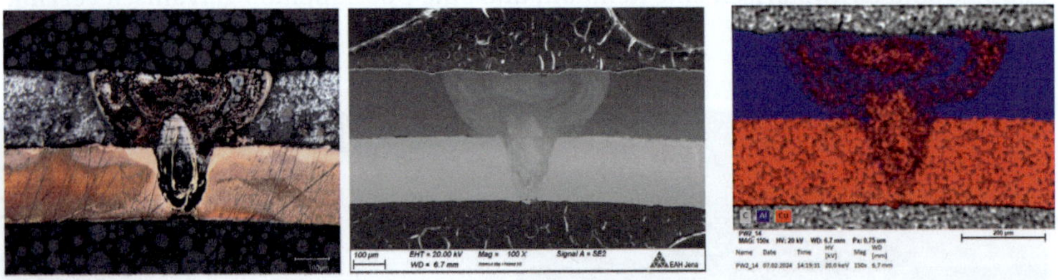

a) b) c)

Bild 9.29 Laserstrahlschweißen mit Pulsformung (siehe Bild 9.21) von 200 µm dicken Aluminium- und Kupferfolien bei einer Laserleistung P_{Dach} = 650 W. a) Lichtmikroskopie mit charakteristischem Schmelz- und Durchdringungsbereich, b) REM-Aufnahme der Nahtmorphologie, c) EDX-Elementeverteilung mit Cu (rot), Al (blau) und C (grau). */KombiLaser2024/*

Im Lichtmikroskopbild a ist deutlich die Durchdringung des Kupfers durch den Schweißnahtbereich zu erkennen, wobei eine charakteristische schlüssellochähnliche Schmelzstruktur bis in die Aluminiumfolie hinein vorliegt. Lokale Mischzonen deuten auf eine partielle Legierungsbildung im Übergangsbereich hin.

Die REM-Aufnahme im Bild b verdeutlicht die Topografie der Schweißnaht, bei der die Grenzfläche zwischen Kupfer und Aluminium klar identifizierbar ist. Diese Morphologie ist typisch für Prozesse mit hohem Temperaturgradienten und unterschiedlichen thermophysikalischen Eigenschaften der Fügepartner.

Die EDX-Elementeverteilung Bild c zeigt die stoffliche Zusammensetzung im Nahtbereich: Kupfer rot, Aluminium violett und Kohlenstoff grau. Deutlich zu erkennen ist die Durchmischung von Kupfer und Aluminium im Schweißbereich, wobei sich eine lokale Diffusionszone mit intermetallischen Phasen (z. B. AlCu) gebildet hat. Die Mischungszone bleibt jedoch weitgehend auf den zentralen Nahtbereich begrenzt, während die Randzonen eine scharfe Trennung der Grundwerkstoffe aufweisen.

Insgesamt demonstrieren die Schliffbilder eine prozesssichere Verbindung von Aluminium- und Kupferfolien im Bereich von 200 µm. Gleichzeitig weisen die charakteristischen Nahtformen und die Elementeverteilung auf die Entstehung intermetallischer Phasen hin, deren kontrollierte Ausbildung für die mechanischen und elektrischen Eigenschaften der Verbindung entscheidend ist.

Mit einer Modulation der Laserimpulse wird es möglich, eine gezielte Energiedeposition im Werkstück zu erreichen. Somit können die Erstarrungsgeschwindigkeit und der Temperaturgradient in weiten Grenzen eingestellt und direkter Einfluss auf die Schmelzbaddynamik und Erstarrungsmorphologie genommen werden. */Wild2010/*, */Berg2008/*

9.1.4.5 Schweißen mit Zusatzwerkstoffen

Das Arbeiten mit **Schweißzusatzstoffen** erfolgt i. Allg. aufgrund metallurgischer und fertigungstechnischer Problemstellungen. Einerseits kann durch geeignete Zusatzwerkstoffe der Härteanstieg und daraus resultierend die Rissneigung beim Schweißen reduziert und für bestimmte Werkstoffgruppen im Speziellen die Heißrissanfälligkeit der Schweißnaht verringert werden. Andererseits ermöglicht das Einbringen zusätzlichen Materials in die Schweißzone eine Erhöhung des Schweißnahtvolumens. Mit dem Laserstrahl lassen sich auch gezielt Schichten auf einem Trägermaterial stoffschlüssig auftragen. Es werden sowohl Substrat als auch Zusatzwerkstoff durch den Laserstrahl aufgeschmolzen, sodass ein metallurgischer Verbund entsteht. Entsprechend der Prozessführung wird unterschieden zwischen:

- einlagigem Auftragen und
- mehrlagigem Auftragen.

Das **einlagige Auftragen** dient dem Erzeugen definierter Spuren (eindimensional) oder einer beliebigen Fläche (zweidimensional) auf einem Trägermaterial und wird zum Aufbringen von Verschleißschutzschichten oder dem gezielten Funktionalisieren von Werkstückoberflächen eingesetzt. Beim **mehrlagigen Auftragen** wird durch wiederholtes Überfahren und Auftragen eine dreidimensionale Struktur erzeugt, wobei hohe Anforderungen an die Homogenität und die Oberflächenqualität der Schweißbahnen erfüllt werden müssen. Man spricht neben dem Laserauftragsschweißen auch vom **3D-Auftragsschweißen, Direct Metal Deposition (DMD)** oder **Directed Energy Deposition (DED).** DED ist dabei der übergeordnete Begriff für alle additiven Prozesse, bei denen Material auf ein Substrat aufgetragen und gleichzeitig durch eine Energiequelle (Laser, Elektronenstrahl oder Lichtbogen) aufgeschmolzen wird.

Das Zusatzmaterial kann in **Draht-, Pulver- oder Pastenform** zugeführt werden. Neben diesen Materialformen, von denen die ersten beiden am häufigsten eingesetzt werden, gibt es auch Verfahrensanwendungen zum Aufschmelzen dünner Folien.

9.1.4.5.1 Schweißen mit Zusatzdraht

Das **Laserstrahlschweißen mit Zusatzdraht** erlaubt die kontinuierliche Einbringung eines externen Drahtwerkstoffes in die Wechselwirkungszone (WWZ). Eine wesentliche Voraussetzung für den Schweißprozess ist die exakte Positionierung des Laserstrahles und des Drahtdurchmesser zueinander, bei der sich beide Symmetrieachsen im Arbeitsabstand zur Materialoberfläche schneiden (vgl. Bild 9.30). Einen Einfluss auf den Schweißprozess hat auch der Drahtzuführwinkel α. Es kann sowohl in der stechenden als auch schleppenden Drahtzufuhranordnung gearbeitet werden. Eine wichtige Systemkomponente bildet das Drahtzufuhrsystem. Meist wird der Zusatzdraht über längere Distanzen mit zwei Antriebseinheiten an die Fügestelle transportiert. Dafür haben sich sogenannte **Push-Push-Betriebsmodi** etabliert, bei denen der vordere, der Laseroptik zugeordnete Antrieb, die Drahtvorschubgeschwindigkeit regelt, während der hintere Antrieb am Zusatzwerkstoffspeicher für ein ausreichendes Drahtvolumen sorgt. Meist werden Zusatzdrähte mit Durchmessern von 0,8 – 1,6 mm verschweißt. */Dzel2007/*

In der Praxis werden im Wesentlichen zwei Drahtzuführtechnologien angewandt. Weitverbreitet ist die **Laser-Kaltdrahttechnologie**, bei der der Draht kontinuierlich über die adaptierte Antriebseinheit am Schweißkopf zur Fügezone gefördert wird (Bild 9.30 b). Zusätzlich zum Draht wird ein Schutzgas koaxial zur Drahtförderdüse geführt, das konzentrisch zum Draht ausströmt und eine Abdeckung des Schweißgutes sicherstellt. Bei der sogenannten **Laser-Heißdrahttechnologie** erfolgt die Erwärmung des Schweißzusatzdrahtes über eine Widerstandserwärmung. Gleichzeitig wird über den Draht der elektrische Strom in den Grundwerkstoff geleitet. Ein wesentliches Ziel ist die Erhöhung der Prozessstabilität und die Beeinflussung der Nahtformung durch die Wirkung elektromagnetischer Kräfte. Die Magnetfelder entstehen aufgrund der Selbstinduktion durch den im Schmelzbad fließenden Strom. */Hüge2002/, /Dzel2007/* Der Drahtvorschub sowie der externe Stromfluss lassen sich über die Systemsteuerung regeln. Die Menge des geförderten Zusatzdrahtes ermittelt ein Sensor am vorderen Antrieb, der ebenfalls den am Schweißnahtende erforderlichen Drahtrückzugsbefehl auslöst, um ein Verschmelzen des Drahtendes mit dem Schmelzbad zu verhindern. */Dzel2007/*

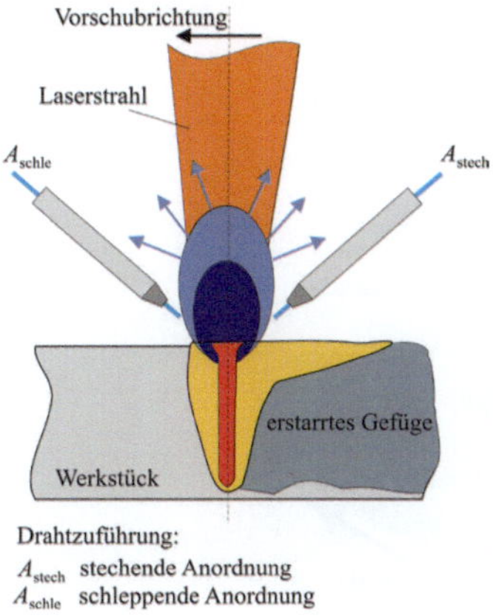

a)

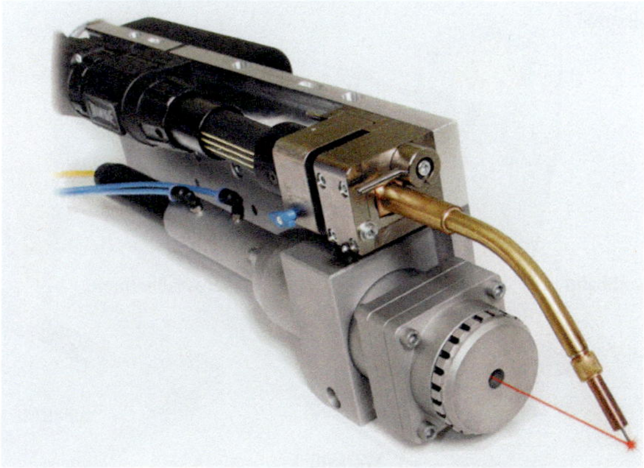

b)

Bild 9.30 Anordnung zum Schweißen mit Zusatzdraht. a) Anordnungsprinzip, b) Laserbearbeitungskopf mit adaptierter Antriebseinheit für die Laser-Kaltdrahttechnologie © DINSE GmbH */Dinse2012/*

9.1.4.5.2 Schweißen mit Pulver

Für das Schweißen mit **pulverförmigen Zusatzwerkstoffen** werden die erreichbaren Bearbeitungsergebnisse in erster Linie von folgenden Parametern bestimmt:

- Düsenpositionierung,
- Düsenart und -form,
- Pulvereigenschaften und
- Pulverfördergeschwindigkeit.

Eine weitere Einflussgröße ist die Anordnung der **Pulverdüse**, die prinzipiell seitlich (Off-axis) oder auch koaxial angeordnet werden kann (Bild 9.31). Eine richtungsabhängige Pulverzuführung erfolgt mit der in Bild 9.31 a dargestellten Off-axis-Anordnung, die bei schwierigen Geometrien oder bei schlechter Bauteilzugänglichkeit eingesetzt wird. Die koaxiale Anordnung (Bild 9.31 b) fördert das Pulver richtungsunabhängig, wobei die größere Verweilzeit der Pulverpartikel im Laserstrahl eine verstärkte Wechselwirkung zur Folge hat. Bei der Prozessauslegung kommt der Abstimmung der Pulverzuführung auf die Schmelzbadbedingungen eine besondere Bedeutung zu. Im Gegensatz zu den bisher beschriebenen Laserstrahlschweißverfahren treten spezielle Wechselwirkungsmechanismen auf:

1. Erhöhung der Energieeinkopplung durch Absorbieren der Laserstrahlung im Pulver-Gas-Gemisch,
2. Abnahme der Energieeinkopplung durch Streuung der Laserstrahlung an den Pulverpartikeln,
3. Wechselwirkung der Pulverpartikel an der Grenzfläche des Schmelzbades */Herz1993/*.

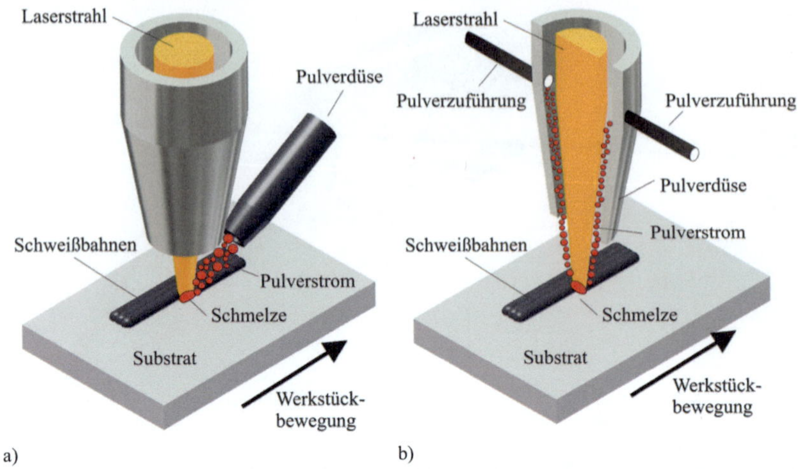

Bild 9.31 Prinzipielle Anordnungen zur Pulverzuführung. a) seitliche richtungsabhängige Zuführung, b) koaxiale richtungsunabhängige Pulverzuführung

Wesentlichen Einfluss auf den **Wechselwirkungsprozess** haben die Parameter Laserleistung, Pulverstromführung, Art des Grundwerkstoffes und des Zusatzmateriales, Pulvermenge, Korngrößen sowie Streckenenergie. Prozessrelevant ist der Zustand der Pulverpartikel beim Auftreffen auf die geschmolzene Werkstückoberfläche. Die Viskositäts- und Temperaturverhältnisse müssen so eingestellt werden, dass das Zusatzmaterial eine feste Anbindung durch Adhäsionskräfte der Grenzflächen erfährt. Eine zu hohe Temperatur kann zum Verbrennen bzw. Verdampfen des Pulvers führen und dadurch makroskopische und mikroskopische Defekte in der aufgetragenen Zone hervorrufen. */Mars1992/*, */Dini2002/*, */Lin2000/*, */Beck2004/*

Die Art der Zuführung des Zusatzmateriales bedingt die Wechselwirkung der Pulverteilchen mit der Laserstrahlung, bevor diese auf das Trägermaterial trifft. Welcher Strahlungsanteil direkt auf die Substratoberfläche trifft, hängt vom Transmissionsgrad des Pulver-Gas-Gemisches ab. Bild 9.32 veranschaulicht die unterschiedlichen Fälle dieser Wechselwirkung */Mars1992/*, */Dini2002/*, */Lin2000/*, */Beck2004/*.

Für die Prozessabstimmung ist das Verhältnis zwischen auftreffender Laserstrahlung auf das Substratmaterial und absorbiertem Strahlungsanteil in der Pulver-Gas-Strömung wichtig. Letzterer Anteil hängt primär von den Parametern Pulvermaterial, -korngrößen und Konzentration ab. Für die Wechselwirkung von Laserstrahlung und Pulverpartikeln mit sphärischen Abmessungen gibt es verschiedene Ansätze und Modellvorstellungen. In */Beck2004/* wurde die von Gustav Mie aufgestellte Theorie */Mie1908/*, */Cox2002/* herangezogen, auf die im Folgenden kurz eingegangen wird.

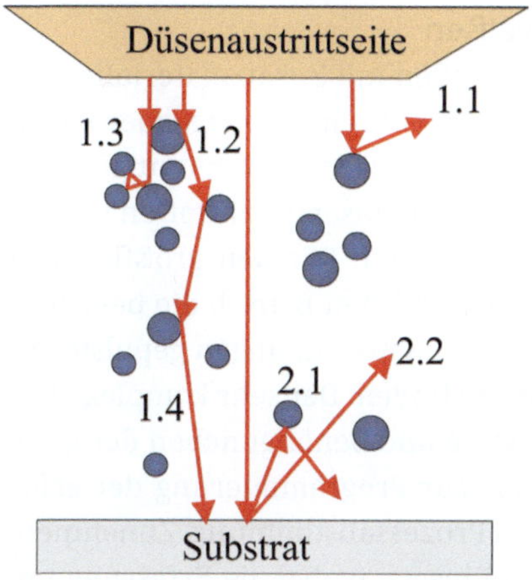

Bild 9.32 Wechselwirkungsprozess zwischen Pulverpartikeln und Laserstrahlung nach */Beck2004/*

1) Strahlenanteile treffen auf Partikel

1.1 Reflektierter Anteil geht verloren

1.2 Reflektierter Anteil trifft auf Partikel und wird teilweise absorbiert und teilweise reflektiert

1.3 Reflektierter Anteil wird durch Mehrfachreflexion vollständig von Partikeln absorbiert

1.4 Reflektierter Anteil trifft direkt auf die Substratoberfläche

2) Strahlenanteile treffen ungehindert auf das Substratmaterial

2.1 Reflektierter Anteil trifft auf Partikelunterseite und wird teilweise absorbiert und teilweise reflektiert

2.2 Reflektierter Anteil geht verloren

Der Ansatz nach Mie bezieht sich auf eine ebene elektromagnetische Welle, die sich in einem Medium (n_1) ausbreitet und mit kugelförmigen Partikeln (mit komplexem Brechungsindex n_2) wechselwirkt. Zur mathematischen Beschreibung wurden die Mie-Parameter α_{Mie} und β_{Mie} eingeführt.

$$\alpha_{\text{MIE}} = \frac{2 \cdot \pi \cdot r_{\text{P}}}{\lambda} = \frac{2 \cdot \pi \cdot n_1 \cdot r_{\text{P}}}{\lambda_0} \tag{9.3}$$

r_{P} Partikelradius; λ_0 Wellenlänge im Vakuum

$$\beta_{\text{MIE}} = \frac{2 \cdot \pi \cdot n_2 \cdot r_{\text{P}}}{\lambda_0} = \frac{n_2}{n_1} \cdot \alpha_{\text{MIE}} \tag{9.4}$$

Für unterschiedliche Verhältnisse von Partikelumfang und Laserwellenlänge werden drei typische Bereiche der Streuung unterschieden */Gass1993/*

1. Rayleigh-Streuung $\alpha_{\text{Mie}} < 0{,}2$,
2. Mie-Streuung $0{,}2 < \alpha_{\text{Mie}} < 300$,
3. Geometrische Optik $\alpha_{\text{Mie}} > 300$.

Bei einer Wellenlänge von $\lambda = 1030$ nm liegt Mie-Streuung für einen Partikelgrößenbereich von 0,066 µm bis 98 µm vor. */Beck2004/*

9.1.4.5.3 Automatisiertes Laserauftragsschweißen

Die vorstehend beschriebenen Verfahren zum Schweißen mit Zusatzmaterialien lassen sich sehr gut automatisieren. In Verbindung mit Gelenkarmrobotern oder Portalmaschinen können beliebige Freiformflächen oder aber 3D-Strukturen aufgetragen werden. Für das Auftragsschweißen mit Pulver- und Drahtzusatzwerkstoffen werden überwiegend Faser-, Scheiben- und Diodenlaser eingesetzt. Für den großflächigen Auftrag sind i. d. R. kW-Laserstrahlquellen im kontinuierlichen Betrieb die bevorzugten Systeme, während für kleinere und filigrane Schweißanwendungen gepulste Systeme mit kleineren mittleren Leistungen Verwendung finden. Der sehr komplexe Prozess erfordert eine gesamtheitliche Betrachtungsweise und benötigt neben der guten Abstimmung der Komponenten auch Softwaretools zur Programmierung der erforderlichen NC-Datensätze sowie der technologischen Prozessabstimmung. Zunehmend kommen auch Prozessüberwachungssysteme zum Einsatz, wobei die Erfassung und Regelung der Temperaturverhältnisse eine immer stärkere Bedeutung erlangt, um bspw. Heißrissneigungen und Bindefehler zu minimieren bzw. zu verhindern. Die in Bild 9.33 dargestellte Auftragsschweißeinheit für pulverförmige Zusatzmaterialien besteht aus den zwei Kernkomponenten Pulverfördereinrichtung und Laserbearbeitungskopf mit Pulverdüse. Das Pulverfördersystem stellt eine eigenständige separate Einheit mit einem oder mehreren Pulverbehältern dar. Das aus den einzelnen Pulverbehältern präzise dosierte Pulver wird durch ein Trägergas bis zur Pulverdüse transportiert. Durch diese Anordnung können Pulvergemische aus mehreren Komponenten maßgeschneidert zu einem resultierenden Pulvermassestrom zusammengeführt werden. Die Programmierung und Überwachung der einzelnen Pulverbehälter mit der zugehörigen Regelung der Gasmenge erfolgt durch die integrierte Steuerung des Pulverförderers. Bevor der Pulvermassestrom zur Pulverdüse gelangt, wird dieser im Pulverteiler (Splitter) gleichmäßig in mehrere einzelne Pulvermasseströme aufgeteilt. Die Pulverdüse richtet das Gemisch aus Metallpulver und Trägergas exakt so aus, dass es direkt in das Schmelzbad geleitet wird. Das inerte Trägergas sorgt, in Verbindung mit einem geregelten Schutzgasstrom im Düsenzentrum, für eine Schutzgasabdeckung der Schweißzone und verhindert Defekte in der aufgetragenen Struktur. Der Pulverwirkungsgrad ist neben der Schutzgasabdeckung eine der wesentlichen Kenngrößen der Pulverdüse. Ziel ist es, einen großen Anteil des geförderten Pulvers in Form einer gleichmäßigen, qualitativ hochwertigen Materialschicht auf der Bauteiloberfläche aufzuschweißen und das Restmaterial so gering als möglich zu halten. */Trumpf2011/*

Der **Pulverwirkungsgrad** ist eine zentrale Kenngröße zur Bewertung der Effizienz des Laserauftragsschweißens und beschreibt das Verhältnis der tatsächlich im Schmelzbad eingebundenen Pulvermasse zur insgesamt dem Prozess zugeführten Pulvermenge. Ein hoher Pulverwirkungsgrad steht für eine wirtschaftliche Materialnutzung und minimiert gleichzeitig den Materialverlust sowie den Reinigungsaufwand in der Prozessumgebung.

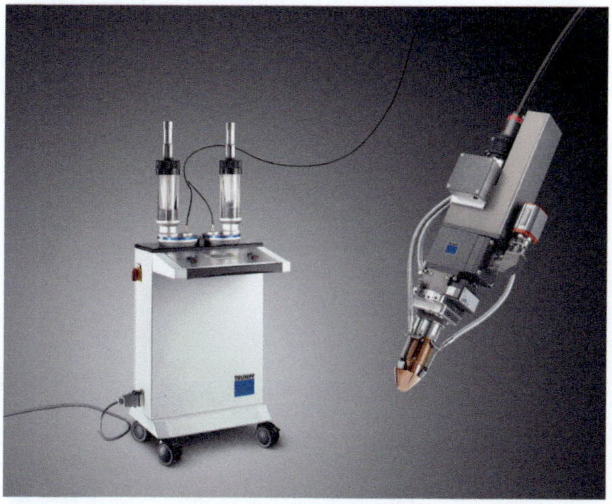

Bild 9.33 Komponenten der Auftragsschweißeinheit © TRUMPF Gruppe */Trumpf2012/*

Komponenten: Pulverförderer, Zuführstrecke, Pulver-Splitter, Fokussieroptik, Pulverdüse(n), Kühlgerät für Optik und Düse

Parameter: Pulverbehälter: bis zu 4 Einheiten, Düsengas: Argon (typ. 10 $l \cdot min^{-1}$), Trägergas: Helium (typ. 5 $l \cdot min^{-1}$), Eingangsdruck: Argon/Helium 4 – 7 bar, Pulverförderrate: 0,4 – 10 $g \cdot min^{-1}$, Kornfraktion Pulverwerkstoffe 40 – 120 µm

In komplexeren Betrachtungen zum Pulverwirkungsgrad η_P fließen auch die Masseverluste durch Verspritzen, Abprallverluste oder Pulveranhaftungen in der Prozesskammer ein.

$$\eta_P = \frac{m_{Bauteil} - m_{Bauteil,vor}}{m_{zugeführt} - m_{Verlust}} \tag{9.5}$$

η_P Pulverwirkungsgrad; $m_{Bauteil}$ Masse des Bauteils nach dem Laserstrahlschweißen; $m_{Bauteil,vor}$ Masse des Bauteils vor dem Laserauftragsschweißen; $m_{zugeführt}$ zugeführte Pulvermasse; $m_{Verlust}$ Pulvermasse, die zwar zugeführt wurde, aber in der Umgebung verloren geht, z. B. durch Verspritzen, Abprallen, Anhaften an Prozesskomponenten oder Filterverluste

Der Pulverwirkungsgrad darf nicht isoliert bewertet werden, da Maßnahmen zur Maximierung (z. B. reduzierte Pulverfördermenge) die Schichtqualität oder das Auftragsvolumen negativ beeinflussen können. Daher ist eine ganzheitliche Prozessoptimierung unter Berücksichtigung von Pulverwirkungsgrad, Schichtqualität und Wirtschaftlichkeit erforderlich.

In Bild 9.34 sind wichtige Kenngrößen des Laserauftragsschweißens schematisch dargestellt und zusammengefasst.

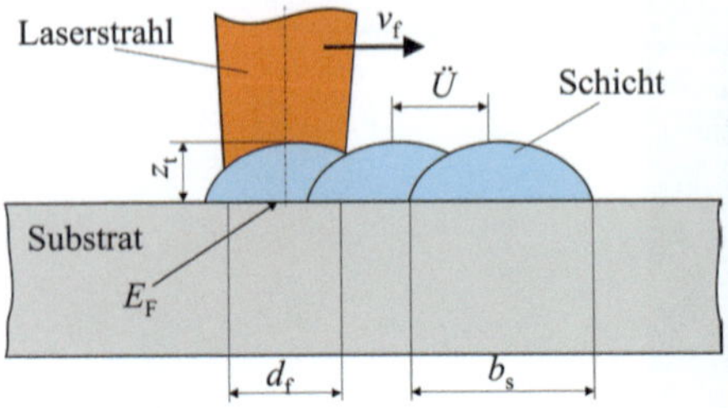

d_f Fokusdurchmesser
E_F Flächenenergie des Laserstrahles
Ü Überlappung
z_t Schichtstärke
b_s Spurbreite

a)

b)

Bild 9.34 Veranschaulichung der Kenngrößen des Schweißens nach */Trumpf2011/*
Laserleistung: 300 - 4000 W
Typische Parameter für Auftragsspuren: Spurbreite: 0,3 - 7 mm, Schichtstärke: 0,1 - 2 mm, Überlappung: 0,15 - 3 mm
Beispiel: Beschichteter Sägezahn

Siehe auch Videosequenz zum Thema „Laserauftragsschweißen" auf *plus.hanser-fachbuch.de.*

Der Einsatz von Hochgeschwindigkeitsvideoaufnahmen (HG-Video) stellt ein wertvolles Analysewerkzeug zur detaillierten Prozessbeobachtung beim Laserauftragsschweißen dar. Durch Bildraten im Bereich mehrerer Tausend Bilder pro Sekunde lässt sich der zeitliche Verlauf des Pulvereintrags, der Schmelzbaddynamik sowie der Wechselwirkung zwischen Pulver, Schmelze und Laserstrahlung präzise visualisieren (siehe Bild 9.35). Insbesondere können unerwünschte Effekte wie lokale Instabilitäten im Pulverstrom, ungleichmäßige Pulververteilung, Tropfenbildung im Schmelzbad oder Spritzer identifiziert und quantitativ bewertet werden. Die gewonnenen Bilddaten ermöglichen nicht nur ein qualitatives Verständnis der Prozessdynamik, sondern bilden auch die Grundlage für eine prozessnahe Optimierung, etwa durch gezielte Anpassung der Pulverdüsenstellung, der Laserparameter oder der Vorschubgeschwindigkeit. In Kombination mit weiteren Diagnosesystemen, insbesondere mit Schmelzbadtemperaturmessungen, lässt sich so ein umfassendes Bild der Prozessstabilität und -effizienz erzielen.

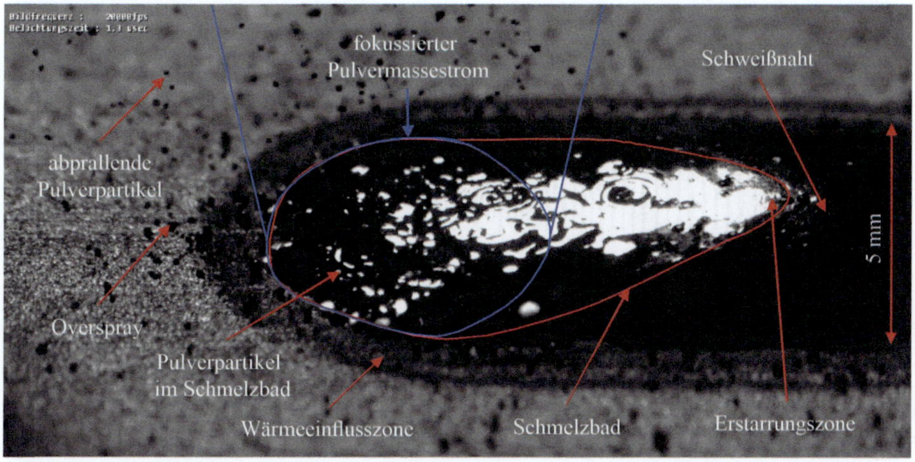

Bild 9.35 Hochgeschwindigkeitsaufnahmen einer Laserauftragsschweißspur mit Darstellung der WWZ, der WEZ und der einzelnen Übergangszonen /*Laserfinish2025*/

Siehe auch Videosequenzen zum Thema „Hochgeschwindigkeitsaufnahmen zum Laserstrahlschweißen" auf *plus.hanser-fachbuch.de*.

Die **pyrometrische Temperaturmessung** stellt ein bewährtes zerstörungsfreies Verfahren zur In-situ-Erfassung der thermischen Prozessparameter beim pulverbasierten Laserauftragsschweißen (DED/LB-M) dar. Bild 9.36 zeigt exemplarisch den gemessenen Temperatur-Zeit-Verlauf einer einzelnen Auftragslage, die unter definierten Prozessbedingungen mittels FK-Laser (Leistung: 2775 W, Strahldurchmesser: 3 mm, Pulvermassestrom: 28,1 $g{\cdot}min^{-1}$) hergestellt wurde. Das Schweißmaterial aus Schnellarbeitsstahl 1.3342 wurde mit einer Vorschubgeschwindigkeit von 34,7 $mm{\cdot}s^{-1}$ auf einem Grundwerkstoff aus 1.0037 (unlegierter Baustahl) aufgetragen, wobei sich die Bearbeitungsstrategie nach einer symmetrischen Folge mit 30 % Spurüberlappung richtete. Die Temperaturmessung wurde berührungslos mit einem Quotientenpyrometer des Typs IGAR 12-LO vorgenommen, das auf zwei Messwellenlängen von 1,52 µm und 1,64 µm arbeitet und so weitgehend unabhängig von unbekannten Emissionsgraden Temperaturen im Bereich von 500 bis 2300 °C erfasst. Durch den definierten Messabstand von 0,2 m und einen Messfleckdurchmesser von 0,8 mm konnte die Temperatur im Bereich des Schmelzbads gezielt detektiert werden.

Die aufgezeichnete Temperatur-Zeit-Kurve in Bild 9.36 gibt Aufschluss über charakteristische Prozessphasen wie die initiale Aufschmelzphase, die maximale Badtemperatur sowie das Erstarren des Schmelzbades. Solche Daten sind essenziell für die Prozessoptimierung, sie helfen, kritische Parameterfenster zu definieren, Prozessinstabilitäten frühzeitig zu erkennen und gezielte Korrekturmaßnahmen abzuleiten.

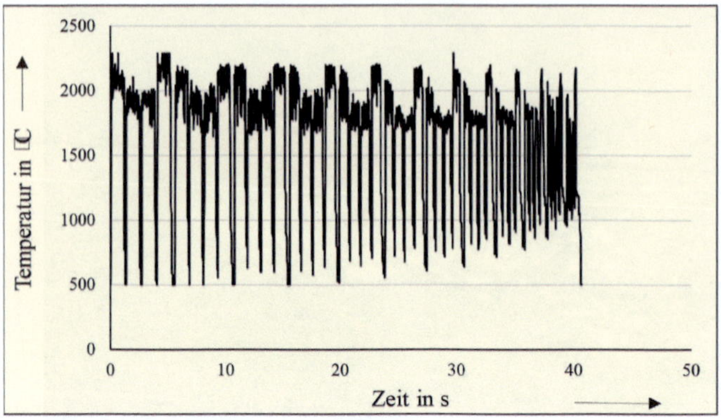

Bild 9.36 Pyrometrische Temperaturkurve für eine Einzellage beim Laserstrahlauftragsschweißen eines Grundwerkstoffes aus 1.0037 und einem Pulvermaterial von 1.3342 (Schnellarbeitsstahl) */Güpn2025/*

9.1.4.5.4 Handgeführtes und teilautomatisiertes Laserstrahlschweißen

Eine spezielle Form des Laserstrahlschweißens stellen handgeführte bzw. teilautomatisierte Systeme dar. Hierbei wird durch einen Bediener entweder der Laserkopf entlang der Schweißnaht geführt oder aber das Werkstück wird unter einem Mikroskop im Fokuspunkt des Laserstrahles ausgerichtet. Interessant sind solche Systeme für einen handgeführten Schweißprozess wie in Bild 9.37 gezeigt, mit sich ständig ändernde Schweißgeometrien, vorzugsweise für sehr kleine Stückzahlen bzw. die Stückzahl eins.

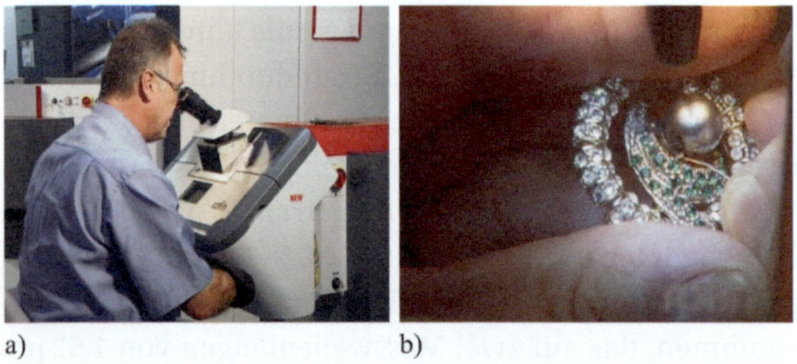

Bild 9.37 Handgeführter Schweißprozess */Jena2011-7.5.1/*. a) Handschweißlaser, b) Schweißprozess am Beispiel der Schmuckindustrie demonstriert

Bewegung der Werkstücke bei stationärem Laserstrahl

In der Regel werden gepulste Laser mit großen Pulsenergien genutzt, um das Materialvolumen sehr schnell in den schmelzflüssigen Zustand zu überführen. Die verwendeten Pulsfrequenzen reichen von 0 Hz (Einzelschuss, Punktschweißen) bis etwa mehrere 100 Hz. Die Schweißnaht ergibt sich bei einer Impulsfolge durch die Aneinanderreihung mehrerer Schweißpunkte entlang der Kontur. Standardmäßig werden Schweißpunktdurchmesser von 0,2 – 2 mm gefordert, aber durch einfache Variation der Abbildungsoptik lassen sich auch wesentlich kleinere Schweißpunktdurchmesser (0,04 – 0,1 mm) erzeugen.

Neben dem traditionellen **Handarbeitsplatz** werden diese Lasersysteme auch für den teilautomatisierten bis hin zum vollautomatisierten Einsatz entwickelt, z. B. für:

- manuelles Schweißen per Joystick oder Fußschalter,
- halbautomatisches Schweißen mit vorgewählter Achsengeschwindigkeit und manueller Joystickkorrektur,
- automatischen CNC-Schweißbetrieb mit Programmierung, Teach-in oder Datenübernahme */Pens2007/*.

Bild 9.38 zeigt ein Handschweißlaserkonzept zum Bearbeiten großer Werkstücke mit einem integrierten Kreuztisch, der die Bewegung von Werkstückmassen bis 500 kg in drei Raumrichtungen gestattet. Zusätzlich kann die Bearbeitungsoptik um zwei Achsen geschwenkt werden, sodass ebene Flächen, Hinterschneidungen und tiefe Nuten ohne Drehen und Kippen des Werkstückes erfolgen können. */rofin2012/*

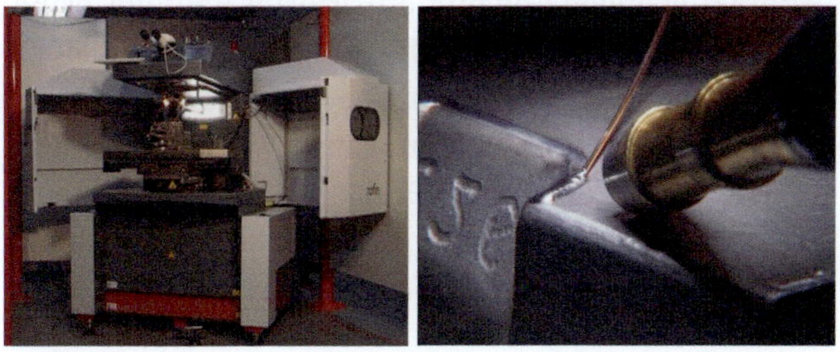

a) b)

Bild 9.38 Gepulstes Nd:YAG-Handschweißlasersystem zur Bearbeitung großvolumiger Bauteile */Jena2011-7.5.1/*. a) Systemansicht, b) Reparatur eines Tiefziehwerkzeuges
Parameter: Mittlere Leistung: 300 W, Pulsspitzenleistung: 3 kW, Pulsenergie: 24 J, Pulsdauer: 9 ms, Fokusdurchmesser: 0,4 – 3 mm, Brennweite: 250 mm, Drahtdurchmesser: 0,4 – 0,6 mm, Schutzgas: Argon, Durchfluss: 8 – 10 l · min^{-1}

Eingesetzt werden diese Systeme häufig zur Reparatur von Werkzeugen und Formen oder zum Aufbringen von Funktionsschichten (Bild 9.38 b).

Handgeführte Systeme lassen sich ebenfalls vorteilhaft im mobilen Einsatz, hauptsächlich für großvolumige Bauteile, anwenden. Bild 9.39 veranschaulicht solch ein Lasersystem zur Ausbesserung eines defekten Werkzeuges (links) sowie eine auftragsgeschweißte Kontur (rechts).

Eine Vielzahl von Metallen und Legierungen ist schweißbar, typische Materialien sind insbesondere Edelstähle, Gold, Silber, Platin, Titan und Formgedächtnislegierungen. Für Schweißapplikationen mit Zusatzdraht steht eine Reihe von Drahtmaterialien zur Auswahl, deren Durchmesser anwendungsabhängig bis zu einem Millimeter betragen.

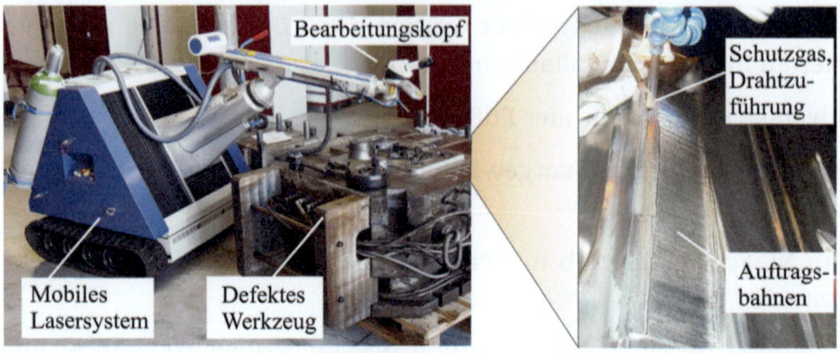

Bild 9.39 Mobiles Lasersystem zur Reparatur einer Werkzeugform und Ausschnittvergrößerung der Schweißzone © ALPHA LASER GmbH, */ALPHALASER2011/*, © PLM Lasertechnik GmbH */PMLLasertechnik/*

Hohe Pulsspitzenleistungen und Pulsenergien bei relativ kurzen Einwirkdauern erlauben das Schweißen elektrischer Kontaktierungen und miniaturisierter Bauteile, bspw. sensorischer Bauelemente. Eine materialangepasste Pulsformung ermöglicht einen nur geringen Wärmeeintrag. Eine minimale Wärmeeinflusszone und eine sehr geringe thermische Belastung der Fügepartner sind die Voraussetzung zum Verbinden temperaturempfindlicher Baugruppen, wie bspw. Sensoren (Bild 9.40). Der dargestellte Drucksensor für den Unterwassereinsatz wird zunächst lotfrei kontaktiert und im Anschluss durch eine Umfangsschweißnaht der Gehäuseteile wasserdicht gehaust.

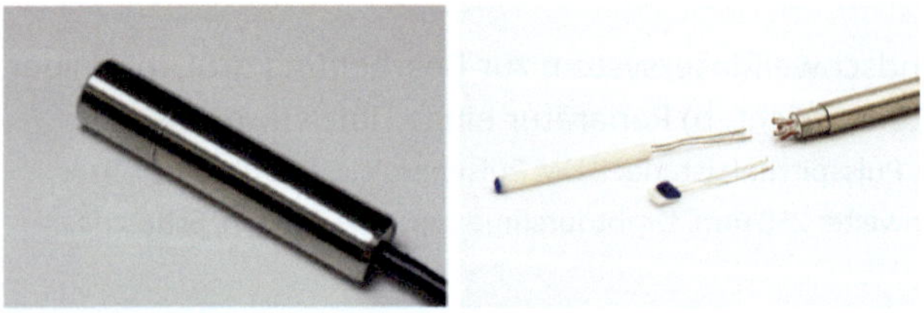

a) b)

Bild 9.40 Drucksensor für den Unterwassereinsatz der Fa. Nöding Messtechnik.
a) geschweißte Sensoreinheit, b) integrierte Sensorelemente © ALPHA LASER GmbH, */ALPHALASER2011/*

Wichtige Einsatzgebiete dieser handgeführten und teilautomatisierten Lasersysteme sind:

- Werkzeug- und Formenbau,
- Schmuckindustrie,
- Dentalindustrie,
- Medizintechnik sowie
- Sensortechnik.

Bewegung des Laserstrahls bei stationärem Werkstück

Die gezielte Bewegung des Laserstrahls über ein ruhendes Werkstück stellt eine etablierte Methode in der Laserstrahlschweißtechnik dar, insbesondere in Szenarien mit eingeschränktem Bauteilhandling, schwer zugänglichen Geometrien oder bei mobilem Einsatz. Diese Strategie ist sowohl bei manuellen Anwendungen als auch in teilautomatisierten Prozessen verbreitet, wobei moderne Strahlführungssysteme eine hochdynamische und präzise Bearbeitung ermöglichen.

Im Gegensatz zu konventionellen Konfigurationen, bei denen das Werkstück verfahren oder rotiert wird, erfolgt hier die relative Bewegung durch Ablenkung oder Führung des Laserstrahles selbst. Dies kann auf unterschiedliche Weise realisiert werden:

- galvanometrisch gesteuerte Strahlablenkung mittels beweglicher Spiegel, typisch für hochdynamische Anwendungen mit kleinem Bearbeitungsfeld,
- scannerbasierte Handgeräte für das manuelle, mobile Laserstrahlschweißen unter Nutzung eines handgeführten Bearbeitungswerkzeuges,
- koaxiale Oszillationssysteme (z. B. kreis-, elliptisch- oder linearförmig modulierte Strahlführung) zur Energieverteilung und Spaltüberbrückung.

Die Integration dieser Systeme erfordert eine hohe Synchronität zwischen Vorschub, Strahlformung, Fokuslage und ggf. Zusatzprozessen (z. B. Schutzgasführung oder Nahtverfolgung).

Für ein prozesssicheres **handgeführtes Laserstrahlschweißen** sind folgende Parameter charakteristisch:

- Laserleistung: 300 W bis 3000 W (kontinuierlich oder gepulst),
- Strahlformung: Fokusdurchmesser zwischen 50 µm und 500 µm; Wobble-Amplitude 0,2 – 2 mm bei Frequenzen von 50 – 1000 Hz,
- Vorschubgeschwindigkeit: abhängig von Werkstoff, Nahtart und Laserleistung (typisch im Bereich von 1 – 200 $mm \cdot s^{-1}$),
- Betriebsart: cw-, gepulste oder modulierte Ansteuerung; optional Hochfrequenzmodulation zur Begrenzung des Wärmeeintrags,
- Fokuslage: je nach Eindringtiefe auf oder leicht unterhalb der Werkstückoberfläche.

Die **gezielte Strahlschwingung („Beam Oscillation")** bewirkt eine Vergrößerung des effektiven Schweißquerschnitts, erhöht die Spaltüberbrückbarkeit und verbessert die Nahtform sowie die Porenfreiheit, insbesondere bei reflektierenden Materialien wie Kupfer oder Aluminium.

Die Auswahl geeigneter Werkstoffe und die Festlegung optimaler Nahtgeometrien (siehe Tabelle 9.10) sind entscheidende Faktoren für die erfolgreiche Umsetzung handgeführter oder teilautomatisierter Laserstrahlschweißprozesse. Aufgrund der hohen Leistungsdichte und des fokussierten Energieeintrages erlaubt das Verfahren prinzipiell das Fügen einer Vielzahl metallischer Werkstoffe, von niedriglegierten Stählen über Aluminiumlegierungen bis hin zu kupfer- oder nickelbasierten Werkstoffen.

Tabelle 9.9 gibt einen Überblick über typische Werkstoffgruppen, die sich für das handgeführte bzw. strahlgeführte Laserstrahlschweißen eignen. Berücksichtigt werden dabei sowohl schweißtechnische Aspekte, etwa Wärmeleitfähigkeit, Reflexions- und Schmelzverhalten, als auch prozesstechnische Herausforderungen, die sich beispielsweise aus Oxidschichten oder Legierungszusätzen ergeben.

Tabelle 9.9 Werkstoffgruppen und schweißtechnische Besonderheiten

Werkstoffgruppe	Typische Legierungen/Werkstoffe	Schweißtechnische Besonderheiten	Laserparameter
Stähle (rostfrei, niedriglegiert)	1.4301, 1.4571, 1.0037	hohe Absorption im IR-Bereich	cw-Faserlaser, 300 – 1000 W, Fokuslage leicht unter Oberfläche (maximal 1/3 der Materialdicke)
Aluminiumlegierungen	EN AW-5083, EN AW-6082	hohe Wärmeleitfähigkeit, Neigung zur Bildung einer Oxidhaut	Strahloszillation, 800 – 3000 W, Schutzgas (Ar, He), hohe Fokusstabilität
Kupfer/Kupferlegierungen	E-Cu, CuSn6, CuCrZr	geringe IR-Absorption, hohe Reflexion, Laser mit Wellenlänge im VIS- oder UV-Bereich vorteilhaft	Pulsbetrieb/Modulation, $P_{LM} > 1$ kW, $\lambda = 515$ nm (grün)
Nickelbasislegierungen	Inconel 625, 718	Heißrissgefährdung, hohe Festigkeit, Schmelzphasensteuerung erforderlich	präzise Energieeinbringung, Preheating empfohlen
Titanlegierungen	Ti6Al4V	oxidationsanfällig, reaktives Verhalten bei Luftkontakt	Sauerstoffabschirmung, Inertgasführung
Multimaterialverbindungen	Cu-Al, Stahl-Al, Stahl-Ti	unterschiedliche Schmelzpunkte und Diffusionsverhalten	modulierter Prozess, oszillierende Strahlführung

Auch beim handgeführten Laserstrahlschweißen kann bei bestimmten Anwendungen das Einbringen von **Schweißzusätzen** erforderlich oder technologisch vorteilhaft sein:

- Spaltüberbrückung bei Toleranzabweichungen,
- Legierungsmodifikation oder gezielte Gefügebeeinflussung,
- Erhöhung der Nahtverstärkung bzw. des Schweißvolumens.

Für diese Anwendungen gibt es inzwischen robuste Drahtzufuhrsysteme, die mit den handgeführten Laserbearbeitungsköpfen synchronisiert werden können. Dabei wird der Draht typischerweise seitlich oder tangential zum Schmelzbad zugeführt. Die Vorschubgeschwindigkeit liegt meist im Bereich von 0,5 – 3 $m \cdot min^{-1}$, je nach Drahtdurchmesser (z. B. 0,8 mm oder 1,0 mm) und Werkstoff.

Beispiele für geeignete Zusatzmaterialien sind:

- Stahl: G3Si1 (SG2) oder CrNi-Legierungen für VA-Stähle,
- Aluminium: AlSi5 oder AlMg4,5Mn,
- Nickelbasis: NiCrFe7,
- Kupferlegierungen: CuSn6, CuAl8.

Die prozesssichere Integration des Drahtes setzt eine präzise Strahl- und Temperaturführung voraus. Besonders bei oszillierenden Strahlführungen (Wobble-Technik) ist eine gute Abstimmung der Drahtlage zum Energieeintrag notwendig, um Fehlstellen, Porenbildung oder ungleichmäßige Einbrandtiefen zu vermeiden.

Die Kombination von Zusatzdraht und oszillierendem Laserstrahl stellt somit einen hochflexiblen Ansatz dar, um sowohl Nahtqualität als auch geometrische Toleranzfähigkeit in handgeführten Prozessen signifikant zu verbessern.

Die Geometrie der Schweißnaht ist ebenfalls maßgeblich für die Qualität des Fügeprozesses, wobei die Handhabung über handgeführte Systeme eine gewisse geometrische Flexibilität ermöglicht. Dennoch müssen die Nahtformen so ausgelegt werden, dass der fokussierte Strahlverlauf, der Energieeintrag und die Schmelzbaddynamik mit der gewünschten Verbindungsqualität korrelieren.

Tabelle 9.10 stellt eine Übersicht typischer **Nahtgeometrien** zusammen, die bei bewegtem Laserstrahl und fixierten Werkstücken technisch realisiert werden können. Dazu gehören sowohl Kehlnähte an Überlappverbindungen als auch Stumpfnähte, insbesondere an Rohren, Blechen oder Profilen. Die Zusammenfassung der Tabelle geht auf geometrische Anforderungen, typische Anwendungsfelder und Hinweise zur Prozessführung ein.

Tabelle 9.10 Typische Nahtgeometrien bei stationärem Werkstück

Nahtgeometrie	Beschreibung/ Anwendung	Vorteile	Herausforderungen
Stumpfnaht (I-/V-Naht)	stirnseitige Verbindung, z. B. bei Gehäusen	gute Krafteinleitung, geringe Nahtüberhöhung	Spaltmaßkontrolle, präzise Fokuslage notwendig
Überlappnaht	Überlappung zweier dünnwandiger Bleche	hohe Prozessstabilität, einfache Realisierung	eingeschränkte Festigkeit bei Schälbeanspruchung
Kehlnaht (T- oder Ecknaht)	typ. bei Rahmen- oder Profilsystemen	hohe mechanische Belastbarkeit	Zugang zum Nahtbereich erforderlich
Umlaufnaht/ Kreisnaht	rotationssymmetrische Dichtnähte (z. B. Sensorik)	hermetische Abdichtung, optisch gleichmäßig realisierbar	Trajektoriensteuerung bei ovalen Geometrien
Punktnaht (Tack-Welds)	temporäre Fixierung bzw. hochfrequente Impulsnähte	geringe Wärmeeinbringung, hohe Präzision	begrenzte Festigkeit, nicht für tragende Verbindungen

Bild 9.41 a und b zeigen exemplarisch den Aufbau und die Komponenten eines modernen handgeführten Laserstrahlschweißsystems, wie es für mobile oder teilautomatisierte Anwendungen im Dünn- und Dickblechbereich eingesetzt wird. Im Zentrum steht die Lasereinheit BLT-1500 mit einem integrierten 1,5-kW-Faserlaser, der über eine Prozessfaser mit einem handgeführten Schweißkopf verbunden ist. Die Bedieneinheit erlaubt eine intuitive Parametereinstellung sowie das Abrufen vordefinierter Schweißprogramme. Über das Drahtfördersystem kann bei Bedarf Zusatzmaterial kontinuierlich in die Nahtzone eingebracht werden, um das Schweißen von Volumenverbindungen oder das Überbrücken von Spalten zu realisieren. Der Schweißarbeitsplatz in Bild 9.41 a ist mit einem Massekontakt ausgerüstet, wodurch eine redundante Teilfunktion der Laserschutzlösung gewährleistet ist. Die Detailaufnahme in Bild 9.41 b zeigt die Bearbeitungsoptik mit Kupferdüse, einer integrierten Drahtzuführung, Schutzgasführung und einem Positionierlaserstahl, der eine präzise Nahtverfolgung ermöglicht. Dieses Systemdesign erlaubt sowohl das Schweißen von Kehl- als auch Stumpfnähten mit hoher Flexibilität hinsichtlich Position und Nahtgeometrie und ist besonders geeignet für Reparaturschweißungen oder schwer zugängliche Fügepositionen. /*BlueLasertools2025*/

Bild 9.42 zeigt eine Nahaufnahme des Fügeprozesses beim handgeführten Laserstrahlschweißen mit Zusatzdraht. Zu erkennen sind die funktionalen Einzelkomponenten der Schweißoptik, die präzise Drahtzuführung, die Auslassöffnung für Schutzgas zur Nahtumhüllung sowie die Kupferdüse und der Schweißkopf mit integrierter Bearbeitungsoptik. Die Kombination dieser Elemente erlaubt eine präzise Führung des

Schweißkopfes entlang der Fügezone unterstützt durch die Vorschubbewegung des Drahtes. Diese Technik ermöglicht insbesondere bei Dünnblechen sowie bei filigranen oder wärmeempfindlichen Bauteilen eine kontrollierte Energieeinbringung bei gleichzeitiger Materialzufuhr, wodurch gleichmäßige und hochfeste Schweißnähte erzielt werden. */BlueLasertools2025/*

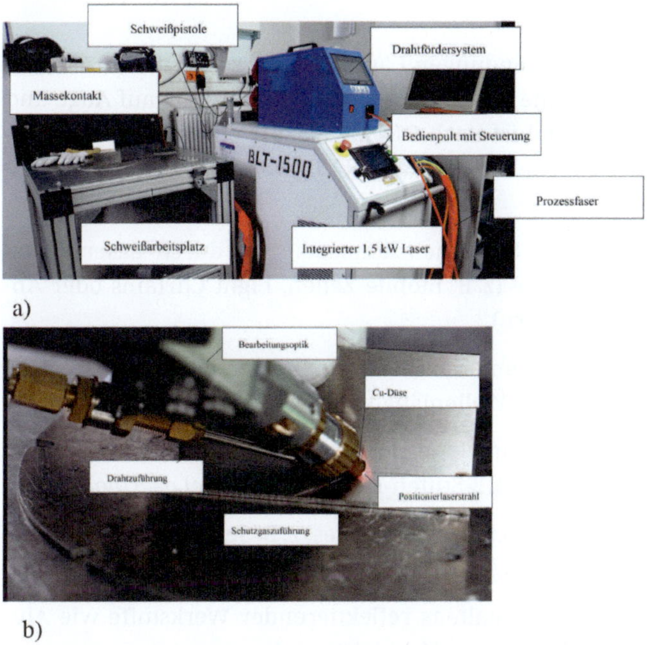

Bild 9.41 Handgeführtes Laserstrahlschweißsystem mit integrierter Steuerung und Drahtförderung (System BLT-1500). a) Anordnung und Komponenten des Handschweißarbeitsplatzes, b) Detailansicht der Schweißoptik mit Draht-, Schutzgas- und Positionierlasereinrichtung beim Fügen einer Kehlnaht

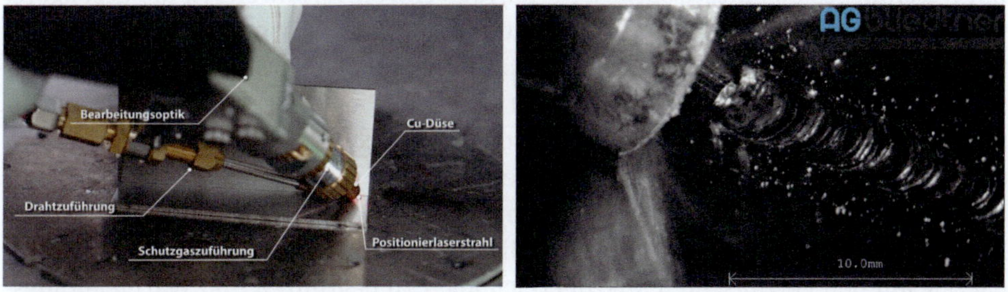

a) b)

Bild 9.42 Detailansicht der handgeführten Laserbearbeitungseinheit mit integrierter Drahtzuführung. a) Schweißen einer Kehlnaht, b) Hochgeschwindigkeitsaufnahme des Schweißprozesses mit einlaufendem Draht in die Schweißzone

Siehe auch Videosequenz zum Thema „handgeführtes Laserstrahlschweißen" auf *plus.hanser-fachbuch.de*.

Das Bewegen des Laserstrahls bei fixiertem Werkstück im handgeführten Prozess erfordert ein besonders sorgfältiges Konzept zur **Lasersicherheit**, da sich das Laserbearbeitungsoptikmodul frei im Raum bewegen lässt und somit nicht durch klassische Abschottungen begrenzt ist.

In der Regel kommen bei diesen Anwendungen Laser der Klasse 4 zum Einsatz, bei denen bereits diffuse Reflexionen eine potenziell gefährliche Wirkung auf Auge und Haut entfalten können. Entsprechend ist nach DIN EN 60825-1 eine vollständige Gefährdungsbeurteilung erforderlich (siehe auch Kapitel 13), woraus sich folgende zentrale Anforderungen ergeben:

- Verwendung eines geschlossenen Sicherheitskonzepts, z. B. durch Laserschutzkabinen oder aktive Schutzgehäuse (z. B. mobile Zellen, Light Curtains oder Abschottungen mit Sicherheitsschaltern),
- Tragen persönlicher Schutzausrüstung durch das Bedienpersonal, insbesondere Laserschutzbrillen mit zertifizierter Wellenlängenabsorption,
- redundante Sicherheitsschaltungen und eine aktivierbare Strahlquelle ausschließlich über eine Totmannschaltung (z. B. 3-Stufen-Bediengriff, */BlueLasertools2025/*),
- Einsatz laseroptischer Module mit Sicherheitsfeatures, z. B. Sensorik zur Werkstückerkennung oder Notabschaltung bei Abweichung vom Werkstück,
- Berücksichtigung des Streustrahlverhaltens reflektierender Werkstoffe wie Aluminium oder Kupfer, insbesondere bei cw-Hochleistungslasern.

Die Zertifizierung solcher Systeme erfolgt in der Regel nach Maschinenrichtlinie und der DIN EN ISO 11553-1.

9.1.4.5.5 Mikropulverauftragsschweißen (Micro-Cladding)

Ein wesentliches Ziel dieses speziellen Auftragsschweißverfahrens ist die Erzeugung von Strukturen mit Auflösungen kleiner 100 µm und hohen Aspektverhältnissen. Die Skalierung der im vorangegangenen Abschnitt beschriebenen Geometrien hin zu wesentlich kleineren Abmessungen ist nicht trivial und erfordert spezielle Voraussetzungen an die Lasersystemtechnik sowie die Prozessbeherrschung, da insbesondere die thermische Beeinträchtigung des Trägermaterials weitestgehend verhindert werden muss. Zum Einsatz kommen hierfür gepulste Lasersysteme mit hohen Brillanzen. Ferner muss eine hohe Ablenkgeschwindigkeit erzielt werden, um die Laserstrahlenergie auf den gewünschten Mikrobereich lokal zu begrenzen und Wärmeleitungseinflüsse zu vermeiden bzw. sehr gering zu halten. Mit dieser Systemkonstellation lassen sich prinzipiell Strukturen erzeugen, deren laterale Auflösung im Wesentlichen von Fokusdurchmesser und Pulverkorndurchmesser bestimmt wird.

Die in Bild 9.43 spezifizierte Pulverdüsenanordnung konnte erfolgreich für das Auftragen austenitischen Cr-Ni-Mo-Stahls angewandt werden. Die Zuführung des Pulvers mit einer Kornfraktion zwischen 2 und 30 µm erfolgt über ein Fördersystem, unterstützt durch das Trägergas Argon. Die in Bild 9.43 dargestellten Pulverdüsen sind um 120° versetzt koaxial zum Laserstrahl angeordnet und richten den Pulverstrom unter 65° auf die Bauteiloberfläche */MicroClad2011/*.

Bild 9.43
Koaxiale Pulverdüsenanordnung für das Micro-Cladding */MicroClad2011/*
Laser: MOPA-Faserlaser, Leistung: 20 W, Pulslänge: 15 – 200 ns, Rep.-Rate: 25 – 500 kHz, max. Fluenz: 31 $J \cdot cm^{-2}$
Scanner: SCANcube 7, Geschwindigkeit: bis 5 $m \cdot s^{-1}$, Brennweite: 100 mm / 63 mm, Fokusdurchmesser: 80 µm / 50 µm, Drei um 120° versetzt angeordnete Pulverdüsen (Ø 2 mm)

Für die Prozessführung ist die Abstimmung der Laserparameter und der Scangeschwindigkeit hinsichtlich der erreichbaren Aufwachsrate und Spurbreite entscheidend (Bild 9.44). In */MicroClad2011/* wurde ausgeführt, dass sich bei einer Pulsfrequenz von 25 kHz eine konstante Spurbreite von etwa 80 µm und eine durchschnittliche Aufwachsrate von 0,25 µm pro Überfahrt ergeben.

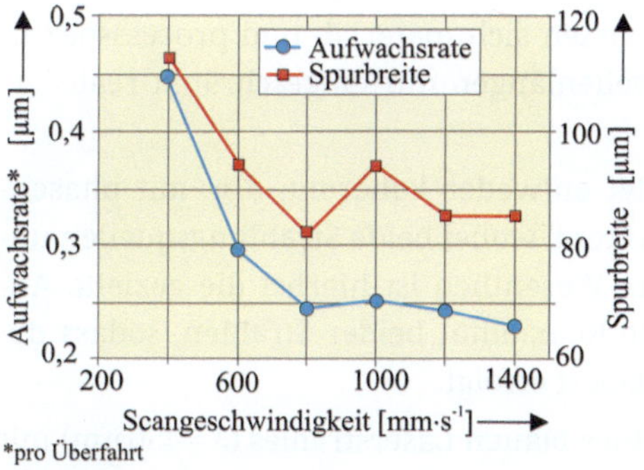

Bild 9.44
Abhängigkeit der Aufwachsrate pro Wiederholung und der Spurbreite von der Scangeschwindigkeit */MicroClad2011/*

Im Ergebnis lassen sich nahezu oxid- und porenfreie Mikrostrukturen durch Auftragsschweißen erzeugen. Die in Bild 9.45 illustrierten Beispiele des Micro-Claddings weisen rechtwinklige Wände mit sehr geringen Pulveranhaftungen auf. Im Beispiel b konnte ein Aspektverhältnis von 1 : 20 bei einer Grundfläche von $(350 \times 350)\,\mu m^2$ für den gezeigten Quader erzielt werden. Bei Anwendung der optimalen Prozessparameter entsprechen die chemische Zusammensetzung und die erreichbaren Mikrohärten weitestgehend denen des Substratmaterials */MicroClad2011/*.

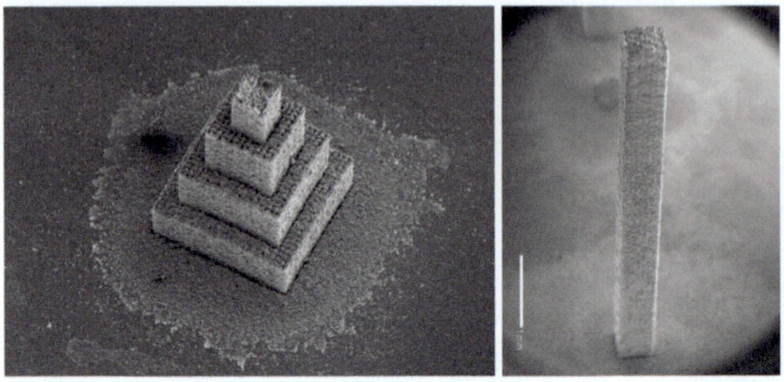

a) b)

Bild 9.45 Beispiele des Micro-Claddings. a) Konturscharfe Mikropyramide, b) Quader mit Bauhöhe 7 mm */MicroClad2011/*

9.1.4.6 Hybridschweißen

Unter **Hybridschweißen** versteht man die Kombination des Laserstrahlschweißens mit anderen Schweißverfahren. Geeignete Verfahren hierfür sind das MSG-Schweißen (Metall-Schutzgas), das WIG-Schweißen (Wolfram-Inertgas) sowie das Plasmaschweißen, aber auch die **Kombination zweier Lasertypen**, z. B. Diodenlaser und FK-Laser, oder das Schweißen mit zwei Wellenlängen kann zu den Hybridschweißverfahren gezählt werden.

9.1.4.6.1 Laserstrahlschweißen mit zwei Wellenlängen

Das Laserstrahlschweißen mit zwei unterschiedlichen Wellenlängen stellt eine innovative Erweiterung konventioneller Laserschweißprozesse dar. Durch die gezielte Überlagerung von Laserstrahlung im sichtbaren (z. B. blauer oder grüner Wellenlänge) und infraroten (IR) Spektralbereich lassen sich material- und prozessspezifische Vorteile kombinieren, die mit Einzelwellenlängen nur eingeschränkt realisierbar sind.

Die Kombination von Laserstrahlung erfolgt entweder kohärent, d. h. mit phasenstabil überlagerten Strahlen, oder nicht-kohärent, wobei beide Strahlungsquellen unabhängig voneinander eingebracht werden. Wesentlich ist hierbei die gezielte Anpassung des Leistungsverhältnisses und die Koaxialität beider Strahlen, sodass die Energieeinbringung in das Werkstück überlagert erfolgt.

Ein typisches Beispiel ist die Kombination eines blauen Laserstrahles ($\lambda \approx 450$ nm) mit einem infraroten Faser- oder Scheibenlaser ($\lambda \approx 1030 - 1070$ nm). Die blaue Strahlung wird aufgrund der höheren Absorptionskoeffizienten insbesondere bei stark reflektierenden Werkstoffen wie Kupfer, Edelstahl oder bestimmten Aluminiumlegierungen deutlich effizienter vom Werkstück aufgenommen. Die infrarote Strahlung hingegen bietet den Vorteil hoher verfügbarer Leistungen, großer Eindringtiefen und einer hohen Prozessgeschwindigkeit.

Typische Beispiele für die Anwendung der Strahlüberlagerung sind:

- Auftragsschweißen von Kupfer und Kupferlegierungen für die Elektromobilität (z. B. Batteriekontakte, Stromschienen),
- Präzisionsschweißen von Dünnblechen in der Medizintechnik,
- Kontaktierung von Kupferbauteilen in der Leistungselektronik,
- Schweißen von Aluminium-Kupfer-Verbindungen für Energiespeichersysteme.

Ein wesentlicher Erfolgsfaktor bei der Wellenlängenkombination ist die präzise Prozessführung, insbesondere durch:

- exakte Fokusanpassung beider Strahlungsquellen,
- individuelle Leistungsregelung abhängig von Material, Blechdicke und Nahtgeometrie,
- Synchronisation der Strahlmodulation, wenn dynamische Leistungsverteilungen erforderlich sind.

Herausforderungen bestehen in der optischen Kombination der Strahlen, dem Erhalt hoher Strahlqualität beider Quellen sowie in der komplexeren Prozessparametrierung im Vergleich zu monowellenlängigen Systemen.

9.1.4.6.2 Laserstrahlschweißen kombiniert mit anderen Energiequellen

Das **Laserhybridschweißen** wird vorrangig für große Wandstärken und großvolumige Bauteilen angewendet, da dort die notwendigen Toleranzen für den Laserprozess nicht oder nur mit hohen Kosten für eine entsprechende Bauteilvorbereitung erreicht werden können. Speziell bei Anwendungen im Schiffs-, Stahl- und Fahrzeugbau ist dies für Blechdicken größer 6 mm oft der Fall, denn in Kombination mit konventionellen Lichtbogenverfahren ermöglicht das Laserstrahlschweißen eine größere Spaltüberbrückbarkeit. Durch das Lichtbogenschweißverfahren lässt sich Zusatzmaterial definiert in das Schweißbadvolumen einbringen und kann darüber hinaus auch zur gezielten Beeinflussung der Metallurgie im Schmelzgefüge genutzt werden. Der Laserstrahl hingegen sorgt für große Einschweißtiefen und hohe Schweißgeschwindigkeiten. Durch die Überlagerung der beiden Energiequellen lassen sich die Vorteile beider Verfahren gezielt kombinieren. Der fokussierte Laserstrahl erzeugt eine tiefgreifende Kapillarschweißung mit hoher Energiedichte (bis in den Bereich mehrerer $10^6\,W{\cdot}cm^{-2}$) und ermöglicht somit große Einschweißtiefen bei gleichzeitig hoher Schweißgeschwindigkeit. Das Lichtbogenschweißverfahren, häufig das Metall-Schutzgas- (MSG) oder Unterpulverschweißen (UP), dient primär dem Einbringen von Zusatzmaterial in das Schweißbad und unterstützt die Spaltüberbrückbarkeit, wodurch Toleranzen in der Bauteilvorbereitung reduziert werden können. Zudem lässt sich die Zusammensetzung des Schmelzgefüges durch die gezielte Wahl von Zusatzwerkstoffen und Prozessparametern metallurgisch beeinflussen.

Bild 9.46 zeigt die hybride Anordnung eines Bearbeitungskopfes für das Laser-MSG-Hybridschweißen von Baustahl. Der MSG-Brenner kann je nach Anwendungsfall in stechender oder schleppender Orientierung zum Laserstrahl positioniert werden, wodurch die Interaktion von Laserstrahl und Lichtbogen sowie die Geometrie des Schmelzbades gezielt beeinflusst werden. Für dünnwandige Bauteile kommt vorzugsweise der stabilisierte Kurzlichtbogen bei reduzierter Stromstärke zum Einsatz, während bei dickeren Blechen (> 6 mm) höhere Stromstärken und ein Sprühlicht- oder ein Impulslichtbogen verwendet werden, um die erforderliche Abschmelzleistung und Nahtqualität sicherzustellen.

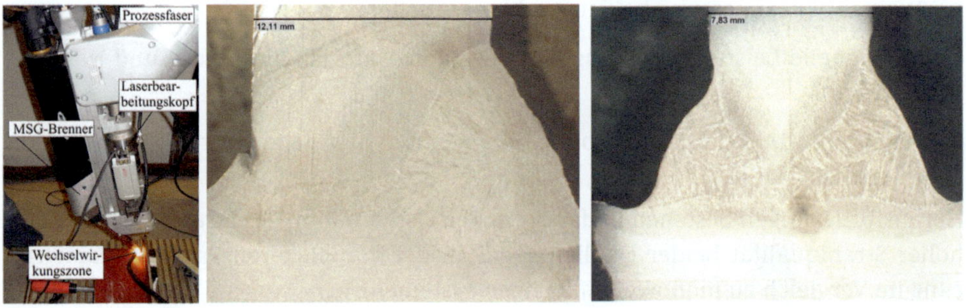

a) b) c)

Bild 9.46 Laserhybridschweißen mit einem 8-kW-Scheibenlaser */Harr2008/*. a) hybrider Schweißkopf, b) T-Stoß (12 mm durchgeschweißt), c) T-Stoß (8 mm beidseitig eingeschweißt)

Durch den Einsatz des Hybridprozesses im Vergleich zu den einzelnen Verfahren kann die Einschweißtiefe bei deutlich kleineren Streckenenergien erhöht werden. Neben den Anwendungen mit dem CO_2-Laser finden auch immer stärker FK-Laser Verwendung für die Hybridtechnik. Diese bieten aufgrund ihrer kürzeren Wellenlängen ($\lambda \approx 1030-1070$ nm) eine höhere Absorption bei metallischen Werkstoffen sowie reduzierte Plasmaabschirmung im Vergleich zu CO_2-Lasern. Ein weiterer Vorteil ist die flexible Strahlführung über Prozessfasern, die eine kompakte und leicht integrierbare Systemarchitektur ermöglichen. Moderne Hybridschweißanlagen arbeiten typischerweise mit Laserleistungen im Bereich von 5 bis 20 kW, wobei durch die Kombination mit dem Lichtbogenprozess Einschweißtiefen bis über 20 mm bei geeigneten Werkstoffen erreichbar sind.

9.1.5 Ausgewählte Lasersysteme für das Laserstrahlschweißen

Für das Laserstrahlschweißen werden vielfach Robotersysteme eingesetzt, die eine hohe Flexibilität und eine wirtschaftliche Fertigung, insbesondere in der Kombination mit FK-Lasern und Prozessfasern, gestatten. Das Portalrobotersystem in Bild 9.47 ermöglicht eine sehr hohe Bauteilzugänglichkeit und kann aufgrund eines Bearbeitungsfeldes von $(6 \times 3 \times 1)\,m^3$ sehr großvolumige Baugruppen schweißen. Bild b zeigt das Schweißen eines Edelstahlgehäuses mit einem 4-kW-Faserlaser, der mit einer Brennweite von 200 mm einen Fokusdurchmesser von 400 µm auf der Bauteiloberfläche abbildet. Am Schweißkopf ist ein vorlaufendes Nahtverfolgungssystem integriert, welches eine Online-Regelung der Verfahrbewegung entlang des Schweißspaltes erlaubt.

a) b)

Bild 9.47 Schweißen mit Portalroboter */Jena2011-7.5.3/*. a) Anlagendarstellung, b) Schweißprozess mit Nahtverfolgungssystem

Das **scannerbasierte Laserstrahlschweißen** stellt ein hochpräzises, flexibles Verfahren zum Fügen dünner metallischer Folien im Dickenbereich < 500 µm dar. Dabei wird der Laserstrahl mittels galvanometrischer Scannerspiegel über die Fügezone geführt, wodurch hochdynamische, beliebig programmierbare Schweißbahnen umsetzbar sind. Die vom Werkstück entkoppelte Strahlpositionierung ermöglicht kurze Taktzeiten, minimalen mechanischen Verschleiß und höchste Prozessgeschwindigkeit bei gleichzeitig exakter Energieeinbringung. Durch die hohe Strahlführungsdynamik der Scanneroptik lassen sich gezielt lokale Energieeinträge mit typischen Fokusdurchmessern < 200 µm bei hoher Reproduzierbarkeit realisieren. Besonders geeignet ist das Verfahren für temperaturempfindliche Bauteile, da durch definierte Taktung, oszillierende Schweißbewegungen (z. B. Wobble-Technik) und schnelle Verfahrwege der Wärmeeintrag minimiert wird. Die verwendeten Schweißgeschwindigkeiten liegen häufig im Bereich $> 1\,m \cdot s^{-1}$, wobei die thermisch induzierte Materialverformung deutlich reduziert werden kann.

Für das Fügen dünnster metallischer Folien, wie sie in der Mikroelektronik, der Batterietechnik oder der Herstellung von Vakuum-Isolations-Paneelen (VIP) Anwendung finden, bietet das scannerbasierte Schweißen entscheidende Vorteile:

- hohe Nahtqualität bei minimalem Wärmeeintrag, wodurch Materialverzug und thermische Schädigung angrenzender Strukturen vermieden werden,
- flexible Bahnführung, insbesondere bei komplexen Nahtkonturen, Ecken oder Überlappungen,
- reduzierter mechanischer Anpressdruck, da die Energie primär über den fokussierten Laserstrahl eingebracht wird.

Ein Anwendungsbeispiel ist das Schweißen von Vakuum-Isolations-Paneelen (VIP), die typischerweise aus einem porösen Kernmaterial (z. B. pyrogene Kieselsäure) und einer gasdichten mehrlagigen Metallfolienhülle bestehen. Die Hülle, häufig aus Edelstahl- oder Aluminiumfolien im Dickenbereich von 50 – 200 µm, erhält das Vakuum im Inneren dauerhaft aufrecht. Für die Qualität und die Lebensdauer der VIPs ist eine vollständig dichte und mechanisch stabile Schweißnaht von entscheidender Bedeutung. Das scannerbasierte Laserstrahlschweißen ermöglicht hierbei:

- dichtes Umschweißen der Randbereiche, insbesondere bei Ecken oder Rundungen der Paneele,
- hohe Prozessgeschwindigkeit für die Serienfertigung, insbesondere in automatisierten Anlagen,
- geringe thermische Beeinflussung des Kernmaterials, da es bei erhöhten Temperaturen irreversible strukturelle Veränderungen erfahren kann. */CroNiVIP2017/*

Faserlaser im Bereich von 200 W bis ca. 1 kW, je nach Material und Folienstärke, gelten als typische Laserstrahlquellen. Die Wahl der Wellenlänge ($\lambda \approx 1030 - 1070$ nm) erlaubt eine gute Absorption in metallischen Werkstoffen bei gleichzeitig hoher Fokussierbarkeit für kleine Spotgrößen. In Bild 9.48 sind ein Schweißarbeitsplatz mit einem FK-Laser (Laserleistung: 1,5 kW; links) sowie die applizierte Überlappschweißnaht (rechts) exemplarisch dargestellt.

Der Querschliff in Bild 9.49 zeigt das Beispiel einer Laserstrahlschweißverbindung zweier übereinanderliegender Chrom-Nickel-Folien mit einer jeweiligen Materialdicke von 5 µm, die im Rahmen des Forschungsprojekts CroNiVIP (Chrom-Nickel-Folien für vakuumtaugliche hochpräzise Fügeprozesse) realisiert wurde. Zum Einsatz kam dabei ein Singlemodefaserlaser, dessen Strahlführung und Prozessparameter gezielt auf das verzugsarme Fügen metallischer Dünnfolien im Mikrometerbereich ausgelegt sind. Im dargestellten Querschliff lässt sich die vollständige Durchschweißung beider Folien erkennen. Die Schweißnaht weist eine homogene Struktur ohne erkennbare Poren oder Risse auf. Der gezielte Wärmeeintrag und die präzise Fokussierung ermöglichen ein kontrolliertes Verschmelzen der Folienschichten bei gleichzeitig minimalem Wärmeeinfluss auf das umliegende Material. Die Mikrostruktur im

Nahtbereich bestätigt die Eignung des entwickelten Verfahrens für hochpräzise, reproduzierbare Fügeprozesse von metallischen Dünnfolien. */CroNiVIP2014/*

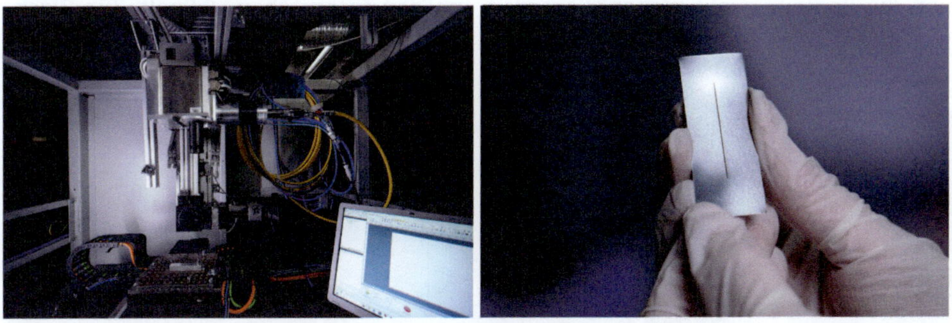

a) b)

Bild 9.48 FK-Laserarbeitsplatz zum scannerbasierten Schweißen dünner Folien. a) Systemaufbau mit Komponenten, b) Ansicht einer Überlappschweißnaht von 2 Folien (Material: 1.4301; Dicke 50 µm)

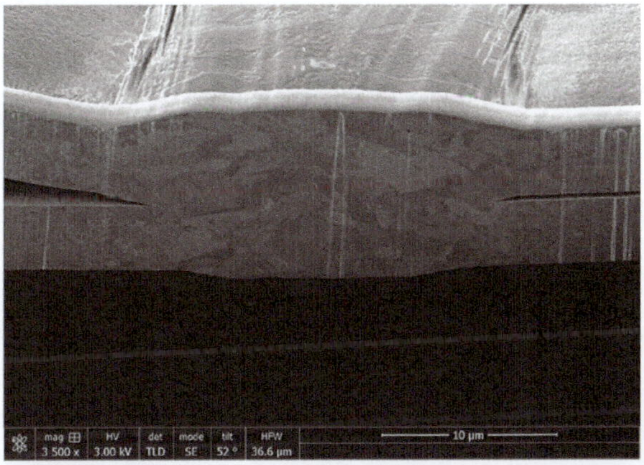

Bild 9.49 Querschnitt einer Laserstrahlschweißverbindung von zwei 5 µm starken Chrom-Nickel-Folien */CroNiVIP2014/*

Siehe auch Videosequenzen zum Thema „Laserstrahlschweißen von Folien" auf *plus.hanser-fachbuch.de.*

Remoteschweißsysteme erlauben große Arbeitsabstände bei einer gleichzeitigen hochdynamischen Strahlablenkung. Damit können deutlich geringere Positionierzeiten erreicht werden als bei herkömmlichen achsangetriebenen Bearbeitungsköpfen und ein sehr schnelles sequenzielles Schweißen von Punkt- oder Steppnähten wird möglich. In Bild 9.50 ist eine Großfeldscanneranlage (RWS) dargestellt. Mit einem 5-kW-CO_2-Laser können 2D- und 2,5D-Anwendungen in einem großen Arbeitsraum geschweißt werden. Bild b illustriert ein spezielles Spannsystem mit hydraulischen Niederhaltern, das vorwiegend zum Schweißen von Blechelementen aus dem Automobilkarosseriebereich genutzt wird. Mittels der Vielzahl dieser Federelemente können die Bauteile exakt gespannt werden, um den technischen „0-Spalt" für Blechpaarungen zu realisieren.

a) b) c)

Bild 9.50 Großraumschweißsystem (RWS) */Jena2011-7.5.4/*. a) Bearbeitungsraum, b) Spannvorrichtung, c) geschweißte Baugruppe

Remotelösungen entwickeln sich in Verbindung mit Robotersystemen zu sehr flexiblen und dreidimensionalen Bearbeitungsanlagen. Die Kombination eines 3D-Scanners mit einem 6-Achs-Gelenkarmroboter gestattet das Schweißen On-the-fly (Bild 9.51). Beide Bewegungsabläufe werden synchronisiert, wobei der Roboter die Bewegung entlang einer Bahn und der Scanner die eigentliche Schweißkontur (z. B. kurze Steppnähte) ausführt. Das gezeigte Applikationsbeispiel illustriert das Überlappschweißen verzinkter Stahlbleche einer Pkw-Dachspitze.

a) b) c)

Bild 9.51 Kleinfeldscanneranlage (SWS). a) Schweißprozess, b) Bewegungsraum, c) geschweißte Baugruppe */Jena2011-7.5.4/*

Laserschweißanlagen werden für bestimmte Anwendungen der Großserien- und Massenfertigung auch als Spezialanlagen ausgeführt. Ein klassisches Beispiel stellt das Rohrlängsnahtschweißen dar (Bild 9.52). In dieser Anordnung ist das Lasersystem auf die spezifische Schweißanwendung optimiert und erlaubt sehr hohe Schweißgeschwindigkeiten. Ausgestattet mit einem Nahtverfolgungssensor und einer schnellen Achsbewegung quer zur Schweißrichtung kann die Schweißposition bei Spaltabweichungen sehr schnell nachgeregelt werden.

Bild 9.52 Laserschweißsystem für das Rohrlängsschweißen */Jena2011-7.5.1/*

9.1.6 Ausgewählte Anwendungen

Ein wichtiges Anwendungsgebiet des Laserstrahlschweißens ist der Automobilbau, insbesondere sogenannte „Tailored Blanks", die aus mehreren Einzelblechen zusammengefügt werden. Diese einzelnen Bleche können aus unterschiedlichen Materialien bestehen und verschiedene Oberflächenbeschichtungen und Dicken aufweisen. Durch anschließendes Umformen sind nahezu beliebig geformte Blechbauteile herstellbar. Die „maßgeschneiderte" Fertigung von Baugruppen ermöglicht eine Optimierung der Festigkeit und des Gewichtes. Ein Beispiel hierfür ist in Bild 9.53 dargestellt. Laserschweißverfahren eignen sich auch für das großflächige Verschweißen von Aluminiumbauteilen wie bei den im Bereich der Luftfahrt eingesetzten Stringerelementen (Bild 9.53 b).

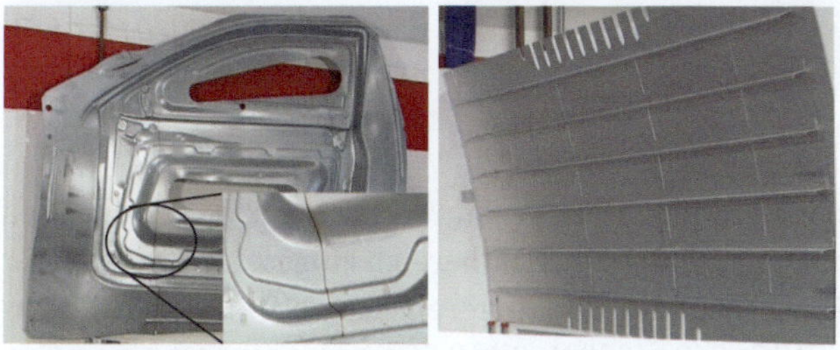

a) b)

Bild 9.53 Ausgewählte Schweißapplikationen. a) Schweißnaht einer Pkw-Tür, b) geschweißtes Stringerelement */Jena2011-7.5.5/*

Bild 9.54 zeigt einen T-Stoß, der mit zwei Kehlnähten geschweißt wurde, wobei die Laserstrahlachse dabei jeweils um 45° geneigt wurde (Bild 9.54 a). Das Applikationsbeispiel mit einer Blechdicke von 1,5 mm (Bild 9.54 b) wurde mit einer Laserleistung von 2500 W und einer Geschwindigkeit von 2000 mm·min^{-1} geschweißt. Der Querschliff in Bild 9.54 c veranschaulicht einen leichten Nahteinfall infolge zu hoher Streckenenergien bzw. zu großer Spaltmaße.

a) b) c)

Bild 9.54 Schweißen einer Doppelkehlnaht – Werkstoff: X5CrNi1810. a) schematische Schweißanordnung, b) geschweißter T-Stoß, c) Querschliffdarstellung

Eine industriell verbreitete Anwendung des Laserstrahlschweißens ist das Schweißen von Getriebegangrädern, die aus Gründen der Gewichtseinsparung aus zwei Teilen, dem Zahnkörper und dem Synchronring, gefertigt und mit dem Laserstrahlverfahren gefügt werden. Gegenüber konventionellen Schweißverfahren erreicht man durch den Laserprozess schlanke Nähte, minimalen Bauteilverzug und eine hohe Belastbarkeit der Baugruppe (Bild 9.55).

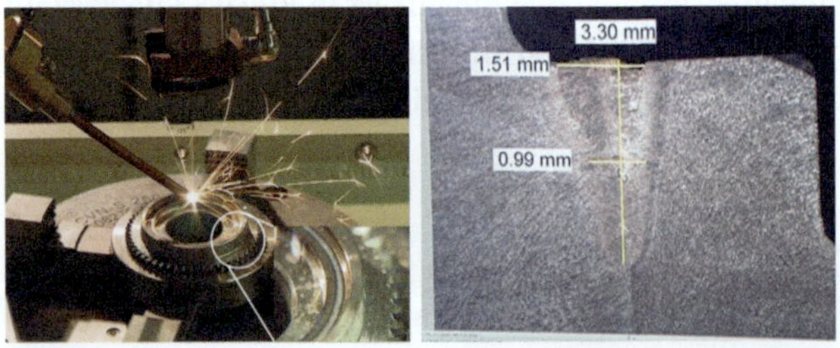

a) b)

Bild 9.55 Schweißen von Getriebegangrädern */Jena2011-7.5.5/*. a) Prozessdarstellung, b) Querschliff

Aufgrund der genannten Vorzüge werden Laserverfahren auch für das Schweißen von Edelstahl- und Aluminiumbauelementen im Sichtbereich eingesetzt. Ein weiterer Vorteil des Laserstrahlschweißens liegt in der kürzeren Schweiß- und Nachbearbeitungszeit (Laser: 140 s / 90 s; WIG: 840 s / 660 s). Bild 9.56 a demonstriert einen Vergleich der Verfahren Laserstrahl- und WIG-Schweißen am Beispiel eines Klemmkastens aus dem Material AlMg3.

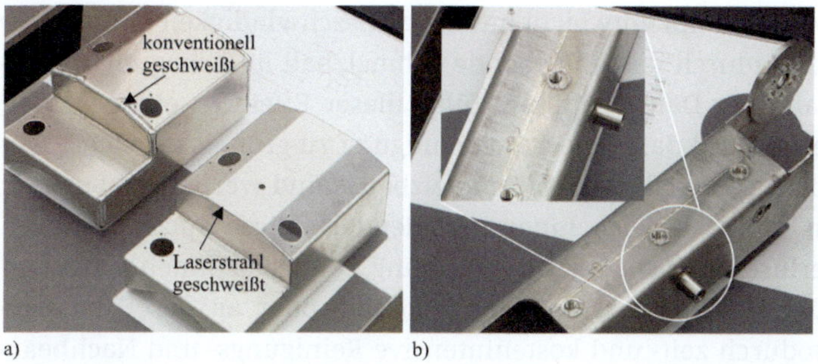

Bild 9.56 Schweißbeispiele */Jena2011-7.5.3/*. a) Klemmkasten, b) Holmelement OP-Tisch

Schweißverfahren gewinnen für Leichtbaukonstruktionen zunehmend an Bedeutung, da sich deutliche Material- und Gewichtseinsparungen erzielen lassen. Bild b zeigt das Schweißen einer Blechkonstruktion für einen Operationstisch, das mit einem robotergekoppelten Scheibenlaser (3 kW) durchgeführt wurde. Die Materialstärke von 3 mm kann mit einer Vorschubgeschwindigkeit von 1,5 m·min^{-1} homogen in der I-Nahtanordnung geschweißt werden. Durch diese Schweißapplikation lässt sich das bisher verwendete Gussteil vollständig substituieren. */Trumpf2011/*

9.1.7 Herausforderungen und prozesstechnologische Lösungen beim Laserstrahlschweißen

Das Laserstrahlschweißen, insbesondere im Tiefschweißregime, zeichnet sich durch hohe Prozessgeschwindigkeiten, geringe Wärmeeinflusszonen und große Einschweißtiefen aus. Voraussetzung hierfür sind sehr hohe Leistungsdichten im Fokusbereich, die typischerweise zwischen 10^6 und 10^7 W·cm^{-2} liegen. Bei diesen Energiedichten wird das Material lokal bis zur Verdampfung gebracht, wodurch sich die charakteristische Dampfkapillare („Keyhole") ausbildet. Die damit verbundene starke Metallverdampfung und die instationäre Dynamik des Schmelzbades können jedoch unerwünschte Effekte wie Spritzerbildung und Poren verursachen, die die Nahtqualität erheblich beeinträchtigen.

9.1.7.1 Spritzerbildung beim Tiefschweißen

Aufgrund der sehr hohen Leistungsdichten im Bereich von etwa 1 MW·cm^{-2} kommt es insbesondere im Tiefschweißprozess zwangsläufig zu einer starken lokalen Aufheizung des Werkstoffs bis zur Verdampfung. Durch die hohe Leistungsdichte des fokussierten Laserstrahls bildet sich die für das Verfahren charakteristische Dampfkapillare („Keyhole") im Werkstoff aus, die durch den ausströmenden Metalldampf stabilisiert wird (siehe auch Abschnitt 9.1.2.2). Diese physikalischen Randbedingungen führen jedoch gleichzeitig zu einer Reihe prozessspezifischer Herausforderungen, die die Qualität und die Wirtschaftlichkeit des Verfahrens maßgeblich beeinflussen können. Ein wesentliches Problem stellt die **Spritzerbildung** dar. Der innerhalb des

Keyholes entstehende Metalldampf entweicht mit hoher Geschwindigkeit entlang der Kapillarwände und setzt dadurch das umgebende Schmelzbad in Bewegung. Insbesondere an der Rückwand der Dampfkapillare führt dieser Effekt zu einer lokalen Aufwölbung der Schmelze. Wird dabei die Beschleunigung zu groß, lösen sich Tropfen flüssigen Metalls von der Oberfläche des Schmelzbades und werden als Spritzer unkontrolliert aus dem Prozessbereich hinausgeschleudert. Diese Spritzer führen nicht nur zu Materialverlust im Bereich der Nahtbildung, sondern können zudem an angrenzenden Bauteilflächen, an Maschinenkomponenten oder an der Fokussieroptik haften bleiben, wodurch zeit- und kostenintensive Reinigungs- und Nachbearbeitungsmaßnahmen erforderlich werden. */Zhao2019/*, */Börn2011/*, */Jian2019/*

Zur Reduktion dieser Problematik wurde z. B. die BrightLine-Weld-Technologie entwickelt */trumpf2025-4/*, deren Prinzip in einem sogenannten 2-in-1-Laserlichtkabel besteht, das sowohl einen inneren als auch einen äußeren Faserkern für die Laserstrahlübertragung nutzt. Durch diese Aufteilung der Leistung kann gezielt ein ringförmiger Strahlanteil erzeugt werden, der die Dampfkapillare im Werkstück vergrößert und die Abführung des Metalldampfs erleichtert (Bild 9.57 a). Gleichzeitig wird das Schmelzbad durch diese spezifische Strahlgeometrie stabilisiert, wodurch die Spritzerbildung signifikant reduziert wird. Das Verfahren ermöglicht spritzerarme bis nahezu spritzerfreie Schweißnähte bei hochreflektierenden Werkstoffen wie Aluminium oder Kupfer sowie bei klassischen Werkstoffen wie Baustahl oder Edelstahl. Neben der verbesserten Nahtqualität führt die BrightLine-Weld-Technologie auch zu einer erhöhten Prozessstabilität, höheren Vorschubgeschwindigkeiten und reduziertem Nachbearbeitungsaufwand, wodurch die Gesamtproduktivität des Verfahrens maßgeblich gesteigert werden kann. */Trumpf 2025-4/*

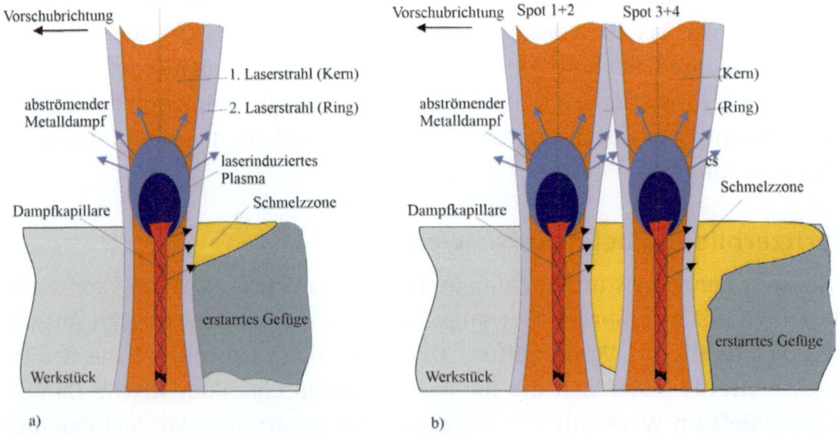

Bild 9.57 Schematische Darstellung ausgewählter Schweißstrategien zur Vermeidung von Schweißfehlern nach */trumpf 2025-4/*. a) Anordnung und Strahlüberlagerung der BrightLine-Weld-Technologie, b) Strahlanordnung der Multifokustechnologie

9.1.7.2 Porenbildung und Gegenmaßnahmen

Ein weiteres qualitätsbestimmendes Problem beim Laserstrahlschweißen stellt die **Porenbildung** dar, insbesondere bei Werkstoffen wie Aluminium und Aluminiumguss. Die Entstehung von Poren im Schweißgut wird durch komplexe, instationäre Prozesse innerhalb der Dampfkapillare stark begünstigt. Durch ungleichmäßige Energieverteilung an der Innenwand der Kapillare kommt es zu lokalen Instabilitäten und Schwankungen ihres Durchmessers. In der Folge können sich im hinteren Bereich der Kapillare Gasblasen bilden, die unter hohem Druck stehen und versuchen, die Kapillare nach außen zu verlassen. Gleichzeitig sinkt bei intensivem Gasfluss der Druck im vorderen, engeren Bereich der Kapillare, wodurch diese schrumpft und sich der eingeschlossene Hohlraum allmählich einengt. Die resultierende Gasblase wird vollständig von der Schmelze abgetrennt und bleibt nach deren Erstarrung als Pore im Material zurück.

Zur Minimierung dieser Porenbildung wurden verschiedene prozesstechnische Strategien entwickelt. Eine klassische Maßnahme ist die bereits angesprochene Wobble-Technologie, bei der der Laserstrahl oszillierend über die Schweißzone geführt wird. Dadurch wird der Wärmeeintrag breiter verteilt, was die Prozessstabilität erhöht, jedoch gleichzeitig zu einem höheren Gesamteintrag von Wärme und damit zu einer Reduktion der Produktivität führt. Eine weitere Möglichkeit ist das bifokale Schweißen, bei dem zwei hintereinander angeordnete Laserstrahlen eine vergrößerte Dampfkapillare erzeugen. Diese Methode ist allerdings nur für lineare Schweißprozesse in eine Richtung geeignet und führt bei komplexen Bauteilgeometrien zu Einschränkungen.

Die **Multifokustechnologie** gilt als innovativer Lösungsansatz und wird in Kombination mit dem BrightLine-Weld-Verfahren angewendet */Trumpf2022/*. Hierbei wird die Laserstrahlung durch eine spezielle Optik in vier separate Foki aufgeteilt, die ein quadratisches Fokusmuster erzeugen (siehe Bild 9.57 b). Dadurch wird die Fläche der Dampfkapillare im Vergleich zum Standardverfahren um den Faktor zehn vergrößert. Die größere und stabilere Kapillare gibt den im Schmelzbad eingeschlossenen Gasen mehr Zeit zum Entweichen, wodurch die Porosität der Schweißnaht signifikant reduziert wird. Gleichzeitig kann mit dieser Technologie omnidirektional geschweißt werden, was auch die Bearbeitung um Ecken oder entlang komplexer Konturen zulässt. Besonders vorteilhaft zeigt sich diese Technologie beim Schweißen von porösen Aluminiumgussteilen, die durch Gaseinschlüsse ein hohes Risiko für Porenbildung und Prozessinstabilitäten aufweisen. Durch den gezielten Einsatz eines zweistufigen Schweißprozesses kann dieses Risiko minimiert werden, wobei in einem ersten Durchgang die Schweißnaht mit der gewünschten Tiefe erzeugt wird. Im zweiten Durchgang erfolgt ein erneutes Aufschmelzen der Nahtzone, wodurch verbliebene Gasblasen entweichen können und die Nahtbereiche geschlossen werden. */trumpf2025-4/*, */Trumpf2024-1/*

9.1.8 Laserstrahlschweißen von silikatischen Werkstoffen

Für das **Schweißen** von Glaswerkstoffen mit dem Laserstrahl sind ebenfalls angepasste Bearbeitungssysteme und -prozesse erforderlich, um eine qualitätsgerechte Schweißnaht zu erzeugen. Die Anpassung von Lasersystemen an den Glasbearbeitungsprozess erfordert zunächst die Kenntnis der relevanten Glasparameter und der daraus resultierenden typischen Wechselwirkungsprozesse, die in der Regel durch die hohen Aufheiz- und Abkühlgeschwindigkeiten des Laserprozesses bestimmt werden.

Die Anwendung von Laserverfahren führt meist zu erhöhten Spannungszuständen im Glasbauteil was bei kritischen Belastungszuständen einen Bruch verursachen kann. Eine entsprechende Optimierung der Laserparameter kann zu einer starken Minimierung der Spannungszustände im Glas beitragen, wobei das Bauteil dann teilweise auch ohne anschließende Kühlung einsetzbar wird. Ein **quasi spannungsfreier Zustand** ist jedoch nur durch ein nachträgliches Kühlen erreichbar. Die Kombination aus Laserbearbeitung und direkter Kühlung der geschweißten Bauteile ist in der rechten Abbildung der Tabelle 9.11 dargestellt. Die Werkstücke werden auf $T < T_G$ in der Kammer erwärmt und der Laserstrahl bringt das Glas im Bereich der Fügestelle auf die Erweichungstemperatur.

Tabelle 9.11 Prinzipien angepasster Lasersysteme für das Fügen von silikatischen Bauteilen

Bearbeitung mit angepassten Strahlparametern	Bearbeitung mit mehreren Arbeitsstrahlen	Bearbeitung mit Hybridtechnik
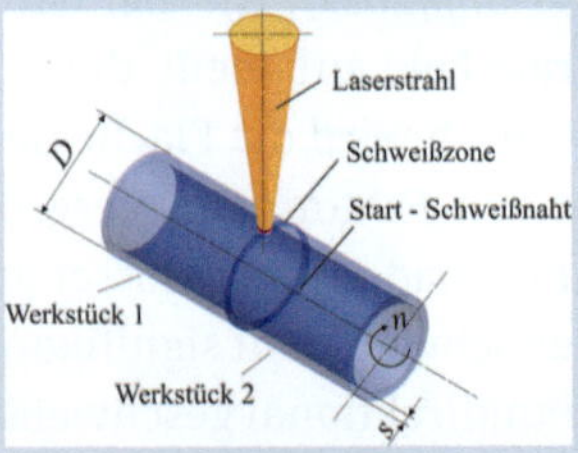	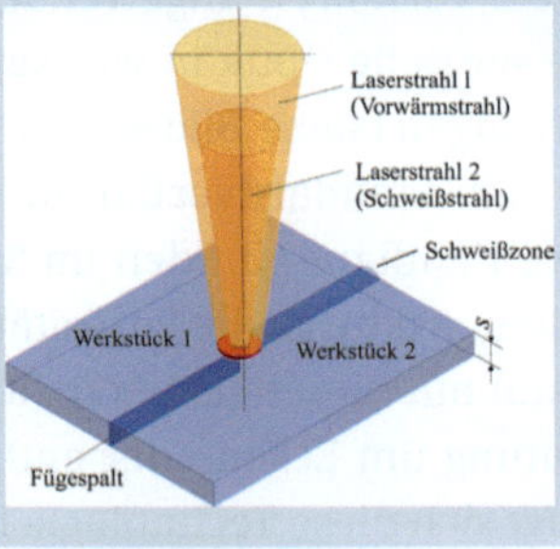	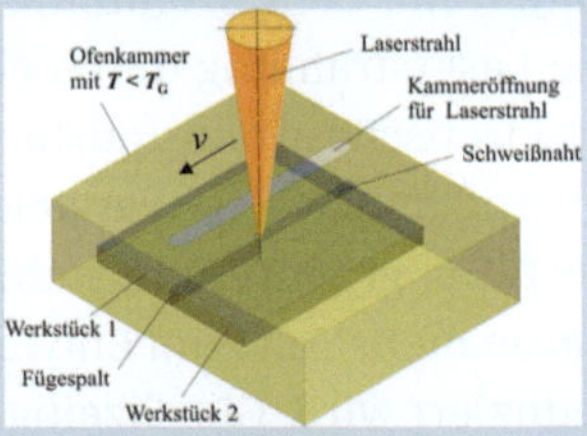
▪ veränderter Strahlquerschnitt ▪ veränderter Intensitätsverlauf ▪ Minimierung von Spannungsgradienten ▪ meist nachträgliches Kühlen erforderlich	▪ Überlagerung der Laserstrahlen ▪ angepasster Energieeintrag ▪ geringe Spannungsgradienten ▪ meist nachträgliches Kühlen erforderlich	▪ temperaturgesteuerter Aufwärm- und Abkühlprozess ▪ starke Minimierung von Spannungsgradienten ▪ Kühlen ohne Zwischenstufe möglich

Sehr oft kommen bestimmte Intensitätsverteilungen des Strahls zum Einsatz, um die Einbringung der Energie in das Werkstück der Bauteilgeometrie bzw. der Schweißnaht anzupassen (linke Darstellung). Die mittlere Spalte der Tabelle 9.11 zeigt einen optimierten Bearbeitungsprozess mit zwei oder mehreren Arbeitsstrahlen, um bspw. das Grundmaterial vor- oder nachzuwärmen bzw. die extremen Temperaturübergangsbereiche mit den hohen Temperaturgradienten zu verringern.

9.1.8.1 Schweißen mit angepassten Strahlparametern

Das Schweißen von Quarzgläsern lässt sich mit angepassten Strahlparametern prozesssicher durchführen. Unterscheiden kann man die Schweißverfahren in Analogie zum Schweißen von metallischen Werkstoffen in Wärmeleitungs- sowie Tiefschweißen. Für das **Wärmeleitungsschweißen** sind folgende prinzipielle Prozessstufen erforderlich:

1. partielles Erwärmen,
2. Schmelzen im Bereich der Fügezone,
3. Verdampfen im Bereich der Oberfläche und
4. Kühlen im nachgelagerten Ofenprozess.

Ein nachträgliches Kühlen der geschweißten Bauteile oder -gruppen ist nicht in jedem Fall erforderlich, aber eine sichere Maßnahme, um Spannungen im angrenzenden Bereich der Schweißnaht zu minimieren.

Untersuchungen zum **Tiefschweißen** von Quarzgläsern wurden nur von wenigen Forschungsinstituten und Anwendern vorgestellt, wobei die Beherrschung des Verfahrens besonderes Know-how in der Prozessführung verlangt. Mit dieser Technik können Einschweißtiefen bis 30 mm erzielt werden.

Im Gegensatz zum Wärmeleitungsschweißen dominieren bei diesem Verfahren die Wellenleitereffekte an den durch den Laserstrahl erzeugten Schweißkanalwänden, um die Laserleistung in die Tiefe des Schweißspaltes zu führen.

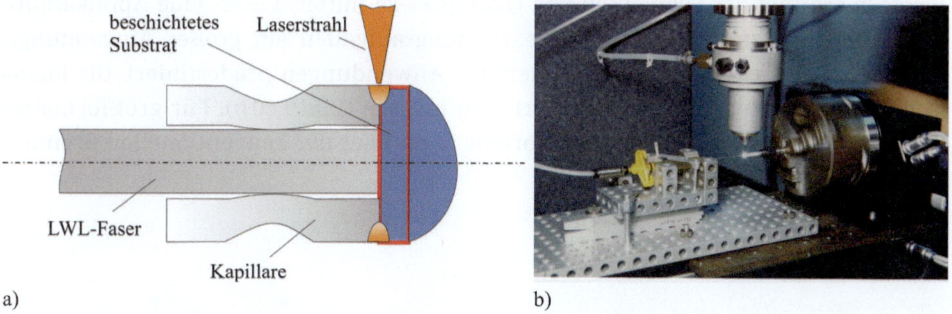

Bild 9.58 Schweißen eines Sensorelementes. a) Darstellung der Fügebaugruppe, b) fotografischer Ausschnitt der Schweißanordnung */ifw2012/*

Die Anwendungen zum Schweißen von Quarzgläsern sind vielfältig. Sie reichen von der Halbleitertechnik, wo Handlingsbaugruppen für Wafer geschweißt werden, über die Medizintechnik (z. B. Küvetten) bis hin zu Anwendungen in der Mikrosystemtechnik. In Bild 9.58 und Bild 9.59 ist exemplarisch eine geschweißte Sensorbaugruppe aus letztgenanntem Anwendungsbereich dargestellt. Bei dieser Anwendung geht es um das Verschweißen eines temperaturempfindlichen Substratplättchens in einer LWL-Faser-Ferrule für einen Temperatursensor. Gleichzeitig kann der Laser auch für das Kollabieren der Faser in eine Ferrule eingesetzt werden. Beim Kollabieren wird das Materialvolumen lediglich bis zur Erweichungstemperatur erwärmt. Durch die zusätzliche rotatorische Bewegung kommt es dann in der Wechselwirkungszone zu einer partiellen Einschnürung am Umfang der Ferrule. Die erweichte Materialzone ergibt in der Folge der Lasereinwirkzeit einen Formschluss mit der LWL-Faser.

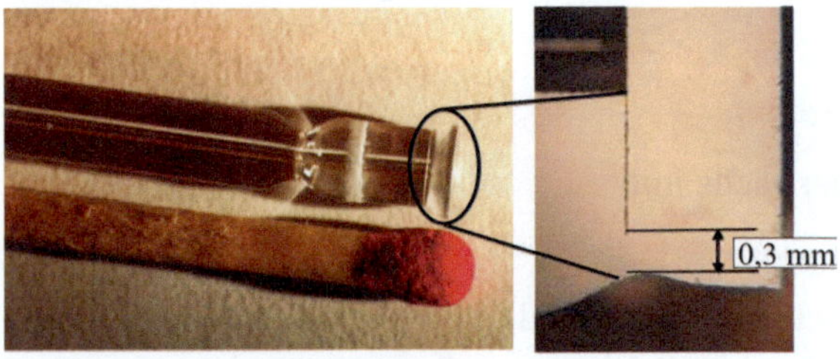

Bild 9.59 Darstellung des geschweißten Temperatursensors */ifw2012/*

CO_2-Laser: Laserleistung: 60 W, Linearer Ausdehnungskoeffizient (Quarzglas): $0{,}5 \cdot 10^{-6}\,K^{-1}$, Glasdicke Substrat: 1,0 mm, Kapillardurchmesser: 2,8 mm, Drehzahl: $15\,min^{-1}$, Bearbeitungszeit: 4 s

Generell kann das Laserstrahlschweißverfahren vorteilhaft für das Fügen oder Kapseln temperaturempfindlicher Bauelemente eingesetzt werden, insbesondere bei Anwendungen, bei denen konventionelle Verfahren ausscheiden.

In Bild 9.60 a ist die Kapselung einer Identnummer zwischen zwei Quarzglassubstraten dargestellt. Diese laserstrahlgefügte Baugruppe erzielt einen gasdichten Verschluss und kann bspw. in aggressiven Umgebungsbedingungen eingesetzt werden. Insofern eröffnet das Schweißen von Quarzgläsern mittels Laser neue Applikationsfelder und besitzt für zukünftige Bearbeitungsaufgaben ein großes Anwendungspotenzial. Der Laserstrahl ist besonders für Anwendungen prädestiniert, die kleine und flexible Konturanforderungen erfüllen müssen (Bild 9.60 b). Für großformatige Baugruppen ergeben sich teilweise Vorteile gegenüber der konventionellen Brennertechnik (Bild 9.60 c).

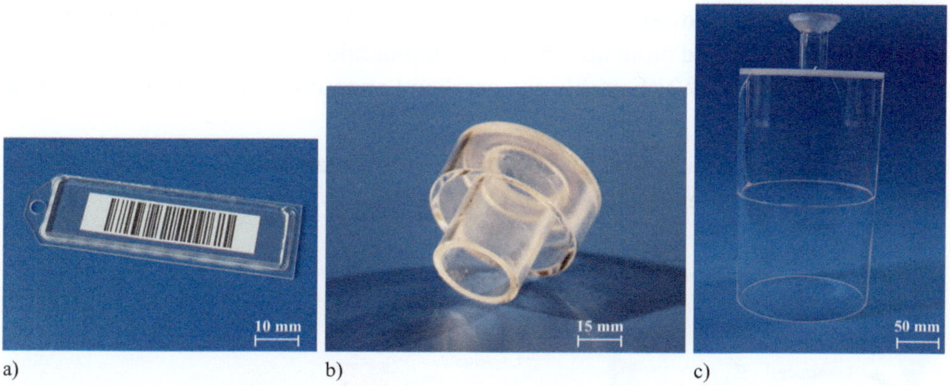

Bild 9.60 Anwendungsbeispiele für das Quarzglasschweißen */ifw2012/*. a) Barcodehülle, b) Rohrverbindungen, c) Quarzapparatur, Durchmesser 40 mm

9.1.8.2 Bearbeiten mit mehreren Arbeitsstrahlen

Besteht das Ziel einer wesentlichen Vergrößerung der Schweißnahttiefe einhergehend mit höheren Festigkeiten der Verbindung, werden **zwei** bzw. **mehrere Laserstrahlen** eingesetzt. In diesem Fall erfolgt die Bearbeitung mit einem ersten, dem sogenannten **Schweißstrahl (1)**, und einem zweiten, dem **Wärmstrahl (2)**. Neben der Führung der beiden Laserstrahlen (1) und (2) kommen deren Überlagerung sowie der erforderlichen Formung und Fokussierung des Wärmstrahls eine besondere Bedeutung zu. Zur Überlagerung beider Teilstrahlen sind grundsätzlich die beiden Anordnungen in Bild 9.61 geeignet.

In Bild 9.61 a ist die Überlagerung von zwei gaußförmigen Strahlprofilen dargestellt. Oftmals erweist sich aber die Anordnung in Bild 9.61 b mit einem gaußförmigen Bündel (1) und einem TEM_{01}-Profil (2) als effektiver. Dadurch kann abgestimmt auf den Schweißprozess die erforderliche Vorwärmenergie in die Fügeflächen und angrenzende Bereiche eingebracht werden.

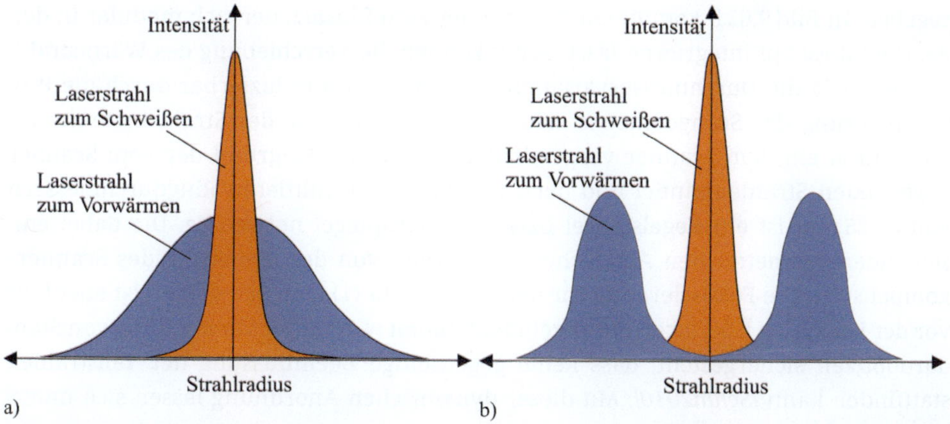

Bild 9.61 Kollineare Strahlüberlagerung. a) $TEM_{00} + TEM_{00}$, b) $TEM_{00} + TEM_{01}$

Mit steigender Materialdicke ist ein erhöhtes Maß an Wärmeenergie erforderlich. Um diese Wärme gezielt und ohne übermäßige Sublimatbildung einzubringen, ist es vorteilhaft, das Profil des Wärmstrahls entsprechend anzupassen und ein Ringprofil zu verwenden.

In Bild 9.62 sind zwei ausgewählte **Strahlanordnungsvarianten** in Analogie zu den Überlagerungskonzepten in Bild 9.61 dargestellt.

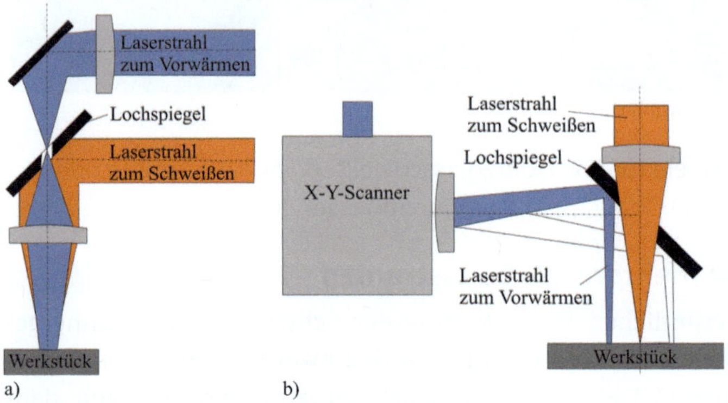

Bild 9.62 Anordnungen der Strahlüberlagerung. a) Lochspiegel, b) Lochspiegel und Scanner

Von Vorteil ist eine **koaxiale Überlagerung** der beiden Laserstrahlen. Damit ergibt sich eine optimale Einkopplung der Laserstrahlung ins Material, wobei die Bearbeitungsrichtung unabhängig von der gewählten optischen Anordnung ist. In beiden Anordnungsvarianten wird ein **Lochspiegel** für die koaxiale Überlagerung der beiden Teilstrahlen gewählt. Der Wärmstrahl wird in Bild 9.62 b so beeinflusst, dass eine ringförmige Verteilung der Strahlenergie entsteht. Neben statischen Strahlformungsvarianten können dafür auch dynamische Anordnungen eingesetzt werden. Im ersten Fall lassen sich mithilfe von Axicons (vgl. Kapitel 6) und Linsen festeingestellte ringförmige Strahlverteilungen erzielen, währenddessen dynamische Anordnungen die Ringform quasisimultan erzeugen. Damit sind gute Anpassungs- und Variationsmöglichkeiten der Parameter des Wärmstrahls bei gleichzeitig hoher Reproduzierbarkeit gegeben. In Bild 9.62 b kommt ein X-Y-Scanner zum Einsatz, der sich modular in den Bearbeitungskopf integrieren lässt. Somit können die Verschiebung des Wärmstrahlprofils sowie die Durchmesservariation einfach und reproduzierbar durch die Programmierung der Scangeometrie erfolgen. Die Verstellung der Strahlringbreite erfolgt durch ein dem Scanner vorgeschaltetes Teleskop. Aufgrund der vom Scanner abgelenkten Strahlenbündel und der Forderung nach mittleren Ringdurchmessern von 0 – 25 mm ist ein Kegelspiegel bzw. ein Dachspiegel notwendig. Die dabei entstehenden geometrischen Abweichungen werden von der Steuerung des Scanners kompensiert. Die Fokussieroptik für den Laserstrahl (1) zum Schweißen ist ebenfalls vor der koaxialen Überlagerung angebracht. Damit wird unter Verwendung von Standardoptiken sichergestellt, dass keine gegenseitige Beeinflussung der Teilstrahlen stattfinden kann */Schm2010/*. Mit dieser dynamischen Anordnung lassen sich unterschiedliche Scangeometrien (z. B. ringförmig, quadratisch, dreieckförmig oder beliebige Kombination von Konturen) für den Wärmprozess erzeugen.

Bild 9.63 stellt Ergebnisse der **transienten Temperaturfeldanalyse** für ausgewählte Zeitpunkte am Beispiel einer ringförmigen Geometrie dar. Die Darstellung veranschaulicht, dass ein nichtlinearer Zusammenhang zwischen Leistung und Zeit besteht. So ergibt sich ein Temperaturfeld bei einer Laserleistung von $P = 100$ W und einer Strahlzeit von $t = 5$ s, welches nicht vergleichbar ist mit einem Temperaturfeld bei einer Laserleistung von $P = 50$ W und einer Zeit von $t = 10$ s */Göbe2006/*.

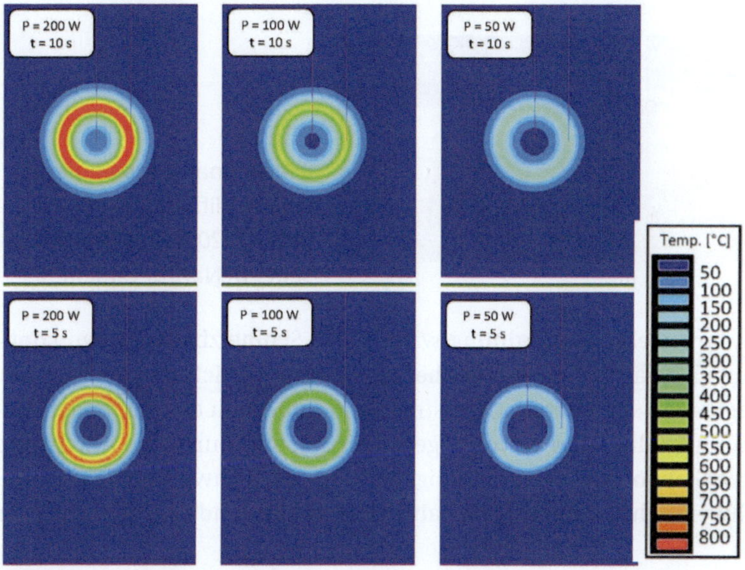

Bild 9.63 Einfluss von Strahlleistung und -zeit des Vorwärmlasers bei einer ringförmigen Verteilung */Göbe2006/*

Bei dem in Bild 9.64 gezeigten Fügebeispiel wurden zwei Quarzglasplatten stumpf geschweißt. Mit Laserleistungen von 1500 W für Laserstrahl (1) und 1000 W für Laserstrahl (2) kann ein Tiefschweißprozess geführt werden. Während des Schweißprozesses bildete sich das **Keyhole** durch die 20 mm starke Probe vollständig aus.

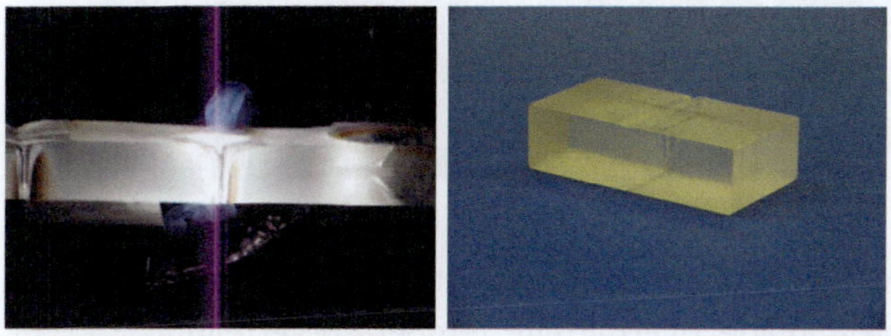

a) b)

Bild 9.64 Laserstrahlschweißen einer I-Naht */ifw20212/*. a) Aufnahme des Schweißprozesses, b) geschweißtes Bauteil ($d = 20$ mm)

Die Schweißnaht ist optisch transparent sowie frei von Blasen und Einschlüssen. Bei Materialdicken bis 5 mm kommt es zu einer vollständigen Wurzelausbildung an der Nahtunterseite. An der Nahtoberseite entsteht ein geringfügiger Nahteinfall. Für Einschweißtiefen größer 5 mm nimmt der Nahteinfall mit steigender Materialdicke zu.

Bild 9.65 illustriert den Querschnitt der Schweißnaht an der Ober- und Unterseite einer 20 mm dicken Probe. Der deutliche Nahteinfall an der Oberseite resultiert aus der Sublimation und kann durch Zuführung von Zusatzmaterial ausgeglichen werden. Die Struktur der Schweißnaht an der Unterseite begründet sich durch die sehr hohen Oberflächenspannungen in der Wechselwirkungszone.

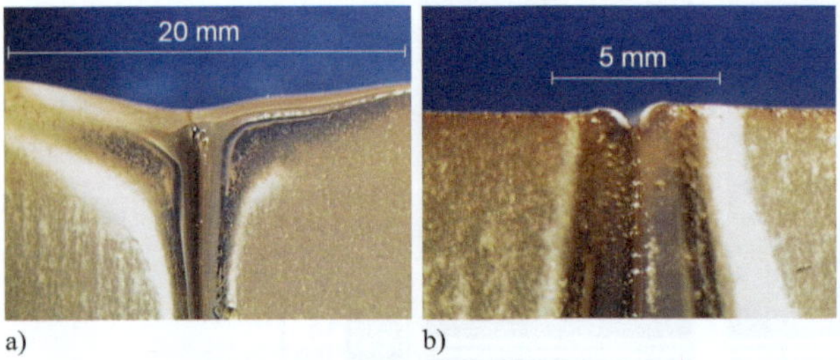

Bild 9.65 Schweißnahtdarstellung im Querschliff, Material: Quarzglas */ifw20212/*. a) Nahtoberseite, b) Nahtunterseite

In der in Bild 9.66 dargestellten Anordnung wird in das Schmelzbadvolumen kontinuierlich ein Zusatzmaterial, z. B. Glasstab, über eine Fördereinrichtung geführt. Der verwendete Quarzglasstab schmilzt im Laserstrahl und füllt somit den fehlenden Materialanteil, der durch Sublimation verloren gegangen ist, auf. Durch die Anpassung der Förderrate bzw. Stabvorschubgeschwindigkeit kann der Schweißprozess in Abhängigkeit von Schweißnahttiefe und Materialverlust stabiler und reproduzierbarer gestaltet werden.

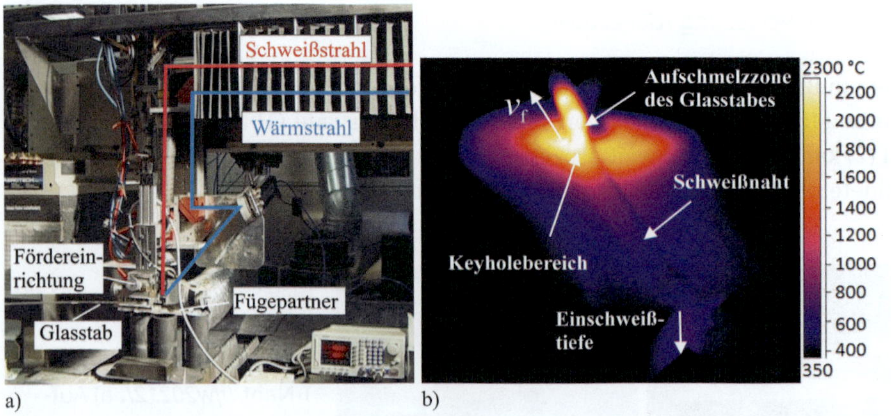

Bild 9.66 Laserstrahlschweißen mit Glasstab als Zusatzmaterial */ifw2012/*. a) Fotografische Darstellung der Schweißanlage, b) ermittelte Temperaturverteilung

9.1.8.3 Hybrides Laserstrahlschweißen

Im Vergleich zum vorgestellten Quarzglasschweißen lassen sich Borosilikatgläser aufgrund des viel höheren linearen Ausdehnungskoeffizienten oftmals nicht im geforderten Qualitätsbereich mit den bisher beschriebenen Laserstrahlverfahren schweißen. Für diese Gläser kann eine hybride Lasersystemanordnung entsprechend Bild 9.67 eingesetzt werden. Diese Verfahrenslösung nutzt einen **Hybridprozess** aus **Strahl-** und **Wärmeenergie**, der einen spannungsminimierten Zustand der Glasverbindung ermöglicht. Der wesentliche Vorteil der eingesetzten Lasertechnologie gegenüber konventionellen Methoden ist in der hochwertigen Schweißnahtqualität zusehen. Einen sehr interessanten Einsatzfall für dieses Verfahren stellen Flachglasverbindungen dar, die in sehr unterschiedlichen Bereichen Verwendung finden.

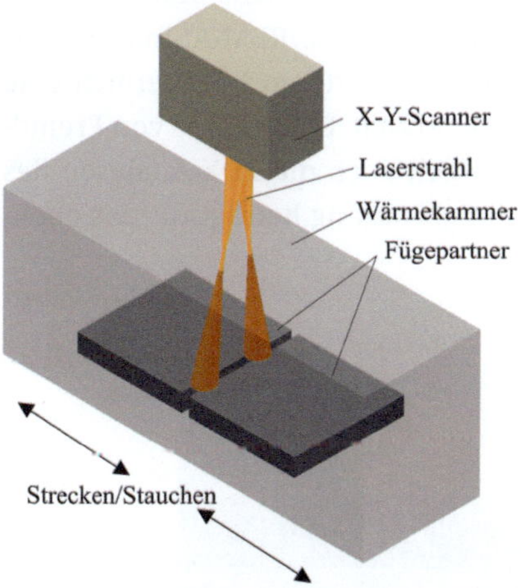

Bild 9.67
Anordnung zum Flachglasschweißen borosilikatischer Gläser

Mit der abgebildeten Anordnung können vorgewärmte Bauteile mit dem Laserstrahl verschweißt werden. Um einen Temperaturgradienten entlang der Schweißnaht zu verhindern, wird mit einem schnell bewegten Laserstrahl (bis $v_s = 3\,\text{m}\cdot\text{s}^{-1}$) gearbeitet, sodass Wärmeleitungseffekte für einen konstanten Temperaturverlauf eine untergeordnete Rolle spielen. Nach dem erfolgten Fügeprozess kann ein temperaturgesteuerter Kühlprozess erfolgen, um somit eine spannungsarme Verbindung sicherzustellen.

Bild 9.68 illustriert eine typische Glasverbindung unter Verwendung zweier borosilikatischer Flachgläser mit Ausdehnungskoeffizienten von $\alpha = 3{,}3 \cdot 10^{-6}\,\text{K}^{-1}$. Die Schweißnaht besitzt eine Länge von 100 mm und eine Breite von 2 mm. Eine leichte Erhöhung der Naht an Ober- und Unterseite garantiert sehr gute Festigkeitswerte der Verbindungsstelle. Die Nahtüberhöhung wird durch ein **Stauchen** der Schmelzzone erreicht (X-Achsbewegung innerhalb der Ofenkammer). Das Bewegen der beiden Fügepartner kann gesteuert erfolgen und ermöglicht somit, neben der Zwangsberührung der beiden Fügeflächen, eine gerichtete Einstellung der Nahtüberhöhung.

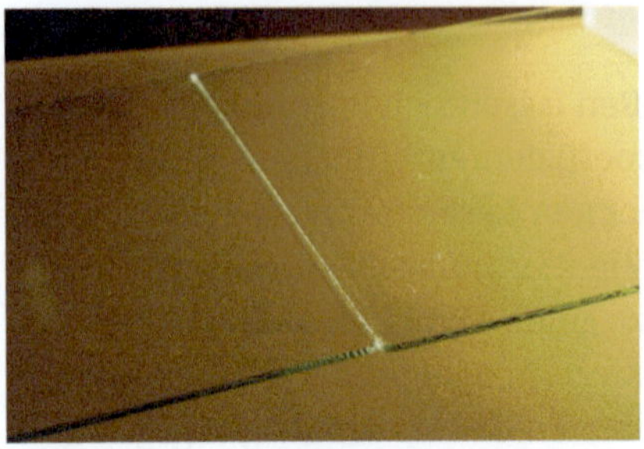

Bild 9.68
Stumpfgeschweißte borosilikatische Flachgläser, Länge der Schweißnaht: 100 mm

Das Flachglas wird innerhalb der Wärmekammer auf speziellen Keramikrollen gelagert. Mithilfe einer optischen Kantenerkennung und pneumatischen Spannelementen werden die Fügepartner zum Laserstrahl ausgerichtet und positioniert. Während des Fügeprozesses werden die Glasbauteile automatisiert gestaucht und gestreckt, um die Nahtform beeinflussen zu können. Bild 9.69 zeigt eine REM-Aufnahme der Verbindungszone. Durch eine optimale Prozessführung wurde im Fügebereich eine sehr homogene Struktur der verbundenen Flachgläser erzielt. Einschlüsse von Fremdmaterial und Blasen sind nicht erkennbar. Dies belegen auch die EDX-Analysen des Line scans. Die Prozesszeit für den reinen Verbindungsvorgang beträgt für das obenstehende Beispiel etwa 25 s.

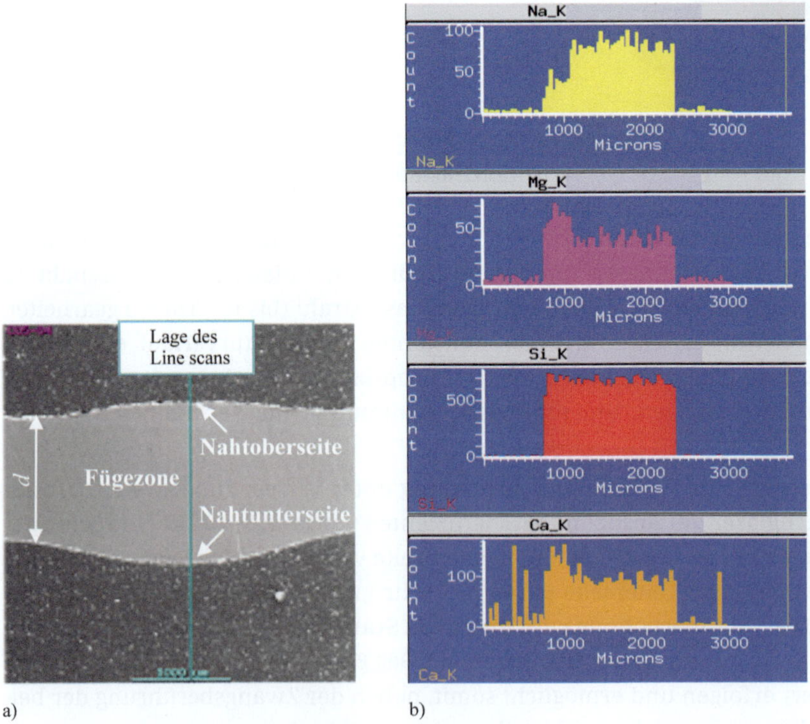

Bild 9.69 REM-Aufnahme der Verbindungszone. a) Ansicht des Querschliffes der Schweißnaht, b) EDX-Analyse im Line scan

Durch großräumige Wärmekammern besteht auch die Möglichkeit, beliebige Formen unterschiedlichster Glaserzeugnisse zu verschweißen. Darüber hinaus bieten die temperaturgesteuerten Prozesse die Möglichkeit, unterschiedliche Gläser zu verbinden.

9.1.9 Laserstrahlschweißen von polymeren Werkstoffen

Das Laserstrahlschweißen von Kunststoffen konnte in den letzten Jahren eine enorme Anwendungsbreite erfahren. Dies liegt insbesondere an der sehr flexiblen und sauberen Prozessführung dieses Fügeverfahrens im Vergleich zum Kleben oder Ultraschallschweißen. Darüber hinaus konnte eine spezielle Technologie, das **Laserdurchstrahlschweißen**, in den unterschiedlichsten Marktbereichen etabliert werden, das zum Teil völlig neue konstruktive Bauteilverbindungslösungen ermöglicht.

Eine große Anzahl von Thermoplasten und thermoplastischen Elastomeren lassen sich mit dem Laserstrahl sowohl artgleich als auch artfremd in einer Vielzahl unterschiedlicher Materialkombinationen verbinden. Aufgrund der äußerst lokalen Schmelzenergieeinbringung können auch miniaturisierte Baugruppen gefügt oder Schweißnähte in unmittelbarer Nähe zu wärmeempfindlichen Bauteilen platziert werden. Die relativ kleine Fügezone sichert eine gute und reproduzierbare Maßhaltigkeit der Bauteile.

9.1.9.1 Verfahrensprinzip

Der Prozess des Laserstrahlschweißens von Kunststoffen basiert auf der definierten und lokalen Einbringung der Laserstrahlung in die Fügezone, wobei über die Absorption der Strahlung eine Erwärmung und die Ausbildung einer schmelzflüssigen Phase zwischen den beiden Fügepartnern stattfinden (vgl. Bild 9.70 a). Kommt es zu einer guten Durchmischung der Schmelze bzw. ausreichenden Anbindung der Fügepartner entstehen nach der Abkühlung sehr feste und stabile Verbindungen. Durch das Aufbringen einer zusätzlichen mechanischen Fügekraft wird dieser Prozess unterstützt bzw. überhaupt erst ermöglicht.

Die optischen Eindringtiefen sind für Kunststoffe beim Schweißen wesentlich größer als für metallische Werkstoffe und werden in */Gill2009/* mit etwa 100 µm bis mehrere Millimeter angegeben. Der Wärmetransport in das Bauteil geschieht dreidimensional, ist aber durch die schlechte Wärmeleitung der Kunststoffe deutlich geringer als bei Metallen. In der Anwendung des Verfahrens muss aus diesem Grund unbedingt sichergestellt werden, dass die eingetragene Strahlungsenergie nicht zu hoch gewählt wird und dies nicht zu einer Überhitzung bzw. Verbrennung des Kunststoffmateriales führt.

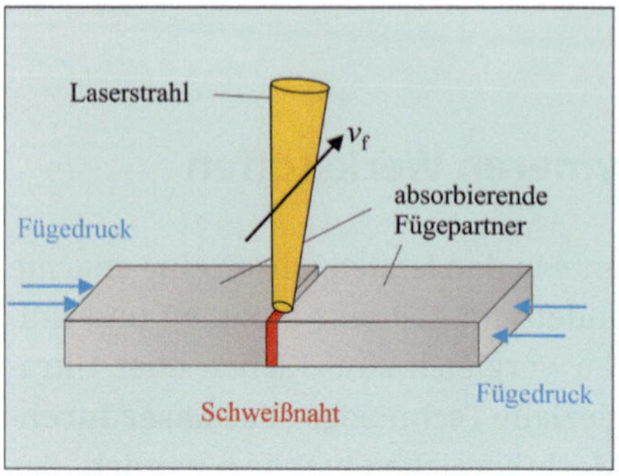

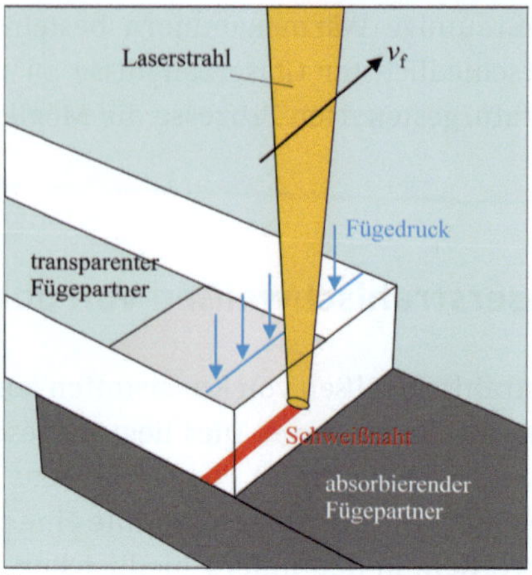

Bild 9.70 Grundprinzipien des Laserstrahlschweißens. a) direktes Schweißen – I-Naht, b) Durchstrahlschweißen – Überlappnaht

In Bild 9.70 a ist eine typische Anordnung zum Schweißen von I-Nähten dargestellt. Beide Fügepartner müssen über eine hinreichende Absorption der Laserwellenlänge verfügen. Die Relativbewegung kann bspw. durch das Konturschweißverfahren mit einer Achsbewegung oder aber durch ein schnelles Strahlscannen realisiert werden. Eingesetzt werden neben dem CO_2-Laser auch Strahlungsquellen im NIR-Bereich, wenn eine ausreichende Absorption im Kunststoff vorliegt. Die schweißbaren Nahttiefen sind jedoch prinzipiell durch das Wärmeleitvermögen der Kunststoffe begrenzt. Wird dieses zu groß, kann es an der Kunststoffoberfläche zu Verbrennungen kommen. Dieses Problem kann mit dem Verfahren Laserdurchstrahlschweißen (vgl. Bild 9.70 b) umgangen werden. Verwendet wird in diesem Verfahrensbeispiel eine Überlappnahtanordnung, wobei sich die Schweißnaht im Bereich der Innenflächen der zu fügenden Bauteile ausbildet. Für diese Verfahrenstechnologie werden Strahlungsquellen verwendet, die im NIR-Bereich emittieren. Insbesondere die Diodenlaser (mit Wellenlängen von 808, 940 oder 980 nm) und FK-Laser (1030, 1060 und 1064 nm) lassen sich für diese Anwendung besonders vorteilhaft einsetzen.

Ausgenutzt wird der physikalische Effekt, dass Kunststoffe bei diesen Wellenlängen unterschiedlich ausgeprägte Reflexions- und Transmissionsverhalten aufweisen. Man verbindet beim Laserdurchstrahlschweißen einen transparenten bzw. teiltransparenten und einen absorbierenden Kunststoff miteinander. Der transparente Fügepartner wird von der Laserstrahlung durchstrahlt und trifft auf die absorbierende Oberfläche des zweiten Kunststoffes. Es kommt zunächst zu einer lokalen Aufheizung im absorbierenden Kunststoffmaterial. Ist die eingestrahlte Laserleistung groß genug, bildet sich eine Schmelzzone aus. Durch die dreidimensionale Wärmeleitung wird Energie in den Grenzbereich sowie den oberflächennahen Bereich des transparenten Fügepartners abgeführt. Ist dieser Wert groß genug (abhängig vom Wärmeleitvermögen, der eingestrahlten Laserleistung und der Wechselwirkungszeit), bildet sich auch im transparenten Kunststoffmaterial eine Schmelzzone aus. Damit wird quasi ein gleichzeitiges und gleichmäßiges Aufschmelzen im Kontaktbereich beider Kunststoffe erreicht. Durch das Aufbringen einer Füge- bzw. Presskraft von außen kann eine hohe Schweißnahtfestigkeit erreicht werden, die sogar in vielen Fällen nahe der Grundmaterialfestigkeit liegt.

Aufgrund der mehrfach angesprochenen schlechten Wärmeleitungseigenschaften der Kunststoffmaterialien darf ein bestimmtes Spaltmaß nicht überschritten werden. Optimalerweise sollte nach dem Beaufschlagen der Bauteile mit dem erforderlichen Fügedruck kein Spalt mehr vorhanden sein. Ein guter Wärmekontakt zwischen den Fügepartnern muss während des Schweißprozesses sichergestellt werden. Bei vielen Bauteilanordnungen sollte der maximale Fügespalt kleiner 100 µm betragen, wenn kein Setzweg verfahrensbedingt möglich ist. Oftmals werden in der konstruktiven Auslegung der Fügegeometrie Materialaufmaße für sogenannte **Setzwege** vorgehalten. Bild 9.71 veranschaulicht diesen Sachverhalt. Damit steht im Prozess ausreichend Material für das Ausbilden der Fügezone zur Verfügung und es entschärfen sich die Toleranzanforderungen an den vorgelagerten Spritzgussprozess. Es können deutlich größere Spaltmaße mit lateral begrenzter Ausdehnung während des Schweißens kompensiert werden.

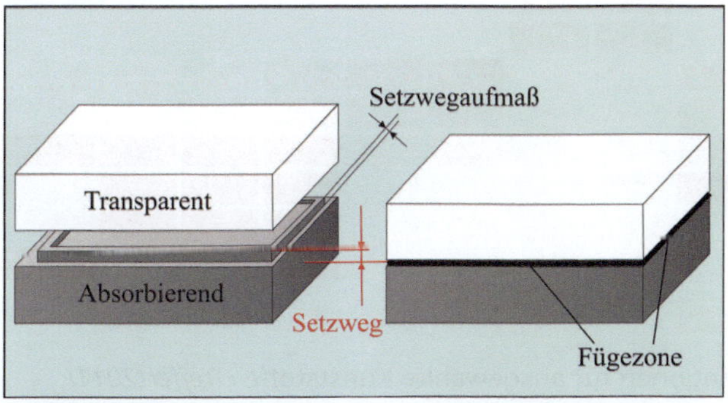

Bild 9.71 Prinzipdarstellung des Setzweges

Die Anordnung des Laserdurchstrahlschweißens eröffnet die Möglichkeit, völlig neuartige Fügegeometrien zu konstruieren. Der Vorteil des Verfahrens liegt u. a. darin, dass die Schweißnaht im Inneren des Bauteils liegt, sodass die Oberfläche nicht geschädigt wird, Funktionsflächen keine Verbindungsübergänge aufweisen und letztlich auch keine Mikrorestpartikel erzeugt werden. Für das Laserdurchstrahlschweißen haben sich unterschiedliche Bewegungskonzepte zum Erzeugen der Relativbewegung Laserstrahl – Werkstück bzw. der Abbildung der Laserstrahlung auf die Schweißnahtkontur entwickelt.

9.1.9.2 Materialeignung und Auswahl der Farbstoffe und Pigmente

Thermoplaste und thermoplastische Elastomere bilden bei einer Erwärmung auf Schmelztemperatur eine Schmelzzone aus und sind somit prinzipiell zum Laserstrahlschweißen geeignet. Sowohl ungefüllte als auch gefüllte Polymere können zur Anwendung gebracht werden. In /*Treffert2011*/, /*treffert2025*/ wird bspw. angeführt, dass Polymere mit 30 % Glasfaseranteil lasergeschweißt werden können. Bei der Auswahl und Zusammenstellung der zu fügenden Kunststoffe muss jedoch darauf geachtet werden, dass sich die Schmelztemperaturen beider Materialien nicht zu sehr unterscheiden. Weiterhin muss bei einer artfremden Verbindung darauf geachtet werden, dass sich beide Schmelzphasen der Kunststoffpartner vermischen lassen. Ansonsten können keine ausreichenden Festigkeiten der Verbindungen erzielt werden. Bild 9.72 zeigt die schweißbaren Kombinationen der möglichen artgleichen und artfremden Verbindungen.

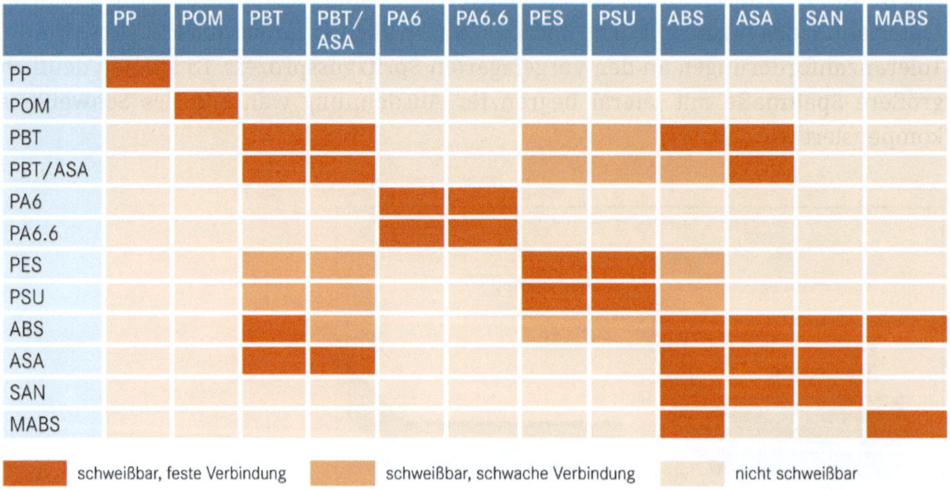

Bild 9.72 Schweißbare Kombinationen für ausgewählte Kunststoffe /*Treffert2011*/, /*treffert2025*/

Die eingesetzten Kunststoffe sind ohne Additive für den NIR-Bereich transparent oder teiltransparent. Durch den Zusatz von Additiven und Farbmitteln kann eine Absorption in diesem Laserwellenlängenbereich erreicht werden. Eine sehr einfache und kostengünstige Lösung ist die Zugabe von Ruß in einer Konzentration zwischen 0,05 – 0,5 %. Damit lässt sich allerdings nur eine dunkle Farbtongebung erzielen. Generell können aber auch spezielle Laseradditive eingesetzt werden, die die Laserstrahlung sehr gut absorbieren und die Eigenfarbe des Polymers nur geringfügig ändern.

Damit lassen sich auch helle und farbenkräftige Polymere durch das Laserdurchstrahlschweißen verbinden */Treffert2011/*, */treffert2025/*. Jedoch ist dabei der unterschiedliche Schwierigkeitsgrad (in Abhängigkeit von der Farbgestaltung) zu beachten, wie in Bild 9.73 dargestellt. Darunter sind im Allgemeinen die Prozessanforderungen, das technologische Fenster und die Reproduzierbarkeit zu verstehen.

Eine relativ einfache Kunststoffkombination stellt transparent auf schwarz dar. Für farbige Kunststoffe, die lasertransparent sein müssen, können nur bestimmte Farbmittel verwendet werden. Für weiße lasertransparente Kunststoffe kommt Titanoxid zum Einsatz. Aufgrund der stark streuenden Eigenschaften dieses Farbmittels sind jedoch nur sehr geringe Mengen einsetzbar */treffert2011/*, */treffert2025/*, */basf2011/*.

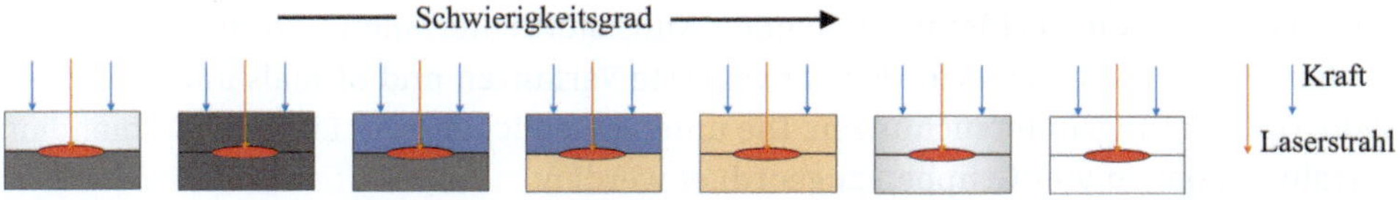

Bild 9.73 Schwierigkeitsgrad für das Durchstrahlschweißen bei der Einfärbung von Kunststoffen nach */Treffert2011/*, */treffert2025/*

Spezielle IR-Additive ermöglichen die gezieltere Anpassung der Absorption für die bevorzugten Wellenlängen im NIR-Bereich. Bild 9.74 illustriert den funktionalen Verlauf in Abhängigkeit von der Wellenlänge für die beiden organischen NIR-Absorber. Die Additive sind nicht ionisch, halogen- und schwermetallfrei und somit auch geeignet für medizintechnische Anwendungen. Die dargestellten VIS/NIR-Absorptionsspektren wurden an 3 mm starken Polycarbonat-Spritzgussplatten mit einer Masseadditivierung von 100 ppm der Materialien LumogenIR 765 und 788 ermittelt. Neben dem verwendeten Polycarbonat können auch andere Standardkunststoffmaterialien wie Polyolefine und Polystyrol, aber auch technische Kunststoffe, bspw. Polyamide, ABS und Polyester, mit den NIR-Absorbern compoundiert werden. Durch die hohe Transparenz und die geringe Eigenfarbe der Additive ist die Voraussetzung gegeben, eine Vielzahl von eingefärbten Kunststoffen mit sehr unterschiedlicher Farbgebung anzuwenden. Von Vorteil ist die gute Dispergierfähigkeit in allen Kunststoffen, sodass eine sehr hohe Absorptionskonstanz für den Laserschweißprozess erzielt werden kann. Die in Bild 9.74 dargestellten Absorptionseigenschaften ermöglichen den Einsatz von Diodenlasern bei einer Wellenlänge von 808 nm. Da sich die IR-Additive beim Erwärmen nicht zersetzen, kann auch das quasisimultane Schweißverfahren für diese modifizierten Kunststoffe ideal eingesetzt werden. */Treffert2011/*, */treffert2025/*

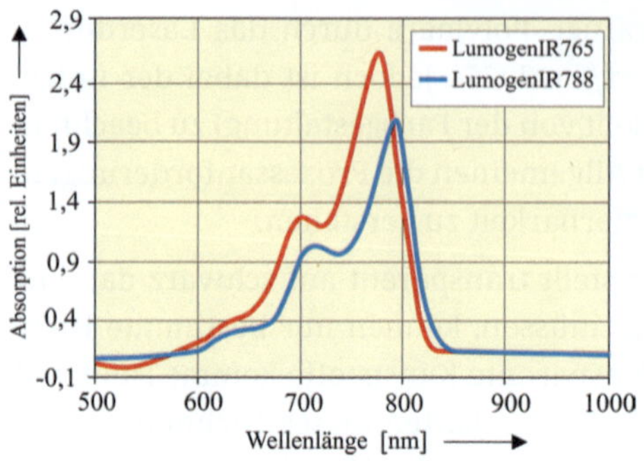

Bild 9.74
Absorptionsspektren NIR – Kunststoffadditive für das Durchstrahlschweißen nach */Treffert2011/*, */treffert2025/*

9.1.9.3 Schweißtechnologien

Die Vielfalt der zur Verfügung stehenden Kunststoffmaterialien und die z. T. individuellen Prozesslösungen erfordern angepasste Verfahren und oftmals auch ganz gezielte Optimierungsuntersuchungen. Die unterschiedlichen zum Einsatz kommenden Verfahren können vier Gruppen zugeordnet werden:

1. Konturschweißen,
2. Maskenschweißen,
3. Simultanschweißen und
4. Quasi-Simultanschweißen.

Das wichtigste Unterscheidungskriterium ist die Art und Weise der Ausführung der Relativbewegung zwischen Laserstrahl und Werkstück, wobei das Maskenverfahren eine Sonderform des Kontur- oder Simultanschweißens darstellt (DVS-Richtlinie2243) */DVS2243/*. In Tabelle 9.12 sind die vier Schweißtechnologien gegenübergestellt.

Wird der Laserstrahl über die Schweißkontur oder das Werkstück unter dem Laser entlang meist einmalig (teilweise auch mit Wiederholungen) bewegt, spricht man vom **Konturschweißen** (auch als Vektorschweißen bezeichnet). Die Wechselwirkung erfolgt lokalisiert, da die Abkühlgeschwindigkeiten schneller sind als der komplette Bewegungszyklus. Damit kann dieses Verfahren auch nur ohne Setzweg (vgl. Bild 9.71) arbeiten. Typische Bewegungssysteme sind Roboter, Linearachsen, Drehachsen für Radialschweißungen oder aber auch Scanspiegel. Mithilfe eines Pyrometers wird in vielen Fällen die Schweißtemperatur erfasst und auch entsprechend geregelt. Es wird versucht, mit einer möglichst konstanten Prozesstemperatur zu arbeiten. Der erfasste Temperaturwert kann zur Regelung der Laserleistung oder aber zur Regelung der Verfahrgeschwindigkeit dienen. Dadurch lassen sich die Beschleunigungsphasen der Achsbewegungen, aber auch eventuelle Fertigungstoleranzen bzw. Inhomogenitäten im Werkstück kompensieren. Je nach Auslegung der Bearbeitungsachsen und deren Verfahrwege können sehr große Bauteile im Konturschweißverfahren bearbeitet werden. Die Laserleistung und die Vorschubgeschwindigkeit sind so zu wählen, dass Materialüberhitzungen und -verbrennungen vermieden werden, andererseits aber die Wechselwirkungszeit ausreichend groß ist, um ein vollständiges Verbindungsschweißen zu gewährleisten.

Tabelle 9.12 Unterteilung der Schweißtechnologien

Technologie	Prinzipbild	Verfahrensmerkmale	Anwendungsmerkmale
Kontur-schweißen	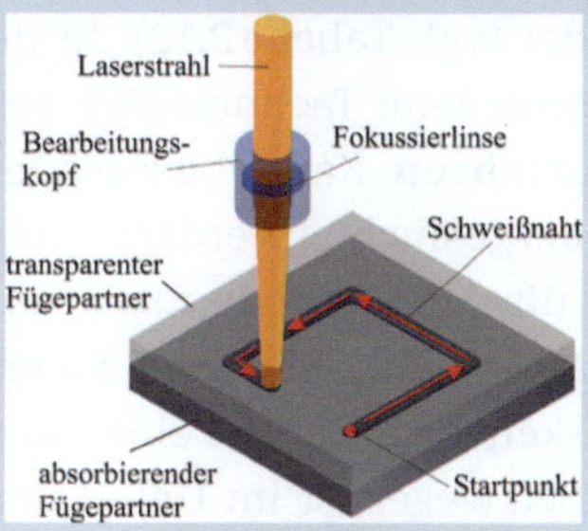	▪ Bewegen des Laserstrahles entlang der zu schweißenden Geometrie (Kontur) ▪ lokalisiertes Fügen der Kontur ▪ Prozesszeit ist Funktion der Schweißlänge	▪ kleinere Stückzahlen ▪ auch für größere Bauteilvolumina einsetzbar ▪ flexible Geometrie ▪ große Nahtlängen möglich ▪ Schweißtemperatur-regelung
Masken-schweißen	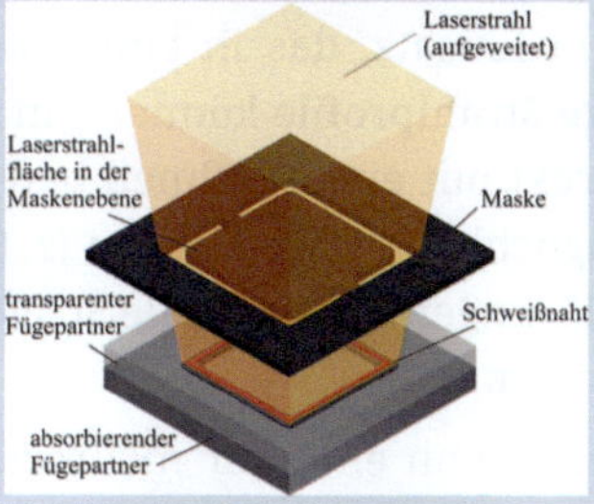	▪ eine Maske verkörpert die zu schweißende Kontur ▪ Maskenbelichtung mit aufgeweitetem Laserstrahl oder durch Scannen einer Linie	▪ mittlere bis große Stückzahlen ▪ durch Maske festgelegte Geometrie ▪ kurze Prozesszeiten ▪ hohe Auflösung
Simultan-schweißen	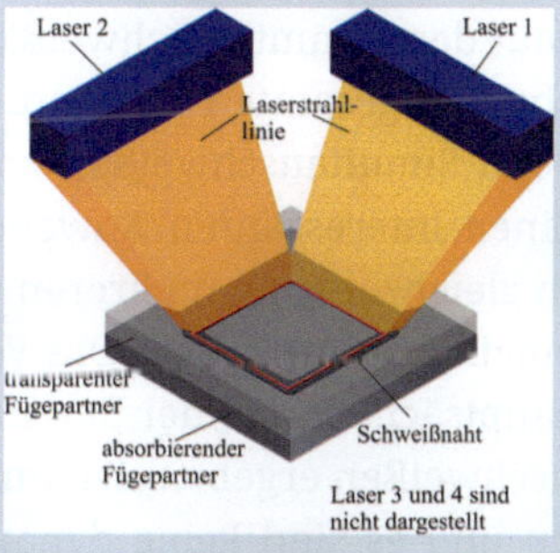	▪ speziell geformter Strahl erwärmt simultan die Schweißnaht ▪ Prozesszeit materialabhängig ▪ homogene Strahlverteilung erforderlich	▪ große Stückzahlen ▪ feste Geometrie ▪ Setzweg möglich ▪ kurze Prozesszeiten ▪ einfache Schweißkonturen
Quasi-Simultan-schweißen	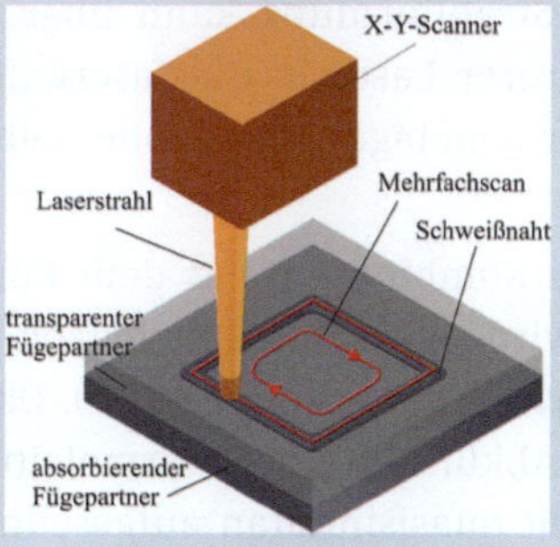	▪ Schweißkontur wird durch mehrmaliges und schnelles Scannen simultan erwärmt ▪ Prozesszeit abhängig von Material, Leistung und Scangeschwindigkeit	▪ kleine bis mittlere Stückzahlen ▪ flexible Geometrie ▪ Schweißkonturgröße durch Scanfeld festgelegt ▪ Setzweg möglich

Ähnlich dem bereits beschriebenen **Maskenverfahren** zum Laserstrahlbeschriften (vgl. Kapitel 7) wird die Schweißkontur über eine zur Schweißgeometrie skalierbare Belichtungsmaske erzeugt. Durch die individuelle bauteilbezogene Maske lässt sich die Laserstrahlung gezielt abschatten und trifft nur an den Stellen auf die Kunststoffoberfläche, wo sich die Fügekontur befindet (vgl. Tabelle 9.12). In der Anwendung des Maskenverfahrens kommen zwei verschiedene Technologien zum Einsatz, das **direkte** und das **strahlbewegte Maskenverfahren**. Kann die zu fügende Geometrie durch einen aufgeweiteten Strahl homogen ausgeleuchtet werden, erfolgt der Schweißprozess stationär. Angewendet wird diese direkte Methode meist für kleinere Geometrien und Serienprodukte. Es lassen sich sehr kurze Schweißzeiten bei hoher Reproduzierbarkeit erzielen. Das direkte Maskenverfahren ist eine spezielle Form des Simultanschweißens. Das Vorsehen eines Setzweges ist im Unterschied zum strahlbewegten Maskenverfahren möglich. Sind größere Bauteilgeometrien zu schweißen, kommt ein linienförmiges Strahlprofil zum Einsatz, das in einer Bewegungsachse über die Maske geführt wird. Linienförmige Strahlprofile können mit Zylinderlinsen sehr einfach erzeugt werden oder aber direkt mit einem schnell bewegten Scanner. Durch die verfügbaren Strukturierungsmöglichkeiten der Masken (z. B. durch Laserstrahlschneiden) lassen sich sehr hohe Auflösungen und schmale Schweißnähte (kleiner 100 µm) mit dem Maskenverfahren erzielen.

Vom **Simultanschweißen** wird gesprochen, wenn ein oder mehrere Laserstrahlen über Spezialoptiken gleichmäßig auf die komplette Schweißstruktur abgebildet werden. Der Schweißprozess erfolgt simultan auf der gesamten Schweißkontur. Die Einhaltung einer homogenen Energiedichte über die gesamte Fügekontur ist die größte verfahrenstechnische Herausforderung. Beim Simultanschweißen können auch offene Schweißkonturen erzeugt werden. Einen interessanten Anwendungsfall stellt das Punktschweißen dar, welches sich auch gleichzeitig an mehreren Orten des Bauteiles mit mehreren Laserstrahlen sehr schnell ausführen lässt. Das Verfahren ist an feste Geometrien gebunden und kommt hauptsächlich bei der Serien- und Massenproduktion zum Einsatz. Mit dem Simultanschweißen ergeben sich im Vergleich zum Konturschweißen sehr kurze Prozesszeiten und es sind keine dynamischen Bewegungssysteme erforderlich. Die spezielle Strahlformung kann über optische Komponenten oder aber die Aufspaltung mehrerer Laser in Glasfaserkomponenten mit anschließender paralleler Anordnung oder beliebiger Aneinanderreihung der abbildenden Glasfasern erfolgen.

Das **Quasi-Simultanschweißen** stellt eine Kombination aus dem Kontur- und dem Simultanschweißen dar. Der Laserstrahl wird sehr schnell mehrfach entlang der zu fügenden Kontur bewegt (typische Wiederholfrequenzen: > 50 Hz). Dadurch werden die Bewegungszykluszeiten kürzer als die Abkühlzeit über Wärmeleitung sowie Konvektion, sodass die komplette Schweißnaht quasisimultan aufgeschmolzen werden kann. Durch diese Konstellation lassen sich auch Bauteilkonstruktionen mit einem Setzweg versehen.

Das Verfahren erfordert allerdings auch die Verfügbarkeit der entsprechenden Streckenenergien mit ausreichender Strahlqualität. Die erforderliche Intensität für das Aufschmelzen der Kunststoffe liegt mit $10^3 - 10^5\,W{\cdot}cm^{-2}$ relativ niedrig. Es reichen Lasersysteme mit mittleren Leistungen bis etwa 600 W aus, um Strahlgeschwindigkeiten von etwa $0{,}5\,m{\cdot}s^{-1}$ zu erreichen. Für dieses sehr dynamische Bewegungskonzept werden ausschließlich schnell bewegte Scanner und Drehachsen (Radialnähte) verwendet. Mit der Verfügbarkeit der schnellen Scansysteme ($3 - 10\,m{\cdot}s^{-1}$) hat sich dieses Verfahren neben dem Konturschweißen zu einem sehr weitverbreiteten Kunststoffschweißverfahren entwickelt. Im Vergleich zum Simultanschweißen verfügt das Quasi-Simultanschweißen über eine höhere Flexibilität. Es können beliebige 2D-, 2,5D- und teilweise auch 3D-Konturen gescannt werden. Limitierender Faktor für die Bauteilgrößen stellt das maximale Arbeitsfeld der Scaneinheit dar. Das Verfahrensprinzip ermöglicht Schweißergebnisse mit keinem bzw. sehr geringem thermischen Verzug.

Die verschiedenen Anwendungen des Kunststoffschweißens führen zu ständig neuen spezifizierten Verfahrenslösungen. Insbesondere die stetig steigenden Anforderungen im Hinblick auf die Prozesszeitverkürzung und Qualitätsansprüche sowie die Funktionalität bestimmen maßgeblich diese Entwicklung.

In Tabelle 9.13 ist für die o. g. Faktoren jeweils ein Verfahrensbeispiel vorgestellt.

Tabelle 9.13 Sonderformen des Laserstrahlschweißverfahren nach */Woll2010/*, */LPKF2011/*

Simultanes Punktschweißen	Hybridschweißen	Laser-Heißverstemmen
	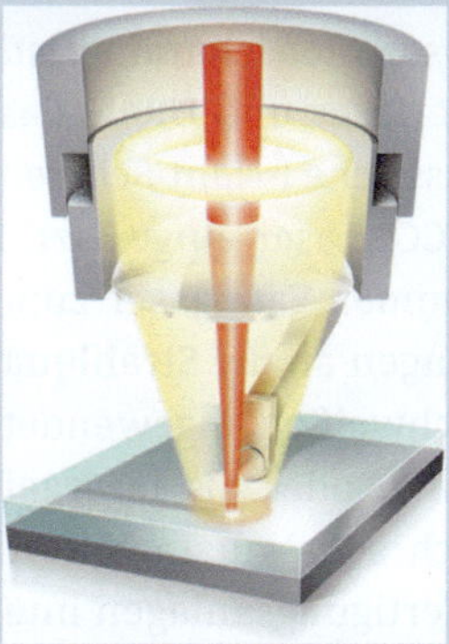	
Die simultane Verwendung von mehreren Laserquellen oder Laserstrahlen sowie Strahlformungselementen	Prozessunterstützung durch Überlagerung polychromatischer Strahlung einer oder mehrerer Halogenlampen	Laserstrahlerwärmung eines Formelementes mit anschließendem mechanischem Verpressen zum Formschluss der Fügepartner

Diodenlaser verfügen über eine sehr kompakte Bauweise und lassen sich freistrahlend in einen Schweißkopf mit kleinen Abmessungen integrieren. Diese Vorteile können für das simultane Laserstrahlpunktschweißen ideal ausgenutzt werden. Mithilfe von strahlführenden Elementen (Wellenleitern) können quadratische oder kreisförmige Flächen geformt werden. Das formende Element, ein hochreflektierendes Rohr oder Hohlprofil, homogenisiert das freistrahlende Bündel und überträgt gleichzeitig auch den erforderlichen Anpressdruck. Mit solch einer Anordnung kann mit relativ geringen Investitionskosten ein produktiver und reproduzierbarer Prozess, bspw. zum Punktschweißen eines Schusskanals an der Rückseite einer Pkw-Instrumententafel, durchgeführt werden /*Woll2010*/.

Die Qualitätsansprüche für großflächige Bauteile zu erhöhen und die Prozessgeschwindigkeit zu steigern ist das Bestreben des Hybridschweißens. Beim sogenannten „TwinWeld-3D-Schweißen" wird mit einem oder mehreren Halogenstrahlern zusätzliche Energie in das Wechselwirkungsvolumen eingebracht. Das Verwenden der zusätzlichen polychromatischen Strahlung reduziert gleichzeitig das Auftreten von Spannungen in gefährdeten Materialkombinationen /*LPKF2011*/.

Beim Laser-Heißverstemmen wird ein Formschluss zwischen einem Dom (erhabene Kontur) und einem zu haltenden Bauteil hergestellt. Bei diesem Verfahren werden durch Spritzguss erzeugte Elemente (meist Dome) durch den Laserstrahl indirekt erwärmt. Der Laserstrahl dringt durch den transparenten Nietkopf auf den Nietdom und schmilzt diesen auf. Ein großer Verfahrensvorteil gegenüber den konventionellen Fügeverfahren besteht darin, dass Materialanhaftungen an das Werkzeug faktisch ausgeschlossen sind. /*LPKF2011*/

9.1.9.4 Laserstrahlungsquellen und Systeme

Aufgrund der beschriebenen Absorptionscharakteristik von Kunststoffen werden zum überwiegenden Teil Festköperlaser und Diodenlaser für das Laserdurchstrahlschweißen verwendet. Für das klassische I-Naht-Schweißen und das Überlappschweißen dünner Folien werden auch CO_2-Laser eingesetzt. Bei sehr präzisen Fügeaufgaben, z. B. für die Mikrofluidik, kommen Faserlaser zum Einsatz. Viele Applikationen stellen keine erhöhten Anforderungen an die Strahlqualität, sodass Diodenlaser vorteilhaft für das Laserdurchstrahlschweißen angewendet werden. Sie kommen sowohl als freistrahlende (direktstrahlende) oder als fasergeführte Systeme zum Einsatz. Beide Systemvarianten lassen sich sehr gut in Koordinatenmaschinen, robotergeführte Systeme oder in spezielle Fertigungsanlagen integrieren (vgl. Bild 9.75). In der Regel werden Strahlungsquellen im cw-Betrieb eingesetzt. Je nach ausgewähltem Verfahren sind Ausgangsleistungen zwischen 10 und 600 W typisch. Die zur Anwendung kommenden Strahlverteilungen sind ebenfalls verfahrensabhängig. Sowohl das Konturschweißen als auch das Quasi-Simultanschweißen erfolgen mit einer kreisförmigen Strahlverteilung. Strahldurchmesser von 250 µm bis mehreren Millimetern sind für diese Verfahren gebräuchlich. Die Vorteile einer gezielten Laserstrahlformung mit optischen Komponenten werden für das Simultanschweißen genutzt. Je nach Kontur kommen kreis-, rechteck- oder linienförmige Strahlprofile zwischen 0,5 und 50 mm bzw. speziell angepasste Profilformen zum Einsatz. Bild 9.75 illustriert exemplarisch zwei Lasersysteme zum Durchstrahlschweißen. In der linken Anordnung wird das Bewegungssystem durch einen Scararoboter gebildet (Konturschweißen). Das rechte Bewegungskonzept beruht auf der Strahlführung durch einen 2D-Laserscanner (Quasi-Simultanschweißen). Lasersysteme zum Kunststoffschweißen zeichnen sich durch einen hohen Systemintegrationsgrad aus und reichen von individuellen Prozesslösungen bis zu modular aufgebauten Stand-alone-Anlagen.

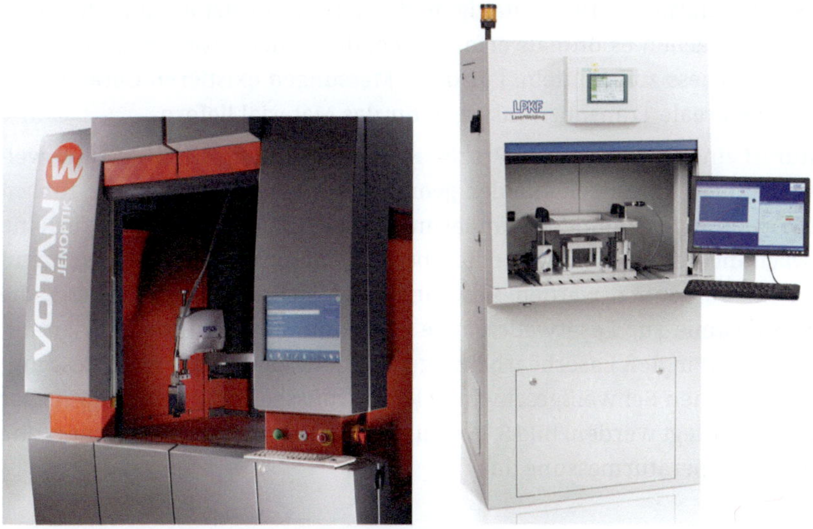

a) b)

Bild 9.75 Maschinensysteme für das Laserdurchstrahlschweißen. a) Konturschweißen mit Robotersystem © Jenoptik AG */Jenoptik2011-2/*, b) Quasi-Simultanschweißen mit Scanner © LPKF Laser & Electronics SE */LPKF2011/*

Große Bedeutung kommt den Spannsystemen zu, die auf den Prozess meist individuell abgestimmt werden und folgende Anforderungen erfüllen müssen:

- Aufbringen der erforderlichen Fügekraft (etwa 2 – 4 $N \cdot mm^{-2}$),
- gleichmäßige Krafteinleitung über den gesamten Fügebereich,
- Gewährleistung der Zugänglichkeit für die Laserstrahlung,
- schnelles Spannen und Lösen.

Für mittlere bis große Serien werden die Laseranlagen in teil- oder vollautomatisierte Fertigungsabläufe integriert. Neben der automatischen Teilebeschickung kommt in diesen Anordnungen auch der Qualitätsüberwachung eine besondere Bedeutung zu.

Insbesondere der Einsatz von Prozessdiagnostik stellt für das reproduzierbare Schweißen eine wichtige Voraussetzung dar.

9.1.9.5 Prozesskontrolle

Die Vielfalt der Kunststoffe, die unterschiedlichen Additive, verfahrensbedingte Chargenschwankungen und Feuchtigkeitsaufnahme der Kunststoffmaterialien sind nur einige Gründe, die hohe Anforderungen an den Schweißprozess stellen und zu unterschiedlichen Bearbeitungsergebnissen führen können. Dies erfordert in vielen Fällen eine material- oder produktangepasste Verfahrensoptimierung. Ein sehr wichtiger Parameter ist der jeweilige reale Transmissions- bzw. Absorptionswert der zu schweißenden Kunststoffmaterialien. Die vielfältig modifizierten Kunststoffe und die Chargenschwankungen machen es oftmals erforderlich, die Transmissionscharakteristik vor dem Schweißprozess zu ermitteln. Für diese Messungen existieren Gerätelösungen, die sehr schnell reale Transmissionswerte für das Material liefern.

Die Temperatur ist eine der wichtigsten Prozessgrößen beim Laserdurchstrahlschweißen. Verunreinigungen, Oberflächenfehler, geometrische Abweichungen etc. führen im Prozess sofort zu einer Temperaturänderung. Diese Abhängigkeit kann für eine Online-Überwachung der Schweißnaht oder aber zur Temperaturregelung während des Fügeprozesses ausgenutzt werden. Bewährt haben sich schnelle Pyrometer, die mit ihrer Emissionslinie zur Laserwellenlänge abgestimmt sein müssen. Ihr Strahlweg lässt sich sehr gut in den Laserbearbeitungskopf integrieren und im Prozess mitführen. Durch die hohen Schweißgeschwindigkeiten müssen Pyrometer und Regler sehr dynamisch ausgelegt werden. Bild 9.76 stellt schematisch die Geräteverknüpfung für eine schnelle Temperaturmessung dar.

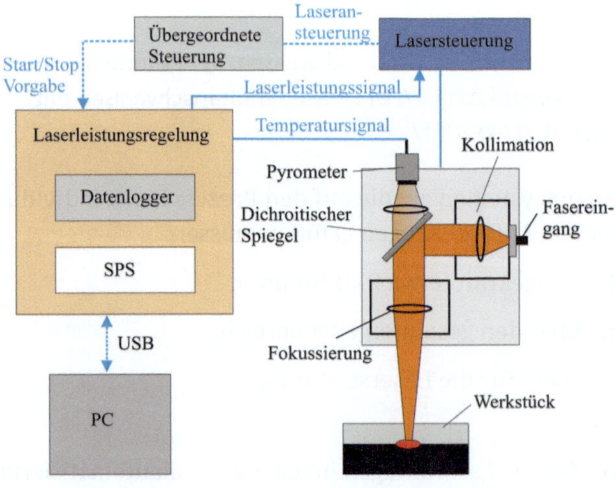

Bild 9.76 Temperaturüberwachung und -regelung mit einem Pyrometer nach */Kamm2008/*

Ein weiterer wichtiger Prozessparameter ist die Streckenenergie. Hier ist eine sorgfältige Abstimmung erforderlich. Ist diese zu gering wird ein unzureichendes Schmelzvolumen ausgebildet, sodass keine ausreichenden Nahtfestigkeiten erzielt werden können. Wird die Streckenenergie zu groß gewählt, kann es zu Verbrennungen sowohl in der transparenten als auch in der absorbierenden Kunststoffkomponente kommen (vgl. Bild 9.77 a).

Durch Reduzierung der Verfahrgeschwindigkeiten ist an den Geometrieumkehrpunkten ebenfalls mit Verbrennungen zu rechnen, wenn die Laserleistung nicht angepasst wird (vgl. Bild 9.77 b). In Verbindung mit einem schnellen Regler (meist PID-Regler) wird das Pyrometersignal zum Regeln der Laserleistung verwendet, um in Abhängigkeit von der Verfahrgeschwindigkeit nahezu konstante Prozesstemperaturen über den gesamten Schweißprozess einzuhalten (Bild 9.77 c).

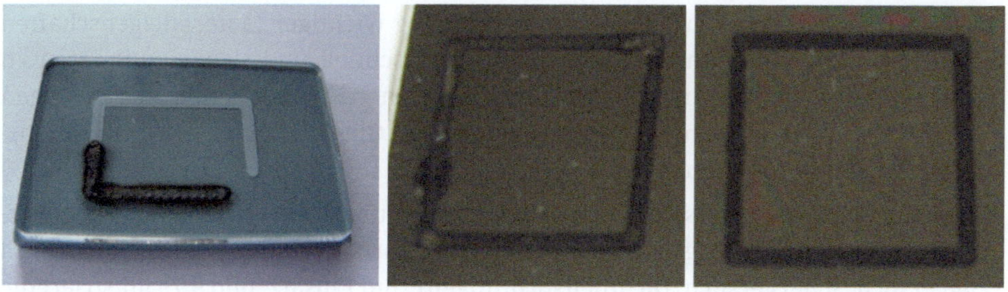

a) b) c)

Bild 9.77 Einfluss der Streckenenergie. a) Streckenenergie zu hoch (Temperatur zu hoch – Verbrennungen), b) Kontur gesteuert (gesteuert, $v_s = 20\ mm \cdot s^{-1}$, konstante Leistung), c) Kontur geregelt (geregelt, $v_s = 20\ mm \cdot s^{-1}$, konstante Temperatur) nach */Blie2004/*

In der Praxis werden neben der Temperaturmessung auch andere Verfahren zur Prozesskontrolle erfolgreich eingesetzt. Für Verfahren, die mit einem Setzweg arbeiten, kann eine Fügewegüberwachung (Schweißweg + Setzweg) vorteilhaft sein. Bild 9.78 veranschaulicht die Wegänderung über die Zeit während des Schweißvorganges. Dargestellt sind auch die Prozessstufen. Darüber hinaus kommen diagnostische Methoden zum Einsatz, die den Schweißprozess überwachen:

- die Reflexion an den Grenzflächen der Fügepartner,
- mögliche Oberflächenverbrennungen,
- die Schweißnahtgeometrie. */LPKF2011/*

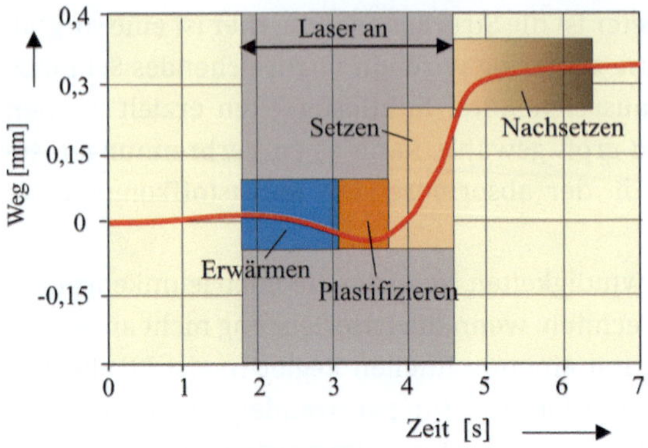

Bild 9.78
Weg-Zeit-Diagramm der Fügewegüberwachung nach */LPKF2011/*

9.1.9.6 Ausgewählte Prüfverfahren

Neben der Bestimmung der Transmission können im Vorfeld des Schweißprozesses auch noch weitere Prüfverfahren zur Bestimmung wichtiger Materialeigenschaften zum Einsatz kommen, um die Prozessparameter schnell und sicher optimieren zu können. Mithilfe der dynamischen Differenzkalorimetrie (DSC) lassen sich Aussagen zum Temperatur-Zeit-Verhalten, insbesondere zur Glasübergangs-, Kristallisations- und Zersetzungstemperatur treffen.

Nach dem Schweißprozess kommen sowohl zerstörungsfreie (visuelle und lichtmikroskopische Begutachtung) als auch stichprobenartig zerstörende Prüfverfahren (Zugversuch, Scherversuch, Dichtheitsprüfungen) zum Einsatz. Bild 9.79 illustriert die Ergebnisse eines Zugversuches des Materials PA6GF30. Bei einer richtigen Prozessführung, unter Beachtung der Schweißbarkeit, können Schweißnahtverbindungen erzielt werden, die im Bereich der Grundfestigkeit der Kunststoffmaterialien liegen. Stark hygroskopische Kunststoffe neigen zur Wasseraufnahme und sollten vor dem Schweißprozess getrocknet werden. Für den glasfasergefüllten Konstruktionswerkstoff PA6GF30 mit einer maximalen Wasseraufnahme von 6,5 % (Bild 9.79) ergibt sich mit zunehmendem Wassergehalt ein deutlicher Abfall der Schweißnahtfestigkeiten. Diese können bis zu 50 % des getrockneten Zustandes betragen. Es besteht die Annahme, dass das Wasser in den amorphen Bereichen des Kunststoffes eingelagert und die Kohäsions- bzw. Adhäsionskraft zwischen den polymeren Fügepartnern dadurch verringert wird.

Zur Bewertung der Schweißnaht selbst werden in Analogie zur metallischen Schweißnahtprüfung Schliffbilder quer und teilweise auch längs zur Schweißnaht angefertigt und mikroskopisch ausgewertet. Mit diesem Prüfverfahren lassen sich Aussagen zur Ausbildung der Schweißnaht, zur Geometrie und zur Homogenität ermitteln. Bild 9.80 illustriert ausgewählte Schliffbilder des Gehäuseteiles in Tabelle 9.14. Gut zu erkennen ist in den Bildern die homogen ausgeprägte Schweißlinse bzw. Fügezone und der beidseitige Schmelzaustrieb infolge des Setzweges. Die subjektive Bewertung lässt auf eine hohe Schweißnahtfestigkeit schließen, was die zerstörenden Prüfverfahren bestätigen.

Für das in Tabelle 9.14 gezeigte Gehäuseteil ist die Dichtheit ein weiteres Prüfkriterium. Beaufschlagt mit einem Druck von 7 bar werden diese Teile unter Wasser abgedrückt und getestet. Im anschließenden zerstörenden Berstdruckverfahren hielt das geschweißte Bauteil einem Druck von 16 bar stand.

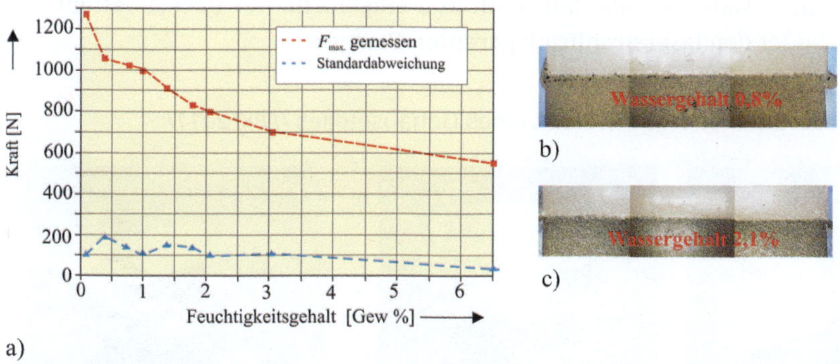

Bild 9.79 Zugkraftprüfung – Material PA6GF30. a) Erreichbare Zugkräfte in Abhängigkeit vom Feuchtegehalt, b) und c) Schliffbilddarstellungen für zwei verschiedene Feuchtegehalte

Bild 9.80 Mikroskopische Darstellung der Schweißnahtform */EAH2011/*. a) Querschliff, b) Längsschliff

9.1.9.7 Anwendungsbeispiele

Das Laserstrahlschweißen ist eine sehr flexible Verbindungstechnik für Kunststoffe, erfordert aber das lasergerechte Design der Bauteile, um die Vorteile des Laserverfahrens anwenden zu können. Zu diesen zählen:

- eine optisch hochwertige Qualität der Schweißnaht,
- eine flexible Nahtführung,
- keine Verschmutzung der Oberfläche,
- eine minimale Wärmebelastung der Bauteile und
- eine hohe Festigkeit der Schweißnaht.

Eine sehr häufige Anwendung ist das Schweißen dichter Verbindungen von Gehäuseteilen. Diese können empfindliche Sensoren, Leiterplatten oder elektronische Bauelemente aufnehmen und schützen. In Tabelle 9.14 ist ein Demonstrationsgehäuseteil dargestellt. Das quadratische Unterteil wurde mit dem lasertransparenten Deckel durch das Verfahren Quasi-Simultanschweißen gefügt. Der absorbierende Fügepartner besteht aus dem Material PA6 und ist mit Ruß eingefärbt. Der Deckel besteht aus PA6 natur und bildet den laserstrahltransparenten Partner.

Tabelle 9.14 Laserdurchstrahlschweißen eines Gehäuseteiles */LPKF2011/*

Material: PA6 (eingefärbt) / PA6 (natur) Herstellung: Spritzgussverfahren Transparenz: 0 % und 35 %	**Schweißparameter:** $P = 70$ W; $v_f = 1$ m·s^{-1} $F = 500$ N; $t = 1{,}9$ s	**Prüfparameter:** Dichtheitstest: 7 bar Berstdruck: 16 bar

Geschweißt wurde die Gehäusebaugruppe mit einem Hochleistungsdiodenlaser. Dieser Laser emittiert Strahlung einer Wellenlänge von 980 nm und erreicht eine maximale Ausgangsleistung von 400 W. Die Strahlführung erfolgt mit einer 300-µm-Faser, an deren Ausgang die Strahlung kollimiert und einem 2D-Scanner bereitgestellt wird. Der maschinenintegrierte Scanner erreicht ein Arbeitsfeld von (210 × 210) mm^2 bei einer Brennweite von 350 mm. Daraus resultiert ein fokussierter Strahldurchmesser von 2 mm. Durch das schnelle Scannen des Laserstrahls mit 1 m·s^{-1} erreicht man für diese Konturabmessung (30 × 30) mm^2 eine quasisimultane Erwärmung der gesamten zu fügenden Kontur. Der hier gewählte Setzweg beträgt 0,3 mm. Das Schweißergebnis zeigt eine homogen ausgeprägte Schweißnaht mit sehr hohen Festigkeitswerten, die der Materialgrundfestigkeit entsprechen. Die zerstörende Prüfung (Tabelle 9.14, rechte Darstellung) führt zu einem überwiegenden Materialbruch und nicht zu einem Schweißnahtversagen.

Für diese Art des Laserdurchstrahlschweißens von Gehäuseteilen existiert eine Vielzahl von Anwendungen im Automobilbau, der Sensorik und der Medizintechnik. Bild 9.81 veranschaulicht exemplarisch eine Anwendungslösung. Das hier angewendete quasisimultane Schweißen mit dem Laserstrahl löst das Vibrationsschweißen und Heizelementeschweißen ab. Das Material PA66 lasertransparent (natur) und laserabsorbierend wird für den dargestellten Flüssigkeitsbehälter eingesetzt. An dieses Bauteil werden erhöhte Anforderungen an Berstdruck, Dichtheit und Standzeit gestellt */LPKF2011/*.

Bild 9.81
Flüssigkeitsbehälter für hydraulische Pumpen © LPKF Laser & Electronics SE, */LPKF2011/*

Weitere interessante Applikationen für Kunststoffeinhausungen sind im Bild 9.82 veranschaulicht. Hochwertige elektronische Komponenten und empfindliche Substanzen müssen Langzeit geschützt oder aber Kraftstoffbehälter dicht geschweißt werden. Oft werden Filterkomponenten aus Kunststoff verwendet, die mechanische Teile aufnehmen. Die Verbindung der Gehäuseteile wird durch eine Überlappnaht im Radialschweißverfahren realisiert, wobei die komplette Filtereinheit unter dem Laser gedreht wird (Bild 9.82 b).

a) b) c)

Bild 9.82 Verfahrensbeispiele für das Radialschweißen © Jenoptik AG, */Jenoptik2011-2/*.
a) Treibstoffkapsel für Airbag, b) Kraftstoffbehälter, c) Achsmanschette

Auch elastische Polymere lassen sich im Durchstrahlschweißverfahren verbinden und dienen dem Schutz beweglicher Teile (Bild 9.82 c). Ein weiteres Beispiel aus dem Automobilbau sind Beleuchtungseinheiten. Diese haben i. d. R. bereits aus Funktionsgründen die gewünschten optischen Eigenschaften für das Laserdurchstrahlschweißen. Das Spaltmaß zwischen den meist geometrisch ausgedehnten Fügepartnern ist herstellungsbedingt aber relativ groß, wodurch die Anforderungen an eine lasergerechte Konstruktion und den Spritzgussprozess steigen. Bei den größeren Bauteilen wie Front- oder Rückleuchten (vgl. Bild 9.83) sind die erreichbaren Spaltmaße häufig größer als die vom Laserprozess tolerierbaren. Wenn möglich werden Setzwege vorgesehen, um im Quasi-Simultanschweißverfahren größere Spaltmaße durch Setzwege zu kompensieren. Die Größe der Rückblenden in Bild 9.83 erfordert für diesen Fall das Konturschweißverfahren.

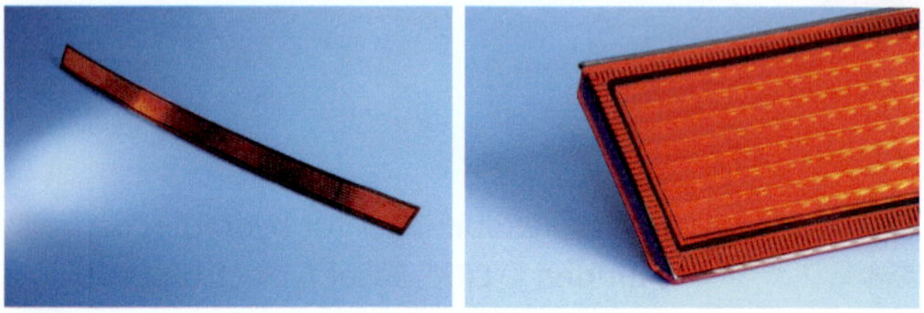

a) b)

Bild 9.83 Durchstrahlschweißen einer Autorückblende. a) Gesamtansicht, b) Ausschnittvergrößerung, Darstellung der ausgebildeten Schweißnaht */Jena2011-9.1/*

Im Bereich Medizintechnik gewinnen lasergeschweißte Kunststoffverbindungen zunehmend eine größere Bedeutung. Es sind insbesondere die Verfahrensvorteile wie hohe Sauberkeit, keine störenden Mikropartikel, Klebereste oder Rauheiten, die das Laserdurchstrahlschweißen für dieses Feld der Anwendungen interessant machen. Bild 9.84 illustriert einen Mikrofluid-Einwegfilter für DNA- und RNA-Analysen. Die Fügepartner bestehen aus einer PC-Komponente und einem 2 K-Spritzgussteil, bestehend aus den Materialien PC und TPE. Gefügt werden beide Bauteile mittels Konturschweißverfahren.

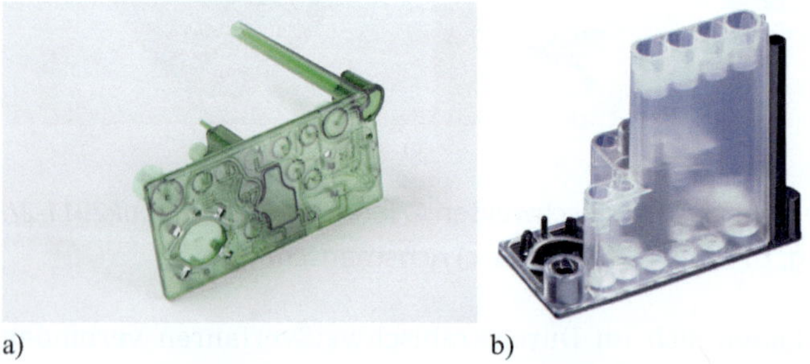

a) b)

Bild 9.84 Mikrofluid – Einwegfilter für DNA- und RNA-Analysen © LPKF Laser & Electronics SE, */LPKF2011/*. a) Komponente 1, b) Komponente 2

9.1.10 Schweißnahtqualitäten und -kontrolle

Die Qualitätssicherungsmaßnahmen für den Schweißprozess erfolgen allgemein in drei Phasen:

1. **vorbereitende Phase** – konstruktive Nahtgestaltung, Werkstückvorbereitung, Spannkonzept,
2. **Schweißprozess** – Kontrolle der Prozessparameter, Prozessdiagnostik,
3. **Bewertung der Schweißnaht** – Schweißnahtgeometrie, Gefügeeigenschaften, mechanische Eigenschaften.

Bereits mit der konstruktiven Bauteilauslegung und Festlegung der Schweißnahtform werden grundlegende Kriterien für einen qualitätsgerechten Schweißprozess gelegt. Darüber hinaus sind besondere Anforderungen an die Vorbereitung der Fügepartner hinsichtlich der exakten Positionierung, der Kantenvorbereitung sowie des Oberflächenzustandes zu stellen. Um stabile Schweißnähte zu erhalten, müssen alle Einflussgrößen beginnend vom Werkstoff über die Laserparameter bis hin zu den Bearbeitungsparametern genau aufeinander abgestimmt sein. Qualitätsgerechte Schweißnähte erfordern eine gute Nahtvorbereitung. Um eine Lunkerbildung zu vermeiden, müssen die Kontaktstellen oxidfrei sein. Auch Öle, Fett und Feuchtigkeit sind von den Kontaktflächen zu entfernen, da ansonsten die Gefahr von explosionsartigen Auswürfen (Humpingeffekt) und die Bildung von Auswurfkratern besteht.

Eine große Bedeutung hat die Online-Prozessdiagnostik erlangt, denn die charakteristische Linienstrahlung des Metalldampfplasmas aus der Strahlkapillare liefert Signale, die zur Prozessüberwachung (z. B. Einschweißtiefe, Plasmaabschirmung oder Nahtimperfektionen) genutzt werden können.

Im Ergebnis des Schweißprozesses kann eine Reihe von Schweißnahtfehlern auftreten. Eine Übersicht prinzipieller Schweißfehler und mögliche Ursachen sind in Tabelle 9.15 nach */DVS 2212-2/* zusammengestellt.

Für die Bewertung der Schweißnaht kommen im Wesentlichen folgende Prüfmethoden zur Anwendung:

- Zug- und Biegeversuch,
- Schertest,
- Ultraschall/Röntgen,
- Schliffbilddarstellung,
- Härtemessung,
- Farbeindringprüfung sowie
- CT-Prüfung.

Auf eine Beschreibung der Verfahren der Werkstoffprüfung sei an dieser Stelle auf */Blum1994/* und */Matt2002/* verwiesen.

Tabelle 9.15 Übersicht ausgewählter Schweißfehler */DVS 2212-2/*

Schweißfehler	mögliche Ursachen	Korrekturvorschläge
erhöhte Porosität	▪ Lasergas, unzureichender Schutz des Schweißgutes ▪ unzureichende Entgasung ▪ unzureichende Bauteilreinigung	▪ Bauteilvorbereitung ▪ Prozessgasabstimmung ▪ Optimierung der Streckenenergie
Rissbildung	▪ starke Aufhärtung ▪ falsch gewählte Streckenenergie ▪ ungünstige Nahtgeometrie	▪ Anpassung des Temperatur-Zeit-Regimes ▪ Einsatz des Strahlpendelns ▪ geringere Schweißgeschwindigkeit ▪ Arbeiten mit Zusatzwerkstoff
Randkerben	▪ zu großer Fügespalt ▪ Kantenversatz ▪ zu hohe Abkühlgeschwindigkeit	▪ Verbesserung der Nahtvorbereitung ▪ Optimierung der Schutzgas-abdeckung
Oberraupe zu breit	▪ falsche Fokuslage ▪ Fokuslagedrift	▪ Änderung der Fokuslage ▪ Prozessgasabstimmung
erhöhte Nahtbreite	▪ zu hohe Streckenenergie ▪ zu großer Fokusdurchmesser	▪ Anpassung des Fokusdurchmessers ▪ Überprüfung des Spaltmaßes ▪ höhere Schweißgeschwindigkeit
Oberraupe ungleichmäßig	▪ instabile Prozessparameter ▪ Fokuslagedrift ▪ falscher Arbeitsabstand	▪ Wahl stabiler Prozessparameter ▪ Vergrößerung der Dampfkapillare ▪ Optimierung des Ausgasverhaltens

9.2 Laserstrahllöten

Unter Löten ist ein thermisches Verfahren zum stoffschlüssigen, unlösbaren Fügen von artgleichen oder artfremden Werkstoffen mit einem **Zusatzwerkstoff (Lot)** zu verstehen. Im Prozessverlauf entsteht eine flüssige Phase durch Schmelzen eines Lotes (**Schmelzlöten**) oder durch Diffusionsvorgänge (**Diffusionslöten**). Dabei wird die **Solidustemperatur** (metallische Werkstoffe) bzw. die **Transformationstemperatur** (mineralische Gläser) des Grundwerkstoffes nicht erreicht, somit findet kein Aufschmelzen des Grundwerkstoffes statt, was für viele Anwendungen von Vorteil ist. Der Zusatzwerkstoff ist beim Löten in der Regel nicht artgleich aufgebaut, wodurch sich an der Fügestelle eine neue Verbindungsschicht mit einer **materialspezifischen**

Zusammensetzung ausbildet. Damit bietet das Löten grundsätzlich auch die Möglichkeit, verschiedenartige Grundwerkstoffe zu verbinden. Die Anwendung von Lotwerkstoffen, die nahezu den gleichen linearen Ausdehnungskoeffizienten wie die zu verbindenden Bauteile haben, erweisen sich hierbei als vorteilhaft, denn dadurch lassen sich spannungsarme Lotverbindungen erzielen, die insbesondere für Gläser eine wichtige Verfahrensvoraussetzung darstellen.

Die Klassifizierung der Lötverfahren kann anhand unterschiedlicher Gesichtspunkte erfolgen */Matt2003/*:

- Liquidustemperatur der verwendeten Lote,
- Art der Lötstelle,
- Art der Oxidbeseitigung,
- Art der Lotzufuhr,
- Art der Fertigung,
- Art der Energieträger bzw. der Wärmezufuhr.

Eine häufig verwendete Klassifizierung des Prozesses ist die Einteilung entsprechend der **Liquidustemperatur** des Lotes in **Weich-, Hart-** und **Hochtemperaturlöten** (vgl. Tabelle 9.16). Werden Arbeitstemperaturen unterhalb 450 °C verwendet, spricht man vom **Weichlöten**. Für Temperaturen größer 900 °C kommen flussmittelfreie Lötverfahren, oft unter Luftabschluss, zur Anwendung, die dem Hochtemperaturlöten zugeordnet werden. Zwischen diesen beiden Temperaturgrenzen ordnen sich die Verfahren aus der Gruppe des Hartlötens ein.

Tabelle 9.16 Einteilung der Lötverfahren nach der Liquidustemperatur nach DIN 8593-0 */DIN 8593-0/*

Verfahrensgruppe	Liquidustemperatur [°C]	Ausgewählte Lötverfahren
Weichlöten	$T \leq 450$	▪ Kolbenlöten ▪ Badlöten ▪ Wellenlöten ▪ Flammlöten ▪ Laserstrahllöten
Hartlöten	$450 < T < 900$	▪ Lichtbogenlöten ▪ Laserstrahllöten ▪ Induktionslöten ▪ Widerstandslöten ▪ Ofenlöten
Hochtemperaturlöten	$T \geq 900$	▪ Laserstrahllöten ▪ Elektronenstrahllöten ▪ Ofenlöten ▪ Induktionslöten

Das Laserstrahllöten kann für alle genannten Temperaturbereiche und Verfahrensgruppen eingesetzt werden und zeichnet sich im Vergleich zu anderen Lötverfahren vor allem durch den berührungslosen, **zeitlich und räumlich gut steuerbaren Erwärmungsvorgang** des Lotes aus. Die sehr guten Voraussetzungen dieses Verfahrens zeigen sich beim selektiven Löten in der Mikrosystemtechnik, denn die hohe Miniaturisierung und die Verwendung thermisch und mechanisch empfindlicher Bauelemente erfordern oftmals den Einsatz von Lötverfahren mit einer kurzzeitigen, lokalen Energiezufuhr. Das Laserstrahllöten ist insbesondere durch die oberflächennahe Energieeinbringung in Verbindung mit Wärmeleitungs- und Grenzflächenprozessen gekennzeichnet und wird im Wesentlichen durch die Laserstrahlparameter sowie die thermophysikalischen Eigenschaften der Fügepartner bestimmt.

9.2.1 Grundlagen des Lötens

Das Löten stellt generell einen komplexen Prozess dar, dem physikalisch-chemische Vorgänge zugrunde liegen. Die sich ergebende Fügeverbindung bzw. deren Festigkeit wird maßgeblich durch die chemischen Elemente und die Struktur des Grundwerkstoffes sowie der Lotlegierung beeinflusst.

Der Lötvorgang, dessen wesentliche Verfahrensvoraussetzung die Einbringung von thermischer Wirkenergie ist, gliedert sich in verschiedene Phasen (vgl. Bild 9.85 a). Jedes Lötverfahren bedingt einen angepassten Temperatur-Zeit-Verlauf, der prinzipiell der Abfolge gemäß Bild 9.85 b entspricht. Diese Prozessführung erfordert für metallische Werkstoffe zudem meist eine Oberflächenaktivierung durch ein Flussmittel und das örtliche Aufbrechen der Oxidschicht.

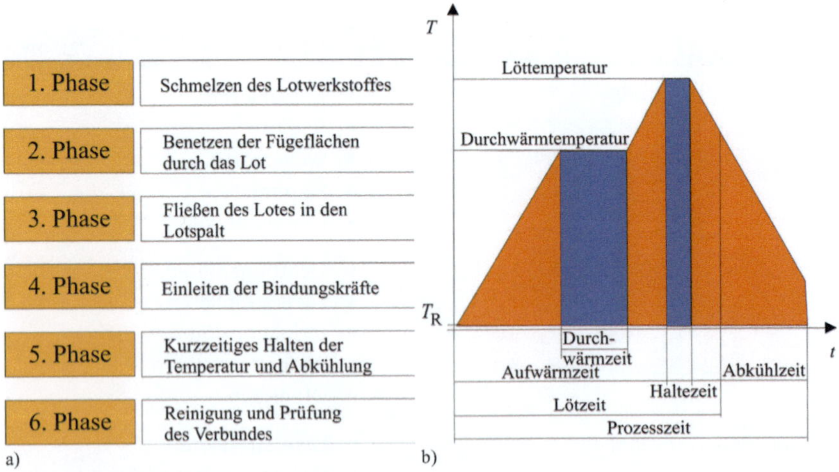

Bild 9.85 Typische Phasen eines Lötprozesses. a) Phasen des Lötens, b) Temperatur-Zeit-Verlauf

Weiterhin muss das Temperatur-Zeit-Regime an das Material des Lotes und des Grundwerkstoffes sowie die konkrete Anwendung angepasst sein. Hauptsächlich bei silikatischen Werkstoffen ist die Abkühlphase von besonderer Bedeutung, um das Entstehen von Spannungszonen zu vermeiden.

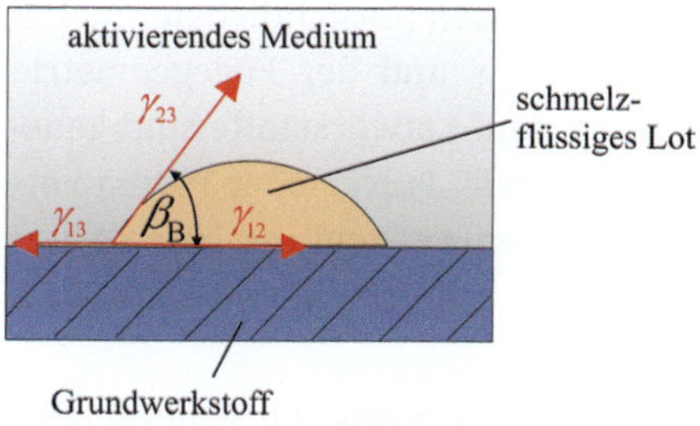

Bild 9.86
Benetzung des Lotes mit einem festen Grundwerkstoff und auftretende Grenzflächenspannungen nach */Matt2003/*

Für den Verbindungsprozess ist eine ausreichende Benetzung und Ausbreitung des Lotwerkstoffes entscheidend. Dieser Grenzflächenvorgang ist in Bild 9.86 schematisch am Beispiel eines schmelzflüssigen Lotes auf einem festen Grundwerkstoff dargestellt. Eine gute bzw. vollkommene Benetzung liegt vor, wenn sich der Lottropfen zusammenhängend mit sehr kleinem **Benetzungswinkel** $\boldsymbol{\beta_B}$ auf der Oberfläche ausbreitet. Dieser Winkel wird durch den Grundwerkstoff, das Lot sowie das umgebende Medium bestimmt. Es ergeben sich drei Grenzflächenspannungen, zwischen denen die folgende Gleichgewichtsbedingung besteht */Matt2003/*

$$\gamma_{13} = \gamma_{12} + \gamma_{23} \cos \beta_B \tag{9.6}$$

γ_{12} Spannung zwischen Grundwerkstoff und Lot; γ_{23} Spannung zwischen Lot und aktivierendem Medium; γ_{13} Spannung zwischen Grundwerkstoff und aktivierendem Medium

In */Matt2003/* wird ebenfalls angeführt, dass eine ausreichende Benetzung auch noch für die Bedingung

$$\gamma_{1,3} < \gamma_{1,2} + \gamma_{2,3} \tag{9.7}$$

mit Benetzungswinkeln bis maximal 30° gegeben ist.

In der Praxis wird neben dem Benetzungswinkel auch die **benetzbare Fläche** $\boldsymbol{A_B}$ ermittelt, um die Benetzungsfähigkeit von Lotwerkstoffen zu charakterisieren. Ein Maß dafür stellt der **Benetzungsindex *BI*** dar

$$BI = A_B \cos \beta_B \tag{9.8}$$

Für viele Lötanwendungen wird mit einem Lotspalt gearbeitet, sodass zusätzlich eine Kapillarwirkung beim Lötprozess beachtet werden muss. Der Lotspalt ist durch die Parameter Spaltbreite, Spaltlänge und Spalttiefe bestimmt, wobei die Spaltbreite einen wesentlichen Einfluss auf den **kapillaren Fülldruck** $\boldsymbol{p_K}$ ausübt. Typischerweise liegt dieser für Spaltbreiten zwischen 0,08 mm und 0,2 mm in etwa zwischen 50 und

300 mbar, um für kurze Fließwege des Lotes eine selbstständige Lotspaltfüllung zu erzielen.

Für die unterschiedlichen Anwendungsbereiche des Lötens steht eine Vielzahl von Lotwerkstoffen zur Verfügung. Eine generelle Einteilung kann in Analogie zur Klassifizierung der Verfahren in **Weich-** und **Hartlote** sowie die **Hochtemperaturlote** vorgenommen werden. Entsprechende Auswahlkriterien müssen hinsichtlich der metallurgischen Bedingungen, des verwendeten Lötverfahrens und der Fügegeometrie sowie der geforderten Qualitätskriterien beachtet werden. Lotwerkstoffe sind generell als Drähte, Bänder, Stäbe, Folien, spezielle Lotformteile, Pulver oder Pasten verfügbar. Über die umfangreichen Lotwerkstoffe sowie deren Anwendungsbereiche sei an dieser Stelle auf */Matt2003/*, */ögussa2012/*, */Schott1999/*, */schott2024/* und */Luca2025/* verwiesen.

Oft werden für den Lötprozess auch Hilfsstoffe, bspw. Schutzgase, Flussmittel oder Lötstopmittel, eingesetzt. Während Schutzgase zur Vermeidung der Oxidbildung in der Wechselwirkungszone (WWZ) eingesetzt werden, entfernen Flussmittel Oxide von der Werkstückoberfläche und verbessern die Benetzungsfähigkeit des Lotes. Wenn möglich, wird aber auch beim Laserstrahllöten ein flussmittelfreier Lötprozess angestrebt.

9.2.2 Verfahren des Laserstrahllötens

Für die Beschreibung der verwendeten Laserstrahllötverfahren ist die Vorgehensweise nach der eingangs beschriebenen Einteilung in **Weich-**, **Hart-** und **Hochtemperaturlöten** sinnvoll. Dementsprechend werden Laserstrahlquellen mit sehr unterschiedlichen Laserleistungen, die typischerweise in einem Bereich zwischen 20 und 6000 W liegen, angewandt. Eine wichtige Fragestellung ist die **Bereitstellung** des **Lotwerkstoffes**, die dem eigentlichen Lötprozess durch das Aufbringen von Lotdepots am Ort der Fügestelle vorgelagert sein kann. Andererseits lässt sich die Lotbereitstellung auch direkt während des Lötvorganges durch eine Zuführung, z. B. in Form eines Lotdrahtes, vornehmen.

Für das flussmittelfreie Laserstrahllöten können sehr geringe Lotspalte (< 0,05 mm) mit hohen kapillaren Fülldrücken vorgesehen werden, wodurch qualitativ hochwertige Verbindungen entstehen, die frei von Flussmittelrückständen oder Einschlüssen sind.

Mit geeigneten Temperaturerfassungseinheiten lassen sich die Temperatur-Zeit-Verläufe während des Lötprozesses verfolgen. In Verbindung mit einer Laserleistungsregelung können Prozessinstabilitäten weitestgehend ausgeschlossen bzw. minimiert werden.

9.2.2.1 Weichlöten

Das Weichlöten mit Laserstrahlung ist in den Bereichen Elektronik, Sensorik und Automobil weitverbreitet und hat sich für selektive Lötaufgabenstellungen, Anwendungen, die einen temperaturgesteuerten Prozess erfordern, und das Löten temperaturempfindlicher Bauteile etabliert. So können bspw. diskrete schwerlötbare Bauelemente in konventionell gelötete Leiterplattendesigns nachträglich eingebracht werden, ohne diese oder den Schaltungsträger zu schädigen. Interessant ist das Laserstrahllöten auch für den Aufbau dreidimensionaler Schaltungsträger, bei denen konventionelle Löttechniken oftmals nicht anwendbar sind. Der **Lotwerkstoff (Zinn bzw. Zinnlegierungen)** kann in einem vorgelagerten Prozess durch Siebdruck und Dispensertechnik (Reflow-Technik) aufgebracht oder auch direkt im Lötprozess der Fügestelle zugeführt werden. Für das Weichlöten werden Flussmittel in fester oder flüssiger Form eingesetzt. Oftmals kommen Lotdrähte mit einer Flussmittelseele oder flussmittelhaltige Lotpasten zur Anwendung. In Bild 9.87 ist die Verfahrensanordnung dargestellt sowie der Prozessablauf in den wichtigsten Stufen zusammengefasst.

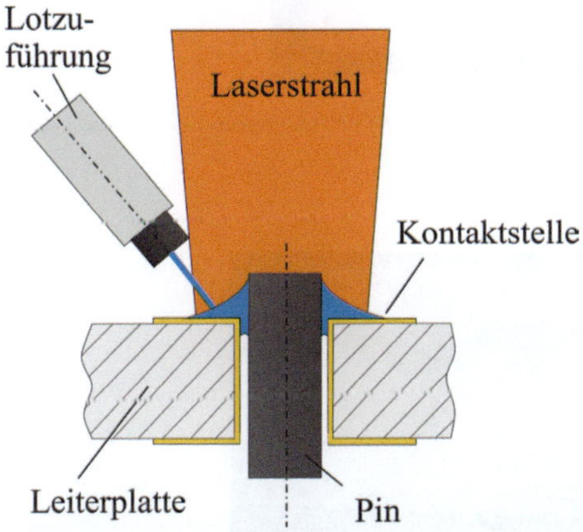

Bild 9.87 Anordnung zum Laserstrahlweichlöten und wichtige Prozessstufen des Lötens nach */wolf2012/*

Vorwärmen: Durch die direkte Bestrahlung erfolgt eine Erwärmung der Fügezone. Der Lotdraht wird der WWZ zugeführt und beginnt aufzuschmelzen, wobei keine „Tropfenbildung" auftreten darf. Überschreitet der Laserstrahl die Kontaktstelle (Pad bzw. Lotauge) kann das Basismaterial beschädigt werden.

Lotzufuhr: Der teilweise aufgeschmolzene Lotdraht schmilzt an der Leiterplatte bzw. an der Kontaktstelle vollständig ab. Kontaktstelle und Pin müssen ausreichend vorgewärmt sein.

Halten: Die bereitgestellte Lotdrahtmenge verteilt sich gleichmäßig im Schmelzbadvolumen. Der kontinuierliche Laserstrahl hält die Schmelze auf Löttemperatur.

Aufgrund der niedrigen Prozesstemperaturen beim Weichlöten genügen i. d. R. relativ geringe Laserstrahlleistungen zwischen 30 und 100 W, um auch größere Lötstellen auf die erforderliche Löttemperatur zu erwärmen. Günstige Absorptionsverhältnisse der Strahlung erreicht man für die Wellenlänge der Diodenlaser (808 nm). Häufig wird die Strahlübertragung mit Lichtleitfasern gewählt, da der sich ergebende homogene Intensitätsverlauf des Strahles eine gleichmäßige Loterwärmung und -verteilung erlaubt. Standardmäßig werden meist Fokusdurchmesser von $d_f \leq 0{,}8$ mm gewählt, wobei je nach Lotgeometrie auch ganz spezielle Intensitätsverteilungen Anwendung finden können (vgl. Bild 9.88 c). Neben dem Kontaktlöten von Steckverbindungen und dem SMD-Löten kommen auch weitere spezielle Lötanwendungen zum Einsatz, die bspw. eine hohe Flexibilität erfordern.

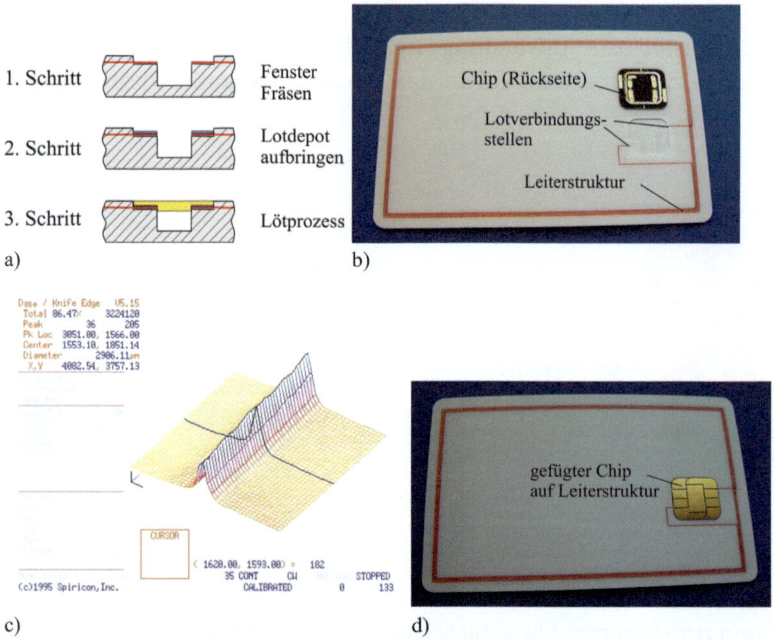

Bild 9.88 Laserstrahllöten von Chipkarten. a) Prozessschritte, b) Chipkartenaufbau, c) verwendetes Strahlprofil, d) laserstrahlgelötete Chipkarte

Das große Potenzial des Laserstrahllötens veranschaulicht ebenfalls das Beispiel in Bild 9.88. Diese Chipkarten, auch als Smartcard oder ICC (Integrated Circuit Card) bezeichnet, sind spezielle Kunststoffkarten mit einem integrierten Schaltkreis (Chip), deren Aufbau mit dem Speicherchipmodul und der integrierten Antenne Bild b illustriert. Durch das Löten beider Funktionselemente können im Vergleich zum häufig angewendeten Klebeverfahren eine wesentlich höhere Belastbarkeit und eine längere Produktzykluszeit erlangt werden. Die erforderlichen Prozessschritte sind in Bild 9.88 a zusammengestellt. Der eigentliche Laserlötprozess basiert auf einer indirekten Erwärmung der Lötstelle, die infolge der Fokussierung der Laserstrahlung durch den Randbereich des Chips hindurch auf die Kontaktflächen erzeugt wird. Durch die sehr begrenzte Energieeinbringung kann eine thermische Überbeanspruchung des empfindlichen elektronischen Bauelementes ausgeschlossen werden. Reproduzierbare und gut ausgebildete Lotkontakte lassen sich mit einer linienförmigen Abbildung des Laserstrahles (Bild 9.88 c) erreichen. Die Linie ist den freigelegten Antennenenden in der Geometrie angepasst.

Für das Laserstrahllöten gibt es neben den vorgestellten Standardkonzepten auch eine Reihe spezieller Laseranordnungen. So wird in */wolf2012/* ein Laserlötkopf vorgestellt, der sechs separate Laserstrahlen mit einer Leistung von jeweils 10 W vereint. Mit dieser Anordnung können die einzelnen Laserstrahlen individuell auf die Geometrie der zu lötenden Fügestelle abgestimmt werden, wobei der Einsatz von zwei separaten Lotdrahtzuführrohren das Problem der Flussmittelunterbrechung löst.

Die **Solder-Bumping-Technologie** ist ein Verfahren, das speziell für das Laserstrahllöten vorteilhaft angewendet werden kann */PacTec2012/*, */pactec2025/*. Bei diesem Verfahren sind die Prozessschritte Bereitstellung, Aufschmelzen und Platzieren des Lotes in einem **Werkzeug (Bondkopf)** zusammengefasst (Bild 9.89). In einem Lotreservoir erfolgt die Bereitstellung der Solderballs mit typischen Durchmessern von 80 – 760 µm als Schüttgut, die über eine integrierte Lochscheibe (Selektierscheibe) selektiert werden. Ein vereinzelter Solderball gelangt somit durch die Schwerkraft in die Kapillare und wird durch den wirkenden Stickstoffüberdruck an deren Ausgang gepresst. Die sogenannte Platzierkapillare ist mit ihrem Innendurchmesser an die verwendete Solderballgröße angepasst.

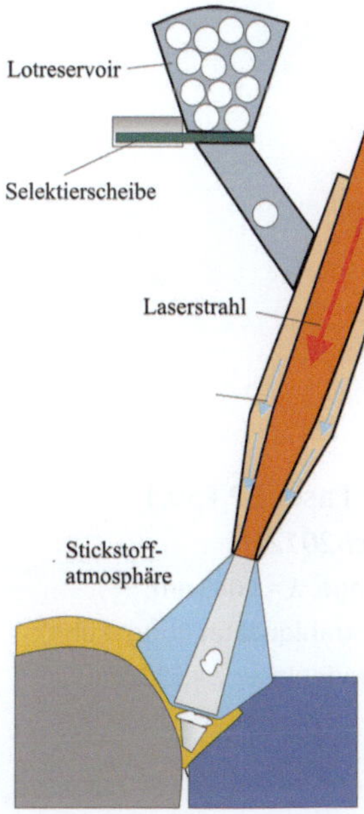

Bild 9.89
Schematische Darstellung des Funktionsprinzips des Solder-Bumping-Verfahrens nach */PacTec2012/*

Am Austritt der Kapillare erfolgt ein Aufschmelzen des Lotes durch den eingekoppelten Laserstrahl, dessen Fokuslage auf die Position des Solderballs justiert werden muss. Der Arbeitsabstand, der Abstand vom Kapillarenaustritt zur Werkstückoberfläche, beträgt $d_A \leq 6$ mm. Der umgebende Gasstrom transportiert das schmelzflüssige Lot in Richtung der Fügestelle, an der nach Austritt des Lotes ein Teil der Laserstrahlung auf die Benetzungsfläche trifft und diese lokal erwärmt. Damit können das Benetzungsverhalten verbessert und Fremdschichten (z. B. Oxidschichten) partiell aufgebrochen werden. Beim Auftreffen des schmelzflüssigen Lotes kann dessen Energie für den erforderlichen Erwärmungsprozess der Lötstelle genutzt werden. Nach der materialspezifischen Abkühlzeit kommt es zu einer festen Verbindung. */Horn2008/*

Die Solder-Bumping-Lasersysteme sind kompakte, leistungsfähige Systeme zum Löten unterschiedlichster mikroelektronischer Bauelemente, da sie sich sehr gut in Fertigungsabläufe integrieren und für automatisierte Prozesse anwenden lassen. Sie sind beim Waferlöten, Einzelchiplöten und dem selektiven Aufbringen des Lotes auf unterschiedlichsten Substraten anwendbar.

Der in Bild 9.90 exemplarisch dargestellte Bearbeitungskopf kann relativ einfach, insbesondere auch durch die fasergeführte Konfiguration, in Maschinen und Roboteranlagen integriert werden.

Verwendet werden gepulste FK-Laser mit relativ geringen Pulswiederholraten und hohen Pulsenergien, um die selektierte Lotmenge (Solderball) mit einem Impuls aufzuschmelzen. Zur Überwachung des Handlings, der Positionierung und der Lage der Lotapplizierung im Prozess werden unterstützend zumeist auch Beleuchtungs- und Kamerasysteme in den Bearbeitungskopf eingefügt.

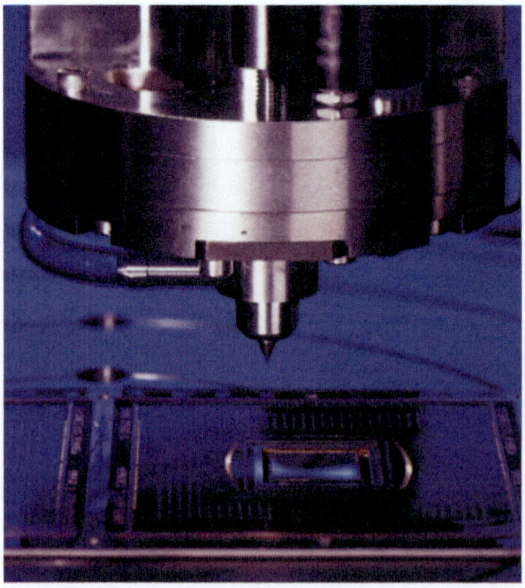

Bild 9.90
Lasersystem Fiber Laser SP F50.1
© PacTech, */PacTech2012/*
Faserlaser: Wellenlänge: $\lambda = 1\,085$ nm, Laserleistung: 40 W, Strahlqualität (luftgekühlt): $M^2 < 1{,}1$, Pilotlaser: Diodenlaser, $\lambda = 632$ nm

Das **SB²-Verfahren** (Bild 9.91 a) basiert auf dem kontaktlosen Aufbringen und Verschmelzen von Lötperlen („Solder Balls“) auf metallisierten Kontaktflächen. Hierbei wird ein nahinfraroter (NIR) Laserstrahl verwendet, der die halbtransparente Lotpaste oder bereits aufgebrachte Solder balls selektiv schmilzt, ohne das Substrat oder empfindliche Bauteile thermisch zu belasten. Die hohe Modulationsfähigkeit des Lasers ermöglicht kurze Pulsdauern im Millisekundenbereich, sodass die Wärmeentwicklung minimal bleibt und die intermetallische Phasenbildung reduziert wird. Typischerweise werden Lötperlen in mehreren Schichten übereinander gestapelt (Solder Ball Stacking), um komplexe 3D-Bonding-Strukturen zu realisieren. Die präzise Energiezufuhr garantiert eine homogene Lotvolumenbildung und eine reproduzierbare Verbindung mit hoher mechanischer und elektrischer Stabilität. Dieses Verfahren eignet sich besonders für das Packaging von Bauteilen mit hoher Pin-Dichte und feinsten Pitch-Abständen.

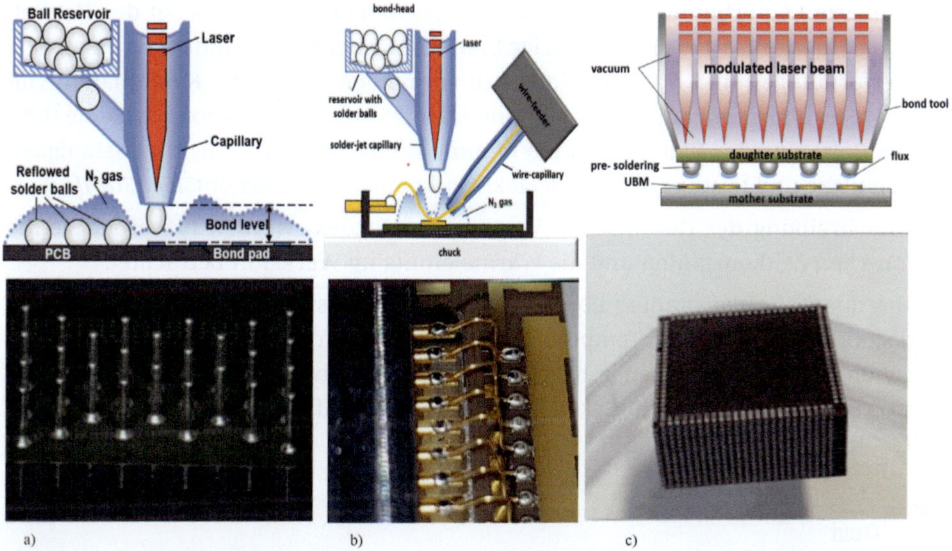

Bild 9.91 Laser-Bonding-Technologien © PacTech, */Fett2024/*. a) SB² – Solder ball bumping, b) SB²-WB – lasergestütztes Drahtbonden (Prozessprinzip und Beispiel für Drahtschleife), c) Laplace-Laser-Bonding-Technologie – 3D-Chipstack

Das Verfahren des **laserunterstützten Drahtbondens (SB²-WB)** Bild 9.91 b kombiniert das klassische Drahtbonden mit der selektiven Schmelzung des Lotes mittels Laserenergie. Im Gegensatz zu thermischem Drahtbonden oder Ultraschallbonden erlaubt das Laserstrahlverfahren eine lokale und gezielte Energiezufuhr direkt an der Bondstelle, wodurch thermische Belastungen des Drahtes sowie der umgebenden Bauteile minimiert werden. Im Prozess wird eine Drahtwicklung positioniert, während der Laser präzise die Lötstelle aufschmilzt, sodass der Draht mit der Kontaktfläche fest verbunden wird. Die Prozessführung kann dabei sowohl kontinuierlich als auch pulsförmig erfolgen und aufgrund dessen eine hohe Anpassungsfähigkeit an verschiedene Drahtmaterialien und -durchmesser ermöglichten. Bild 9.91 b zeigt weiterhin schematisch das Prinzip und ein typisches Beispiel einer speziellen Drahtwicklung. Dieses Verfahren ist insbesondere für Hochfrequenzanwendungen und Leistungselektronik von großer Bedeutung, da es eine geringe thermische Belastung und eine hohe Verbindungsqualität gewährleistet.

Die **Laplace-Laser-Bonding-Technologie** (LAB/LAR) ist eine weiterentwickelte Form des Laserstrahllötens, bei der das Laserstrahlprofil mittels spezieller Optiken homogenisiert wird, um eine gleichmäßige thermische Verteilung über die gesamte Fügefläche zu erzielen. Dies verhindert lokale Überhitzungen und reduziert thermische Spannungen, die bei der Montage von hochintegrierten Bauelementen wie 3D-Chipstacks, mehreren übereinander gestapelten Halbleiterchips (Bild 9.91 c), oder heterogenen Integrationen kritisch sind. Das Verfahren erlaubt eine schnelle, reproduzierbare und kontrollierte Lötverbindung mit hoher Prozessstabilität. Besonders bei der Herstellung von Chipstacks ist die gleichmäßige Erwärmung der Lötverbindungen essenziell, um Verformungen und Delaminationen zu vermeiden. Durch die Kombination von präziser Strahlformung und zeitlich optimierter Leistungsmodulation wird eine thermische Belastung der Bauteile auf ein Minimum reduziert, was die Prozessfähigkeit für komplexe und leistungsintensive Elektronikbauelemente erhöht. */Fett2024/*

Zur Beschreibung der thermischen Vorgänge im Prozess werden insbesondere die thermischen Zeitkonstanten und die Wärmeleitung im Werkstoff betrachtet.

Die thermische Zeitkonstante τ beschreibt die charakteristische Zeitspanne, in der ein Werkstoffvolumen auf eine Temperaturänderung reagiert bzw. sich thermisch an die Umgebung anpasst. Für einen homogenen Festkörper kann τ mittels Eindringtiefe des Laserstrahles bzw. Lotschichtdicke L und thermischer Diffusität α_{Diff} abgeschätzt werden:

$$\tau = \frac{L^2}{\alpha_{\mathrm{Diff}}} \tag{9.9}$$

Die thermische Diffusität wird definiert als:

$$\alpha_{\mathrm{Diff}} = \frac{\lambda_{\mathrm{F}}}{\rho \cdot c_p} \tag{9.10}$$

λ_{F} Wärmeleitfähigkeit; ρ Dichte; c_p spezifische Wärmekapazität

Für typische Lötmaterialien und Substrate liegt α_{Diff} im Bereich von 10^{-5}–$10^{-4}\,\mathrm{m^2 \cdot s^{-1}}$, sodass für Eindringtiefen L im Bereich von einigen 10 bis 100 µm thermische Zeitkonstanten τ im Millisekundenbereich resultieren. Dies erklärt, warum die kurze Pulsdauer des Lasers (ms-Bereich) zu einer sehr lokalen und schnellen Erwärmung führt, ohne das gesamte Bauteil zu überhitzen.

In der Mikroelektronik und Baugruppenfertigung ermöglicht das Laserstrahllöten das hochpräzise Fügen feinster Leiterstrukturen, Steckverbinder oder Kontaktflächen. Typische Einsatzfelder sind:

- punktuelles Aufbringen von Lot auf Leiterplatten (Selective Soldering),
- Reparaturlöten von Einzelkomponenten oder Leiterbahnen,
- Kontaktierung empfindlicher Sensoren oder optoelektronischer Komponenten.

Insbesondere für Bauteile mit geringer thermischer Belastbarkeit oder hoher Packungsdichte bietet das Laserstrahllöten entscheidende Vorteile, da angrenzende Strukturen gezielt geschont werden und die Wärmeeinflusszone auf ein Minimum reduziert werden kann.

Bei der Fertigung moderner Solarmodule findet das Laserstrahllöten ebenfalls zunehmend Anwendung, insbesondere für:

- Kontaktierung von Zellverbindern an den Front- oder Rückseitenkontakten von Solarzellen,
- Aufbringen von Lotkontakten auf Metallisierungsschichten oder Anschlussbändern,
- Reparaturlöten defekter Kontaktstellen.

Durch die gezielte Energieeinbringung lassen sich mikroskalige Strukturen ohne Beschädigung der empfindlichen Zellbereiche kontaktieren. Das Verfahren gewährleistet hohe Prozessgeschwindigkeiten sowie reproduzierbare Kontaktqualitäten und trägt maßgeblich zur Erhöhung der elektrischen Leistungsfähigkeit und Zuverlässigkeit von Solarmodulen bei.

9.2.2.2 Hartlöten

Das Hartlöten mit Lotschmelztemperaturen > 450 °C wird für Fügeverbindungen eingesetzt, die einer mechanischen Belastung über längere Lebenszyklen standhalten müssen. Die verwendeten Hartlotwerkstoffe dürfen unter der Langzeitbelastung bei ihrer Einsatztemperatur nicht kriechen, d. h. nicht rekristallisieren. Für das Hartlöten von Aluminiumwerkstoffen müssen spezielle Maßnahmen wie z. B. die Verwendung von Flussmitteln zur Beseitigung der Oxidhaut im Lötprozess, getroffen werden. Ziel vieler Anwendungen ist jedoch das **flussmittelfreie Laserstrahllöten**, das für eine Reihe von Werkstoffen in diesem Temperaturbereich möglich ist. Insbesondere verzinkte metallische Oberflächen benetzen sehr gut mit Hartlotwerkstoffen, sodass ein guter Kontakt auch ohne Flussmittel erzielt werden kann. Für das flussmittelfreie Löten von Aluminiumwerkstoffen wurden alternative Methoden zur Entfernung der Oxidhaut entwickelt */Brau2003/*, */Jant2023/*, */Braz2023/*.

Für das Hartlöten metallischer Werkstoffe haben sich **Hochleistungsdiodenlaser** durchgesetzt, die typischerweise mit Laserleistungen in einem Bereich zwischen 1 und 8 kW und Fokusdurchmessern von 1,5 bis 4 mm arbeiten */laserline2012/*,

/laserline2025-3/. Gekoppelt mit einer Prozessfaser lassen sich sehr kompakte und effiziente Laserlösungen für automatisierte Prozesse mit Bearbeitungsgeschwindigkeiten von mehreren Metern pro Minute einsetzen. Spezielle Laserlötköpfe sind zumeist mit taktilen oder optischen Sensoren ausgestattet, um eine exakte Prozessführung sicherzustellen. Bei dem in Bild 9.92 gezeigten 4-kW-HLDL führt der taktile Bearbeitungskopf, dessen Optik mittels Crossjet und Schutzglas vor Verunreinigung geschützt wird, die erforderliche Prozesslaserleistung über die Fokussiereinheit an die Fügestelle. Die Fokussiereinheit und eine taktile Drahtzuführung sind miteinander gekoppelt. Durch ein integriertes Kontaktrohr wird der Lotdraht der Fügestelle zugeführt. Diese Drahtzuführungseinheit ist in der Höhe und in der Achse parallel zur Lotnahtrichtung frei beweglich und kann sich dem Nahtverlauf anpassen. Die exakte Einstellung der Position des Drahtes zum Fügespalt ist für den Prozess entscheidend. Die kontinuierliche Regelung der Drahtzuführung des Lotes ist eine wichtige Voraussetzung für einen optimal angepassten Drahtvorschub für die unterschiedlichen Prozessvorschubgeschwindigkeiten. Die erforderlichen Einstellungen und Winkelverhältnisse sind schematisch in Bild 9.92 am Beispiel einer Kehlnaht dargestellt. Wird der Winkel α_{Anst} (Bild 9.92 b) zu klein gewählt, dann kann es zum Abheben des Drahtes von der Fügestelle kommen. Größere Winkel können zu einer Drahtstauchung und somit zu einer ungleichmäßigen Drahtzuführung führen. Beim Laserstrahllöten wird häufig die „stechende Anordnung" des Lotdrahtes gewählt, d. h., der Draht wird entgegengesetzt zur Vorschubrichtung gefördert.

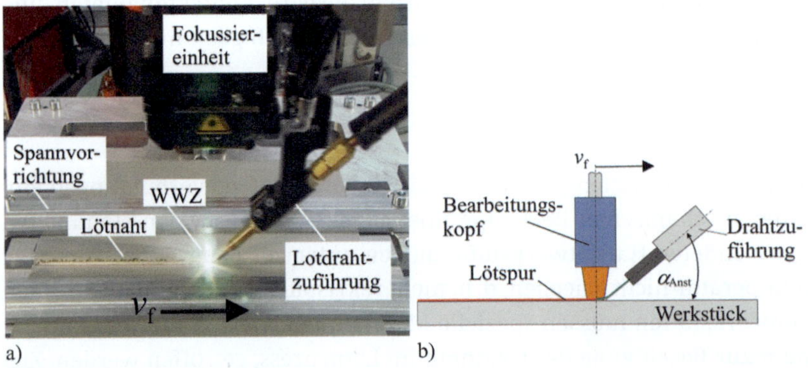

Bild 9.92 Laserstrahllöten LDF4000-30. a) Bearbeitungskopf und automatische Lotdrahtzuführung */Jena2011-7.6.1/*, b) Darstellung der optimalen Winkelbereiche für das Laserstrahllöten

Neben der externen Drahtzuführung existieren weitere Lösungen, die eine koaxiale Drahtzuführung erlauben. Ein Coax-Laserlötkopf gestattet diese koaxiale Drahtzufuhr zum Laserstrahl, wodurch ein höherer Füllgrad des Lotspaltes sowie größere Verbindungsquerschnitte erzielt werden können. */Horn2006/*

Das Laserhartlötverfahren hat eine weite Verbreitung für das Fügen beschichteter Werkstoffe, insbesondere zinkbeschichteter Oberflächen, gefunden. Beim Fügevorgang bildet sich infolge der Diffusionsvorgänge und dem kapillaren Fülldruck eine Legierungszone zwischen dem Grundmaterial der Zinkbeschichtung und dem Lotmaterial in der WWZ aus.

Drei ausgewählte Nahtformen für das Laserstrahllöten sind am Beispiel der Schliffbilder in Tabelle 9.17 dargestellt. Für das Erreichen der geforderten Festigkeit der gezeigten Nahtgeometrien sind eine gute Benetzung von Lot und Grundmaterial sowie ein ausreichender Anbindungsquerschnitt erforderlich. Die kontinuierliche Lotbereitstellung und das homogene Auffüllen des Lotspaltes bilden dafür eine wichtige Voraussetzung. Eine weitere wichtige Prozessgröße stellt die gewählte Streckenenergie dar. Der Fokusdurchmesser sollte das Zweifache des Drahtdurchmessers betragen.

Tabelle 9.17 Ausgewählte Schliffbilder unterschiedlicher Nahtformen für das Laserstrahllöten

Bördelnaht	I-Naht	Kehlnaht
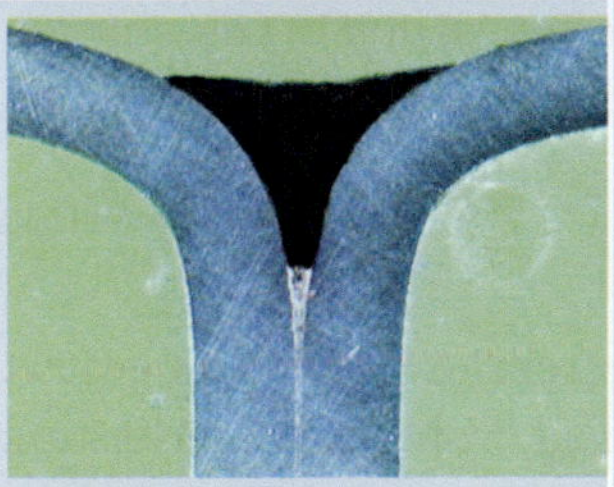		

Für den Prozess muss ebenfalls eine Abstimmung des Verhältnisses Prozessvorschub / Drahtvorschub (v_f/v_{Draht}) materialspezifisch erfolgen. Ein gutes Verhältnis wurde für die Beispiele in Bild 9.93 a und b gewählt. Ist das Verhältnis zu klein, kann das Lot nicht vollständig aufgeschmolzen werden und es gibt partiell keine Verbindung zum Grundwerkstoff. Im anderen Fall verbrennt der Lotwerkstoff und es beginnt ein Verschweißen der Fügepartner. Im Verbindungsbereich der Schnittdarstellung in Bild 9.93 d sind deutlich verstärkte Wärmeeinflusszonen zu erkennen, die auf eine zu hohe Streckenenergie schließen lassen. Bei der Gefahr einer Überhitzung in der WEZ kann das Grundmaterial partiell aufgeschmolzen werden und das Element Kupfer aus dem Lotwerkstoff an die Korngrenzen des Stahlgefüges gelangen. Dadurch besteht die Gefahr einer Versprödung des Gefüges sowie einer Korrosion.

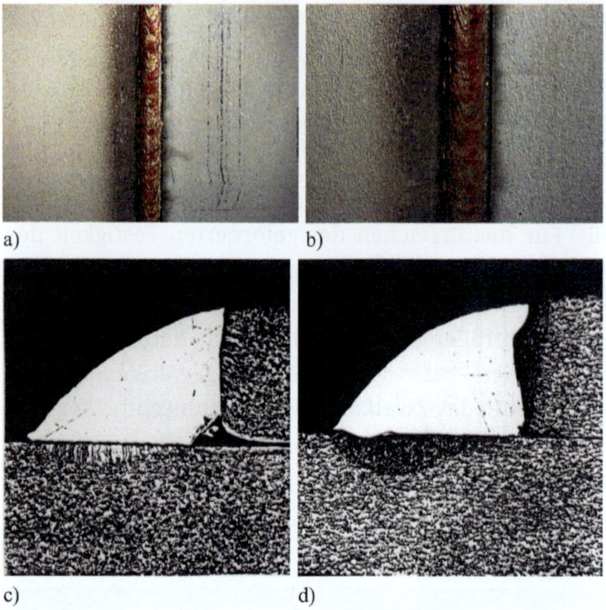

Bild 9.93 Kehlnähte an galvanisch verzinkten Stahlwerkstoffen. a) und b) Lotnahtdarstellung – Draufsicht (a: Lötgeschwindigkeit: 4 m·min^{-1}, Drahtvorschub: 3 m·min^{-1}, b: Lötgeschwindigkeit: 3 m·min^{-1}, Drahtvorschub: 2 m·min^{-1}), c) und d) Schliffdarstellungen

Zum gesteuerten **Wärmeeintrag** werden vielfach auch geregelte Systeme eingesetzt. Als Regelgröße wird häufig die Lötgeschwindigkeit festgelegt, wobei die Laserleistung und die Drahtgeschwindigkeit entsprechend angepasst werden. */Horn2006/*

Für viele Anwendungen sind **Bördelnähte** von Interesse, die anhand ausgewählter Beispiele in Bild 9.94 dargestellt sind. Die Lotdrahtführung bzw. -positionierung wird bei der Bördelnaht aufgrund der Geometrieverhältnisse erleichtert, und taktile Nahtführungssysteme können den Draht exakt positionieren bzw. nachführen. Die Fokusposition wird zentrisch zum Fügespalt ausgerichtet. Das Spaltvolumen ist im Vergleich zur Kehlnahtgeometrie größer, sodass das Verhältnis (v_f/v_{Draht}) kleiner gewählt werden muss (Bild 9.94 b). Für die Charakterisierung der Lotnaht sowie ihre erreichbaren Festigkeitswerte ist das Maß $\boldsymbol{a}_{Sp}$ interessant, das in Bild 9.94 a in der schematischen Querschnittfläche nach EN ISO 18279 angegeben ist. Es kennzeichnet die geringste Dicke im aufgeschmolzenen Lotquerschnitt für die Bördelnaht, gibt Auskunft über die Anbindungsqualität der Lotverbindung und soll mindestens der 0,7 – 1,2-fachen Dicke (abhängig von der Anwendung) des dünnsten Bleches der Verbindung entsprechen. An der Kehlnaht hingegen wird das Maß a_{Sp} durch den Radius des größten, vollständig in der Lotnaht eingeschlossenen Kreissegmentes festgelegt.

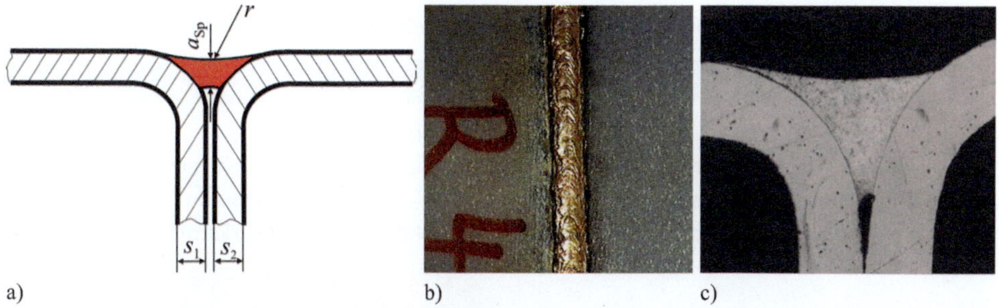

Bild 9.94 Bördelnahtlöten. a) Versuchsanordnung nach */EN ISO 18279-2024/*, b) Darstellung eines Bördelstoßes, c) Schliffbilddarstellung
b) Material: St06Z100, v_f: 2,5 m·min^{-1}, v_{Draht}: 2,0 m·min^{-1}
c) Material: Al99,5, v_f: 0,5 m·min^{-1}, v_{Draht}: 0,35 m·min^{-1}

Mit dem Hartlötverfahren lassen sich viele Werkstoffe flussmittelfrei löten. Auch Aluminium und -legierungen werden teilweise schon flussmittelfrei gelötet, wobei die Anwendung mit einem flussmittelhaltigen Lotdraht (Hohldraht, gefüllt mit einem materialabgestimmten Flussmittel) für viele Anwendungen einen guten Kompromiss darstellt. Bild 9.94 c veranschaulicht an einem Querschliff den hohen Füllgrad des Spaltes und ein erreichtes a_{Sp}-Maß von 2,5 mm für die Paarung der 1,5 mm dicken Bleche. In Tabelle 9.18 sind die Verfahren Hartlöten und Schweißen am Beispiel einer Kehlnaht gegenüber gestellt. Ein Hauptvorteil des Lötens ist insbesondere in der höheren Bearbeitungsgeschwindigkeit zu sehen, wenngleich die erreichbaren Festigkeiten geringer sind. Für das Schweißen verzinkter Stahlbleche muss darüber hinaus ein Spaltmaß vorgesehen werden (vgl. Abschnitt 9.1.3.6). Weitere Vorteile des Hartlötens sind:

- geringere Prozesstemperaturen,
- geringere Bauteilbelastungen,
- Verbinden von Werkstoffen mit unterschiedlichen Schmelztemperaturen und
- weitestgehender Erhalt der Oberflächenbeschichtungen.

Die erreichbaren Festigkeiten der Lotnahtverbindungen werden durch das verwendete Lot bestimmt. Beim Hartlöten können für die Lotwerkstoffe CuSi3 und CuZn ähnliche Festigkeitswerte erreicht werden wie für die Fügepartner. In Bild 9.95 sind Zuguntersuchungen an den drei verschiedenen Nahtgeometrien – I-, Kehl- und Bördelnaht – dargestellt. Bei allen drei Nahtgeometrien geht der Bruch vom Grundwerkstoff aus und nicht von der Lotverbindungsstelle. In der Diagrammdarstellung ist die Zugfestigkeit über dem Verformungsweg aufgetragen. Die Funktionsverläufe sind für die drei ausgewählten Nahtformen sehr ähnlich.

Tabelle 9.18 Vergleich Hartlöten und Schweißen von verzinkten Stahlwerkstoffen

Schweißen	Hartlöten
Laserleistung: 2100 W Material: St14, galvanisch verzinkt Schweißgeschwindigkeit: 2,25 $m \cdot min^{-1}$ Festigkeit(*): > Grundwerkstoff	Laserleistung: 2100 W Material: St14, galvanisch verzinkt Lötgeschwindigkeit: 4 $m \cdot min^{-1}$ Festigkeit(*): > Grundwerkstoff

(*) bezogen auf den Grundwerkstoffquerschnitt

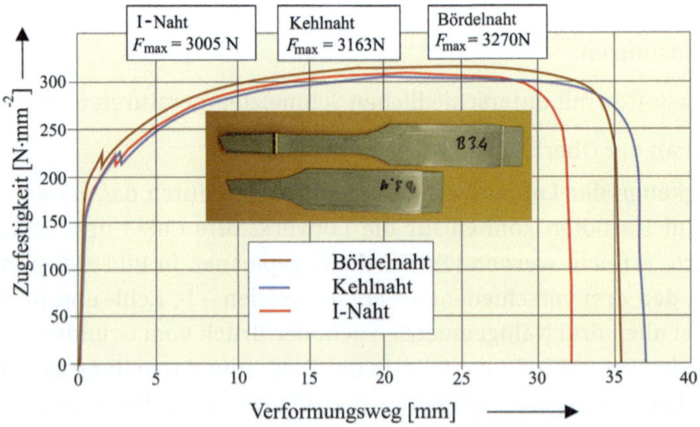

Bild 9.95 Zuguntersuchungen ausgewählter Lotnahtverbindungen

Die Benetzung des Lotwerkstoffes und die Ausprägung der Lotverbindungszone sind bei diesen Anordnungen optimal. Für größere Materialdicken liegen jedoch andere geometrische Verhältnisse der Fügezone vor, sodass dann die Bruchstelle in der Lotnaht selbst liegt. Lotverbindungen können bei falscher Prozessführung durch zahlreiche Fehler bzw. Unregelmäßigkeiten (z. B. Risse, Porosität, Bindefehler) geprägt sein. Eine Übersicht über die Einteilung der inneren und äußeren Fehler gibt die */EN ISO 18279-2024/*.

Qualitativ hochwertige Lotnähte weisen glatte und saubere Oberflächen auf und können so ausgelegt werden, dass sie einen gut ausgebildeten Übergangsbereich zu den Fügepartnern besitzen. Somit liegen i. d. R. Oberflächenqualitäten vor, die vor der Weiterverarbeitung (Lackieren) lediglich gereinigt werden müssen. Wichtige Einsatzfelder für das Hartlöten bietet der Karosseriebau, denn die eingesetzten Laserlötverfahren können die hohen optischen Ansprüche der genannten Außenhautkomponenten erfüllen */Laserline2011/*, */Trumpf2011/*. In diesem Industriebereich werden bspw. Dächer, Türen, C-Säulen oder Heckklappen mit dem Laser hartgelötet. Exemplarisch für die vielfältigen Applikationen im Bereich des Automobilbaus ist in Bild 9.96 eine der ersten industriellen Hartlötanwendungen für Heckklappen dargestellt. Das Beispiel illustriert das Hartlöten an einer unlackierten Heckklappe im Außenhautbereich. Nach dem Fügeprozess liegt eine sehr gleichmäßige Lotnaht vor (Bild 9.96 b), sodass der Lackschichtauftrag nach dem Reinigungsprozess ohne Nahtnacharbeit vorgenommen werden kann.

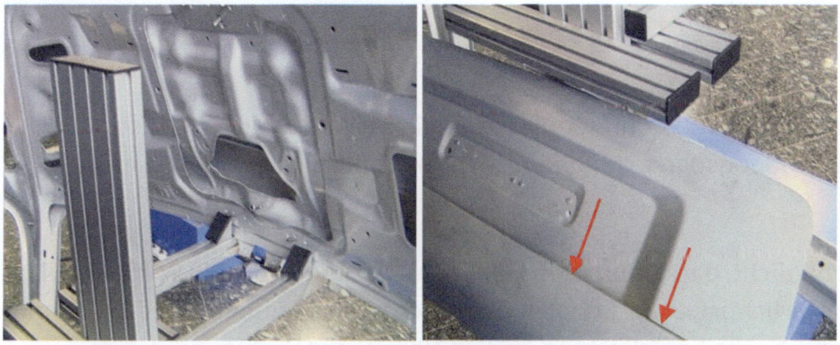

a) b)

Bild 9.96 Heckklappenhartlöten mit Diodenlaser */Jena2011-7.6.1/*. a) Gesamtansicht (innen), b) Detailvergrößerung des Lotnahtbereiches

Im Bereich der E-Mobilität wird das **Laserstrahllöten** insbesondere bei der Herstellung elektrischer Kontaktierungen und Verbindungen angewandt, beispielsweise:

- Kontaktierung von Hairpins an Elektromotoren, bei denen Kupferleiter mit hoher Präzision und geringer thermischer Beeinflussung verbunden werden müssen,
- Fügen von Kupfer- oder Aluminiumleitungen an Batteriemodule, Leistungselektronik oder Hochstromverbindungen,
- Lötverbindungen an Kühlsystemen oder Batteriegehäusen, bei denen gasdichte, mechanisch stabile und elektrisch leitfähige Verbindungen gefordert sind.

Durch den reduzierten Wärmeeintrag im Vergleich zu konventionellen Hartlötprozessen wird die Gefahr von Verzug, Gefügeveränderungen oder Schädigung empfindlicher Komponenten minimiert. Zudem ermöglicht das Laserstrahllöten kurze Taktzeiten und eine hohe Prozessstabilität, was insbesondere in der Serienproduktion von Komponenten für E-Fahrzeuge von Vorteil ist.

Für das in Bild 9.97 illustrierte Verbinden von Rohren mit unterschiedlichen Wandungsstärken ist das Laserstrahlhartlöten aufgrund der hier geforderten minimalen Materialdicken besonders geeignet. Die Herstellung der Lotverbindung erfolgt mit einem Verbindungselement (Bild 9.97 a), wobei eine geeignete Nahtvorbereitung gewählt werden muss, um einen definierten Lotspalt einstellen zu können. Die stoffschlüssige, qualitätsgerechte Lotnahtverbindung der Rohre (Bild 9.97 b) muss in einer definierten Lage erfolgen, die durch das exakte Positionieren der Fügepartner mittels einer Spannvorrichtung eingehalten wird (Bild 9.97 c). In dieser Anwendung kommt es insbesondere auf die Parallelität der Rohrachsen zueinander an.

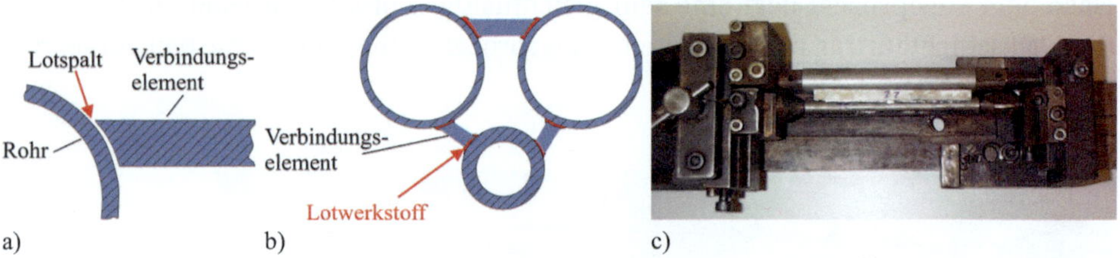

Bild 9.97 Laserstrahllöten von Rohren unterschiedlicher Wandstärken. a) Lotspaltanordnung, b) Verbindungsdarstellung Rohre/Verbindungselemente, c) Spannvorrichtung

Bild 9.98 veranschaulicht, dass mindestens eine Laserleistung von 250 W für eine Lotverbindung erforderlich ist. Zum Erzielen anspruchsvoller Lotnähte und effizienter Prozesse sollte jedoch eine Laserleistung größer 1000 W zur Verfügung stehen.

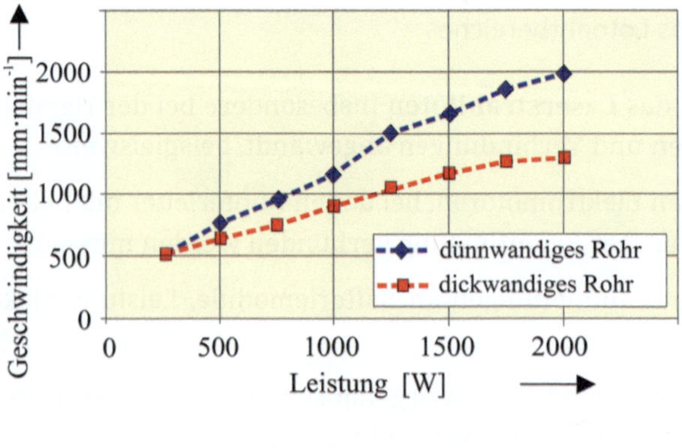

Bild 9.98 Abhängigkeit der Lötgeschwindigkeit von der Laserleistung

9.2.2.3 Hochtemperaturlöten

Die hohen Prozesstemperaturen beim konventionellen **Hochtemperaturlöten** gestatten ein flussmittelfreies Löten temperaturbeanspruchter Bauteile unter Vakuum oder Schutzgasatmosphären. Das klassische Verfahren findet in einem Ofen statt und wird vorwiegend für Anwendungen im Gasturbinenbau, der Reaktortechnik sowie der Vakuumtechnik eingesetzt. Neben den hochschmelzenden metallischen Werkstoffen lässt sich dieses Fügeverfahren auch bei keramischen Werkstoffen anwenden. Wesentliche Verfahrensvorteile des laserbasierten Hochtemperaturlötens im Vergleich zum konventionellen Ofenverfahren sind in einer Prozessführung ohne Vakuumprobenkammer sowie deutlich geringeren Bearbeitungszeiten zu sehen.

Eine interessante Aufgabenstellung für das Hochtemperaturlöten mittels Laserstrahl sind Gehäuseverbindungen für die Mikroelektronik, die Mikrosystem-Sensortechnik sowie die Optik, denn hierbei stehen der Schutz der Komponenten bzw. Systeme und gleichzeitig die Verbindung zur Systemumgebung im Vordergrund. So werden bspw. hermetisch verschlossene Gehäuse benötigt, die in aggressiven bzw. korrosiv wirkenden Medien auch bei höheren Temperaturen (> 800 °C) eingesetzt werden. */Hube2010-1/*

Nachfolgend wird das Hochtemperaturlöten anhand einer Sensorkapselung in rotationssymmetrischen Keramikbauteilen unter Verwendung eines Glaslotes vorgestellt. Der Aufbau und die Fertigung solcher Keramiksensoren für Hochtemperaturanwendungen bedingen die Entwicklung einer Verbindungstechnologie mit örtlich begrenzter Wärmeeinflusszone. Für die Ausbildung einer gasdichten und homogenen Verbindungszone ist eine quasisimultane Bestrahlung erforderlich. In Tabelle 9.19 sind zwei mögliche Bewegungsprinzipien dargestellt.

Für das Prozesshandling ist das stationäre Prinzip der Baugruppe (Bild 9.99) oft von Vorteil, da Rundlaufungenauigkeit, Fliehkraftwirkung etc. nicht berücksichtigt werden müssen. Die Bewegung des Laserstrahles wird durch ein Scansystem realisiert, dessen Planfeldoptik koaxial zu einem Ringspiegel positioniert ist und das den Laserstrahl mittels Steuerung kreisförmig auf der Fläche des Ringspiegels bewegt. Der Ringspiegel dient einer quasisimultanen Bestrahlung der Bauteile und führt den Laserstrahl in radialer Richtung auf die Fügepartner (Tabelle 9.19, rechtes Bild). Für keramische Werkstoffe mit einer Wärmeleitfähigkeit von $\lambda_F = 25\,W \cdot m^{-1} \cdot K^{-1}$ kann die homogene Erwärmung der Fügezone mit CO_2-Laserstrahlung erfolgen.

Tabelle 9.19 Anordnungen zum quasi-simultanen Löten */Hube2010-1/*

	Werkstück – bewegt Strahl – stationär	Werkstück – stationär Strahl – bewegt
Schematische Darstellung	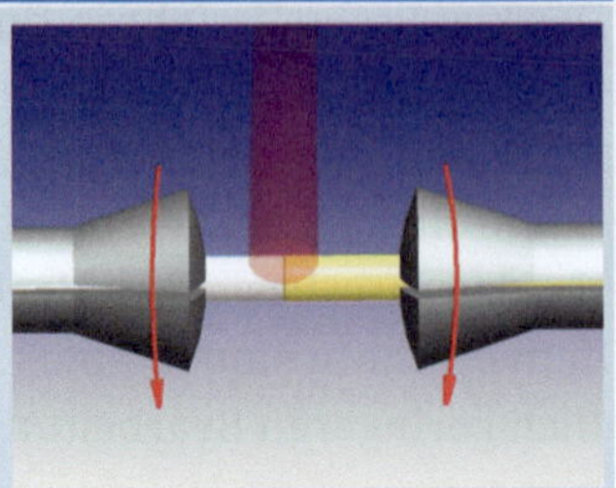	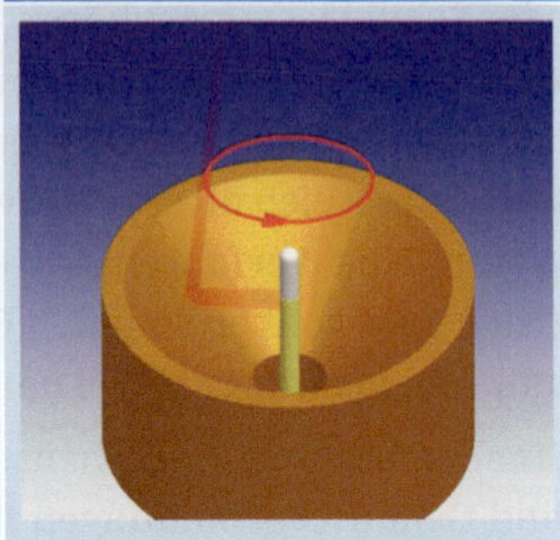
Werkstückbewegung	Werkstück rotiert (Schwingungen, Fliehkräfte wirken aufgrund- und Lotwerkstoffe)	Werkstückanordnung auf einer ebenen Unterlage (ggf. Einspannung erforderlich)
Strahlführung und -form	▪ Laserstrahl stationär ▪ Ein- und Zweistrahlmethode möglich ▪ Anwendung verschiedener Strahlformen (Punktfokus, Linienfokus)	▪ kreisförmige und mehrfache Scanbewegung des Laserstrahles auf einem Ringspiegel ▪ Strahlform wird bestimmt durch Fokuslage und Reflexion am Ringspiegel

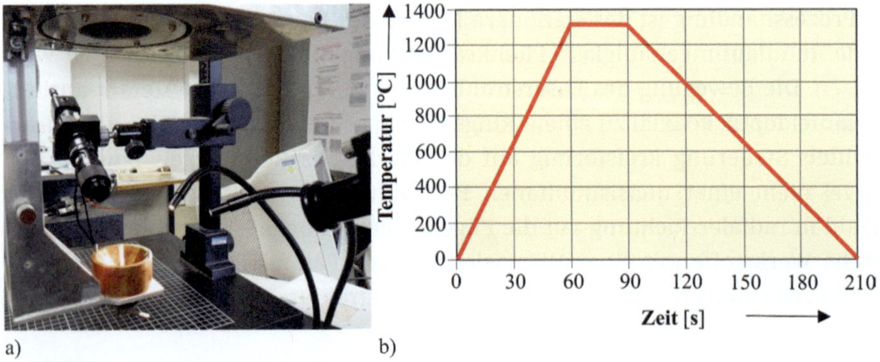

a) b)

Bild 9.99 Hochtemperaturlöten */Hube2010-1/*. a) Bearbeitungsanlage mit Ringspiegel, b) Temperatur-Zeit-Verlauf

Prozessparameter: $v_s = 5\,m{\cdot}s^{-1}$, Abstand zwischen Lotspalt und Laserstrahlachse: 0,5 mm, $T_{Löt}$: 1300 °C, t_{Aufw}: 60 s, t_{Halte}: 30 s, t_{Abk}: 120 s

Relativ geringe Strahlleistungen von 50 W reichen bereits für das Fügebeispiel in Bild 9.100 aus, das aus einer Al_2O_3-Keramikhülse zur Aufnahme des Sensors (Durchmesser 3 mm, Länge 30 mm) und einer Al_2O_3-Keramikkappe (Durchmesser 3 mm, Länge 5 mm, Wandstärke 0,4 mm) besteht. Häufig werden für das Laserstrahllöten Temperaturmesssysteme, wie im dargestellten Fall ein Pyrometer, in den Bearbeitungsraum integriert. Dieses Pyrometer ist für Strahlung mit einer Wellenlänge von $\lambda = 5{,}14\ \mu m$, die nicht im Bereich der Laserwellenlänge liegen darf, empfindlich und besitzt einen Messbereich von 400 – 2200 °C. Aufgrund der kleinen Wärmeeinflusszone beim Laserlöten der Keramikröhrchen wird ein geringer Messabstand von 190 mm eingestellt, um den kleinstmöglichen Messfelddurchmesser von 1,3 mm zu erreichen. Zur Gewährleistung einer reproduzierbaren Löttechnologie ist oftmals die Regelung der Löttemperatur erforderlich. Mit der Verwendung einer Laserleistungssteuerung können gewählte Temperatur-Zeit-Verläufe in relativ engen Grenzbereichen eingehalten werden. Bild 9.99 b zeigt einen solchen Temperatur-Zeit-Verlauf für das Löten der Keramikbaugruppe in Bild 9.100.

Die selektive Löttechnologie zur Kapselung von Sensoren in einer Oxidkeramik (Bild 9.100 a) basiert auf der Verwendung eines angepassten Glaslotes, dessen Temperaturstabilität größer als die Einsatztemperatur der Sensorbaugruppe sein muss und das in einem ersten Prozessschritt als Paste aufgetragen und vorverglast wird. Das Wiederaufschmelzen, der eigentliche Laserstrahllötprozess, erfolgt in einem Temperaturbereich zwischen 1250 und 1400 °C. Die Herstellung einer **porenarmen, rissfreien** und **vakuumdichten Fügezone** (Bild 9.100 b) erfordert die genaue Anpassung der Aufheiz-, Halte- und Abkühlzeiten. Die REM-Aufnahme des Querschliffes des Lotverbundes zeigt die gute Benetzung und Anbindung des Glaslotes an die Fügepartner.

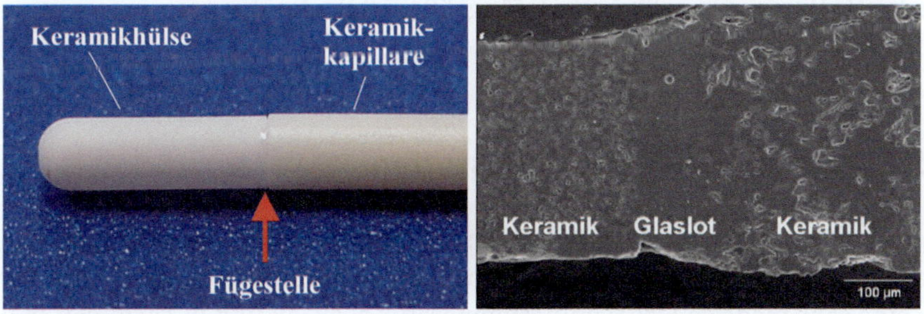

a) b)

Bild 9.100 Laserstrahllöten einer Keramikbaugruppe */Hube2012-2/*. a) Darstellung des Fügeverbundes, b) REM-Aufnahme der Fügestelle

Bei Hochtemperaturanwendungen ist die Nutzung von **Saphir** in Verbindung mit keramischen Werkstoffen ebenfalls von Bedeutung. Bild 9.101 a illustriert exemplarisch lasergelötete Baugruppen mit rotationssymmetrischen Fügepartnern aus Al_2O_3-Keramik und Saphir sowie ein dem Ausdehnungskoeffizienten der Fügepartner angepasstes Hochtemperaturglaslot. Das kristallisierende Glaslot wird im Laserlötprozess als Glaslotfolie (Grünfolie) verwendet, die eine Dicke von 80 µm hat und entsprechend der Bauteilgeometrie mittels Laserstrahlschneiden konfektioniert wird.

a) b) c)

Bild 9.101 Beispiele für Hochtemperaturlöten */Hube2012-2/*. a) Al_2O_3-Keramik, Saphir und Kombination aus beiden Werkstoffen, b) lichtmikroskopische Aufnahme Saphirrohr/Saphirronde-Verbindung – Seitenansicht, c) REM-Aufnahme – Querschliff einer Saphirverbindung

Das verwendete Lot beginnt ab einer Temperatur von 1250 °C zu fließen und führt zu einer ausreichend festen sowie dichten Lotverbindung. Die Fügezone zwischen einem Saphirrohr und einer Saphirronde (Bild 9.101 b) ist durch eine sehr homogene äußere Lotkehle und einer feinverteilten Porenausbildung, die jedoch keinen Einfluss auf die Dichtheit der Verbindung hat, gekennzeichnet. Die homogene Ausbildung der inneren und äußeren Lotkehle der 33 µm dicken Lotschicht ist ebenfalls deutlich in der REM-Aufnahme (Bild 9.101 c) zu erkennen. */Hube2012-2/*

Mit entsprechend angepassten Strahlformungssystemen sowie Temperatur-Zeit-Regimen kann das Hochtemperaturlöten auch für größere Rohrdurchmesser bzw. andere Bauteilgeometrien eingesetzt.

9.2.3 Löten von silikatischen Werkstoffen

Für das Löten silikatischer Werkstoffe mit Laserstrahlung kommt dem Glaslot eine besondere Rolle zu. Unter Glasloten versteht man eine spezielle Gruppe technischer Gläser, die eine sehr niedrige Erweichungstemperatur besitzen und in Form von Pulvern, Pasten oder Sinterformteilen erhältlich sind. Bei der Auswahl der zur Verfügung stehenden Glaslote sind entsprechend der Bearbeitungsaufgabe und der zu verbindenden Materialien die linearen Ausdehnungskoeffizienten und die Löttemperatur der Glaslote zu beachten. Glaslote werden an die materialspezifischen Parameter der zu fügenden Glaskomponenten angepasst. So kann mit „Übergangsloten" ein Werkstoffverbund realisiert werden, der unterschiedliche lineare Ausdehnungskoeffizienten aufweist. Wie groß die Differenz sein kann, ist im konkreten Einsatzfall praktisch zu ermitteln, da die Lotwerkstoffe nicht für das Laserstrahllötverfahren von den Lotherstellern entwickelt wurden.

Für den Lötprozess ist die Abstimmung des temperaturabhängigen Viskositätsverhaltens des Lotes zum Glasgrundwerkstoff ein wichtiges Kriterium. In Bild 9.102 sind die unterschiedlichen Viskositäts- und Transformationsbereiche des Glases und des Glaslotes in Abhängigkeit von der Temperatur exemplarisch dargestellt. Für die Anwendung ist oftmals die maximal erforderliche Temperatur des Zusatzwerkstoffes von Interesse. Auch bei den Glasloten wird bzgl. ihrer Verarbeitung in Hoch- und Niedrigtemperaturwerkstoffe unterschieden.

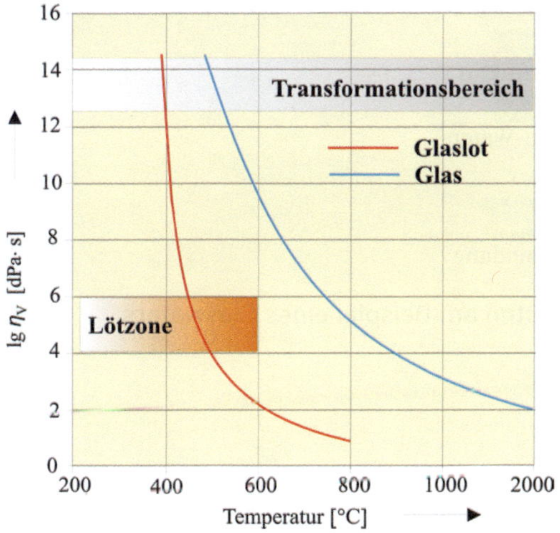

Bild 9.102
Zuordnung der Viskosität η_V von Glaslot und zu lötendem Glas nach */Schott1999/*

Relativ aufwendig ist die Vorbereitung der zu lötenden Fügepartner. Für die Lotdeponierung sind entsprechend der Aufgabenstellung folgende Kriterien entscheidend:

- Form des Lotes (Pulver, Paste, Formteil),
- Applizierung des Lotes an der Fügestelle und
- notwendige Verfahrensschritte zum Erreichen der geforderten Qualität der Fügefläche.

Pastensysteme können so eingestellt werden, dass nach der Lotdeponierung planare Schichten vorliegen. Das betrifft insbesondere das Einstellen eines optimalen Verhältnisses des Bindemittels zum Pulver, die Abstimmung der Pulverkörnung und das Einstellen eines optimalen Temperatur-Zeit-Profils des Ofens.

Das sogenannte „Vorverglasen“ der aufgebrachten Lotstruktur ist ein geeigneter Prozesszwischenschritt, um das Benetzungsverhalten des Lotmaterials an den Fügepartner zu verbessern, das Bindemittel der Lotpaste zu entfernen und im Ergebnis des Lötens eine homogene Lötverbindung zu erzielen. Die vorverglasten Zonen müssen aber sehr oft zusätzlich planarisiert werden, wenn eine parallele Fügeverbindung gefordert wird. Für diesen Verfahrensschritt eignen sich Schleifverfahren mit diamantgebundenen Werkzeugen oder, für sehr hohe Parallelitätsforderungen, Läppverfahren mit losem Korn. In Bild 9.103 ist dieser Stufenprozess am Beispiel einer zu lötenden Waferstruktur dargestellt.

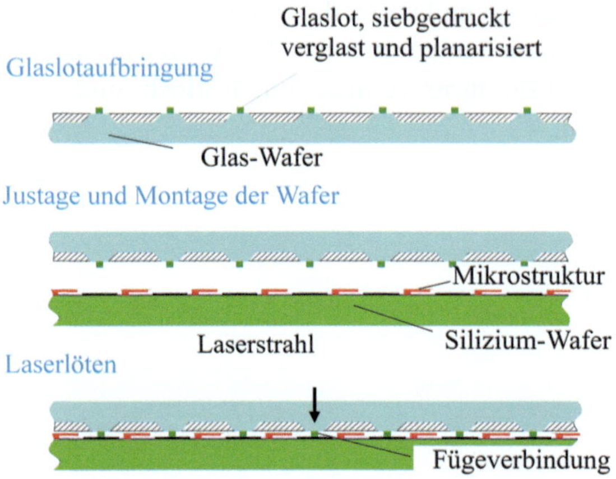

Bild 9.103 Prozessablauf beim Laserstrahllöten am Beispiel eines Glaswafers mit einer Si-Waferkomponente */Kasc2002/*

1. Vorbereitung der Teile und des Lotes
- Lotaufbringung
  - Dispensen
  - Siebdruck
- Verglasen
  - Ofenerwärmung

2. Planarisieren
3. Laserstrahllöten

Entscheidender Vorteil des laserunterstützten Lötverfahrens ist die exakte und dosierbare Energieeinbringung in die Fügepartner. Dies ist insbesondere auch dann interessant, wenn Glaskomponenten hermetisch miteinander verbunden werden müssen, damit die darin befindlichen Funktionselemente vor Sauerstoff und Feuchtigkeit geschützt sind.

Je nach Absorptionsvermögen des Grundwerkstoffes sowie des Lotwerkstoffes kommen unterschiedliche Wellenlängen zur direkten bzw. indirekten Erwärmung zum Einsatz (vorzugsweise die des CO_2-, Nd:YAG- und Diodenlasers). Interessanterweise kann, in Analogie zum Durchstrahlschweißen von Kunststoffen (vgl. Abschnitt 9.1.8), auch eine indirekte Laserlötung von Gläsern vorgenommen werden, wenn mindestens einer der Fügepartner für die Laserstrahlung transparent ist und der Lotwerkstoff die Wellenlänge ausreichend absorbiert.

In Bild 9.104 sind beide Verfahrensvarianten am Beispiel einer Gehäuseanordnung schematisch dargestellt. Während bei der direkten Erwärmung die Energieeinbringung am Gehäuseumfang erfolgt, kann im indirekten Erwärmungsfall die Laserstrahlung durch den transparenten Fügepartner zur Wechselwirkungszone geführt werden.

Eine Aufgabenstellung der Mikrosystemtechnik ist das Verkapseln von temperaturempfindlichen Bauelementen, die ausgeführt in Flachglasgehäusen die Wärmebelastung am Funktionselement auf ein Mindestmaß reduziert.

Bild 9.104 zeigt die Bauteilanordnung und die Verfahrensschritte. Ziel ist es hierbei geeignete Laser- und Prozessparameter zu bestimmen, die ein spannungsarmes Löten des Deckglases auf dem Substrat mittels Lot ermöglichen. Dazu ist eine thermisch angepasste, gradientenorientierte Fügetechnologie erforderlich, wobei bestehende Verfahrensgrenzen konventioneller Fügeverfahren erweitert werden müssen.

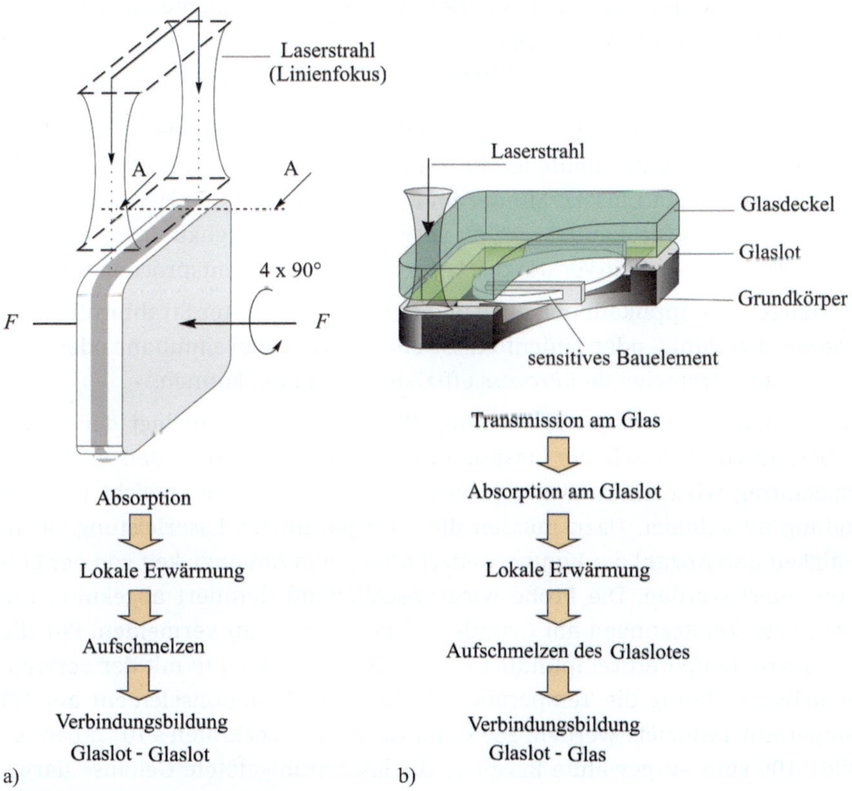

Bild 9.104 Verfahrensvarianten des Laserstrahllötens */Kasc2002/*. a) direkte Erwärmung, b) indirekte Erwärmung

Bild 9.105 a illustriert einen experimentellen Aufbau zum Löten von Glasbauteilen in einem Rezipienten. Lötanwendungen für die Mikro- bzw. Halbleitertechnik müssen sehr oft unter Ausschluss von Luftsauerstoff durchgeführt werden. Aus diesem Grund wird der Laserstrahl eines Nd:YAG- oder Diodenlasers durch ein zweifach antireflexionsbeschichtes Einkoppelfenster in den Rezipienten gelenkt.

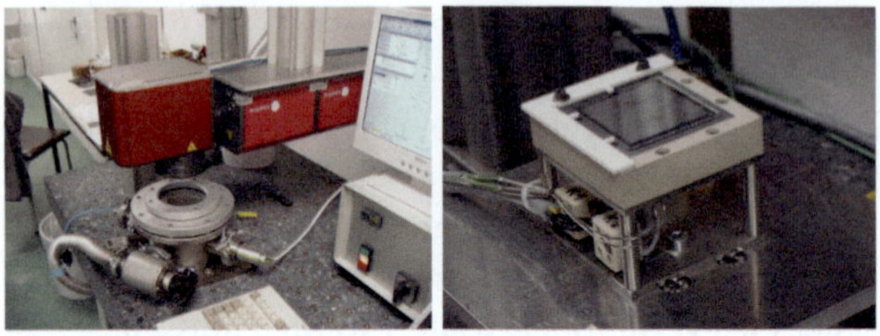

a) b)

Bild 9.105 Laseranlage „DioScan 200 Laserline"/*Kasc2002*/. a) Rezipientenanordnung, b) Heiz- und Kühltisch mit Glasbaugruppe

λ = 980 nm, P = 200 W, F-Theta-Optik f = 160 mm, Arbeitsfeld: (130 × 130) mm^2

Von Vorteil sind das Abpumpen der Kammer und die Durchführung der Bearbeitung mit Unterdruck. Aufgrund der Bauteilgröße kommen hierfür schnelle Scaneinheiten für die Strahlführung zum Einsatz. Mit der im Bild 9.105 b gezeigten Heiz- und Kühltischanordnung können Glasbauteile gezielt vorgewärmt und abgekühlt werden. Damit kann dem Temperatur-Zeit-Verlauf des Lötprozesses besser entsprochen werden.

Sehr oft verlangen die Applikationen auch den Einsatz angepasster Strahlprofile. Üblicherweise werden Punkt- oder Linienfokusse eingesetzt, wobei simultane oder quasisimultane Prozessstrategien den Prozess effizienter gestalten können.

Bei der vorgestellten indirekten Erwärmung (Bild 9.104 b) durchdringt der Laserstrahl das Deckglas und kann in der Lotspur absorbiert werden. Durch den entstehenden Wärmeeintrag wird die notwendige Viskosität des Glaslotes erreicht und die Lötverbindung ausgebildet. Dazu müssen die Laserparameter Laserleistung, Scangeschwindigkeit und Anzahl der Konturwiederholungen in Abhängigkeit von der Lötstruktur optimiert werden. Die Probe wird anschließend definiert abgekühlt, um Spannungen bzw. Zerstörungen am Grund- und Lotmaterial zu vermeiden. Für die Verkapselung von temperaturempfindlichen Bauelementen konnte mit der verwendeten Versuchsanordnung die Temperaturbelastung am Funktionselement auf 1/3 der Löttemperatur reduziert werden. Die Gehäuse weisen Leckraten ≤ 10^{-8} mbar·l·s^{-1} auf. In Bild 9.106 sind ausgewählte Beispiele für laserstrahlgelötete Gehäuse dargestellt.

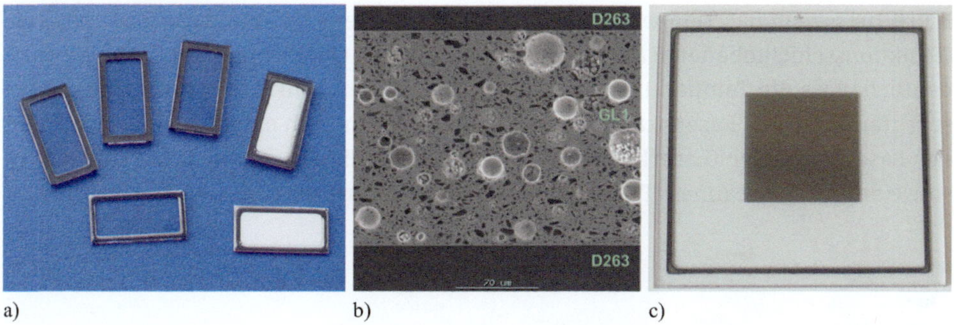

Bild 9.106 Glas-Glas- und Glas-Keramik-Gehäuseverbindung */Kasc2002/*. a) Fotografische Darstellung, b) REM-Aufnahme (Glas D263 und Glaslot GL1), c) OLED

Um die temperaturempfindlichen Bauelemente oder Funktionsschichten thermisch nicht mehr als notwendig zu belasten, kann zunächst mittels Finiter Elemente Methode (FEM) eine Berechnung und Simulation des Laserprozesses durchgeführt werden. Dies ist insbesondere auch für die Auslegung entsprechender Heiz- und Kühleinheiten relevant.

Für das gezeigte Beispiel (Bild 9.106 c) wurde diese Temperiereinheit so konzipiert, dass sich im Bereich der optoelektronischen Funktionsschicht ein flächiges Heiz- und Kühlelement befindet und die Temperatur von 120 °C an dieser kritischen Stelle nicht überschritten wird. Das rahmenförmige Heizelement erwärmt den Bereich der Lotspur auf eine Temperatur im Transformationsbereich des Glaslotes. Erst nach Erreichen dieser Temperatur wird mit dem Laserstrahl das Glaslot erweicht und die Verbindungsbildung erzielt (vgl. Bild 9.107).

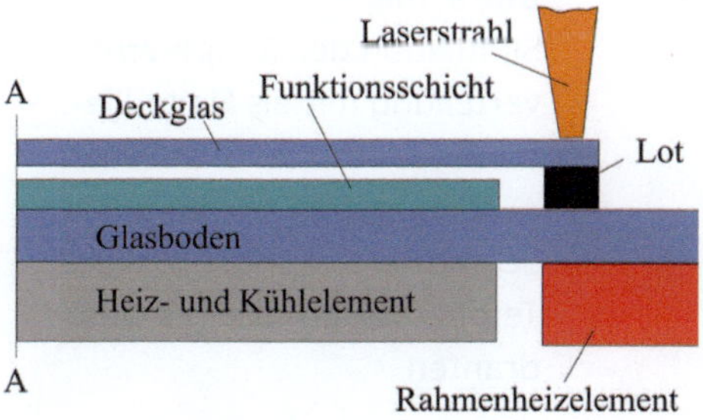

Bild 9.107 Schematische Schnittdarstellung des Modells für FEM */Gudd2006/*

Die Berechnung und Simulation der Finite-Elemente-Methode veranschaulicht, dass beim selektiven Laserlötprozess die geforderte Temperatur am Funktionselement mit max. 120 °C bei Löttemperaturen von > 400 °C prinzipiell realisierbar ist. Bild 9.108 a illustriert die Temperaturverteilung (Bereich von 120 °C bis 420 °C) während der Laserbestrahlung des Fügeverbundes */Gudd2006/*.

Bild 9.108 b zeigt das Temperaturprofil auf der Oberseite des unteren Glassubstrates (Funktionsschichtebene) in axialer Richtung für einen Quadranten der Probe. Es wird deutlich, dass die Temperaturgrenze von 120 °C in der Funktionsschicht nicht überschritten wird. Das Laserstrahllöten mit dem Heiz-Kühltisch erfordert die Anpassung der Laserparameter (Laserleistung *P*, Scangeschwindigkeit v_s und Einstrahldauer *t*) sowie des Abkühlregimes (T-t-Regime) nach dem Laserlöten.

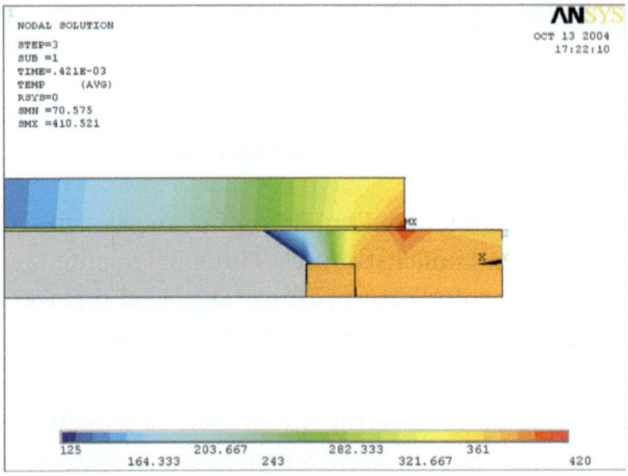

a)

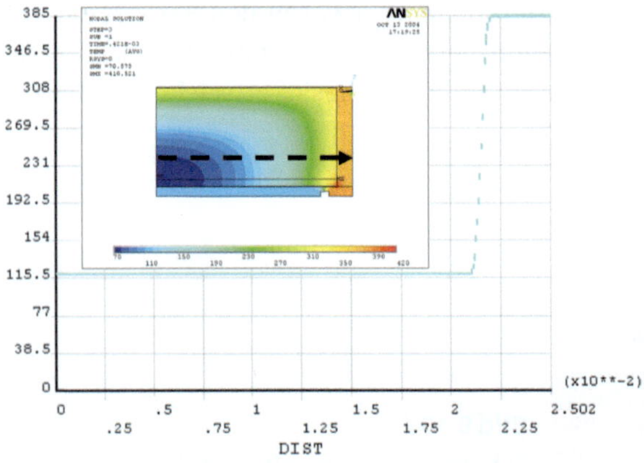

b)

Bild 9.108
Simulation der Temperaturverteilung mittels Finite-Elemente-Methode */Gudd2006/*. a) Temperaturverteilung Schnittdarstellung, b) axiales Temperaturprofil eines Quadranten

Einen wesentlichen Einfluss auf die Qualität der Lötverbindung haben die Leistung und die Einwirkzeit der Laserstrahlung (Bild 9.109). In experimentellen Untersuchungen konnten typische Qualitätsbereiche in Abhängigkeit von diesen Verfahrensgrößen bestimmt werden. Gleichzeitig veranschaulicht dieses Diagramm, dass das verfügbare „technologische Fenster" sehr klein ist. In Abhängigkeit von der Geometrie des verwendeten Werkstoffes und den Randbedingungen des Lötprozesses müssen die Parameter entsprechend angepasst werden.

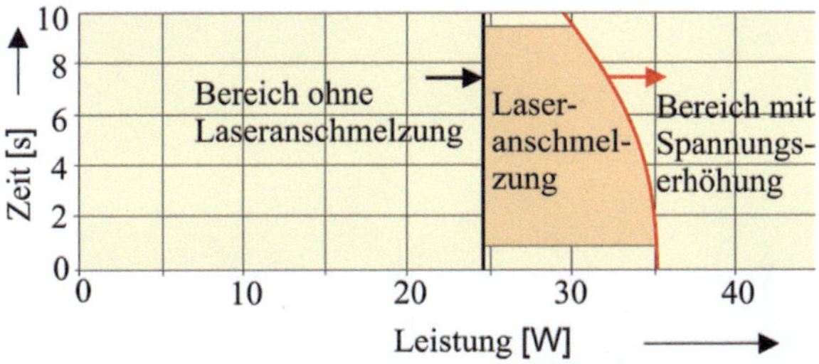

Bild 9.109 Abhängigkeit des Laserlötprozesses von der Laserleistung und der Einwirkzeit

Gläser können auch mit metallischen Lotwerkstoffen gefügt werden (Bild 9.110). Dazu ist die Metallisierung der zu fügenden Bauteile mit Lothilfsschichten erforderlich. Das Aufbringen der Lothilfsschicht und der Lotschicht kann bspw. mittels DC-Magnetronsputtern erfolgen. Diese Beschichtungstechnologie erzielt sehr hohe Haftfestigkeiten trotz großer Schichtdicken. Auf ausgewählte Metallisierungen können extern Lotdepots wie Lotbumps appliziert werden. Damit wird auch das Weichlötverfahren bei niedrigen Temperaturen für das Laserstrahllöten anwendbar. Das eutektische 80Au20Sn-Lot als hochschmelzendes Weichlot hat sehr gute Festigkeitswerte, hohe Zuverlässigkeitseigenschaften und ermöglicht eine flussmittelfreie Prozessführung. Ein wesentlicher Vorteil hierbei sind die niedrigen Prozesstemperaturen, die das Einbringen von Spannungen in das optische Bauelement weitestgehend verhindern.

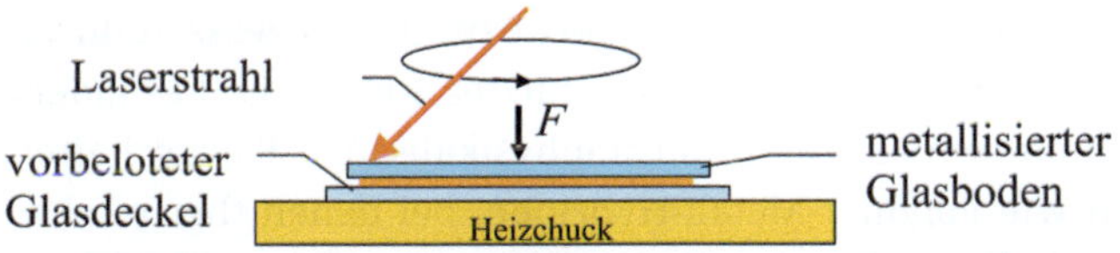

Bild 9.110 Laserlöten eines Glas-Glas-Verbundes mittels metallischem Lotwerkstoff */Kasc2002/*

1. Auflegen des vorbeloteten Deckels auf den Heizchuck
2. Auflegen und Justieren des metallisierten Bodens
3. Aufbringen des Fügedruckes (bis 50 kPa)
4. Laserlöten

Prozess- und Laserparameter: T = RT – 80 °C, $H_2O \ll 5$ ppm, P = 135 W, t = 36 s

In Bild 9.111 ist eine Anwendung aus dem Bereich mikro-optischer Systeme dargestellt. Gelötet wurden optische Baugruppen auf Basis metallischer Lotwerkstoffe. Das Laserstrahllöten konkurriert in diesem Bereich hauptsächlich mit den etablierten Klebetechnologien. Allerdings sind mit diesen Techniken zukünftige Präzisionsfüge-Aufgabenstellungen nur teilweise realisierbar, aber der Einsatz der Lasertechnik zum Löten wird, trotz der höheren Investitionskosten, weitere Anwendungen finden. */Bans2006/*

Bild 9.111
Anwendungen für das Laserstrahllöten optischer Bauelemente */IOF2004/*

9.3 Kleben mit Laserstrahlunterstützung

Das laserstrahlunterstützte Kleben ist eine relativ junge Technologie im Bereich der laserbasierten Fügeverfahren und nutzt die Vorteile der berührungslosen, lokal begrenzten und exakt dosierbaren Energieeinbringung des Lasers zur Verbesserung von Klebprozessen. Während der Laser beim Laserstrahlschweißen als primäre Fügeenergiequelle wirkt, dient er beim Kleben vornehmlich der Oberflächenmodifikation oder Aktivierung sowie der thermischen Aushärtung des Klebstoffs. In beiden Fällen wird die Adhäsion zwischen den Fügepartnern gesteigert bzw. die Prozesszeit durch beschleunigte Reaktionen reduziert. Laserstrahlunterstütztes Kleben ist besonders geeignet für Werkstoffe mit unterschiedlichen thermophysikalischen Eigenschaften oder bei Mischverbindungen wie Polymer-Metall-Hybriden, bei denen thermisches Fügen an Grenzen stößt. Durch die gezielte Erwärmung der Fügezone mithilfe von Laserstrahlung können Aushärtungsvorgänge, Haftungseigenschaften oder Vernetzungsmechanismen optimiert werden. Dies macht das Verfahren besonders interessant für hybride Leichtbaukonstruktionen, elektronische Baugruppen oder medizintechnische Anwendungen.

9.3.1 Grundlagen des laserstrahlunterstützten Klebens

Das Grundprinzip des **laserstrahlunterstützten Klebens** basiert auf der Interaktion von Laserstrahlung mit einem oder mehreren Fügepartnern sowie dem verwendeten Klebstoffsystem. Ziel ist es, mittels gezielter Wärmeeinbringung entweder die Reaktivität des Klebstoffs zu aktivieren (z. B. durch thermische Initiierung bei Einkomponenten (1 K)- oder Zweikomponenten (2 K)-Systemen) oder die Aushärtung gezielt zu beschleunigen bzw. lokal einzuleiten.

Typischerweise werden drei Hauptkonzepte unterschieden:

1. **Direkte Laserbestrahlung des Klebstoffs:** Der Klebstoff wird direkt mit Laserstrahlung beaufschlagt, wobei eine ausreichende Absorption der Laserstrahlung durch das Klebstoffsystem Voraussetzung ist. Dies kann entweder durch die Absorptionsfähigkeit der Materialien (z. B. bei UV-härtenden Klebstoffen) oder durch Zugabe von Absorbern (z. B. Ruß, Farbstoffe oder anorganische Nanopartikel) realisiert werden. Die resultierende Erwärmung führt zur Aushärtung, Quervernetzung oder Phasenänderung.
2. **Indirekte Bestrahlung über den Substratwerkstoff:** Besonders bei transparenten Klebstoffen kann die Laserstrahlung über ein lasertransmissives Substrat (z. B. polymeres Bauteil) auf eine absorbierende Fügefläche (z. B. schwarzer Kunststoff oder metallischer Substratpartner) fokussiert werden. Diese Fläche absorbiert die Strahlung, wird lokal erwärmt und überträgt die Wärme durch Wärmeleitung an den Klebstoff, der infolgedessen aushärtet.
3. **Laserinduzierte Reaktivierung vorapplizierter Klebstoffe:** In manchen Fällen wird ein zuvor aufgebrachter Klebefilm, z. B. ein latent reagierender Klebstoff oder ein thermoplastisches Klebeband, lokal durch Laserstrahlung aktiviert. Die Energieeinbringung bewirkt ein Erweichen oder Aufschmelzen des Klebefilms, sodass nach dem Fügen der Aushärtevorgang ohne externe Presswerkzeuge abgeschlossen werden kann.

Das laserunterstützte Kleben kombiniert im ersten Fall die Vorteile der Klebtechnik mit den steuerbaren Parametern der Laserstrahlung. Im Gegensatz zu konventionellen Erwärmungsverfahren erfolgt die Aktivierung des Klebstoffs bei dieser Methode durch eine gezielte lokal begrenzte Energieeinbringung mittels Laserstrahlung. Der Prozess eignet sich insbesondere für wärmeaktivierbare Klebstoffe (z. B. Hotmelt- oder reaktive Systeme), die durch das Temperatureinwirken verflüssigt, aktiviert oder in ihrer Aushärtung beschleunigt werden.

Dabei kommen insbesondere Lasersysteme mit Wellenlängen im nahen Infrarot- (z. B. Diodenlaser mit $\lambda = 808 - 980$ nm) oder im UV-Bereich oder CO_2-Laser ($\lambda = 10{,}6$ µm) zum Einsatz. Die Wahl des Lasertyps richtet sich nach der Absorptionseigenschaft des Klebstoffes oder des absorbierenden Zwischenschichtmaterials. Für transparente Klebstoffe kann das Prinzip der indirekten Absorption (z. B. durch kohlenstoffdotierte Zwischenfolien) verwendet werden.

Ein wesentlicher Vorteil der laserunterstützten Aktivierung besteht in der kurzen Reaktions- und Fixierzeit sowie der Möglichkeit, komplexe Geometrien oder schwer zugängliche Klebefugen ohne mechanischen Kontakt zu aktivieren. Damit eignet sich das Verfahren besonders für automatisierte Prozesse.

Zur quantitativen Beschreibung der physikalischen Grundlagen des Prozesses kann der Wärmeeintrag durch Laserstrahlung über die absorbierte Intensität I_{Abs} beschrieben werden:

$$I_{Abs} = \frac{P_{ein} \cdot A_G}{A_{Spot}} \tag{9.11}$$

A_G Absorptionsgrad des Klebstoffs oder des Zwischenschichtmaterials; A_{Spot} bestrahlte Fläche; P_{ein} eingestrahlte Laserleistung

Unter der Annahme eines adiabatischen Systems lässt sich die resultierende Temperaturerhöhung ΔT wie folgt abschätzen:

$$\Delta T = \frac{E_{Abs}}{\rho \cdot c_p \cdot d} \tag{9.12}$$

E_{Abs} absorbierte Energie; ρ Dichte des Klebstoffs; c_p spezifische Wärmekapazität; d Schichtdicke des Klebstoffs; t Bestrahlungszeit

Formel 9.11 und Formel 9.12 ermöglichen eine grundsätzliche thermische Prozessauslegung und zeigen die Abhängigkeit der Prozessparameter von den physikalischen und thermischen Eigenschaften der eingesetzten Werkstoffe.

Für reaktive Systeme mit temperaturabhängiger Aushärtung kann zusätzlich das Arrhenius-Gesetz zur Beschreibung der Reaktionsgeschwindigkeit verwendet werden. Somit lassen sich laserbasierte Klebeprozesse in Bezug auf reproduzierbare Fügeverbindungen mit hoher Festigkeit und minimalem thermischen Einfluss auf benachbarte Strukturen optimieren.

9.3.2 Laseraktivierte Oberflächenfunktionalisierung für Klebeprozesse

Eine zentrale Voraussetzung für hochfeste und dauerhafte Klebverbindungen ist die gezielte Anpassung der Grenzflächenenergie durch geeignete Oberflächenvorbehandlung. Konventionelle Methoden wie Plasma- oder chemische Behandlungen stoßen jedoch in vielen industriellen Anwendungen an ihre Grenzen, etwa hinsichtlich Selektivität, Umweltverträglichkeit oder Automatisierbarkeit.

Laseraktivierte Oberflächenfunktionalisierung (LAF) ist eine Methode zur Modifikation von Oberflächen auf mikro- bis nanometrischer Skala zur Erhöhung der Benetzbarkeit, der Adhäsionskräfte und des mechanischen Formschlusses zwischen Klebstoff und Substrat.

Die Laserfunktionalisierung erfolgt durch gezielte Einwirkung von Laserstrahlung auf die Substratoberfläche, wobei mehrere Effekte ausgelöst werden können:

- **Photothermische Effekte:** Lokale Erwärmung führt zur Modifikation der Polymerkettenorientierung oder zur Ablation von Grenzschichten.
- **Photochemische Prozesse:** Insbesondere bei UV-Lasern kommt es zur Spaltung chemischer Bindungen und Erzeugung reaktiver Radikale oder funktioneller Gruppen (z. B. Hydroxyl-, Carboxyl- oder Aminogruppen).
- **Topografische Modifikation:** Durch gezielte Mikrostrukturierung können Haftmechanismen durch Form- und Kraftschluss verbessert werden.

Die dabei resultierende Änderung der Oberflächenenergie (insbesondere des polaren Anteils) lässt sich z. B. über das Youngsche Benetzungsmodell beschreiben:

$$\gamma_{SV} = \gamma_{SL} + \gamma_{LV} \cdot \cos(\theta) \tag{9.13}$$

γ_{SV} Grenzflächenenergie Festkörper – Dampf; γ_{SL} Grenzflächenenergie Festkörper – Flüssigkeit; γ_{LV} Oberflächenspannung der Flüssigkeit (Klebstoff); θ Kontaktwinkel

Das primäre Ziel ist die Reduktion des **Kontaktwinkels** θ, um eine verbesserte Benetzung und Adhäsion zu erwirken.

Die Erweiterung der Betrachtung laserstahlunterstützter Klebprozesse mit dem Owens-Wendt-Ansatz ist insbesondere dann sinnvoll, wenn eine quantitative Bewertung der Grenzflächenenergie zwischen Klebstoff und Substrat angestrebt wird. Dies ist relevant bei Werkstoffen mit komplexer chemischer Zusammensetzung oder modifizierten Oberflächen, etwa nach einer laserinduzierten Funktionalisierung. Der Ansatz erlaubt eine differenzierte Analyse der dispersiven und polareren Anteile der Oberflächenenergie, was gezielte Anpassungen zur Adhäsionsoptimierung unterstützt. Für diese differenzierte Betrachtung zur Bewertung der polar und dispersiv aufgeteilten Anteile kann die Owens-Wendt-Rabel-Kaelble-Gleichung herangezogen werden:

$$\gamma_{LV}(1 + \cos(\vartheta) = 2 \cdot \left(\sqrt{\gamma_{SV}^{T_d} \cdot \gamma_{LV}^{T_d}} + \sqrt{\gamma_{SV}^{T_p} \cdot \gamma_{LV}^{T_p}}\right) \tag{9.14}$$

T_d dispersiver Anteil der Grenzflächenenergie; T_p polarer Anteil der Grenzflächenenergie

Der dispersive Anteil resultiert aus Van-der-Waals-Kräften, die unabhängig von der chemischen Polarität zwischen den Molekülen wirken. Er ist in nahezu allen Festkörpern vorhanden und stellt die Basis für die Adhäsionswirkung dar. Der polare Anteil hingegen beruht auf spezifischen Dipol-Dipol-Wechselwirkungen, Wasserstoffbrückenbindungen oder anderen permanenten molekularen Polaritäten und ist vor allem bei funktionalisierten oder oxidierten Oberflächen dominant.

Im Rahmen der **laserinduzierten Oberflächenfunktionalisierung** wird eine Erhöhung des polaren Anteils der Oberflächenenergie angestrebt, da dieser für die Ausbildung starker chemischer Wechselwirkungen mit polaren Klebstoffkomponenten (z. B.

Epoxidgruppen oder Isocyanaten) entscheidend ist. Durch den Eintrag funktioneller Sauerstoffgruppen (z. B. Carbonyl-, Hydroxyl- oder Carboxylgruppen) mittels gepulster Laserstrahlung wird die Oberflächenpolarität gezielt modifiziert. Der Gesamteffekt zeigt sich in einer deutlich verbesserten Benetzbarkeit durch den Klebstoff. Die Kenntnis der quantitativen Aufteilung der Oberflächenenergie in ihre beiden Anteile ist daher essenziell für die Auswahl geeigneter Klebstoffsysteme sowie für die Prozessoptimierung der laserbasierten Vorbehandlung.

Nach der Laserbehandlung polymerer Werkstoffe verändert sich der resultierende **Kontaktwinkel**. Ein sinkender Kontaktwinkel (z. B. von 90° auf 30°) ist ein Indiz für eine gesteigerte Oberflächenenergie und somit für eine verbesserte Adhäsionswirkung. Der Effekt lässt sich mit Formel 9.13 und Formel 9.14 quantitativ analysieren, wenn die Oberflächenspannung der Flüssigkeit bekannt ist (z. B. Wasser mit $\gamma_{LV} \approx 72\,mN{\cdot}m^{-1}$ bei 20 °C und ungesättigter, lösemittelfreier Epoxidharzklebstoff mit γ_{LV} ca. 40 – 45 $mN{\cdot}m^{-1}$ mit dispersivem Anteil γ^d von 30 – 35 $mN{\cdot}m^{-1}$ und polarem Anteil γ^p von ca. 8 – 12 $mN{\cdot}m^{-1}$). Wenn durch die Laserstrahlbehandlung die Oberflächenenergie eines Polymers z. B. von 32 auf 50 $mN{\cdot}m^{-1}$ steigt, kann ein Epoxidharzklebstoff mit ca. 43 $mN{\cdot}m^{-1}$ deutlich besser benetzen und chemisch binden. Ein Vergleich der Grenzflächenenergie für unterschiedliche Klebstoffe und ausgewählte technische Oberflächen sind in der Tabelle 9.20 gegenübergestellt. Die dort erfassten Werte zeigen deutlich, dass insbesondere der polare Anteil der Oberflächenenergie durch die Laseraktivierung erheblich gesteigert werden kann. Während bei Metallen und Keramiken in unbehandeltem Zustand häufig der dispersive Anteil dominiert, führt die laserinduzierte Funktionalisierung zu einer signifikanten Erhöhung der polaren Komponente. Dies verbessert die Benetzbarkeit und die chemische Bindungsfähigkeit gegenüber polaren Klebstoffsystemen erheblich.

Tabelle 9.20 Vergleich der Grenzflächenenergien ausgewählter Werkstoffoberflächen (Werte können je nach Oberflächenzustand abweichen)

Werkstoff	Zustand	γ [$mN{\cdot}m^{-1}$]	γ^d [$mN{\cdot}m^{-1}$]	γ^p [$mN{\cdot}m^{-1}$]
Edelstahl 1.4301	unbehandelt	36	32	4
	laseraktiviert	54 - 65	35 - 40	15 - 25
Borosilikatglas	unbehandelt	45	10	35
	laseraktiviert	60 - 75	15 - 25	45 - 55
Aluminiumoxid (Keramik)	unbehandelt	52 - 55	22	30 - 33
Epoxidharz (technisch)	unbehandelt	43 - 45	33	10 - 12
Polyurethanklebstoff	unbehandelt	35 - 45	25 - 35	5 - 10
Cyanacrylat (Sekundenkleber)	unbehandelt	28 - 35	20 - 25	5 - 10

Die Messung solcher Werte erfolgt typischerweise über Kontaktwinkelmessungen mit polaren und unpolaren Testflüssigkeiten (z. B. Wasser und Diiodmethan), wobei Auswerteverfahren wie die Owens-Wendt-, Fowkes- oder Van-Oss-Good-Gleichung zur Anwendung kommen.

Die laserinduzierte Oberflächenfunktionalisierung polymerer Werkstoffe mittels Ultrakurzpulslaserstrahlung bietet eine Vielzahl an Vorteilen, die diese Methode als zukunftsweisendes Verfahren für moderne Klebverbindungen qualifizieren. Von zentralem Interesse ist hierbei die minimalinvasive und hochpräzise Bearbeitung der Polymeroberfläche, wobei es durch die extrem kurzen Pulsdauern im Femto- oder Pikosekundenbereich zu einer nahezu reinen photoablativen Wechselwirkung kommt. Daraus resultieren strukturierte Oberflächen mit hoher Mikrorauigkeit, ohne dass eine signifikante thermische Beeinflussung wie Schmelzbildung, Verkokung oder Rissinitiierung auftritt. Dies prädestiniert das Verfahren besonders für temperaturempfindliche Kunststoffe sowie für geometrisch komplexe oder dünnwandige Bauteile.

Darüber hinaus erlaubt die UKP-Laserbearbeitung die zielgerichtete Erzeugung chemisch aktiver Funktionsgruppen, etwa Hydroxyl-, Carboxyl- oder Amidgruppen, durch lokale Photodissoziation und anschließende Oxidation an der Polymeroberfläche. Diese Gruppen wirken adhäsionsfördernd gegenüber polaren Klebstoffsystemen (z. B. Epoxidharzen, Polyurethanen) und steigern die Grenzflächenenergie maßgebend. In Kombination mit den erzeugten Mikro- und Nanostrukturen ergibt sich ein dualer Adhäsionsmechanismus aus mechanischem Kontakt und chemischer Bindung, der zu hohen Klebfestigkeiten und guter Alterungsbeständigkeit führt. Ein weiterer Vorteil besteht in der hohen Prozessflexibilität, da unterschiedliche Strukturen (raster-, linien- oder dot-matrixartig), abgestimmt auf die jeweilige Bauteilanforderung, erzeugt werden können, auch selektiv nur an Fügezonen.

Neben polymerbasierten Werkstoffen lassen sich auch technische Keramiken durch laserinduzierte Mikrostrukturierung an der Oberfläche funktionalisieren, um die Benetzbarkeit und somit die Adhäsion für Klebeprozesse zu beeinflussen. Aktuelle Untersuchungen belegen, dass insbesondere Aluminiumoxid (Al_2O_3) und Aluminiumnitrid (AlN) durch strukturgebende Bearbeitung mit Ultrakurzpulslasern gezielt in ihrem Benetzungsverhalten verbessert werden können. Durch die Erzeugung mikrostrukturierter Säulen- oder Lochgeometrien im Mikrometermaßstab lässt sich das Benetzungsverhalten direkt nach der Bearbeitung in den superhydrophilen Bereich ($< 10°$) überführen.

Diese initial stark **hydrophilen Eigenschaften** fördern die Benetzung mit polaren Flüssigkeiten wie wässrigen Klebstoffsystemen erheblich und schaffen dadurch ideale Voraussetzungen für hochfeste, adhäsive Verbindungen auf keramischen Substraten. Darüber hinaus zeigt sich, dass die Aktivierung zeitabhängig ist, wodurch ein optimales Zeitfenster zwischen Laserstrukturierung und Klebeprozess einzuhalten ist, um die maximale Adhäsionswirkung zu gewährleisten. */ProFunk2017/*

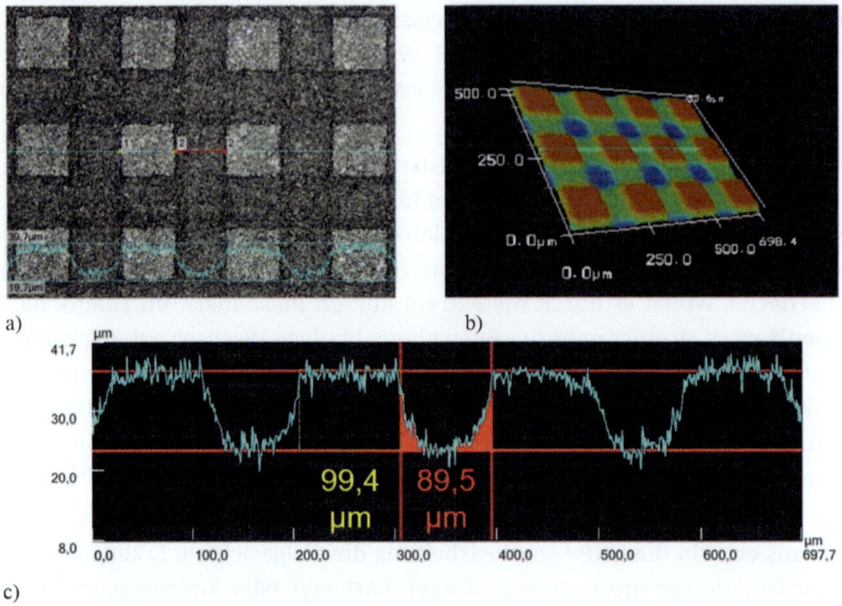

Bild 9.112 Schematische Darstellung der laserinduzierten Mikrostrukturierung einer keramischen Oberfläche (Al_2O_3) zur gezielten Beeinflussung des Benetzungsverhaltens für Klebeprozesse. a) 2D-Ansicht der laserstrukturierten Fläche, b) 3D-Ansicht der quadratisch erzeugten Strukturen, c) Schnittdarstellung der Strukturgeometrie */ProFunk2017/*

Bild 9.113 veranschaulicht schematisch die prinzipielle Wirkweise der **laserinduzierten Mikrostrukturierung** technischer Keramiken wie Aluminiumoxid (Al_2O_3) zur gezielten Funktionalisierung der Oberfläche für nachfolgende Klebeprozesse. Im unbehandelten Zustand weist die keramische Substratoberfläche typischerweise eine vergleichsweise glatte Topografie mit moderaten hydrophilen bis schwach hydrophoben Eigenschaften auf, was sich in einem erhöhten Kontaktwinkel gegenüber wässrigen Medien äußert. Diese reduzierte Benetzbarkeit wirkt sich nachteilig auf die Ausbildung adhäsiver Kräfte bei der Applikation flüssiger Klebstoffe aus.

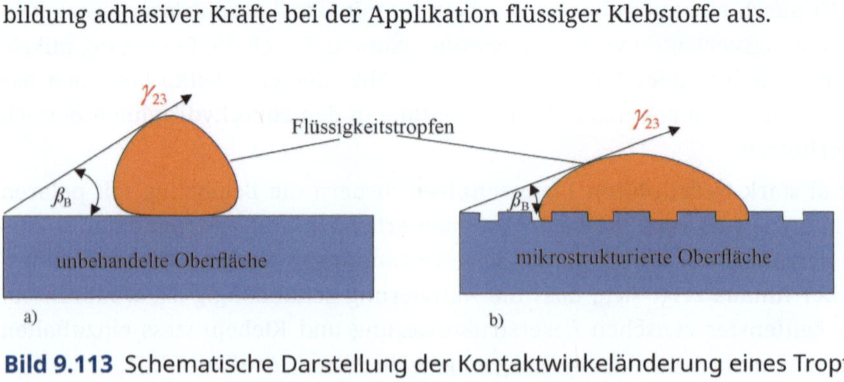

Bild 9.113 Schematische Darstellung der Kontaktwinkeländerung eines Tropfens. a) unbehandelte Probe, b) nach der Laserstrukturierung

Unmittelbar nach der Laserstrukturierung zeigt die Oberfläche eine signifikante Zunahme der Benetzbarkeit, die sich in stark reduzierten Kontaktwinkeln bis hin zum superhydrophilen Bereich (< 10°) äußert. Die resultierende Verbesserung der Adhäsion beruht auf einer Vergrößerung der effektiven Oberfläche sowie der erleichterten Kapillarwirkung an den Mikrostrukturen. Beide Effekte begünstigen die Ausbildung eines vollflächigen, gleichmäßigen Klebstofffilms und tragen somit maßgeblich zur Erhöhung der Verbindungsfestigkeit bei.

Trotz dieser Stärken sind mit dem Verfahren auch spezifische Herausforderungen verbunden. Eine davon ist die prozesstechnische Komplexität hinsichtlich der Auswahl und Abstimmung der relevanten Parameter wie Pulsenergie, Wiederholrate, Strahlführung und Linienabstand. Schon geringe Abweichungen können zu einem verschlechterten Funktionalisierungsprozess führen, insbesondere bei teilkristallinen Polymeren mit anisotropem Absorptionsverhalten. Ferner ist der Energieeintrag abhängig von den optischen Eigenschaften der Fügepartner (Absorptionskoeffizient bei 1030 nm bzw. 515 nm), was eine materialspezifische Parametrisierung erfordert.

Ein zusätzlicher Aspekt ist die begrenzt hohe Flächenleistung bei Einzelstrahlbearbeitung. Für industrielle Anwendungen müssen daher entweder Hochleistungs-UKP-Laserstrahlquellen mit geeigneter Scanneroptik oder Multibeam-Konzepte eingesetzt werden, um wirtschaftlich relevante Taktzeiten zu erreichen. Auch die Langzeitstabilität der aktivierten Oberflächen in Abhängigkeit von Lagerzeit und Umgebungsbedingungen stellt ein wichtiges Forschungsfeld dar, da sich chemisch aktivierte Oberflächen bei Luftlagerung rasch passivieren können (sog. „aging effects“).

Laserstrukturierung von PA6 für die strukturelle Klebung im Leichtbau

Zielstellung: Polyamid 6 (PA6) ist aufgrund seiner hohen Zähigkeit, der chemischen Beständigkeit und der guten Verarbeitbarkeit ein weit verbreiteter Werkstoff. Für strukturelle Klebverbindungen (z. B. zur Verbindung mit Metalleinlegern oder crashrelevanten Bauteilen) ist jedoch eine gezielte Oberflächenfunktionalisierung erforderlich, um eine permanente haftfeste Verbindung sicherzustellen. Der Einsatz von UKP-Laserstrahlung ermöglicht eine minimalthermische, präzise Mikrostrukturierung, ohne thermisch induzierte Schädigung der Matrix (z. B. Rekristallisation, Aufschmelzen oder Verkokung).

Verfahrensparameter (Femtosekundenlaser, $\lambda = 1030$ nm):

- Pulsdauer: 300 fs,
- Repetitionsrate: 200 kHz,
- Pulsenergie: 12 µJ,
- Fokusdurchmesser: ca. 20 µm,
- Scangeschwindigkeit: 400 $mm \cdot s^{-1}$,
- Linienabstand: 10 µm.

Die Laserstrukturierung bewirkt die Ausbildung hierarchischer Mikro- und Nanostrukturen, häufig kombiniert mit LIPSS (Laser-Induced Periodic Surface Structures) im Submikrometerbereich. Die Strukturierung führt zur:

- Erhöhung der spezifischen Oberfläche,
- Einbringung polarisierbarer Gruppen (C=O, OH, NH_2) durch Photodissoziation und Oxidation,
- signifikanten Verbesserung der Benetzbarkeit (Verringerung des Kontaktwinkels von 60° auf < 30°).

Scherzugtests gemäß DIN EN 1465 zeigen für dieses Beispiel eine Steigerung der Verbundfestigkeit auf über 20 MPa (gegenüber < 10 MPa bei einer unbehandelten Oberfläche). Zusätzlich ergibt sich eine signifikant verbesserte Alterungsbeständigkeit unter Temperaturwechselbelastung (Klimawechseltest –40 °C/+85 °C).

9.3.3 Kombinierte Kleb-Fügeprozesse mit simultaner mechanischer Fixierung und Aushärtung

Für komplexe Baugruppen aus hybriden Materialien (z. B. Metall-Kunststoff-Verbindungen) gewinnen prozessintegrierte Fügekonzepte an Bedeutung, bei denen laserbasierte Klebverbindungen durch zusätzliche mechanische Maßnahmen ergänzt oder unterstützt werden. Ziel ist eine kombinierte Prozessführung, bei der die initiale Fixierung, Positionierung und Aushärtung des Klebstoffs in einem integrierten Prozessschritt erfolgt. Das Grundprinzip der **kombinierten Kleb-Fügeprozesse** liegt in der parallelen Anwendung von:

1. laserbasierter Aushärtung oder Erwärmung des Klebstoffs,
2. mechanischer Vorfixierung (z. B. durch formschlüssige Clips, Reibverzahnung, Presspassung oder Schraubkontakte),
3. laseraktivierter Oberflächenfunktionalisierung zur Adhäsionsoptimierung.

Die simultane Anwendung dieser Mechanismen verbessert die prozesssichere Positionierung der Bauteile während der Aushärtephase und ermöglicht gleichzeitig eine rasche Initialbelastbarkeit („handling strength") der gefügten Baugruppe. Insbesondere bei wärmehärtenden oder UV-lichthärtenden Klebstoffsystemen bietet der Einsatz von Lasern mit geeigneter Wellenlänge und Leistungscharakteristik eine selektive ortsaufgelöste Aushärtung innerhalb kürzester Zeit. Dies geschieht typischerweise durch:

- laserinduzierte Erwärmung auf definierte Aktivierungstemperaturen (z. B. 80 – 140 °C),
- Photopolymerisation durch gezielte Bestrahlung (z. B. UV-Diodenlaser bei $\lambda = 355$ nm oder $\lambda = 405$ nm).

Die Umsetzung erfolgt häufig in mehrstufigen Bearbeitungsstationen, etwa in Transferlinien oder Fertigungszellen. Eine typische Prozessabfolge stellt sich wie folgt dar:

1. Positionierung und Fixierung der Bauteile im Fügewerkzeug (ggf. mit formschlüssigen Vorrichtungen),
2. Applikation des Klebstoffs – manuell, robotergestützt oder durch Jetting-Technologie,
3. laserstrahlgestützte Aushärtung durch Erwärmung (IR-/NIR-Laser) oder Photoinitiation (UV-Laser),
4. Endkontrolle (z. B. durch thermografische Inline-Prüfung oder kamerabasierte Fügestelleninspektion).

Typische Anwendungsfelder sind das Fügen von Gehäuseteilen in der Automobilindustrie, etwa bei Scheinwerfermodulen, Batteriedeckeln oder Hochvoltsteckverbindern. Auch in der Medizintechnik und in der Sensorik werden kombinierte Prozesse genutzt, etwa zum Fügen von Polymeren mit Glaskomponenten bei minimalinvasiven Diagnostiksystemen.

9.4 Qualitätssicherung und Prozesskontrolle

Die Sicherstellung einer konstant hohen Verbindungsqualität stellt eine zentrale Anforderung beim Fügen mit Laserstrahlung dar. Angesichts steigender Anforderungen an Prozessstabilität, Reproduzierbarkeit und Dokumentationspflicht, insbesondere in sicherheitskritischen Branchen wie Medizintechnik, Luftfahrt und Automobilindustrie, gewinnt die prozessbegleitende Qualitätssicherung zunehmend an Bedeutung. Moderne laserbasierte Fügeprozesse wie das Laserstrahlschweißen, -kleben oder -löten erfordern eine präzise Überwachung der Wechselwirkungen zwischen Strahl, Werkstoff und Fügestelle, um Fehler wie Lunker, unzureichende Einbindung, Delaminationen oder lokale Überhitzungen frühzeitig zu erkennen und zu vermeiden.

Die **Qualitätssicherung** in laserbasierten Fügeprozessen lässt sich dabei in drei zentrale Ebenen gliedern:

1. Inline-Prozessüberwachung, die während des Fügeprozesses relevante physikalische Größen wie Temperatur, Emissionen oder Nahtlage in Echtzeit erfasst,
2. Offline-Analyse zur zerstörenden oder zerstörungsfreien Prüfung der Fügeverbindung nach dem Prozess,
3. datengetriebene Prozessoptimierung, die auf KI-basierten Modellen und Simulationswerkzeugen zur Analyse großer Datenmengen aufbaut.

Dabei kommt eine Vielzahl spezialisierter Sensor- und Diagnosetechnologien zum Einsatz, darunter Pyrometer, Thermografiekameras, optische Kohärenztomografiesysteme oder Plasmaspektrometer. In Verbindung mit adaptiven Steuerungsalgorithmen ermöglichen diese Systeme eine automatische Prozessregelung in Echtzeit. Ergänzend hierzu sichern etablierte Offline-Verfahren wie Querschliffe, Röntgen- oder Ultraschallprüfung die Bauteilfreigabe und dienen der Prozessvalidierung.

Zukünftig ist zu erwarten, dass datenzentrierte Ansätze, beispielsweise mithilfe des maschinellen Lernens oder der simulationsgestützten Modellierung, eine noch präzisere und autonome Steuerung der laserbasierten Fügeprozesse ermöglichen werden.

9.4.1 Inline-Prozessüberwachung

Die **Inline-Prozessüberwachung** bezeichnet die kontinuierliche echtzeitfähige Erfassung prozessrelevanter Messgrößen während des laserbasierten Fügeprozesses. Ziel ist es, Abweichungen vom Sollprozess frühzeitig zu erkennen und gegebenenfalls automatisiert zu korrigieren oder die Bauteile mit minderer Qualität auszusortieren. Gerade bei Schweiß-, Klebe- und Lötprozessen mit hohen Anforderungen an die Nahtqualität und Reproduzierbarkeit ist diese Überwachung ein zentrales Element der Qualitätssicherung.

Typische Messgrößen, die inline überwacht werden, umfassen:

- optische Emissionen (z. B. Plasmastrahlung, Bremsstrahlung),
- thermische Emissionen (Infrarotstrahlung),
- Nahtlage und Position (mittels Triangulationssensor oder Keyhole-Tracking),
- Prozessakustik (AE-Sensoren),
- reflektierte Laserstrahlung/Rückstreustrahlung.

Je nach Anwendungsfeld und Werkstoff werden dabei unterschiedliche Sensorprinzipien eingesetzt. Beispielsweise ist die Pyrometrie zur Messung der Oberflächentemperatur bei Metallschweißprozessen weit verbreitet, während beim Kunststoffschweißen vor allem die transmissionsseitige Temperaturmessung mittels Infrarotdetektion oder die Erfassung des Fügespalts über CCD-basierte Kameras eine Rolle spielt. Im Bereich des Laserstrahllötens oder Laserstrahlschweißens metallischer Werkstoffe kommen zusätzlich spektroskopiebasierte Systeme zum Einsatz, die charakteristische Emissionslinien (z. B. von Kupfer, Eisen, Nickel) analysieren und so Rückschlüsse auf Schmelzzonentemperatur oder Kontaminationen zulassen.

Die Integration der Sensorik erfolgt entweder:

- koaxial, d. h. entlang der Laserstrahlachse (z. B. für Pyrometer, Photodioden),
- seitlich, über dedizierte Messeinheiten am Bearbeitungskopf oder
- unterhalb der Fügezone, insbesondere bei Transmissionstechnologien (z. B. für IR-Sensorik beim Kunststoffschweißen).

Moderne Laseranlagen ermöglichen dabei eine vollständige Kopplung von Sensorik und Steuerung, sodass Messdaten in Echtzeit in die Prozessführung rückgeführt werden können (Closed-Loop-Regelung). Dadurch können Vorschubgeschwindigkeit, Laserleistung oder Fokuslage in Abhängigkeit vom aktuellen Prozesszustand adaptiv angepasst werden.

Die gewonnenen Daten werden zur automatisierten Fehlerklassifikation herangezogen. Typische erfasste Fehlerbilder sind:

- Porenbildung,
- Bindefehler,
- fehlende Einschweißtiefe,
- Temperaturüberschreitungen,
- Nahtverzug.

Durch den Einsatz des maschinellen Lernens lassen sich auf Basis großer Datensätze zunehmend robuste Klassifikationsmodelle entwickeln, die eine prognosefähige Prozessüberwachung gewährleisten.

Ein typisches Beispiel ist das Inline-Monitoring beim Laserstrahlschweißen von Kupferbändern in der Batteriemodulmontage. Hier wird koaxial eine Mehrkanalpyrometrie angewandt, um die Emissionsintensität des Plasmas zu überwachen. Die Signalverläufe erlauben Rückschlüsse auf die Stabilität des Schweißprozesses und ermöglichen eine automatische Fehlerklassifikation bei Problemen hinsichtlich der Einschweißtiefe.

9.4.2 Inline-Messtechnik beim Laserstrahlfügen

Die **Inline-Messtechnik** bei laserbasierten Fügeprozessen bildet eine wichtige Säule der prozessbegleitenden Qualitätssicherung und dient der kontinuierlichen Erfassung geometrischer, thermischer und optischer Kenngrößen, die sowohl die Kontrolle der Prozessführung als auch die Rückverfolgbarkeit der Produktqualität garantieren. Je nach Fügeprozess, etwa Laserstrahlschweißen von Metallen oder Kunststoffschweißen im Durchstrahlverfahren, werden unterschiedliche Messverfahren und Sensorprinzipien angewandt:

- **Geometrieerfassung (Nahtführung, Spaltkontrolle)**

  Beim metallischen Laserstrahlschweißen ist die präzise Erfassung der Bauteillage und der Nahtposition eine Grundvoraussetzung für die automatische Nahtführung. Dafür werden typischerweise Triangulationssensoren, Linienscanner oder Laserprofilkameras eingesetzt, die Höhenverläufe, Kanten und Fügegeometrien erkennen. Diese Daten werden zur Online-Korrektur der Strahlführung (Tracking) genutzt und in der Regel mit einer Regelrate im Millisekundenbereich verarbeitet.

Beim Kunststoffschweißen, insbesondere bei transparenten Oberschalen (z. B. PMMA auf PBT), kann zusätzlich eine Spaltüberwachung mittels kapazitiver oder optischer Sensorik erfolgen, um Toleranzabweichungen oder Fehler durch mangelhafte Anlagekraft frühzeitig zu erkennen.

- **Temperaturmessung**

  Thermische Prozessgrößen stellen einen direkten Indikator für die Energieeinbringung und die Prozessstabilität dar. Daher kommen in der Inline-Messtechnik folgende Verfahren zur Anwendung:

  - Einfarb- und Zweifarbenpyrometrie zur punktuellen Temperaturmessung an der Werkstückoberfläche, insbesondere bei metallischen Werkstoffen,
  - Infrarotkameras für 2D-Temperaturfelder (z. B. zur Überwachung des gesamten Schmelzbades),
  - transmissionsseitige Temperaturerfassung beim Kunststoffschweißen durch IR-Sensoren auf der Rückseite.

  Die gemessenen Temperaturverläufe geben Aufschluss über Einschweißtiefe, Prozessstabilität und potenzielle Überhitzung. In modernen Systemen werden Temperaturverläufe mit einer Echtzeitgrenzwertkontrolle verknüpft, um innerhalb der Toleranzfenster zu regeln.

- **Emissionsanalyse (optisch und spektroskopisch)**

  Eine etablierte Methode beim Laserstrahlschweißen von Metallen ist die Analyse der optischen Emission des Plasmas oder Keyholes. Dabei wird mittels Photodioden oder Spektrometer die spektrale Zusammensetzung und Intensität des emittierten Lichts gemessen. Diese Parameter korrelieren direkt mit dem Schweißverhalten:

  - stabile Emissionen führen zu reproduzierbaren Schweißprozessen,
  - starke Intensitätsschwankungen verursachen Porenbildung oder eine unzureichende Einschweißtiefe.

  Bei speziellen Anwendungen wie dem Kupferschweißen mit Laserwellenlängen von $\lambda = 515$ nm wird ergänzend die zeitlich aufgelöste Analyse von Rückreflexion und Streulicht angewandt, da Kupfer stark reflektierend ist und Schmelzinstabilitäten durch Reflexionsänderungen sichtbar werden.

- **Kamerabasierte Systeme**

  Moderne Anlagensysteme integrieren kamerabasierte Messtechnik zur:

  - Nahtdetektion vor dem Schweißprozess,
  - Online-Überwachung der Nahtlage,
  - Visualisierung und Analyse der Schmelzbadform.

Durch Machine-Vision-basierte Auswertung lassen sich Merkmale wie Nahtverzug, Plasmafluktuationen oder Verunreinigungen automatisch erkennen und klassifizieren.

- **Signalverarbeitung und Auswertung**

  Ein zentraler Bestandteil der Inline-Messtechnik ist die intelligente **Signalverarbeitung und datenbasierte Auswertung** der erfassten Messgrößen. Die optischen, thermischen oder geometrischen Sensorsignale werden dabei in Echtzeit digitalisiert und durch geeignete Verfahren der digitalen Signalverarbeitung (DSP) aufbereitet. Je nach Art des Sensors und Ziel der Überwachung kommen unterschiedliche Analyseverfahren zur Anwendung.

  Zur Erkennung charakteristischer Signalverläufe, etwa bei der Laseremissionsspektroskopie oder bei Pyrometriesignalen, werden häufig **zeitabhängige Fourier-Transformationen (FFT)** eingesetzt, um periodische Störungen, Instabilitäten oder Frequenzverschiebungen im Prozess sichtbar zu machen. In Verbindung mit **Hüllkurvenanalysen** können Einschwingverhalten, Dämpfungsverläufe oder Oszillationen identifiziert und bewertet werden.

  Für komplexe Prozesse, insbesondere bei adaptiven Fügeverfahren oder schwer zu schweißenden Werkstoffen wie Kupfer, gewinnt der Einsatz von **KI-basierten Klassifikationssystemen** zunehmend an Bedeutung. Hierbei werden Algorithmen wie Support-Vector-Machines oder neuronale Netze trainiert, um aus großen Datenmengen automatisch Rückschlüsse auf Prozesszustände, Fehlermerkmale oder Abweichungen vom Soll-Profil zu ziehen. Dies ermöglicht eine prädiktive Bewertung des Fügeprozesses noch während der Bearbeitung (siehe auch Kapitel 15).

  Die extrahierten Kennwerte wie maximale Temperaturgradienten, Pulsenergieverlauf, Emissionspegel oder Nahtlageabweichungen werden mit vorher definierten Grenzwerten oder Toleranzbändern verglichen, wodurch eine automatische Klassifikation (z. B. OK/NOK) unmittelbar erfolgen kann. Gleichzeitig werden alle Prozessdaten zur lückenlosen **Nachverfolgbarkeit** gespeichert, was insbesondere in sicherheitskritischen Anwendungen wie in der Medizintechnik oder Luftfahrt unabdingbar ist. Die Daten bilden darüber hinaus die Grundlage für **Closed-Loop-Regelungen**, in denen adaptive Laserparameter in Echtzeit nachgeführt werden.

Somit stellt die Signalverarbeitung nicht nur ein Analysewerkzeug dar, sondern fungiert zunehmend als integraler Bestandteil eines **adaptiven qualitätsgesicherten Fügeprozesses**, der entsprechend korrigiert und an wechselnde Bauteilbedingungen anpasst werden kann.

9.4.3 Nahtverfolgung und adaptives Fügen mit Sensorintegration

Im Bereich des laserbasierten Fügens, insbesondere beim Laserstrahlschweißen von Metallen, ist die **Nahtverfolgung** ein zentrales Element zur Sicherstellung der Prozessqualität und zur Minimierung von Ausschuss. Die Anforderungen steigen insbesondere bei geometrisch komplexen Bauteilen, schmalen Fügezonen, reflektierenden Werkstoffen (z. B. Kupfer, Aluminium) sowie bei variierenden Spaltmaßen und Toleranzen in der Bauteilfertigung. Die Aufgabe der Nahtverfolgung besteht darin, die reale Lage der Fügestelle vor und während des Schweißvorgangs präzise zu erfassen und die Strahlposition adaptiv nachzuführen. Hierfür kommen berührungslose optische Systeme wie Triangulationssensoren, Zeilenkameras oder 3D-Scanner zum Einsatz, deren Sensoren Kanten, Fugen oder geometrische Referenzmerkmale detektieren und sie in Echtzeit in Positionsdaten umwandeln. Basierend auf diesen Informationen wird die Laserstrahlführung, z. B. über einen Galvanometerscanner oder eine Achskinematik, im realen Zeitverlauf korrigiert. Die Verknüpfung mit adaptiven Strahlformungseinheiten (z. B. Bifokaloptiken oder Oszillationsoptiken) erlaubt zudem die flexible Anpassung der Energieverteilung innerhalb des Strahlquerschnitts, um bei schwankenden Spaltbreiten oder wechselnden thermischen Randbedingungen schnell reagieren zu können.

Das sogenannte **Closed-Loop-Fügen** stellt hierbei eine besonders fortschrittliche Ausbaustufe dar und beschreibt eine vollständig rückgekoppelte Prozessführung, bei der Nahtverfolgung, Prozesssensorik (z. B. Pyrometrie, Keyhole-Sensorik) und Strahlregelung in einem adaptiven Regelsystem verschaltet sind. Ein typisches Anwendungsbeispiel ist das Tiefschweißen von hochreflektiven NE-Metallen, bei dem sowohl Fokuslage als auch Energieverteilung im Prozess kontinuierlich angepasst werden müssen, um die Stabilität des Schmelzbads zu gewährleisten. */Soko2020/*, */Schri2023/*

Für die industrielle Umsetzung stehen heute kommerzielle Systeme zur Verfügung */Trumpf2025/*, */Precitec2025/*, die eine automatisierte Fügepfadverfolgung, Lagekorrektur und Nahtlageregelung mit Submillimeter-Genauigkeit bei gleichzeitig hoher Vorschubgeschwindigkeit gewährleisten. Die Integration dieser Systeme erfordert jedoch ein umfassendes Verständnis der Prozessdynamik sowie eine sorgfältige Kalibrierung. Herausforderungen bestehen insbesondere bei variierenden Oberflächeneigenschaften, Bauteilreflexionen oder optischen Störungen durch Dämpfe und Spritzer.

In Tabelle 9.21 sind ausgewählte Sensorlösungen zur Nahtverfolgung und der adaptiven Prozessführung beim Laserstrahlschweißen zusammengestellt.

Die vorgestellten Systeme in Tabelle 9.21 werden zunehmend mit KI-gestützter Auswertung kombiniert, um Prozessanomalien frühzeitig zu erkennen und automatisch Gegenmaßnahmen einzuleiten (z. B. Fokusnachstellung, Strahlleistungsmodulation oder Bahnanpassung).

Tabelle 9.21 Überblick ausgewählter Sensorlösungen für die Nahtverfolgung und die adaptive Prozessführung beim Laserstrahlschweißen

Sensorlösung/ Hersteller	Sensortyp	Funktionsprinzip	Anwendungsbereich	Besondere Merkmale
SeamLine Remote */trumpf2025–10/*	kamerabasiertes Nahtverfolgungssystem	CCD-/CMOS-Kamera mit adaptiver Bildauswertung	3D-Konturerkennung beim Remote-Schweißen	integriert in Scanneroptik, hohe Bahngeschwindigkeit, Echtzeitregelung
WeldMaster */precitec2025/*	Lasertriangulation mit Kamerasystem	Linienlasersensor, Auswertung von Höhenprofilen	Nahtführung bei überlappenden und stumpfen Nähten	Multi-Achs-Fähigkeit, Datenfusion mit Prozesssensorik möglich
PathTracking */precitec2025/*	2D-Kamera mit Bildverarbeitung	Kantendetektion über Bildkontrast	Spurführung bei robotergestütztem Fügen	Echtzeitanpassung, robust gegen Oberflächenreflexionen
HighLight WeldSense */coherent2025-4/*	koaxialer Keyhole-Sensor	Analyse der Plasmastrahlung im IR/UV	Keyhole-Tiefe-Monitoring, Nahtqualität	Inline-Überwachung der Nahttiefe (auch bei Alu/Kupfer)
SmartWeld Monitor */scansonic2025/*	Pyrometer mit Positionssensor	Temperaturfeldanalyse am Schmelzbad	Überwachung thermischer Stabilität beim Fügen	Inline-Erkennung thermischer Instabilitäten und Ausschlüsse
LDD-Sensor */lessmüller2025/*	koaxialer Lichtsensor	Reflexionssignal des Prozesslichts	Echtzeiterkennung der Fokuslage und der Nahtposition	kompakt, geeignet für Integration in OEM-Systeme
Scan&Track */blackbird2025/*	Kamera mit Scanpath-Feedback	Bahnkorrektur bei scannerbasiertem Schweißen	Fernbearbeitung mit Galvoscanner	Kombination aus Bahnverfolgung und Prozessüberwachung

9.4.4 Werkstoffanalytik und Prüfmethoden zur Qualitätssicherung von Fügeverbindungen

Die umfassende Qualitätssicherung laserbasierter Fügeverfahren erfordert sowohl **zerstörende als auch zerstörungsfreie Prüfverfahren**, um Aussagen über Festigkeit, Mikrostruktur sowie Alterungsbeständigkeit der erzeugten Verbindungen treffen zu können. Abhängig vom Einsatzgebiet, von den Werkstoffkombinationen sowie dem angestrebten Sicherheitsniveau kommen unterschiedliche analytische Methoden zum Einsatz.

9.4.4.1 Zerstörende Prüfverfahren

Zerstörende Prüfungen liefern präzise Informationen über das mechanische Verhalten und den Aufbau einer Fügeverbindung, erfordern jedoch die Entnahme oder Aufbereitung eines Prüfkörpers. Typische Verfahren sind:

- **Querschliffpräparation mit mikroskopischer Auswertung:** dient zur Darstellung der Fügezone, Ermittlung der Einschweißtiefe, Beurteilung von Poren, Rissen oder Bindefehlern sowie der Mikrostrukturänderung im Wärmeeinflussbereich (WEZ). Die mikroskopische Analyse erfolgt meist lichtoptisch (Hellfeld, Dunkelfeld, DIC) oder rasterelektronenmikroskopisch (REM).
- **Zug- und Scherzugversuche:** Verwendung zur Bestimmung der Verbundfestigkeit von Schweiß- oder Klebverbindungen. Zur Auswertung werden typischerweise die DIN EN ISO 4136 für Schweißverbindungen oder die DIN EN 1465 für Klebverbindungen herangezogen. Daraus lassen sich maximale Fügekraft, Bruchart (kohäsiv/adhäsiv) sowie der Deformationsverlauf ableiten.
- **Härteverlaufsprüfung (HV):** analysiert die Gefügezustände und Spannungsverteilungen im Bereich der Fügezone. Härtegradienten sind insbesondere bei metallischen Werkstoffen Indikatoren für Versprödung oder ungewollte Gefügeumwandlungen durch die thermische Beanspruchung während des Fügevorgangs.
- **Rasterelektronenmikroskopie (REM) und energiedispersive Röntgenspektroskopie (EDX):** erlauben die hochauflösende Analyse der Grenzfläche und von intermetallischen Phasen. Besonders bei Hybridverbindungen (z. B. Metall – Kunststoff) lassen sich chemische Übergänge und Haftmechanismen detailliert analysieren.

Diese zerstörenden Prüfungen sind essenziell für die Entwicklung und Validierung neuer Fügeverfahren, bei denen eine tiefgreifende Werkstoffcharakterisierung notwendig ist. Sie bilden gleichzeitig die Basis für die Kalibrierung und Verifikation zerstörungsfreier Prüfmethoden.

9.4.4.2 Zerstörungsfreie Prüfverfahren

Die **zerstörungsfreie Prüfung (ZfP)** ist ein zentrales Element der Inline- und End-of-Line-Prozesskontrolle, insbesondere bei sicherheitsrelevanten oder schwer zugänglichen Fügegeometrien. Sie erlaubt die Prüfung der Verbindungsqualität ohne Materialverlust und ermöglicht die lückenlose Erfassung von Fehlern oder Inhomogenitäten im Fertigungsprozess. Die Auswahl geeigneter Verfahren orientiert sich an den Werkstoffen, der Geometrie und dem zugrundeliegenden Fügeprinzip.

Wichtige zerstörungsfreie Prüfverfahren sind in Tabelle 9.22 zusammengestellt.

Im industriellen Umfeld wird zunehmend eine Kombination aus zerstörenden und zerstörungsfreien Methoden angewandt. Während ZfP-Verfahren vorrangig in der Serienfertigung zur 100-%-Kontrolle oder zur statistischen Prozessüberwachung eingesetzt werden, dienen zerstörende Prüfungen v. a. der Prozessfreigabe, Werkstoffvalidierung und der Ermittlung von Grenzparametern. Darüber hinaus gestatten korrelierende Verfahren (z. B. Querschliff mit OCT-Vergleich) die Kalibrierung von Sensoren für die Inline-Prüfung.

An Bedeutung gewinnt auch die Integration in digitale Qualitätssicherungssysteme, die neben der Messwertaufnahme auch deren Visualisierung, Archivierung und Rückverfolgbarkeit gemäß normativen Anforderungen (z. B. ISO 9001, IATF 16949) unterstützen.

Tabelle 9.22 Typische ZfP-Verfahren im Überblick

Verfahren	Prinzip	Typische Anwendung	Vorteile/Einschränkungen
Ultraschallprüfung (UT)	Reflexion/Laufzeitmessung akustischer Wellen	Schweißnähte, Klebungen, Metalle und Polymere	hohe Tiefenauflösung, automatisierbar, limitiert bei stark streuenden Materialien
Röntgenprüfung (RT)	Absorption/Transmission ionisierender Strahlung	Poren, Lunker, Einschlüsse in metallischen Verbindungen	präzise Defekterkennung, Schutzmaßnahmen erforderlich
Thermografie (IRT)	Auswertung thermischer Emission nach externer Anregung	Delaminationen, Entkopplung bei Klebungen	flächenhaft, begrenzte Tiefe, empfindlich gegenüber variablem Emissionsgrad
Shearografie	Interferometrie, basierend auf Deformationsanalyse	Delaminationen, Hohlstellen bei Polymer-/Faserverbunden	hohe Empfindlichkeit, hoher apparativer Aufwand
Optische Kohärenztomografie (OCT)	interferometrische Tiefenabbildung (IR-Bereich)	Schichtaufbau, Grenzflächen bei Klebeverbindungen	hochauflösend, geeignet für transparente Medien, begrenzte Eindringtiefe
Wirbelstromprüfung (ET)	Analyse induzierter Wirbelströme in leitfähigem Material	Oberflächenfehler, Risse in Metallen	kontaktlos, geeignet bei leitfähigen Werkstoffen

9.4.5 Simulation und KI-gestützte Prozessoptimierung

Die fortschreitende Digitalisierung und die zunehmende Rechenleistung ermöglichen den Einsatz von Simulationswerkzeuge sowie datenbasierter Ansätze zur Optimierung der laserbasierten Fügeverfahren. Zwei zentrale methodische Lösungswege stehen dabei im Fokus, die numerische Modellierung mittels Finite-Elemente-Methode (FEM) und KI-gestützte Prognoseverfahren auf Basis von Machine Learning (ML).

9.4.5.1 FEM-basierte Temperatur- und Spannungsfeldsimulation

Im Mittelpunkt physikalisch orientierter Simulationen steht die Berechnung transienter Temperaturfelder innerhalb des Werkstücks während des Fügeprozesses. Die **Finite-Elemente-Methode (FEM)** wird eingesetzt, um die komplexe Thermodynamik beim Laserstrahlschweißen, -löten oder -kleben abzubilden. Berücksichtigt werden dabei:

- Laserintensitätsverteilung (z. B. Gauß-, Tophat- oder Besselprofil),
- Materialparameter wie Temperaturleitfähigkeit $\lambda(T)$, spezifische Wärmekapazität $c_p(T)$, Emissionsgrad ε und Absorptionskoeffizient α,
- Kontaktbedingungen zwischen den Fügepartnern,
- Randbedingungen durch Konvektion und Strahlung.

Die berechneten Temperaturverläufe $T(x,y,z,t)$ dienen als Grundlage zur Ableitung weiterer Zustandsgrößen, etwa von thermisch induzierten Eigenspannungen, Gefügeveränderungen oder der Nahtgeometrie.

Eine typische Anwendung ist die Optimierung der Prozessparameter (z. B. Strahlleistung, Geschwindigkeit, Fokuslage) zur gezielten Beeinflussung der Wärmeeinflusszone (WEZ) und zur Minimierung von Schweißspritzern oder Bindefehlern. Darüber hinaus ermöglichen gekoppelte thermomechanische Simulationen die Vorhersage von Verzügen und Rissrisiken in mehrlagigen Strukturen oder hybriden Werkstoffkombinationen.

9.4.5.2 KI- und Machine-Learning-Ansätze zur Qualitätsprognose

Neben der deterministischen Simulation wird die datengetriebene Prozessmodellierung zunehmend relevant, bei der **maschinelles Lernen (ML)** und weitere Methoden der künstlichen Intelligenz (KI) eingesetzt werden, um die Korrelation zwischen Prozessparametern, Sensordaten und Qualitätskennwerten automatisiert zu erfassen.

Typische Anwendungsbereiche sind:

- Regressionsmodelle zur Vorhersage der Nahtqualität (z. B. Porenfreiheit, Eindringtiefe, Breite),
- Klassifikatoren zur Erkennung von Prozessabweichungen in Echtzeit,
- Anomalieerkennung auf Basis multisensorischer Systeme,
- Reinforcement Learning für adaptive Prozessführung.

Die Grundlage solcher Modelle sind meist umfangreiche Datensätze aus der Inline-Prozessüberwachung, ergänzt durch eine Post-Prozessanalytik (z. B. Schliffbilder, CT-Daten, Widerstandsmessung). Besonders im Bereich des Laserstrahlschweißens metallischer Werkstoffe konnten auf diese Weise lernfähige Systeme etabliert werden, die aus mehreren hundert Prozesszyklen robuste Prognosemodelle entwickeln. */Trumpf2025/*, */Hahn2023/*, */Masi2025/*

Beispielhafte Modellarchitekturen umfassen:

- Random Forest Regressoren zur Nahtbreitenvorhersage,
- Support Vector Machines (SVM) zur Porenerkennung,
- Convolutional Neural Networks (CNN) für bildbasierte Analyse von Prozessplasma- oder Thermografieaufnahmen.

Durch die Kombination von FEM-Simulation und ML-Ansätzen entstehen leistungsfähige Instrumente zur virtuellen Prozessauslegung, zur Echtzeitüberwachung und zur automatisierten Qualitätsbeurteilung.

Übungsaufgaben zum Kapitel 9

(Die dazugehörigen Lösungen finden Sie auf *plus.hanser-fachbuch.de*.)

1. **Aufgabe:** Schweißtechnische Grundlagen

   Erläutern Sie die physikalischen Unterschiede zwischen dem Wärmeleitungsschweißen und dem Tiefschweißen mit Laserstrahlung. Gehen Sie dabei auf typische Prozessparameter wie Leistungsdichte und Fokuslage, die Nahtcharakteristik sowie Anwendungsbeispiele ein.

2. **Aufgabe:** Grundlagen der Schweißverfahren

   Beschreiben Sie die Wechselwirkung von Laserstrahlung mit metallischen Werkstoffen. Wie beeinflussen Absorption, Reflexion und Transmission den Wirkungsgrad des Schweißprozesses? Nennen Sie typische Unterschiede zwischen Aluminium, Stahl und Kupfer.

3. **Aufgabe:** Einflussgrößen der Schweißverfahren

   Diskutieren Sie die Rolle von Prozessgasen beim Laserstrahlschweißen. Welche Funktionen erfüllen diese, und wie unterscheiden sich die Auswirkungen von Inert- und Reaktivgasen auf die Nahtqualität?

4. **Aufgabe:** Einflussgrößen der Schweißverfahren

   Nennen Sie mindestens drei Faktoren, die die Nahtform und die Nahtqualität beim Laserstrahlschweißen maßgeblich beeinflussen. Erläutern Sie zu jedem Faktor dessen Wirkung.

5. **Aufgabe:** Ausgewählte Verfahren

   Das Laserhybridschweißen kombiniert den Laserstrahl mit einem Lichtbogenprozess. Erklären Sie den prinzipiellen Aufbau und nennen Sie typische Vorteile und Grenzen dieses Verfahrens, insbesondere für den Schiff- und Fahrzeugbau.

6. **Aufgabe:** Ausgewählte Verfahren

   Vergleichen Sie das Laserstrahlschweißen mit Zusatzdraht mit dem Schweißen ohne Zusatzwerkstoff. Welche Anwendungen erfordern zwingend den Einsatz von Zusatzmaterial? Welche Herausforderungen ergeben sich dabei?

7. **Aufgabe:** Anforderungen und prozesstechnische Lösungen

   Beschreiben Sie die physikalischen Ursachen für Spritzerbildung beim Laserstrahltiefschweißen. Nennen Sie zwei Lösungsansätze, um diese zu minimieren, und erläutern Sie deren Funktionsprinzip.

8. **Aufgabe:** Anforderungen und prozesstechnische Lösungen

   Porenbildung stellt ein Qualitätsproblem beim Laserstrahlschweißen von Aluminium dar. Beschreiben Sie den Entstehungsmechanismus in fünf Phasen und nennen Sie eine moderne Technologie zur Reduktion der Porenbildung.

9. **Aufgabe:** Laserstrahlschweißen von silikatischen Werkstoffen

   Warum ist das Laserstrahlschweißen von Gläsern und Keramiken besonders herausfordernd? Nennen Sie mindestens drei material- oder prozessbedingte Gründe und beschreiben Sie Lösungsansätze.

10. **Aufgabe:** Laserstrahlschweißen von Polymeren

    Erläutern Sie das Verfahrensprinzip des Durchstrahlschweißens von Kunststoffen. Welche Anforderungen ergeben sich an die optischen Eigenschaften der Fügepartner?

11. **Aufgabe:** Laserstrahlschweißen von Polymeren

    Diskutieren Sie die Einsatzmöglichkeiten von Laserstrahlschweißprozessen bei faserverstärkten Thermoplasten. Welche spezifischen Herausforderungen sind dabei zu berücksichtigen?

12. **Aufgabe:** Laserstrahllöten

    Nennen und erläutern Sie drei typische Anwendungsbeispiele für das Laserstrahllöten im Bereich E-Mobilität, Elektronik oder Photovoltaik. Gehen Sie auf die Vorteile gegenüber klassischen Lötverfahren ein.

13. **Aufgabe:** Laserstrahllöten

    Vergleichen Sie das Laserstrahlweichlöten und das Laserstrahlhartlöten hinsichtlich Temperaturbereich, Werkstoffeignung und typischer Anwendungsgebiete.

14. **Aufgabe:** Kleben mit Laserstrahlunterstützung

    Erklären Sie das Prinzip der laseraktivierten Oberflächenfunktionalisierung für Klebeprozesse. Welche physikalischen oder chemischen Effekte an der Oberfläche verbessern die Adhäsion?

15. **Aufgabe:** Kleben mit Laserstrahlunterstützung

    Im Bereich der technischen Keramiken (z. B. Al_2O_3 oder AlN) kann die Laserstrukturierung das Benetzungsverhalten für Klebstoffe verbessern. Beschreiben Sie, wie Mikrostrukturen das Benetzungsverhalten beeinflussen und welchen praktischen Einfluss dies auf die Klebefestigkeit hat.

10 Additive Verfahren

Additive Fertigungsverfahren (auch Additive Manufacturing) gehören zur Gruppe der urformenden Verfahren. Im Unterschied zu trennenden Verfahren wird der Stoffzusammenhalt vermehrt und die Form durch schichtweises Aufbauen erzeugt. Diese Verfahrensgruppe hat eine sehr große Bedeutung für die „schnelle Fertigung" von Prototypen (**Rapid Prototyping**), die Herstellung von Werkzeugen (**Rapid Tooling**) sowie für die direkte Fertigung von Endprodukten (**Rapid Manufacturing**) erlangt. Insbesondere werden diese Verfahren im **Produktentstehungsprozess** (PEP) in den unterschiedlichsten Phasen der Entwicklung eingesetzt, um sehr schnell Funktionen zu überprüfen und möglichst frühzeitig Fehler im Prozess zu erkennen. Sie sind ein wichtiges Instrument, um Produktentwicklungszeiten zu minimieren und somit schneller den erfolgreichen Markteintritt des Produktes sicherzustellen (Time to market). Bild 10.1 illustriert einen exemplarischen PEP mit den Einsatzmöglichkeiten der **Rapid-Technologien**. Unter dem Begriff Rapid-Technologien werden alle Prozessketten zusammengefasst, welche Bauteile mithilfe der additiven Verfahren herstellen (VDI 3405).

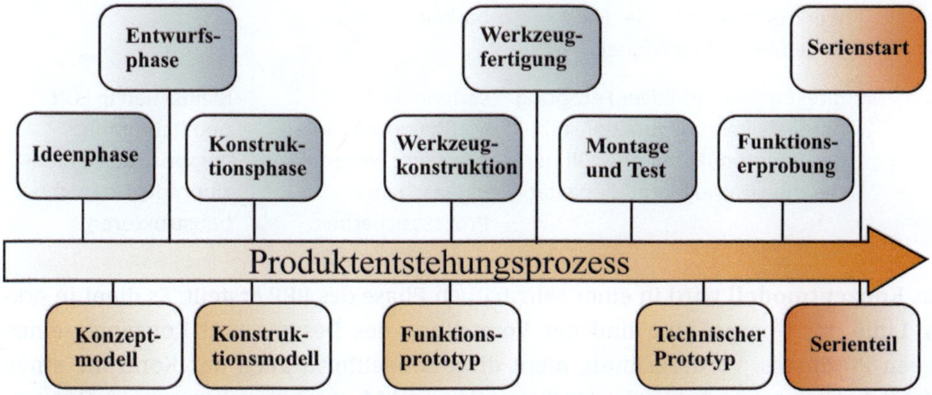

Bild 10.1 Einsatz von additiven Technologien im Produktentstehungsprozess

Im Verlaufe des PEP werden unterschiedliche Modelle, Prototypen und Werkzeuge benötigt, die sich hinsichtlich ihrer Eigenschaften, dem Anwendungsgebiet sowie der Evaluierungszielsetzung unterscheiden. Eine Einteilung der verschiedenen Arten wird in VDI 3405 ausgeführt.

Tabelle 10.1 Definition der Prototypenarten

Prototypenart	Definition und Zielstellung	Typische Anforderungen	Beispiele
Konzeptmodell	Darstellung einer Grundidee oder eines Designs in einfacher Form, oft ohne funktionale Anforderungen	geringe Maßgenauigkeit; einfache Geometrie; meist optische Bewertung	Designstudien; Formprüfung; Präsentationsmodelle
Geometrieprototyp	Modell zur Überprüfung von Abmessungen, Proportionen und Einbausituation (Form- und Passprüfung); keine oder nur geringe funktionale Anforderungen	mittlere Maßgenauigkeit; optische und haptische Bewertung; teilweise Zusammenbauprüfung	Einbausimulationen; Ergonomieuntersuchungen
Funktionsprototyp	Prototyp mit funktionalen Eigenschaften, die die spätere Nutzung simulieren (z. B. mechanische Festigkeit, thermische Belastung, Medienbeständigkeit)	hohe Maßgenauigkeit; werkstoffgerechte Eigenschaften; funktionsnahe Fertigung	Gehäuseteile mit Funktionsprüfung; fluidführende Komponenten
Technischer Prototyp	Vorserienbauteil mit seriennaher Fertigungs- und Materialqualität, das unter realistischen Bedingungen getestet wird	seriennahe Toleranzen; serienidentisches Materialverhalten; Langzeittest möglich	Vorserienteile im Fahrzeugbau; Bauteile für Funktions- und Dauertests
Werkzeug/Formeinsatz	Bauteil oder Einsatz mit seriennaher Geometrie und Materialeigenschaft; direkt für die Werkzeug-, Form- oder Hilfsmittelfertigung geeignet	hohe Maßhaltigkeit; hohe mechanische und thermische Belastbarkeit	Spritzgussformen; Umformwerkzeuge; Vorrichtungen
Serienteil	direkt mittels additiver Fertigung hergestelltes, voll funktionsfähiges Endprodukt mit endgültiger Geometrie und Materialqualität	seriengerechte Maßhaltigkeit; dokumentierte Materialeigenschaften; Prozesssicherheit	Kleinserien in Luft- und Raumfahrt; personalisierte Medizinprodukte; Leichtbaustrukturen

Das **Konzeptmodell** wird in einer sehr frühen Phase des PEP erstellt. Es dient in erster Linie der Überprüfung und der Vorstellung des Designs und Konzeptes eines neuen Produktes. Vordergründig dient diese Modellform auch der Kontrolle einer Umsetzbarkeit sowie der Variantendiskussion und Markteintrittsbewertung. **Geome-**

trieprototypen berücksichtigen weitere Aspekte der Geometrieelemente des Prototyps wie Maß, Form und Lage und werden in der Konstruktions- und Designphase erstellt. Sie ermöglichen das erste Überprüfen des konstruktiven Entwurfs und erleichtern insbesondere auch das Erarbeiten von Fertigungsunterlagen, der erforderlichen Produktionsschritte und Arbeitsanweisungen. Eine wichtige Art von Modellen und Prototypen stellen **Funktionsprototypen** dar. Mit ihnen werden einzelne bzw. mehrere wichtige Funktionen des Produktes überprüft. Der Einsatz von Funktionsprototypen unterstützt die Produktionsvorbereitung, insbesondere den Vorrichtungsbau, die Werkzeugkonstruktion sowie die Werkzeugauswahl. Der **technische Prototyp** (auch als Prozessprototyp bezeichnet) kommt dem Endprodukt in seinen Eigenschaften am nächsten und erfüllt alle Funktionen. Er dient der unmittelbaren Fertigungsvorbereitung sowie der Auslegung und dem Anlernen von Montageprozessen. Das **Serienteil** stellt das eigentliche Endprodukt dar und wird additiv mit den gleichen Materialeigenschaften gefertigt wie das später zu produzierende Bauteil. Gleichermaßen kann es aber auch das vollständige Endprodukt verkörpern, wenn bspw. nur Kleinserien oder individuelle Produkte erforderlich sind. Für die Herstellung der genannten Modell- und Prototypenarten kommen unterschiedliche additive Verfahren zum Einsatz.

Die Einteilung der additiven Fertigungsverfahren ist in der Norm */DIN EN ISO/ASTM 52900 2021/* geregelt und erfolgt in 7 Klassen:

- VPP (Vat Photopolymerization): z. B. Stereolithografie (SLA), Digital Light Processing (DLP),
- PBF (Powder Bed Fusion): z. B. laserstrahlbasiertes Pulverbettverfahren (PBF-LB) und elektronenstrahlbasiertes Pulverbettverfahren (PBF-EB),
- BJT (Binder Jetting): schichtweises Verkleben eines Pulvers mit einem Binder mit anschließendem Entbindern und Sintern,
- DED (Directed Energy Deposition): gleichzeitiges Aufbringen des Materials und Schmelzen durch Laser, Elektronenstrahl oder Lichtbogen (vorwiegend Metalle),
- MEX (Material Extrusion): schichtweiser Auftrag von strangförmigem Material, z. B. Fused Filament Fabrication (FFF) bzw. Fused Deposition Modelling (FDM),
- SHL (Sheet Lamination): Zuschnitt und Verkleben oder Verschweißen von Materialschichten,
- MJT (Material Jetting): tröpfchenweiser Materialauftrag, vergleichbar mit Tintenstrahldruck, z. B. PolyJet.

Eine Übersicht der additiven Verfahren und die Zuordnung der Bauteileignung ist in Tabelle 10.2 zusammengestellt.

Tabelle 10.2 Verfahren und Materialien nach VDI3405

Verfahrensklasse (ISO/ASTM 52900)	Prozessschritte (vereinfacht)	Geeignete Materialgruppen	Typische Bauteileignung
VPP – Vat Photo-polymerization	1. Belichtung flüssiger Photopolymere 2. Schichtaufbau 3. Nachhärten	Photopolymere	▪ Konzeptmodell ▪ Geometrieprototyp ▪ Funktionsprototyp, Kleinserien (z. B. Mikrooptik)
PBF-LB – Powder Bed Fusion-Laser Beam	1. Pulverauftrag 2. lokale Verschmelzung 3. Wiederholung bis zur Fertigstellung des Bauteils	Polymere, Metalle, Legierungen, Keramiken	▪ Geometrieprototyp ▪ Funktionsprototyp ▪ Werkzeug/Formeinsatz ▪ Serienteil
BJT – Binder Jetting	1. Pulverauftrag 2. Bindermaterialauftrag 3. Entbinderung und Sintern	Polymere, Metalle, Keramiken	▪ Geometrieprototyp ▪ Funktionsprototyp ▪ Serienteil
DED – Directed Energy Deposition	1. Materialzufuhr (Draht/Pulver) 2. lokale Energieeinbringung 3. schichtweiser Aufbau	Metalle, Legierungen	▪ Funktionsprototyp ▪ Werkzeug/Formeinsatz ▪ Serienteil
MEX – Material Extrusion	1. Extrusion von Filamenten/Pasten 2. Schichtaufbau	Polymere, Verbundwerkstoffe, Metalle (mit Trägermaterial)	▪ Konzeptmodell ▪ Geometrieprototyp ▪ Funktionsprototyp ▪ Kleinserien
SHL – Sheet Lamination	1. Zuschnitt von Folien/Platten 2. schichtweises Verkleben/Verschweißen	Papier, Polymere, Metalle	▪ Konzeptmodell ▪ Geometrieprototyp ▪ Funktionsprototyp (Metall)
MJT – Material Jetting	1. tröpfchenweiser Materialauftrag 2. UV-Härtung	Photopolymere, Wachse, Metalle (beschränkt)	▪ Konzeptmodell ▪ Geometrieprototyp ▪ Funktionsprototyp

Die Einteilung in Konzeptmodelle, Geometrie-, Funktions- und technische Prototypen sowie Werkzeuge/Formeinsätze und Serienteile veranschaulicht die heterogenen Anforderungen entlang der Entwicklungs- und Fertigungskette additiv gefertigter Bauteile. Dabei ist anzumerken, dass die Übergänge zwischen den Kategorien häufig fließend sind, insbesondere zwischen Funktions- und technischen Prototypen. In diesen Fällen erfolgt die Prüfung der funktionalen Eignung unter realitätsnahen Bedingungen. Für metallische und silikatische Bauteile spielen die nachgeschalteten Prozessschritte Entbindern, Sintern, Wärmebehandlung und mechanische Nachbearbeitung eine entscheidende Rolle, da erst diese Schritte die vollständige Einstellung werkstoffspezifischer Eigenschaften wie Festigkeit, Härte oder chemische Beständigkeit ermöglichen. Eine besondere Stellung nimmt die Kleinserienfertigung ein, insbesondere in Anwendungsfeldern wie der Medizintechnik, dem Werkzeugbau oder der Luft- und Raumfahrt, denn hier werden additiv gefertigte Bauteile häufig nicht nur zur Prototypenentwicklung, sondern direkt als Endprodukte eingesetzt. Voraussetzung ist eine dokumentierte Prozesskette, die neben der Maßhaltigkeit. Auch die Materialeigenschaften und die Reproduzierbarkeit sicherstellt. Die Auswahl des geeigneten Verfahrens richtet sich dabei sowohl nach den geometrischen Anforderungen als auch nach den material- und prozessbedingten Restriktionen der jeweiligen additiven Technologie. Für Konzept- und Geometrieprototypen kommen vor allem Verfahren wie Vat Photopolymerization (VPP) oder Material Extrusion (MEX) zum Einsatz, während für Funktions- und technische Prototypen verstärkt pulverbasierte Verfahren wie Powder Bed Fusion (PBF) oder Binder Jetting (BJT) Anwendung finden. Im Bereich der Werkzeug- und Formeinsätze sind es insbesondere die metallischen PBF- und DED-Verfahren, die durch ihre Designfreiheit und die Möglichkeit zur Integration von konturnahen Kühlkanälen neue Konstruktionsansätze erlauben.

10.1 Verfahrensgrundlagen

Additive Verfahren erzeugen aus digitalen Ausgangsdaten auf direktem Weg ein physisches Modell bzw. den Prototyp. Die dafür erforderliche Datenaufbereitung und Prozessvorbereitung lassen sich durch die sechs grundlegenden Prozessschritte in Bild 10.2 beschreiben. Ausgangspunkt stellt ein Volumenmodell dar, das in einem CAD-Programm oder durch Reverse Engineering über eine Digitalisierungsstufe und Flächenrückführung erzeugt wurde. Im Anschluss ist die Konvertierung in eine **STL-Datei** (Surface Tessellation Language) erforderlich. Dieses Standardformat für additive Verfahren ist für den Austausch von Geometriedaten sehr gut geeignet. Es werden alle Begrenzungsflächen des Volumenmodells durch Dreiecke approximiert und ihre Normalvektoren beschrieben. Über die Anzahl der Dreiecke kann in diesem Datenformat auch die Modellauflösung geändert werden. Ein verfahrensspezifischer Prozessschritt aller additiven Verfahren ist das **Slicen**, das Zerlegen des Volumenmodells in die Schichtfolge und Schichtanzahl, entsprechend der im Bauprozess umsetzbaren Schichtdicken. Im Anschluss erfolgt ein weiterer verfahrensspezifischer Schritt, der die Prozessvorbereitung beinhaltet. Es werden Stützgeometrien festgelegt, Parametereinstellungen ausgewählt und die Scangeometrien gehatcht. Unter **Hatch** ist der Linienabstand der Scanbewegung zu verstehen. Dieser wird in Abhängigkeit von den verwendeten Laserparametern, insbesondere vom Fokusdurchmesser, festgelegt. Im Anschluss erfolgt der schichtweise Bauprozess entsprechend der bereitgestellten

Schichtinformationen. Nach Bauprozessende werden die Bauteile von der Plattform getrennt und gesäubert. Bestimmte Verfahren erfordern noch ein Nachvernetzen oder eine thermische Nachbehandlung. Häufig werden Prototypen mechanisch nachgearbeitet oder für Folgeprozesse speziell präpariert.

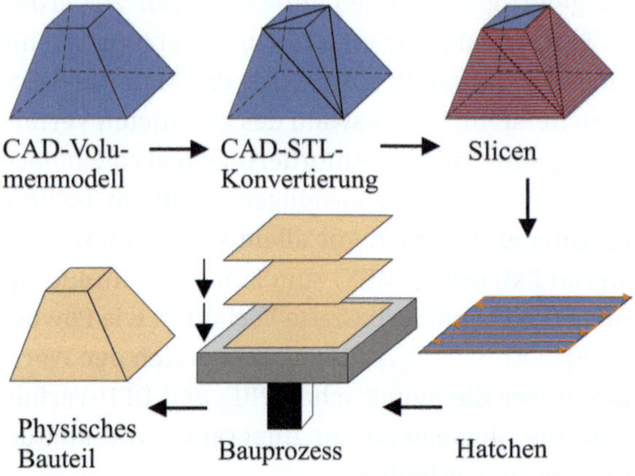

Bild 10.2 Prozesskette der laserstrahlgestützten additiven Verfahren

1. Erzeugen eines 3D-Datensatzes
2. Konvertierung in das STL-Format und Festlegung der Auflösung
3. Zerlegen (Slicen) des 3D-Modells in die einzelnen Schichten
4. Einfügen der erforderlichen Stützgeometrien und Hatchen der Scanflächen
5. Schichtweises Generieren des Bauteils
6. Bauteilentnahme von der Plattform und ggf. Nachbehandlung

Herzstück einer laserstrahlgestützten Additive-Manufacturing-Anlage (**AM-Anlage**) ist die Lasereinrichtung mit der dazugehörigen Strahlführung und -formung. Auf verfügbare Laserstrahlungsquellen wird im Abschnitt 10.2 näher eingegangen. Für die **Strahlführung** sind zwei Übertragungssysteme anwendbar. Im Bereich der UV-Wellenlängen und der infraroten Wellenlänge des CO_2-Lasers (10,6 µm) werden Spiegelsysteme eingesetzt. Für die Strahlführung des Faserlasers kommen Faserübertragungssysteme vorteilhaft zum Einsatz. Die meisten laserstrahlgestützten Verfahren nutzen zur Übertragung der Schichtinformation in die Wechselwirkungszone schnellbewegte Scansysteme (vgl. Kapitel 6). Ähnlich den Beschriftungsverfahren werden durch **F-Theta-Objektive** bzw. **F-Theta-Linsen** die Fokuslagen in einem vorgegebenen Arbeitsfeld korrigiert. Diese Korrekturmöglichkeiten bestimmen maßgeblich die nutzbare Grundfläche des Bauraumes. Auch hier ist ein Kompromiss zwischen maximalem Arbeitsfeld und Auflösungsvermögen zu finden (vgl. Abschnitt 7.2). Für eine hohe Detailwiedergabe in der Schicht werden Laserstrahlen auf sehr kleine Fokusdurchmesser gebündelt, die bis zu minimalen Durchmessern von etwa 20 µm reichen. Durch die sehr genaue Z-Positionierung sind die Anforderungen an den Schärfentiefenbereich der optischen Abbildung nicht sehr hoch. Zur Bestrahlung bzw. Belichtung der Ausgangsmaterialien werden unterschiedliche Scantechnologien eingesetzt, die in Abschnitt 10.3.1.2 exemplarisch ausgeführt werden.

Für die Prozessbetrachtung sind in Abhängigkeit von den Materialparametern die erforderlichen Laserparameter abzuschätzen und auszuwählen. Ein entscheidender Parameter ist die erforderliche **Strahlintensität *I*** im Wechselwirkungsvolumen, die näherungsweise durch Formel 10.1 bestimmt werden kann.

$$I = \frac{P_{\text{Werk}}}{2 \cdot \pi \cdot w_f^2} \tag{10.1}$$

P_{Werk} Laserleistung am Werkstück; w_f Strahlradius im Fokus

Die erforderliche **Laserleistung** kann aus einer Energiebilanz für die schmelzende Laserstrahlbearbeitung grob abgeschätzt werden. Eine brauchbare Abschätzung lässt sich mit Formel 10.2 nach */Kell1998/* führen.

$$P = \frac{\pi \cdot w_f^2 \cdot d_s \cdot \rho \cdot (c_p \cdot T + H_m)}{A_G \cdot (1 - e^{\alpha_A \cdot d_s})} \cdot \frac{v \cdot w_f}{2} \tag{10.2}$$

d_s Schmelztiefe; ρ Dichte; c_p spez. Wärmekapazität; H_m spez. Schmelzenthalpie; A_G Absorptionsgrad; α_A Absorptionskoeffizient; v Geschwindigkeit des Laserstrahls

Die Genauigkeit der Bauteile in Z-Richtung wird durch die Z-Stufung des Maschinensystems bestimmt. Typische **Schichtstärken** betragen zwischen 0,05 mm und 0,1 mm. Größere Schichtdicken von etwa 0,2 mm werden gezielt zur Verkürzung der Bauzeit eingesetzt, bedingen jedoch eine Minimierung der erreichbaren Qualität. Für die Herstellung von Mikrobauteilen mit additiven Verfahren werden auch Schichtstufungen kleiner 0,05 mm gewählt */Gebh2016*.

Typisch für alle additiven Verfahren ist die Abbildung der genannten Schichtstufung auf die Bauteilgeometrie. Der Fachmann spricht hier auch von einem „**Treppenstufeneffekt**". In Bild 10.3 sind Bauteile vergleichend gegenübergestellt, die mit unterschiedlichen Schichtstärken aufgebaut wurden.

Bild 10.3
Darstellung der Auswirkung der verfahrensbedingten Schichtstufung

Laserstrahlgestützte additive Verfahren arbeiten i. d. R. ohne Fremdwerkstoff als **Supportmaterial**, wie das bspw. bei einigen AM-Verfahren üblich ist. Als Supportmaterial kommt artgleiches Ausgangsmaterial zum Einsatz, das einerseits zur Anbindung des Bauteils an die Plattform und andererseits zur Unterstützung „nicht selbsttragender" Strukturen benötigt wird. Auf diese Art und Weise können sehr filigrane und komplexe Körper entstehen, aber auch dünnwandige größere Strukturen die erforderliche Stabilität erhalten. In Bild 10.4 sind typische Stützgeometrien zur Stabilisierung von dünnwandigen und hohlen Strukturen (links), von Bauteilüberhängen sowie Stützgeometrien zur Bauteilanbindung an die Plattform (rechts) für die Verfahren Stereolithografie und Laserstrahlschmelzen dargestellt. Für bestimmte Verfahrensanwendungen kann auch das Pulverbett selbst zur Unterstützung bzw. als Abstützung fungieren.

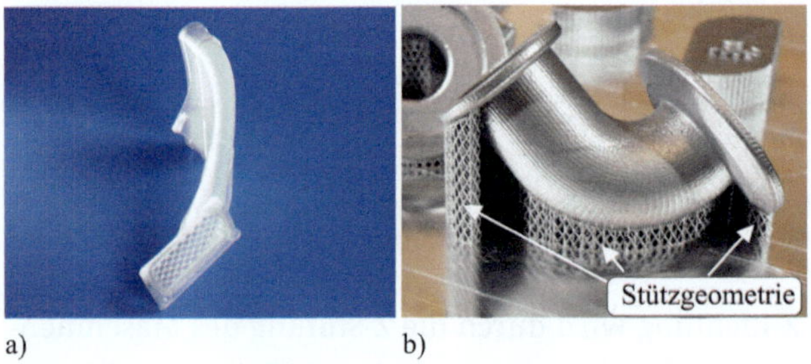

Bild 10.4 Darstellung von Stützgeometrien. a) Stabilisierung dünnwandiger Strukturen */3DSystems2011/*, b) Anbindung des Bauteils zur Plattform */ReaLizer2010/*

10.2 Laserstrahlungsquellen

Die Entwicklung des Stereolithografieverfahrens (VPP – Vat Photopolymerization) erforderte für die gezielte lokale Aushärtung flüssiger Photopolymere den Einsatz von **Strahlungsquellen**, die im UV-Bereich emittieren. Während in den frühen Entwicklungsphasen HeCd- oder Argonionenlaser verwendet wurden, haben sich mit der Weiterentwicklung der Lasertechnologie und der verbesserten Verfügbarkeit von frequenzverdreifachten Festkörperlasern (Nd:YAG, Nd:YVO4) sowie UV-Diodenlasern deutlich effizientere Strahlungsquellen etabliert. Moderne UV-Laserquellen mit Wellenlängen im Bereich von 355 nm bieten heute Ausgangsleistungen von bis zu 2 W, teilweise auch höher, bei gleichzeitig exzellenter Strahlqualität ($M^2 < 1{,}2$). Diese kompakten diodengepumpten Systeme lassen sich aufgrund ihres geringen Platzbedarfs und der hohen Zuverlässigkeit gut in die Prozesskammern von Stereolithografieanlagen integrieren. Durch die hohe Modulierbarkeit von Pulsenergie, Pulslänge und Pulsfrequenz lassen sich die Aushärtungsprozesse präzise an die Materialeigenschaften und Bauteilgeometrien anpassen. Für das Generieren von Bauteilen aus pulverförmigen Werkstoffen (Polymer-, Metall-, Silikat- oder Keramikpulver) mittels Pulverbettverfahren (PBF-LB – Powder Bed Fusion-Laser Beam) oder Direktem Energieauftrag (DED – Directed Energy Deposition) finden vorwiegend Faserlaser Anwendung, die sich aufgrund ihrer hohen elektro-optischen Effizienz, der kompakten Bauweise sowie der hervorragenden Strahlqualität ($M^2 \leq 1{,}1$) durchgesetzt haben. In aktuellen Anlagen sind Faserlaser mit einer Ausgangsleistung von 500 bis 4000 W Standard. Für großvolumige Bauteile oder Hochleistungsanwendungen (z. B. Turbinenschaufeln) werden auch Multikilowattlasersysteme mit einer Gesamtleistung von mehreren kW eingesetzt. CO_2-Laser, die in früheren Anlagen insbesondere für Polymermaterialien Verwendung fanden, spielen eine deutlich geringere Rolle, sind jedoch auf bestimmten Gebieten wie der additiven Verarbeitung von Polyamid-(PA)-, Polymethylmethacrylat-(PMMA)- oder anderen thermoplastischen Pulvern weiterhin von Bedeutung. Bei DED-Verfahren für größere Metallbauteile werden neben Faserlasern auch Hochleistungslaser (Scheiben- und Diodenlaser) mit Leistungen bis zu 20 kW eingesetzt, um hohe Auftragsraten bei gleichzeitig guter Prozessstabilität zu erzielen.

Ein zentrales Entwicklungsthema im Bereich additiver Fertigungsverfahren ist die **simultane Bearbeitung** mit mehreren Laserstrahlen hoher Leistung, die insbesondere bei großvolumigen Bauteilen oder hohen Stückzahlen zur signifikanten Steigerung der Baugeschwindigkeit relevant ist. In modernen PBF-LB-Anlagen kommen Mehrfachlasersysteme mit individuell steuerbaren Laserquellen zum Einsatz, die gleichzeitig in verschiedenen Abschnitten des Bauraums aktiv sind. Dies ermöglicht eine parallele Belichtung unterschiedlicher Geometriebereiche, wodurch die effektive Aufbaurate linear mit der Anzahl der Laserstrahlen skaliert werden kann. Die thermischen Wechselwirkungen, die insbesondere in den Übergangsregionen zwischen den Bearbeitungszonen auftreten, erfordern jedoch eine präzise Synchronisation der Strahlungsquellen sowie eine adaptive Steuerung der Prozessparameter, um thermisch induzierte Spannungen und Verzüge zu minimieren.

Parallel dazu gewinnt die gezielte **Strahlformung** (Anpassung des Intensitätsprofils und der Strahlgeometrie an die Prozessanforderungen) zunehmend an Bedeutung. Mittels Tophat-, Donut- oder Besselstrahlprofilen kann sowohl die Energieeinbringung als auch die lokale Temperaturverteilung gezielt beeinflusst werden, was sich positiv auf die Homogenität der Schmelzbadbildung und die Oberflächenqualität auswirkt. In der DED-Prozessführung erlaubt die gezielte Strahlformung eine an die jeweilige Auftragsstrategie angepasste Energieeinbringung. Dabei können beispielsweise speziell geformte Intensitätsprofile zur Erzielung hoher Auftragsraten oder fokussierte Strahlprofile zur präzisen Erzeugung feiner Konturen eingesetzt werden. Die Kombination aus Mehrstrahlsystemen und anwendungsspezifischer Strahlformung eröffnet somit neue Freiheitsgrade bei der Prozessgestaltung, erhöht die Produktivität und verbessert gleichzeitig die Qualität und Reproduzierbarkeit additiv gefertigter Bauteile, insbesondere in Hochleistungsanwendungen wie Luft- und Raumfahrt, Medizintechnik und Maschinenbau.

Die Anforderungen an die eingesetzten Laserquellen sind vielseitig, jedoch lassen sich im Wesentlichen fünf Punkte als entscheidend identifizieren. Dazu zählen eine hohe Strahlqualität und Fokussierbarkeit, eine exzellente Langzeitstabilität, eine geringe thermische Drift und ein minimaler Wartungsaufwand.

In Tabelle 10.3 sind verwendete Lasersysteme sowie ihre Eigenschaften exemplarisch zusammengestellt.

Tabelle 10.3 Ausgewählte Laserstrahlungsquellen für den Einsatz in additiven Verfahren

Typ der Strahlungsquelle	Wellenlänge [nm]	Ausgangsleistung [W]	Strahlqualität M^2	Betriebsmodus	Strahlübertragung
UV-Diodenlaser/frequenzverdreifachter Festkörperlaser	355	1 – 2	≤ 1,2	cw oder gepulst (bis 100 kHz)	Spiegelsystem
Faserlaser (Yb-dotiert)	1070	200 – 12 000	≤ 1,1	cw oder gepulst (bis MHz)	Prozessfaser
CO_2-Laser	10 600	30 – 400	≤ 1,1	cw oder gepulst (bis 20 kHz)	Spiegelsystem
Hochleistungslaser für DED	1030 – 1070	2000 – 20 000	≤ 1,2	cw oder gepulst	Prozessfaser

Zusammenfassend sind folgende wichtige charakteristische Lasereigenschaften zu nennen:

- hohe Strahlqualität und gute Fokussierbarkeit erlauben die Fertigung feiner Strukturen mit hoher Detailtreue,
- hohe Leistungs- und Pulsstabilität gewährleisten eine gleichmäßige Energiedeposition und damit eine reproduzierbare Bauteilqualität,
- die erreichbaren Strahlungsintensitäten bei kleinen Fokusdurchmessern ermöglichen den Einsatz sehr kleiner Pulverkorndurchmesser und tragen zu hohen Oberflächengüten bei,
- hohe Strahlintensitäten in Verbindung mit schnellbewegten Scansystemen gestatten die Fertigung großflächiger Bauteile und die Integration komplexer innerer Strukturen bei hoher Aufbaurate.

10.3 Verfahren

Die Prozesse der laserstrahlunterstützten additiven Verfahren werden häufig nach der Art des Ausgangsmateriales sowie der Art des Stoffvermehrens eingeteilt. Gemäß der vorgenommenen Klassifizierung der Tabelle 10.2 werden nachfolgend wichtige Verfahren vorgestellt.

10.3.1 Photopolymerisation (VPP – Vat Photopolymerization)

Das Verwenden von flüssigen **Monomeren** als Ausgangswerkstoff und das partielle Aushärten mit einem Laserstrahl war das erste verwirklichte Grundprinzip der laserstrahlgestützten additiven Verfahren. Die Gruppe der Photopolymerisation (VPP) umfasst additive Fertigungsverfahren, bei denen ein flüssiges Photopolymer (typischerweise ein lichthärtender Kunststoff) durch gezielte UV- oder Laserbelichtung schichtweise ausgehärtet wird. Die Besonderheiten der speziellen laserstrahlbasierten Verfahren wie die Stereolithografie und die Zwei-Photonen-Lithografie sind in der Tabelle 10.4 dargestellt.

Tabelle 10.4 Additive Verfahren der Photopolymerisation mittels Laserstrahlung

Verfahren	Typischer Laser	Besonderheiten
Stereolithografie (SLA)	UV-Laser (355 nm)	flächige Belichtung durch Punkt-Scanning
Zwei-Photonen-Polymerisation (2PP)	Femtosekundenlaser (~800 nm)	extrem hohe Auflösung im Submikrometerbereich

Neben den Laseranwendungen existieren auch Verfahren der Photopolymerisation, die ohne Laserstrahlung arbeiten. Hierzu zählen insbesondere das Digital Light Processing (DLP)- und Liquid Crystal Display (LCD)-basierte Verfahren, bei denen eine gesamte Schicht simultan belichtet wird. Während das DLP-Verfahren ein digitales Mikrospiegelarray (DMD) zur Abbildung der Schicht nutzt, gibt im LCD-Verfahren eine hinterleuchtete Maske die Struktur vor. Beide Technologien bieten Vorteile hinsichtlich der Baugeschwindigkeit, da die schichtweise Projektion, deren Auflösung durch die Pixelgröße der Projektion bzw. der Maske limitiert wird, schneller als das punktweise Scannen erfolgt. Im Gegensatz zu den laserstrahlbasierten Verfahren ist die Spotgröße nicht durch die Strahlcharakteristik, sondern durch die optische Abbildungsqualität begrenzt. Auf weiterführende Literatur sei an dieser Stelle auf /*Gebh2016*/ verwiesen.

10.3.1.1 Stereolithografie (SLA – Stereolithography Apparatus)

Durch die Wechselwirkung mit einem im UV-Bereich emittierenden Laserstrahl erfahren die niedrigvernetzenden Monomere durch eine Kettenreaktion die Verbindung zu Makromolekülen, was zu einem Aushärten des Kunststoffes in der laserbeeinflussten Zone führt. Dieses Verfahren wird als **Stereolithografie** bezeichnet.

Für die chemische Reaktion sind jedoch nur die Grundprinzipien der **Polymerisation** interessant. Der Prozess der Polymerisation lässt sich in folgende Schritte unterteilen:

- Kettenstart oder Primärreaktion,
- Wachstumsreaktion,
- Kettenabbruch und
- Kettenübertragung.

Für die Anwendungen der Stereolithografie sind vorwiegend die **radikalische** und **ionische Polymerisation** von Interesse */Gebh2007/*, */Zaeh2006/*.

Das Ausgangsmaterial setzt sich aus drei Grundkomponenten zusammen:

- Photoinitiatoren (strahlungsempfindliche Moleküle),
- Monomere (Verbindungen mit polymerisationsfähigen Gruppen),
- Additive (Stabilisatoren, Pigmente und Zusatzwerkstoffe) */prof2011/*.

Auf vertiefende Zusammenhänge zu den chemischen Prozessen sei an dieser Stelle auf */Ehre2011/* und */Fran2011/* verwiesen.

Bei der **partiellen Polymerisation** wechselwirken die Photonen mit den Initiatoren und lösen ab einer kritischen Energieschwelle E_c den Startprozess aus. Dabei werden flüssige Resine in den festen Zustand überführt. Dieser Übergangspunkt wird auch Gel-Punkt genannt. Für die durchschnittlich eingestrahlte Flächenenergie auf die Badoberfläche (Fokuslage $z = 0$) kann der folgende Zusammenhang angegeben werden */Gebh2007/*.

$$E_{max} = \frac{P_L}{v_s \cdot a_s} \tag{10.3}$$

E_{max} maximale Energie auf der Oberfläche ($z = 0$); P_L mittlere Laserleistung; v_s Geschwindigkeit des Laserstrahles; a_s Spurabstand

Für die Abschätzung des Laserprozesses ist die **optische Eindringtiefe** und somit die Wirkung des Laserstrahles auf die beeinflussten Wechselwirkungsvolumina von großer Bedeutung. Einerseits muss die Intensität bezogen auf die Eindringtiefe so groß gewählt werden, dass die Aushärtung zur vorhergehenden Schicht ausreichend ist, andererseits darf jedoch eine kritische Schwellenintensität nicht überschritten werden, um tieferliegende Schichten nicht zu stark zu beeinflussen.

Eine Abschätzung der Strahlschwächung in einem natürlichen Medium kann mithilfe des Lambert-Beerschen Gesetzes erfolgen:

$$E(Z) = E(0) \cdot e^{\left[-\frac{Z}{l_\alpha}\right]} \tag{10.4}$$

Z Koordinate in Richtung des Mediums; l_α optische Eindringtiefe

Eine weitere wichtige Größe ist die **Einhärtetiefe**, die nach */Gebh2007/* wie folgt angegeben wird:

$$C_\mathrm{d} = z(E_\mathrm{c}) = l_\alpha \cdot \ln\left[\frac{E_\mathrm{max}}{E_\mathrm{c}}\right] \tag{10.5}$$

C_d Einhärtetiefe; E_c Schwellenenergie

Nach */Jaco1996/* wird die Schwellenenergie E_c als Grenzwert für die Polymerisation eingeführt. Unterhalb dieses Wertes werden nicht genügend Initiatormoleküle gespaltet, um die Polymerisation starten zu können. Die für die Bestimmung der Einhärtetiefe gebräuchliche Gleichung ergibt sich, indem für E_0 in Formel 10.5 E_max aus Formel 10.3 eingesetzt wird.

$$C_\mathrm{d} = l_\alpha \cdot \ln\left[\frac{P}{v \cdot a_\mathrm{s} \cdot E_\mathrm{c}}\right] \tag{10.6}$$

In der logarithmischen Darstellung der Einhärtetiefe in Abhängigkeit von der Flächenenergie können **Arbeitskurven** für die einzelnen Resinwerkstoffe bestimmt werden (vgl.Bild 10.5). Diese prozessrelevanten Arbeitsgrößen sind hilfreich für die Optimierung und Auswahl der Laser- und Prozessparameter. Bei Kenntnis der Resinparameter E_c und l_α und konstanter Laserleistung kann die Einhärtetiefe in Abhängigkeit von der gewählten Schichtzustellung durch die Wahl der Scangeschwindigkeit angepasst werden. Weitere Arbeitskurven wurden bspw. in */Esch2001/* ermittelt.

Silikatische Grünkörper (Polymer mit Glaspulveranteil) können ebenfalls im Verfahren der Photopolymerisation verarbeitet werden. Bei diesem Prozess wird dem flüssigen Photopolymer (Resin) gezielt SiO_2-Pulver zugemischt, wodurch jedoch die Viskosität des Ausgangsmaterials erhöht wird. Die punktweise Laserbelichtung erlaubt die Verarbeitung höher viskoser Glasresine mit Füllgraden für Glaspartikel typischerweise bis zu 50 Volumenprozent. Das SiO_2-Pulver weist eine charakteristische Korngrößenverteilung von etwa 20 bis 75 µm auf, wobei sphärische Partikelformen die Verarbeitungseigenschaften und die Packungsdichte begünstigen. Für diese hybriden Materialsysteme müssen ebenfalls materialspezifische Arbeitskurven aufgenommen werden, die die Einhärtetiefe in Abhängigkeit von der eingekoppelten Laserenergiedichte beschreiben. Die direkte Laserbelichtung des Multimaterialsystems führt zu Mehrfachstreuungen an den Grenzflächen der Glaspartikel, die eine tiefere Eindringung der Strahlung im Vergleich zum reinen Photopolymer ermöglichen (vgl. Bild 10.5 b).

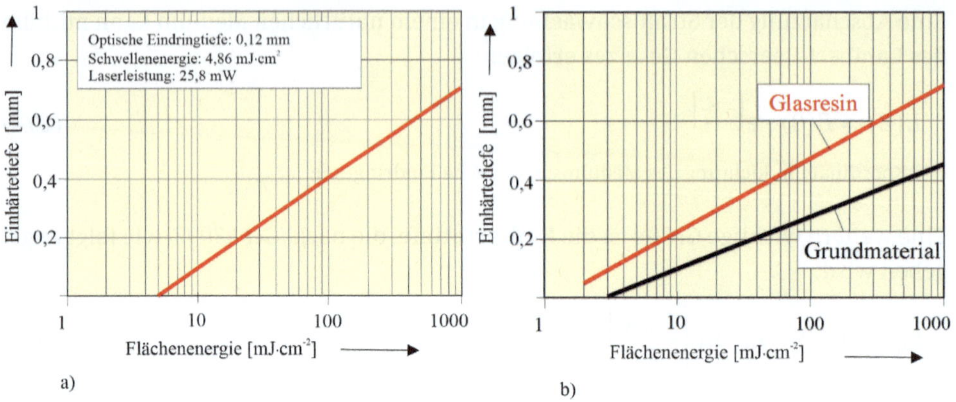

Bild 10.5 Abhängigkeit der Einhärtetiefe von der Flächenenergie. a) Arbeitskurve für Resin „Silacur 1485" nach */Jaco1996/*, b) Vergleich der Arbeitskurven des Grundmaterials und des Glassresins

Eine grobe **Zeitabschätzung** für den Bauprozess kann mit Formel 10.7 erfolgen.

$$t_i = \frac{A_i}{v_\mathrm{s} \cdot d_\mathrm{f}} + t_\mathrm{d} \tag{10.7}$$

t_i Zeit für eine komplette Schicht i; A_i Fläche der Schicht i; v_s durchschnittliche Scangeschwindigkeit; t_d Zeitdauer für Absenken der Plattform

Die Anordnung der Komponenten einer **SLA-Anlage** veranschaulicht Bild 10.6.

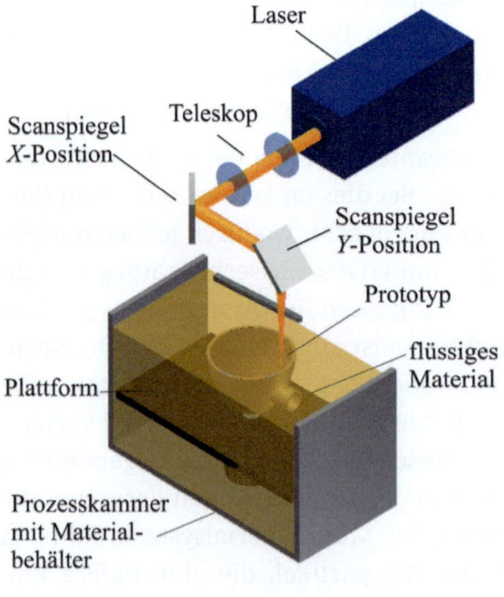

Bild 10.6
Schematische Darstellung einer Stereolithografieanlage

Das flüssige Monomer wird in einem Behälter bevorratet, der gleichzeitig auch Bauraum bzw. Wechselwirkungsort ist und eine absenkbare Plattform enthält. Der mithilfe eines Teleskops aufgeweitete Laserstrahl wird über einen schnellbewegten X-Y-Scanner auf die Badoberfläche projiziert. Zur Homogenisierung des Monomers wird ein Wischer über den oberflächennahen Bereich des Bades geführt.

Als **UV-aushärtende Materialien** werden folgende Werkstoffgruppen eingesetzt:

- Epoxidharze,
- Acrylate,
- Polymerharze,
- Verbundwerkstoffe, gefüllte Resine, bspw. mit Glas- oder Keramikpartikeln versetzt.

Die wesentlichen **Verfahrensschritte** des Bauprozesses der Stereolithografie lassen sich auf drei sich ständig wiederholende Prozessschritte zurückführen (Tabelle 10.5). Das **Scannen** der Schichtgeometrie führt zu einem partiellen Aushärten der belichteten Wechselwirkungszone. Der Bauteilübergang zur Plattform erfolgt durch eine Stützgeometrie, die nach dem Bauprozess das Bauteil relativ einfach vom Untergrund entfernen lässt. Für das schnelle und präzise Aushärten werden verfahrensabhängig unterschiedliche **Scantechnologien** angewandt. In der Regel werden zuerst die Randbereiche (Borders) gescannt und verfestigt und danach die innere Fläche durch ein Rasterverfahren schraffiert bzw. verfestigt (Hatches). Höhere Genauigkeiten können durch eine Strahlradienkorrektur erzielt werden */Gebh2007/, /Gebh2016/*.

Nach jeder Schichtgenerierung erfolgt ein **Absenken der Plattform** mit dem entstehenden Bauteil um den Betrag der Schichtdicke. Die **Schichtdicken** liegen im Bereich zwischen 20 µm und 100 µm. Hierfür ist eine präzise Absenkvorrichtung für die Bauplattform erforderlich, deren Auflösung im Bereich der minimal erzeugbaren Schichtdicken liegen muss. Durch ein integriertes Wischersystem wird in einem dritten Prozessschritt Material an die Bauteiloberfläche geführt, sodass eine ausreichende Benetzung zur Ankopplung der Folgeschicht gewährleistet wird. Gleichzeitig wird durch das **Recoaten** auch eine Blasenbildung an der Badoberfläche vermieden. Nach Beendigung des Bauprozesses wird das Bauteil nach oben aus dem Monomerbehälter herausgefahren, die Plattform entnommen und eine neue Plattform eingesetzt. Die Stützgeometrien lassen sich manuell entfernen und das Bauteil von dem restlichen flüssigen Kunststoff reinigen. Die Vernetzung des Monomers erfolgt im Bauprozess nicht vollständig, sondern nur zu etwa 95 %. Aus diesem Grund schließt sich ein externer Prozessschritt, das sogenannte **Nachvernetzen** in einem UV-Schrank an.

Tabelle 10.5 Verfahrensablauf der Stereolithografie nach */Gebh2007/*

1. Scannen der Schichtgeometrie und partielles Aushärten der belichteten Volumenelemente	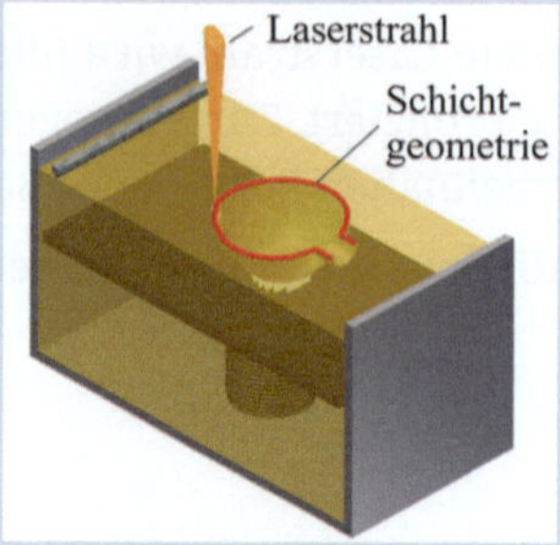
2. Absenken der Plattform	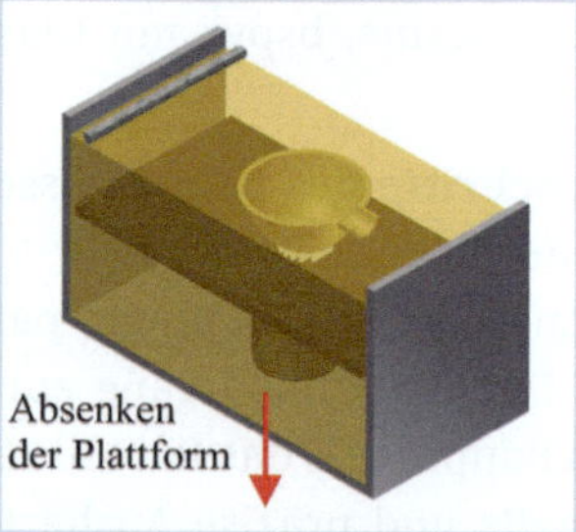
3. Recoating; Auftragen neuen Materials und Glätten der Badoberfläche	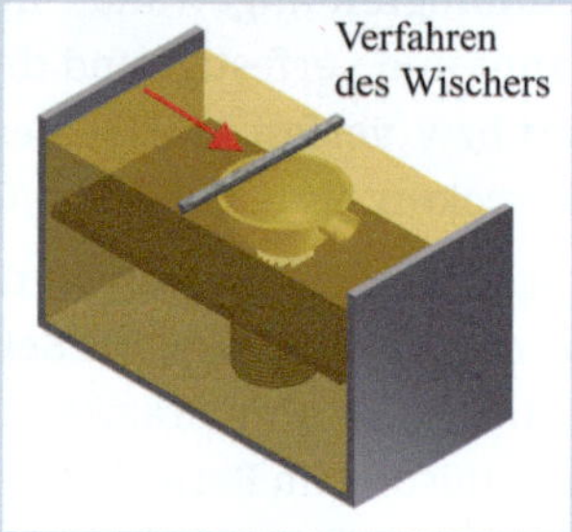

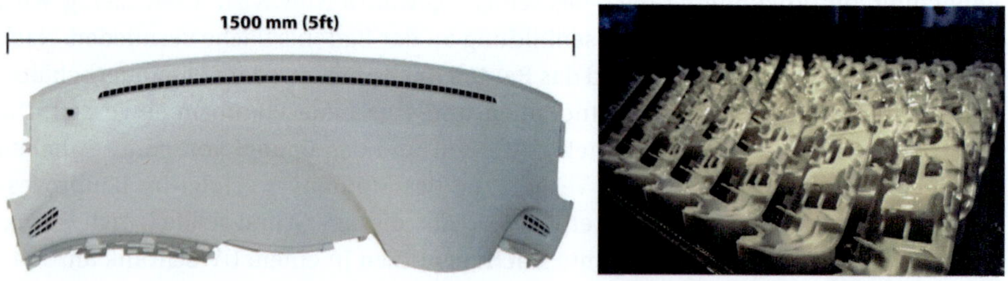

a) b)

Bild 10.7 Ausgewählte Beispiele für den großvolumigen Bauprozess mit der Stereolithografieanlage „ProX 950" © 3D Systems. a) Nutzung des Bauraumes für großvolumige Kunststoffbauteile – Prototyp eines Armaturenbretts für Fahrzeuge, b) Zeiteinsparung für die Serienfertigung durch Mehrfachbelegung der Bauplattform

Die in Bild 10.7 exemplarisch dargestellten **Bauteile** zeigen das Potenzial des großvolumigen 3D-Druckes. Die verwendete Stereolithografieanlage ProX 950 von 3D Systems zeichnet sich durch einen großen Bauraum mit Abmessungen von ca. (1500 × 750 × 550) mm^3 aus, der sowohl die Fertigung großvolumiger Einzelbauteile (Bild 10.7 a) als auch die parallele Herstellung einer Vielzahl kleinerer Bauteile in einem Druckvorgang (Bild 10.7 b) erlaubt. Diese effiziente Nutzung des Bauraumvolumens trägt wesentlich zur Erhöhung der Produktivität bei und reduziert die anteiligen Fertigungskosten pro Bauteil. Insbesondere die Möglichkeit zur gleichzeitigen Produktion mehrerer identischer oder variantenreicher Teile schafft die technologische Grundlage für eine skalierbare Serienfertigung mittels Stereolithografie.

Durch den Einsatz von **Dual-Spot-Technologien** werden die Effizienz und die Präzision des Belichtungsprozesses optimiert, wobei zwei unterschiedliche Strahldurchmesser mit ca. 0,3 mm und ca. 0,75 mm verwendet werden. Der kleinere Fokusdurchmesser wird gezielt zur Belichtung der Konturen (Contour Scanning) verwendet, wodurch eine hohe Maßhaltigkeit und eine exakte Kantenauflösung gewährleistet wird. Die Flächen innerhalb der zuvor definierten Konturen werden mit dem größeren Strahldurchmesser mittels Flächenfüllstrategie (Hatch Scanning) belichtet. Die höhere Bahngeschwindigkeit des größeren Fokusdurchmessers ermöglicht eine signifikante Reduktion der Belichtungszeit, ohne die Bauteilqualität in den Randbereichen zu beeinträchtigen. Die Kombination aus präziser Konturbelichtung und effizienter Flächenfüllung bietet so einen optimalen Kompromiss zwischen Detailtreue und Prozessgeschwindigkeit. Die relativ lange Verfügbarkeit des Stereolithografieverfahrens hat die **Materialentwicklung** für UV-härtbare Kunststoffmaterialien vorangetrieben. So konnten Materialien synthetisiert werden, die sich durch erhöhte UV-Beständigkeit, höhere Schlagzähigkeit und gute Hitzebeständigkeit auszeichnen. Einen exemplarischen Überblick über Materialien und deren Eigenschaften vermittelt Tabelle 10.6.

Tabelle 10.6 Vergleich der Eigenschaften ausgewählter Materialien, */3dsystems2024-1/, /3dsystems2024-2/, /3dsystems2024-3/*

Eigenschaften	Accura ClearVue Free	Accura Extrem	Figure 4® Tough Clear
Härte [Shore D]	86	86	–
Dichte [g·cm^{-3}]	1,13	1,19	1,18
Biegefestigkeit [N·mm^{-2}]	65 – 71	52 – 71	70 – 80
E-Modul [N·mm^{-2}]	1940 – 2250	1520 – 2070	1700 – 2000
Zugfestigkeit [N·mm^{-2}]	38 – 42	28 – 44	45 – 55
Bruchdehnung [%]	10 – 22	14 – 22	5 – 10

Accura ClearVue Free ist ein transparentes Material für Anwendungen, bei denen Transparenz und Detailgenauigkeit entscheidend sind. Ein weiteres Material, Accura Xtreme, gewährleistet hohe Festigkeit und Temperaturbeständigkeit und eignet sich daher für funktionale Prototypen sowie Serienteile. Das Material Figure 4® Tough Clear ist ein transparentes, hochfestes Resin, das für den Einsatz im Bereich prototypischer Endverbrauchsteile und mechanischer Bauteile entwickelt wurde. Es bietet eine hohe Beständigkeit gegenüber Belastungen und eignet sich gut für funktionale Tests, bei denen Transparenz und mechanische Eigenschaften wichtig sind, beispielsweise bei optischen Bauteilen oder Schutzabdeckungen.

Das **Stereolithografieverfahren** erreicht die höchste Oberflächengenauigkeit aller additiven Fertigungsverfahren und stellt ein wichtiges Verfahren zur Prototypen- und Urmodellherstellung bis hin zur Fertigung von Serienbauteilen dar.

Bild 10.8 illustriert einen Prototyp für die Anwendung im medizinischen Bereich. Dieser sogenannte Ripplefilter wird für die Strahlentherapie mit geladenen Teilchen erprobt. Bild a zeigt den Prototyp im Ergebnis des Stereolithografieprozesses. Die Stützgeometrie soll neben der Anbindung zur Plattform auch eine Durchbiegung der Mikrostrukturen weitestgehend verhindern.

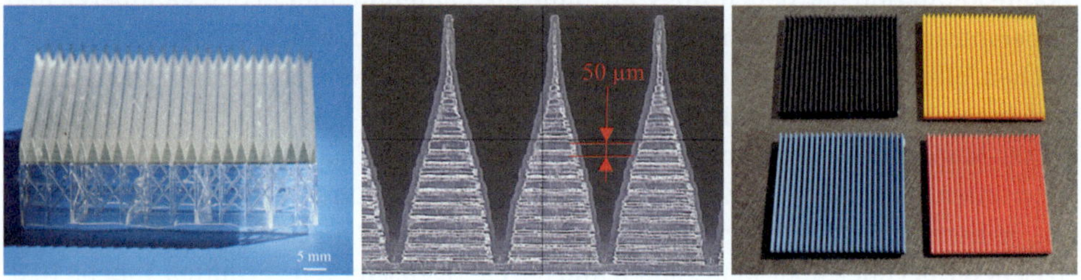

a) b) c)

Bild 10.8 Prototypen „Ripplefilter". a) SLA-Bauteil mit Stützgeometrie, b) Mikroskopaufnahme der Ripplestruktur, c) Abformungen im Vakuumgussverfahren

In der Produktentwicklung werden häufig die Modelle in einer höheren Anzahl oder mit anderen Materialeigenschaften benötigt. Man spricht von den **Folgeverfahren**, die sich an die additiven Verfahren anschließen. Ein häufig eingesetztes Verfahren ist der **Vakuumguss** in Silikonformen. Bei dieser Technik wird in einem ersten Schritt mithilfe des gebauten Modells eine zweigeteilte Form angefertigt. In dieser Form können dann bis zu 30 Teile abgeformt werden. Das Gießen erfolgt in einer Vakuumkammer, um sehr hohe Bauteilqualitäten zu erzielen. Es schließt sich der Aushärteprozess des zweikomponentigen Ausgangsmaterials in einem Wärmeschrank an. Silikon ist als Formwerkstoff sehr gut geeignet, da die fertigen Bauteile leicht zu entformen sind und hohe Oberflächenqualitäten erzielt werden. Durch die Wahl der Gießharze und Farbzusätze können gezielt Bauteileigenschaften wie Elastizität oder Farbe beeinflusst werden. Bild 10.8 c illustriert Abformergebnisse im Vakuumgussverfahren der Ripplefilter-Struktur aus Bild a.

Ein mittels Stereolithografie gefertigtes Urmodell für den Vakuumguss veranschaulicht Bild 10.9 a. Die Teilegeometrie sowie die geforderten Oberflächenqualitäten und Genauigkeitsanforderungen ($Ra = 3\,\mu m$; Toleranzen der Ausbrüche +0,1 mm) lassen sich mit diesem additiven Verfahren sehr gut erreichen. Gebaut wurde dieses Gehäuseteil mit einer Schichtauflösung von 50 µm. Mit der Wahl des Vakuumgusses als Folgeverfahren lassen sich die gewünschten Kunststoffmaterialien, die den geforderten mechanischen und thermischen Eigenschaften eines Kameragehäuses entsprechen, direkt abformen. Darüber hinaus können mit der in Bild 10.9 b dargestellten Silikonform bis zu 30 Abformungen bewerkstelligt werden. Der anschließende Farbgebungsprozess und die realisierte Laserbeschriftung ergänzen diese dargestellte Prozesskette zur wirtschaftlichen Kleinserientauglichkeit. */Ganß2011/*

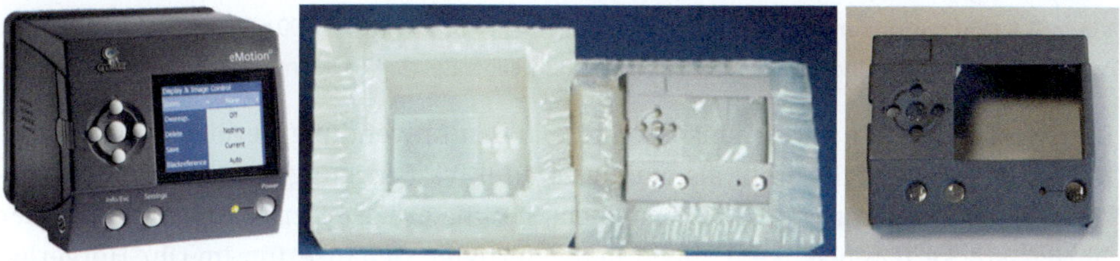

a) b) c)

Bild 10.9 Prozesskette für Kameragehäuseteil */Ganß2011/*. a) Gefinishtes SLA-Urmodell, b) Silikonform mit abgeformten Bauteil, c) lackiertes und beschriftetes Gehäuseteil montiert

Ein wesentlicher Vorteil der Bauteilgenerierung aus der flüssigen Phase ist das einfachere Handling der Ausgangswerkstoffe im Vergleich zu den Pulverwerkstoffen. Dies ist insbesondere für Anforderungen der Mikrofertigungstechnologien relevant, erfordert aber auch die Entwicklung von speziell geeigneten Resinwerkstoffen für hohe Auflösungen. Für diese Verfahrensentwicklung der Mikrostereolithografie werden kleine Fokusdurchmesser mit einer hohen vertikalen Auflösung von etwa 25 µm eingesetzt */3DSystems2011/*. Zukünftig werden auf diesem Gebiet noch weitere Miniaturisierungsschritte zu erwarten sein.

Bild 10.10 a veranschaulicht eine Demonstrationsstruktur einer Werkstoffentwicklung, die insbesondere für den Feinguss von kleinen und sehr filigranen Bauteilen geeignet ist. Entwicklungsschwerpunkte waren bei diesem Material neben dem hohen Auflösungsvermögen eine Bauzeitverkürzung und das Erreichen einer hohen Prozesssicherheit, die insbesondere ein rückstandsloses Ausbrennen der Modelle des Feingusses erlauben soll. Bild b illustriert ein Modell aus dem Material „Accura Amethyst“, welches ein Standardmaterial für Schmuckanwendungen darstellt. Auch dieses Material verfügt über ein hohes Auflösungsvermögen und ist nach einer thermischen Nachvernetzung bis etwa 180 °C warmformbeständig */3DSystems2011/*, */3DSystems2025/*

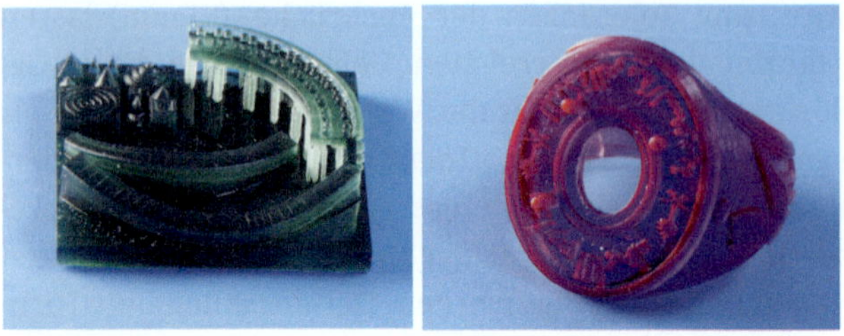

a) b)

Bild 10.10 Anwendungsbeispiele des Mikrostereolithografieverfahrens */3DSystems2011/*. a) Demostruktur, b) Schmuckelement

Viper SLA (hochauflösender Modus): Laser: Nd:YVO4, $\lambda = 354{,}7$ nm, $P = 100$ mW, Fokusdurchmesser: 75 µm, Auflösung: 25 µm (vertikal), Max. Bauteilgröße: $(5 \times 7 \times 30)\ mm^3$

Die Stereolithografie hat sich insbesondere in den Anwendungsbereichen Hörgerätefertigung und Dentaltechnik als etablierte additive Fertigungstechnologie durchgesetzt. In der Hörgeräteindustrie ermöglicht SLA die präzise Herstellung individueller Ohrpassstücke (Otoplastiken) sowie maßgefertigter Gehäuse für Im-Ohr-Hörgeräte (IdO), die auf Basis digitaler Scandaten patientenspezifisch modelliert werden. Die hohe Auflösung und die Detailgenauigkeit der SLA-Technologie gewährleisten dabei die exakte Abbildung anatomischer Strukturen und eine hervorragende Passform. Auf dem Gebiet der Dentaltechnik wird die Stereolithografie für die Herstellung von Modellen, Bohrschablonen, Aufbissschienen sowie individuellen Abdrucklöffeln eingesetzt. Die hohe Maßhaltigkeit und die glatten Oberflächen der SLA-Bauteile sind dabei entscheidende Qualitätskriterien, die die Nachbearbeitung minimieren und die Integration in den klinischen Workflow unterstützen. Die Möglichkeit, zahlreiche kleine Bauteile in einem Bauvorgang parallel zu fertigen, trägt sowohl in der Hörgeräte- als auch in der Dentalbranche zur Prozessautomatisierung und Effizienzsteigerung bei, wodurch sich die SLA zunehmend als Serienfertigungstechnologie etabliert hat.

Siehe auch Videosequenz zum Thema „Stereolithografie" auf *plus.hanser-fachbuch.de*.

10.3.1.2 Zwei-Photonen-Lithografie (2PP – Two-Photon Polymerization)

Die Zwei-Photonen-Polymerisation (2PP) weist durch den Einsatz der Lasertechnologie eine außerordentlich hohe Präzision auf und nutzt die simultane Absorption von zwei Photonen aus, um die lokale Polymerisation eines Photopolymers zu initiieren. Das Verfahren basiert auf dem physikalischen Prinzip der Zwei-Photonen-Absorption (TPA), bei dem zwei Photonen gleichzeitig absorbiert werden, um ein Molekül in einen angeregten Zustand zu überführen. Diese Reaktion findet ausschließlich bei sehr hoher Photonendichte statt, die im Fokus eines hochintensiven gepulsten Lasers, typischerweise eines Femtosekundenlasers, erreicht wird. Im Gegensatz zur klassischen Ein-Photonen-Absorption, die bereits bei geringer Bestrahlungsintensität auftreten kann, ist die Wahrscheinlichkeit der Zwei-Photonen-Absorption proportional zum Quadrat der Intensität. In der Folge treten Polymerisationseffekte ausschließlich im Fokusvolumen auf, was eine dreidimensionale Auflösung ohne die Notwendigkeit einer schichtweisen Belichtung ermöglicht. Im Rahmen der Zwei-Photonen-Polymerisation kommen in der Regel Wellenlängen im nahen Infrarotbereich (780 bis 1064 nm) zum Einsatz, die in einem transparenten Photopolymer eine Polymerisationsreaktion auslösen können, obwohl das Material bei dieser Wellenlänge typischerweise nur eine geringe Grundabsorption aufweist. Die räumliche Auflösung der 2PP wird durch die Größe des Fokusvolumens sowie durch die nichtlineare Intensitätsabhängigkeit der **Zwei-Photonen-Absorption** bestimmt.

Die erforderliche Pulsenergie E_p zur Initiierung der Polymerisation hängt dabei von mehreren Parametern ab, insbesondere von der Schwellenintensität I_{th}, der Pulsdauer p_{LP} und dem Fokusradius w_f (bzw. der effektiven Fokusfläche A_{eff}). Eine vereinfachte Abschätzung für die erforderliche Pulsenergie ergibt sich aus der Intensitätsbedingung im Fokus:

$$E_p \geq I_{th} \cdot A_{eff} \cdot p_{LP} \geq I_{th} \cdot \pi w_f^2 \cdot p_{LP} \tag{10.8}$$

In der Praxis müssen jedoch für diese Formel die Parameter Repetitionsrate und nichtlinearer Absorptionseffizienz einbezogen werden, da die Überlagerung der Pulse eine Wärmeakkumulation bedingt und den Polymerisationsvorgang beeinflusst. Dies kann z. B. über eine Korrekturfunktion oder eine Effizienzfunktion n_{eff} erfolgen:

$$E_p \geq \frac{I_{th} \cdot \pi w_f^2 \cdot p_{LP}}{n_{eff}} \tag{10.9}$$

Die Effizienzfunktion n_{eff} berücksichtigt die Wechselwirkung zwischen Mehrfachbelichtungen und die Zwei-Photonen-Absorption im Polymer. In den Übungsaufgaben am Ende des Kapitels ist ein Beispiel zur Berechnung der erforderlichen Pulsenergie für die Zwei-Photonen-Polymerisation des Polymers „IP-Dip" angegeben.

Bei der Verwendung einer spezifischen Laserwellenlänge, die von den Werkstoffen absorbiert werden kann, ist eine direkte Absorption der Laserstrahlung möglich. Die

Absorption eines jeden Photons bei einem theoretischen Absorptionsgrad von 1 wird als **Ein-Photonen-Absorption** bezeichnet (siehe Bild 10.11 a). Während das verwendete Resin im Beispiel in Bild 10.11 ein sehr hohes Absorptionsvermögen für die verwendete UV-Wellenlänge besitzt, weisen die flüssigen Monomere bei einer Wellenlänge von 1064 nm einen relativ hohen Transmissionsgrad auf. Wird bei dieser Wellenlänge ein Strahl mit hoher Intensität in das Wechselwirkungsvolumen eingekoppelt, kann ein Atom oder ein Molekül durch zwei Photonen in den energetisch höheren Zustand überführt werden (Zwei-Photonen-Absorption). Das Wechselwirkungsvolumen kann somit nach Überschreiten einer gewissen Schwellenintensität (Threshold) die Strahlung absorbieren und im Falle der Polymerisation aushärten (vgl. Bild 10.11 b). Ein großer Vorteil der 2PP besteht in der scharf ortsaufgelösten Polymerisation mit sehr kleinen Volumina, denn sie tritt nur in einem sehr kleinen Wechselwirkungsbereich auf (Bild 10.11 b). Die Ein-Photonen-Absorption (Bild 10.11 a) dagegen führt zur Polymerisation des Photoresins über das gesamte belichtete Volumen, die in der Tiefe exponentiell nach dem Lambert-Beerschen Gesetz abklingt.

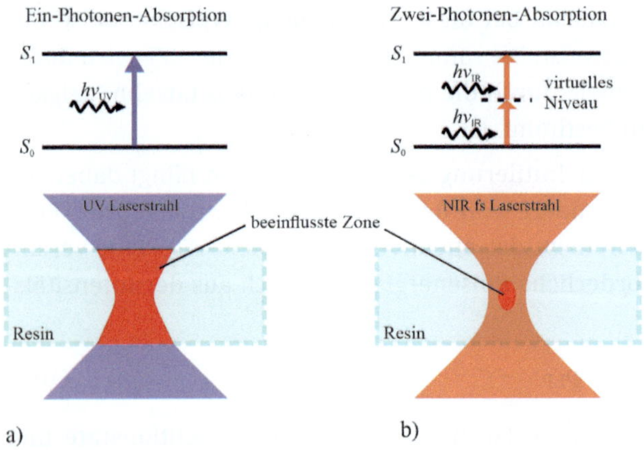

Bild 10.11
Prinzipdarstellung der Wechselwirkung im Resin.
a) Ein-Photonen-Absorption,
b) Zwei-Photonen-Absorption nach */Nano2025/*

Da sich die Absorption proportional zum Quadrat der lokalen Intensität verhält, ist die Intensität nur in diesem Volumen hoch genug, um die gleichzeitige Absorption von zwei Photonen zuzulassen und dadurch zu einem Aushärten des begrenzten Volumens zu führen. */Nano2025/*, */Blie2022/*

In der Praxis erlaubt dieses Verfahren die Realisierung von Strukturgrößen im Bereich von wenigen hundert Nanometern. Da die Polymerisation nur innerhalb des stark fokussierten Laservolumens stattfindet, kann die Belichtung innerhalb eines dreidimensionalen Volumens direkt erfolgen, ohne dass eine schichtweise Belichtung oder eine vorherige Oberflächenplanarisierung erforderlich ist. Infolge der 2PP bildet sich ein annähernd ellipsoides Volumen aus, das auch als Volumenpixel oder **Voxel** bezeichnet wird und das kleinste Volumenelement darstellt, das bei einer gewählten Belichtungsdauer verfestigt werden kann. Die Abmessungen des Voxels werden dabei einerseits durch die chemischen und optischen Eigenschaften des Monomers und andererseits durch das verwendete optische System (Numerische Apertur, Fokusdurchmesser, Strahlqualität und Pulslänge) sowie die Parameter des additiven Prozesses (Laserleistung und Scangeschwindigkeit) bestimmt.

Die mit dieser Technologie ausgestatteten Systeme nutzen ein dynamisches Fokussiersystem, um die Grenzfläche zwischen dem Resin und dem Substrat präzise zu lokalisieren und das gedruckte Objekt exakt zu positionieren. Für die Strahlablenkung wird ein schnell bewegter Galvanometerscanner eingesetzt. Darüber hinaus wird ein Tischsystem mit Nanopositionierelementen in allen drei Dimensionen verwendet, um das Bad mit dem flüssigen Monomer zu bewegen und somit die 3D-Mikrostrukturen zu erzeugen.

Aufgrund der Möglichkeit, komplexe dreidimensionale Mikro- und Nanostrukturen mit hoher Gestaltungsfreiheit zu erzeugen, wird die Zwei-Photonen-Polymerisation bevorzugt in Bereichen eingesetzt, in denen extrem feine Strukturen erforderlich sind, wie etwa in der Mikrooptik, der Biomedizintechnik, der Mikrofluidik oder der Herstellung von Metamaterialien. Neben der hohen Auflösung bietet die 2PP auch den Vorteil der flexiblen Wahl der zu verarbeitenden Materialien hinsichtlich ihrer optischen Eigenschaften, da keine starke Absorption bei der entsprechenden Laserwellenlänge notwendig ist. Die Prozessführung erfordert jedoch eine präzise Abstimmung von Laserleistung, Pulsdauer, Repetitionsrate und Scangeschwindigkeit, da die nichtlinearen Effekte nur in einem engen Parameterfenster effizient ausgenutzt werden können. Die Kombination aus extrem hoher Auflösung, dreidimensionaler Strukturierungsfreiheit und Materialflexibilität macht die Zwei-Photonen-Polymerisation zu einer Schlüsseltechnologie für die Hochpräzisionsfertigung funktionaler Mikrostrukturen. Bild 10.12 veranschaulicht ein Mikro-Linsen-Array, dessen Einzellinsen einen Durchmesser von ca. 80 µm aufweisen.

© Nanoscribe

Bild 10.12
Mikroskopische Aufnahme eines Mikro-Linsen-Arrays © Nanoscribe GmbH

Darüber hinaus findet diese Technologie nicht nur Anwendung in der Herstellung von Mikroteilen auf ebenen Substraten, sondern ermöglicht auch den direkten 3D-Aufbau komplexer Strukturen auf bereits vorhandenen Geometrien und Topografien, beispielsweise auf photonischen Chips, Mikrofluidikchips oder auf Glasfaserspitzen.

Des Weiteren können 3D-Mikrostrukturen als Urmodelle eingesetzt und so nach dem additiven Prozessschritt für den elektrolytischen Prozessschritt genutzt werden, um ein Nickel-Abformwerkzeug zu generieren. /*Nano2020*/

In konventionellen Ansätzen wie dem Echelle-Spektrometer erfordert die gleichzeitige Erfassung eines weiten Spektralbereichs bei hoher spektraler Auflösung eine Kombination mehrerer optischer Komponenten zur spektralen Zerlegung, Kollimation und Abbildung, wodurch ein erheblicher Bauraum beansprucht wird. Durch eine neuartige Lösung können sämtliche optische Funktionen in einem einzigen Bauelement vereint werden, sodass sich das bewährte Echelle-Konzept in einem äußerst kompakten Aufbau realisieren lässt. Das Herzstück des Sensors bildet dabei ein Kreuzgitter mit periodischen sägezahnförmigen Strukturen in zwei orthogonalen Richtungen, das zusätzlich eine asphärische Krümmung aufweist (siehe Bild 10.13). Die Fertigung dieses Gitterelements erfolgte mittels der in Bild 10.11 beschriebenen Zwei-Photonen-Lithografie, die die Erzeugung sowohl der gekrümmten Oberfläche als auch der Gitterstrukturen in einem einzigen Prozessschritt erlaubt. Darüber hinaus wird durch die Prozessführung eine sehr präzise gegenseitige Ausrichtung beider Strukturen automatisch gewährleistet. Erste Gitterprototypen mit Kantenlängen von 400 µm konnten bereits gefertigt und in ihrer Funktionalität in Konzeptaufbauten des Sensors erfolgreich validiert werden. /*ChromSens2025*/

Bild 10.13 Additiv gefertigtes Kreuzgitter für kompakte Echelle-Spektrometer – Zwei-Photonen-Lithografie © AG Brunner-EAH Jena

10.3.2 Laserstrahlbasierte Pulverbettverfahren (PBF-LB – Powder Bed Fusion-Laser Beam)

Die Verfahrensgruppe der laserstrahlbasierten Pulverbettverfahren umfasst additive Fertigungstechnologien, bei denen ein feinkörniges Pulvermaterial schichtweise auf einer Bauplattform aufgetragen wird. Die selektive Verbindung des Pulvers wird durch eine lokal begrenzte Energieeinbringung mittels fokussierter Laserstrahlung erreicht. Die Erzeugung der Bauteilgeometrie erfolgt durch wiederholte Abläufe von Pulverauftrag, energieinduziertem Schmelzen/Sintern und Erstarren in definierten Bereichen. Charakteristisch für PBF-LB-Verfahren ist die direkte Formgebung in einem Pulverbett, das ungebundenes Pulver als Stützmaterial für überhängende Strukturen für Polymere bereitstellt. Dennoch sind, insbesondere bei der Prozessierung von Metallen, Stützgeometrien erforderlich, um Bauteilverzug zu vermeiden und Maßhaltigkeit einhalten zu können. In Abhängigkeit von der eingesetzten Energiequelle und dem zugrundeliegenden physikalischen Wirkprinzip wird die Verfahrensgruppe in mehrere Varianten unterteilt.

10.3.2.1 Grundlagen der laserstrahlbasierten Pulverbettverfahren

Die Pulverbettverfahren basieren auf dem lokalen Fügen von pulverförmigen Ausgangsmaterialien mittels Laserstrahlung. Im Unterschied zu konventionellen Technologien ist der Sinter- und Schmelzvorgang eng auf die Wechselwirkungszone begrenzt, wobei die Prozessparameter Druck und Zeit bei diesem additiven Urformverfahren keine Rolle spielen. Durch das kurzzeitige Erwärmen von Kornpartikeln kommt es zu einer partiellen, d.h. eng begrenzten Verbindung zwischen benachbarten Teilchen. Die Anwendung einer angepassten Scantechnologie erlaubt, die Schichtinformation durch einen schnellbewegten Laserstrahl auf das Pulverbett direkt zu übertragen. Wie eingangs des Kapitels beschrieben wird die Laserwechselwirkung für den additiven Prozess auf eine Schicht begrenzt, die typischerweise eine Dicke zwischen 20 und 100 µm aufweist. Im Anschluss senkt sich die Plattform um die entsprechende Schichtdicke ab. Ein **Pulvertransportsystem** (auch Beschichter oder Rakel genannt) befördert aus einem Vorratsbehälter neues Pulvermaterial in den Bauraum und die Folgeschicht wird belichtet. Der Prozess wiederholt sich entsprechend der erforderlichen Schichtanzahl.

Bild 10.14 veranschaulicht den prinzipiellen Aufbau einer **Pulverbettanlage**. Die verfügbaren Verfahrensvarianten unterscheiden sich im Wesentlichen durch das verwendete Ausgangspulver. So können Kunststoffpulver, ein- und mehrkomponentige Metallpulver, aber auch Pulver aus Glas, Keramik und Sand gefügt werden. Große Bedeutung haben metallische Pulver in den letzten Jahren für die Herstellung von Modellen, Werkzeugen und Endprodukten erlangt.

Für die Verarbeitung metallischer Pulver im Pulverbett hat sich die Verfahrensbezeichnung Powder Bed Fusion-Laser Beam/Metal (PBF-LB/M) gemäß DIN EN ISO/

ASTM 52900 als normgerechter Oberbegriff etabliert. Je nach Hersteller haben sich jedoch über die Jahre verschiedene markenspezifische Bezeichnungen entwickelt, die gebräuchlich sind und angewendet werden. Tabelle 10.7 zeigt die wichtigsten Hersteller und deren terminologische Einordnung.

Tabelle 10.7 Übersicht der herstellerspezifischen Bezeichnungen für das Verfahren PBF-LB/M für metallische Werkstoffe

Hersteller	Bezeichnung des Verfahrens	Anmerkung
EOS GmbH	DMLS – Direct Metal Laser Sintering (historisch)/LPBF (aktuell nach Norm)	ursprünglich als „Sintern" bezeichnet, technologisch jedoch vollständiges Schmelzen
DMG MORI AG	SLM Selective Laser Melting in Powder Bed	Markenname „SLM", betont das vollständige Schmelzen
Concept Laser GmbH (heute GE Additive)	LaserCUSING® (historisch)/ LPBF (aktuell nach Norm)	historische Bezeichnung „Laser CUSING®", zunehmend durch LPBF ersetzt
TRUMPF Laser- & Systemtechnik SE	Laser Metal Fusion (LMF)/ LPBF	TRUMPF verwendet intern die Bezeichnung „LMF", entspricht technologisch LPBF
Renishaw GmbH	Metal Additive Manufacturing (Metal AM)/LPBF	bevorzugte Bezeichnung „Metal AM", wobei LPBF die technische Spezifizierung darstellt
Farsoon Europe GmbH	Metal Laser Sintering (MLS) (historisch)/LPBF (aktuell nach Norm)	historische Bezeichnung MLS, technologisch vollständiges Schmelzen

Verfahrenseinteilung laserstrahlbasierter Pulverbettverfahren (PBF-LB)

Für die weitere Betrachtung und Systematisierung additiver Fertigungsverfahren mit laserstrahlbasierter Pulverbettverarbeitung wird, in Anlehnung an die Norm DIN EN ISO/ASTM 52900, der Oberbegriff PBF-LB (Powder Bed Fusion – Laser Beam) verwendet.

Die Klassifikation der jeweiligen PBF-LB-Verfahren erfolgt zusätzlich durch materialspezifische Kennbuchstaben, die den verarbeiteten Werkstoff bezeichnen:

/M → Metalle (metals),

/P → Polymere (polymers),

/C → Keramiken (ceramics),

/S → Silikate (silicate).

Beispiele:

PBF-LB/M = laserstrahlbasiertes Pulverbettverfahren für metallische Werkstoffe,

PBF-LB/P = laserstrahlbasiertes Pulverbettverfahren für thermoplastische Polymere,

PBF-LB/C = laserstrahlbasiertes Pulverbettverfahren für technische Keramiken.

Innerhalb der PBF-LB-Technologien unterscheiden sich die Verfahren ferner durch die zugrundeliegenden physikalischen Mechanismen zur Partikelbindung und lassen sich in zwei Hauptgruppen einteilen:

1. Pulveraufschmelzen (vollständiges Schmelzen):

   Das Pulver wird durch den fokussierten Laserstrahl vollständig aufgeschmolzen und metallurgisch oder thermoplastisch gebunden → typisch für PBF-LB/M und teilweise PBF-LB/P bei amorphen Polymeren.

2. Sinterprozesse (partielles Schmelzen oder Festphasensintern):

   Die Partikel verbinden sich durch Festkörperdiffusion oder teilweises Anschmelzen, wodurch eine formschlüssige, aber nicht vollständig dichte Struktur entsteht → häufig bei PBF-LB/P und PBF-LB/C.
   In einigen Verfahren treten zudem kombinierte Mechanismen auf, bei denen sowohl partielle Sintervorgänge als auch lokale Aufschmelzprozesse simultan oder sequenziell ablaufen, beispielsweise bei der Verarbeitung von gefüllten Polymeren oder mehrphasigen keramischen Pulvern.

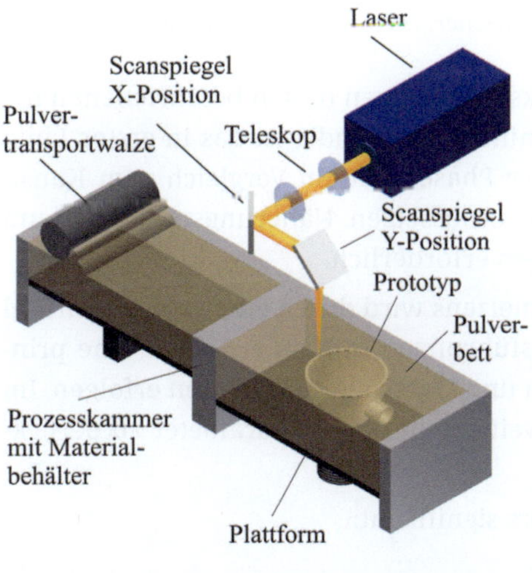

Bild 10.14
Schematische Darstellung der Prozesskammer einer PBF-LB-Anlage

Die in Bild 10.14 dargestellte Prozesskammer wird durch den Bauraum mit Plattform und Pulverbett sowie einen Materialbehälter mit dem bevorrateten Ausgangsmaterial gebildet. Kontinuierlich erfolgt nach jeder Schichtgenerierung ein neuer Pulverschichtauftrag mit dem Beschichter. In Abhängigkeit von dem verwendeten Ausgangsmaterial wird ein CO_2-Laser (für Kunststoffpulver) oder ein Festkörperlaser (meist Faserlaser, für Metallpulver) eingesetzt. Strahlformende Komponenten werden durch das Teleskop und die Fokussieroptik gebildet. Die Strahlübertragung und erforderliche Strahlauslenkung erfolgen wiederum mithilfe eines schnellbewegten Scansystems.

Die **Sinter-** bzw. **Schmelzenergie**, die zum Fügen der Pulverteilchen notwendig ist, setzt sich aus zwei Anteilen zusammen. Einerseits wird der Laserstrahl mit einer definierten Ausgangsleistung und Scangeschwindigkeit über die Pulverschicht geführt und andererseits wird zusätzlich durch eine Bauplattformheizung das Pulverbett erwärmt. Dieses wird bei Kunststoffen bspw. kurz unter die Glasübergangstemperatur der armorphen Thermoplastpulvermaterialien geheizt, sodass der Laserstrahl lediglich zum Verschmelzen der Partikel einen kleinen Temperaturbereich überwinden muss.

Durch diese **hybride Energieeinbringung** kann die erforderliche Laserleistung herabgesetzt und der sonst für die Laserbearbeitung typisch steile Temperaturgradient verringert werden. Im Ergebnis lassen sich Bauteilverzug sowie innere Spannungen im Bauteil minimieren. Entsprechend Formel 10.10 wird der für das Sintern bzw. Schmelzen erforderliche Energiebedarf aus den grundsätzlichen Anteilen E_{Las} und E_{P} gebildet. Bei diesem Prozess sind eine Reihe von Verlusten, z. B. Reflexionsverluste, Wärmestrahlung etc. zu berücksichtigen, die durch die Größe V_i zusammengefasst werden.

$$E_{\text{G}} = E_{\text{Las}} + E_{\text{P}} - V_i \qquad (10.10)$$

E_{G} Gesamtenergiebedarf; E_{Las} Laserenergie; E_{P} Wärmeenergie Pulverbett; V_i Summe der Verluste

Pulverbetttechnologien für metallische Werkstoffe können diesen beschriebenen hybriden Prozess in der Regel nicht komplett nutzen. Begründet ist das in erster Linie durch die Schmelzcharakteristik metallischer Phasen, die im Vergleich zum Kunststoffsintern erheblich höhere Laserenergien voraussetzen. Näherungsweise sind um den Faktor 10 höhere Laserausgangsleistungen erforderlich.

Der komplexe Prozess des Sinterns und Schmelzens wird durch eine größere Anzahl von Parameter beeinflusst. Ähnlich den Ausführungen in Kapitel 5 kann eine prinzipielle Unterteilung in Prozesseigenschaften und Materialeigenschaften erfolgen. Im Vergleich zu anderen LMB-Verfahren sind weitere spezifische Parameter zu berücksichtigen.

Dabei sind folgende Einflussgrößen besonders signifikant:

- eingestrahlte Energie,
- Schichtdicke,
- Sintermaterial und
- Pulvercharakteristik.

Eine Übersicht der komplex wirkenden Größen veranschaulicht Bild 10.15.

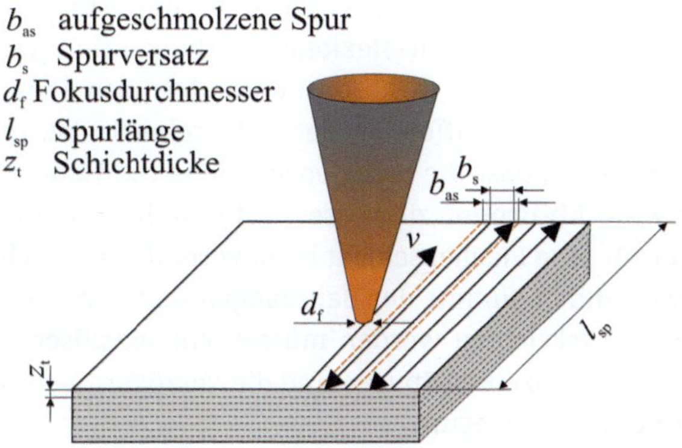

Bild 10.15 Einflussgrößen auf den Laserfügeprozess nach */Kell1998/*

Prozesseigenschaften:

Laser: Wellenlänge, Leistung, Intensität, Betriebsart

Belichtung: Strahldurchmesser, Spurversatz, Geschwindigkeit, Scanvektorlänge

Umgebung: Vorheiztemperatur, Pulvertemperatur, Schutzgas

Maschinensteuerung: Schichtdicke, Beschichtung, Scanner

Materialeigenschaften: thermische Eigenschaften, optische Eigenschaften, Pulvereigenschaften

Die dargestellten Einflussgrößen wirken im Prozess sehr komplex und erfordern für die unterschiedlichen Verfahrensanwendungen und Ausgangsmaterialien eine gezielte Optimierung. Insbesondere ist die Betrachtung folgender abgeleiteter Prozessparameter sehr wichtig:

- Energiedichte,
- Wechselwirkungszeit,
- Abkühlzeit.

In der Anwendung der beschriebenen Verfahrenstechnologie sind zwei grundsätzliche Verbindungsstrategien zu unterscheiden.

Zum einen werden die Pulverteilchen nur teilweise geschmolzen und verbinden sich über die sogenannten Sinterhälse. Dies wird beispielsweise bei Kunststoffen angestrebt, um innere Spannungen zu vermeiden und mit geringeren Streckenenergien den Prozess effizient zu gestalten. Im Ergebnis weisen diese Materialien eine gewisse Restporosität oder eine gezielt eingestellte Porosität auf. Andererseits werden Pulvermaterialien vollständig aufgeschmolzen, wodurch sich Bauteile mit höheren Dichtewerten generieren lassen. Diese Methode des vollständigen Laserstrahlschmelzens wird in erster Linie für metallische Werkstoffe bevorzugt eingesetzt. Bild 10.16 veranschaulicht das partielle Schichtgenerieren für das vollständige Aufschmelzen des Ausgangsmaterials. Der Laserstrahl wird mit einer Prozess- bzw. materialspezifischen

Vorschubgeschwindigkeit über das Pulverbett bewegt. In Abhängigkeit von dem gewählten Fokusdurchmesser und der Streckenenergie entsteht eine gesinterte bzw. geschmolzene Bahn der Breite b_{as} und Tiefe z_{at}. Die sich ergebende **Spurbreite** ist aufgrund von Wärmeleitungseffekten und Mehrfachreflexionen im Pulverbett größer als der wechselwirkende Strahldurchmesser. Die Absorption ändert sich ebenfalls in Abhängigkeit von der chemischen Beschaffenheit der Pulveroberfläche. In /*Wagn2007*/ wird bspw. darauf hingewiesen, dass die meist vorhandene Oxidschicht auf metallischen Pulveroberflächen die Absorption der Laserstrahlung beeinflusst. Die erforderliche Bestrahlungsdauer für eine Flächenschicht kann vereinfacht durch die Anzahl der Bahnen, der sich ergebenden Summe der Bahnlängen und der Scangeschwindigkeit berechnet werden. Berücksichtigt werden müssen ein spezifischer Bahnabstand bzw. Überlappungsgrad der einzelnen Spuren und die Verzögerung des Scanners bei der Richtungsumkehr der Scanbewegung.

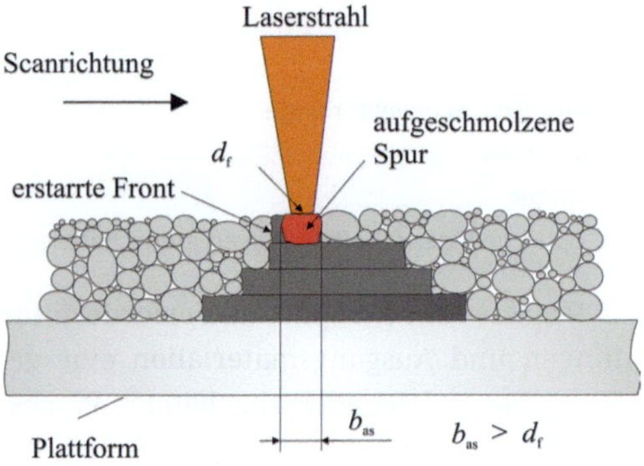

Bild 10.16
Darstellung des Wechselwirkungsprozesses beim Laserstrahlschmelzen nach /*Eise2009*/

Ein entscheidendes Instrument der Prozessoptimierung im PBF-LB-Prozess stellt die **Scan-** bzw. **Belichtungsstrategie** dar. In Bild 10.17 sind exemplarisch drei typische Scanvarianten veranschaulicht. Die Standardstrategie bearbeitet den Innenraum Zeile für Zeile mäanderförmig über die gesamte Länge und kann entweder **unidirektional** (alle Scanzeilen verlaufen in die gleiche Richtung, z. B. nur von links nach rechts) oder **bidirektional** (abwechselnd in entgegengesetzte Richtungen) ausgeführt werden. Während die bidirektionale Strategie die Verfahrwege reduziert und die Produktivität erhöht, kann die unidirektionale Strategie eine homogenere Temperaturverteilung bei kritischen Materialien ermöglichen.

Eine weitere Variante ist das Scannen in Streifen Bild 10.17 b. Diese Scanvariante ermöglicht einen verbesserten Energieeintrag in das Pulverbett, um Spannungen und Verzug großflächiger Strukturelemente zu minimieren. Die Streifen können ebenfalls unidirektional oder bidirektional abgearbeitet werden. Eine Überlappung der Streifen muss gewährleistet werden, wobei die Streifenbreite vom Bediener anwendungsbezogen festgelegt wird. Im Anschluss wird die Konturgrenze (Boundary) gescannt.

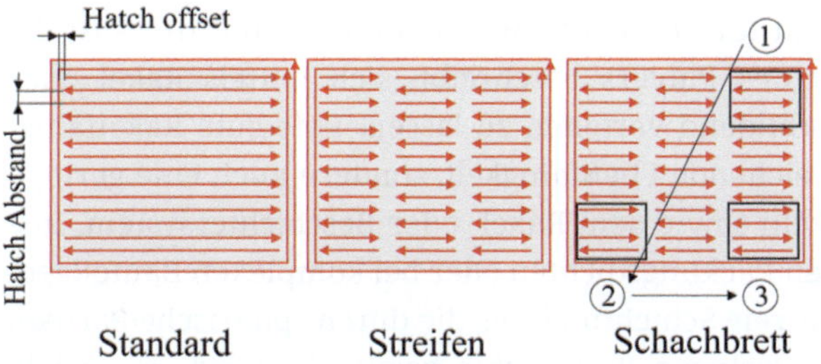

Bild 10.17 Ausgewählte Scantechnologien nach */Eise2009/*

Als dritte Variante wird häufig das **Schachbrett-Scannen** angewendet, bei dem die Belichtungsfläche in gleichgroße quadratische oder rechteckige Segmente unterteilt wird, die zunächst alternierend belichtet werden. Innerhalb der einzelnen Segmente kann ebenfalls zwischen unidirektionalem oder bidirektionalem Scanmodus gewählt werden. Die versetzte intermittierende Belichtung sorgt für eine gleichmäßigere Temperaturverteilung und reduziert Temperaturgradienten innerhalb der Bauteilschichten. Dadurch lassen sich thermisch bedingte Verzüge und Rissbildungen, insbesondere bei großflächigen oder massiven Bauteilen, deutlich reduzieren.

Die richtige Wahl der Scanstrategie hat entscheidenden Einfluss auf die Qualität des finalen Bauteils und die Prozessstabilität. Neben dem korrekten Belichten sind auch der Spurabstand (Hatch Distance), der Offset für die Füllkonturen (Fill Contour Offset) sowie der Abstand zwischen Hatch und Füllkontur (Hatch Offset) maßgeblich für die Präzision und die resultierenden mechanischen Eigenschaften der Bauteile. */Mein1999/* und */Eise2009/*.

Die Eigenschaften des verwendeten Pulvers spielen eine zentrale Rolle für die Prozessstabilität und die resultierende Bauteilqualität im PBF-LB-Verfahren. Neben der Partikelgrößenverteilung und der Partikelform beeinflusst insbesondere die Fließfähigkeit des Pulvers die Qualität der Pulverschicht und damit die Homogenität des Schmelzbades. Eine enge Kornverteilung mit überwiegend sphärischen Partikeln begünstigt eine gleichmäßige Pulverschichtbildung, während kantige oder stark irreguläre Partikel die Schüttdichte verringern und die Pulververteilung erschweren können. Zur Charakterisierung der Pulvereigenschaften werden unter anderem die Stampfdichte und die Schüttdichte herangezogen, aus denen sich der **Hausnerfaktor** berechnen lässt, der das Verdichtungsverhalten des Pulvers unter mechanischer Beanspruchung beschreibt und als Indikator für die Fließfähigkeit dient. Ein Hausnerfaktor nahe 1 (typischerweise $< 1{,}25$) weist auf eine gute Fließfähigkeit hin, höhere Werte dagegen auf eine Neigung zur Agglomeration und eingeschränkte Rieselfähigkeit. Die Rieselfähigkeit ist maßgeblich für die Qualität des Pulverauftrags im PBF-LB-Prozess, da ein gleichmäßiger Pulverauftrag mit konstanter Schichtdicke Voraussetzung für eine homogene Energieeinbringung und einen gleichmäßigen Fügeprozess ist. Neben der Partikelform und -größenverteilung beeinflussen auch Oberflächenbeschaffenheit und Partikelhaftkräfte, etwa durch Restfeuchte oder Oxidschichten, die Rieselfähigkeit erheblich. */Layh2023/*

Ein weiterer entscheidender Aspekt für den Pulverauftrag im PBF-LB-Prozess ist die Rakelfähigkeit, die die Fähigkeit des Pulvers beschreibt, sich mittels Rakel oder Beschichter homogen und schichtbildend verteilen zu lassen. Eine gute Rakelfähigkeit erfordert nicht nur eine ausreichende Fließfähigkeit, sondern auch eine geringe Haftneigung zwischen den Partikeln sowie dem Rakel- oder Beschichtersystem. Insbesondere bei Prozessen mit hohen Packungsdichten oder bei komplexen Bauteilgeometrien ist eine homogene, lückenfreie Schichtbildung, die durch sphärische Partikel mit glatter Oberfläche und einer geringen Restfeuchte begünstigt wird, essenziell. Bild 10.18 veranschaulicht den Zusammenhang zwischen Kornform, Kornverteilung und Rakelfähigkeit.

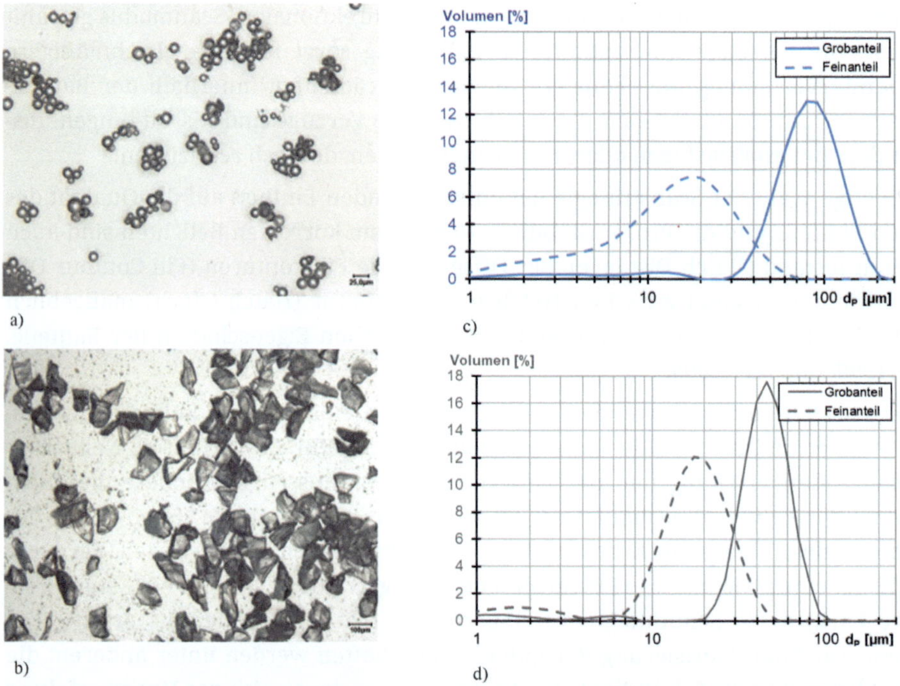

Bild 10.18 Darstellung des Einlusses der Kornform und der Kornverteilung auf den Beschichtungsprozess bzw. die Rakelfähigkeit am Beispiel von Glaspulverausgangsmaterialien */Layher2023/*

a) monomodales, kugelförmiges Pulver mit enger Kornverteilung: sehr gute Rakelfähigkeit durch gleichmäßige sphärische Partikel; begünstigt homogene, lückenfreie Schichtbildung,

b) monomodales Pulver mit irregulären kantigen Partikeln: erhebliche Beeinträchtigung der Rakelfähigkeit durch ungleichmäßige Partikelformen; Entstehung von Unebenheiten und Lücken im Pulverbett,

c) bimodale Pulvermischung mit optimal abgestimmtem Feinanteil: feine Partikel füllen die Leerräume zwischen den groben Partikeln; höhere Packungsdichte bei weiterhin guter Rakelfähigkeit,

d) bimodale Pulvermischung mit überhöhtem Feinanteil: zwar hohe Packungsdichte, jedoch deutliche Verschlechterung der Fließ- und Rakelfähigkeit; erhöhte Gefahr von Pulverklebungen und Inhomogenitäten im Pulverbett.

Zur Optimierung der Packungsdichte und der Schichtqualität können zudem bimodale Pulvermischungen eingesetzt werden, bei denen gezielt feine und grobe Partikel kombiniert werden. Die feineren Partikel füllen die Zwischenräume zwischen den gröberen Partikeln, wodurch die Schüttdichte erhöht und die Porosität im Pulverbett reduziert wird. Bimodale oder gar multimodale Kornverteilungen erfordern jedoch eine präzise Abstimmung der Partikelgrößenverhältnisse sowie eine stabile Prozessführung, da sich die Fließ- und Rakelfähigkeit durch den höheren Feinanteil verschlechtern kann. In der industriellen Praxis wird daher häufig ein Kompromiss zwischen Packungsdichte, Fließfähigkeit und Verarbeitbarkeit gesucht. Eine regelmäßige Pulveraufbereitung mit Siebung, Trocknung und Mischung mit Frischpulver sowie eine umfassende Pulvercharakterisierung, etwa durch Partikelgrößenanalyse (PSD), Schütt- und Stampfdichtemessungen, Hausnerfaktorbestimmung und Rheometrie, sind essenzielle Maßnahmen für eine qualitätsgesicherte und reproduzierbare PBF-LB-Fertigung. In Tabelle 10.8 sind der Einfluss des Hausnerfaktors auf den Bechichtungsprozess zusammengefasst sowie die Prinzipien Rakel- und Walzenauftrag schematisch dargestellt.

Tabelle 10.8 Einfluss des Hausnerfaktors (HR) auf den Beschichtungsprozess

Hausnerfaktor	Einfluss und Auslegung	Schematisches Prinzip
HR = 1	▪ hohe Verdichtbarkeit des Pulverbettes, erforderliche Krafteinwirkung gering ▪ Rakelsystem ausreichend	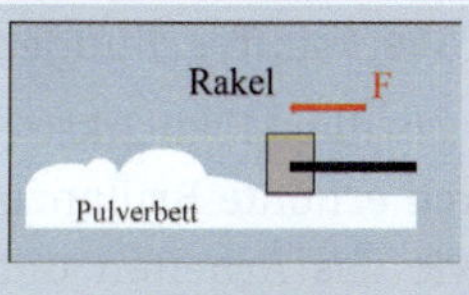
HR > 1	▪ geringe Verdichtbarkeit des Pulverbettes, höhere Krafteinwirkung erforderlich ▪ Walzensystem oder Kombination aus Rakel und Walze notwendig	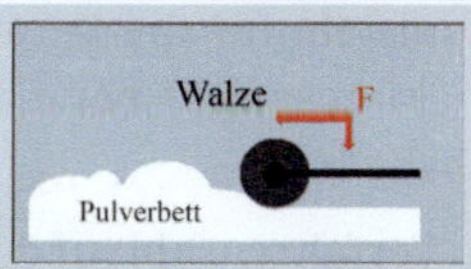 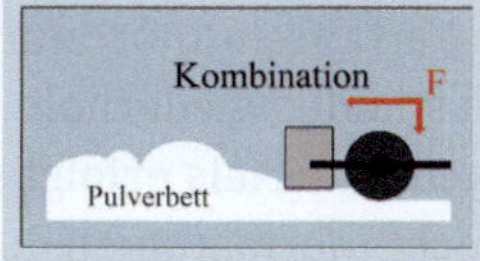

10.3.2.2 Laserstrahlbasiertes Pulverbettverfahren von metallischen Werkstoffen (PBF-LB/M)

In den ersten Entwicklungsstufen der Verfahrenstechnologie wurden zunächst Mehrkomponentenpulver aus verschiedenen Legierungselementen eingesetzt. Das hatte den entscheidenden Vorteil, dass die in dem Pulvergemisch vorliegende niedrigschmelzende Komponente aufgeschmolzen wurde und die hochschmelzende Komponente umfloss, die eine Art Strukturgeber darstellt */Core1999/*. Man spricht hierbei auch vom sogenannten **Flüssigphasensintern**. Das Prinzip veranschaulicht Bild 10.19.

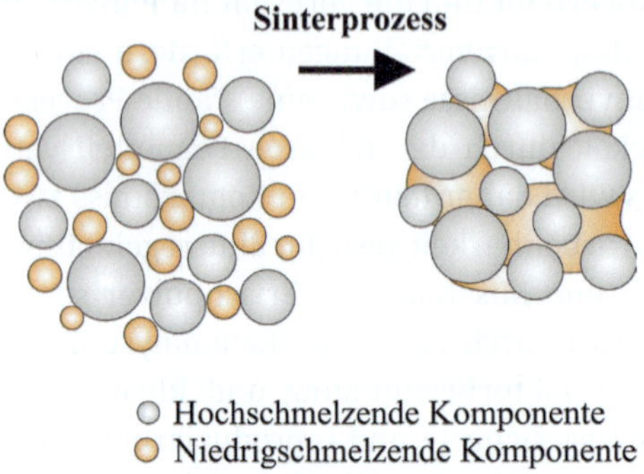

Bild 10.19
Darstellung des Flüssigphasensinterns */Mein1999/*

Die Pulvermaterialien werden meist mechanisch gemischt und müssen über eine homogene Verteilung verfügen. Sehr gute Struktureigenschaften erreichen gesinterte Bauteile, bei denen die Ausgangsmaterialien über gute Benetzungseigenschaften verfügen. Das heißt, dass die hochschmelzende Materialkomponente von der Binderkomponente (niedrigschmelzende Komponente) gut und mit hoher Anbindung umschlossen wird. Typische Materialverbunde basieren auf Kupfer (Cu-Sn; Cu-Fe) oder auf Werkstoffverbunden höherer Härte, wie bspw. WC-Co */Mein1999/*.

Durch die Möglichkeiten einer gezielteren Energieeinbringung, vor allen Dingen durch erhöhte Brillanzen der Strahlungsquellen, Optimierung der Scantechnologien sowie das Arbeiten unter Schutzgasatmosphäre konnte in den letzten Jahren der Grundstein für die Verarbeitung von Einkomponenten-Metallwerkstoffe gelegt werden. Man spricht bei dieser Verfahrensanwendung auch vom Laserstrahlschmelzen (Tabelle 10.7).

Den Verfahrensablauf der grundlegenden Prozessstufen veranschaulicht Tabelle 10.9. Die Verfahrensanordnung sieht im Wesentlichen einen dreiteiligen Prozess vor, der sich ständig wiederholt, bis die letzte Schicht erreicht ist. Der Auftrag des pulverförmigen Materials erfolgt sehr exakt mit einem Beschichter. Im Anschluss werden die Schichtinformationen durch den schnellbewegten Laserstrahl in das Pulverbett übertragen. Im Folgeschritt wird die Plattform um den Betrag der Schichtdicke in Z-Richtung abgesenkt. Im Gegensatz zu den Kunststoffpulvern ist eine Abstützung des Modells erforderlich. Dies betrifft einerseits die temporäre Anbindung an die Plattform und anderseits auch das Abstützen von Bauteilüberhängen. Dafür werden in der Verfahrenssoftware sogenannte Stützkonstruktionen vorgesehen, die vom Anwender gezielt beeinflusst werden können. Zum Teil erfolgt die Anbindung des Modells zur Plattform auch direkt über feste Schichten. Der Aufwand des Trennens nach dem Bauprozess ist etwas höher, führt aber bei bestimmten Bauteilgeometrien zu verzugsärmeren Ergebnissen.

Tabelle 10.9 Verfahrensablauf des PBF-LB/M nach */Gebh2007/*

1. Scannen der Schichtinformationen, partielles Verschmelzen der Pulverteilchen	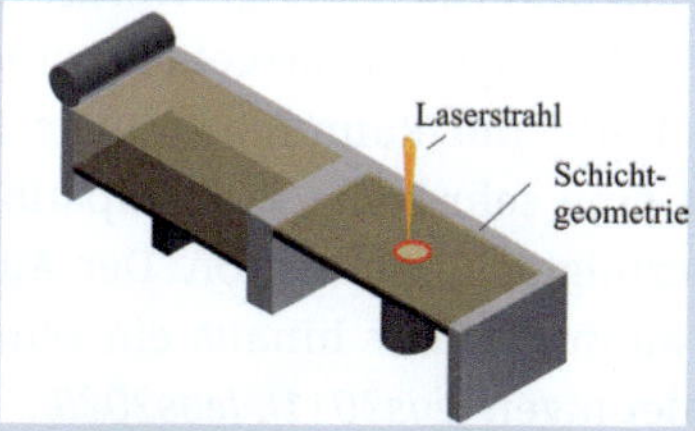
2. Absenken der Plattform	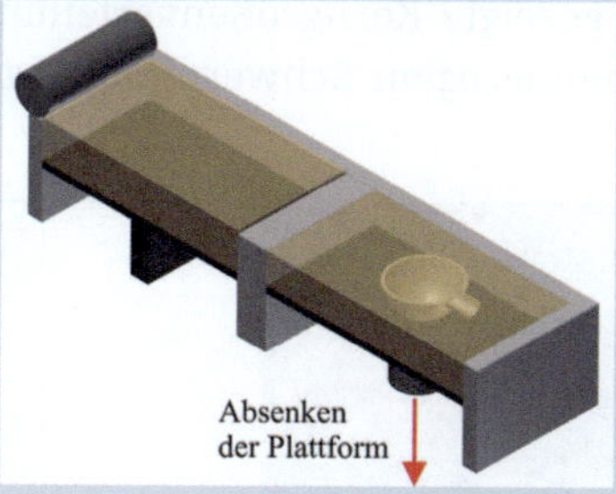
3. Auftragen der neuen Pulverschicht	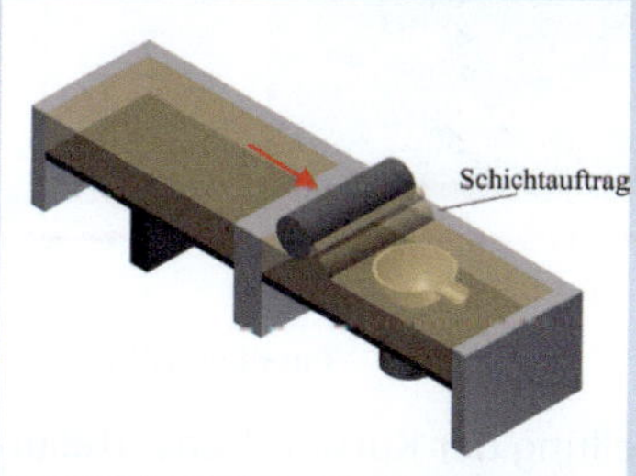

Einkomponentige metallische Grundwerkstoffe können mit der beschriebenen Verfahrensmethode reproduzierbar verschmolzen werden. Die erreichbaren Materialkennwerte entsprechen nahezu denen, die sich mit konventionellen Urformverfahren erreichen lassen.

Tabelle 10.10 Ausgewählte Pulverwerkstoffe und deren Eigenschaften nach */eos2025/*

Werkstoff		Streckgrenze [MPa]	Zugfestigkeit [MPa]	Bruchdehnung [%]
1.4542	Stainless Steel 17–4PH	1235	1340	13,5
1.2709	Maraging Steel CX	1670	1740	6
2.4668	Nickel NiCP	245	400	49
Ti6AlV4	Titanium Ti64	945	1055	13
AlSi10 Mg	Aluminium AlSi10 Mg	245	460	5
Cu99,6	Copper Cu	140	190	20

Ein interessantes Ausgangsmaterial stellen Titan bzw. **Titanlegierungen** dar. Es sind sehr leichte und korrosionsbeständige Werkstoffe, die eine hohe dichtebezogene Festigkeit aufweisen. Wichtige Einsatzgebiete ergeben sich aus den genannten Eigenschaften für die Luft- und Raumfahrt sowie für biomedizinische Implantate. Der Werkstoff besitzt eine sehr hohe Biokompatibilität und wirkt positiv auf das Zellwachstum nach erfolgter Implantation. Der Aufbau von Titanimplantaten mit Netzgitterstrukturen kann darüber hinaus ein schnelles Einwachsen der Gewebezellen sogar noch beschleunigen */eos2011/*, */eos2025/*.

Die in Bild 10.20 gezeigte Korngrößenverteilung für die Titanlegierung Ti6Al4V erreicht eine volumenbezogene Schwerpunktverteilung von etwa 27 µm bis 52 µm.

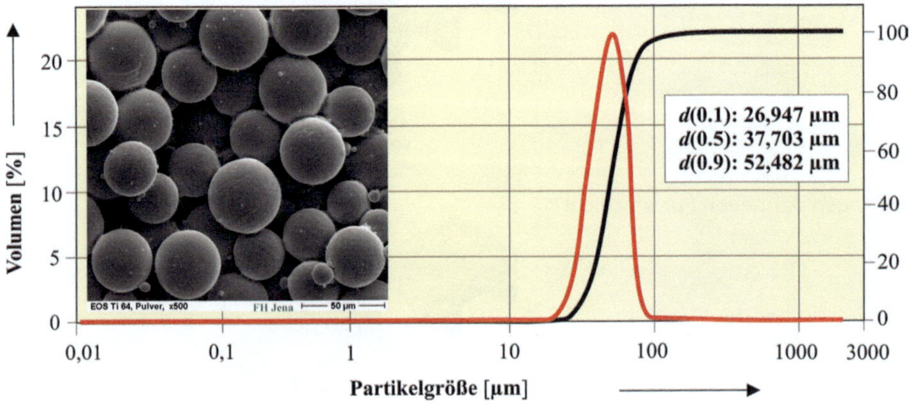

Bild 10.20 Darstellung der Korngrößenverteilung – Material: Titan 64

Der in Bild 10.21 dargestellte Funktionsprototyp wurde mit einer mittleren Korngröße von etwa 38 µm gebaut. Die erforderliche Laserleistung betrug 400 W, wobei mit einer Brennweite von 250 mm und einem resultierenden Fokusdurchmesser von 200 µm gearbeitet wurde. Für das Anwendungsbeispiel beträgt der Hatchabstand 0,1 mm. Aus diesen Einstellbedingungen ergeben sich mittlere Aushärtebreiten von 0,2 – 0,25 mm. Nach dem Bauprozess müssen die von der Plattform getrennten Teile noch spannungsfrei geglüht werden.

Der Werkstoff 1.4542 (Tabelle 10.10) ist ein härtbarer Edelstahl (typ. bis 45 HRC) mit hohen erreichbaren Festigkeiten und kommt für ein breites Einsatzspektrum zur Anwendung. Bild 10.22 verdeutlicht zwei Materialeigenschaften nach dem Laserschmelzvorgang an einer quaderförmigen Testgeometrie. Die Mikroschliffdarstellung (Bild 10.22 a) illustriert einen Querschliff parallel zur Aufbaurichtung und veranschaulicht die hohe erreichbare Dichte für diesen Werkstoff. Den **Härteverlauf** über den Querschliff zeigt Bild 10.22 b. Interessanterweise tritt bei dem dargestellten Stahl bereits eine geringe Aufhärtung in den Randbereichen des quadratischen Grundquerschnittes auf. Dies ist auf den Temperaturunterschied im Außenbereich der gesinterten Fläche zum Pulverbett zurückzuführen, wenn die Fläche mäanderförmig belichtet wird.

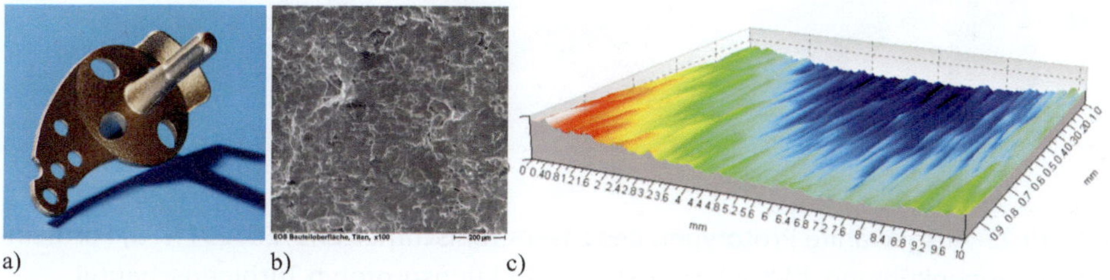

a) b) c)

Bild 10.21 Funktionsprototyp. a) Fotografische Ansicht des Prototyps */EOS2011/*, b) Mikroskopische Darstellung der Bauteiloberfläche, c) Darstellung des Oberflächenprofils

Material: Titan (Ti64) → Schichtdicke: 30 µm, *Ra* = 3,7 µm, *Rz* = 20,8 µm

a) b)

Bild 10.22 Materialprobe Werkstoff Stahl 1.4540. a) Querschliff parallel zur Aufbaurichtung, b) Härteverlauf

Typische Anwendungen des Laserstrahlschmelzens von metallischen Werkstoffen sind das Rapid Tooling, das Generieren von Funktionsprototypen sowie das direkte Herstellen von Produkten (Rapid Manufacturing).

Die in Bild 10.23 ausgewählten Prototypen veranschaulichen typische Geometrieformen, die vorteilhaft mit der additiven Verfahrenstechnologie herstellbar sind. In Bild 10.23 a ist ein polierter Formeneinsatz mit Innenkühlung zur Prozesszeitminimierung beim Spritzguss dargestellt. Das nebenstehende Kunststoffmodell (schwarz) verdeutlicht die Kühlführung im Formeinsatz, die eine endkonturnahe Kühlung sicherstellen soll.

a) b) c)

Bild 10.23 Ausgewählte Prototypen des Laserstrahlschmelzens */EOS2011/*. a) Formeinsatz mit Innenkühlung, b) Kühlerstruktur, c) Funktionsprototyp Turbinenschaufel

Theoretisch können **Bauteildichten** von 100 % erreicht werden. Zum Erzielen sehr hoher Bauteildichten ist ein geschlossenes Schmelzbad im Bereich der Wechselwirkungszone zwischen Laserstrahl und Pulverbett zu realisieren */Mein1999/*. Von großer Prozessrelevanz ist der erforderliche Energieeintrag, der in das Pulverbett eingekoppelt wird. Unter Vernachlässigung der Verluste ist dieser einerseits von der Laserleistung und andererseits von der Einwirkzeit des Laserstrahls abhängig. Die Einwirkzeit wird durch die Geschwindigkeit, mit welcher der Laserstrahl über das Pulverbett gescannt wird, bestimmt.

Die für den Prozess erforderliche Streckenenergie E_S ergibt sich aus

$$E_S = \frac{P}{v_s} \tag{10.11}$$

Die Parameter Laserleistung, Punktabstand und die Belichtungszeit müssen für jeden Werkstoff optimiert werden. Grund dafür sind der materialspezifische Absorptionsgrad, die Schmelztemperatur und die Wärmeleitfähigkeit.

Die in Bild 10.17 abgebildeten Scanstrategien lassen sich ebenfalls für das Laserstrahlschmelzen einsetzen. Bei der Wahl des Zeilenabstandes (Hatchabstand) muss eine ausreichende Überlappung der Spuren gewährleistet werden. Die Wahl dieses Parameters sollte sehr sorgsam erfolgen. Bild 10.24 veranschaulicht den Einfluss auf die erreichbare Bauteildichte nach */Mein1999/*.

Die dargestellten Untersuchungen wurden für den Werkstoff Nickel durchgeführt und setzten eine Korngrößenverteilung zwischen 20 µm und 125 µm voraus. Der Spurabstand sollte im Bereich von 0,65 – 0,8 des Fokusdurchmessers gewählt werden.

Untersuchungen von */Aach2006/* veranschaulichen ebenfalls für den Werkstoff AlSi10 Mg sehr instruktiv die Abhängigkeit der **Bauteildichte** von den Prozessparametern Scangeschwindigkeit und Laserleistung (Bild 10.25). Das Erhöhen der Scangeschwindigkeit erfordert gleichzeitig eine Anpassung der Laserstrahlleistung, um hohe Bauteildichten und eine homogene Gefügeausbildung erreichen zu können (Tabelle 10.11).

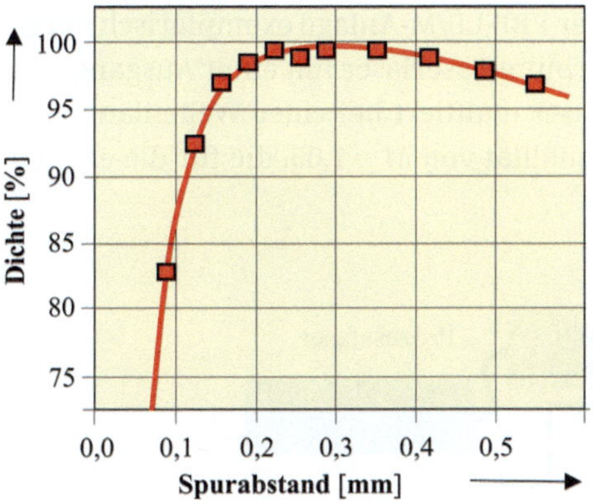

Bild 10.24
Abhängigkeit der Bauteildichte vom Spurabstand nach */Mein1999/*

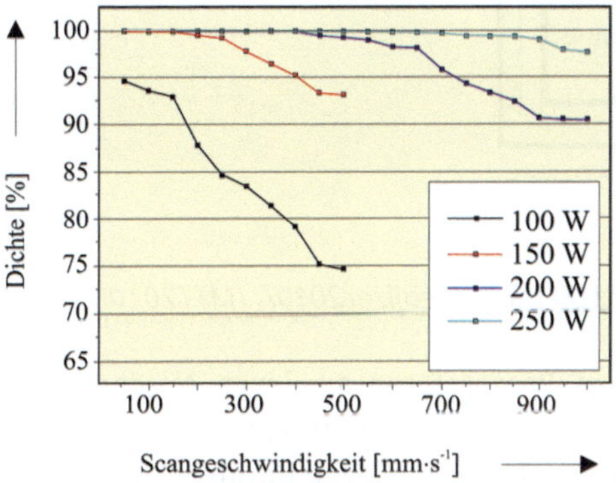

Bild 10.25
Abhängigkeit der Dichte von der Scangeschwindigkeit und der Laserleistung am Beispiel des Werkstoffes AlSi10 Mg nach */Mein2011/*

Tabelle 10.11 Ausgewählte Querschliffe von Bauteilen aus AlSi10 Mg nach */Mein2011/*

	$P = 100\,W$	$P = 150\,W$	$P = 250\,W$
$v_s = 50\,mm \cdot s^{-1}$	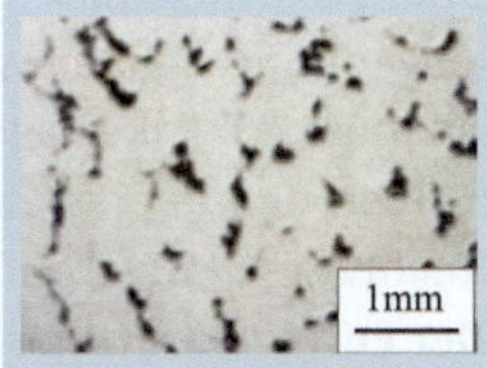	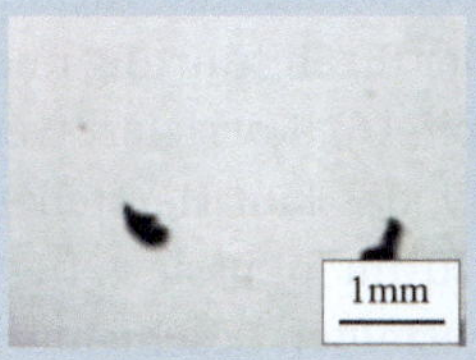	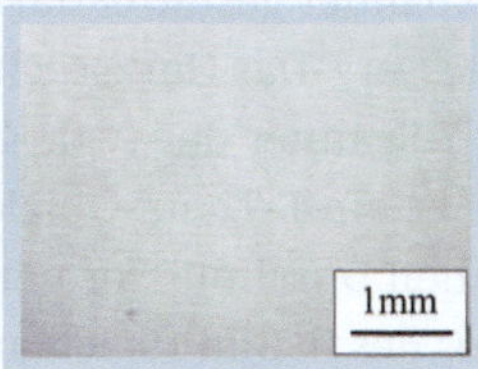
$v_s = 500\,mm \cdot s^{-1}$	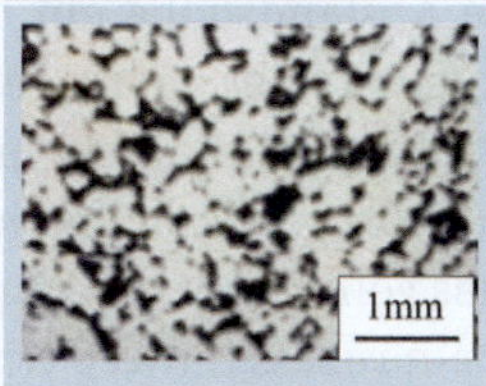	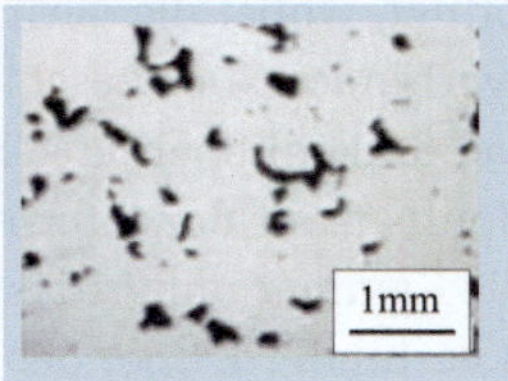	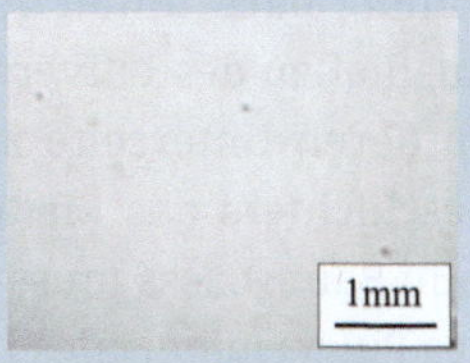

In Bild 10.26 ist der schematische Aufbau einer PBF-LB/M-Anlage exemplarisch dargestellt. Die Strahlquelle wird durch einen Ytterbium-Faserlaser mit einer Ausgangsleistung von 100 W gebildet. Der verwendete Laser emittiert bei einer Wellenlänge von 1070 nm und erreicht eine sehr hohe Strahlqualität von $M^2 = 1{,}05$, die für die erreichbare Bauteilqualität wichtig ist.

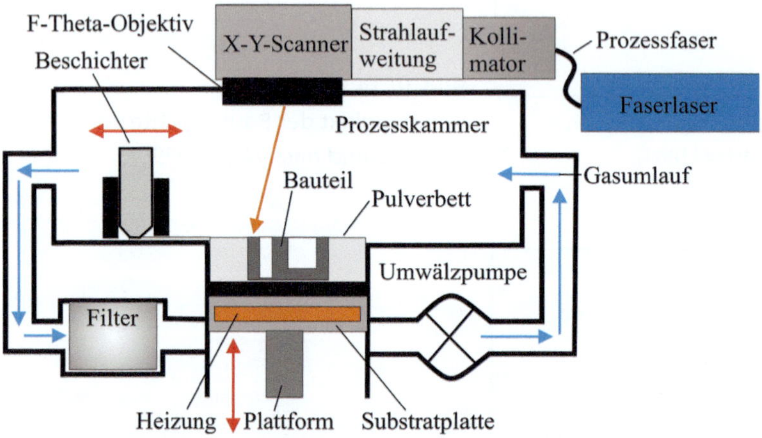

Bild 10.26 Aufbau der PBF-LB/M-Anlage SLM100 nach */Realizer2010/*, */MTT2010/*

Die Strahlführung erfolgt zunächst über eine Prozessfaser, an deren Ausgang sich eine Kollimationsoptik unmittelbar anschließt. Für die Bearbeitung von metallischen Oberflächen werden sehr oft optische Isolatoren eingesetzt (vgl. Kapitel 6), um Faser und Strahlquelle vor Rückreflexen von der Wechselwirkungsstelle zu schützen. Diese sind in die Kollimationsanordnung integriert. Der Laserstrahl hat am Ausgang des Kollimators einen Durchmesser von 5 mm. Danach erfolgt eine Strahlaufweitung auf etwa 15 mm, um die Fokussierbarkeit zu verbessern. Der hierfür verwendete Beam Expander gestattet darüber hinaus die Variation der Fokuslage bzw. des Fokusdurchmessers. Das Herzstück der Strahlführung und -auslenkung stellt ein schnellbewegter X-Y-Scanner dar (vgl. Kapitel 6). Korrigiert werden muss die Fokuslage im Arbeitsfeld über ein F-Theta-Objektiv, das laut Herstellerangaben den aufgeweiteten Strahl auf einen Durchmesser von 20 µm fokussiert. Der schichtweise Pulverauftrag erfolgt mittels des in Bild 10.26 dargestellten Beschichters. Der Pulvereinsatz des Beschichters ist ständig nach unten geöffnet, wobei die geringe Abstandshöhe ein unkontrolliertes Ausfließen des Pulvers verhindert. Der Beschichter verfügt über zwei Schieberarme, an deren Unterseite zwei Silikonlippen angebracht sind, die bei der Rückfahrt des Beschichters das Metallpulver auf der Substratplatte gleichmäßig verteilen. Vor jedem Bauprozess muss die Kammer mit Prozessgas geflutet werden, um ein Oxidieren des Pulvermateriales zu verhindern. Über den Bauprozess hinweg wird das Gas ständig umgewälzt und im Prozessgasfilter gereinigt. Steigt der Restsauerstoffgehalt an, wird der Prozessgasanteil entsprechend erhöht. Ein zusätzliches Element, die Plattformheizung, wird in den Anlagenaufbau integriert. Es konnte nachgewiesen werden, dass ein Aufheizen der Plattform auf etwa 200 °C eine verbesserte Fließfähigkeit des Pulvers bewirkt und die Restfeuchte im Ausgangsmaterial herabsetzt. Das Absenken der Plattform erfolgt über eine mechanische Präzisionswelle, die mithilfe eines Schrittmotors angetrieben wird. Mit der beschriebenen Anlagentechnik können Schichtdicken von 20 – 100 µm gewählt werden. */MTT2010/*, */ReaLizer2010/*, */Eise2007/*

So kann neben den herkömmlichen **Metallpulvern** wie Edelstahl, Werkzeugstählen, Kobalt- und Nickelbasislegierungen, Aluminiumlegierungen, Reintitan und Titanlegierungen auch das Edelmetall Gold verarbeitet werden. Additive Verfahren bieten einen interessanten Ansatz, um aus diesen kostenintensiven Werkstoffen Bauteile mit Hohlstrukturen herstellen zu können.

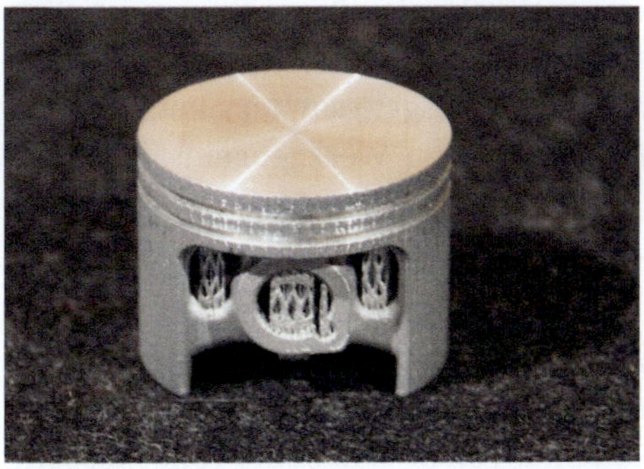

Bild 10.27
Funktionsprototyp mit Innenkontur
/ReaLizer2010/

Die in Bild 10.26 dargestellte PBF-LB/M-Anlage ist begrenzt auf einen 90 mm hohen zylindrischen Bauraum und damit speziell für filigrane Bauteile mit minimalen Wandstärken bis zu 80 µm ausgelegt. Damit lassen sich relativ hohe Oberflächengüten erzielen, die bspw. für das Rapid Manufacturing den Finishprozess minimieren bzw. vollständig entfallen lassen. Ein entscheidender Vorteil der additiven Verfahren besteht in der Fertigung von komplexen Innenstrukturen (vgl. Bild 10.27). Damit ergeben sich Vorteile bei der Bauteilentwicklung von Leichtbaustrukturen oder innenliegenden Kühlkanälen wie sie bspw. für Spritzgusswerkzeuge zum Einsatz kommen. Weitere Vorteile des Laserstrahlschmelzens illustriert Bild 10.28. In Bild 10.28 b ist eine komplexe Freiformgeometrie dargestellt. Ein besonderer Anspruch wird an die erreichbare Oberflächengüte gestellt, da dieses Designmodell aufgrund der komplexen Geometrie nicht nachgearbeitet werden kann. Des Weiteren können im Inneren keine Stützgeometrien vorgesehen werden, was spezielle Baustrategien erforderlich macht.

Die erreichbaren Bauteilqualitäten sind von der Bauteilgeometrie und Bauraumanordnung abhängig. Nach Herstellerangaben erzielt man bspw. für den Werkzeugstahl 1.2344 Dichtewerte > 99,8 %, Härten > 50 HRC und Zugfestigkeiten von etwa 610 $N \cdot mm^{-2}$ */ReaLizer2010/* und */MTT2010/*.

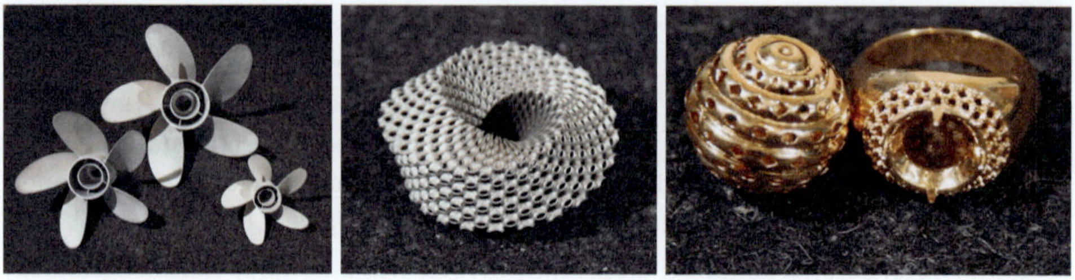
a) b) c)

Bild 10.28 Anwendungsbeispiele für das PBF-LB/M–Verfahren */ReaLizer2010/*. a) Funktionsprototypen, b) Designmodell Möbiusringskulptur, c) Rapid Manufacturing von Schmuckelementen

Die PBF-LB/M–Verfahren generieren einerseits großvolumige Bauteile, ermöglichen aber andererseits den Aufbau sehr komplexer Bauteilgeometrien bis hin zu filigranen Strukturelementen. Das Verarbeiten von seriennahen Ausgangsmaterialien gestattet neben der Prototypenfertigung auch die Herstellung von Werkzeugeinsätzen und Funktionsbauteilen.

Die in Bild 10.29 illustrierte Anlage setzt sich aus drei Hauptkomponenten zusammen. Als Laserstrahlungsquellen haben sich auch bei diesem Verfahren Faserlaser mit Ausgangsleistungen 400 – 1000 W etablieren können. Das Verwenden von höheren Laserstrahlleistungen wird angestrebt, um Bauzeiten minimieren zu können. Die eingesetzten Laser verfügen über eine hohe Strahlqualität von $M^2 = 1{,}1$. Eine vollgekapselte Strahlführung überträgt mithilfe einer Prozessfaser die Strahlleistung zum Scansystem der Anlage.

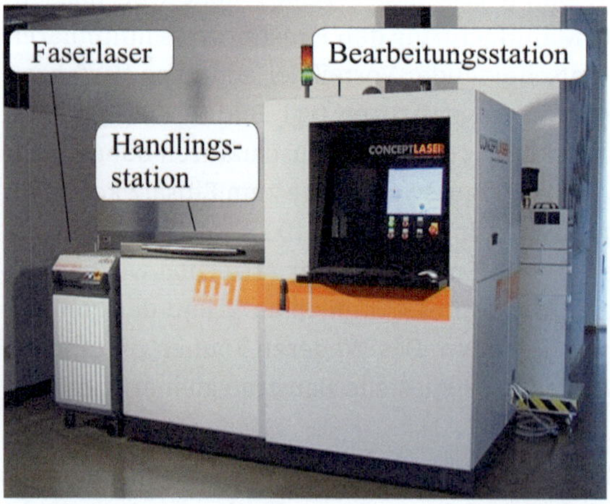

Bild 10.29
Fotografische Darstellung einer PBF-LB/M-Anlage */Jena2011-7.8.1/*

In der **Bearbeitungsstation** mit Prozesskammer, Plattform, Pulverzuführung und Beschichter können reaktive und nichtreaktive metallische Pulver verarbeitet werden. Entsprechend der gewählten Materialien werden Stickstoff für Stähle und Edelstähle sowie Argon für Titan und Aluminiumlegierungen als Prozessgase eingesetzt. Verbunden ist die Bearbeitungsstation mit einer Handlingsstation. Diese dient der Entnahme (Auspacken) der generierten Teile aus dem Pulverbett. Gleichzeitig findet hier die Prozessvorbereitung für einen neuen Baujob statt. Eine Transfereinheit, Technologiemodul genannt, stellt die Verbindung bzw. Übergabe der Plattform mit den Bauteilen im Pulverbett her.

In Tabelle 10.12 sind die wichtigsten Prozessschritte des PBF-LB/M-Verfahrens zusammengefasst.

Tabelle 10.12 Prozessschritte des PBF-LB/M–Verfahrens

Schritt	Vorgangsbeschreibung
1	Aufschrauben der Bauplatte
2	Einstellen der Bauplatte auf Fokushöhe
3	Auffüllen des Pulverbehälters
4	Antasten der Bauplatte mit der Beschichterklinge zur Festlegung der Schichtdicke für die erste Pulverschicht
5	Automatisches Einfahren der Bauplatte und des Pulverbehälters in die Prozesskammer
6	Fluten der Kammer mit Stickstoff bzw. Argon
7	Einlesen der CAD-Daten; Erstellen des Bauprogramms
8	Bauprogramm starten
9	Bauplatte und Pulverkammer automatisch aus Prozesskammer fahren und die Bauplatte entpacken

In einem Folgeprozess werden die Bauteile von der Platte gelöst. Bei Massivbauweise muss dies allerdings durch Drahterosion vorgenommen werden. Ein nachträgliches Spannungsfreiglühen ist für größere Bauteile sowie Bauteilen mit größerer Anbindung an die Bauplatte zur Spannungsminimierung unumgänglich.

Sehr häufig sind **Finishverfahren** für die geforderte Bauteilqualität notwendig. Mit dem Strahlverfahren, oft auch Mikrostrahlen, lassen sich bereits sehr gute Oberflächenqualitäten erzielen. Für höhere Genauigkeitsanforderungen sind nachgeschaltete Zerspanverfahren, z. B. Fräsen, eine geeignete Variante, um insbesondere funktionsbestimmende Flächen und Geometrien mit den geforderten Toleranzen zu fertigen.

Für eine Reihe von Anwendungen ist die Verarbeitung von reaktiven metallischen Pulvern interessant. Hierfür sind jedoch bestimmte Verarbeitungsbesonderheiten zu beachten. Diese Materialien sind in Verbindung mit Wasser und Feuchtigkeit leicht entzündbar oder explosiv (z. B. Aluminium). Darüber hinaus kann eine Kontamination mit Luftsauerstoff zu signifikanten Einbußen der mechanischen Kennwerte führen. In der entsprechenden Maschinenauslegung wird eine Handhabungseinrichtung mit Glovebox für ein staubfreies Arbeiten vorgesehen. Dadurch wird sichergestellt, dass der Bediener keinen Kontakt mit dem Pulver hat. In der gesamten Prozesskette werden diese Pulvermaterialien in einer inerten Atmosphäre gehandelt. Redundante Überwachungssysteme sichern die Prozessfähigkeit */Edel2008/*.

Pulverwerkstoffe, die im Bauprozess nicht verbaut werden, können dem Prozess vollständig über einen erneuten Siebprozess wieder zugeführt werden.

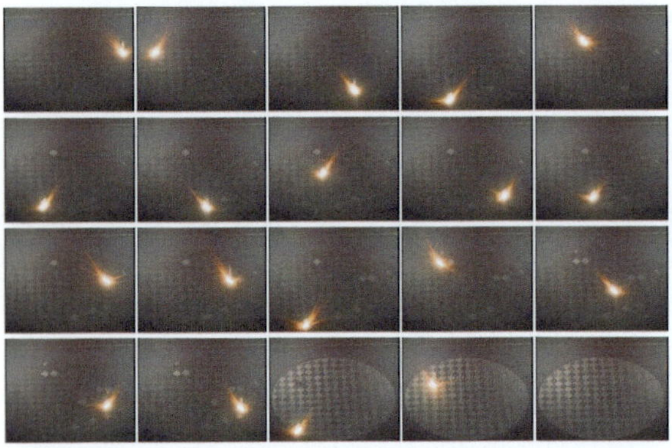

Bild 10.30 Stochastisches Belichten */Jena2011-7.8.2/*

Bereits im Abschnitt 10.3.2.1 wurden unterschiedliche Scantechnologien betrachtet. Auch für das Laserstrahlschmelzen sind verschiedene Scantechnologien in Abhängigkeit von dem verwendeten Pulver (Wärmeleitung) und der Bauteilgeometrie von Bedeutung. In Bild 10.30 ist exemplarisch das sogenannte „Stochastische Belichten" dargestellt, bei dem in der Scanbewegung kleine quadratische Querschnitte (etwa $5 \times 5\ mm^2$) belichtet werden. Die Scanfolge ist jedoch so gewählt, dass zwischen den Quadraten eine bestimmte Mindestdistanz zurückgelegt wird. Dadurch kann der Energieeintrag in das Pulverbett besser gesteuert werden. Das Scannen in Bild 10.30 erfolgt zeilenweise von links nach rechts. Insbesondere für Materialien mit einer hohen Wärmeleitfähigkeit oder für verzugsgefährdete Konturen lässt sich diese Scantechnologie vorteilhaft anwenden. Nachteilig wirkt sich jedoch die erhöhte Bauzeit infolge der längeren Scanwege aus.

Bild 10.31, Bild 10.32 und Bild 10.33 illustrieren sehr instruktiv die Anwendungsvorteile des PBF-LB/M–Verfahrens im Vergleich zu klassischen Fertigungsverfahren. Einen detailreichen Formeinsatz mit Innenkühlung für Spritzgusswerkzeuge zeigt

Bild 10.33 a. Kompliziert geformte Innenstrukturen oder strömungstechnisch optimierte Konturen (Bild 10.31 b) lassen sich i. d. R. nur mit aditiven Fertigungsverfahren herstellen. Für Anwendungen der Luft- und Raumfahrt werden bevorzugt Hochtemperaturwerkstoffe aus Inconel (Bild 10.32) eingesetzt. Das Funktionsbeispiel vereint relevante Strukturelemente für dieses Anwendungsfeld.

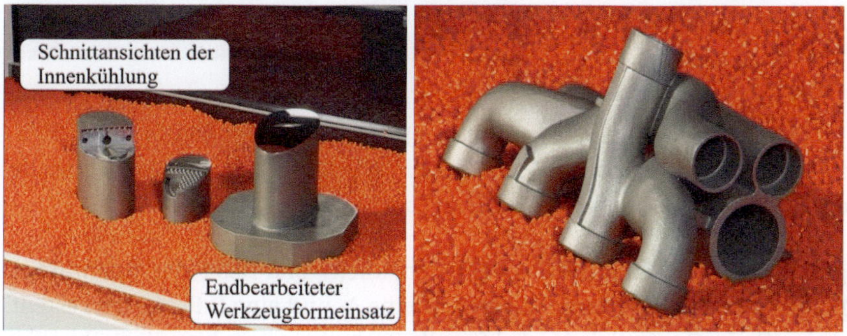

a) b)

Bild 10.31 Beispiele für das PBF-LB/M-Verfahren */Jena2011-7.8.3/, /ConceptLaser2011-2/*. a) Werkzeugformeinsatz für Spritzgusswerkzeuge mit Innenkühlung, b) Strömungsverteiler – Prototyp

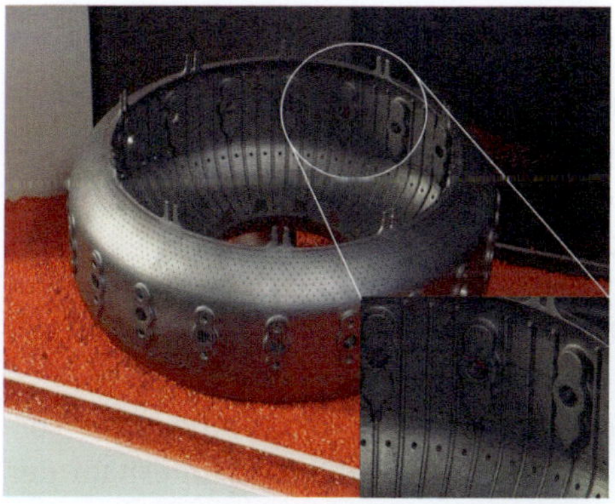

Bild 10.32 Prototyp für Luft- und Raumfahrtanwendungen */Jena2011-7.8.4/, /ConceptLaser2011-2/*

Für Formeinsätze und Umformbauteile wird häufig das Material 1.2709 verwendet. Das Beispiel im Bild 10.33 illustriert ein CAD-Volumenmodell mit komplizierter Innenkühlstruktur. Mit Werten von nahe 100 % der spezifischen Materialdichte sind diese Bauteile für spritzgusstechnische Anwendungen einsetzbar. Bild 10.33 c zeigt die erzielbare Oberflächenstruktur nach dem Bauprozess. Nachgelagerte Finishschritte lassen die geforderten Oberflächenqualitäten für den Spritzgusseinsatz erzielen.

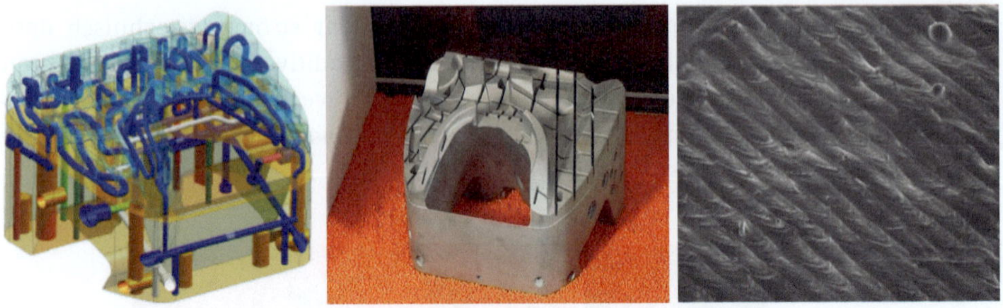

a) b) c)

Bild 10.33 Formeinsatz für Spritzgusswerkzeug. a) Darstellung des konturnahen Kühlkonzeptes, b) hybrid aufgebauter Formeinsatz */Jena2011-7.8.5/*, c) mikroskopische Vergrößerung der lasergenerierten Oberfläche */ConceptLaser2011-2/*

Für die Werkstoffe 1.2709 und 1.4404 veranschaulicht Bild 10.34 das Spannungs-Dehnungs-Diagramm. Exemplarisch sind jeweils eine A- und eine B-Probe dargestellt. Die materialspezifische Zugfestigkeit wird für alle Proben erreicht bzw. liegt über den geforderten Werten.

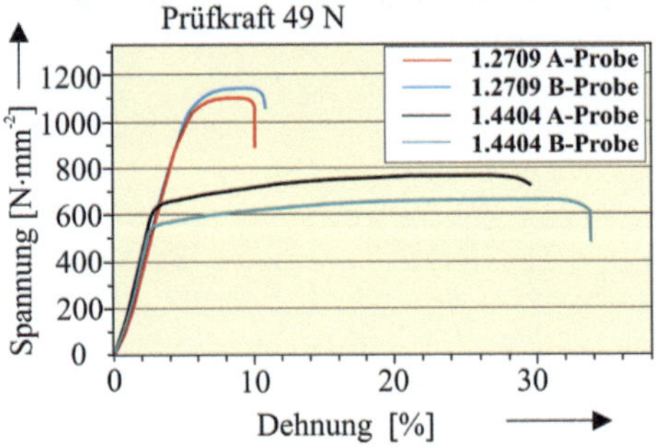

Bild 10.34 Spannungs-Dehnungs-Diagramm ausgewählter Werkstoffe nach */ConceptLaser2011-2/*

10.3.2.3 Laserstrahlbasiertes Pulverbettverfahren polymerer Werkstoffe (PBF-LB/P)

Für das laserstrahlbasierte Pulverbettverfahren polymerer Werkstoffe wird vorrangig der Verbindungsmechanismus der partikulären Koaleszenz unterhalb der vollständigen Schmelze, das Sintern, genutzt. Die hierfür eingesetzten thermoplastischen Polymere werden beim lokalen Aufschmelzen durch den Laserstrahl viskos plastisch, erstarren anschließend wieder und gehen so eine stoffschlüssige Verbindung mit benachbarten Partikeln ein. Aufgrund ihrer vergleichsweise niedrigen Schmelztemperaturen lassen sich viele Kunststoffe bereits mit moderaten Laserleistungen effizient versintern.

Typischerweise kommen CO_2-Laser mit mittleren Leistungen von 30 – 50 W zum Einsatz. Die Wellenlänge von 10,6 µm wird von den meisten Kunststoffmaterialien sehr gut absorbiert.

Durch die geringe Wärmeleitfähigkeit kann das Wechselwirkungsvolumen während des Sintervorgangs örtlich sehr gut begrenzt und damit ein ungewolltes Wachsen der Bauteile durch das Anschmelzen benachbarten Pulverteilchen verhindert werden. Die eingesetzten Kunststoffmaterialien können eine kristalline, teilkristalline oder eine amorphe Struktur aufweisen. Eine Auswahl von typischen Kunststoffvertretern sowie ausgewählte Eigenschaften stellt Tabelle 10.13 vor. Eine sorgfältige Auswahl des geeigneten Materials muss der Anwender unbedingt berücksichtigen, da diese sich hinsichtlich Schwundverhalten, erzielbaren Festigkeiten und Härten z. T. erheblich unterscheiden. Um gezielt Festigkeitseigenschaften zu steigern, können Kunststoffe auch mit Aluminium, Glaskugeln oder Faserwerkstoffen verstärkt werden. Im Beispiel des Polyamides in Tabelle 10.13 lässt sich durch Kohlefaseranteile die Zugfestigkeit um den Faktor vier bis fünf erhöhen. Das Material PEEK HP3 erreicht bspw. eine sehr hohe Temperaturstabilität für den Dauergebrauch im gesinterten Bauteilzustand (bis 240 °C mechanisch, statisch). Im Mittelpunkt der Entwicklung steht das Erforschen von neuen bzw. modifizierten Materialien mit weiter angepassten Eigenschaften.

Tabelle 10.13 Verarbeitbare Materialien und ausgewählte Eigenschaften nach */EOS2011/*

Werkstoff		Shorehärte D	Zug-E-Modul [N·mm^{-2}]	Zugfestigkeit [N·mm^{-2}]	Bruchdehnung [%]	Biegemodul, 23 °C [N·mm^{-2}]
PA12	PA 2200 Performance	75	1800	50 (XR; YR)	20 (XR; YR)	1500
PEEK	PEEK HP3	–	4250	90	2,8	–
PA12-MD (Al)	Alumide	76	3800 (XR; YR)	48 (XR; YR)	4 (XR)	3600
PA12-CF	CarbonMide	–	6100 (XR)	72 (XR)	6,3 (YR)	–
PS	PrimeCast 101	–	1600	5,5	0,4	–
XR = X-Richtung; YR = Y-Richtung; ZR = Z-Richtung						

Im Unterschied zu den metallischen Pulvern weicht bei den **Kunststoffpulvern** die Oberfläche der Kornform von einer Kugel ab (vgl. Bild 10.35). Für das Material PA2200 hat die Kornverteilung ihren Schwerpunkt bei 54 µm (mittlerer Korndurchmesser) und reicht von etwa 20 – 100 µm.

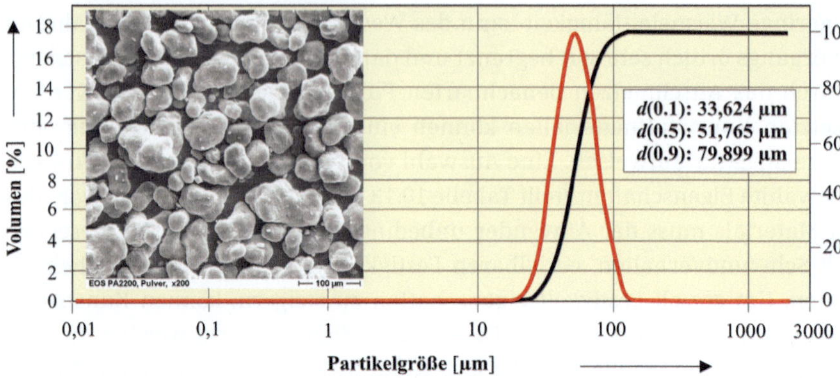

Bild 10.35 Darstellung der Korngrößenverteilung – Material PA2200

In Bild 10.36 ist eine PBF-LB-Anlage für Kunststoffe dargestellt. Die erforderliche Laserleistung von 30 W wird durch einen Sealed-Off-CO_2-Laser zur Verfügung gestellt. Damit lässt sich ein sehr kompakter Aufbau realisieren. Im Strahlengang des Systems wird der Rohstrahl zunächst aufgeweitet und parallelisiert. Ein X-Y-Scanner lenkt den Strahl durch eine F-Theta-Linse auf die Fokusposition, die auf die zu versinternde Pulverschicht eingerichtet wird. Mit der gewählten Brennweite der Linse lassen sich bei dem gezeigten Lasersintersystem Fokusdurchmesser von etwa 0,2 mm erzielen.

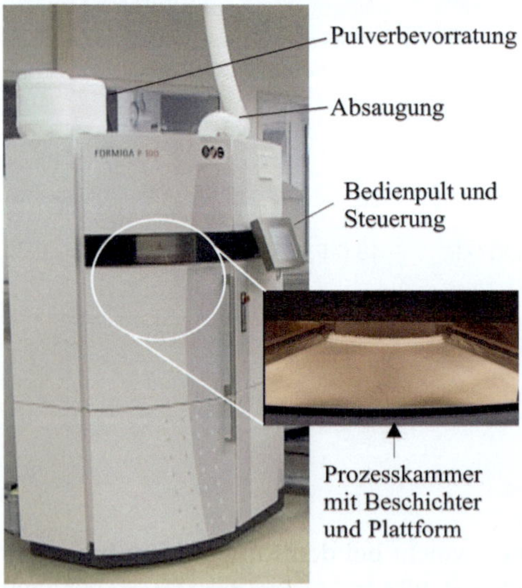

Bild 10.36
PBF-LB-Anlage für Kunststoffe
© EOS GmbH, */EOS2011/*

Die Pulverzufuhr wird für die dargestellte Anlage aus einem aufgesetzten Behälter, der Pulverbevorratung, sichergestellt. Die Anforderungen an die Pulverbereitstellung im Sinterprozess sind hoch. Vor dem Baustart erfolgt in der Regel ein Homogenisieren des Pulvermaterials im Behälter. Für das verarbeitete Material PA2200 können

Pulvermischungen aus neuem und recyceltem Material mit einem Verhältnis bis 58 %/42 % eingesetzt werden.

Das PBF-LB/P-Verfahren ist ein hybrider Prozess, der ein zusätzliches Heizen des Materials vorsieht, um den Laserprozess sehr effizient ausführen zu können. Der Werkstoff PA2200 (PA12) wird auf eine Prozesstemperatur von 170 °C vorgeheizt, bevor der eigentliche Bauprozess startet. Im Gegensatz zu den metallischen Pulvern kann die Prozessatmosphäre durch Luft gebildet werden. Eine typische Schichtdicke beträgt 100 µm für diese Pulverkornverteilung.

Der Bauprozess startet mit dem Auftrag von Supportschichten (ohne Lasersinterung). Für Kunststoffe sind keine Stützstrukturen erforderlich.

In Tabelle 10.14 sind die wichtigsten Prozessschritte des Lasersinterns von Kunststoffen zusammengefasst.

Tabelle 10.14 Prozessschritte des PBF-LB/P-Verfahrens

Schritt	Vorgangsbeschreibung
1	Einbringen des Pulverbehälters
2	Vorheizen des Pulverbettes
3	Einlesen der CAD-Daten; Erstellen des Bauprogramms
4	Start des Bauprogramm nach Beendigung des Vorheizprozesses
5	Auftragen der Supportschichten
6	Scannen und Sintern der Schichtinformationen
7	Absenken der Plattform um Schichtdicke
8	Auftragen einer neuen Pulverschicht
9	Prozesswiederholung entsprechend der Schichtanzahl

Nach dem Bauprozess schließen sich Folgeprozesse an, um einerseits das Restmaterial von den Bauteilen zu trennen und dem Materialkreislauf wieder zurückführen zu können. Anderseits erfolgen in der Regel auch Finishprozesse, um die Oberflächenqualität zu verbessern und feinere Restpartikel zu entfernen (Bild 10.37). Beim Bauprozess werden unterschiedliche Bau- oder Belichtungsstrategien angewendet, um insbesondere Bauteilqualität sowie Verzugs- und Schwindungseinflüsse gezielt beeinflussen zu können. Ferner steht dabei auch die Forderung nach Minimierung von Spannungszentren, die durch den lokalen Energieeintrag des Laserstrahls verursacht werden können.

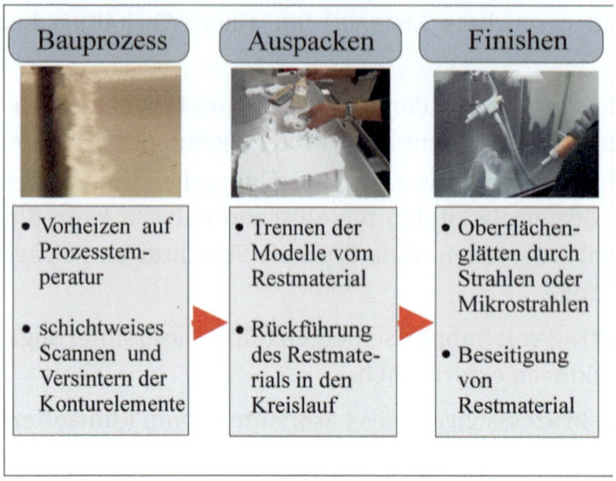

Bild 10.37 Bauprozess und anschließende Prozessschritte nach */EOS2011/*

Als ein Maß für die **Baugeschwindigkeit** wird ein Fortschritt in Z-Richtung von 24 mm pro Stunde bis zu 35 mm pro Stunde angegeben */Gebh2007/*, */Gebh2026/*.

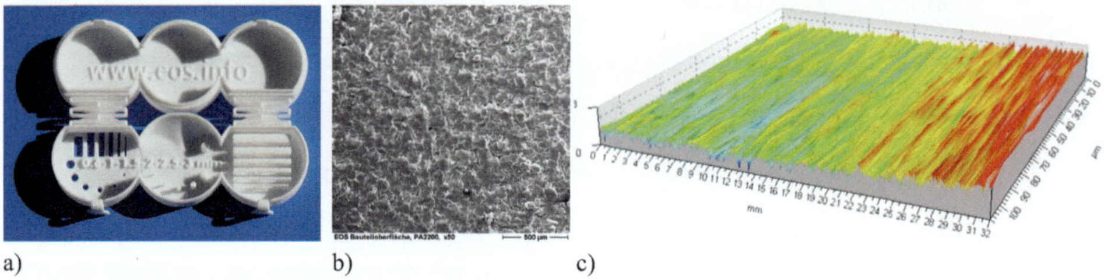

Bild 10.38 Geometrieprototyp „Logobox". a) Fotografische Ansicht der Geometrieelemente, b) Mikroskopische Darstellung der gesinterten Bauteiloberfläche, c) Darstellung des Oberflächenprofils
Material: PA2200 → Schichtdicke: 100 µm, *Ra* = 9,1 µm, *Rz* = 47 µm

Bild 10.38 und Bild 10.39 a illustrieren Geometrieprototypen zur Darstellung der erreichbaren Strukturbreiten und -höhen sowie ausgewählter Formelemente. Wandstärken bis zu 0,4 mm lassen sich mit der beschriebenen Verfahrenstechnologie realisieren. In Bild 10.38 c ist eine typische Oberflächentopografie eines lasergesinterten Polyamidbauteils dargestellt. Die erreichbaren Oberflächenkenngrößen sind im Wesentlichen von der Materialart, der mittleren Korngröße sowie der Kornverteilung aber auch vom Versinterungsgrad abhängig. Typische Mittenrauwerte liegen im Bereich zwischen 5 µm und 30 µm.

Die Beispiele in Bild 10.39 demonstrieren die Möglichkeiten des PBF-LB/P-Verfahrens. Komplette Baugruppen aber auch kompliziert geformte Bauteile und Innenkonturen lassen sich nahezu beliebig aufbauen. Das im Bild c verwendete Material PEEK weist eine hohe Temperaturbeständigkeit auf und kann vorteilhaft für Funktionsprototypen eingesetzt werden.

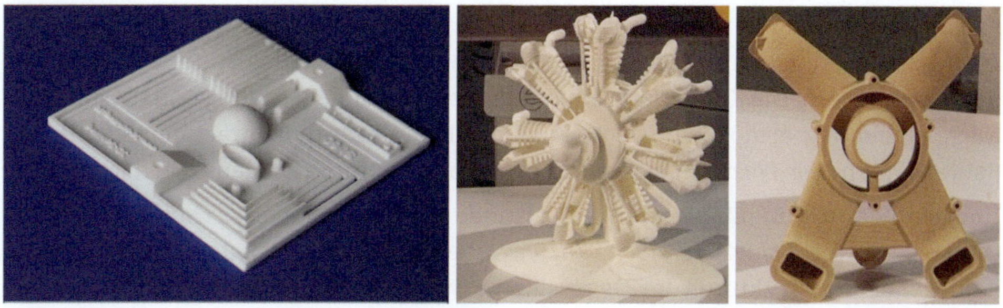

a) b) c)

Bild 10.39 Modelle des Lasersinterns. a) Geometrieprototyp */3DSchilling2011/*, b) Sternmotor */EOS2011/*, c) Abgaskrümmer */EOS2011/*

Siehe auch Videosequenz zum Thema „Additive Verfahren" auf *plus.hanser-fachbuch.de.*

10.3.2.4 Laserstrahlbasiertes Pulverbettverfahren silikatischer Werkstoffe (PBF-LB/S)

Während metallische und polymerbasierte Werkstoffe im PBF-LB-Verfahren bereits seit vielen Jahren etabliert sind, erfordert die Verarbeitung von silikatischen Materialien, insbesondere Glas und Keramik, eine angepasste Prozessstrategie aufgrund ihrer besonderen thermophysikalischen Eigenschaften. Glas- und Keramikpulver weisen in der Regel hohe Schmelztemperaturen und geringe Wärmeleitfähigkeiten auf, wodurch die lokale Energieeinbringung präzise gesteuert werden muss, um thermische Spannungen und Rissbildung zu minimieren.

Im Unterschied zu Metallen, die beim PBF-LB/M vollständig aufgeschmolzen werden können, erfolgt die Verbindung bei silikatischen Materialien überwiegend über Festphasensinterprozesse, die durch die lokal eingebrachte Energie initiiert werden. Hierbei spielt die Grenzflächenaktivierung zwischen den Partikeln eine zentrale Rolle. Da Glas- und Keramikpulver im Allgemeinen durch eine breite Partikelgrößenverteilung gekennzeichnet sind, wird die Packungsdichte durch den Einsatz von bimodalen Pulvermischungen gezielt optimiert, um eine möglichst hohe Gründichte und eine homogene Energieeinbringung zu gewährleisten.

Ein besonderes Augenmerk liegt beim PBF-LB/S auf der Oberflächenbeschaffenheit der Partikel sowie auf der Partikelmorphologie, da diese Eigenschaften die Fließ- und Rakelfähigkeit des Pulvers erheblich beeinflussen. Aufgrund der typischerweise geringen Duktilität silikatischer Materialien ist das Entstehungsrisiko von Mikrorissen während der Laserbestrahlung erhöht, weshalb die präzise Abstimmung von Laserleistung, Spotgröße, Scangeschwindigkeit und Energieüberlappung essenziell ist. Nach dem additiven Fertigungsprozess wird das Grünkörperbauteil oftmals einer nachgeschalteten Sinter- oder Glasumwandlung unterzogen, um die mechanischen Eigenschaften, die Dichte sowie die optischen oder funktionellen Materialeigenschaften zu optimieren. Die Kombination aus additiver Präzisionsfertigung und thermischer Nachbehandlung ermöglicht die Herstellung komplexer, hochpräziser silikatischer Bauteile mit hoher Formgenauigkeit und angepassten funktionalen Oberflächen.

Hochtemperatur-PBF-LB/S-Verfahren erlauben die Herstellung poröser Bauteile aus Quarzglaspulver */Schw2018/*, */Schw2019/*, wobei zu beachten ist, dass die Erzeugung homogener Glasstrukturen im Gegensatz zu vielen Metallen und den Kunststoffen wesentlich höhere Prozesstemperaturen erfordert. Beim sogenannten Hochtemperaturprozess wird der additive Fertigungsablauf in eine beheizbare Prozesskammer integriert, um ein schichtweises Sintern hochreiner Quarzglaspulver unter erhöhten Temperaturen, typischerweise bis zu 1000 °C, und unter definierten Schutzgasatmosphären (z. B. Argon) zu ermöglichen. Tabelle 10.15 zeigt die Prozessschritte des Hochtemperatur-PBF-LB/S-Verfahrens.

Tabelle 10.15 Prozessschritte des Hochtemperatur-PBF-LB/S-Verfahrens für die Herstellung von Quarzglaskörpern */Schw2018/*

Prozessschritt	Ablauf
1	Erwärmung der Prozesskammer und der Plattform
2	definierte Verteilung des Pulvermaterials durch einen Rakel auf der Bauplattform
3	selektives An- oder Aufschmelzen des Pulvers für die Erzeugung einer festen Materialschicht mittels scannender Laserstrahlung
4	Absenkung der Bauplattform um den Betrag der Schichtdicke und erneuter Auftrag des Pulvermaterials
5	stetige Wiederholung des Prozesszyklus bis zur Fertigstellung des dreidimensionalen Bauteils, wobei Pulvermaterial, welches nicht durch die Laserstrahlung thermisch aktiviert wird, als Stütz- und Isolationsmaterial im Bauraum verbleibt
7	Entnahme des Bauteils, Entfernung der Stützstruktur durch mechanisch trennende Verfahren, Entnahme des restlichen Pulvers aus dem Ofen, Recycling des Restpulvers
8	Ultraschallreinigung zur Beseitigung der nicht aktivierten Pulverpartikel innerhalb der entstandenen Poren
9	Untersuchung der gefertigten Bauteile hinsichtlich erzeugter Dichte, Oberflächenstruktur und Biegefestigkeit
10	Verdichtung der porösen Struktur zu einem festen und transparenten Formkörper durch anschließenden Drucksinterprozess

Der Laserstrahl wird über ein infrarottransparentes Einkoppelfenster, das in die obere Hälfte der thermisch isolierten Prozesskammer integriert ist, geführt und anschließend auf die Bauplattform mit einer Fokuslage von $z_f = 0$ fokussiert. Die hochdynamische Ablenkung des Strahls über die Baufläche erfolgt mittels einer präzise angesteuerten Galvanometerscannereinheit. Die Prozesskammer ist so konstruiert, dass eine annähernd homogene Temperaturverteilung im gesamten Bauraum gewährleistet wird. Die obere Hälfte des in zwei getrennt regelbare Zonen unterteilten Heizofens fungiert als isolierender Deckel und beherbergt das Einkoppelfenster zur Strahleinkopplung, während sich in der unteren Ofenhälfte sowohl die absenkbare Bauplattform als auch das beheizte Pulverreservoir befinden. Diese thermische Zonierung ermöglicht den kontinuierlichen Pulvertransport und die präzise Temperierung beider Prozessbereiche.

Das verwendete Pulvermaterial ist typischerweise auf einen Partikelgrößenbereich zwischen 20 und 80 µm fraktioniert (vgl. Bild 10.40 a), wobei sowohl blockige als auch sphärische Partikelformen prozessiert werden können. Die in Bild 10.40 b dargestellte Pulverkornverteilung eignet sich für die Realisierung eines ebenen und homogenen Schichtauftrags für Schichtdicken zwischen 60 und 150 µm.

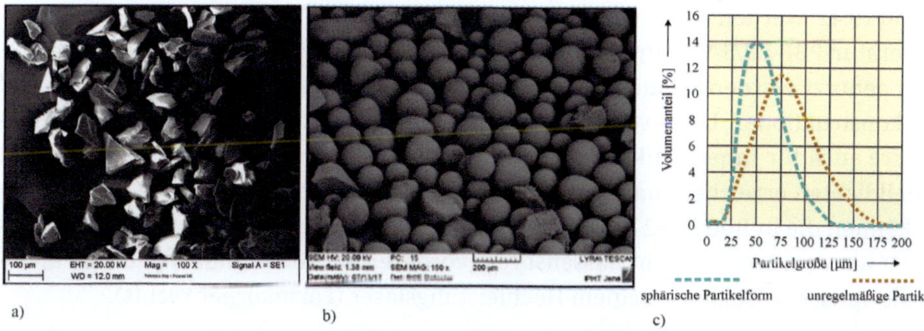

Bild 10.40 Charakterisierung des Ausgangspulvers */Schw2019/*. a) mikroskopische Darstellung der unregelmäßigen Partikelform, b) mikroskopische Darstellung der sphärischen Partikelform Korngrößenverteilung einer gewählten Kornfraktion, c) Kornverteilungskurven der beiden Partikelformen

Mittels des Hochtemperatur-PBF-LB/S-Verfahrens können dreidimensionale, poröse Grünkörper aus Quarzglaspulver hergestellt werden, die in diesem Zustand aufgrund der niedrigen Grünkörperdichte und der damit verbundenen Lufteinschlüsse keine Transparenz aufweisen. Die Dichte der Bauteile kann durch die direkte Messung mittels Infiltrationsverfahren bestimmt werden. Die ermittelten relativen Dichten ρ liegen in Bezug auf die Dichte von Quarzglas ($\rho = 2{,}201\ g \cdot cm^{-1}$) zwischen 42 % und 65 %. Die REM-Aufnahme einer horizontalen Oberflächenstruktur in Bild 10.41 zeigt ein poröses, teilweise dichtes und partiell verglastes Gefüge mit gitterförmig angeordneten Verglasungssträngen, an welchen noch einzelne, nicht verschmolzene Pulverpartikel haften. Die sehr gut erkennbare Ausbildung von Sinterhälsen lässt auf einen Festphasensinterprozess schließen.

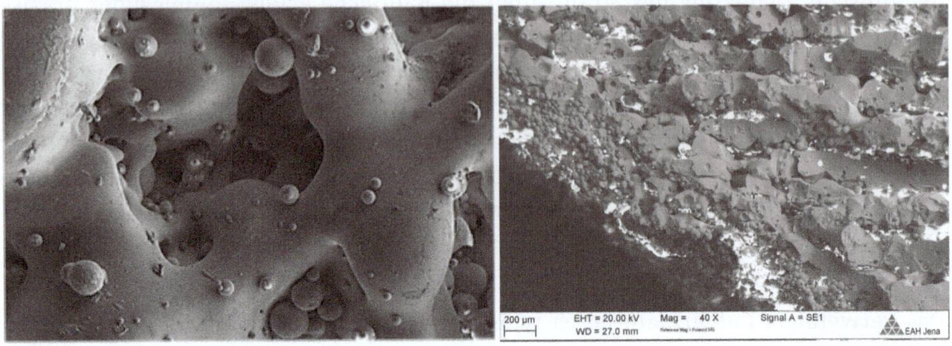

a) b)

Bild 10.41 REM-Aufnahme eines Glasbauteils aus SiO_2-Ausgangspulver mit einer Schichtdicke von $s = 150\ \mu m$. a) Darstellung der horizontalen Oberflächenstruktur, Vergrößerung: 150-fach, b) Darstellung des vertikalen Schichtverbundes

In Bild 10.42 werden ausgewählte Sinterformkörper dargestellt, die mittels Hochtemperatur-PBF-LB/S-Verfahren zur Herstellung komplexer dreidimensionaler Strukturen genutzt werden können. Da das Pulverbett selbst die Kontur stützt, kann auf Stützkonstruktionen bzw. -strukturen weitestgehend verzichtet werden, was insbesondere auch für Innenstrukturen von Interesse ist. Die mit dem Verfahren erzielten Bauteildichten erreichen maximale Werte von 65 %. In Bezug auf einige Anwendungen können die in Bild 10.42 b gezeigten Formkörper bereits als Filtermaterialien eingesetzt werden, zum einen in Gassensoren (vorderer flacher Zylinder) und zum anderen als optischer Isolator in einem Hochleistungslaser (Formkörper rechts).

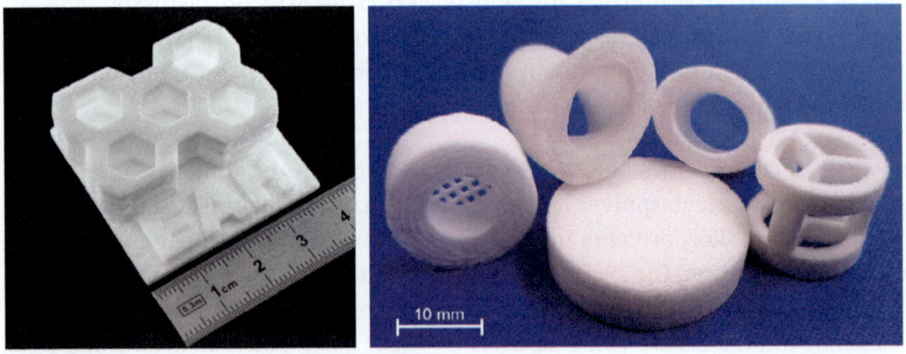

a) b)

Bild 10.42 Mittels Hochtemperatur-PBF-LB/S-Verfahren gefertigte Grünkörper. a) Demonstratorbauteil, Material SiO_2, b) Filterelement für Gassensor (Mitte) und optischer Isolator (rechts) */Schw2018/*

10.3.2.5 Laserstrahlbasiertes Pulverbettverfahren keramischer Werkstoffe (PBF-LB/C)

Das Sintern von Keramiken mittels Ultrakurzpulslasern (UKP-Lasern) stellt eine innovative Verfahrensvariante zur lokalen Verdichtung keramischer Werkstoffe dar, die sich insbesondere durch die präzise thermisch begrenzte Energieeinbringung auszeichnet. Im Gegensatz zu konventionellen thermischen Sinterverfahren, bei denen die gesamte keramische Struktur in einem Ofen unter kontrollierten Temperatur-Zeit-Regimen verdichtet wird, erlaubt der Einsatz von UKP-Lasern eine gezielte ortsselektive Verdichtung einzelner Bereiche oder Strukturen direkt während des Fertigungsprozesses. Diese Vorgehensweise ist bei spröd-harten Materialien wie Keramiken von besonderer Bedeutung, da die minimierte Wärmeeinflusszone (WEZ) die Entstehung von thermischen Spannungen und Rissen signifikant reduziert. Für den Sinterprozess wird das keramische Pulver schichtweise aufgetragen und anschließend mit dem UKP-Laserstrahl gezielt lokal gesintert. Dabei wird die Laserpulsenergie so gewählt, dass die Grenzflächen der keramischen Partikel aktiviert und partielle Schmelzbrücken bzw. Sinterhälse erzeugt werden, ohne das Material vollständig aufzuschmelzen. Die Kombination aus extrem kurzer Energieeinbringung und hoher Ortsauflösung erlaubt die feinstrukturierte Verdichtung komplexer Geometrien und ist vorwiegend in der Herstellung von Mikrobauteilen oder funktionalen Oberflächen von Vorteil.

Ein zentraler Aspekt bei der lokalen Lasersinterung insbesondere von Oxidkeramiken wie Aluminiumoxid (Al_2O_3), Zirkonoxid (ZrO_2) oder Spinell ($MgAl_2O_4$) ist die Notwendigkeit einer gezielten Vorwärmtechnik. Oxidkeramiken erfordern hohe Schmelztemperaturen und haben eine vergleichsweise niedrige Wärmeleitfähigkeit, was zu steilen Temperaturgradienten während der Lasereinwirkung führt. Zur Reduktion thermomechanischer Spannungen sowie zur Absenkung der erforderlichen Schwellenfluenz für die Sinterhalsbildung wird die Probenumgebung auf ein definiertes Vorwärmniveau temperiert. Diese Vorwärmtemperaturen liegen typischerweise im Bereich von 500 °C bis 1000 °C, abhängig vom eingesetzten Materialsystem, der Partikelgrößenverteilung sowie dem angestrebten Sinterfortschritt. Aktuelle Arbeiten */Kühn2025/* legen nahe, dass Vorwärmtemperaturen von über 1000 °C notwendig sind, um einerseits hohe Dichten zu erzeugen und andererseits die Rissgefahr zu minimieren. Die Vorwärmung unterstützt mehrere physikalische Mechanismen. Die signifikante Erhöhung der Diffusionsaktivität erleichtert die Ausbildung von stabilen Kornkontakten und Sinterhälsen. Die thermische Elastizität der Partikelagglomerate steigt, wodurch Spannungsrisse durch lokale Temperaturspitzen reduziert werden. Darüber hinaus ermöglicht die Kombination aus Vorwärmung und ultrakurzen Laserimpulsen eine gezieltere Steuerung des Energieeintrags, da die notwendige lokale Temperaturerhöhung durch die Laserabsorption geringer ausfällt und somit eine präzisere Abstimmung zwischen Materialverdichtung und Formgenauigkeit erreicht werden kann. Gleichzeitig kann durch die Temperierung der abgesenkten Plattform mit Pulverballen eine langsamere und temperaturgesteuerte Abkühlung des Bauteils während und nach Abschluss des Bauprozesses erfolgen.

Ein zentraler Zielkonflikt im Prozess der lokalen Lasersinterung besteht zwischen der maximal erreichbaren Dichte innerhalb der lokal verdichteten Strukturen und der erzielbaren Form- und Konturgenauigkeit. Eine hohe Dichte erfordert eine umfassende Kornumordnung, ein intensives Kornwachstum sowie die Ausbildung möglichst großer Sinterhälse, was tendenziell mit einem höheren Energieeintrag und größeren Wärmeeinflusszonen einhergeht. Dies begünstigt jedoch die Formveränderung durch Schrumpfungsprozesse und lokalisierte Spannungsrelaxation, die die Formtreue insbesondere bei feinen Mikrostrukturen und dünnwandigen Bereichen beeinträchtigen kann. Umgekehrt führt eine strikte Begrenzung des Energieeintrags zur Sicherstellung einer hohen lateralen Auflösung und Formgenauigkeit zu einer unvollständigen Verdichtung und damit zu einer poröseren Struktur mit eingeschränkten mechanischen Eigenschaften. Während in Bild 10.43 ausgewählte Strukturen am Beispiel der Oxidkeramik Zirkonoxid dargestellt sind, fasst Tabelle 10.16 exemplarische Laser- und Prozessparameter für den additiven Prozess zusammen.

Tabelle 10.16 Ausgewählte Laser- und Pozessparameter für das PBF-LB/C–Verfahren von Zirkonoxidkeramik

Parameter	Wert bzw. Wertebereich
Laserwellenlänge	1030 nm
Repetitionsrate	0,5 – 32 MHz
Mittlere Laserleistung	30 W bis 1 kW
Pulslänge	220 fs bis 3,5 ps
Scangeschwindigkeit	30 – 1000 mm·s^{-1}
Vorwärmtemperatur	400 – 1200 °C
Fokuslage	0 bis ±10 mm

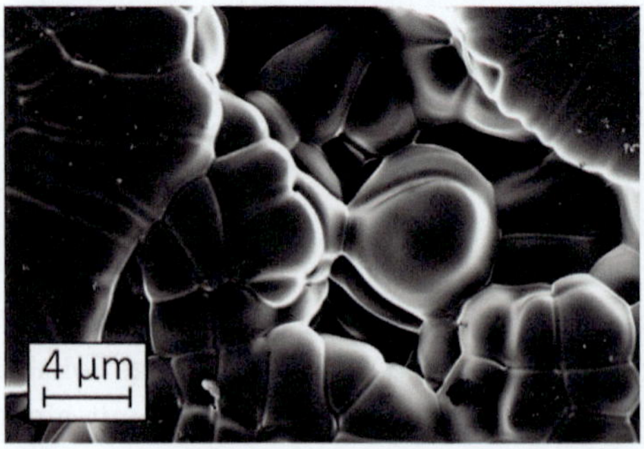

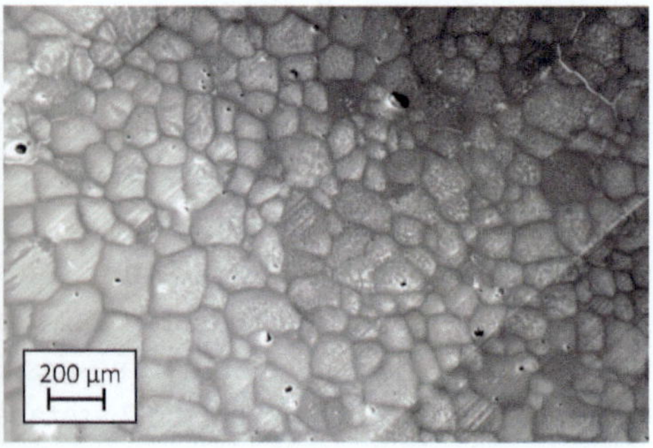

Bild 10.43 REM-Aufnahmen additiv gefertigter Strukturen, Material ZrO_2. a) Ausbildung von Sinterhälsen, b) Schichtengenerierung mit sehr hohen Bauteildichten */Saphir2024/*

In der Prozessführung kann dieser Zielkonflikt durch eine adaptive Prozesskontrolle gelöst werden, die sowohl die lokale Temperaturverteilung (z. B. mittels Pyrometrie oder Thermografie) als auch die erzielte Oberflächenstruktur in Echtzeit überwachen kann. Dabei werden die Laserpulsenergie, die Pulsüberlappung sowie die Scanstrategie während des Prozesses material- und geometrieabhängig optimiert, um in kritischen Bereichen, etwa bei scharfen Kanten oder Übergängen zwischen mikrostrukturierten und massiv verdichteten Zonen, einen gezielten Kompromiss zwischen hoher Formgenauigkeit und ausreichender Materialverdichtung zu erreichen. Insbesondere hybride Prozessansätze, bei denen eine initiale Vorverdichtung mittels konventioneller Vorwärmverfahren erfolgt und die finale Mikrostrukturierung durch den UKP-Laser realisiert wird, haben sich für hochpräzise, funktionale Keramikbauteile als vorteilhaft bzw. unerlässlich erwiesen.

Insgesamt bietet das UKP-gestützte PBF-LB-Verfahren von Keramiken, insbesondere unter Einbezug geregelter Vorwärmtechnik, ein hohes Potenzial zur Herstellung komplexer Mikrobauteile mit lokal abgestimmten Eigenschaften, wenngleich die Prozessoptimierung stark material- und anwendungsabhängig ist und eine umfassende Prozesscharakterisierung erfordert.

10.3.2.6 Hochauflösendes laserstrahlbasiertes Pulverbettverfahren für die Mikrofertigung

Das hochauflösende laserstrahlbasierte Pulverbettverfahren (hochauflösendes PBF-LB-Verfahren) ist ein spezialisiertes additives Fertigungsverfahren, das auf dem Lasersinterprozess basiert, jedoch für die Herstellung von Mikrobauteilen mit hoher Präzision und feinen Strukturen optimiert wurde. Diese Technologie eignet sich besonders für die Fertigung von metallischen und keramischen Mikrokomponenten, die in Bereichen wie der Medizintechnik, der Mikrooptik und der Elektronik angewandt werden. Durch den Einsatz hochfokussierter Laserstrahlen können Schichtdicken im Bereich von wenigen Mikrometern realisiert und dadurch eine hohe Detailgenauigkeit ermöglicht werden.

Im Vergleich zum klassischen PBF-LB-Verfahren zeichnet sich das hochauflösende PBF-LB-Verfahren durch folgende Besonderheiten aus:

- **Hochpräzise Strahlungsquellen:** Femtosekunden- oder Pikosekundenlaser reduzieren den Wärmeeintrag und minimieren thermische Verzerrungen.
- **Feinkörnige Pulver:** Die Verwendung von Pulvern mit Partikelgrößen im Bereich von 1 – 10 µm erlauben die Erzeugung feiner Strukturen.
- **Dünne Schichtdicken:** Typische Schichtstärken liegen zwischen 1 und 5 µm, wodurch eine hohe Detailauflösung erreicht wird.

Das Ziel des hochauflösendes PBF-LB-Verfahrens besteht in der Anwendung der Schichtverfahren auf miniaturisierte Teilegeometrien. Dies setzt voraus, dass sich geringere Schichthöhen und kleinere Pulverkorngrößen generieren bzw. verarbeiten lassen. Problematisch gestaltet sich jedoch das Pulverhandling mit den bisher beschriebenen Anlagensystemen, insbesondere wenn nanoskalige Pulvermaterialien zu handeln sind. Die Rieselfähigkeit und die Konditionierung sind für solche Pulverfraktionen unter Atmosphärenbedingungen eingeschränkt. Eine Lösung des Problems stellt die Verlagerung des Lasersinterprozesses in eine Vakuum- bzw. Schutzgaskammer dar. Dadurch können auch nanoskalige Pulver mit anteiligen Korndurchmessern unter 100 nm verarbeitet werden. Bild 10.44 veranschaulicht das Anlagenkonzept einer hochauflösenden PBF-LB-Anlage */LHM2011/*.

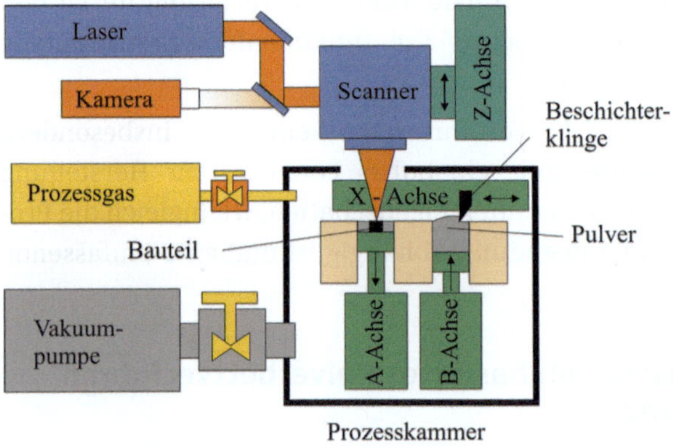

Bild 10.44
Schematische Darstellung einer hochauflösenden PBF-LB-Anlage nach */LHM2011/*

Die Laserstrahlungsquelle wird durch einen gütegeschalteten Nd:YAG-Laser bzw. UKP-Laser mit hoher Strahlqualität gebildet. Mit einer skalierbaren mittleren Laserleistung, typischerweise zwischen 0,1 und 10 W, sowie Repetitionsraten bis in den Megahertz-Bereich kann der Sinterprozess auf unterschiedliche Materialien und Baustrategien flexibel ausgelegt werden. Die kurzen und überhöhten Laserpulse gestatten eine engbegrenzte Energieeinbringung und damit das Erreichen einer hohen Auflösung. Eine wichtige Funktion kommt dem schichtweisen Pulverauftrag zu. Das Verfahren nutzt hierfür einen Ringrakel mit einer speziellen Rakeltechnologie. In Anwendung dieser Verfahrenstechnik lassen sich Pulverschichten von einem Mikrometer und kleiner generieren. Auch das hochauflösende PBF-LB-Verfahren wendet das Verfahren der quasistochastischen Belichtung (vgl. Bild 10.30) an, um verzugsminimierte Bauteile herstellen zu können.

Mit dem beschriebenen Anlagenkonzept können 3D-Mikrobauteile mit einer Auflösung von 30 µm bei einem Aspektverhältnis von größer 10 generiert werden. In Bild 10.45 sind exemplarisch zwei Teststrukturen zur Veranschaulichung des Auflösungsvermögens dargestellt. Für den Sinterprozess lassen sich unterschiedliche Metalle (z. B. W, Mo, Ta, Cu, Al, Ag, Ti und Stahl), Mischverbindungen und Keramikmaterialien einsetzen. Ein interner Wechsel des Pulvermateriales bietet darüber hinaus auch die Möglichkeit, Wechselschichtsysteme aufzubauen. */LHM2011/*

a) b)

Bild 10.45 Teststrukturen des hochauflösenden PBF-LB-Verfahrens */LHM2011/*.
a) Formelement-Halbkugel Ø = 700 µm, b) Flügelrad Mikro-Turbolader, Auflösung kleiner 30 µm

Bild 10.46 illustriert eine Anwendung für das hochauflösende PBF-LB-Verfahren von keramischen Pulvermaterialien am Beispiel eines Sinterkörpers aus SiSiC für einen Funktionsprototypen. Aus oxidischem Keramikmaterial lassen sich bspw. sehr belastbare mikrostrukturierte Keramikkörper generieren (Druckfestigkeit größer 1000 MPa). Die erreichbaren Bauraten sind natürlich auch für das hochauflösende Verfahren sehr stark von der Auflösungsanforderung und vom gewählten Material abhängig und bewegen sich zwischen 30 und 1000 $mm^3 \cdot h^{-1}$. */LHM2011/*

Bild 10.46
Beispiel Turbinenrad aus SiSiC */LHM2011/*

Bei der Verwendung von nanoskaligen Materialien ist der Sicherheitsaspekt für Bediener und Umwelt besonders zu beachten. Verwendet werden hierfür spezielle Glovebox-Systeme, die über Schleusen eine sichere Trennung des Pulvers von Bediener und Umwelt gewährleisten.

Bild 10.47 illustriert drei hochaufgelöste komplexe Teststrukturen des hochauflösenden PBF-LB-Verfahrens. Als Ausgangsmaterial wurde ein rostfreier Stahl (1.4404) eingesetzt. Mit Schichtdicken von 2 und 4 µm lassen sich minimale Wandstärkestrukturen von 32 µm realisieren. Aspektverhältnisse bis zu einem Faktor 40 können am Beispiel von Bohrungsgeometrien mit einem Durchmesser von 150 µm und 6 mm Tiefe erzielt werden. Das im Bild b gezeigte feindetaillierte Modell ist in einer äußeren Abmessung von (9,9 × 12,9 × 17,6) mm³ generiert worden. /*EOS2011*/

a) b) c)

Bild 10.47 Beispiele des hochauflösenden PBF-LB-Verfahrens © EOS GmbH /*EOS2011*/. a) Teststrukturen der Verfahrensauflösung, b) Modell Dresdner Frauenkirche, c) Funktionsprototypen

10.3.2.7 Laserstrahlbasiertes Pulverbettverfahren mit Bindemittelunterstützung

Beim laserstrahlbasierten Pulverbettverfahren mit Bindemittelunterstützung wird die Bauteilendfestigkeit erst in einer zweiten separaten Prozessstufe erzielt. Als Ausgangsmaterial dient ein metallischer Pulverkornwerkstoff, der mit einer dünnen Polymerschicht umhüllt ist. In einer ersten Prozessstufe wird durch die selektive Einwirkung des Laserstrahles lediglich eine Verbindung zwischen den niedrigschmelzenden Polymerschichten erzeugt. Charakteristisch ist zunächst für das entstandene Bauteil die relativ geringe Festigkeit. Man spricht von der Grünphase. Diese ergibt sich durch das Kunststoffmaterial selbst und die relativ kleinen Verbindungszonen der Polymerschichten. Für den schichtweisen Aufbau des Grünlings werden CO_2-Laser mit einer Ausgangsleistung zwischen 25 W und 50 W eingesetzt. Die verwendeten Scanner erreichen Scangeschwindigkeiten bis $10\ m{\cdot}s^{-1}$.

Im Anschluss erfolgt eine zweite Prozessstufe, der eigentliche Sinterprozess der metallischen Phase des Grünlings, in einem Sinterofen. Dieser Prozess läuft temperatur-zeitgesteuert ab und lässt sich in vier Phasen unterteilen:

- Bindermaterial austreiben,
- Festphasensintern,
- Infiltrieren einer zweiten metallischen Komponente,
- Flüssigphasensintern.

Bild 10.48 veranschaulicht solch einen Temperatur-Zeit-Prozess des Ofensinterns /*Bran2007*/.

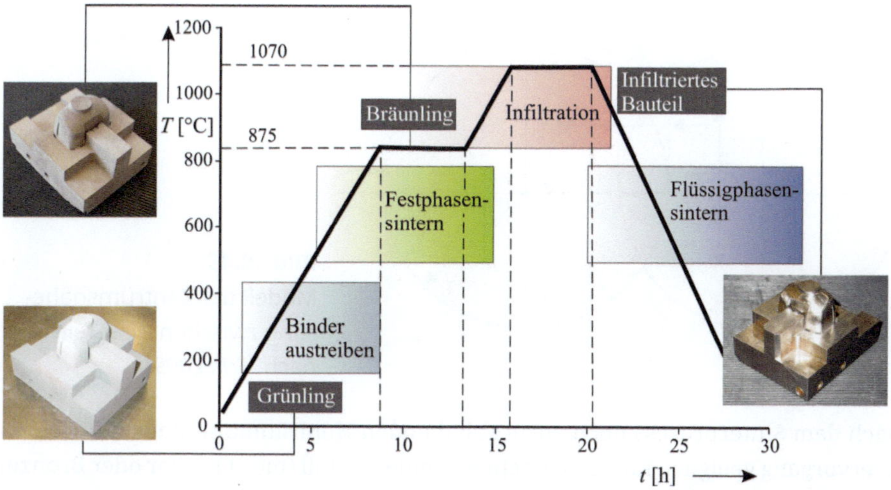

Bild 10.48 Temperatur-Zeit-Diagramm des Ofensinterprozesses nach */Bran2007/*

Bei noch relativ niedrigen Ofentemperaturen beginnt bereits das Ausbrennen des organischen Bindermaterials. Der sich anschließende Sinterprozess wird in einer Wasserstoffatmosphäre durchgeführt, durch deren reduzierende Wirkung Oxidhäute auf den metallischen Oberflächen vermieden und die erreichbare Benetzbarkeit der lose aneinander liegenden Metallkörner erhöht werden.

Während des Sinterprozesses bilden sich Sinterhälse zwischen den einzelnen Körnern aus, die dem sogenannten „Bräunling“ mit einer porösen Struktur die Grundfestigkeit geben.

Für die Beschreibung des Sinterprozesses und der Zusammenhänge zwischen Sinterdauer, Temperatur und Bauteildichte wird häufig das **Zweiteilchenmodell** verwendet. Bei diesem vereinfachten Betrachtungsfall wird von gleichgroßen Teilchen ausgegangen, die sich unter den Sinterbedingungen berühren. Vernachlässigt man die Schwerkraft und setzt isothermische Bedingungen voraus kann die Zentrumsnäherung zwischen zwei Teilchen nach dem allgemein bekannten Modell im Bild 10.49 beschrieben werden. Die sich ergebende Schwindung während des Sinterprozesses kann dann durch das Verhältnis von Halsdurchmesser und Teilchendurchmesser beschrieben werden. */Fritz2009/*

$$\frac{2h_z}{d_{\text{Teil}}} = \frac{x_{\text{Sint}}^2}{4 \cdot d_{\text{Teil}}^2} \qquad (10.12)$$

$2h_z$ Zentrumsnäherung (Maß für das Schwinden); x_{Sint} Sinterhalsradius; d_{Teil} Teilchendurchmesser

Durch die genannten Aufheiz- und Abkühlphasen sowie die verschiedenen Prozessschritte, muss ein spezifischer Gesamtbauteilschwund berücksichtigt werden.

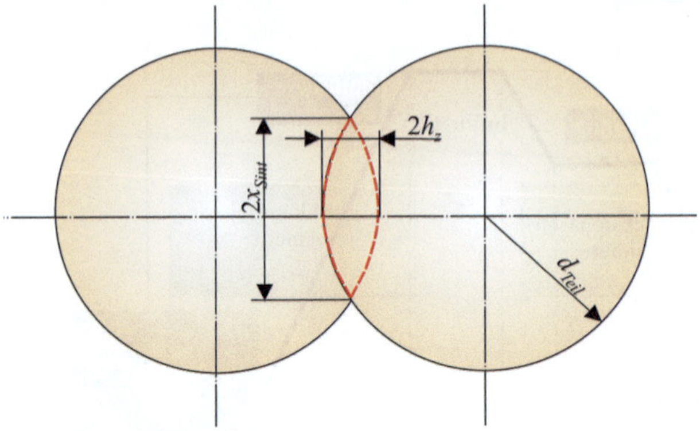

Bild 10.49
Modell der Zentrumsnähe-rung zwischen zwei Teilchen nach */Fritz2009/*

Die nach dem Sinterprozess noch zurückbleibenden Hohlräume sind ideal für einen Infiltriervorgang geeignet. Ein niedrigschmelzendes Metall (meist Kupfer oder Bronze) wird zu Prozessbeginn in die Ofenkammer eingebracht. Bei Erreichen der Schmelztemperatur des Infiltrates dringt dieses aufgrund der Kapillarkräfte in die metallische Matrix ein und füllt die Hohlräume entsprechend aus. Neben der Temperatur ist auch die Auswahl eines geeigneten Infiltrationsmateriales für diesen Prozess von Bedeutung. Das Material muss hinsichtlich des

- Benetzungsverhaltens und
- der Löslichkeit im Vergleich zum Ausgangswerkstoff

ausgewählt werden. Nach */Föhr2001/* eignen sich insbesondere gut benetzende Materialien, die nicht ineinander löslich sind. In der Praxis haben sich Materialkombinationen wie bspw. Fe-Cu, Fe-CuSn, Cr-Cu, Co-Cu oder TiC-Ni bewährt. Die sich letztendlich im Prozess ergebende Infiltrationshöhe wird neben den material- und prozessabhängigen Parametern auch vom Porendurchmesser und der Infiltrationszeit bestimmt und kann anhand Formel 10.13 ermittelt werden */Germ1996/*.

$$h_{\mathrm{Inf}} = \sqrt{\frac{t \cdot d_{\mathrm{Por}} \cdot \gamma_{\mathrm{L}} \cdot \cos \vartheta_{\mathrm{Kont}}}{4\eta_{\mathrm{Vis}}}} \qquad (10.13)$$

h_{Inf} Infiltrationshöhe; d_{Por} Porendurchmesser; $\vartheta_{\mathrm{Kont}}$ Kontaktwinkel; η_{Vis} Viskosität der flüssigen Phase; γ_{L} Oberflächenspannung der flüssigen Phase

Das laserstrahlbasierte Pulverbettverfahren mit Bindemittelunterstützung erlaubt die Herstellung von Bauteilgeometrien mit dünnen Wandungen, Hinterschneidungen und hohen Aspektverhältnissen, wobei Bauteilverzug oder innere Spannungen durch den zeitgesteuerten Aufheiz- und Abkühlprozess des gesamten Bauteils tendenziell besser beherrschbar sind als beim direkten Sinterprozess */Gebh2007/*.

Die vorgestellte Verfahrenstechnologie gestattet die Herstellung von metallischen Prototypen (teilweise auch mit Bauteilendqualität) und Werkzeugen, die sich vorzugsweise als Formeinsätze für den Kunststoffspritzguss und den Metalldruckguss in der Vorserie eignen. Eine Erhöhung der Oberflächengüte lässt sich durch nachgeschaltete Finishprozesse, z. B. Erodieren oder Polieren, sehr gut erreichen. Durch den Infiltrierprozess der niedrigschmelzenden Metallkomponente haben die Werkzeuge eine relativ hohe Wärmeleitfähigkeit (etwa 40 $W \cdot m^{-1} \cdot K^{-1}$), zugleich aber auch eine relativ geringe Härte bei 215 °C Werkzeugtemperatur, (vgl. Tabelle 10.17) was die Werkzeugstandzeiten begrenzt, aber eine Serienfertigung durchaus erlaubt.

Tabelle 10.17 Bauteile und Parameter – Material: LaserForm A6 Metall, Schichtstärke 100 µm */3DSystems2011/*

Spez. Dichte [$g \cdot cm^{-3}$]	7,8
Zug-Streckgrenze (0,2 %) [MPa]	470
Zugfestigkeit [MPa]	610
Dehnung [%]	2 – 4
Young-Modul [GPa]	138
Druckfestigkeit [MPa]	480
Härte (Rockwell) [HRC]	infiltriert: 10 – 20 wärmebehandelt: 39
Wärmeleitfähigkeit [$W \cdot m^{-1} \cdot K^{-1}$]	39 (215 °C)
Wärmeausdehnungskoeffizient [$10^{-6} K^{-1}$]	7,45

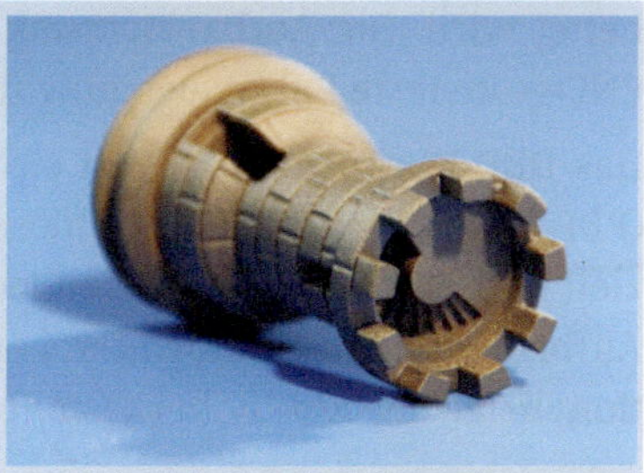

Siehe auch Videosequenz zum Thema „Additive Verfahren" auf *plus.hanser-fachbuch.de.*

10.3.3 Materialauftrag mit gerichteter Energieeinbringung (DED – Directed Energy Deposition)

Directed Energy Deposition (DED) bezeichnet eine Hauptgruppe additiver Fertigungsverfahren, bei denen Material in Form von Draht oder Pulver gezielt auf die Werkstückoberfläche aufgetragen wird. Die Energiequelle – typischerweise ein Laserstrahl, ein Elektronenstrahl oder ein Lichtbogen – bewirkt dabei das unmittelbare Aufschmelzen des aufgebrachten Materials. Im deutschen Sprachgebrauch wird dieses Verfahren häufig als Laserauftragsschweißen (LMD – Laser metal deposition) bezeichnet, wenngleich bei Verwendung anderer Energiequellen wie Lichtbogen auch von additivem Materialauftrag mit gerichteter Energieeinbringung gesprochen wird.

Hohe Aufbauraten und die Möglichkeit zur lokalen Reparatur oder Nachbearbeitung bestehender Bauteile charakterisieren das DED-Verfahren. Die Kombination aus präziser Energieeinbringung und direkter Materialzufuhr erlaubt die Herstellung großvolumiger, funktionsoptimierter Komponenten mit gezielt angepassten Werkstoffeigenschaften. Insbesondere im Bereich der metallischen Fertigung hochbeanspruchter Bauteile hat DED als hybride Prozessstrategie, kombiniert mit zerspanenden oder formgebenden Verfahren, wachsende industrielle Bedeutung erlangt.

10.3.3.1 Verfahrensprinzip und Abgrenzung

Das **laserstrahlbasierte DED-Verfahren** ist ein bereits industriell etabliertes Verfahren zur additiven Fertigung, Funktionalisierung und Reparatur metallischer Bauteile. Dabei wird metallisches Ausgangsmaterial, typischerweise in Form von Pulver oder Draht, durch eine Düse koaxial oder lateral in den Fokus eines Laserstrahls eingebracht. Der Laserstrahl erzeugt ein lokales Schmelzbad auf der Bauteiloberfläche oder einer zuvor abgeschiedenen Schicht, in das das Fördermaterial direkt eingebettet wird. Die Aufbaurichtung erfolgt schichtweise, wobei die Kontur durch eine CNC-gesteuerte Bahnbewegung des Laserkopfes oder des Werkstücks definiert wird.

Das DED-Wirkprinzip grenzt sich von den pulverbettbasierten additiven Verfahren (PBF-LB/M) ab, da keine geschlossene Pulverschicht erzeugt, sondern das Material gezielt und lokal in das bestehende Schmelzbad eingebracht wird. Dies lässt die flexible Aufbringung auf Freiformflächen sowie die hybride Fertigung durch gezielte Funktionalisierung additiv hergestellter oder spanend vorgefertigter Grundkörper zu.

10.3.3.2 Prozessaufbau und Komponenten

Das laserstrahlbasierte DED-System setzt sich aus mehreren wesentlichen Komponenten zusammen, die für eine präzise und stabile Prozessführung erforderlich sind (siehe auch Kapitel 9). Die Laserstrahlquelle nimmt dabei eine zentrale Stellung ein, denn abhängig von der Anwendung und der Wahl des Werkstoffs wird diese als Faserlaser oder Diodenlaser mit Leistungen zwischen 500 W und 6 kW ausgelegt. Diese Laserstrahlquellen zeichnen sich durch eine hohe Strahlqualität aus und ermöglichen eine steuerbare Energieeinbringung, wodurch eine gleichmäßige Schmelzbadbildung gewährleistet wird.

Die Steuerung der relativen Bewegung zwischen dem Laserstrahl und dem Werkstück erfolgt über ein Mehrachsbewegungssystem, das entweder auf einer CNC-gesteuerten Portalmaschine oder einem mehrachsigen Robotersystem basiert. Diese Systeme gestatten eine flexible Bearbeitung komplexer Geometrien und gewährleisten eine hohe Positioniergenauigkeit.

Das Ausgangsmaterial, das in Form von Metallpulver oder Draht vorliegt, wird über ein präzises Materialfördersystem zugeführt. Die Pulvereinbringung erfolgt mittels spezieller Pulverförderer mit Vibrationsrinnen, Schneckendosierer oder Walzendosierer zur gleichmäßigen und reproduzierbaren Dosierung. Die Zufuhr des Pulvers in das Schmelzbad wird direkt über eine Düse realisiert, wobei koaxiale Düsen eine gleichmäßige Materialzufuhr unabhängig von der Bearbeitungsrichtung ermöglichen. Eine Schutzgaszufuhr stabilisiert den Prozess, minimiert unerwünschte Reaktionen mit Sauerstoff und Stickstoff aus der Umgebung, verbessert die Schichtqualität und verhindert unkontrollierte chemische Reaktionen im Schmelzbad. Schutzgase wie Argon, Helium oder Gasgemische werden je nach Material gezielt ausgewählt.

Darüber hinaus sind die Laserstrahlsysteme mit Prozessüberwachungssystemen ausgestattet, um eine konsistente Qualität der generierten Strukturen zu gewährleisten. Zu diesem Zweck werden Pyrometer zur Temperaturüberwachung, Schmelzbadkameras zur Erfassung der Schmelzzone sowie optische Koaxialsensoren zur Kontrolle des Pulverflusses eingesetzt. Die Überwachung der kritischen Prozessparameter in Echtzeit ermöglicht eine automatische Korrektur etwaiger Abweichungen und trägt zu einer hohen Reproduzierbarkeit und Bauteilqualität bei.

10.3.3.3 Werkstoffeignung und Materialsysteme

Beim DED-Verfahren stellen die Materialeigenschaften und das thermische Verhalten der Werkstoffe besondere Herausforderungen dar, die eine präzise Prozessführung und optimierte Parameterwahl erfordern. Da der DED-Prozess ein schmelzbasierter Prozess ist, hängt die Verarbeitbarkeit eines Werkstoffs stark von dessen Schmelztemperatur, Wärmeleitfähigkeit, Erstarrungsverhalten und Oxidationsneigung ab. Werkstoffe mit hoher Wärmeleitfähigkeit wie Aluminium- oder Kupferlegierungen benötigen eine deutlich höhere Laserleistung und eine stabile Energieeinbringung, um eine gleichmäßige Schmelzbadbildung zu gewährleisten. Gleichzeitig kann eine zu hohe Energieeinbringung zu unkontrollierter Schmelzbadausbreitung und reduzierter Formgenauigkeit führen. Eine große Rolle spielt die Erstarrungscharakteristik des Werkstoffs, da schnell erstarrende Legierungen mit feinkörniger Gefügestruktur tendenziell rissunempfindlicher sind als grobkörnig kristallisierende Systeme. Zwei besonders kritische Parameter sind dabei die Solidus-liquidus-Temperaturspanne, die die Neigung zur Heißrissbildung beeinflusst, sowie der Wärmeausdehnungskoeffizient, der über das Auftreten thermischer Spannungen entscheidet.

Nickelbasislegierungen wie beispielsweise Inconel 718 werden aufgrund ihrer hohen Temperatur- und Korrosionsbeständigkeit häufig im DED-Prozess eingesetzt. Allerdings ist bei diesem Prozess zu beachten, dass eine Neigung zur Rissbildung durch thermische Spannungen besteht, die durch angepasste Bahnstrategien und eine kontrollierte Wärmezufuhr vermieden werden können. Titanlegierungen, z. B. Ti6Al4V, zeichnen sich durch exzellente mechanische Eigenschaften bei geringem Gewicht aus. Sie reagieren jedoch stark mit Sauerstoff und erfordern daher eine inertisierte Prozesskammer bzw. Umgebung durch eine effektive Schutzgasabdeckung mit Argon, um eine Versprödung durch Oxidation zu vermeiden.

Edelstähle, insbesondere austenitische Sorten (z. B. 1.4404), können aufgrund ihrer duktilen Beschaffenheit und einer relativen Rissunempfindlichkeit reproduzierbar im additivem Prozess verarbeitet werden. Die hohe Wärmeleitfähigkeit jedoch setzt ein präzises Wärmemanagement voraus, um eine gleichmäßige Erstarrung und Gefügebildung sicherzustellen. Werkzeugstähle (z. B. 1.2344) sind durch eine hohe Härte gekennzeichnet, neigen jedoch bei schnellem Abkühlen zur Rissbildung. Eine Vorwärmung des Substrats oder eine gezielte Nachwärmebehandlung kann Spannungen reduzieren und die Bauteilqualität verbessern.

Eine besondere Herausforderung im DED-Prozess stellt die Verarbeitung von hochreflektierenden Werkstoffen wie Kupferlegierungen dar. Der Absorptionsgrad von Kupfer ist für Laserstrahlung im nahen Infrarotbereich (1,06 µm) relativ niedrig, wodurch der Energieeintrag ineffizient wird. Laserstrahlquellen mit kürzeren Wellenlängen im VIS- oder UV-Spektralbereich erhöhen die Absorption und ermöglichen eine stabilere Verarbeitung. Darüber hinaus neigen Kupferlegierungen zu schnellen Erstarrungsprozessen, die inhomogene Mikrostrukturen und innere Spannungen zur Folge haben können.

Neben den werkstoffspezifischen Herausforderungen beeinflusst auch die Wechselwirkung zwischen dem aufgetragenen Material und dem Substrat die Bauteilqualität. Unterschiede im Wärmeausdehnungskoeffizienten können zu Delamination oder Rissbildung führen, insbesondere bei Mehrmaterialprozessen oder beim Beschichten von Halbzeugen oder Bauteilen. Eine präzise Steuerung der Prozessparameter, angepasste Energieeinträge und eine optimierte Schutzgasführung sind experimentell zu erproben, um hochwertige und reproduzierbare DED-Strukturen mit hoher Dichte und guter Formgenauigkeit zu erzeugen.

Die Tabelle 10.18 gibt einen Überblick über typische **metallische Werkstoffe für das DED-Verfahren** sowie deren wichtige physikalische und mechanische Kennwerte.

Tabelle 10.18 Typische metallische Werkstoffe für DED und ihre Eigenschaften

Werkstoffgruppe	Beispiellegierung	Schmelzpunkt [°C]	Wärmeleitfähigkeit [$W \cdot m^{-1} \cdot K^{-1}$]	Dichte [$g \cdot cm^{-3}$]	Wärmeausdehnungskoeffizient [$10^{-6} K^{-1}$]	Zugfestigkeit [MPa]	Härte [HV]
Nickelbasislegierungen	Inconel 718	1260 - 1336	11,4	8,19	13,0	1200 - 1400	250 - 400
Titanlegierungen	Ti6Al4V	1600 - 1660	6,7	4,43	9,0	900 - 1100	320 - 380
Edelstähle	316L	1370 - 1400	16,3	7,98	16,0	500 - 700	150 - 200
Werkzeugstähle	H13 (1.2344)	1420 - 1480	28,6	7,8	11,5	1500 - 1800	600 - 700
Aluminiumlegierungen	AlSi10 Mg	570 - 630	120	2,7	23,0	300 - 400	90 - 120
Kupferlegierungen	CuCrZr	1070 - 1085	330	8,96	16,2	400 - 600	100 - 150

10.3.3.4 Prozessparameter und deren Wechselwirkungen

Die Prozessparameter im **Directed-Energy-Deposition-Verfahren** (DED) mit Laserstrahl beeinflussen maßgeblich die Qualität, die mechanischen Eigenschaften und die Maßhaltigkeit der hergestellten Strukturen (Tabelle 10.19). Wesentliche Parameter sind Laserleistung, Scangeschwindigkeit, Pulverförderrate, Schutzgaszufuhr, Fokusebenen und Durchmesserauslegung, die in enger Wechselwirkung stehen und individuell an das Material sowie die gewünschte Schichtgeometrie angepasst werden müssen. Eine präzise Abstimmung der Energieeinbringung und der Streckenenergie ist entscheidend, um eine stabile Schmelzbadbildung zu gewährleisten und Defekte wie Porositäten, Rissbildung oder unzureichende Schichthaftung zu vermeiden. Zudem haben die thermischen Prozessbedingungen Auswirkung auf die Mikrostruktur und damit auf die mechanischen Eigenschaften der additiv gefertigten Bauteile.

Tabelle 10.19 Wichtige Prozessparameter des DED-Prozesses

Parameter	Einfluss
Laserleistung P	bestimmt die Schmelzbadgröße und den Energieeintrag
Vorschubgeschwindigkeit v	steuert die Aufbaurate und den Energieeintrag pro Längeneinheit
Pulverförderrate m_{Rate}	bestimmt die lokale Auftragsrate
Fokusdurchmesser d_f	definiert die laterale Auflösung
Überlappungsgrad $Ü$	beeinflusst die Schichtdicke und die Homogenität
Schutzgasfluss G	beeinflusst die Oxidation und die Prozessstabilität

Die Wechselwirkungen dieser Parameter sind nichtlinear und stark werkstoffabhängig, daher bestimmt die thermische Balance zwischen Energieeintrag, Wärmeleitung und Wärmeabfuhr die lokale Schmelzbadgeometrie, die Schichtanbindung sowie die Poren- und Rissbildung.

Die Materialauftragsrate A_m im DED-Prozess hängt von mehreren Parametern ab, darunter Pulverförderrate m_{Rate}, mittlere Laserleistung P_L, Vorschubschwindigkeit v_S, Effizienz der Pulverabscheidung, Pulverwirkungsgrad η_P, spezifische Energie E_s zum Aufschmelzen des Werkstoffes sowie Fokusdurchmesser d_f, der die Wechselwirkungszone mit dem Substrat definiert.

Eine allgemeine Näherungsformel zur Berechnung der Materialauftragsrate lautet:

$$A_m = \eta_P \cdot m_{Rate} = \eta_P \frac{P_L}{v_s \cdot d_f \cdot E_s} \tag{10.14}$$

Die **Materialauftragsrate** ist direkt proportional zur zugeführten Pulvermenge, wobei nur ein Teil des Pulvers tatsächlich auf dem Substrat abgeschieden wird (η_P). Alternativ kann die Pulverförderrate über die laserinduzierte Schmelzrate abgeschätzt werden, die sich aus dem Verhältnis von Laserleistung P_L zu der durch die Vorschubgeschwindigkeit und den Fokusdurchmesser bestimmten Wechselwirkungszone ergibt. Die spezifische Energie E_s gibt an, wie viel Energie, einschließlich der Wärmeverluste, zum Schmelzen des Materials benötigt wird. Die Formel 10.14 ermöglicht eine grundlegende Berechnung der Materialauftragsrate und muss je nach Werkstoff und Prozessbedingungen durch experimentelle Korrekturfaktoren modifiziert werden.

Zur Sicherstellung gleichmäßiger Schichtdicken und Materialanbindung müssen Laserleistung und Vorschubgeschwindigkeit dynamisch an Geometrieübergänge angepasst werden (z. B. Verringerung der Leistung in Eckbereichen bzw. Bahnumkehrpunkten).

10.3.3.5 Prozessstrategien und Bahnplanung

Die **Prozessstrategien** und die Bahnplanung im DED-Verfahren mittels Laserstrahlung sind entscheidende Faktoren für Qualität, Maßhaltigkeit und mechanische Eigenschaften der additiv gefertigten Strukturen. Die Wahl der geeigneten Strategie hängt von der Bauteilgeometrie, den thermischen Wechselwirkungen, der Materialeigenschaft sowie der gewünschten Schichtqualität ab. Grundsätzlich lassen sich zwei Hauptansätze unterscheiden:

- linienbasierte Strategien, bei denen das Material schichtweise durch parallele Bahnen aufgetragen wird,
- konturbasierte Strategien, die sich an der äußeren Bauteilgeometrie orientieren und oft mit inneren Füllmustern kombiniert werden.

Bei dem mäanderförmigen Abzeilen, eine der häufigsten Strategien, wird der Laser entlang parallel verlaufender Bahnen geführt. Diese Vorgehensweise gewährleistet eine gleichmäßige Materialverteilung und eine homogene Wärmeeinbringung, wodurch thermische Spannungen reduziert und eine gleichmäßige Mikrostruktur gefördert werden. Alternativ kann das Offset-Scanning mit leichter Versetzung der einzelnen Bahnen zur Verbesserung der Schichtanbindung angewendet werden.

Für rotationssymmetrische Bauteile oder Reparaturprozesse wird häufig eine spiralförmige Bahnführung eingesetzt, da sie eine kontinuierliche Materialzufuhr ermöglicht und Nahtstellen zwischen einzelnen Bahnen minimiert. Besonders anspruchsvoll sind Mehrlagendepositionen, da hier die Kontrolle der interlaminaren Bindung sowie die Vermeidung von Verzug und Rissbildung eine zentrale Rolle spielen. Durch optimierte Überlappungsbereiche zwischen den Bahnen kann die Porositätsneigung minimiert und eine dichte Gefügestruktur erreicht werden.

Ein weiteres wichtiges Konzept in der **DED-Bahnplanung** ist die adaptive Strategiewahl, bei der die Prozessparameter in Echtzeit an Veränderungen im Schmelzbad oder in der Bauteilgeometrie angepasst werden. Insbesondere bei der Fertigung komplexer Freiformstrukturen können sogenannte sensorbasierte Feedback-Systeme die Laserleistung oder die Pulverförderrate dynamisch regeln, um eine gleichmäßige

Materialaufbringung und optimale Schichteigenschaften sicherzustellen. */Müll2024/*, */Deng2014/*

Zur Minimierung von thermischen Spannungen und Eigenspannungen kommen oft Strategien mit optimierter Wärmeeinbringung zum Einsatz, beispielsweise durch abwechselnde Bahnrichtungen oder durch die Anwendung von Pausenzyklen zwischen den einzelnen Layern, um eine kontrollierte Abkühlung zu ermöglichen. Durch die gezielte Anpassung der Bahnplanung lassen sich nicht nur geometrische Genauigkeit und Oberflächenqualität verbessern, sondern auch mechanische Eigenschaften zur Herstellung von Bauteilen mit hoher Leistungsfähigkeit und Langlebigkeit gezielt beeinflussen.

Die Tabelle 10.20 fasst die relevanten Fehlermerkmale zusammen und zeigt die häufigsten Ursachen für Prozessabweichungen auf. Zur Optimierung des DED-Prozesses sind eine konkrete Parameteranpassung, eine präzise Bahnplanung und eine optimierte Schutzgasführung essenziell.

Tabelle 10.20 Fehlermerkmale und dazugehörige typische Fehlerquellen

Fehlermerkmale	Typische Fehlerquelle
Schichtdickenschwankung und Maßabweichung	unzureichende Prozessparameter, ungleichmäßige Pulverförderung, variierende Schmelzbadstabilität
Porenbildung	ungleichmäßige Pulververteilung, unzureichende Energieeinbringung, zu hohe Bahngeschwindigkeit, fehlende Schutzgasabdeckung
Gefügeinhomogenität	unkontrollierte Erstarrungsbedingungen, hohe thermische Gradienten, ungleichmäßige Wärmeeinbringung
Rissbildung	hohe Eigenspannungen, zu hohe Abkühlgeschwindigkeit, unzureichende Vorwärmung, ungeeignete Materialpaarung
Schichtablösung	fehlende oder mangelhafte interlaminare Bindung, zu geringe Laserleistung bzw. falsche Wahl der Streckenenergie, ungeeignete Spurüberlappungsstrategie
Oberflächenrauheit	instabile Pulverzufuhr, unkontrollierte Schmelzbadgeometrie, zu hohe Bahngeschwindigkeit
Oxidation und Verunreinigungen	unzureichende Schutzgasführung, offene Prozessumgebung, zu hohe Prozesstemperaturen
Materialmischung und Legierungsveränderung	Verdampfung von Legierungselementen, unkontrollierte Pulverzufuhr, thermische Wechselwirkungen
geometrischer Verzug	ungleichmäßige Wärmeeinbringung, zu hohe Energiedichte, unzureichende Maßnahmen zur Spannungsminimierung
inhomogene Mikrostruktur	schwankende Prozessparameter, ungünstige Erstarrungsbedingungen, unzureichende Prozessstabilität

10.3.3.6 Anwendungsbeispiele und industrielle Relevanz

Das **DED-Verfahren** mit Laser gewinnt in der Industrie zunehmend an Bedeutung, da es eine hohe Flexibilität in der Materialverarbeitung bietet und sowohl für die Herstellung neuer Bauteile als auch für die Reparatur und Beschichtung bestehender Komponenten eingesetzt wird. Die Fähigkeit, Material gezielt aufzutragen, ermöglicht die Fertigung komplexer Geometrien sowie die Funktionalisierung und Lebensdauerverlängerung hochbelasteter Bauteile.

Ein bedeutendes Anwendungsfeld ist die Luft- und Raumfahrtindustrie, in der das DED-Verfahren zur Reparatur und Verstärkung kritischer Bauteile wie Turbinenblätter, Triebwerkskomponenten und Strukturbauteile eingesetzt wird. Hochleistungswerkstoffe wie Nickelbasislegierungen (z. B. Inconel 718) oder Titanlegierungen (z. B. Ti6Al4V) lassen sich mittels DED punktgenau auftragen, um Verschleißerscheinungen oder thermische Belastungsschäden zu beheben, wodurch teure Komponenten instandgesetzt und die Standzeiten erheblich verlängert werden können.

Auch in der Energieerzeugung, insbesondere in der Gas- und Dampfturbinentechnik, findet DED breite Anwendung und wird genutzt, um verschlissene oder thermisch erodierte Turbinenkomponenten durch hochtemperaturbeständige Werkstoffe zu regenerieren. Die gezielte Materialmodifikation mittels DED gestattet zudem eine verbesserte Hitzebeständigkeit und Korrosionsresistenz zur Steigerung der Effizienz und der Lebensdauer dieser Bauteile.

Im Werkzeug- und Formenbau, einem weiteren wichtigen Einsatzgebiet, wird das DED-Verfahren für die Reparatur und die Modifikation von Spritzguss- oder Schmiedewerkzeugen verwendet. Besonders bei hochbelasteten Werkzeugstählen, die im konventionellen Fertigungsprozess nur schwer oder kostenintensiv bearbeitet werden können, bietet das Laserauftragsschweißen die Möglichkeit, beschädigte Bereiche selektiv zu reparieren oder Verschleißschutzschichten aufzutragen.

In der Automobilindustrie wird das DED-Verfahren zur Optimierung von Bauteilen mit verschleißbeständigen und korrosionshemmenden Beschichtungen genutzt. Beispielsweise werden Motoren- und Getriebekomponenten mit speziell aufgetragenen Legierungen versehen, um die Lebensdauer zu erhöhen und Reibungsverluste zu minimieren. Zudem können durch Hybridfertigungsansätze, eine Kombination aus konventioneller Zerspanung und DED, Leichtbaustrukturen oder funktionsoptimierte Bauteile mit maßgeschneiderter Materialverteilung gefertigt werden.

Ein zunehmend wichtiger Bereich ist die Medizintechnik, in der patientenspezifische Implantate wie Knochenplatten oder Zahnprothesen mittels DED mit biokompatiblen Materialien beschichtet oder funktionalisiert werden. Hierbei wird oft Titan als Grundwerkstoff verwendet, der durch gezielten Materialauftrag eine verbesserte Oberflächenmorphologie für die Zelladhäsion erhält und somit die Einheilung im Körper verbessert.

Durch die kontinuierliche Weiterentwicklung von Prozessüberwachungssystemen, Multimaterialstrategien und automatisierten Bahnplanungsmethoden gewinnt das DED-Verfahren in der Industrie weiter an Bedeutung.

In Bild 10.50 sind ausgewählte Beispiele für den DED-Prozess dargestellt.

a) b)

Bild 10.50 Anwendungsbeispiele für das DED © TRUMPF Gruppe. a) Herstellen einer Förderschnecke auf einem Zylinder, b) Generieren eines Bauteils aus Kupferlegierung (VIS-Wellenlänge)

Zwei exemplarische Bauteile, die mittels DED-Technik hergestellt wurden, sind:

- Turbinenblatt für die Luftfahrtindustrie: Durch die additive Fertigung eines Turbinenblatts zur Steigerung der Effizienz und der Leistung von Triebwerken konnten interne Kühlkanäle integriert werden, die eine effektive Kühlung während des Betriebs ermöglichen. Dies führte zu einer verbesserten Temperaturkontrolle und einer erhöhten Lebensdauer des Bauteils. */Wild2021/*
- Werkzeugeinsätze im Spritzgussverfahren: Im Werkzeugbau wurden Werkzeugeinsätze mit konturnaher Kühlung hergestellt, wobei die additive Fertigung die Integration komplexer Kühlkanäle direkt im Werkzeug erlaubte. Die dadurch bedingte gleichmäßigere Kühlung und die reduzierten Zykluszeiten verbessern die Bauteilqualität und erhöhten die Effizienz des Fertigungsprozesses. */Kanb2022/*, */Wils2024/*

Diese Beispiele verdeutlichen das Potenzial der DED-Technologie, funktionale und komplexe Bauteile für verschiedene industrielle Anwendungen herzustellen.

10.3.3.7 Hybride Verfahrenstechnologie – additive und subtraktive Fertigung

In der modernen Fertigungstechnik gewinnen **hybride Verfahrenstechnologien** zunehmend an Bedeutung, da sie die Vorteile der additiven und der subtraktiven Fertigung kombinieren und so eine flexible und effiziente Herstellung komplexer Bauteile mit hoher Präzision und Funktionalität ermöglichen. Die additive Fertigung ist besonders geeignet, um Bauteile mit komplexen Geometrien und maßgeschneiderten Materialeigenschaften schnell und direkt ohne die Verwendung von speziellen Formen oder Werkzeugen zu fertigen, und bietet eine hohe Designfreiheit.

Die subtraktive Fertigung, insbesondere durch Technologien wie CNC-Fräsen, Drehen und Schleifen, ist für ihre hohe Präzision und Oberflächenqualität bekannt und wird typischerweise in der Nachbearbeitung von Bauteilen eingesetzt, um hohe Toleranzanforderungen zu erfüllen und die Endqualität zu sichern. Bei der hybriden Fertigung werden die Vorteile der beiden Technologien kombiniert. Zunächst wird ein Bauteil additiv mit der gewünschten Geometrie aufgebaut, anschließend werden durch subtraktive Verfahren detaillierte Oberflächenbearbeitungen und präzise Passungen realisiert.

Ein wesentlicher Vorteil der hybriden Verfahrenstechnologie ist die Optimierung der Materialnutzung und die Reduzierung des Ausschusses, da das additive Verfahren nur den erforderlichen Materialanteil aufträgt und überschüssiges Material in der anschließenden subtraktiven Bearbeitung präzise entfernt wird. Diese Kombination führt zu einer effizienten Nutzung von Ressourcen und ermöglicht gleichzeitig die Herstellung von Bauteilen mit sehr komplexen inneren Strukturen, die mit rein subtraktiven Verfahren nicht gefertigt werden könnten.

Die hybride Fertigung gestattet auch die Reparatur und Instandsetzung von Bauteilen, indem beschädigte Bereiche durch additive Verfahren wieder aufgebaut werden, gefolgt von einer präzisen Nachbearbeitung, um die ursprüngliche Geometrie und Funktionalität wiederherzustellen. Diese Vorgehensweise ist besonders in der Luftfahrt, der Automobilindustrie und im Werkzeugbau von Bedeutung, wo Bauteile mit hohen Anforderungen an Materialeigenschaften, Präzision und Oberflächenqualität produziert werden müssen.

Zur Steigerung der Flexibilität und der Effizienz in der Produktion können additive und subtraktive Verfahren in einer Maschine kombiniert werden (Bild 10.51). Bei dieser Technologie dient die additive Fertigung zunächst dem Aufbau des Bauteils mit komplexen Geometrien, während im anschließenden Prozess schichtweise Material entfernt wird, um hohe Präzision und Oberflächenqualitäten zu erreichen. Der Vorteil dieser hybriden Prozesskette liegt in der Vereinfachung des Fertigungsprozesses, da Umspannvorgänge entfallen und die Fertigung auf einer einzigen Maschinenplattform stattfindet, wodurch Rüstzeiten und Produktionskosten gesenkt werden können. */DMG2025/*

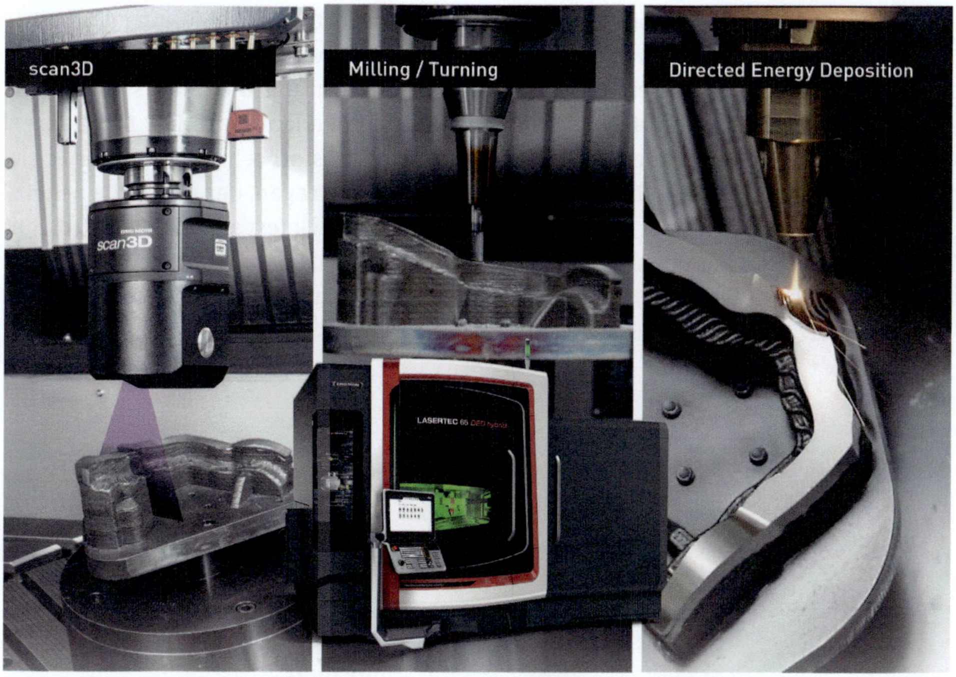

Bild 10.51 Kombination der additiven und subtraktiven Bearbeitung für die Herstellung von komplexen Bauteilen (4 in 1 – Vorheizen, 3D-Scan, Fräsen/Drehen und DED) © DMG MORI

10.3.4 Sheet Lamination (SHL)

Sheet Lamination (SHL) ist eine moderne und normgerechte Definition für Verfahren, bei denen feste Materialbahnen mittels verschiedener Füge- und Schneidtechnologien schichtweise zu einem Bauteil verbunden werden, um eine hohe Materialvielfalt und Präzision zu ermöglichen.

Das Sheet-Lamination-Verfahren arbeitet mit festen Materialien als Ausgangswerkstoff. Für diese Technologie werden meist Folienwerkstoffe aus Papier verwendet, die als „Endlosbahnen" von der Rolle bereitgestellt werden (SHL-Verfahren, vgl. Bild 10.52). Spezialanwendungen verarbeiten auch kaschierte Materialien, Kunststoff- und Metallfolien. Im Vergleich zu den vorstehend genannten Verfahren basiert der additive Prozess bei dieser Technologie auf einem anderen Grundprinzip. Zunächst wird in einer ersten Stufe (**subtraktiv**) aus den Folienmaterialien die jeweilige Schicht mit den entsprechenden Schichtinformationen getrennt. Für das Trennen des Folienmateriales eignet sich die Wellenlänge des CO_2-Lasers. Neben den flexiblen Laserverfahren kommen aber auch teilweise Schneidwerkzeuge zum Einsatz. Die Strahlführung erfolgt über zwei schnellbewegte Scanner. Für eine Reihe von Einsatzfällen ersetzt auch die Achsbewegung des Folientransportes die Ablenkung des Laserstrahles in X-Richtung. In einer zweiten Stufe (**additiv**) wird der eigentliche additive Prozess vollzogen. Die getrennte Folie wird durch Fügen auf die bereits abgearbeitete Schichtfolge bzw. im Aufbau befindlichen Prototypen laminiert. Das Laminieren funktioniert für Folienmaterialien aus Papier und Kunststoff sehr gut. Auf der Rückseite des Folienmaterials ist bereits ein Heißkleber aufgetragen, der durch die beheizbare Laminierrolle erwärmt und an den bestehenden Block fest angedrückt wird. Für andere Materialien kommen spezielle Klebetechnologien, Spanntechniken oder auch Schweißverfahren wie bspw. das Diffusionsschweißen zum Einsatz. Diese Technologien erfordert jedoch das Auslagern der additiven Prozessstufe.

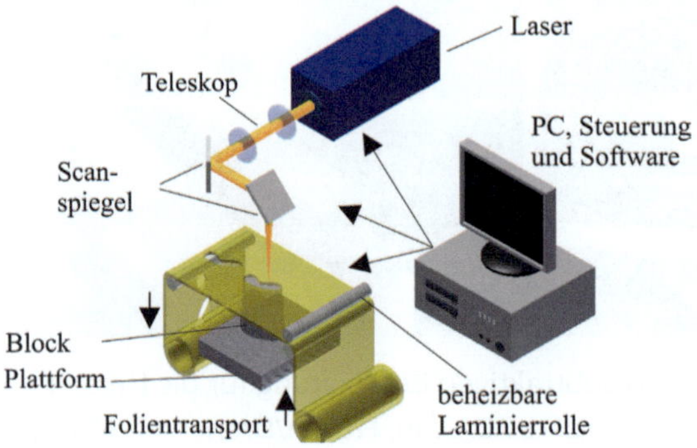

Bild 10.52
Schematische Darstellung des SHL-Verfahrens

Die Absenkung der Plattform erfolgt nach jedem Laminiervorgang, wobei das Maß der Absenkung der gewählten Schichtdicke der Folie entspricht. Bei der Anordnung in Bild 10.52 wird eine Endlosbahn mit konstanter Schichtdicke während des Bauprozesses genutzt.

Durch die subtraktive Prozessstufe ist das Verfahren besonders für die Herstellung großvolumiger Modelle mit geringen Hinterschneidungen geeignet.

Anwendbare Werkstoffe:

- Folien aus klebstoffbeschichtetem Papier,
- Folien aus Kunststoff und Keramik,
- Metallfolien,
- faserverstärkte Verbundwerkstoffe (Preformen).

Typische Anwendungsbereiche:

- Konzeptmodelle und Vollvolumenmodelle,
- Modelle für den Sandguss und Vakuumguss,
- Modelle für das Wachsausschmelzverfahren,

- Umformwerkzeuge für die Blechbearbeitung,
- Werkzeuge für das Innenhochdruckumformen.

Tabelle 10.21 stellt die wichtigsten Prozessstufen des SHL-Verfahrens in einer Übersicht zusammen.

Tabelle 10.21 Verfahrensablauf der SHL-Technologie

1. Ausschneiden der Schichtkontur und Schneiden kleiner Quadrate des Restmateriales (Hatchen) für die spätere Entnahme	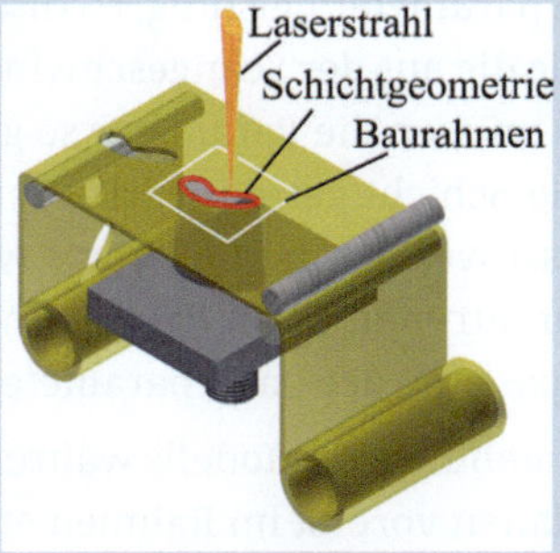
2. Absenken der Plattform	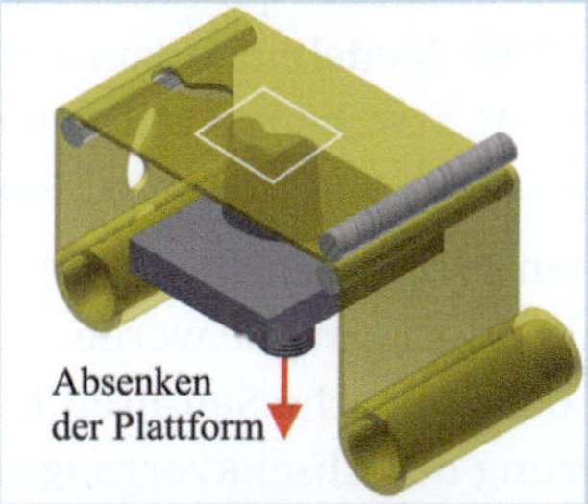
3. Transport des Folienmaterials	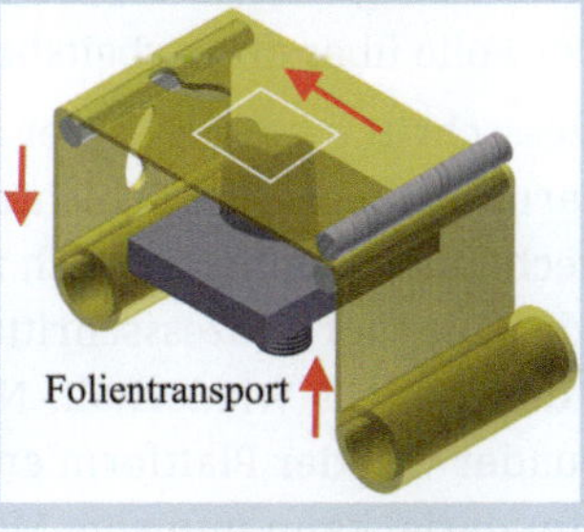
4. Überfahren der neuen Schicht mit einer Laminierrolle zum Aufschmelzen des Klebers und zum Verbinden der Schicht mit dem Block	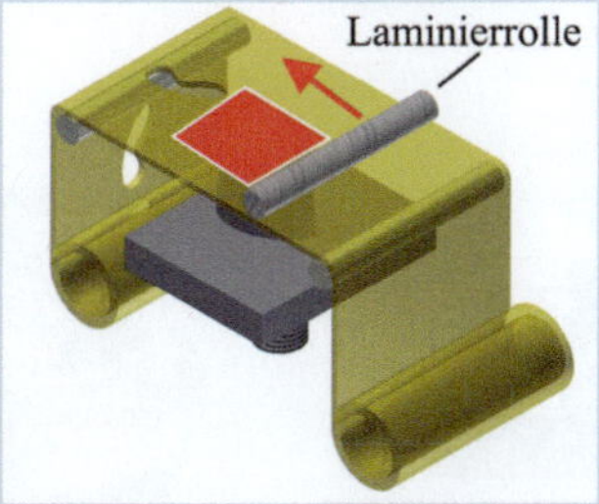

Für den eigentlichen Bauprozess ist ein vorgelagerter Arbeitsschritt erforderlich. Die erste Papierschicht wird auf der Plattform befestigt und es erfolgt das Ausschneiden einer rechteckigen Grundfläche **(Rahmen)** mit dem Laser. Im Anschluss werden zehn Papierschichten auflaminiert. Danach beginnt der Konturschnitt der ersten Schicht des Modells durch die scannende Bewegung des Laserstrahles. Das vorgelagerte Slicen und die Generierung der erforderlichen Schichtinformationen bilden die Grundlage für die Berechnung der zu scannenden Geometrien. Für den Laserprozess sind die Wahl der Laserparameter Leistung, Fokusdurchmesser und die sich daraus ergebende Intensität sowie die aus der Scangeschwindigkeit resultierende Streckenenergie wichtig. Im Prozess müssen die Parameter so gewählt werden, dass nur die jeweils aktuell zu schneidende Schicht getrennt wird und die bereits darunterliegenden Schichten nicht beeinflusst werden. In der Praxis werden teilweise auch bis zu vier Schichten gleichzeitig durchtrennt, wenn es sich um konstante Schichtgeometrien handelt. Eine sorgfältige Anpassung der Laserparameter ist dafür jedoch erforderlich.

Um eine Verschiebung des Modells während des Bauvorgangs zu verhindern, bleiben die Restmaterialien vorerst im Rahmen enthalten. Bewährt hat sich das Trennen dieses Restmateriales in kleine quadratische Segmente. Die Größe dieser wird über den Bauprozess und die Modellhöhe konstant gelassen, sodass sich im abschließenden Entformungsschritt bzw. beim Freilegen des Modells diese Restquader sehr gut entfernen lassen.

In einem zweiten Prozessschritt wird die Plattform genau um den Wert der Folienstärke abgesenkt. Vorzugsweise werden Schichtdicken zwischen 0,1 und 0,15 mm eingesetzt. Taster oder optische Sensoren erfassen die aktuelle Bauteilhöhe und erlauben eine Steuerung des Absenkvorgangs. Dadurch lassen sich Dickenschwankungen des Folienmaterials ausgleichen. Im Anschluss wird über einen Papiervorschub die nächste Lage der Folie über den Arbeitsbereich gefördert und positioniert.

Im letzten Prozessschritt wird das Papier durch das Überfahren einer Laminierwalze fest mit den darunter liegenden Schichten **(Block)** verbunden. Um den Heißkleber auf den entsprechenden Schmelzbereich zu erwärmen, sind Temperaturen von etwa 320 °C notwendig. Die vier Prozessschritte werden entsprechend der erforderlichen Schichtanzahl des Modells wiederholt. Nach Abschluss des Bauprozesses wird der entstandene Quader von der Plattform entfernt und die Basis sowie der Rahmen abgelöst. Das Restmaterial kann nun vom Modell einfach getrennt werden (Bild 10.53 a). */Raprotec2011/*

a) b)

Bild 10.53
Anwendungsbeispiel SHL-Verfahren */Raprotec 2011/*.
a) Modell freilegen, b) nachbehandeltes Modell

Eine anschließende Versiegelung der Papierfläche durch einen speziellen Sealer sorgt für Schutz gegenüber Feuchtigkeit und Glättung der systembedingten treppenförmigen Oberflächenstruktur (Bild 10.53 b). In diesem Oberflächenzustand lassen sich die Modelle sehr gut mechanisch bearbeiten. Eine Nachbearbeitung der Modelle ist aus folgenden Gründen sehr oft erforderlich:

- Modelle aus Papierwerkstoffen nehmen relativ viel Feuchtigkeit auf, was eine Volumenzunahme von mehreren Prozent senkrecht zu den Schichten zur Folge haben kann,
- Modelle verfügen noch über eine geringe mechanische Festigkeit,
- kleinere Strukturelemente neigen zu Delaminationserscheinungen sowie zum Ausbrechen.

Mit dieser Technologie lassen sich typische Modellgrößen von $(800 \times 550 \times 500)\,mm^3$ generieren, die durch Fügen einzelner Modelle auch erweitert werden können */Gebh2007/*, */Gebh2016/*. In Bild 10.54 ist ein Bauteil dargestellt, welches sich durch die SHL-Technologie vorteilhaft generieren lässt und dessen längste Abmessung knapp 500 mm beträgt.

Bild 10.54
SHL-Modell – Gehäuseschale
/Raprotec2010/

Verbesserte Bauteileigenschaften können durch das anschließende Vakuumimprägnierverfahren erreicht werden. Die Modelle werden in einer Kammer mit einem bestimmten Unterdruck beaufschlagt und in einem niederviskosen Kunstharz getränkt. Der anliegende Unterdruck bewirkt ein tiefes Eindringen des Harzes in die oberflächennahen Zonen des Modells. Danach erfolgt das Endaushärten des Harzes in einem Wärmeofen.

Durch die Entwicklung spezieller Papierfolien stehen für die verschiedenen Anwendungen Materialien zu Verfügung, die eine Einsatztemperatur von etwa 100 °C erlauben. Wichtige Einsatzfelder dieser SHL-Modelle erstrecken sich auf:

- Designstudien,
- Konstruktionsvalidierung,

- Urmodelle für Sand- und Silikonguss,
- Werkzeuge für Innenhochdruckumformen.

Bild 10.55 a und b illustrieren SHL-Modelle für die Sandgussfertigung. In einem Folgeschritt wurden mithilfe dieser Modelle Sandgussformen aufgebaut, die dann im Aluminiumgussverfahren zur schnellen Abformung erster metallischer Funktionsmuster innerhalb des Produktentstehungsprozesses dienen (Bild 10.55 c).

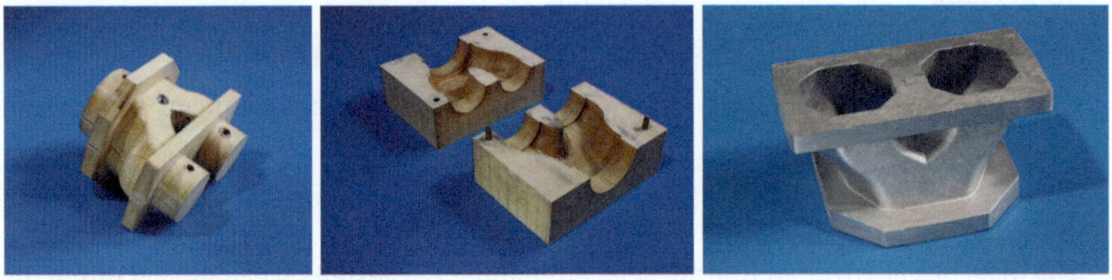

a) b) c)

Bild 10.55 SHL-Modell – Hosenrohr /*Raprotec2011*/. a) SHL-Kernmodell, b) geteiltes SHL-Modell, c) Sandgussabformung

Die beschriebenen Verfahrensvorteile der SHL-Technologie können auch für andere Materialien als Papier eingesetzt werden, wie die bereits teilweise erfolgte Umsetzung interessanter Sonderverfahren bei industriellen Aufgabenstellungen zeigt.

Viele Gründe sprechen dafür, auch metallische Folien für SHL-Verfahren anzuwenden. Insbesondere die Möglichkeit des effizienten Folienzuschnittes mit dem Laser und die ausgereiften Lasertrenntechnologien von metallischen Werkstoffen bilden eine sehr gute Basis für dieses Verfahren. Der additive Prozessschritt gestaltet sich für den Aufbau, insbesondere von großflächigen Modellen, jedoch etwas aufwendiger. Hierfür kommen spezielle Klebetechnologien, Schweißverfahren oder Klemmtechniken zum Einsatz. Eine spezielle Form des Rapid Toolings ist das Generieren von Lamellenwerkzeugen. Dieses Metall-SHL-Verfahren baut eine Vielzahl lasergeschnittener Bleche bzw. Folien zu einem massiven Metallkörper auf. Für den Laserzuschnitt stehen großformatige Blechtafeln oder auch Coils („endlos Metallrollen“) zur Verfügung.

Für die Lamellenwerkzeuge in Bild 10.56 kommen als Ausgangsmaterialien metallische mit Backlack beschichte Bleche zur Anwendung. In der Modellvorbereitung werden zusätzliche Elemente, sog. Zugankerbohrungen, vorgesehen. Diese dienen im späteren additiven Prozessschritt der Positionierung und dem Verspannen der einzelnen Blechzuschnitte. Die Bleche werden gereinigt, in einem Parkettierungsschritt entsprechend der Schichtfolge gestapelt und mittels Zuganker und Führungssäulen in Position gebracht. Das anschließende thermische Pressen des Fügeverbundes erfolgt unter Druck und Temperatur. Bei diesem Vorgang verbinden sich die Backlackschichten der einzelnen Layer. Dieser Prozess dauert i. d. R. mehrere Stunden, wobei hohe Festigkeitswerte erzielbar sind /*Tsch2010-2*/.

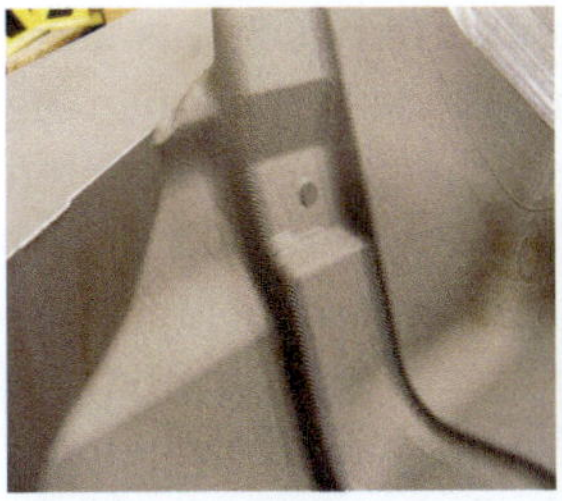
a)

b)

Bild 10.56
SHL-Werkzeuge für die Blechumformung */Tsch2010-1/*.
a) Großflächiges Umformwerkzeug, b) Detailausschnitt des Schichtaufbaus

Mit dieser Technologie lassen sich großvolumige Tiefzieh-, IHU- (Innenhochdruckumformen) und Prägewerkzeuge herstellen, die nachträglich durch spanende Verfahren relativ gut bearbeitbar sind. Durch Drehen, Bohren, Fräsen oder Schleifen können bspw. Funktionsflächen oder -konturen erzeugt werden. Damit ergeben sich für eine Vielzahl von Anwendungen deutlich kürzere Durchlaufzeiten und niedrigere Produktionskosten.

Ein großes Potenzial hat diese neue Technologie auch für gekühlte Werkzeuge. Durch den schichtweisen Aufbau ergeben sich erweiterte Gestaltungsmöglichkeiten für die Integration von Kühlkanälen. Anstelle von herkömmlichen Kühlbohrungen werden in den Metall-SHL-Werkzeugen beliebige dreidimensionale Kühlstrukturen berechnet und erstellt. Diese lassen sich mit Simulationstools und -analysen strömungs- und wärmetechnisch optimieren und können direkt konturnah an der Oberfläche verlaufen. Bild 10.57 (rechtes Bauteil) stellt eine einfache Kühlstruktur als Kern eines Spritzgusswerkzeuges dar. Bei diesem Formeinsatz verläuft im Inneren eine umlaufende spiralförmige Kühlbahn. Der additive Prozessschritt erfolgte durch ein Diffusionsschweißverfahren. Damit erhält das Werkzeug eine sehr hohe Festigkeit, die im Wesentlichen der Grundfestigkeit des eingesetzten Materials entspricht. Die Anforderungen an den Lasertrennprozess bestehen insbesondere an das Erzeugen von gratfreien Schnittkanten. Das linke Bauteil in Bild 10.57 illustriert einen diffusionsgeschweißten Folienstapel. Der Stapel wurde nachträglich an vier Seiten durch Fräsen endbearbeitet und anschließend oberflächenvergütet.

Bild 10.57
Formeinsatz mit Innenkühlung
Laserstrahltrennen: FK-Laser: $P = 500$ W, Prozessgas: O_2; $p = 2{,}5$ bar, Material: Werkzeugstahl, Schichtdicke: 250 µm
Diffusionsschweißen: Temperatur: 1000 °C, Druckkraft: 2 kN, Fügezeit: 60 min

Mithilfe des SHL-Verfahrens lassen sich definierte Kühlerstrukturen auch aus keramischen Werkstoffen additiv aufbauen. Aus dem CAD-Volumenmodell erhält man die einzelnen Schichtgeometrien, die sich aus der geforderten Schichtfolge ableiteten lassen (Bild 10.58 a). Die Einzelschichten werden abwechselnd aus Keramiksubstrat (grau) und artgleicher keramischer Folie (grün) durch einen Laserschneidprozess hergestellt. Werden die Schichten wechselnd gestapelt, erhält man die Kühlerstruktur, wobei die Einzelschichten aus keramischer Folie zwei Funktionen übernehmen. Zum einen stellen sie im Fügevorgang die Verbindungsschicht dar und zum anderen beinhalten sie die geforderte Geometriefunktion. Der im Fügevorgang auftretende Materialschwund (etwa 15 % für Al_2O_3) wird bei der eingesetzten Schichtdicke berücksichtigt, sodass maß- und formgenaue Bauteile entstehen. Eine wesentliche Voraussetzung für die Prozessstufe Fügen sind die gratfreien Schnittkanten. Der Aufbau aus keramischen Folien ist eine Alternative zu konventionellen Verfahren. Nach dem Säubern und Stapeln der getrennten Einzelschichten wird der gesamte Körper unter Druck und Temperatur in der Kammer einer Diffusionsschweißanlage gefügt. Der Diffusionsschweißprozess verläuft temperatur-zeitgesteuert ab und erfordert eine Fügezeit von 30 min.

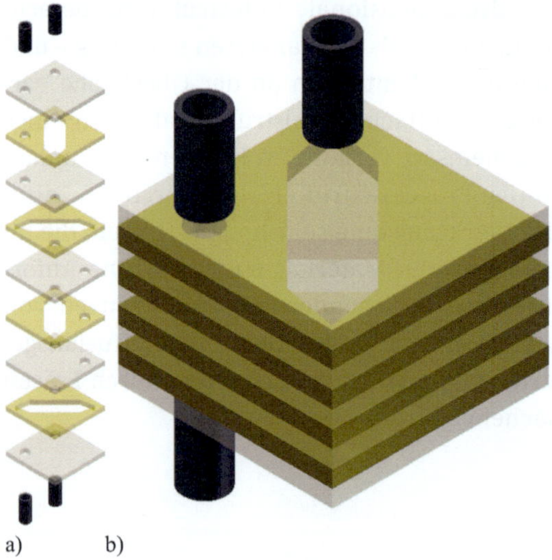

Bild 10.58
Aufbau eines Keramikkühlers. */Müll2011/* a) Ansicht der Einzelschichten und der Schichtfolge, b) Volumenmodell des Kühlers

Eine ausgewählte Anwendung zeigt Bild 10.59. Der Kühler aus keramischem Material konnte bei einer Temperatur von 1600 °C in 30 Minuten stoffschlüssig gefügt werden.

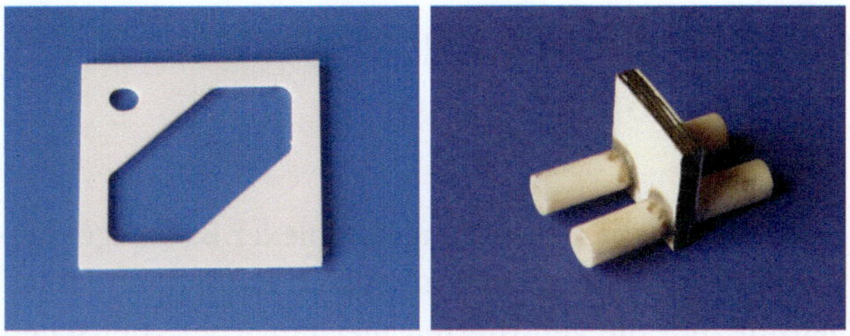

a) b)

Bild 10.59 Prototyp eines Kühlers aus Al_2O_3 */Müll2011/*. a) Lasergetrennte Al_2O_3-Folie, b) gefügte Baugruppe (Beispiel aus Bild 10.58)

a) **Laserstrahltrennen:** CO_2-Laser: P_L = 100 W, Prozessgas: Luft, Material: Al_2O_3-Substrat und Al_2O_3-Folie, Schichtdicke: Substrat = 1,0 mm, Folie = 1,2 mm

b) **Diffusionsschweißen:** Temperatur: 1 600 °C, Druckkraft: 2 kN, Fügezeit: 30 min

In den letzten Jahren wurden zusätzliche Varianten und Optimierungen des SHL-Verfahrens entwickelt, um die Materialvielfalt und Präzision zu erweitern:

- Ultraschalllaminierung: Hierbei werden die einzelnen Schichten durch gezielte Ultraschallenergie miteinander verbunden, wodurch sich Festigkeit und Homogenität der Laminate verbessern lässt. Diese Technik eignet sich sehr gut für metallische und faserverstärkte Folien.
- Selektive Klebeverfahren: Durch den Einsatz von digital gesteuerten Klebstoffapplikationen kann der Fügeprozess präziser gesteuert werden. Dieser Vorteil ist besonders relevant für hybride Materialsysteme, bei denen unterschiedliche Folientypen kombiniert werden.
- Mikrowellen- und Induktionsschweißen: Für bestimmte Kunststoffe und Metallverbunde wird das Erwärmen der Schichten mittels Mikrowellen- oder Induktionsverfahren erprobt, wodurch eine gezieltere Erwärmung der Grenzflächen möglich ist.
- Hybridverfahren mit strukturierten Zwischenschichten: Durch das punktgenaue Einbringen von Mikrostrukturen in die Laminatschichten lassen sich verbesserte mechanische Eigenschaften erzielen. Diese Strukturen können durch zusätzliche Laserbearbeitung oder Prägung generiert werden.

Durch diese Erweiterungen entwickelt sich das Layer Laminate Manufacturing/Sheet Lamination zu einer flexiblen Technologie für Anwendungen mit speziellen Material- und Strukturanforderungen.

Siehe auch Videosequenz zum Thema „Additive Verfahren" – SHL auf *plus.hanser-fachbuch.de*.

10.4 Nachbearbeitung additiv gefertigter Bauteile – Postprocessing und Automatisierung

Additive Fertigungsverfahren ermöglichen die Herstellung komplexer Bauteilgeometrien mit hoher Designfreiheit. Dennoch benötigen die erzeugten Bauteile in vielen Fällen eine gezielte Nachbearbeitung, um die geforderten mechanischen, optischen oder funktionalen Eigenschaften zu erreichen. Das Nachbearbeiten (Postprocessing) additiv gefertigter Bauteile umfasst mehrere Prozessschritte, die sowohl manuell als auch automatisiert durchgeführt werden können und vom verwendeten Fertigungsverfahren, dem Material sowie den finalen Anforderungen an das Bauteil wie Oberflächengüte und Funktionalität abhängen. Folgende Prozessschritte werden beim Postprocessing angewandt:

1. **Entfernung von Stützstrukturen und Pulverrückständen:** Viele additive Verfahren erfordern Stützstrukturen zur Stabilisierung der Bauteile während des Bauprozesses, die nach der Fertigung mechanisch (z. B. durch Fräsen, Schleifen oder einfaches Brechen), thermisch oder elektrochemisch entfernt werden müssen. Bei pulverbasierten Verfahren ist zudem die Entfernung von nicht verfestigtem Pulver durch Druckluft, Vakuum oder Ultraschallreinigung erforderlich.
2. **Wärmebehandlung zur Spannungsreduktion:** Durch die thermischen Gradienten während des additiven Fertigungsprozesses entstehen innere Spannungen im Material, die durch eine nachgelagerte Wärmebehandlung reduziert werden. Je nach Werkstoff und Anwendung werden Verfahren wie Spannungsarmglühen, HIP (Hot Isostatic Pressing) oder Tempern eingesetzt, die die mechanischen Eigenschaften verbessern und die Maßhaltigkeit der Bauteile erhöhen.
3. **Oberflächenbearbeitung:** Die Oberflächenqualität von additiv gefertigten Bauteilen ist oft durch eine hohe Rauheit geprägt, insbesondere bei Pulverbettverfahren. Zur Verbesserung der Oberflächenqualität können verschiedene Nachbearbeitungstechniken angewendet werden:
   - mechanische Verfahren: Schleifen, Polieren, Strahlen (z. B. Sand-, Glasperlen- oder Trockeneisstrahlen),
   - chemisch-elektrochemische Verfahren: Elektropolieren, chemisches Glätten,
   - Beschichtungstechnologien: PVD-/CVD-Beschichtungen, Galvanik, Lackierungen.

Die in Bild 10.60 illustrierten Beispiele der Nachbearbeitung zeigen die nachträgliche schwarze Einfärbung eines mittels SLA gefertigten Steckers (Bild 10.60 a) sowie ein optisches Bauelement, das durch einen manuellen Polierprozess eine funktionale transparente Oberfläche erhalten hat (Bild 10.60 b).

a) b)

Bild 10.60 Postprocessing additiv gefertigter Bauteile. a) Steckerelement schwarz eingefärbt mit erhöhter UV-Schutzwirkung, b) prismatisches optisches Bauelemente mit polierten Funktionsflächen

Die Automatisierung von Postprocessing-Schritten gewinnt zunehmend an Bedeutung, um Kosten zu senken und die Reproduzierbarkeit zu verbessern. Aktuelle Ansätze untergliedern sich wie folgt:

- **roboterbasierte Entfernung von Stützstrukturen:** Roboterarme mit Fräswerkzeugen oder Wasserstrahlschneidanlagen,
- **automatisierte Reinigungssysteme:** Ultraschallreinigungsanlagen, automatisierte Pulverentfernungssysteme,
- **Inline-Überwachung und Qualitätssicherung:** optische Messverfahren, taktile Sensoren und KI-gestützte Prozesskontrollen,
- **automatisierte Wärmebehandlung:** Einsatz von Sensoren und KI-gestützter Regelung zur effizienteren Steuerung und Dokumentation von Wärmebehandlungsprozesse,
- **adaptive Oberflächenbearbeitung:** Anwendung von bildverarbeitungsbasierten Systemen zur Erkennung von Oberflächenfehlern für eine gezielte Nachbearbeitung durch Polier- oder Strahlsysteme.

Durch die Integration automatisierter Prozesse kann die Effizienz der additiven Fertigungskette erheblich gesteigert werden. Besonders in der Serienfertigung ermöglichen vernetzte, datengetriebene Systeme eine durchgängige Prozesskontrolle und Optimierung.

Ein Beispiel für eine innovative Automatisierungslösung ist die im Rahmen des Projekts „AROS DM“ entwickelte Postprocessinganlage zur Erkennung und Verarbeitung visuell unsichtbarer Markierungen (siehe Bild 10.61). Diese Technologie kombiniert verschiedene Nachbearbeitungsprozesse, darunter automatisierte Reinigung, Bauteilerkennung, partielle Laserstrahlerwärmung und automatisiertes Sortieren der gefertigten Bauteile */AROSDM2025/*:

- Automatisierte Reinigung: Nach dem additiven Fertigungsprozess werden Pulverrückstände oder Stützstrukturen durch eine sensorbasierte Reinigungseinheit entfernt, die eine Kombination aus Druckluft- und mechanischer Bearbeitung nutzt (Bild 10.61). Dadurch werden manuelle Arbeitsschritte reduziert und gleichzeitig die Prozesssicherheit verbessert.
- Bauteilerkennung und Lasermarkierung: Eine besondere Herausforderung bei der Automatisierung der Nachbearbeitung ist die eindeutige Identifikation der gefertigten Bauteile. Im Beispiel von Bild 10.61 wird hierzu eine visuell unsichtbare Markierung direkt während des additiven Fertigungsprozesses eingebracht, die aus geometrischen Codierungen im Bauteilinneren besteht und mit einem Laser im nachgelagerten Postprocessing gezielt erwärmt und anschließend mit einer Thermografiekamera ausgelesen werden kann. Die selektive Erwärmung des markierten Bereiches durch die Laserbearbeitung führt nicht zu einer physischen Veränderung des Materials. Die Inline-Erfassung der Markierungen erfolgt durch Profilscanner, die die exakte Position des Codes ermitteln, und verbessert die Rückverfolgbarkeit durch eine automatische Zuordnung zu Produktionschargen oder individuellen Bauteilen ermöglicht.
- Automatisiertes Sortieren: Basierend auf den erfassten Markierungen werden die Bauteile nach unterschiedlichen Kriterien automatisch klassifiziert, z. B. Bauteiltyp, Maßhaltigkeit oder spezifische Kundenanforderungen. Auf Grundlage dieser Einteilung führt ein KI-gestütztes System eine intelligente Sortierung auf Basis vordefinierter Regeln durch und reduziert so den manuellen Aufwand, steigert die Effizienz und erhöht die Prozesssicherheit.

Die technische Lösung zeigt das Potenzial automatisierter Nachbearbeitungssysteme in der additiven Fertigung mit dem Ziel, manuelle Tätigkeiten signifikant zu reduzieren und die Produktionsgeschwindigkeit zu erhöhen sowie die Rückverfolgbarkeit von Bauteilen zu optimieren.

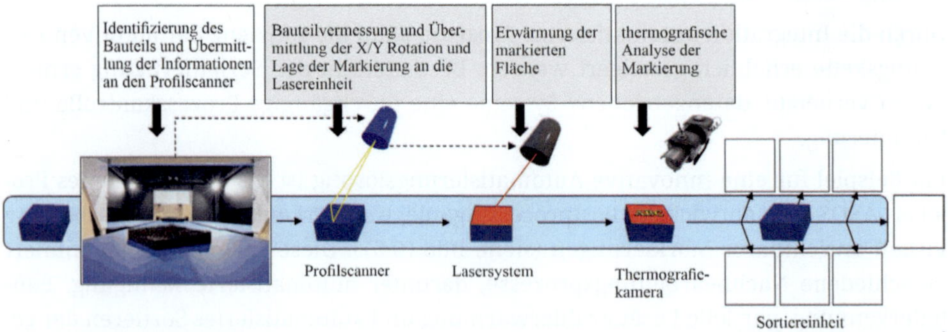

Bild 10.61 Automatisierte Bauteilerkennung und Sortierung im Postprocessing: Darstellung der Prozesskette aus Profilscanner, laserstrahlbasierter Markierungserkennung und KI-gestützter Bauteilklassifizierung zur Optimierung des Postprocessings in der additiven Fertigung © 3Faktur GmbH, */AROSDM2025/*

Das große Potenzial der laserstrahlgestützten additiven Verfahren wird auch zukünftig interessante Entwicklungen und Einsatzgebiete erwarten lassen. Ausgewählte Entwicklungstendenzen sind nachfolgend aufgeführt */Wohl2024/*, */Liu2024/*, */Frau2023/*:

- Materialentwicklung,
- Kostensenkung durch schnelleren und optimierten Bauprozess,
- Anwendungen der Lasermikroverfahren,
- stärkere Nutzung der Verfahrenstechnologien zur Endproduktherstellung,
- erhöhte Bauteilgenauigkeiten.

Übungsaufgaben zum Kapitel 10

(Die dazugehörigen Lösungen finden Sie auf *plus.hanser-fachbuch.de*.)

1. **Aufgabe:** Zwei-Photonen-Polymerisation

   Schätzen Sie die erforderliche Pulsenergie für die Zwei-Photonen-Polymerisation mit typischen Parametern für das kommerzielle Photopolymer IP-Dip (Nanoscribe GmbH) ab, das häufig in der 2PP eingesetzt wird. Gegeben sind:
   $I_{th} = 1 \cdot 10^{13}\ \mathrm{W \cdot cm^{-2}}$
   $w_f = 250\ \mathrm{nm}$
   $\tau_p = 100\ \mathrm{fs}$
   $n = 0{,}3$ (Effizienzfaktor, experimentell ermittelt entsprechend Material und Laserfokussierung)
   Berechnen Sie die Größen Fokusfläche und Mindestpulsenergie unter Berücksichtigung des Effizienzfaktors.

2. **Aufgabe:** Wechselwirkungsprozess Laserstrahlung mit metallischen Pulvermaterialien

   Beschreiben Sie die Wechselwirkung eines kontinuierlich emittierenden Faserlasers mit Metallpulver im Pulverbettverfahren. Erläutern Sie die relevanten physikalischen Mechanismen (Absorption, Schmelzbadbildung, Konvektionsströmungen) sowie den Einfluss von Strahlqualität und Fokusdurchmesser auf die Prozessstabilität.

3. **Aufgabe:** DED-Prozess

   Ein DED-Prozess wird mit einem Faserlaser mit einer Leistung von 2 kW durchgeführt. Nennen Sie die wesentlichen Parameter zur Bestimmung des stabilen Prozessfensters. Diskutieren Sie den Einfluss von Laserleistung, Strahlform, Vorschubgeschwindigkeit und Pulverförderrate auf die Geometrie und die Qualität der Schmelzspur.

4. **Aufgabe:** Multistrahlanwendungen

   Moderne PBF-LB-Anlagen setzen zunehmend auf Mehrstrahlstrategien mit bis zu zwölf Laserstrahlen. Erläutern Sie die Vorteile und die Herausforderungen solcher Konzepte hinsichtlich Bauraumausnutzung, thermischem Management und Prozesssynchronisation. Wie lassen sich Überlappungszonen zwischen den einzelnen Belichtungsbereichen kontrollieren?

5. **Aufgabe:** Galvonometerscanneranwendung für PBF-LB

   Skizzieren und beschreiben Sie den optischen Aufbau eines Galvanometerscannersystems für PBF-LB. Diskutieren Sie die Anforderungen an Scanspiegel, F-Theta-Optiken und deren Einfluss auf Fokuslage, Spotgröße und Prozessgeschwindigkeit.

6. **Aufgabe:** Prozessführung in laserstrahlbasierten additiven Verfahren

   Welche Strahlparameter sind für die Prozessführung in laserstrahlbasierten additiven Verfahren besonders relevant? Erklären Sie die Bedeutung von M^2-Wert, Fokusdurchmesser, Strahlprofil, Leistungsstabilität und spektraler Emission für die Verfahrenssicherheit und Bauteilqualität.

7. **Aufgabe:** Eigenspannungen und Verzug in additiv gefertigten Bauteilen

   Erklären Sie die Entstehung von Eigenspannungen und thermisch induziertem Verzug in additiv gefertigten Metallbauteilen. Welche Rolle spielen dabei die Energieeinbringung die Scanstrategie und die Bauteilgeometrie? Nennen Sie mindestens drei Maßnahmen zur Reduktion thermisch bedingter Fehler.

8. **Aufgabe:** Vergleich laserstrahlbasierter und nicht-laserstrahlbasierter additiver Verfahren

   Erstellen Sie eine vergleichende Übersicht von laserstrahlbasierten (PBF-LB, DED) und nicht-laserstrahlbasierten additiven Verfahren (BJT, MEX). Gehen Sie auf die Prozessenergie, die erreichbare Bauteilgenauigkeit, die Materialvielfalt und die typischen Einsatzgebiete ein.

9. **Aufgabe:** Werkstoffspezifische Einflussgrößen

   Ein PBF-LB-Prozess soll sowohl für Aluminiumlegierungen als auch für Titanlegierungen optimiert werden. Diskutieren Sie die werkstoffspezifischen Herausforderungen hinsichtlich Absorption, Wärmeeinbringung, Schmelzbadstabilität und Oxidationsverhalten. Welche Parameteranpassungen sind erforderlich?

10. **Aufgabe:** Prozessüberwachungssysteme in der additiven Fertigung

    Beschreiben Sie die Bedeutung von In-situ-Prozessüberwachungssystemen in der additiven Fertigung. Erläutern Sie die Messprinzipien von Pyrometrie, Thermografie und optischer Emissionsspektroskopie sowie deren Beitrag zur Prozessregelung und Qualitätssicherung.

11. **Aufgabe:** Prozesskette eines laserstrahlbasierten additiven Fertigungsprozesses

    Skizzieren Sie die gesamte Prozesskette eines laserstrahlbasierten additiven Fertigungsprozesses von der Pulveraufbereitung bis zur Nachbearbeitung. Gehen Sie insbesondere auf die Rolle der Wärmebehandlung, der Oberflächenbearbeitung und der zerstörungsfreien Prüfung ein.

11 Umformende Verfahren

Das **Umformen** wird als 2. Hauptgruppe der Fertigungstechnik bezeichnet und ermöglicht die gezielte Veränderung der Geometrie von Werkstücken ohne Materialabtrag. Während konventionelle mechanische Umformverfahren auf hohen Kräften und Werkzeugkontakt basieren, bietet das Laserstrahlumformen eine kontaktlose, flexible und hochpräzise Alternative. Durch die gezielte lokale Erwärmung mit Laserstrahlung werden thermische Spannungen im Material erzeugt, die zu einer plastischen Verformung führen. Das Laserstrahlverfahren ist besonders vorteilhaft für dünnwandige, spröde oder schwer umformbare Materialien wie Glas, Keramik oder Hochleistungsmetalle.

Je nach Art der Wärmeeinbringung und der entstehenden Spannungsverläufe lassen sich verschiedene Verfahrensvarianten unterscheiden. Beim **thermischen Laserstrahlbiegen** wird die Verformung durch gezielte Temperaturgradienten erzeugt, während das **gradientenbasierte Umformen** durch unterschiedlich starke Erwärmungszonen komplexe 3D-Formänderungen erlaubt. Das **spannungsbasierte Umformen** dagegen nutzt Eigenspannungen für eine konkrete Formgebung. Durch die Kombination von Umformung mit gezielter Härtesteigerung lassen sich mit der **Laserstrahlverfestigung** Bauteileigenschaften zusätzlich optimieren.

Diese Verfahren eröffnen neue Möglichkeiten in der Feinwerktechnik, Medizintechnik, Automobilindustrie und Luftfahrt, da sie eine präzise, werkzeugfreie und automatisierbare Formgebung gestatten. In den folgenden Abschnitten werden die verschiedenen Ansätze des Laserstrahlumformens detailliert beschrieben und ihre technologischen Potenziale aufgezeigt.

11.1 Thermisches Laserstrahlumformen

Das **Laserstrahlumformen** ist ein berührungsloses Verfahren zur gezielten Formänderung von metallischen und nichtmetallischen Werkstoffen durch lokale Wärmeeinbringung. Mit dem thermischen Laserstrahlumformen (ohne zusätzliche Biegewerkzeuge) als flexible Alternative zu den mechanischen Umformverfahren können komplexe Geometrien bearbeitet werden.

Im Vergleich zu konventionellen mechanischen Umformmethoden benötigt das Laserstrahlumformen keine direkten Werkzeugkräfte, wodurch der Verschleiß reduziert und die Bearbeitung empfindlicher Materialien erleichtert wird. Durch partielle lokale Erwärmung lassen sich auch definierte Umformbereiche erzeugen, die mit herkömmlichen Verfahren oft nur schwer realisierbar sind. Insbesondere für hochfeste oder hartspröde Werkstoffe bietet das Verfahren entscheidende Vorteile, auf die in den folgenden Abschnitten näher eingegangen wird.

11.1.1 Wirkprinzip

Das **thermische Laserstrahlumformen** basiert auf der gezielten, örtlich begrenzten Erwärmung eines Werkstücks mittels Laserstrahlung auf die spezifische Umformtemperatur. Durch die lokale Temperaturerhöhung entstehen thermische Spannungen, die zu einer dauerhaften plastischen Verformung führen können. Entscheidend für das Wirkprinzip sind dabei die unterschiedlichen Mechanismen, die je nach Prozessführung und Werkstoff variieren können oder aber bewusst ausgenutzt werden. Dazu zählen:

- **Temperaturgradientenmechanismus (TGM):** Dieser Mechanismus beruht auf der Entstehung starker Temperaturgradienten zwischen der bestrahlten Oberfläche und dem kühleren Materialkern. Die oberflächennahe thermische Expansion führt zu Druckspannungen, während beim Abkühlen Zugspannungen entstehen. Diese Spannungen bewirken eine bleibende plastische Deformation des Materials in der Wechselwirkungszone.
- **Eigenspannungseffekt (ESE):** Dieser Effekt ist auf die selektive Wärmeeinbringung und die nachfolgende rasche Abkühlung zurückzuführen, was zu lokalen Eigenspannungen im Werkstück führt. Diese Spannungen resultieren aus der unterschiedlichen thermischen Ausdehnung und Kontraktion in verschiedenen Zonen des Materials. Definierte Formänderungen können durch die gezielte Steuerung dieser Eigenspannungen erzeugt werden.
- **Phasenumwandlungsmechanismus (PUM):** In Werkstoffen, bei denen durch das Einstellen konkreter Temperaturzeitverläufe Phasenumwandlungen möglich sind (z. B. Stähle mit martensitischer Härtung, siehe auch Abschnitt 12.1), führt das

Volumenwachstum der Umwandlungsphasen zu zusätzlichen Eigenspannungen und Verformungen. Durch geeignete Wahl der Erwärmungs- und Abkühlstrategien lassen sich diese Mechanismen bewusst beeinflussen, um definierte Umformungen zu erreichen. Insbesondere bei Stählen mit hohem Kohlenstoffgehalt oder Nickelbasislegierungen kann dieser Mechanismus eine verstärkte Wirkung zeigen und gezielt für den Umformungsprozess eingesetzt werden.

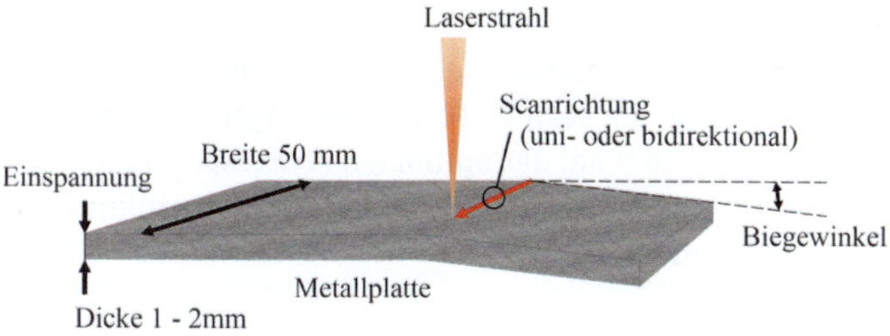

Bild 11.1 Prinzip des thermischen Laserstrahlumformens

Beim **Laserstrahlbiegen**, ein oft angewandtes laserstrahlbasiertes thermisches Umformverfahren, ist der Biegewinkel aufgrund ungleichmäßiger thermischer und mechanischer Kräfte bzw. Einflüsse entlang der Laserscanlinie (Bild 11.1) häufig nicht gleichmäßig. Dies wird als Kanteneffekt bezeichnet. Das zugrundeliegende Wirkprinzip des Laserstrahlbiegens kann in Ergänzung zu den vorstehend diskutierten Mechanismen (TGM, ESE und PUM) wie folgt erklärt werden:

- **Temperaturgradientenmechanismus (TGM):** Die Biegung wird durch einen starken Temperaturgradienten über den Verlauf der Blechdicke hervorgerufen. Durch die lokale Erwärmung an der Oberseite des Bleches dehnt sich das Material dort stärker aus als in den kälteren unteren Schichten. Beim Abkühlen zieht sich das erwärmte Material zusammen und erzeugt eine bleibende Biegeverformung in Richtung der Materialoberseite. Dieser Mechanismus tritt bevorzugt bei dünnen Blechen und niedrigen applizierten Energiedichten auf.
- **Knickmechanismus (BM – Buckling Mechanism:** Der Knickmechanismus tritt auf, wenn durch die thermische Expansion während der Laserbestrahlung hohe Druckspannungen im erhitzten Bereich entstehen. Wenn die Druckkräfte die Stabilitätsgrenze des Materials überschreiten, kommt es zu einem lokalen elastisch-plastischen Knicken, das zu einer dauerhaften Biegung führt. Dieser beschriebene Mechanismus ist typisch für Materialien mit niedriger Steifigkeit oder mit mittlerer bis hoher Blechdicke.
- **Stauchmechanismus (UM – Upsetting Mechanism):** Der Stauchmechanismus bewirkt keine signifikante Biegung, sondern führt zu einer Verkürzung und Verdickung des Bleches in der bestrahlten Zone. Diese Wirkung ist darauf zurückzuführen, dass das Material aufgrund der thermischen Expansion in Längsrichtung gestaucht wird, aber keine ausreichende Krümmung erzeugt. Dieser spezielle Me-

chanismus ist vor allem bei hohen Energiedichten und dicken Blechen dominant und muss bei der konstruktiven Bauteilauslegung berücksichtigt werden.

Das Zusammenspiel dieser verschiedenen Prozesse bestimmt die Endform des Bauteils, wobei der dominierende Mechanismus stark von den Laserparametern, der Blechdicke und den Materialeigenschaften abhängt. Während TGM und BM eine reale Biegung hervorrufen, ist UM für die Verkürzung und Verdickung des Blechs beim Laserstrahlbiegen verantwortlich. Auf weiterführende Informationen ist an dieser Stelle auf */Aher2024/*, */Safa2020/* verwiesen.

Das Laserstrahlumformen kann je nach Anwendungsfall mit unterschiedlichen Parametern und Strategien gesteuert werden, um gezielte Formänderungen zu erreichen. Entscheidend für den Prozesserfolg ist die Wahl der optimalen Prozessparameter, die auf den jeweiligen Werkstoff und die gewünschte Formänderung konstruktiv und prozesstechnisch abgestimmt werden müssen.

11.1.2 Prozesstechnische Voraussetzungen

Zunächst ist die Wahl der geeigneten Laserstrahlungsquelle von entscheidender Bedeutung. Festkörperlaser, Diodenlaser oder CO_2-Laser mit Wellenlängen im Bereich von 1 µm bis 10,6 µm eignen sich besonders für diesen Anwendungsbereich. Die Strahlqualität und die Leistungsdichte beeinflussen die Effizienz der Energieeinbringung und damit die Temperaturverteilung im Werkstück. Häufig werden hierfür auch angepasste Strahlprofile mit berechneten Intensitätsverteilungen angewendet (siehe auch Kapitel 4).

Ein wesentlicher Aspekt ist die Intensität I des Laserstrahls, die typischerweise im Bereich von 10^2 bis $10^4\,\mathrm{W{\cdot}cm^{-2}}$ liegt. Eine zu hohe Leistungsdichte kann zu unerwünschtem Schmelzen und/oder Verdampfen des Materials führen, während eine zu geringe Leistungsdichte möglicherweise keine ausreichende plastische Verformung, die zu einem Umformeffekt beitragen kann, bewirkt. Auch die Strahlführung und die Scangeschwindigkeit sind ausschlaggebend, da sie die präzise Bewegung des Laserstrahls sicherstellen und so für eine homogene Temperaturverteilung entlang der vorgesehenen Umformkontur sorgen.

Die thermischen Eigenschaften des Werkstoffs, insbesondere die Wärmeleitfähigkeit λ_F, das Elastizitätsmodul E_M und der thermische Ausdehnungskoeffizient α, bestimmen maßgeblich das Umformverhalten des gewählten Materials. Hochleitfähige Materialien wie Kupfer oder Aluminium erfordern beispielsweise eine höhere Intensität als Materialien mit geringerer Wärmeleitfähigkeit wie Titan oder Stahl. Zudem beeinflussen die Materialdicke und die spezifische Wärmekapazität die Tiefe der thermischen Einwirkung während der Laserbestrahlung.

Ein weiteres entscheidendes **Umformkriterium** ist die Abkühlstrategie. Die natürliche Wärmekonvektion reicht in vielen Fällen aus, um ein definiertes Temperaturprofil zu erzeugen. In manchen Anwendungen kann jedoch eine unterstützende Kühlung mittels Luft oder Flüssigkeit eingesetzt werden, um die Abkühlgeschwindigkeit gezielt zu steuern und unerwünschte Eigenspannungen zu minimieren oder über den *T*-*t*-Funktionsverlauf zur Phasenumwandlung in den Martensitbereich zu gelangen (siehe Kapitel 12).

Zusätzlich zur Prozessführung sind geeignete Sensorik- und Regelstrategien erforderlich, um eine gleichbleibende Qualität des Umformprozesses sicherzustellen. Pyrometer- oder Thermografiekamerasysteme können zur Echtzeitüberwachung der Temperaturverteilung der eingetragenen Laserleistung eingesetzt werden. Ebenfalls ermöglichen adaptive Regelalgorithmen eine dynamische Anpassung der Laserleistung an wechselnde Prozessbedingungen (Geometrie, Randbereiche, Materialdickenänderungen), wodurch eine hohe Reproduzierbarkeit der Umformung gewährleistet wird.

Schließlich spielt die Wahl der geeigneten Prozessstrategie eine wesentliche Rolle. Mehrfachbestrahlungen (Mehrfachscan) oder schrittweise Erwärmung können angewandt werden, um eine gleichmäßige Verformung zu erreichen und Rissbildungen zu vermeiden. Die Kombination aus experimentellen Untersuchungen und numerischen Simulationen kann helfen, die optimalen Parameter für ein spezifisches Bauteil oder eine spezielle Anwendung zu ermitteln.

Der **Krümmungsradius** r eines durch thermisches Laserstrahlumformen erzeugten Bauteils kann näherungsweise durch folgende Beziehung beschrieben werden:

$$r = \frac{E_M \cdot s}{\sigma_{th} \cdot (1 - \gamma_P)} \tag{11.1}$$

E_M Elastizitätsmodul des Werkstoffes; s Werkstückdicke; σ_{th} thermisch induzierte Spannung; γ_P Poisson-Zahl

Oft ist es für die Prozessauslegung wichtig, die erforderliche Laserleistung näherungsweise abschätzen zu können. Für den Fall, dass ein Stahlblech mit einer Dicke von 1 mm und einem freien Kantenlängen-Umformradius von 3 mm bei einer Biegewinkeländerung von 90° thermisch mit dem Laserstrahl umzuformen ist, können die Parameter wie folgt abgeschätzt werden:

1. **Erforderliche Temperaturerhöhung und spezifische Wärmeenergie**

   Die zur plastischen Umformung erforderliche Temperatur T muss über die Rekristallisationstemperatur des Materials hinausgehen. Für Stahl liegt dieser Bereich typischerweise zwischen 800 und 1000 °C.

   Die benötigte Wärmemenge Q_W zur Erhöhung der Temperatur eines Werkstückvolumens V ergibt sich aus:

$$Q_W = \rho \cdot c_p \cdot V \cdot \Delta T = \rho \cdot c_p \cdot (l_U \cdot w_{LZ} \cdot d) \cdot \Delta T \tag{11.2}$$

   l_U Umformlänge; w_{LZ} Breite der laserinduzierten Zone; ρ Dichte; c_p spezifische Wärmekapazität

2. **Leistungsbedarf unter Berücksichtigung des Wirkungsgrades**

   Die tatsächlich benötigte Laserleistung P_L hängt von der Einwirkzeit t_E und dem Absorptionsgrad A_G ab. Ohne Berücksichtigung der Wärmeleitungsverluste ergibt sich die benötigte Laserleistung wie folgt:

$$P_L = \frac{Q_W}{A_G \cdot t_E} \qquad (11.3)$$

11.1.3 Thermisches Laserstrahlumformen von Gläsern

Das **thermische Laserstrahlumformen von Gläsern** basiert auf der gezielten Erwärmung des Materials bis zur Erweichungstemperatur. Die Fokussierung der Laserstrahlung auf das Glas führt zu einer lokalen Absorption der Energie und damit zu einer Temperaturerhöhung in einem begrenzten Bereich, wodurch die Viskosität des Glases herabgesetzt wird. In diesem Zustand kann das Glas durch mechanische oder gravitative Kräfte umgeformt werden.

Der Wirkmechanismus beruht auf der Umwandlung von elektromagnetischer Strahlung in Wärmeenergie, wobei die Wellenlänge des verwendeten Lasers eine entscheidende Rolle spielt. Besonders geeignet sind CO_2-Laser mit einer Wellenlänge von $\lambda = 10{,}6\,\mu m$, da Glas in diesem Bereich eine hohe Grundabsorption aufweist. Die resultierende Energieeinkopplung erfolgt je nach Glaszusammensetzung und Oberflächenbeschaffenheit durch Volumen- oder Oberflächenabsorption.

Zur Minimierung von Temperaturgradienten und den daraus resultierenden thermischen Spannungen ist eine möglichst homogene Erwärmung erforderlich. Diese wird durch den Einsatz spezieller Scannerkonzepte erreicht, bei denen der Laserstrahl mit hoher Geschwindigkeit über die Glasoberfläche geführt wird. Galvanometrische Scannersysteme ermöglichen eine extrem schnelle und präzise Strahlführung (siehe auch Kapitel 6), wodurch eine quasi-simultane Erwärmung großer Flächen oder spezifischer Umformzonen erreicht wird. Zusätzlich kann die thermische Wechselwirkung durch die Wahl geeigneter Prozessparameter wie Laserleistung, Spotgröße, Scangeschwindigkeit sowie Verweilzeit des Strahls auf dem Material optimiert werden. Eine mäanderförmige Bestrahlung mit überlappenden Scanspuren sorgt für eine gleichmäßige Wärmeverteilung und verhindert lokale Überhitzungen oder inhomogene Viskositätszonen.

Der wesentliche Vorteil des Laserstrahlumformens liegt in der hohen Flexibilität der Prozessgestaltung. Im Vergleich zu konventionellen thermischen Umformverfahren benötigt das Laserstrahlumformen keine mechanischen Werkzeuge und erlaubt dadurch eine schnelle Anpassung an unterschiedliche Geometrien. Zudem können sehr feine und komplexe Strukturen realisiert werden, die mit konventionellen Methoden nicht wirtschaftlich umsetzbar wären. /*HT3D2018*/

11.1.3.1 Verfahrensgrundlagen

Das thermische Laserstrahlumformen von Gläsern erfolgt in mehreren aufeinander abgestimmten Schritten, die eine genaue Kontrolle der Temperaturverteilung und der mechanischen Beanspruchung des Glases erfordern. Der erste Schritt ist das **Vorwärmen** des Substrates durch gleichmäßiges Erwärmen des Glases auf eine Temperatur knapp unterhalb des Transformationspunktes T_G. Diese Maßnahme ist notwendig, um Temperaturgradienten bei der anschließenden Lasererwärmung zu minimieren und die Gefahr eines Glasbruchs durch thermische Spannungen zu verringern. Insbesondere bei Aluminosilikatgläsern, die eine geringere Temperaturwechselbeständigkeit aufweisen, ist dieser Schritt unerlässlich. Anschließend erfolgt die **gezielte laserinduzierte Erwärmung**, bei der der Laserstrahl mit einem galvanometrischen Scannersystem über die Glasoberfläche geführt wird. Die hohe Scanfrequenz und die überlappenden Bahnen gewährleisten eine homogene Erwärmung, sodass eine lokale Viskositätsreduktion erreicht wird. Je nach gewünschter Umformgeometrie kann die Erwärmung flächig oder punktuell erfolgen. Als besonders vorteilhaft hat sich die mäanderförmige Erwärmung erwiesen, da sie eine gleichmäßige Temperaturverteilung ermöglicht und unerwünschte Spannungsgradienten minimiert.

Sobald das Glas die erforderliche Viskosität erreicht hat, beginnt der eigentliche **Umformprozess**, für den es verschiedene Ansätze gibt:

- Bei der **großflächigen Umformung** erfolgt die Formgebung meist durch Schwerkraft, indem das erweichte Glas in eine vorbereitete Negativform absinkt. Alternativ kann die Umformung durch einen gezielt angelegten Unterdruck unterstützt werden, wodurch sich auch zusätzlich filigrane Strukturen in einer großen Fläche mit hoher Präzision realisieren lassen.
- Beim **thermischen Laserstrahlumformen** werden kleinflächige Umformungen meist werkzeuglos vorgenommen. Die Formänderung des bestrahlten Glasbereiches beruht auf dem thermisch induzierten Übergang in einen niedrigviskoseren Zustand. Bei hohen Temperaturen nimmt die Viskosität η des Glases gemäß der Arrhenius- oder Vogel-Fulcher-Tammann-Gleichung stark ab, sodass es zunehmend fließfähig wird. Gleichzeitig wirkt die Oberflächenspannung γ als treibende Kraft zur Minimierung der freien Oberflächenenergie, was zu einer Umformung des geschmolzenen Bereichs führt. Wird die Viskosität unter einen kritischen Wert abgesenkt, reicht eine äußere Krafteinwirkung, etwa durch Schwerkraft oder innere Spannungen, aus, um die Glasstruktur plastisch umzuformen. Eine grundlegende Abschätzung des viskosen Fließens in Abhängigkeit von der Oberflächenspannung ergibt sich aus der Stokes-Gleichung:

$$v = \frac{\gamma}{\eta} \cdot \frac{1}{R} \tag{11.4}$$

v Fließgeschwindigkeit der Glasoberfläche; γ Oberflächenspannung; η Viskosität;
R Krümmungsradius der Oberfläche

Formel 11.4 zeigt, dass bei niedriger Viskosität η das Glas unter Einfluss der Oberflächenspannung stärker umgeformt wird (Bild 11.4). Zusätzlich kann der Einfluss der Schwerkraft durch eine modifizierte Navier-Stokes-Gleichung oder die Young-Laplace-Gleichung ergänzt werden, um die vollständige Formänderungsdynamik zu beschreiben:

$$v = \frac{\gamma}{\eta} \cdot \frac{1}{R} + \frac{\rho \cdot g \cdot h}{\eta} \tag{11.5}$$

g Erdbeschleunigung; h charakteristische Höhe des umgeformten Bereiches

Somit ergibt sich in Formel 11.5 die Formänderung des Glases aus dem Gleichgewicht zwischen viskosem Fließen, Oberflächenspannung und der durch die Gravitation verursachten hydrostatischen Druckdifferenz. Schlussfolgern lässt sich daraus, dass die Fließgeschwindigkeit v umso größer ist, je kleiner die Viskosität η und je größer die Oberflächenspannung γ sowie die Schwerkraftwirkung sind. In dünnen Bereichen oder bei hohen Temperaturen, bei denen η stark abnimmt, dominiert der Einfluss der Schwerkraft die Verformung und kann zur Ausbildung von Strukturen durch direkten Materialfluss führen.

Ein **hybridgeführtes Umformen** kombiniert die Vorteile der großflächigen Schwerkraftumformung mit der Präzision des thermischen Laserstrahlumformens. Zunächst kann das Glas durch Erwärmung auf eine geeignete Temperatur in einen viskosen Zustand überführt werden, sodass sich die Grundform unter Einfluss der Schwerkraft ausbildet. Anschließend ermöglicht der gezielte Einsatz eines Laserstrahls eine lokal begrenzte Nachbearbeitung, um feinere Strukturen oder gezielte Korrekturen vorzunehmen. Durch diese Kombination können sowohl makroskopische Formgebungen als auch hochpräzise mikrostrukturelle Anpassungen realisiert werden, was insbesondere für optische Komponenten mit komplexen Geometrien oder individuell angepassten Freiformflächen von Vorteil ist.

Ein besonders wichtiger Aspekt des Prozesses ist die **kontrollierte Abkühlung** des umgeformten Glases. Während der Abkühlphase können erhebliche mechanische Spannungen auftreten, die zum spontanen Bruch oder zur Beeinträchtigung der optischen Qualität führen können. Um diese Spannungen zu minimieren, wird eine kontrollierte **Feinkühlung** durchgeführt, bei der das Glas in definierten Temperaturintervallen abgekühlt wird, sodass die inneren Spannungen allmählich abgebaut werden. Spannungsoptische Untersuchungen haben gezeigt, dass durch diesen kontrollierten Abkühlprozess die optischen Gangunterschiede auf unter $20\,\text{nm}\cdot\text{cm}^{-1}$ reduziert werden können, was für die spätere Anwendung entscheidend ist.

Das **Laserstrahlumformen** ermöglicht eine hohe Gestaltungsfreiheit bei gleichzeitig minimaler mechanischer Belastung des Werkstoffs. Im Vergleich zu konventionellen thermischen Umformprozessen bietet es eine präzisere Steuerung der Temperaturprofile und eine größere Variabilität in der Formgebung.

Das laserstrahlbasierte Umformen von Gläsern stellt hohe Anforderungen an Material, Prozessführung und Systemtechnik. Eine exakte Steuerung der Temperatur ist essenziell, um Spannungen und Glasbruch zu vermeiden. Die Wahl geeigneter Materialien spielt eine maßgebliche Rolle, da unterschiedliche Glastypen stark variierende thermische Eigenschaften aufweisen. Ebenso müssen die optischen und mechanischen Komponenten des Lasersystems optimal auf den Prozess abgestimmt sein, um eine effiziente Energieeinbringung und eine homogene Erwärmung zu gewährleisten. In Tabelle 11.1 sind wichtige Material- und Prozessparameter zusammengestellt.

Tabelle 11.1 Material- und Prozessparameter für das laserstrahlbasierte Umformen von Gläsern

Parameter	Werte und Wertebereiche
Materialauswahl	geeignete Glastypen mit bekannten Viskositätstemperaturkurven
Laserparameter	Leistung bis 2 kW, Scangeschwindigkeiten bis 5 $m \cdot s^{-1}$, variable Scanmuster zur Reduzierung von Temperaturgradienten
Temperatursteuerung	notwendige Arbeitstemperaturen zwischen 800 – 1000 °C, um eine Viskosität im Bereich von $\eta = 10^6 - 10^7$ dPa·s zu erreichen
Spannungsoptimierung	Einsatz von Feinkühlverfahren zur Minimierung optischer Gangunterschiede unter 20 $nm \cdot cm^{-1}$
Formmaterialien	Verwendung temperaturbeständiger, nicht reflektierender Materialien wie Quarzglas für Negativformen

Der Umformbereich, in dem die Gläser prozessiert werden können, ist materialabhängig, sodass die **Temperatur-Viskositäts-Kurve** für das jeweilige verwendete Glas bestimmt werden muss.

Die Kurven in Bild 11.2 zeigen, dass jedes Glas eine spezifische $T(\eta)$-Kurve besitzt, die einen für das Umformen geeigneten Viskositätsbereich aufweist (viskos-umformbarer Bereich). Beispielsweise erreicht BOROFLOAT®33 eine umformbare Viskosität bei niedrigeren Temperaturen als Gorilla®Glass 5. Die Bestimmung dieser Kurven für das jeweilige Glas ist essenziell, um geeignete Prozessparameter für das laserstrahlbasierte Umformen definieren zu können.

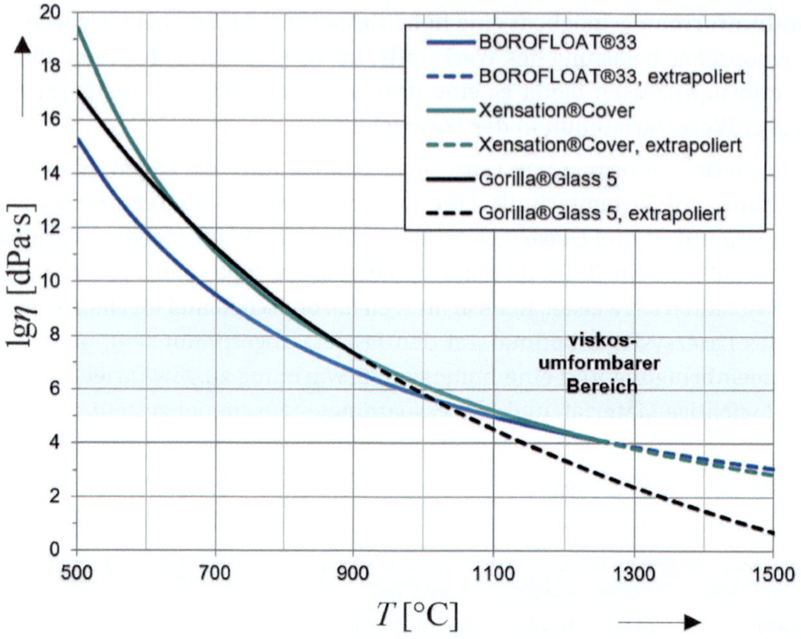

Bild 11.2 Viskositäts-Temperatur-Verläufe ausgewählter Gläser */HT3D2018/*

Nach dem laserstrahlbasierten Umformverfahren ist eine **temperatur-zeitgesteuerte Kühlung** unabdingbar. Da das Glas durch die Lasererwärmung in einen viskosumformbaren Bereich überführt wurde, muss die Abkühlung zur Vermeidung von thermisch induzierter Rissbildung oder inneren Spannungen kontrolliert erfolgen. Eine zu schnelle Abkühlung führt zu hohen Temperaturgradienten, die mechanische Spannungen erzeugen, während eine zu langsame Abkühlung teilweise auch unerwünschte Rekristallisationsprozesse oder Verformungen begünstigen kann. Durch eine optimierte Abkühlstrategie, die stufenweise Temperaturreduktion in definierten Zeitintervallen vorsieht, kann die strukturelle Form des Werkstücks erhalten bleiben. Besonders bei optischen oder mechanisch belasteten Bauteilen ist eine homogene Abkühlung entscheidend, um optische Gangunterschiede oder Spannungszentren im Inneren der Bauteile zu vermeiden. Durch geeignete Kühlraten, angepasst an die Materialeigenschaften, wird sichergestellt, dass das Werkstück die gewünschten mechanischen und optischen Eigenschaften nach der Umformung beibehält. In Bild 11.3 sind **Kühlkurven** für ausgewählte Gläser dargestellt, die nach dem laserstrahlbasierten Umformprozess appliziert wurden.

Werden großformatige Umformungen an Glasbauteilen erforderlich, bietet die Laserbearbeitung in einer temperaturgeregelten Prozesskammer besondere Vorteile, da das Erwärmen der Glassubstrate und der anschließende Kühlprozess nach dem Laserstrahlumformen sequenziell in einem Prozess erfolgen kann. Für diese Anordnung wird der Laserstrahl durch ein spezielles Eintrittsfenster in die Prozesskammer geführt.

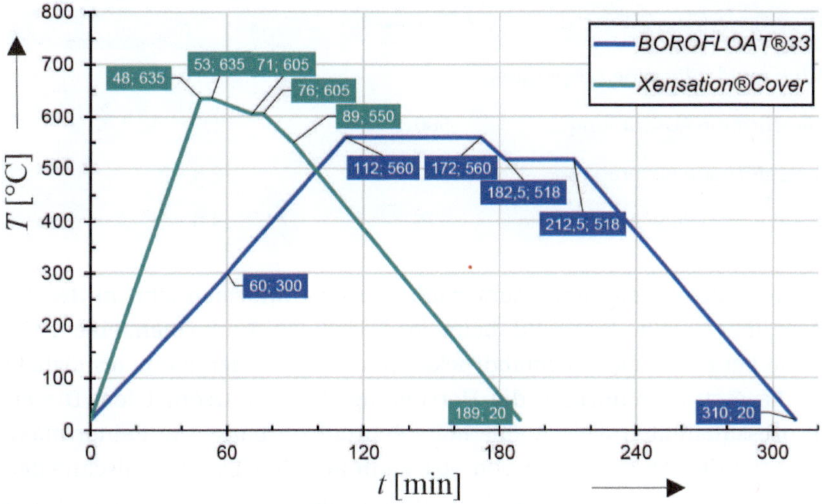

Bild 11.3 Kühlkurven ausgewählter Glastypen aus Bild 11.2

11.1.3.2 Resultate des thermischen Laserstrahlumformens

Ausgewählte Ergebnisse des **thermischen Laserstrahlumformens** ohne Formwerkzeuge sind in Bild 11.4 und in Tabelle 11.2 veranschaulicht bzw. zusammengefasst. Hierfür wurden einfache Kreiskonturen ($d = 10$ mm) im mittleren Bereich der Glasprobe (Material: Xensation®Cover) erzeugt. Bei konstanter Leistung von $P = 140$ W und einer Scangeschwindigkeit von $v_s = 5\,\text{m}\cdot\text{s}^{-1}$ wurde lediglich die Anzahl der Scanüberfahrten (n_{scan}) der Kontur variiert, um verschiedene Abformtiefen zu realisieren. So kann mit dem Prozessparameter n_{scan} die Abformtiefe und die sich ergebende Radiengeometrie direkt beeinflusst werden.

Bild 11.4 Erreichbare Abformtiefe einer Kreiskontur ($d = 10$ mm) in Abhängigkeit von der Scanüberfahrtenanzahl n_{scan} (Details zu den einzelnen Zonen in Tabelle 11.2) */HT3D2018/*

Tabelle 11.2 Ausprägung und Parameter für umgeformte Glasstrukturen anhand Bild 11.4

Zone	Struktur	Laserparameter: $P = 140\,W$, $v_s = 5\,m{\cdot}s^{-1}$	
		n_{scan}	Abformtiefe [mm]
1	leichte muldenförmige Ausprägung	450	0,76
2	radiusförmige Ausprägung	500	1,7
3	schalenförmige Ausprägung	550	2,3
4	starke domförmige Ausprägung	575	4,0

Ausgewählte Untersuchungen zum laserstrahlbasierten Umformen sind in der Tabelle 11.3 gegenübergestellt. Während beim großflächigen Umformen eine hohe Oberflächengüte bei minimalen Formabdrücken realisiert werden kann, ermöglicht das formfreie Laserstrahlumformen die Herstellung flexibler Geometrien. Die erreichbaren Prozessqualitäten weisen eine hohe Reproduzierbarkeit mit einer maximalen Abweichung der Abformtiefen von ±0,04 mm auf. Das Laserstrahlschneiden als Zusatzprozess in der Prozesskammer kann für das Glas BOROFLOAT®33 qualitätsgerecht erfolgen (siehe Tabelle 11.3 rechts). Die beim Trennen von Aluminosilikatglas verstärkt auftretende Sublimatbildung macht eine angepasste Absaugtechnik erforderlich. */HT3D2018/*

Tabelle 11.3 Umformergebnisse des Xensation®Coverglases und des Glases BOROFLOAT®33 (Abmessung: 150 × 150 mm²) */HT3D2018/*

Großflächiges Umformen	Thermisches Laserstrahlumformen	Hybrider Umformprozess
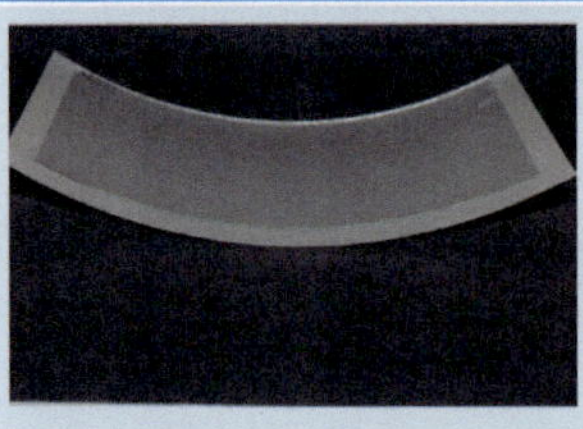	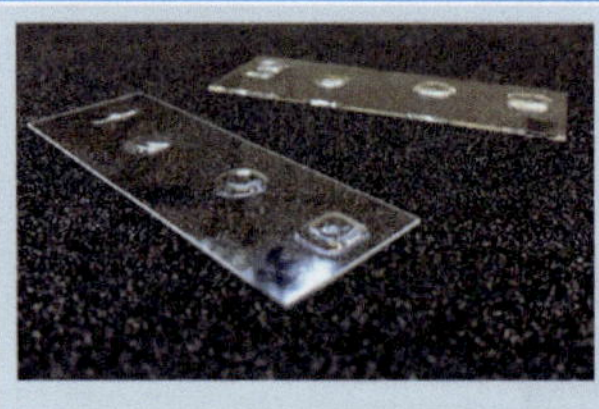	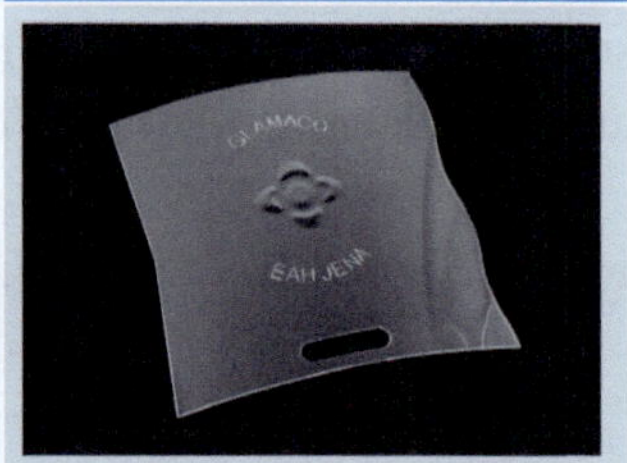
▪ Verwendung einer Werkzeugform aus Quarzglas ▪ Umformen/Senken durch Schwerkraft	▪ werkzeugloses Umformen mit dem Laserstrahl ▪ Geometriescannen der umzuformenden Bereiche	▪ Kombination aus großflächiger Umformung und thermischer Laserstrahlumformung ▪ Randbesäumen durch Laserstrahltrennen

Bild 11.5 zeigt eine spannungsoptische Betrachtung für das Umformelement in der mittleren Spalte der Tabelle 11.3. Aufgrund der thermischen Eigenschaften der Gläser (geringe Wärmeleitfähigkeit, linearer Ausdehnungskoeffizient) weisen die Proben nach dem thermischen Laserstrahlumformen Spannungen auf, die durch einen glasspezifischen Feinkühlvorgang (siehe Bild 11.3) minimiert werden können. Als Beispiel ist in Bild 11.5 a eine laserbearbeitete Probe ohne Feinkühlung dargestellt, bei der der maximale optische Gangunterschied 126,3 $nm{\cdot}cm^{-1}$ beträgt. In Bild 11.5 b ist der maximale optische Gangunterschied nach erfolgter Feinkühlung lediglich auf 12,3 $nm{\cdot}cm^{-1}$ begrenzt, womit die Probe als spannungsarm bezeichnet werden kann.

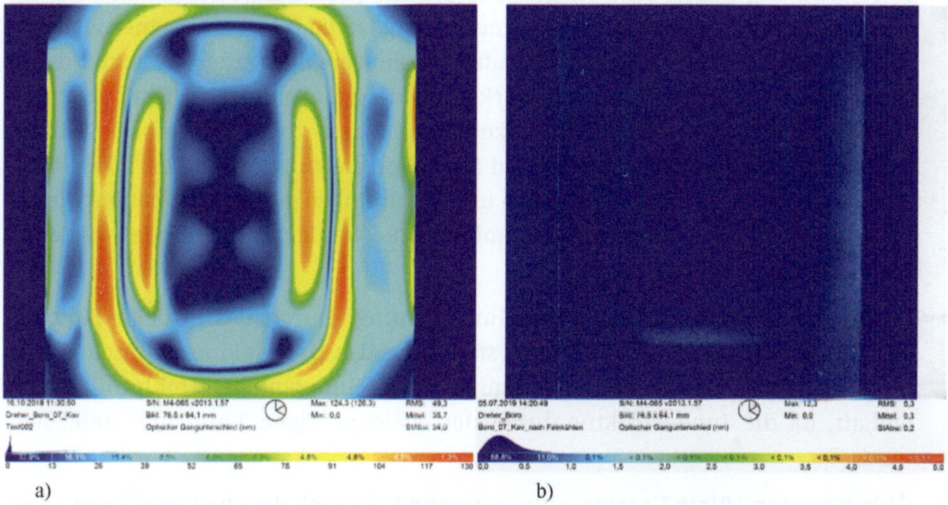

Bild 11.5 Spannungsoptische Betrachtung einer Glasprobe. a) Nach dem Tiefziehprozess, b) nach einer definierter Feinkühlung

Siehe auch Videosequenz zum Thema „Thermisches Laserstrahlumformen" zur Darstellung der Prozesse des Laserstrahlumformens für Gläser, Kunststoffe sowie Metalle auf *plus.hanser-fachbuch.de*.

11.1.4 Hybride laserstrahlbasierte Umformverfahren

Bei hybriden laserstrahlbasierten Umformverfahren erfolgt eine Kombination der Vorteile der Laserstrahlbearbeitung mit zusätzlichen Wärmequellen oder Druckmedien wie Luft oder Öl, um eine Optimierung der Formgebung von Materialien zu erreichen. Diese Verfahren zeichnen sich insbesondere durch ihre Effektivität bei der Bearbeitung von Profilen und Hohlformen aus, da sie eine präzise Steuerung der Umformung ermöglichen und gleichzeitig die Materialintegrität bewahren. Bei der Verwendung von Luft als Medium wird mittels Luft Druck auf das Werkstück ausgeübt, um dessen Verformung zu fördern, während simultan der Laserstrahl auf die zu bearbeitende Stelle fokussiert wird. Diese Vorgehensweise gewährleistet eine homogene Kraftverteilung und reduziert das Risiko von Materialversagen. Öl hingegen bietet den Vorteil einer besseren Schmierung, wodurch die Reibung während des Umformprozesses verringert und so eine höhere Oberflächenqualität und eine verbesserte Formgenauigkeit herbeigeführt werden kann.

Folgende **hybride Lösungen** werden für den Umformprozess eingesetzt:

- **Unterstützung durch eine zusätzliche Wärmequelle:** Eine Möglichkeit zur Erweiterung der laserstrahlbasierten Umformung ist die Integration einer weiteren Wärmequelle, beispielsweise eines Induktionsheizers oder einer Widerstandsheizung. Durch die Vorwärmung des Werkstücks wird die Materialverfestigung reduziert und die Duktilität erhöht, was zu einer verbesserten Umformbarkeit führt. Die Kombination aus Laserstrahl und Induktionsheizung erlaubt es, lokale Temperaturgradienten präzise zu steuern und Spannungen gezielt abzubauen. Dies ist insbesondere bei hochfesten Werkstoffen wie Titanlegierungen oder austenitischen Stählen von Vorteil.
- **Luftdruckunterstützte Laserstrahlumformung:** Durch das gezielte Einleiten von Druckluft in ein geschlossenes System kann das Material in gewünschte Richtungen verformt werden. Dies ist besonders bei dünnwandigen Hohlprofilen vorteilhaft, da die Innenstruktur durch den gleichmäßigen Luftdruck stabilisiert wird.
- **Öldruckunterstützte Laserstrahlumformung:** Ähnlich dem hydrostatischen Tiefziehen wird das Material durch den Druck eines flüssigen Mediums (z. B. Hydrauliköl) während der Lasererwärmung umgeformt. Dieses Verfahren eignet sich besonders für Bauteile mit komplexen Geometrien und hoher Maßhaltigkeit, da der Druck gleichmäßig über die gesamte Oberfläche wirkt und unerwünschte Faltenbildungen vermieden werden können.

Die hohe Anpassungsfähigkeit hybrider Verfahren macht sie besonders attraktiv für die Automobil- und Luftfahrtindustrie, wo komplexe Bauteile mit hohen Anforderungen an Festigkeit und Gewichtseinsparung gefertigt werden müssen.

11.1.5 Laserinduzierte Materialumformung durch ultrakurze Laserpulse

Die Umformung von Materialien mithilfe von Lasertechnologien stellt eine innovative Alternative zu konventionellen Umformverfahren dar und bietet große Vorteile für Anwendungen in der Optik und in der Mikrofluidik. Die Bestrahlung dielektrischer Materialien mit ultrakurzen Laserpulsen ermöglicht eine gezielte Strukturierung und Formgebung, ohne dass es zu Materialabtrag oder tiefgehenden Schädigungen kommt. Diese Technik eignet sich besonders für die Oberflächenmodifikation von Glaswerkstoffen, die für mikro-optische Anwendungen genutzt werden, wobei für diese Art der Modifikation die zeitliche und räumliche Verteilung der Laserenergie im Material entscheidend ist.

Zur Untersuchung der laserinduzierten Materialumformung wurden in */Skiba2024/* BOROFLOAT®33-Flachglassubstrate (Dicke $d = 1{,}0$ mm, $T_g = 525$ °C) mit Femtosekundenlaserpulsen (Pulsdauer $\tau_P = 350$ fs, Wellenlänge $\lambda = 515$ nm) bestrahlt. Durch die Kombination aus der Pulswiederholrate und der Scangeschwindigkeit wurde eine Bearbeitung mit einem sehr geringen lateralen und zeitlichen Pulsabstand realisiert. Die Fokussierung des Laserstrahls erfolgte mit einem telezentrischen F-Theta-Objektiv ($f = 100$ mm) in der Ebene ca. 100 µm unterhalb des Glassubstrats (Bild 11.6 a). Der Strahldurchmesser auf der Oberseite der Glasprobe betrug ca. 50 µm, auf der Unterseite ca. 25 µm.

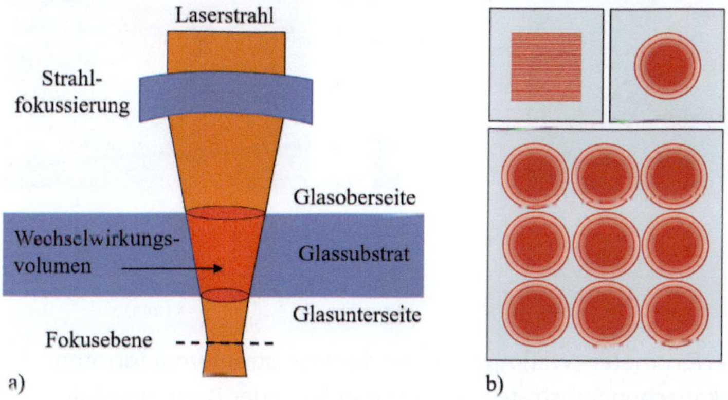

Bild 11.6 Strahlpropagation durch das Glassubstrat bei einem UKP-Mikroumformprozess nach */Skiba2024*. a) Schematische (nicht maßstäbliche) Darstellung, b) verwendete Scanstrategien

An den Glasproben wurden im Scanverfahren Flächen in mehreren Überfahrten (3, 5 und 10) und mit unterschiedlichen Konturen bestrahlt, zum Beispiel Rechtecke mit einer Größe von $(2 \times 2)\,\text{mm}^2$, kreisförmige Felder mit einem Durchmesser von 2 mm sowie periodisch angeordnete Strukturen aus mehreren kreisförmigen Feldern (Bild 11.6 b). Dabei wurden unterschiedliche Scan- und Vorschubrichtungen getestet. Die mittlere Laserleistung wurde in den Experimenten zwischen 2,6 W und 4,5 W variiert, wodurch sich Pulsenergien im Bereich von 11 – 18 µJ ergaben. In Abhängigkeit von den gewählten Prozessparametern bildeten sich sowohl an der Glasoberseite als auch an der Glasunterseite charakteristische, makroskopisch wahrnehmbare Oberflächenverformungen aus, die mithilfe der Weißlichtinterferometrie visualisiert wurden (Bild 11.7). Die Strukturen erreichten Profilhöhen (Peak-to-Valley) von bis zu 10 µm und bildeten sich auf der Ober- und Unterseite komplementär aus, wodurch Berge und Täler jeweils gegenüberlagen (Bild 11.7 b, c).

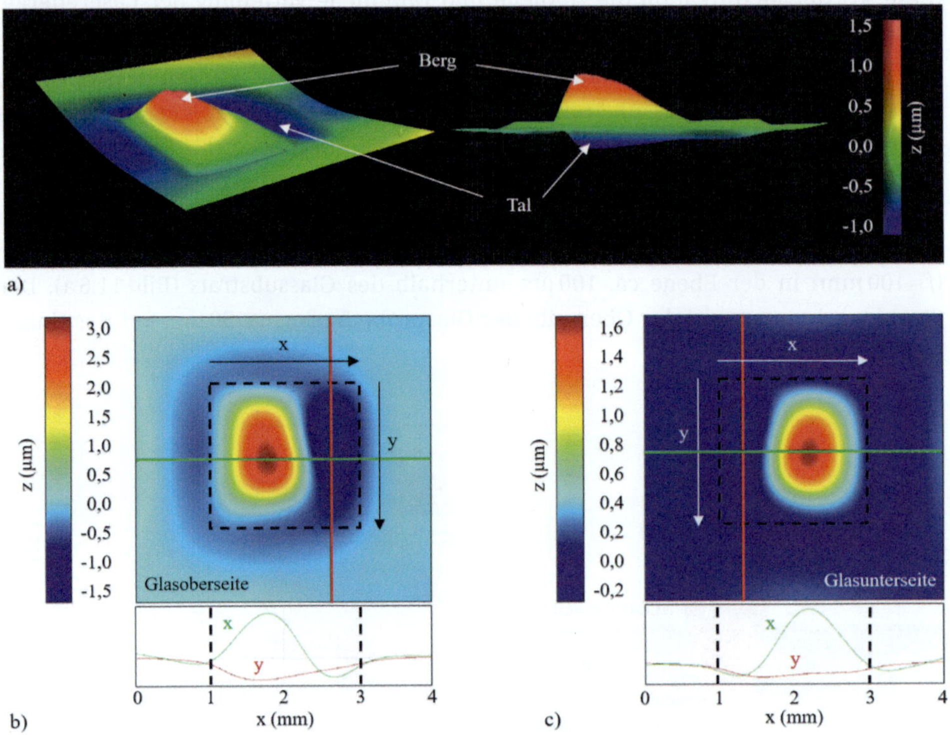

Bild 11.7 Weißlichtinterferometer-(WLI)-Aufnahmen der laserstrahlumgeformten Bereiche eines borosilikatischen Substrates. a) 3D-Darstellung der Berg- und Talstruktur an der Glasober- und -unterseite, b) 2D-Aufnahme an der Glasoberseite, c) 2D-Aufnahme an der Glasunterseite */Skiba2024/*

In den durchgeführten Experimenten konnte eine eindeutige Abhängigkeit der erzeugten Oberflächenform von der Menge der eingestrahlten Laserenergie und von der gewählten Scanstrategie festgestellt werden. Die Materialverteilung innerhalb der rechteckigen Felder ist nicht symmetrisch und stark von der Scan- und Vorschubrichtung abhängig. Bei rechteckigen Scanfeldern werden außermittig liegende Erhebungen erzeugt, während bei kreisförmigen Scanfeldern eine symmetrische Materialverteilung in der Mitte der bestrahlten Kontur vorliegen kann (Bild 11.8 b).

Kreisförmige Scanfelder eigneten sich aufgrund der symmetrischen Materialverteilung gut für die Erzeugung periodischer, mikrolinsen-array-ähnlicher Oberflächenstrukturen. Dabei ist eine variable Anordnung der einzelnen Scanfelder möglich, wie zum Beispiel die 3 × 3-Anordnung in Bild 11.9. Die erzeugte Oberflächenstruktur zeichnet sich nicht nur durch eine hohe Symmetrie, sondern auch durch die annähernd gleiche Profilhöhe der Einzelelemente aus.

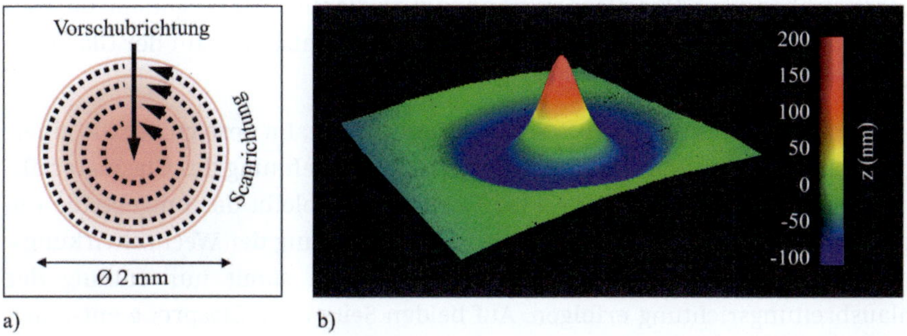

Bild 11.8 Darstellung von Oberflächenverformungen erzeugt durch Überlappung konzentrischer Kreise. a) schematische Darstellung der Scanstrategie, b) 3D-WLI-Aufnahme der Verformung auf der Glasoberseite */Resc2022/*

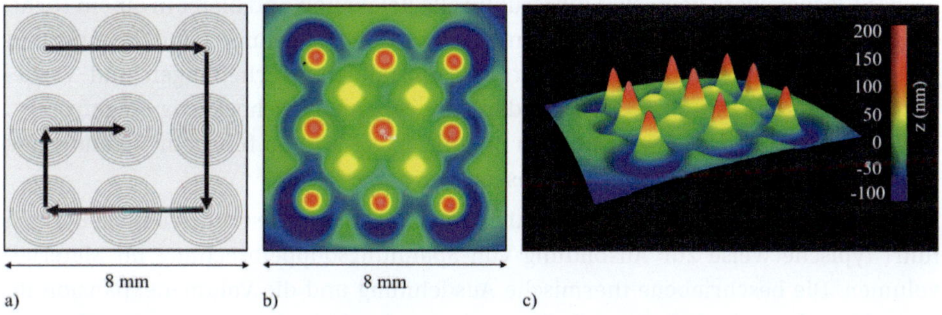

Bild 11.9 Darstellung einer mikrolinsen-array-ähnlichen Oberflächenstruktur erzeugt durch eine Kombination von Einzelfeldern. a) Schematische Darstellung der Scanstrategie, b) 2D-WLI-Ansicht der erzeugten Oberflächentopografie (Draufsicht), c) 3D-WLI-Ansicht der Strukturen */Resc2022/*

Die Ausbildung von Erhebungen und Vertiefungen auf der Ober- und Unterseite der Glasproben während der Laserbestrahlung kann durch eine Kombination mehrerer physikalischer und umformtechnischer Mechanismen erklärt werden */Skiba2025/*. Es wird davon ausgegangen, dass der UKP-Mikroumformprozess hauptsächlich durch Wärmeakkumulationseffekte dominiert wird, wobei mehrere Prozesse gleichzeitig ablaufen:

- **Materialfluss aufgrund der Viskositätsänderung:** Die Bestrahlung mit ultrakurzen Laserpulsen durch Wärmeakkumulation führt zu einer schnellen lokalen Erwärmung des Glases im bestrahlten Volumen. An der Glasoberfläche werden Temperaturen nahe der Glasübergangstemperatur ($T_g = 525\,°C$) erreicht, im Glasinneren kann sogar eine Erweichungstemperatur (820 °C) vermutet werden. Die sehr schnelle Abnahme der Viskosität des Materials ermöglicht eine Materialbewegung, wobei der Materialfluss auf der Oberfläche entlang der Richtung des temperaturabhängigen Oberflächenspannungsgradienten (Marangoni-Strömung) erfolgt. Je nach Vorzeichen des Spannungsgradienten entstehen auf der Glasoberfläche entweder Vertiefungen oder Erhebungen.

- **Volumenexpansion infolge der Wärmeakkumulation:** Im Bereich der Glasübergangstemperatur kommt es zu einer thermischen Ausdehnung des Glasmaterials. Aufgrund einer sehr geringen Wärmediffusionslänge bleibt das umgebende unbestrahlte Material fest, wodurch die laterale Ausdehnung der Wechselwirkungszone verhindert wird. Die Volumenexpansion kann somit nur entlang der Strahlausbreitungsrichtung erfolgen. Auf beiden Seiten der Glasprobe entstehen Erhebungen, deren Volumen deutlich größer als das der sich daneben bildenden Vertiefungen ist.
- **Relaxationsprozesse während des Aufheiz-Abkühlzyklus:** Bei einer extrem schnellen Abkühlung nach der thermisch dominierten UKP-Laserbestrahlung hat das Glasnetzwerk keine Zeit für strukturelle Relaxation und bleibt in einem Nichtgleichgewichtszustand „eingefroren". Das expandierte Volumen und die aufgrund der Oberflächenspannungsveränderung entstandenen Erhebungen und Vertiefungen an der Glasoberfläche werden dabei ebenfalls „schockartig eingefroren". Die Erstarrung des Glases in einem modifizierten Zustand führt zur Veränderung der chemisch-physikalischen Eigenschaften.

Die Bestrahlung dielektrischer Materialien mit ultrakurzen Laserpulsen im fs-Bereich führt typischerweise zur Ausbildung von Spannungsdoppelbrechung im Materialvolumen. Die beschriebene thermische Ausdehnung und die Volumenexpansion im bestrahlten Bereich sind ebenfalls für starke mechanische Spannungen im Glas verantwortlich. Diese Spannungen sind zwischen den einzelnen Bearbeitungsfeldern am stärksten ausgeprägt, da die freie Materialausdehnung in diesen Bereichen unterbunden wird. Bild 11.10 a zeigt exemplarisch eine Glasprobe mit mikroumgeformten Bereichen, die in 3 und in 5 Überfahrten (N3 und N5) bestrahlt wurden. Deutlich zu erkennen ist die durch die Erhöhung der eingestrahlten Energiemenge (Erhöhung der Laserfluenz und der Überfahrtenanzahl) ausgelöste Steigerung der inneren Materialspannungen und die damit verbundene Verstärkung der optischen Spannungsdoppelbrechung im Glasmaterial.

Eine nachfolgende thermische Behandlung der Proben in einer Wärmekammer bewirkt eine deutliche Minimierung der inneren Spannungszustände und des optischen Gangunterschiedes $< 20\,\mathrm{nm \cdot cm^{-1}}$. Diese Feinkühlbehandlung bei 560 °C nach dem Temperatur-Zeit-Verlauf in Bild 11.3 führt zu einer geringen Reduzierung der Profilhöhen, wobei die Oberflächentopografie der laserinduzierten mikroumgeformten Bereiche erhalten bleibt. Nach der thermischen Nachbehandlung kann eine fast vollständige Spannungsrelaxation beobachten werden.

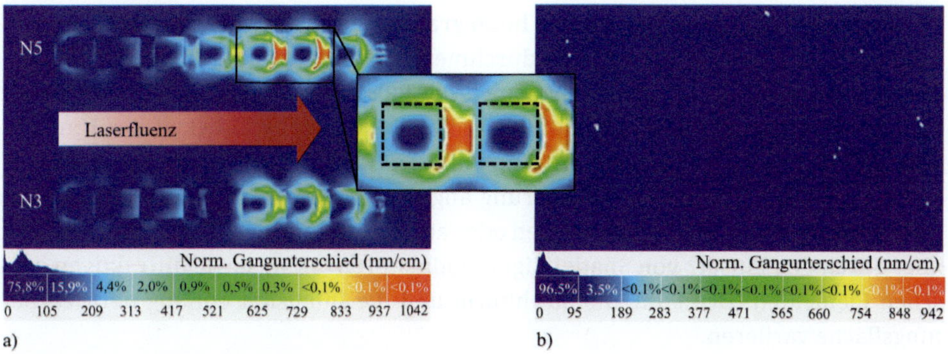

Bild 11.10 Darstellung der Spannungsdoppelbrechung im Glasmaterial nach der laserinduzierten Materialumformung mit fs-Laserpulsen */Skiba2024/*. a) direkt nach dem Umformprozess, b) nach der Wärmebehandlung (Feinkühlen)

Die Ergebnisse der Untersuchungen zeigen, dass die laserinduzierte Umformung durch ultrakurze Laserpulse eine vielversprechende Technik zur gezielten Strukturierung von Glasoberflächen darstellt. Durch eine geeignete Wahl der Prozessparameter und Scanstrategien lassen sich definierte Umformstrukturen erzeugen, die für mikro-optische Anwendungen genutzt werden können. */Skiba2025/*

11.2 Gradientenbasiertes Laserstrahlumformen

Das **gradientenbasierte Laserstrahlumformen** ist eine weiterentwickelte Form des klassischen Laserstrahlumformens. Dabei wird die Wechselwirkung des Laserstrahls mit dem Werkstück gezielt gesteuert, indem die Strahlintensität räumlich moduliert wird. So ist es möglich, Materialverformungen mit einem präzisen Gradientenverlauf aufzubringen. Dieses Vorgehen ist insbesondere für die Erzeugung von Bauteilen mit komplexen Geometrien oder variierenden Oberflächenstrukturen geeignet, weil die Umformung entlang der Bauteiloberfläche auf die lokalen Anforderungen abgestimmt werden kann.

Beim klassischen thermischen Laserstrahlumformen wird das Material durch lokalen Wärmeeintrag erwärmt, dehnt sich aus und verformt das Bauteil. Beim **gradientenbasierten Verfahren** hingegen wird dieser Effekt gezielt gesteuert, indem die Intensität des Laserstrahls entlang seiner Bahn variiert. Auf diese Weise kann eine kontinuierliche Veränderung der lokalen Wärmeaufbringung erzielt werden, die räumlich begrenzte Verformungen bewirkt. So werden verschiedene Zonen mit jeweils unterschiedlichen thermischen Belastungen erzeugt, aus denen das Bauteil seine Form erhält.

Die wesentlichen **Prozessparameter beim gradientenbasierten Laserstrahlumformen** umfassen Laserleistung, Strahldurchmesser, Pulsdauer und -frequenz. Bei der Anwendung gepulster Laserstrahlen spielt die Pulsdauer eine wichtige Rolle in der Temperaturkontrolle, während die Pulsfrequenz die Geschwindigkeit des Umformvorgangs direkt beeinflusst. Oft wird auch die in Kapitel 5 ausgeführte Strahlmodulation zur gezielten Gradientensteuerung angewandt. Dies kann sehr einfach durch optische Elemente wie Blenden, Linsen oder adaptiv gesteuerte Spiegel erfolgen, oder aber durch den Einsatz von Spatial-Light-Modulatoren (SLM) sowie diffraktiven optischen Elementen (DOE), die die Strahlform und die Intensität entlang der Bearbeitungsfläche variieren.

Der gradientenbasierte Ansatz beim Laserstrahlumformen bietet eine Vielzahl von Vorteilen, von denen die präzise Steuerung der Umformzone einer der wichtigsten ist. Durch die Möglichkeit, die Strahlintensität entlang der Werkstückoberfläche gezielt zu modulieren, kann die Umformzone exakt definiert werden, wodurch besonders bei komplexen Bauteilgeometrien eine hohe Reproduzierbarkeit sowie eine hohe Genauigkeit der Bearbeitung erreicht werden können. Zudem trägt die graduelle Erwärmung des Materials zur Reduktion thermischer Spannungen bei, da diese nicht abrupt, sondern kontinuierlich erfolgt. Die dadurch bedingte Minimierung des Verzuges des Werkstücks verbessert die Prozessstabilität und erhöht die Bauteilqualität. Ein weiterer Vorteil ist die gesteigerte Bearbeitungsgeschwindigkeit, die aus der Kombination einer höheren Lasereffizienz und einer optimierten Wärmeverteilung resultiert. Darüber hinaus ermöglicht der gradientenbasierte Ansatz eine hohe Vielseitigkeit, da er auf eine breite Palette von Werkstoffen angewendet werden kann, die von Metallen über Keramiken bis hin zu Verbundwerkstoffen reicht, wobei die Modulation der Strahlintensität an die jeweiligen Werkstoffeigenschaften angepasst werden kann.

Gradientenbasiertes Laserstrahlumformen kann prinzipiell in verschiedenen industriellen Bereichen Anwendung finden, insbesondere dort, wo präzise Oberflächenmodifikationen oder komplexe Bauteilgeometrien erforderlich sind. Zu den wichtigsten Anwendungsgebieten gehören:

- **Oberflächenveredelung:** Umformtechniken, die eine spezifische Topografie der Werkstückoberfläche erfordern, etwa zur Verbesserung der tribologischen Eigenschaften (z. B. erhöhte Abriebfestigkeit).
- **Fertigung von mikrostrukturierten Bauteilen:** Der Prozess eignet sich zur Herstellung von Bauteilen mit Mikrostrukturen oder graduierten Schichtstrukturen, die in der Mikroelektronik oder in der Medizintechnik erforderlich sind.
- **Reduzierung von Eigenspannungen in Hochleistungskomponenten:** Durch eine kontrollierte Gradientenmodifikation kann das Laserstrahlumformen dazu genutzt werden, unerwünschte Eigenspannungen in Präzisionsbauteilen zu minimieren. Dies führt zu einer verbesserten Formstabilität und reduziert das Risiko von Verformungen während des Betriebs.

Die kontinuierliche Verbesserung der laserstrahlbasierten Modulationsmethoden sowie die Integration von adaptiven Steuerungssystemen ermöglichen eine noch präzisere Kontrolle der Gradientenverteilung. Zukünftige Entwicklungen werden den Einsatz von multifunktionalen Strahlquellen und den parallelen Einsatz mehrerer Laserstrahlen umfassen, um die Bearbeitungszeit weiter zu verkürzen und die Flexibilität bei der Bearbeitung von hochkomplexen Bauteilen zu erhöhen.

11.3 Spannungsbasiertes Laserstrahlumformen

Das **spannungsbasierte Laserstrahlumformen** bedient sich gezielt induzierter mechanischer Spannungen, um eine Formänderung des Werkstücks zu bewirken. Hierbei werden thermische Spannungen durch eine kontrollierte Laserbestrahlung erzeugt, die elastisch oder plastisch in das Bauteil eingebracht werden können. Im Gegensatz zum thermischen Laserstrahlumformen, das auf temperaturinduzierten Volumenänderungen und Materialfluss basiert, erfolgt das spannungsbasierte Verfahren auf der asymmetrischen Einbringung von Spannungen in das Bauteil ohne einen signifikanten Materialfluss zu erzeugen.

11.3.1 Wirkprinzip

Die Verformung von Werkstoffen durch thermisch induzierte Spannungen ist ein etablierter Ansatz in der Lasermaterialbearbeitung. Durch gezielte lokale Erwärmung und kontrolliertes Abkühlen lassen sich Spannungsgradienten erzeugen, die zu einer dauerhaften Formänderung führen. Das Verfahren findet insbesondere bei dünnwandigen oder filigranen Bauteilen Anwendung, da mechanische Umformprozesse in solchen Fällen häufig ungeeignet sind. Es nutzt gezielt thermisch induzierte Spannungseffekte, um hochpräzise Anpassungen an der Bauteilgeometrie vorzunehmen. Wie die grafische Darstellung des Prinzips in Bild 11.11 zeigt, verläuft die Verformungsrichtung durch die eingebrachten Spannungsgradienten in +Z-Richtung, im Unterschied zum Wirkprinzip des thermischen Laserstrahlumformens mit einer Verformung in Richtung –Z.

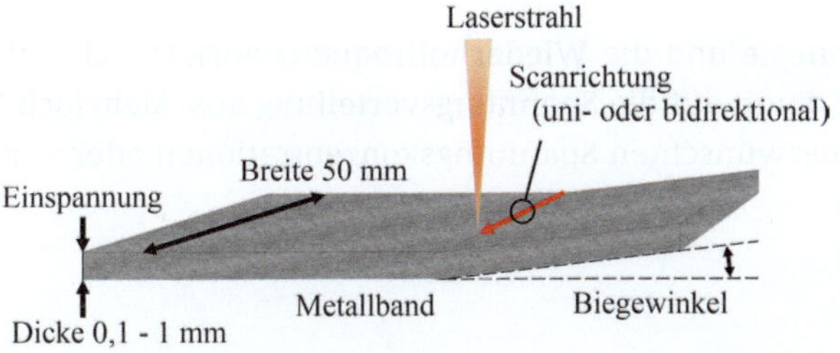

Bild 11.11 Prinzipdarstellung des spannungsbasierten Laserstrahlumformens

Die resultierende Krümmung κ eines Bauteils kann durch das Biegemoment M und die Materialsteifigkeit EI beschrieben werden:

$$\kappa = \frac{M}{EI} \tag{11.6}$$

Das induzierte Biegemoment M' ergibt sich aus den thermischen Spannungen σ_T und der Schichtdicke h:

$$M = \int_{-h/2}^{h/2} \sigma_T \cdot (z) z \mathrm{d}z \tag{11.7}$$

Die thermische Spannung σ_T ist eine Funktion der Temperaturverteilung T(z) und des thermischen Ausdehnungskoeffizienten α:

$$\sigma_T = E \cdot \alpha(T - T_0) \tag{11.8}$$

E Elastizitätsmodul; T_0 Referenz- bzw. Raumtemperatur

11.3.2 Prozesstechnische Voraussetzungen

Die erfolgreiche Umsetzung des spannungsbasierten Laserstrahlumformens hängt von mehreren Parametern ab, die die entstehenden Spannungen, die Umformwirkung und die Bauteilqualität maßgeblich beeinflussen. Neben den direkt einstellbaren Prozessparametern müssen auch material- und umgebungsbedingte Faktoren berücksichtigt werden. Eine gezielte Abstimmung dieser Variablen ist essenziell für eine reproduzierbare und prozesssichere Anwendung. Folgende Parameter haben signifikante Auswirkungen auf das Verfahren des spannungsbasierten Laserstrahlumformens:

- **Laserparameter:** Wellenlänge, Strahlleistung, Pulsdauer und Spotgröße bestimmen die Wärmeeinbringung und beeinflussen Art und Verteilung der induzierten Spannungen. Eine höhere Leistung führt zu einem tieferen Wärmeeintrag, während kürzere Pulse eine gezielte oberflächennahe Erwärmung ermöglichen.
- **Werkstoff:** Metalle mit hohen Wärmeausdehnungskoeffizienten und hoher Wärmeleitfähigkeit eignen sich besonders (z. B. Titan, Aluminium, hochlegierte Stähle), da die Mikrostruktur des Werkstoffs die Entstehung und Relaxation von Eigenspannungen prägt.
- **Prozessführung:** Die Scanstrategie und die Wiederholfrequenz wirken sich auf die Wärmeakkumulation und damit auf die Spannungsverteilung aus. Mehrfachüberlagerungen können zu unerwünschten Spannungskonzentrationen oder zur Spannungsrelaxation führen.

- **Kühlung:** Eine gezielte Kühlung kann Spannungsgradienten verstärken und die Umformwirkung optimieren. Je nach Prozesszielsetzung können aktive Kühlstrategien wie Gasströmung oder Flüssigkeitskühlung eingesetzt werden.
- **Bauteilgeometrie:** Form und Dicke des Bauteils bedingen die Wärmeableitung und damit die entstehenden Spannungsfelder. Dünnwandige Strukturen reagieren empfindlicher auf thermische Einflüsse als massive Bauteile.
- **Umgebungsbedingungen:** Faktoren wie Umgebungsdruck und Schutzgasatmosphäre können das Wärmeleitverhalten sowie die Oxidationsneigung beeinflussen. Der Einsatz von Schutzgasen wie Argon oder Stickstoff kann ungewollte chemische Reaktionen minimieren und die Prozessstabilität erhöhen.

Durch die gezielte Anpassung dieser Parameter lassen sich der Umformaufgabe angepasste Spannungsverteilungen erzeugen, die eine kontrollierte Umformung des Bauteils zulassen.

Zur detaillierten Untersuchung des **spannungsinduzierten Laserstrahlumformens** werden numerische Simulationsverfahren eingesetzt, insbesondere die Finite-Elemente-Methode (FEM). Diese erlaubt eine präzise Vorhersage der entstehenden Spannungszustände und Verformungen und liefert damit eine Grundlage für die gezielte Optimierung des Umformprozesses. Zunächst erfolgt die Simulation der zeitabhängigen **Temperaturverteilung** $T(x,y,z,t)$ innerhalb des Bauteils, die durch die Wärmeleitungsgleichung beschrieben wird:

$$\rho \cdot c_p \frac{\partial T}{\partial t} = k\nabla^2 T + q \tag{11.9}$$

ρ Dichte; c_p spezifische Wärmekapazität; k Wärmeleitfähigkeit; q lokale Wärmeeinbringung durch den Laserstrahl

Insbesondere bei Bauteilen mit größeren Werkstückdicken muss die auf dem Fourierschen Gesetz der Wärmeleitung und Energieerhaltung basierende Wärmeleitungsgleichung dreidimensional betrachtet werden:

$$\rho \cdot c_p = \frac{\partial T}{\partial t} = k_x \frac{\partial^2 T}{\partial x^2} + k_y \frac{\partial^2 T}{\partial y^2} + k_z \frac{\partial^2 T}{\partial z^2} + q \tag{11.10}$$

k_x, k_y, k_z Wärmeleitfähigkeiten der jeweiligen Raumrichtung; q spezifische Wärmequelle

Die Temperaturverteilung bildet die Grundlage für die mechanische Spannungsanalyse, da thermisch induzierte Spannungen direkt aus der Temperaturdifferenz resultieren. Die thermischen Spannungen dagegen werden durch die Beziehung der Formel 11.8 bestimmt. Um eine realistische Darstellung des Umformprozesses zu erhalten, müssen thermische und mechanische Simulationen miteinander gekoppelt werden, wodurch die Berechnung der Spannungsgradienten und der daraus resultierenden Formänderungen ermöglicht wird. Besonders wichtig ist hierbei die Modellierung temperaturabhängiger Materialeigenschaften, da sich das mechanische Verhalten des Werkstoffs bei Erwärmung verändert.

Ein weiterer entscheidender Aspekt der FEM-Analyse ist die Berücksichtigung des **Eigenspannungseffekts (ESE)**, welcher maßgeblich die finale Form des umgeformten Werkstücks beeinflusst. Diese Eigenspannungen entstehen durch inhomogene Erwärmung und Abkühlung während des Laserprozesses und können zu unerwünschten Bauteilverzügen oder Rissbildungen führen. Durch die Simulation des ESE lassen sich gezielt Maßnahmen ableiten, um diesen Effekt zu minimieren und die Prozessqualität zu steigern. Zudem ermöglichen Sensitivitätsanalysen eine detaillierte Untersuchung der Abhängigkeit von Prozessparametern und Materialeigenschaften, wodurch ein tieferes Verständnis der komplexen Wechselwirkungen im Laserstrahlumformen entsteht.

Durch die FEM-gestützte Analyse können konkrete Parameterstudien durchgeführt werden, um optimale Prozessbedingungen zu identifizieren. So kann beispielsweise durch Variation der Laserleistung oder der Scanstrategie der Umformgrad gezielt beeinflusst werden. Zudem können unerwünschte Effekte wie Bauteilverzug oder Spannungskonzentrationen frühzeitig erkannt und vermieden werden.

Insgesamt trägt der Einsatz der **Finite-Elemente-Methode** wesentlich zur Effizienzsteigerung und Reproduzierbarkeit des spannungsbasierten Laserstrahlumformens bei, indem er eine präzise Vorhersage der Prozessauswirkungen ermöglicht und die Entwicklung optimaler Prozessstrategien unterstützt. In Bild 11.12 ist ein **FEM-Analysebeispiel** für das spannungsbasierte Laserstrahlumformen dargestellt.

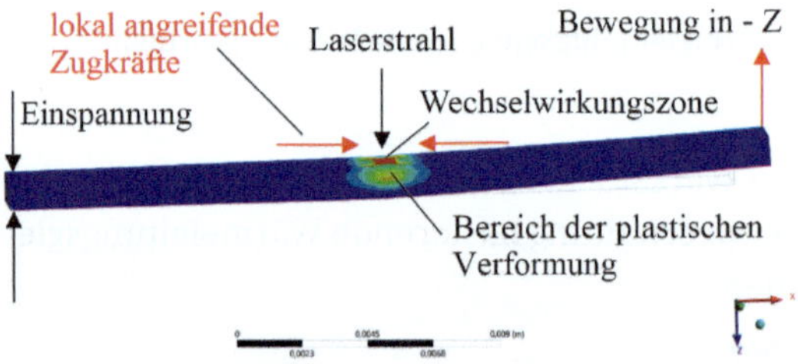

Bild 11.12 Darstellung einer FEM-Analyse für das spannungsbasierte Laserstrahlumformen

Durch die lokale Energieeinbringung des Laserstrahles entsteht im Wechselwirkungsbereich ein konzentriertes thermisches Spannungsfeld, das im Modell als farbcodierte Verformung sichtbar wird. Die Konturen heben die maximale Durchbiegung in unmittelbarer Nähe der Scanlinie hervor, während sich die plastische Deformation entlang der Bauteillage in geringerer Intensität ausbreitet. Deutlich zu erkennen ist die resultierende Krümmung des Werkstücks, die durch die asymmetrische Spannungsverteilung hervorgerufen wird. Damit bestätigt die FEM-Analyse das Wirkprinzip des spannungsbasierten Laserstrahlumformens, das ausschließlich durch die laserinduzierte Wärme- und Spannungsverteilung im Material ohne mechanischen Kontakt stattfindet.

In Bild 11.13 erfolgte das spannungsbasierte Laserstrahlumformen an Biegefedern aus X10CrNi18-8 (1.4310), Materialdicke 0,15 mm.

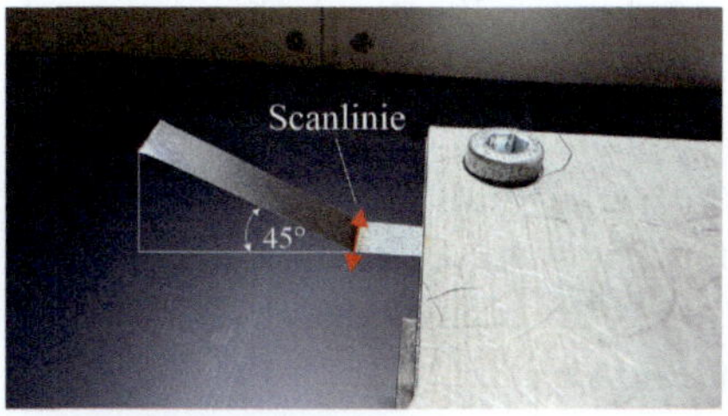

Bild 11.13
Einseitig eingespanntes Werkstück – Einfachbiegung mit einem Biegewinkel von 45° (P_L = 4,65 W, d_{fp} = 65 µm, v_s = 20 mm·s^{-1}, Anzahl der Überfahrten $Ü$ = 4, Prozesszeit t_P = 1,22 s)

Das Beispiel in Bild 11.13 zeigt den **spannungsbasierten Laserstrahlumformprozess** an einem einseitig eingespannten Blechstreifen, bei dem durch gezielte lokale Laserbestrahlung eine definierte Einfachbiegung mit einem Biegewinkel von 45° erzeugt wurde. Die Prozessführung erfolgt entlang einer Scanlinie, auf der thermische Spannungsfelder durch die lokale Erwärmung infolge der eingestrahlten Laserenergie entstehen. Diese verursachen nach wiederholter Bestrahlung plastische Dehnungen im Randbereich des Werkstückes und resultieren in einer bleibenden Verformung. Dieses Verfahren erlaubt eine berührungslose, flexible und lokal begrenzte Umformung insbesondere für dünnwandige Strukturen.

11.3.3 Anwendungsbeispiele

Das spannungsbasierte Laserstrahlumformen findet Anwendung in verschiedenen Bereichen der Fertigungstechnik:

- Justierung von Präzisionsbauteilen: feine Korrekturen in der Optik- und Feinwerktechnik, z. B. bei Spiegelträgern,
- Eigenspannungsmanagement in dünnwandigen Strukturen: Reduktion von Verzügen in additiv gefertigten Metallbauteilen,
- Formanpassung in der Medizintechnik: Anpassung von Implantaten, z. B. bei individualisierten Stents,
- mikromechanische Anwendungen: Herstellung von Mikroaktuatoren durch gezieltes Erzeugen von Biegekrümmungen.

Die genaue Steuerung der Temperaturfelder spielt eine entscheidende Rolle für das resultierende Umformergebnis. Eine ungleichmäßige Erwärmung oder eine zu schnelle Abkühlung kann unerwünschte Eigenspannungen hervorrufen, die Risse oder Bauteilverzug verursachen. Daher ist es essenziell, die Laserparameter und die Kühlstrategie sorgfältig auf das spezifische Werkstück abzustimmen. Durch eine optimierte Prozessführung lassen sich reproduzierbare Verformungen mit minimalen Bauteilschädigungen realisieren.

In Bild 11.14 ist ein **Beispiel für das spannungsbasierte Umformen** von additiv gefertigten Streifenelementen aus Polyamid (PA) 12 dargestellt. Durch die scannende Bearbeitung werden entsprechende Zug-Druck-Spannungsgradienten in die Streifen eingebracht, die die Verformungsbewegung in –Z-Richtung lenken. Der daraus resultierende Temperaturgradient zwischen der Streifenober- und -unterseite führt zur Ausbildung von Zug- und Druckspannungszonen, die zum Aufrichten der Streifen führen. Dieser Spannungszustand kann sowohl für freitragende Streifen (Bild 11.14 a) als auch mit Streifenauflage beobachtet werden (Bild 11.14 b).

a) b)

Bild 11.14 Spannungsbasiertes Umformen an additiv gefertigten Kunststoffstreifen (der jeweils mittlere Streifen zeigt den Ausgangszustand) */FunkFin2021/*. a) Einseitige Einspannung und freistehend, b) einseitige Einspannung mit Streifenauflage

In */Lösch2006/* wurde die Anwendung des Laserstrahlumformens auf Siliziummikrostrukturen untersucht. Bei Silizium spielt die Kristallorientierung eine entscheidende Rolle für die plastische Verformbarkeit. Aufgrund der anisotropen elastischen Eigenschaften kann das Elastizitätsmodul je nach Kristallrichtung variieren ($E_{<100>}$ = 130 GPa, $E_{<110>}$ = 169 GPa, $E_{<111>}$ = 188 GPa). Diese unterschiedlichen Werte beeinflussen die Spannungsverteilung und damit die Umformbarkeit in verschiedenen Richtungen. Darüber hinaus zeigt Silizium erst bei Temperaturen oberhalb von 520 °C ein plastisches Verhalten, sodass das spannungsbasierte Laserstrahlumformen in einem Temperaturbereich durchgeführt wird, der eine gezielte Versetzungsbewegung ermöglicht. Die plastische Deformation, die durch die Bildung und Bewegung von Gleitversetzungen innerhalb der Siliziumstruktur ausgelöst wird, kann durch thermomechanische Finite-Elemente-Analysen detailliert untersucht und optimiert werden. Das Verfahren eignet sich vor allem für die Mikrosystemtechnik, um definierte Biegekonturen in Siliziummikrostruktursystemen, gekoppelt mit Biegefederaufbauten, zu erzeugen. */Lösch2006/*

Die speziellen Anwendungen des spannungsinduzierten Laserstrahlumformens finden sich in der Mikrooptik, der Mikroelektronik sowie in der Mikromechanik, wo präzise Formänderungen erforderlich sind, ohne dass mechanische Kräfte aufgebracht werden müssen. Auf weiterführende Literatur sei an dieser Stelle auf */McMi2016/*, */Yao2021/*, */Schmi2022/*, */Stepa2025/* verwiesen.

Siehe auch Videosequenz zum Thema „Spannungsinduziertes Laserstrahlumformen" zur Darstellung der Prozesse des Laserstrahlumformens für Kunststoffe und Metalle auf *plus.hanser-fachbuch.de.*

11.4 Laserstrahlverfestigung und -glätten mit plastischer Verformung

11.4.1 Wirkprinzip

Das **Laserstrahlverfestigen und -glätten** basiert auf der gezielten Erwärmung eines Werkstücks durch den fokussierten Laserstrahl unter Verwendung von thermischer Energie zur Änderung der Oberflächenstruktur des Materials. Eine plastische Verformung entsteht, wenn der Werkstoff in einem lokal erwärmten Bereich Spannungen erfährt, die oberhalb der materialabhängigen Fließgrenze liegen, wodurch eine bleibende Formänderung hervorgerufen wird. Dies führt vorzugsweise bei Metallen zu einer Verbesserung der Oberflächenhärte und einer Reduzierung der Oberflächenrauigkeit, die vor allem in der Feinbearbeitung und bei der Herstellung hochbelasteter Bauteile von Interesse sind.

11.4.1.1 Mechanismen der plastischen Verfestigung durch Laserstrahlung

Die **plastische Verfestigung** durch Laserstrahlung beruht auf der thermisch induzierten plastischen Verformung. Wenn der Laserstrahl auf die Oberfläche eines Werkstücks trifft, wird die Energie in Wärme umgewandelt, wodurch die Temperatur an der Oberfläche ansteigt. Wird die Temperatur hoch genug, kommt es zu einer Überwindung der Festigkeit des Materials, was eine plastische Verformung zur Folge hat. Dabei können zwei Hauptmechanismen zur plastischen Verfestigung unterschieden werden:

1. **Verfestigung durch Rekristallisation:** Bei der thermischen Behandlung durch den Laserstrahl wird die vorhandene Mikrostruktur des Materials verändert. In diesem Prozess können sich durch die Umverteilung der Atome und die Neubildung von Kristallkörnern feinere Mikrostrukturen ausbilden, die zu einer Erhöhung der Festigkeit führen.

2. **Verfestigung durch Verfeinerung der Kornstruktur:** Durch die schnelle Erwärmung und das anschließende schnelle Abkühlen (quasi-adiabatische Abkühlung) während der Laserbehandlung kann die Kornstruktur des Materials verfeinert werden. Dies erhöht die Festigkeit des Materials und führt zu einer höheren Widerstandsfähigkeit gegen plastische Verformung.

11.4.1.2 Induzierte Spannungen und Mikrostrukturveränderungen

Die Erwärmung durch den Laserstrahl führt bei diesem Verfahren zu einem Temperaturgradienten im Material. Diese Wechselwirkung zwischen Laserstrahl und Materialoberfläche erzeugt **thermische Spannungen**, die lokal plastische Verformung hervorrufen können. Insbesondere im Übergangsbereich zwischen geschmolzenem und festem Material treten oft starke Spannungen auf, die das Material verfestigen oder auch zu einer Schädigung führen können, wenn die Spannungen nicht kontrolliert eingebracht werden können. Mikrostrukturelle Veränderungen wie die Bildung von Mikrorissen oder Phasenübergänge in bestimmten Werkstoffen (z. B. die Bildung von Martensitgefüge in Stahl) können ebenfalls als Folge der Laserbehandlung auftreten.

Die **Mikrostrukturveränderungen** umfassen nicht nur eine Veränderung der Kornstruktur, sondern auch die Ausbildung von Phasen, die eine höhere Härte und Festigkeit aufweisen, wie etwa martensitische Phasen bei der Laserstrahlhärtung von Stählen. Diese Umwandlungen sind jedoch stark vom Werkstoff und von der spezifischen Wärmebehandlung durch den Laserstrahl abhängig.

Im Gegensatz zu elastischen Verfestigungsmechanismen, bei denen es zu einer reversiblen Deformation kommt (z. B. durch plastische Verformung unter Druck), sind die Mechanismen der Laserstrahlverfestigung nicht reversibel. Elastische Verfestigung tritt auf, wenn ein Werkstoff unter Belastung seine Form verändert, aber nach der Entlastung wieder in seine ursprüngliche Form zurückkehrt. Bei der plastischen Verfestigung durch Laserstrahlung wird hingegen eine dauerhafte Veränderung der Mikrostruktur und eine Umformung des Werkstücks erreicht, die auch bei einer späteren Entlastung bestehen bleibt.

11.4.2 Prozesstechnische Voraussetzungen

Die erfolgreiche Durchführung der **Laserstrahlverfestigung und -glättung** hängt von einer Vielzahl von prozesstechnischen Parametern ab. Zu den wichtigsten Einflussfaktoren gehören Laserparameter (Leistung, Pulsdauer, Spotgröße), Werkstoffeigenschaften und Prozessführung, die in Kombination die gewünschten mechanischen Eigenschaften der behandelten Werkstückoberfläche bestimmen. Der Einfluss der Laserparameter gestaltet sich folgendermaßen:

- **Laserleistung:** Eine höhere Laserleistung führt zu einer stärkeren Erwärmung des Werkstücks, wodurch die Schmelz- und Verformungstemperatur schneller erreicht wird. Zu hohe Leistungen können jedoch zu einer ungewollten Materialabtragung oder Schädigung führen, während zu niedrige Leistungen die gewünschten Verfestigungseffekte nicht erzielen können. Die Wahl der optimalen Leistung hängt somit stark vom Werkstoff und den angestrebten Ergebnissen ab.
- **Pulsdauer:** In pulsbetriebenen Lasersystemen ist die Pulsdauer ein entscheidender Parameter. Kurze Pulse erzeugen sehr hohe Temperaturen über kurze Zeiträume und können zu einer schnellen Erwärmung und Abkühlung führen, wodurch eine sehr feine Mikrostruktur und eine hohe Härte induziert werden können. Längere Pulse können eine gleichmäßigere Erwärmung über eine größere Tiefe hinweg ermöglichen, was für die Schaffung von robusteren und weniger spröden Mikrostrukturen von Vorteil sein kann.
- **Spotgröße:** Die Spotgröße bestimmt die Fläche, auf der der Laserstrahl wirkt. Während ein kleiner Spot eine stärkere Erwärmung auf kleiner Fläche und damit lokal intensivere Spannungen sowie eine stärkere plastische Verformung verursacht, ermöglicht ein größerer Spot eine gleichmäßigere Verteilung der thermischen Energie über eine größere Fläche. Dies beeinflusst sowohl die Oberflächenrauheit als auch die Tiefe der Verfestigung.

Die **Materialeigenschaften** spielen eine zentrale Rolle bei der Laserstrahlverfestigung. Insbesondere die Härte und die Wärmeleitfähigkeit des Werkstoffs sind verantwortlich dafür, wie effektiv der Laserstrahl in das Material eindringt und wie schnell es sich wieder abkühlt. Werkstoffe mit niedriger Wärmeleitfähigkeit (z. B. viele Metalle wie Stahl oder Titan) erhitzen sich schneller und ermöglichen so eine raschere Verfestigung. Andererseits kann eine hohe Wärmeleitfähigkeit die Laserstrahlenergie schnell in tiefere Schichten ableiten, wodurch die effektive Oberflächenverfestigung verringert wird. Zudem beeinflusst die Mikrostruktur des Materials die Reaktion auf die Laserbehandlung. Materialien mit einer feinkörnigen Struktur oder bereits existierenden harten Phasen (z. B. Martensit in gehärtetem Stahl) sind empfindlicher gegenüber der Laserstrahlverfestigung als grobkörnigere Materialien, da sie schneller auf die induzierten Spannungen reagieren.

Die Prozessführung bezieht sich auf die genaue Kontrolle der Laserbehandlung, um die gewünschten Spannungszustände im Werkstück zu erreichen. Zu den wichtigsten Aspekten gehören die Scangeschwindigkeit, der Abstand des Laserstrahls zum Werkstück und die Zufuhr von Zusatzmaterial (bei Bedarf). Eine zu hohe Scangeschwindigkeit kann zu einer unzureichenden Verfestigung führen, während eine zu niedrige Geschwindigkeit eine zu starke Erwärmung verursacht und dadurch Defekte auf der Werkstoffoberfläche (z. B. Bildung von Mikrorissen oder übermäßiger Schmelze) entstehen können. Die genaue Steuerung dieser Parameter ermöglicht es, die thermischen Spannungen gezielt zu beeinflussen und eine kontrollierte plastische Verformung zu erreichen, die zu einer Verbesserung der Oberflächenhärte, Festigkeit und Rauheit des Werkstücks führt.

Typische Beispiele für die Anwendung der **plastischen Laserstrahlverfestigung** sind das Laserstrahlverfestigen von Werkzeugstählen zur Verschleißminderung und die Erzeugung von laserinduzierten Druckspannungen in Turbinenschaufeln zur Lebensdauersteigerung. Zur Verbesserung der Verschleißfestigkeit von Werkzeugstählen (z. B. hochlegierte Stähle wie X40CrMoV5-1 oder HS6-5-2C) wird die Oberflächenhärte der Schneidwerkzeuge durch lokale Erhitzung und gezielte Härtung signifikant erhöht, wodurch die Lebensdauer der Werkzeuge verlängert und der Materialabrieb reduziert wird. In der Luft- und Raumfahrttechnik wird die Laserstrahlverfestigung eingesetzt, um Turbinenschaufeln aus Nickelbasis-Superlegierungen (z. B. Inconel 718) gegen Ermüdungsrisse und Hochtemperaturbelastungen zu schützen. Durch das Einbringen von Druckeigenspannungen wird das Risswachstum verlangsamt und die Bauteillebensdauer erheblich gesteigert.

11.4.3 Laserstrahlverfestigung durch Laser-Shock-Peening (LSP)

Die Laserstrahlverfestigung durch **Laser-Shock-Peening (LSP)** beabsichtigt eine Erhöhung der Oberflächenhärte und der Festigkeit von Werkstoffen durch gezielte Erzeugung von Druckeigenspannungen. Laser-Shock-Peening basiert auf der mechanischen Stoßwelleninduktion durch einen kurzen hochenergetischen Laserimpuls (im Bereich Nano- bis Mikrosekunden). Dabei wird die Laserstrahlung auf die Materialoberfläche fokussiert, wobei eine dünne Wasserschicht oder eine opake Schutzschicht (z. B. schwarze Folie) die Absorption verstärkt. Die Energie des Laserpulses erzeugt ein lokales Plasma, das sich innerhalb der Schutzschicht explosionsartig ausdehnt. Der daraus resultierende Druckimpuls verursacht eine mechanische Stoßwelle, die sich in das Werkstück ausbreitet und Druckeigenspannungen tief in das Material einbringt (siehe Bild 11.15). Die resultierende plastische Verformung führt zu einer Verfeinerung der Mikrostruktur der Oberfläche, wodurch die Oberflächenhärte erhöht und infolgedessen die Widerstandsfähigkeit des Werkstücks gegen Verschleiß und Ermüdung verbessert wird. Zusätzlich werden die induzierten Druckeigenspannungen so ausgebildet, dass sie Zugspannungen, die durch äußere Belastungen oder wiederholte Belastungszyklen entstehen können, entgegenwirken und so eine signifikante Verbesserung der Ermüdungsfestigkeit des Werkstücks hervorrufen.

In der Regel erreichen diese Druckeigenspannungen eine Tiefe von einigen hundert Mikrometern, die genügt, um die Oberflächenfestigkeit signifikant zu erhöhen. Diese Druckeigenspannungen haben den Effekt, dass sie materialbedingte Rissbildung verhindern und somit die Lebensdauer des Werkstücks erhöhen. */Zou2023/*, */Cao2024/*

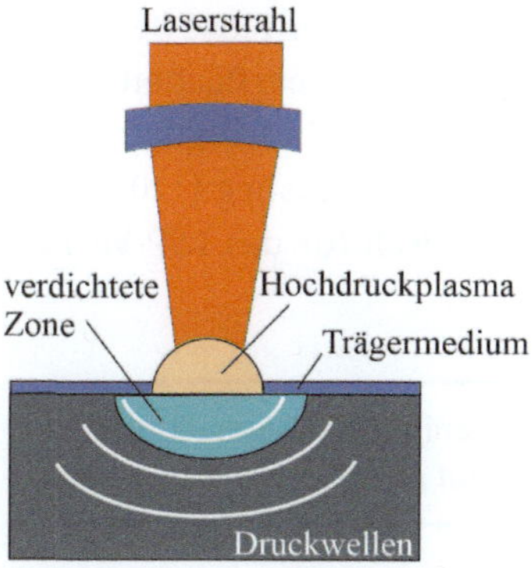

Bild 11.15
Wirkprinzip des Laser-Schock-Peenings

Das Verfahren findet nicht nur bei neuen Bauteilen Anwendung, sondern auch bei der Nachbearbeitung von gebrauchten und verschlissenen Komponenten, mit dem Ziel, deren Leistung und Lebensdauer zu erhöhen. Die hohe Präzision des Laserstrahls ermöglicht eine selektive Bearbeitung zur ausschließlichen Behandlung der betroffenen Bereiche.

Das Laser-Schock-Peening-Verfahren bietet eine gute Alternative zum Verfestigen von Werkstoffen, die über keinen oder nur einen geringen Kohlenstoffanteil verfügen (thermisch nicht aushärtbare Legierungen). In */Hoer2019/* untersuchte Aluminiumlegierungen wurden mit einem gepulsten 2,5-J-Nd:YAG-Laser mit einer Repetitionsrate von 10 Hz und einer Pulslänge von 10 ns bearbeitet. Der Versuchs- bzw. Anlagenaufbau nutzt die sogenannte „inverse Kinematik" (siehe auch Kapitel 14), bei der nicht der Laserstrahl, sondern die Probe mithilfe eines Robotersystems bewegt wird. Zur Charakterisierung der Wechselwirkungszone eines Einzelpulses für eine AlSi10(Mg)-Probe wurde eine Oberflächentopografiemessung durchgeführt und für die Oberflächenverformung ein Durchmesser von ca. 2 mm ermittelt, der einem Druck von 2 GPa entspricht (Bild 11.16). Die maximale plastische Verformung der AlSi10(Mg)-Legierung beträgt 40 µm.

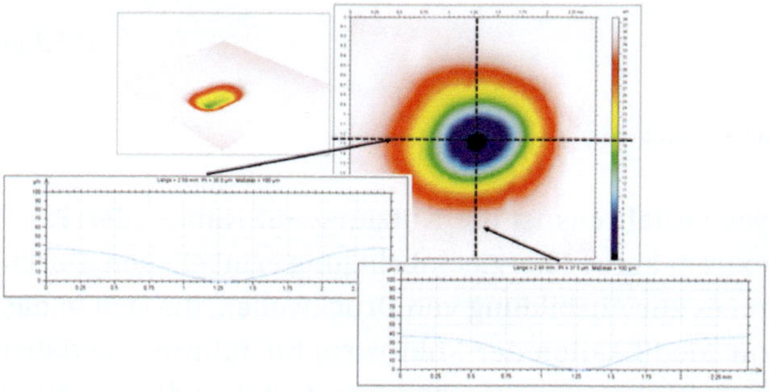

Bild 11.16
Oberflächentopografie einer AlSi10(Mg)-Probe, erzeugt durch einen Einzelpuls */Hoer2019/*

Mit dieser Auswertung kann der erforderliche Überlappungsgrad der Pulse bestimmt werden, um eine flächenhafte Laserstrahlverfestigung auf Bauteiloberflächen zu erzielen. Bei einem Überlappungsgrad von 50 % und 70 % können Eindringtiefen von mehr als einem Millimeter erreicht werden. Der ermittelte Härteanstieg (120 HV0,1) von ca. 20 – 30 % gegenüber der Grundhärte ist charakteristisch für das LSP-Verfahren. */Hoer2019/*

Siehe auch Videosequenz zum Thema „Laser-Shock-Peening" zur Darstellung der Prozesse zum Verfahren an metallischen Oberflächen auf *plus.hanser-fachbuch.de.*

11.4.4 Laserstrahlverfestigung durch thermische Schockwellen und Phasenumwandlung

Die **Laserstrahlverfestigung durch thermische Schockwellen** (auch Laserstrahlschockhärten genannt) ist ein spezielles Verfahren zur Erhöhung der mechanischen Festigkeit von Werkstoffen durch hochdynamische Temperaturgradienten. Im Gegensatz zum Laser-Shock-Peening (LSP) basiert das Verfahren auf der extrem schnellen lokalen Erwärmung und Abkühlung der Materialoberfläche. Ein kurzer Laserpuls erzeugt dabei eine starke Temperatursteigerung in der obersten Randschicht, ohne Schmelzen zu verursachen. Aufgrund der begrenzten Wärmeleitung kühlt die Zone unmittelbar nach der Bestrahlung wieder ab. Die dadurch entstehende, durch die kühleren Tiefenbereiche behinderte thermische Ausdehnung führt zur Ausbildung hoher Druckeigenspannungen an der Oberfläche. Diese sind maßgeblich für die Verbesserung der Widerstandsfähigkeit gegenüber mechanischer Beanspruchung und die Verzögerung von Rissbildung.

Die durch den Laserpuls induzierte Temperaturverteilung kann durch die Fouriersche Wärmeleitungsgleichung beschrieben werden:

$$\frac{\partial T}{\partial t} = \alpha \cdot \nabla^2 \cdot T \tag{11.11}$$

T Temperatur; t Zeit; α Temperaturleitfähigkeit; ∇^2 Laplace-Operator

Ein wesentliches Merkmal dieses Verfahrens ist die Nutzung von Nano- oder Pikosekundenlaserpulsen, die eine extrem kurze Energieeinbringung ermöglichen. Durch die hohen Energiedichten kommt es zur Ausbildung von Druckwellen, die sich in das Material ausbreiten und dort zur Modifikation der Mikrostruktur führen. Die dabei entstehenden Druckspannungen σ_D können vereinfacht durch die folgende Gleichung beschrieben werden:

$$\sigma_D = \frac{E \cdot \Delta T}{(1 - \gamma_P)} \tag{11.12}$$

E Elastizitätsmodul; T Temperaturänderung; γ_P Poisson-Zahl

Diese Veränderungen äußern sich in einer Erhöhung der Versetzungsdichte sowie in einer Kornverfeinerung im oberflächennahen Bereich, wodurch die mechanischen Eigenschaften nachhaltig verbessert werden.

Dieses Verfahren der Laserstrahlverfestigung eignet sich besonders für Werkstoffe, die hohen mechanischen Belastungen ausgesetzt sind, denn durch die gezielte Steuerung der Prozessparameter kann die Eindringtiefe der Verfestigungszone zur Anpassung an die spezifischen Anforderungen der Anwendung individuell festgelegt werden.

Experimentelle Untersuchungen in */Zou2023/*, */Kall2019/* zeigen, dass die durch die Laserstrahlverfestigung induzierten Druckspannungen tiefenabhängig variieren. Die typische Eindringtiefe d_i der Verfestigungszone kann durch folgende empirische Beziehung beschrieben werden:

$$d_i \approx \frac{P_L}{\rho \cdot c_p \cdot v_K} \tag{11.13}$$

P_L Laserleistung; ρ Dichte; c_p spezifische Wärmekapazität; v_K Abkühlgeschwindigkeit

Die Laserstrahlverfestigung durch thermische Schockwellen bietet eine effiziente Möglichkeit zur gezielten Verbesserung der Materialeigenschaften. Die Integration geeigneter Prozessstrategien, insbesondere im Hinblick auf Pulsdauer, Energiedichte und Strahlführung, ermöglicht eine definierte Modifikation von Werkstoffen mit hoher Präzision und Wiederholgenauigkeit.

Die **Laserstrahlverfestigung durch gezielte Phasenumwandlung** nutzt schnelle, lokal begrenzte Temperaturänderungen, um das Gefüge eines Materials zu verändern. Dabei wird das Material durch einen hochenergetischen Laserimpuls kurzzeitig über die Phasenumwandlungstemperatur erhitzt, gefolgt von einer schnellen Abkühlung, die durch Wärmeableitung ins umgebende Material oder durch spezielle Kühlstrategien unterstützt wird. Dieser Prozess führt zur Erzeugung spezifischer Gefügephasen, die eine erhöhte Härte, Zähigkeit oder andere gewünschte mechanische Eigenschaften aufweisen.

Ein klassisches Beispiel für diese Technik ist die **martensitische Härtung** von Stählen. Das Material wird zunächst auf eine Temperatur oberhalb der Austenitisierungstemperatur T_A erhitzt, wodurch eine homogene Austenitphase entsteht. Anschließend erfolgt eine extrem schnelle Abkühlung mit einer Abkühlrate R, die groß genug ist, um die Diffusion von Kohlenstoff zu unterdrücken. Die Abkühlrate ist entscheidend für die Mikrostruktur und die Phasenumwandlung des Materials. Während eine zu geringe Abkühlrate zur Bildung von weicheren Gefügephasen (z. B. Perlit oder Bainit) führt, verursacht eine hohe Abkühlrate eine Martensitbildung und erhöht damit die Härte und Festigkeit (siehe auch Kapitel 12). Die kritische Abkühlrate für die Martensitbildung kann durch folgende Beziehung abgeschätzt werden:

$$R_\mathrm{c} = \frac{K}{d^2} \cdot \exp_{R \cdot T_\mathrm{A}}^{-Q} \tag{11.14}$$

R_c kritische Abkühlrate; Q Aktivierungsenergie; K materialspezifische Konstante; T_A Austenitisierungstemperatur; R Abkühlrate; d Korngröße

Die **effektive Eindringtiefe** der laserinduzierten Phasenumwandlung hängt von der Laserleistung, der Scangeschwindigkeit und der Pulsdauer sowie den thermophysikalischen Eigenschaften des Materials ab. Ein weiterer entscheidender Aspekt der Laserstrahlverfestigung durch Phasenumwandlung ist die Minimierung thermischer Spannungen. Da der Laserprozess lokal stark begrenzt ist, entstehen oft steile Temperaturgradienten, die Spannungen und mögliche Rissbildung verursachen können. Die Vermeidung dieser unerwünschten Folgen erfordert eine genaue Abstimmung der Prozessparameter, insbesondere die der Energiedichte. Die Flexibilität des Verfahrens ermöglicht eine präzise Steuerung der Gefügeausbildung und damit der mechanischen Eigenschaften des Bauteils.

In der Tabelle 11.4 werden die wichtigsten Verfahrenseigenschaften beider Verfahren gegenübergestellt.

Tabelle 11.4 Vergleich der Verfahrenseigenschaften der Laserstrahlverfestigungsverfahren

Merkmal	Laserstrahlverfestigung durch thermische Schockwellen	Laserstrahlverfestigung durch gezielte Phasenumwandlung
Hauptmechanismus	dynamische Temperaturgradienten erzeugen thermische Ausdehnung und Druckeigenspannungen (Formel 11.11, Formel 11.12)	kurzzeitiges Erhitzen über die Austenitisierungstemperatur und anschließende schnelle Abkühlung → Gefügeumwandlung (Formel 11.14)
Prozesstyp	kurze Laserpulse (ns – ps), extrem schnelle Erwärmung/Abkühlung ohne Schmelzen	hochenergetische Laserimpulse, gezielte Erwärmung über die Austenitisierungstemperatur und kontrollierte Abkühlung
Einwirkmechanismus	direkter Energieeintrag in die Randschicht, Behinderung der thermischen Ausdehnung durch kältere Tiefenzonen → Druckspannungen	diffusionslose Phasenumwandlung (z. B. Martensitbildung), gezielte Steuerung durch Abkühlrate

Merkmal	Laserstrahlverfestigung durch thermische Schockwellen	Laserstrahlverfestigung durch gezielte Phasenumwandlung
Tiefe der Verfestigungszone	ca. 50 – 200 µm (abhängig von Pulsdauer, Energiedichte, Wärmeleitfähigkeit; vgl. Formel 11.13)	100 – 500 µm (abhängig von Laserleistung, Scangeschwindigkeit, thermophysikalischen Eigenschaften des Werkstoffs)
Temperaturerhöhung	sehr hoch, lokal bis nahe Schmelzgrenze, jedoch ohne Aufschmelzen	sehr hoch, gezielt über Austenitisierungstemperatur, gefolgt von rascher Abkühlung
Materialveränderung	Erhöhung der Versetzungsdichte, Kornverfeinerung, Aufbau von Druckeigenspannungen	martensitische Härtung, gezielte Mikrostrukturmodifikation
Mechanische Wirkung	Erhöhung von Härte und Risswiderstand durch oberflächennahe Druckspannungen	Erhöhung von Härte, Festigkeit und Zähigkeit durch Gefügeumwandlung
Typische Anwendungen	dünnwandige Bauteile, Mikrosystemtechnik, medizintechnische Komponenten	Stähle und Legierungen mit Phasenumwandlungspotenzial, z. B. Zahnräder, Wellen, hochbelastete Strukturbauteile

11.4.5 Materialumformung und -verfestigung durch Laserstrahlpolieren

Das **Laserstrahlpolieren** stellt eine Möglichkeit zur partiellen Verfestigung dar, indem es gezielt Oberflächenmodifikationen vornimmt, Spannungszustände optimiert und Defekte reduziert (siehe auch Kapitel 12). Hierfür wird ein kontinuierlicher oder gepulster Laserstrahl mit definierter Leistungsdichte auf die Werkstückoberfläche gerichtet, um durch die dabei eingebrachte Energie eine kontrollierte Aufschmelzung der obersten Materialschicht zu erwirken. Das anschließende schnelle Erstarren des Materials verursacht eine Oberflächenspannung, die zu einer Glättung und Homogenisierung der Mikrostruktur führt. Die Erstarrung erfolgt unter Bedingungen, die eine feinkörnige Gefügestruktur fördern, wodurch lokale Inhomogenitäten und Rauheitsmaxima beseitigt werden.

Die Eindringtiefe wird maßgeblich durch die Laserleistung P_L, die Scangeschwindigkeit v_s und die thermophysikalischen Eigenschaften des Materials bestimmt. Eine vereinfachte Näherungsformel für die aufgeschmolzene Tiefe d_m lautet:

$$d_m = \frac{\alpha \cdot P_L}{\rho \cdot c_p \cdot v_s \cdot \pi \cdot w_f^2} \quad (11.15)$$

ρ Dichte; c_p Wärmekapazität; α Absorptionskoeffizient; w_f Strahlradius

Durch die Verringerung von Oberflächenrauheiten und die Eliminierung von Mikrodefekten trägt das Laserstrahlpolieren signifikant zur Erhöhung der Ermüdungsfestigkeit eines Bauteils bei. Da mechanische Spannungsmaxima häufig an Oberflächendefekten auftreten, können durch das Laserpolieren Kerbwirkungen, die als Ausgangspunkte für Rissbildung gelten, und Spannungsüberhöhungen reduziert werden. Die dadurch bedingte gleichmäßigere Spannungsverteilung in der oberflächennahen Zone erhöht die Lebensdauer von hochbelasteten Bauteilen.

Ein weiterer Vorteil besteht in der Möglichkeit, nach vorheriger Laserstrahlverfestigung entstandene Eigenspannungen zu beeinflussen. Durch einen abgestimmten Laserpolierprozess kann eine gezielte Umverteilung von Druck- und Zugspannungen erfolgen, sodass das Bauteil eine verbesserte mechanische Stabilität erhält. Die Laserstrahlpolitur kann zudem die tribologischen Eigenschaften eines Werkstücks optimieren, indem sie den Reibungskoeffizienten reduziert und somit Verschleißerscheinungen minimiert.

Tabelle 11.5 Prozessparameter und Einflussfaktoren des Verfestigens durch Laserstrahlpolieren

Prozessparameter	Einflussfaktoren
Laserleistung	bestimmt die Eindringtiefe der Wärmeenergie und damit die Aufschmelztiefe
Strahlformung und Fokuslage	ein homogener Energieeintrag ist essenziell für eine gleichmäßige Glättung der Oberfläche
Scangeschwindigkeit	höhere Scangeschwindigkeiten führen zu geringeren Aufschmelztiefen, während niedrigere Geschwindigkeiten eine intensivere Glättung ermöglichen
Pulsdauer bei gepulsten Lasern	Einfluss auf die Erstarrungsgeschwindigkeit und Kornstruktur der polierten Zone
Umgebungseinflüsse	eine angepasste Schutzgasatmosphäre kann Oxidationseffekte reduzieren und die Oberflächenqualität verbessern

Das **Laserstrahlpolieren** findet breite Anwendung in zahlreichen Hochtechnologiebranchen, in denen höchste Oberflächenqualität und mechanische Belastbarkeit erforderlich sind. In der Luft- und Raumfahrtindustrie wird es beispielsweise eingesetzt, um die Oberflächen von Turbinenschaufeln zu glätten und dadurch aerodynamische Verluste sowie Materialermüdung zu reduzieren. In der Automobilindustrie trägt das Verfahren zur Optimierung von Getriebekomponenten und Einspritzdüsen bei, indem es Reibungsverluste verringert und die Verschleißbeständigkeit erhöht.

In der Medizintechnik spielt das Laserstrahlpolieren eine entscheidende Rolle bei der Herstellung von Implantaten, da eine glatte Oberfläche nicht nur die Biokompatibilität verbessert, sondern auch Ablagerungen und Korrosion reduziert. Besonders bei Hüft- und Knieimplantaten ist eine fehlerfreie, polierte Oberfläche essenziell, um eine lange Lebensdauer und eine verbesserte Verträglichkeit im Körper zu gewährleisten. Auch in der Optik- und Präzisionsfertigung wird das Verfahren genutzt, um Linsen und Spiegel mit minimaler Rauheit herzustellen.

Des Weiteren kommt das Laserstrahlpolieren im Werkzeugbau zum Einsatz, um die Standzeit von Präzisionswerkzeugen zu erhöhen, indem Mikrorisse und Oberflächendefekte beseitigt werden. In der Halbleiterindustrie ermöglicht es die Glättung von Siliziumwafern zur Verbesserung der Qualität von Mikroelektronik-Bauteilen. Diese breite Palette an Anwendungen verdeutlicht, dass das Laserstrahlpolieren als flankierende Maßnahme zur Verfestigung eine Schlüsseltechnologie für hochbeanspruchte und sicherheitskritische Bauteile darstellt.

Das Diagramm in Bild 11.17 zeigt die Härteverläufe in oberflächennahen Schichten von Quarzglas nach mechanischem Polieren sowie nach Laserstrahlpolieren. Während das mechanische Polieren (grüne Kurve) zu einer deutlichen Abnahme der Härte mit zunehmender Eindringtiefe führt, weist das laserstrahlpolierte Material (orangefarbene Kurve) eine nahezu konstante Härte auf, die sich im Bereich von etwa 890 – 900 HV 0,2 stabilisiert. Die mechanisch polierten Proben zeigen hingegen in den obersten Schichten erhöhte Härtewerte, die mit zunehmender Tiefe auf Werte unterhalb von 860 HV 0,2 sinken.

Die Ergebnisse verdeutlichen, dass das Laserstrahlpolieren von Quarzglas nicht nur eine glatte, defektarme Oberfläche erzeugt, sondern auch zu einer homogenen Verfestigung der oberflächennahen Zonen führt. Dies wird auf die lokale Schmelz- und Erstarrungsdynamik zurückgeführt, durch die submikroskopische Defekte wie Mikrorisse oder Schleifspuren, die beim mechanischen Polieren nicht vollständig in der Tiefe beseitigt werden können, eliminiert werden. Somit gewährleistet das Laserstrahlpolieren eine verbesserte Oberflächenfestigkeit, was insbesondere für optische Anwendungen mit hohen Anforderungen an mechanische Stabilität und Strahlungsfestigkeit von Vorteil ist.

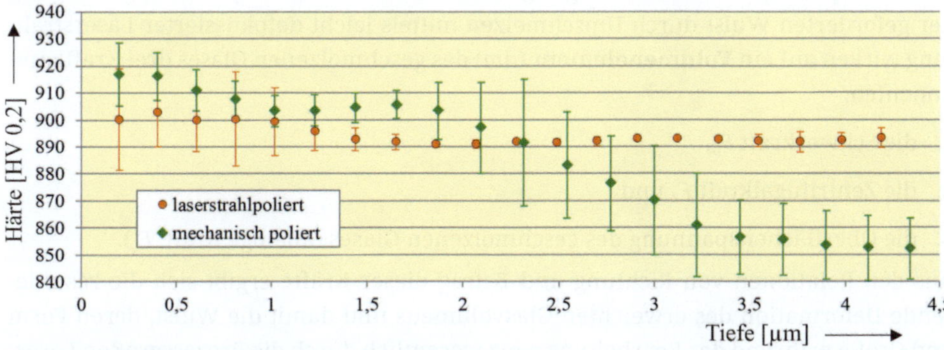

Bild 11.17 Vergleich der Härtewerte beim Verfestigen von Oberflächen durch Laserstrahl- und mechanisches Polieren */Hech2012/*

11.5 Umformen von silikatischen Werkstoffen

Für das **Umformen von Gläsern** mit Laserstrahlung wird das Grundmaterial partiell über den Erweichungspunkt erwärmt. Dabei werden die Materialien lediglich in einen **viskos-umformbaren Zustand** gebracht, wobei das erwärmte Volumen weder vollständig aufgeschmolzen noch sublimiert wird. Ein wesentlicher Verfahrensvorteil der Laserstrahlbearbeitung gegenüber konventionellen Glasbearbeitungsverfahren besteht in der örtlich stark begrenzten und steuerbaren Wärmeeinbringung in das Bauteil.

Im Gegensatz zu konventionellen Glasumformverfahren (Pressen oder Blasen) wird die Formänderung sehr oft ohne zusätzliche Werkzeuge oder Formen durchgeführt. Ausgenutzt werden Fliehkräfte, die bspw. durch rotatorische Bewegungen erzeugt werden, oder Kapillarkräfte, die partiell die Oberflächenspannungen des Glases überwinden.

Typische Anwendungen von Umformprozessen mittels Laserstrahlung sind:

- Glasabschmelzungen,
- Glasumformungen zur Erzeugung von Funktionselementen,
- Glas-Metall-Einschmelzungen und
- Herstellung von Glasverschlüssen mit integrierten temperaturempfindlichen Bauteilen.

Ein Beispiel aus der pharmazeutischen Industrie ist das Umformen von Glasröhren. Röhren mit unterschiedlichen Rohrdurchmessern müssen an den jeweiligen Stirnseiten eine „Wulst“ angeformt bekommen. Für die genannte Aufgabenstellung kann ein Umformprozess durch die Rotation des Glasrohres und dem gezielten **Erweichen der Umformzone** durch einen CO_2-Laserstrahl, der sich aufgrund der beschriebenen Absorptionscharakteristik zum partiellen Umformen von Glasbauteilen eignet, realisiert werden.

Das Grundprinzip der Wulsterzeugung ist in Bild 11.18 dargestellt. Bei der Erzeugung der geforderten Wulst durch Umschmelzen mittels leicht defokussierter Laserstrahlung wirken auf ein **Volumenelement** (dm) des geschmolzenen Glases drei Kraftkomponenten:

1. die Schwerkraft F_G,
2. die Zentrifugalkraft F_Z und
3. die Oberflächenspannung des geschmolzenen Glases (analoge Kraft: F_S).

Aus den Relationen von Richtung und Betrag dieser Kräfte ergibt sich die resultierende Deformation des erweichten Glasvolumens und damit die Wulst, deren Form und Größe während der Bearbeitung ganz wesentlich durch die Prozessgrößen Laserleistung, Umdrehungsgeschwindigkeit und Umschmelzzeit beeinflusst wird.

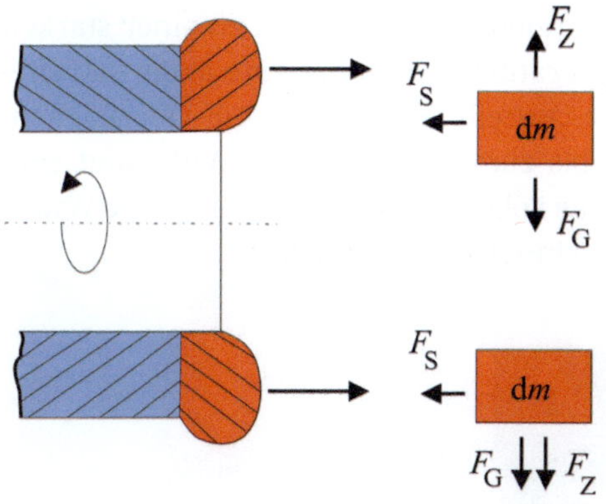

Bild 11.18
Darstellung des Grundprinzips des Umschmelzens an Glasröhren

Die Wirkung soll nachfolgend anhand des Parameters **Streckenenergie** diskutiert werden (Tabelle 11.6). Wird die Streckenenergie zu gering gewählt, kann sich, wie im Fall A, keine Wulst ausbilden, da lediglich die Trennflächen an- oder umgeschmolzen werden. Zum Teil weisen diese umgeschmolzenen Bereiche Inhomogenitäten auf, meist als Folge zu geringer Prozesszeiten. Sehr nachteilig sind in diesem Fall die geringen erreichbaren Festigkeitswerte, sodass ein Bruch oder Riss bereits bei der Einwirkung von niedrigen Kräften entstehen kann. Sehr gute Bearbeitungsergebnisse sind dagegen im Fall B bei Verwendung der optimalen Streckenenergie erreichbar. Bei einer entsprechenden Einwirkzeit kann sich eine homogene Wulst ausbilden, die der geforderten Geometrie entspricht. In diesem Fall ist eine Durchmesservariation in einem Bereich $0{,}2\ \text{mm} \leq \Delta d \leq 1\ \text{mm}$ (Vergrößerung des Glasrohrdurchmessers) möglich.

Tabelle 11.6 Umformgeometrien in Abhängigkeit von den gewählten Streckenenergien

Geringe Streckenenergie (Fall A)	Optimale Streckenenergie (Fall B)	Zu hohe Streckenenergie (Fall C)
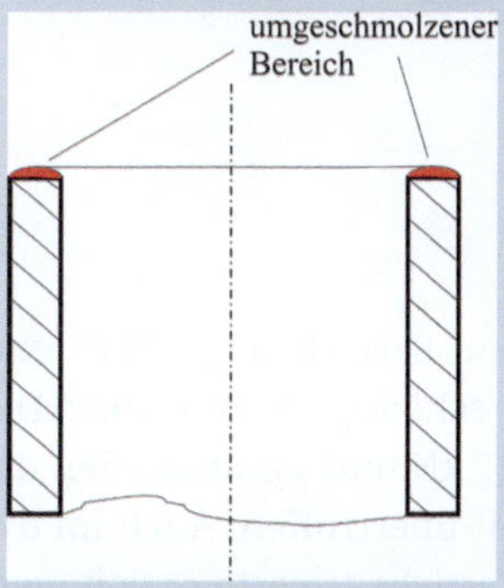	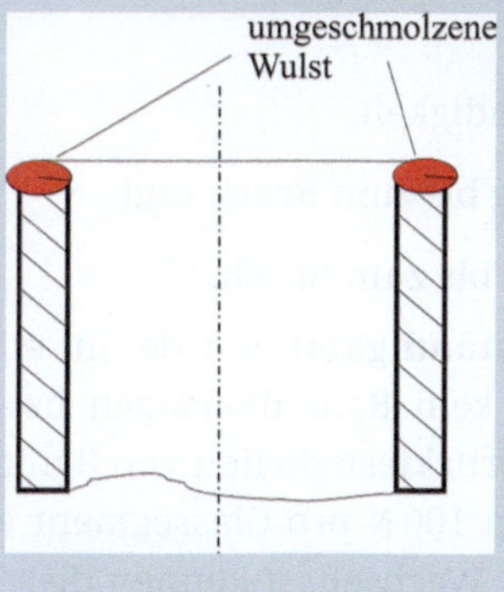	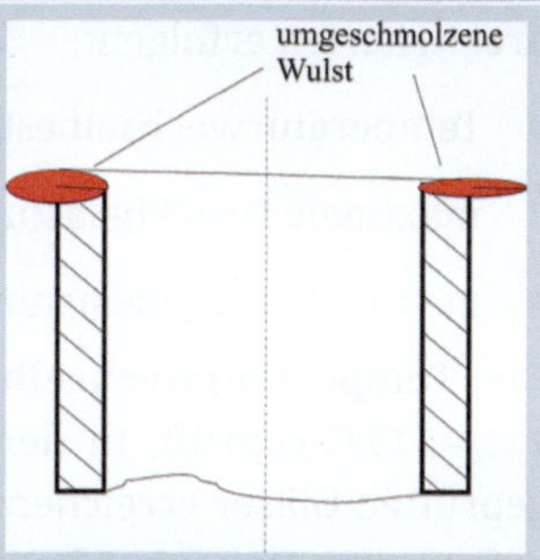
▪ keine Durchmesservergrößerung ▪ niedrige Festigkeitswerte ▪ teilweise inhomogene Umformung	▪ Durchmesservergrößerung ▪ hohe Festigkeitswerte ▪ homogene Umformung	▪ starke Durchmesservergrößerung ▪ niedrige Festigkeitswerte ▪ inhomogene Umformung

Die Anwendung von sehr hohen Streckenenergien führt im Fall C zu einer starken Wulstbildung, bei der die entstehende Temperaturüberhöhung eine andere Kräfteverteilung als die in Bild 11.18 dargestellte Aufteilung bewirkt. Die Oberflächenspannung kann soweit abnehmen, dass es bis zum Aufreißen der Wulst und zum Abtrennen von Glasanteilen kommen kann. Die Folge sind sehr unregelmäßige Wulstgeometrien bis hin zur Zerstörung des umgeschmolzenen Bereiches.

Bild 11.19
Umformbeispiel an borosilikatischen Glassegmenten (Ø 30 mm und Ø 10,67 mm)

Die Umformgeometrie in Bild 11.19 kann in einem bestimmten Durchmesserbereich variiert werden, sodass Glasgeometrien mit hohen Festigkeitswerten entstehen.

Ein Qualitätsmangel kann bspw. durch Einschlüsse im Glasvolumen der Wulst auftreten. Bild 11.20 a zeigt eine ideal homogen umgeschmolzene Wulst mit transparentem Glasvolumen und ohne Einschlüsse oder Verunreinigungen. Das Bild 11.20 b dagegen veranschaulicht eine Bläschenbildung infolge von Lufteinschlüssen, die durch zu hohe Aufheiz- und Abkühlgeschwindigkeiten entstehen können. Eine Bewertung der erreichbaren Festigkeitswerte bzw. Beanspruchbarkeit der Glassegmente kann nach drei Kriterien erfolgen:

- Temperaturwechselbeständigkeit,
- maximale Druckbelastung bis zum Bruch und
- maximale Biegebelastung bis zum Bruch.

Die **Temperaturwechselbeständigkeit** wurde in einem Bereich $T_{min} = 77\,K$ und $T_{max} = 573\,K$ geprüft, in dem kein Bauteilversagen bzw. -schädigung auftraten. Die geprüften Gläser erreichen Druckfestigkeiten von 8 und 12 kN und somit werden die geforderten **Druckkräfte** von 100 N pro Glassegment weit übertroffen. Auch im dynamischen Prüfregime unter Wechsellast können diese Festigkeitswerte erzielt werden. Die Versuche zur Biegefestigkeit haben **Bruchgeometrien** erzeugt, die in der Regel auf einen stabilen Übergangsbereich zwischen laserbeeinflusster und unbeeinflusster Zone schließen lassen.

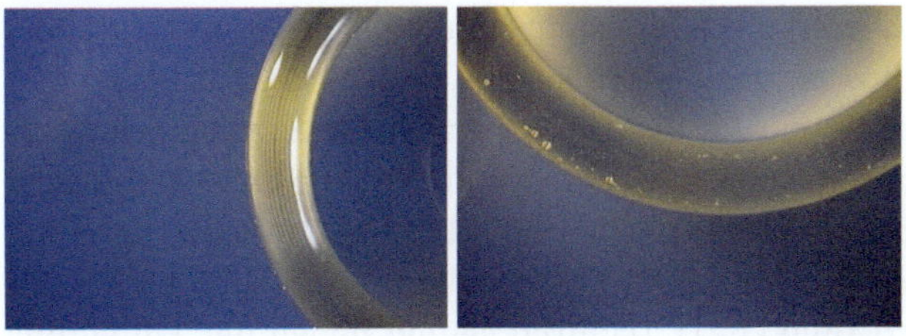

a) b)

Bild 11.20 Ausschnittsvergrößerungen ausgewählter Wulstgeometrien. a) Optimal umgeschmolzener Bereich, b) Bläschenbildung

Der Vierpunktbiegeversuch ergab maximale Biegekräfte zwischen 500 und 600 N für einen Durchmesser von $d = 10{,}72$ mm und 350 – 450 N für den Durchmesser $d = 30$ mm (Tabelle 11.7).

Tabelle 11.7 Prüfmethoden und -ergebnisse für laserstrahlumgeformte Glassegmente

Prüfmethode	Bruchverlauf	Bruchbild
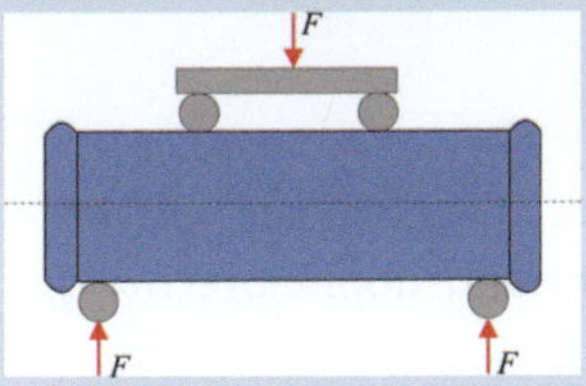	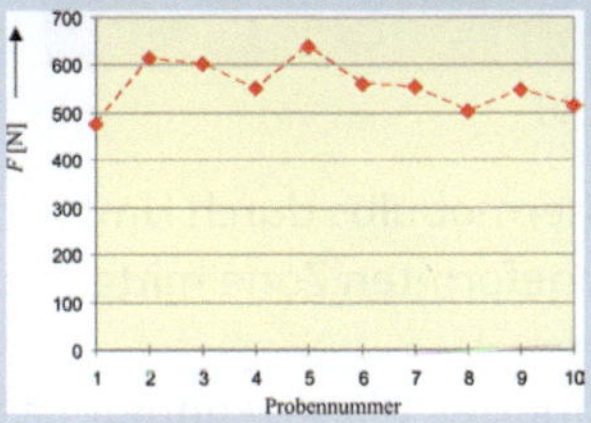	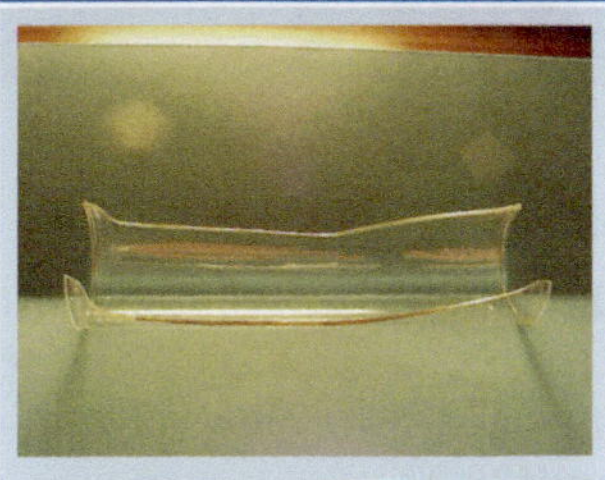
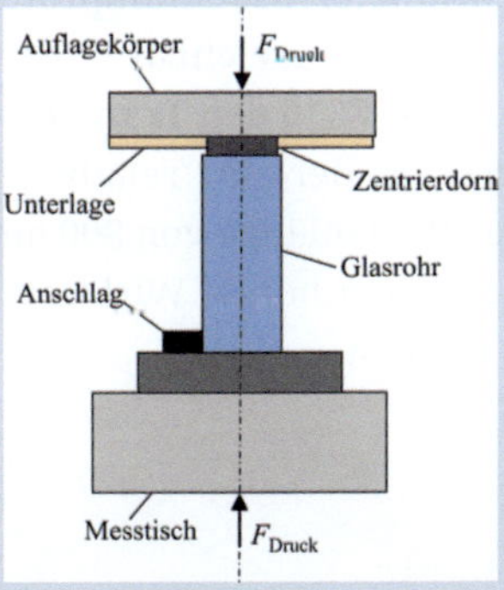	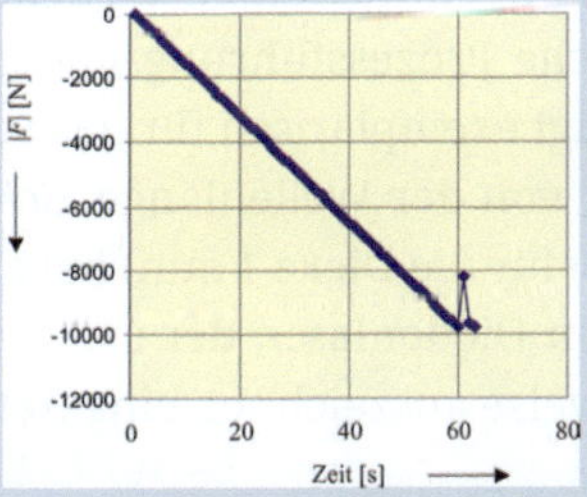	

Das Verschließen von Glaskolben für Hochdrucklampen bzw. von Ampullen sind weitere Beispiele für das Umformen von Glasbauteilen, bei denen der Umformprozess i. d. R. mit einem CO_2-Laser, der die offene Flamme ersetzt, vorgenommen wird. Da das Erweichen des Glases und damit der Wärmeeintrag lokal sehr begrenzt erfolgt, wird der Füllinhalt der Ampullen nicht thermisch belastet.

Das Verschließen von Kapillaren wird eingesetzt, um sogenannte **Thermobulbs** mit einer definierten Flüssigkeitsmenge zu bevorraten (Bild 11.21 a). Diese thermosensitiven Elemente werden in den vielfach verwendeten Sprinkleranlagen zur Feuereindämmung verwendet und aktivieren diese bei einer unzulässigen Temperaturänderung durch den Bruch des Bulbs an der Sollbruchstelle. Neben dem sicheren und vollständigen Umschmelzen der Kappe, für das relativ geringe Laserleistungen erforderlich sind (max. 70 W im Beispiel) ist hierbei auch das Einbringen eines definierten Spannungszustandes für die Sollbruchstelle wichtig (Bild 11.21 b). Aufgrund der Rotationssymmetrie dieser Bauteile wird für das Verschließen ein dreiphasiger stationär Prozess (ohne Rotation) genutzt (Bild 11.21). Dadurch gelingt neben der Einhaltung der geforderten Homogenität der Umformzone auch die reproduzierbare Einbringung des gewünschten Spannungszustandes für die Sollbruchstelle.

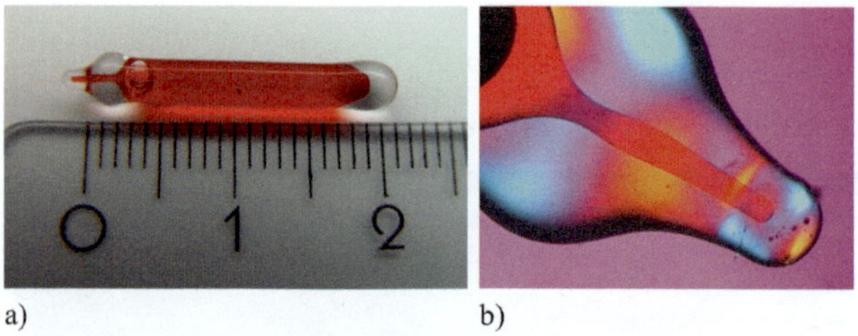

Bild 11.21 Verschließen von Thermobulbs durch Umformen. a) Verschlossener Thermobulb, b) Darstellung der umgeformten Zone mittels Spannungsdoppelbrechung

Für das Umformen speziell dotierter Gläser können Laser im nahen Infrarotbereich (NIR) eingesetzt werden. Dabei beeinflussen zusätzliche Parameter wie Strahlprofil, Fokusdurchmesser und zeitliche Prozessführung maßgeblich die erreichbare Bearbeitungsqualität. Bild 11.22 zeigt exemplarisch für das Schottglas 8516 den **Transmissionsverlauf** in Abhängigkeit von der Wellenlänge */Schott1999/*, der eine relativ geringe Transmission (etwa 10 % für die Dicke 1 mm) bei einer Wellenlänge von 800 nm erkennen lässt. Somit kann ein Diodenlaser, der sich durch einen hohen Wirkungsgrad und eine kompakte Bauweise auszeichnet, eingesetzt werden.

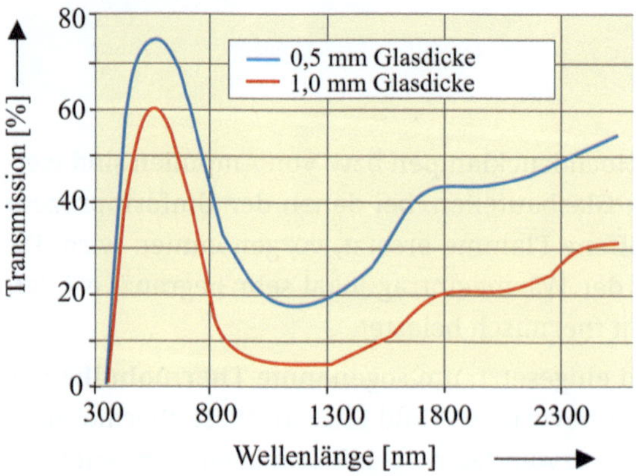

Bild 11.22 Transmissionskurve des Schottglases 8516 */Schott1999/*, */schott2025/*

Glasabschmelzungen mittels Laserstrahlung sind insbesondere dann interessant, wenn bspw. Bauelemente mit kleinen Abmessungen (Rohr mit Durchmesser 0,5 bis 2 mm) nach Befüllung mit Flüssigkeit oder gasförmigen Medien abgeschmolzen werden müssen. Durch die örtlich stark begrenzte Erwärmung der Bauteile wird das einzuschmelzende Flüssigkeitsvolumen nur in unwesentlichem Maß verringert bzw. verdampft. Darüber hinaus können Glas-Metallverbindungen mit sehr kleinen Bauteildimensionen hergestellt werden, ohne die Fügepartner thermisch zu überlasten. Gleiches trifft für die Herstellung von Glasverschlüssen mit integrierten temperaturempfindlichen Bauteilen zu.

Das Diodenlasersystem in Bild 11.23 kann zum Glasumformen dieser Spezialgläser eingesetzt werden. Die von den Laserdioden abgegebene Laserleistung von max. 40 W wird dabei über eine Faser geführt, durch eine Kollimationsoptik aufgeweitet und auf einen Spot von 600 µm fokussiert. Eine Spotgrößenanpassung an die Applikation kann über die Variation des Arbeitsabstandes erfolgen. Vorteilhaft für diese Systemkonfiguration sind eine homogene Energieverteilung im Spot, die flexible Zuführung der kompakten Abbildungsoptik an die Bearbeitungsstelle sowie der große Arbeitsabstand (> 100 mm). Der in Bild 11.23 a dargestellte **Linienfokus**, dessen Form mithilfe eines Objektivs bestehend aus Zylinderlinsen erreicht wird, zeigt ein typisches an die Bauteilgeometrie angepasstes Strahlprofil, das eine gezielte Beeinflussung von Temperaturgradienten, insbesondere eine Minimierung von Spannungszuständen im Glas, ermöglicht. */Blie2000/*

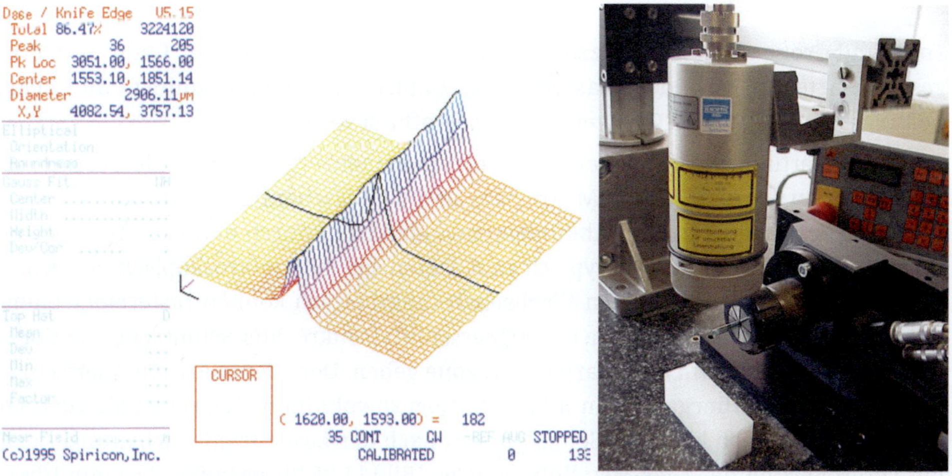

a) b)

Bild 11.23 Diodenlasersystem JOLD 40. a) Eingesetztes Strahlprofil, b) fotografische Darstellung der Versuchsanordnung

Laserparameter:

max. Laserleistung: 40 W, Wellenlänge: 808 nm, min. Spotgröße: 600 µm, Impulslängen: 100 ms bis cw, Leistungsstabilität: ±1 %

Die nachfolgenden Bearbeitungsergebnisse zeigen exemplarisch erreichbare Glasabschmelzungen mit dem Diodenlaserstrahl am Schottglas 8516 unter Rotationsbewegung des Glasrohres. Der Laserprozess kann in zwei Richtungen optimiert werden:

1. homogene und rotationssymmetrische Abschmelzgeometrie und
2. geringe Laserleistungen bzw. kurze Bearbeitungszeiten.

Für die Beispiele in Bild 11.24 sind eine mittlere Laserleistung von etwa 35 W und eine Drehzahl von etwa 300 min^{-1} erforderlich.

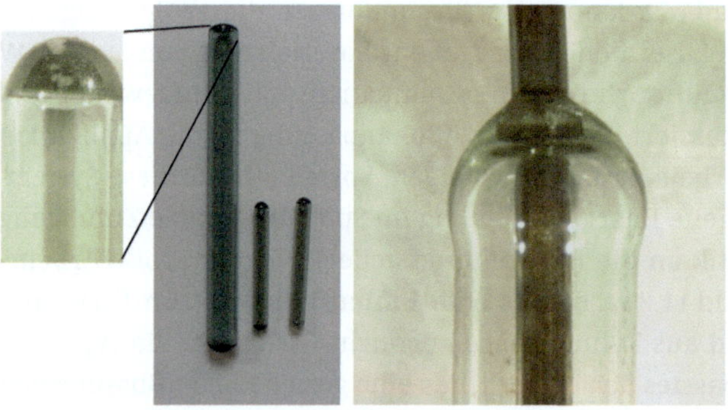

a) b)

Bild 11.24 Bearbeitungsergebnisse umgeformter Glasbereiche. a) Glasrohrabschluss (Bearbeitungszeit: $t = 2{,}5$ s), b) Glas-Metalldurchführung (Bearbeitungszeit: $t = 4$ s)

Form und Größe der Abschmelzzone können durch die Variation der Laser- und Prozessparameter, insbesondere Laserleistung, Umdrehungszahl, Strahlform und Bearbeitungszeit, in gewissen Grenzen gezielt beeinflusst werden.

Für die Bewertung der Abschmelzqualität können mehrere Prüf- und Messverfahren herangezogen werden. Sowohl Makrorisse als auch Bläschenbildungen, die aufgrund der hohen Erwärmungs- und Abkühlgeschwindigkeiten durch den Laserprozess für manche Laserstrahlverfahren typisch sind, lassen sich lichtmikroskopisch bewerten. Genaueren Aufschluss über den Wechselwirkungsbereich können rasterelektronenmikroskopische Untersuchungen eines Querschliffs (senkrechter Schnitt zur Rotationsachse des Glasrohres) in der Bearbeitungszone geben. Der exemplarische Querschliff eines **Glas-Metallüberganges** in Bild 11.25 zeigt sowohl im metallischen als auch im silikatischen Bereich keinerlei Schädigungen nach der Laserstrahlbearbeitung. Auch die Vergrößerung des Glas-Metallüberganges (Bild 11.25 b) bestätigt, dass die Übergangszone und der angrenzende Glasbereich vollkommen frei von Mikrorissen bzw. lokalen Störungen sind.

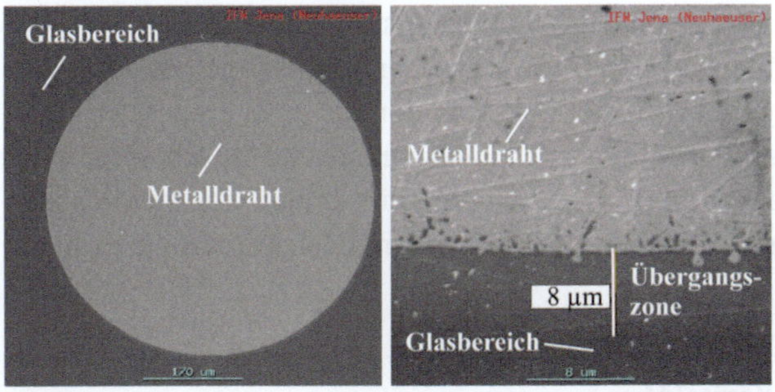

Bild 11.25
Darstellung eines Glas-Metallüberganges (Bearbeitungszeit: $t = 4$ s). a) Querschliff, b) REM-Aufnahme der Übergangszone

Für einen detaillierten Aufschluss über eine Durchmischung von Elementen im Übergangsbereich werden Elementverteilungsbilder wie in Bild 11.26 herangezogen. Sehr deutlich ist im mittleren Bildbereich eine Übergangszone mit einer Dicke von 10 µm zu erkennen, die durch eine Diffusion von Eisen in das Glas gekennzeichnet ist und damit die Elementverteilungsbilder des Siliziums und Eisens bestätigen.

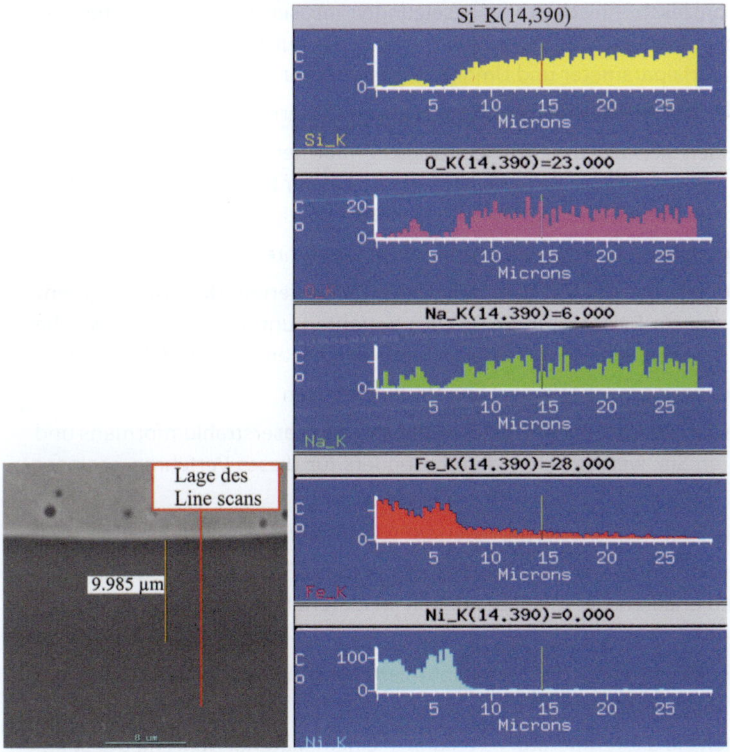

Bild 11.26 Glas-Metallübergangsbereich (Bearbeitungszeit: $t = 5$ s). a) REM-Aufnahme mit silikatischen Einschlüssen im metallischen Bereich, b) Line scan

Eine Erhöhung der Bearbeitungszeit von 4 auf 5 s bei konstant gehaltenen Laser- und Prozessparametern führt zu einer Vergrößerung des Übergangsbereiches, deren Ursache hauptsächlich in der längeren Diffusionszeit und den höheren Prozesstemperaturen zu sehen ist. Interessanterweise stellen sich auch silikatische Einschlüsse in der Randzone des Metalldrahtes ein (dunkle kugelförmige Einschlüsse im metallischen Bereich in Bild 11.26), die über den gesamten Drahtumfang gleichermaßen zu beobachten sind.

Übungsaufgaben zum Kapitel 11

(Die dazugehörigen Lösungen finden Sie auf *plus.hanser-fachbuch.de*.)

1. **Aufgabe:** Wirkprinzip des thermischen Laserstrahlumformens

   Erläutern Sie das Wirkprinzip des thermischen Laserstrahlumformens und beschreiben Sie, wie durch die gezielte Erwärmung mit einem Laserstrahl plastische Deformationen im Material erreicht werden können.

2. **Aufgabe:** Prozesstechnische Voraussetzungen für das thermische Laserstrahlumformen

   Welche prozesstechnischen Voraussetzungen müssen beim thermischen Laserstrahlumformen beachtet werden? Gehen Sie auf Faktoren wie Laserleistung, Materialparameter und Umgebungstemperatur ein.

3. **Aufgabe:** Laserstrahlbasiertes Umformen von Gläsern

   Beschreiben Sie, wie Laserstrahlen für das Umformen von Gläsern eingesetzt werden können. Welche Besonderheiten sind bei der Bearbeitung von Glas im Vergleich zu metallischen Materialien zu berücksichtigen?

4. **Aufgabe:** Hybride laserstrahlbasierte Umformverfahren

   Was versteht man unter hybriden laserstrahlbasierten Umformverfahren? Nennen Sie ein Beispiel für ein solches Verfahren und erläutern Sie, welche Vorteile die Kombination von Lasertechnologien mit anderen Verfahren bietet.

5. **Aufgabe:** Gradientenbasiertes Laserstrahlumformen

   Erklären Sie das Konzept des gradientenbasierten Laserstrahlumformens und diskutieren Sie, welche Materialien besonders für dieses Verfahren geeignet sind.

6. **Aufgabe:** Spannungsbasiertes Laserstrahlumformen

   Beschreiben Sie das Wirkprinzip des spannungsbasierten Laserstrahlumformens und erklären Sie, wie Spannungen im Material durch Laserstrahlung erzeugt werden.

7. **Aufgabe:** Berechnung der Temperaturverteilung beim spannungsbasierten Laserstrahlumformen

   Berechnen Sie die Temperaturverteilung in einem Material während des spannungsbasierten Laserstrahlumformens. Gehen Sie dabei von einer konstanten Laserleistungsdichte und einem isotropen Material aus.
   Gegebene Werte: Intensität: $I = 500\ \mathrm{W \cdot cm^{-2}}$, $\tau_P = 1\ \mathrm{ms}$

8. **Aufgabe:** Anwendungsbeispiele des spannungsbasierten Laserstrahlumformens

   Nennen und beschreiben Sie drei praktische Anwendungsbeispiele des spannungsbasierten Laserstrahlumformens. Erläutern Sie jeweils, wie der Prozess in der Industrie eingesetzt wird.

9. **Aufgabe:** Berechnung der resultierenden Verfestigung durch Laser-Shock-Peening

   Berechnen Sie die Verfestigung eines Materials, das durch Shock-Peening mit einem Laserstrahl bearbeitet wurde. Gehen Sie dabei auf die Größenordnung der induzierten Spannung und die Auswirkungen auf die Oberflächenhärte ein.
   Gegebene Werte: Intensität: $I = 500\,\mathrm{W \cdot cm^{-2}}$, $\tau_P = 200\,\mathrm{ns}$

10. **Aufgabe:** Materialumformung und -verfestigung durch Laserstrahlpolieren

    Erläutern Sie, wie das Laserstrahlpolieren als Umformverfahren eingesetzt wird und welche mechanischen und optischen Eigenschaften des Materials durch diesen Prozess verbessert werden können.

11. **Aufgabe:** Laserstrahlverfestigung durch thermische Schockwellen und Phasenumwandlung

    Beschreiben Sie, auf welcher Art und Weise thermische Schockwellen und Phasenumwandlungen zu einer Verfestigung des Materials führen.

12 Oberflächenbehandlung und Funktionalisieren mit Laserstrahlung

Die gezielte Modifikation von Oberflächen ist ein wichtiger Bereich moderner Fertigungs- und Veredelungstechnologien. Insbesondere der Laserstrahl bietet aufgrund seiner berührungslosen, hochpräzisen und lokal begrenzten Energieeinbringung ein äußerst flexibles Werkzeug zur funktionalen Gestaltung von Werkstoffoberflächen. Durch geeignete Auswahl der Laserparameter lassen sich mikroskopische bis nanoskopische Strukturierungen, thermische Umwandlungsprozesse sowie stoffliche Veränderungen in den obersten Materialschichten gezielt herbeiführen.

Dieses Kapitel behandelt ausgewählte laserstrahlbasierte Verfahren zur Oberflächenbehandlung und Funktionalisierung. Dabei reicht das Spektrum von klassischen Verfahren wie Laserstrahlhärten und Umschmelzen über Beschichten und Legieren bis hin zu hochauflösenden Strukturierungsprozessen im Mikro- und Nanometermaßstab. Einen besonderen Fokus bilden innovative Methoden zur tribologischen Optimierung sowie zur gezielten Beeinflussung optischer und elektrischer Eigenschaften durch Funktionalisieren, Laserstrahlpolieren oder laserinduzierte Mikro- und Nanostrukturierung.

Die **Oberflächeneigenschaften** von Funktionsbauteilen (z. B. Einlassventile, Werkzeuge, Lager) sind maßgeblich bestimmend für den Verschleiß, die Korrosionsfestigkeit oder das Ermüdungsverhalten dieser und entscheiden letztlich auch über die Einsatzmöglichkeiten und die Lebensdauer von Bauteilen und -gruppen. Aus den genannten Gründen kommt der gezielten Verbesserung der Oberflächeneigenschaften beanspruchter Bauteile eine große Bedeutung zu. In der Praxis existiert eine Vielzahl von Bearbeitungsverfahren, die zur Oberflächenbehandlung eingesetzt werden. Unterscheiden kann man hierbei zwischen:

- mechanischen Verfahren,
- thermomechanischen Verfahren,

- thermischen, elektro- und thermochemischen Verfahren sowie
- Gasphasenabscheidung (PVC, CVD).

Für die thermischen Oberflächenbehandlungsverfahren haben die laserbasierten Anwendungen, die auf einer kurzzeitigen Erwärmung der Randschicht beruhen, ein starkes Wachstum erfahren. Es gibt verschiedene Möglichkeiten, diese z. T. sehr unterschiedlichen Verfahren zu unterteilen.

Tabelle 12.1 gibt eine Übersicht über die heute gebräuchlichen Laserstrahlverfahren, wobei dieser Einteilung nach */Popr1998/* die Höhe einer charakteristischen Prozesstemperatur zugrunde liegt. Randschichtbehandlungen in der festen Phase bezeichnet man hierbei als **Wärmeverfahren**, in der flüssigen Phase als **Schmelzverfahren** und in der gasförmigen Phase als **Plasmaverfahren**.

Tabelle 12.1 Verfahren zur Laserrandschichtbehandlung, */Popr1998/*, */Herz2011/*, */Jung2021/*, */Kell2020/*

Wärmeverfahren $T < T_S$	Schmelzverfahren $T_S < T < T_V$	Plasmaverfahren $T > T_V$
Umwandlungshärten (Laserstrahlhärten)	Umschmelzen/Remelting	–
Anlassen	Umschmelzlegieren	Laserablation unter Plasmabildung
Spannungsarmglühen mit Laserstrahlung	Laserstrahlpolieren	Laserdispergieren im Plasmazustand
Strukturieren durch lokale Erwärmung (ohne Schmelzen)	Laserkristallisation dünner Schichten	Laserablation mit Plasmaexpansion
	Verglasen (z. B. Laserglasieren metallischer oder keramischer Oberflächen)	–
	Dispergieren (Einbringen von Partikeln in die Schmelzschicht)	–
	Kombination Laserauftragsschweißen und Remelting	–
(T Prozesstemperatur; T_S Schmelztemperatur; T_V Verdampfungstemperatur)		

Eine wichtige Prozessgröße für die Oberflächenverfahren (Bild 12.1) stellt die Temperatur dar. Vielfältig wird der Temperaturverlauf über die Prozesszeit gezielt gesteuert oder aber geregelt.

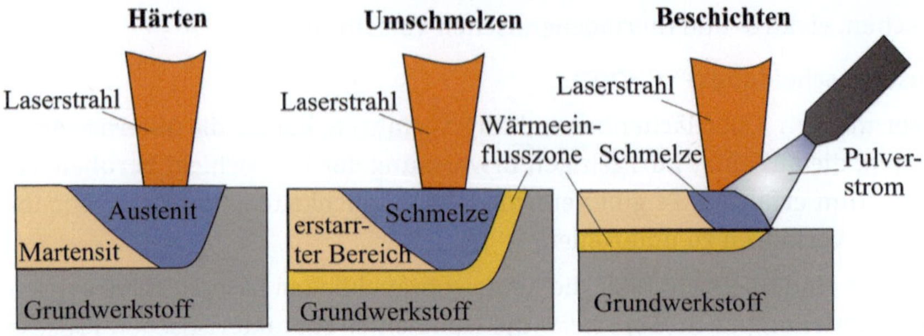

Bild 12.1 Verfahrensvarianten zur Oberflächenbehandlung mit Laserstrahlung nach */Herz1993/*

Die thermische Oberflächenbehandlung kann sowohl **mit** als auch **ohne Zusatzwerkstoff** erfolgen. Die Verfahren ohne Zusatzwerkstoff beruhen auf der Änderung der Eigenschaften in der Randschicht durch Gefüge- oder Strukturmodifizierungen. Laserverfahren, die mit Zusatzwerkstoffen arbeiten, erzielen eine Änderung der chemischen Zusammensetzung gegenüber dem Grundwerkstoff.

Neben den Werkstoffeigenschaften sind die Wellenlänge der Laserstrahlung (Absorption der Materialien), deren Einwirkzeit und die verwendete Intensität bzw. Streckenenergie signifikante Parameter für die Bearbeitung und bestimmen die maximale Temperatur und den Temperaturverlauf während des Bearbeitungsprozesses.

12.1 Laserstrahlhärten

Unter dem Begriff **Härten** versteht man die Erhöhung der materialspezifischen Oberflächenhärte durch gezielte Gefügeumwandlung. Überwiegend Bauteile aus härtbaren Kohlenstoffstählen ($0{,}3 \leq C \leq 2{,}0\,\%$) werden mit dem Laserstrahlhärten, dem sog. martensitischen Umwandlungshärten, bearbeitet. Zunehmend werden aber auch niedriglegierte Stähle, Grauguss sowie gehärtete Werkzeugstähle durch Laserstrahlhärten bearbeitet */Paczk2024/*, */Sai2023/*.

Dabei werden oberflächennahe Schichten bis zu einer Tiefe von maximal 3 mm in sehr kurzen Zeiten auf die erforderliche Umwandlungstemperatur erwärmt. Die für den Härteprozess benötigten hohen **Abkühlgeschwindigkeiten** kann man beim Laserstrahlhärten bereits durch Selbstabschreckung an der Atmosphäre erreichen. Meist sind Strahlintensitäten von $10^2 - 10^5\,W{\cdot}cm^2$ erforderlich, um den dreistufigen Prozess des Härtens durchzuführen (Bild 12.2).

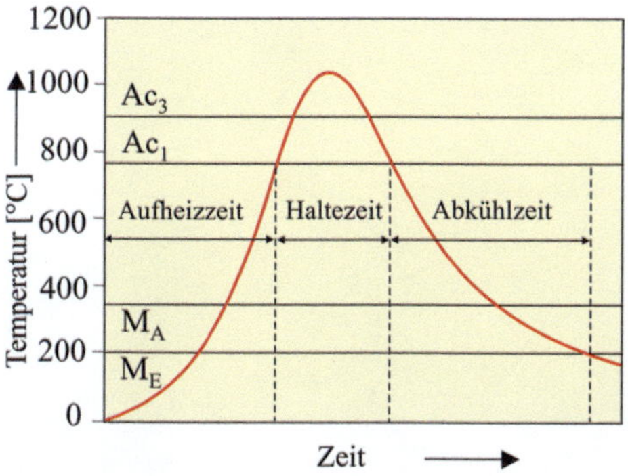

Bild 12.2
Schematische Darstellung des Temperaturverlaufes beim Laserstrahlhärten nach */Herz1993/*

Der **Temperaturverlauf** ist durch drei Phasen gekennzeichnet:

1. Aufheizen: sehr schnelles Erreichen der Umwandlungstemperatur (typisch 800–1300 °C, abhängig vom Werkstoff),
2. Halten: kurzzeitiges Verweilen oberhalb Ac_1 zur vollständigen Austenitisierung der Randschicht,
3. Abkühlen: Erreichen der kritischen Abkühlrate zur Martensitbildung durch Wärmeableitung ins Bauteilinnere.

Die sich ausbildende Randhärtetiefe hängt von Faktoren wie Werkstoff, Laserleistungsdichte, Fokusgeometrie, Vorschubgeschwindigkeit und Bauteilgeometrie ab.

Die Materialoberfläche wird sehr schnell auf eine materialspezifische Temperatur (Ac_1 – erster Umwandlungspunkt beim Aufheizen des Materials bzw. Ac_3-Temperatur – Endpunkt der Austenitbildung) aufgeheizt, sodass eine **Gefügeumwandlung** starten kann. Die in Bild 12.2 dargestellte Haltezeit entspricht der erforderlichen Zeit vom Durchlaufen des Temperaturmaximums bis zum Unterschreiten des Ac_1-Temperaturbereiches. Daran schließt sich die Abkühlphase mit dem Bereich der **Martensitbildung** an, der durch die beiden Punkte M_A (Anfang) und M_E (Ende) festgelegt ist. Die Zeitverläufe beim Laserstrahlhärteverfahren sind aufgrund der sehr hohen Aufheiz- und Abkühlgeschwindigkeiten des Laserprozesses wesentlich kürzer als beim konventionellen Härten */Herz1993/*. Die in der Randschicht entstehenden Gefügezonen veranschaulicht Bild 12.3. Durch die Bewegung des Laserstrahles oder des Bauteils bildet sich eine wärmebeeinflusste Zone heraus. In dem von der Ac_1-Isothermen eingegrenzten Zone (A) wandelt sich das Gefüge in Austenit um, der durch die Weiterbewegung des Laserstrahles und die Wärmeleitung des Bauteils unterkühlt wird. Im Bereich (M) innerhalb der Martensit-Isothermen (M_B) setzt die Martensitbildung ein, und im Bereich (H) liegt dann die vollständig gehärtete Spur vor. Zur Auslegung des Prozesses und der erforderlichen Parameter liefern die Zeit-Temperatur-Austenitisierungsschaubilder (Z-T-A) sowie die Zeit-Temperatur-Umwandlungsdiagramme (Z-T-U) gute Anhaltswerte zu den erforderlichen Austenitisierungstemperaturen sowie den Abkühlgeschwindigkeiten */Atla1976/*.

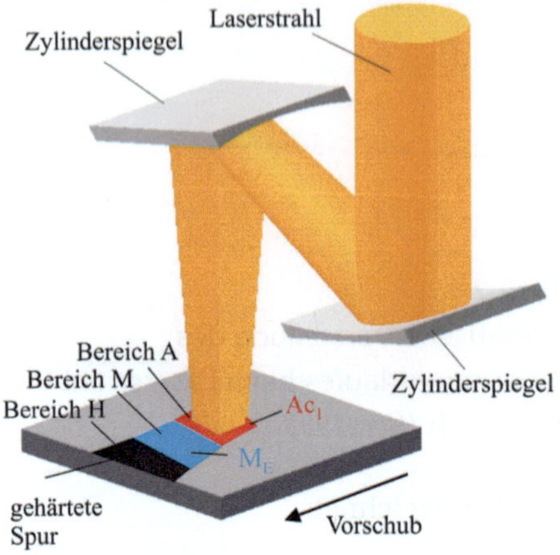

Bild 12.3
Phasen der Ausbildung der Härtespur

Durch die sehr gezielte und abgegrenzte Wärmeeinbringung kann eine hohe Präzision der Spurabgrenzung zu nichtgehärteten Zonen erfolgen. Daraus leiten sich auch die typischen Anwendungsbereiche für das Laserstrahlhärten ab, denn es wird vorwiegend für Bauteile eingesetzt, bei denen kleine, besonders beanspruchte Oberflächenanteile zu härten sind, ohne die benachbarten Materialbereiche zu beeinflussen. Beispiele hierfür sind Dichtflächen, Schneidkanten, Führungsbahnen.

Um den Prozess des Laserstrahlhärtens sehr effizient zu gestalten, werden häufig rechteckförmige oder an die Kontur angepasste Strahlprofile genutzt. Durch die Verwendung einer Zoomoptik können Härtespuren bis zu einer Breite von 19 mm stufenlos eingestellt werden */Laserline2012/*, */laserline2025/*. Für Bauteile, die in sehr großen Stückzahlen gefertigt werden, sind oft auch an die Härtekontur direkt angepasste Strahlprofile wirtschaftlich. Schnellbewegte Scanner bieten ebenfalls eine gute Möglichkeit, angepasste Härtekonturen flexibel zu scannen. Insbesondere für Bauteile mit kleinen Losgrößen wird die Flexibilität der Scanner eingesetzt, oft in Verbindung mit robotergeführten Systemen. Durch die schnelle Scanbewegung ist man in der Lage, Spurlängen bis zu etwa 70 mm relativ homogen zu erwärmen.

Während in den 1990er-Jahren CO_2- oder Nd:YAG-Festkörperlaser vorherrschend waren, dominieren heute insbesondere Hochleistungsdiodenlaser (HLDL) und fasergekoppelte Lasersysteme aufgrund folgender Vorteile */laserline2025-4/*, */Divl2024/*:

- hoher elektrischer Wirkungsgrad (> 40 %),
- kompakte Bauform und einfache Integration,
- sehr gute Eignung zur Strahlformung (homogene Linien- oder Rechteckprofile),
- flexible Leistungsanpassung im Bereich bis 10 kW und höher.

Durch Homogenisieroptiken und Zoomsysteme können rechteckige Strahlprofile erzeugt werden, die an die Bauteilgeometrie angepasst sind. Für großflächige oder konturangepasste Härtungen werden zunehmend Scanner- oder robotergeführte Systeme mit Strahlbreiten bis 70 mm eingesetzt.

Insbesondere Hochleistungsdiodenlaser (Tabelle 12.2) haben sich für dieses Fertigungsverfahren sehr stark etablieren können. Direkt strahlende oder auch fasergekoppelte Diodenlaser liefern die für das Randschichthärten erforderliche Ausgangsleistung von bis zu 12 kW und sind meist mit speziell entwickelten Homogenisieroptiken und Pyrometern zur Temperaturregelung ausgestattet (Bild 12.4). Dadurch können evtl. auftretende Anschmelzungen (zu hohe Temperatur) oder ungleichmäßige Härteverläufe (zu niedrige Temperatur) weitestgehend ausgeschlossen werden.

Tabelle 12.2 Ausgewählte Strahlparameter für das Härten mit HLDL */laserline2011/*, */laserline2025/*

Typische Ausgangsleistung [W]	Faserdurchmesser (Prozessfaser) [µm]	Typ. Fokusgeometrie [mm^2] (nach Homogenisierung)
100 - 6000	600	(3 × 5) bis (15 × 15) (2 × 25) bis (5 × 70) (homogen in einer oder beiden Achsen)
500 - 8000	1000	
1000 - 12 000	1500	

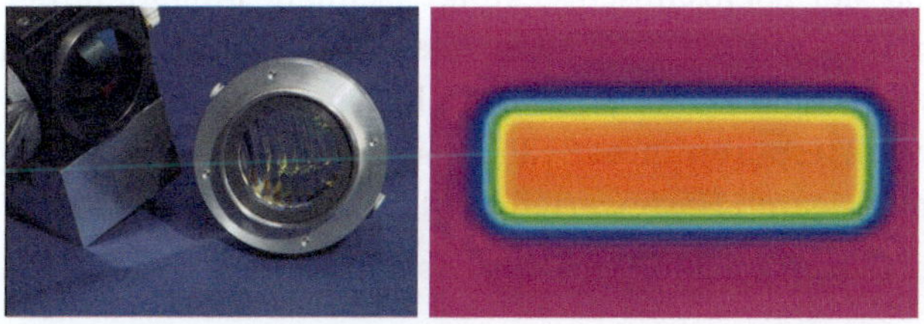

a) b)

Bild 12.4 Strahlhomogenisierung und -formung. a) Strahlformungsoptik */Jena2011-7.7.1/*, b) ausgewähltes Strahlprofil für das Härten */Laserline2012/*

In Bild 12.5 ist eine Bearbeitungsanordnung zum Härten ausschnittsweise dargestellt. Die erforderliche Laserleistung von 2 kW wird über eine 600-µm-Prozessfaser an den Bearbeitungskopf (Bild 12.5 a) geführt. Der Laserstrahl wird zunächst mit einer Kollimationsoptik parallelisiert und über einen 90°-Umlenkspiegel auf die Strahlformungsoptik gelenkt. Dort erfährt der Strahl die Transformation in ein homogenes Linienprofil und wird über eine Fokussierlinse auf die Werkstückoberfläche mit den Abmessungen (45 × 1,5) mm^2 abgebildet. Zusätzlich kann in den Strahlengang ein Pyrometer mithilfe einer Umlenkoptik integriert werden, das zur Online-Temperaturerfassung und zur Leistungsregelung genutzt wird. Ein angebrachter Crossjet schützt die optischen Bauelemente vor möglichen Verschmutzungen aus der WWZ. Bild b illustriert den Härteprozess eines Baustahles mit einer Vorschubgeschwindigkeit von 200 $mm \cdot min^{-1}$ und einer Temperatur von etwa 1300 °C.

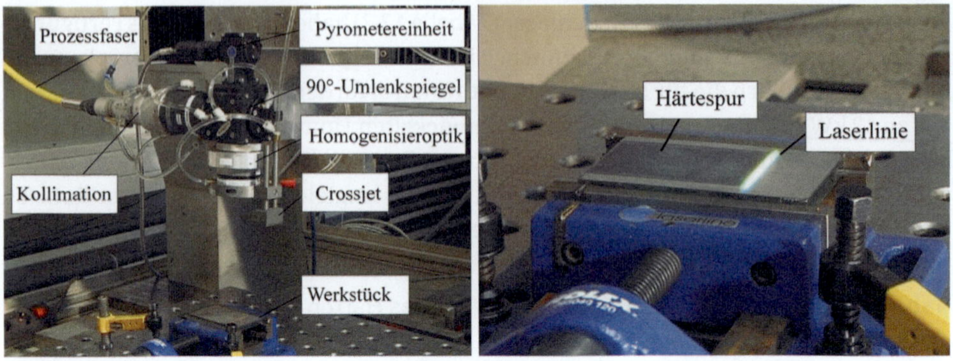

a) b)

Bild 12.5 Bearbeitungsanordnung zum Laserstrahlhärten */Jena2011-7.7.1/*. a) Bearbeitungskopf, b) Härteprozess

Typische **Randhärtetiefen** liegen für das Laserstrahlverfahren zwischen 0,2 und 1,5 mm. Die Einhärtetiefe kann in gewissen Grenzen über die Prozessparameter beeinflusst werden, sodass maximale **Einhärtetiefen** für Stahl von 3 mm und für Gusseisen von 2 mm möglich sind. Voraussetzung dafür ist ein entsprechend großes Bauteilvolumen, um den Effekt der „Selbstabschreckung" (schnelle Ableitung der Wärme) ausnutzen zu können. Generell kann die erreichbare Härte in den laserbeeinflussten Randschichten bis zu einem Faktor 2–3 höher liegen als die des Grundgefüges. Bei Überlappung der Härtespuren muss jedoch eine Anlasszone im Übergangsbereich der Spuren mit niedrigeren Härtewerten berücksichtigt werden.

Gegenüber konventionellen Verfahren zeichnet sich das Laserstrahlhärten durch folgende Vorteile aus:

- Bearbeitungsmöglichkeit schwer zugänglicher Stellen, z. B. Bohrungen,
- lokal begrenzte Härtungen,
- geringe Wärmebelastung und Verzug der Bauteile sowie geringe thermische Spannungen,
- höhere Ermüdungs- und Abriebfestigkeit sowie Korrosionsbeständigkeit und
- kurze Prozesszeiten.

Aufgrund der genannten Vorteile eignet sich das Verfahren insbesondere auch für das Härten von Präzisionsbauteilen, bei denen eine Nachbearbeitung nicht mehr erfolgen soll. Das ist insbesondere sehr wirtschaftlich, da spanende Fertigungsprozessstufen im gehärteten Zustand erhöhte Anforderungen an Werkzeuge und die Prozessführung erfordern. Das Laserstrahlhärten kann unter einer Schutzgasatmosphäre auch als sogenanntes **„Blankhärten"** ausgeführt werden, wodurch keine Verzunderungen an der wärmebeeinflussten Zone auftreten. */laservorm2012/*

Durch Kombinationen mit Laserremelting (siehe auch Abschnitt 12.2.2) oder strukturierendem Härten lassen sich zudem konkrete Härtegradienten oder tribologisch optimierte Oberflächen erzeugen.

Moderne Anlagen integrieren zunehmend eine Inline-Temperaturüberwachung mittels Pyrometer oder Kamerasystemen, um eine konstante Prozessqualität zu gewährleisten. Zudem werden Systemlösungen angestrebt, die eine Echtzeitregelung auf Basis von Oberflächentemperatur oder Emissionssignalen ermöglichen */Gris2023/*, */Sris2022/*.

In Bild 12.6 sind exemplarisch Applikationen für das Laserstrahlhärten dargestellt. Während Turbinenschaufeln im Bereich der hochbeanspruchten Vorderkanten eine partielle Härtung erfordern (Bild 12.6 a), können Standzeitverlängerungen für Schaltgetriebe und Zahnstangen durch gezieltes Härten der Zähne erreichen werden (Bild 12.6 b und c).

a) b) c)

Bild 12.6 Applikationen für das Härten mit Diodenlasern */Jena2011-7.7.1/*. a) Turbinenschaufel, b) Getrieberad, c) Zahnstangensegment

In einer weiteren Anwendung werden Pumpennaben (Kupplungsteil für Automatikgetriebe) aus dem Material C45 gehärtet (Bild 12.7 a). Bei diesem Prozess werden Einhärtetiefen von 0,3 mm auf einer Spurbreite von 2 mm auf den beanspruchten Mitnehmerflächen erzielt (Bild 12.7 b). Das Ergebnis der Härteprüfung nach Vickers mit einer Prüflast von 1 kg (Bild 12.7 c) beträgt für den laserbeeinflussten Bereich 707 HV und entspricht einer Härtesteigerung um den Faktor 2,5 im Vergleich zum Grundmaterial.

Ein innovatives Anwendungsbeispiel für das martensitische Laserstrahlhärten stellt die Härtung rotationssymmetrischer Bauteile aus 100Cr6-Werkzeugstahl mit geringen Wandstärken dar. Durch die Verwendung eines bauteilangepassten ringförmigen Intensitätsprofils lässt sich dabei der sogenannte Wärmestaueffekt gezielt ausnutzen, um in geometrisch anspruchsvollen Bereichen wie konusförmigen Spitzen erhöhte Einhärtungstiefen zu realisieren. Während bei planaren Bauteilen durch klassisches Laserstrahlhärten unter Einsatz eines homogenen Tophatstrahlprofils Einhärtungstiefen von bis zu 370 µm und Maximalhärten von ca. 850 HV0,2 erzielt werden, stößt dieses Verfahren bei rotationssymmetrischen Bauteilen mit konischen Spitzen jedoch an physikalische Grenzen. Insbesondere bei kleinen Spitzenwinkeln führt die fokussierte Leistungsdichte des Tophatprofils im Zentrum zu unkontrolliertem Materialaufschmelzen, ohne dass eine homogene Austenitisierung über die gesamte Bauteiloberfläche erzeugt wird, Bild 12.8. */Remp2022/*

a) b) c)

Bild 12.7 Härten von Pumpennaben */Jena2011-7.7.2/*. a) Prozessführung, b) Bauteil ungehärtet (links) – gehärtet (rechts), c) Härteprüfung – mikroskopische Darstellung, Eindruckpyramide gehärtete Zone

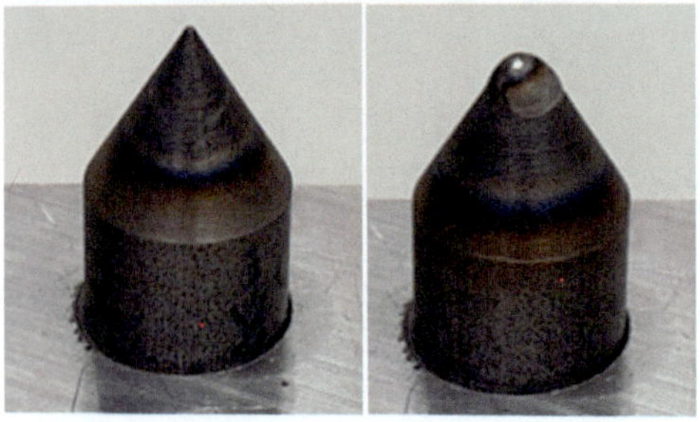

a) b)

Bild 12.8 Gegenüberstellung eines bearbeiteten Spitzenwinkels von 60°. a) Laserstrahlhärten mit einer ringförmigen Intensitätsverteilung, b) Laserstrahlhärten mit einer Tophatintensitätsverteilung */Remp2022/*

Durch Anwendung eines **ringförmigen Strahlprofils** kann die Energie gezielt in die Randbereiche der Bauteiloberfläche eingebracht werden. Die resultierende Wärmeleitung führt bei geeigneter Bauteilgeometrie zu einem Wärmestaueffekt in Richtung der Spitze, der eine gleichmäßige Umwandlung und somit eine signifikante Steigerung der Einhärtungstiefe gegenüber der planaren Referenzgeometrie ermöglicht. Bei einer statischen Bearbeitung konusförmiger Bauteile mit einem Spitzenwinkel von 20° konnten auf diese Weise Einhärtungstiefen von bis zu 9,5 mm erreicht werden.

Das optische System in Bild 12.9 basiert auf einer Axiconlinsenanordnung zur Erzeugung eines parallelen ringförmigen Laserstrahls. In Bild 12.9 a ist das Strahldesign dargestellt, bei dem ein Teleskopaufbau zur Strahlparallelisierung und gleichzeitigen Vergrößerung des durch die Axiconlinsen erzeugten Ringprofils eingesetzt wird. Die Strahlen verlaufen konvergent durch die erste Axiconlinse und werden im weiteren Verlauf durch die nachgeschaltete Optik parallelisiert. In Bild 12.9 b ist die resultierende Intensitätsverteilung in der Bildebene zu sehen, welche ein homogenes rotationssymmetrisches Ringprofil mit definiertem Innen- und Außendurchmesser zeigt.

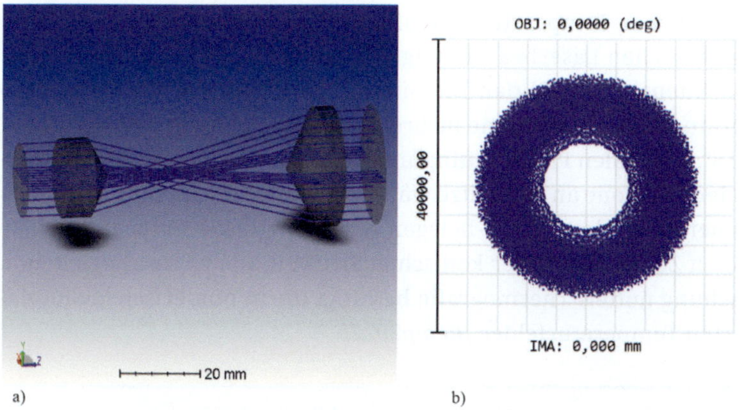

Bild 12.9 Schema des Strahlverlaufs in einem strahlformenden System zur Erzeugung eines ringförmigen Strahlprofils mit Axiconlinsen. a) Teleskopanordnung zur Strahlparallelisierung und -vergrößerung, b) Strahlverteilung in der Bildebene

Die finale Einhärtungstiefe ist von der Bauteilgeometrie und dem verwendeten Strahlprofil abhängig. Während bei zu spitzen Geometrien (Spitzenwinkel < 20°) die Wärmeableitung über die Bauteilspitze dominiert und die Zieltemperatur nicht erreicht wird, kommt es bei zu stumpfen Winkeln (> 60°) aufgrund hoher lokaler Aufheizraten zum Oberflächenaufschmelzen. Optimale Prozessbedingungen konnten für Spitzenwinkel zwischen 20° und 45° bei Verwendung eines ringförmigen Strahlprofils nachgewiesen werden (siehe Bild 12.10).

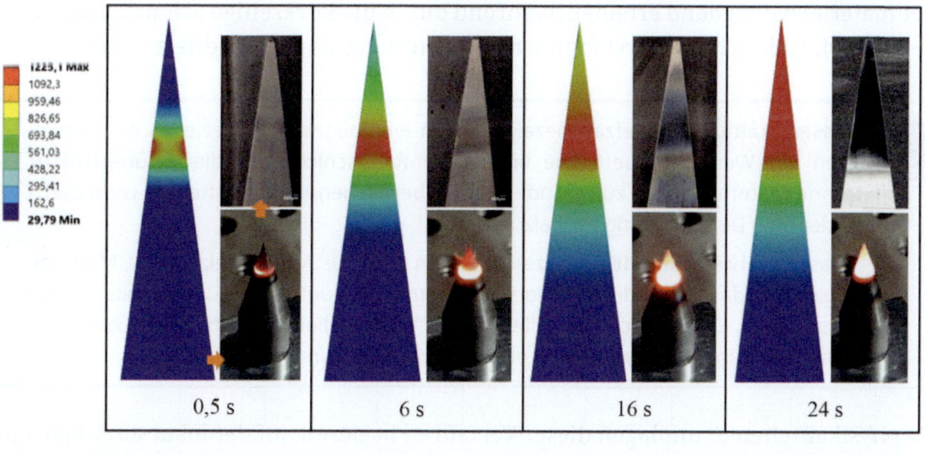

Bild 12.10 Bearbeitung von konusförmigen Strukturen mithilfe eines ringförmigen Strahlprofils von der Simulation über die Bearbeitung bis zur lichtmikroskopischen Auswertung nach dem Ätzvorgang bei einem Spitzenwinkel von 15° */Remp2022/*

Bild 12.10 stellt den zeitlichen Temperaturverlauf und die resultierenden Gefügeveränderungen bei der statischen Laserbearbeitung von konusförmigen Strukturen mit einem ringförmigen Intensitätsprofil dar. Die Simulation (links in jedem Bild) verdeutlicht die temperaturinduzierte Wärmeausbreitung entlang der Spitze bei einem Spitzenwinkel von 15°. Die realen Prozessaufnahmen (rechts unten in jedem Bild) zeigen die Ausbildung der Glühzone an der Spitze während des Prozesses. Die lichtmikroskopischen Aufnahmen nach dem Ätzen belegen die erfolgreiche Erzeugung einer homogenen gehärteten Zone entlang der konischen Struktur. Die prozessbegleitende Temperaturüberwachung mittels Thermografie bestätigt die in numerischen Simulationen prognostizierten Temperaturfelder. */Remp2022/*

Siehe auch Videosequenzen zum Thema „Laserstrahlhärten" auf *plus.hanser-fachbuch.de*.

12.2 Umschmelzen, Remelting und Glasieren

Umschmelzen, Remelting (Nachschmelzen) und Glasieren von Oberflächen mit Laserstrahlung zählt zu den Verfahren der laserstrahlbasierten Oberflächenmodifikation mit dem Ziel, durch partielles Aufschmelzen oberflächennaher Materialbereiche die mikrostrukturellen und funktionalen Eigenschaften von Werkstoffen bedarfsgerecht zu verändern. Im Gegensatz zu abtragenden Verfahren bleibt hierbei das Volumenmaterial weitgehend erhalten, während durch die kurzzeitige Schmelzphase und die nachfolgende schnelle Erstarrung neue Materialzustände generiert werden.

Laserstrahlumschmelzen bezeichnet ein einmaliges oder gezieltes Aufschmelzen der Werkstückoberfläche oder einer Randschicht, um die Gefügestruktur ohne Materialauftrag zu verändern, die Oberflächeneigenschaften zu verbessern oder eine Defektheilung herbeizuführen.

Das Verfahren **Remelting** bezeichnet das erneute Aufschmelzen von Materialvolumen, das bspw. durch Laserstrahlauftrag erzeugt wurde und bereits einmal erstarrt ist. Dieser nachgeschaltete Prozessschritt dient typischerweise zur Topografieglättung, Porenreduktion oder Haftverbesserung.

Die physikalischen Grundlagen dieser Verfahren basieren auf der lokal stark konzentrierten Energieeinbringung mittels Laserstrahlung, die zu extrem hohen Aufheizraten (typisch $> 10^4\ K{\cdot}s^{-1}$) und entsprechend kurzen Schmelz- und Erstarrungsprozessen führt. Durch diese Randbedingungen lassen sich Materialeigenschaften wie Härte, Verschleißfestigkeit, Korrosionsbeständigkeit oder optische Funktionalitäten beeinflussen, ohne dass das Grundmaterial in seiner Gesamtheit thermisch signifikant belastet wird.

In der industriellen Praxis finden diese Verfahren breite Anwendung, beispielsweise bei Werkzeug- und Formenstählen, bei der Funktionsflächenoptimierung von Komponenten im Automobil- und Maschinenbau sowie bei der Herstellung oder Veredelung optischer und tribologischer Oberflächen.

Die folgenden Abschnitte beschreiben zunächst die grundlegenden physikalischen Mechanismen des Laserstrahlumschmelzens, gehen anschließend auf das Remelting als gezielten Nachbearbeitungsschritt ein und stellen abschließend das sogenannte Laserstrahlglasieren vor, bei dem durch kontrolliertes Umschmelzen amorphe Oberflächenstrukturen erzeugt werden können.

12.2.1 Umschmelzen

Durch **Umschmelzen** mittels Laserstrahlung können über das definierte Aufschmelzen einer dünnen Oberflächenschicht die Gebrauchseigenschaften von Funktionsbauteilen gesteigert werden. Dies geschieht beispielsweise durch Auflösung oder Verdampfung nichtmetallischer Einschlüsse (Oxide, Nitride, Sulfide), durch Homogenisierung oder Kornverfeinerung des vorliegenden Gefüges oder durch Härtesteigerung infolge Gefügeumwandlung. Der **Umschmelzprozess** durchläuft ebenso wie das Härten drei Phasen:

- Aufheizen einer dünnen Randschicht auf Temperaturen oberhalb der Schmelztemperatur,
- Halten der geschmolzenen Zone über eine materialspezifische Zeit, die durch die Umwandlung festgelegt ist,
- rasche Abkühlung und Erstarrung der Schmelze durch Wärmetransport in das Grundmaterial.

In Bild 12.11 b ist das Ergebnis des Umschmelzens einer Randzone durch Laserstrahlung im Querschliff dargestellt. Die im WIG-Auftragsschweißverfahren auf einem Umformwerkzeug aufgebrachte Verschleißschutzschicht (Bild 12.11 a) erreicht in dieser Zwischenstufe noch nicht die erforderlichen Oberflächeneigenschaften. Durch das nachträgliche Umschmelzen mit einem Nd:YAG-Laser kann in einer Randzone von etwa 1,2 mm eine deutliche Homogenisierung und Kornverfeinerung erreicht werden.

Aufgrund der hohen Abkühlgeschwindigkeiten ($10^2 - 10^8\,K \cdot s^{-1}$) können Gefügestrukturen oder metastabile bzw. stark übersättigte Phasen erzeugt werden, die über herkömmliche Verfahren nicht erreichbar sind. Die Erstarrungsgeschwindigkeit ist abhängig von der Bearbeitungsgeschwindigkeit und den Temperaturgradienten. Interessant ist der Einsatz des Verfahrens insbesondere für das Umschmelzen von Gusseisen, denn dieses Material verfügt über einen ausreichenden Kohlenstoffanteil in Form von Graphit. Der Kohlenstoff geht während des Umschmelzens in Lösung und es bildet sich nach einer raschen Abkühlung ein ledeburitisches Gefüge aus, das über hohe Härtewerte bei gleichzeitig ausreichender Zähigkeit zur Verbesserung der Verschleißeigenschaften verfügt. */Herz1993/*

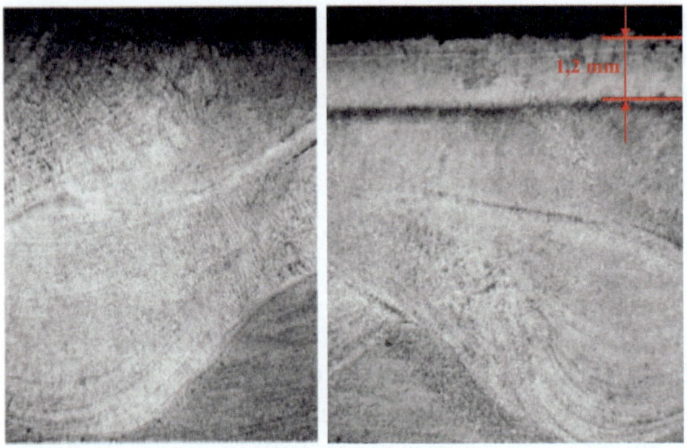

a) b)

Bild 12.11 Laserstrahlumschmelzen einer Verschleißschutzschicht. a) Querschliff der WIG-aufgetragenen Schicht, b) Querschliff der laserumgeschmolzenen Zone

Weitere Anwendungen sind das Umschmelzen bestimmter Aluminiumlegierungen und Stähle, wobei meist die Homogenisierung der Randbereiche, z. B. durch eine Reduzierung der Porigkeit, im Vordergrund steht.

Neben der beschriebenen Gefügehomogenisierung und Kornverfeinerung ist auch die Modifikation der chemischen Zusammensetzung der Randschicht durch Verdampfen oder Reaktion von Begleitelementen ein wichtiger Effekt. So konnte in verschiedenen Studien gezeigt werden, dass nichtmetallische Einschlüsse wie MnS oder Al_2O_3 gezielt durch laserinduzierte Partikelentfernung aufgelöst oder verlagert werden können, was die Reinheit und damit die Kerbschlagzähigkeit der behandelten Zone verbessert */Yang2017/*, */Prei2025/*.

Darüber hinaus erlaubt die hohe Erstarrungsgeschwindigkeit die Ausbildung metastabiler Phasen, amorpher Strukturen oder sogenannter ultrafeiner Dendriten, die für laserverfestigte Schmelzbäder charakteristisch sind und eine deutlich höhere Festigkeit bei gleichzeitig verringerter Rissneigung zeigen. Ein zunehmend untersuchter Ansatz ist das lokal definierte Umschmelzen mit variabler Energieeinbringung, bei dem durch Modulation der Laserleistung über die Bearbeitungsbahn unterschiedliche Härtezonen oder Eigenspannungsverteilungen erzeugt werden können. Dieses Verfahrensprinzip wird insbesondere für Werkzeuge mit funktional graduierten Eigenschaften angewandt. */Ghos2024/*

Der Einsatz eines FK-Lasers mit dynamischer Strahlformung für diesen Anwendungsbereich ermöglicht die flexible Anpassung der Energiedichteverteilung innerhalb des Fokus an die geometrischen Randbedingungen des Bauteils. Bei komplexen Geometrien kann dadurch die Prozessstabilität verbessert und lokale Überhitzungen oder Rissbildung an Übergangsbereichen vermieden werden. Systeme mit Echtzeitprozessüberwachung, z. B. durch Pyrometrie oder CMOS-basierte Schmelzbadbeobachtung, ermöglichen zusätzlich eine adaptive Regelung der Laserleistung in Abhängigkeit von der aktuellen Wärmesituation. */Ebra2023/*

Ein besonderes Potenzial eröffnet sich durch die Kombination von Laserstrahlumschmelzen und Legierungseinbringung. So kann durch die gezielte Zufuhr von bestimmten Legierungselementen (z. B. B, Nb, Ti) eine In-situ-Dotierung der Randschicht erfolgen. Dieses sogenannte Laseralloying stellt eine Erweiterung des klassischen Umschmelzprozesses dar und erlaubt die Erzeugung verschleiß- oder korrosionsbeständiger Oberflächen bei gleichzeitigem Verzicht auf thermische Diffusionsbehandlungen. */Ghos2024/*

Durch numerische Simulationen werden zunehmend thermische Verläufe, Erstarrungsfrontbewegungen und resultierende Gefügestrukturen prädiktiv modelliert. Solche Modelle tragen maßgeblich zur Auslegung der Prozessparameter bei und gestatten die Übertragung auf unterschiedliche Werkstoffe und Bauteilgeometrien. */Park2024/*

12.2.2 Remelting

Das sogenannte **Remelting** (Nachschmelzen), ein etablierter ergänzender Prozessschritt, wird eingesetzt, um die Oberflächeneigenschaften von Werkstoffen oder Schichten nach einer initialen Laserstrahlbearbeitung weiter zu optimieren. Insbesondere im Kontext kombinierter Laserprozesse (siehe auch Abschnitt 12.7.4) dient das Remelting der Homogenisierung von Mikrostrukturen, der Reduzierung von Defekten wie Poren oder Mikrorissen sowie der gezielten Einstellung mechanischer oder funktionaler Eigenschaften.

Beim Remelting wird die bereits modifizierte oder beschichtete Oberfläche durch erneute, partielle Laserbestrahlung bis in den Schmelzzustand überführt. Der Prozess erfolgt in der Regel unter kontrollierten Bedingungen hinsichtlich Laserleistungsdichte, Spotgröße, Überlappung und Vorschubgeschwindigkeit, um ein definiertes, lokal begrenztes Aufschmelzen ohne übermäßigen Materialabtrag oder unerwünschte thermische Einflüsse auf angrenzende Bereiche zu gewährleisten.

Wichtige physikalische Kenngrößen des Remeltingprozesses sind:

- **Schmelztiefe:** Die Schmelztiefe ist eine zentrale Kenngröße des Remeltingprozesses und beschreibt die senkrechte Ausdehnung der vollständig aufgeschmolzenen Zone in die Randschicht. Sie liegt typischerweise im Bereich von 20 µm bis 500 µm, abhängig von Werkstoff, Absorptionsverhalten, Laserleistungsdichte sowie Vorschubgeschwindigkeit. Die Schmelztiefe wird wesentlich durch den Energieeintrag pro Längeneinheit (Laserleistung und Vorschubgeschwindigkeit) bestimmt, wobei ein höherer Energieeintrag (z. B. durch verringerte Geschwindigkeit oder fokussierte Strahlgeometrie) zu tieferem Aufschmelzen führt. Die Zielgröße richtet sich dabei nach der geforderten funktionalen Tiefe der modifizierten Randschicht. Eine zu große Tiefe kann jedoch thermisch induzierte Spannungen oder Verzug begünstigen.

- **Wärmeeinflusszone (WEZ):** Die Wärmeeinflusszone beschreibt den an die Schmelzzone angrenzenden Bereich, in dem es zu thermisch bedingten Gefügeänderungen kommt, ohne dass ein vollständiges Aufschmelzen erfolgt. Diese Änderungen umfassen z. B. Kornwachstum, Ausscheidungsprozesse oder Spannungsaufbau durch thermische Gradienten. Das laserstrahlbasierte Remelting ist gekennzeichnet durch kurze Wechselwirkungszeiten und lokal begrenzte Energieeinbringung. Die Tiefe und Ausprägung der WEZ hängt ab von:
  - dem Temperaturgradienten im Übergangsbereich zur Schmelzzone,
  - der Wärmeleitfähigkeit des Werkstoffs sowie
  - der Prozessdauer.

  Zur Minimierung der WEZ werden brillante Laserstrahlquellen mit hoher Fokusqualität eingesetzt, um die Wechselwirkungszone thermisch eng zu begrenzen.
- **Erstarrungsgeschwindigkeit:** Die Erstarrungsgeschwindigkeit v_{erst} ist definiert als Relativgeschwindigkeit der Schmelzfront gegenüber dem festen Werkstoff während der Rückbildung der festen Phase und resultiert aus dem Temperaturgradienten und der lokalen Abkühlrate:

$$v_{erst} = \frac{R}{G} \tag{12.1}$$

G Temperaturgradient; *R* Abkühlrate

In laserbasierten Remeltingprozessen treten **Abkühlraten** *R* typischerweise im Bereich von $10^4 - 10^7\,K{\cdot}s^{-1}$auf. Die resultierenden Erstarrungsgeschwindigkeiten v_{erst} liegen je nach Prozess etwa zwischen $10^{-3}\,m{\cdot}s^{-1}$ (z. B. DED) und bis zu $0{,}7\,m{\cdot}s^{-1}$ (PBF-LB), in extremen Fällen können Spitzenwerte von mehreren Metern pro Sekunde erreicht werden. Diese extremen Bedingungen begünstigen die Bildung:

- feinkörniger bis ultrafeiner Dendritenstrukturen,
- metastabiler Phasen,
- unidirektionaler oder epitaktischer Gefügeorientierungen (insbesondere bei einseitiger Wärmeableitung in massive Substrate).

Die hohe Erstarrungsgeschwindigkeit unterdrückt das Wachstum grobkörniger Primärphasen und verbessert mechanische Eigenschaften wie Härte, Verschleißfestigkeit und teilweise auch Korrosionsbeständigkeit.

Das Laserremelting kommt in unterschiedlichen industriellen Anwendungen und Materialsystemen vor, insbesondere:

- **Nachbehandlung von Laserauftragsschweißungen:**

  Nach dem Laserauftragsschweißen verbleiben häufig Poren, Mikrosegregationen oder unerwünschte Rauheiten in der Schicht. Durch gezieltes Remelting wird die Schichtstruktur homogenisiert, die Porenbildung reduziert und die Anbindung an das Grundmaterial verbessert. Dies führt zu einer höheren mechanischen Belastbarkeit und Korrosionsbeständigkeit.

- **Homogenisierung strukturierter Oberflächen:**

  Bei Laserstrukturierungsprozessen, insbesondere mittels Ultrakurzpulslasern, entstehen oft Mikro- und Nanostrukturen mit hoher Oberflächenrauigkeit. In bestimmten Fällen, z. B. bei tribologischen oder optischen Anwendungen, kann durch ein Remelting eine Glättung oder eine gezielte Strukturmodifikation erreicht werden, ohne die positiven Effekte der Vorstrukturierung signifikant zu beeinträchtigen.

- **Eigenspannungs- und Rissreduzierung:**

  Durch Remeltingprozesse lassen sich Eigenspannungen, die während der initialen Laserstrahlbearbeitung eingebracht wurden, abbauen. Zudem können bereits initiierte Mikrorisse durch den erneuten Schmelzprozess geschlossen oder deren Wachstum gehemmt werden.

Die optimale Durchführung des Remeltingprozesses erfordert eine präzise Einstellung der Prozessparameter, die unter anderem von Material, Schichtdicke und Zielstellung abhängen. Typische Verfahrensparameter für Werkzeugstähle sind in Tabelle 12.3 zusammengestellt.

Tabelle 12.3 Exemplarische Prozessparameter für Werkzeugstähle (z. B. 1.2379/X153CrMoV12 oder 1.2343/X37CrMoV5-1)

Prozessparameter	Typischer Bereich	Auswirkung
Laserleistung [W]	800 – 3000 (materialabhängig)	beeinflusst die Schmelztiefe über den Energieeintrag, höhere Leistungswerte erzeugen tiefere Umschmelzzonen
Strahlform	Tophat oder homogenisiert	für gleichmäßiges Aufschmelzen erforderlich
Wellenlänge [nm]	1030 – 1064 (Scheiben- oder Faserlaser)	hohe Absorption
Fokusdurchmesser [mm]	0,5 – 2,0	steuert Aufschmelzbreite und Schmelztiefe

Tabelle 12.3 Exemplarische Prozessparameter für Werkzeugstähle (z. B. 1.2379/X153CrMoV12 oder 1.2343/X37CrMoV5-1) *(Fortsetzung)*

Prozessparameter	Typischer Bereich	Auswirkung
Vorschubgeschwindigkeit [$mm \cdot s^{-1}$]	2 – 10	geringere Geschwindigkeit für höhere Schmelztiefen, beeinflusst direkt die Erstarrungsgeschwindigkeit
Überlappung benachbarter Bahnen [%]	50 – 70	für homogene Oberflächenstruktur ohne ungeschmolzene Bereiche
Schmelztiefe [µm]	100 – 500	abhängig von Energieeintrag und Werkstoffwärmeleitung
Kühlintervalle/Wartezeiten	prozessabhängig, oft kontinuierlich	bei Mehrfachbearbeitung notwendig zur gezielten Wärmeableitung

Bei Werkzeugstählen lässt sich durch ein gezielt durchgeführtes Remelting die Mikrostruktur signifikant homogenisieren. Insbesondere bei hochlegierten Kaltarbeits- und Warmarbeitsstählen wie 1.2379 oder 1.2343 führt das lokale Nachschmelzen zu einer feinkörnigen dichten Gefügestruktur, wobei die Ausbildung eines überwiegend martensitischen Gefüges mit hohem Härtepotenzial charakteristisch ist. Durch das schnelle Aufschmelzen und anschließende Abkühlen wird zudem die Porenbildung minimiert und die Entstehung von Mikrorissen reduziert.

Die erreichbare Härtesteigerung durch laserbasierte Remeltingverfahren liegt, abhängig von der konkreten Legierungszusammensetzung und den eingestellten Prozessparametern, typischerweise im Bereich von etwa 50 bis 150 HV. Besonders effektiv erweist sich das Remelting bei zuvor strukturierten oder beschichteten Oberflächen, bei denen durch den Umschmelzprozess sowohl die mechanische Belastbarkeit als auch die Oberflächenqualität verbessert werden kann.

Für den industriellen Einsatz des Remeltingverfahrens haben sich insbesondere Hochleistungsfaser- und Scheibenlaser mit Emissionswellenlängen im nahen Infrarotbereich (typ. 1030 – 1064 nm) etabliert (siehe Tabelle 12.3). Diese Lasersysteme ermöglichen eine präzise Steuerung des Energieeintrags bei Leistungen bis zu 3 kW und erlauben auch eine wirtschaftliche, reproduzierbare Bearbeitung komplexer Geometrien. */Deng2024/*

Bild 12.12 zeigt die Ergebnisse einer Versuchsreihe zum Remelting auf einer zuvor durch Laserstrahlauftragsschweißen erzeugten Probenoberfläche, bestehend aus acht aufgetragenen Materiallagen. Ziel war die präzise Modifikation der Schmelztiefe durch Variation der Laserleistung, um die Wechselwirkung zwischen Oberflächenstruktur, Energieeintrag und Schmelzbadgeometrie systematisch zu untersuchen.

Die Schliffbilder veranschaulichen deutlich, dass bereits bei einer Laserleistung von 2 kW aufgrund der auftragsbedingten Oberflächenrauigkeit und der damit einhergehenden verbesserten Energieeinkopplung eine signifikante Schmelztiefe von 327 µm erreicht wird. Mit steigender Laserleistung erhöht sich die Schmelztiefe weiter, wobei bei 3 kW ein Wert von 592 µm und bei 4 kW eine maximale Schmelztiefe von 842 µm erreicht wird.

Gleichzeitig zeigen die Querschliffe jedoch, dass bei hohen Leistungen die Schmelzbadgeometrie ungünstig beeinflusst wird. Insbesondere bei 4 kW bildet sich im Zentrum des Schmelzbades eine ausgeprägte sphärische Nahtüberhöhung aus, die einer Oberflächenglättung entgegenwirkt und die Konturtreue der aufgeschmolzenen Zone negativ beeinflusst. Das Ergebnis unterstreicht, dass ein übermäßiger Energieeintrag während des Remeltingprozesses nicht zwangsläufig zu einer Verbesserung der Oberflächenqualität führt. Stattdessen sind Schmelztiefen anzustreben, die in etwa der Amplitude der vorhandenen Wellenstruktur entsprechen, um einen gezielten Materialfluss und eine effektive Oberflächenhomogenisierung zu ermöglichen.

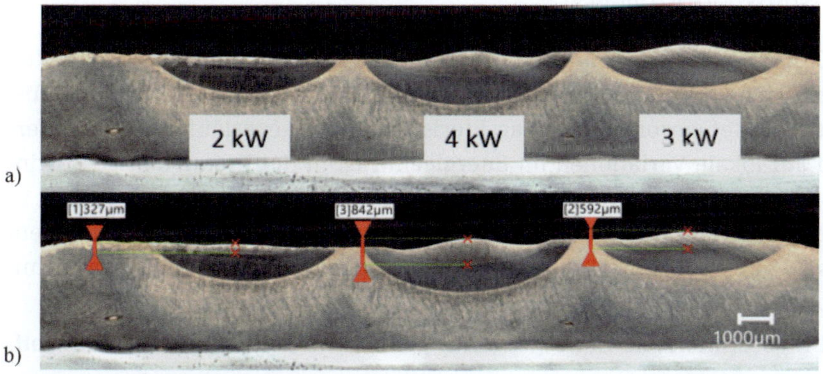

Bild 12.12 Achtlagiger Materialauftrag mit Umschmelzspuren verschiedener Streckenenergien bei konstanter Vorschubgeschwindigkeit von 15 $mm \cdot s^{-1}$. a) Darstellung der sich ausbildenden Spurgeoemtrie in Abhängigkeit von der Streckenenergie, b) Bestimmung der Schmelztiefen in Abhängigkeit von Streckenenergie bzw. Laserleistung */LaserFinish2024/*

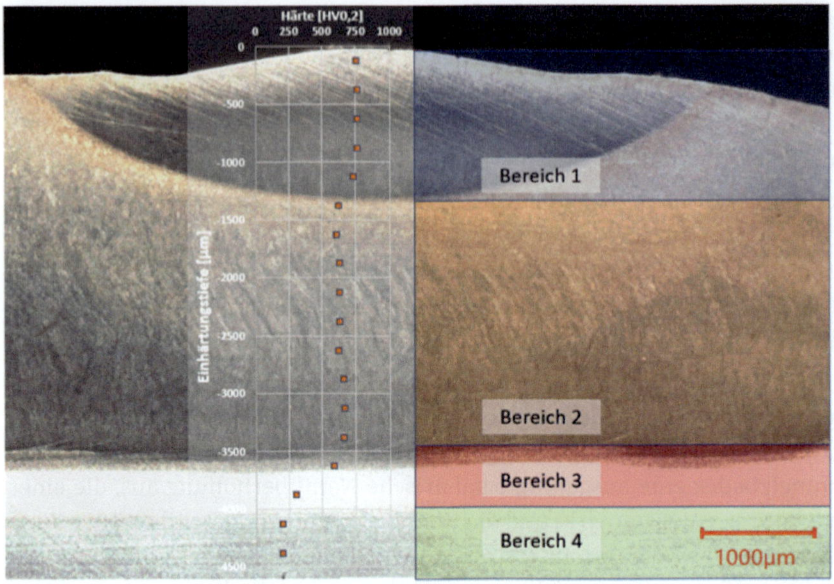

Bild 12.13 Zonale Einteilung des Härteverlaufes eines Substrates aus dem Grundwerkstoff 1.2343 und dem Pulverwerkstoff Ferro55. 1. Bereich: Umschmelzung (Remelting), 2. Bereich: Materialauftrag (Laserauftragsschweißen), 3. Bereich: Übergangszone zwischen Auftragswerkstoff und Grundmaterial, 4. Bereich: Grundhärte im Substratwerkstoff */LaserFinish2024/*

Durch das Laserstrahlauftragsschweißen in Kombination mit einem nachfolgenden Remeltingprozess entstehen in der Randschicht und im Übergangsbereich zum Substrat verschiedene Gefügezonen mit charakteristischen Härteverläufen. Diese Unterschiede sind auf lokale Variationen im Energieeintrag, in der Erstarrungsgeschwindigkeit und im Wärmeeinfluss zurückzuführen. Die Zoneneinteilung in Bild 12.13 beruht auf metallografischen Untersuchungen und Mikrohärtemessungen an einem Substrat aus 1.2343 (X37CrMoV5–1) mit einer aufgetragenen Schicht des pulverförmigen Werkstoffs Ferro55:

Bereich 1: Umgeschmolzene Zone (Remeltingzone) mit maximaler Härteausbildung

Diese Zone wurde vollständig durch die Laserstrahlung lokal aufgeschmolzen und ist wieder erstarrt. Die hohen Abkühlraten ($>10^4\,K{\cdot}s^{-1}$) aufgrund der Wärmeleitung in das darunterliegende Substrat bedingen eine rasche Erstarrung, die zur Bildung eines feinmartensitischen Gefüges führt. Dabei wird die im vorhergehenden Auftragsschweißprozess erzeugte martensitische Mikrostruktur durch erneutes Aufschmelzen zusätzlich homogenisiert und verfeinert. Die daraus resultierende Härtesteigerung ist signifikant und mit Mikrohärtewerten bis 800 HV0,2 gemessen worden. Neben der Härteverbesserung bewirkt der Remeltingprozess eine Gefügehomogenisierung, eine Reduktion der Porosität sowie eine potenzielle Verbesserung der Schichthaftung.

Bereich 2: Bereich Materialauftrag (Laserstrahlauftragsschweißen) und Wärmeeinflusszone des Remeltingprozesses

Dieses Areal grenzt unmittelbar an die umgeschmolzene Zone und wurde aufgrund der lokalen Überschreitung der Austenitisierungstemperatur thermisch beeinflusst, ohne eine vollständige Aufschmelzung zu bewirken. Infolge des thermischen Zyklus verbleibt ein wärmebehandeltes, jedoch mechanisch weitgehend homogenes Gefüge vom Laserauftragsschweißprozess zurück. Die Härtewerte liegen in einem stabilen Bereich von 600 – 650 HV0,2 und zeigen über mehrere Millimeter eine geringe Streuung. Die WEZ kann sich prinzipiell durch Kornwachstum, Ausscheidungsvorgänge oder Gefügeumwandlungen auszeichnen, wobei keine nennenswerte Rissbildung oder Versprödung beobachtet wurde. In diesem Fall wurde eine maximale Tiefe von ca. 3400 µm ermittelt.

Bereich 3: Übergangszone zwischen Auftragswerkstoff und Grundmaterial („Verdünnungszone")

Durch diese Region wird der metallurgische Mischbereich markiert, der durch partielle Aufmischung des aufgetragenen Zusatzwerkstoffs mit dem Grundmaterial während des Laserauftragsschweißens entsteht und einen kontinuierlichen Härtegradienten aufweist. Ausgehend von ca. 600 HV0,2 im oberen Bereich nimmt die Härte in Richtung des Substrats ab und erreicht schließlich das Niveau des Grundwerkstoffs von ca. 210 HV0,2. Diese sogenannte „Verdünnung" ergibt sich aus Mischprozessen an der Schmelzbadgrenze (z. B. durch Konvektion oder Diffusion im flüssigen Zustand) und beeinflusst die chemische Zusammensetzung sowie die Gefügeausbildung und damit die mechanischen Eigenschaften im Übergangsbereich.

Bereich 4: Unbeeinflusster Grundwerkstoff

In diesem Bereich, der außerhalb der thermischen Einflusssphäre liegt, blieb das Gefüge vollständig unbeeinträchtigt. Die maximale Temperatur blieb hier unterhalb der Austenitisierungs- oder kritischen Umwandlungstemperatur, sodass keine strukturellen oder mechanischen Veränderungen nachweisbar sind. Mikrohärtemessungen zeigen konstante Grundhärtewerte von etwa 210 HV0,2, gemäß dem wärmebehandelten Zustand des Werkzeugstahls 1.2343. Der mikrostrukturelle Zustand entspricht dem initialen Ausgangszustand mit einem überwiegend bainitisch/perlitischen Gefüge.

Zur Untersuchung der Potenziale des Laserremeltingverfahrens wurden in */LaserFinish2024/* gezielt Defektgeometrien mit variierender Form und Abmessung in metallischen Oberflächen erzeugt, um das Umschmelzverhalten auch an Mikro- und rissähnlichen Strukturen systematisch zu analysieren. Hierfür wurden konische Einkerbungen mittels Ultrakurzpulslaser präzise in die Werkstückoberfläche eingebracht. Diese künstlich erzeugten Strukturen bilden eine realitätsnahe Modellierung typischer Mikrorisse oder volumetrischer Fehlstellen ab, wie sie beispielsweise infolge thermischer oder mechanischer Belastung auftreten können. Der Maximalwert der so gefertigten Defektstrukturen wies eine Tiefe von 720 µm sowie eine Breite von 475 µm auf (Bild 12.14 a). Aufgrund des geringeren Materialvolumens sowie der konischen Geometrie bieten diese Strukturen günstige Voraussetzungen für den Remeltingprozess und unterstützen eine effiziente Energieeinkopplung in die Defektzone, wodurch auch der Grund der Vertiefung zuverlässig erreicht wird. Die resultierende Materialverschiebung infolge des lokalen Umschmelzens des angrenzenden Bereichs führt zu einem weitgehend vollständigen Verschluss der Defektstelle. Die ursprünglich durch den Abtrag eliminierte Materialmenge, die einem Flächenäquivalent von ca. 0,18 mm^2 entspricht, wird dabei durch die Volumenumlagerung aus dem Schmelzbad kompensiert. In der Mikrostruktur der umgeschmolzenen Zone konnten keine signifikanten Materialanhäufungen oder Aufwerfungen an den Rändern der ursprünglichen Defektstelle nachgewiesen werden. Die in Bild 12.14 b dargestellte ausgeheilte Defektstelle belegt die prinzipielle Eignung des Laserremeltingverfahrens zum effektiven Verschluss kleiner bis mittelgroßer Rissstrukturen ohne den Einsatz von Zusatzwerkstoffen. */LaserFinish2024/*

a) b)

Bild 12.14 Mikroskopische Darstellung ausgewählter Schliffbilder zur Veranschaulichung des Remeltingergebnisses */LaserFinish2024/*. a) Mittels Ultrakurzpulslaserabtrag gefertigte Kerbengeometrie, b) Oberfläche nach dem Umschmelzen am Ort der zuvor erzeugten Kerbengeometrie

12.2.3 Laserstrahlglasieren

Unter **Glasieren** oder **Verglasen** versteht man die Erzeugung glasartiger Metallphasen, d. h. das Einfrieren metastabiler Gefügestrukturen durch Umschmelzen mit extrem hohen Abkühlgeschwindigkeiten. Das Aufschmelzen der Werkstückoberfläche verbunden mit dem sehr schnellen Abschrecken (Raten von etwa $3 \cdot 10^4$ K·s^{-1}) lässt im oberflächennahen Bereich metallische Glasstrukturen entstehen. Für die i. Allg. erforderlichen höheren Strahlintensitäten (10^7 W·cm^{-2}) sind jedoch nur spezielle Legierungen wie Fe-B, Fe-Cr-B oder Fe-Cr-C geeignet. Die hohen Abkühlgeschwindigkeiten können nur für sehr geringe Schichtdicken (< 20 µm) realisiert werden. */Kolb2004/*

Das **Laserstrahlglasieren** metallischer oder keramischer Oberflächen stellt ein Spezialverfahren der lokalen Randschichtmodifikation dar, bei dem metastabile, glasartige Strukturen durch kontrolliertes partielles Umschmelzen und extrem schnelles Abkühlen erzeugt werden. Für die Herstellung metallischer Gläser (sogenannter „metallic glasses") oder amorpher Metallschichten sind sehr hohe Abkühlraten erforderlich, da nur unter diesen Bedingungen die Bildung von Kristallisationskeimen sowie das nachfolgende Kristallwachstum wirksam unterdrückt werden können. In der Literatur werden hierfür erforderliche Abkühlgeschwindigkeiten im Bereich von 10^4 bis $10^6\,K{\cdot}s^{-1}$ angegeben /*Carv2017*/. Die erreichbare Schichtdicke metallischer Glaszonen bleibt aufgrund der limitierten Wärmediffusion typischerweise unterhalb von 20 µm, wobei durch Pulsmodulation und Mehrfachüberfahrten diese Grenze in Abhängigkeit von Werkstoff und Prozessparametern leicht variieren kann.

Für die Erzeugung amorpher Zonen eignen sich vor allem eutektische oder peritektische Legierungssysteme, da diese aufgrund ihrer Zusammensetzung besonders reaktionsaktiv für die Ausbildung metastabiler Strukturen sind. Neben den bereits genannten Systemen Fe-B, Fe-Cr-B oder Fe-Cr-C finden in der Literatur auch Zr-basierte oder Ni-P-Legierungen Anwendung das für laserstrahlgestützte Glasieren /*Wang2014*/. Das gezielte Glasieren metallischer Oberflächen bietet vorteilhafte Eigenschaftsprofile, darunter zählen insbesondere:

- hohe Härte und Verschleißfestigkeit,
- Korrosionsbeständigkeit durch fehlende Korn- oder Phasengrenzen,
- verbesserte tribologische Eigenschaften, z. B. in Gleitlagern oder Werkzeugen.

Emaille (auch als Schmelzglas bezeichnet) ist ein anorganischer glasartiger Überzug, der durch thermisch induzierten Auftrag auf metallische Substrate (z. B. Stahl, Gusseisen, Aluminium) aufgebracht wird. Die Emailleschicht entsteht durch das Aufschmelzen und Erstarren eines glasbildenden Oxidgemisches, typischerweise bestehend aus Silikaten, Boraten und Alkali- oder Erdalkalioxiden (SiO_2, B_2O_3, Na_2O/K_2O, Al_2O_3, oft mit Farboxiden wie Co, Mn, Cu modifiziert).

Das pulverförmige oder in Form einer Fritte vorliegende Schichtmaterial wird auf die Oberfläche aufgetragen, durch den Laserstrahl partiell erwärmt und zu einer glasartigen Struktur erschmolzen. Neben der Anwendung für Verschleißschutzfunktionen ist das Laserstrahlemaillieren jedoch stärker dem Bereich des Dekorierens zuzuordnen, denn aufgrund der großen Farbvielfalt der Emaillefarben können sehr dekorative Effekte auf Metalloberflächen erzielt werden.

Das Laserstrahlglasieren wird auch auf keramischen Oberflächen angewendet und lässt durch das partielle Aufschmelzen der Randzone einer Keramik glasartige Strukturen entstehen. Durch das lokale Aufschmelzen glasbildender Komponenten wie SiO_2 oder Al_2O_3 entstehen nach dem Erstarren amorphe oder zumindest hoch glasphasenhaltige Oberflächenschichten, die im Vergleich zur Ausgangskeramik folgende Vorteile zeigen:

- deutliche Reduktion der Oberflächenrauheit (*Ra* < 1 µm erreichbar),
- verbesserte Reinigung und Hygieneeigenschaften, z. B. für medizinische Anwendungen,
- Steigerung der Beständigkeit gegenüber korrosiven Medien,
- dekorative Strukturierung durch gezielte Variation der Laserparameter.

Keramische Werkstoffe sind zwar Sinterprodukte, enthalten aber im Gemenge (gemischtes Ausgangpulver) auch glasbildende Bestandteile, z. B. Quarzsand und Feldspat. Der Anteil ist abhängig von der jeweiligen Keramik (Oxidkeramik, Porzellan, …) und bildet während der schnellen partiellen Erwärmung eines Oberflächenbereiches durch den Laserstrahl bevorzugt Glasphasen aus (Bild 12.15 a). Durch das Aufschmelzen erfolgt auch gleichzeitig eine Glättung des entsprechenden Oberflächenbereiches, die zu deutlich geringeren Oberflächenrauigkeiten führt (Bild 12.15 b).

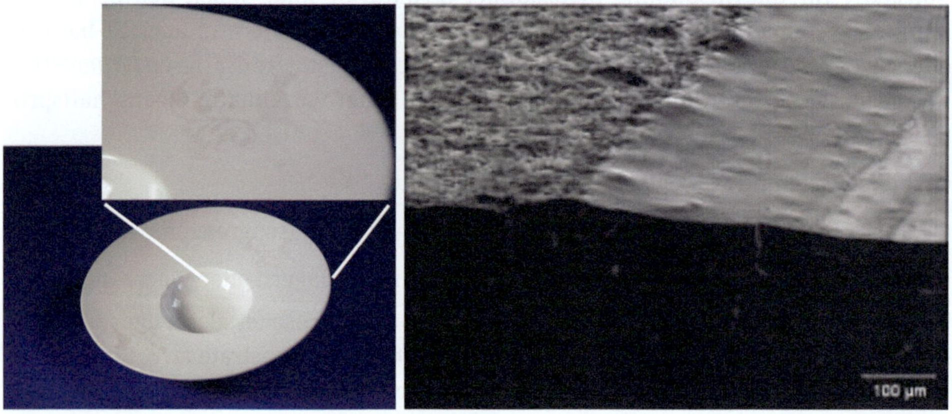

a) b)

Bild 12.15 Partielles Glasieren keramischer Oberflächen */Kasc2010/*. a) Laserglasierte Struktur, b) Übergangszone unbearbeitete und laserglasierte Oberfläche

Die für keramisches Glasieren eingesetzten Laserstrahlquellen sind zumeist CO_2- oder Hochleistungslaser im nahen Infrarotbereich (z. B. Diodenlaser), wobei die Wellenlänge an die Absorptionscharakteristik des jeweiligen Keramiksubstrats angepasst werden muss */Kasc2010/*, */Zhan2022/*.

Die Hauptschwierigkeit beim Laserstrahlglasieren liegt in der präzisen Kontrolle des Energieeintrags. Eine zu geringe Leistung führt lediglich zu einem lokalen Sintern oder unvollständigem Aufschmelzen, während ein zu hoher Energieeintrag unkontrollierte Rissbildung durch thermische Spannungen oder sogar Materialabtrag verursachen kann. Zur Prozessüberwachung werden zunehmend pyrometrische oder bildgebende Sensorsysteme eingesetzt, um Temperatur- und Schmelzzustände in Echtzeit zu detektieren und die Prozessführung adaptiv zu regeln */Nair2020/*.

12.3 Dispergieren, Beschichten, Legieren

Die Verfahren Laserstrahllegieren, -beschichten und -dispergieren zählen zur thermischen Oberflächenbehandlung mit Zusatzwerkstoffen und werden anhand ihrer Verfahrensunterschiede im Bild 12.16 schematisch dargestellt. Zudem werden die sich bei diesen Verfahren einstellenden Konzentrationsverläufe von Zusatz- und Grundwerkstoff im oberflächennahen Bereich verdeutlicht.

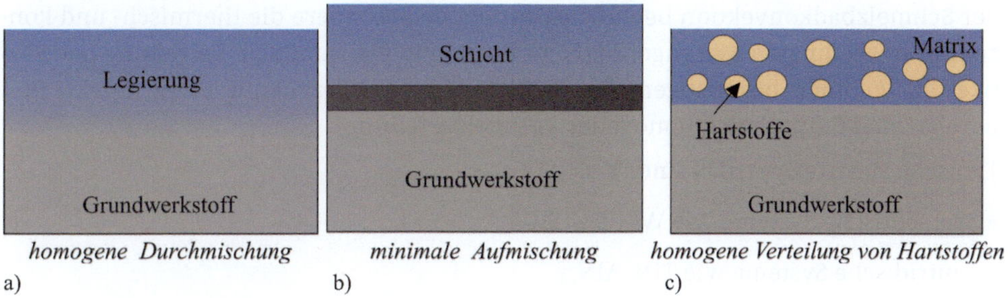

Bild 12.16 Oberflächenbehandlung mit Zusatzwerkstoffen */Herz1993/*. a) Legieren, b) Beschichten, c) Dispergieren

12.3.1 Dispergieren

Werden Zusatzwerkstoffe in Form von Hartstoffen in das Schmelzbad eingebracht, spricht man vom **Dispergieren**. Das Ziel ist das Erreichen einer homogenen Verteilung der Zusatzwerkstoffe in der Randschicht zum Schutz der Bauteile vor abrasiver Verschleißbeanspruchung. Die Verfahrensparameter werden dabei so eingestellt, dass sich die Zusatzwerkstoffe nicht zersetzen oder auflösen und durch die sich ausbildende Marangoni-Konvektion im Schmelzvolumen gleichmäßig verteilen. Neben der Zusammensetzung sind Korngröße und Kornform wichtige Eigenschaften des Zusatzwerkstoffs, die die erreichbaren funktionalen Eigenschaften der Bauteiloberfläche bestimmen. Häufig werden für dieses Verfahren hochfeste und hochschmelzende Werkstoffe in Pulverform eingesetzt. Bei optimaler Prozessführung kann die Härte der erzeugten Schicht der des eingebetteten Hartstoffes entsprechen und unter Umständen eine Größenordnung über der des Grundwerkstoffes liegen. */Herz1993/*

Die Temperaturführung muss beim **Laserstrahldispergieren** so ausgelegt sein, dass die Partikel aufgrund ihrer im Vergleich zum Grundwerkstoff höheren Schmelztemperatur nicht aufschmelzen, sondern als feste Phase erhalten bleiben und in der Schmelzmatrix eingebettet werden.

Die wichtigsten Prozessparameter sind:

- Laserleistung und Strahlintensität,
- Vorschubgeschwindigkeit,
- Partikelzufuhrmenge und -geschwindigkeit,
- Korngröße und Materialeigenschaften der Partikel und
- Gasatmosphäre (z. B. Argon, Stickstoff).

Die sich während der Erstarrung einstellende Mikrostruktur wird maßgeblich von der Schmelzbadkonvektion beeinflusst, wobei insbesondere die thermisch- und konzentrationsbedingten Marangoni-Strömungen eine gleichmäßige Verteilung der Partikel im Volumen begünstigen */Goy2022/*. Ziel ist die Erzeugung eines defekt- und porenarmen Gefüges mit homogener Partikelverteilung.

Typische Hartstoffpartikel sind:

- karbidische Systeme wie WC, TiC, SiC,
- nitridische Systeme wie TiN, AlN,
- oxidische Partikel wie Al_2O_3, ZrO_2.

Die erreichbare Randschichthärte kann in Abhängigkeit vom Hartstoffgehalt und dessen Eigenhärte Werte bis zu 1500 HV0,2 erreichen, während das Grundmaterial meist Härtewerte im Bereich von 200 – 500 HV0,2 aufweist. Neben der Härtesteigerung führt das Dispergieren auch zur:

- Verbesserung der tribologischen Eigenschaften,
- Erhöhung der Korrosionsbeständigkeit, z. B. durch partikelinduzierte Passivierungseffekte,
- Steigerung der Heißverschleißbeständigkeit, v. a. bei thermisch hochbelasteten Komponenten.

Aktuelle Forschungsarbeiten zeigen zudem, dass durch kombinierte Prozessansätze wie das simultane Dispergieren während eines Laserauftragsschweißprozesses (auch hybrides Dispergieren genannt) das Potenzial zur Funktionalisierung komplexer Bauteilgeometrien weiter gesteigert werden kann */Toma2021/*.

Bild 12.17 zeigt exemplarisch die Gefügeausbildung einer mit dem Laserstrahlauftragsschweißverfahren hergestellten Schweißspur, in die im Prozess gezielt Stellitpartikel als Kornmaterial eingebracht wurden. Stellit 6 ist eine hochverschleißfeste Kobalt-Chrom-Wolfram-Legierung, die sich aufgrund ihrer hohen Härte, Warmfestigkeit und Korrosionsbeständigkeit besonders für Dispergieranwendungen eignet. Bild 12.17 a veranschaulicht einen Übersichtsbereich der gesamten Auftragsschweißspur im Querschliff. Die aufgetragene Schicht zeigt eine charakteristische konvexe (erhabene) Nahtgeometrie mit guter Anbindung an das Grundmaterial. Deutlich erkennbar innerhalb der Schicht ist die gleichmäßige Verteilung der Stellitpartikel, die ohne Aufschmelzstrukturen oder Randzonenauflösung eingebettet in der Matrix vorliegen, wodurch auf eine kontrollierte Prozessführung und gut angepasste Laserparameter geschlossen werden kann.

Während Bild 12.17 b eine Mikroskopaufnahme von Partikeln und die Ergebnisse der Korngrößenanalyse des Pulvers illustriert, zeigt Bild c eine Draufsicht der Schweißbahn. Die Mikrostruktur der umgebenden Matrix weist eine feinkörnige Dendritenstruktur auf, während die Partikel scharf konturierte Ränder ohne Auflösungserscheinungen haben. Die gute Anbindung der Partikel an die Matrix ohne Porenbildung oder Rissansätze deutet auf eine prozesssichere Einbringung und ein homogenes Erstarrungsverhalten hin. Durch das Dispergieren der Stellitpartikel während des Laserauftragsschweißens kann gezielt eine verschleißbeständige, hoch belastbare Randschicht erzeugt werden. Die Kombination aus den tribologischen Eigenschaften des Kornmaterials und der mechanischen Anbindung durch das Aufschmelzen des Grundwerkstoffs führt zu einer erheblichen Erhöhung der Verschleiß- und Korrosionsbeständigkeit gegenüber dem unbehandelten Substrat.

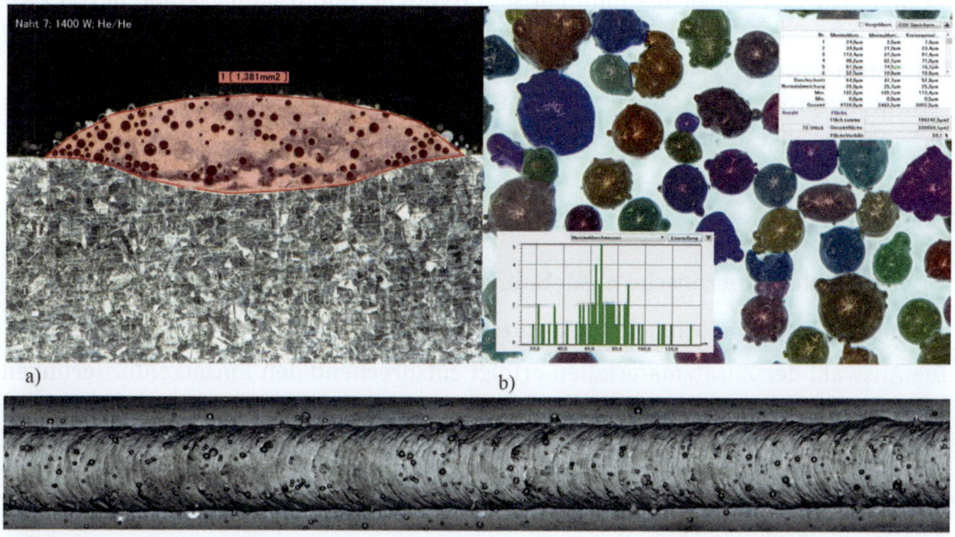

Bild 12.17 Mikrostrukturanalyse einer Laserauftragsschweißspur mit dispergierten Stellitpartikeln. a) Querschliff der Auftragsspur, b) Korngrößenanalyse, c) Draufsicht der aufgetragenen Schicht

12.3.2 Beschichten

Eine sehr breite Anwendung hat in den letzten Jahren das **Beschichten** mit dem Laserstrahl erfahren, bei dem Zusatzwerkstoffe auf der Bauteiloberfläche aufgetragen bzw. abgeschieden werden. Die Art des Zusatzwerkstoffes, aber auch deren Bereitstellung an die Wechselwirkungszone, die im Kapitel 9 diskutiert werden, kann unterschiedlich sein. Zusatzwerkstoffe können:

- pulverförmig,
- drahtförmig,
- als Folienmaterial oder
- als Targetmaterial

zum Einsatz kommen.

Angestrebt wird die Aufbringung einer möglichst homogenen Schicht, die über andere Gebrauchseigenschaften verfügt als der Grundwerkstoff. Der Aufmischungsgrad und die Verbindungszone zwischen Grund- und Zusatzwerkstoff sollen beim Laserstrahlbeschichten möglichst minimal sein (typische Aufmischungsgrade liegen zwischen 5 und 20 %), dennoch muss eine gut ausgebildete metallurgische Verbindung hergestellt werden, die eine ausreichende Schichthaftung gewährleistet. Für den Beschichtungsprozess müssen aus diesem Grund Zusatz- und Grundwerkstoff sorgfältig aufeinander abgestimmt werden. Das betrifft in erster Linie die Eigenschaften:

- ausreichende Benetzbarkeit,
- gute Fließeigenschaften,
- vergleichbare thermische Ausdehnungskoeffizienten und
- möglichst geringe Schmelzpunktunterschiede.

Die Auswahl der Zusatzmaterialien erfolgt entsprechend den Einsatzanforderungen der Bauteile sowie den Eigenschaften des Grundwerkstoffes. Die Zusatzmaterialien können in folgende Gruppen unterteilt werden */Trumpf2010/*:

- Korrosionsschutzwerkstoffe,
- Verschleißschutzwerkstoff,
- Eisenbasiswerkstoffe: austenitische Stähle,
- Nickellegierungen: NiCr, NiCrMo,
- Eisenhartlegierungen: Stähle mit martensitischem Gefüge und Karbidanteil,
- Nickelhartlegierungen: NiCrBSi,
- Cobaltlegierungen: Stellite® (Hartlegierung auf Cobalt-Chrom-Basis),
- Nickel-Basislegierungen: Inconel® 625, Inconel® 718,

- Titan-Basislegierungen: Ti6Al-4 V,
- karbidhaltige Werkstoffe (eingebettet in metallischer Matrix): WC, TiC.

Der Beschichtungsprozess kann in einer Lage oder auch mehrlagig erfolgen (Bild 12.18).

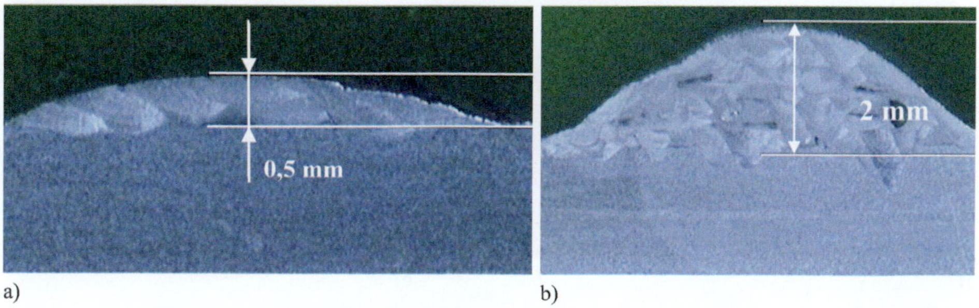

Bild 12.18 Beschichten durch Laserstrahlauftragsschweißen. a) Einlagig, b) mehrlagig

Für das Laserstrahlbeschichten von Bauteilen werden sehr häufig Nickel- und Kobaltbasislegierungen mit unterschiedlichen Hartstoffanteilen, z. B. TiC, TiN oder WC-Co, als Zusatzmaterialien eingesetzt. In der Regel werden Schichtdicken zwischen 0,5 mm und 2 mm für solche Beschichtungsaufgaben gefordert.

Ein klassisches Beispiel für das Beschichten sind Ventile, die in Verbrennungsmotoren eingesetzt und mittels Hartstoffschicht gegen Korrosion, Temperaturwechselbelastung und abrasiven Verschleiß geschützt werden. Die Vorteile des Laserverfahrens gegenüber konventionellen Beschichtungsverfahren kommen bei dieser Anwendung besonders zum Tragen und sind in der geringen thermischen Belastung des Bauteils, dem geringen Aufmischungsgrad, der Schichthomogenität und der hohen Geometrieflexibilität zu sehen. Im Schliffbild in Bild 12.19 a sind die genannten Vorteile in der gering ausgebildeten Wärmeeinflusszone zum Substratmaterial und in der Feinkörnigkeit des Gefüges aufgrund der schnellen Erstarrung nach dem Auftragsprozess zu erkennen. In */Herz1993/* wird ausgeführt, dass sich beim Beschichten von Stelliten ein Gefüge aus α-Dentriden und aus Karbiden bildet. Durch die sich ändernde Abkühlgeschwindigkeit betrachtet über den Raupenquerschnitt ergeben sich unterschiedlich feine Dentridenstrukturen. Kann das Gefüge sehr fein ausgebildet werden, ist der Anteil der eingelagerten Karbide größer, was zu einem Ansteigen der Härte in der aufgetragenen Schicht führt. Somit besteht in der Verfahrensanwendung die Möglichkeit, über den Parameter Streckenenergie bzw. Vorschubgeschwindigkeit die Härte der Stellitschicht gezielt zu beeinflussen.

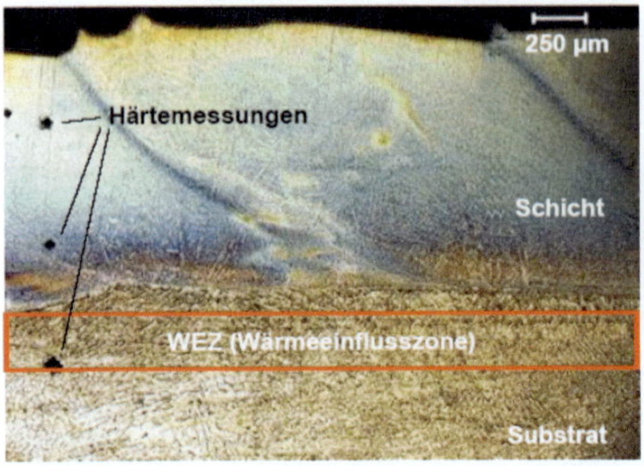

a)

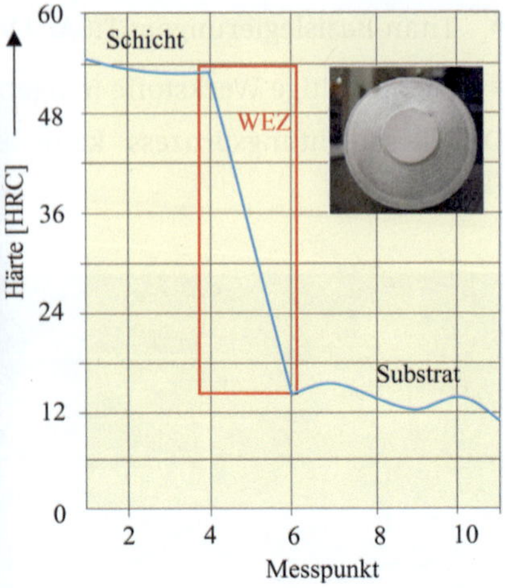

b)

Bild 12.19 Ausgewählte Darstellungen des Schichtsystems nach */Trumpf2010/*.
a) Schliffbild des Schichtsystems, b) Härteverlaufsdarstellung

Neben den Zusatzmaterialien Pulver und Draht kann für großflächige Beschichtungsvolumina auch Folienmaterial vorteilhaft eingesetzt werden, das in verschiedenen Dicken und Materialzusammensetzungen verfügbar ist. Bild 12.20 a zeigt eine laserstrahlaufgetragene Folie mit einer Dicke von 100 µm. Durch mäanderförmiges Abfahren der Folienfläche mit einem materialspezifischen Laserstrahlspurversatz, lassen sich homogene Beschichtungen erzielen. Der Härteverlauf im Bild b weist auf den gewünschten Oberflächenbehandlungseffekt (Steigerung der Härte und Verschleißfestigkeit) und gut ausgebildete Übergangsbereiche mit einer hohen Schichthaftung hin.

a)

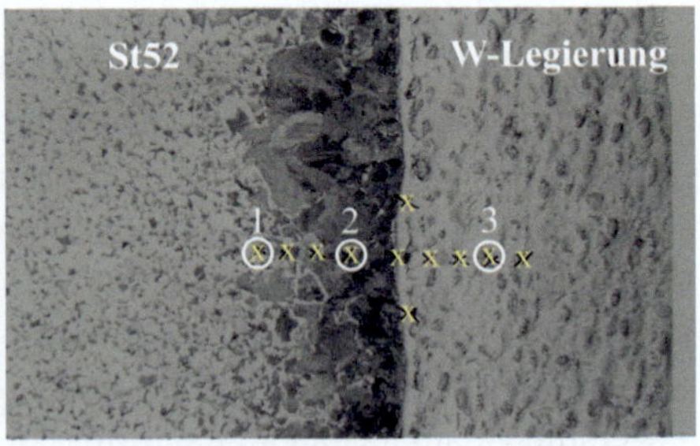

b)

Bild 12.20 Laserstrahlbeschichten mit Folien. a) Aufgetragene 100 µm Folie (Tape), b) Querschliff des Übergangsbereiches

Eine besondere Form des Beschichtens ist das **lasergestützte Abscheiden (Laserdeposition)**. Bei dieser Verfahrensvariante handelt es sich um ein Vakuumbeschichtungsverfahren, um sehr dünne und homogene Schichten abzuscheiden. Oft werden hierfür gepulste Laser eingesetzt, sodass man auch vom **PLD-Verfahren** (**P**ulsed **L**aser **D**eposition) spricht (Bild 12.21). Das abzuscheidende Material wird in Form eines oder mehrerer **Targets** (hier als festes gesintertes Material) in der Kammer angeordnet. Im Unterschied zu konventionellen PVD- oder CVD-Verfahren erlaubt PLD insbesondere die Abscheidung komplexer, mehrkomponentiger Materialien unter weitgehender Erhaltung der Ausgangsstöchiometrie. Bei der PLD wird ein Targetmaterial, häufig in Form gesinterter Festkörper oder kristalliner Scheiben, in einer Vakuum- oder Niederdruckkammer platziert. Hochenergetische Laserimpulse, üblicherweise im UV-Bereich (z. B. KrF-Excimerlaser mit $\lambda = 248$ nm oder XeCl-Laser mit $\lambda = 308$ nm), werden unter definiertem Winkel auf das Target fokussiert (Bild 12.21). Die hohe Strahlintensität führt lokal zu einer explosionsartigen Materialfreisetzung in Form eines Plasmas sowie einer expandierenden Materialwolke, wodurch die abgetragenen Atome, Moleküle und Cluster auf der gegenüberliegenden Substratoberfläche zu einer dünnen Schicht kondensieren.

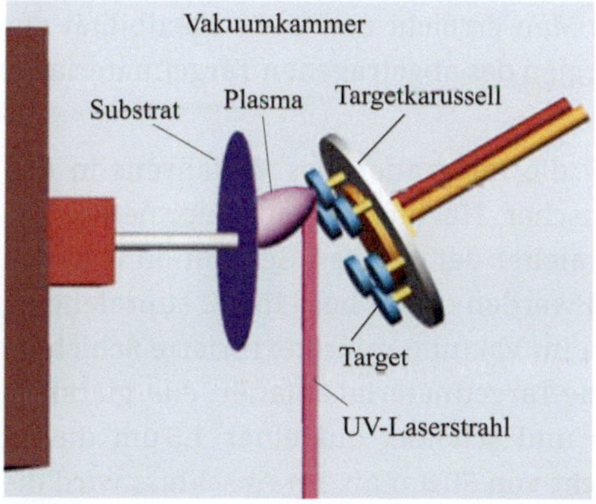

Bild 12.21
Anordnung zum PLD-Verfahren nach */Delm2005/*

Die Laserimpulse sehr hoher Energie werden unter einem Winkel auf das Target gelenkt. In der Wechselwirkung zwischen Laserstrahl und Target wird Material explosionsartig abgetragen und das entstehende sublimierte Material scheidet sich auf der Substratoberfläche ab. Entscheidend für den Prozess ist das Erzeugen einer reproduzierbaren Materialfreisetzung, um sehr homogene Schichten bzw. Schichtfolgen abscheiden zu können. Man verwendet dafür UV-Laserstrahlung, weil diese im Unterschied zu langwelligerer Strahlung einen Abtrag im nicht-thermodynamischen Gleichgewicht ermöglicht. Dies bildet die Voraussetzung zur Abscheidung mehrkomponentiger Ausgangsmaterialien unter Beibehaltung ihrer stöchiometrischen Elementeverteilung als dünne Schichten auf einer Substratoberfläche */Sche1999/*, */Ashf2003/*, */Delm2005/*, */Thee2022/*. Für den Prozess des **Laserabscheidens** können sehr unterschiedliche Targetmaterialien wie Oxide, Nitride, Carbide sowie Metalle und Keramiken bis hin zu Polymeren (PTFE) zum Einsatz kommen.

Typische Prozessparameter für das PLD-Verfahren sind:

- Laserenergiedichte (typisch $1-10\,J\cdot cm^{-2}$),
- Pulswiederholrate (1 – 100 Hz),
- Target-Substrat-Abstand (20 – 100 mm),
- Substrattemperatur (Raumtemperatur bis > 800 °C),
- Hintergrundgasdruck (Hochvakuum bis einige mbar, häufig O_2- oder N_2-Unterstützung).

Die gezielte Einstellung dieser Parameter erlaubt die Steuerung von Schichtdicke, Dichte sowie Kristall- und Mikrostruktur der abgeschiedenen Schicht */Thee2022/*, */Haid2022/*.

Die Möglichkeit, mehrere Targets in der Kammer anzuordnen und diese im Prozess zu wechseln, ist die Voraussetzung für den Aufbau von Multischichtsystemen. Je nach Anforderungen werden PLD-Verfahren in Ultrahochvakuumanlagen oder Vakuumanlagen mit einigen mbar Kammerdruck ausgeführt und auch verschiedene Prozessgase (inert oder reaktiv) hierfür eingesetzt. Man erreicht eine hohe Flexibilität des Verfahrens durch Variation der Teilchenenergien des abgetragenen Targetmateriales. */Peru2004/*, */Delm2005/*

Eine interessante Entwicklung des PLDs ist die Integration des Verfahrens in den Produktionsablauf zur Herstellung keramischer Hochtemperatur-Supraleiter. Die hier zu betrachtenden Hochtemperatursupraleiter der zweiten Generation basieren auf Yttrium-Barium-Kupferoxid (YBCO) und werden schon bei –150 °C supraleitend. Auf einem 100 µm dicken CrNi-Band werden im Vakuum mikrotexturierte Schichten erzeugt. Das als gepresstes Pulver vorliegende Targetmaterial ablatiert energiereiche Laserimpulse ($E > 1\,J$, $\overline{P} > 1\,kW$, $\lambda = 308\,nm$) und scheidet auf einer 1,5 µm dicken YSZ-Pufferschicht eine kristalline CeO_2-Schicht von 50 nm ab. Im Anschluss wird die eigentliche sehr homogen ausgebildete supraleitende YBCO-Schicht mit Dicken zwischen 1 und 3 µm durch die Laserabscheidung erzeugt. */Delm2010/*

Für den industriellen Einsatz werden hohe Puls-zu-Puls-Stabilitäten gefordert. In Bild 12.22 ist eine verwendete Anordnung für große Substratlängen (> 2 km) demonstriert. Im sogenannten Rolle-zu-Rolle-Verfahren wird der Laserstrahl über einen Scanspiegel und durch ein vakuumseitiges Abschlussfenster auf das Target gelenkt, dessen Material verdampft und auf dem Trägerband abgeschieden wird. In der gezeigten Anordnung lassen sich mehrere aufgeteilte Laserstrahlen zeitgleich an mehreren Positionen des Targets einsetzen. */Delm2005/*

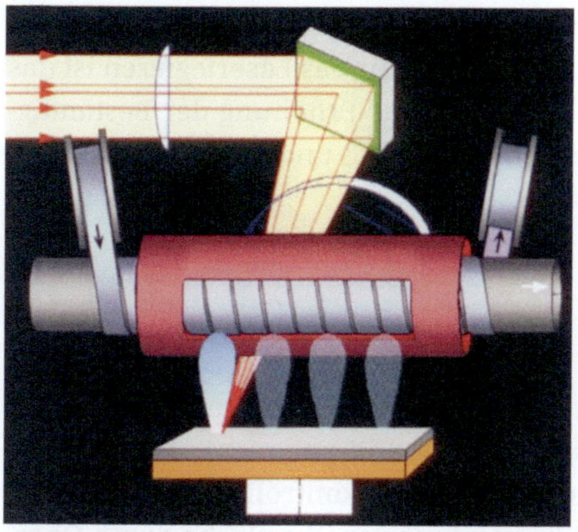

Bild 12.22
PLD-Anordnung zur Massenproduktion von YBCO-Bandleitern */Delm2010/*

Moderne PLD-Anlagen nutzen hochstabile Lasersysteme, komplexe Vakuumtechnik und Scannersysteme, um hohe Beschichtungsraten bei gleichbleibend hoher Schichtqualität zu gewährleisten. Die Integration mehrerer Laserstrahlen oder optischer Strahlaufteilungen ermöglicht die simultane Bearbeitung mehrerer Targetpositionen, um die Produktivität des Prozesses erheblich zu steigern */Thee2022/*.

Neben der klassischen Oxid- und Supraleiterbeschichtung findet das PLD-Verfahren zunehmend Anwendung bei:

- Dünnschicht-Solarzellen (z. B. CIGS, Perowskite),
- funktionalen Beschichtungen für Optik und Sensorik,
- biokompatiblen Schichten in der Medizintechnik,
- Dünnschichtbatterien und Festkörperakkumulatoren.

Die Kombination der lasergestützten Abscheidung mit In-situ-Diagnostik, z. B. Reflexions High Energy Electron Diffraction (RHEED) oder Pyrometrie, erlaubt dabei die Echtzeitüberwachung von Schichtwachstum und -qualität.

12.3.3 Legieren

Beim **Legieren** werden Grund- und Legierungswerkstoff in der Randzone gleichzeitig aufgeschmolzen und vollständig durchmischt. Das Konzentrationsprofil wird über die Verfahrensparameter und über die Menge des Zusatzwerkstoffes eingestellt, wodurch eine gezielte Änderung der Zusammensetzung der Randschicht entsteht.

Neben dem Einbringen fester Zusatzwerkstoffe werden oftmals auch gasförmige Zusatzwerkstoffe (meist CO_2, N_2, NO_2) beim Laserstrahllegieren verwendet. In diesem Fall kommt es zu einer chemischen Reaktion, bei der sich in Abhängigkeit von den Reaktionspartnern Oxide, Karbide oder Nitride bilden. In sehr kurzen Wechselwirkungszeiten können durch Konvektion im Schmelzbad Legierungstiefen von 50 – 500 µm erreicht werden */Herz1993/*. Ein typischer Anwendungsfall für das Laserlegieren ist das partielle Auflegieren oberflächennaher Randschichten zur Erhöhung der Beständigkeit beanspruchter Bauteile gegenüber abrasivem Verschleiß und / oder Korrosion.

12.4 Laserstrahlpolieren

Das **Laserstrahlpolieren** (LSP) ist ein thermisches Glättungsverfahren, das sich besonders für die Bearbeitung metallischer, silikatischer und polymerer Oberflächen eignet. Ziel ist die Reduktion der Oberflächenrauheit durch kontrolliertes Aufschmelzen einer dünnen Randschicht, wobei die Mikrostruktur der Oberfläche durch Oberflächenspannungen und schmelzbadinduzierter Konvektion geglättet wird.

Im Gegensatz zu abtragenden Verfahren erfolgt beim LSP keine signifikante Materialentfernung, sondern eine Umverteilung des Materials im Schmelzzustand. Die Prozessparameter, insbesondere Laserleistungsdichte, Strahlform und Vorschubgeschwindigkeit, werden so eingestellt, dass nur eine flache oberflächennahe Zone (typ. 10 – 100 µm) aufgeschmolzen wird. Die Rauheitsreduktion kann dabei bis zu 90 % betragen.

Das physikalische Wirkprinzip beim Laserstrahlpolieren wird durch das sogenannte **Stefan-Problem** beschrieben, ein klassisches Modell zur Analyse von Phasenwechselvorgängen in Festkörpern, das die zeitliche und räumliche Entwicklung der Grenzfläche zwischen fester und flüssiger Phase während des Auf- und Abschmelzprozesses konkretisiert.

Die Temperaturverteilung $T(x,t)$ und die Position der Phasengrenze $s(t)$ folgen dabei zunächst vereinfacht der eindimensionalen Wärmeleitungsgleichung:

$$\rho \cdot c_p \frac{\partial T}{\partial t} = k \frac{\partial^2 T}{\partial \varkappa^2} \tag{12.2}$$

ρ Dichte; c_p spezifische Wärmekapazität; k Wärmeleitfähigkeit; $\varkappa$ räumliche Koordinate entlang der betrachteten Richtung der Wärmeeinwirkung

Mit der zusätzlichen Stefan-Bedingung an der Phasengrenze ergibt sich:

$$\rho \cdot L \frac{\mathrm{d}s}{\mathrm{d}t} = k \left(\frac{\partial T}{\partial \varkappa} \right)_{\varkappa = s(t)^-} - k \left(\frac{\partial T}{\partial \varkappa} \right)_{\varkappa = s(t)^+} \tag{12.3}$$

L latente Schmelzwärme; $s(t)$ Lage der Phasengrenze (Schmelzfront)

Diese mathematische Modellierung charakterisiert die Ausbreitung der Schmelzfront in Abhängigkeit von der eingestrahlten Energie und der Wärmeableitung im Werkstück. Die Geschwindigkeit der Schmelzfrontbewegung $\mathrm{d}s/\mathrm{d}t$ bestimmt dabei die erzielte Schmelztiefe, welche wiederum maßgeblich die Rauheitsreduktion und die Maßhaltigkeit der Bauteiloberfläche beeinflusst.

Die Kenntnis und Kontrolle des Stefan-Problems ist entscheidend für:

- die gezielte Einstellung der maximalen Schmelztiefe,
- die Vermeidung von Materialabtrag oder unerwünschtem Aufschmelzen tieferer Strukturen,
- die Simulation und numerische Prozessoptimierung.

Aktuelle Forschungsarbeiten nutzen numerische Verfahren, insbesondere Finite-Elemente-Modelle, um das Stefan-Problem für komplexe Bauteilgeometrien und unterschiedliche Werkstoffe (Metalle, Gläser und Polymere) lösbar zu machen */Jain2021/*. Dadurch können die Prozessfenster für das Laserstrahlpolieren materialspezifisch präziser ausgelegt werden.

12.4.1 Laserstrahlpolieren silikatischer Werkstoffe

Aufgrund des amorphen Aufbaus des Werkstoffes Glas, im Vergleich zu den kristallinen Metallwerkstoffen, gestaltet sich die Bearbeitung dieser Werkstoffgruppe mittels Laserstrahlung i. d. R. schwierig. Insbesondere die spezifischen Wärmeleitungsvorgänge und Ausdehnungskoeffizienten können bei falscher Prozessauslegung in dem amorphen Gefüge sehr schnell zu Spannungsproblemen während oder nach der Bearbeitung führen.

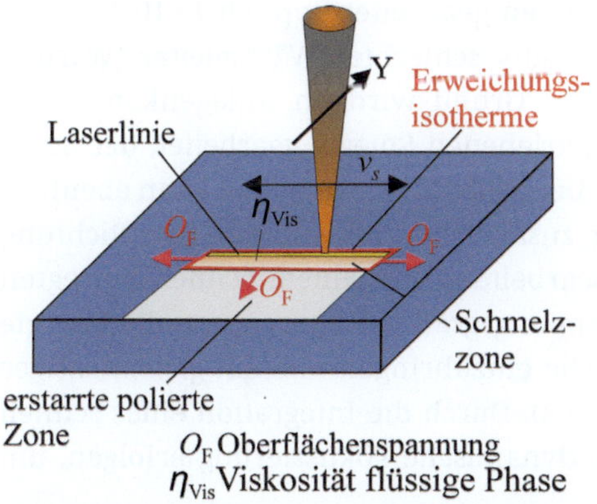

Bild 12.23 Parameter und Einflussgrößen auf den Wechselwirkungsprozess zwischen Laser und Werkstoff/Glas am Beispiel des Laserstrahlpolierens.
Laserparameter: Wellenlänge, Leistung/Energie, Strahlabmessung
Wechselwirkungsprozesse: Geschwindigkeit/Zeit, Absorption, Transmission, Reflexion, Erwärmen, Schmelzen, Verdampfen
Werkstoffparameter: Absorption, Wärmeleitung, Viskosität, Ausdehnungskoeffizient

Das **Laserstrahlpolieren** von silikatischen Werkstoffen dient der Finishbearbeitung geschliffener und geläppter Glasoberflächen und lässt sich sehr gut für Quarzgläser, borosilikatische und teilweise auch optische Gläser einsetzen. Die Laserstrahlpolitur (LSP) erfolgt mit einem schnell scannenden CO_2-Laserstrahl, welcher aufgrund seiner Strahleigenschaften hierfür sehr gut geeignet ist. Der **Polierprozess** ist ein abtragsarmes Verfahren, bei dem durch den Wärmeeintrag des Laserstrahls die Glasoberfläche erweicht und poliert wird. Gleichzeitig erlaubt der Laserstrahl eine eng begrenzte Wechselwirkungszone, sodass im Gegensatz zu klassischen Polierverfahren beispielsweise auch Mikrogeometrien bearbeitet werden können.

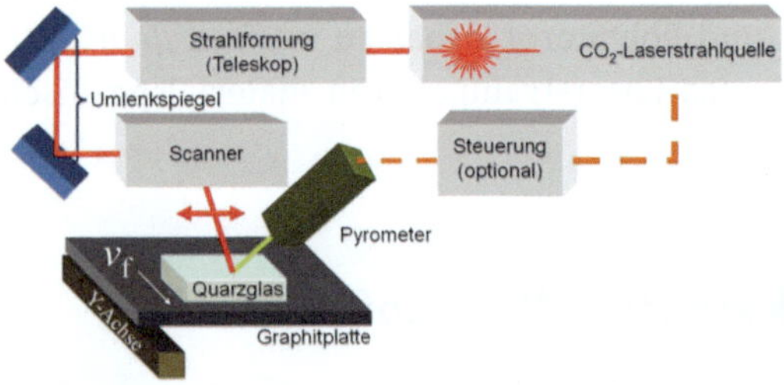

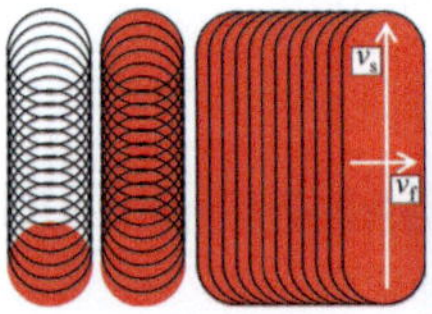

Bild 12.24 LMB-Anlage für das Laserstrahlpolieren */Hech2011/*. a) Anlagenkonzept, b) Wirkbewegung des Laserstrahles, c) Quarzglasprobe während des Bearbeitungsprozesses

Bild 12.24 veranschaulicht den Aufbau zum Laserstrahlpolieren mit einem scannenden Laserstrahl. Um den Materialabtrag durch Verdampfungsprozesse sehr niedrig zu halten, wird mit relativ geringen Intensitäten gearbeitet (typisch $I \sim 10^3\,\mathrm{W{\cdot}cm^{-2}}$). Quarzglas ist verglichen mit Metallen ein relativ schlechter Wärmeleiter (Wärmeleitfähigkeit etwa $1{,}46\,\mathrm{W{\cdot}m^{-1}\,K^{-1}}$). Aus diesem Grund wird im Anlagenkonzept in Bild 12.24 a mit einem galvanometrisch angetriebenen Spiegel gearbeitet, der Scangeschwindigkeiten bis zu $8\,\mathrm{m{\cdot}s^{-1}}$ ermöglicht. Der zeilenweise Vorschub kann ebenfalls mit einem Scanspiegel oder aber mit einer zusätzlichen Linearachse in Y-Richtung erfolgen. Diese Anordnung gestattet die Bearbeitung mit einem schnell bewegten Laserstrahl und gleichzeitig großem Überlappungsgrad der Spuren, um die Energie großflächig in die zu bearbeitende Oberfläche einzubringen und ein gleichmäßiges Poliererergebnis zu erreichen (Bild 12.24 b und c). Durch die Integration eines schnell bewegten Teleskopspiegels kann auch eine dynamische Fokussierung erfolgen, um 2,5D-Geometrien zu polieren.

Kennzeichnend für die LSP von Quarzglas mit dieser Anordnung ist die während des Prozesses entstehende typische **Temperaturverteilung** auf der Glasoberfläche. In Tabelle 12.4 ist eine numerisch ermittelte Temperaturverteilung dargestellt.

Tabelle 12.4 Analyse der Temperaturverteilung */Hild2011/*

Temperaturverteilung im Glaskörper während der Bearbeitung [°C]	Temperaturverteilung im Glaskörper während des Abkühlens [°C]
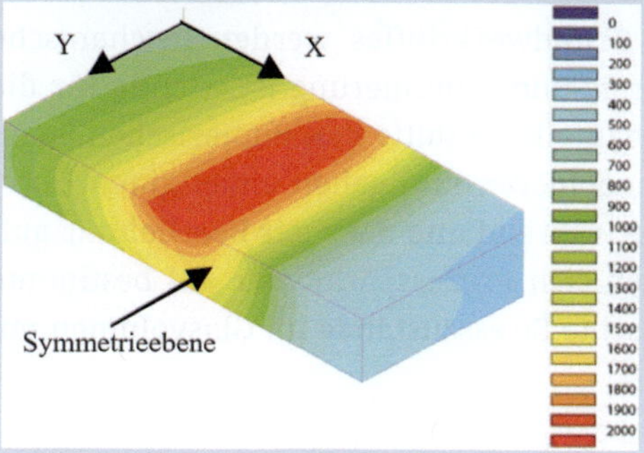	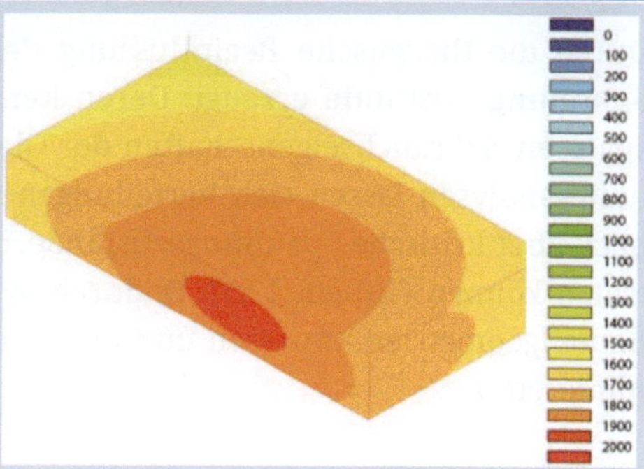

Durch den räumlich stark begrenzten Eintrag der Laserenergie wird das Bauteil ungleichmäßig erwärmt, woraus unerwünschte Spannungen resultieren können. Während des Polierens wird angestrebt, die Temperatur konstant zu halten und mittels Pyrometer oder IR-Thermografiekamera zu detektieren. Mit geeigneten Kalibrierverfahren wurde für das verwendete Pyrometer und Quarzglas ein Emissionsgrad von $\varepsilon = 98\,\%$ bestimmt. Das Pyrometer misst bei einer speziell für Glasoberflächen geeigneten Wellenlänge von 5,14 µm Temperaturen zwischen 500 und 2500 °C (Erfassungszeit 100 ms). Flächenhafte Temperaturverteilungen können mit speziell angepassten Thermografiesystemen ermittelt werden */Hech2012/*.

Bild 12.25 veranschaulicht einen relativ konstanten Temperaturwert über die Bauteilbreite durch die schnelle Scanbewegung des Laserstrahles. In Y-Richtung stellt sich hingegen ein typisches Temperaturprofil aufgrund der Wärmeleitcharakteristik des Werkstoffes Quarzglas ein. Durch die angesprochenen Materialeigenschaften sowie prozessbedingten Geschwindigkeitsänderungen kann es zu Temperaturschwankungen während der Bearbeitung kommen.

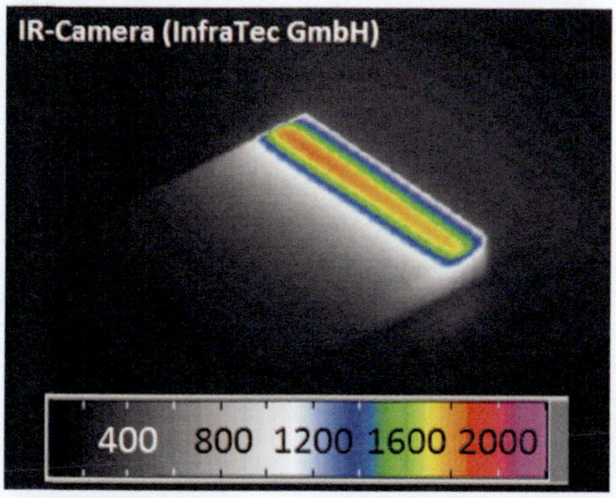

Bild 12.25
Gemessene Temperaturverläufe – Thermografieanalyse */Hech2012/*

Eine Methode, die Oberflächentemperatur nachzuregeln, bieten bspw. PID-Regler, die die aktuellen Temperaturmesswerte auswerten und eine entsprechende Regelgröße ausgeben. Diese wiederum kann entweder zur Laserleistungsregelung oder aber zur Anpassung der Scan- bzw. Verfahrgeschwindigkeit genutzt werden.

Durch die thermische Beeinflussung des Grundwerkstoffes werden mechanische **Spannungszustände** erzeugt. Deren Kenntnis und Minimierung ist wichtig für die späteren Gebrauchseigenschaften der Glasbauteile. Mithilfe von numerischen Spannungsanalysen lassen sich Verteilungen modellieren und geben einen guten Überblick über kritische Spannungszustände, die während und nach der Bearbeitung auftreten können (Tabelle 12.5). Dadurch lassen sich Prozessparameter auf bestimmte Bauteilgeometrien anpassen und unerwünschte Stresszustände im Glasvolumen minimieren.

Tabelle 12.5 Analyse der Spannungsverteilung */Hild2011/*

Spannungsanalyse während des Polierprozesses [$N \cdot mm^{-2}$]	Spannungsanalyse nach dem Abkühlen [$N \cdot mm^{-2}$]
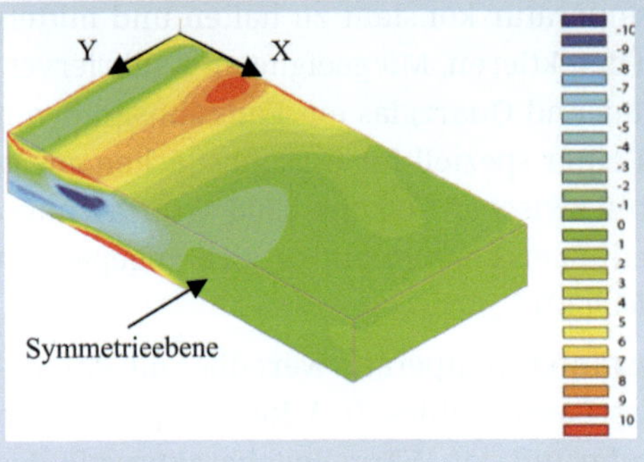	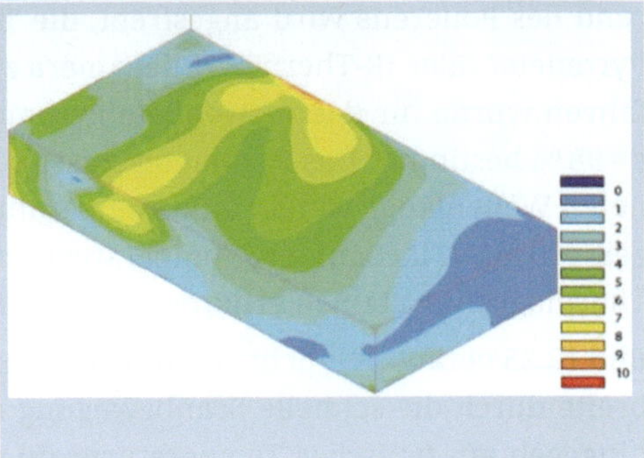

Für die Auslegung des LSP-Prozesses sind die nachfolgenden Parameter entscheidend:

- Fokusdurchmesser/Defokussierung,
- Strahlführung/Strahlaufteilung,
- Probengröße/-form,
- Ausgangsoberfläche (Rauheit/Welligkeit),
- Strahlgeschwindigkeit,
- Vorschub,
- Laserleistung und
- Prozesstemperatur.

Beim Laserstrahlpolieren sind ein möglichst geringer Materialabtrag und eine hohe Oberflächengüte (Rauheit und Formgenauigkeit) anzustreben. Bild 12.26 veranschaulicht die Abhängigkeit dieser Zielparameter von der Prozesstemperatur. Gelingt es im Prozess, das dargestellte technologische Fenster für die Temperatur einzustellen, können Oberflächenrauheiten von $Rq < 10$ nm bei minimalen Materialabträgen erzielt werden. Dabei haben die Parameter Laserleistung und Vorschubgeschwindigkeit eine hohe Signifikanz auf das Bearbeitungsergebnis. Der sehr große Einfluss der Laserstrahlleistung auf die Temperatur eröffnet damit die bereits angesprochene Möglichkeit einer Laserleistungssteuerung, z. B. basierend auf einer pyrometrischen Temperaturmessung.

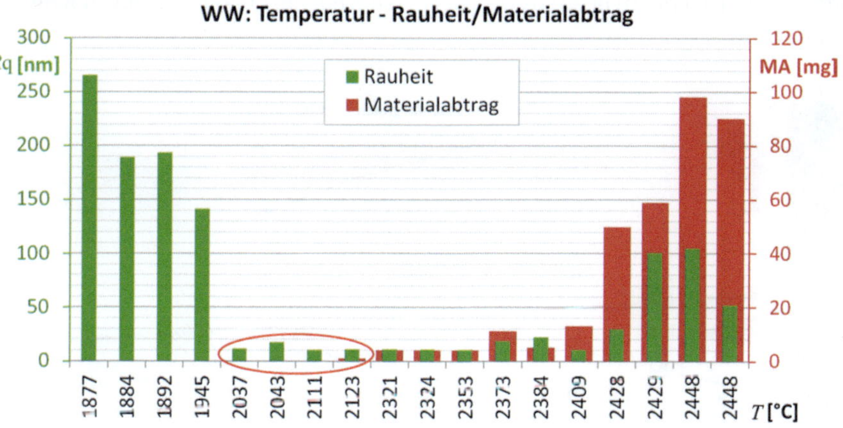

Bild 12.26 Darstellung des Temperatureinflusses auf Rauheit und Materialabtrag */Hech2011/*

In Bild 12.27 sind typische Oberflächen vor und nach dem Polieren dargestellt. Nach dem Schleifprozess weist die Probenoberfläche eine gleichmäßig raue, offenporige Ausgangsstruktur für das nachfolgende Polieren auf. Die Proben müssen sehr sorgfältig gereinigt werden und dürfen keine Fremdpartikel in der Struktur aufweisen (z. B. Schleifrückstände). Diese Verunreinigungen können, wenn sie in größerem Umfang auftreten, zu Mikrodefekten während bzw. nach dem Polierprozess führen, wie im Bild c dargestellt. In diesem unerwünschten Fall wird Fremdmaterial in das reine SiO_2-Glas eingeschmolzen. Die hohen erreichbaren Oberflächengüten des Polierverfahrens illustriert Bild 12.27 b. Die bildgebenden Verfahren stoßen hier allerdings an die Grenzen der Kontrastdarstellung. */Hech2012/*

Hochauflösende Oberflächeninformationen können in kleinen Messbereichen mit der **Rasterkraftmikroskopie (AFM = Atomic Force Microscopy)** gewonnen werden. Bild 12.28 a stellt charakteristische Oberflächenzustände von laserstrahlpolierten Oberflächen dar. Der Rq-Wert ist aus einem gescannten Bereich von (100 × 100) μm^2 an der Oberfläche einer ebenen Quarzglasprobe ermittelt wurden. Die quadratische Mittenrauheit beträgt für diese Darstellung $Rq = 6$ nm.

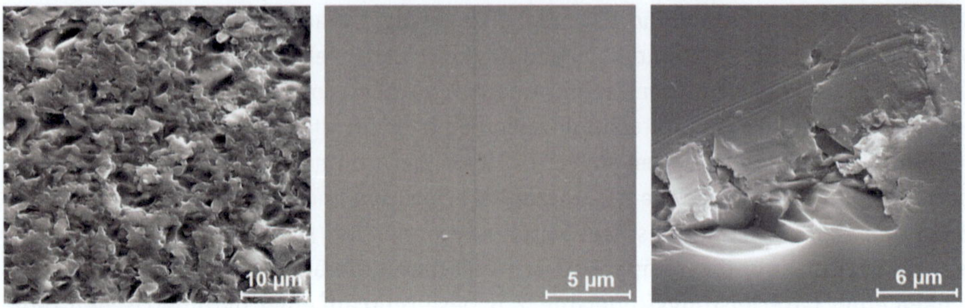

a) b) c)

Bild 12.27 REM-Aufnahmen ausgewählter Oberflächenzustände */Hech2012/*.
a) Geschliffene Oberfläche, b) laserstrahlpolierte Oberfläche, c) polierte Oberfläche mit Mikrodefekten

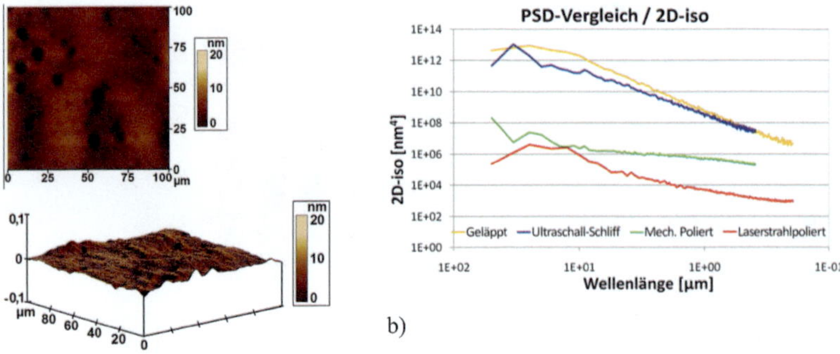

a) b)

Bild 12.28 Darstellung ausgewählter Oberflächenkennwerte am Beispiel polierter Quarzglasoberflächen */Hech2011/*. a) AFM-Flächenscan (*R*q-Wert), b) grafische Darstellung des Leistungsdichtespektrums (PSD)

Eine weitere Möglichkeit zur Beschreibung der Oberfläche ist die Verwendung des **Leistungsdichtespektrums (PSD – Power Spectral Density)**. Das Leistungsdichtespektrum enthält das Spektrum der Raumfrequenzen und kann als ein- oder zweidimensionales PSD dargestellt werden. Die PSD-Funktion erlaubt die komplette Beschreibung der Oberflächengütecharakteristik und erweist sich als besonders geeignet für polierte Oberflächen bzw. für Anwendungen mit extremen Anforderungen. Formel 12.4 beschreibt den funktionalen Zusammenhang zwischen der spektralen Leistungsdichte und der Raumfrequenz. Zur detaillierten Darstellung sei an dieser Stelle auf die DIN ISO 10110 Teil 8 verwiesen.

$$\text{2D} - \text{isotropic-PSD} = \frac{P_{\text{A}}}{2\pi\nu(\Delta\nu)} \qquad (12.4)$$

P_{A} Leistung unter einem Flächenanteil; $\Delta\nu$ Frequenzänderung; ν Frequenz, die einer bestimmten Flächengröße entspricht

Die **PSD-Darstellung** verdeutlicht, dass die laserstrahlpolierten Oberflächen mit einfach mechanisch polierten Oberflächen vergleichbar sind. Im Gegensatz zu den mechanischen Polierverfahren sind jedoch verfahrensbedingt mittelfrequente Fehler schwieriger zu korrigieren. Bild 12.29 zeigt zwei Beispiele für das Laserstrahlpolieren. Für optische Anwendungen ist die erreichbare Abbildungsleistung der Komponenten entscheidend. Die gemessene spektrale Transmission der Plankonvexlinse veranschaulicht Bild 12.29 a. Laserstrahlpolierte Plankonvexlinsen weisen annähernd ähnliche Transmissionscharakteristiken wie konventionell polierte Linsen auf. Das Laserstrahlpolieren eignet sich ebenfalls zum Finishen von Formen und Formeinsätzen für gießtechnische Anwendungen. Interessant ist dieses Verfahren insbesondere für Geometrien, die sich mit herkömmlichen Poliermethoden nur eingeschränkt endbearbeiten lassen.

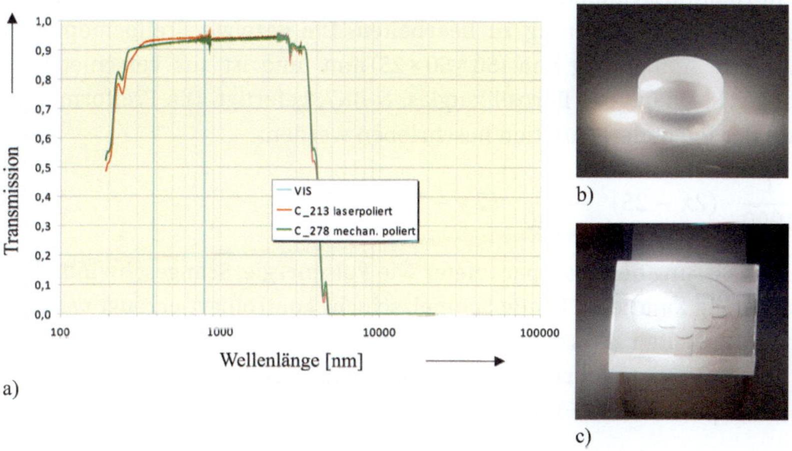

Bild 12.29 Transmissionsverläufe und polierte Quarzglasbauteile. a) Vergleich der Transmissionsverläufe unterschiedlich polierter Quarzglasoberflächen, b) Quarzglaslinse, c) Formeinsatz

Die eingangs erwähnte Spannungsproblematik bei der thermischen Wechselwirkung des Laserstrahls mit Gläsern führt auch beim Laserstrahlpolieren zu optischen Gangunterschieden und erhöhten Spannungszuständen im Glasvolumen. Der **optische Gangunterschied** kann durch eine angepasste Prozessführung zielgerichtet minimiert werden (Bild 12.30). Für festigkeitsbeanspruchte Bauteile, wie bspw. ein Formeinsatz (Bild 12.29 c), sollte eine nachträgliche Kühlung erfolgen. Bearbeitete Bauteile erfahren dabei einen materialspezifischen Temperatur-Zeit-gesteuerten Aufheiz- und Abkühlvorgang, wodurch Spannungszustände auf einen unkritischen Wert minimiert werden können.

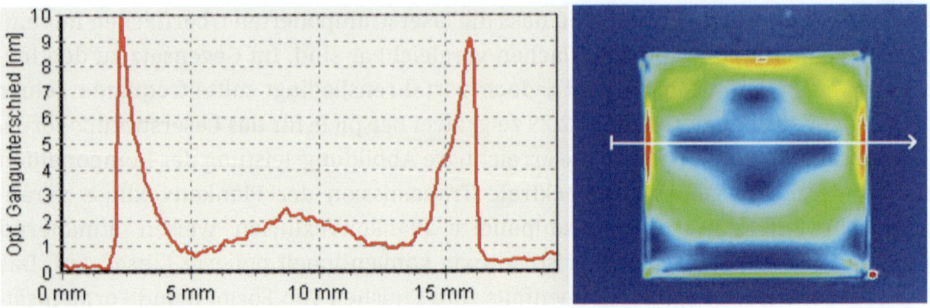

Bild 12.30 Spannungsoptische Darstellung einer polierten Planplatte
Optischer Gangunterschied: Maximaler Wert: 22,95 nm; Mittelwert: 1,09 nm

Insbesondere bei Freiformoptiken stellt das LSP eine effiziente Methode dar, um komplexe, nicht rotationssymmetrische Geometrien mit hoher Oberflächengüte und ohne zusätzliche Konturverformung zu bearbeiten. Die gezeigte Freiformoptik in Bild 12.31 a hat eine Abmessung von $(50 \times 50 \times 25)\,\mathrm{mm}^3$ und ist aus verschiedenen Glasmaterialien, z. B. Quarzglas, Borosilikatglas, N-BK7, gefertigt. Die Freiformoberfläche kann mit der folgenden Funktion beschrieben werden:

$$z(x, y) = \frac{1}{1000} \cdot (2x - 25)^2 - \frac{1}{380} \cdot (2y - 5)^2 - 2{,}5 \tag{12.5}$$

Durch gezielte Anpassung der Laserparameter wie Pulsenergie, Scangeschwindigkeit und Spotüberlappung kann eine lokale Schmelzschicht kontrolliert erzeugt werden, die Oberflächenrauigkeiten reduziert und Mikrodefekte nivelliert. Bild 12.31 b zeigt das Ergebnis einer Weißlichtinterferometriemessung der Freiformoberfläche mit einem gemessenen *R*q-Wert von 1,69 nm.

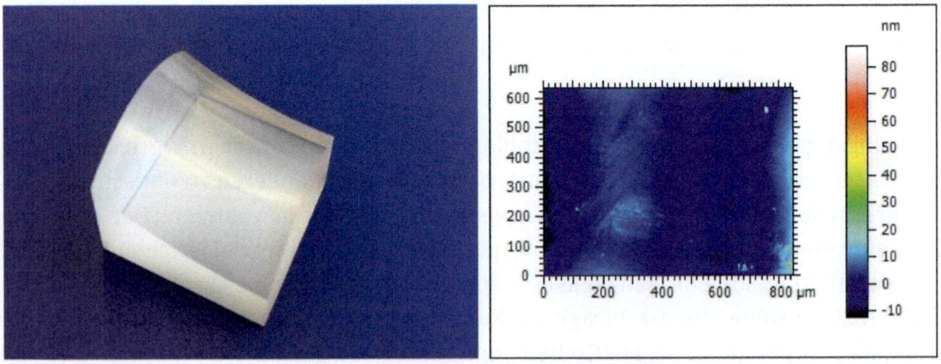

a) b)

Bild 12.31 Laserstrahlpolieren von Freiformoberflächen. a) fotografische Darstellung einer Freiformgeometrie, b) weißlichtinterferometrische Aufnahme der polierten Oberfläche */Blie2024/*

Ein weiterer Aspekt des Laserstrahlpolierens ist das partielle Ausheilen von Oberflächenkratzern und -mikrorissen (Bild 12.32). Hierbei bewirkt die kurzzeitige Lasererwärmung eine Oberflächenschmelze mit anschließender kontrollierter Erstarrung, wodurch Risse teilweise minimiert oder beseitigt werden können und so die lokale Oberflächenintegrität verbessert wird. Die Qualität des Bearbeitungsergebnisses hängt stark von der Kratzertiefe, der Laserintensität und der Temperaturführung ab. Insbesondere die gezielte Steuerung der Abkühlrate ist entscheidend, um Spannungsrisse und Erhöhungen des optischen Gangunterschiedes zu vermeiden.

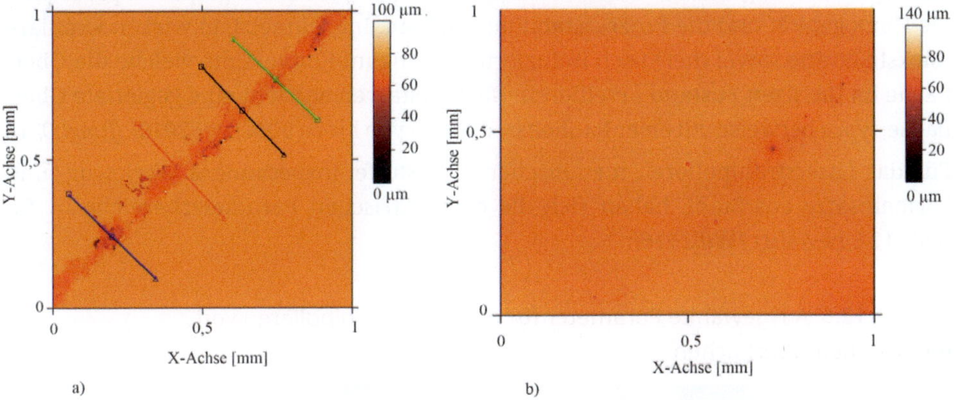

Bild 12.32 Beispiele des Laserstrahlpolierens von Gläsern */Knoc2024/*. a) mikroskopische Darstellung der Rissstruktur, b) Darstellung der Glasoberfläche nach dem Laserstrahlpolieren

12.4.2 Laserstrahlpolieren metallischer Werkstoffe

Das **Laserstrahlpolieren** hat sich ebenfalls als effizientes berührungsloses Verfahren zur gezielten Glättung metallischer Oberflächen etabliert. Im Gegensatz zu konventionellen mechanischen Polierverfahren erfolgt die Oberflächenverbesserung hierbei durch kontrolliertes partielles Aufschmelzen der obersten Mikroschicht. Die Glättung resultiert aus der Rückformung der Oberfläche während der Erstarrung, getrieben durch Oberflächenspannungen und Schmelzbadkonvektion */Will2010/*.

Beim Laserstrahlpolieren wird ein Laserstrahl mit einer abgestimmten Leistungsdichte auf die Metalloberfläche fokussiert, wobei die eingebrachte Energie zu einer schnellen lokalen Erwärmung bis oberhalb der Schmelztemperatur führt. Entscheidend ist die präzise Dosierung der Laserenergie, um ein vollständiges, aber flaches Aufschmelzen der Rauheitsspitzen zu erreichen, ohne das Material maßgeblich abzutragen oder strukturell zu verändern */Herz2011/*.

Die erforderliche spezifische Energie pro Flächeneinheit kann überschlägig berechnet werden mit:

$$E_S = \frac{P}{v_f \cdot d_{feff}} \tag{12.6}$$

E_s benötigte Energie zum Erzeugen der Schmelzone; v_f Vorschubgeschwindigkeit; d_{feff} effektiver Durchmesser des Laserfokus

Zusätzlich beeinflussen Strahlform und Strahlführung (z. B. über Scanner oder Roboter) das Ergebnis maßgeblich, wobei Überlappungen der Bearbeitungsspuren prinzipiell die Homogenität und die Prozessstabilität erhöhen. Im Schmelzbad wirken kapillare Rückstellkräfte sowie thermisch induzierte Marangoni-Konvektion, welche die Oberfläche im flüssigen Zustand nivellieren. Nach Erstarren entsteht eine geglättete Oberfläche, typischerweise mit einer Rauheitsreduktion von bis zu 90 % /*Will2010*/, /*Jung2021*/.

Für das Laserstrahlpolieren metallischer Werkstoffe, insbesondere Werkzeug- und Formeinsätze aus Stahl, haben sich die exemplarischen Parameterbereiche in Tabelle 12.6 bewährt /*Will2016*/:

Tabelle 12.6 Ausgewählte Parameter für das Laserstrahlpolieren von metallischen Oberflächen

Parameter	Typischer Bereich
Laserleistung [kW]	0,3 – 1,5
Fokusdurchmesser [mm]	0,5 – 3
Leistungsdichte [$W \cdot cm^{-2}$]	100 – 800
Vorschubgeschwindigkeit [$mm \cdot s^{-1}$]	2 – 50
Überlappung benachbarter Spuren [%]	30 – 70
Schmelztiefe [µm]	10 – 100

Die **Polierrate** beim Laserstrahlpolieren wird in der Regel als Abnahme der Rauheit pro Bearbeitungszeit oder pro Bearbeitungsfläche angegeben. Häufig wird dazu die Reduktion der arithmetischen Rauheit *R*a oder der gemittelten Rautiefe *R*z vor und nach dem Prozess gemessen. Die typische Bestimmung erfolgt durch taktile oder optische Rauheitsmessungen, etwa mit konfokalen Mikroskopen, Weißlichtinterferometrie oder Tastermessgeräten.

Die Polierrate R_p wird definiert als die bearbeitete Fläche pro Zeiteinheit:

$$R_P = \frac{b \cdot v_s}{t_p} \tag{12.7}$$

b effektive Bearbeitungsbreite (Laserfokusfläche bzw. Linienbreite); v_s Scan- oder Vorschubgeschwindigkeit; t_p Polierdauer

In einer Studie zum Laserstrahlpolieren von Werkzeugstählen (1.2083, 1.2343) konnten bei Verwendung von fasergekoppelten Diodenlasern Polierraten von bis zu 2–5 $cm^2 \cdot min^{-1}$ erzielt werden, abhängig von Werkstoff, Laserleistung und Spurüberlappung. Die Rauheit, gemessen mittels Weißlichtinterferometrie, konnte dabei um bis zu 85 % reduziert werden. */Kort2023/*

Für Nickelbasislegierungen (IN718) wurden durch Einsatz eines ns-gepulsten Faserlasers Polierraten von bis zu 1,8 $cm^2 \cdot min^{-1}$ dokumentiert. */Liu2023/*

Numerische Simulationsergebnisse zur Marangoni-Konvektion im Schmelzbad belegen, dass die Polierrate stark von den thermophysikalischen Materialeigenschaften sowie von der Temperaturführung abhängt. Es wurde experimentell eine Reduktion von $Ra = 3{,}2\ \mu m$ (Ausgangswert) auf $Ra = 0{,}35\ \mu m$ (nach dem LSP) bei Bearbeitungszeiten von ca. 2 min für Flächen von ca. 5 cm^2 erreicht. */Jung2021/*

Laserstrahlpolieren eines Werkzeugstahls (1.2343) zur Reduktion der Oberflächenrauheit

Im vorliegenden Beispiel wird das Laserstrahlpolieren an einem Formeinsatz aus dem heißarbeitsfesten Werkzeugstahl 1.2343 (X37CrMoV5-1) demonstriert, */will2010/*, */will2016/*.

Der Werkstoff weist im Ausgangszustand nach konventionellem Schleifen eine mittlere Rauheit von $Ra \approx 3{,}5\ \mu m$ auf.

Ziel des Prozesses ist die Reduktion der Rauheit durch Laserstrahlpolieren unter kontrolliertem teilweisen Aufschmelzen der obersten Materialschicht. Die Prozessparameter sind in Tabelle 12.7 zusammengefasst.

Tabelle 12.7 Prozessparameter Laserstrahlpolieren für Werkzeugstahl 1.2343 */will2010/*, */will2016/*

Parameter	Wert
Laserquelle	fasergekoppelter Hochleistungslaser
Wellenlänge [nm]	1064
Ausgangsleistung [W]	400 – 2000 (typisch)
Fokusdurchmesser [mm]	1,2
Vorschubgeschwindigkeit [$mm \cdot s^{-1}$]	50

Die spezifische Energiezufuhr kann überschlägig mit der Formel 12.6 berechnet werden und ergibt einen Wert von 41,7 $J \cdot mm^{-2}$. Durch den Laserprozess konnte die Rauheit *Ra* auf einen mittleren Wert von 0,4 μm reduziert werden. */will2016/*

In der Medizintechnik kommen häufig Titanwerkstoffe zum Einsatz, deren Oberflächenpolitur mit konventionellen spanenden Verfahren mit hohem zeitlichen und personellen Aufwand verbunden ist. Das Laserstrahlpolierverfahren ermöglicht hier eine Automatisierung der Nachbearbeitung, wodurch sowohl die Bearbeitungszeit als auch die Kosten signifikant verringert werden können. Laserstrahlpolierte Oberflächen zeichnen sich prinzipbedingt durch eine relativ hohe Geometrietreue aus. Die durch den Wegfall von Schleif- und Poliermitteln erhöhte chemische Reinheit der Oberflächen ist ein entscheidender Faktor bei medizinischen Implantaten hinsichtlich Biokompatibilität und Oberflächenhygiene. An diamantgefrästen Titanoberflächen mit einer Anfangsrauheit von etwa $Ra \approx 3\,\mu m$ kann durch das Polieren mit gepulster Laserstrahlung eine Rauheit von $Ra \leq 0{,}1\,\mu m$ erreicht werden. Die Bearbeitungszeit von nur etwa $3\,s{\cdot}cm^{-2}$ stellt eine deutliche Effizienzsteigerung gegenüber manuellen Polierprozessen dar. /*ILT2025*/

Bild 12.33 zeigt eine kugelförmige Kalotte aus Werkzeugstahl 1.2343 vor und nach dem automatisierten Laserstrahlpolierprozess. In Bild 12.33 b ist die unbearbeitete Oberfläche mit typischer Ausgangsrauheit infolge spanender Vorbearbeitung zu sehen, Bild 12.33 a illustriert die durch laserstrahlbasiertes Polieren verfestigte und geglättete Oberfläche. Der Prozess beruht auf der zuvor diskutierten kontrollierten lokalen Aufschmelzung der obersten Randschicht und deren anschließender Erstarrung unter einer Oberflächenspannungsglättung, wobei die Rauheit ohne Veränderung der Makrogeometrie signifikant reduziert wird. Das Verfahren zeichnet sich durch hohe Geometriepräzision, minimale thermische Substratbeeinflussung und die Bewahrung der chemischen Reinheit aus und ist dadurch insbesondere für Implantatanwendungen von großer Bedeutung.

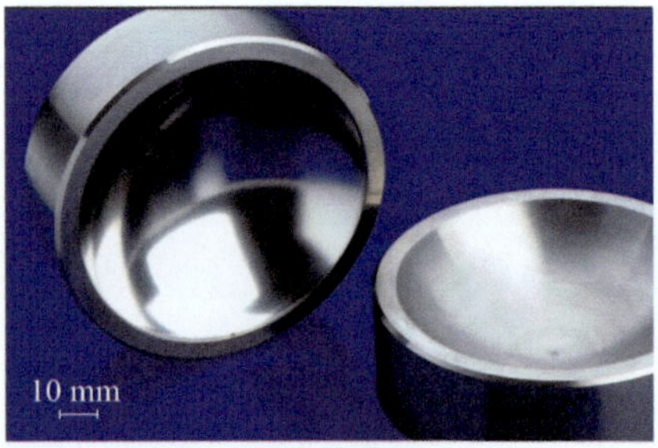

a) b)

Bild 12.33
Darstellung der Oberflächenqualität einer Kugelkalotte aus Werkzeugstahl 1.2343.
a) Nach, b) vor dem automatisierten Laserstrahlpolierprozess. © Fraunhofer ILT, Aachen

12.4.3 Laserstrahlpolieren polymerer Werkstoffe

Das **Laserstrahlpolieren polymerer Werkstoffe** gilt als innovative Methode zur gezielten Glättung von Kunststoffoberflächen. Im Gegensatz zum Polieren metallischer Werkstoffe sind hierbei die spezifischen thermophysikalischen Eigenschaften, insbesondere die geringe thermische Leitfähigkeit, die niedrige Erweichungs- bzw. Schmelztemperatur sowie die oftmals ausgeprägte Transparenz der Materialien, besonders zu berücksichtigen. Durch die Erwärmung bis oberhalb der Glasübergangs- oder Schmelztemperatur lässt sich die Oberflächentopografie in der Regel ohne signifikanten Materialabtrag homogenisieren, daher eignet sich das Verfahren insbesondere für Anwendungen im Bereich der Mikrosystemtechnik, Medizintechnik und Optik, wo hohe Anforderungen an die Oberflächenqualität bestehen. */Brau2020/*, */Gior2023/*

Das Laserstrahlpolieren von Polymeren erfolgt typischerweise mit gepulsten oder kontinuierlichen Lasern im infraroten oder sichtbaren Bereich, abhängig vom Absorptionsspektrum des Materials. Die Laserparameter Leistung, Pulsdauer, Frequenz und Scanstrategie müssen sorgfältig angepasst werden, um ein kontrolliertes Aufschmelzen zu erzielen, ohne thermische Schäden, Blasenbildung oder chemische Zersetzung zu verursachen. Die lokale Aufheizung führt zu einer Oberflächenglättung durch Rekonfiguration der Polymerketten und Schließung von Mikrorauheiten.

Die Effektivität des Laserstrahlpolierens variiert stark mit der Art des Polymerwerkstoffs. Während Thermoplaste wie Polymethylmethacrylat (PMMA), Polycarbonat (PC) und Polystyrol (PS) eine gute Bearbeitbarkeit zeigen, da sie über definierte Schmelzpunkte verfügen, erfordern Hochleistungswerkstoffe wie Polyetheretherketon (PEEK) aufgrund ihrer hohen thermischen Stabilität höhere Energiedichten, wobei der Prozess präzise kontrolliert werden muss, um Materialschäden zu vermeiden */Rive2020/*.

Anwendungen finden sich insbesondere in der Herstellung von mikrofluidischen Bauteilen, optischen Komponenten und medizintechnischen Geräten, wo glatte Oberflächen für die Funktionalität entscheidend sind */Wein2017/*. Aktuelle Studien untersuchen die Kombination des Laserstrahlpolierens mit additiven Fertigungsverfahren polymerbasierter Bauteile, um die Oberflächenrauheit in einem nachgelagerten Prozessschritt signifikant zu verringern */Scha2021/*. Dabei werden ultrakurze Laserpulse eingesetzt, um thermische Nebenwirkungen zu minimieren und eine hohe Präzision zu erzielen */Bren2020/*.

Darüber hinaus wurde gezeigt, dass das Laserstrahlpolieren unter kontrollierter Atmosphäre (z. B. Stickstoff oder Argon) die Oberflächenqualität weiter verbessert und unerwünschte Oxidationsprozesse verhindert */Jari2021/*.

Insbesondere bei additiv gefertigten polymerbasierten Bauteilen, wie sie in Powder-Bed-Fusion-LaserBeam-Verfahren (PBF-LB) aus Polyamid 12 (PA12) entstehen, stellt das Laserstrahlpolieren ein vielversprechendes Verfahren dar, um die charakteristisch rauen Oberflächen dieser Fertigungstechnologie signifikant zu glätten. */Eckh2023/*

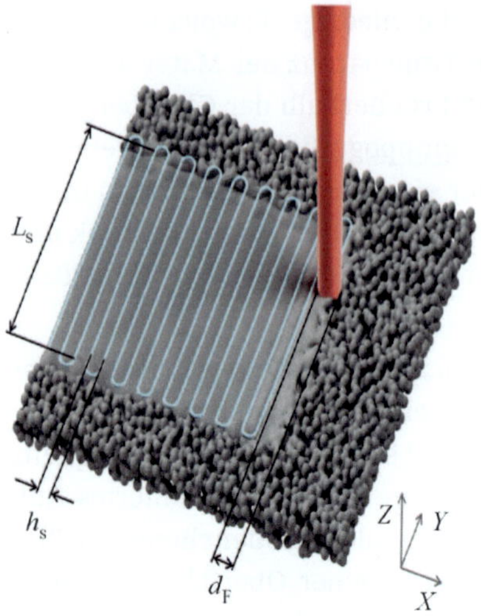

Bild 12.34
Prinzipdarstellung des gezielten Oberflächenumschmelzens beim Laserstrahlpolieren (LSP) nach */Eckh2023/*

Die Wirkungsweise des Laserstrahlpolierens von Polymeren basiert, wie eingangs beschrieben, auf der kontrollierten oberflächennahen Erhitzung des Materials oberhalb seiner Glasübergangs- oder Schmelztemperatur. Die Schmelztemperatur von PA12 bei etwa 178 °C erfordert ein enges Prozessfenster, um eine lokale Schmelzschicht zu erzeugen, ohne das Bauteil thermisch zu schädigen oder dessen Geometrie zu verändern. Die eingebrachte Laserenergie führt zu einem gezielten Aufschmelzen der Oberflächenrauheiten, wodurch sich Mikrospitzen, Poren und andere Defekte aufgrund der Oberflächenspannung des geschmolzenen Materials nivellieren. Nach raschem Erstarren bleibt eine deutlich homogenisierte und glattere Oberfläche zurück (Bild 12.34). In */Eckh2023/*wurde gezeigt, dass durch eine Optimierung der genannten Parameter die Oberflächenrauheit *Ra* von Ausgangswerten > 10 µm auf Werte unter 1 µm verringert werden konnte, was eine Verbesserung um eine Größenordnung bedeutet. Dies ermöglicht nicht nur optisch ansprechende Oberflächen, sondern auch eine erhöhte Funktionsfähigkeit, etwa bei Dichtflächen oder Gleitkontakten, sowie eine Reduktion des Nachbearbeitungsaufwandes. Für das Laserstrahlpolieren von PA12 konnten die in Tabelle 12.8 zusammengefassten Prozessparameter ermittelt werden.

Tabelle 12.8 Prozessparameter beim Laserstrahlpolieren von PA12

Parameter	Bereich/Wert
Laserleistung [W]	5 – 20
Fokusdurchmesser [µm]	100 – 300
Scangeschwindigkeit [$mm \cdot s^{-1}$]	50 – 300
Pulsdauer	cw (kontinuierlich) oder ns
Absorptionskoeffizient (PA12) [cm^{-1}]	ca. 10 – 100 (abhängig von der Wellenlänge)

Die Eindringtiefe d_{ein} nach einer Bestrahlungszeit t lässt sich näherungsweise ermitteln:

$$d_{ein} = \sqrt{4 \cdot \alpha_{th} \cdot t_{strahl}} \tag{12.8}$$

α_{th} thermische Diffusität; t_{strahl} Verweilzeit

Die thermische Diffusität α_{th} kann wie folgt abgeschätzt werden:

$$\alpha_{th} = \frac{\lambda_F}{\rho \cdot c_p} \tag{12.9}$$

λ_F Wärmeleitfähigkeit; ρ Dichte; c_p spezifische Wärmekapazität

Abschätzung der Eindringtiefe beim Laserstrahlpolieren von PA12

Materialspezifische Werte für PA12:

- Wärmeleitfähigkeit λ ca. 0,25 $W \cdot m^{-1} K^{-1}$,
- Dichte ρ ca. 1000 $kg \cdot m^{-3}$,
- Wärmekapazität c_p ca. 1800 $J \cdot kg^{-1} K^{-1}$.

Unter Verwendung der Formel 12.8 und Formel 12.9 ergibt sich nach einer Bestrahlungszeit t_{strahl} von 0,1 s eine Eindingtiefe d_{ein} von 66 µm (stationärer Fall).

Dies entspricht der thermisch beeinflussten Schicht, die aufgeschmolzen werden kann, ohne das Bauteil wesentlich thermisch zu schädigen.

Berücksichtigt man einen scannenden (bewegten) Laserstrahl und beachtet bei einer FEM-Analyse das sich ausbreitende Temperaturfeld auf der Basis der verwendeten Prozessparameter, erhält man nach der analytischen Lösung des Moving-Heat-Source-Modells (Rosenthal-Modell 2D/3D) eine thermisch beeinflusste Zone von ca. 150 µm.

In /*Eckh2023*/ wurde für mittels PBF-LB (siehe Kapitel 10) gefertigte PA12-Bauteile beim Laserstrahlpolieren eine experimentelle Umschmelztiefe von etwa 170 µm ermittel (Bild 12.35). Dieser Wert steht in einem deutlichen Gegensatz zu den signifikant geringeren Eindringtiefen, die sich aus vereinfachten analytischen Modellen und Abschätzungen, beispielsweise auf Grundlage des klassischen Wärmediffusionsansatzes im vorangehenden Beispiel, ergeben. So liefert die häufig verwendete Abschätzung der thermischen Eindringtiefe unter Verwendung der thermischen Diffusivität von PA12 nach Formel 12.8 lediglich Werte im Bereich von 60 µm.

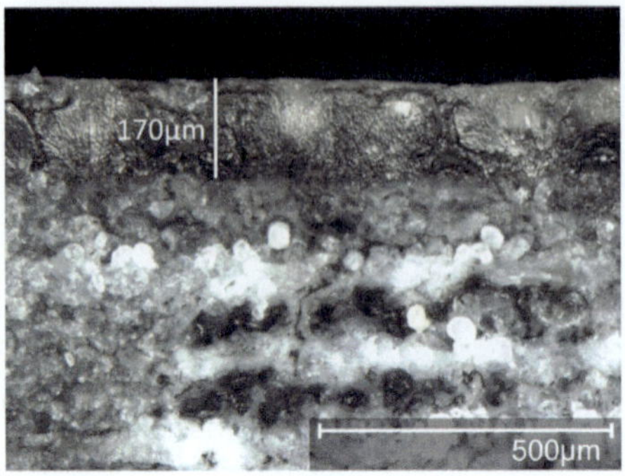

Bild 12.35
Querschliff eines PA12-Bauteils mit durch Laserstrahlpolieren erzeugter Umschmelzzone */Eckh2023/*

Diese Diskrepanz lässt sich durch mehrere physikalische Zusammenhänge erklären. Zunächst basiert das genannte analytische Modell auf der Annahme eines homogenen Festkörpers mit konstanten Materialeigenschaften und berücksichtigt ausschließlich den rein diffusionsgesteuerten Wärmetransport innerhalb kurzer Einwirkzeiten, wodurch wesentliche prozesstypische Effekte wie die reale Energiedichteverteilung des Laserstrahls, die Temperaturabhängigkeit der Materialeigenschaften oder die Ausbildung eines Schmelzbades vernachlässigt werden. Besonders relevant wird diese Modellbegrenzung unter den in */Eckh2023/* verwendeten Prozessbedingungen, bei denen eine hohe Laserleistung von bis zu 20 W und eine vergleichsweise langsame Scangeschwindigkeit von 50 $mm \cdot s^{-1}$ angewandt wurden. Die Kombination dieser Parameter führt zu einer signifikant erhöhten lokalen Energiedichte, infolgedessen die Oberflächentemperaturen weit über die Schmelztemperatur von PA12 (178 °C) steigen. Durch die verlängerte Wärmeeinwirkzeit unter dem Laserstrahl entsteht nicht nur eine oberflächennahe Erwärmung, sondern ein tiefes, zeitlich integriertes Temperaturfeld, das weit über die einfache Diffusionsabschätzung hinausreicht. Die aufgeschmolzene Zone wächst dabei nicht nur durch reine Wärmeleitung, sondern auch durch Materialbewegung innerhalb des Schmelzbades, Konvektionseffekte und gegebenenfalls Porenverfüllung. Hinzu kommt, dass die thermischen Materialeigenschaften von PA12 stark temperaturabhängig sind, denn mit zunehmender Temperatur verringert sich die Wärmeleitfähigkeit, während die spezifische Wärmekapazität ansteigt. Die dadurch bedingte nichtlineare Veränderung des Wärmetransports wird im analytischen Modell mit konstanter Diffusivität nicht abgebildet. Die Tabelle 12.9 fasst die temperaturabhängigen Materialparameter exemplarisch zusammen.

Ein weiterer Aspekt betrifft die spezielle Mikrostruktur von PA12-Bauteilen, die durch das PBF-LB Verfahren hergestellt wurden und eine signifikante Mikroporosität sowie oberflächennahe Inhomogenitäten aufweisen. Diese Struktur begünstigt einerseits das tiefere Aufschmelzen, da die Poren beim Polierprozess kollabieren können, und beeinflusst andererseits das lokale Wärmeleitverhalten mit der Folge einer zusätzlichen Vergrößerung der tatsächlichen Schmelztiefe. Das vereinfachte analytische Modell liefert nur eine recht grobe Näherung und bestimmt die untere Grenze für die thermisch aktivierte Zone, kann aber die reale Umschmelztiefe unter den genannten

Bedingungen nicht adäquat abbilden. Für eine realitätsnahe Beschreibung des Prozesses ist deshalb der Einsatz gekoppelter numerischer Simulationen in einer FEM-Umgebung wie bspw. COMSOL Multiphysics zwingend erforderlich. Damit lassen sich durch die Berücksichtigung einer bewegten Wärmequelle, temperaturabhängiger Materialdaten sowie optional eines Phasenwechselmodells Temperaturfelder, Schmelzbadausdehnung und resultierende Umschmelztiefen physikalisch exakter berechnen und mit den experimentellen Daten validieren.

Tabelle 12.9 Temperaturabhängige thermophysikalische Materialparameter von PA12 für die Simulation des Laserstrahlpolierprozesses

Temperatur [°C]	Wärmeleitfähigkeit λ [$W \cdot m^{-1} K^{-1}$]	Wärmekapazität c_p [$J \cdot kg^{-1} K^{-1}$]	Bemerkung
20	ca. 0,25	ca. 1800	Feststoffzustand
150	ca. 0,22	ca. 2000	Nähe zur Schmelztemperatur
Schmelze (ca. 200 – 250)	ca. 0,18	ca. 2500	flüssig, aufgeschmolzen

Das **Laserstrahlpolieren von additiv gefertigten Polymerbauteilen** bietet über die reine optische und haptische Oberflächenveredelung hinaus ein erhebliches Potenzial zur funktionalen Verbesserung mechanisch beanspruchter Oberflächen. Insbesondere die Traganteil- bzw. Materialanteilkurve, definiert gemäß DIN EN ISO 4287, ermöglicht eine quantitative Bewertung der lasttragenden Oberfläche und des zu erwartenden Verschleißverhaltens.

Die in Bild 12.36 dargestellte **Materialanteilkurve** verdeutlicht diesen Effekt am Beispiel unbehandelter sowie laserstrahlpolierter PA12-Oberflächen. Während die unpolierten Bauteile einen sehr geringen Materialanteil von lediglich etwa 1 % in einer Schnittebene von 5 µm Tiefe *Rmr* (5 µm) aufweisen, zeigen die laserstrahlpolierten Oberflächen bereits in dieser Tiefe einen vollständig geschlossenen Materialverbund. Dies ist ein direkter Indikator für die signifikante Steigerung der Tragfähigkeit der Oberfläche sowie für eine potenzielle Verbesserung der Verschleißbeständigkeit und Reibungsfestigkeit infolge des Polierprozesses.

Neben der direkten Oberflächenveredelung eröffnet das Laserstrahlpolieren vielfältige Möglichkeiten zur gezielten Vorbereitung von Bauteiloberflächen für nachfolgende Fertigungs- oder Veredelungsschritte. In Bild 12.37 sind exemplarische Anwendungsbeispiele dargestellt, die das Potenzial einer kombinierten Prozessführung deutlich machen.

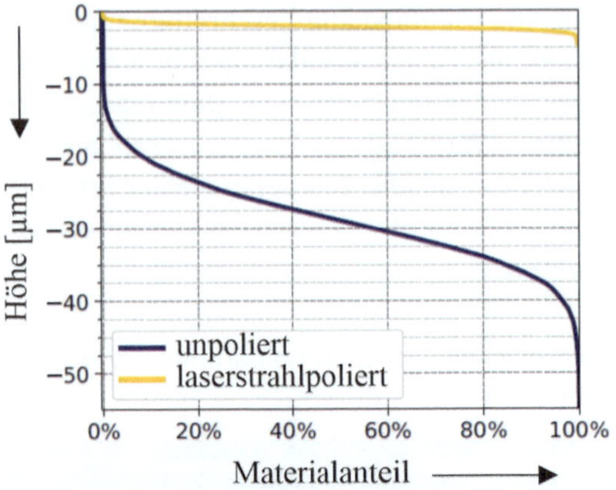

Bild 12.36
Materialanteilkurve für unbehandelte und laserstrahlpolierte Oberflächen */Eckh2023/*

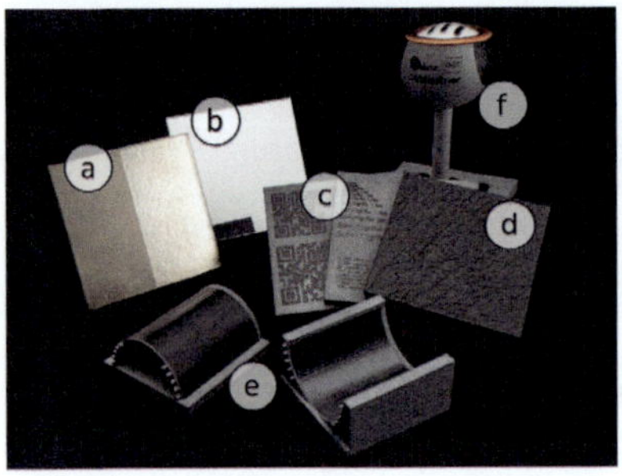

Bild 12.37
Proben mit verschiedenen Nachbearbeitungsverfahren behandelt. a) Chemisches (stromloses) Metallisieren, b) Pulverbeschichtung, c) Lasergravur, d) Laserstrahlstrukturierung, e) 3D-Laserstrahlpolieren, f) Kombination aller zuvor genannten Nachbearbeitungstechnologien */Eckh2023/*

Durch eine nachgeschaltete **Laserstrahlstrukturierung** auf bereits polierten Oberflächen lässt sich gezielt eine optische und haptische Funktionsstrukturierung realisieren, wodurch dekorative Texturen, beispielsweise in Anlehnung an Leder- oder Holzoberflächen, effizient erzeugt werden können (Bild 12.37 d). Die Kombination von Laserstrahlpolieren und Laserstrahlstrukturierung ermöglicht somit die funktionale und ästhetische Individualisierung von Kunststoffbauteilen. Darüber hinaus eignet sich das LSP-Verfahren als vorbereitender Schritt für eine partielle Laserbeschriftung oder eine lokale Glanzpolitur, wie im Bild 12.37 c illustriert. Auf diese Weise lassen sich Bauteile präzise markieren, dekorieren oder funktional selektiv veredeln. Die resultierende Glättung der Oberfläche führt insbesondere bei galvanischen Prozessen wie dem stromlosen Metallisieren (Electroless Plating) zu einer deutlichen Verbesserung des metallischen Glanzes und der Oberflächenhomogenität, selbst bei sehr geringen Schichtdicken (Bild 12.37 a, rechte Bauteilhälfte).

Demgegenüber zeigt sich, dass klassische Pulverbeschichtungsprozesse kaum von einer vorangegangenen Laserstrahlpolitur profitieren. Die Oberflächenstruktur des finalen Bauteils wird hier primär durch den Verlauf des Schmelz- und Aushärteprozesses des Pulvers bestimmt, während der Einfluss der Ausgangsrauheit in den meisten Fällen vernachlässigbar ist (Bild 12.37 b). Diese Beispiele verdeutlichen, dass das Laserstrahlpolieren nicht nur als Endbearbeitungsschritt, sondern auch als Vorbehandlung in hybriden Prozessketten erhebliches Anwendungspotenzial bietet. */Eckh2023/*

12.5 Laserstrahlstrukturierung im Mikro- und Nanobereich

Während die im Kapitel 7 beschriebenen laserstrahlbasierten Abtrags-, Strukturierungs- und Beschriftungsverfahren in erster Linie auf den konkreten Materialabtrag zur Erzeugung von Strukturen, Markierungen oder geometrischen Modifikationen fokussiert sind, konzentriert sich dieser Abschnitt auf laserinduzierte Verfahren, die primär die chemischen, physikalischen oder funktionellen Eigenschaften von Werkstoffoberflächen verändern, ohne dabei zwangsläufig einen substanziellen Materialabtrag oder geometrische Makrostrukturen zu erzeugen. Im Mittelpunkt steht die gezielte Funktionalisierung von Oberflächen mittels Laserstrahlung, um beispielsweise die Benetzbarkeit, die Adhäsionseigenschaften, das tribologische Verhalten, die optischen Eigenschaften oder die Biokompatibilität zu beeinflussen. Diese Prozesse basieren auf thermischen, thermochemischen oder photophysikalischen Wechselwirkungen zwischen dem Laserstrahl und der Werkstoffoberfläche, die in sehr genau abgestimmter Weise genutzt werden, um definierte funktionale Eigenschaften einzustellen.

Typische Beispiele umfassen thermochemische Laserstrahlbehandlungen, die Reaktionen an der Oberfläche auslösen, laserinduzierte Oberflächenmodifikationen zur Verbesserung der Klebebindung oder der Lackierbarkeit sowie laserstrahlbasierte Verfahren zur Mikro- und Nanostrukturierung mit funktionalem Charakter.

Diese speziellen Verfahren der Oberflächenfunktionalisierung erweitern somit das Anwendungsspektrum der Lasermaterialbearbeitung erheblich über klassische Abtrags- oder Strukturierungsprozesse hinaus und eröffnen neue Möglichkeiten für den Einsatz in Bereichen wie Medizintechnik, Mikrosystemtechnik, Klebtechnik oder tribologische Optimierung von Bauteilen.

12.5.1 Laserinduzierte periodische Oberflächenstrukturen (LIPSS)

Die Erzeugung **Laserinduzierter periodischer Oberflächenstrukturen (Laser-Induced Periodic Surface Structures – LIPSS)** stellt ein etabliertes Verfahren der laserstrahlbasierten Oberflächenfunktionalisierung dar. Diese Strukturen entstehen infolge kohärenter Wechselwirkungen zwischen der einfallenden Laserstrahlung und den durch die Laserbestrahlung selbst generierten elektromagnetischen Feldern oder Materialmodifikationen auf der Werkstoffoberfläche. Dabei bilden sich periodische Strukturen im Mikro- oder Nanometermaßstab aus, die eine bewusste Veränderung funktionaler Oberflächeneigenschaften ermöglichen.

Da extrem kurze Pulsdauern nicht-thermische Wechselwirkungsmechanismen begünstigen und die Erzeugung hochpräziser Strukturen mit minimalem Wärmeeinfluss erlauben, werden LIPSS insbesondere durch den Einsatz von Kurzpuls- oder Ultrakurzpulslasern realisiert.

Der Bildungsmechanismus von LIPSS beruht auf einer Wechselwirkung aus direkter Laserbestrahlung und überlagerten Oberflächenwellen oder Interferenzeffekten, die zu einer Selbstorganisation periodischer Strukturen führen. Dabei unterscheidet man klassischerweise zwei Haupttypen:

- **Low Spatial Frequency LIPSS (LSFL):**
  - Periodenlängen: typischerweise im Bereich der Laserwellenlänge λ oder etwas kleiner,
  - Orientierung: meist senkrecht zur Polarisationsrichtung des Laserstrahls,
  - dominanter Bildungsmechanismus: Interferenz der einfallenden Laserwelle mit angeregten Oberflächenplasmonen oder diffraktiven Effekten.
- **High Spatial Frequency LIPSS (HSFL):**
  - Periodenlängen: deutlich kleiner als die Laserwellenlänge (bis in den Sub-100-nm-Bereich),
  - Orientierung: kann parallel oder variabel zur Polarisationsrichtung verlaufen,
  - Bildungsmechanismus: noch Gegenstand intensiver Forschung; bisherige Annahme ist der Einfluss von Plasmaprozessen, lokalen Feldverstärkungen und nichtlinearer Materialmodifikation.

Die resultierenden Strukturen sind in der Regel quasiperiodisch und können durch geeignete Prozessführung hinsichtlich Orientierung, Periodizität und Tiefenprofil gezielt beeinflusst werden.

Die Ausbildung von laserinduzierten periodischen Oberflächenstrukturen (LIPSS) ist sehr sensitiv gegenüber einer Vielzahl von Prozessparametern, die zur Erzeugung definierter Struktureigenschaften auf der Werkstückoberfläche variiert werden können. Einen wesentlichen Einfluss hat die verwendete Laserwellenlänge, da sie in direktem Zusammenhang mit der resultierenden Periodizität der Strukturen steht. Neben der entsprechenden Auswahl der Wellenlänge für die Steuerung der Strukturgröße im Sub- bis Mikrometerbereich ist die Pulsdauer ein weiterer kritischer Parameter der eingesetzten Laserstrahlung. Die Pulsenergie sowie die eingebrachte Fluenz bestimmen maßgeblich die Strukturgröße, die Tiefe der Modifikationen sowie die Homogenität der erzeugten Oberflächenstrukturen. Hierbei muss ein enger Prozessbereich eingehalten werden, da sowohl zu geringe als auch überhöhte Energiedichten zu unerwünschten Strukturanomalien führen können.

Auch die Polarisation der Laserstrahlung übt einen direkten Einfluss auf die Orientierung der Strukturen aus. Durch die exakte Einstellung der Polarisationsrichtung lassen sich beispielsweise lineare Strukturen entlang definierter Ausrichtungen erzeugen, was für funktionale Oberflächen von entscheidender Bedeutung ist. Zusätzlich spielt die Anzahl überlagerter Pulse eine wichtige Rolle für die Ausbildung der Strukturen, so verbessert eine kontrollierte Mehrfachbestrahlung Ausprägung, Regelmäßigkeit und Reproduzierbarkeit der LIPSS. Schließlich beeinflusst auch die Prozessumgebung die Wechselwirkungsmechanismen zwischen Laserstrahlung und Materialoberfläche. Faktoren wie Atmosphäre, Gasdruck oder Prozessführung unter Vakuumbedingungen wirken sich auf die Energieeinbringung und somit auf die Strukturqualität aus. Nur durch das präzise Zusammenspiel dieser Parameter kann eine reproduzierbare Erzeugung von LIPSS für technische und funktionale Anwendungen gewährleistet werden.

Die gezielte **Oberflächenfunktionalisierung** mittels LIPSS bietet zahlreiche technologische Vorteile:

- Erhöhung der Adhäsionseigenschaften, z. B. für Klebe- oder Lackierprozesse,
- tribologische Optimierung, z. B. durch Verringerung von Reibung oder Verschleiß,
- definierte Benetzungsmodifikation, Erzeugung superhydrophober oder superhydrophiler Oberflächen,
- optische Funktionalisierung, z. B. Reduzierung von Reflexion (Antireflexstrukturen) oder Erzeugung von Farbstrukturen durch Lichtbeugung,
- biomedizinische Anwendungen, z. B. gezielte Zelladhäsion oder bakterienhemmende Oberflächen.

In Tabelle 12.10 werden Beispiele für Prozessparameter zur Erzeugung von LIPSS auf einer metallischen Oberfläche (Werkstoff 1.4301) zusammengefasst, wobei die exakten Parameter stark werkstoff- und anwendungsspezifisch sind und experimentell angepasst werden müssen.

Tabelle 12.10 Beispielhafte Prozessparameter für LIPSS auf metallischer Oberfläche (Werkstoff 1.4301)

Parameter	Typischer Wert
Laserwellenlänge [nm]	1030
Pulsdauer [fs]	300
Pulsenergie [mJ]	0,1 – 1
Fluenz [$J \cdot cm^{-2}$]	ca. 0,2 – 1
Repetitionsrate [kHz]	100 – 500
Fokusdurchmesser [µm]	20 – 50
Pulsüberlappung [%]	50 – 90
Strukturperiode [nm]	ca. 500 – 800 (LSFL)

Die **Periodizität** Λ der LSFL kann basierend auf der Interferenz zwischen der einfallenden Laserwelle und der Oberflächenplasmon-Polariton-Welle (SPP) approximiert werden. Die interferenzartige Überlagerung der einfallenden Laserstrahlung mit einer solchen an der Materialoberfläche angeregten Welle führt zur Ausbildung periodischer Intensitätsmuster, die die Grundlage für die Entstehung von LSFL-Strukturen bilden.

$$\Lambda = \frac{\lambda}{n_{\mathrm{eff}} \pm \sin\theta} \qquad (12.10)$$

Λ Periodizität; n_{eff} effektiver Brechungsindex an der Oberfläche (für dielektrische Materialien meist $n_{\mathrm{eff}} \approx 1$, für Metalle beeinflusst durch Plasmonen); θ Einfallswinkel des Laserstrahls

Bestimmung der Periodizität von LSFL auf CrNi-Stahl 1.4301

- Laserwellenlänge: $\lambda = 1030$ nm
- Einfallswinkel: $\theta = 0°$ (senkrechter Einfall, Standardannahme)

Bei einer metallischen Oberfläche wie Edelstahl im NIR wird der effektive Brechungsindex über die komplexe Permittivität abgeschätzt (typ. Näherungswert $n_{\mathrm{eff}} \approx 1{,}1$).

Die resultierende Periodizität der LSFL-Strukturen auf CrNi-Stahl 1.4301 bei Verwendung eines Femtosekundenlasers beträgt nach der vereinfachten Formel 12.10 ca. 936 nm.

Die Formel 12.10 liefert lediglich eine erste Näherung, die bei nicht-metallischen Materialien besser übereinstimmt. Für Metalle wie CrNi-Stahl ist die Ausbildung von LSFL jedoch komplexer, weil

- die Oberfläche Plasmonen nicht effizient unterstützt (anders als z. B. bei Gold oder Kupfer),
- der reale Mechanismus interferenzieller Natur ist, aber von absorbierter Energie, transienter Materialmodifikation und lokalen Plasmaprozessen beeinflusst wird.

Die im Beispiel berechnete Periodizität weicht aufgrund dieser Mechanismen von den realen Werten in Tabelle 12.11 ab, kann jedoch bei Kenntnis der konkreten optischen Konstanten n und k (siehe auch Kapitel 5) exakter durchgeführt werden. Für diese Konstanten ergeben sich für CrNi-Stahl 1.4301 bei $\lambda = 1030$ nm aus Experimenten die Werte $n = 1{,}4033$ und $k = 9{,}8532$, mithilfe derer die Dicke des Eindringbereiches d_{ein} sowie die Periodizität überschlägig abgeschätzt werden kann:

$$d_{\mathrm{ein}} = \frac{\lambda}{4\pi \cdot k} \qquad (12.11)$$

k Extinktionskoeffizient

Setzt man den experimentell ermittelten Wert für k ein, dann ergibt sich eine Eindringtiefe im Nanometerbereich mit $d = 8{,}3 \cdot 10^{-9}$ m. Diese Größenordnung ist typisch für Metalle.

Bestimmung der Periodizität von LSFL auf CrNi-Stahl 1.4301 mit $n = 1{,}4033$

Bei senkrechtem Einfall der Laserstrahlung mit $\lambda = 1030$ nm beträgt nun die gemäß Formel 12.10 berechnete **LSFL-Periode: 734 nm.**

Dieser Wert stellt eine realistische Näherung der zu erwartenden Periodizität dar (siehe auch Tabelle 12.11).

Tabelle 12.11 Typische LSFL-Perioden auf verschiedenen Werkstoffen bei Ultrakurzpulslaserbestrahlung (zusammengestellt nach den angeführten Quellen)

Werkstoff	Laserwellenlänge λ [nm]	Typische LSFL-Periode Λ [nm]	Quellen
CrNi-Stahl (1.4301)	515	400 – 500	*/Bons2017/*
	1030	650 – 800	*/Bons2012/* */Müll2016/*
Reines Titan (Ti)	1030	600 – 750	*/Cunh2016/*
Aluminium (Al)	800	500 – 650	*/Bons2012/*
Silizium (Si) Quarzglas	800	500 – 700	*/Zorb2015/* */Bons2012/*
	1030	700 – 850	*/Bons2017/* */Rohl2012/*
Borosilikatglas	1030	700 – 900	*/Bons2017/*
Polyimid (PI)	800	400 – 600	*/Rebo2015/*
	1030	600 – 800	*/Rebo2015/*

Der **Extinktionskoeffizient** k beschreibt den absorbierten Anteil der Wechselwirkung elektromagnetischer Strahlung mit der Oberfläche. Bei Metallen wie Edelstahl ist k typischerweise deutlich größer als der reelle Brechungsindex n und steuert maßgeblich die Eindringtiefe und somit die Energieeinbringung in die obersten Nanometerschichten der Werkstoffoberfläche.

Die Höhe des Extinktionskoeffizienten k hat einen entscheidenden Einfluss auf die Ausbildung von laserinduzierten periodischen Oberflächenstrukturen (LIPSS), denn ein hoher Wert führt zu einer sehr geringen optischen Eindringtiefe, typischerweise im Bereich weniger Nanometer. Dadurch wird die eingestrahlte Laserenergie nahezu vollständig in den obersten Materialschichten absorbiert und begünstigt die Entstehung von LIPSS sehr dicht an der Werkstoffoberfläche. Gleichzeitig entwickeln sich aufgrund der lokal konzentrierten Energieabsorption steile thermische Gradienten, die die Ausbildung klar abgegrenzter regelmäßiger Strukturen fördern. Insbesondere bei moderaten Fluenzwerten lassen sich unter diesen Bedingungen stukturell gut ausgeprägte LSFL (Low Spatial Frequency LIPSS) erzeugen (Bild 12.38).

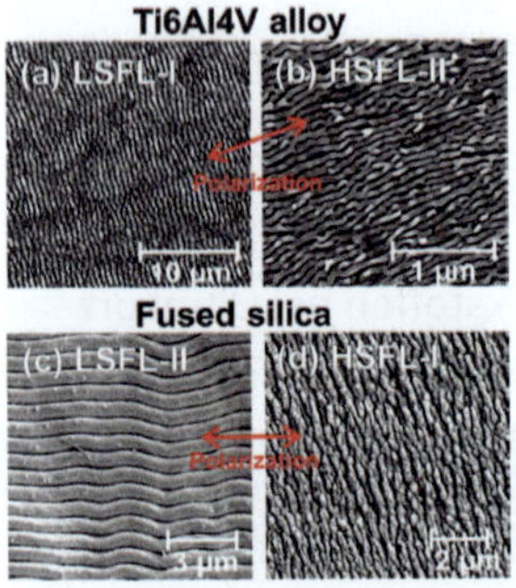

Bild 12.38 REM-Aufnahmen verschiedener Typen von laserinduzierten periodischen Oberflächenstrukturen (LIPSS) auf metallischem Ti6Al4V (obere Bildreihe) sowie auf dielektrischem Quarzglas (untere Bildreihe) (unterschiedliche Vergrößerungen beachten). Die roten Doppelpfeile zeigen jeweils die Richtung der linearen Polarisationsorientierung des Laserstrahls an.

a) LSFL-I auf Ti6Al4V mit $\lambda = 790$ nm, $F = 0{,}11$ J·cm^{-2}, effektive Pulsanzahl $N_{Eff\,1D} = 56$, $\tau_{LP} = 30$ fs, $f_p = 1$ kHz, eine Überfahrt (Nachdruck mit Genehmigung aus */Bonse2015/*. © 2015, J. Bonse et al., De Gruyter),
b) HSFL-II auf Ti6Al4V mit $\lambda = 790$ nm, $F = 0{,}08$ J·cm^{-2}, effektive Pulsanzahl $N_{Eff} = 280$, $\tau_{LP} = 30$ fs, $f_p = 1$ kHz, zwei Überfahrten (Nachdruck mit Genehmigung aus */Bonse2015/*. © 2015, J. Bonse et al., De Gruyter),
c) LSFL-II auf Quarzglas bei $\lambda = 800$ nm, $F = 3{,}9$ J·cm^{-2}, Pulsanzahl $N = 100$, $\tau_{LP} = 50$ fs, $f_p = 0{,}25$ kHz (Nachdruck mit Genehmigung aus */Höhm2013/*. © 2013, AIP Publishing),
d) HSFL-I auf Quarzglas bei $\lambda = 1025$ nm, $F = 4{,}5$ J·cm^{-2}, effektive Pulsanzahl $N_{Eff\,2D} = 63$, $\tau_{LP} = 300$ fs, $f_p = 100$ kHz, eine Überfahrt (Nachdruck mit Genehmigung aus */Bonse2020/*. © 2020, Laser &Photonics Reviews, Wiley)

Im Gegensatz dazu führt ein niedriger Extinktionskoeffizient zu einer deutlich tieferen optischen Eindringtiefe, da sich die eingebrachte Laserenergie diffuser über ein größeres Volumen des Materials verteilt, wodurch die Intensitätsmodulationen an der Oberfläche abgeschwächt werden. Die Interferenzmuster, die die Erzeugung von LIPSS steuern, verlieren an Kontrast und erschweren somit die Ausbildung regelmäßiger Strukturen. Infolgedessen kann es zu unstrukturierten, schlecht definierten oder unregelmäßigen LIPSS kommen, die für viele technische Anwendungen, insbesondere in der Funktionalisierung von Oberflächen, unerwünscht sind.

Die gezielte Prozessführung und Materialauswahl unter Berücksichtigung des Extinktionskoeffizienten ist essenziell, um eine hohe Reproduzierbarkeit und Qualität bei der LIPSS-Erzeugung zu gewährleisten.

Die Schwellfluenz, ab der eine Oberflächenmodifikation (Beginn der LIPSS-Ausbildung) eintritt, kann näherungsweise durch die Materialabsorption und die Wärmeausbreitung unter Berücksichtigung der optischen Eindringtiefe d_{ein} (Formel 12.11) beschrieben werden:

$$F = \frac{\rho \cdot c_p \cdot \Delta T \cdot d_{\text{ein}}}{A_{\text{g}}} \tag{12.12}$$

F Fluenz; ΔT erforderliche Temperaturerhöhung; d_{ein} optische Eindringtiefe; c_p spezifische Wärmekapazität; A_g Absorptionsgrad der verwendeten Laserwellenlänge

Für High Spatial Frequency LIPSS (HSFL) gibt es keine universell gültige analytische Beschreibung. Die Periode Λ_{HSFL} ist meist signifikant kleiner als die Laserwellenlänge:

$$\Lambda_{\text{HSLF}} \approx (0{,}1 \ldots 0{,}5)\lambda \tag{12.13}$$

HSFL werden stark von Plasmaprozessen, Mehrphotonenabsorption und lokalen Feldverstärkungen beeinflusst und müssen oft experimentell bestimmt werden.

Auf weitere Informationen sei an dieser Stelle auf */Bons2015/* und */Bonse2020/* verwiesen.

12.5.2 Mikrostrukturierung durch gepulste Laserstrahlung

Die **Mikrostrukturierung** von Werkstoffoberflächen mit gepulster Laserstrahlung ist eine etablierte Technologie, die eine sehr präzise Erzeugung von funktionalen Mikro- und Nanostrukturen ermöglicht. Im Unterschied zur Bildung von LIPSS, die auf selbstorganisierenden Prozessen beruht, erfolgt die Mikrostrukturierung hier überwiegend durch gezielt steuerbare Abtrags- oder Modifikationsprozesse. Diese entstehen infolge lokal begrenzter Wechselwirkungen zwischen dem Laserstrahl und dem Material. Grundlage der Mikrostrukturierung ist die hochlokalisierte Energieeinbringung durch Laserimpulse mit definierter Pulsdauer, Wellenlänge und Fluenz.

Typische **Zielstrukturen der Mikrostrukturierung** mit ns-Laserpulsen umfassen Linien, Rillen, Mikrobohrungen, Punktarrays oder komplexe Flächenmuster im Bereich von wenigen Mikrometern bis hinunter in den Submikrometerbereich. Diese Strukturen finden vielfältige Anwendungen in der tribologischen Optimierung, der gezielten Benetzungsmodifikation (hydrophile oder hydrophobe Oberflächen), der elektrischen Kontaktierung, der Biokompatibilitätsverbesserung oder der optischen Funktionalisierung von Bauteiloberflächen.

Ein wesentliches Merkmal der mikrostrukturierten Oberflächen ist die Geometrie- und Topografiekontrolle durch Variation der Prozessparameter. Dabei spielen insbesondere folgende Parameter eine zentrale Rolle:

- Laserwellenlänge: prägt die Absorptionseigenschaften und die erreichbare Strukturauflösung.
- Pulsdauer: kürzere Pulse minimieren thermische Nebenwirkungen, erhöhen aber die Anforderungen an die Prozesskontrolle.
- Pulsregime: Einzelpulse, Burstmodi oder Mehrfachbestrahlungen haben Auswirkung auf die Abtragscharakteristik.
- Strahlführung und -formung: Galvoscanner und diffraktive Optiken ermöglichen flexible Strukturgeometrien.
- Fluenz: muss oberhalb der Abtrags- oder Modifikationsschwelle liegen, beeinflusst aber stark die Strukturqualität.

Je nach Anwendungsfall werden unterschiedliche Lasertypen eingesetzt. Für die hochpräzise Mikrostrukturierung empfindlicher Materialien wie Glas, Keramik oder Polymere haben sich insbesondere Femtosekundenlaser mit Wellenlängen im Nahinfrarot- oder grünen Spektralbereich etabliert. Für Metalle sind häufig Piko- oder Nanosekundenlaser mit höheren Pulsenergien zu bevorzugen.

Die mikrostrukturierte Funktionalisierung von Werkstoffoberflächen durch gepulste Laserprozesse eröffnet ein breites Spektrum technischer Anwendungen, die auf die Verbesserung physikalischer, tribologischer, optischer oder biologischer Eigenschaften abzielen. Ein bedeutendes Anwendungsfeld liegt in der Herstellung mikrofluidischer Systeme, bei denen durch präzises Abtragen von Material feinste Kanäle, Kavitäten oder Reservoirs in Glas- oder Polymerwerkstoffen erzeugt werden. Solche mikrofluidischen Strukturen werden unter anderem in Lab-on-a-Chip-Systemen für die medizinische Diagnostik oder in analytischen Messsystemen angewandt.

Ein weiteres relevantes Einsatzgebiet ist die Strukturierung von Implantatoberflächen, insbesondere bei metallischen oder keramischen Materialien. Durch gezielte Mikrostrukturierung lassen sich hier die topografischen Eigenschaften so beeinflussen, dass die Zelladhäsion und das Einwachsverhalten im biologischen Gewebe signifikant verbessert werden. Dadurch können die Integration von Implantaten im Körper sowie deren Langzeitstabilität erhöht werden.

Im Bereich optischer Komponenten ermöglicht die mikrostrukturierte Oberflächenmodifikation die gezielte Erzeugung von Antireflexstrukturen auf Gläsern und transparenten Polymeren. Dadurch lassen sich Reflexionsverluste verringern und die Transmissionseigenschaften verbessern, was insbesondere bei Linsen, Abdeckgläsern oder optischen Sensoren von Vorteil ist. Darüber hinaus wird die Mikrostrukturierung zur Reibungsminimierung auf metallischen Oberflächen eingesetzt, indem definierte Mikrotexturen erzeugt werden, die das tribologische Verhalten optimieren und so den Verschleiß reduzieren. Anwendung findet diese Methode beispielsweise bei bewegten Maschinenelementen, in der Feinwerktechnik oder bei Mikrogleitlagern.

Bild 12.39 zeigt die Ergebnisse der Mikrostrukturierung einer CrNi-Stahloberfläche unter Verwendung gepulster Nanosekundenlaserstrahlung. Das Bild a mit einer Vektorgrafik der Kontur eines Schmetterlingsmotivs stellt die Ausgangsdatei dar und dient als Grundlage für die Laserstrahlbearbeitung, deren relevante Parameter wie Linienabstand, Pulsfrequenz, Pulsenergie und Überlappung vorab prozessseitig definiert wurden. Im Bild b ist das laserstrahlstrukturierte Werkstück unter senkrechter Beleuchtung zu sehen. Die Oberfläche erscheint homogen mattiert, die Mikrostruktur selbst ist jedoch visuell kaum erkennbar, da die Strukturen im Submikrometerbereich liegen und keine signifikanten makroskopischen Topografiekontraste erzeugen. Dieselbe Probe ist im Bild c abgebildet, jedoch unter flachem Beleuchtungs- und Betrachtungswinkel, sodass deutlich sichtbare lichtoptische Interferenzeffekte auftreten, die durch die regelmäßige mikrostrukturierte Oberfläche verursacht werden. Die entstehenden Beugungsfarben sind auf laterale Strukturen im Bereich der optischen Wellenlänge zurückzuführen und demonstrieren eindrucksvoll die Bildung periodischer Strukturen durch präzise Lasermikrostrukturierung.

Diese Art der Mikrostrukturierung kann für funktionale Anwendungen wie Diffraktionsoptiken, Designoberflächen, lichtleitende Strukturen oder biologisch inspirierte Oberflächenmodifikation (z. B. zur Adhäsionskontrolle) prinzipiell genutzt werden.

a) b) c)

Bild 12.39 Mikrostrukturierung mit ns-Laserpulsen auf einer CrNi-Stahloberfläche. a) Ausgangsdatei mit zugewiesenem Linenabstand und Prozessparametern, b) Objekt nach der Mikrostrukturierung im senkrechten Betrachtungswinkel, c) Objekt nach der Mikrostrukturierung unter einem kleinen Betrachtungswinkel, mit Sichtbarwerden der Lichtbeugung bzw. Interferenzerscheinung an den Mikrostrukturen

Weitere Ausführungen zu den tribiologischen Funktionen werden im folgenden Abschnitt ausgeführt.

12.5.3 Funktionelle Strukturierung für tribologische, optische oder benetzungstechnische Anwendungen

Die **Mikro- und Nanostrukturierung** von Oberflächen durch gepulste Laserbestrahlung gilt als Schlüsseltechnologie zur Beeinflussung und Funktionalisierung technischer Oberflächen. Insbesondere die direkte Laserstrahlstrukturierung ermöglicht die dauerhafte Verbesserung tribologischer, benetzungsbezogener oder optischer Eigenschaften von Bauteilen ohne den Einsatz zusätzlicher Materialien oder komplexer Nachbehandlungen.

Die zugrundeliegenden physikalischen Effekte beruhen auf der lokalen, hochpräzisen Energieeinbringung durch den Laserstrahl, die zu einem kontrollierten Materialabtrag, einer Mikro- oder Nanoumfomung oder einer Modifikation der Oberflächentopografie führt. Entscheidend ist dabei die gezielte Parameterauswahl in Abhängigkeit von Werkstoff, gewünschter Funktionalität und Strukturmaßstab.

12.5.3.1 Tribologische Funktionalisierung durch Laserstrahlstrukturierung

Die **tribologischen Eigenschaften** von Bauteiloberflächen wie Reibungsverhalten, Verschleißbeständigkeit oder Schmierstoffverteilung lassen sich durch Mikrostrukturierung gezielt optimieren. Besonders bewährt haben sich dabei regelmäßige Arrays aus Vertiefungen, Mikrogräben oder Punktstrukturen, die als Mikrospeicher für Schmierstoffe wirken oder den direkten Kontakt zwischen Reibpartnern reduzieren. Auch die Reduktion der adhäsiven Kontaktfläche kann zu einer signifikanten Verringerung von Gleit- oder Haftreibung beitragen.

Typische **Strukturgeometrien** für tribologische Anwendungen sind:

- kreisförmige Mikrovertiefungen (Dimples) im Durchmesserbereich von 10 – 100 µm,
- lineare Mikrogräben oder Kreuzrasterstrukturen,
- Mikrostrukturarrays mit definierten Tiefenprofilen (0,5 – 5 µm Tiefe).

Diese Strukturen werden vor allem auf metallischen Werkstoffen wie Stahl, Titan oder Aluminium eingesetzt, beispielsweise als Dichtflächen von Wellendichtringen, Gleitlagern und Bauteilen in tribologisch hochbelasteten Systemen wie Motoren oder Pumpen.

Experimentelle Untersuchungen belegen, dass durch geeignete Laserstrahlstrukturierung Reibungskoeffizienten um bis zu 30 – 50 % reduziert und die Standzeiten von Bauteilen signifikant erhöht werden können. */Bons2018/*, */Wang2018/*

Mikrostrukturierung einer CrNi-Stahloberfläche durch Femtosekundenlaser

Zielsetzung: Erzeugung linearer Mikrostrukturen (Rillen) mit einer Strukturbreite von ca. 10 µm und einer Tiefe von ca. 1 µm für tribologische Anwendung (z. B. Reibungsreduktion).

Tabelle 12.12 Auswahl geeigneter Laser- und Prozessparameter

Parameter	Wert
Wellenlänge [nm]	1030
Pulsdauer [fs]	300 fs
Pulsenergie [µJ]	10
Repetitionsrate [kHz]	100
Fokusdurchmesser ($1/e^2$) [µm]	20
Fluenz [$J \cdot cm^{-2}$]	3,2
Scangeschwindigkeit [$mm \cdot s^{-1}$]	50
Linienabstand (Hatching) [µm]	15
Überlappung der Pulsfolgen [%]	ca. 70
Atmosphäre	kontrolliertes Schutzgas (Stickstoff)

Bewertung der gewählten Laser- und Prozessparameter:

- Die Wahl einer Pulsdauer im Femtosekundenbereich minimiert thermische Nebeneffekte, wodurch ein präziser Materialabtrag mit glatten Strukturflanken möglich ist.
- Die moderat über der Abtragsschwelle für CrNi-Stahl liegende Pulsenergie lässt einen kontrollierten Materialabtrag ohne Schmelzperlenbildung zu.
- Die hohe Repetitionsrate erlaubt eine schnelle Bearbeitung bei gleichzeitig hoher Pulsüberlappung, wodurch gleichmäßige Strukturen gebildet werden.
- Die Fluenz von ca. 3,2 $J \cdot cm^{-2}$ liegt im typischen Bereich für Mikrostrukturierungsaufgaben auf CrNi-Stahl mit definierten Rillenstrukturen und hohem Kontrast.
- Ein Linienabstand von 15 µm bei einem Fokusdurchmesser von ca. 20 µm stellt sicher, dass die einzelnen Strukturen leicht überlappen und eine durchgehende Mikrostruktur erzeugt wird.

Unter diesen Prozessbedingungen entstehen gleichmäßige, reproduzierbare Mikrostrukturen mit einer Rillenbreite von ca. 10 – 12 µm und einer Tiefe von ca. 0,8 – 1,2 µm, die eine hohe Strukturqualität bei minimalen thermischen Nebeneffekten aufweisen.

12.5.3.2 Benetzungsmodifikation durch Mikro- und Nanostrukturierung

Durch Laserstrahlstrukturierung lässt sich die Wechselwirkung zwischen Flüssigkeiten und festen Oberflächen konkret beeinflussen. Insbesondere die Generierung superhydrophober oder superhydrophiler Oberflächen durch Kombination von Mikro- und Nanostrukturen ist Gegenstand intensiver Forschung und bereits in technischen Anwendungen etabliert. */Yang2017/*, */Lou2023/*

Prinzipien der Benetzungsmodifikation:

- Erzeugung hierarchischer Mikro- und Nanostrukturen,
- Kombination von Topografiemodifikation mit chemischer Oberflächenfunktionalisierung,
- Beeinflussung des Kontaktwinkels durch gezielte Oberflächenstrukturierung.

Die Beeinflussung der **Benetzungseigenschaften** technischer Oberflächen durch laserinduzierte Mikro- und Nanostrukturen eröffnet ein breites Spektrum für technologische Anwendungen. Ein besonders innovatives Beispiel stellen sogenannte **superhydrophobe Oberflächen** dar, die auf dem Prinzip der Kombination von Mikro- und Nanostrukturen nach biologischem Vorbild wie dem Lotus-Effekt basieren. Solche Oberflächen finden beispielsweise Anwendung in selbstreinigenden Beschichtungen für Glas, Keramik oder Metalle und verhindern das Anhaften von Schmutzpartikeln durch die stark reduzierte Adhäsion von Flüssigkeitstropfen, wodurch sich die Reinigungsintervalle erheblich vergrößern lassen.

Im Bereich der Antifouling-Technologie hemmen speziell gestaltete Mikro- und Nanostrukturen die Anlagerung von Biofilmen, Algen oder Mikroorganismen auf technischen Oberflächen, ohne dass aggressive chemische Beschichtungen notwendig sind.

Laserstrahlstrukturierte Oberflächen bei mikrofluidischen Systemen, einem weiteren wichtigen Anwendungsfeld, ermöglichen die gezielte Steuerung von Flüssigkeitsbewegungen auf Mikrometer- und Submikrometermaßstab. **Superhydrophile Strukturen** können beispielsweise Kapillareffekte verstärken und so die Flüssigkeitsverteilung oder das Tropfenmanagement optimieren. Die zunehmende Verbreitung laserinduzierter Benetzungsmodifikationen in der Medizintechnik ist darauf zurückzuführen, dass sich beispielsweise Implantatoberflächen durch definierte Mikro- oder Nanotopografien beeinflussen lassen, um eine gezielte Zelladhäsion oder -proliferation zu fördern. Umgekehrt können superhydrophobe Strukturen zur Verbesserung der Langzeitverträglichkeit von Medizinprodukten das Anhaften von Bakterien und damit die Biofilmbildung vermindern.

Darüber hinaus werden diese wasserabweisenden laserstrahlstrukturierten Oberflächen zur Steuerung der Vereisungseigenschaften eingesetzt und können die Haftung von Eisansätzen auf technischen Oberflächen wie Flugzeugtragflächen, Rotorblättern oder Antennen signifikant reduzieren, wodurch sich die Sicherheit und Effizienz solcher Systeme erhöhen lässt.

Nicht zuletzt spielt die Benetzungsmodifikation durch Mikro- und Nanostrukturierung auch in der Energietechnik eine zunehmend wichtige Rolle, um beispielsweise den Phasenübergang von Flüssigkeiten in Kondensatoren, Wärmetauschern oder Verdampfungssystemen zu beeinflussen und damit die Energieeffizienz zu steigern.

12.5.3.3 Optische Funktionalisierung durch Laserstrahlstrukturierung

Ein prominentes Beispiel für die Beinflussung optischer Eigenschaften von Oberflächen durch periodische Mikro- oder Nanostrukturen sind sogenannte Antireflexstrukturen, die auf Glas- oder Polymeroberflächen durch periodische Nanomuster erzeugt werden und Reflexionsverluste minimieren.

Typische optische Anwendungen sind:

- Antireflexionsschichten auf Optiken, Displays oder Photovoltaikmodulen,
- strukturbasierte Farbmodulation (plasmonische oder interferenzbasierte Effekte),
- diffraktive Strukturen zur Strahlformung,
- Beugungsgitter oder Sicherheitsmerkmale in der Mikrosystemtechnik.

Insbesondere mit Ultrakurzpulslasern lassen sich auf Glas, Silizium oder transparenten Polymeren periodische Strukturen im Submikrometerbereich erzeugen, die durch Interferenzeffekte oder graduelle Brechungsindexverläufe gezielte Anpassungen der optischen Eigenschaften ermöglichen, ohne die mechanische Integrität des Substrats zu beeinträchtigen.

Auf weiterführende Informationen sei an dieser Stelle auf */Haus2021/*, */Miya2025/* verwiesen.

12.6 Spezielle Verfahren des Funktionalisierens von Bauteiloberflächen

Durch die besonderen Eigenschaften des Werkzeuges Laserstrahl haben sich neben den vielfältigen Oberflächenbehandlungsverfahren für metallische Werkstoffe auch vollkommen neue Technologien für keramische und silikatische Werkstoffe sowie polymere Materialien entwickelt. Diese lassen sich nicht ganz eindeutig den Verfahrensmerkmalen der Tabelle 12.1 zuordnen, da z. T. andere Wirkprinzipien oder chemische Reaktionen auftreten, als dies in den vorstehenden Abschnitten diskutiert wurde. Eine wesentliche Gemeinsamkeit aller Verfahren ist die definierte Eigenschaftsänderung im Bereich der Bauteiloberfläche mit dem Ziel eine bestimmte Funktionalität zu erreichen (z. B. leitfähige Schichten, veränderte Fließeigenschaften). Man spricht bei diesen Verfahren oft auch vom **Funktionalisieren der Bauteiloberfläche**.

12.6.1 Laser Annealing (Kristallisation amorphen Siliziums)

Ein etabliertes Verfahren zur funktionalen Umwandlung amorphen Siliziums in polykristallines Silizium ist das Excimer Laser Annealing (ELA), auch als Linien-Scan-Kristallisation bekannt. Dabei wird eine dünne amorphe Siliziumschicht (häufig 10–50 nm) mit ultrakurzen UV-Impulsen aufgeschmolzen und anschließend zu einer polykristallinen Struktur rekristallisiert, die eine deutlich höhere Elektronenmobilität aufweist. Die wenige 10 nm starken amorphen Siliziumschichten lassen sich mit dem Laser gezielt aufschmelzen und zu polykristallinen Schichtstrukturen, die sich durch eine wesentlich höhere Elektronenmobilität auszeichnen, umwandeln. Anwendung findet das Verfahren insbesondere in der Displaytechnik für die Herstellung von LCD- und OLED-Displays, denn durch leistungsstarke Lasersysteme können die industriellen Fertigungszeiten für den flächigen Kristallisationsprozess verkürzt werden. Beim ELA-Verfahren wird ein Linienstrahl von 365 mm Länge und eine Laserleistung von 540 W verwendet, um hohe Scangeschwindigkeit zu erzielen. Die starke UV-Absorption des Siliziums bei einer Wellenlänge von $\lambda = 308$ nm begrenzt die Eindringtiefe, wodurch die Glassubstrate nicht beschädigt werden */coherent2025/*, */Chow2020/*

Eine andere Technologie, das **SLS (Sequential lateral Solidification)** basiert auf dem Maskenverfahren, bei dem eine versetzte periodische Linienstruktur (Bild 12.40 a) mit einer Linienbreite und einem -abstand kleiner 6 µm abgebildet wird. Durch die Relativbewegung zwischen dem Laserstrahl und dem beschichteten Glassubstrat belichtet die nachlaufende Linienreihe mit dem zweiten Laserimpuls die unbeeinflussten Zonen der ersten Linienstruktur, sodass eine flächige Kristallisation stattfindet (Bild 12.40 b).

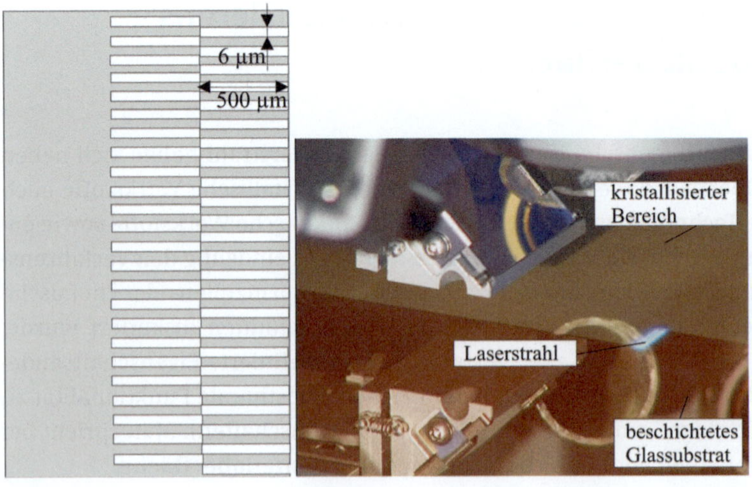

Bild 12.40 SLS-Verfahren */Jena2011-7.7.3/*. a) Maskenstruktur, b) Prozessdarstellung

Die mit dem SLS-Verfahren bearbeiteten Strukturen auf einem Glasträger im Bild 12.41 wurden mit einer Wellenlänge von 308 nm und einer Impulsenergie von 900 mJ erzeugt. Dies führt in der aktivierten polykristallinen Schicht zu einer Erhöhung der Elektronenmobilität größer 200 $cm^2 \cdot V \cdot s^{-1}$. Bild 12.41 b zeigt eine Mikroskopaufnahme der kristallinen Struktur aus einem Bereich nach dem ersten Impuls, die eine Breite von 4 µm aufweist. Typische mittlere Kristallgrößen betragen 2 µm × 0,3 µm. Das Verfahren ermöglicht eine gleichmäßige Kristallisation über große Flächen und wird industriell zur Herstellung von TFT-Backplanes für AMOLED- oder LCD-Displays verwendet. */coherent2025/*

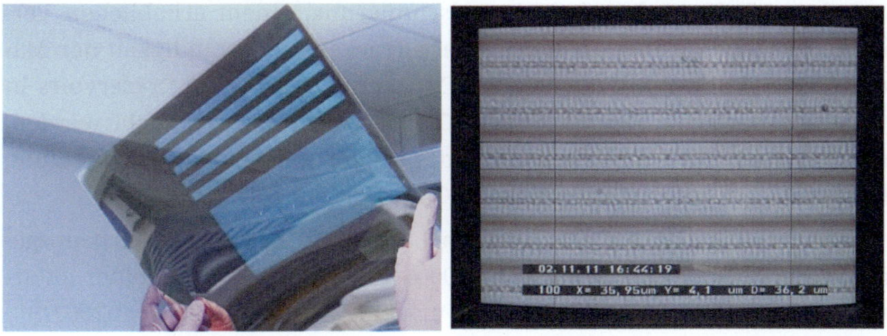

a) b)

Bild 12.41 Ergebnisse des SLS-Verfahrens */Jena2011-7.7.3/*. a) Glassubstrat mit polykristallinen Strukturen, b) vergrößerte Darstellung polykristalliner Bereiche

12.6.2 Thermochemische Laserstrahlbehandlung

Die **thermochemische Laserstrahlbehandlung** kombiniert die lokale, präzise Energieeinbringung durch den Laserstrahl mit stofflichen Modifikationen durch die Verwendung von Reaktionsgasen oder Beschichtungsmaterialien während des Prozesses. Ziel ist die Veränderung der Oberflächeneigenschaften von Werkstoffen in einem definierten Bereich durch Diffusions- oder chemische Reaktionen.

Als klassisches Beispiel gilt die laserinduzierte Aufkohlung oder Nitrierung metallischer Werkstoffe, bei der die Reaktionselemente durch die simultane Laserbestrahlung und Exposition gegenüber kohlenstoff- oder stickstoffhaltigen Atmosphären in die erhitzte Randschicht des Werkstoffs diffundieren. Die daraus resultierende dotierte Randschicht führt zu einer Erhöhung der Härte, der Verschleißfestigkeit und der Korrosionsbeständigkeit der Oberfläche.

Bei der laserstrahlunterstützten Oxidation, einem weiteren Beispiel, werden Oxidschichten durch kontrollierte Lasererwärmung in sauerstoffhaltiger Umgebung erzeugt, die sowohl schützende als auch dekorative Funktionen erfüllen oder die optischen Eigenschaften (z. B. Farbwirkung, Reflexionsverhalten) beeinflussen können.

Thermochemische Laserstrahlprozesse bieten gegenüber konventionellen Verfahren den Vorteil einer lokal begrenzten, hochpräzisen Bearbeitung, die ohne nennenswerte Beeinträchtigung des Grundwerkstoffs erfolgt. Zudem lassen sich die Prozessbedingungen flexibel an unterschiedliche Werkstoffe und Zielanwendungen anpassen. Die Kombination von Wärme- und Stoffeintrag während eines einzigen Bearbeitungsschrittes eröffnet ein breites Spektrum technischer Anwendungen insbesondere in der Werkzeugtechnik, der Medizintechnik und der Oberflächenveredelung.

Werkstoffe aus **Siliziumcarbid** (SiC) werden aufgrund ihrer charakteristischen Materialeigenschaften (hohe Härte, hohe Temperaturbeständigkeit) als Gleitlager und Gleitringdichtungen eingesetzt. Trotz dieser Eigenschaften können solche Reibsysteme in der Anwendung, insbesondere bei Mangelschmierung, einem erheblichen Verschleiß unterliegen. Eine Lösung für eine höhere Trockenlaufbeständigkeit der Materialpaarung SiC/SiC kann mit einer lokalen Einlagerung von Graphitreservoirs in die Oberfläche gesinterter SiC-Gleitlager und Gleitringdichtungen erreicht werden. Graphit als Festschmierstoff wird dabei über eine gezielte und partielle Umwandlung aus gesintertem SiC, sog. CI-SiC (**C**arbon**I**nlay-SiC), gewonnen. */Mesc2002/*

Für diesen Umwandlungsprozess erwärmt ein Laserstrahl örtlich begrenzt ausgewählte Bereiche der SiC-Oberfläche auf etwa 1000 – 1250 °C, wobei unter einer Chlorgasatmosphäre eine chemische Reaktion nach Formel 12.14 stattfindet */Gogo2001/*:

$$SiC + 2Cl_2 \rightarrow C + SiCl_4 \qquad (12.14)$$

Bei der chemischen Reaktion mit elementarem Chlor wird Silizium durch Bildung des flüchtigen $SiCl_4$ herausgelöst und es bleibt Kohlenstoff in Form von festem, amorphem Graphit in der SiC-Oberfläche zurück. Als Reaktionsgas wird ein Gemisch aus Argon mit 4 % Cl verwendet */Müll2006/*. Im Ergebnis entstehen Graphitstrukturen, die die Reibeigenschaften der bearbeiteten SiC-Bauteile wesentlich verbessern.

Bild 12.42 stellt den schematischen Aufbau solch einer Prozesseinrichtung dar. Als Reaktionsraum wird ein gasdichter, für die Laserstrahlung durchlässiger Quarzglasrezipient eingesetzt, in dem das SiC-Bauteil mit dem Laser unter Ausschluss von Luftsauerstoff bestrahlt werden kann. Die zu bearbeitenden SiC-Axialgleitlager weisen vor der Laserstrahlbearbeitung bereits polierte Stirnflächen auf.

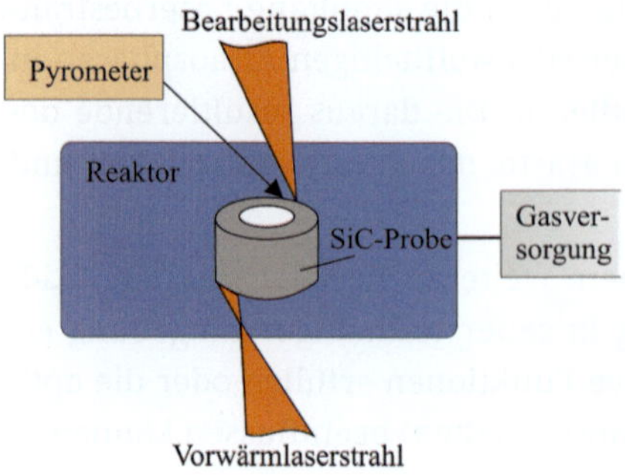

Bild 12.42
Experimenteller Aufbau zur Herstellung partieller Graphiteinlagerungen in SiC-Oberflächen nach */Müll2006/*

Um thermomechanische Spannungen während der partiellen Laserbestrahlung infolge hoher Temperaturgradienten zu vermeiden, wird das Bauteil auf etwa 900 °C vorgewärmt (Vorwärmstrahl). Anordnungsbedingt erfolgt das Vorwärmen über die Bauteilunterseite, wobei durch die hohe Wärmeleitfähigkeit des SiC eine gleichmäßige Wärmeverteilung im gesamten Bauteilvolumen sichergestellt werden kann. Im Gegensatz zu vielen beschriebenen Zweistrahlverfahren erfolgt in dieser Anordnung das Vorwärmen mit einem Nd:YAG-Laser und das Funktionalisieren der Oberflächen mit einem Diodenlaser. Der Absorptionsgrad für beide Wellenlängen liegt nahe 90 % /*Atan2000*/, sodass der überwiegende Teil der Laserleistung in Form von thermischer Energie für den Prozess genutzt werden kann. In Tabelle 12.13 sind die Eigenschaften der eingesetzten Laseranlagen zusammengefasst.

Tabelle 12.13 Parameter der verwendeten Lasersysteme

	Diodenlaser	FK-Laser
Wellenlänge	980 nm	1064 nm
maximal mittlere Leistung	200 W	260 W
Betriebsart/Pulsfrequenz	cw	pw/600 Hz
Strahldivergenz	40 mrad	12 mrad
	Scannereinheit	**Strahlführung über Lichtleitfaser**
Brennweite	163 mm	200 mm
Fokusabmessungen	(1 × 1,2) mm^2	0,25 mm
Bearbeitungsgeschwindigkeiten	maximal 10 $m \cdot s^{-1}$	2,5 $m \cdot min^{-1}$

Die Verwendung eines schnellen Scansystems gestattet frei programmierbare Strahlbewegungen, ähnlich dem Prinzip des Laserbeschriftens (vgl. Abschnitt 7.2). Somit lassen sich definierte **Graphiteinlagerungen** sehr flexibel, entsprechend der tribologischen Anwendung, auf der Oberfläche abbilden. In Bild 12.43 sind typische Beispiele für das Funktionalisieren von SiC-Oberflächen dargestellt, um gezielt das Reib- und Gleitverhalten solcher hochbeanspruchten Flächen beeinflussen zu können.

Für die **Temperaturerfassung** wird während der Bearbeitung ein Pyrometer in den Aufbau integriert, das stetig Temperaturmessungen durchführt und Temperaturverläufe aufnimmt. Im Beispiel aus Bild 12.43 a erfolgt die Ermittlung der Temperaturwerte und deren zeitlicher Verlauf (Bild 12.44) in einem feststehenden Messpunkt in einer der zu erzeugenden radial-linienförmigen Graphitlinien. Die minimale Temperatur in diesem Messpunkt entspricht etwa der Vorwärmtemperatur T_{vor}. Der maximale Wert ist die Reaktionstemperatur T_R in der Laserwirkzone, bei der die Umwandlungsreaktion abläuft. Um eine thermische Überhitzung des SiC zu vermeiden, wird die Reaktionstemperatur mit der Bearbeitungsgeschwindigkeit des Diodenlasers in einem Bereich von 1250–1260 °C geregelt. Die Streckenenergie muss so gewählt werden, dass es infolge der hohen Wärmeleitfähigkeit von SiC nicht zur Überhitzung und damit zur Reaktion der zwischen den Graphiteinlagerungen verbleibenden SiC-Anteilen kommt */Müll2006/*.

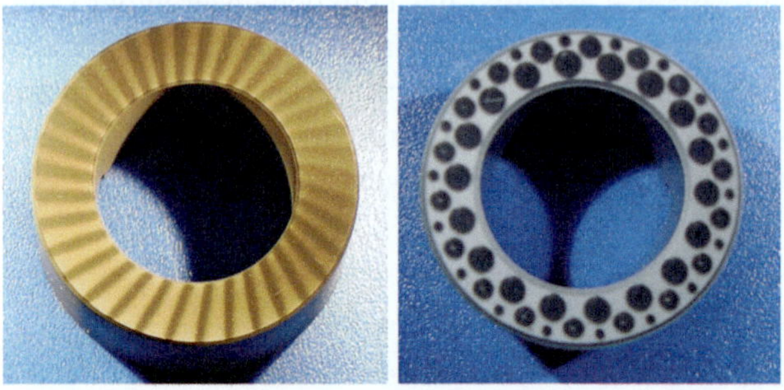

a) b)

Bild 12.43 Funktionalisierte SiC-Bauteile. a) Stirnfläche mit 36 radial-linienförmigen Strukturen, b) Stirnfläche mit 3 × 18 punktförmigen Graphiteinlagerungen */Müll2006/*

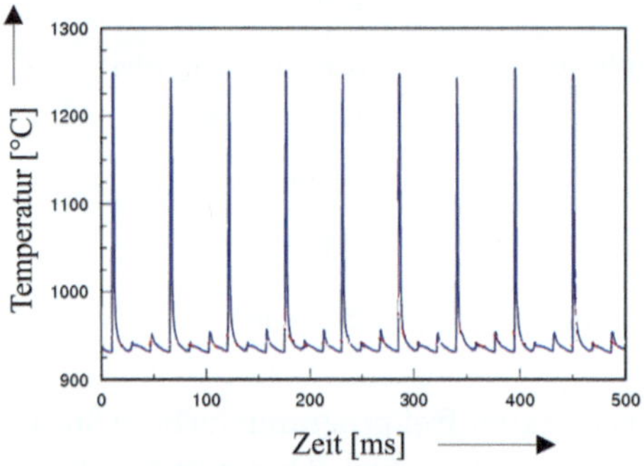

Bild 12.44 Darstellung des zeitlichen Temperaturverlaufs an der SiC-Probenoberfläche

Neben der Struktur hat die **Schichtdicke der Graphiteinlagerung** einen wesentlichen Einfluss auf die Verschleißbeständigkeit der CI-SiC-Bauteile. Für die geforderten Eigenschaften sind Einlagerungsdicken von ≥ 20 µm anzustreben. Die gemessene Graphit-Schicht einer laserbestrahlten SiC-Oberfläche in Bild 12.45 (REM-Aufnahme) weist eine mittlere Schichtdicke von etwa 20 µm auf. Für das Wachstum der Graphitschicht ist primär die Reaktionszeit, d. h. die effektive Laserstrahleinwirkzeit auf das vorgewärmte SiC-Bauteil, signifikant. Die Schichtdicke kann durch mehrfach wiederholte Laserstrahlzyklen in gewissen Grenzen gesteuert werden.

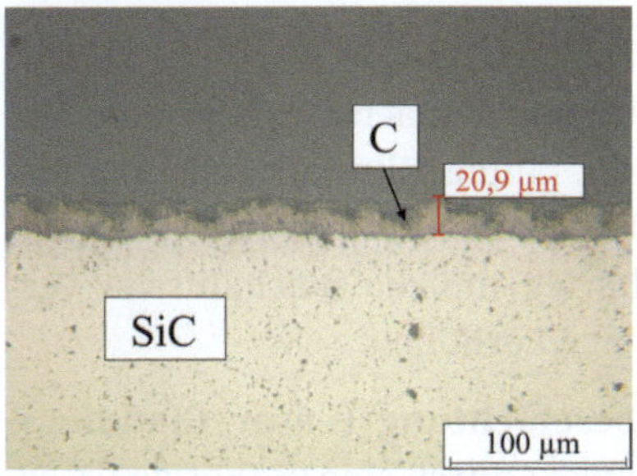

Bild 12.45
REM-Aufnahme einer SiC-Oberfläche ($P = 200$ W, $T_R = 1250$ °C, Bestrahlungszeit 200 s)

Ein Vorteil des **Laserstrahlfunktionalisierens** von SiC-Bauteilen mit hohen Graphitgehalten in der Lauffläche besteht darin, dass auch die funktionalisierten Flächen im Materialverbund den Anforderungen nach hoher Bauteilsteifigkeit, Druck- und Scherfestigkeit sowie Temperaturstabilität gerecht werden. Es lassen sich Graphitgehalte größer 80 % auf den Gleit- und Dichtflächen realisieren, ohne dass die mechanischen Eigenschaften gemindert werden */Müll2006/*.

12.7 Kombinierte Laserstrahlprozesse zur Oberflächenbehandlung

Die kombinierte Anwendung von Laserstrahlprozessen zur Oberflächenbehandlung stellt eine leistungsfähige Methode dar, um die funktionalen Eigenschaften von Werkstoffen zu modifizieren und neue Oberflächenfunktionen zu erzeugen. Durch die Integration mehrerer laserstrahlbasierter Verfahren, insbesondere Laserstrahlstrukturierung, Laserstrahltexturierung, Laserstrahlhärten, Laserstrahlauftragsschweißen oder Laserstrahlpolieren, lassen sich synergistische Effekte realisieren, die mit einzelnen Verfahren oft nicht erreichbar sind.

12.7.1 Grundlagen und physikalische Mechanismen der Prozesskombinationen

Kombinierte Laserstrahlprozesse nutzen unterschiedliche physikalische Wechselwirkungen des Laserstrahls mit dem Material, etwa photothermische, photomechanische und photochemische Effekte, in zeitlich oder räumlich aufeinander abgestimmter Weise. Dabei kann die Reihenfolge der Prozessschritte oder auch die simultane Anwendung verschiedener Laserparameter wie Wellenlänge, Pulsdauer, Impulsenergie und Wiederholrate entscheidend für das Ergebnis sein.

Typische Kombinationen umfassen:

- **Laserstrahlstrukturierung und Laserstrahlhärten:** Zunächst erfolgt eine Mikro- oder Nanostrukturierung der Oberfläche, z. B. mittels Ultrakurzpulslaser zur Erzeugung von laserinduzierten periodischen Oberflächenstrukturen (LIPSS). Anschließend wird die Oberfläche laserstrahlgehärtet, um die mechanische Verschleißfestigkeit und die Ermüdungsbeständigkeit zu erhöhen.
- **Laserstrahlstrukturierung und Laserstrahlbeschichtung (Laser Cladding):** Die Steigerung der Haftung der aufgetragenen Schicht durch eine vorherige Laserstrahlstrukturierung führt zu einer erhöhten Beständigkeit gegen Abrasion und Korrosion.
- **Laserstrahlpolieren und Laserstrahlstrukturierung:** Hier wird zunächst eine Oberflächenrauheit durch Laserstrahlpolieren reduziert, um anschließend durch kontrollierte Laserstrahlstrukturierung funktionale Mikro- und Nanostrukturen mit spezifischen optischen oder tribologischen Eigenschaften zu erzeugen.
- **Laserstrahlauftragsschweißen und Remelting:** Nach dem laserstrahlbasierten Auftrag metallischer Beschichtungen durch Laserstrahlauftragsschweißen erfolgt ein gezieltes Nachschmelzen der Schicht mittels Laserbestrahlung (Remelting). Dieses Verfahren dient der Reduzierung von Porosität, der Homogenisierung des Mikrogefüges sowie der Verbesserung der Haftfestigkeit und der Dichte der Schicht. Durch das Remelting können zudem die Rissanfälligkeit reduziert und die tribologischen Eigenschaften gezielt beeinflusst werden.

Die Wirkung kombinierter Laserprozesse beruht auf:

- **Gefügemodifikation:** Beim Laserstrahlhärten und Laserstrahlauftragsschweißen führt die starke lokale Temperaturerhöhung zu Gefügeumwandlungen (z. B. Martensitbildung bei Stahl), während die Strukturerzeugung durch Minimalwärmeeintrag mit Ultrakurzpulslasern erfolgt, um thermische Schädigung zu vermeiden.
- **Mikrostrukturierung:** Ultrakurzpulslaser erzeugen durch multiphotonische Absorption und schnelle Materialablation präzise Mikro- und Nanostrukturen (z. B. LIPSS), welche funktionelle Eigenschaften wie Hydrophobie, Antihaftwirkung oder erhöhte Oberflächenenergie hervorrufen */Bons2017/*.
- **Oberflächenchemie und Oxidschichten:** Laserstrahlprozesse können in-situ die Oberflächenchemie modifizieren, etwa durch Oxidation, Entgasung oder Dotierung, und so die Haftungseigenschaften und Korrosionsbeständigkeit beeinflussen */Zhan2019/*.
- **Spannungs- und Gefügegradienten:** Die Kombination verschiedener Prozesse erlaubt die Erzeugung lokaler Spannungen (Druck- oder Zugspannungen), welche mechanische Eigenschaften wie Ermüdungsfestigkeit verbessern oder Rissinitiation reduzieren.

12.7.2 Prozessparameter und Steuerung

Die gezielte Steuerung kombinierter Laserstrahlprozesse erfordert ein tiefes Verständnis der relevanten Prozessparameter sowie deren Wechselwirkungen, da in der Regel mehrere physikalische Mechanismen gleichzeitig oder sequenziell ablaufen. Aufgrund dessen ist die präzise Abstimmung der einzelnen Parameter von entscheidender Bedeutung für die Erreichung der gewünschten Funktionalisierung oder Modifikation der Werkstückoberfläche.

Ein umfassendes **Prozessmonitoring** ist bei Verfahrenskombinationen meist unerlässlich, um prozessbedingte Schwankungen frühzeitig erkennen und gezielte Regelstrategien implementieren zu können. Hierfür eignet sich die optische Online-Sensorik, beispielsweise pyrometrische Temperaturmessungen, Plasmaspektroskopie oder optische Kohärenztomografie (OCT), um während der Bearbeitung Echtzeitinformationen über Temperaturfelder, Schichtbildung oder Kristallinität zu gewinnen. Insbesondere bei industriellen Anwendungen mit hohen Anforderungen an Prozesssicherheit und Reproduzierbarkeit kommen zunehmend geschlossene Regelkreise zum Einsatz, bei denen die Echtzeitdaten aus dem Prozessmonitoring direkt zur Anpassung der Laserparameter genutzt werden, um beispielsweise konstante Schichtdicken, definierte Oberflächentopografien oder homogene Härteverläufe zu gewährleisten.

Insgesamt erfordert die präzise Steuerung kombinierter Laserprozesse eine integrative Betrachtung der Materialeigenschaften, der Prozessphysik sowie der verfügbaren Laser- und Sensoriksysteme.

12.7.3 Kombination Strukturierung und Härten

Die Kombination von Laserstrahlstrukturierung und anschließendem Laserstrahlhärten stellt einen technologisch hochentwickelten Prozessansatz zur gezielten funktionalen Oberflächenmodifikation dar. Dabei werden zunächst durch präzise Laserstrahlstrukturierungsverfahren, insbesondere mittels Ultrakurzpulslaserstrahlung, definierte Mikro- oder Nanostrukturen auf der Werkstückoberfläche erzeugt, die je nach Geometrie und Anwendungsfall der tribologischen Optimierung, der Benetzungsmodifikation oder der Erzeugung optischer Funktionalitäten dienen. Im direkten Anschluss erfolgt das Laserstrahlhärten, bei dem durch kurzzeitiges Aufschmelzen und schnelle Erstarrung der oberflächennahe Werkstoffbereich martensitisch umgewandelt wird. Durch diese Kombination kann das tribologisch oder funktional optimierte Oberflächenrelief mit einer erhöhten mechanischen Belastbarkeit und Verschleißbeständigkeit versehen werden.

Die physikalische Herausforderung dieses kombinierten Ansatzes liegt in der gezielten Parametrierung beider Prozessschritte, um einerseits die filigranen Mikro- oder Nanostrukturen nicht durch den Härtungsprozess zu zerstören, andererseits jedoch eine ausreichende Tiefenwirkung zur Erzeugung des gewünschten Härteprofils zu gewährleisten.

In einem ersten Schritt erfolgt die Erzeugung von laserinduzierten periodischen Oberflächenstrukturen (LIPSS) durch Bestrahlung mit einem Femtosekundenlaser ($\lambda = 1030$ nm, Pulsdauer 300 fs, Fluenz 0,4 $J \cdot cm^{-2}$). Diese Strukturen weisen laterale Perioden im Bereich von 300 bis 700 nm auf und verbessern die tribologischen Eigenschaften der Oberfläche.

Im zweiten Prozessschritt wird die Oberfläche mittels Laserstrahlhärten unter Verwendung eines Dioden- oder Scheibenlasers im cw- oder gepulsten Betrieb behandelt. Die Laserleistung liegt typischerweise im Bereich von 500 W bis 2000 W bei einer geeigneten Fokusgeometrie (Tophatprofil), sodass der oberflächennahe Bereich bis in Tiefen von 100 – 500 µm gehärtet wird. Durch die schnelle Erstarrung entsteht ein feinkörniges, martensitisches Gefüge mit signifikant erhöhter Härte.

Die Kombination beider Verfahren ermöglicht eine simultane Verbesserung verschiedener funktionaler Eigenschaften der Oberfläche:

- Erhöhung der tribologischen Leistungsfähigkeit durch Mikro- oder Nanostrukturen (z. B. Reibungsreduktion, gezielte Schmierstoffretention),
- Steigerung der mechanischen Belastbarkeit und Verschleißbeständigkeit durch martensitisches Härten,
- potenzielle Synergieeffekte durch Wechselwirkungen der Mikrostruktur mit den Härteeigenschaften.

Die präzise Prozessparametrierung erlaubt es dabei, die Strukturen trotz des nachfolgenden Schmelzprozesses weitgehend zu erhalten oder gezielt zu modifizieren. */Bons2017/*

12.7.4 Kombination Auftragsschweißen und Remelting

Die Kombination von Laserstrahlauftragsschweißen und anschließendem Remelting stellt einen technologisch etablierten Prozessansatz dar, um die Eigenschaften von verschleiß- oder korrosionsbeanspruchten Oberflächen zu optimieren. Während das Auftragsschweißen die gezielte Applikation von metallischen Funktionsschichten mit definierter chemischer Zusammensetzung ermöglicht, dient das nachgeschaltete Remelting der Homogenisierung der Mikrostruktur, der Reduktion von Defekten wie Poren oder Risse sowie der Verbesserung der Oberflächenqualität.

Gerade bei hochlegierten Auftragswerkstoffen wie Nickelbasis- oder Hartmetallschichten führt die Prozesskombination zu einer signifikant gesteigerten Schichtqualität sowie zu einer stabilen Anbindung an das Grundmaterial. Untersuchungen zeigen, dass sich durch **Remelting** von Laserstrahlauftragsschichten die Porenanteile deutlich verringern lassen und gleichzeitig eine homogene feinkörnige Mikrostruktur entsteht, die zu einer verbesserten mechanischen Belastbarkeit sowie einer erhöhten Verschleiß- und Korrosionsbeständigkeit führt. Darüber hinaus können durch das Remelting bestehende Rissansätze innerhalb der aufgetragenen Schicht geschlossen werden, wodurch die Bauteillebensdauer erhöht wird (siehe auch Abschnitt 12.2.2). */Xu2024/*, */Cai2021/*, */Ding2024/*

Auch im Bereich der additiven Fertigung gewinnen Kombinationen von addiven Prozessen und Remeltingprozessen zunehmend an Bedeutung, insbesondere wenn es um funktionsintegrierte Bauteile oder hochbeanspruchte Oberflächen geht */Swai2024/*.

Die Kombination von Laserstrahlauftragsschweißen und Remelting erfolgt in der Praxis idealerweise auf einem einheitlichen, integrierten Anlagensystem, das die nahtlose Abfolge beider Prozessstufen ohne Werkstücktransfer oder Umrüsten ermöglicht und so die Bildung reproduzierbarer und qualitativ hochwertiger Schichtaufbauten gewährleistet, die Prozessstabilität erhöht sowie die Wirtschaftlichkeit verbessert. Im ersten Schritt wird durch das Laserstrahlauftragsschweißen mit hoher Laserleistung (typischerweise im Bereich von 3,5 bis 4 kW) und vergleichsweise niedriger Vorschubgeschwindigkeit (6 bis 10 mm·s^{-1}) eine metallische Schicht, beispielsweise ein Werkzeugstahl 1.2343 (H13), auf das Grundmaterial aufgetragen. Der Laserstrahl schmilzt sowohl das Pulver, das typischerweise über eine Düse koaxial zum Laserstrahl eingebracht wird, als auch einen geringen Anteil des Grundmaterials auf.

Im Anschluss erfolgt unmittelbar das Remelting der abgeschiedenen Schicht mit reduzierter Laserleistung (typischerweise 1 bis 2 kW) und erhöhter Vorschubgeschwindigkeit (15 bis 30 mm·s^{-1}). Das Pulverzuführsystem ist hierbei deaktiviert, da es sich um eine reine Umwandlung und Glättung der oberflächennahen Schicht handelt. Der geringere Energieeintrag bewirkt ein kontrolliertes Umfließen und Umwandeln der Oberflächenmorphologie, wodurch eine deutliche Reduktion von Oberflächenrauheit, Porosität und inneren Spannungen erreicht wird, die das Schließen von Defekten wie Poren oder Risse, die Verringerung der Segregationseffekte innerhalb der Schicht und die Verfeinerung der Mikrostruktur nach sich zieht. Die Prozessparameter des Remeltingschrittes werden dabei so gewählt, dass lediglich die Schicht erneut aufgeschmolzen wird, während das Grundmaterial weitgehend unbeeinflusst bleibt.

Tabelle 12.14 Typische Prozessparameter für den kombinierten Prozess

Prozessschritt	Laserleistung P [kW]	Scangeschwindigkeit v_s [mm·s^{-1}]	Fokusdurchmesser d_f [mm]	Pulverzufuhrrate $\dot{m}$ [g·min^{-1}]	Energieeintrag E [J·mm^{-1}]
Laserstrahlauftragsschweißen	3,5 – 4,0	6 – 10	1,0 – 1,5	5 – 12	350 – 650
Remelting	1,0 – 2,0	15 – 30	1,0 – 1,5	0 (kein Pulver)	30 – 130

Die High-Speed-Videoaufnahme in Bild 12.46 zeigt die zweite Stufe des Remeltingprozesses, bei der ein zuvor mittels Laserstrahlauftragsschweißen aufgebrachter Schichtaufbau aus Werkzeugstahl 1.2343 durch angepasste Parameter oberflächlich umgeschmolzen wird. Die Aufnahme, in der die Schmelzbadzone als dünne, homogen fließende Metallschicht sichtbar ist, verdeutlicht den Prozess der Oberflächenverfeinerung, bei dem Rauigkeit und Porosität reduziert sowie die Mikrostruktur homogenisiert werden.

Bild 12.46
High-Speed-Videoaufnahme des Remeltingprozesses auf einem mittels Laserstrahlauftragsschweißen vorbeschichteten Werkzeugstahl 1.2343

Die Kombination von Laserstrahlauftragsschweißen und nachgeschaltetem Laserremelting bietet zahlreiche technologische Vorteile:

- **Defektreduktion:** Poren, Mikrorisse und Inhomogenitäten innerhalb der Schicht werden signifikant verringert.
- **Homogenisierung:** Die feinkörnige und homogene Ausbildung der Mikrostruktur der Schicht verbessert die mechanischen Eigenschaften.
- **Erhöhung der Schichthaftung:** Durch die kontrollierte Nachschmelzbehandlung wird die metallurgische Bindung zwischen Schicht und Substrat optimiert.
- **Oberflächenqualität:** Die Rauheit der Schicht kann durch Remelting reduziert werden, wodurch die nachfolgende mechanische Nachbearbeitung erleichtert wird.
- **Korrosions- und Verschleißbeständigkeit:** Die dichte, homogenisierte Schicht weist gegenüber unbehandelten Cladding-Schichten eine deutlich verbesserte Medien- und Verschleißbeständigkeit auf.

Diese Prozesskombination findet Anwendung im Maschinenbau, in der Energietechnik sowie in der Luft- und Raumfahrt, insbesondere bei hochbeanspruchten Bauteilen wie Wellen, Turbinenkomponenten oder Formwerkzeugen */Deng2024/*.

Übungsaufgaben zum Kapitel 12

(Die dazugehörigen Lösungen finden Sie auf *plus.hanser-fachbuch.de.*)

1. **Aufgabe:** Wirkprinzip des Laserstrahlpolierens von Polymeren

   Erläutern Sie das physikalische Wirkprinzip des Laserstrahlpolierens von Polymerbauteilen. Gehen Sie insbesondere auf die Rolle der selektiven Oberflächenerwärmung, das kurzzeitige lokale Aufschmelzen und den Einfluss der Oberflächenspannung auf die Glättung der Bauteiloberfläche ein.

2. **Aufgabe:** Einfluss der Materialeigenschaften auf den Poliererfolg

   Welche materialseitigen Eigenschaften beeinflussen das Ergebnis des Laserstrahlpolierens von Polymeren? Nennen und erläutern Sie mindestens drei relevante Parameter.

3. **Aufgabe:** Prozesstechnische Voraussetzungen für das Laserstrahlpolieren von PA12-Bauteilen

   Welche prozesstechnischen Voraussetzungen müssen erfüllt sein, um bei additiv gefertigten PA12-Komponenten durch Laserstrahlpolieren eine signifikante Oberflächenverbesserung zu erzielen? Gehen Sie dabei auf Laserleistung, Strahlprofil, Scangeschwindigkeit und Umgebungsbedingungen ein.

4. **Aufgabe:** Vorteile des Laserstrahlpolierens für die funktionale Oberflächenmodifikation

   Nennen Sie drei funktionale Verbesserungen, die durch das Laserstrahlpolieren von Polymeren über die rein optische Glättung hinaus erreicht werden können. Beziehen Sie sich auf Beispiele wie Traganteilverbesserung, Reibungs- oder Verschleißverhalten.

5. **Aufgabe:** Abschätzung der Residenzzeit beim Laserstrahlpolieren

   Ein Laserstrahl mit einer Leistung von 20 W, einem $1/e^2$-Fokusdurchmesser von 200 µm und einer Scangeschwindigkeit von 50 $mm \cdot s^{-1}$ wird zum Polieren eines PA12-Bauteils verwendet. Berechnen Sie die Residenzzeit t_{res}, während der ein Oberflächenpunkt vom Laser beaufschlagt wird.
   Hinweis: Verwenden Sie folgende Näherung mit dem Fokusradius w_f und der Geschwindigkeit v:

   $$t_{\text{res}} = \frac{2 \cdot w_{\text{f}}}{v}$$

6. **Aufgabe:** Abschätzung der thermischen Eindringtiefe

   Basierend auf der zuvor berechneten Residenzzeit und einer thermischen Diffusivität für PA12 von $\alpha_{th} = 1{,}1 \cdot 10^{-7}\, m^2 \cdot s^{-1}$ soll die thermische Eindringtiefe abgeschätzt werden. Verwenden Sie hierzu die Beziehung:

   $$d_{\text{ein}} = \sqrt{4 \cdot \alpha_{\text{th}} \cdot t_{\text{res}}}$$

   Vergleichen Sie das berechnete Ergebnis anschließend kritisch mit einer experimentell gemessenen Umschmelztiefe von ca. 170 µm und diskutieren Sie mögliche Ursachen für Abweichungen.

7. **Aufgabe:** Einfluss der Oberflächenstruktur auf Beschichtungsprozesse

   Diskutieren Sie anhand der im Kapitel vorgestellten Beispiele den Einfluss des Laserstrahlpolierens auf nachfolgende Beschichtungsprozesse wie das stromlose Metallisieren und die Pulverbeschichtung. Warum wirkt sich das Polieren auf die Beschichtungsqualität unterschiedlich aus?

8. **Aufgabe:** Kombinationsmöglichkeiten des Laserstrahlpolierens mit weiteren Laserstrahlprozessen

   Welche Vorteile ergeben sich aus der Kombination des Laserstrahlpolierens mit Prozessen wie Laserstrahlstrukturierung oder Laserstrahlbeschriftung? Erläutern Sie anhand konkreter Beispiele mögliche Anwendungen und Synergien.

9. **Aufgabe:** Interpretation von Traganteilkurven

   Anhand der Traganteilkurven (Material Ratio Curves) von unpolierten und laserstrahlpolierten Oberflächen (siehe Bild 12.36) lässt sich die funktionale Oberflächenqualität bewerten. Beschreiben Sie, wie sich die Kurvenform verändert und welche Rückschlüsse auf das Verschleiß- und Reibungsverhalten daraus gezogen werden können.

10. **Aufgabe:** Grenzen und Herausforderungen beim Laserstrahlpolieren von additiv gefertigten Polymerbauteilen

    Diskutieren Sie die technischen und materialseitigen Grenzen des Laserstrahlpolierens bei additiv gefertigten Polymerbauteilen, insbesondere bei komplexen PBF-LB-Komponenten aus PA12. Gehen Sie dabei auf Aspekte wie Porosität, geometrische Zugänglichkeit, Wärmeeintrag, mögliche Überhitzung sowie den Einfluss von Schichtaufbau und Oberflächeninhomogenitäten ein. Nennen Sie zudem mindestens zwei Lösungsansätze, um diese Herausforderungen im praktischen Fertigungsprozess zu minimieren.

13 Lasersicherheit

Laserstrahlung kann aufgrund ihrer physikalischen Eigenschaften, insbesondere hinsichtlich der hohen Kohärenz, der Monochromasie und der Fokussierbarkeit, eine **Gefährdung** für den Menschen darstellen. Die durch Bündelung erreichbaren extrem hohen Leistungs- und Energiedichten können bei unkontrollierter Exposition gravierende Schäden verursachen. Eine unmittelbare Gefahr ergibt sich aus der Wechselwirkung der Laserstrahlung mit biologischem Gewebe, insbesondere des Auges und der Haut. In Abhängigkeit von der Wellenlänge und der Expositionsdauer können an diesen Organen thermische, thermoakustische und fotochemische Schädigungen auftreten.

Die im Umgang mit dem Laserstrahl auftretenden Gefahren können prinzipiell in primäre und sekundäre Gefährdungen unterteilt werden (Bild 13.1).

Die direkten Einwirkungen auf den menschlichen Körper werden als **primäre Gefährdungen** klassifiziert. Das Auge ist hierbei besonders gefährdet, da es wie ein optisches System wirkt und fokussierende Eigenschaften besitzt. Dies erzeugt im Vergleich zur Hautexposition eine um Größenordnungen erhöhte Energiedichte auf der Netzhaut.

Neben diesen primären Wirkungen ergeben sich auch sekundäre Gefährdungen, die aus der Einwirkung des Laserstrahls auf die Umgebung resultieren. Hierzu zählen beispielsweise die Entzündung oder Explosion brennbarer Materialien oder die Zersetzung chemisch instabiler Stoffe unter Laserbestrahlung. Solche Wechselwirkungen können zu Bränden, Explosionen oder zur Freisetzung toxischer Dämpfe führen, insbesondere bei der Lasermaterialbearbeitung oder in Laborumgebungen mit reaktiven Gasen und organischen Materialien. Ebenso sind elektrotechnische Gefährdungen zu beachten, etwa durch hochspannungsführende Komponenten in Hochleistungslasersystemen, durch Entladungsquellen bei gepulsten Lasern oder durch die Verwendung von Lasergasen. Diese Gefährdungen treten insbesondere bei Versuchsaufbauten, nicht normgerechten Systemen oder während der Wartung auf.

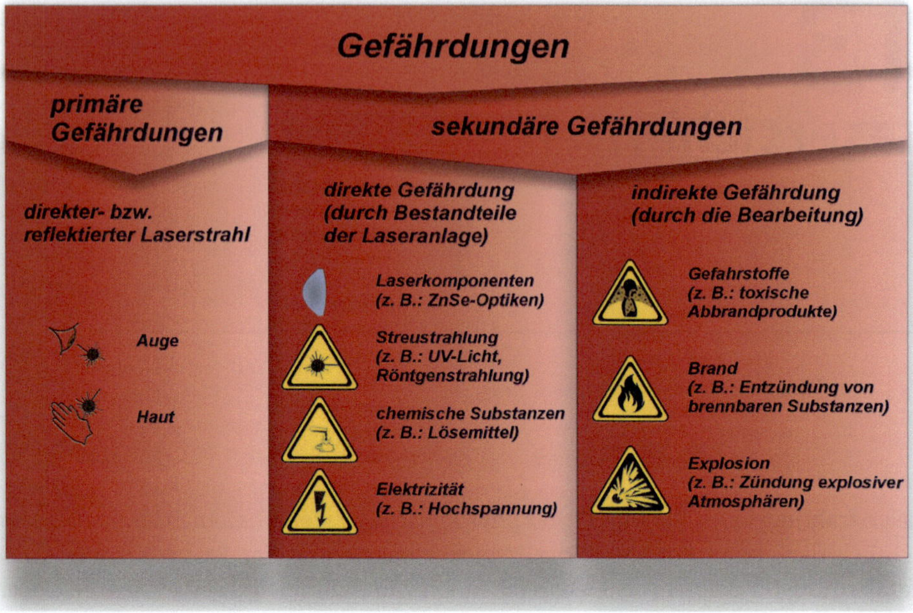

Bild 13.1 Einteilung der Gefährdungen im Umgang mit Laserstrahlen

Zur sicherheitstechnischen Einordnung empfiehlt es sich daher, die Trennung in primäre und sekundäre Gefährdungen vorzunehmen. Diese Systematik bildet die Grundlage für eine differenzierte Risikobewertung im Rahmen der Gefährdungsbeurteilung gemäß der Unfallverhütungsvorschrift „Laserstrahlung" (§ 3 OStrV) sowie der DIN EN 60825-1.

13.1 Laserklassen und Gefährdungspotenzial

Um die Sicherheit im Umgang mit **Lasereinrichtungen** zu gewährleisten hat der Gesetzgeber das Gefährdungspotenzial von Laserstrahlung festgelegt und entsprechende Vorschriften und Regelungen erlassen. Nach DIN EN 60825-1 sind Lasereinrichtungen und das durch die zugängliche Laserstrahlung bedingte Gefährdungspotenzial klassifiziert. Einen Überblick über die Einteilung der Laserklassen und Anwendungsbeispiele der jeweiligen Laser gibt Tabelle 13.1.

Tabelle 13.1 Einteilung der Laserklassen */DIN EN 60825-1/*

Laserklasse	Gefährdungspotenzial	Anwendungsbeispiele
1	Zugängliche Strahlung ist unter vernünftigerweise vorhersehbaren Bedingungen ungefährlich.	Vollständig gekapselte Systeme, CD-Spieler, Laserdrucker
1M	Zugängliche Strahlung liegt im Wellenlängenbereich von 302,5 – 4000 nm und ist ungefährlich, solange keine optischen Instrumente zur Querschnittsverkleinerung verwendet werden.	LEDs mit divergentem Strahl, Supermarkt-Scanner
IC	Emittierte Strahlung unterliegt grundsätzlich keiner Beschränkung. Sicherheit wird durch technische Maßnahmen gewährleistet, sodass der Laser die Strahlung nur aussenden kann, wenn Kontakt zu Haut oder Gewebe besteht und die zugängliche Strahlung auf Klasse 1 reduziert wird.	Laser für den Kontaktbetrieb auf der menschlichen Haut und auf nicht-okularem Gewebe z. B. zur Haar- oder Tattooentfernung
2	Zugängliche Strahlung liegt im sichtbaren Spektralbereich (400 – 700 nm) und ist bei kurzzeitiger Einwirkdauer (bis 0,25 s) auch für das Auge ungefährlich (Lidschlusseffekt).	Laserpointer, Ziel- und Richtlaser
2M	Zugängliche Strahlung liegt im sichtbaren Spektralbereich (400 – 700 nm) und ist bei kurzzeitiger Einwirkdauer (bis 0,25 s) für das Auge ungefährlich (Lidschlusseffekt), sofern keine optischen Instrumente zur Querschnittsverkleinerung verwendet werden.	Laserdioden, aufgeweitete Strahlung
3R	Zugängliche Strahlung liegt im Wellenlängenbereich von 180 – 10^6 nm und kann gefährlich für das Auge sein; Leistungsbegrenzung auf maximal das 5-fache des GZS* der Klasse 2 im sichtbaren Spektralbereich und das 5-fache des GZS der Klasse 1 für andere Wellenlängen.	offene CD-Player, Laser-Wasserwaagen
3B	Zugängliche Strahlung ist gefährlich für das Auge und häufig auch für die Haut; diffuses Streulicht unter bestimmten Bedingungen ungefährlich.	Mess- und Justierlaser
4	Zugängliche Strahlung ist sehr gefährlich für das Auge und gefährlich für die Haut; auch diffuse Strahlung gefährlich; Laserstrahlung kann Brände und Explosionen verursachen.	Hochleistungslaser (Leistung über dem GZS der Klasse 3B)

* GZS – Grenzwert der zugänglichen Strahlung

13.2 Schutzmaßnahmen

Ausgehend von dem Gefährdungspotenzial müssen im Umgang mit der Laserstrahlung geeignete Schutzmaßnahmen für Personen und deren Umfeld getroffen werden. Unterteilt werden diese grundsätzlich in technische und bauliche sowie persönliche Schutzmaßnahmen. In aktuellen Sicherheitsunterweisungen und Gefährdungsbeurteilungen wird zunehmend das sogenannte **STOP-Prinzip** als systematischer Handlungsrahmen zur Ableitung und Priorisierung von Schutzmaßnahmen herangezogen /*TROS2018*/. Dieses Prinzip stammt aus dem allgemeinen Arbeitsschutz und lässt sich auch auf den Umgang mit Laserstrahlung sinnvoll übertragen. Es beschreibt die empfohlene Reihenfolge von Schutzmaßnahmen, von der grundlegendsten und effektivsten bis zur nachrangigsten (Bild 13.2).

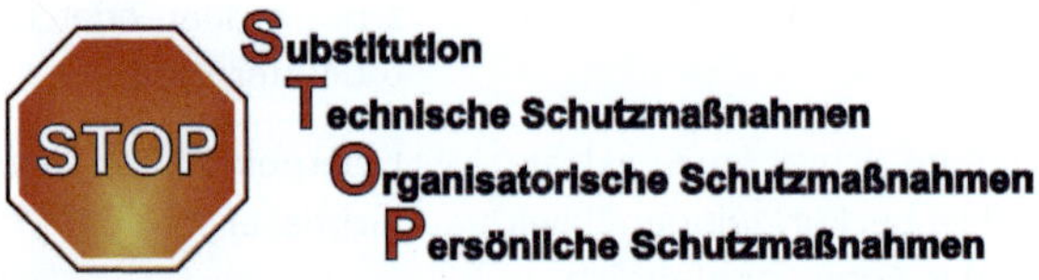

Bild 13.2 Unterteilung der Schutzmaßnahmen nach dem STOP-Prinzip

13.2.1 Substitution

Unter Substitution versteht man das Ersetzen einer Gefahrenquelle durch eine weniger gefährliche Alternative. Im Kontext der Lasermaterialbearbeitung ist diese Maßnahme nur sehr eingeschränkt umsetzbar, da das Verfahren selbst auf der Nutzung der spezifischen Eigenschaften der Laserstrahlung basiert, insbesondere auf deren Fokussierbarkeit, Brillanz und spektraler Selektivität. Dennoch kann die Substitution im weiteren Sinne in einigen Teilaspekten Anwendung finden, z. B.:

- Auswahl eines Lasertyps mit geringerer Gefährdungsklasse bei gleichen Bearbeitungsergebnissen (z. B. fasergekoppelte Diodenlaser statt freistrahlender Festkörperlaser),
- Substitution aktiver Prozessgase durch weniger reaktive Alternativen,
- Ersatz hochreflektierender Materialien durch absorbierende Substrate in der Entwicklung oder im Versuchsaufbau.

Auch wenn eine Substitution oftmals nicht möglich ist, sollte diese Maßnahme im Rahmen von Gefährdungsbeurteilungen stets als erste Option geprüft werden.

In der Tabelle 13.2 sind wichtige Maßnahmen zur Substitution zusammengefasst. Einschränkend muss aber festgehalten werden, dass diese Beispiele nur anwendbar sind, wenn der Lasermaterialbearbeitungsprozess und die Verfügbarkeit von Strahlungsquellen dies auch zulassen. Insofern sind diese Maßnahmen besonders sinnvoll in der Beschaffungs- oder Entwicklungsphase zu berücksichtigen.

Tabelle 13.2 Beispiele für **S** – Substitution in der Lasermaterialbearbeitung

Substitutionsmaßnahme	Beschreibung	Beispiel	Bewertung
Anpassung der Pulsdauer	Verwendung von längeren Pulsen zur Verringerung der Spitzenintensität	Nanosekunden statt Femtosekunden beim Bohren von Polymeren	prozessabhängig, ggf. geringere Bearbeitungsqualität
Substitution der Strahlführung	Wechsel von freistrahlender zu fasergeführter Strahlführung zur Vermeidung direkter Exposition	Faserlaser mit passivem Strahlabschalter statt Freistrahl-YAG-Laser	Reduzierung des Risikos durch Streustrahlung
Änderung der Wellenlänge	Einsatz von Lasern mit geringerer Penetrationstiefe oder stärkerer Absorption im Zielmaterial	Verwendung eines CO_2-Lasers (10,6 µm) statt Nd:YAG (1,06 µm) bei organischen Substraten	kann biologische Gefährdung reduzieren
Anpassung der Materialauswahl	Auswahl sicherer oder weniger reflektierender Materialien für Versuche oder Vorrichtungen	eloxiertes Aluminium statt unbeschichtete Metalloberflächen zur Vermeidung rückreflektierter Strahlung	ggf. eingeschränkte Werkstoffeignung
Gefahrstoffarme Prozessführung	Verzicht auf kritische Prozessgase oder Hilfsmittel	Ersatz von Aktivgasen durch Stickstoff als Prozessgas bei der Lasermikrobearbeitung	arbeitsschutztechnisch vorteilhaft

13.2.2 Technische und bauliche Schutzmaßnahmen

Technische Maßnahmen stellen den wirkungsvollsten Schutz dar und sollten, wann immer möglich, priorisiert werden. Dazu zählen:

- Einhausungen des Laserstrahls zur Vermeidung direkter und reflektierter Exposition,
- automatische Abschaltung beim Öffnen von Schutzvorrichtungen,
- Verwendung von strahlbegrenzenden optischen Komponenten und Strahlfallen,
- Einsatz von optischen Filtern, Schutzfenstern und Laserschutzgläsern mit geeigneter optischer Dichte (OD),
- wellenlängenabhängige Lichtabschirmungen und raumseitige Gestaltung der Oberflächen zur Minimierung diffuser Reflexion,

- Verwendung von aktiven (doppelwandigen und sensorüberwachten) Schutzeinhausungen.

Die Gefährdung durch eine Lasereinrichtung hängt von der Strahlungsquelle, dem Strahlführungssystem und den Gegebenheiten am Wirkungsort der Laserstrahlung ab. Der Grenzwert für eine ungefährliche Bestrahlung des Auges oder der Haut ist als maximal zulässige Bestrahlung (MZB) definiert und kann nach DIN EN 60825-1 oder der OStrV (*/DGUV2019/*) bestimmt werden. Der Bereich, in dem die Werte für die maximal zulässige Bestrahlung überschritten werden, wird als Laserbereich bezeichnet. Dieser Raum muss durch Warnschilder deutlich und dauerhaft gekennzeichnet sein. Für Laserbereiche von Lasereinrichtungen der Klassen 3B oder 4 muss zusätzlich eine Abgrenzung erfolgen, d. h., Unbefugte dürfen nicht unbeabsichtigt in den Laserbereich gelangen können. Für Laser der Klasse 4 ist es außerdem erforderlich, den Betrieb an den Zugängen zu den Laserbereichen durch Warnleuchten anzuzeigen.

In Abhängigkeit vom Gefährdungsgrad, der von der Lasereinrichtung ausgeht, kann es notwendig sein, den Zugang schleusenartig auszubauen oder Türkontakte und aktive Laserschutzwände vorzusehen, durch die der Laser beim Betreten des Laserbereiches bzw. bei Eintritt von Laserstrahlung in den Hohlraum einer Doppelwand ausgeschaltet wird, z. B. bei Roboteranwendungen. Die Lasereinrichtungen selbst müssen entsprechend ihrer Klasse gekennzeichnet und mit den für einen sicheren Betrieb erforderlichen Schutzeinrichtungen ausgerüstet sein. */DIN EN 60825-1/*

Bild 13.3 veranschaulicht eine solche Gesamtanlage mit Sicherheitszonen.

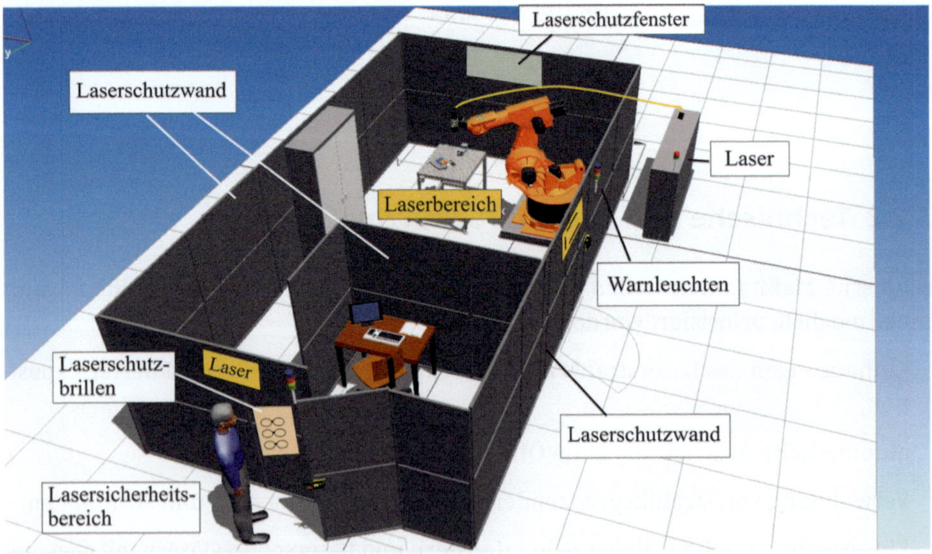

Bild 13.3 Schematische Darstellung einer Laseranlage mit Sicherheitszonen

Lasertrennwände und **Laserschutzvorhänge** sind flexible raumstrukturierende Schutzsysteme, die eine temporäre oder permanente Abgrenzung des Laserarbeitsbereiches ermöglichen und insbesondere bei offenen oder mobilen Anwendungen wie handgeführte Laserstrahlsysteme (HLS) eine unverzichtbare Maßnahme darstellen. Sie dienen dem Schutz vor direkter oder diffus reflektierter Laserstrahlung und müssen gemäß */DIN EN 12254/* („Laserschutzvorrichtungen – Laserschutzfenster und Laserschutzwände") geprüft und klassifiziert sein. Die Auswahl erfolgt auf Basis der maximal zu erwartenden Bestrahlungsstärke, der Einwirkdauer und der Wellenlänge (Leistungs- bzw. Energieklasse). Moderne Laserschutzvorhänge bestehen aus mehrlagigen, schwer entflammbaren Geweben mit eingelagerten Absorbermaterialien und verfügen über aufgedruckte Sicherheitskennzeichnungen sowie Ösen oder Klett-/Magnetleisten zur sicheren Montage. Lasertrennwände aus starren Materialien wie Aluminium-Verbundplatten oder beschichteten Stählen bieten zusätzliche mechanische Stabilität und können mit Laserschutzfenstern kombiniert werden, um visuelle Prozessbeobachtung zu erlauben (Bild 13.4).

Besonders bei wechselnden Arbeitsplatzlayouts oder in der Forschung ermöglichen mobile Trennwände eine schnelle Anpassung an neue Szenarien. In sensiblen Umgebungen wie Kliniken oder Reinräumen ist darauf zu achten, dass die verwendeten Materialien partikelarm, leicht zu reinigen und chemikalienbeständig sind. Die Höhe und Breite der Abschirmung muss so ausgelegt sein, dass auch unter variablen Winkeln keine Strahlung über oder seitlich hinausdringen kann. Zusätzlich empfiehlt sich eine farbliche Kennzeichnung der Schutzbereiche sowie eine Warnbeschilderung gemäß DIN EN 60825-1. Eine regelmäßige Inspektion der Schutzsysteme auf mechanische oder thermische Beschädigungen ist verpflichtend, um die Schutzwirkung dauerhaft zu gewährleisten.

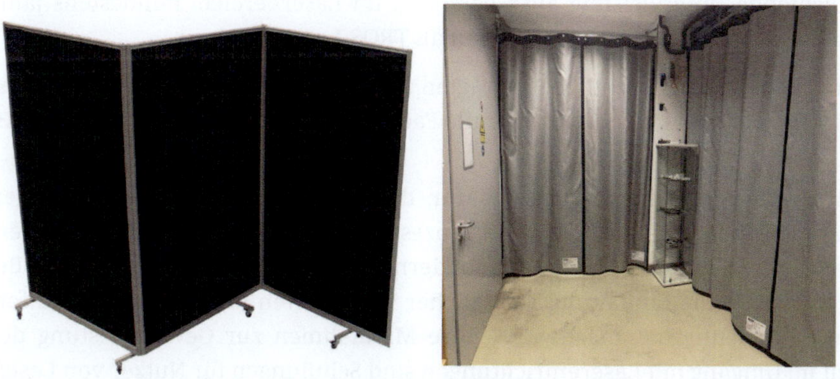

a) b)

Bild 13.4 Technische Schutzmaßnahmen. a) Mobile Lasertrennwände © LASERVISION GmbH und Co. KG, b) Laserschutzvorhänge

13.2.3 Organisatorische Maßnahmen

Organisatorische Maßnahmen zielen auf die Etablierung sicherheitsrelevanter Strukturen und Abläufe ab und gelten als zweite Maßnahmenebene nach den technischen Maßnahmen. Sie reduzieren das Risiko durch gezielte Arbeitsorganisation, Zugangsregelungen und Dokumentation. Im Bereich der Lasermaterialbearbeitung umfassen sie insbesondere:

- Zutrittskontrolle und Abgrenzung von Laserbereichen, etwa durch physische Zugangsbeschränkungen, Warnleuchten oder Türverriegelungen (siehe Bild 13.3),
- Kennzeichnungspflicht gemäß DIN EN 60825-1 durch Warn- und Hinweisschilder mit Angabe der Laserklasse und des verantwortlichen Laserschutzbeauftragten,
- Erstellung und regelmäßige Aktualisierung von Gefährdungsbeurteilungen unter Berücksichtigung der Wellenlänge, der Pulsdauer, der Strahlführungsart und der Bearbeitungsumgebung,
- Verwendung von Checklisten und Freigabeprotokollen, insbesondere bei Einrichtung, Umbau oder Wartung von Lasersystemen,
- Reduktion der Laserleistung auf das für den Prozess technisch notwendige Minimum, z. B. durch softwareseitige Leistungsbegrenzung oder Wahl geeigneter Betriebsmodi,
- Festlegung von Schutzabständen und Wirkungskreisen, die nicht ohne Schutzausrüstung oder spezielle Unterweisung betreten werden dürfen,
- zeitlich begrenzte Freigabe von Hochrisikobereichen, etwa bei Justagen oder Wartungen unter offener Strahlführung, mit klar definierten Verhaltensregeln,
- verpflichtende Unterweisung aller Personen im Laserbereich, mindestens jährlich, dokumentiert und mit Inhalten gemäß TROS Laserstrahlung,
- Benennung eines Laserschutzbeauftragten (LSB) bei Betrieb von Lasern der Klassen 3R, 3B und 4, inkl. Nachweis über die Fachkunde gemäß DGUV Grundsatz 303-005.

Organisatorische Maßnahmen sorgen dafür, dass technische Schutzvorrichtungen durch klare Regeln, Zuständigkeiten und Prozesskontrollen sinnvoll ergänzt werden. Sie erhöhen nicht nur die Sicherheit, sondern auch die Rechtssicherheit des Betreibers, indem sie die Einhaltung gesetzlicher Vorschriften und normativer Anforderungen dokumentierbar machen. Weitere Maßnahmen zur Gewährleistung der Sicherheit im Umgang mit Lasereinrichtungen sind Schulungen für Nutzer von Lasereinrichtungen und für alle Personen, die sich im Laserbereich aufhalten, sowie die Festlegung einer Zutrittsregelung. Für die Einhaltung der **Sicherheits- und Schutzmaßnahmen**, insbesondere der Benutzung der Augenschutzbrillen sowie der Kennzeichnung und Abgrenzung der Laserbereiche muss bei Einsatz von Laserquellen ab

Klasse 3R (Tabelle 13.1) ein **Laserschutzbeauftragter** schriftlich bestellt werden. Ihm obliegen auch die Überwachung des Betriebes der Lasereinrichtungen und die Unterweisung der Nutzer.

In Bild 13.5 sind wichtige Kennzeichnungsschilder zum Hinweis auf die Laserklassen und den Laserbetrieb dargestellt.

Bild 13.5
Kennzeichnung der Laserklassen bzw. des Laserbetriebes an Räumen und Geräten mit Piktogrammen nach */DIN EN 60825-1/*

In Tabelle 13.3 werden wichtige organisatorische Maßnahmen des STOP-Prinzips vorgestellt.

Tabelle 13.3 Organisatorische Maßnahmen im Rahmen des STOP-Prinzips

Organisatorische Maßnahme	Beschreibung	Beispiel	Bewertung
Zutrittskontrolle und Bereichsabgrenzung	Zugang zu Laserbereichen nur für unterwiesene Personen; räumliche Trennung von Bearbeitungszonen	Laserarbeitsplatz mit Türverriegelung und Warnleuchte	effizient und rechtlich erforderlich, besonders bei Klasse 4
Kennzeichnung und Dokumentation	Laserbereiche, Klassen, LSB, Warnzeichen nach DIN EN 60825-1 und OStrV	Türschild mit Klasse, Wellenlänge und Name des LSB	rechtlich verbindlich, geringe Umsetzungshürde
Regelmäßige Unterweisung	Schulung aller Personen mit potenziellem Zugang zum Laserbereich, mindestens jährlich	jährliche Laserschutzbelehrung mit Unterschrift	Pflicht nach OStrV, hoher didaktischer Nutzen
Gefährdungsbeurteilung und Betriebsanweisung	Dokumentation der Laserparameter, Schutzmaßnahmen und zugehöriger Prozesse	Betriebsanweisung an der Anlage mit QR-Code zur digitalen Gefährdungsbeurteilung	Grundvoraussetzung für Betrieb, auditsicher
Leistungsbegrenzung am Gerät oder softwareseitig	Beschränkung der Ausgangsleistung auf den prozessnotwendigen Wert	Begrenzung auf 1 – 2 W und Einzelschuss statt höherer Leistungen bei Laserstrahljustagen	Senkung des Risikos bei versehentlicher Exposition

Tabelle 13.3 Organisatorische Maßnahmen im Rahmen des STOP-Prinzips *(Fortsetzung)*

Organisatorische Maßnahme	Beschreibung	Beispiel	Bewertung
Sicherheitscheck-listen und Frei-gabeprotokolle	strukturiertes Vorgehen bei Umbau, Wartung oder Neueinrichtung	Lasereinrichtung nur nach Freigabe durch LSB mit Checkliste	Erhöhung der Systemsicherheit und Nachvoll-ziehbarkeit
zeitlich definierte Justagefreigaben	beschränkte Freigabezeit-fenster für Arbeiten mit offener Strahlführung	definierte zeitliche Frei-gabe unter Aufsicht des LSB	Minimierung von Risiken
Verhaltensregeln für Laserbetrieb	verbindliche Vorgaben für Verhalten im Laser-bereich (z. B. keine reflek-tierenden Gegenstände, keine Ablenkung)	Laserrichtlinie: „Keine Uhren oder Schmuck"	wichtig bei offe-nen Systemen, regelmäßige Erinnerung sinnvoll
Organisation von Schutzmaßnah-men bei Wartung/Fremdfirmen	Information und Absiche-rung von Externen bei temporärer Gefährdung durch Lasereinwirkung	Begleitung und Unter-weisung von Service-technikern	häufig unter-schätzt, hohes Risikopotenzial bei Fremdzugriff
Benennung eines Laserschutz-beauftragten (LSB)	verantwortliche Fach-person für Überwachung, Schulung und Maß-nahmenumsetzung bei Lasern der Klassen 3R/3B/4	schriftlich bestellter LSB mit Nachweis der Fach-kunde	Pflicht gemäß OStrV, zentrale Rolle für Sicher-heit

13.2.4 Persönliche Schutzmaßnahmen

Persönliche Schutzmaßnahmen stellen die letzte Schutzebene dar und sind insbesondere dort anzuwenden, wo technische und organisatorische Maßnahmen nicht vollständig greifen. Sie umfassen:

- Tragen von Laserschutzbrillen mit angepasster optischer Dichte (OD) und Wellenlängenbereich,
- Schutzhandschuhe, Laserschutzkleidung bei direkter Nähe zur Expositionszone,
- Verhaltensbewusstsein, insbesondere im Hinblick auf reflektierende Oberflächen, Sichtebenen und unerwartete Strahlumlenkungen.

13.2.4.1 Schutz der Augen

Das Auge ist das menschliche Organ, das durch die Laserstrahlung am stärksten gefährdet ist. Dabei hängt es wesentlich von der verwendeten Wellenlänge ab, welcher Augenbereich besonders betroffen ist. Während Strahlung im UV- und dem fernen IR-Bereich von der Hornhaut, Bindehaut und Linse absorbiert wird, gelangt die Strahlung im sichtbaren Spektralbereich bis zur Netzhaut und wird durch die Linse bis zu 100 000-fach verstärkt. Daraus resultiert, dass bereits geringe Leistungen für das Auge gefährlich sein und aufgrund von Verbrennungen und Katarakten zu erheblichen Beeinträchtigungen des Sehvermögens führen können. Der Einfluss der Wellenlänge auf die Eindringtiefe der Strahlung ins Auge ist in Bild 13.6 veranschaulicht. Aus diesem Grund ist es besonders wichtig, das Auge vor eindringender Laserstrahlung zu schützen. Als wichtige persönliche Schutzmaßnahme werden Abwendungsreaktionen, d. h. der Lidschlusseffekt des Auges und Bewegungen des Kopfes, angesehen. Auf Basis früherer Untersuchungen wurde eine **Lidschlussreflexzeit** von 250 ms festgelegt. Gemäß BVG B2 wird für Laser der Klasse 2 der Lidschlussreflex bei einer kurzzeitigen Bestrahlung (< 250 ms) als ausreichender Schutz angesehen. Neue Forschungsergebnisse zeigen jedoch, dass dieser Effekt nur einen unzureichenden Schutz bietet, da er meist nicht vorhanden ist */Reid2003/*, */Reid2005/*. Es wird daher empfohlen, die Augen durch ein bewusstes Schließen und ein vollständiges Abwenden des Kopfes zu schützen.

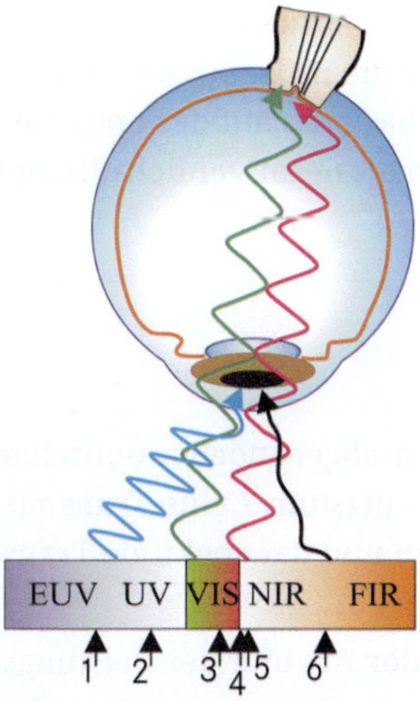

Bild 13.6
Wellenlängenabhängige Eindringtiefe von Strahlung in das Auge
Absorptionsort:
UV-Strahlung: Hornhaut/Linse. VIS-, IR-Strahlung: Netzhaut. FIR-Strahlung: Hornhaut. FIR Fernes Infrarot. NIR Nahes Infrarot. VIS Sichtbarer Bereich. UV Ultraviolett. EUV Extremes Ultraviolett. 1, 2 – Excimerlaser: $\lambda = 157 - 308$ nm; frequenzverdreifachter FK-Laser: $\lambda = 355$ nm, 3 – He-Ne-Laser: $\lambda = 633$ nm; frequenzverdoppelter FK-Laser: $\lambda = 532$ nm. 4 – Diodenlaser: $\lambda = 808$ nm. 5 – Nd:YAG-Laser: $\lambda = 1{,}06$ µm. 6 – CO_2-Laser: $\lambda = 10{,}6$ µm

Für intensivere Strahlung und/oder längere **Expositionszeiten** sollte der Schutz durch geeignete Schutzbrillen realisiert werden. Neben der Schutzfunktion für das Auge wird an **Laserschutzbrillen** auch die Anforderung gestellt, möglichst viel sichtbare Strahlung zu transmittieren, damit die Umgebung noch gut wahrgenommen werden kann. Gemäß DIN EN 207:2009 müssen Laserschutzbrillen durch Absorption und Reflexion die Strahlung soweit herabsetzen, dass der maximal zulässige Bestrahlungswert (MZB-Wert) des Auges nicht überschritten wird. In Tabelle 13.4 sind vereinfachte Bestrahlungswerte wiedergegeben, die mit den Grenzwerten übereinstimmen oder darunter liegen. Eine vollständige Darstellung der MZB-Werte ist der BGI 832 zu entnehmen.

Tabelle 13.4 Vereinfachte maximal zulässige Bestrahlungswerte auf der Hornhaut des Auges (MZB-Werte) */DGUV 203-042 2019/*

Wellenlängenbereich [nm]	Leistungsdichte *EL*				Energiedichte *ED*			
	D*		M*		M*		I, R*	
	Impulsdauer [s]	$W \cdot m^{-2}$	Impulsdauer [s]	$W \cdot m^{-2}$	Impulsdauer [s]	$J \cdot m^{-2}$	Impulsdauer [s]	$J \cdot m^{-2}$
180 – 315	$< 3 \cdot 10^{4}$	10^{-3}	$< 10^{-9}$	$3 \cdot 10^{10}$	–	–	$10^{-9} - 3 \cdot 10^{4}$	30
315 – 1 400	$5 \cdot 10^{-4} - 10$	10	–	–	$< 10^{-9}$	$1{,}5 \cdot 10^{-4}$	$10^{-9} - 5 \cdot 10^{4}$	$5 \cdot 10^{-3}$
1400 – 10^{6}	0,1 – 10	10^{3}	$< 10^{-9}$	10^{11}	–	–	$10^{-9} - 0{,}1$	100

* D = Dauerstrichlaser, M = Modengekoppelter Laser, I = Impulslaser, R = Riesenimpulslaser

Es ist außerdem erforderlich, dass Schutzbrillen die Stabilität des spektralen Transmissionsgrades $\tau(\lambda)$ auch bei einer Bestrahlungsdauer von mindestens 5 – 10 s gewährleisten, um dem Benutzer das Verlassen des Gefahrenbereiches zu ermöglichen. In Abhängigkeit von der Leistungs- bzw. Energiedichte, der die Brille ausgesetzt werden kann, erfolgt eine Einteilung in Schutzstufen *L*. Diese basieren auf der optischen Dichte *OD* des Schutzfilters. Die optische Dichte ist definiert als negativer dekadischer Logarithmus des spektralen Transmissionsgrades:

$$OD = -\log(\tau(\lambda)) \tag{13.1}$$

OD Optische Dichte; $\tau(\lambda)$ spektraler Transmissionsgrad

Die Schutzstufennummer entspricht der auf ganze Zahlen abgerundeten optischen Dichte. Das bedeutet, dass beispielsweise ein Filter der Schutzstufe 7 eine Transmission von 10^{-7} aufweist. In Tabelle 13.5 sind die Schutzstufen und der spektrale Transmissionsgrad von Laserschutzbrillen aufgeführt.

Die erforderliche Schutzstufe wird aus der Wellenlänge, der Art und der Leistungs- bzw. Energiedichte des Lasers gemäß DIN EN 207 bestimmt. Im Fall von gepulsten Lasern ist sowohl eine Schutzstufe für den Impulsbetrieb (Laser: I, R, M) als auch eine Schutzstufe für den Dauerbetrieb (Laser: D) gemäß der mittleren Leistungsdichte festzulegen. Hilfreich bei der Bestimmung der erforderlichen Schutzstufe sind sogenannte Schutzstufenrechner */laservision2025-1/*.

Tabelle 13.5 Schutzstufen und spektraler Transmissionsgrad von Laserschutzbrillen */BGET2007/, /BGI2018/*

Schutzstufe	Maximaler spektraler Transmissionsgrad bei den Laserwellenlängen $\tau(\lambda)$	Maximale Energie- bzw. Leistungsdichte im Wellenlängenbereich								
		180 nm bis 315 nm			über 315 nm bis 1400 nm			über 1400 nm bis 1,0 mm		
		für die Laserbetriebsart mit Betriebsdauer in s								
		D* ≥ $3\cdot10^4$	I, R* 10^{-9} bis $3\cdot10^4$	M* < 10^{-9}	D* > $5\cdot10^4$	I, R* 10^{-9} bis $5\cdot10^4$	M* > 10^{-9}	D* > 0,1	I, R* 10^{-9} bis 0,1	M* < 10^{-9}
		EL $W\cdot m^{-2}$	*ED* $J\cdot m^{-2}$	*EL* $W\cdot m^{-2}$	*EL* $W\cdot m^{-2}$	*ED* $J\cdot m^{-2}$	*ED* $J\cdot m^{-2}$	*EL* $W\cdot m^{-2}$	*ED* $J\cdot m^{-2}$	*EL* $W\cdot m^{-2}$
L 1	10^{-1}	0,01	$3\cdot10^{2}$	$3\cdot10^{11}$	10^{2}	0,05	$1,5\cdot10^{-3}$	10^{4}	10^{3}	10^{12}
L 2	10^{-2}	0,1	$3\cdot10^{3}$	$3\cdot10^{12}$	10^{3}	0,5	$1,5\cdot10^{-2}$	10^{5}	10^{4}	10^{13}
L 3	10^{-3}	1	$3\cdot10^{4}$	$3\cdot10^{13}$	10^{4}	5	0,15	10^{6}	10^{5}	10^{14}
L 4	10^{-4}	10	$3\cdot10^{5}$	$3\cdot10^{14}$	10^{5}	50	1,5	10^{7}	10^{6}	10^{15}
L 5	10^{-5}	10^{2}	$3\cdot10^{6}$	$3\cdot10^{15}$	10^{6}	$5\cdot10^{2}$	15	10^{8}	10^{7}	10^{16}
L 6	10^{-6}	10^{3}	$3\cdot10^{7}$	$3\cdot10^{16}$	10^{7}	$5\cdot10^{3}$	$1,5\cdot10^{2}$	10^{9}	10^{8}	10^{17}
L 7	10^{-7}	10^{4}	$3\cdot10^{8}$	$3\cdot10^{17}$	10^{8}	$5\cdot10^{4}$	$1,5\cdot10^{3}$	10^{10}	10^{9}	10^{18}
L 8	10^{-8}	10^{5}	$3\cdot10^{9}$	$3\cdot10^{18}$	10^{9}	$5\cdot10^{5}$	$1,5\cdot10^{4}$	10^{11}	10^{10}	10^{19}
L 9	10^{-9}	10^{6}	$3\cdot10^{10}$	$3\cdot10^{19}$	10^{10}	$5\cdot10^{6}$	$1,5\cdot10^{5}$	10^{12}	10^{11}	10^{20}
L 10	10^{-10}	10^{7}	$3\cdot10^{11}$	$3\cdot10^{20}$	10^{11}	$5\cdot10^{7}$	$1,5\cdot10^{6}$	10^{13}	10^{12}	10^{21}

* D = Dauerstrichlaser, M = Modengekoppelter Laser, I = Impu slaser, R = Riesenimpulslaser

Laserschutzbrillen müssen zur Identifizierung dauerhaft und entsprechend ihres zulässigen Anwendungsbereiches gekennzeichnet sein. In Bild 13.7 ist dies an einem Beispiel dargestellt.

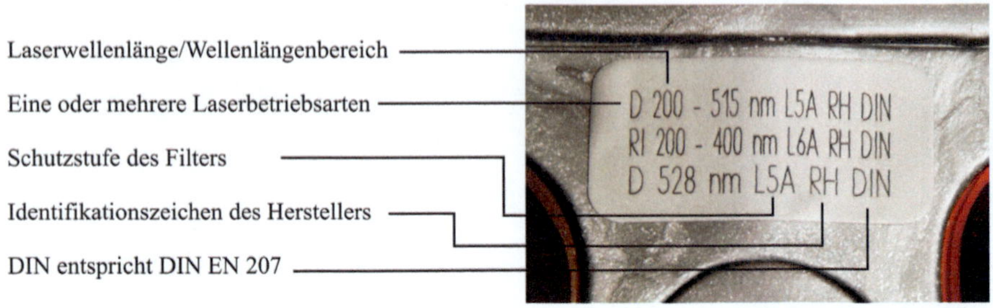

Bild 13.7 Kennzeichnung von Schutzbrillen

Zur Justierung im sichtbaren Wellenlängenbereich können auch Laserjustierbrillen verwendet werden, wenn sie den Anforderungen nach DIN EN 208:2009 entsprechen. Analog den Laserschutzbrillen sind sie in Abhängigkeit von Laserart und Leistungs- bzw. Energiedichte in Schutzstufen eingeteilt. Jedoch liegt der Transmissionsgrad höher als bei entsprechenden Laserschutzbrillen und bietet bei direkter Strahleinwirkung keinen ausreichenden Schutz. Die einzelnen Schutzstufen sind in der BGI 5092 ersichtlich.

13.2.4.2 Schutz der Haut

Die Haut ist in der Regel nicht so stark gefährdet wie die Augen, da sie Strahlung nicht bündeln kann. Jedoch können hohe Strahlungsintensitäten, wie sie bei Lasereinrichtungen der Klassen 3B und 4 auftreten, zu verschiedenen Schädigungen führen. Während die Haut im sichtbaren und infraroten Bereich ein hohes Reflexion- und Remissionsvermögen aufweist, absorbiert sie im UV- und fernen IR-Bereich sehr stark. Hinsichtlich der biologischen Wirkung sind die einzelnen Hautschichten in Abhängigkeit von der Eindringtiefe der Laserstrahlung unterschiedlich betroffen. Die Schädigungen erstrecken sich von Erythemen und Hautkarzinomen im UV-Bereich über photosensitive und thermische Reaktionen im sichtbaren bis zu starken Verbrennungen im IR-Bereich. Es ist daher erforderlich, die Haut durch entsprechende Schutzkleidung zu schützen, damit die MZB-Werte gemäß DIN EN 60825-1 nicht überschritten werden.

13.2.4.3 Persönliche Schutzmaßnahmen im Überblick

Persönliche Schutzmaßnahmen (siehe Tabelle 13.6) stellen im STOP-Prinzip die letzte Maßnahmenebene dar und dürfen niemals als Ersatz für technische oder organisatorische Maßnahmen dienen. Besonders bei der UKP-Lasermaterialbearbeitung ist die Auswahl wellenlängenspezifischer Laserschutzbrillen mit hoher optischer Dichte und CE-Kennzeichnung gemäß */DIN EN 207/* zwingend erforderlich. Schutzmaßnahmen wie Atemschutz und Schutzkleidung sind v. a. bei der Bearbeitung von kritischen Werkstoffen (z. B. CFK, PVC, PTFE) oder bei offenen Versuchsanlagen notwendig.

Tabelle 13.6 Persönliche Schutzmaßnahmen im Rahmen des STOP-Prinzips

Persönliche Maßnahme	Beschreibung	Beispiel	Bewertung
Laserschutzbrillen	Schutz der Augen vor direkter oder reflektierter Strahlung, abgestimmt auf Wellenlänge und optische Dichte (OD)	OD 6 @ 1030 nm für UKP-Laser, CE-konform nach DIN EN 207	Pflicht bei offener Strahlführung, insbesondere kritisch bei UKP-Lasern
Laserschutzkleidung	Kleidung aus schwer entflammbarem Material, ggf. mit Reflexionsschutz	Laserschutzkittel mit Flammschutzklasse nach DIN EN ISO 11612	relevant bei Hochleistungslasern, v. a. CO_2- oder Diodenlaser
Handschutz/ Handschuhe	Schutz vor Sekundärgefahren wie heißen Bauteilen oder Prozessrückständen	hitzebeständige Handschuhe aus Aramid	optional bei thermischen Prozessen, kein direkter Laserstrahlschutz
Kopfschutz/ Gesichtsschutz	Ergänzung zur Brille bei komplexer Exposition oder Risiko durch Rückreflexionen	Lasergesichtsschutz mit integriertem Filtersystem	selten erforderlich, z. B. bei Justage an Freistrahloptiken oder bei starkem Materialabtrag
Gehörschutz	Schutz vor Lärmbelastung bei luftgestützten Prozessen (z. B. UKP bei Hochfrequenzbetrieb oder Abtragsrauschen)	Gehörschutzstöpsel oder Kapselgehörschutz	wichtig bei schallintensiven Prozessen (Laserablation)
Atemschutz/ Absaugung	Schutz vor toxischen Gasen, Nanopartikeln oder Rauchgasen aus Laserprozessen	FFP3-Maske oder zentraler Absaugfilter mit HEPA	kritisch bei Laserstrahlbearbeitung von Kunststoffen, z. B. PMMA, PC, ABS
Schulung zum Verhalten im Gefahrenfall	Verhalten bei Störfällen, Abschaltung des Systems, Erste Hilfe bei Laserunfällen	Notfallkarte mit LASER-RUF-STOP-ERSTE-HILFE-Ablauf	unerlässlich bei jeder Unterweisung
Vermeidung reflektierender Gegenstände	kein Tragen von Uhren, Schmuck oder Werkzeugen mit metallischer Oberfläche im Strahlengang	keine reflektierenden Oberflächen im Laserbereich	einfache Umsetzung, wichtig bei UKP- oder Infrarotlasern

13.3 Laserschutz bei handgeführten Laserstrahlsystemen

Handgeführte Laserstrahlsysteme (HLS) stellen eine Sonderform von Lasereinrichtungen dar, bei denen die Führung des Bearbeitungskopfs direkt durch den Bediener erfolgt. Im Gegensatz zu fest installierten oder automatisierten Anlagen entfällt hier die Möglichkeit einer vollständigen Einhausung des Laserstrahls (mobile Systeme), wodurch besondere Anforderungen an den Arbeitsschutz gestellt werden müssen. Handgeführte Laserstrahlsysteme finden zunehmend Anwendung in industriellen, restauratorischen und mobilen Kontexten, wie z. B.:

- Oberflächenbearbeitung (z. B. Rostentfernung, Reinigung von Metallen, Denkmalpflege),
- Reparaturbearbeitung (z. B. mobile Laserstrahlauftragsschweißung),
- Mikrobearbeitung (z. B. präziser Materialabtrag an schwer zugänglichen Bauteilen),
- medizinischen Anwendung (z. B. Dermatologie, Laserchirurgie),
- Handschweißlaser für den Dental- und Schmuckbereich,
- additive Fertigung im mobilen Umfeld (z. B. Laser-Pulver-Auftragsverfahren mit Handführung).

Typisch für handgeführte Systeme sind Faserlaser mit Leistungen zwischen 20 W und mehreren kW im IR-Bereich (1060 – 1100 nm), zunehmend aber auch UKP-Laserstrahlquellen.

Aufgrund der offenen Strahlführung und der hohen Variabilität in Haltung und Bewegungsführung ergeben sich folgende primäre und sekundäre Gefährdungspotenziale:

Primäre Gefährdungen:

- direkte Exposition von Auge und Haut gegenüber dem Laserstrahl oder dessen Reflexion,
- Rückreflexionen an metallischen oder polierten Oberflächen, insbesondere bei IR- oder UKP-Lasern,
- fehlgelenkte Strahlen bei versehentlichem Bewegen des Laserkopfs.

Sekundäre Gefährdungen:

- Streuung oder Streulicht aus unzureichend fokussierten oder divergenten Strahlungsanteilen,
- thermische Gefahren durch heiße Werkstücke oder Prozesswärme,
- chemische Gefährdung durch Prozessgase, Aerosole oder Dämpfe,

- elektrische Gefährdungen, insbesondere bei Geräten mit externer Stromversorgung oder offenen Hochspannungsmodulen,
- mechanische Risiken, z. B. bei Integration in robotische Assistenzsysteme oder in beengten Arbeitsumgebungen.

Die Sicherheitsphilosophie im Umgang mit HLS basiert, wie bei allen Lasereinrichtungen, auf dem STOP-Prinzip (Substitution, Technisch, Organisatorisch, Persönlich). Die Umsetzung in dieser Geräteklasse ist jedoch aufgrund der fehlenden Einhausung besonders herausfordernd und muss daher individuell beurteilt und dokumentiert werden.

Die Maßnahmen zur **Substitution** zielen auf die grundsätzliche Vermeidung oder Verminderung des Risikos:

- Auswahl leistungsreduzierter Systeme, wenn prozesstechnisch möglich,
- Verwendung von nicht-reflektierenden Werkstoffen bzw. Vermeidung glänzender Oberflächen,
- Substitution reflektierender Werkzeuge oder Bearbeitungsvorrichtungen.

Technische Schutzmaßnahmen bilden das zentrale Element im Laserschutzkonzept für handgeführte Laserstrahlsysteme, da sie unabhängig vom Verhalten des Bedienpersonals eine unmittelbare physikalische Begrenzung der Gefährdung ermöglichen. Aufgrund der fehlenden Einhausung bei HLS müssen diese Maßnahmen direkt am System, am Laserkopf oder in der Arbeitsumgebung wirksam werden. Ziel ist es, die Entstehung gefährlicher Strahlung zu verhindern, deren Ausbreitung zu begrenzen oder im Fehlerfall eine schnelle und automatische Abschaltung zu gewährleisten. Hierzu zählen u. a. mechanische Strahlbegrenzungen (z. B. Abstandshalter), optische und elektronische Interlock-Systeme, reflexionsminimierende Vorsätze sowie mobile Abschirmungen zur Begrenzung des Streulichts. Besonders bei der Bearbeitung reflektierender Materialien muss der Rückreflex durch geeignete optische Maßnahmen (z. B. Winkelanordnung, Antireflexbeschichtungen) und Detektionssysteme kontrolliert werden. Der Einsatz solcher technischen Maßnahmen ist bereits in der Planungs- und Beschaffungsphase zu berücksichtigen, da eine nachträgliche Implementierung oft nur eingeschränkt möglich ist. In der Tabelle 13.7 sind spezielle technische Schutzmaßnahmen beim Umgang mit HLS zusammengefasst.

Tabelle 13.7 Technische Schutzmaßnahmen beim Einsatz von HLS

Maßnahme	Beschreibung
zweikanalige Freigabeschaltung	z. B. Totmann-Schalter, kombiniert mit Handerkennung oder Impulstasten
Strahlablenkungsschutz	mechanische Begrenzung der maximalen Arbeitsdistanz (z. B. durch Spacer)

Tabelle 13.7 Technische Schutzmaßnahmen beim Einsatz von HLS *(Fortsetzung)*

Maßnahme	Beschreibung
Laserkopfkapselung	optischer Vorsatz mit integrierter Streulichtbarriere und Absaugung
Reflexionssensorik	Abschaltung bei unzulässig hohem Rückreflexsignal
mobile Laserschutzwände oder -vorhänge	z. B. mit Reflexionsklasse MLR10 nach */DIN EN 60825-4/*
Strahlbegrenzung	Einsatz optischer Strahlformer oder Kollimatoren mit Sicherheitsblende
Interlock-Systeme	bei Kombination des Geräts mit Zusatzsystemen (z. B. Roboter oder Schiebetisch)

Organisatorische Schutzmaßnahmen stellen insbesondere bei handgeführten Laserstrahlsystemen, bei denen eine vollständige Abschirmung des Laserstrahls technisch nicht realisierbar ist, eine essenzielle Ergänzung zu den technischen Vorkehrungen dar. Sie zielen darauf ab, durch klare Regeln, Zuständigkeiten und strukturierte Abläufe das Gefährdungspotenzial im Umgang mit offenen Strahlsystemen systematisch zu reduzieren. Im Zentrum stehen die Einrichtung definierter Laserarbeitsbereiche, eine lückenlose Dokumentation der Betriebsbedingungen sowie die qualifikationsgerechte Schulung des Bedienpersonals. Ebenso wichtig ist die Umsetzung organisatorischer Verfahren zur Zugangsbeschränkung und die Sicherstellung einer jederzeit nachvollziehbaren Gefährdungsbeurteilung. Diese Maßnahmen müssen regelmäßig überprüft, aktualisiert und den tatsächlichen Betriebsbedingungen angepasst werden, um den dynamischen Einsatzbedingungen handgeführter Lasersysteme gerecht zu werden. In der Tabelle 13.8 werden weitere organisatorische Schutzmaßnahmen beim Einsatz von HLS empfohlen.

Tabelle 13.8 Organisatorische Schutzmaßnahmen beim Einsatz von HLS

Maßnahme	Umsetzung
Zutrittsregelung	Ausschluss Unbefugter, z. B. durch Schlüsselsysteme oder Zugangskontrolle
Kennzeichnung	Warnzeichen gemäß ISO 7010 / EN 60825-1 (z. B. W004, W006, W017)
Festlegung des Laserbereichs	Abgrenzung mit Bodenmarkierungen, Sichtschutz oder mobilen Absperrungen
Betriebsanweisung nach OStrV	mit Beschreibung des HLS, zulässiger Betriebsparameter, Schutzmaßnahmen

Maßnahme	Umsetzung
Schulungen und Unterweisungen	mindestens jährlich, dokumentiert, mit Praxisbezug
Aufzeichnungspflicht	Gefährdungsbeurteilung, Unterweisung, Wartung, Fehlerprotokolle
Erstellung eines Notfallplans	Verhalten im Störfall, Erste Hilfe bei Laserunfällen

Schulungen zum sicherheitsgerechten Verhalten, einschließlich dem korrekten Positionieren, Halten und Führen des Systems, sowie Kenntnis über Strahlaustrittsrichtungen und Abschaltvorgänge im Notfall sind unabdingbar, um die Wirksamkeit der persönlichen Schutzmaßnahmen sicherzustellen. Unerlässlich ist zudem das Bewusstsein, dass persönliche Maßnahmen stets nachrangig sind und niemals technische oder organisatorische Defizite kompensieren dürfen.

Handgeführte Lasersysteme bieten große prozesstechnische Vorteile, etwa bei der mobilen Bearbeitung komplexer Geometrien oder in nicht automatisierbaren Umgebungen. Gleichzeitig stellen sie jedoch ein erhöhtes Risiko für den Menschen dar, da viele technische Schutzmaßnahmen nur eingeschränkt wirksam sind. Durch eine konsequente Anwendung des STOP-Prinzips, die gezielte Gefährdungsbeurteilung, technische Limitierung des Systems sowie die Schulung und das Schutzverhalten des Bedienpersonals können diese Systeme dennoch sicher und regelkonform betrieben werden. In Bild 13.8 ist die Laserschutzausrüstung für das Betreiben eines mobilen HLS exemplarisch dargestellt.

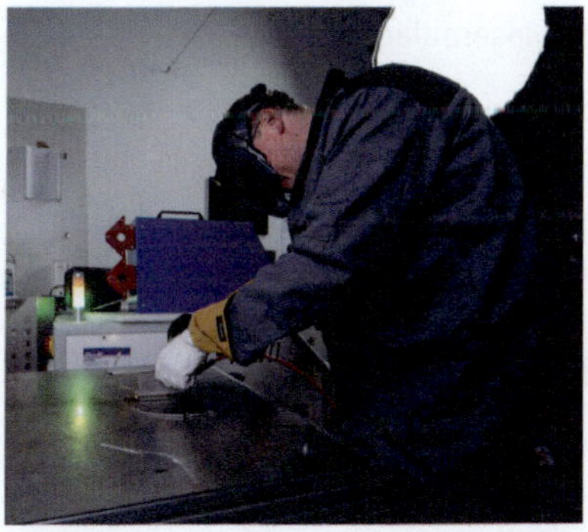

Bild 13.8
Schutzausrüstung zum Betreiben eines mobilen HLS am Beispiel eines handgeführten Laserstrahlschweißprozesses

13.4 Normen und Richtlinien

Um die Sicherheit im Betrieb von Lasereinrichtungen zu gewährleisten, sind verschiedene Richtlinien und Verordnungen einzuhalten. Tabelle 13.9 gibt eine Auswahl von Normen, BG-Regeln, BG-Information und Verordnungen wieder, die laserspezifische Regelungen enthalten.

Tabelle 13.9 Laserspezifische Regelungen

DIN EN 207	Persönlicher Augenschutz, Filter und Augenschutz gegen Laserstrahlung (Laser-Schutzbrillen)
DIN EN 208	Justierarbeiten an Lasern und Laseraufbauten (Laser-Justier-brillen)
DIN EN 12254	Abschirmungen an Laserarbeitsplätzen; Sicherheits-technische Anforderungen und Prüfung
DIN EN 60825-1 (VDE 0837-1)	Sicherheit von Laser-Einrichtungen; Teil 1: Klassifizierungen von Anlagen, Anforderungen und Benutzerrichtlinien
DIN EN 60825-2 (VDE 0837-2)	Sicherheit von Laser-Einrichtungen; Teil 2: Sicherheit von Lichtwellenleiter-Kommunikationssystemen
DIN EN 60825-4 (VDE 0837-4), DIN EN 12254	Sicherheit von Laser-Einrichtungen; Teil 4: Abschirmungen an Laserarbeitsplätzen
DIN EN 60825 (VDE 0837)	Empfänger, Messgeräte und Anlagen zur Messung von Leistung und Energie von Laserstrahlen
DIN EN ISO 11553-1	Sicherheit von Maschinen – Laserbearbeitungsmaschinen, Teil 1: Allgemeine Sicherheitsanforderungen
DIN EN ISO 11553-2	Sicherheit von Maschinen – Laserbearbeitungsmaschinen, Teil 2: Sicherheitsanforderungen an handgeführte und handbediente Maschinen
DIN 56912	Sicherheitstechnische Anforderungen für Show- und Projektionslaser und Showlaseranlagen und Prüfung
DIN EN ISO 13694	Optik und optische Instrumente – Laser und Laseranlagen – Prüfverfahren für die Leistungs-(Energie-)Dichteverteilung von Laserstrahlen
DIN EN ISO 11146-1	Laser und Laseranlagen – Prüfverfahren für Laserstrahl-abmessungen, Divergenzwinkel und Beugungsmaßzahlen, Teil 1: Stigmatische und einfach astigmatische Strahlen
DIN EN ISO 11146-2	Laser und Laseranlagen – Prüfverfahren für Laserstrahl-abmessungen, Divergenzwinkel und Beugungsmaßzahlen, Teil 2: Allgemein astigmatische Strahlen
PSA-Benutzungsverordnung (PSA-BV)	Verordnung über Sicherheit und Gesundheitsschutz bei der Benutzung persönlicher Schutzausrüstungen bei der Arbeit (PSA-Benutzungsverordnung – PSA-BV)
BetrSichV	Betriebssicherheitsverordnung
BGR 192	Auswahl von Augen- und Gesichtsschutz

BG-Information 5092	Auswahl und Benutzung von Laser-Schutz- und Justierbrillen
BG-Information 5007	Laser-Einrichtungen für Show- und Projektionszwecke
OptStrV, TROS	Betrieb von Lasereinrichtungen

13.4.1 Gefahrenpotenzial durch Röntgenstrahlung bei der UKP-Laserbearbeitung

Die Prozessierung von Materialien mit Ultrakurzpuls-(UKP)-Lasersystemen, insbesondere mit Pulslängen im Femtosekundenbereich (< 1 ps) und mittleren Leistungen > 10 W, kann neben den bekannten Gefährdungen durch optische Strahlung, Brand- oder Explosionsrisiken auch **ionisierende Strahlung** erzeugen, insbesondere Bremsstrahlung im Röntgenbereich. Dieses Risiko tritt vor allem dann auf, wenn hochintensive Laserpulse mit Festkörpern oder Metallen wechselwirken und dabei freie Elektronen beschleunigt sowie abrupt abgebremst werden.

Bei Fokussierung intensiver UKP-Pulse auf Festkörperoberflächen mit hoher mittlerer Intensität ($>10^{13}$ W/cm^2) entsteht durch die Feldionisation zunächst ein dichtefreies Plasma, in dem Elektronen auf hohe kinetische Energien beschleunigt werden. Trifft ein solches Elektron auf ein benachbartes Atom oder wird inelastisch gestreut, kann es durch Bremsstrahlung (engl. braking radiation) Photonen im Röntgenspektralbereich emittieren. Der dabei entstehende Energieverlust des Elektrons wird in Form eines Photons mit Energie im Bereich von wenigen keV bis hin zu mehreren 10 keV abgegeben. Die spektrale Verteilung der emittierten Photonen ist kontinuierlich (sog. kontinuierliches Röntgenspektrum), wobei die maximale Photonenenergie durch die kinetische Energie der freien Elektronen begrenzt ist.

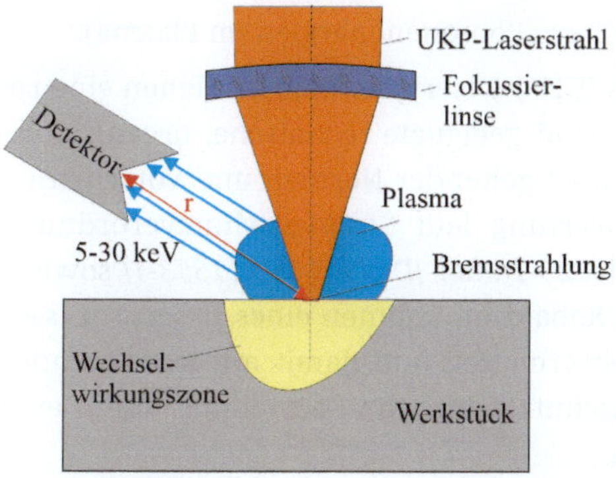

Bild 13.9
Darstellung der Entstehung von Röntgenstrahlung bei der UKP-Laserbearbeitung

Ein zentraler Faktor zur Minimierung der **Exposition** gegenüber der entstehenden Röntgenstrahlung ist der räumliche Abstand zur Wechselwirkungszone, also zum Fokusbereich des UKP-Laserstrahls auf dem Targetmaterial (Bild 13.9). Die Intensität der emittierten Röntgenstrahlung nimmt mit zunehmendem Abstand nach dem quadratischen Abstandsgesetz ab:

$$\dot{H}^*(10)(r) \propto \frac{1}{r} \tag{13.2}$$

Da die Bremsstrahlung in der Regel annähernd isotrop aus dem Entstehungsplasma abgestrahlt wird, bedeutet bereits eine Verdopplung des Abstandes r eine Reduktion der Ortsdosisleistung $\dot{H}$*(10) auf etwa ein Viertel.

Aus diesem physikalischen Zusammenhang ergibt sich für den praktischen Betrieb die Notwendigkeit, das Bedienpersonal von der unmittelbaren Nähe der Bearbeitungszone fernzuhalten. Idealerweise wird der Prozess vollständig fernbedient innerhalb einer geschlossenen Schutzkabine durchgeführt, sodass eine direkte Exposition ausgeschlossen ist. Für halbautomatisierte Anlagen oder manuelle Justagen sollte stets ein Mindestabstand von mehreren Dezimetern eingehalten werden, ergänzt durch geeignete Abschirmungen in Richtung des Bedieners. Diese Maßnahme ist ein elementarer Bestandteil des **ALARA-Prinzips** (As Low As Reasonably Achievable) im Strahlenschutz.

Die Intensität und die spektrale Charakteristik der Röntgenemission hängen maßgeblich von mehreren Faktoren ab:

- Pulsenergie und -dauer (höhere Pulsenergien bei sehr kurzen Pulsen erhöhen die Plasmaintensität),
- Materialeigenschaften des Targets (hohe Ordnungszahlen ZZZ begünstigen die Röntgenemission),
- Fokusgeometrie und Repetitionsrate (hohe Repetitionsraten erhöhen das kumulative Emissionspotenzial),
- Wellenlänge (kürzere Wellenlängen → höhere Photonenenergien im Plasma).

Für den sicheren Betrieb von Ultrakurzpuls-(UKP)-Lasersystemen, bei denen eine relevante Röntgenstrahlung entstehen kann, sind geeignete technische, organisatorische und personelle Schutzmaßnahmen gemäß geltender Normen und Vorschriften umzusetzen. Grundlage ist dabei die Bewertung laut Strahlenschutzverordnung (StrlSchV) in Verbindung mit der */DIN EN 60825-1/*, der */DIN EN ISO 11553-1/* sowie – im betrieblichen Kontext – der */TRGS 529/*. Sobald im Rahmen eines Laserprozesses mit Photonenenergien im Bereich von mehreren keV und damit mit ionisierender Strahlung zu rechnen ist, ist eine strahlenschutztechnische Beurteilung durch eine fachkundige Person zwingend erforderlich.

Ergibt diese Bewertung, dass die **effektive Dosisleistung** am Arbeitsplatz die Schwelle von 1 µSv/h überschreiten kann, ist eine Anzeige gemäß der Strahlenschutzverordnung (StrlSchV § 19) bei der zuständigen Aufsichtsbehörde vorzunehmen. In Einzelfällen, etwa bei höheren mittleren Leistungen, hohen Repetitionsraten oder besonders intensiver Fokussierung, kann auch eine Genehmigungspflicht bestehen. Die rechtliche Grundlage bildet hierbei die Klassifikation als strahlenerzeugende Anlage im Sinne der ionisierenden Strahlung.

Eine zentrale Aufgabenstellung der technischen Schutzmaßnahmen ist eine wirksame Abschirmung des Prozesses, die durch geeignete Gehäusekonstruktionen mit eingebetteten Strahlenschutzmaterialien realisiert werden kann. Zusätzlich empfiehlt sich der Einsatz aktiver Strahlungsüberwachungssysteme in unmittelbarer Nähe zum Prozessraum, um mögliche Leckstrahlung detektieren und dokumentieren zu können. Solche Überwachungen sollten auf der Messgröße der Ortsdosisleistung $\dot{H}^*(10)$ basieren, welche eine standardisierte Bewertung der Umgebungsdosis durch Photonenstrahlung erlaubt.

Auf der organisatorischen Seite ist sicherzustellen, dass nur eingewiesenes Fachpersonal Zugang zu UKP-Lasersystemen mit potenzieller Röntgenemission erhält. Hierzu zählen regelmäßige Unterweisungen im Strahlenschutz, klare Zugangsbeschränkungen zum Bearbeitungsraum sowie die Dokumentation von Wartung, Betrieb und Messwerten. In sensiblen Anwendungen kann ergänzend eine personenbezogene Dosimetrie mittels Filmdosimeter oder ein elektronischer Personendosimeter erforderlich sein.

Zusammenfassend erfordert der sichere Betrieb von UKP-Lasersystemen mit potenzieller Röntgenstrahlung eine interdisziplinäre Betrachtung aus Lasersicherheit, Strahlenschutz und prozessspezifischer Gefährdungsanalyse. Nur durch die Kombination technischer Abschirmung, messtechnischer Kontrolle und sachgerechter Organisation lassen sich Gesundheitsrisiken für das Personal wirksam minimieren und ein rechtssicherer Betrieb gewährleisten.

13.5 Ausgewählte Laserschutzkomponenten

Für die unterschiedlichen Anwendungsbereiche und Laserarten gibt es Laserschutzbrillen und Laserjustierbrillen in vielen verschiedenen Ausführungen (Bild 13.10). Maßgeblich für alle Brillen ist jedoch, dass sowohl Fassung als auch Schutzfilter den Anforderungen der aktuellen Fassung der Laserschutznormen DIN EN 207 bzw. DIN EN 208 gerecht werden und z. B. ein seitliches Eindringen von Laserstrahlung verhindert wird. */laservision2012/*, */laservision2025-2/* Bild 13.10 zeigt ein häufig verwendetes Modell.

a) b)

Bild 13.10 Laserschutzbrillen © LASERVISION GmbH und Co. KG. a) Mit R14-Fassung – absorbierende und beschichtete Glasfilter, b) F22-Fassung – absorbierende Kunststofffilter

Einen großflächigen Laserschutz können flexible oder starre Laserabsperrungen wie Laserschutzvorhänge, transportable Laserschutzstellwände oder fest installierte Schutzkabinen gewährleisten (Bild 13.11). Ausschlaggebend für die Sicherheit ist die Standzeit im Störfall. Nach DIN EN 60825-4 werden drei verschiedene **Prüfklassen** unterschieden. Eine Schutzwand der Klasse T1 muss demnach 30 000 s der Laserstrahlung standhalten. Bei Hochleistungslasern ist das selbst für Doppelwandsysteme meist unmöglich. */ReisLasertec2012-1/*

Daher wird immer stärker ein aktives Sicherheitskonzept favorisiert. Dies gilt nicht nur für Schutzwände, sondern auch für Laserschutzfenster. Da herkömmliche **Laserschutzfenster** bei hoher Leistungsdichte oft nicht die erforderlichen Schutzstufen erreichen, werden aktive Kabinenfenster verwendet, die mit ihrer integrierten Elektronik in den Sicherheitskreis des Lasersystems eingebunden sind (Bild 13.11 a). Trifft Laserstrahlung auf die Kunststoffscheibe, so löst der im Rahmen integrierte Sensor die Abschaltung des Lasers aus. */Laservision2012-2/*

Aktive Laserschutzwände bestehen in der Regel aus Doppelwandsystemen, die mittels integrierter Sensorik kontinuierlich elektronisch überwacht werden. Das Funktionsprinzip optisch arbeitender Sensoren wie dem System Laser-Spy (ehemals Fa. Reis Lasertec, heute KUKA AG) basiert auf der Detektion von Laserstrahlung bei Eintritt in den Hohlraum zwischen den beiden Wandelementen. Die Ausführung sieht vor, dass der Sensor auf der Außenseite der Schutzwand angebracht wird, während sich das Detektorelement innerhalb des Hohlraums befindet. Dringt Laserstrahlung durch die äußere Wandstruktur des Laserbereiches und erreicht den Hohlraum, so wird die unerwünschte Strahlung mittels Photodetektoren oder faseroptischer Sensorik erfasst. Der Anstieg der detektierten Strahlungsintensität wird über den Sicherheitsschaltkreis (Sicherheitskreis, Safety Control Circuit) an die Steuerung der Laseranlage gemeldet, woraufhin eine sofortige Abschaltung (Emergency Off, EMO) des Lasers erfolgt.

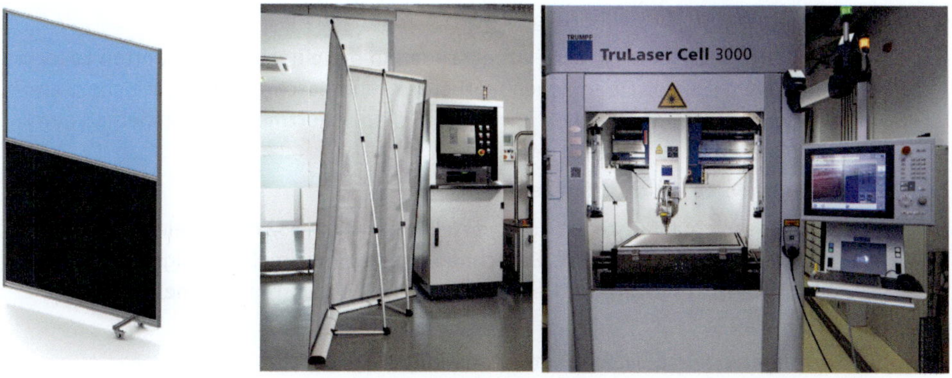

a) b) c)

Bild 13.11 Laserschutzeinrichtungen. a) Zwischenmodul mit Laserschutzfenster © LASERVISION GmbH und Co. KG, b) Laserschutzeinhausung mit Roll-up © LASERVISION GmbH und Co. KG, c) Laserschutzkabine mit aktiven Laserschutzwänden

Für die Detektion kommen häufig Silizium-Photodioden oder spezielle optische Lichtleiterkombinationen zum Einsatz, die auf Änderungen des Lichtpegels im Wellenlängenbereich der verwendeten Laserstrahlquellen optimiert sind. Moderne Systeme berücksichtigen dabei auch die Unterscheidung zwischen diffusem Streulicht und fokussierter Hochleistungsstrahlung, um Fehlabschaltungen zu vermeiden.

Durch diese Technologie wird die Sicherheit von Personal und Anlage gemäß den Anforderungen der Normen */DIN EN 60825-1/* sowie */DIN EN ISO 13849-1/* gewährleistet.

Aktuelle Forschung und Industrieentwicklungen konzentrieren sich zunehmend auf die Integration von intelligenten Überwachungssystemen (Smart Monitoring Systems), die nicht nur den Eintritt von Laserstrahlung detektieren, sondern auch Art, Intensität und Wellenlänge der eingedrungenen Strahlung analysieren können. Dadurch wird eine genauere Fehlerdiagnose sowie ein zielgerichteter Schutz bei Multilaser- oder Ultrakurzpulsanwendungen ermöglicht. */KUKA2025/*

Übungsaufgaben zum Kapitel 13

(Die dazugehörigen Lösungen finden Sie auf *plus.hanser-fachbuch.de*.)

1. **Aufgabe:** Klasseneinordnung

   Ein gepulster Faserlaser mit 1064 nm Wellenlänge, 20 W mittlerer Leistung und einer Pulsdauer von 10 ns wird für eine Mikrostrukturierungsanwendung eingesetzt. Ordnen Sie das System gemäß DIN EN 60825-1 in die richtige Laserschutzklasse ein und begründen Sie Ihre Entscheidung.

2. **Aufgabe:** Gefährdungsanalyse

   Erläutern Sie die primären und sekundären Gefährdungen durch Laserstrahlung bei der Arbeit mit einem UKP-Laser ($\lambda = 1030$ nm, $\tau_{pl} < 500$ fs, $P_{peak} > 10$ MW). Berücksichtigen Sie dabei auch mögliche radioaktive und elektrische Gefahrenquellen, wenn der Werkstoff Wolfram bearbeitet werden soll.

3. **Aufgabe:** Strahlausbreitung und Schutzmaßnahmen

   Skizzieren Sie eine typische Arbeitssituation mit einem handgeführten Lasersystem (HLS) zur Oberflächenbearbeitung und beschreiben Sie, welche technischen, organisatorischen und persönlichen Schutzmaßnahmen gemäß dem STOP-Prinzip zu ergreifen sind.

4. **Aufgabe:** Laserschutzfenster

   Ein Laserschutzfenster ist für eine Wellenlänge von 532 nm mit einer optischen Dichte OD = 6 spezifiziert. Berechnen Sie den maximal zulässigen Transmissionswert in Prozent und erläutern Sie, was dies im praktischen Einsatz bedeutet.

5. **Aufgabe:** Persönliche Schutzausrüstung

   Eine Laserschutzbrille ist für 800 – 1100 nm mit OD = 5 und einer sichtbaren Transmission von 35 % angegeben. Beurteilen Sie deren Eignung für den Einsatz an einem Yb:YAG-Laser (λ = 1030 nm) mit 100 W cw-Ausgangsleistung.

6. **Aufgabe:** Laserschutzbeauftragter

   Nennen Sie die Aufgaben und Pflichten eines Laserschutzbeauftragten nach OStrV und TROS Laserstrahlung. In welchen Fällen ist die Bestellung verpflichtend?

7. **Aufgabe:** Verhalten im Störfall

   Formulieren Sie einen Maßnahmenplan für den Fall, dass bei der Arbeit mit einem HLS eine reflektierte Strahlung unerwartet außerhalb der vorgesehenen Bearbeitungszone auftritt.

8. **Aufgabe:** Laserschutzkennzeichnung

   Welche Informationen müssen auf einem Warnschild für einen Klasse-4-Laserarbeitsplatz nach DIN EN 60825-1 enthalten sein? Gestalten Sie ein Beispiel mit konkreten Daten.

9. **Aufgabe:** Gefährdungsbeurteilung

   Erarbeiten Sie eine strukturierte Gefährdungsbeurteilung für den Aufbau eines temporären UKP-Labors mit Tischaufbauten und verschiedenen offenen Strahlwegen. Welche Aspekte sind besonders kritisch?

10. **Aufgabe:** Definition und Abgrenzung

    Erläutern Sie den Unterschied zwischen einem Laserbereich und einem Lasersicherheitsbereich gemäß TROS Laserstrahlung. Welche Anforderungen müssen an die räumliche und organisatorische Gestaltung eines Lasersicherheitsbereichs gestellt werden, insbesondere bei offenen Strahlführungen oder handgeführten Lasersystemen? Nennen Sie mindestens vier konkrete Maßnahmen zur Absicherung.

14 Auslegung von Lasermaterial-bearbeitungsanlagen und -prozessen

Die **Auslegung von Lasermaterialbearbeitungssystemen** (LMB-Systemen) und den zugehörigen Prozessen stellt eine komplexe ingenieurtechnische Herausforderung dar, die eine Vielzahl unterschiedlicher Einflussgrößen und Randbedingungen berücksichtigt. Laserstrahlbasierte Fertigungsverfahren zeichnen sich durch ihre hohe Prozessflexibilität und Präzision aus, die zugleich eine anspruchsvolle Planung und Anpassung der Systemkomponenten und Prozessparameter erfordern.

14.1 Bedeutung der Systemauslegung

Physikalische, materialtechnologische, mechanische, optische sowie wirtschaftliche Faktoren wirken zusammen und bestimmen maßgeblich Qualität, Effizienz und Wirtschaftlichkeit des Gesamtsystems. So beeinflussen die spezifischen Eigenschaften des zu bearbeitenden Materials, insbesondere Absorptionsgrad, thermische Leitfähigkeit und mechanische Festigkeit, die Wahl der Laserstrahlquelle sowie die Ausgestaltung der Prozessparameter erheblich. Darüber hinaus spielen geometrische Anforderungen an die Bauteile wie komplexe Geometrien oder mehrschichtige Strukturen eine entscheidende Rolle für die Auswahl der Bearbeitungsanlage und der entsprechenden Kinematik. Die Zugänglichkeit der Bearbeitungsstelle, die notwendige Genauigkeit und die erforderlichen Freiheitsgrade der Bewegungssysteme sind ebenso sorgsam auszulegen wie die Integration von Zusatzfunktionen, z. B. Schutzgaszufuhr, Pulverauftrag oder Prozessüberwachung. Nicht zuletzt ist die Berücksichtigung wirtschaftlicher Rahmenbedingungen bspw. Losgrößen, Investitionskosten, Wartungsaufwand und Energieeffizienz für die Systemauswahl und Prozessgestaltung unabdingbar. Die Sicherstellung von Prozessstabilität, Reproduzierbarkeit und Qualität im Serienbetrieb erfordert zusätzlich eine durchdachte Implementierung von Überwachungs- und Regelstrategien sowie flexible Anpassungsmöglichkeiten an wechselnde Bearbeitungsanforderungen.

Diese Vielzahl miteinander vernetzter Einflussgrößen macht die systematische Auslegung von Lasermaterialbearbeitungssystemen zu einer multidisziplinären Aufgabe, die sowohl fundiertes physikalisch-technisches Verständnis als auch praxisorientierte Erfahrungswerte voraussetzt. Das nachfolgende Kapitel bietet einen strukturierten Leitfaden zur schrittweisen Auswahl und Optimierung der wesentlichen Komponenten und Parameter. Ziel ist die Bereitstellung von Entscheidungshilfen für die Entwicklung maßgeschneiderter Lasermaterialbearbeitungslösungen. Um die hohe Komplexität der in den vorangegangenen Kapiteln dargestellten Menge an technischen, prozessualen und wirtschaftlichen Einflussgrößen greifbarer zu machen und die praktischen Wechselwirkungen zwischen den einzelnen Faktoren zu veranschaulichen, werden zunächst fünf Themenbereiche, die im Mittelpunkt der Auslegungsmethodik stehen, aufgeführt und nachfolgend ausgewählte Beispiele aus unterschiedlichen Anwendungsbereichen vorgestellt.

1. **Materialart beeinflusst die Auswahl der Laserstrahlquelle bzw. Wellenlänge**

   Die Auswahl der geeigneten Laserstrahlquelle hängt maßgeblich von den optischen und thermophysikalischen Eigenschaften des zu bearbeitenden Werkstoffs ab. Die Wellenlänge beeinflusst die Absorption und somit die Effizienz der Energieeinbringung sowie die Qualität der Bearbeitung. Beispiele verdeutlichen diese Abhängigkeit:

   - *Kupferschweißen bei 532 nm:* Reines Kupfer weist bei infraroter Strahlung (z. B. 1064 nm) eine extrem niedrige Absorption (~ 4–5 %) auf, die Prozessinstabilitäten, Plasmabildung und ineffiziente Einschweißtiefen zur Folge hat. Durch den Einsatz frequenzverdoppelter Laserstrahlung bei 532 nm wächst die Absorption signifikant auf etwa 40 %, wodurch eine stabile Energieeinkopplung und eine prozesssichere Nahtbildung ermöglicht werden. */Main2022/*
   - *Polymerschichten (z. B. PI, PMMA):* Für die schonende Bearbeitung thermoplastischer oder duroplastischer Polymere sind Femtosekundenlaser mit frequenzverdoppelter Wellenlänge (ca. 515 nm) vorzuziehen, da deren ultrakurze Pulse (< 300 fs) thermische Diffusionseffekte minimieren, wodurch keine nennenswerte Wärmeeinflusszone (WEZ) ausgebildet wird. Die dadurch bedingte Verhinderung von Degradation, Verfärbung und Delamination ist entscheidend für Mikrostrukturierungsprozesse in der Medizintechnik oder in der Mikrofluidik */Stęp2019/*.
   - *Keramiken (z. B. Al_2O_3, ZrO_2, Si_3N_4):* Aufgrund der sprödharten Eigenschaften und der geringen Wärmeleitfähigkeit keramischer Werkstoffe ist eine abtragende Bearbeitung mit Ultrakurzpulslasern (UKP-Lasern) erforderlich. Die extrem kurzen Pulsdauern im Femtosekundenbereich ermöglichen eine sogenannte „kalte Ablation", bei der der Materialabtrag durch Direktverdampfung

erfolgt, ohne thermische Rissbildung oder Gefügeveränderung zu induzieren. Dieser Vorteil macht UKP-Laser zur favorisierten Technologie für Präzisionsbohrungen, Mikrostrukturierung und funktionale Oberflächenmodifikation. */Zhou2023/*

- *Nichtmetallische Materialien (z. B. Glas, Holz, Keramik):* Der CO_2-Laser mit einer Wellenlänge von 10,6 µm wird bevorzugt bei der Bearbeitung von elektrisch nichtleitenden Materialien, die in diesem Wellenlängenbereich eine hohe Absorption aufweisen, angewandt. Trotz der vergleichsweise schlechteren Fokussierbarkeit der CO_2-Laserstrahlung, im Vergleich zu den FK-Laserstrahlquellen, ist deren Einsatz z. B. für das Schneiden von organischen Werkstoffen oder das Strukturieren von Glas und oxidischen Keramiken nach wie vor industriell relevant.

2. **Geometrische und kinematische Anforderungen**

   Je nach Bauteilgeometrie und Bearbeitungsaufgabe ergeben sich unterschiedliche Anforderungen an die Kinematik, was folgende Beispiele veranschaulichen:

   - Für das 3D-Laserstrahlauftragsschweißen komplexer Freiformflächen, etwa bei Turbinenschaufeln, werden häufig mehrachsige Bearbeitungszentren oder kombinierte Roboteranlagen mit integriertem Sensorsystem zur Bahnführung genutzt.
   - Bei der Mikrobearbeitung von Elektronikkomponenten, z. B. beim Strukturieren von Leiterplatten, ist die Integration hochpräziser Scanneroptiken mit dynamischer Fokusnachführung erforderlich, um Bearbeitungen im Submillimeterbereich mit höchster Präzision zu gewährleisten.
   - Das Schweißen von rotationssymmetrischen Bauteilen, z. B. Rohre oder Hülsen, erfolgt häufig auf rotierenden Achssystemen, die exakt auf die Prozesskinematik abgestimmt sind.

3. **Einfluss von Produktionsvolumen und Losgröße**

   Die Auslegung unterscheidet sich grundlegend nach Losgröße und Produktionsvolumen:

   - Bei Einzelstücken oder Kleinserien, etwa im Prototypenbau, ist eine flexible, leicht umrüstbare Roboterzelle mit einfacher Programmierung sinnvoll.
   - Für Großserien, z. B. im Automobilbau, eignen sich hochautomatisierte Fertigungslinien mit festen Spannvorrichtungen, Taktzeitoptimierung und automatisierter Prozessüberwachung.
   - Im Bereich der additiven Fertigung von Funktionsbauteilen sind Anlagen mit schneller Pulverbeschichtung und Mehrstrahlsystemen für hohe Produktivität notwendig.

4. **Integration von Überwachungssystemen zur Qualitätssicherung**

   Moderne LMB-Systeme werden zunehmend mit integrierter Überwachungs- und Regeltechnik ausgestattet, um Qualitätssicherung und Ausschussreduzierung sicherzustellen:

   - Beim Laserstrahlauftragsschweißen von Werkzeugstahl erfolgt häufig eine Echtzeitüberwachung der Schichtgeometrie mittels Kamerasystemen, um Materialauftrag und Schichtqualität kontinuierlich zu kontrollieren.
   - Für das Laserstrahlschweißen von sicherheitskritischen Komponenten, etwa im Luftfahrtbereich, sind Pyrometer zur Messung der Prozesszone und Thermografiekameras zur Analyse der Temperaturverteilung etabliert, um Prozessabweichungen sofort zu erkennen.
   - Im Bereich der Ultrakurzpulsstrukturierung von Oberflächen kann die Inline-Messung der erzeugten Topografie mittels Weißlichtinterferometrie zur Prozessregelung beitragen.

5. **Wirtschaftliche Randbedingungen und Nachhaltigkeit**

   Auch wirtschaftliche Aspekte beeinflussen die Systemwahl wesentlich:

   - Hochpreisige Ultrakurzpulslaser werden meist dort eingesetzt, wo der Qualitätsvorteil den Investitionsaufwand rechtfertigt, z. B. in der Medizin- oder Mikrosystemtechnik.
   - Die Integration energieeffizienter Laserstrahlquellen (z. B. moderne Hochleistungsdiodenlaser) leistet einen Beitrag zur Reduktion der Betriebskosten und erfüllt steigende Umweltanforderungen.
   - Durch die Anwendung modularer Anlagenkonzepte kann die Fertigung flexibel an wechselnde Marktanforderungen angepasst werden, ohne vollständige Neuanschaffungen vornehmen zu müssen.

Bild 14.1 verdeutlicht die komplexen Wechselwirkungen zwischen den unterschiedlichen Einflussgrößen, die bei der Auslegung von LMB-Systemen systematisch berücksichtigt werden müssen.

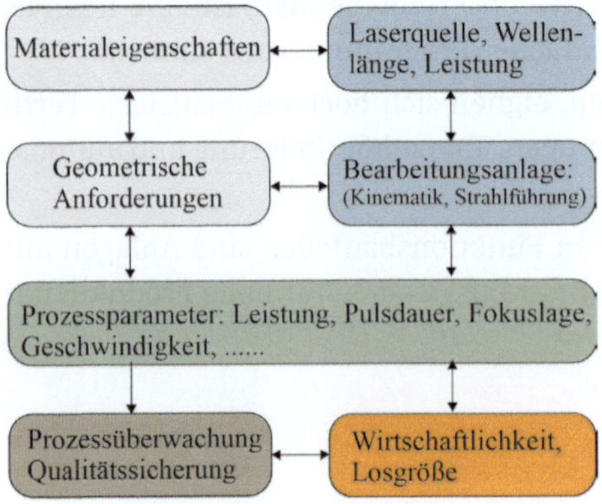

Bild 14.1
Schematische Darstellung der miteinander vernetzten Einflussgrößen bei der Auslegung von Lasermaterialbearbeitungssystemen und -prozessen

Im Zentrum der Betrachtung steht die Auswahl geeigneter Laser- und Prozessparameter, die unmittelbar von den physikalischen Materialeigenschaften (z. B. Absorptionsverhalten, Wärmeleitfähigkeit, Schmelz- und Verdampfungstemperatur) abhängen. Die Materialeigenschaften bestimmen, welche Wellenlänge, Strahlqualität und Laserleistung für die Bearbeitung technisch sinnvoll und prozessstabil eingesetzt werden können. Parallel dazu definieren die geometrischen Anforderungen der Bauteile, wie Abmessungen, Bauteilzugänglichkeit und Bearbeitungsvolumen, die notwendigen Eigenschaften der Bearbeitungsanlage, insbesondere deren Kinematik, Freiheitsgrade und mechanische Stabilität. Diese Faktoren wirken ebenfalls direkt auf Auswahl und Gestaltung der Laser- und Prozessparameter zurück. Zusätzlich sind die wirtschaftlichen Rahmenbedingungen, insbesondere Losgrößen, Automatisierungsgrad und Produktionsanforderungen, wie vorstehend an den Beispielen erläutert, eng mit den technischen Systementscheidungen verknüpft, denn eine ökonomische Fertigung bedingt häufig automatisierte Prozesse, flexible Anlagenkonzepte oder modulare Systemarchitekturen. Die optimale Kombination all dieser Faktoren führt schließlich zur gezielten Definition der Prozessparameter wie erforderliche Laserleistung, Vorschubgeschwindigkeit, Pulsdauer und Fokusdurchmesser, die wiederum die Prozessqualität, z. B. hinsichtlich Maßhaltigkeit, Oberflächenqualität oder Schweißnahtfestigkeit, direkt beeinflussen.

Diese Vernetzung zeigt, dass alle genannten Einflussgrößen in ihrer Gesamtheit über die erreichbare Prozessstabilität, Qualitätssicherung und Wirtschaftlichkeit der LMB-Anwendung entscheiden, wobei die Wechselwirkungen zwischen den einzelnen Bereichen nicht linear sind, sondern hochgradig vernetzt und häufig iterativ in der Praxis abgestimmt werden müssen.

Aufgrund dieser Ausführungen dient Bild 14.1 lediglich als Orientierungshilfe für den ganzheitlichen, systematischen Auswahl- und **Entwicklungsprozess** von LMB-Systemen.

14.2 Algorithmus zur systematischen Vorgehensweise bei der Auslegung

Die **Auslegung von Lasermaterialbearbeitungssystemen** ist aufgrund der Vielzahl der in Abschnitt 14.1 involvierten Variablen und deren komplexer Wechselwirkungen ohne strukturierte Vorgehensweise nur schwer handhabbar. Um Entscheidungsprozesse transparent, nachvollziehbar und reproduzierbar zu gestalten, haben sich verschiedene algorithmische Ansätze in Forschung und Industrie etabliert.

Prinzipiell lassen sich folgende Kategorien von **Auslegungsalgorithmen** unterscheiden:

- **Regelbasierte Entscheidungsalgorithmen:** Diese nutzen vordefinierte Regeln und Entscheidungsbäume, die auf Expertenwissen basieren, um systematisch einzelne Parameter und Komponenten auszuwählen. Sie sind besonders geeignet für klar strukturierte und gut definierbare Aufgabenstellungen.
- **Optimierungsbasierte Algorithmen:** Hierbei werden mathematische Optimierungsverfahren eingesetzt, die auf Grundlage von Zielfunktionen (z. B. Minimierung von Kosten oder Maximierung der Prozessqualität) und Nebenbedingungen optimale Parameterkombinationen ermitteln. Dazu zählen lineare Programmierung, genetische Algorithmen oder Multi-Objective-Optimierung.
- **Simulation- und modellbasierte Algorithmen:** Die Kombination physikalischer Prozessmodelle mit iterativer Parametervariation und Simulationsergebnissen erlaubt es, fundierte Entscheidungen zu treffen, und ist besonders geeignet bei hoher Komplexität und unklaren Zielgrößen.
- **KI-gestützte Algorithmen:** Maschinelles Lernen und künstliche Intelligenz werden zunehmend eingesetzt, um aus großen Datenmengen Muster zu erkennen und adaptive Auslegungen zu ermöglichen. Dieser wissenschaftliche Bereich ist aktuell ein dynamisch wachsendes Feld.

Für das vorliegende Kapitel wird ein regelbasierter, schrittweise strukturierter Algorithmus vorgeschlagen, der systematisch von der Analyse der Bearbeitungsaufgabe bis zur Prozessvalidierung führt. Dieser Ansatz ist besonders praxisnah, transparent und für eine Vielzahl von Anwendungen adaptierbar.

Tabelle 14.1 Algorithmus zur systematischen Auslegung von Lasermaterialbearbeitungssystemen

Schritt	Beschreibung	Wesentliche Fragestellungen	Ergebnis/Entscheidung
1	Definition der Bearbeitungsaufgabe	Welches Material wird bearbeitet? Welche Geometrie hat das Bauteil? Welche Qualitätsanforderungen bestehen? Wie hoch ist das Produktionsvolumen?	vollständiges Anforderungsprofil
2	Auswahl der Laserstrahlquelle	Welche Laserarten lassen eine ausreichende Materialabsorption erwarten? Welche Wellenlänge und Leistung sind erforderlich?	Auswahl Laserart (Scheiben-, Faser-, Dioden-, CO_2-, Ultrakurzpuls-, Excimerlaser)

Schritt	Beschreibung	Wesentliche Fragestellungen	Ergebnis/Entscheidung
3	Festlegung der Betriebsart und der Prozessparameter	Welche Betriebsart, kontinuierlich oder gepulst, ist von Vorteil? Welche Pulsdauer und Leistungen sind erforderlich? Welche Vorschubgeschwindigkeiten resultieren und sind vorzusehen?	Definition des Prozessfensters und des Parameterbereichs
4	Auswahl der Bearbeitungsanlage und der Kinematik	Welche Freiheitsgrade werden benötigt? Welche Bewegungssysteme sind geeignet? Wie ist die Bauteilzugänglichkeit?	Entscheidung für Roboter, Scanner, Linearachsen, Portalsysteme etc.
5	Strahlführung und Strahlformung	Welche Strahlführung ist optimal? Sind strahlformende Bauelemente erforderlich? Wie erfolgt der Schutz der verwendeten Optiken?	Auswahl der Strahlführung und -formung (Faserkopplung, Spiegel, Scanner, Intensitätsprofil etc.)
6	Prozessparametrierung und Überwachung	Wie kann der Prozess sinnvoll überwacht werden? Welche Messmöglichkeiten und sensorischen Elemente sind nötig? Ist eine Prozessregelung erforderlich und zielführend?	Implementierung von Komponenten der Inline-Messung und der Prozessregelung
7	Validierung und Optimierung	Wie wird die Prozessfähigkeit sichergestellt? Wie erfolgen Qualitätskontrolle, Optimierungsprozesse und Anpassungen?	Festlegung experimenteller Versuchsreihen mit Design of Experiments (DoE-Methoden), Maßnahmen der Qualitätssicherung, Fortschreibung der Prozessoptimierung

Die Auslegung von Lasermaterialbearbeitungssystemen und -prozessen erfordert eine strukturierte, iterativ durchgängige Vorgehensweise. Jeder Schritt beinhaltet technische, prozessuale und wirtschaftliche Entscheidungen, die anhand von Daten, Simulationen und Praxiserfahrungen getroffen werden. Je nach Verfügbarkeiten, technischer und wirtschaftlicher Rahmenbedingungen können sich die Ergebnisse des Auslegungsprozesses unterscheiden und variieren.

Im Folgenden werden die einzelnen Schritte umfassend erläutert und mithilfe der anschließenden Beispiele veranschaulicht.

Laserstrahlschweißen von Gehäuseteilen (Bild 14.2)

Es sollen CrNi-Stahlbauteile mit einer Materialdicke von 1,5 mm zu einem Gehäuse verschweißt werden. Für diese Bauteile mit Endabmessungen von (800 × 300 × 200) mm^3 werden Losgrößen von 4 × 50 Stück pro Jahr benötigt. Es wird eine hohe Zugänglichkeit des Laserschweißkopfes gefordert und es sind I-Nähte in mehreren Ebenen und 3D-Bahnen zu verschweißen. Wichtig ist eine Schutzgasabdeckung, um oxidfreie Schweißnähte zu erzielen.

Bild 14.2
Laserstrahlstrahlschweißen von Gehäuseteilen

Der nachfolgend gewählte Algorithmus basiert auf der Vorgehensweise der Tabelle 14.1 und betrachtet wichtige Fragestellungen und Methoden, die allgemeingültig sind und zum besseren Verständnis am vorstehenden Beispiel konkretisiert werden:

1. **Definition der Bearbeitungsaufgabe**

   Zunächst werden Werkstoff, Bauteilgeometrie, Qualitätsansprüche sowie Produktionsbedingungen genau analysiert. Hierbei sind u. a. die Materialdicke, die Zugänglichkeit der Schweißstelle und die geforderte Losgröße zu berücksichtigen. Die Basis bilden Werkstoffdatenbanken und CAD-Modelle zur realistischen Erfassung.

   Zentrale Fragestellungen:

   - Welcher Werkstoff wird bearbeitet (z. B. CrNi-Stahl 1.4301, Aluminium, Polymer)?
   - Welche geometrischen Anforderungen bestehen (Materialdicke, Bauteilgröße, Schweißnahtart)?
   - Welche Qualitätsansprüche sind zu erfüllen (Nahtfestigkeit, Oberflächenqualität, Maßhaltigkeit)?
   - Wie hoch ist das Produktionsvolumen (Seriengröße, Losgröße)?
   - Welche Umgebungsbedingungen sind gegeben (Temperatur, Reinraum, Zugänglichkeit)?

Methoden:

- Analyse von Werkstoffdatenbanken und Literatur,
- CAD-Modelle zur Erfassung der Bauteilgeometrie,
- Abstimmung mit Fertigungsplanung und Qualitätsmanagement.

Bezogen auf das Beispiel: Daten und Aufgabenstellung siehe Beispielkasten.

2. **Auswahl der Laserstrahlquelle**

Auf Grundlage des Materials und der Bearbeitungsart wird die geeignete Laserstrahlquelle gewählt.

Wichtige Kriterien:

- Wellenlänge und Absorptionsverhalten des Materials (z. B. Wellenlänge von 1,03 bzw. 1,06 µm für Edelstahl und 10,6 µm für organische Materialien),
- verfügbare Laserleistungen und Strahlqualität (M^2),
- Wirtschaftlichkeit (Investition, Betriebskosten).

Methoden:

- Normen- und Richtlinienanalyse,
- Benchmark-Analyse,
- Kosten-Nutzen-Analyse (TCO-Betrachtung).

Bezogen auf das Beispiel: Für das CrNi-Stahlgehäuse kann ein 4-kW-Scheibenlaser mit 1,03 µm gewählt werden, da er hohe Leistung mit guter Strahlqualität und Effizienz verbindet. Der cw-Betrieb ermöglicht schnelle Schweißgeschwindigkeiten und stabile Nahtqualitäten.

3. **Festlegung der Betriebsart und der Prozessparameter**

Wichtige Fragestellungen sind:

- kontinuierlicher Betrieb oder gepulster Betrieb (z. B. Pulsdauer von Nanosekunden bis Ultrakurzpuls),
- Laserleistung und Intensität am Werkstück,
- Vorschubgeschwindigkeit und Schweißnahtbreite,
- Fokusdurchmesser und Strahlprofil,
- Kühlung und Schutzgaszufuhr.

Methoden:

- thermische Simulationen (z. B. COMSOL Multiphysics) zur Abschätzung von Schmelz- und Wärmeeintrag,
- Versuchsreihen zur Feinjustierung der Parameter,
- Prozessüberwachung zur Sicherstellung der Stabilität.

Bezogen auf das Beispiel: Für das CrNi-Stahlgehäuse sind folgende Parameter zu wählen: cw-Betrieb mit Laserleistung 4 kW, Vorschub 15 $mm \cdot s^{-1}$, Fokusdurchmesser 0,3 mm, Argon-Schutzgas mit optimierter Düsengeometrie für Oxidfreiheit.

4. **Auswahl der Bearbeitungsanlage**

   Die Wahl der mechanischen Kinematik richtet sich nach Bewegungsfreiheit, Bearbeitungsvolumen und Zugänglichkeit. Optionen sind Roboterarme mit sechs oder mehr Achsen, Linearachsen oder Scanner.

   Wichtige Kriterien:

   - Freiheitsgrade (1D bis 3D) je nach Bauteilgeometrie und Zugänglichkeit,
   - mechanische Genauigkeit und Wiederholgenauigkeit,
   - Integration von Schutzgasdüsen, Spannvorrichtungen und Sicherheitseinrichtungen,
   - Automatisierung und Handling.

   Methoden:

   - CAD-gestützte Planung der Bewegungsräume,
   - Auswahl ausreichend robuster Anlagensysteme,
   - Bewertung der Wirtschaftlichkeit im Kontext der zu erwartenden Losgrößen.

   Bezogen auf das Beispiel: Ein 6-Achs-Gelenkarmroboter mit flexiblen Kopfpositionen ermöglicht das Schweißen mehrerer I-Nähte in komplexen 3D-Lagen. Integrierte Schutzgasdüse sorgt für gleichmäßige Gasabdeckung.

5. **Strahlführung und Formung**

   Bei der Führung und Fokussierung des Laserstrahls vom Resonator zur Bearbeitungsstelle muss eine Auswahl zwischen Faserkopplung (flexibel, hohe Qualität) und Festoptik (kostengünstig, einfach) getroffen werden, wobei Schutzmechanismen gegen Kontamination der Optik zwingend zu berücksichtigen sind. Zusätzlich sind weitere strahlformende Bauelemente einzuplanen, insbeondere zur Strahlaufweitung, Änderung der Intensitätsverteilung oder Polarisation und ggf. zur Aufteilung des Strahles in mehrere Arbeitsstrahlen.

   Wichtige Aspekte:

   - Wahl der Strahlführung (Faserkopplung vs. Festoptik) unter Berücksichtigung von Flexibilität und Qualität,
   - Gestaltung des Strahlprofils (Gauß- vs. Tophatprofil) für optimierte Energieverteilung,
   - Optikschutz durch Schutzgas, Fenster und Reinigungssysteme,
   - Justierbarkeit und Überwachung der Optik.

   Methoden:

   - optische Simulationen zur Strahlqualität und Fokussierung,
   - Praxiserprobung der Schutzgasführung und der Optikschutzsysteme.

   Bezogen auf das Beispiel: Der Einsatz von Faserkopplung mit Kollimator und Fokussieroptik unter Verwendung einer Schutzgasdüse mit Laminarstrom zur Vermeidung der Kontamination der Optiken bietet maximale Flexibilität bei gleichzeitig hoher Strahlqualität.

6. **Prozessüberwachung und Steuerung**

   Zur Sicherstellung der Prozessstabilität durch Protokollierung und Auswertung der Daten werden Inline-Sensoren (Pyrometer, Kameras, 3D-Scanner) eingesetzt, wodurch Prozessparameter in Echtzeit überwacht und ggf. automatisch angepasst werden können.

   Zielstellung:

   - Echtzeitkontrolle des Schweißprozesses,
   - Regelung von Leistung, Fokus und Position bei Prozessabweichungen,
   - Rückverfolgbarkeit und Dokumentation zur Qualitätssicherung.

   Methoden:

   - Inline-Sensorik (z. B. Pyrometer, Kamerasysteme, 3D-Scanner),
   - Implementierung von Regelkreisen und adaptiven Steuerungen,
   - Datenanalyse und Prozessdatenmanagement.

   Bezogen auf das Beispiel: Kameraüberwachung der Schweißnaht und Diagnostik zur Kapillarüberwachung gekoppelt mit Prozessregelungsalgorithmen lassen die Erkennung und Korrektur von Prozessinstabilitäten zu.

7. **Validierung und Optimierung**

   Mit systematischer Versuchsplanung (Design of Experiments) und zerstörungsfreien Prüfverfahren wird die Prozessfähigkeit sichergestellt. Statistische Prozesskontrolle (SPC) unterstützt die kontinuierliche Prozessverbesserung.

   Wichtige Aufgaben:

   - Durchführung von Versuchsreihen mit systematischem Versuchsplan (DoE),
   - Qualitätssicherung durch zerstörungsfreie Prüfungen (Ultraschall, Röntgen, Mikroskopie),
   - statistische Prozesskontrolle (SPC) für Serienprozesse,
   - kontinuierliche Prozessverbesserung (PDCA-Zyklus).

   Methoden:

   - Analyse von Schweißnahtprofilen (Querschliffe), Härte, Zugfestigkeit,
   - Prozessfähigkeitsindizes (Cp, Cpk) zur Beurteilung der Stabilität.

   Bezogen auf das Beispiel: Mehrere Versuchsreihen dienen der Optimierung von Laserleistung und Vorschub, die Überprüfung der Schweißnaht mit Ultraschall deckt Bindefehler auf und die Anpassung der Parameter wird zur Minimierung von Porosität eingesetzt.

In der Tabelle 14.2 sind alle vorstehenden Auslegungsschritte und Ergebnisse für das Beispiel Laserstrahlschweißen zusammengefasst.

Tabelle 14.2 Auslegung Anlagensystem und Prozess für das Beispiel Laserstrahlschweißen von Gehäuseteilen aus Bild 14.2

Auslegungsschritt	Kriterien	Entscheidung/Umsetzung im Beispiel
1. Bearbeitungsaufgabe definieren	▪ Werkstoff: CrNi-Stahl 1.4301 ▪ Bauteilgeometrie: (800 × 300 × 200) mm^3, 1,5 mm Wandstärke ▪ Schweißnaht: I-Nähte in mehreren Ebenen, 3D-Bahnen ▪ Qualitätsanforderung: oxidfreie Nähte, hohe Festigkeit ▪ Produktionsvolumen: 4 × 50 Stück/Jahr	▪ Analyse von CAD-Modellen und Materialdatenbank zur geometrischen und werkstofftechnischen Bewertung ▪ hohe Zugänglichkeit erforderlich ▪ Schutzgasabdeckung zur Sicherstellung oxidfreier Nähte notwendig
2. Auswahl der Laserstrahlquelle	▪ Wellenlänge: hinreichend gute Absorption an CrNi-Stählen ▪ Strahlqualität (M^2) ▪ Leistung: angepasst an Materialdicke und Schweißgeschwindigkeit ▪ Wirtschaftlichkeit	▪ Wahl eines Scheibenlasers mit 1,03 µm Wellenlänge ▪ Strahlqualität M^2 1,5 – 3 und hohe Effizienz ▪ max. Ausgangsleistung von 4 kW ▪ hohe Schweißgeschwindigkeit und Inline-Prozesskontrolle zur Vermeidung von Ausschuss
3. Festlegung von Betriebsart und Prozessparametern	▪ kontinuierlicher Betrieb oder gepulst ▪ Intensität ▪ Vorschubgeschwindigkeit ▪ Fokusdurchmesser ▪ Schutzgaszufuhr	▪ cw-Betrieb ▪ $I \geq 10^6\,\mathrm{W{\cdot}cm^{-2}}$ ▪ $d_f \approx 0{,}3\,\mathrm{mm}$ ▪ $v_f \approx 15\,\mathrm{mm{\cdot}s^{-1}}$ ▪ Argon-Schutzgas mit optimierter Düsengeometrie für eine oxidfreie Schweißzone
4. Auswahl der Bearbeitungsanlage	▪ Freiheitsgrade für 3D-Bahnen ▪ Positionier- und Wiederholgenauigkeit ▪ Integration Schutzgas- und Spannvorrichtungen ▪ Automatisierung in Abhängigkeit von Losgröße und Wirtschaftlichkeit	▪ Einsatz eines 6-Achs-Gelenkarmroboters für hohe Flexibilität ▪ Positioniergenauigkeit ca. 100 µm und Wiederholgenauigkeit 10 µm ▪ integrierte Schutzgasdüse zur gezielten Schutzgasabdeckung ▪ Spannvorrichtungen entsprechend Bauteilform vorgesehen, händisches Teileeinlegen

Auslegungsschritt	Kriterien	Entscheidung/Umsetzung im Beispiel
5. Strahlführung und Formung	▪ Wahl zwischen Faserkopplung und Festoptik ▪ Strahlprofil (z. B. Tophat, Gauß) ▪ Optikschutz ▪ Justierbarkeit	▪ flexible Faserkopplung mit Kollimator und Fokussieroptik ▪ Strahlprofil Gaußverteilung, optimiert für gleichmäßigen Energieeintrag ▪ Crossjetsystem zum Optikschutz ▪ Teachfunktionen für die Bauteil- und Lageeinrichtung
6. Prozessüberwachung und Steuerung	▪ Echtzeitkontrolle Schweißprozess ▪ Regelung von Leistung, Fokus, Position ▪ Dokumentation und Datenanalyse	▪ Kameraüberwachung der Schweißnaht mit automatischer Detektion von Poren und Unregelmäßigkeiten ▪ adaptive Regelung der Laserleistung bei Prozessabweichungen ▪ Protokollierung der Prozessdaten, Datenaufnahme und -transfer über OPC-UA-Schnittstelle
7. Validierung und Optimierung	▪ Versuchsplanung (DoE) ▪ zerstörungsfreie Prüfung ▪ statistische Prozesskontrolle (SPC) ▪ kontinuierliche Verbesserung	▪ Versuchsreihen zur Parametrierung ▪ Ultraschallprüfung auf Bindefehler ▪ Anpassung der Prozessparameter zur Minimierung von Porosität ▪ statistische Prozesskontrolle (SPC) zur Überwachung der Serienfertigung

Siehe auch Videosequenzen zum Thema „Laserstrahlschweißen", das Anlagensystem und Prozess darstellt, auf *plus.hanser-fachbuch.de*.

14.3 Methodischer Ablauf der Auslegung anhand praktischer Beispiele

In diesem Kapitel wird der im vorigen Abschnitt vorgestellte schrittweise **Auslegungsalgorithmus** konkret auf ausgewählte praktische Beispiele angewendet, wobei reale Bearbeitungsaufgaben aus verschiedenen Anwendungsfeldern sukzessive durchlaufen werden. Ziel ist es aufzuzeigen, wie die optimale Kombination aus Laserstrahlquelle, Bearbeitungsoptik, Anlagenkinematik und Prozessführung durch methodisches Vorgehen unter Einbeziehung technischer Rahmenbedingungen, Prozessanforderungen und ökonomischer Randbedingungen erarbeitet werden kann.

Die Beispiele decken dabei ausgewählte industrielle Anwendungen ab, von makroskopischen Fügeverfahren über das Strukturieren funktionaler Oberflächen bis hin zur hochpräzisen Mikrobearbeitung elektronischer Bauteile. Hinsichtlich der Auslegung wird deutlich, dass kein linearer Entscheidungsprozess vorliegt, sondern vielmehr ein iterativer, vielfach rückgekoppelter Optimierungsprozess. Technische Wechselwirkungen zwischen Material, Strahlquelle, Prozessparametern und Bearbeitungsanlage machen es erforderlich, alle Einflussgrößen ganzheitlich zu betrachten.

Es ist zu beachten, dass die im Folgenden dargestellten Lösungswege beispielhaft eine technisch sinnvolle und wirtschaftlich praktikable Auslegung aufzeigen. Abweichungen davon sind je nach konkreten betrieblichen Gegebenheiten, vorhandenen Systemen, technologischen Restriktionen oder spezifischen Verfügbarkeiten durchaus möglich und können im Einzelfall zu abweichenden Auslegungsentscheidungen führen.

14.3.1 Mikrobearbeitung von Elektronikbauteilen

Ein wesentliches Anwendungsfeld der Lasermaterialbearbeitung liegt in der hochpräzisen **Mikrobearbeitung von elektronischen Bauteilen** und Leiterplattenstrukturen. Aufgrund stetig zunehmender Miniaturisierung, wachsender Integrationsdichte sowie hoher Anforderungen an Prozessgenauigkeit und Reproduzierbarkeit sind laserstrahlbasierte Fertigungstechnologien in diesem Bereich unverzichtbar geworden. Insbesondere die kontaktlose Bearbeitung, der minimale thermische Eintrag und die hohe Flexibilität in der Geometrieumsetzung bieten hier entscheidende Vorteile gegenüber konventionellen Verfahren.

Mikrobearbeitung von Elektronikbauteilen

Im vorliegenden Beispiel soll ein System zur wirtschaftlichen und prozesssicheren Mikrobearbeitung von Elektronikbauteilen ausgelegt werden. Die zu bearbeitenden Werkstoffe sind typischerweise Leiterplattenmaterialien auf Basis von FR4 oder Polyamid sowie dünne Metallschichten, vorzugsweise Kupfer oder Aluminium. Ziel ist die Herstellung präziser Strukturen mit Abmessungen im Bereich von unter 100 µm durch Lasermikrobearbeitung, beispielsweise Leiterbahnen, Durchkontaktierungen oder definierte Trennschnitte (vgl. Bild 14.3).

a) b)

Bild 14.3 Laserstrahlbasiertes Depaneling (Leiterplattentrennen) © LPKF GmbH.
a) Darstellung der Zerteilung bestückter FR4-Platinen, b) Leiterplattentrennung durch schichtweisen Materialabtrag mittels Mehrfachscanverfahren

Aufgrund der geforderten Flexibilität, Präzision und Geschwindigkeit wird der Einsatz von Scanneroptiken mit dynamischer Fokusnachführung angestrebt, um eine hochdynamische Bearbeitung auch auf leicht gekrümmten Oberflächen oder in unterschiedlichen Fokusebenen zu gewährleisten.

Nachfolgend werden die Auslegungsschritte näher erläutert:

1. Schritt: Definition der Bearbeitungsaufgabe

   Die Aufgabe umfasst die hochpräzise Strukturierung von Elektronikbauteilen auf der Basis von Leiterplattenmaterialien. Aufgrund der hohen Integrationsdichte auf modernen Leiterplatten dürfen umliegende Schichten keinesfalls thermisch oder mechanisch beeinträchtigt werden.

   Die Stückzahlen liegen im Bereich der Großserienfertigung, sodass eine automatisierte, stabile und reproduzierbare Prozessführung zwingend erforderlich ist.

2. Schritt: Auswahl der Laserstrahlquelle

   Aufgrund der hohen Präzisionsanforderungen und der Notwendigkeit, thermische Schädigungen zuverlässig zu vermeiden, kommen Ultrakurzpulslaser (UKP-Laser) infrage, die durch ihre extrem kurzen Pulsdauern im Femtosekundenbereich eine nahezu kalte Materialablation ermöglichen.

   Hinsichtlich der Wellenlänge ist für die Bearbeitung von Kupferstrukturen die Absorptionscharakteristik zu berücksichtigen, denn Kupfer zeigt bei infraroter Wellenlänge (ca. 1030 nm) nur eine relativ geringe Grundabsorption. Deutlich günstiger verhält sich der Werkstoffabtrag bei Laserstrahlung im VIS-Bereich ($\lambda = 515$ nm), wo das Absorptionsvermögen deutlich erhöht ist. Für Anwendungen mit höchsten Strukturierungsanforderungen ist zudem die Nutzung von UV-Laserstrahlquellen ($\lambda = 343$ nm) zu prüfen, wobei hier höhere Investitionskosten und geringere Leistungen berücksichtigt werden müssen.

Für das vorliegende Beispiel wird ein Femtosekundenlaser mit einer Wellenlänge von 515 nm ausgewählt, da dieser einen guten Kompromiss zwischen Absorption, Wirtschaftlichkeit und Verfügbarkeit bietet. Für die Bearbeitung dünner Metallschichten ist eine mittlere Ausgangsleistung von ca. 5 W ausreichend.

3. Schritt: Betriebsart und Prozessparameter

   Die Bearbeitung erfolgt im sogenannten **Burstmodus** (siehe Kapitel 3), bei dem mehrere Femtosekundenpulse in kurzen Abständen emittiert werden und dadurch die Ablationseffizienz ohne signifikanten thermischen Eintrag verbessert wird. Die Pulsenergie, die Wiederholrate sowie die Vorschubgeschwindigkeit werden anhand von Machbarkeitsstudien und Simulationsdaten so gewählt, dass ein effizienter Materialabtrag bei gleichzeitig minimalem Wärmeeintrag gewährleistet ist.

   Die typischen Prozessparameter sind:

   - Pulsdauer: ca. 300 – 500 fs,
   - Wellenlänge: 515 nm,
   - mittlere Leistung: ca. 5 W,
   - Burstmodus: z. B. 5 – 10 Pulse pro Burst,
   - Fokusdurchmesser: ca. 20 – 30 µm,
   - Bearbeitungsgeschwindigkeit: mehrere 100 $mm \cdot s^{-1}$, je nach Strukturgröße.

4. Schritt: Auswahl der Bearbeitungsanlage

   Für die Mikrobearbeitung mit höchsten Anforderungen an Präzision und Dynamik ist ein Laserscannersystem mit dynamischer Fokusnachführung (3D-Scanneroptik) geeignet. Dieses System ermöglicht eine schnelle und präzise Ablenkung des Laserstrahls über die Bearbeitungsfläche sowie die kontinuierliche Nachführung des Fokus, selbst bei leichten Bauteilwölbungen, die außerhalb der doppelten Rayleigh-Länge des abbildenden Fokussiersystems liegen.

   Die Gesamtanlage wird so konzipiert, dass ein automatisiertes Handling der Bauteile über ein Rundtaktsystem oder ein Transportband erfolgt. Optional kann das System modular erweitert werden, z. B. durch Wechseltische für paralleles Be- und Entladen.

5. Schritt: Strahlführung und Strahlformung

   Zur flexiblen Integration der Lasereinheit in die Anlage wird eine Faserkopplung verwendet, die eine verlustarme und stabile Übertragung der Laserstrahlung zum Bearbeitungskopf erlaubt.

   Die Fokussierung wird über ein telezentrisches F-Theta-Objektiv realisiert, das eine gleichmäßige Abbildung des Fokus über das gesamte Bearbeitungsfeld gewährleistet. Die Minimierung der Abweichungen in der Fokuslage durch die telezentrische Abbildung ist insbesondere bei hochpräzisen Mikrobearbeitungsaufgaben entscheidend.

6. Schritt: Prozessüberwachung und Steuerung

   Zur Sicherstellung der Prozessstabilität und Produktqualität wird das System mit einer kamerabasierten Inline-Prozessüberwachung ausgestattet, die die Strukturqualität sowie eventuelle Defekte wie Gratbildung oder Unregelmäßigkeiten in Echtzeit detektiert.

   Zusätzlich erfolgt die Integration einer adaptiven Steuerung, die prozessrelevante Parameter wie Fokuslage oder Strahlposition kontinuierlich überwacht und bei Abweichungen automatisch nachregelt. Dadurch wird die Bearbeitung auch bei leichten Bauteil- oder Lagevariationen stabil aufrechterhalten.

7. Schritt: Validierung und Optimierung

   Vor Serienbeginn wird der gesamte Prozess durch strukturierte Machbarkeitsstudien, Versuchsreihen und statistische Auswertungen validiert. Die Qualitätsprüfung der hergestellten Mikrostrukturen erfolgt zum einen optisch mit einem Digitalmikroskop und zum anderen stichprobenartig durch 3D-Oberflächenmessungen.

   Die Prozessparameter werden auf Basis von Design of Experiments (DoE) optimiert. Parallel dazu wird ein System zur statistischen Prozesskontrolle (SPC) implementiert, das im laufenden Betrieb eine kontinuierliche Überwachung der Prozessfähigkeit gewährleistet.

Zusammengefasst ergibt der **Auslegungsprozess** ein gewähltes Systemkonzept, das einen Femtosekundenlaser im VIS-Bereich ($\lambda = 515$ nm) mit einer hochdynamischen Scanneroptik und einer dynamischen Fokusnachführung kombiniert sowie für eine vollautomatisierte Großserienfertigung ausgelegt ist. Durch die angepasste Strahlführung, adaptive Prozesssteuerung und umfassende Überwachung wird eine präzise, gratfreie und prozessstabile Mikrobearbeitung von Elektronikbauteilen gewährleistet.

Für die beschriebenen Bearbeitungsaufgaben stehen am Markt bewährte Komplettsysteme zur Verfügung */lpkf2025-1/*, */trumpf2025–12/*.

14.3.2 Laserstrahltrennen medizinischer Instrumente

Die Fertigung **medizinischer Instrumente** stellt aufgrund hoher Qualitätsanforderungen der zu verarbeitenden Werkstoffe und regulatorischer Vorgaben besondere Anforderungen an die infrage kommenden Fertigungsverfahren. Gerade bei chirurgischen Werkzeugen wie Knochensägen ist es unabdingbar, dass die Schnittkanten gratfrei, sauber und werkzeuglos nachbearbeitbar ausgeführt sind, um Verletzungsgefahr, Kontaminationsrisiken und Funktionseinbußen zu vermeiden.

Laserstrahltrennen von medizinischen Instrumenten

Im Beispiel soll das Laserstrahlschneidverfahren für die wirtschaftliche Herstellung von chirurgischen Knochensägen aus medizinischem Edelstahl ausgelegt werden. Das zu fertigende Bauteil (siehe Bild 14.4) besteht aus 1,0 mm starkem CrNi-Stahlblech der Werkstoffgruppe 1.4301 bzw. 1.4310, deren Materialien sich für medizinische Schneidwerkzeuge sehr gut eignen. Deutlich erkennbar sind die filigranen, spitz zulaufenden Sägezähne, die eine präzise Schneidkantenqualität aufweisen müssen. Besondere Anforderungen bestehen hinsichtlich:

- Gratfreiheit der Schnittkanten,
- Minimierung der Wärmeeinflusszone (WEZ) zur Vermeidung von Gefügeveränderungen,
- hoher Maßhaltigkeit insbesondere im Bereich der präzise ausgeführten Sägezähne,
- Vermeidung von Oxidanhaftungen,
- Jahresstückzahl: ca. 3500 Stück

Als Trennverfahren wird das **Laserstrahlschmelzschneidenn** unter Einsatz von Stickstoff als Schneidgas angewandt, um oxidfreie Schnittkanten zu erzielen (siehe auch Kapitel 8).

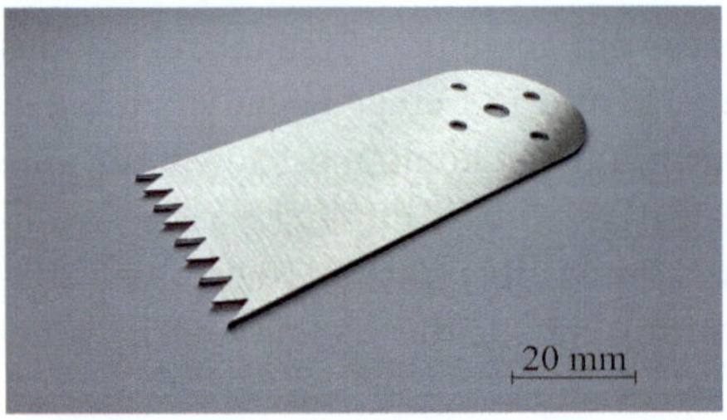

Bild 14.4
Lasergeschnittene Knochensäge aus 1,0-mm-CrNi-Stahlblech (1.4301)

1. Schritt: Definition der Bearbeitungsaufgabe

   Die Bearbeitungsaufgabe umfasst das präzise, konturgenaue Ausschneiden von chirurgischen Knochensägen aus 1,0-mm-CrNi-Stahlblech. Die komplexe Geometrie umfasst sowohl runde Ausschnitte als auch spitz zulaufende Sägezähne, die eine hohe Schneidkantenqualität erfordern.

2. Schritt: Auswahl der Laserstrahlquelle

   Für das Laserstrahlschmelzschneiden von CrNi-Stahlblech stehen grundsätzlich zwei geeignete Laserquellen zur Auswahl:

   a. Festkörper-(FK)-Laser im NIR-Wellenlängenbereich,
      - hohe Strahlqualität (typisch $SPP < 4$ mm·mrad),
      - sehr gute Fokussierbarkeit → schmale Schnittfugen und geringe WEZ,

- hohe Absorption an der Schnittfront bei Metallen → effizienter Energieeintrag,
- Möglichkeit hoher Schneidgeschwindigkeiten, insbesondere bei dünnen Blechen,

b. CO_2-Laser (Wellenlänge $\lambda = 10{,}6\,\mu m$),
- geringere Grundabsorption bei Metallen → höherer Energiebedarf,
- größerer Fokusdurchmesser, breitere Schnittfugen,
- thermischer Eintrag etwas stärker im Vergleich zu FK-Laserquellen, dadurch größere Wärmeeinflusszone (WEZ),
- technologisch etablierte Alternative für dickere Bleche und weniger filigrane Konturen.

Bewertung: Für die Bearbeitung von 1,0-mm-CrNi-Stahlblech mit spitz zulaufenden Sägezähnen und höchsten Anforderungen an Kantenqualität ist der FK-Laser aufgrund seiner besseren Fokussierbarkeit, der schmaleren Schnittfugen und der geringeren Wärmeeinflusszone dem CO_2-Laser vorzuziehen.

3. Schritt: Betriebsart und Prozessparameter

Das Laserstrahlschmelzschneiden wird mit einem kontinuierlichen Laserbetrieb (cw-Modus) zur Erzeugung oxidfreier Schnittflächen ausgeführt.

Gewählte Prozessparameter bzw. -bereiche:

- Laserleistung: ca. 1,5 – 2,0 kW,
- Fokusdurchmesser: ca. 50 – 100 µm,
- Schneidgeschwindigkeit: $3-6\,m \cdot min^{-1}$, je nach Geometrieabschnitt (kleine, mittlere oder große Kontur),
- Schneidgas: Stickstoff mit 15 – 20 bar,
- Fokuslage: leicht unterhalb der Materialoberfläche (0,2 – 0,3 mm) zur optimierten Schmelzaustreibung und Gratvermeidung.

4. Schritt: Auswahl der Bearbeitungsanlage

Für die Bearbeitung empfiehlt sich ein 2D-Flachbett-Laserstrahlschneidsystem mit Hochpräzisionskinematik und folgenden Eigenschaften:

- Integration eines 2-kW-FK-Lasers,
- Präzisionsbearbeitungstisch für minimalen Verzug,
- CNC-gesteuerte X-Y-Achsen mit hoher Wiederholgenauigkeit,
- Hochdruckschneidkopf für Stickstoffbetrieb,
- Möglichkeit zur automatisierten Materialzufuhr.

5. Schritt: Strahlführung und Strahlformung

   Die Laserstrahlung wird über eine Prozessfaser zum Schneidkopf geführt, wobei der für die filigranen Konturen und spitzen Sägezähne erforderliche Fokusdurchmesser durch geeignete Fokussieroptiken (Wahl der Brennweite $f = 150$ mm, korrigiertes Mehrlinsensystem, Eingangsstrahldurchmesser (aufgeweitet) ca. 10 – 15 mm) Antireflexionsbeschichtung der Optiken erzielt wird.

   Ein zusätzliches automatisches kapazitives Fokuslagenachführungssystem gewährleistet auch bei leichtem Materialverzug konstant optimale Schneidbedingungen.

6. Schritt: Prozessüberwachung und Steuerung

   Zur Sicherstellung der Qualität werden folgende Systeme integriert:

   - Online-Schnittüberwachung (z. B. Pyrometer, Kamerasysteme),
   - Detektionseinheiten zur Überwachung von Schneidunterbrechungen oder Abweichungen,
   - Kontrollsysteme für die Stickstoffzufuhr und den anliegenden Gasdruck.

7. Schritt: Validierung und Optimierung

   Die Prozessparameter werden in initialen Versuchsreihen ermittelt, die folgende wichtige Prüfungen umfassen:

   - optische Inspektion der Schnittkanten (Mikroskopie),
   - Gratfreiheit und Maßhaltigkeit,
   - Kontrolle der Wärmeeinflusszone (z. B. durch Ätznachweis),
   - Funktionstest der fertigen Sägeblätter im klinischen Umfeld.

In der Tabelle 14.3 sind wichtige Kriterien des Vergleiches von FK- und CO_2-Laser gegenübergestellt.

Tabelle 14.3 Vergleich wesentlicher technologischer Eigenschaften von FK- und CO_2-Laserstrahlungsquellen für das Laserstrahlschneiden von medizinischen CrNi-Stahlbauteilen

Kriterium	FK-Laser	CO_2-Laser
Fokussierbarkeit	Fokusdurchmesser ca. 50 – 100 µm, sehr hohe Intensitäten erzielbar	Fokusdurchmesser ca. 150 – 300 µm, geringere Intensität bei derselben Brennweite der Fokussieroptik
Schnittfugenbreite	typ. 80 – 120 µm, ermöglicht filigrane Strukturen	typ. 175 – 350 µm, für mittlere Strukturqualitäten geeignet
Wärmeeinflusszone (WEZ)	ca. < 100 µm, minimal, geringe Materialveränderung	ca. 150 µm, etwas stärker ausgeprägte Materialveränderungen
Schneidgeschwindigkeit	bis ca. 6 $m \cdot min^{-1}$ bei 1,0-mm-CrNi-Stählen	bis ca. 4 $m \cdot min^{-1}$ bei 1,0-mm-CrNi-Stählen

Kriterium	FK-Laser	CO_2-Laser
Kantenqualität	gratfrei, keine Oxide, sehr hohe Maßhaltigkeit	gratfrei, keine Oxide, Maßhaltigkeit etwas geringer im Vergleich zum FK-Laser
Absorptionseffizienz	mittel; bei CrNi-Stahl, konstruktive Absorption nutzbar (> 35 %)	mittel; bei CrNi-Stahl, konstruktive Absorption nutzbar (> 35 %)
Laserleistung	ca. 1,5 – 2,0 kW	ca. 1,5 – 2,0 kW
Betriebskosten	elektrischer Verbrauch moderat, Schutzgläser, Prozessgas; lange Lebensdauer; wartungsarm	elektrischer Verbrauch höher durch schlechteren Wirkungsgrad, Gaswechsel bei geströmten Systemen erforderlich, Prozessgas; lange Lebensdauer; wartungsarm
Eignung für spitze Ecken	sehr gut geeignet, hohe Kantenschärfe	gut geeignet, Kantenschärfe etwas geringer

Die präzise Fertigung von **chirurgischen Knochensägen** aus CrNi-Stahl 1.4301 mit einer Dicke von 1,0 mm stellt hohe Anforderungen an die Qualität der Schnittkonturen und insbesondere an die scharfe Ausbildung der Sägezähne. Um die Schneidleistung der Werkzeuge weiter zu verbessern, soll im nachfolgenden Fall ein modifiziertes Schneidkonzept diskutiert werden:

1. Die Sägezähne werden mit einer Schrägstellung des Laserstrahlschneidkopfes von ±15° zum Werkstück bearbeitet. Der dadurch erzeugte definierte Schrägschnitt an den Zahnflanken erhöht deutlich die schneidtechnische Wirksamkeit der Säge im späteren Einsatz.
2. Zusätzlich werden die Zahnspitzen über einen kleinen Looping-Schnitt am Ende der Kontur gefertigt, um ein sauberes, spitz zulaufendes Zahnprofil zu gewährleisten.

Diese Anforderungen haben direkte Auswirkungen auf die erforderliche **Maschinenkinematik** und die Auslegung des Anlagensystems, da klassische 2D-Laserstrahlschneidanlagen oder einfache Flachbettanlagen diese komplexe Bewegung meist nicht realisieren können. Daher ist folgende Anlagentechnik für die beschriebene Bearbeitungsaufgabe besser geeignet:

a) 3D-Laserstrahlschneidanlage mit Schwenkkinematik:

- ermöglicht die programmierte Schrägstellung des Schneidkopfes um ±15° während der Bearbeitung,
- flexible Bewegung entlang komplexer 3D-Konturen, ideal für den Looping-Schnitt an den Zahnspitzen.

b) Strahlführung über Portalsystem:
   - koaxiale Prozessgaszufuhr (Stickstoff-Hochdruckschneiden) für oxidfreie Schnittkanten,
   - Anwendung eines Fokussierkopfes mit Abstandsregelung.

c) Kontroll- und Überwachungssysteme:
   - NC-gesteuerte Positionsüberwachung für exakte Schrägstellung der Schneidoptik,
   - Möglichkeit zur Bearbeitung unterschiedlicher Zahngeometrien durch einfache Programmänderung,
   - optionale Prozessüberwachung (z. B. Kamerasysteme) für Qualitätskontrolle.

Nur 3D-Laserschneidanlagen mit mehrachsiger Kinematik gewährleisten die notwendige Flexibilität in der Werkzeugführung und die präzise Umsetzung der komplexen Konturverläufe für die höheren Anforderungen hinsichtlich Geometrie und Looping-Schnitt. In Verbindung mit einem FK-Laser und geeigneter Hochdruckgasführung wird so eine prozesssichere, wirtschaftliche Fertigung der Knochensägen realisiert.

Bei der Herstellung medizinischer Instrumente muss auch der stark gestiegene Bedarf an individuellen Schutzsystemen für medizinisches Personal oder auch für Industrieanwendungen sowie den privaten Bereich im Hinblick auf wirtschaftliche und präzise Fertigungstechnologien für entsprechende Bauteile berücksichtigt werden. Ein typisches Beispiel stellen Schutzvisiere dar, die insbesondere während der COVID-19-Pandemie in großen Stückzahlen benötigt wurden und mittlerweile in vielen Bereichen der Arbeitssicherheit zum Standard zählen.

Bild 14.5 zeigt exemplarisch ein solches **Schutzvisier** bestehend aus zwei funktional getrennten Bauteilen:

- Visierteil:

  Die Anforderungen an das konturgenaue Laserstrahlschneiden des transparenten PET-Kunststoffs mit einer Dicke von 0,5 mm sind gratfreie, optisch saubere Schnittkanten, keine Schmauchspuren und eine verzugsfreie Bearbeitung.

- Aufnahmesystem (Bügel bzw. Träger):

  Die komplexe Geometrie zur Befestigung am Kopf oder Helm wird abhängig von Stückzahl und Anforderungen im Spritzgussverfahren oder mit additiven Technologien gefertigt.

Bild 14.5
Schutzvisier bestehend aus laserstrahlgetrenntem PET-Visierteil (Materialdicke 0,5 mm) und Trägersystem aus Polyamid PA12

Schneidkombination aus metallischen und polymeren Werkstoffen

Für die bestehende Schneidaufgabe der 3500 Knochensägen aus Edelstahl 1.4301 mit einer Dicke von 1,0 mm, die mittels präzisem Laserstrahlschmelzschneiden gefertigt werden sollen, erweitert sich das Auftragsvolumen um die Produktion von 10 000 Stück transparenter Schutzvisiere aus 0,5-mm-PET-Kunststoff pro Jahr.

Die Bearbeitungsanlage soll idealerweise beide Schneidaufgaben wirtschaftlich bearbeiten können, weshalb die systematische Neuauswahl und Auslegung unter Berücksichtigung der stark abweichenden Materialeigenschaften und Qualitätsanforderungen notwendig wird. Ziel ist die Auswahl eines technisch geeigneten und wirtschaftlich sinnvollen Lasersystems unter Einbeziehung der erweiterten Anforderungen

Nachfolgend wird die erweiterte systematische Vorgehensweise für die kombinierte Schneidaufgabe kurz erläutert:

1. Schritt: Erweiterte Definition der Bearbeitungsaufgabe
   - Auftrag 1:
     - Material: CrNi-Stahl 1.4301, Dicke 1,0 mm,
     - Geometrie: spitz zulaufende Sägezähne,
     - Anforderungen: gratfreier Schnitt, minimale WEZ, keine Oxidbildung,
     - Losgröße: 3500 Stück/Jahr.
   - Auftrag 2:
     - Material: PET (Polyethylenterephthalat), transparent, Dicke 0,5 mm,
     - Geometrie: einfache Kontur für Schutzvisiere mit Bohrungen zur Aufnahme der Trägerelemente,

- Anforderungen: gratfreier Schnitt, keine Schmauchspuren, optisch einwandfreie Kanten,
- Losgröße: 10 000 Stück/Jahr.

Die Anlage muss somit zwei völlig unterschiedliche Materialklassen (Metall und Polymer) prozesssicher trennen können.

2. Schritt: Bewertung geeigneter Laserstrahlquellen

Tabelle 14.4 Gegenüberstellung der Eignung der Laserstrahlquellen

Kriterium	FK-Laser	CO_2-Laser
Schneidfähigkeit CrNi-Stahl	sehr gut, etablierte Technologie	sehr gut, etablierte Technologie
Schneidfähigkeit PET	sehr eingeschränkt (nur wenn PET eingefärbt ist), keine ausreichende Absorption im NIR-Bereich	sehr gut, hohe Absorption für Kunststoffmaterialien
Kantenqualität Kunststoff	problematisch, Verbrennungen möglich	sauber, gratfrei, ohne Schmauchspuren
Flexibilität für beide Materialien	eingeschränkt	sehr gut, gleiches Lasersystem für beide Materialien möglich

Der Einsatz eines FK-Lasers scheidet für diese kombinierte Anwendung aus, da er für transparente Polymere wie PET ungeeignet ist. Ein CO_2-Laser kann hingegen sowohl CrNi-Stahl (mit Kompromissen bei der Präzision bzw. Konturgenauigkeit) als auch Kunststoff wirtschaftlich schneiden.

3. Schritt: Lösungsansätze mit technisch und wirtschaftlich sinnvollen Strategien: CO_2-Laser, Hybridsystem oder Materialtrennung auf zwei Anlagensystemen

   a. CO_2-Laser:
      - stellt die wirtschaftlichste Variante dar, wenn die Toleranzanforderungen der Knochensägen eingehalten werden können,
      - Vorversuch zur Sicherstellung der Einhaltung der Anforderungen sinnvoll.

   b. Hybridsystem mit zwei Laserstrahlquellen:
      - FK-Laser für Edelstahlteile,
      - CO_2-Laser für Kunststoffteile,
      - Vorteil: optimale Prozesse für beide Materialien, sinnvoll, wenn wesentlich höhere Stückzahlen zu erwarten sind,
      - Nachteil: höhere Investitionskosten, komplexeres Anlagenlayout.

c. Materialtrennung auf Anlagenebene:
   - Fertigung der Edelstahlteile extern oder auf spezialisierter Anlage mit FK-Laser,
   - Herstellung der Kunststoffvisiere auf CO_2-Laserschneidanlage,
   - Vorteil: technologisch optimal, wirtschaftlich nur bei hohen Stückzahlen,
   - Nachteil: zwei Anlagen notwendig, logistischer Mehraufwand.

4. Schritt: Wirtschaftlichkeitsbewertung

   Bei einem Jahresvolumen von nur 3500 Stück Edelstahl-Knochensägen lohnt sich die Anschaffung eines vollausgestatteten FK-Lasers auf einer kombinierten Anlage nur bedingt.

   Die 10 000 Stück Kunststoffvisiere lassen sich auf einer CO_2-Laseranlage wirtschaftlich fertigen.

   Empfohlener Lösungsweg:

   - Beschaffung einer CO_2-Laseranlage für die Fertigung der Visiere und der CrNi-Stahl-Knochensägen mit etwas eingeschränkter Qualität (wenn technisch vertretbar) oder
   - Knochensägen werden auf einer externen FK-Laseranlage gefertigt, z. B. durch einen spezialisierten Dienstleister oder auf bereits vorhandener Infrastruktur.

5. Schritt: Anlagen- und Prozessauslegung für die Kunststoffbearbeitung

   Für die PET-Visiere ist ein CO_2-Lasersystem mit folgenden Spezifikationen geeignet:

   - Laserleistung: ca. 200 – 400 W,
   - Schneidgeschwindigkeit: $> 10\ m \cdot min^{-1}$ bei PET mit Dicke 0,5 mm,
   - Optik: Scanner- oder Flachbettanlage je nach Teilegeometrie des Plattenmaterials,
   - Kantenqualität: gratfrei, ohne Schmauchablagerungen bei geeigneter Gasunterstützung (z. B. Pressluft, Stickstoff).

6. Schritt: Schlussfolgerung

   Die Kombination von Metall- und Kunststoffbearbeitung auf einer Laseranlage ist in der Praxis aufgrund der stark unterschiedlichen Materialeigenschaften nur mit Kompromissen bei der Qualität oder mit deutlich erhöhtem Investitionsaufwand (2 Strahlungsquellen) möglich. Aus technologischer und wirtschaftlicher Sicht ist daher zu empfehlen:

   - Fertigung der Kunststoffvisiere mittels einer CO_2-Laser-Flachbettanlage (ca. 400 W Leistung) und Fertigung der Knochensägen (wenn Toleranzanforderungen eingehalten werden können),

- Herstellung der Knochensägen auf einer FK-Anlage oder im Lohnfertigungsverbund, im Falle des Nichterreichens der Schnittqualitäten beim CO_2-Lasertrennen.

Siehe auch Videosequenzen zum Thema „Laserstrahlschneiden", in denen das Trennen der Knochensägen und das Schneiden der PET-Folien dargestellt ist, auf *plus.hanser-fachbuch.de*.

14.3.3 Lasersystem zum flexiblen Abtragen, Beschriften und Trennen dünner Folien

Für die Bearbeitung dünner **Folienmaterialien** wie Polymere, Metalle oder Verbundstoffe kommen kompakte, pulsgesteuerte Lasersysteme zum Einsatz, die hohe Präzision bei minimaler thermischer Belastung ermöglichen. Typischerweise werden ns- oder ps-Laserpulse genutzt, um sicherzustellen, dass die Wärmeleitung ins Material stark reduziert werden kann und eine schmale Wärmeeinflusszone (WEZ) entsteht. Diese Systeme sind häufig mit galvo-basierten Scanoptiken oder Präzisionsachsen kombiniert, die eine flexible Bearbeitung und somit selektives Abtragen, Markieren oder Schneiden auch komplex geformter Folien bei hohen Bearbeitungsgeschwindigkeiten erlauben. Pulsenergie und Wiederholrate können so angepasst werden, dass Folien mit Dicken von wenigen Mikrometern bis zu mehreren Zehntelmillimetern effizient bearbeitet werden, ohne Delamination oder thermische Verformung zu verursachen.

Im folgenden Beispiel soll ein mobiles eigenständiges Lasersystem konzipiert werden, das für das flexible Abtragen, Beschriften und Trennen dünner Folien unterschiedlicher Werkstoffklassen geeignet ist. Ziel ist die Bereitstellung eines anpassungsfähigen Systems für industrielle und labortechnische Anwendungen, das insbesondere für variantenreiche Kleinserien oder Prototypenfertigung eingesetzt werden kann.

Das System muss folgende technische Anforderungen und Randbedingungen erfüllen:

- Bearbeitungstechnologien:
  - Abtragen (z. B. selektives Entfernen von Materialschichten, Strukturieren),
  - Beschriften (z. B. kontrastreiche Kennzeichnung, Gravuren),
  - Trennen (z. B. konturgenaues Schneiden, Vereinzelung).
- Werkstoffspektrum:
  - Metalle (z. B. Aluminium, Edelstahl),
  - eingefärbte Kunststoffe (z. B. PI, PMMA, ABS, PP),
  - Verbundwerkstoffe (z. B. metallisierte Folien, mehrlagige Folienverbunde).

- Bauteilspezifikationen:
  - Verarbeitung dünner Folien bis zu einer maximalen Dicke von 500 µm,
  - Werkstückgröße innerhalb eines Bearbeitungsbereichs von (300 × 300) mm^2,
  - 2D-Bearbeitungsgeometrien (planare Konturen und Beschriftungen).
- Systemanforderungen:
  - eigenständiges mobiles Systemdesign, transportabel innerhalb von Fertigungs- oder Laboreinrichtungen,
  - kompakte Bauweise bei gleichzeitig ausreichendem Bearbeitungsraum,
  - hohe Flexibilität hinsichtlich Materialumschaltung und Prozessanpassung,
  - integrierte Strahlquelle mit geeignetem Wellenlängenspektrum für die genannten Materialien,
  - einfache Bedienung und Prozessüberwachung,
  - optionaler Einsatz von Schutzgasen zur Optimierung der Bearbeitungsqualität, insbesondere beim Schneiden metallischer Folien,
  - geeignete Absaug- oder Filtereinrichtungen für Partikel und Emissionen.
- Qualitätsanforderungen:
  - hohe Schnittqualität bei minimalem Wärmeeintrag,
  - präzise, dauerhafte Beschriftungen ohne Materialbeschädigung,
  - selektives und reproduzierbares Abtragen definierter Materialschichten,
  - minimale Ausbildung von Graten, Schmauchspuren und thermischen Randzonen.

Das System soll dabei modular aufgebaut sein, um eine einfache Wartung, Erweiterbarkeit sowie einen späteren Technologiewechsel (z. B. Austausch der Laserstrahlquelle) zu ermöglichen.

Für die Auslegung des Anlagensystems wird auch für dieses Beispiel nach dem Ablauf aus Abschnitt 14.2 vorgegangen:

1. Schritt: Definition der Bearbeitungsaufgabe

   Die Bearbeitungsaufgabe umfasst selektives Abtragen, präzises Beschriften und konturgenaues Trennen dünner Folien aus Metallen, Kunststoffen und Verbundmaterialien. Das System muss hochflexibel arbeiten können, wobei die maximale Foliendicke 500 µm beträgt. Die Bearbeitung erfolgt in einem 2D-Arbeitsbereich von (300 × 300) mm^2, wobei das System als mobiles eigenständiges Komplettsystem konzipiert wird.

   Die technischen Anforderungen und Randbedingungen wurden bereits vorstehend bei der Aufgabenstellung ausgeführt.

2. Schritt: Auswahl der Laserstrahlquelle

   Für die vielseitige Bearbeitung von dünnen Folien aus unterschiedlichen Materialien kommen insbesondere Kurzpuls- oder Ultrakurzpulslaser (UKP-Laser) infrage.

Geeignete Laserstrahlquellen:

- Pikosekunden- und Femtosekundenlaser (UKP-Laser, Wellenlängen: 1030 nm, 515 nm oder 343 nm)
  - extrem kurze Pulse (ps bis fs) → minimaler Wärmeeintrag,
  - exzellente Schnitt- und Kantenqualität, gratfrei,
  - breites Materialspektrum durch Multiphotonenabsorption bearbeitbar (Metalle, Kunststoffe, Verbunde),
  - sehr präzises Abtragen und kontrastreiche Beschriftungen,
  - höherer Investitionsaufwand.
- Kurzpuls-Festkörperlaser (ns-Laser)
  - geringerer Investitionsaufwand,
  - für viele Kunststoffe und Metalle geeignet,
  - Abtrags- und Schneidqualität bei sehr dünnen Folien meist ausreichend,
  - teilweise höherer Wärmeeintrag im Vergleich zur UKP-Laseranwendung, insbesondere bei Metallen.

In der Tabelle 14.5 sind wichtige Parameter und **Entscheidungskriterien** zur Auswahl einer geeigneten Laserstrahlquelle gegenübergestellt.

Tabelle 14.5 Vergleich von ps-/fs-Laserquellen und ns-Laserquellen für das Abtragen, Beschriften und Trennen dünner Folien

Kriterium	Ultrakurzpulslaser (ps-/fs-Bereich)	Kurzpulslaser (ns-Bereich)
Pulsdauer	Pikosekunden (10^{-12} s) bis Femtosekunden (10^{-15} s)	Nanosekunden (10^{-9} s)
Wechselwirkungsmechanismus	„Kalte Ablation" durch nichtlineare optische Absorptionsprozesse, minimale thermische Effekte	thermischer Abtrag (Schmelzen, Verdampfen)
Wärmeeinflusszone (WEZ)	sehr gering, praktisch keine Wärmeschädigung angrenzender Bereiche	deutlich ausgeprägter, Risiko von Schmelzrändern und Materialverformungen
Schnitt- und Kantenqualität	präzise Schnittkanten, gratfrei, scharf konturiert	sichtbare Wärmeeinflüsse, leichte Gratbildung möglich
Materialvielfalt	breites Materialspektrum inkl. empfindlicher Kunststoffe, Verbunde, Metalle	geeignet für viele Metalle und einige Kunststoffe, bei temperaturempfindlichen Materialien gibt es Einschränkungen

Kriterium	Ultrakurzpulslaser (ps-/fs-Bereich)	Kurzpulslaser (ns-Bereich)
Prozessgeschwindigkeit	hohe Bearbeitungsqualität, bei einigen Anwendungen etwas geringere Geschwindigkeit	höhere Schneidgeschwindigkeit bei weniger kritischen Qualitätsanforderungen
Abtrags- und Strukturierungsqualität	präziser, selektiver Abtrag, hohe Auflösung (Mikro- bis Nanostrukturen möglich)	präziser Abtrag, Auflösung im µm-Bereich begrenzt
Investitionskosten	hoch (abhängig von Leistung und Pulsenergie)	niedriger, etabliert und wirtschaftlich
Systemkomplexität	höherer Integrationsaufwand, präzise Strahlführung erforderlich	technologisch etablierte Komponenten, einfache Systemintegration
Wartungsaufwand	moderat, abhängig vom Lasertyp	gering, robuste Technologie

Für die **Bearbeitung dünner Folien** mit höchsten Ansprüchen an Schnittqualität, minimale Wärmeeinflusszone und maximale Flexibilität bei den Materialien ist der Ultrakurzpulslaser aufgrund seiner physikalischen Eigenschaften klar zu bevorzugen. Nanosekundenlaserstrahlquellen hingegen stellen eine wirtschaftliche Alternative dar, daher wird für das Beispiel an dieser Stelle eine solche Quelle ausgewählt.

3. Schritt: Betriebsart und Prozessparameter

Das System wird für den gepulsten Betrieb im Nanosekundenbereich mit einer typischen Pulsdauer im Bereich von 10 bis 200 ns, abhängig von Laserstrahlquelle und Anwendung, ausgelegt. Der thermische Materialeintrag ist gegenüber UKP-Lasern höher, kann jedoch durch geeignete Prozessführung minimiert werden.

Charakteristische Prozessparameter für das Trennen, Abtragen und Beschriften dünner Folien sind:

- Pulsdauer: 20 – 100 ns, anpassbar je nach Material,
- Pulsenergie: 10 – 200 µJ, materialabhängig skalierbar,
- Wiederholrate: bis zu 100 kHz für wirtschaftliche Bearbeitung,
- Fokusdurchmesser: ca. 20 – 100 µm, je nach gewählter Brennweite und Beschriftungsfeld,
- Schneidgeschwindigkeit: bis einige hundert $mm \cdot s^{-1}$ bei dünnen Polymer- oder Metallfolien,
- Abtrags- und Beschriftungsgeschwindigkeit: bis 15 $m \cdot s^{-1}$,
- Einsatz von Schutzgas über Zusatzdüsen (z. B. Stickstoff oder Druckluft) empfohlen, um Oxidbildung und Schmauchablagerungen zu reduzieren,
- Fokuslage: in der Regel auf Materialoberfläche oder leicht darunter zur Optimierung des Energieeintrags beim Trennen.

4. Schritt: Auswahl der Bearbeitungsanlage

   Anlagenspezifikation:

   - 2D-Portal- oder Galvoscanner-System für Bearbeitungsfeld $(300 \times 300)\,mm^2$,
   - Integration eines ns-Pulslasers mit geeigneter Wellenlänge (typisch 1064 nm oder 532 nm),
   - Implementierung einer Z-Achse zum Einstellen der Fokusposition auf unterschiedliche Bauteilhöhen,
   - kompakte Schutzumhausung (Laserklasse 1) mit integriertem Bedienmodul,
   - Absaug- und Filtersystem zur Reduktion von Partikeln und Emissionen,
   - flexibles Spannsystem für die unterschiedlichen Folienmaterialien,
   - Pilotlaser zur Positionierung.

5. Schritt: Strahlführung und Strahlformung

   Die Laserstrahlung wird über Faserkopplung oder Festoptiken zum Bearbeitungskopf geführt. Für eine präzise und reproduzierbare Abbildung müssen Laserstrahl- und Fokusdurchmesser gezielt angepasst werden.

   Strahlführung und Optik:

   - Faserkopplung oder Festoptik mit Fokussieroptik, Fokusdurchmesser ca. 20 – 100 µm, Kollimationsoptik bzw. Strahlaufweiter,
   - Einsatz des gaußförmigen Strahlprofils vorteilhaft, um gleichmäßigen Energieeintrag auf die Schnittkontur zu gewährleisten,
   - Schutzglas zum Schutz der Optik vor Partikelrückständen und Schmauchablagerungen,
   - einfaches Wechselsystem der Optiken zur Anpassung an unterschiedliche Materialien oder Bearbeitungsaufgaben.

6. Schritt: Prozessüberwachung und Steuerung

   Die Prozessüberwachung ist bei ns-Lasern vor allem auf Positionierung, Prozessstabilität und die Vermeidung von unkontrollierten thermischen Effekten ausgerichtet.

   Überwachungskomponenten:

   - Kamerasystem zur Vorpositionierung und Sichtkontrolle der Bearbeitungsfläche,
   - Online-Überwachung der Laserleistung und der Pulsenergie zur Sicherstellung stabiler Prozessbedingungen,
   - optional: einfache Schnittüberwachung durch visuelle Kontrolle und Sensorsignale (z. B. Lichtemission, Plasmabildung),
   - Prozessdatenspeicherung für Dokumentation und Qualitätssicherung, insbesondere bei Serienanwendungen,

- Bedienoberfläche mit materialspezifischen Parametervoreinstellungen zur schnellen Prozessumstellung.

7. Schritt: Validierung und Optimierung

   Die Prozessparameter werden materialspezifisch durch Versuchsreihen ermittelt und kontinuierlich optimiert, um für verschiedene Materialchargen die spezifizierten Kontrastanforderungen und Abtragsqualitäten zu erzielen (siehe auch Kapitel 7).

   Prüfumfang:

- optische Inspektion der Strukturen und Schnittkanten (Mikroskopie) hinsichtlich Kontrast, Abtragsgeometrien, Gratbildung und Schmauchablagerungen,
- Prüfung der Beschriftungsqualität auf Lesbarkeit, Kontrast, Materialveränderung,
- Kontrolle der Wärmeeinflusszonen, insbesondere bei temperaturempfindlichen Polymeren,
- Anpassung von Pulsenergie, Repetitionsrate und Fokuslage zur Minimierung thermischer Effekte,
- optionale Integration einer einfachen statistischen Prozesskontrolle (SPC) für Serienprozesse.

Zur Realisierung der beschriebenen technischen Anforderungen zeigt Bild 14.6 ein **mobiles Lasersystem**, das über eine vollständig gekapselte Schutzeinhausung gemäß Laserschutzklasse 1 verfügt und so den sicheren Betrieb ohne zusätzliche Schutzmaßnahmen für das Bedienpersonal erlaubt. Unterhalb der Lasereinheit befindet sich eine integrierte Filter- und Absauganlage (im Bild nicht sichtbar), die prozessbedingt entstehende Partikel, Aerosole und gasförmige Emissionen zuverlässig aus dem Bearbeitungsraum entfernt. Die Steuerung des Systems erfolgt über die Bedieneinheit mit zugehöriger Bedienoberfläche, die dem Anwender die einfache Auswahl von Prozessparametern, die Programmierung von Bearbeitungsabläufen sowie die Prozessüberwachung ermöglicht.

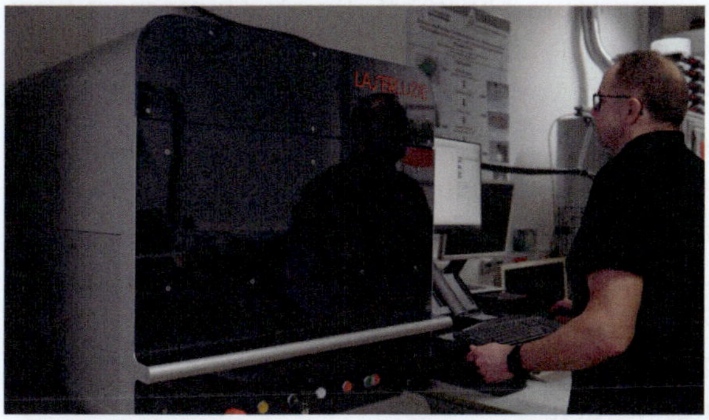

Bild 14.6 Geschlossene mobile Lasereinheit mit integrierter Schutzeinhausung und Bedieneinheit

Die in Bild 14.7 dargestellte Innenansicht des Systems basiert auf einer kompakten, gekapselten Aufbauweise und integriert alle wesentlichen Komponenten zur flexiblen Laserbearbeitung eines mobilen Gesamtsystems. Die Bearbeitung erfolgt innerhalb eines planaren Arbeitsfeldes mit den Abmessungen (300 × 300) mm^2, das über einen galvanometrischen Strahlablenkkopf in Kombination mit einem F-Theta-Objektiv abgedeckt wird. Das F-Theta-Objektiv gewährleistet dabei eine verzerrungsfreie Abbildung des Laserstrahls über die gesamte Bearbeitungsfläche und stellt somit insbesondere bei komplexen Konturen oder filigranen Beschriftungen eine hohe Maßhaltigkeit sicher.

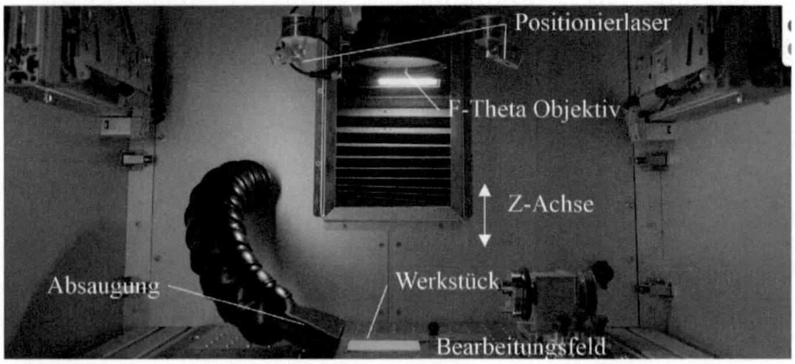

Bild 14.7 Innenansicht des Bearbeitungsraums der mobilen Lasereinheit

Die Z-Achse ermöglicht eine motorisierte Verstellung der Fokuslage, wodurch das System flexibel für unterschiedliche Materialdicken oder Bearbeitungsanforderungen eingesetzt werden kann. Zur exakten Vorpositionierung des Werkstücks dient ein koaxial integrierter Positionierlaser, der dem Bedienpersonal eine präzise Ausrichtung ohne Materialkontakt erlaubt.

Das Werkstück wird innerhalb des definierten Bearbeitungsfeldes positioniert, wobei die Spanntechnik auf schnelle Wechselvorgänge und materialspezifische Anpassungen ausgelegt ist. Die bei der Laserstrahlbearbeitung entstehenden Prozessnebenprodukte wie Partikel, Aerosole oder Rauchgase werden durch eine integrierte Absaugung effizient aus dem Bearbeitungsraum abgeführt. Dieser Abtransport trägt nicht nur zum Schutz der Optiken und der Prozessstabilität bei, sondern stellt auch die Einhaltung der arbeitsschutzrechtlichen Vorgaben sicher.

Das Systemdesign gestattet durch seine kompakte mobile Ausführung einen flexiblen Einsatz in Produktionsumgebungen, Entwicklungslaboren oder Technologietransferzentren. Alle prozessrelevanten Parameter wie Laserleistung, Pulsfrequenz oder Bearbeitungsgeometrien lassen sich über die integrierte Steuer- und Bedienoberfläche material- und anwendungsspezifisch konfigurieren.

In Tabelle 14.6 sind ausgewählte **Anwendungsbeispiele** vorgestellt, die mit dem beschriebenen Anlagensystem gefertigt wurden.

Tabelle 14.6 Ausgewählte Bearbeitungsergebnisse des Lasersystems zum flexiblen Abtragen, Beschriften und Trennen; Wellenlänge: 1064 nm, Brennweite: 254 mm

Parameter	Beschriften (Black marking/Marking)	Strukturieren	Bohren und Schneiden

Material	eloxiertes Aluminium	mit Ceroxid dotierte Polyamidfolie	Aluminiumfolie (Al99,5)
Abmessung der Laserbearbeitungsfläche	$(44{,}5 \times 13{,}5)\ mm^2$	Ø75 mm	$(22 \times 22)\ mm^2$
Laserparameter:			
Pulsdauer [ns]	2/250	250	250
Pulswiederholrate [kHz]	1000/65	65	100
mittlere Laserleistung [W]	50/20	20	75
Fokusdurchmesser [µm]	65/65	65	65
Prozessparameter:			
Scangeschwindigkeit $[mm \cdot s^{-1}]$	2500/2500	100	5000
Linienabstand [µm]	1/20		
Abtrags- bzw. Schnitttiefe [µm]	–	450	50
Bearbeitungszeit [s]	71/2,95	90,7	2
Qualität/Maßhaltigkeit	glatte Oberfläche	Schwarzfärbung der Strukturen	Bohrungsdurchmesser 90 µm

In zahlreichen praktischen Anwendungen beschränkt sich die Laserstrahlbearbeitung nicht nur auf planare Werkstückoberflächen, denn insbesondere bei rotationssymmetrischen Bauteilen, gekrümmten Geometrien oder komplexen 3D-Strukturen ist es erforderlich, Bearbeitungsprozesse wie Abtragen, Strukturieren oder Trennen auch an der Mantelfläche oder in mehreren Raumrichtungen simultan und präzise durchzuführen. Die gezielte Erweiterung des **kinematischen Wirkprinzips** der Anlage für diese Fälle erfolgt typischerweise durch die Integration zusätzlicher Rotationsachsen (z. B. Drehachsen) oder Robotiksysteme, die eine mehrachsige Relativbewegung zwischen Laserbearbeitungskopf und Werkstück ermöglichen. Damit kann die Laserstrahlbearbeitung flexibel an komplexen 3D-Konturen durchgeführt werden, wobei die präzise Steuerung der Fokuslage und der Strahlführung über alle Freiheitsgrade hinweg gewährleistet bleiben muss. Eine technisch besonders effiziente Möglichkeit zur Erweiterung des kinematischen Wirkprinzips bei Laserstrahlbearbeitungsanlagen besteht in der Integration einer **verfahrbaren Teleskopoptik** vor dem Galvanometerscanner. Durch die schnelle translatorische Verstellung dieser Optik parallel zur Strahlachse kann die Fokuslage innerhalb des Bearbeitungsfeldes in Echtzeit dynamisch verändert werden (siehe auch Kapitel 6). In erster Linie kommen motorisierte Teleskopanordnungen mit Verstellwegen im Bereich von wenigen Millimetern zum Einsatz, die über präzise Antriebe (z. B. Linearmotoren oder Piezoaktoren) gesteuert werden. Die Synchronisation der Teleskopbewegung mit dem Scanner erfolgt über die zentrale Maschinensteuerung, wodurch komplexe 3D-Bearbeitungsstrategien programmiert und prozesssicher umgesetzt werden können. Dieses Anlagenerweiterungskonzept hat sich hauptsächlich in den Bereichen der Mikromaterialbearbeitung, des 3D-Abtragens sowie der flexiblen Strukturierung von Freiformflächen etabliert.

Siehe auch Videosequenz zum Thema „ns-Laserstrahlsystem" zum flexiblen Abtragen, Beschriften und Trennen dünner Folien auf *plus.hanser-fachbuch.de*.

14.3.4 Automatisiertes Laserstrahlauftragsschweißen metallischer Werkstoffe

Das **Laserstrahlauftragsschweißen** ist ein leistungsfähiges Verfahren zur additiven Fertigung und Reparatur metallischer Werkstoffe. Durch die automatisierte Steuerung von Laserleistung, Draht- oder Pulverzufuhr sowie Bewegung der Bearbeitungseinheit lassen sich hochpräzise Auftragsstrukturen mit definierter Geometrie und Schichtdicke erzeugen. Hochleistungslaser, typischerweise FK- oder Diodenlaser im Kilowattbereich, ermöglichen eine lokalisierte Schmelze mit relativ geringer Wärmeeinflusszone (WEZ). Die automatische Regelung der Prozessparameter Laserleistung, Vorschubgeschwindigkeit, Draht-/Pulverzufuhr und Schweißbahn sorgt für gleichmäßige Schweißnahtprofile und konstanten Auftrag in der Bearbeitungszone.

Für die Reparatur und Instandsetzung von Bauteilen im Werkzeug- und Formenbau wird ein flexibles automatisiertes Lasersystem ausgelegt. Ziel ist der Auftrag von Material an verschlissenen oder beschädigten Bereichen und die damit verbundene Wiederherstellung der Bauteilgeometrie. Aufgrund der hohen Varianz an Geometrien und der typischen Einzelstückfertigung ist das System auf maximale Flexibilität, Präzision und Prozesssicherheit optimiert.

Die Bearbeitung erfolgt material- und geometrielokal in einer Schweißzelle, die auf der Basis von 3D-Scandaten die individuellen Bearbeitungsbahnen generiert. Die Funktion der Prozessüberwachung übernehmen kontaktlose Pyrometer zur Temperaturkontrolle.

1. Schritt: Definition der Bearbeitungsaufgabe

   Die Aufgabe umfasst das lokale Laserauftragsschweißen DED (siehe auch Kapitel 9 und 10) an hochkomplexen Werkzeug- und Formbauteilen aus unterschiedlichen metallischen Werkstoffen. Zielsetzung ist die präzise Wiederherstellung verschlissener oder beschädigter Oberflächen durch das Auftragen artgleicher oder artähnlicher Zusatzwerkstoffe sowie das gezielte Oberflächenfunktionalisieren.

   Anforderungen im Überblick:

   - Werkstoffe: Stahlguss, Werkzeugstähle (z. B. 1.2343, 1.2312), Aluminiumlegierungen,
   - Geometrie: komplexe Freiformflächen, enge Radien,
   - Qualitätsanforderungen: porenfreie Schweißlagen, definierter Schichtaufbau, minimale Wärmeeinflusszone (WEZ), hohe Verbindungsqualität zwischen Werkzeugoberfläche und den aufgetragenen Schichten,
   - Fertigung: flexible Einzelstückfertigung, Variantenvielfalt, hohe Prozessreproduzierbarkeit.

2. Schritt: Auswahl der Laserstrahlquelle

   Für das Laserstrahlauftragsschweißen eignen sich Faser- oder Scheibenlaser mit hoher Strahlqualität im NIR-Bereich. Die Leistung wird so gewählt, dass eine reproduzierbare Aufschmelzung des Grund- und Zusatzwerkstoffes bei gleichzeitig minimalem Wärmeeintrag gewährleistet ist.

   - Geeignete Laserstrahlquelle:
     - Lasertyp: Faser-, Scheiben- oder Diodenlaser
     - Wellenlänge: ca. 808, 1030, 1064 nm,
     - Leistungsbereich: 1,5 – 4 kW, je nach Werkstoff und Auftragsvolumen,
     - Strahlqualität: $M^2 \approx 1{,}3 - 1{,}8$,
   - Betriebsart: kontinuierlicher Betrieb (cw) für gleichmäßigen Materialauftrag.

3. Schritt: Betriebsart und Prozessparameter

   Das Auftragsschweißen erfolgt im cw-Betrieb mit pulverförmigem Zusatzwerkstoff, der koaxial zum Laserstrahl zugeführt wird. Die Prozessparameter werden werkstoff- und bauteilspezifisch angepasst.

   Typische Prozessparameter:

   - Pulverdurchsatz: 5 – 20 $g \cdot min^{-1}$ (werkstoffabhängig),
   - Vorschubgeschwindigkeit: 5 – 20 $mm \cdot s^{-1}$,
   - Fokusdurchmesser: ca. 1 – 2 mm,
   - Schutzgas: Argon zur Prozessstabilisierung und Sauerstoffabschirmung,
   - Temperaturüberwachung: kontaktlose Pyrometer zur Echtzeitkontrolle.

4. Schritt: Auswahl der Bearbeitungsanlage

   Die Bearbeitungsanlage ist als hochflexible Zelle ausgelegt, deren Systemarchitektur die automatisierte Bahnplanung und Bearbeitung auf Basis von 3D-Daten ermöglicht.

   Anlageneigenschaften:

   - 6-Achs-Industrieroboter mit hoher Bahngenauigkeit,
   - 3D-Scansystem zur Erfassung der Ist-Geometrie,
   - Offline-Programmiersystem zur automatisierten Bahn- und Prozessplanung,
   - Pulverzufuhrsystem mit kontrollierter Förderrate,
   - Pyrometer zur Temperaturüberwachung während des Prozesses,
   - Steuerungssystem mit Schnittstelle für CAD-/CAM-Datenintegration.

5. Schritt: Strahlführung und Strahlformung

   Die Laserstrahlung wird über eine Prozessfaser flexibel zum Bearbeitungskopf geführt.

   Weitere Anlagenaspekte:

   - Faserkopplung mit Kollimator und Fokussieroptik,
   - integrierte Pulverzufuhr im/am Bearbeitungskopf (koaxial),
   - Schutzglas zur Vermeidung von Verschmutzungen,
   - justierbare Fokuslage für unterschiedliche Aufbauschichten.

6. Schritt: Prozessüberwachung und Steuerung

   Zur Qualitätssicherung und Prozessstabilisierung wird der Materialauftrag durch verschiedene Sensoren überwacht. Insbesondere die Temperaturüberwachung über Pyrometer gestattet die Echtzeitkontrolle und ggf. die Anpassung der Laserleistung.

   Überwachungssysteme:

   - Pyrometer zur Messung der Oberflächentemperatur,

- Prozesskameras zur visuellen Kontrolle des Auftragsprozesses,
- Monitoring der Pulverförderrate,
- Datenprotokollierung zur Dokumentation und Analyse.

7. Schritt: Validierung und Optimierung

   Die Prozessfähigkeit wird durch systematische Versuchsreihen sichergestellt, zu denen Schichtdickenmessungen, metallografische Analysen und zerstörungsfreie Prüfungen zählen.

   Typische Maßnahmen:

   - mikroskopische Analyse der Schweißlagen,
   - Prüfung der Schichtdicke und der Maßhaltigkeit,
   - Kontrolle auf Poren, Bindefehler oder Risse,
   - Anpassung der Prozessparameter basierend auf Versuchsergebnissen,
   - Implementierung eines kontinuierlichen Verbesserungsprozesses (CIP).

Durch die Kombination aus präziser Laserstrahlquelle, flexibler Robotik, automatisierter Bahnplanung und integrierter Prozessüberwachung ermöglicht das System eine wirtschaftliche und qualitativ hochwertige Reparatur komplexer Werkzeug- und Formbauteile. Die Offline-Programmierung auf Basis von 3D-Scans reduziert Rüstzeiten und erhöht die Prozesssicherheit erheblich.

In der Tabelle 14.7 sind signifikante Parameter des Gesamtsystems zusammengefasst.

Tabelle 14.7 Auswahlkriterien und technische Kenndaten für das automatisierte Laserstrahlauftragsschweißen von Werkzeug- und Formbauteilen

Kriterium	Ausprägung/Empfehlung
Werkstoffspektrum	Werkzeugstähle (z. B. 1.2343, 1.2312), Stahlguss, Aluminiumlegierungen
Typische Bauteilgeometrien	komplexe Freiformflächen, enge Radien
Qualitätsanforderungen	porenfreie Schweißlagen, definierter Schichtaufbau, minimale WEZ
Lasertyp	Faser- oder Scheibenlaser
Wellenlänge	NIR-Bereich
Leistungsbereich	1,5 – 4 kW
Strahlqualität (M^2-Wert)	ca. 1,5 – 4 (Multimodebetrieb)
Betriebsart	cw
Pulverdurchsatz	5 – 20 $g \cdot min^{-1}$ (werkstoffabhängig)
Vorschubgeschwindigkeit	5 – 20 $mm \cdot s^{-1}$

Tabelle 14.7 Auswahlkriterien und technische Kenndaten für das automatisierte Laserstrahlauftragsschweißen von Werkzeug- und Formbauteilen *(Fortsetzung)*

Kriterium	Ausprägung/Empfehlung
Fokusdurchmesser	ca. 1 – 2 mm
Schutzgas	Argon oder Stickstoff zur Prozessstabilisierung
Bearbeitungsanlage	6-Achs-Industrieroboter, 3D-Scansystem, Offline-Programmiersystem
Pulverzufuhr	koaxial integriertes Pulverzufuhrsystem im Bearbeitungskopf
Prozessüberwachung	Pyrometer, Prozesskamera, Überwachung der Pulverförderrate
Validierung und Qualitätssicherung	mikroskopische Analyse, Maßhaltigkeitsprüfung, zerstörungsfreie Prüfung
Typische Einsatzbereiche	Reparatur, Instandsetzung, Nacharbeit im Werkzeug- und Formenbau, Erweiterung auf den additiven Bereich möglich

Bild 14.8 zeigt ein typisches **Anlagensystem** für das flexible Laserstrahlauftragsschweißen metallischer Bauteile. Zentrale Komponente ist ein 6-Achs-Gelenkarmroboter, der den Bearbeitungskopf mit hoher Präzision entlang der vorgegebenen Schweißbahnen positioniert. Die hohe Bewegungsfreiheit ermöglicht die Bearbeitung komplexer Geometrien und Oberflächen.

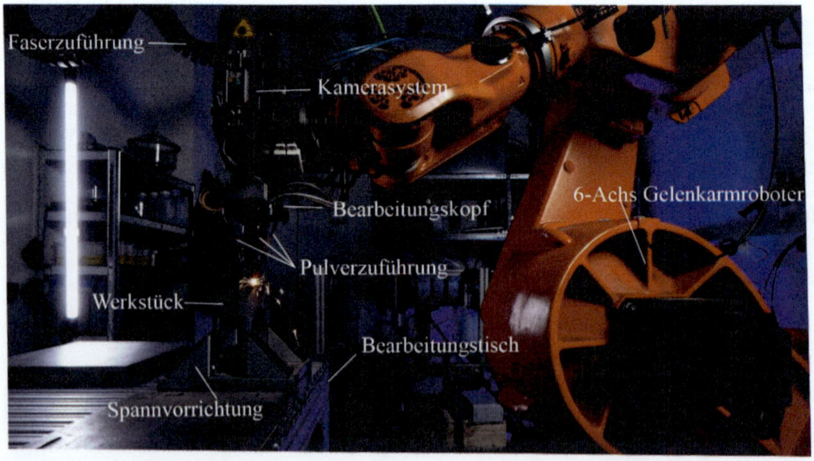

Bild 14.8 Anlagenaufbau für das automatisierte Laserstrahlauftragsschweißen mit 6-Achs-Gelenkarmroboter, integriertem Bearbeitungskopf mit Pulverzuführung, Faserkopplung und kamerabasierter Prozessüberwachung

Die Laserstrahlung wird über eine flexible Faserkopplung zum Bearbeitungskopf geführt. Parallel dazu wird das metallische Pulver koaxial über ein integriertes Pulverzufuhrsystem exakt in den Fokusbereich eingebracht. Für die Prozessstabilität sorgen ein kamerabasiertes Überwachungssystem sowie präzise Spannvorrichtungen zur Fixierung des Werkstücks auf dem Bearbeitungstisch. Die durchgängige Prozesskontrolle gewährleistet die frühzeitige Erkennung von Abweichungen und eine automatische Korrektur. Der modulare Aufbau erlaubt eine variable Anpassung der Anlage an verschiedene Werkstücke und Auftragsanforderungen, wodurch sich das System für Reparatur- und Nacharbeitsprozesse im Werkzeug- und Formenbau sowie für funktionsorientierte Beschichtungen eignet.

Bild 14.9 zeigt die Messergebnisse der Strahlcharakterisierung für das im automatisierten Laserstrahlauftragsschweißen eingesetzte Lasersystem.

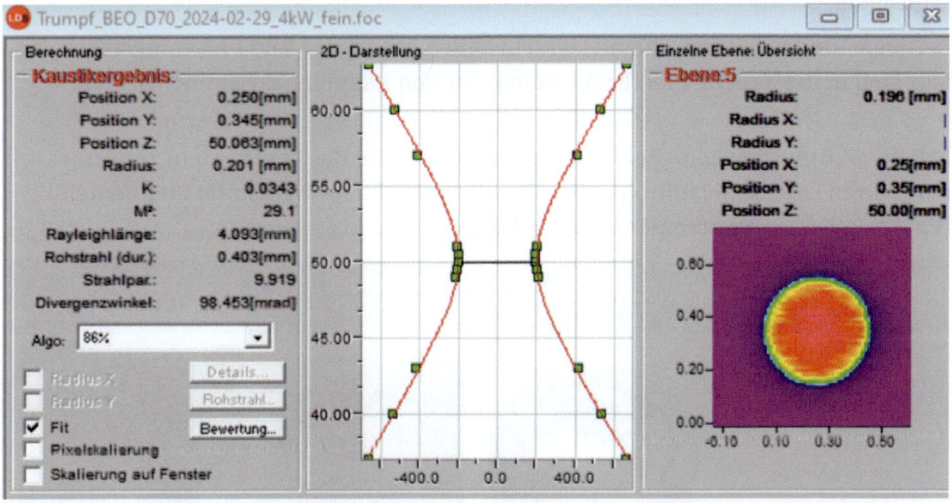

Bild 14.9 Strahlanalyse des eingesetzten Lasersystems für das automatisierte Laserstrahlauftragsschweißen von Werkzeug- und Formbauteilen

In der linken Spalte sind die relevanten Kenndaten und Parameter der Kaustikmessung des Systems zusammengefasst:

- **Strahldurchmesser im Fokus (Radius):** 0,201 mm → typischer Fokusdurchmesser für das Laserstrahlauftragsschweißen von Werkzeug- und Formbauteilen, der ein ausgewogenes Verhältnis zwischen Energieeintrag, Schmelzbadkontrolle und Auftragsgenauigkeit bietet.
- **Rayleigh-Länge:** 4,093 mm → dieser Wert beschreibt die Schärfentiefe des Fokusbereichs, wobei eine ausreichend große Rayleigh-Länge essenziell für ein robustes Prozessverhalten ist, insbesondere bei variierenden Oberflächen oder leichtem Bauteilverzug.

- **Strahlparameterprodukt (*SPP*):** 9,919 mm·mrad → dieses Ergebnis bestätigt die typische Multimodestrahlqualität des eingesetzten Hochleistungslasers, die für das Laserstrahlauftragsschweißen mit mittleren Fokusdurchmessern und hohem Pulverdurchsatz geeignet ist.

Der mittlere Teil in Bild 14.9 zeigt die 2D-Darstellung der Kaustik mit Verlauf des Strahldurchmessers entlang der optischen Achse, der durch die roten Linien markiert ist. Der gemessene Fokus liegt zentral im vorgesehenen Bearbeitungsbereich, die Symmetrie der Kaustik weist auf eine korrekt eingestellte Optik hin. Rechts im Bild ist das Strahlprofil auf einer definierten Ebene (Ebene 5, bei $Z = 50$ mm) abgebildet. Die kreisförmige, symmetrische Intensitätsverteilung ohne signifikante Hot-Spots oder Verzerrungen bestätigt die homogene Energieverteilung im Fokusbereich. Diese Eigenschaft ist unabdingbar für eine gleichmäßige Schmelzbadbildung, reproduzierbare Schichtaufträge und eine stabile Prozessführung beim Laserstrahlauftragsschweißen.

Beispiele für das Laserstrahlauftragsschweißen mit der im Bild 14.8 vorgestellten Anlage sind in der Tabelle 14.8 für die Reparatur von Bauteilen zusammengestellt.

Tabelle 14.8 Ausgewählte Bearbeitungsergebnisse für das Lasersystem zum automatisierten Laserstrahlauftragsschweißen für metallische Werkstoffe und Bauteilreparaturen */Laserfinish 2025/*, */ProLaIn2020/*

Bauteil	Radnabe	Pressstempel	Steuerblock/Automatikgetriebe

Material/Bauteil	Grauguss	Werkzeugstahl	Aluminium-Silizium-Legierung
Material/Pulver bzw. Draht	1.4404 (Pulver)	1.2343 (Draht)	ALSi10 Mg (Pulver)
Anzahl der Lagen	12	5	4
Laserleistung [W]	1400	930	1250
Strahldurchmesser [mm]	3,3	2	2,7

Bauteil	Radnabe	Pressstempel	Steuerblock/Automatikgetriebe
Vorschubgeschwindigkeit [$mm \cdot s^{-1}$]	10	10	14
Pulvermassestrom [$g \cdot min^{-1}$]	8,5	1,17	6,6

Ergänzend werden in der Tabelle 14.9 zwei Beispiele des Laserstrahlauftragsschweißens für das Auftragen von speziellen Funktionsschichten vorgestellt.

Tabelle 14.9 Ausgewählte Bearbeitungsergebnisse für das Lasersystem zum automatisierten Laserstrahlauftragsschweißen für die Oberflächenfunktionalisierung metallischer Werkstoffe

Bauteil	Schneidwerkzeug	Bohrkrone
	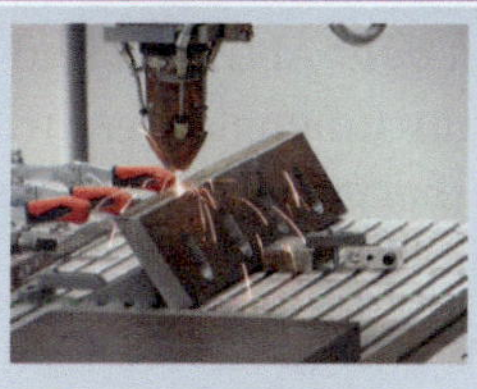	
Material/Bauteil	Vergütungsstahl	Baustahl
Material/Pulver bzw. Draht	ANFOR (KC26NW) (Pulver)	1.7225 (Pulver)
Anzahl der Lagen	3	10
Laserleistung [W]	2000	2300
Strahldurchmesser [mm]	3	3,7
Vorschubgeschwindigkeit [$mm \cdot s^{-1}$]	30	36

Siehe auch Videosequenzen zum Thema „Laserauftragsschweißen" – Laserstrahlsystem zum automatisierten Laserstrahlauftragsschweißen für metallische Werkstoffe auf *plus.hanser-fachbuch.de*.

14.3.5 Abtragen und Trennen mit Ultrakurzpulslaserstrahlung

Für anspruchsvolle **Mikrobearbeitungsprozesse**, insbesondere an sprödharten Materialien wie Glas, Keramik oder Silizium, werden Ultrakurzpulslasersysteme angewandt, um filigrane Strukturen zu erzeugen, Materialien selektiv abzutragen sowie Trennschnitte mit sehr hoher Kantenqualität zu realisieren. Für die flexible Bearbeitung wird ein modulares Anlagensystem mit Scanneroptik, Festoptik und zusätzlichem X-Y-Tisch eingesetzt, um sowohl hochdynamische Mikrobearbeitungen als auch die präzise Positionierung und Bearbeitung größerer Flächen zu ermöglichen.

1. Schritt: Definition der Bearbeitungsaufgabe

   Die Bearbeitungsaufgabe umfasst das hochpräzise Abtragen, Trennen sowie die Innenglasbeschriftung sprödharter und transparenter Werkstoffe. Ziel ist die flexible Bearbeitung von Gläsern, technischen Keramiken und Siliziumsubstraten, wobei das System sowohl planare als auch gekrümmte Oberflächen bearbeiten können soll.

   Für die Gläser ist neben dem Abtragen und Trennen auch die Erzeugung von Volumenmodifikationen zur Innenglasbeschriftung vorgesehen. Die Strukturierung erfolgt ohne relevante thermische Beeinflussung oder Rissbildung, insbesondere bei Gläsern und Keramiken.

   Durch Verwendung eines integrierten Scannersystems in Kombination mit einem hochpräzisen X-Y-Tisch können sowohl großflächige Strukturen als auch filigrane Konturen auf kleinen Bauteilen wirtschaftlich und prozesssicher umgesetzt werden.

   Somit ergeben sich folgende Anforderungen:

   - Werkstoffe: Aluminosilikatglas, Borosilikatglas, technische Keramiken, Silizium,
   - Geometrien: planare und gekrümmte Oberflächen, Volumenmodifikation im Glasinneren,
   - Bearbeitungsverfahren: Strukturieren, Abtragen, Trennen, Innenglasbeschriftung,
   - Bearbeitungsqualität: hohe Präzision, minimale Materialbelastung, keine sichtbare Wärmeeinflusszone,
   - Fertigungsart: Losgröße 1 bis Kleinserienfertigung, universell einsetzbares System.

2. Schritt: Auswahl der Laserstrahlquelle

   Für die hochpräzise **Bearbeitung sprödharter Werkstoffe** wie Glas, technische Keramiken und Silizium eignet sich der Einsatz von Ultrakurzpulslasern, da durch die extrem kurzen Pulsdauern die Wechselwirkung des Lasers mit dem Werkstoff im sogenannten „kalten Abtragsregime“ realisiert wird. Dabei dominieren nichtlineare Absorptionsprozesse und die Materialablation erfolgt im Wesentlichen ohne nennenswerten Wärmeeintrag in das umliegende Material. Diese Faktoren ermöglichen das weitgehend rissfreie Abtragen, hochpräzises Trennen sowie die fälschungssichere Innenglasbeschriftung.

Die Wahl fällt auf einen Pikosekunden- oder Femtosekundenlaser mit einer Wellenlänge im nahen Infrarotbereich, typischerweise zwischen 1030 nm und 1064 nm. Ytterbium-dotierte Faserlaser sind dabei zu bevorzugen, da sie aufgrund ihrer robusten Architektur, der guten Strahlqualität und einer hohen Zuverlässigkeit für industrielle Anwendungen gut geeignet sind.

Die Pulsdauer liegt zwischen ca. 300 fs und 10 ps. Eine hohe Pulsspitzenleistung im Megawattbereich ermöglicht eine effiziente Materialbearbeitung bei gleichzeitig minimaler Wärmeeinflusszone. Abhängig von den Prozessanforderungen kann der Laser wahlweise im Einzelpulsbetrieb, mit hoher Pulswiederholrate oder im sogenannten Burstmodus betrieben werden, um beispielsweise bei Strukturierungen oder Trennprozessen die Abtragsraten gezielt zu steigern.

Besonders wichtig für die betrachteten Anwendungen ist die hohe Strahlqualität (M^2 ~ 1,1 – 1,3), die eine präzise Fokussierung auf sehr kleine Fokusdurchmesser von etwa 15 bis 30 µm erlaubt und damit entscheidend für die Erzeugung filigraner Strukturen, schmaler Schnittfugen und ortsaufgelöster Innenglasmodifikationen ist.

3. Schritt: Betriebsart und Prozessparameter

   Die Bearbeitung erfolgt im gepulsten Betrieb unter Nutzung der extrem kurzen Pulsdauern des verwendeten Ultrakurzpulslasers mit einer typischen Pulsdauer im Bereich von 300 fs bis 10 ps.

   Für **Strukturierungs- und Abtragsprozesse** werden hohe Pulswiederholraten (bis zu mehreren 100 kHz) eingesetzt, um eine effiziente Materialentfernung bei gleichzeitig hoher Bearbeitungsqualität zu erzielen. Insbesondere der sogenannte Burstmodus, bei dem mehrere Pulse in sehr kurzer zeitlicher Abfolge innerhalb eines Pulszuges abgegeben werden, ermöglicht eine gezielte Steigerung der Abtragsraten ohne signifikanten Wärmeeintrag.

   Die typische Pulsenergie bewegt sich materialabhängig bis zu 500 µJ. Die Scangeschwindigkeiten liegen, je nach Anwendung, bis zu 2000 $mm \cdot s^{-1}$. Für das Trennen von Dünnglas oder Siliziumsubstraten werden kleinere Linienabstände und reduzierte Scangeschwindigkeiten gewählt, um eine vollständige Materialdurchtrennung bei minimalen Sub-Surface-Damages-Strukturen sicherzustellen.

   Bei der Innenglasbeschriftung wird der Fokus des Lasers präzise innerhalb des Volumens positioniert, sodass die Strukturmodifikation ausschließlich im Glasinneren stattfindet. Hierbei ist insbesondere die präzise Justierung der Fokusebene entscheidend, um Oberflächenschädigungen zu vermeiden.

4. Schritt: Auswahl der Bearbeitungsanlage

   Für die flexible Bearbeitung unterschiedlichster Materialien und Geometrien wird ein modulares Anlagenkonzept gewählt, bei dem die Kernkomponente ein hochdynamisches 2D-Scanner-System mit F-Theta-Optik für die schnelle Bearbeitung filigraner Strukturen und Konturen ist.

   Zusätzlich wird ein Präzisions-X-Y-Tisch mit einem Verfahrweg von bis zu $(500 \times 500)\ mm^2$ integriert, wodurch das Werkstück während des Bearbeitungsprozesses exakt positioniert und für größere Flächenbereiche Schritt für Schritt unter dem Scanner bewegt werden kann.

   Für die stationäre Bearbeitung, insbesondere von planaren oder gekrümmten Bauteilen mit komplexen Strukturen, wird eine Wechseloptik in Form einer Festoptik verwendet, deren Z-Achse die präzise Fokuseinstellung sowie das Einbringen der Fokuslage innerhalb des Glasvolumens bei der Innenglasbeschriftung ermöglicht.

   Das gesamte System ist in einer geschlossenen Sicherheitskabine untergebracht, die den Laserarbeitsplatz nach Laserschutzklasse 1 absichert.

5. Schritt: Strahlführung und Strahlformung

   Die Laserstrahlung wird über eine flexible Faserführung, meist aber über eine Freistrahlstrecke zum Bearbeitungskopf geführt. Ein Strahlaufweitungs- und Kollimationssystem sorgt für eine stabile, verlustarme Strahlführung mit hoher Fokussierbarkeit. Für die Volumenbeschriftung im Glas wird die Fokuslage gezielt in die Tiefe verlagert, wobei ein möglichst symmetrisches Strahlprofil (bevorzugt annähernd gaußförmig) die Bildung homogener Strukturmodifikationen unterstützt. Die Fokussierung der Strahlung in der Scanneranwendung wird über ein telezentrisches F-Theta-Objektiv bzw. bei der Bearbeitung mit Festoptik mit einem Linsenobjektiv realisiert.

6. Schritt: Prozessüberwachung und Steuerung

   Die Prozesskontrolle erfolgt über ein integriertes Sensorsystem bestehend aus einer Kameraeinheit zur Sichtprüfung sowie optischen Koaxialsensoren, die den Fokus- und Prozessbereich überwachen.

   Zusätzlich werden Laserleistung sowie Pulsenergie kontinuierlich beobachtet und dokumentiert. Ein Echtzeitüberwachungssystem stellt sicher, dass die Fokusebene bei der Innenglasbeschriftung exakt eingehalten wird und keine Oberflächenbeschädigungen auftreten.

   Die vollständige Prozessdatenerfassung erlaubt die lückenlose Rückverfolgbarkeit der Bearbeitungsparameter. Über die Maschinensteuerung können die Bearbeitungsprogramme für unterschiedliche Materialien und Anwendungen flexibel angepasst werden.

7. Schritt: Validierung und Optimierung

   Vor der Serienfertigung wird eine umfassende Validierung des Prozesses durchgeführt, bei der die Bearbeitungsparameter für jedes Material und jedes Bearbeitungsverfahren individuell ermittelt und in einem systematischen Versuchsplan (Design of Experiments, DoE) optimiert werden.

   Während die generelle Qualitätsprüfung die mikroskopische Analyse von Strukturkonturen, Kantenqualität und Schnittfugen umfasst, wird sie für Gläser und Keramiken um eine Rissprüfung ergänzt.

   Bei der Innenglasbeschriftung werden Homogenität, Kontraststärke und Lesbarkeit der Beschriftung überprüft. Oberflächenanalysen geben Auskunft über evtl. Beschädigungen auf den bearbeiteten Oberflächen.

   Die ermittelten optimalen Prozessparameter werden in der Maschinensteuerung hinterlegt und durch statistische Prozesskontrolle (SPC) kontinuierlich überwacht, um eine gleichbleibend hohe Bearbeitungsqualität sicherzustellen.

In Tabelle 14.10 sind die wichtigsten Auswahlkriterien und die technischen Kenndaten des konfigurierten Anlagensystems zusammengefasst.

Tabelle 14.10 Auswahlkriterien und technische Kenndaten für flexibles Abtragen, Trennen und Innenglasbeschriftung mit Ultrakurzpulslaserstrahlung

Kriterium	Ausprägung/Empfehlung
Werkstoffspektrum	technische Gläser (z. B. Borosilikat, Alumosilikatglas), Keramiken, Silizium
typische Bearbeitungsgeometrien	planare und gekrümmte Flächen, Volumenmodifikationen im Glasinneren
Qualitätsanforderungen	hohe Maßhaltigkeit, minimale Rissbildung, keine Oberflächenschäden
Lasertyp	Ultrakurzpulslaser (Pikosekunden- oder Femtosekundenlaser)
Wellenlänge	ca. 1030 – 1064 nm
Pulsdauer	300 fs – 10 ps
Pulsenergie	bis 500 µJ
Strahlqualität (M^2-Wert)	ca. 1,1 – 1,3
Betriebsart	gepulst, optional Burstmodus
Fokusdurchmesser	ca. 15 – 30 µm
Scansystem	2D-Galvoscanner mit F-Theta-Optik, integrierter Präzisions-X-Y-Tisch
Bearbeitungsfläche	bis (500 × 500) mm²

Tabelle 14.10 Auswahlkriterien und technische Kenndaten für flexibles Abtragen, Trennen und Innenglasbeschriftung mit Ultrakurzpulslaserstrahlung *(Fortsetzung)*

Kriterium	Ausprägung/Empfehlung
Z-Achse/Fokusverstellung	motorisierte Fokuspositionierung, auch für Tiefenbeschriftung
Prozessüberwachung	Kameraüberwachung, optische Fokusüberwachung, Leistungskontrolle
Validierung/Qualitätssicherung	mikroskopische Analyse, Rissprüfung, Maßhaltigkeit, Funktionsprüfung

Bild 14.10 zeigt den finalen Anlagenaufbau zur flexiblen Laserstrahlbearbeitung mit der UKP-Laserstrahlquelle. Die Laserstrahlung wird über ein optisches System, bestehend aus Umlenkspiegeln, Strahlaufweiter und Strahlformungskomponenten, in den Scanner geführt, der mit dynamischen Scanspiegeln und einem F-Theta-Objektiv ausgestattet ist. Zusätzlich zur Scannereinheit verfügt die Anlage über eine motorisierte Z-Achse zur Fokuseinstellung sowie einen großformatigen schwingungsgedämpften Tisch mit integrierten X-Y-Achsen. Dadurch wird eine Kombination aus Scannerbewegung für hochdynamische Bearbeitungsprozesse und präziser Tischverfahrung für die Bearbeitung größerer Bauteile oder Flächen ermöglicht. Die gesamte Bearbeitungsoptik ist auf einer stabilen Breadboard-Plattform montiert, die eine exakte Justierung der optischen Komponenten sicherstellt und mechanische Schwingungseinflüsse minimiert. Durch dieses Anlagenkonzept lassen sich vielfältige Bearbeitungsaufgaben auf planaren sowie gekrümmten Oberflächen realisieren.

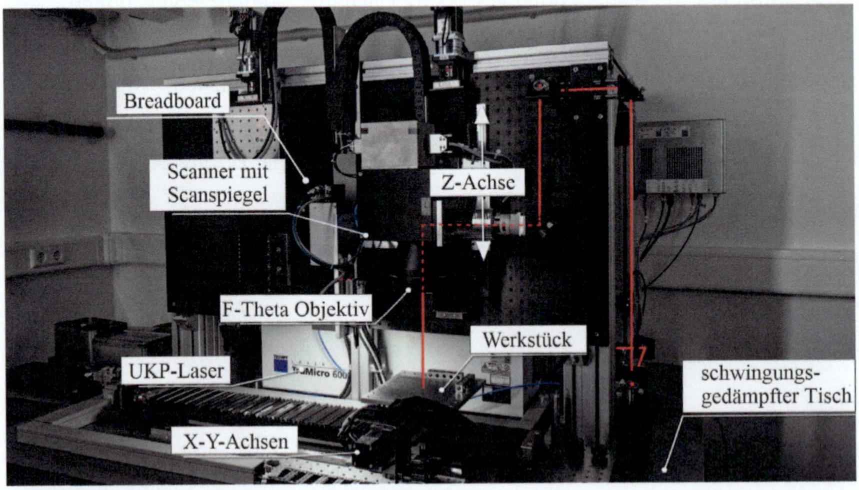

Bild 14.10 Anlagensystem für hochpräzises Abtragen, Trennen und Innenglasbeschriftung mittels Ultrakurzpulslaser (UKP-Laser)

Ausgewählte Bearbeitungsbeispiele, die mit diesem Anlagensystem im Bild 14.10 gefertigt wurden, sowie die signifikanten Laser- und Prozessparameter sind in der Tabelle 14.11 zusammengestellt.

Tabelle 14.11 Bearbeitungsbeispiele für das UKP-Lasersystem zum Abtragen, Trennen und Innenglasbeschriften von Gläsern, Keramiken und Silizium

Parameter	Formabtrag	Trennen, Abtragen (Silizium)	Innenglasbeschriftung
		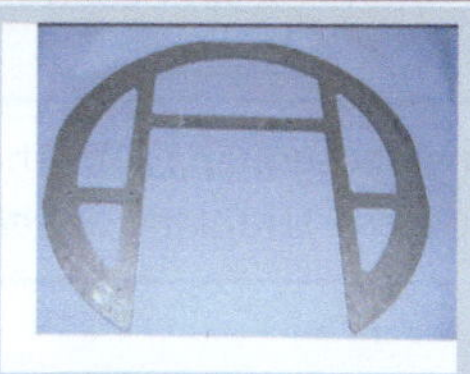	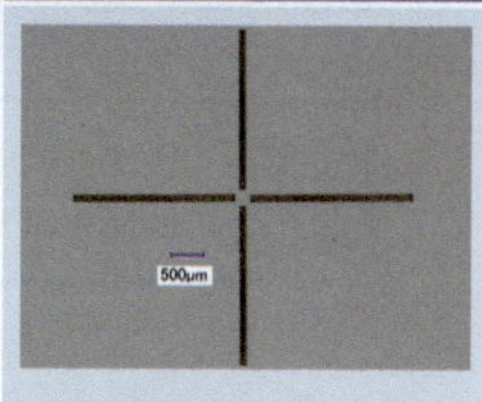
Material	Al_2O_3-Keramik	polykristalliner Siliziumwafer	Borosilikatglas, Quarzglas, N-BK7
Abmessung der Bearbeitungsfläche	bis (500 × 500) mm^2	bis (500 × 500) mm^2	variabel, innerhalb des Volumens
Mittlere Laserleistung [W]	10 – 30	20 – 40	10 – 20
Pulsenergie [µJ]	bis 500	bis 500	100 – 300
Scangeschwindigkeit [$mm \cdot s^{-1}$]	bis 2000	500 – 1500	100 – 500
Linienabstand [µm]	10 – 50	10 30	punktuell, definierte Abstände
Abtrags- bzw. Schnitttiefe [µm]	1 – 100 pro Überfahrt	Materialdurchtrennung bis 150	strukturelle Modifikation im Glasvolumen
Bearbeitungszeit	abhängig von der Geometrie, typische Strukturfläche 50 mm^2 in ca. 30 s	Konturtrennung 100 mm in ca. 15 – 30 s	abhängig von Schriftgröße, z. B. (10 × 10) mm^2 Beschriftung in ca. 20 s
Qualität/Maßhaltigkeit	hohe Präzision, minimale Rissbildung	gratfreie Kanten, geringe Rissgefahr, Maßhaltigkeit ±20 µm	keine Oberflächenschädigung, dauerhafte, kontrastreiche Struktur

Im Beispiel „Innenglasbeschriftung" wurde mit dem beschriebenen Ultrakurzpulslasersystem ein Fadenkreuz etwa 100 µm unterhalb der Glasoberfläche eingebracht. Die Erzeugung solcher Mikrostrukturen im Glasvolumen erfolgt durch nichtlineare Wechselwirkungsprozesse wie die lokale Modifikation des Brechungsindex oder die

Ausbildung von Mikrodefekten infolge der extrem hohen Intensitäten der fokussierten Femtosekundenpulse (siehe auch Kapitel 7).

Mit dem UKP-Lasersystem können reproduzierbar Linienstrukturen mit Breiten von unter 5 µm erzeugt werden, die aufgrund ihrer geringen Dimensionen ohne gezielte Beleuchtung für das menschliche Auge unsichtbar sind. Werden sie jedoch seitlich mit Licht angestrahlt, entsteht durch Lichtstreuung und Wellenleitungseffekte eine kontrastreiche, selbstleuchtende Markierung. Besonders interessant ist diese Technologie für die Herstellung von präzisen Markierungen innerhalb transparenter Gläser, ohne dass die Oberfläche dabei beschädigt oder funktional eingeschränkt wird.

Siehe auch Videosequenz zum Thema „UKP-System" – Abtragen und Trennen mit Ultrakurzpulslaserstrahlung auf *plus.hanser-fachbuch.de*.

14.3.6 Laserstrahlbearbeitung mit einem CO_2-Laser und einem 3D-Scansystem

Für Anwendungen im Bereich der flexiblen **Laserstrahlbearbeitung von nichtmetallischen Werkstoffen** wie Holz, Leder, Kunststoffen, Glas und Porzellan eignet sich der CO_2-Laser aufgrund seines hohen Absorptionsgrades bei diesen Materialien besonders gut. Mit dem hier beschriebenen System können verschiedene Bearbeitungsprozesse wie Beschriften, Abtragen, Strukturieren und Trennen durchgeführt werden. Ein integriertes 3D-Scansystems soll auch die Bearbeitung auf gekrümmten oder unregelmäßigen Oberflächen erlauben.

1. Schritt: Definition der Bearbeitungsaufgabe

   Die Bearbeitungsaufgabe umfasst das flexible, präzise Beschriften, Strukturieren, Abtragen und Trennen von dünnen Plattenmaterialien (Sperrholz, Karton bis 2 mm Dicke) sowie von Bauteilen mit gekrümmten oder unregelmäßigen Oberflächen. Die Materialien sind typischerweise nichtmetallische Werkstoffe mit guter Absorption im mittleren bis fernen Infrarotbereich.

   - Anforderungen im Überblick:
     - Werkstoffe: Holz, Leder, Kunststoffe, Glas, Porzellan,
     - Bauteilgeometrien: ebene und gekrümmte Flächen, Plattenmaterial bis 2 mm Dicke,
     - Bearbeitungsprozesse: Beschriften, Strukturieren, Abtragen, Trennen (konturgenau),
     - Qualitätsanforderungen: präzise Schnittkanten, geringe thermische Beeinflussung, reproduzierbare Strukturtiefen.
   - Produktionsvolumen: Kleinserienfertigung, Einzelteile, Prototypen

2. Schritt: Auswahl der Laserstrahlquelle

   Für die genannten Anwendungen wird ein CO_2-Laser eingesetzt, dessen Wellenlänge von 10,6 µm eine effiziente Energieeinbringung in nichtmetallische Werkstoffe ermöglicht. Die Leistung wird so gewählt, dass präzises Schneiden, Strukturieren und Abtragen ohne thermische Schädigung der Materialien umgesetzt werden können.

   Technische Spezifikation:

   - Lasertyp: CO_2-Laser,
   - Wellenlänge: 10,6 µm,
   - Leistung: ca. 30 – 50 W (material- und prozessabhängig),
   - Strahlqualität: $M^2 \approx 1{,}2 - 1{,}5$ (gute Fokussierbarkeit für feine Strukturen),
   - Betriebsart: gepulst oder kontinuierlich, je nach Anwendungsfall.

3. Schritt: Betriebsart und Prozessparameter

   Die Prozessführung erfolgt je nach Bearbeitungsaufgabe im Dauerstrichbetrieb (cw) oder gepulst. Für das präzise Strukturieren und Abtragen wird häufig ein gepulster Betrieb mit kontrollierten Pulsenergien bevorzugt.

   Typische Prozessparameter:

   - Laserleistung: 30 – 50 W,
   - Fokusdurchmesser: ca. 200 – 300 µm,
   - Vorschubgeschwindigkeit: 50 – 500 mm · s^{-1} (materialabhängig),
   - Pulsfrequenz: bis zu 20 kHz im gepulsten Betrieb,
   - Fokuslage: materialabhängig, zur Minimierung der Wärmeeinflusszone.

4. Schritt: Auswahl der Bearbeitungsanlage

   Das System besteht aus einer geschlossenen Laserbearbeitungszelle mit integriertem 3D-Scansystem. Die Kombination aus CO_2-Laser und Scanneroptik ermöglicht die Bearbeitung sowohl ebener als auch gekrümmter Oberflächen.

   Anlagenspezifikation:

   - geschlossene Laserbearbeitungszelle mit Absaugung,
   - CO_2-Laser mit Leistungsregelung,
   - 3D-Scansystem zur Oberflächenerfassung,
   - Z-Achse für die Fokuslageeinstellung.

5. Schritt: Strahlführung und Strahlformung

   Die Laserstrahlung wird über Spiegel- und Linsensysteme zum Bearbeitungskopf geführt. Die Verwendung eines 3D-Scanners gestattet eine schnelle, präzise Ablenkung des Laserstrahls über die Bearbeitungsfläche bzw. den Bearbeitungsraum. Für die Fokussierung werden F-Theta-Objektive eingesetzt, die eine konstante Abbildungsqualität im Bearbeitungsfeld gewährleisten.

Besonderheiten:

- optimierte Strahlführung durch Linsensysteme,
- F-Theta-Objektiv für konstante Fokuslage im Arbeitsfeld,
- dynamische Teleskopachse zur Verschiebung der Z-Position,
- Positionierlaser für die Ausrichtung der Bauteile und die Bestimmung der Fokusebene.

6. Schritt: Prozessüberwachung und Steuerung

   Zur Qualitätssicherung wird das System mit Sensorik zur Prozessüberwachung ausgestattet. Das 3D-Scansystem erfasst die Werkstückoberfläche vor und nach der Bearbeitung, wodurch Prozessabweichungen frühzeitig erkannt werden können.

   Überwachungskomponenten:

   - 3D-Scanner zur Oberflächenvermessung,
   - Kameraüberwachung des Bearbeitungsprozesses,
   - softwaregestützte Prozesskontrolle und Datendokumentation.

7. Schritt: Validierung und Optimierung

   Die Prozessparameter werden anhand von Versuchsreihen und optischen Inspektionsverfahren validiert. Besonderes Augenmerk liegt auf dem erreichbaren Kontrast, der Maßhaltigkeit sowie der Reproduzierbarkeit der Strukturtiefen. Durch die Kombination aus Laserparameteroptimierung und exakter Bauteilpositionierung wird eine gleichbleibend hohe Bearbeitungsqualität sichergestellt.

Die Anlage eignet sich aufgrund ihrer Flexibilität, der Präzision und der Materialvielfalt für den Einsatz in der Prototypenfertigung, in der Kleinserienproduktion sowie in der kreativen Individualisierung von Produkten aus nichtmetallischen Werkstoffen.

Bild 14.11 zeigt den schematischen Aufbau eines **kompakten CO_2-Lasersystems** zur Bearbeitung von flachen und gekrümmten Oberflächen, das beispielsweise für das Abtragen, Strukturieren, Beschriften und Schneiden von Materialien wie Holz, Leder, Karton, Kunststoffe, Glas, Porzellan eingesetzt wird.

Die kompakte Bauform vereint Laserresonator und Scaneinheit in einem Gehäuse. Im oberen Bereich befindet sich die Strahlquelle, in diesem Fall ein Sealed-off-CO_2-Laser, mit der 3D-Scanoptik, über die der Laserstrahl entlang der X-, Y- und Z-Achsen präzise abgelenkt und fokussiert wird, sodass auch auf gekrümmten Oberflächen eine konturgenaue Bearbeitung möglich ist. Die dynamische Anpassung der Fokuslage stellt insbesondere bei sphärischen oder zylindrischen Werkstücken einen Vorteil dar.

Die im Zentrum angeordnete Bearbeitungskammer mit Prozesssensorik und Monitoring schließt den Arbeitsraum ein und gewährleistet gleichzeitig Sicherheit sowie eine definierte Prozessumgebung. Die Prozessüberwachung dient der Kontrolle von Parametern wie Position, Leistung und ggf. Partikelaustrag während der Bearbeitung.

Der darunterliegende Bearbeitungstisch ist höhenverstellbar und in mehreren Achsen positionierbar, um die Werkstücke exakt im Fokusbereich des Lasers auszurichten. Ergänzend gewährleistet ein Absaugzugang die effiziente Entfernung von Partikeln, Dämpfen und Verbrennungsprodukten aus dem Bearbeitungsraum, was insbesondere bei der Bearbeitung organischer Materialien erforderlich ist, um Prozessstabilität und Arbeitssicherheit sicherzustellen.

Das System eignet sich für präzise 2D- und 3D-Laserbearbeitungsprozesse und ist aufgrund seiner kompakten Bauform sowie der integrierten Sicherheits- und Überwachungseinrichtungen sehr gut für den Einsatz in Entwicklungsumgebungen, in Kleinserien oder im Labormaßstab geeignet.

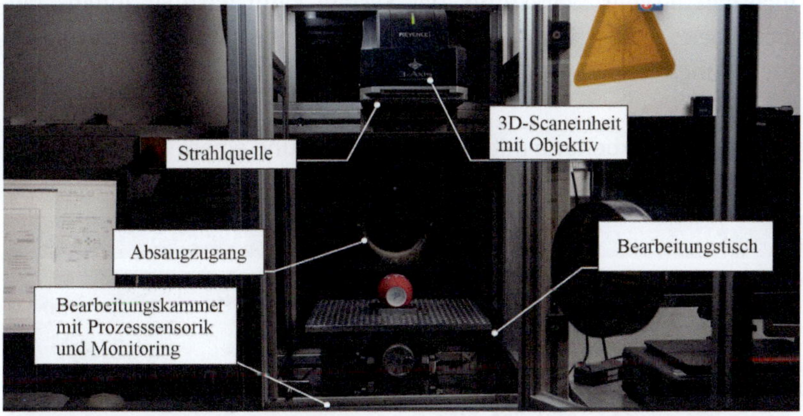

Bild 14.11 Aufbau eines kompakten CO_2-Lasersystems mit integrierter 3D-Scaneinheit und Bearbeitungskammer

Das universell ausgelegte Anlagensystem in Bild 14.11 kann neben den üblichen Beschriftungsaufgaben auch für das Abtragen, Trennen, Polieren und Strukturieren vorteilhaft eingesetzt werden (siehe Tabelle 14.12). Ein typisches Bearbeitungsszenario ist der selektive Laserstrahlabtrag auf beschichtetem Porzellan, wie er beispielsweise zur Individualisierung von Tassen, Tellern oder keramischen Oberflächen angewandt wird. Hierbei wird ausschließlich die dekorative oder funktionale Beschichtung abgetragen, ohne das darunterliegende Keramiksubstrat zu schädigen. Die präzise Strahlführung und die kontrollierte Energieeinbringung erlauben eine hohe Kantenqualität sowie eine gute Maßhaltigkeit bei gleichzeitig schonender Materialbearbeitung.

Ein weiteres Anwendungsbeispiel ist das Laserstrahlstrahlschneiden von Sperrholzplatten bis zu einer Dicke von 1,5 mm. Aufgrund der guten Absorptionseigenschaften organischer Materialien bei der Wellenlänge von 10,6 µm lassen sich Konturen, Ausschnitte oder Freiformen sauber und gratfrei herstellen. Besonders bei filigranen Geometrien oder bei gekrümmten Werkstücken sorgt das 3D-Scansystem dafür, dass die Fokuslage auf der Bauteiloberfläche nachgeführt wird.

Für das Postprocessing im Bereich der additiven Fertigung bietet das System zudem die Möglichkeit, die Oberflächenqualität von Bauteilen aus Polyamid PA12 gezielt zu verbessern. Durch kontrolliertes Laserstrahlpolieren von PBF-LB-gedruckten Polyamidstrukturen wird die raue Oberfläche lokal aufgeschmolzen und so die Rauheit signifikant reduziert. Die Glättung erfolgt dabei ohne wesentlichen Materialabtrag oder Maßveränderung, wodurch sowohl die optischen als auch die haptischen Eigenschaften der Bauteile verbessert werden. Diese Methode eignet sich insbesondere für Funktionsteile oder Designoberflächen im Prototypenbau und in der Kleinserienfertigung.

Die Kombination aus CO_2-Laser, 3D-Scansystem und präziser Prozessführung bewirkt somit eine hohe Flexibilität für die material- und konturangepasste Bearbeitung verschiedenster nichtmetallischer Werkstoffe. Das System kann darüber hinaus teilautomatisiert betrieben werden, bspw. durch Cobot-Systeme und Fließbandanlagen zur Großserienfertigung.

Tabelle 14.12 Laserstrahlbearbeitung mit einem CO_2-Laser und einem 3D-Scansystem (Wellenlänge 10,6 µm, Betriebsart: cw, Brennweite: 300 mm)

Parameter	Abtragen	Trennen	Polieren

Material	farbig glasiertes Porzellan	Sperrholz, Dicke: 1,5 mm	Polyamid PA12, Struktur nach dem additiven Prozess
Abmessung der Laserbearbeitungsfläche	(46×25) mm^2 (Logogröße) eff. ≈ 385 mm^2	Kreisdurchmesser: 100 mm, eff. Schnittlänge: 1038 mm	(60×40) mm^2 (2400 mm^2)
Laserparameter:			
mittlere Laserleistung [W]	28	28	18
Fokusdurchmesser [µm]	290	290	290

Parameter	Abtragen	Trennen	Polieren
Prozessparameter:			
Scangeschwindigkeit [$mm \cdot s^{-1}$]	500	90	2000
Linienabstand [µm]	130	–	60
Abtrags- bzw. Schnitttiefe	50 – 100 µm	0,5 mm pro Umlauf	(Glätten der Oberfläche ohne messbaren Abtrag)
Bearbeitungszeit [s]	8,5	12,6 × 3 = 37,8	15
Qualität/Maßhaltigkeit	Auflösung des Lasersystems: ≈ 5 µm		Rauheit *Rq* ~ 0,8 µm

Siehe auch Videosequenz zum Thema „Laserstrahlbearbeitung mit CO_2-Laser und 3D-Scansystem" auf *plus.hanser-fachbuch.de*.

Übungsaufgaben zum Kapitel 14

(Die dazugehörigen Lösungen finden Sie auf *plus.hanser-fachbuch.de*.)

1. **Aufgabe:** Systemauswahl und Abgrenzung

   Erläutern Sie den wesentlichen Unterschied im Aufbau und im Einsatzbereich eines 2D-Flachbettsystems und eines mehrachsigen Robotersystems für die Laserstrahlbearbeitung. Nennen Sie jeweils ein typisches Anwendungsbeispiel, das die Notwendigkeit der gewählten Anlagentechnik begründet.

2. **Aufgabe:** Auswahl der Laserstrahlquelle

   Für die Bearbeitung transparenter Werkstoffe wie Borosilikatglas durch Abtragen und Trennen stehen sowohl Nanosekunden- als auch Ultrakurzpulslaser zur Auswahl. Vergleichen Sie diese beiden Lasertypen hinsichtlich:

   - Wechselwirkungsmechanismus mit Glas,
   - erreichbarer Bearbeitungsqualität,
   - Prozessgeschwindigkeit,
   - wirtschaftlicher Aspekte.

   Treffen Sie auf dieser Grundlage eine begründete Auswahlentscheidung für ein System zur Innenglasbeschriftung.

3. **Aufgabe:** Prozesskette zur Herstellung filigraner Strukturen

   Skizzieren Sie die notwendigen Schritte zur Fertigung einer selbstleuchtenden Innenglasmarkierung (z. B. eines Fadenkreuzes) mithilfe eines UKP-Lasersystems. Gehen Sie dabei auf folgende Punkte ein:

   - Vorbereitung des Werkstücks,
   - Auswahl und Justage der Optik,
   - Einstellung der Prozessparameter,
   - Qualitätskontrolle und Prüfung.

4. **Aufgabe:** Einfluss der Systemkinematik

   In einem flexiblen Bearbeitungssystem zum Abtragen und Strukturieren von dünnen Folien ist ein Galvoscanner mit zusätzlicher Z-Achse verbaut. Begründen Sie den funktionalen Nutzen dieser Achse und erläutern Sie, warum in manchen Fällen zusätzlich ein verfahrbarer X-Y-Tisch notwendig ist.

5. **Aufgabe:** Auswahlkriterien für CO_2-Lasersysteme

   Ein CO_2-Lasersystem mit integriertem 3D-Scansystem soll zum Trennen und Strukturieren von organischen Materialien eingesetzt werden. Nennen Sie mindestens fünf technische oder prozessuale Kriterien, die bei der Auswahl und der Auslegung des Systems zu berücksichtigen sind, um eine hohe Bearbeitungsqualität sicherzustellen.

15 Automatisierung und Digitalisierung von Lasermaterialbearbeitungsprozessen

Die **Automatisierung von Lasermaterialbearbeitungsprozessen** ist ein zentrales Entwicklungsziel im Kontext von Industrie 4.0 und cyber-physischen Produktionssystemen. Sie ermöglicht eine signifikante Steigerung der Produktivität und der Reproduzierbarkeit und schafft die Voraussetzung für die Integration laserstrahlbasierter Verfahren in hochflexible und adaptive Fertigungsumgebungen. Die Kombination von Echtzeitsensorik, Datenanalyse, Prozessregelung und robotergestützter Handhabung ist dabei von entscheidender Bedeutung.

Aus wissenschaftlicher Perspektive eröffnet die Automatisierung neue Forschungsfelder in den Bereichen Prozessmonitoring, modellbasierte Regelungssysteme, Machine Learning und digitaler Zwillinge. Die Verknüpfung von Prozessdaten mit physikalisch fundierten Modellen lässt aktuell die Realisierung von stabileren Bearbeitungsregimen mit höherer Qualität zu, die bislang als schwer zugänglich galten, etwa bei der Mikro- und Ultrakurzpulslaserbearbeitung. Gleichzeitig erlaubt die automatisierte Datenerfassung eine systematische Optimierung von Prozessparametern über große Variationsräume hinweg.

In der industriellen Praxis rücken **automatisierte Lasersysteme** zunehmend in das Zentrum moderner Produktionslinien – von der additiven Fertigung über das laserstrahlbasierte Schneiden und Schweißen bis hin zur hochpräzisen Oberflächenmodifikation. Dies setzt jedoch sowohl die Integration intelligenter Steuerungssysteme als auch eine enge Kopplung zwischen Maschinen- und Informationstechnik voraus. Die Herausforderung ist dabei nicht allein in der technischen Umsetzung begründet, sondern ebenso in der Standardisierung, der Interoperabilität und der Sicherheitsbewertung automatisierter Anlagen.

Dieses Kapitel stellt die grundlegenden Prinzipien, gegenwärtigen Technologien und praktischen Umsetzungsmöglichkeiten der Automatisierung in der Lasermaterialbearbeitung vor, wobei der Fokus auf hardwareseitigen Lösungen wie beispielsweise mehrachsigen Robotiksystemen und automatisierten Spanntechniken liegt.

Ein wesentlicher Treiber der Automatisierung in der Lasermaterialbearbeitung ist die Anwendung moderner **Diagnostiksysteme**, insbesondere bildgebender Verfahren in Kombination mit künstlicher Intelligenz. Die Integration hochauflösender Kamerasysteme, spektraler Sensorik und thermografischer Verfahren ermöglicht eine umfassende In-situ- und Inline-Erfassung relevanter Prozessparameter wie Schmelzbaddynamik, Temperaturverteilungen, Partikelemissionen oder Geometrieabweichungen. Die Echtzeitauswertung der Bild- und Sensordaten erlaubt eine präzise Charakterisierung des Bearbeitungszustands sowie eine frühzeitige Detektion von Fehlern und Instabilitäten.

Die **Bildanalyse** erfolgt zunehmend auf Basis KI-gestützter Algorithmen, etwa durch den Einsatz von Convolutional Neural Networks (CNNs) zur Erkennung von Spritzern, Poren oder Nahtfehlern in Schweiß- und Schneidprozessen. Ebenso werden Deep-Learning-Methoden bei der Klassifikation von Prozesszuständen, der Vorhersage von Qualitätsmerkmalen (Predictive Quality) und der Anomaliedetektion angewandt. In der Folge kann eine datengetriebene Prozessregelung realisiert werden, die sich adaptiv an variable Randbedingungen anpasst und auch bei komplexen Bearbeitungsaufgaben eine robuste Steuerung gewährleistet.

Forschungsseitig steht insbesondere die Fusion heterogener Datensätze, beispielsweise aus Kamera-, Pyrometer- und Spektrometermessungen, im Fokus, um ein möglichst vollständiges digitales Abbild des Prozesses zu generieren. Diese multimodalen Datenstrukturen bilden die Grundlage für digitale Zwillinge, welche eine simulationsgestützte Vorhersage und Optimierung der Bearbeitungsqualität gestatten. In industriellen Umgebungen erlaubt der Einsatz von KI zudem eine kontinuierliche Prozessüberwachung mit reduzierten Anforderungen an menschliches Fachpersonal, was insbesondere im Hinblick auf die Skalierbarkeit und den Betrieb autonomer Lasersysteme von hoher Bedeutung ist.

15.1 Systemarchitektur automatisierter Lasersysteme

Die Architektur automatisierter Lasermaterialbearbeitungssysteme ist durch eine enge Verzahnung mechanischer, optischer, elektrischer und informationstechnischer Komponenten gekennzeichnet. Das Ziel besteht darin, eine hochpräzise, wiederholbare und prozesssichere Bearbeitung unter industriellen Bedingungen bei gleichzeitig hoher Flexibilität und Anpassbarkeit an unterschiedliche Fertigungsaufgaben zu gewährleisten. Die Grundlage hierfür bildet eine modulare, skalierbare Systemstruktur, die eine effiziente Kommunikation zwischen den Subsystemen sowie deren zentraler oder dezentraler Steuerung ermöglicht.

15.1.1 Aufbau automatisierter Bearbeitungszellen

Eine typische **automatisierte Bearbeitungszelle** für Lasermaterialbearbeitungsprozesse (z. B. Schweißen, Schneiden, Strukturieren oder Additive Manufacturing) besteht aus folgenden Hauptkomponenten (Bild 15.1):

- Laserstrahlquelle (Faser-, Dioden-, CO_2-, Scheiben- oder Ultrakurzpulslaser),
- Strahlführung und -formung (Scanner, F-Theta-Objektive, Kollimationsoptiken),
- Bearbeitungsoptik (Fest-, Zoomoptiken, adaptiv fokussierende Systeme),
- Werkstückpositionierung (CNC-Achsportale, Drehtische, Roboterarme),
- Materialhandling (Palettiersysteme, Fördertechnik, Greifersysteme),
- Schutzumhausung (Laserschutzklasse 1, Zugangssicherheit, Warnlampensystem),
- Sensorik und Messtechnik (für Position, Temperatur, Emission, Prozessvisualisierung etc.),
- Steuerungseinheit (SPS, IPC, Motion Controller),
- Benutzerschnittstelle (HMI, Touchpanel, Visualisierungssoftware).

Die räumliche Konfiguration hängt stark vom jeweiligen Anwendungsfall ab. Während beim Remote-Schweißen mit Scanneroptiken kompakte Zellen verwendet werden, erfordert die additive Fertigung im Pulverbett spezielle 3-Achs-Kinematiken und inerte Prozesskammern. Die mechanische Grundstruktur muss hierbei eine hohe Steifigkeit, thermische Stabilität und dynamische Genauigkeit aufweisen.

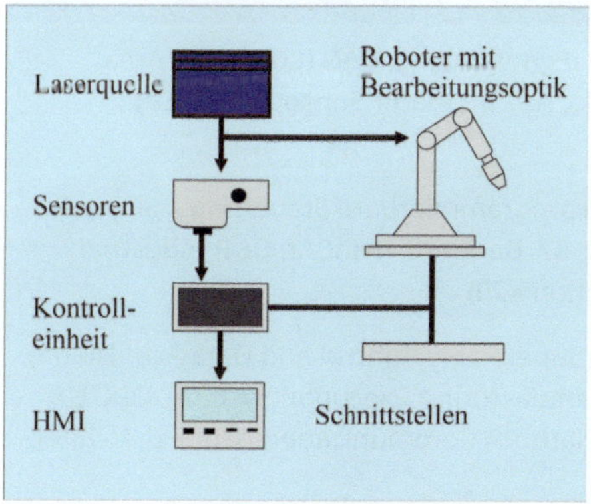

Bild 15.1
Schematische Darstellung einer automatisierten Laserbearbeitungszelle

15.1.2 Schnittstellen und Steuerungssysteme

Ein zentrales Element der **Systemarchitektur** ist die Steuerungs- und Kommunikationstechnik, welche die Interaktion aller Systemkomponenten sicherstellt. In modernen Anlagen erfolgt dies meist auf mehreren Ebenen (siehe Bild 15.2), die in Tabelle 15.1 beispielhaft für die LMB mit entsprechenden Aufgabenbereichen zusammengefasst sind.

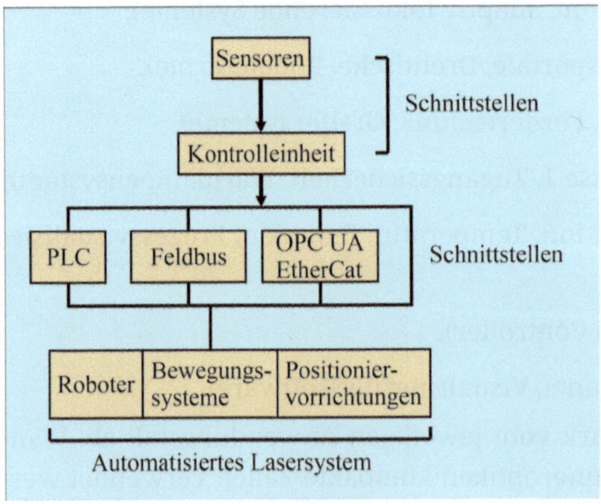

Bild 15.2 Modell der Kommunikationsebenen in einer automatisierten Laserbearbeitungszelle (Feldebene bis Cloud)

Tabelle 15.1 Systemarchitektur mit den einzelnen Ebenen der Steuerungs- und Kommunikationstechnik für LMB-Anlagen

Ebene	Typische Aufgaben	Technologien/Standards
Feldebene	Signalverarbeitung, IOs (Input/Output), Sensorik, Aktorik	IO-Link, digital/analog, CAN (Controller Area Network), AS-i (Actuator Sensor Interface)
Steuerungsebene	Ablaufsteuerung, Positionierung, Sicherheit	speicherprogrammierbare Steuerung – SPS (z. B. Siemens S7, Beckhoff TwinCAT, B&R Industrial Automation X20)
Leitebene	Visualisierung, Auftragssteuerung	SCADA (Supervisory Control and Data Acquisition), MES (Manufacturing Execution System), OPC UA (Open Platform Communications Unified Architecture)
Cloud/Edge	Datenanalyse, KI, Fernwartung	MQTT (Message Queuing Telemetry Transport), REST-API (Representational State Transfer Application Programming Interface), Edge-Gateways

Die **speicherprogrammierbare Steuerung (SPS)** bildet meist das Herzstück der Steuerungsebene. Sie übernimmt logische Verknüpfungen, Sequenzsteuerungen, Sicherheitsüberprüfungen und kommuniziert über Feldbusse wie PROFIBUS, PROFINET, EtherCAT oder CANopen mit Sensoren und Aktoren. Besonders EtherCAT zeichnet sich durch seine geringe Zykluszeit (< 1 ms) und hohe Deterministik aus und wird zunehmend in hochdynamischen Achssystemen eingesetzt.

Open Platform Communications – Unified Architecture (OPC UA) hat sich als standardisierte Kommunikationsschnittstelle zwischen Maschinen, Steuerungen und übergeordneten IT-Systemen etabliert. Die semantische Erweiterbarkeit (Companion Specifications) erlaubt z. B. die Integration laserprozessspezifischer Merkmale in Industrie-4.0-Umgebungen.

15.1.3 Integration von Robotik, Achssystemen, Positioniereinheiten und Handlingssystemen

Für die **automatisierte Werkstückhandhabung** und Strahlführung werden zunehmend industrierobuste Mehrachsensysteme eingesetzt. Je nach Anwendung sind folgende Varianten üblich:

- lineare CNC-Portale: hohe Genauigkeit bei planaren und räumlichen Prozessen (z. B. Schneiden),
- 6-achsige Industrieroboter: hohe Bewegungsfreiheit, ideal für 3D-Bearbeitung (Bild 15.3),
- Hybridkonzepte: Kombination aus Roboterarm und linearem Verfahrsystem,
- Galvanometerscanner und Z-Achse: für hochdynamische Mikro- und Makrobearbeitung mit kleineren Bearbeitungsfeldern.

Die **kinematische Steuerung** erfolgt entweder direkt roboterbasiert (z. B. KUKA, ABB mit integriertem Laserprozessmodul) oder über externe Bahnplanungssysteme mit synchronisierter Echtzeitkommunikation (z. B. über EtherCAT). Wichtige Anforderungen an Positioniersysteme sind Wiederholgenauigkeit (< ±10 µm), hohe Dynamik (Beschleunigung > 1 g) und thermische Stabilität.

Die Integration **automatisierter Handhabungssysteme** stellt einen zentralen Aspekt moderner Laserblechbearbeitungsanlagen dar und bildet die Grundlage für einen personalarmen oder sogar vollautomatisierten 24/7-Fertigungsbetrieb. Neben der präzisen Bewegung des Laserstrahls (z. B. durch Portalachsen oder Scanneroptiken) ist insbesondere die materialseitige Prozessperipherie von entscheidender Bedeutung, zu der Lagerhaltung, Zuführung, Positionierung, Ausschleusen und Sortieren zählen. Hersteller wie TRUMPF haben zu diesem Zweck **modulare Automatisierungsbaukästen** entwickelt, die flexibel an die jeweilige Maschinenkonfiguration und das Teilespektrum angepasst werden können.

In Bild 15.4 ist eine vollautomatische Be- und Entladestation für eine Laserstrahlschneidanlage mit Lageranbindung dargestellt.

Bild 15.3
Konfigurationsbeispiel: 6-Achs-Roboter mit Scanneroptik und koaxialer Prozessüberwachung in einer automatisierten Zelle, © TRUMPF Gruppe

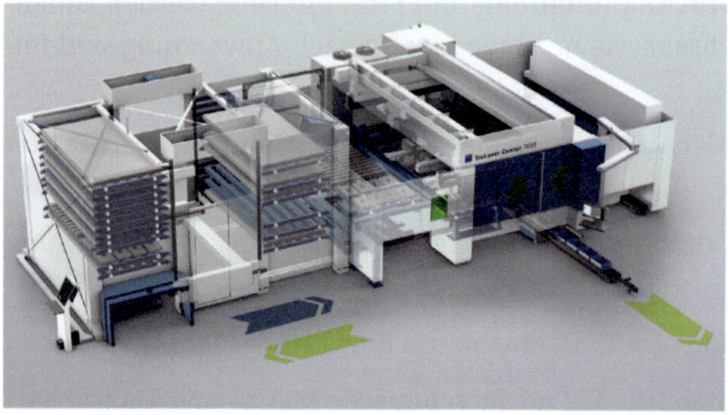

Bild 15.4
Topologie einer automatisierten Laserblechbearbeitungszelle (inkl. Lager, Zuführung, Schneidanlage, Ausschleusung und Sortierung), © TRUMPF Gruppe

Zentrale Ausgangsbasis für eine **automatisierte Fertigung** ist ein Blechlager, das Rohmaterial in Form von Tafeln (z. B. 1500 mm × 3000 mm) platzsparend und systemintegriert vorhält. Diese Lagersysteme (z. B. TRUMPF STOPA, TruStore) verfügen über automatische Regalbediengeräte, die Bleche auf Anforderung zur Maschine transportieren (Tabelle 15.2). Dabei erfolgt die Kommunikation zwischen Lager und Fertigungszelle über standardisierte Schnittstellen und Transportwagen.

Die Zuführung der Bleche aus dem Lager zur Maschine erfolgt meist über Vakuumsaugerportale oder Greiferbrücken, die die Bleche aus der Kassette entnehmen, vereinzeln (inkl. Separationshilfen bei Haftung) und auf den Schneidtisch der Lasermaterialbearbeitungsmaschine auflegen. Systeme wie LiftMaster, SheetMaster oder LoadMaster ermöglichen eine **vollautomatische Be- und Entladung** inklusive Zentrierung und Lagenverfolgung. Da diese Anlagen modular aufrüstbar sind, können sie z. B. durch Doppelsaugersysteme erweitert werden, um Schneidprozesse während der Beladung hauptzeitparallel durchzuführen (siehe Bild 15.5).

Tabelle 15.2 Funktionen automatisierter Blechlagersysteme

Funktion	Beschreibung
Lagerplatzverwaltung	FIFO (First in First out) / chaotische Lagerung mit SAP-/MES-Anbindung
Regalbediengerät (RBG)	automatisches Be- und Entladen der Lagerebenen
Systemintegration	Verbindung zu Laserstrahlschneidanlagen und Sortiersystemen
Bestandsverfolgung	digitales Materialtracking, Rückverfolgbarkeit

Nach dem Laserstrahlschneiden müssen die fertigen Zuschnitte sowie Restgitter automatisiert entnommen und getrennt ausgeschleust werden. Die hierfür eingesetzten Systeme bestehen typischerweise aus:

- Pick-and-Place-Portalen mit Greifertechnologie,
- Magnet- oder Vakuumplatten zur Teileentnahme,
- Ausschleusstationen mit Rutsche, Förderband oder Zwischenpuffer,
- Sortiereinheiten (z. B. SortMaster, SortMaster Box von TRUMPF).

Die Systeme erkennen die geschnittenen Bauteile über Kameras oder auftragsbezogene CAD-Daten und platzieren diese in definierte Behälter, in Kommissionierboxen oder auf Paletten. Für kleine Teile wird z. B. eine SortMaster Box mit Trennklappen zur automatischen Befüllung verwendet, womit sich der manuelle Sortieraufwand erheblich reduzieren lässt.

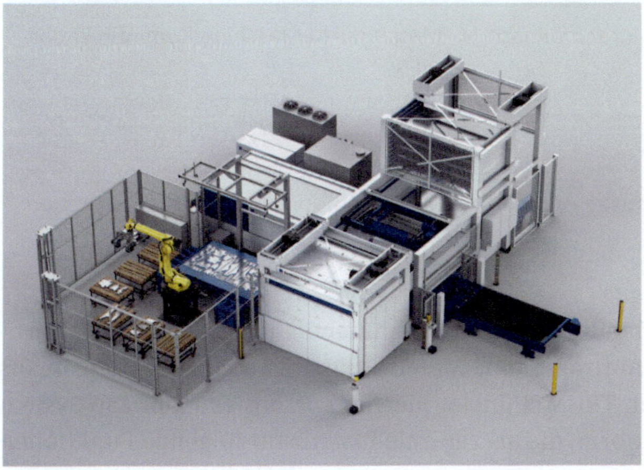

Bild 15.5
Darstellung einer durchgängigen Materiallogistik anhand einer automatisierten Laserbearbeitungszelle mit Beladesystem, Schneidmaschine, Ausschleusung und Sortiereinheit, © TRUMPF Gruppe

Siehe auch Videosequenzen „Automatisierung von LMB-Anlagen" und ergänzende Informationen auf *plus.hanser-fachbuch.de*.

15.1.4 Vernetzung und Ablaufsteuerung

Die effiziente Funktionsweise einer automatisierten Laserbearbeitungszelle hängt maßgeblich von der **intelligenten Vernetzung** aller beteiligten Subsysteme ab. Diese Funktionen reichen von der Lagertechnik über Handhabungseinheiten bis zur Lasermaterialbearbeitungsmaschine und Prozessüberwachung. Die zentrale Herausforderung liegt in der Synchronisierung der Abläufe und Datenflüsse über standardisierte Kommunikationsschnittstellen (Tabelle 15.3), sodass ein autonomer, adaptiver und reproduzierbarer Prozessablauf gewährleistet ist. Zur Ablaufsteuerung werden typischerweise SPS-basierte Steuerungen (z. B. Siemens S7, Beckhoff TwinCAT) in Kombination mit industriellen Kommunikationsprotokollen wie PROFINET, EtherCAT, CANopen oder zunehmend OPC UA eingesetzt. Die **Steuerung** übernimmt dabei Aufgaben wie:

- Koordination der Bewegungsabläufe zwischen Belader, Laserstrahlschneidanlage und Ausschleusung,
- Synchronisation von Sensorik, Sicherheitsüberwachung und Schnittdatenbereitstellung,
- Reaktion auf Fehler- oder Statusmeldungen (z. B. Blechstau, Vakuumverlust),
- Übergabe von Bearbeitungsaufträgen aus der Fertigungsleittechnik (MES).

Tabelle 15.3 Übersicht über relevante Kommunikationstechnologien in automatisierten Zellen

Protokoll	Eigenschaften	Einsatzbereiche
OPC UA	plattformunabhängig, semantisch orientiert	Maschine-zu-Maschine-Kommunikation, MES
EtherCAT	echtzeitfähig, deterministisch	Ansteuerung von Antrieben, Greifern, Achsen
PROFINET	ethernetbasiert, robust	SPS-Kommunikation, Sensorintegration
MQTT	Lightweight, pub/sub-basiert	Cloud-Anbindung, Zustandsmeldungen

Für eine ganzheitliche **Ablaufsteuerung** wird zunehmend eine übergeordnete Fertigungssoftware eingesetzt, die Auftragsdaten, Materialflüsse und Rückmeldungen aus der Fertigungszelle verarbeitet. TRUMPF bietet hierfür z. B. das TruTops-Fab-System an oder die neuere Oseon-Plattform, die als zentrale Instanz für folgende Funktionen dient:

- Auftragssteuerung: Übergabe von Schneidaufträgen mit Geometrie- und Materialdaten,

- Transportlogistik: Ansteuerung des Lagerregals und der Fördermittel,
- Zustandsüberwachung: Maschinenstatus, Fehlerprotokolle, Energieverbrauch,
- Traceability: Rückverfolgbarkeit von Werkstücken über Barcode- oder RFID-Systeme.

Dabei erfolgt der Datenaustausch über ERP-/MES-Schnittstellen (z. B. SAP BAPI, REST APIs) oder proprietäre Protokolle. Die Einbindung von Produktionsdaten in übergeordnete Leitsysteme ist essenziell für Industrie-4.0-konforme Architekturen (siehe Bild 15.6).

Beispielhafter **Datenfluss**

- ERP (z. B. SAP) übermittelt Fertigungsauftrag an MES,
- MES übergibt diesen an die Steuerung der Laserzelle (z. B. TruTops Fab → SPS),
- SPS/PLC aktiviert das Materialhandling (Blechlager, Greifersystem),
- automatische Rückmeldung nach der Bearbeitung inkl. Gut-/Ausschussteile, Zeiten und Störungen.

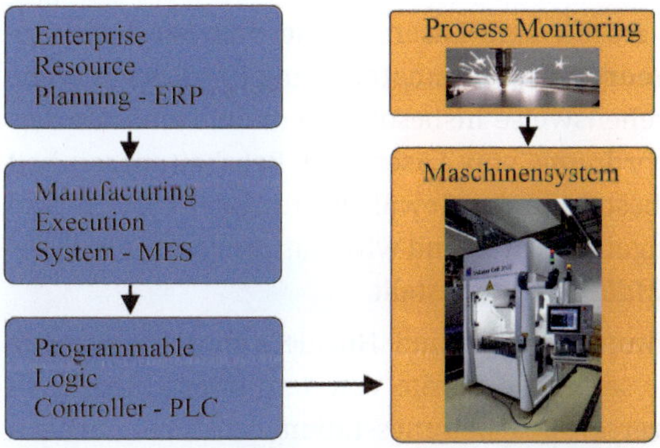

Bild 15.6 Blockdiagramm des digitalen Datenflusses in einer automatisierten Laserbearbeitungszelle: ERP → MES → SPS → Maschine → Prozessüberwachung mit Rückkopplung

Automatisierte Lasersysteme unterliegen strengen Anforderungen hinsichtlich Maschinensicherheit und Laserschutz.

Die wichtigsten Normenhinweise für die Maschinensicherheit sind auf *plus.hanser-fachbuch.de* bereitgestellt.

Zur Umsetzung sicherer Anlagenkonzepte werden häufig die nachfolgenden Komponenten und Systeme verwendet:

- zweikanalige Not-Aus-Kreise mit Diagnosefunktion,
- Zugangsüberwachung mittels Sicherheitsschalter, RFID-Systeme, Lichtgitter,

- sichere Bewegungsüberwachung (Safe Motion, z. B. STO, SS1, SLS gemäß EN 61800-5-2),
- Sicherheitssteuerungen mit zertifizierten Bibliotheken (z. B. Pilz PNOZ, Siemens Failsafe).

Zudem gewinnen **kollaborative Robotersysteme** an Bedeutung, bei denen Mensch und Maschine in gemeinsamen Arbeitsräumen agieren, z. B. Cobots. Im Gegensatz zu klassischen Industrierobotern sind Cobots so ausgelegt, dass sie ohne trennende Schutzeinrichtungen direkt mit dem Menschen interagieren können, hierfür ist die Einhaltung der Normen ISO 10218-1/-2 sowie ISO/TS 15066 unerlässlich. In der LMB kommen Cobots insbesondere bei Aufgaben wie dem flexiblen Be- und Entladen von Werkstücken, der Laserbeschriftung variierender Geometrien sowie beim Handling empfindlicher Komponenten zum Einsatz. Ihre integrierte Sensorik (Kraft-Momenten-Sensoren, Vision-Systeme) ermöglicht eine adaptive Prozessführung, etwa zur automatischen Justierung des Laserfokus und der Werkstückposition. Darüber hinaus lassen sich Cobots in bestehende Prozessketten einfach integrieren, bspw. über standardisierte Schnittstellen wie SPS-/Feldbussysteme. Durch ihre hohe Programmierfreundlichkeit und einfache Umrüstung eignen sie sich ideal für variantenreiche Kleinserienfertigung oder prototypische Anwendungen.

Oftmals besteht die Notwendigkeit, verschiedene Lasersysteme und Bearbeitungszentren zu vernetzten und eine **übergeordnete Systemsteuerung** für diese Aufgabe vorzusehen. Notwendig ist diese Vorgehensweise insbesondere dann, wenn die Systeme simultan arbeiten oder die Zuordnung von Laser und Bearbeitungseinheit wechseln soll. Eine wichtige Aufgabe besteht in der Gewährleistung der System- und Lasersicherheit für die gewählten Anlagen. Nachfolgend wird das Beispiel einer übergeordneten Systemsteuerung gemäß /*Müll2019*/ vorgestellt.

Die komplexe Umgebung für Bearbeitungszentren und Hochleistungslasersysteme erfordert eine zentrale Steuerung, die sämtliche Geräte von den unterschiedlichen Laserstrahlquellen bis hin zu den diversen Bearbeitungsstationen flexibel vernetzt und sicher abbildet. Ziel des Gesamtkonzepts ist es, die manuell ausgeführten Relaiskaskaden, die zur Verknüpfung der einzelnen Anlagen genutzt werden, durch eine automatisierte, digitale übergeordnete Steuerung zu ersetzen. Diese **Systemsteuerung** basiert auf einer SPS der Firma B&R, deren Programmierung in der firmeneigenen Entwicklungsumgebung Automation Studio realisiert wurde.

Die Vernetzung erfolgt über die parallele Verschaltung digitaler Ein- und Ausgänge, um die unterschiedlichen Signalformen der Einzelanlagen zu berücksichtigen. Aufgrund der heterogenen Kommunikation, bei der sowohl analoge als auch digitale Signale verarbeitet werden müssen, wurde ein modulares Konzept gewählt, das sich an den Anforderungen der Lasersicherheit orientiert. Hierbei kommen Sicherheitsschaltgeräte der Kategorie 4 nach EN ISO 13849 zum Einsatz, um im Fehlerfall eine sofortige Abschaltung der Laserstrahlung zu gewährleisten. Ein zentrales Element der Vernetzung ist die Verwendung von standardisierten Feldbussystemen, welche einen homogenen Informationsfluss über alle Steuerungsebenen von der Feldebene bis zur Bedienoberfläche ermöglichen.

In Bild 15.7 ist die **Systemarchitektur** der übergeordneten Systemsteuerung dargestellt.

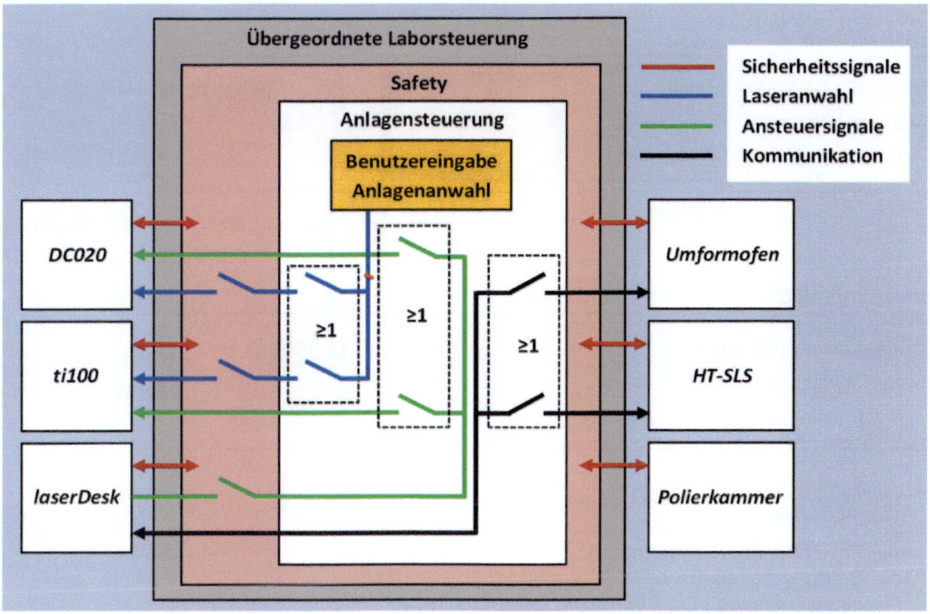

Bild 15.7 Gesamtkonzept der Systemsteuerung in Ebenendarstellung */Müll2019/*

Diese schematische Darstellung zeigt die zentrale B&R-SPS, die über digitale I/O-Module mit den einzelnen Bearbeitungszentren wie z. B. CNC-Flachbettanlage, Polierkammer, Laserstrahlumformofen und HT-SLS-Anlage (Hochtemperatur-Selektive-Lasersinteranlage) verbunden ist.

Im betrachteten Automatisierungssystem in Bild 15.7 ist eine **Sicherheitssteuerung (Safety-CPU)** zusätzlich zur Standard-SPS integriert. Beide Steuerungseinheiten operieren parallel und sind ausschließlich über den herstellerspezifischen Systembus POWERLINK miteinander verbunden. Während die Safety-CPU sämtliche sicherheitsrelevanten Funktionen wie Not-Aus, Zustandsüberwachung und sichere Zustandsübergänge übernimmt, werden alle nicht sicherheitskritischen und weniger vordringlichen Prozesse über die Standard-SPS abgearbeitet. Diese funktionale Trennung gewährleistet die Einhaltung einschlägiger Sicherheitsnormen (z. B. EN ISO 13849-1 bzw. IEC 61508) und gestattet eine deterministische Ausführung sicherheitsrelevanter Logiken gemäß Performance-Level- oder SIL-(Safety Integrity Level)-Anforderungen.

Neben der SPS ist auch das Touchpanel als Benutzeroberfläche integriert, welches den aktuellen Anlagenzustand visualisiert und Benutzereingaben steuert. Im Bereich der Ablaufsteuerung übernimmt die übergeordnete Steuerung nicht nur die reine Verknüpfung der einzelnen Anlagen, sondern auch die intelligente Logik zur Auswahl zulässiger Anlagenkonstellationen. Hierzu werden im Hintergrund sämtliche Schaltzustände zyklisch überprüft und mögliche Konfigurationen anhand der aktuellen Anlagenbelegung sowie des systeminternen Sicherheitsstatus ermittelt.

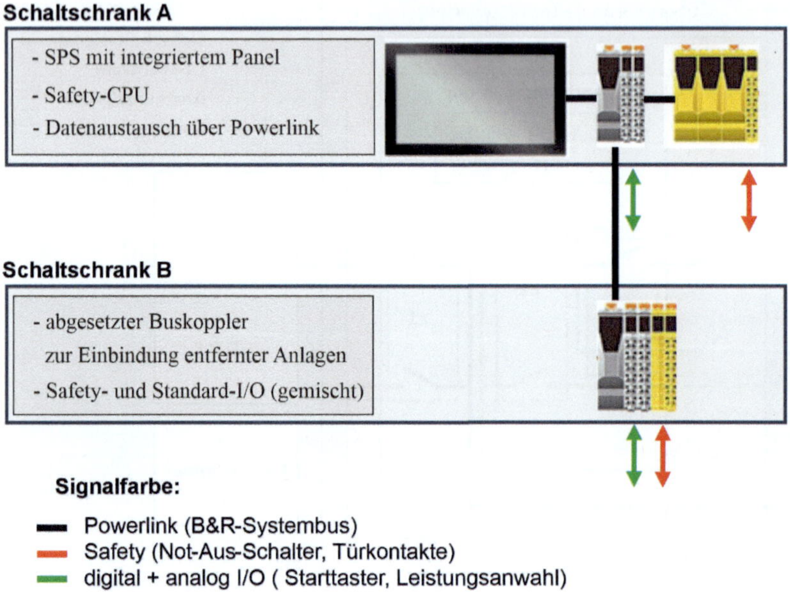

Bild 15.8 Struktur eines hybriden Automatisierungssystems mit Safety-CPU und Standard-SPS, verbunden über den POWERLINK-Systembus */Müll2019/*

Dem Bediener werden nur solche Anlagenkombinationen zur Verfügung gestellt, die sowohl betrieblich als auch sicherheitstechnisch zulässig sind, um die manuellen Umschaltprozesse signifikant zu reduzieren. Ein integriertes Fehler- und Ereignislog sorgt zudem dafür, dass Unregelmäßigkeiten sofort erkannt und dem Bediener über das **Human-Machine-Interface (HMI)** signalisiert werden.

Das Diagramm in Bild 15.9 veranschaulicht den Datenfluss von der Erfassung der aktuellen Anlagenzustände (z. B. über Sensoren und digitale I/O-Signale) bis hin zur Entscheidungsfindung in der SPS am Beispiel der HT-SLS-Anlage gemäß dem EVA-Prinzip (Eingabe – Verarbeitung – Ausgabe). Nach der Überprüfung werden zulässige Anlagenkonstellationen visualisiert und eventuelle Fehlbedienungen durch logische Konsistenzprüfungen blockiert. Diese Rückkopplungsschleife gewährleistet eine sichere und fehlerresistente Steuerung.

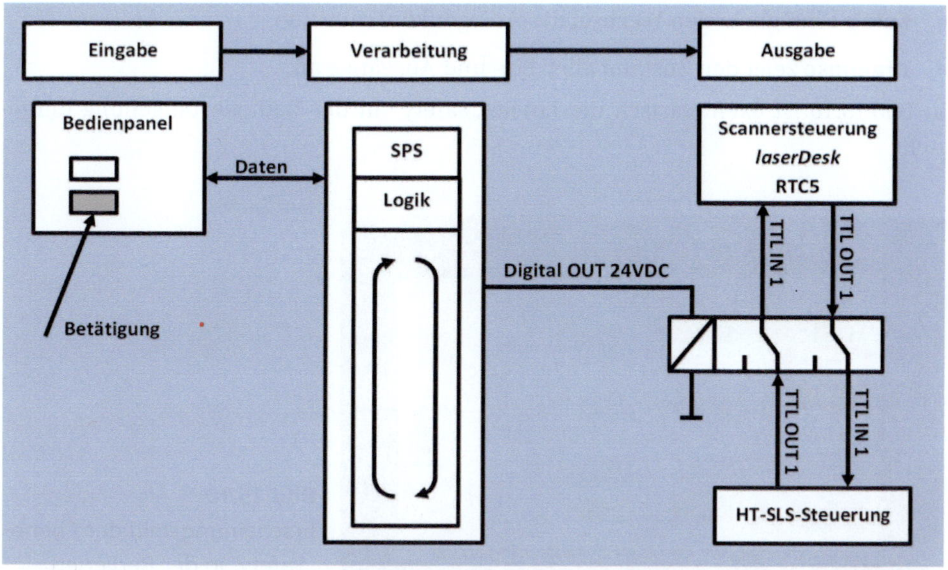

Bild 15.9 Ablaufdiagramm der Anlagenanwahl und Zustandsüberwachung */Müll2019/*

Ein besonderer Schwerpunkt liegt dabei auf der sicheren Synchronisation zeitkritischer Signale. Während zeitunkritische Steuerungsfunktionen über die SPS realisiert werden, übernimmt die CNC-Steuerung, die in direktem Austausch mit der Lasersteuerung steht, die Erzeugung von präzisen Auslösesignalen für den Laserstrahl. Die Schnittstelle zwischen diesen Systemen wird über einen gemeinsamen Koppelspeicher realisiert, sodass eine nahtlose Kommunikation gewährleistet ist. Die hier dargestellte Kombination von SPS, CNC und HMI ermöglicht es, nicht nur den Betrieb der Anlagen zu koordinieren, sondern auch den gesamten Prozessablauf in Echtzeit zu überwachen und gegebenenfalls anzupassen.

Die **Visualisierungsansicht** wird in mehrere Ebenen bedienerfreundlich unterteilt. In der untersten Bildebene werden wiederkehrende Bildinformationen wie die Anzeige eines Meldungsfensters zum Not-Halt-Zustand der Steuerung erstellt, die als Hintergrund für alle folgenden Ebenen dienen. Während die zweite Ebene die Elemente zur Anwahl der einzelnen Bildebenen darstellt, alterniert die letzte Ebene zwischen vier Erscheinungsvarianten, wobei jede für sich eine separat erzeugte Bildebene repräsentiert. Auf diesen Ebenen, zwischen denen durch Betätigung einer Anwahltaste gewechselt werden kann, sind die Grundelemente zur Interaktion mit dem Benutzer vorgesehen. Die jeweils aktive Ebene wird durch verschiedenfarbige Anzeigen hervorgehoben. Folgende Benutzerebenen werden zur Auswahl gestellt */Müll2019/*:

- **Home** zeigt die aktuelle Anlagenkonfiguration und beinhaltet u. a. die Shutter-Taste,
- **Safety** gibt Informationen zu den Sicherheitskreisen und dem Laser,

- **Setup** ermöglicht den Wechsel der Anlagenkonfiguration,
- **Diagnose** zeigt den Zustand aller Ein- und Ausgänge an.

In Bild 15.10 ist exemplarisch die Ebene „Safety“ in der Bedienerumgebung dargestellt.

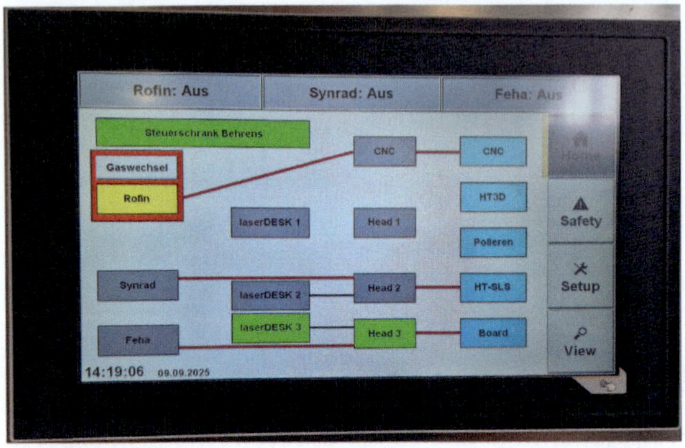

Bild 15.10 Erscheinungsbild der Ebene „Safety“ in der Bedienerumgebung

15.2 Sensorintegration und Prozessüberwachung

Qualität, Effizienz und Prozesssicherheit in der Lasermaterialbearbeitung sind maßgeblich von der Integration geeigneter **Sensorik und Prozessüberwachungssysteme** abhängig. Sensoren fungieren als Schnittstelle zwischen den physikalischen Prozesszuständen sowie der digitalen Steuerungstechnik und ermöglichen sowohl die prozessnahe Echtzeitüberwachung als auch die adaptive Regelung der Bearbeitungsparameter.

15.2.1 Ziele und Anforderungen

In Bezug auf die Integration von Sensorik und Prozessüberwachungssystemen in der Lasermaterialbearbeitung ist ein deutlicher Trend hin zu Inline-Messsystemen für eine Echtzeitüberwachung erkennbar. Diese Entwicklung ist insbesondere im Kontext von Industrie-4.0-Strategien relevant.

Zentrale Ziele der **Sensorintegration** sind:

- Fehlervermeidung und -früherkennung (z. B. Plasmasensorik beim Schneiden, Keyhole-Kollaps beim Schweißen),
- Qualitätssicherung (z. B. Erkennung von Poren, Rissen oder Spritzern),

- Prozessregelung (z. B. Strahlfokuslage, Einschweißtiefe, Vorschubregelung),
- Rückverfolgbarkeit/Traceability in vernetzten Fertigungslinien.

Sensoren müssen robuste Messungen unter extremen Bedingungen wie bspw. bei hohen Temperaturen, elektromagnetischen Einflüssen, Strahlungsbelastung und dynamischen Prozessänderungen gewährleisten.

15.2.2 Sensorprinzipien in der Lasermaterialbearbeitung

Für die prozessnahe Erfassung relevanter physikalischer Größen in der Lasermaterialbearbeitung steht eine Vielzahl von **Sensorprinzipien** zur Verfügung. Die Auswahl des geeigneten Sensorsystems hängt dabei vom Bearbeitungsverfahren (z. B. Schweißen, Schneiden, Strukturieren), dem zugrundeliegenden physikalischen Prinzip (z. B. Emission, Temperatur, Geometrie) sowie von den Zielgrößen der Überwachung (z. B. Qualität, Stabilität, Tiefe, Fokus) ab. Moderne Systeme kombinieren häufig mehrere Sensorarten zu sogenannten Multisensorsystemen, um robuste und redundante Prozessinformationen zu gewinnen. Auch die Integration in den Strahlengang, beispielsweise koaxial über dichroitische Spiegel oder peripher über Bypässe, spielt eine entscheidende Rolle für die Messstrategie. Die Tabelle 15.4 gibt einen systematischen Überblick über die in der industriellen Praxis gängigen Sensorprinzipien, deren Messgrößen und typische Einsatzbeispiele.

Tabelle 15.4 Überblick typischer Sensorsysteme und Messprinzipien

Sensorprinzip	Messgröße/Anwendung	Einsatzbeispiel
Pyrometer/IR-Kamera	Temperaturverlauf, Wärmeeintrag	Schmelzbadkontrolle beim Laserstrahlschweißen
Photodioden (VIS – NIR)	Emission aus der Prozesszone (Plasma, Lichtbogen)	Laserstrahlschneiden, -schweißen, -bohren
OCT (Optische Kohärenztomografie)	Tiefenmessung, Sub-Surface-Qualitätsprüfung	Einschweißtiefe, Substratinspektion
CCD-/CMOS-Kamera	Visualisierung, Koaxialbildgebung	koaxiale Prozessüberwachung (z. B. Trumpf VisionLine)
Akustiksensorik	Körperschall/Luftschallanalyse bei Bearbeitungsprozessen	Schweißbadinstabilitäten, Plasmaspannung
Kapazitive/induktive Sensoren	Positionsüberwachung, Materialerkennung	automatisierte Handhabung
Lasertriangulation	Fokuslagenkontrolle, Abstandsmessung	Abstandsregelung bei Scannerbearbeitung

15.2.3 Integration in den Prozess

Die Sensorik kann koaxial (z. B. durch die Scanneroptik), paraxial oder extern integriert werden. Bei modernen Systemen wie Trumpf VisionLine, Highnoon, Precitec IDM oder MeltPool-Monitoring von EOS werden **Sensorikmodule** direkt mit der Bearbeitungseinheit gekoppelt.

Die Vorteile einer koaxialen Integration sind:

- Beobachtung der Bearbeitungszone unabhängig von der Bearbeitungsrichtung,
- kompakte Bauweise,
- automatisierte Kalibrierung möglich.

In Bild 15.11 ist das Beispiel einer koaxial integrierten Prozessüberwachungseinheit an einem Scannersystem mit Lichtführung zur Kamera und zur Photodiode sowie zum **Optical-Coherence-Tomography-(OCT)-System** schematisch dargestellt. */Trumpf2025/*

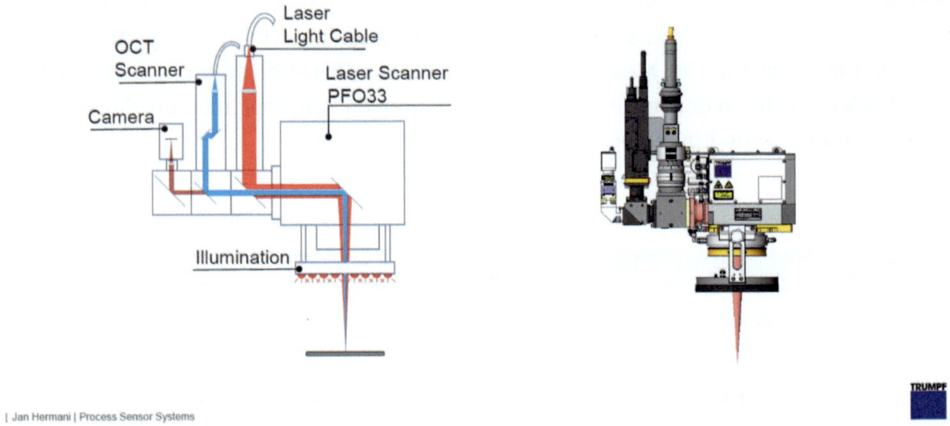

a) b)

Bild 15.11 Strahlengang Scanner mit Kamera- und OCT-System. a) optischer Strahlengang, b) Scanneroptik mit Prozessüberwachungssystemen, © TRUMPF Gruppe

Das in Bild 15.11 dargestellte **OCT-System** findet im Laserstrahlschweißprozess zunehmend Anwendung als In-situ-Messtechnik zur Echtzeitüberwachung der Schweißnahtqualität und basiert auf dem Prinzip der interferometrischen Detektion von Licht, wobei ein breites Spektrum zur Erzeugung hochauflösender, dreidimensionaler Schnittbilder der Schweißzone verwendet wird. Das OCT-System sendet infrarotes kohärentes Licht in die Schweißnaht, wo es an den Grenzflächen (z. B. Schmelzbad, Keyhole, feste Phasenübergänge) reflektiert wird. Durch den Vergleich der Referenz- und Rückstreulichtstrahlen entsteht ein Interferenzmuster, das mittels Fourier-Transformation in ein Tiefenprofil umgewandelt wird. Das Keyhole (Dampfkapillare), das sich während des Schweißprozesses bildet, wird dabei präzise vermessen und Messparameter wie Keyhole-Tiefe, -Breite, Dynamik des Schmelzbades sowie temporäre Veränderungen in der Keyhole-Geometrie können somit bestimmt werden. Typische Messgrößen umfassen:

- **Keyhole-Tiefe und -Breite:** Diese Parameter geben Aufschluss über die Energieeinbringung und das Materialschmelzverhalten.
- **Oberflächenrauheit und Schmelzbaddynamik:** Veränderungen können Indikatoren für instabile Schweißbedingungen sein.
- **Zeitliche Auflösung:** Durch hochfrequente Datenerfassung lassen sich transient auftretende Störungen wie z. B. Keyholeschließen detektieren.

Die Echtzeitmessung ermöglicht durch kontinuierliche Überwachung während des Schweißprozesses die Übermittlung der Rückkopplungssignale an das Regelungssystem, um Abweichungen in der Keyhole-Geometrie wie eine unregelmäßige Keyhole-Form oder plötzliche Änderungen in der Tiefe sofort erkennen und durch adaptive Regelungen (etwa Anpassung der Laserleistung oder Vorschubgeschwindigkeit) korrigieren zu können. Diese direkte Qualitätskontrolle gewährleistet eine optimierte Schweißnaht und minimiert Defekte wie Porositäten oder unzureichende Nahtdurchdringung.

In Kombination mit weiteren Sensordaten (z. B. thermografische Messungen) bildet das OCT-System ein robustes Monitoring, das die Prozessstabilität und -sicherheit signifikant erhöht. Der Einsatz eines OCT-Systems beim Laserstrahlschweißen bietet einen datenbasierten Ansatz zur Echtzeitüberwachung, bei dem durch präzise Messungen der Keyhole-Parameter eine Qualitätskontrolle über eine segmentierte Datenauswertung erreicht werden kann. */Trumpf2025/*

In */EMuPro2025/* wird ein innovativer Ansatz verfolgt, der sowohl Umgebungs- als auch Maschinenparameter simultan aufnimmt, um die Prozesse in der laserstrahlbasierten Auftragsschweißung umfassend zu überwachen. Das Ziel besteht darin, durch die Fusion von **Multisensordaten** ein detailliertes Bild der Einflussgrößen zu gewinnen, die die Schweißnahtqualität und damit die Endproduktqualität beeinflussen. Das Konzept sieht vor, dass das **Multisensorsystem** aus bis zu zehn Sensorknoten besteht, wobei jeder Knoten mit zehn verschiedenen Sensoren ausgestattet ist. Zu den Messgrößen gehören u. a. Temperatur, Luftdruck, Luftfeuchtigkeit, Luftqualität, CO_2-Gehalt, flüchtige organische Verbindungen, Lichtintensität, Beschleunigung, Drehbewegung und Magnetfeldänderungen. Diese Sensoren sind in robusten, staub- und erschütterungsresistenten Gehäusen untergebracht, die speziell für den Einsatz in rauen Produktionsumgebungen konzipiert wurden. Die drahtlose Datenübertragung, die über Technologien wie LoRaWAN oder ZigBee realisiert wird, gewährleistet eine stabile und weitreichende Kommunikation innerhalb der Fertigungsstätte. Auf diese Weise können die erfassten Daten in Echtzeit in eine zentrale Datenbank überführt und dort für die weitere Analyse bereitgestellt werden. Im Laserstrahlauftragsschweißprozess ist es entscheidend, nicht nur die rein mechanischen und thermischen Parameter zu überwachen, sondern auch die Umgebungsbedingungen, die den Schweißprozess indirekt beeinflussen. So kann eine erhöhte Luftfeuchtigkeit beispielsweise zu veränderter Materialabsorption führen, während Temperatur- und Luftdruckschwankungen die Gasströmungen beeinflussen, die wiederum die Schweißnahtbildung modulieren. Durch die kontinuierliche Erfassung dieser Einflussgrößen können kritische Zustände wie etwa abnormale Temperaturspitzen oder ungewöhnliche Schwankungen in der Luftqualität frühzeitig erkannt und als Rückkopplungssignal an die Prozessregelung übermittelt werden. Dadurch ist es möglich, Prozessparameter wie Laserleistung, Vorschubgeschwindigkeit oder Schutzgaszufuhr adaptiv anzupassen und so eine stabile Schweißnahtqualität zu gewährleisten. */EMuPro2025/*

In Bild 15.12 ist eine Roboterzelle zum Laserstrahlauftragsschweißen mit einer Pulverfördereinheit sowie verschiedenen Sensorknoten dargestellt.

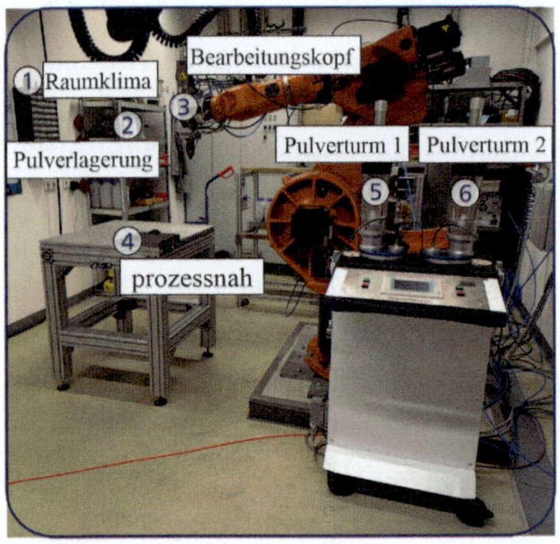

Bild 15.12
Roboterzelle zum Laserstrahlauftragsschweißen mit gewählten Sensormessstellen 1 – 6 zur Erfassung prozessrelevanter Parameter */EMuPro2025/*

Mit der Sensorüberwachung aus Bild 15.12 wurde ein dreilagiger Materialauftrag mit Border (2x senkrecht zu Infill und 14 Infillspuren) durchgeführt. Die Schweißbahnführung erfolgte unidirektional mit einer Drehung der Schweißkontur um 90 Grad je Lage mit einer programmierten Kantenlänge von 30 mm (Bild 15.13). Die in Diagramm dargestellten Kurvenverläufe zeigen den Druck im Pulverturm 1, das detektierte Lichtsignal am Bearbeitungskopf sowie die ACC-Signale der Achsbeschleunigungen der Roboterbewegung, kartesisch ermittelt.

Durch die Kombination von multisensorischer Datenerfassung und KI-gestützter Datenanalyse kann ein umfassendes Verständnis der Einflüsse auf den Laserstrahlauftragsschweißprozess erlangt werden. Dies führt nicht nur zu einer Optimierung der Prozessstabilität und einer Erhöhung der Produktqualität, sondern ermöglicht auch eine ressourcenschonende und nachhaltige Produktion.

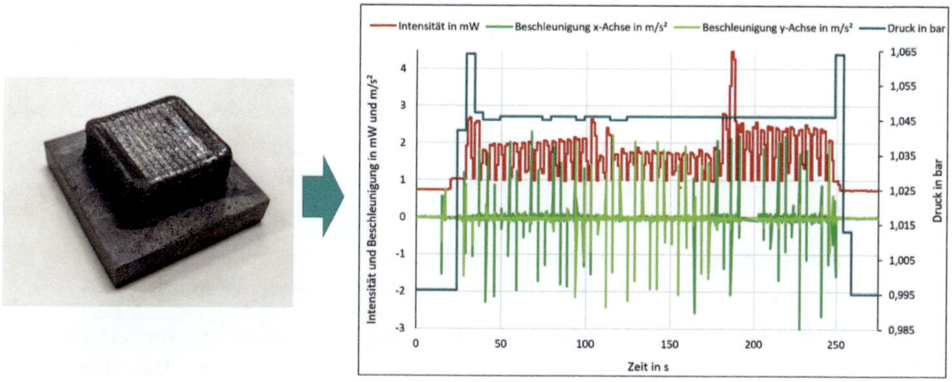

a) b)

Bild 15.13 Prozessüberwachung zum Erkennen von Fehlermeldungen/Ausfällen der drei systemtechnischen Komponenten Laserintensität, Beschleunigung der Achsbewegung und Förderdruck des Pulvers */EMuPro2025/*. a) aufgetragenes Bauteil, b) Kurvenverläufe des Druckes im Pulverturm 1, des detektierten Lichtsignales am Bearbeitungskopf sowie der ACC-Signale der Achsbeschleunigungen der Roboterbewegung über das aufgenommene Zeitintervall

15.2.4 Datenanalyse und KI-basierte Prozessüberwachung

Die zunehmende Integration mehrkanaliger Sensordatenerfassung eröffnet neue Potenziale für Machine-Learning-Methoden zur Prozessüberwachung und ersetzt dabei die klassische Schwellwertüberwachung durch datengestützte Klassifikation und Anomalieerkennung.

Folgende typische Verfahren werden aktuell zur **KI-basierten Prozessüberwachung** angewandt:

- **Überwachtes Lernen:** Klassifikation von Gut-/Schlecht-Teilen basierend auf Labeldaten,
- **Nichtüberwachtes Lernen:** Clustering und Anomalieerkennung, z. B. bei unbekannten Störungen,
- **Reinforcement Learning:** Echtzeitregelung zur Optimierung von Laserpulsen oder Scannermustern.

Nachstehend sind Beispiele für KI-basierte Prozessanalysen für **Machine-Learning-(ML)-Verfahren** angeführt.

Beispiele für KI-basierte Prozessanalyse

ML-Verfahren	Anwendung	Vorteile
CNN (Convolutional Neural Network)	Analyse von Kamerabildern (z. B. Schmelzbadform)	automatisierte Gut-/Schlecht-Erkennung
Random Forest	Klassifikation von Prozesssignalen	robust gegen verrauschte Sensorikdaten
Autoencoder/ PCA	Anomalieerkennung in Multi-Signal-Setups	Frühwarnsystem bei sich anbahnenden Defekten
LSTM (Recurrent Network)	Zeitreihenanalyse (z. B. Signale während Schweißsequenz)	Prädiktion von Fehlern/dynamische Modellierung

15.2.5 Prozessrückkopplung und Regelung

Ein zukunftsweisendes Ziel ist die Etablierung von **geschlossenen Regelkreise**n der Lasermaterialbearbeitung basierend auf Sensordaten. Aktuelle Beispiele hierfür sind:

- **Echtzeitregelung der Laserleistung** in Abhängigkeit von der Prozessemission (z. B. für gleichmäßige Schweißnähte),
- **adaptive Fokusverstellung** beim Schneiden/Tiefschweißen mit variierender Blechdicke,
- **automatische Ausschleusung** von defekten Werkstücken auf Grundlage der Analyse.

In Bild 15.14 ist der Ablauf eines geschlossenen Regelkreises mit Ist-Soll-Vergleich, Sensorinput, Regler, Aktorik und Prozessanpassung dargestellt.

Die Herausforderungen der Sensorintegration in Prozesse der LMB und die Auswertung der gewonnenen Prozessdaten liegen insbesondere in der:

- Robustheit der Sensorik in industrieller Umgebung,
- Standardisierung von Schnittstellen (z. B. OPC UA Companion Specifications für Lasersysteme),
- Verarbeitung großer Datenmengen (Edge-Computing, FPGA (Field Programmable Gate Array)-basierte Signalvorverarbeitung),
- Interpretierbarkeit von KI-Ergebnissen zur Prozessfreigabe.

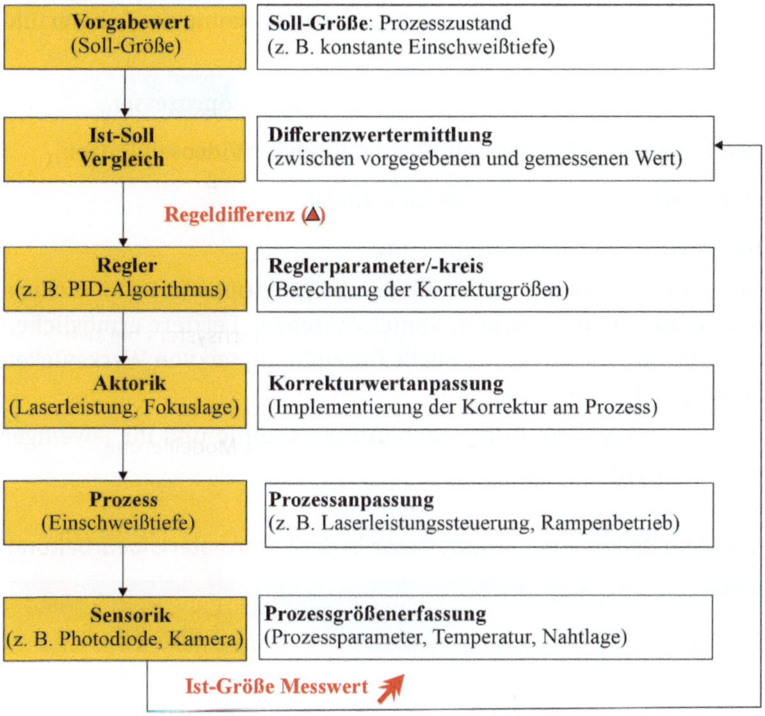

Bild 15.14 Regelkreis mit Sensorrückkopplung zur adaptiven Prozesssteuerung

Zukünftige Entwicklungen fokussieren auf intelligente Sensorik mit integrierter Vorverarbeitung, autonome Kalibrierung sowie semantische Datenanreicherung zur digitalen Qualitätssicherung.

15.3 Bildverarbeitung und KI-basierte Diagnostik

Die **optische Bildverarbeitung** gewinnt in der Lasermaterialbearbeitung zunehmend an Bedeutung, sowohl zur präzisen Bauteillokalisierung und Bahnplanung im Vorfeld der Bearbeitung als auch zur Inline-Diagnostik des laufenden Prozesses. In Verbindung mit modernen Verfahren der künstlichen Intelligenz (KI) entstehen daraus leistungsfähige Systeme zur **automatisierten Fehlererkennung**, Qualitätsbewertung und prozessadaptiven Regelung.

Im Gegensatz zu rein signalbasierten Sensorprinzipien liefert die Bildverarbeitung detaillierte räumliche Informationen über Strukturen, Konturen, Intensitätsverteilungen und thermische Dynamiken, die sich algorithmisch auswerten oder über trainierte Deep-Learning-Modelle klassifizieren lassen. Typische Einsatzbereiche der **Bildverarbeitung** sind u. a.:

- Bauteilpositionserkennung (z. B. Lageerfassung im 2D-/3D-Raum zur Roboterführung),
- Nahtverfolgung und Bahnkorrektur bei Schweiß- und Schneidprozessen,
- Schmelzbad- und Keyhole-Analyse mittels hochauflösender Videosequenzen,
- Detektion von Spritzern, Poren oder Rissen in Echtzeit,
- Analyse der Fokuslage und Strahlpositionierung.

Die Systeme arbeiten entweder koaxial durch die Bearbeitungsoptik (z. B. mit dichroitischem Spiegel) oder paraxial mit separaten Kamerasystemen. Letztere ermöglichen größere Blickwinkel und können auch für visuelle Gesamtanalysen von Werkstücken nach der Bearbeitung eingesetzt werden.

In der Tabelle 15.5 sind ausgewählte **Bildverarbeitungssysteme** und ihr jeweiliger Anwendungsbereich gegenübergestellt.

Tabelle 15.5 Ausgewählte Bildverarbeitungssysteme in der Lasermaterialbearbeitung

System	Sensorik/Aufbau	Typische Anwendungen	Besonderheiten
Trumpf VisionLine	koaxiale Kameraoptik über Bearbeitungslinse	Bauteillokalisierung, Nahtverfolgung	integriert in Scanneroptiken, Echtzeitkorrektur möglich
SmartRay LaserVision	3D-Profilkamera, triangulativ	Nahtführung beim Laserstrahlschweißen	Kombination aus Höhenprofil und Bildverarbeitung
Precitec WeldMaster	mehrkanalige Inline-Bild- und Sensorsysteme	Echtzeitüberwachung von Schweißprozessen	kombiniert Kamera, Photodiode und KI-Auswertung
Forschungssysteme	Hochgeschwindigkeitskameras, IR-Kameras, SWIR	Schmelzbad- und Plasmaprozessanalyse	Erzeugung von Trainingsdatensätze für KI-Anwendungen

Mit wachsender Rechenleistung und Verfügbarkeit von **Annotierungsdaten**, denen ergänzende, meist manuell oder automatisch erzeugte Metainformationen (sogenannte Labels) zugeordnet werden, kommen zunehmend **Deep-Learning-Verfahren** in der Prozessüberwachung zum Einsatz. Die Labels können beispielsweise spezifische Merkmale von Bearbeitungsprozessen, Qualitätsindikatoren, Fehlerzuständen oder Prozessparametern (wie Keyhole-Geometrie bei Schweißprozessen) kennzeichnen. Solche annotierten Datensätze dienen vor allem als Trainingsgrundlage für das überwachte maschinelle Lernen, um automatisierte Qualitätsüberwachung und Prozessoptimierung zu realisieren.

Besonders geeignet sind **Convolutional Neural Networks (CNNs)** zur Mustererkennung in Bildern und Videostreams. Dabei können bereits geringfügige Abweichungen in der Schmelzbadform, der Plasmaverteilung oder der Reflexion systematisch als Prozessanomalien klassifiziert werden.

Typische Abläufe der Bildverarbeitung und der **KI-basierten Diagnostik** beinhalten:

- Bilddatenerfassung über RGB-/IR-/SWIR-Kameras,
- Preprocessing (Kontrastanpassung, Segmentierung, Filterung),
- Featureextraktion oder End-to-End-Lernen (z. B. mit ResNet, EfficientNet),
- Klassifikation oder Regression (z. B. Einschweißtiefe, Defektarten),
- Echtzeitausgabe mit Ampelsystem oder Schaltimpulsen.

Die Kombination aus hochauflösender Bildverarbeitung und KI-basierter Analytik eröffnet neue Wege zur **vollautomatischen Prozesskontrolle** (Bild 15.15). Die Herausforderungen bestehen insbesondere in der Domänenadaptierbarkeit (Robustheit gegenüber wechselnden Materialien und Geometrien), der Echtzeitfähigkeit der Algorithmen und der Interpretierbarkeit der Entscheidungen (Explainable oder erklärbare KI). Zukünftige Entwicklungen konzentrieren sich auf Edge-KI mit FPGAs, selbstkalibrierende Kamerasysteme sowie domänenspezifische neuronale Netze für die Laserprozesstechnik. /*Trumpf2025*/

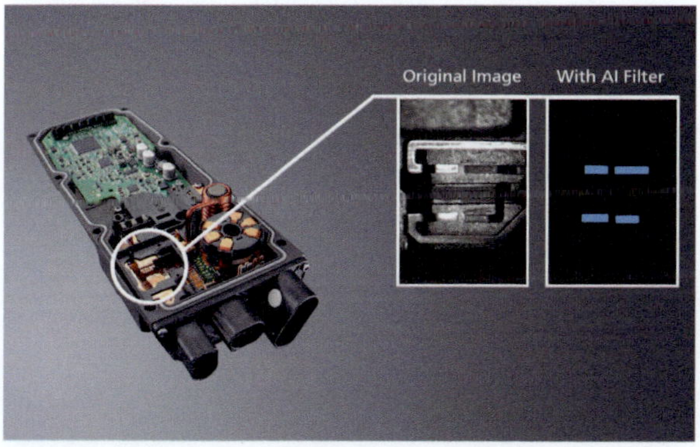

a) b) c)

Bild 15.15 Beispiel für ein KI-basiertes Diagnosesystem © TRUMPF Gruppe.
a) Ansicht des Steuergerätes, b) Kamerabild mit erkannter Naht, c) KI-basiertes Erkennungssystem; Heatmap des CNN mit Klassifikations-Score überlagert

15.4 Digitalisierung und datengetriebene Prozessoptimierung

Die zunehmende Digitalisierung der industriellen Fertigung, auch als Industrie 4.0 bezeichnet, hat tiefgreifende Auswirkungen auf die Lasermaterialbearbeitung. Neben der klassischen Automatisierung rückt dabei die **datengetriebene Prozessführung bzw. -optimierung** in den Vordergrund. Ziel dieser Bestrebungen ist die kontinuierliche Verbesserung der Produkt- und Prozessqualität auf Basis großer Datenmengen (Big Data), vernetzter Systeme und intelligenter Auswertungstechniken.

Ein **digital vernetztes Lasersystem** besteht i. d. R. aus einer Vielzahl von Sensoren, Aktoren, Steuerungen und Peripheriesystemen, die über einheitliche Schnittstellen (z. B. OPC UA, MQTT) miteinander kommunizieren. Die Echtzeitverfügbarkeit von Maschinendaten und Prozesskennwerten bildet die Grundlage für prozessadaptive Regelkreise, Condition Monitoring und Predictive Maintenance.

Bild 15.16 zeigt den schematischen Aufbau eines digital integrierten Bearbeitungssystems.

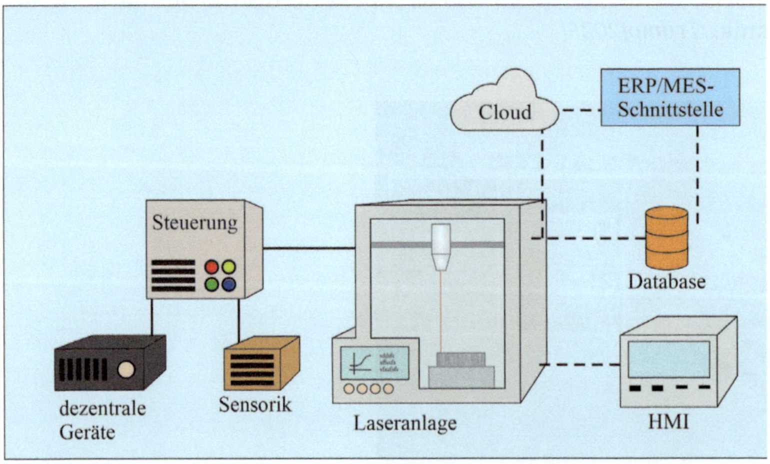

Bild 15.16 Digitale Infrastruktur in einer automatisierten Lasermaterialbearbeitungszelle

In der Praxis entstehen Daten in den unterschiedlichen Ebenen:

- **Maschinenebene:** Steuerungsdaten, Achspositionen, Energieverläufe,
- **Sensorikebene:** Rohdaten von Photodioden, Pyrometern, Kameras,
- **Prozessauswertung:** berechnete Kennwerte (z. B. Einschweißtiefe, Fokuslage),
- **Betriebsmittelmonitoring:** Betriebsstunden, Temperaturverläufe, Verschleißdaten,
- **Qualitätsebene:** Inspektionsergebnisse, Ausschussquoten, Prüfprotokolle.

Durch geeignete **Datenarchitekturen** (z. B. Data Lakes, Edge-Cloud-Kombinationen) können diese heterogenen Datenquellen konsolidiert, gespeichert und zur Laufzeit ausgewertet werden. Die Grundlage dafür bilden Datenverarbeitung und -analyse sowie Machine Learning Lösungen.

Die Analyse der erfassten Daten gestattet die Extraktion relevanter Prozesszusammenhänge und stellt dabei einen wichtigen Prozessschritt dar, um einerseits die Datenmenge gezielt zu reduzieren und andererseits die hochsignifikanten Daten auszuwerten. Zum Einsatz kommen dabei Methoden wie:

- Statistische Prozesskontrolle (SPC),
- Zeitreihenanalyse für Signalverläufe,
- Clustering zur Erkennung von Zustandsklassen,
- überwachtes Learning (z. B. Random Forest, SVM, CNNs) zur Qualitätsvorhersage,
- nichtüberwachtes Learning (z. B. Autoencoder, k-Means) zur Anomalieerkennung,
- Reinforcement Learning zur Prozessregelung.

Datengetriebene Systeme ermöglichen nicht nur die Überwachung, sondern auch die aktive Regelung von Prozessen, wie das Beispiel der Echtzeitregelung der Laserleistung basierend auf Emissionsdaten des Schmelzbades bestätigt. Unter Voraussetzung einer niedrigen Latenzzeit sowie der Integration in echtzeitfähige Steuerungssysteme (z. B. via EtherCAT oder TSN) lassen sich Parameter wie Fokuslage, Vorschub oder Zusatzstoffdosierung über geschlossene Regelkreise mit KI-basierten Prädiktoren automatisch anpassen. Ein langfristiges Ziel ist der Aufbau von **Digitalen Zwillingen (Digital Twins)** für Laserbearbeitungsprozesse (Bild 15.17), die Maschinen, Prozesse und Materialien virtuell abbilden und Simulation, Optimierung und autonome Steuerung erlauben. In Verbindung mit kontinuierlicher Datenaktualisierung und KI-gestützter Selbstkalibrierung entstehen so autonome Bearbeitungssysteme, die ohne menschliche Intervention Prozessanpassungen vornehmen können.

In der Tabelle 15.6 sind beispielhaft bereits etablierte **Machine-Learning-Anwendungen** in der LMB aufgezeigt.

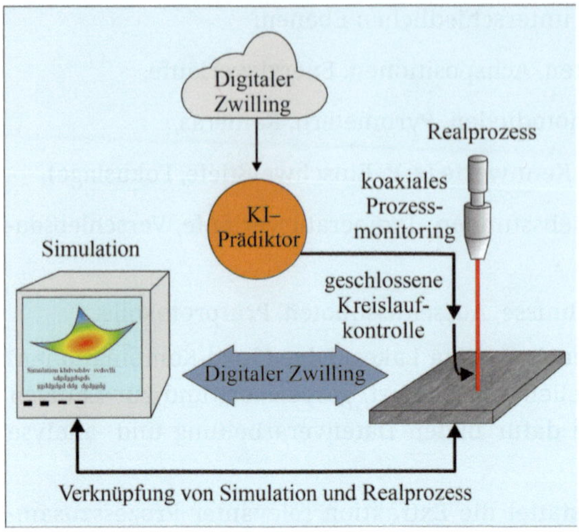

Bild 15.17
Digitaler Zwilling eines Laserprozesses (Kopplung von Simulation und realem Prozess)

Tabelle 15.6 Übersicht typischer Machine-Learning-Anwendungen in der Lasermaterialbearbeitung

Zielgröße	Eingabedaten	ML-Verfahren	Nutzen
Einschweißtiefe	Kamerabild, Leistung, Vorschub	CNN und Regression	Inline-Vorhersage
Prozessinstabilität	Pyrometer-Zeitreihen, Kameravideo	Autoencoder	Frühwarnsystem
Bauteilposition/ Orientierung	2D-/3D-Bilddaten	YOLO, PointNet	Roboterführung, Bahnkorrektur
Strahlfokuslage	CCD-Daten, Photodiodensignal	SVM/Regression	Fokusnachregelung
Lebensdauer Optikkomponenten	Temperaturverlauf, Betriebsstunden	Decision Trees	Predictive Maintenance

15.5 Anwendungen in der industriellen Praxis

Durch den Einsatz automatisierter, sensorintegrierter und digital vernetzter Laserbearbeitungszellen sind heute Anwendungen mit hohen Anforderungen an Qualität, Wiederholgenauigkeit und Wirtschaftlichkeit realisierbar. Nachfolgend werden exemplarisch industrielle Anwendungsfelder vorgestellt, kurz diskutiert und deren Besonderheiten hinsichtlich Automatisierung, Sensorik und datengetriebener Optimierung ausgeführt.

15.5.1 Laserbearbeitung in der Blechfertigung

Die 2D- und 3D-Laserbearbeitung von Blechen stellt eines der bedeutendsten Einsatzfelder der automatisierten LMB dar. Typische Prozesse umfassen:

- Laserstrahlschneiden,
- Laserstrahlschweißen von Gehäusen und Baugruppen,
- Laserstrahlbeschriften und Markieren,
- laserstrahlbasiertes Entgraten und Reinigungsverfahren.

Ein vollständig **automatisiertes Laserstrahlschneidzentrum** mit integriertem Blechlagersystem, automatischer Be- und Entladung, Sortiergreifer und digitaler Steuerung über TruTops Fab wird für das 2D-Laserstrahlschneiden verwendet. Die Maschine nutzt Sensorsysteme zur Schneidnahtverfolgung, zur Prozessgasregelung sowie zur Echtzeitqualitätsüberwachung. In Tabelle 15.7 werden die wichtigsten Anforderungen an die **Prozessautomatisierung** in der Blechbearbeitung vorgestellt.

Tabelle 15.7 Anforderungen in der automatisierten Blechbearbeitung

Aspekt	Anforderungen	Umgesetzte Lösungen
Flexibilität	Vielzahl unterschiedlicher Blechgeometrien	automatische Jobwechsel, Offline-Programmierung
Materialhandling	Integration von Lagersystemen	automatisierte Blechzuführung, Palettenwechsler
Prozesssicherheit	Echtzeiterkennung von Schneidfehlern	Pyrometer, Kameras, KI-basierte Schnittbewertung
Effizienz	Minimierung von Rüstzeiten	softwarebasierte Ablaufoptimierung

Die **3D-Blechbearbeitung** profitiert zunehmend von automatisierten Fertigungslösungen, die Flexibilität, Präzision und Durchsatz signifikant steigern. Moderne Anlagen kombinieren mehrachsige Laserstrahlschneid- und Laserstrahlschweißsysteme mit integrierten Handlingeinheiten, Robotern, sensorbasierter Bauteilidentifikation und intelligenten Positioniersystemen (Bild 15.18). Durch die automatische Zuführung, Lageerkennung und Bearbeitung komplex geformter Blechteile, z. B. für Karosseriekomponenten oder Strukturbauteile, lassen sich auch variantenreiche Kleinserien wirtschaftlich realisieren. Ergänzt durch CAM-Anbindungen und MES-Integration ermöglichen solche Systeme eine durchgängige digitale Prozesskette und tragen maßgeblich zur Qualitätssicherung, Rückverfolgbarkeit und Effizienzsteigerung in der Umform- und Blechverarbeitung bei. /*Trumpf2025*/

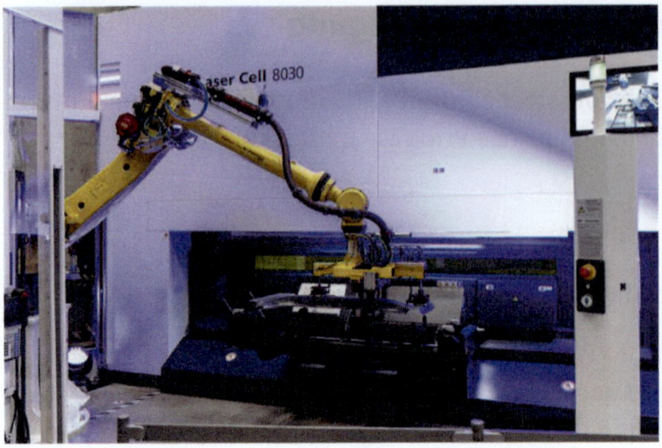

Bild 15.18
Automatisierungslösung in der 3D-Blechbearbeitung
© TRUMPF Gruppe

15.5.2 Additive Fertigung mit Laserprozessen

Die **hybride Fertigung** unter Einbindung von Lasermaterialbearbeitungsprozessen stellt einen bedeutenden Entwicklungsschwerpunkt für die digitalisierte und automatisierte Herstellung komplexer Funktionsbauteile dar. Ein zentrales Ziel aktueller Forschungsvorhaben liegt in der weiteren Etablierung des pulver- und drahtbasierten Laserstrahlauftragsschweißens (LMD – Laser Metal Deposition) zur Generierung hochpräziser Werkzeuge, Formen und technischer Instrumente. Der innovative Mehrwert ergibt sich aus einer ressourcenschonenden Anwendung sowie der angestrebten hohen Präzision, die durch die Integration eines hybriden Prozessansatzes in Kombination mit einer durchgängigen In-situ-Prozesskontrolle entlang der Fertigungskette realisiert werden kann.

Eine **durchgängige digitale Prozesskette** für das Laserstrahlauftragsschweißen umfasst die Bauteilmodellierung in CAD/CAM, die Werkstückdigitalisierung sowie die adaptive Prozessplanung unter Berücksichtigung realer Ist-Geometrien und Materialzustände. Die automatisierte hybride Prozesskette in Bild 15.19 nutzt den additiven Laserprozess für den Materialvolumenauftrag und ein spanendes 5-Achs-Fräsverfahren zur Nachbearbeitung, um die geforderten Formtoleranzen und Oberflächengüten zu erzielen.

Die Präzision im Auftragsprozess steigt mit dem Automatisierungsgrad. Durch gezielte Planung von Vorbereitungs- und Nachbearbeitungsprozessen wie der geometrischen Nahtvorbereitung und der Bestimmung des Aufmaßes können durch CAD/CAM-gestützte Systeme exakte Materialaufträge generiert werden. Die dafür notwendigen Datenstrukturen lassen sich aus digitalen Zwillingen oder aus 3D-Scans ableiten, die direkt in die CAM-Systeme eingespeist werden.

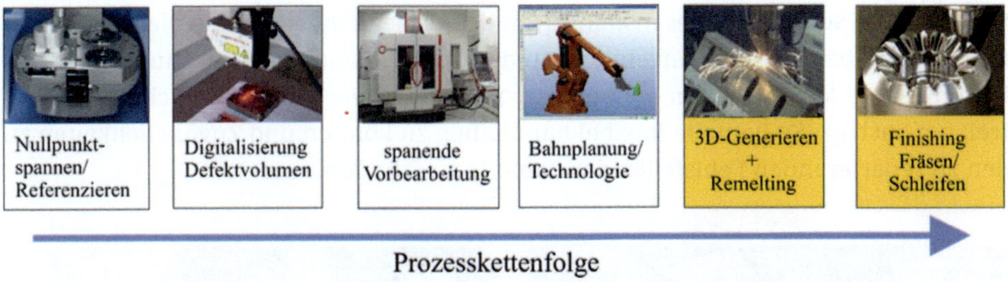

Bild 15.19 Prozesskettenfolge eines automatisierten Laserstrahlauftragsschweißprozesses zum Generieren von Werkzeugen und Formen */ProRepForm2023/*

Derzeit erfolgt die Bearbeitung in den meisten industriellen Anwendungen prozessspezifisch auf separaten Anlagen. Hybride Bearbeitungszentren, die sowohl generative als auch subtraktive Verfahren auf einer Plattform vereinen, sind am Markt bislang nur in wenigen Varianten verfügbar (z. B. DMG MORI LASERTEC, Mazak INTEGREX i-AM). Diese Systeme erlauben innerhalb einer 5-Achs-Kinematik den Wechsel zwischen Pulverauftrag und mechanischer Endbearbeitung, wodurch komplexe Geometrien mit Hinterschneidungen prozesssicher gefertigt werden können. Die Anforderungen an die Prozessplanung und die adaptive Steuerung sind dabei hoch, insbesondere im Hinblick auf die Synchronisation thermischer Einflüsse und Bearbeitungsstrategien – ein Aspekt, der aktuell intensiv wissenschaftlich untersucht wird.

Die **hybriden Maschinensysteme** sind insbesondere für den Werkzeug- und Formenbau, die Luft- und Raumfahrttechnik sowie Reparaturanwendungen im Hochleistungsbereich geeignet und gestatten die Fertigung funktionsoptimierter, leichter und gleichzeitig hochbelastbarer Komponenten mit hoher Gestaltungsfreiheit und reduziertem Materialverbrauch – ein zentraler Baustein für die Etablierung hybrider Fertigung in der industriellen Praxis.

Ein wesentlicher Fokus der **hybriden Bearbeitungsfolge** liegt auf der Optimierung der additiven Prozessstufe durch gezielte Weiterentwicklung des 3D-Auftragens und eines Remelting-Schrittes. Beim **Remelting** handelt es sich um das gezielte Wiederaufschmelzen zuvor additiv aufgetragener Schichten, ohne dabei zusätzliches Material einzubringen (siehe auch Abschnitt 12.2.2).

In Bild 15.20 ist eine prototypische Fertigungsanlage im Labormaßstab für das 3D-Auftragen und das Remelting mit einem 6-Achs-Robotersystem mit den zentralen Elementen Thermografiekamera, Scansystem zur Bauteildigitalisierung, Schweißkopf und angepasster Greiferlösung dargestellt. Das Beispiel zeigt das Prinzip der **inversen Maschinenkinematik**, bei der das entwickelte Fingergreifersystem an den TCP (Tool Center Point) des Roboters appliziert wurde und das Bauteil den einzelnen Bearbeitungs- bzw. Messstationen zuführt. Um eine prozessnahe Temperaturmessung zu gewährleisten, wird das Thermografiesystem in der Nähe des Industrieroboters an der

Stirnseite des Schweißtisches installiert, an dessen seitlichen Flanken die Scaneinheit und der Bearbeitungskopf angebracht sind. Durch die seitliche Anordnung der Bearbeitungs- und Messstationen bleibt ein großer Anteil der Fläche des Schweißtisches frei, um auch große Bauteile flexibel handhaben zu können und Zugänglichkeiten zu den zu reparierenden Fehlstellen der Bauteile zu schaffen.

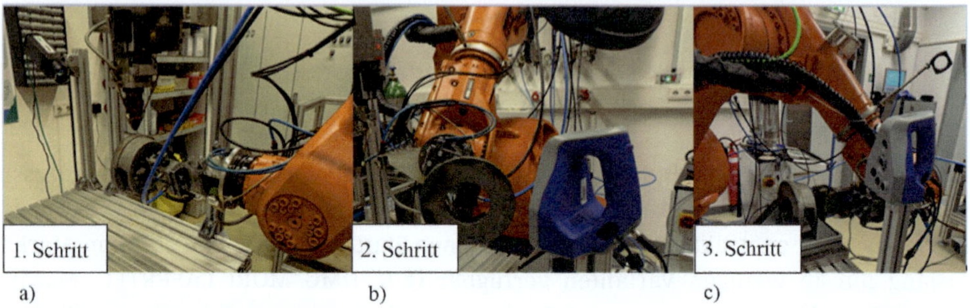

Bild 15.20 Prototypische Fertigungsanlage im Labormaßstab für den 3D-Auftrag und das Remelting mit einem 6-Achs-Robotersystem. */Güpn2025/* a) Laserprozess mit thermografischer Prozessbeobachtung, b) Bauteildigitalisierung, c) Umorientierung des Bauteils

Der abschließende Finishingprozess bleibt auch in hybriden Verfahren unverzichtbar, um die geforderte Oberflächengüte und Formtreue zu erreichen. In diesem Kontext zielt das Vorhaben auf die Reduktion von Bearbeitungszeiten und die Minimierung manueller Eingriffe durch konkrete Prozess- und Werkzeugstrategien ab. Die dabei gewonnenen Erkenntnisse sollen in ein digital integriertes Prozessmodell für simulationsgestützte Optimierung und autonome Fertigungskontrolle überführt werden, das zukünftigen Laserbearbeitungsprozessen als digitaler Zwilling (Digital Twin) zugrundeliegt.

Bild 15.21 zeigt schematisch die **digitale Infrastruktur** einer modernen, hochautomatisierten Laser- und Fräsbearbeitungszelle mit der Maschine im Zentrum, die über eine echtzeitfähige Steuerung (SPS oder CNC) angesteuert wird. Diese Steuerung ist mit verschiedenen Sensoren (z. B. zur Temperatur-, Emissions- oder Geometrieerfassung) sowie Aktoren (z. B. Laserstrahlquelle, Scanneroptik, Z-Achse) verbunden. Zur Vorverarbeitung und Analyse der Prozessdaten dienen Edge Devices, die lokal in unmittelbarer Nähe der Maschine erste Auswertungen vornehmen.

Die erfassten Daten werden in einer Datenbank strukturiert gespeichert und über sichere Protokolle in eine Cloud-Plattform übertragen, wo weitergehende Analysen, Optimierungen und KI-gestützte Auswertungen vorgenommen werden. Über standardisierte Schnittstellen (z. B. OPC UA) erfolgt die Integration in übergeordnete MES-(Manufacturing-Execution-System und ERP-Systeme, die eine durchgängige Rückverfolgbarkeit und Produktionsplanung ermöglichen.

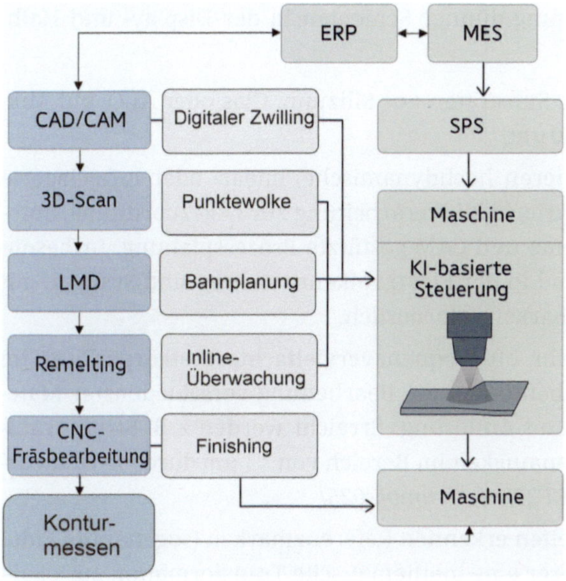

Bild 15.21 Digitale Infrastruktur in einer automatisierten hybriden Bearbeitungszelle

Das **Human-Machine-Interface (HMI)** erlaubt Bedienern den Zugriff auf Echtzeitdaten, Regelparameter und Produktionszustände. Bild 15.21 verdeutlicht, wie digitale Vernetzung, Datenintegration und intelligente Prozesssteuerung in einem cyber-physischen Produktionssystem zusammengeführt werden – zentrale Elemente der Industrie 4.0.

Siehe auch Videosequenzen zum Thema „Laserstrahlauftragsschweißen und Remelting" sowie ergänzende Informationen auf *plus.hanser-fachbuch.de*.

15.5.3 Lasermikrobearbeitung in der Elektronikindustrie

Die fortschreitende Miniaturisierung elektronischer Bauteile stellt höchste Anforderungen an Präzision und Selektivität von Fertigungsprozessen. In diesem Kontext werden vermehrt ultrakurzgepulste Lasersysteme eingesetzt, die eine abtragende Mikrobearbeitung mit minimaler thermischer Beeinflussung ermöglichen. Diese Verfahren sind insbesondere für strukturierte Materialien wie Keramiken, Glas, Dünnschichtsysteme sowie organische Substrate (z. B. Polyamid) von zentraler Bedeutung.

Typische Anwendungen umfassen:

- Mikrostrukturierung von Leiterplatten, etwa zum Trennen oder Anpassen von Leiterbahnen in Mehrlagenaufbauten (HDI-PCBs),
- Delayering für Fehleranalysen durch selektives Entfernen einzelner Schichten,

- Laser-Lift-Off (LLO) zur Abtragung dünner Schichten in der Display- und Halbleitertechnik,
- Feinschneiden und Bohren von Substraten aus Silizium, Glas oder Al_2O_3 mit Mikrobohrungen (Durchmesser < 30 µm).

Die eingesetzten Anlagen kombinieren hochdynamische, linear- oder luftgelagerte Präzisionspositioniersysteme, integrierte Bildverarbeitung zur Lagezuordnung, automatisierte Bauteilzuführungssysteme und CAM-gestützte Prozessplanung. Insbesondere in der Prototypenfertigung und in der Elektronikentwicklung sind Systeme mit hoher Flexibilität und Konfigurierbarkeit erforderlich.

Solche Anlagensysteme nutzen sehr oft frequenzvervielfachte Festkörperlaser im UV-Bereich ($\lambda = 355$ nm) und erlauben damit die Bearbeitung verschiedenster Materialien mit sehr hoher Präzision und Auflösung. Erreicht werden z. B. Strukturauflösungen < 20 µm und Positioniergenauigkeit im Bereich von < 1 µm durch X-Y-Linearsysteme mit Encoderregelung. */LPKF2025/*, */Trumpf2025/*

Integrierte Bildverarbeitungseinheiten erkennen Referenzmarken (sogenannte Fiducials) auf dem Substrat, anhand derer eine mathematische Transformation zur exakten Überlagerung des Laserbearbeitungspfads mit dem physischen Layout durchgeführt werden kann. Dies ist besonders für die Multilayer-Bearbeitung oder das gezielte Delaminieren einzelner Schichten von entscheidender Bedeutung. Solche Systeme bieten die Möglichkeit der Verknüpfung von Laserstrahllage, Kamerabild und CAD-Daten, um die erzeugten Strukturen inline mit den Sollgeometrien zu vergleichen. Mittels optischer Fehlererkennungsalgorithmen werden Defekte wie Delamination, Gratbildung oder Inhomogenitäten in Echtzeit detektiert. Diese Daten können automatisch dokumentiert und exportiert werden und stellen einen wesentlichen Vorteil für qualitätskritische Anwendungen, etwa in der Medizintechnik oder Luft- und Raumfahrt, dar.

Für die digitale Rückverfolgbarkeit bieten Systeme für die Elektronikindustrie meist eine Datenschnittstelle zur Prozessdokumentation, etwa zur Anbindung an QMS-Systeme oder zur späteren Archivierung. Prozessdaten wie Laserparameter, Bearbeitungsdauer, Bilddaten und Systemzustände werden in einem digitalen Protokoll gespeichert und können analysiert, auditiert oder exportiert werden.

15.5.4 E-Mobilität und Batteriefertigung

Mit der Entwicklung der **Elektromobilität** ist die industrielle Batteriefertigung zu einem strategisch entscheidenden Fertigungsbereich geworden. Besonders hohe Anforderungen werden dabei an die Verbindungsprozesse metallischer Komponenten wie Zellverbinder, Stromschienen und Kontaktstellen gestellt. Aufgrund ihrer hohen Reproduzierbarkeit, der lokalen Energieeinbringung und der Integrationsfähigkeit in automatisierte Linien hat sich neben anderen Verfahren das Laserstrahlschweißen als eine Schlüsseltechnologie etabliert.

Die wichtigsten Einsatzgebiete sind:

- **Busbar- und Zellverbinder-Schweißen:** Beim Verbinden von Batteriezellen zu Modulen oder Packs über stromführende Busbars (Cu, Al, Cu/Al) werden mit dem Laserstrahlschweißen (insbesondere Remote-Laserstrahlschweißen) kontaktfreie, hochdynamische Fügungen mit kontrollierter Einschweißtiefe ermöglicht. Zur Nahtformoptimierung und Vermeidung von Spritzern haben sich Wobble-Schweißstrategien sowie die BrightLine-Weld-Technologie etabliert */trumpf2025–90/*. Die BrightLine-Weld-Technologie nutzt eine optische Strahlformungseinheit, die das Laserlicht in einen zentralen Kernstrahl und einen ringförmigen Strahlanteil (Ringmodus) aufteilt (siehe auch Kapitel 4).
- **Gehäuseschweißen von Batteriezellen:** Dazu gehört z. B. das Laserstrahlschweißen von Zellendeckeln, bei denen Dichtnähte zur Hermetisierung erforderlich sind, z. B. bei prismatischen Zellen oder Pouchzellen aus Aluminium und Edelstahl. Aufgrund der Notwendigkeit gasdichter Schweißnähte mit hoher Nahtfestigkeit sind die Anforderungen an die Schweißnahtqualität hoch.
- **Kontaktierung von Zellableitern und Stromschienen:** In der Batteriefertigung spielt die Kontaktierung von Zellableitern und Stromschienen eine zentrale Rolle für die elektrische Leistungsfähigkeit und Sicherheit der gesamten Baugruppe. Hierbei werden die Ableitstrukturen der einzelnen Zellen hochpräzise mit Stromschienen oder der nachfolgenden Leistungselektronik verbunden. Aufgrund der hohen Spannungsniveaus, insbesondere bei Hochvolt-Batterien, sind reproduzierbare, niederohmige und mechanisch stabile Verbindungen essenziell. Das Laserstrahlschweißen bietet in diesem Zusammenhang entscheidende Vorteile hinsichtlich Präzision, Prozessgeschwindigkeit und Automatisierbarkeit.
- **Laserstrahlschneiden von Elektrodenmaterialien:** Beim Schneiden von beschichteten Kupfer- oder Aluminiumfolien, die als Anoden- und Kathodenträger dienen, ermöglicht der Laser gratfreie, konturgenaue Schnitte mit hoher Kantenqualität und minimaler Partikelerzeugung – ein entscheidender Vorteil für den Einsatz in Reinraumbedingungen und bei sensiblen Schichtsystemen.
- **Isolations- und Strukturierungsprozesse:** Diese Aufgaben werden vorwiegend mittels Laserablation, zu der beispielsweise das gezielte Entfernen von Schutzlacken, Isolationen oder Funktionsschichten auf Leiterplatten und Zelloberflächen zählt, durchgeführt. Auch die Strukturierung von Separatoren und die Modifikation dünner Isolationsschichten lassen sich mit hoher Ortsauflösung und minimalem Wärmeeintrag realisieren.

Die **Prozessüberwachung** erfolgt über multispektrale Kameras und Infrarotsensoren, die die Temperaturverteilung, das Schmelzbadverhalten und die Keyhole-Dynamik analysieren. In Kombination mit KI-gestützter Mustererkennung können Instabilitäten detektiert und Rückkopplungen an die Steuerung übermittelt werden, z. B. zur Anpassung der Leistung oder der Schweißgeschwindigkeit.

Die Laserstrahlschweißprozesse sind typischerweise in vollautomatisierte Montagelinien eingebettet. Die Maschinen sind mit **Edge-Systemen** ausgestattet, die Prozessdaten lokal erfassen und zur Analyse an eine übergeordnete Cloud- oder MES-Struktur übergeben. Relevante Prozessdaten, wie im Folgenden aufgeführt, werden digital dokumentiert und mit der Seriennummer des Batteriemoduls verknüpft, um die Rückverfolgbarkeit gemäß Automotive-Qualitätsstandards (z. B. IATF 16949) zu gewährleisten und die Basis für Predictive Quality Control zu schaffen:

- Laserpulsenergie,
- Schweißgeschwindigkeit,
- Nahttemperaturverlauf,
- Echtzeitbilder der Schweißnaht.

Aktuelle Entwicklungen konzentrieren sich auf:

- die prozessadaptive Regelung der Laserleistung in Abhängigkeit von Bauteiltoleranzen,
- den Einsatz von KI-Modellen zur Inline-Qualitätsprognose,
- neue strahlformende Optiken (z. B. mit variabler Intensitätsverteilung),
- die Erschließung neuer Fügeverfahren wie das laserstrahlgestützte Ultraschallschweißen oder laserinduzierte Kaltverbindungen.

Ziel des Lasereinsatzes in der **Batteriefertigung** ist die Realisierung automatisierter Fertigungslinien mit geschlossenen Regelkreisen, die sich dynamisch an Bauteiltoleranzen, Werkstoffchargen oder Umgebungsbedingungen anpassen können und einen entscheidenden Schritt hin zur Null-Fehler-Produktion in der Batterieindustrie darstellen (Bild 15.22).

Beim Zusammenschalten einzelner Batteriezellen zu Modulen oder Packs kommt das sogenannte Busbarschweißen zum Einsatz, bei dem Busbars als stromführende Verbindungsschienen zwischen den Zellen fungieren. Prismatische Zellen können sowohl mit gleichartigen Werkstoffen, beispielsweise Aluminium auf Aluminium (Al/Al) oder Kupfer auf Kupfer (Cu/Cu), als auch mit Mischverbindungen wie Aluminium auf Kupfer (Al/Cu) verbunden werden. Für die Anwendung im Fahrzeug ist eine hohe mechanische Stabilität dieser Verbindungen maßgeblich, um den Belastungen durch Vibrationen und thermische Zyklen standzuhalten. Gleichzeitig müssen die elektrischen Kontakte einen dauerhaft geringen Übergangswiderstand gewährleisten. Während des Schweißprozesses ist die Minimierung von Schweißspritzern für die Sicherstellung einer sauberen Kontaktierung von großer Bedeutung. Weitere entscheidende Qualitätsmerkmale zeigen sich in einer hohen Reproduzierbarkeit, einem definierten und möglichst geringen Wärmeeintrag sowie einer exakt kontrollierten Einschweißtiefe.

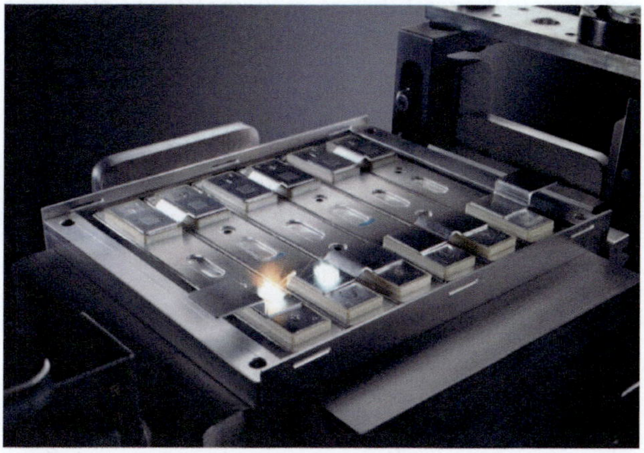

Bild 15.22 Laserstrahlschweißprozess in einer Batterieproduktionslinie mit koaxialer Überwachung © TRUMPF Gruppe

15.5.5 Laserstrahlgestützte Fertigung in der Medizintechnik

Die Medizintechnik stellt besonders hohe Anforderungen an Präzision, Reproduzierbarkeit, Biokompatibilität und die lückenlose Dokumentation von Fertigungsprozessen. Hierbei haben sich laserstrahlbasierte Fertigungsverfahren als unverzichtbare Schlüsseltechnologien etabliert, sowohl in der Mikrobearbeitung als auch bei der funktionellen Oberflächenmodifikation und Strukturierung. Die Fähigkeit zur kontaktlosen, lokal begrenzten Energieeinbringung sowie die Eignung für miniaturisierte, komplexe Geometrien machen Laserverfahren zur idealen Lösung für moderne **medizintechnische Produkte und Komponenten**.

Zu den häufigsten Anwendungsbereichen zählen:

- Schneiden und Bohren von chirurgischen Instrumenten, Implantaten oder Führungsdrähten (Stents, Hypotubes, Herzklappen),
- Laserstrahlschweißen biokompatibler Werkstoffe wie Edelstahl (316L), Titan (Ti6Al4V), Nitinol oder Tantal, insbesondere für dünnwandige, hochpräzise Bauteile,
- Mikrostrukturierung und Markierung von Oberflächen, z. B. zur Verbesserung der Osseointegration (Implantate) oder zur Seriennummerierung mittels UDI (Unique Device Identification),
- additive Fertigung patientenspezifischer Implantate oder dentaler Komponenten.

Die Werkstoffe müssen korrosionsbeständig, sterilisierbar und biokompatibel sein. Laserprozesse bieten hier den Vorteil, dass sie bei richtiger Parametrierung gratfreie, partikelfreie und spannungsarme Ergebnisse liefern, was für nachfolgende Sterilisations- und Prüfprozesse essenziell ist. Moderne Lasersysteme in der Medizintechnik sind in vollautomatisierte Fertigungszellen integriert, die über Roboter- oder Portalhandling, Inline-Messtechnik und digitale Prozessführung verfügen. Das erlaubt eine hohe Variantenvielfalt bei gleichzeitig hoher Taktzeit und Prozesssicherheit.

Zentrale Elemente der **digitalen Infrastruktur** sind:

- CAD/CAM-Integration für modellbasierte Prozessplanung und Simulation,
- Inline-Messtechnik zur geometrischen und optischen Kontrolle von Schnittqualität, Nahtverlauf oder Materialmodifikationen,
- echtzeitfähige Prozessüberwachung mittels Pyrometrie, Kameras oder OCT-Systemen,
- Rückverfolgbarkeit durch lückenlose Datenerfassung gemäß ISO 13485 und FDA CFR 21 Part 11.

Ein etabliertes Anwendungsbeispiel für laserstrahlgestützte Hochpräzisionsfertigung in der Medizintechnik ist die Stentproduktion, bei der dünnwandige Rohre aus Nitinol oder Edelstahl (Ø 1 – 5 mm, Wanddicken < 200 µm) mit ps- oder fs-Laserstrahlen im kalten Abtrag prozessiert werden. Die Anlage besteht typischerweise aus:

- CNC-gestützter Dreh- und Vorschubeinheit,
- galvanometrischer Scanneroptik zur Bahnführung,
- Inline-Bildverarbeitung zur Lagezuordnung und Fehlererkennung,
- Prozessüberwachung (z. B. durch koaxiale Kamera und Pyrometer),
- Roboterzelle zur automatischen Be- und Entladung.

Künftig werden zunehmend digitale Zwillinge von Laserprozessen in der Medizintechnik etabliert, die Maschine, Material, Prozessparameter und Qualitätseigenschaften modellbasiert abbilden und simulationsgestützte Optimierung, prädiktive Wartung und adaptive Prozessführung in Echtzeit ermöglichen. Kombiniert mit KI-gestützter Auswertung der Sensordaten entsteht eine vollständig datengesteuerte Prozesskette, die einen wesentlichen Beitrag zur automatisierten Herstellung von patientenspezifischen Medizinprodukten unter regulatorisch anspruchsvollen Rahmenbedingungen leistet.

Übungsaufgaben zum Kapitel 15

(Die dazugehörigen Lösungen finden Sie auf *plus.hanser-fachbuch.de*.)

1. **Aufgabe:** Automatisierung in modernen Laserbearbeitungsprozessen

   Diskutieren Sie die Rolle der Automatisierung in modernen Laserbearbeitungsprozessen. Gehen Sie insbesondere auf die Herausforderungen im Hinblick auf Prozessstabilität, Variantenvielfalt und Traceability ein. Vergleichen

Sie klassische CNC-gestützte Anlagen mit hochautomatisierten Laserbearbeitungszellen.
Was sind die technologischen und wirtschaftlichen Vorteile? Nennen Sie Beispiele.

2. **Aufgabe:** Systemarchitektur automatisierter Lasersysteme

   Skizzieren Sie die Systemarchitektur einer automatisierten Laserzelle und markieren Sie darin die erforderlichen Komponenten. Erklären Sie die Funktion und den Unterschied zwischen SPS, Feldbus, OPC UA und EtherCAT in einem Lasersystem. Welche Anforderungen ergeben sich an Handhabungssysteme in der Blechbearbeitung?
   Beschreiben Sie ein typisches Beispiel für eine Laser-Flachbettanlage mit Automatisierung (Be- und Entladung, Lageranbindung).

3. **Aufgabe:** Sensorintegration und Prozessüberwachung

   Erläutern Sie den Einsatz von Pyrometrie und Kamerasystemen in der Prozessüberwachung. Welche physikalischen Größen werden gemessen und wie lassen sich daraus Rückschlüsse auf die Prozessqualität ziehen?
   Beschreiben Sie den Nutzen von OCT-Systemen zur Keyhole-Detektion beim Laserstrahlschweißen. Welche Daten liefert das System und wie wird es in den Regelkreis eingebunden?
   Analysieren Sie die Möglichkeiten der KI-basierten Bildauswertung zur Fehlererkennung bei der Lasermikrobearbeitung. Was sind typische Fehlerbilder und welche Methoden der Datenannotation kommen zum Einsatz?

4. **Aufgabe:** Digitalisierung und datengetriebene Prozessoptimierung

   Erstellen Sie ein Blockdiagramm des digitalen Datenflusses in einer automatisierten Laserzelle und beschriften Sie die essenziellen Komponenten.
   Was versteht man unter einem Digitalen Zwilling in der Lasermaterialbearbeitung?

5. **Aufgabe:** Industrielle Anwendungen

   Beschreiben Sie anhand eines Praxisbeispiels, wie Laserbearbeitung, Bildverarbeitung und Automatisierung ineinandergreifen.
   Vergleichen Sie Anforderungen an die Lasermaterialbearbeitung in der Batteriefertigung mit denen in der Medizintechnik. Gehen Sie auf Materialien, Toleranzen, Dokumentationspflichten und Prozessführung ein.

6. **Aufgabe:** Transfer in die industrielle Praxis

   Erarbeiten Sie einen Vorschlag für die Automatisierung eines bestehenden manuell geführten Laserprozesses (z. B. Laserstrahlschweißen von Kontaktteilen). Welche Teilsysteme (Sensorik, Steuerung, Aktorik, Visualisierung) würden Sie integrieren und warum?

7. **Aufgabe:** Simulation und Validierung von Prozessketten

   Beschreiben Sie, wie eine automatisierte Laserprozesskette (z. B. für das hybride Generieren von Werkzeugen) mithilfe der Digital-Twin-Technologie simuliert und optimiert werden kann.
   Welche Eingangsdaten, Modellkomponenten und Rückkopplungspfade sind erforderlich, um Geometrieabweichungen, Wärmeeintrag oder Nachbearbeitungsaufwand zu minimieren?

8. **Aufgabe:** Wirtschaftlichkeitsbetrachtung automatisierter Laseranlagen

   Führen Sie eine qualitative Bewertung durch, wie sich der Einsatz einer automatisierten Laserzelle (z. B. für Busbarschweißen in der Batteriefertigung) auf OEE (Overall Equipment Effectiveness) und Total Cost of Ownership (TCO) auswirkt.
   Berücksichtigen Sie dabei Aspekte wie Rüstzeit, Taktzeit, Fehlerquote, Wartungsbedarf und Datenintegration.

16 Literaturverzeichnis

/3DMicromac2011/ Maschine 3DMicromac: Bildbereitstellung von IFW Günther-Köhler-Institut für Fügetechnik u. Werkstoffprüfung GmbH, Jena, 2011

/3DMicromac2012/ Maschine 3DMicromac: Bildbereitstellung von IFW Günther-Köhler-Institut für Fügetechnik u. Werkstoffprüfung GmbH, Jena, 2012

/3DSchilling2011/ 3D-Schilling: Bereitstellung von Bildmaterial für das Lehrbuch Lasermaterialbearbeitung. Sondershausen, 2011

/3DSystems2011/ 3D Systems GmbH: Bereitstellung von Bildmaterial für das Lehrbuch Lasermaterialbearbeitung. Darmstadt, 2011

/Agr2013/ Agrawal, G. P.: Nonlinear Fiber Optics, 5. Auflage, Academic Press, Boston, 2013. ISBN: 978-0-12-397023-7

/Aher2024/ Aher, V.; Navthar, R. R.: A Comprehensive Review on Laser Bending of Advanced Materials. Lasers in Manufacturing and Materials Processing 11 (3), 814–852. 2024, DOI: *https://doi.org/10.1007/s40516-024-00261-w*

/Allm1987/ von Allmen, M.; Blatter, A.: Laser-Beam Interactions with Materials. Physical Principles and Applications. Berlin: Springer, 1987 (Springer Series in Material Science, Vol. 2).

/ALPHA LASER2011/ ALPHA LASER GmbH: Bereitstellung von Bildmaterial für das Lehrbuch Lasermaterialbearbeitung. Puchheim, 2011

/Amplitude2012/ Amplitude Systemes: Produktinformation. Pessac, 2012

/Anis1970/ Anisimov, S. I. et al.: Die Wirkung von Strahlung großer Leistung auf Metalle. Moskau: Verlag der Wissenschaften, 1970

/Arat1978/ Arata, Y.; Maruo, H.; Miamoto, I.; Takeuchi, S.: Fundamental Research of Laser gas Cutting. In: Zeitschrift des Verbundes für Hochtemperaturlehre I (1978) 4 (3), II (1979) 5 (2), Osaka

/Arat1987/ Arata, Y.: Fundamental characteristics of high energy density beams in material processing. Laser Materials Processing: International Conference Proceedings, 1987

/Arges2012/ ARGES GmbH: Fachgespräch während der Filmaufnahmen in der Fa. ARGES GmbH, Wackersdorf, 2012

/Ashf2003/ Ashford, M. N. R. et al.: Chem. Soc. Rev. 333, 23 (2003)

/Atan2000/ Atanasov, P. A.; Imamova, S. E.; Hügel, H.; Abeln, T.: Optical parameters of silicon carbide and silicon nitride ceramics in 0.2–1.3 µm range. In: J. Appl. Phys. Vol. 88, Nr. 8 (2000), S. 4671–4675

/Atki2024/ Atkins, C.; Chahid, Y.; Lister, G.; Tuck, R.; Isherwood, D.; Yu, N.; Sun, R.; Noto, I.; Yamamura, K.; Civitani, M.; Vecchi, G.; Pareschi, G.; Alcock, S. G.; Nistea, I.-T.; Bazan da Silva, M. Additive manufacturing in ceramics: targeting lightweight mirror applications in the visible, ultraviolet and X-ray.

In: Advances in Optical and Mechanical Technologies for Telescopes and Instrumentation VI, Tagungsband der SPIE-Konferenz, Yokohama, Japan, 16.–22. Juni 2024; SPIE Proceedings Band 13100, Artikel 131003F. 2024. DOI: *https://doi.org/10.1117/12.3018631*

/Atla1976/ Max-Planck-Institut für Eisenforschung MPIE (Hrsg.): Atlas zur Wärmebehandlung der Stähle. Bd. 1 – 4. Düsseldorf: Verlag Stahleisen GmbH, 1976

/Baat2006/ Baatzsch, A.: Untersuchung zur Stirnflächenkopplung von Large-Mode-Area-Fasern. Diplomarbeit, Fachhochschule Jena, 2006

/Bach1995/ Bach, H. (Hrsg.); Neuroth, N. (Hrsg.): The Properties of Optical Glass. Berlin: Springer, 1995

/Bach2007/ Bachmann, F. (Hrsg.); Loosen, P. (Hrsg.); Poprawe, R. (Hrsg.): High Power Diode Lasers. In: Springer Series in Optical Sciences. Vol. 128 (2007), S. 7

/Bach2008/ Bachmann, F.; Baier, J.: BMBF-Förderinitiativen BRIOLAS, INLAS und MABRILAS. 6. Jenaer Lasertagung. DVS-Berichte Bd. 253. Düsseldorf: DVS-Verlag, 2008

/Bans2006/ Banse, H.; Beckert, E.; Eberhardt, R.; Fettke, M.: Laserstrahllöten mikrooptischer Komponenten auf multifunktionalen Systemplattformen. 5. Jenaer Lasertagung. DVS-Berichte Bd. 241. Düsseldorf: DVS-Verlag, 2006

/Bart2018/ Barthels, T.; Reininghaus, M.; Westergeling, H.: High-precision ultrashort pulsed laser drilling of thin metal foils by means of multibeam processing. In: Proceedings of SPIE — Laser Beam Shaping XVIII, SPIE, 2018. *https://doi.org/10.1117/12.2320268*

/Bart2022/ Barthels, T.; Nießen, M.; Heinigk, C.: Multiscale model for ultrashort-pulsed parallel laser structuring — Part III: Characterization of material and process parameters. Optical Engineering, 61(12), 124108, 2022. *https://doi.org/10.1117/1.OE.61.12.124108*

/BASF1998/ BASF: Laserbeschriften von Thermoplasten. Technische Information für Experten 01/1998. Firmenschrift

/BASF2011/ BASF: Zusammenstellung von Bildmaterial für das Lehrbuch Lasermaterialbearbeitung. Ludwigshafen, 2011

/Bass1994/ Bass, M.: Handbook of Optics: Devices, Measurements and Properties. Bd. 2 New York: McGraw Hill, 1994

/Bast2001/ Basting, D.: Excimer Laser Technology. Göttingen: Lambda Physik AG, 2001

/Bast2005/ Basting, D.; Marowsky, G. (Hrsg.): Excimer Laser Technology. Springer, Berlin, Heidelberg, 2005

/Baum2007/ Baumeister, M.; Dickmann, K.; Vollertsen, F.: FEM-modelling of high speed laser micro perforation on the fly. In: Lasers in Manufacturing (LIM07) (2007), S. 715 – 719

/Beam1997/ Beaman, J.; Barlow, J.; Bourell, D.; Crawford. R.: Solid Freeform Fabrication: A New Direction in Rapid Manufacturing. Dordrecht: Kluwer Academic Publisher, 1997

/Beck2004/ Becker, H.: Verfahrensentwicklung und theoretische Betrachtungen zum lasergestützten 3D-Mikro-Auftragsschweißen. Dissertation, Universität Hannover, Fachbereich Maschinenbau, 2004

/Beck2007/ Beckert, E.: Solder Bumping – ein neues, flexibles AVT- Verfahren für optoelektronische Systeme. Jahresbericht Fraunhofer IOF, 2007

/Behl1990/ Behler, K.: Materialbearbeitung mit dem Laserstrahl im Geräte- und Maschinenbau: Leitfaden für den Anwender. Hrsg.: VDI-Ges. Produktionstechnik (ADB). Düsseldorf: VDI-Verlag, 1990

/Berg2004/ Bergmann, L.; Schaefer, C.; Niedrig, H.: Lehrbuch der Experimentalphysik: Wellen- und Teilchenoptik. Bd. 3 Berlin: Gruyter, 2004

/Berg2008/ Bergmann, J. P.; Wilden, J. (Hrsg.): Werkstofftechnologie Grundlagen und Anwendungen. Bd. 5: Thermische Fügeverfahren Werkstoff- und Prozesstechnik für das Fügen bei niedrigen Temperaturen. Aachen: Mainz, 2008

/Bergmann&Steffen2011/ Bergmann & Steffen GmbH: Bewährte Anlagen-, Vorrichtungs- und Verfahrenstechnik zum Laser-Remote-Schweißen. Präsentationsmaterial für das Lehrbuch Lasermaterialbearbeitung. Spenge, 2011

/Beye1984-1/ Beyer, E.; Donges, A.; Loosen, P.; Herziger, G.: Optical feedback during laser material processing. Berlin: Springer, 1984

/Beye1996/ Beyer, E.: Laser in Technik und Forschung, Grundlagen des Laserstrahlschweißens. Berlin: Springer, 1996

/Beye2009/ Beyer, E.; Lütke, M.; Bartels, F.; Himmer, T.: Übersichtsvortrag Schneiden. Vortrg. Laser + Blech. 05. 03. 2009, Dortmund

/Beye2010/ Beyertt, A.: Yb:KYW regenerativer Verstärker für ultrakurze Pulse. Dissertation. München: H. Utz Verlag, 2010

/BGET2007/ Berufsgenossenschaft Energie Textil Elektro (BG ETE) (Hrsg.): Auswahl und Benutzung von Laser-Schutz- und Justierbrillen. BGI 5092. Köln: Berufsgenossenschaft Energie Textil Elektro, 2007

/BGFE1988/ Berufsgenossenschaft der Feinmechanik und Elektrotechnik (BGFE) (Hrsg.): Unfallverhütungsvorschrift – Laserstrahlung. BGV B2: Köln: Heymanns, 1988

/BGFE2003/ Berufsgenossenschaft der Feinmechanik und Elektrotechnik (BGFE) (Hrsg.): Betrieb von Lasereinrichtungen. BGI 832. Köln: Heymanns, 2003

/Blie1989/ Bliedtner, J.: Aufbau und Erprobung einer Versuchsanlage zur Gravur bzw. Dekorierung mittels CO_2-Laser-Strahlung. Diplomarbeit D89/19, Friedrich-Schiller-Universität Jena, 1989

/Blie1996/ Bliedtner, J.: Untersuchungen zur Parameteroptimierung und zum technologischen Einsatzspektrum von Interferenzmodulatoren für Hochleistungs-CO_2-Laserstrahlung. Dissertation, Friedrich-Schiller-Universität Jena, 1996

/Blie1999/ Bliedtner, J.; Bauch, U.; Müller, H.: Präzisionsbearbeitung von Verbundwerkstoffen mittels Laser und Wasserstrahlabrasivtechnik, In: Verbundwerkstoffe und Werkstoffverbunde, Wiley-VCH, Hamburg, 1999

/Blie2000/ Bliedtner, J.; Haupt, J.; Müller, H; Schreiber, H.: Abluftreinigung bei der Lasertechnik. In: Kunststoffe (August 2000), 90. Jahrgang, S. 30 – 33, 2000

/Blie2000-2/ Bliedtner, J.; Heyse, Th.; Jahn, D.; Michel, G.; Müller, H.; Wolff, D.: Laser beam welding of metals with new, fiberglass-linked, high performance diode laser. In: EUROPEAN PRODUCTION ENGINEERING. München: Carl Hanser Verlag, 2000

/Blie2004/ Bliedtner, J.; Möller, K.; Weinzierl, U.: Automatisiert- und temperaturgeführte robotergekoppelte Schweißprozesse. Robotik 2004. VDI-Berichte 1841, 2004

/Blie2022/ Bliedtner, J.; Gräfe G.: Optiktechnologie: Grundlagen – Verfahren – Anwendungen – Beispiele. 2. Auflage. München, : Carl Hanser Verlag, 20102022, ISBN-10-3446458506

/Blum1994/ Blumenauer, H.: Werkstoffprüfung. Leipzig: Dt. Verlag Grundstoffindustrie, 1994

/BMBF2002/ Bundesministerium für Bildung und Forschung (BMBF) (Hrsg.): Förderprogramm Optische Technologien. Bonn: WAZ-DRUCK GmbH & Co. KG (Druck), 2002

/Bons2012/ Bonse, J.; Krüger, J.; Höhm, S.; Rosenfeld, A.: Femtosecond laser-induced periodic surface structures. Journal of Laser Applications, 24(4), 042006. 2012. DOI: *https://doi.org/10.2351/1.4712658*

/Bons2018/ Bonse, J., Kirner, S., Griepentrog, M., Spaltmann, D., & Krüger, J.: Femtosecond laser texturing of surfaces for tribological applications. Materials, 11(5), 801. 2018, DOI: *https://doi.org/10.3390/ma11050801*

/Bonse2015/ Bonse, J.; Höhm, S.; Hartelt, M.; Spaltmann, D.; Pentzien, S.; Koter, R.; Marschner, S.; Rosenfeld, A.; Krüger, J.: in Optically Induced Nanostructures (Eds: K. König, A. Ostendorf), Walther De Gruyter, Berlin, Germany 2015, Ch. 7.

/Bonse2020/ Bonse, J.; Gräf, S.: Maxwell Meets Marangoni – A Review of Theories on Laser-Induced Periodic Surface Structures. Laser &Photonics Reviews. Wiley. Volume 14, Issue 10. (2020). *https://doi.org/10.1002/lpor.202000215*

/Bork2021/ Borkmann, M.; Mahrle, A.; Beyer, E.; Leyens, C.: Evaluation of Gas Boundary Layer Flow State, Momentum and Heat Transfer in Laser Fusion Cutting, Materials Research Express, Vol. 8, Nr. 3, Artikel 036501, 2021. https://doi.org/*10.1088/2053-1591/abed12*.

/Bork2023/ Borkmann, M.; Mahrle, A.; Herwig, P.; Hauptmann, J.: Laser Fusion Cutting: The Missing Link Between Gas Dynamics and Cut Edge Topography, Journal of Laser Applications, Vol. 35, Nr. 4, Artikel 042017, 2023. DOI: *https://doi.org/10.2351/7.0001103*

/Born1981/ Bornkessel, W.; Müller, H.: Ein Beitrag zur Gestaltung von Teilefertigungsprozessen unter Verwendung von CO_2-Laserstrahlen als Werkzeug. Dissertation, Friedrich-Schiller-Universität Jena, Mathematisch-Naturwissenschaftlich-Technische Fakultät, 1981

/Börn2011/ Börner, C.; Dilger, K.; Rominger, V.; Harrer, T.; Krüssel, T.; Löwer, T.: Influence of ambient pressure on spattering and weld seam quality in laser beam welding with the solid-state laser. In: International Congress on Applications of Lasers & Electro-Optics. 2011, S. 638 – 647. DOI: *https://doi.org/10.2351/1.5062302*

/Boud2025/ Boudebs, G., Zinoune, J.-B., Cassagne, C., Mauclair, C. et al. (2025): Flexible determination of the nonlinear refractive index or pulse duration in the visible range using Z-scan-based technique: application to fused silica. In: Applied Physics B – Lasers and Optics, Band 131, Art.-Nr. 139, Springer, veröffentlicht am 14. Juni 2025. *Flexible determination of the nonlinear refractive index or pulse duration in the visible range using Z-scan-based technique: application to fused silica, Applied Physics B. https://link.springer.com/article/10.1007/s00340-025-08502-2*

/Boyd2020/ Boyd, R. W.: Nonlinear Optics, 4. Auflage, Academic Press, Elsevier, Amsterdam, 2020. ISBN: 978-0-323-85057-5

/Bran1983/ Brandes, E. A.: Smithells Metal Referencs Book, 6 edition, London: Butterworths & Co., 1983

/Bran2007/ Branner, G.: Indirektes-Metall-Lasersintern (IMLS) – Durchgängige Simulationsmethode zur Optimierung der Maßhaltigkeit. In: RTejournal (online), Ausgabe 4, 2007

/Brau2003/ Braumöller, J.: Beitrag zum flussmittelfreien Laserstrahlhartlöten von Aluminiumwerkstoffen. Dissertation, Technische Universität Dresden, Fakultät Maschinenwesen, 2003

/Brau2020/ Braunmüller, F., et al.: Advanced sensors: Industry 4.0 for the laser microjet technology. Proceedings of SPIE – The International Society for Optical Engineering, 11268, 1 – 6. 2020. *https://doi.org/10.1117/12.2544247*

/Brau2020/ Braun, K.; Willenborg, E.; Schleifenbaum, J. H.: Laser polishing as a new post process for 3D-printed polymer parts. Procedia CIRP, 94, 134 – 138, 2020. DOI: *https://doi.org/10.1016/j.procir.2020.09.026*

/Braz2023/ Brazetec GmbH: Grundlagen des Lötens. 2023. *02357_BR_Brazetec_Grundlage_Loeten_MON15_210x279*

/Bren2020/ Brenner, A.; Röther, L.; Osbild, M.; Finger, J.-T.: Laser polishing using ultrashort pulse laser. In: SPIE LASE 2020, Laser-based Micro- and Nanoprocessing XIV, Proceedings Vol. 11268, 2020. DOI: *https://doi.org/10.1117/12.2551481*

/Brüc2003/ Brückner, V.: Optische Nachrichtentechnik, Grundlagen und Anwendungen. Stuttgart: Teubner, 2003

/Brun1989/ Brunner, W.; Junge, K.; Autorenkollektiv: Wissensspeicher Lasertechnik. Leipzig: Hanser Fachbuchverlag, 1989

/Brün2012/ Brüning, S. E.: Ultrakurzpuls-Laser zur dreidimensionalen Mikrostrukturierung von Druck- und Prägeformen. Dissertation, RWTH Aachen, Fakultät Maschinenbau, 2012

/Buer1994/ Buerhop, C.: Glasbearbeitung mit Hochleistungslasern. Dissertation, Universität Erlangen-Nürnberg, 1994

/Bulga2007/ Bulgakova, N. M.; Stoian, R.; Rosenfeld, A.; Hertel, I. V.; Campbell, E. E. B.: Kapitel: Fast Electronic Transport and Coulomb Explosion in Materials Irradiated with Ultrashort Laser Pulses In: Phipps, C. R. (Hrsg.): Laser Ablation and its Applications, Springer Series in Optical Sciences, Band 129, Springer, Boston, S. 17 – 36. 2007. DOI: *https://doi.org/10.1007/978-0-387-30453-3_2*

/Bull2010/ Bulling, D.: Die Schnellste und Genaueste. Sonderdruck. EUROLaser. 01/10, 2010

/Butk2021/ Butkutė, A.; Baravykas, T.; Stančikas, J.; Tičkūnas, T.; Vargalis, R.; Paipulas, D.; Sirutkaitis, V.; Jonušauskas, L.: Optimization of selective laser etching (SLE) for glass micromechanical structure fabrication. Optics Express, 29(15), 23487 – 23499, 2021. DOI: *https://doi.org/10.1364/OE.430623*

/Cab2010/ cab Produktionstechnik, Gesellschaft für Computer- und Automatisierungsbausteine mbH & Co KG: Bereitstellung von Bildmaterial für das Lehrbuch Lasermaterialbearbeitung. Karlsruhe, 2010

/Cagila2012/ CAM-Service GmbH: Bereitstellung von Bildmaterial für das Lehrbuch Lasermaterialbearbeitung. Hannover, 2012

/Cai2021/ Cai, Y.; Cui, Y.; Zhu, L.; Tian, R.; Geng, K.; Li, H.; Han, J.: Enhancing the (FeMnCrNiCo + TiC) Cladding Layer by In-Situ Laser Remelting. Materials Science and Technology, 37(2), 186 – 197. 2021, DOI: *https://doi.org/10.1080/02670844.2020.1868651*

/Cao2024/ Cao, Xiaodie; Wu, Jiali; Zhong, Guisheng; Wu, Jiajun; Chen, Xinhui: Laser Shock Peening: Fundamentals and Mechanisms of Metallic Material Wear Resistance Improvement, in: Materials 17 (4), Artikel 909, 2024, DOI: *https://doi.org/10.3390/ma17040909*

/Carbo2010/ Forschungsprojekt CarboAktiv: Leitfähig laseraktivierbare Polymerverbunde mit Kohlenstoffnanoröhren für dreidimensionale gehäuseintegrierte Anwendungen. Vorhabensbeschreibung, Jena: Fachhochschule Jena, 2010

/Carv2017/ Carvalho, M. F. de, Riva, R., Fogagnolo, J. B., Kiminami, C. S., & Afonso, C. R. M. Metallic glass formation upon rapid solidification of $Fe_{60}Cr_8Nb_8B_{24}$ (at %) alloy through LASER cladding and remelting. Materials Research, 20(Suppl 2), 580 – 587. 2017, *https://doi.org/10.1590/1980-5373-MR-2017-0732*

/Cerion2012-1/ CERION GmbH: Entdecken Sie die Welt der Innengravur. Firmenschrift. Minden, 2012

/Cerion2012-2/ CERION GmbH: Bereitstellung von Bildmaterial für das Lehrbuch Lasermaterialbearbeitung. Minden, 2012

/Chen2023/ Chen, L.; Yao, X.; Liu, K.; Tan, C.; Moon, S. K.: Multisensor Fusion-Based Digital Twin in Additive Manufacturing for In-Situ Quality Monitoring and Defect Correction, in: arXiv Preprint, 2023. URL: *https://arxiv.org/abs/2304.05685*

/Chiv1996/ Chivkov, B. N.; Momma, C.; Nolte, S.; Alvensleben, F.; Tünnermann, A.: Femtosecond, picosecond and nanosecond laser ablation of solids. In: Appl. Phys. A 63 (1996), S. 109 – 115

/Chou2021/ Chou, K.-C.; Nah, H.; Devine, M. D.; Bokor, J.; Naulleau, P.: High-peak-power fiber-laser technology for laser-produced plasmas. In: Proceedings of SPIE – Extreme Ultraviolet Lithography VI, SPIE 2021, Band 11611, Artikel 116110K. 2021

/Chow2020/ Chowdhury, S., Park, J., Kim, J., Kim, S., Kim, Y., Cho, E.-C., Cho, Y., & Yi, J.: Crystallization of Amorphous Silicon via Excimer Laser Annealing and Evaluation of Its Passivation Properties. Energies, 13(13), 3335. 2020, DOI: *https://doi.org/10.3390/en13133335*

/ChromSens2025/ ChromSens: Chromatischer Sensor mit mikrooptischen Strukturen. Bundesministerium für Forschung, Technologie und Raumfahrt. Förderkennzeichen 13FH007KX1, Ernst-Abbe-Hochschule Jena. 2025. *https://www.eah-jena.de/forschung/projekt/chromsens* 25.08.2025

/Clau1986/ Clauer, A. H.: Laser Shock Processing – An Overview. In: Laser–Material Interactions and Applications (Hrsg. J. Mazumder), Kapitel 8, Seiten 237 – 260. ASM International. 1986

/cleanLASER2012/ Clean-Lasersysteme GmbH: Bereitstellung von Bildmaterial für das Lehrbuch Lasermaterialbearbeitung. Herzogenrath, 2012

/Clee1987/ Cleemann, L. (Hrsg.): Schweißen mit CO_2-Hochleistungslasern. Düsseldorf: VDI-Verlag, 1987

/Cohe1972/ Cohen, M. I.: Material processing. In: Laser Handbook Vol. 2. Amsterdam: North Holland, 1972

/Coherent2011-1/ Coherent (Deutschland) GmbH: Bereitstellung von Bildmaterial für das Lehrbuch Lasermaterialbearbeitung. Dieburg, 2011

/Coherent2011-2/ Coherent (Deutschland) GmbH: Produktinformation. 2012

/Coherent2023/ Coherent Corp.: High Power Diode Laser Technologies – Application Note. Coherent Corp., High Power Diode Laser Technologies – Application Note, 2023, *www.coherent.com.*

/Cold2012/ Coldren, L. A., Corzine, S. W., Mashanovitch, M. L. Diode Lasers and Photonic Integrated Circuits, 2nd Edition, Wiley, 2012

/ConceptLaser2011-1/ Concept Laser GmbH: Materialdatenblätter. Firmenmaterial, 2011

/ConceptLaser2011-2/ Concept Laser GmbH: Bereitstellung Bildmaterial und Materialzusammenstellung für das Lehrbuch Lasermaterialbearbeitung. Lichtenfeld, 2011

/copyright GLASFOTO.COM, Dresden/ GLASFOTO.COM: Bereitstellung von Bildmaterial für das Lehrbuch Lasermaterialbearbeitung. Dresden, 2012

/Core1999/ Coremans, A.: Lasersintern von Metallpulvern. Bamberg: Meisenbach, 1999

/Cox2002/ Cox, A. J.; DeWeerd, A. J.; Linden, J.: An experiment to measure Mie an Rayleigh total scattering cross sections. In: Am. J. Phys. 70 (2002), No. 6, S. 620 – 625

/CroNiVIP2014/ CroNiVIP: Untersuchung des Laserschweißprozesses an CrNi-Stahlhüllen für Vakuum-Isolations-Paneele, Abschlussbericht, EAH Jena, Forschungsprojekt des BMWi, 2014

/Cunh2016/ Cunha, A.; Rebollar, E.; Castillejo, M.; Ezquerra, T. A.: Advancements in laser-processed functional surfaces for medical applications. Materials Science and Engineering: R: Reports, 122, 1 – 41. 2016. DOI: *https://doi.org/10.1016/j.mser.2016.02.001*

/Cunh2016/ Cunha, A.; Rebollar, E.; Castillejo, M.; Ezquerra, T. A.: Advancements in laser-processed functional surfaces for medical applications. Materials Science and Engineering: R: Reports, 122, 1 – 41. 2016. DOI: *https://doi.org/10.1016/j.mser.2016.02.001*

/Damb2024/ Dambock, Jörg: Intelligent removal of isolation from hairpins. In: WIRE Processing / Measurement, 28. März 2024, *https://umformtechnik.net/wire/Content/Reports/Intelligent-removal-of-isolation-from-hairpins*. 14. 082025

/Danz2004/ Danzer, W.: Der Einfluss der Prozessgase beim Laserstrahlschweißen. 4. Jenaer Lasertagung. DVS-Berichte Bd. 230. Düsseldorf: DVS-Verlag, 2004

/Daus2004/ Dausinger, F.: Strahlwerkzeug Laser: Energieeinkopplung und Prozesseffektivität. Stuttgart: Teubner (Studienbücher Maschinenbau), Universität Stuttgart, Habilitationsschrift, 1995

/Dela2016/ Delaporte, P., & Alloncle, A.-P.: Laser-induced forward transfer: A high resolution additive manufacturing technology. Optics & Laser Technology, 78, 33 – 41. *https://doi.org/10.1016/j.optlastec.2015.09.022*

/Delm2005/ Delmdahl, R.; Schey, B.: Intelligente Schichtentwicklung mit dem Excimerlaser. In: Physik Journal 4 (2005), Nr. 11, S. 2 – 3

/Delm2009/ Delmdahl, R.; Paetzel, R.: The Midas Touch: Surface Processing with the UV Excimer Laser. In: Laser Microprocessing (2009), Nr. 1 , S. 24 – 26

/Delm2010/ Delmdahl, R.; Usoskin, A.: Massenproduktion keramischer Hochtemperatur-Supraleiter mittels Laserabscheiden. In: Photonik 6 (2010), S. 32 – 34

/Deng2014/ Deng, Q.; Chen, D.; Fu, W.; Cao, P.: Measurement of the molten pool image during laser cladding process. Proceedings of the International Conference on Mechatronics, Electronic, Industrial and Control Engineering (2014). DOI: *https://doi.org/10.2991/meic-14.2014.141*

/Deng2024/ Deng, R.; Mao, M.; Zhao, C.; Ouyang, C.; Wei, R.; Li, H.; and Liu, H.: A review of recent advances in integrated laser remelting and laser cladding processes. Metall. Res. Technol. Volume 121, Number 4, 2024, DOI: *https://doi.org/10.1051/metal/2024038*

/Deng2024/ Deng, R., Mao, M., Zhao, C., Ouyang, C., Wei, R., Li, H., & Liu, H.: A review of recent advances in integrated laser remelting and laser cladding processes. Metallurgical Research & Technology, 121(4), 402. 2024, *https://doi.org/10.1051/metal/2024038*

/Dick1995/ Dickmann, K.; Dirk, E.: Innenbearbeitung von Glas mit Nd:YAG-Laser. In: Laser Magazin 1 (1995), S. 16 – 19

/Ding2024/ Ding, X.; Liu, W.; Wang, F.; Luo, Z.: A Review of Recent Advances in Integrated Laser Remelting and Laser Cladding Processes. Metallurgical Research & Technology, 121, 402. 2024, DOI: *https://doi.org/10.1051/metal/2024038*

/Dini2002/ Diniz Neto, O. O.: Physical-computational model to describe the interaction between a laser beam and a power jet in laser surface processing. In: Journal of Laser Applications 12 (2000), No. 1, S. 28 – 33

/Dinse2012/ Dinse G.m.b.H.: Bereitstellung von Bildmaterial für das Lehrbuch Lasermaterialbearbeitung. Hamburg, 2012

/Dirs2005/ Dirscherl, M.: Ultrakurzpulslaser – Grundlagen und Anwendungen. Anwenderfibel Band 2. Erlangen: Gruner Druck GmbH, 2005

S

T

X

Y

Z